Properties of Plane Areas[1]

Plane Area	Area and Centroid	Area Moments of Inertia
Rectangle 1 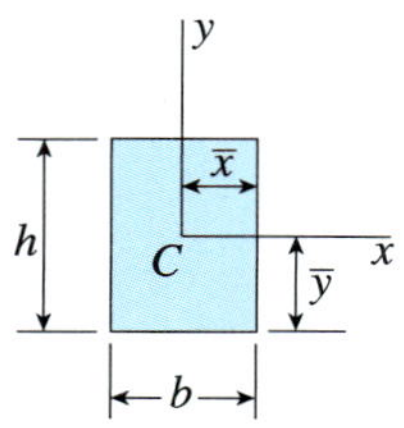	$A = bh$ $\bar{x} = \frac{b}{2} \quad \bar{y} = \frac{h}{2}$	$I_x = \frac{bh^3}{12} \quad I_y = \frac{hb^3}{12}$ $I_{xy} = 0 \quad I_P = \frac{bh}{12}(h^2 + b^2)$
Triangle 3 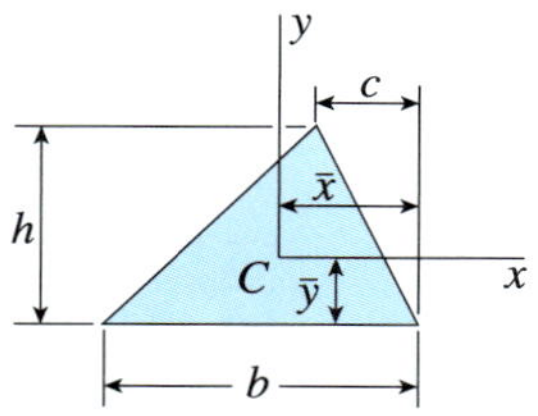	$A = \frac{bh}{2}$ $\bar{x} = \frac{b + c}{3} \quad \bar{y} = \frac{h}{3}$	$I_x = \frac{bh^3}{36}$ $I_y = \frac{bh}{36}(b^2 - bc + c^2)$ $I_{xy} = \frac{bh^2}{72}(b - 2c)$ $I_P = \frac{bh}{36}(h^2 + b^2 - bc + c^2)$
Trapezoid 8 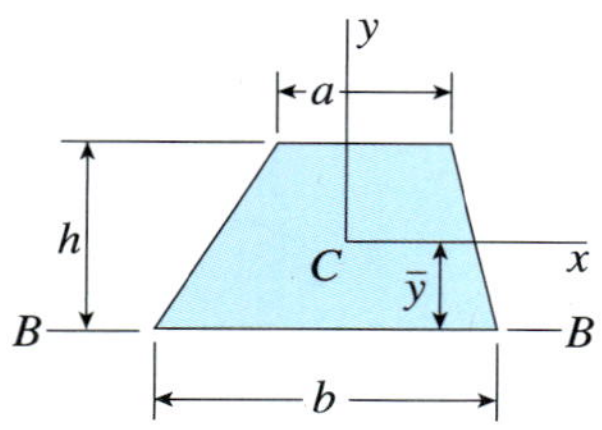	$A = \frac{h(a + b)}{2}$ $\bar{y} = \frac{h(2a + b)}{3(a + b)}$	$I_x = \frac{h^3(a^2 + 4ab + b^2)}{36(a + b)}$ $I_{BB} = \frac{h^3(3a + b)}{12}$
Circle 9 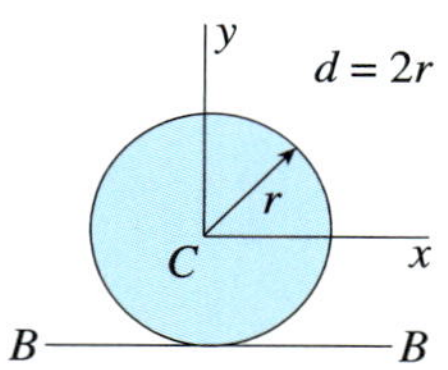	$A = \pi r^2$	$I_x = I_y = \frac{\pi r^4}{4} = \frac{\pi d^4}{64}$ $I_{xy} = 0 \quad I_P = \frac{\pi r^4}{2} = \frac{\pi d^4}{32}$ $I_{BB} = \frac{5\pi r^4}{4} = \frac{5\pi d^4}{64}$

[1]See Appendix B for additional plane areas.

<table>
<tr>
<td>Semicircle
10
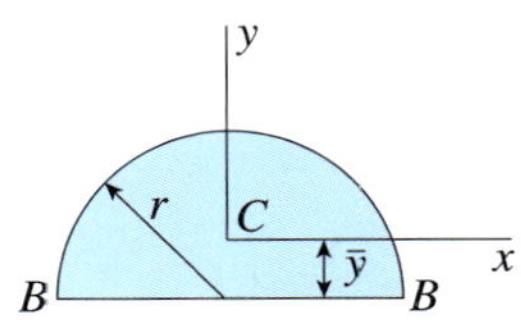
</td>
<td>$A = \dfrac{\pi r^2}{2}$
$\bar{y} = \dfrac{4r}{3\pi}$</td>
<td>$I_x = \dfrac{(9\pi^2 - 64)r^4}{72\pi} \approx 0.1098r^4$
$I_y = \dfrac{\pi r^4}{8} \qquad I_{xy} = 0 \qquad I_{BB} = \dfrac{\pi r^4}{8}$</td>
</tr>
<tr>
<td>Quarter Circle
11
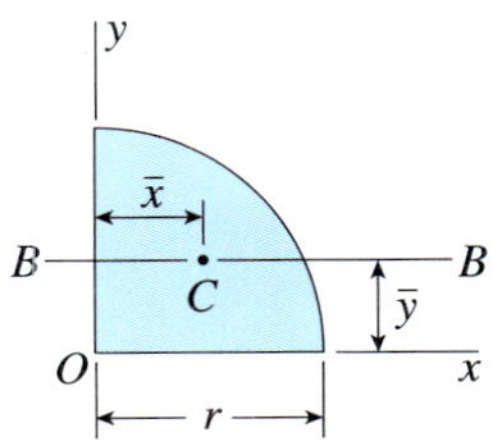
</td>
<td>$A = \dfrac{\pi r^2}{4}$
$\bar{x} = \bar{y} = \dfrac{4r}{3\pi}$</td>
<td>$I_x = I_y = \dfrac{\pi r^4}{16}$
$I_{xy} = \dfrac{r^4}{8}$
$I_{BB} = \dfrac{(9\pi^2 - 64)r^4}{144\pi} \approx 0.05488r^4$</td>
</tr>
<tr>
<td>Circular Sector
13
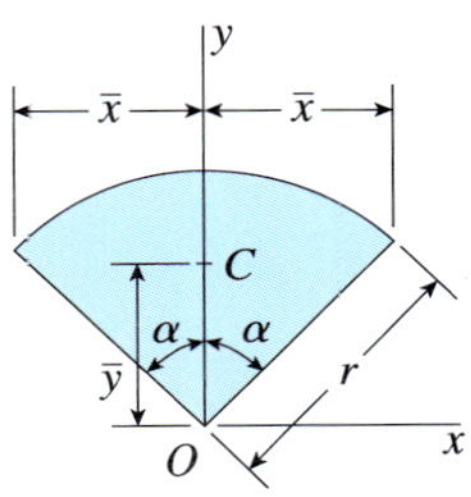
</td>
<td>$A = \alpha r^2$
$\bar{x} = r\sin\alpha$
$\bar{y} = \dfrac{2r\sin\alpha}{3\alpha}$</td>
<td>$I_x = \dfrac{r^4}{4}(\alpha + \sin\alpha\cos\alpha)$
$I_y = \dfrac{r^4}{4}(\alpha - \sin\alpha\cos\alpha)$
$I_{xy} = 0 \qquad I_P = \dfrac{\alpha r^4}{2}$</td>
</tr>
<tr>
<td>Ellipse
16
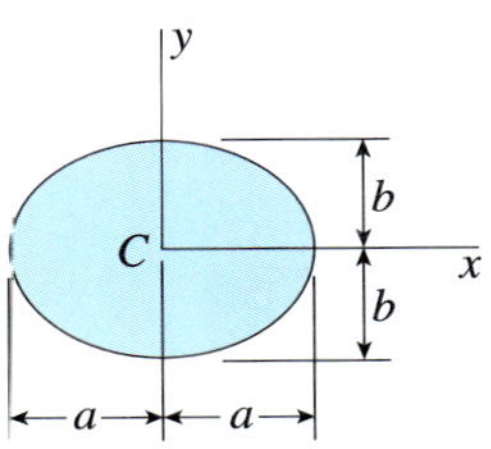
</td>
<td>$A = \pi ab$</td>
<td>$I_x = \dfrac{\pi ab^3}{4}$
$I_y = \dfrac{\pi ba^3}{4}$
$I_{xy} = 0 \qquad I_P = \dfrac{\pi ab}{4}(b^2 + a^2)$</td>
</tr>
</table>

Table F-1

Weights and Mass Densities

Material	Weight Density γ	Mass Density ρ
	kN/m^3	kg/m^3
Aluminum alloys	26–28	2600–2800
2014-T6, 7075-T6	28	2800
6061-T6	26	2700
Brass	82–85	8400–8600
Bronze	80–86	8200–8800
Cast iron	68–72	7000–7400
Concrete		
Plain	23	2300
Reinforced	24	2400
Lightweight	11–18	1100–1800
Copper	87	8900
Glass	24–28	2400–2800
Magnesium alloys	17–18	1760–1830
Monel (67% Ni, 30% Cu)	87	8800
Nickel	87	8800
Plastics		
Nylon	8.6–11	880–1100
Polyethylene	9.4–14	960–1400
Rock		
Granite, marble, quartz	26–28	2600–2900
Limestone, sandstone	20–28	2000–2900
Rubber	9–13	960–1300
Sand, soil, gravel	12–21	1200–2200
Steel	77.0	7850
Titanium	44	4500
Tungsten	190	1900
Water, fresh	9.81	1000
sea	10.0	1020
Wood (air dry)		
Douglas fir	4.7–5.5	480–560
Oak	6.3–7.1	640–720
Southern pine	5.5–6.3	560–640

Table F-2

Moduli of Elasticity and Poisson's Ratios

Material	Modulus of Elasticity E	Shear Modulus of Elasticity G	Poisson's Ratio ν
	GPa	GPa	
Aluminum alloys	70–79	26–30	0.33
2014-T6	73	28	0.33
6061-T6	70	26	0.33
7075-T6	72	27	0.33
Brass	96–110	36–41	0.34
Bronze	96–120	36–44	0.34
Cast iron	83–170	32–69	0.2–0.3
Concrete (compression)	17–31		0.1–0.2
Copper and copper alloys	110–120	40–47	0.33–0.36
Glass	48–83	19–35	0.17–0.27
Magnesium alloys	41–45	15–17	0.35
Monel (67% Ni, 30% Cu)	170	66	0.32
Nickel	210	80	0.31
Plastics			
Nylon	2.1–3.4		0.4
Polyethylene	0.7–1.4		0.4
Rock (compression)			
Granite, marble, quartz	40–100		0.2–0.3
Limestone, sandstone	20–70		0.2–0.3
Rubber	0.0007–0.004	0.0002–0.001	0.45–0.50
Steel	190–210	75–80	0.27–0.30
Titanium alloys	100–120	39–44	0.33
Tungsten	340–380	140–160	0.2
Wood (bending)			
Douglas fir	11–13		
Oak	11–12		
Southern pine	11–14		

Gere

정역학과 재료역학

Cengage

Statics and Mechanics of Materials, SI Edition,
First Edition

Barry J. Goodno,
James M. Gere

Original edition © 2019 Cengage Engineering, a part of Cengage Learning.
Statics and Mechanics of Materials, SI Edition, First Edition by Barry J. Goodno, James M. Gere
ISBN: 9781133364412

This edition is translated by license from Brooks Cole, a part of Cengage Learning, for sale in Korea only.

ISBN-13: 978-89-6218-542-3

Cengage Learning Korea Ltd.
14F YTN Newsquare 76 Sangamsan-ro
Mapo-gu Seoul 03926 Korea
Tel: (82) 2 330 7000
Fax: (82) 2 330 7001

Printed in Korea
Print Number: 01 Print Year: 2022

Gere 정역학과 재료역학

STATICS AND MECHANICS OF MATERIALS
SI EDITION

Barry J. Goodno · James M. Gere 지음
곽문규 · 구상모 · 김경표 · 김창래
유영찬 · 이형욱 · 이희영 옮김

Cengage
Australia • Brazil • Canada • Mexico • Singapore • United Kingdom • United States

Gere 정역학과 재료역학

Statics and Mechanics of Materials, SI Edition, First Edition

제1판 1쇄 인쇄 | 2022년 8월 22일
제1판 1쇄 발행 | 2022년 8월 30일

지은이 | Barry J. Goodno, James M. Gere
옮긴이 | 곽문규, 구상모, 김경표, 김창래, 유영찬, 이형욱, 이희영
발행인 | 송성헌
발행처 | 센게이지러닝코리아㈜
등록번호 | 제313-2007-000074호(2007. 3. 19.)
이메일 | asia.infokorea@cengage.com
홈페이지 | www.cengage.co.kr

ISBN-13 | 978-89-6218-542-3

공급처 | 교문사
주 소 | 경기도 파주시 문발로 116
도서안내 및 주문 | Tel 031) 955-6111 Fax 031) 955-0955
홈페이지 | www.gyomoon.com

정 가 | 43,000원

역자 소개

곽문규
경북대학교 기계공학부

구상모
인천대학교 기계공학과

김경표
한라대학교 기계자동차공학부

김창래
조선대학교 기계공학과

유영찬
안동대학교 건축공학과

이형욱
한국교통대학교 기계자동차항공공학부

이희영
조선대학교 토목공학과

역자 서문

정역학과 재료역학은 힘과 관련된 공학 문제를 해결하는 데 가장 기본적이고 보편적인 이론을 다루는 학문이다. 시간의 개념을 뺀 공간상에서 작용하는 힘에 대한 수학적 · 물리학적 해석과 이 힘에 의해 발생하는 각종 재료의 응력과 변형에 대해 다룬다. 이 내용은 공학 분야에서 학습하게 되는 다양한 역학 과목은 물론이고 설계나 해석에 이르기까지 다양한 분야에서 활용되는 토대가 되는 것으로 이공계대학 초급학년 학생들이 가장 먼저 학습하게 될 주제일 것이다.

이 책은 Barry J. Goodno와 James M. Gere가 공동 집필한 《Statics and Mechanics of Materials》의 첫 번째 판을 번역한 책이다. 저자들은 이전 Stephan P. Timoshenko 교수님의 저서부터 시작하여 재료역학 교재를 다년간 집필하며 학생들에게 재료역학을 보다 쉽게 이해시키는 방법을 연구해오던 중 이 책을 출판하게 되었다. 이 책은 원리나 법칙을 이해시키기 위해 정역학과 재료역학의 내용을 효과적으로 정렬하였고, 문제의 해결에서도 실제 구성요소나 구조를 기반으로 내용을 구성하여 실제 적용성을 높였다.

이전까지 Gere의 재료역학이 앞부분에서 정역학에 대한 기초 내용을 조금 다루었던 것에 비해 이번 교재에서는 재료역학 학습에 필요한 정역학의 내용을 대폭 늘려서 출판하였다. 이 교재를 사용하는 학교의 커리큘럼에 따라 차이가 있겠지만 재료역학 강의를 운영하기 위해 필요한 정역학 분야를 카테고리별로 정리함으로써 보다 효과적인 강의 운영과 학생 스스로의 학습이 가능할 것으로 기대한다.

역자들은 보다 효과적인 재료역학 강의를 위해 다양한 교재 가운데 본 원저를 선택하게 되었고, 학생들이 보다 친숙하게 재료역학을 접할 수 있도록 지난 1년간 번역 과정에서 많은 노력을 하였다. 원저의 내용을 정확하게 번역하면서 학생들의 이해도를 높이기 위해 적절한 의역과 용어를 사용하였고, 필요한 경우 부연설명과 축약을 하였다. 번역본에 대한 작업의 막바지에서, 이 책을 공부하는 학생들이 강의뿐만 아니라 자습 시 활용을 할 때도 본문과 예제를 쉽게 이해할 수 있고, 각 장마다 다양한 문제를 접함으로써 문제 풀이 및 실제 응용사례에 적용하는 데 자신감을 가질 수 있으리라 생각한다.

모쪼록 이 교재가 공학도들의 역학 기본서로서 재료역학 학습의 든든한 동반자가 되기를 바란다.

이 책의 번역에 참여한 교수는 다음과 같다.

경북대학교 곽문규 교수
인천대학교 구상모 교수
한라대학교 김경표 교수
조선대학교 김창래 교수
안동대학교 유영찬 교수
한국교통대학교 이형욱 교수
조선대학교 이희영 교수
(이상 가나다순)

끝으로 이 책이 출간되기까지 수고하신 교문사의 류원식 대표님과 박현수 부장님, 김성남님, 그리고 편집부 여러분께 감사드린다.

2022년 8월
역자 일동

저자 소개

© Barry Goodno

Barry J. Goodno

Barry John Goodno는 조지아공과대학교의 토목 및 환경 공학 교수로서 1974년에 교수진에 합류했다. 그는 Evans Scholar였으며, 1970년 위스콘신주의 위스콘신대학교 매디슨에서 토목공학 학사학위를 받았다. 1971년과 1975년에 캘리포니아주 스탠퍼드에 있는 스탠퍼드대학교에서 구조공학 석사 및 박사학위를 받았다. 그는 조지아에서 전문 엔지니어링 라이선스(PE)를 보유하고 있으며, ASCE의 Distinguished Member이자 SEI의 초대 펠로우이며, ASCE 내에서 수많은 리더십 직책을 맡았다. 그는 ASCE SEI(Structural Engineering Institute) 이사회의 전 회장이며 ASCE의 EMI(Engineering Mechanics Institute) 회원이기도 하다. 또한 ASCE-SEI 기술 활동 부문(TAD) 집행위원회의 전 의장과 ASCE-SEI 수상위원회의 전 의장을 지냈다. 2002년에는 ASCE-SEI에 대한 탁월한 서비스로 SEI *Dennis L. Tewksbury Award*를 수상했다. 조지아공과대학교의 재료역학 학부 과정에서 강의 캡처 기술을 선구적으로 사용한 공로로 2013년 기술사용 리더십 부문상을 받았다. 그는 또한 EERI(Earthquake Engineering Research Institute)의 회원이며, NSF가 지원하는 MAE(Mid-America Earthquake Center) 내에서 MAE Memphis Test Bed 프로젝트를 지휘하는 여러 리더 직책을 역임했다. 조지아공과대학교에 재직하는 동안 지진공학 및 구조역학 분야에서 연구를 수행하고, 대학원 과정을 가르쳤으며, 광범위한 분야의 논문을 발표했다.

그는 현역 사이클 선수로서, 지금은 은퇴했지만 축구 코치이자 심판, 마라톤 선수로도 활동하였다. 공동 저자이자 멘토인 James Gere와 마찬가지로 1987년 보스턴마라톤대회의 예선 및 완주를 포함하여, 수많은 마라톤을 완주한 기록을 갖고 있다.

James M. Gere

James M. Gere(1925~2008)는 1949년과 1951년에 렌셀러폴리테크닉대학교에서 토목공학 학사 및 석사학위를 취득했다. 그 후 강사로 일하던 그는 나중에 렌셀러의 연구원으로 일했다. 그는 최초의 NSF Fellowships 중 하나를 수상했으며 스탠퍼드에서 학업을 이어 가기로 결정했다. 1954년에 박사학위를 받고 나서 토목공학에서 교수직을 제안받은 뒤에는 34년 동안 역학, 구조 및 지진공학 분야의 도전적인 주제에 학생들을 참여시키는 경력을 쌓았다. 그는 엔지니어링 학과장 및 부학장을 역임했으며, 1974년에는 스탠퍼드에 John A. Blume 지진엔지니어링센터를 공동 설립했다. 또한 1980년에는 지진 대비에 관한 스탠퍼드 위원회의 창립 의장이 되었다. 같은 해에 그는 지진으로 피해를 입은 중국 탕산시를 연구하는 최초의 외국인 중 한 명으로 초대되었다. 1988년에 스탠퍼드에서 은퇴한 뒤에도 스탠퍼드 커뮤니티에서 계속 활동을 이어 간 그는 가장 우수한 구성원이었다.

그는 외향적인 태도, 쾌활한 성격과 멋진 미소, 운동능력, 토목공학 교육자로서 유명했다. 그의 스승이자 멘토인 Stephan P. Timoshenko로부터 영감을 받아 1972년 《Mechanics of Materials》를 시작으로 다양한 엔지니어링 주제에 관한 9권의 교과서를 저술했다. 전 세계 공학 교육 과정에서 사용되고 있는 그의 또 다른 유명한 교재로는 S. Timoshenko와 공동 저술한 《Theory of Elastic Stability》, W. Weaver와 공동 저술한 《Matrix Analysis of Framed Structures》와 《Matrix Algebra for Engineers》, H. Krawinkler와 공동 저술한 《Moment Distribution》, 《Earthquake Tables: Structural and Construction Design Manual》, H. Shah와 공동 저술한 《Terra Non Firma: Understanding and Preparing for Earthquakes》가 있다.

1986년에는 에베레스트산의 베이스캠프로 하이킹을 하던 도중 동반자의 생명을 구하기도 했다. 그는 현역 마라토너였으며 48세 때에는 3시간 13분의 기록으로 보스턴 마라톤을 완주한 기록을 갖고 있다. 그는 그를 아는 모든 사람들에게 긍정적인 유머로 일상생활이나 일을 더 편하게 대할 수 있도록 해준, 사려 깊고 사랑이 많은 사람으로 오래 기억될 것이다.

Courtesy of James and Janice Gere Family Trust

저자 서문

정역학과 재료역학은 인공 구조물이든 자연 구조물이든 구조물의 강도와 물리적 성능에 관심이 있는 사람이라면 누구나 이해해야 하는 기본 공학 과목이다. 대학 수준에서 정역학은 일반적으로 2학년 또는 3학년 동안 가르치며 재료역학의 후속 과정을 위한 전제 조건이다. 두 과정 모두 기계, 구조, 토목, 생물의학, 석유, 원자력, 항공, 항공우주 공학을 전공하는 대부분의 학생들에게 학습이 요구된다. 또한 재료과학, 산업공학, 건축, 농업공학 등 다양한 분야의 많은 학생들이 재료역학을 공부하는 것이 유용하다고 생각한다.

정역학과 재료역학

오늘날 많은 대학 엔지니어링 프로그램에서 공학 분야의 많은 학생들이 정역학과 재료역학을 배운다. 다양한 병렬 섹션의 교육을 위해 교수자는 동일한 자료를 다루어야 하며, 학생들이 특정 학위 프로그램에서 요구하는 고급 과정을 잘 준비할 수 있도록 모든 주요 주제를 제시해야 한다. 재료역학의 첫 번째 과정에서 성공하기 위한 필수 전제 조건은 기본 개념을 이해하는 것을 넘어, 정적 평형 법칙을 2차원 및 3차원 문제의 솔루션에 적용하는 능력을 포함하는 정역학의 강력한 기초를 갖추는 것이다.

1부는 정역학의 기본 개념과 응용을 다루는 6개의 장으로 구성되어 있다. 힘, 모멘트 및 합력; 적절하게 그려진 자유물체도에 기초한 물체의 평형; 트러스, 프레임 및 기계에 적용; 중심 및 관성 모멘트; 봉, 축, 보 및 프레임의 내부 힘 및 모멘트.

2부에서는 이러한 요소의 응력, 변형률, 변형 및 변위를 자세히 조사한다. 학생들이 평면 및 공간 트러스, 비틀림의 축, 보 및 평면 및 공간 프레임의 해석을 검토하고 선행 과목에서 배운 기본 개념을 강화하는 데 도움이 되는 수많은 예제와 장 끝의 연습문제가 포함되어 있다.

많은 교수자는 보 굽힘과 같은 기본 이론을 제시하고 학생들의 관심을 유도하기 위해 보 굴곡, 보 설계 등의 실제 사례를 사용하여 강의한다. 많은 경우 캠퍼스의 구조물은 지지점에서의 반작용, 부재의 힘 및 모멘트 및 연결부의 응력을 찾는 내용의 강의나 과제에서 해석할 수 있는 실제 범, 프레임 및 볼트 연결부에 쉽게 접할 수 있게 한다. 또한 구조 및 구성 요소의 파손 원인에 대한 연구는 학생들이 실제 설계 및 과거 공학적 실수로부터 학습 과정을 시작할 수 있는 기회를 제공한다. 많은 예제와 연습문제는 실제 구성 요소 또는 구조를 기반으로 하며, 학생이 단순화된 역학 모델 및 자유물체도와 함께 실제 문제를 보고 분석할 수 있도록 사진과 함께 제공된다.

점점 더 많은 대학의 수학, 물리학, 공학의 대규모 학부 과정에서 미디어 강의(및/또는 강의실) 캡처 소프트웨어(예: Panopto 및 Kaltura CaptureSpace)를 사용하고 있다. 이 책의 많은 사진과 개선된 그래픽은 이 향상된 강의 모드를 지원하도록 설계되었다.

요약 차례

차례

부록

기호

A area
A_f, A_w area of flange; area of web
a, b, c dimensions, distances
C centroid, compressive force, constant of integration
c distance from neutral axis to outer surface of a beam
D diameter
d diameter, dimension, distance
E modulus of elasticity
e eccentricity, dimension, distance, unit volume change (dilatation)
F force
f shear flow, shape factor for plastic bending, flexibility, frequency (Hz)
f_T torsional flexibility of a bar
G modulus of elasticity in shear
g acceleration of gravity
H height, distance, horizontal force or reaction, horsepower
h height, dimensions
I moment of inertia (or second moment) of a plane area
I_x, I_y, I_z moments of inertia with respect to x, y, and z axes
I_{x1}, I_{y1} moments of inertia with respect to x_1 and y_1 axes (rotated axes)
I_{xy} product of inertia with respect to xy axes
I_{x1y1} product of inertia with respect to x_1y_1 axes (rotated axes)
I_P polar moment of inertia
I_1, I_2 principal moments of inertia
J torsion constant
K stress-concentration factor, bulk modulus of elasticity, effective length factor for a column
k spring constant, stiffness, symbol for $\sqrt{P/EI}$
k_T torsional stiffness of a bar
L length, distance
L_E effective length of a column
ln, log natural logarithm (base e); common logarithm (base 10)
M bending moment, couple, mass
m moment per unit length, mass per unit length
N axial force
n factor of safety, integer, revolutions per minute (rpm)
O origin of coordinates
O' center of curvature
P force, concentrated load, power

P_{allow} allowable load (or working load)
P_{cr} critical load for a column
p pressure (force per unit area)
Q force, concentrated load, first moment of a plane area
q intensity of distributed load (force per unit distance)
R reaction, radius
r radius, radius of gyration ($r = \sqrt{I/A}$)
S section modulus of the cross section of a beam, shear center
s distance, distance along a curve
T tensile force, twisting couple or torque, temperature
t thickness, time, intensity of torque (torque per unit distance)
$t_{\text{f}}, t_{\text{w}}$ thickness of flange; thickness of web
u_r, u_t modulus of resistance; modulus of toughness
V shear force, volume, vertical force or reaction
v deflection of a beam, velocity
v', v'', etc. $dv/dx, d^2v/dx^2$, etc.
W force, weight, work
w load per unit of area (force per unit area)
x, y, z rectangular axes (origin at point O)
x_c, y_c, z_c rectangular axes (origin at centroid C)
$\bar{x}, \bar{y}, \bar{z}$ coordinates of centroid
α angle, coefficient of thermal expansion, nondimensional ratio
β angle, nondimensional ratio, spring constant, stiffness
β_R rotational stiffness of a spring
γ shear strain, weight density (weight per unit volume)
$\gamma_{xy}, \gamma_{yz}, \gamma_{zx}$ shear strains in xy, yz, and zx planes
γ_{x1y1} shear strain with respect to x_1y_1 axes (rotated axes)
γ_θ shear strain for inclined axes
δ deflection of a beam, displacement, elongation of a bar or spring
ΔT temperature differential
ε normal strain
$\varepsilon_x, \varepsilon_y, \varepsilon_z$ normal strains in x, y, and z directions
$\varepsilon_{x1}, \varepsilon_{y1}$ normal strains in x_1 and y_1 directions (rotated axes)
ε_θ normal strain for inclined axes
$\varepsilon_1, \varepsilon_2, \varepsilon_3$ principal normal strains
ε' lateral strain in uniaxial stress
ε_T thermal strain
ε_Y yield strain
θ angle, angle of rotation of beam axis, rate of twist of a bar in torsion (angle of twist per unit length)
θ_p angle to a principal plane or to a principal axis
θ_s angle to a plane of maximum shear stress

κ	curvature ($\kappa = 1/\rho$)
λ	distance, curvature shortening
ν	Poisson's ratio
ρ	radius, radius of curvature ($\rho = 1/\kappa$), radial distance in polar coordinates, mass density (mass per unit volume)
σ	normal stress
$\sigma_x, \sigma_y, \sigma_z$	normal stresses on planes perpendicular to x, y, and z axes
σ_{x1}, σ_{y1}	normal stresses on planes perpendicular to x_1y_1 axes (rotated axes)
σ_θ	normal stress on an inclined plane
$\sigma_1, \sigma_2, \sigma_3$	principal normal stresses
σ_{allow}	allowable stress (or working stress)
σ_{cr}	critical stress for a column ($\sigma_{cr} = P_{cr}/A$)
σ_{pl}	proportional-limit stress
σ_r	residual stress
σ_T	thermal stress
σ_U, σ_Y	ultimate stress; yield stress
τ	shear stress
$\tau_{xy}, \tau_{yz}, \tau_{zx}$	shear stresses on planes perpendicular to the x, y, and z axes and acting parallel to the y, z, and x axes
τ_{x1y1}	shear stress on a plane perpendicular to the x_1 axis and acting parallel to the y_1 axis (rotated axes)
τ_θ	shear stress on an inclined plane
τ_{allow}	allowable stress (or working stress) in shear
τ_U, τ_Y	ultimate stress in shear; yield stress in shear
ϕ	angle, angle of twist of a bar in torsion
ψ	angle, angle of rotation
ω	angular velocity, angular frequency ($\omega = 2\pi f$)

GREEK ALPHABET

Α	α	Alpha	Ν	ν	Nu
Β	β	Beta	Ξ	ξ	Xi
Γ	γ	Gamma	Ο	o	Omicron
Δ	δ	Delta	Π	π	Pi
Ε	ε	Epsilon	Ρ	ρ	Rho
Ζ	ζ	Zeta	Σ	σ	Sigma
Η	η	Eta	Τ	τ	Tau
Θ	θ	Theta	Υ	υ	Upsilon
Ι	ι	Iota	Φ	ϕ	Phi
Κ	κ	Kappa	Χ	χ	Chi
Λ	λ	Lambda	Ψ	ψ	Psi
Μ	μ	Mu	Ω	ω	Omega

CHAPTER 1

서문

응용역학의 원리는 수명이 다하는 동안 크고 다양한 힘을 받는 교량과 댐 같은 구조물의 분석과 설계에 사용된다 [(후버댐 아래)마이크 오캘러헌-팻 틸먼 기념 다리(Mike O'Callaghan-Pat Tillman Memorial Bridge)].

이 장의 목적

- 그 기원과 지배방정식 그리고 해당 수학적 표현과 같은 정역학의 기본 개념을 소개한다.
- 질량, 길이, 시간, 힘과 같은 기본적인 물리량을 정의하는 데 사용하는 단위를 학습한다.
- 벡터 대수학의 기본 연산을 복습한다.
- 정역학의 수치적 문제풀이에서 유지되어야 하는 반올림과 유효 숫자에 대해 논의한다.
- 정역학 문제에 대한 수치적 및 기호적 해법을 위한 4단계 문제풀이 접근방법을 제시한다.

이 장의 구성

1.1 기본 개념: 강체와 변형체

응용역학(engineering mechanics)은 정지해 있는 물체 혹은 움직이는 물체를 다루는 학문이다. 정지해 있는 물체와 움직이는 물체는 각각 **정역학**(statics)과 **동역학**(dynamics)으로 알려진 역학 분야로서 다루어지고 있다. 고전 역학은 뉴턴의 운동 제1법칙[1]에서 유래되었으며, 기초적인 이론의 구현을 위하여 다양한 수학적 모델을 사용한다. 추후 접하게 될 재료역학, 유체역학, 구조해석 및 설계, 기계 설계, 비행체 설계, 로봇공학 및 제어, 진동공학, 구조역학 등을 이해하기 위해서는 기초 역학을 공부하고 숙달하는 과정이 필수적으로 전제되어야 한다.

파트 1에서는 해석 과정에서 **강체**로 분류되는 정지 물체에 초점을 맞추었으며, 파트 2에서는 물체 전반에 걸친 변위, 변형률, 응력 변화에 따른 **변형체**의 내부 변형 평가 방법을 제공한다. **정역학**에서 물체의 치수는 위치를 설명하는 것과는 무관하고, 그에 작용하는 힘의 효과와 관련이 없으므로 강체로 간주할 수 있다. 종종 물체를 부품 단위로 분해하여 부품 간의 작용-반작용 힘을 표현해야 하지만, 각각의 부품은 기본적으로 강체로 간주된다. 결국 목적은 물체 전체의 평형을 유지하는 데 요구되는 힘을 찾아내는 것이다. 이러한 **외력**을 찾는다면, 물체를 분해하여 **내부** 상호작용력과 관련된 응력, 변형률 및 변형에 대한 분석이 가능해진다.

1.2 뉴턴의 운동 법칙과 만유인력 법칙

뉴턴의 운동 법칙[2]과 만유인력 법칙은 입자의 운동을 설명하며, 강체 및 연결된 강체의 정역학적 및 동역학적 기초를 형성한다. 뉴턴의 세 가지 운동 법칙을 간단히 설명하면 다음과 같다.

제1법칙 입자에 힘이 작용하지 않는다면, 입자는 정지해 있거나 직선 방향으로 등속 운동한다.

제2법칙 입자는 작용하는 힘 벡터의 합 방향으로 가속하며, 가속도는 알짜힘에 비례한다.

제3법칙 작용-반작용 힘은 접촉하는 물체 사이에 작용하며, 두 힘은 크기가 같고 방향이 반대이며 동일 선상에 존재한다.

제1법칙은 입자 **정역학**과 입자 시스템의 핵심인 물체의 힘의 **평형**을 설명한다. 여기서 입자의 가속도는 0이다. 제2법칙에서 가속도는 0이 아니며, 힘 벡터 합 $\boldsymbol{F}$는 입자의 질량 m과 가속도 $\boldsymbol{a}$의 곱과 같다($\boldsymbol{F}=m\boldsymbol{a}$). 여기서 힘과 가속도는 모두 벡터양이다.

[1] René Dugas, *A History of Mechanics*, Dover Publications (2011).

[2] 아이작 뉴턴(Isaac Newton, 1642~1727)은 영국의 수학자, 물리학자, 천문학자였다. 그는 미적분학을 발명하였고 운동 법칙과 만유인력 법칙을 정립하였다.

벡터 ***F***와 ***a***는 방향이 같으며, ***F***와 *ma*는 크기가 같아야 한다. 제2법칙은 입자 **동역학** 연구에 광범위하게 사용된다.

제3법칙은 접촉하는 물체 사이(**내력**) 또는 물체의 지지점과 외부 사이(**반력**)에서 발생하는 작용–반작용 힘에 대한 이야기이다. 접촉하는 물체를 분리하고 물체에 가해지는 힘을 명확하게 표시할 때 평형에 대한 평가가 가능해진다. **자유물체도**(free-body diagram)는 물체와 물체에 작용하는 모든 힘을 한눈에 알 수 있게 표현한 그림이다. 자유물체도를 구성하는 것은 정역학에서 강체의 평형을 논하는 데 필수적인 단계이다.

뉴턴의 만유인력 법칙 대상의 **무게**(weight)는 물체에 작용하는 중력이며, 뉴턴(N)으로 표현된다. **중력**(force of gravity)은 고도 및 지구상의 위치에 따라 달라지므로, 물체의 불변 특성이 아니다. 용수철 저울로 측정한 물체의 무게는 지구 중력의 영향뿐만 아니라 지구의 자전으로 발생하는 원심력의 영향도 함께 받는다.

결과적으로, 무게는 **절대 무게**(absolute weight)와 **겉보기 무게**(apparent weight)의 두 종류로 구분된다. 절대 무게는 중력의 영향만을 고려한 무게이고, 겉보기 무게는 자전에 의한 원심력의 영향도 함께 고려한 무게이다. 뉴턴은 **중력의 법칙**을 공식화하였고, 이를 이용하여 다음과 같이 물체의 절대 무게를 계산할 수 있다.

$$F = G\frac{m_1 m_2}{r^2} \tag{1-1}$$

여기서

F = 두 물체 사이의 상호 인력에 의한 힘(N)
m_1, m_2 = 각 입자의 무게(kg)
G = 중력 상수(6.673×10^{-11} m^3/(kg · s^2))
r = 두 물체의 중점 간 거리(m)

겉보기 무게는 항상 절대 무게보다 작은 값을 가진다(극지방 제외). 용수철 저울에서 측정한 겉보기 무게는 일상에서 통용되는 무게를 의미하며, 절대 무게는 항공우주공학 및 특정 과학 실험에서 사용된다. 본 교재에서 지칭하는 '무게'는 항상 '겉보기 무게'를 의미한다.

g로 표기하는 **중력가속도**(acceleration of gravity)는 중력에 비례한다. 그러므로 위치 의존적이다. 반대로, **질량**(mass)은 물체에 포함되어 있는 물질의 양이므로, 위치에 따라 변하지 않는다.

무게, 질량, 중력가속도 간의 기본적인 관계는 아래와 같이 표현되는 뉴턴의 제2법칙으로 설명이 가능하다.

$$W = mg \tag{1-2}$$

여기서

W = 뉴턴 무게(N)

m = 킬로그램 무게(kg)
g = 중력가속도(m/s^2)

식 (1-2)를 통해서 **1 kg의 질량을 가지는 물체는 중력가속도 g와 같은 뉴턴 단위의 무게를 가짐**을 알 수 있다. 무게 W와 중력가속도 g값은 다양한 요소에 의하여 변화한다. 하지만 과학적인 계산을 위한 중력가속도 g의 국제 표준은 아래와 같다.

$$g = 9.806650 \text{ m/s}^2 \tag{1-3}$$

일반적으로, 지표면에서의 공학적 계산을 위하여 아래와 같은 값이 권장된다.

$$g = 9.81 \text{ m/s}^2 \tag{1-4}$$

그러므로 1 kg의 질량을 가지는 물체의 무게는 9.81뉴턴으로 근사할 수 있다.

1.3 벡터와 스칼라

스칼라 스칼라는 **크기**만 갖는 물리량이다. 스칼라에는 질량, 부피, 밀도, 시간, 속도와 같은 값이 포함된다. 스칼라는 일반적인 글꼴인 V로 표현된다.

벡터 벡터는 **크기**와 **방향**을 모두 갖는 물리량이다. 벡터는 힘, 변위, 속력, 가속도와 같은 물리량을 예로 들 수 있다. 벡터는 굵은 기울임 글꼴($\boldsymbol{V}$)로 표현된다. 벡터의 크기는 스칼라양이며 V 또는 $|\boldsymbol{V}|$로 표현된다. 스칼라양인 속도는 벡터양인 속력의 크기임을 기억하자.

벡터는 일반적으로 벡터의 방향을 의미하는 화살표와 기준선에 대해 경사각 θ를 갖는 다이어그램으로 표현된다(그림 1-1).

화살표의 길이는 벡터의 크기를 시각화한다. 벡터는 양의 방향을 의미하는 $\boldsymbol{V}$(또는 $+\boldsymbol{V}$)와 크기는 같지만 반대방향을 의미하는 $-\boldsymbol{V}$와 같은 연관된 기호를 가질 수 있다. 선상의 특정 점에 구속되어 있는 벡터를 **고정** 벡터(그림 1-2a)라 하며, 선상의 어떤 곳에도 위치할 수 있는 벡터를 **미끄러짐** 벡터라 한다(그림 1-1). 만약 벡터가 어떠한 점 혹은 선에도 구속되지 않을 경우, 이를 **자유** 벡터라 한다(그림 1-2b).

그림 1-1
미끄러짐 벡터

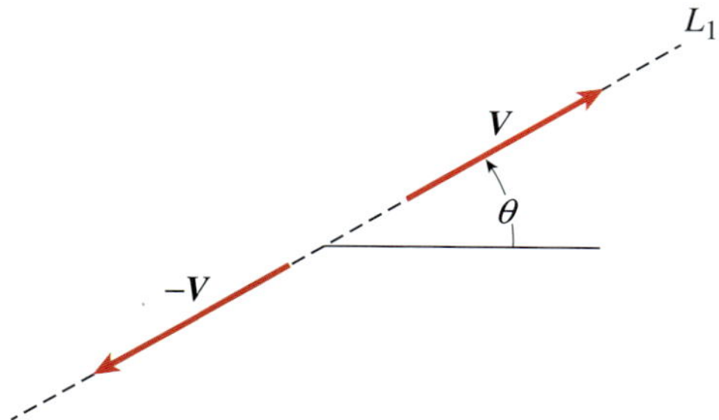

그림 1-2
(a), (b) 고정 벡터 및 자유 벡터

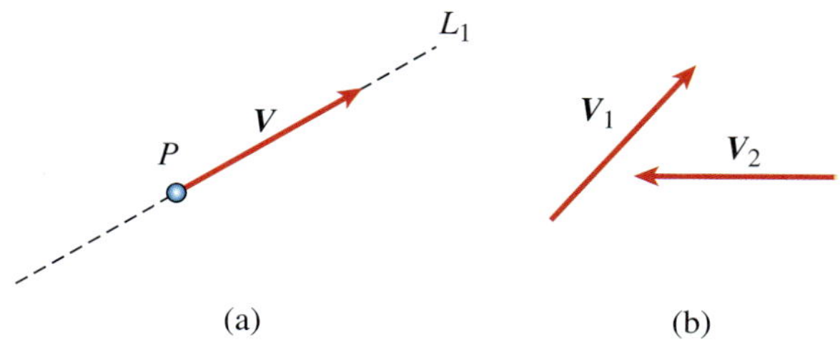

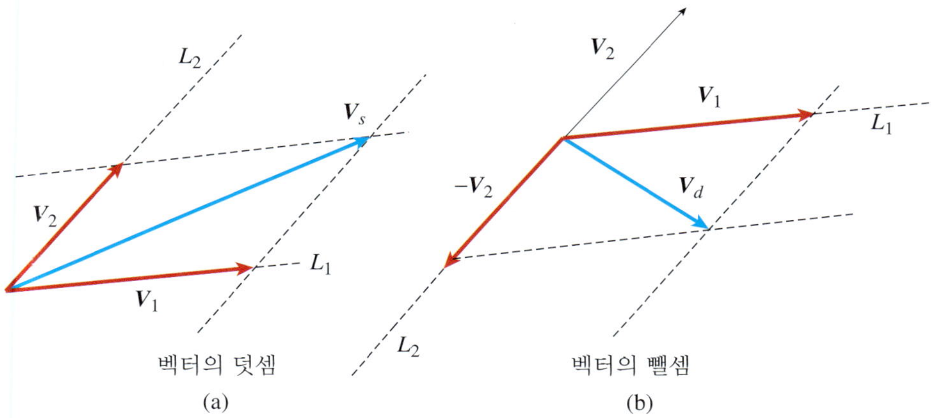

그림 1-3
(a), (b) 평행사변형 법칙

기초 벡터 연산

평행사변형 법칙(Parallelogram Law)**:** 두 벡터의 **합**은 다음과 같은 벡터 공식으로 표현할 수 있다.

$$\boldsymbol{V}_s = \boldsymbol{V}_1 + \boldsymbol{V}_2 = \boldsymbol{V}_2 + \boldsymbol{V}_1 \tag{1-5}$$

벡터의 덧셈은 그림 1-3a와 같이 합이 $\boldsymbol{V}_s$인 두 **자유 벡터** $\boldsymbol{V}_1$과 $\boldsymbol{V}_2$를 이용하여 시각적으로 표현할 수 있다. 벡터 합의 순서는 최종 결과에 영향을 미치지 않는다. 벡터 합 $\boldsymbol{V}$는 $\boldsymbol{V}_1$과 $\boldsymbol{V}_2$로 이루어진 평행사변형의 양 끝점을 연결한 대각선으로 표현된다. 두 벡터의 **차**는 벡터의 뺄셈을 이용하여 다음과 같이 구할 수 있다.

$$\boldsymbol{V}_d = \boldsymbol{V}_1 - \boldsymbol{V}_2 = \boldsymbol{V}_1 + (-\boldsymbol{V}_2) \tag{1-6}$$

벡터의 뺄셈은 $\boldsymbol{V}_2$를 음의 방향으로 전환한 뒤 평행사변형 법칙을 이용하여 그림 1-3b와 같이 벡터의 차인 $\boldsymbol{V}_d$를 구할 수 있다.

벡터의 덧셈($\boldsymbol{V}_s = \boldsymbol{V}_1 + \boldsymbol{V}_2$)과 벡터의 뺄셈($\boldsymbol{V}_d = \boldsymbol{V}_1 - \boldsymbol{V}_2$)은 스칼라의 덧셈($V_s = |\boldsymbol{V}_1| + |\boldsymbol{V}_2| = V_1 + V_2$)과 스칼라의 뺄셈($V_d = |\boldsymbol{V}_1| - |\boldsymbol{V}_2| = V_1 - V_2$)과는 다른 개념

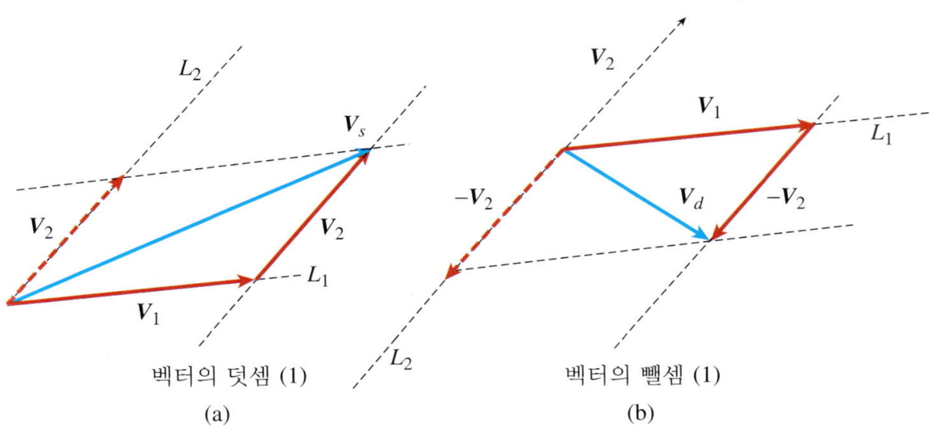

그림 1-4
(a), (b) 삼각형 법칙: 벡터 $\boldsymbol{V}_2$를 벡터 $\boldsymbol{V}_1$의 머리 부분으로 이동

그림 1-5
(a), (b) 삼각형 법칙: 벡터 $\boldsymbol{V}_1$을 벡터 $\boldsymbol{V}_2$의 머리 부분으로 이동

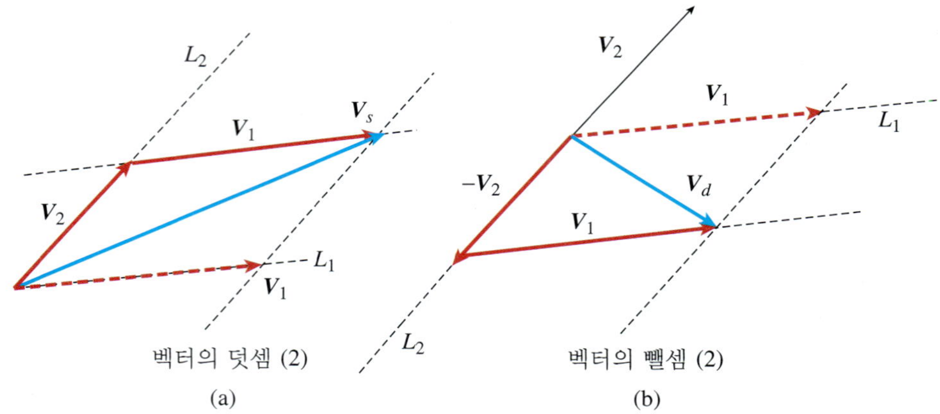

임을 기억하자.

삼각형 법칙(Triangle Law): 삼각형 법칙을 통해서 벡터 합과 차를 표현할 수 있다. 그림 1-4a, b와 같이, 벡터 연산 결과($\boldsymbol{V}_s$와 $\boldsymbol{V}_d$는 각각 벡터 합과 차를 의미)를 도출하기 위하여 벡터 $\boldsymbol{V}_2$는 벡터 $\boldsymbol{V}_1$의 머리 부분으로 이동이 가능하다(두 벡터 모두 **자유 벡터**이므로).

반대로, 벡터 $\boldsymbol{V}_1$을 벡터 $\boldsymbol{V}_2$의 머리로 이동시켜도 위와 동일한 결과를 얻을 수 있다(그림 1-5a, b).

벡터 성분(Vector Components): 앞서 논의한 대로, 벡터 $\boldsymbol{V}_1$과 $\boldsymbol{V}_2$는 **합** 벡터 $\boldsymbol{V}_s$의 **구성 성분**이다. 벡터 $\boldsymbol{V}_1$과 $\boldsymbol{V}_2$는 각각 선분 L_1과 L_2를 따라 이동하며, 합 벡터인 $\boldsymbol{V}_s$는 평행사변형 법칙(그림 1-3) 또는 삼각형 법칙(그림 1-4)에 의하여 얻을 수 있다. 때르는 벡터 $\boldsymbol{V}_1$과 $\boldsymbol{V}_2$를 x축과 y축 방향의 수직 벡터 $\boldsymbol{V}_x$와 $\boldsymbol{V}_y$(2차원)로 대체한 직교좌표계(Cartesian coordinate system)를 사용하면 보다 편리하게 벡터 연산을 수행할 수 있다(그림 1-6a).

벡터 $\boldsymbol{V}_x$와 $\boldsymbol{V}_y$는 합 벡터 $\boldsymbol{V}$의 ***x*, *y*축방향 성분**이며 동일하게 벡터의 합을 적용하면 다음과 같다[식 (1-5) 참조].

$$\boldsymbol{V}_s = \boldsymbol{V}_x + \boldsymbol{V}_y = \boldsymbol{V}_y + \boldsymbol{V}_x \tag{1-7}$$

그림 1-6
(a), (b) 2차원 공간에서 벡터의 직사각형 구성 성분, 단위 벡터

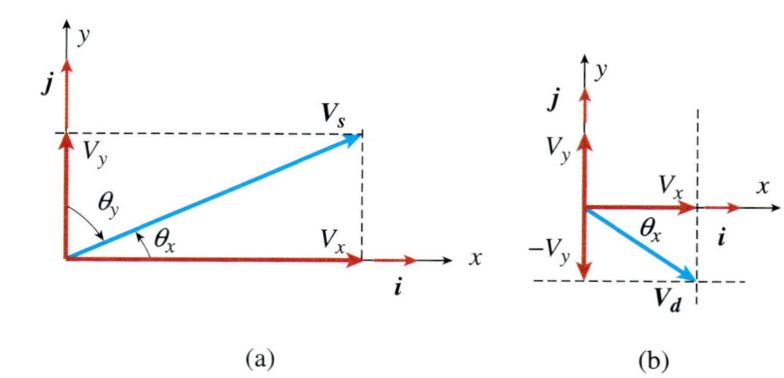

그리고 벡터의 차 또한 다음과 같이 표현할 수 있다[식 (1-6)과 그림 1-6b 참조].

$$\boldsymbol{V}_d = \boldsymbol{V}_x - \boldsymbol{V}_y = \boldsymbol{V}_x + \left(-\boldsymbol{V}_y\right) \tag{1-8}$$

각도 θ_x와 θ_y가 아래와 같을 때 x, y축에 대한 합 벡터 $\boldsymbol{V}$의 방향이 정의될 수 있음을 알아두자.

$$\begin{aligned}\theta_x &= \tan^{-1}\frac{V_y}{V_x} = \cos^{-1}\frac{V_x}{|\boldsymbol{V}|}\\ \theta_y &= \cos^{-1}\frac{V_y}{|\boldsymbol{V}|}\end{aligned} \tag{1-9}$$

각도 θ_x와 θ_y의 코사인 값은 x, y축에 대한 합 벡터 $\boldsymbol{V}$의 **방향 코사인**이라고 한다(그림 1-6 참조).

3차원에서 벡터 V는 각 좌표축(x, y, z)에 따라 세 개의 성분으로 구성된다(그림 1-7). 각 성분의 합은 다음과 같이 표현된다.

$$\boldsymbol{V} = \boldsymbol{V}_x + \boldsymbol{V}_y + \boldsymbol{V}_z \tag{1-10}$$

벡터 $\boldsymbol{V}$는 3차원에서의 합 벡터이며, 3차원 공간에서 평행사변형 법칙을 그림으로 표현할 경우, 평행육면체(6개의 평행사변형으로 구성된 3차원 도형)를 형성한다. 3차원 직교좌표계에서 평행육면체는 대각선의 길이가 $\boldsymbol{V}$이고, $\boldsymbol{V}_x$, $\boldsymbol{V}_y$, $\boldsymbol{V}_z$의 길이, 너비, 높이를 가지는 직육면체가 된다(그림 1-7).

단위 벡터(Unit Vectors): 벡터 $\boldsymbol{V}$는 또한 다음과 같이 수학적으로 벡터의 크기인 $V = |\boldsymbol{V}|$와 단위 벡터 $\boldsymbol{n}$의 곱으로 표현할 수 있다.

$$\boldsymbol{V} = |\boldsymbol{V}|\,\boldsymbol{n} = V\boldsymbol{n} \tag{1-11}$$

단위 벡터 $\boldsymbol{n}$의 크기는 1이며, 무차원 수이고, 벡터 $\boldsymbol{V}$와 동일한 방향을 가진다. x, y, z

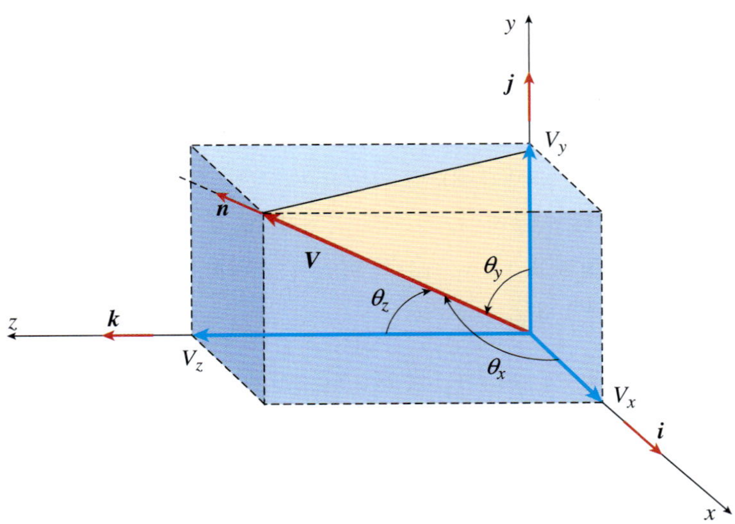

그림 1-7
3차원 공간에서 벡터의 직사각형 성분, 단위 벡터

축 방향의 단위 벡터는 각각 $\boldsymbol{i}, \boldsymbol{j}, \boldsymbol{k}$로 정의되고(그림 1-7 참조) 이에 따라 벡터 $\boldsymbol{V}$는 식 (1-11)의 개념을 확장하여 아래와 같이 3차원의 직사각형 구성 성분으로 표현할 수 있다.

$$\boldsymbol{V} = V_x\boldsymbol{i} + V_y\boldsymbol{j} + V_z\boldsymbol{k} = \begin{pmatrix} V_x \\ V_y \\ V_z \end{pmatrix} \tag{1-12}$$

여기서 $\boldsymbol{V}_x = V_x\boldsymbol{i}$, $\boldsymbol{V}_y = V_y\boldsymbol{j}$, $\boldsymbol{V}_z = V_z\boldsymbol{k}$이다. 벡터는 컴퓨터 소프트웨어에서 종종 식 (1-12)와 같이 열 벡터로 표현된다.

피타고라스 정리에 따라 벡터 $\boldsymbol{V}$의 크기는 아래와 같다.

$$V = \sqrt{V_x^2 + V_y^2 + V_z^2} \tag{1-13}$$

일반적으로, 벡터 $\boldsymbol{V}$의 **방향 코사인**은 벡터가 각각의 좌표축과 이루는 각도의 코사인이다. 이는 2차원에서 벡터의 방향 코사인을 설명한 식 (1-9)를 따른다. 그림 1-7에서 벡터 $\boldsymbol{V}$와 각 좌표축 사이의 각도 θ_x, θ_y, θ_z를 사용하여 아래와 같이 방향 코사인을 정의할 수 있다.

$$l = \cos(\theta_x) = \frac{V_x}{V},\ m = \cos(\theta_y) = \frac{V_y}{V},\ n = \cos(\theta_z) = \frac{V_z}{V} \tag{1-14}$$

위의 방향 코사인을 식 (1-12)에 대입하면

$$\boldsymbol{V} = V(l\boldsymbol{i} + m\boldsymbol{j} + n\boldsymbol{k}) = V\begin{pmatrix} l \\ m \\ n \end{pmatrix} \tag{1-15}$$

이는 식 (1-13)과 (1-14)에 의하여 아래와 같이 정리할 수 있다.

$$l^2 + m^2 + n^2 = \frac{V_x^2 + V_y^2 + V_z^2}{V^2} = 1 \tag{1-16}$$

위치 벡터(Position Vectors): 종종 벡터 $\boldsymbol{V}$의 작용선상의 임의의 점 A와 B의 좌표를 알고 있는 경우가 있다(그림 1-8).

3차원 직교좌표계를 이용하여, 기준점 O[좌표 (0, 0, 0)]에서 직선 AB를 따라 점 A(좌표 x_A, y_A, z_A)와 B(좌표 x_B, y_B, z_B)로 이어지는 위치 벡터 $\boldsymbol{r}_{OA}$와 $\boldsymbol{r}_{OB}$를 아래와 같이 정의할 수 있다(그림 1-8).

$$\boldsymbol{r}_{OA} = (x_A)\boldsymbol{i} + (y_A)\boldsymbol{j} + (z_A)\boldsymbol{k},\ \boldsymbol{r}_{OB} = (x_B)\boldsymbol{i} + (y_B)\boldsymbol{j} + (z_B)\boldsymbol{k} \tag{1-17}$$

벡터 합을 이용하면[식 (1-5)]

$$\boldsymbol{r}_{OA} + \boldsymbol{d}_{AB} = \boldsymbol{r}_{OB} \tag{1-18}$$

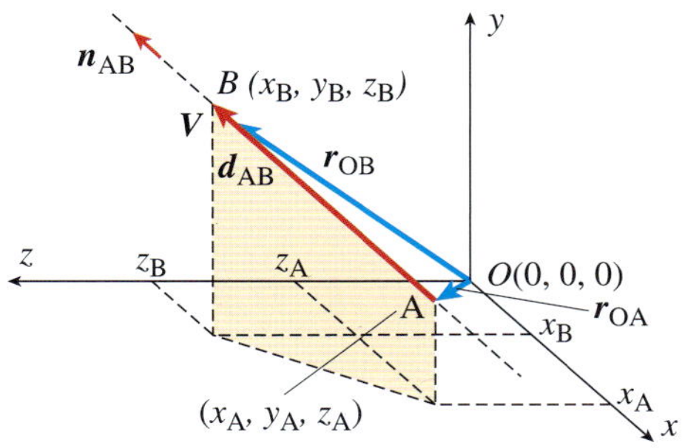

그림 1-8
위치 벡터 $\boldsymbol{r}_{OA}$, $\boldsymbol{r}_{OB}$와 거리 벡터 $\boldsymbol{d}_{AB}$

여기서 $\boldsymbol{d}_{AB}$는 점 A에서 B까지의 거리 벡터이다. 식 (1-17)을 식 (1-18)에 대입하여 $\boldsymbol{d}_{AB}$를 구할 경우, 거리 벡터는 아래와 같이 점 A와 B의 좌표계로 표현할 수 있다.

$$\boldsymbol{d}_{AB} = \boldsymbol{r}_{OB} - \boldsymbol{r}_{OA} = (x_B - x_A)\boldsymbol{i} + (y_B - y_A)\boldsymbol{j} + (z_B - z_A)\boldsymbol{k} \tag{1-19}$$

거리 벡터의 크기는 아래와 같다.

$$d_{AB} = |\boldsymbol{d}_{AB}| = \sqrt{(x_B - x_A)^2 + (y_B - y_A)^2 + (z_B - z_A)^2} \tag{1-20}$$

이를 이용하여 직선 AB의 단위 벡터를 아래와 같이 정의할 수 있다(그림 1-8 참조).

$$\boldsymbol{n}_{AB} = \frac{\boldsymbol{d}_{AB}}{d_{AB}} = \frac{(x_B - x_A)\boldsymbol{i} + (y_B - y_A)\boldsymbol{j} + (z_B - z_A)\boldsymbol{k}}{\sqrt{(x_B - x_A)^2 + (y_B - y_A)^2 + (z_B - z_A)^2}} \tag{1-21}$$

최종적으로, 직선 AB상의 벡터 $\boldsymbol{V}$는 다음과 같이 벡터의 크기 V와 단위 벡터 $\boldsymbol{n}_{AB}$의 곱으로 표현할 수 있다.

$$\boldsymbol{V} = V\boldsymbol{n}_{AB} \tag{1-22}$$

위에서 언급한 벡터 연산은 부록 A에 요약되어 있다.

1.4 단위와 환산 계수

측정 체계는 사람들이 최초로 건설과 물물교환을 시작할 무렵부터 필수적인 요소였으며, 모든 고대 문명은 필요에 의하여 일종의 측정 체계를 개발하였다. 단위의 표준화는 종종 왕령을 통해 수 세기에 걸쳐 점진적으로 이루어져 왔다. 13세기 초기 표준 측정법으로 시작하여 영국의 **야드파운드법**(British Imperial System)이 18세기에 확립되었다. 영국의 단위 체계는 상업과 식민지화를 통해 미국을 포함한 세계로 퍼져나갔다. 해당 시스템은 미국에서 **미국 단위계**(U.S. Customary System, USCS)로 발전해나갔다.

미터법(metric system)의 개념은 약 300년 전 프랑스에서 시작되었으며, 1790년대 프랑스 혁명 당시 공식화되었다. 프랑스는 1840년에 미터법의 사용을 의무화하였으며, 이후 대부분의 국가가 미터법을 채택하였다. 1866년 미 의회는 미터법을 의무화하지 않고 합법화하였다.

1950년대 미터법의 대대적인 수정을 거쳐 새로운 단위 체계가 개발되었다. 이는 1960년에 공식 채택되었으며, **국제단위계**(International System of Units)로 명명된 새로운 체계는 일반적으로 SI 단위계라고 한다. 일부 SI 단위는 이전의 미터법과 동일하였지만, 다양한 특성이 추가되었고 단순화되었다. 즉, SI는 개선된 미터법이라고 볼 수 있다.

길이, **시간**, **질량**과 **힘**은 측정 단위가 필요한 역학의 기본적인 개념이다. 하지만 이 네 종류의 물리량은 $\boldsymbol{F}=m\boldsymbol{a}$로 대변되는 뉴턴의 운동 제2법칙에 포함되며, 이 중 세 종류의 물리량만이 독립적이다. 이때 $\boldsymbol{F}$는 입자에 가해지는 힘을, m은 입자의 질량을, $\boldsymbol{a}$는 가속도를 의미한다. 가속도의 경우 길이 단위를 시간의 제곱으로 나눈 값이므로, 결과적으로 제2법칙은 네 가지의 모든 물리량을 포함하게 된다.

세 종류의 기본적인 물리량은 측정 위치와 무관하므로 SI는 **절대 단위계**(absolute system of units)로 분류된다. 즉, 측정은 중력의 영향을 받지 않는다. 그러므로 **길이**, **시간** 및 **질량**에 대한 SI 단위는 지구, 우주, 심지어 다른 행성에서도 사용이 가능하다. 이러한 특성으로 인하여 과학계에서는 SI 단위가 선호된다.

영국의 야드파운드법과 미국 단위계에서는 **길이**, **시간**, **힘**을 기본적인 물리량으로 설정하고, 질량의 경우 제2법칙을 사용하여 도출한다. 그러므로 질량의 단위는 길이, 시간, 힘의 단위로 표현된다. 힘의 단위는 중력가속도와 동일한 가속도를 특정 표준질량에 부여하는 데 필요한 힘으로 정의할 수 있다. 이러한 이유로, 해당 시스템을 **중력 단위계**(gravitational systems of units)라고 부른다. 해당 시스템은 앞서 발전하기 시작하였는데, 아마도 식별이 용이한 무게의 특성과 변화 감지가 어려운 중력의 특성에 기인한 것으로 보인다. 하지만 근대 과학기술계에서는 절대 단위계가 명백히 선호되고 있다.

SI 단위

국제 단위계에는 모든 단위를 도출해낼 수 있는 7종의 **기본 단위**(base units)가 존재한다. 역학의 주요한 단위는 **길이**의 경우 미터(m), **시간**의 경우 초(s), **무게**의 경우 킬로그램(kg)이다. 이 외의 SI 기본 단위는 온도, 전류, 물질의 양, 광도와 관련되어 있다.

본래 **미터**(meter) 단위는 북극에서 적도까지 거리의 1,000만 분의 1로 정의되었다. 후에 해당 거리는 물리학적 표준으로 전환되었고, 이후 오랫동안 미터의 표준은 프랑스 파리 서쪽 가장자리에 위치한 국제도량형국 본부에서 보관 중인 백금-이리듐 막대의 표시 간 거리로 설정되었다.

물리적 막대 간 거리를 표준으로 사용하는 부정확함으로 인하여, 1983년에는 진공 환경에서 빛이 1/299,792,458초의 시간 동안 이동한 경로의 길이를 미터로 정의하였다[진공에서 빛의 속도의 역수(299,792,458 m/s)]. 이러한 '자연적'인 표준의 장점은 물리적 손상과 무관하고, 전 세계 어떤 연구실에서도 구현이 가능하다는 데 있다.

초(second)는 본래 평균 태양일의 1/86,400로 정의되었다(24시간=86,400초). 하지만 1967년 이후, 고도로 정확한 원자시계가 기준으로 선정되었고, 현재 초는 세슘-133 원자의 바닥 상태의 두 개의 초미세 준위를 9,192,631,770회 전이하는 시간으로 정의되고 있다. (대부분의 공학도들은 기존의 정의를 선호하고, 기존과 비교할 때 두 번째 정의는 눈에 띄게 변경되지는 않았으나 지구의 자전 속도가 점점 느려지고 있으므로 필수적이다.)

7가지 SI 기본 단위 중 **킬로그램**(kilogram)은 유일하게 물리적 개체에 의해 정의되고 있는 단위이다. 개체의 질량은 다른 물체의 질량과 실험적으로 비교하여 결정할 수 있으므로, 물리적인 기준이 요구된다. 이러한 이유로 인하여, 국제도량형 사무국에서는 국제 킬로그램 원기(IPK)로 불리는 1킬로그램의 백금-이리듐 실린더를 보관하고 있다. (최근에는 킬로그램을 아보가드로수와 같이 기본적인 상수로 정의하여 물리적인 개체의 필요성을 제거하려는 시도가 이루어지고 있다.)

역학에서 사용되는 또 다른 단위인 **유도 단위**(derived units)는 미터, 초, 킬로그램을 기본 단위로 하여 표현된다. 예를 들어, **힘**(force)의 단위는 **뉴턴**(newton)으로, 1킬로그램 질량에 1 m/s^2의 가속도를 부여하기 위한 힘으로 정의된다. 뉴턴의 운동 제2법칙에 의하여, 아래와 같이 기본 단위를 이용한 힘의 단위의 유도가 가능하다.

$$1\text{뉴턴} = (1\text{킬로그램})(\text{제곱초당 } 1\text{미터})$$

그러므로 뉴턴(N)은 아래의 공식에 의해 기본 단위로 주어지게 된다.

$$1\text{N} = 1\ \text{kg} \cdot \text{m/s}^2 \qquad \textbf{(1-23)}$$

작은 사과의 무게가 약 1뉴턴임을 기억하자.

역학에서 중요한 SI 단위의 명칭, 기호, 공식은 표 1-1에 나열하였다. 뉴턴, 헤르츠, 와트, 파스칼과 같은 몇몇 유도 단위는 특별한 명칭으로 명명된다. 이러한 단위명은 과학과 공학계의 저명 인사들의 이름을 따라 명명되었으며, 명칭은 소문자로 표기하나 기호는 대문자로 표기한다(N, J, Hz, W, Pa). 몇몇 유도 단위는 특별한 명칭이 없

표 1-1
역학에서 사용되는 주요 물리량

물리량	국제 단위계(SI)			미국 단위계(USCS)		
	단위	기호	공식	단위	기호	공식
힘	뉴턴	dAB	$kg \cdot m/s^2$	파운드	lb	(기본 단위)
단위 길이당 힘 (힘의 강도)	미터당 뉴턴		N/m	피트당 파운드		lb/ft
길이	미터	m	(기본 단위)	피트	ft	(기본 단위)
질량	킬로그램	kg	(기본 단위)	슬러그		$lb\text{-}s^2/ft$
토크	뉴턴미터		$N \cdot m$	파운드-피트		lb-ft
단면 이차 모멘트	네제곱미터		m^4	네제곱인치		$in.^4$
질량 관성 모멘트	킬로그램 제곱미터		$kg \cdot m^2$	슬러그 제곱피트		$slug\text{-}ft^2$
압력	파스칼	Pa	N/m^2	제곱피트당 파운드	psf	lb/ft^2
시간	초	s	(기본 단위)	초	s	(기본 단위)

고, 기본 단위 및 유도 단위로 표현된다(예: 가속도, 면적, 밀도).

중력 및 여타의 작용으로 인하여 **구조물에 가해지는 하중**(loads on structures)은 일반적으로 뉴턴, 미터당 뉴턴 또는 파스칼(제곱미터당 뉴턴)과 같이 힘의 단위로 표현된다. 이러한 하중의 예로 차축에 가해지는 25 kN의 집중하중, 소형 보에 균일하게 분포하는 800 N/m의 분포하중, 비행기 날개에 가해지는 2.1 kPa의 기압이 있다. 하지만 구조물에 가해지는 하중이 질량에 가해지는 중력에 의해 발생하는 경우, 해당 하중은 질량의 단위로 표현되어야 할 것이다(킬로그램, 미터당 킬로그램 또는 제곱미터당 킬로그램). 이러한 경우 일반적인 절차는 중력가속도($g=9.81\ \text{m/s}^2$)를 곱하여 하중의 단위를 힘의 단위로 변환하는 것이다.

단위의 변환

USCS 또는 SI 단위로 주어진 물리량은 표 1-2에 나열되어 있는 **환산 계수**(conversion factor)를 이용하여 다른 종류의 계로의 손쉬운 변환이 가능하다.

표 1-2
미국 단위계와 SI 단위계 변환 표

미국 단위계		환산 계수		전환 시 SI 단위	
		정확한 계수	근삿값		
힘					
파운드	lb	4.44822	4.45	뉴턴($\text{kg}\cdot\text{m/s}^2$)	N
kip(천 파운드)	k	4.44822	4.45	킬로뉴턴	kN
단위 길이당 힘					
피트당 파운드	lb/ft	14.5939	14.6	미터당 뉴턴	N/m
인치당 파운드	lb/in.	175.127	175	미터당 뉴턴	N/m
피트당 킬로파운드	k/ft	14.5939	14.6	미터당 킬로뉴턴	kN/m
인치당 킬로파운드	k/in.	175.127	175	미터당 킬로뉴턴	kN/m
길이					
피트	ft	0.3048*	0.305	미터	m
인치	in.	25.4*	25.4	밀리미터	mm
마일	mi	1.609344*	1.61	킬로미터	km
질량					
슬러그	$\text{lb-s}^2\text{/ft}$	14.5939	14.6	킬로그램	kg
토크					
파운드-피트	lb-ft	1.35582	1.36	뉴턴미터	N·m
파운드-인치	lb-in.	0.112985	0.113	뉴턴미터	N·m
킬로파운드-피트	k-ft	1.35582	1.36	킬로뉴턴미터	kN·m
킬로파운드-인치	k-in.	0.112985	0.113	킬로뉴턴미터	kN·m
단면 이차 모멘트					
네제곱인치	in.^4	416,231	416,000	네제곱밀리미터	mm^4
네제곱인치	in.^4	$0.416,231\times10^{-6}$	0.416×10^{-6}	네제곱미터	m^4
질량 관성 모멘트					
슬러그제곱피트	slug-ft^2	1.35582	1.36	킬로그램제곱미터	$\text{kg}\cdot\text{m}^2$

* 정확한 환산 계수를 의미함.

참고: USCS 단위로 변환하기 위해서는 SI 단위를 환산 계수로 **나누어준다.**

만약 주어진 물리량이 USCS 단위라면, 이는 환산 계수를 **곱하여** SI 단위계로 전환할 수 있다. 예를 들어, 물체에 가해지는 힘이 15 lb이고, 이를 빠르게 SI 단위로 변환하고자 한다면, 우선 표 1-2를 참고하여 1 lb의 힘은 4.44822 N으로 변환됨을 확인할 수 있다[식 (1-25) 참조]. 그러므로 주어진 값의 변환은 아래와 같다.

$$(15.0\,\text{lb})(4.44822) = 66.723\,\text{N} = 66.7\,\text{N}$$

본래의 값은 세 자리의 유효 자릿수로 주어지기 때문에, 최종 결과는 유효 자릿수 세 개로 반올림하여야 한다. 환산 계수 4.44822는 뉴턴 단위를 파운드로 나눈 값임을 기억하자. 그러므로 해당 방정식은 차수적으로 정확하다.

앞선 과정과 반대로 변환하는 경우(즉, SI 단위를 USCS 단위로 변환), SI 단위에서의 물리량은 환산 계수로 **나뉜다**. 예를 들어, 물체의 질량이 100 kg인 경우를 가정하자. 그러면 USCS 단위로는 아래와 같이 표현된다.

$$\frac{100\,\text{kg}}{14.5939} = 6.85\ \text{슬러그}$$

여기서 14.5939는 질량에 관한 환산 계수이다.

예제 1-1

점 P를 기준으로 자동차 주차 브레이크에 두 힘이 가해지고 있다(그림 1-9 참조). 두 힘의 크기를 각각 $F_1 = 60$ N과 $F_2 = 70$ N으로 가정한다.

(a) 벡터 $\boldsymbol{F}_1$과 벡터 $\boldsymbol{F}_2$의 벡터 **합**인 $\boldsymbol{F}_s$의 크기와 방향을 구하시오.

(b) 벡터 $\boldsymbol{F}_1$과 벡터 $\boldsymbol{F}_2$ 간의 벡터 **차**인 $\boldsymbol{F}_d$의 크기와 방향을 구하시오.

그림 1-9
(a), (b) 주차 브레이크에 가해지는 두 힘

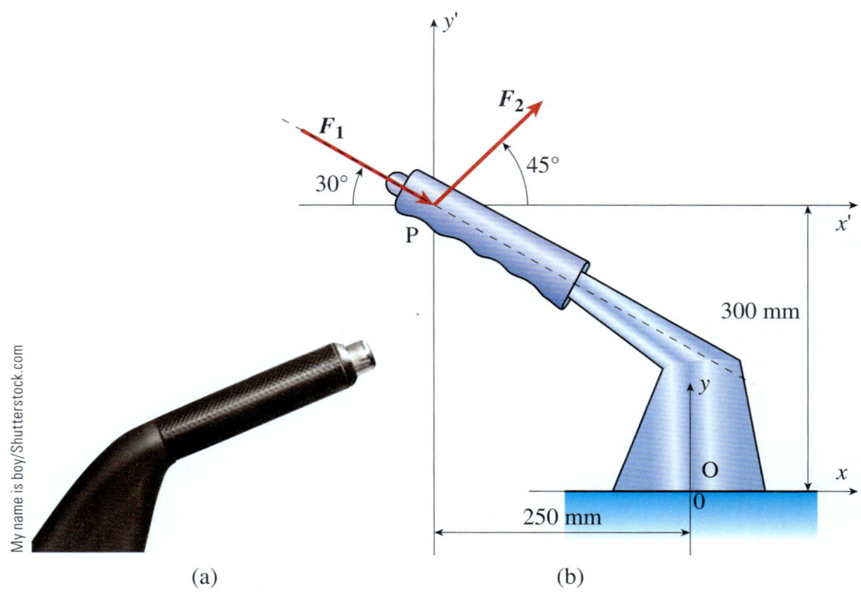

그림 1-10

점 P에 작용하는 힘 벡터

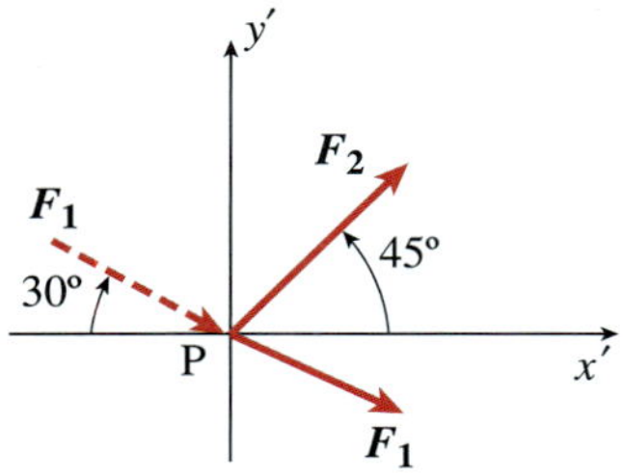

그림 1-11

벡터 합을 구하기 위한 평행사변형 법칙의 활용

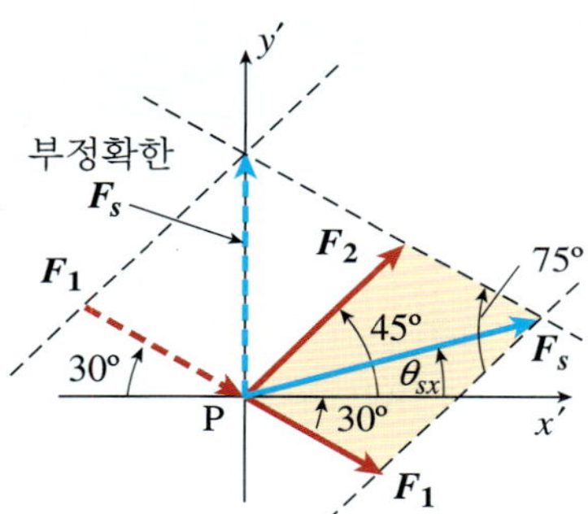

그림 1-12

벡터 합에 삼각형 법칙을 잘못 적용한 예

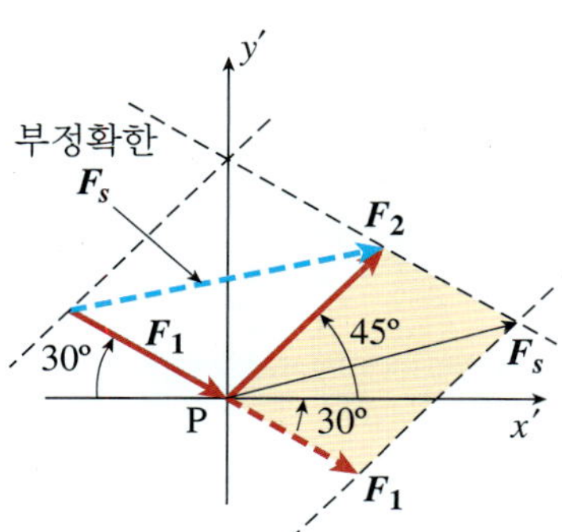

풀이

Part (a): 아래의 4단계 문제풀이 접근방법을 사용하여 벡터 $\boldsymbol{F}_1$과 벡터 $\boldsymbol{F}_2$의 벡터 합 $\boldsymbol{F}_s$의 크기와 방향을 구한다. 평행사변형 법칙을 사용한다.

1. **개념화** 우선 동일한 점(그림 1-10에서 보이듯, 작용선이 교차하는 점 P)을 기준으로 벡터 $\boldsymbol{F}_1$과 $\boldsymbol{F}_2$를 그린다(대략적인 축척으로). 벡터 $\boldsymbol{F}_1$의 꼬리 부분(머리 부분 아님)이 점 P에 위치하도록 작용선을 따라 벡터 $\boldsymbol{F}_1$을 이동시킨다.
2. **분류** 벡터 합인 $\boldsymbol{F}_s$는 그림 1-11의 음영 처리 부분과 같은 **평행사변형**으로 표현할 수 있다. 만약 벡터 $\boldsymbol{F}_1$을 작용선을 따라 이동시키지 않고 머리 부분이 점 P에서 벡터 $\boldsymbol{F}_2$의 꼬리에 위치하는 경우, 그림 1-11과 같이 부정확한 평행사변형과 부정확한 결과가 도출된다.
3. **해석** 식 (1-5)를 사용하여 벡터 합 $\boldsymbol{F}_s=\boldsymbol{F}_1+\boldsymbol{F}_2$를 얻는다. 벡터 크기는 $F_1=|\boldsymbol{F}_1|=60$ N, $F_2=|\boldsymbol{F}_2|=70$ N이다. 벡터 $\boldsymbol{F}_s$의 크기는 **코사인 법칙**을 통하여 구할 수 있다(부록 A).

$$F_s = |\boldsymbol{F}_s| = \sqrt{F_1^2 + F_2^2 - 2F_1 F_2 \cos(180° - 75°)}$$

$$\begin{aligned} F_s &= \sqrt{(60\text{ N})^2 + (70\text{ N})^2 - 2(60\text{ N})(70\text{ N})\cos(180° - 75°)} \\ &= 103.3\text{ N} \end{aligned}$$

벡터 $\boldsymbol{F}_s$의 방향은 **사인 법칙**을 통하여 구할 수 있다(부록 A).

$$\frac{F_s}{\sin(180° - 75°)} = \frac{F_2}{\sin(30° + \theta_{sx})}$$

$$\text{따라서} \quad \theta_{sx} = \sin^{-1}\left(\frac{F_2}{F_s}\sin(105°)\right) - 30° = 10.88°$$

그림 1-11에서 확인 가능하듯, 벡터 $\boldsymbol{F}_s$의 크기는 103.3 N이며, $+x'$축을 기준으로 반시계방향(CCW)으로 θ_{sx}(10.88°)만큼 기울어 있다.

4. **최종 단계** 결과 그림과 삼각형법을 이용하여 계산한 방향 각도 θ_{sx}는 일치하는 것으로 보인다. 이때 벡터의 합($\boldsymbol{F}_s=\boldsymbol{F}_1+\boldsymbol{F}_2$)은 각 벡터의 스칼라양의 합($F_1+F_2$)과 다름에 주의하자. 벡터 합 $\boldsymbol{F}_s$의 크기인 F_s는 단순히 벡터 $\boldsymbol{F}_1$과 $\boldsymbol{F}_2$의 크기 성분의 합과는 다르다. 따라서 벡터 합 F_s의 정확한 크기는 103.3 N이다.

$$|\boldsymbol{F}_s| = F_s = 103.3\text{ N} \neq F_1 + F_2 = 130\text{ N}.$$

벡터 $\boldsymbol{F}_1$은 반드시 작용선을 따라 움직여야 하고, 벡터 $\boldsymbol{F}_s$의 정확한 합을 얻기 위해서는 벡터의 꼬리가 점 P에 위치하여야 한다. 이를 지키지 않을 경우 동일한 크기의 벡터 $\boldsymbol{F}_s$를 구할 수는 있지만, 해당 벡터 합의 작용선은 점 P를 통과하지 않는 결과가 도출된다(그림 1-12 참조).

그림 1-13

벡터 차를 구하기 위한 힘 벡터의 모식화

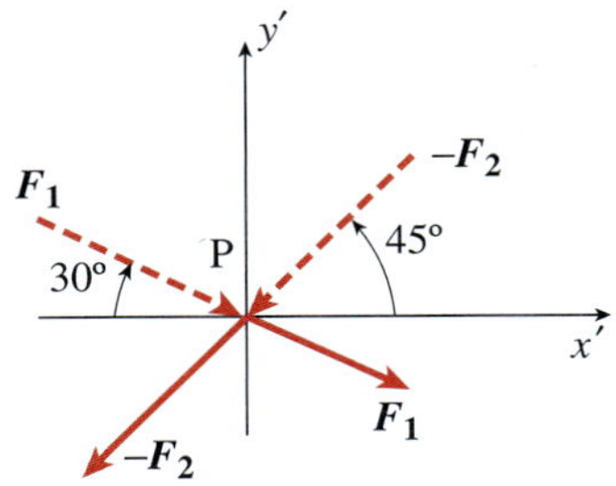

그림 1-14

벡터 차를 구하기 위한 삼각형 법칙의 활용

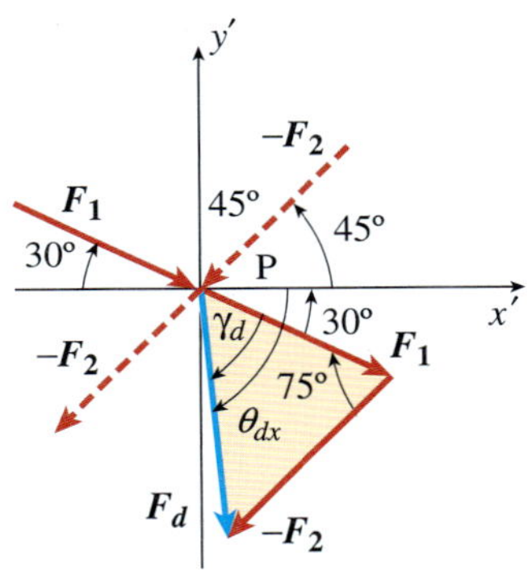

Part (b): 아래의 4단계 문제풀이 접근방법을 사용하여 벡터 F_1과 벡터 F_2의 벡터 차 F_d의 크기와 방향을 구한다. 삼각형법을 사용한다.

1. **개념화** 벡터 차 $\boldsymbol{F}_d$를 구하기 위하여, 우선 점 P에서 시작하는 $\boldsymbol{F}_1$과 $-\boldsymbol{F}_2$ 벡터를 그림으로 모식화한다(그림 1-13 참조).
2. **분류** 벡터 차 $\boldsymbol{F}_d$는 그림 1-14와 같이 **삼각형**의 형상으로 배열되었다. 벡터 차인 $\boldsymbol{F}_d$를 구하기 위하여 우선 벡터 $-\boldsymbol{F}_2$의 꼬리 부분을 벡터 $\boldsymbol{F}_1$의 머리 부분에 부착하거나(그림 1-14) 벡터 $\boldsymbol{F}_1$의 꼬리 부분을 벡터 $-\boldsymbol{F}_2$의 머리 부분에 부착한다.
3. **해석** 벡터 차 $\boldsymbol{F}_d$는 식 (1-6)을 통해 구할 수 있다: $\boldsymbol{F}_d=\boldsymbol{F}_1-\boldsymbol{F}_2$. 각 벡터의 크기는 $|\boldsymbol{F}_1|=F_1=60$ N, $|\boldsymbol{F}_2|=F_2=70$ N이다. 벡터 $\boldsymbol{F}_d$의 크기는 코사인 법칙을 활용하여 구할 수 있다(부록 A).

$$F_d = |\boldsymbol{F}_d| = \sqrt{F_1^{\,2} + F_2^{\,2} - 2F_1 F_2 \cos(75°)}$$

$$F_d = \sqrt{(60 \text{ N})^2 + (70 \text{ N})^2 - 2(60 \text{ N})(70 \text{ N}) \cos(75°)} = 79.5 \text{ N}$$

계산을 통하여 도출한 벡터 차의 크기는 79.5 N이고, 벡터 F_d의 방향은 앞서 구한 벡터 합 F_s와는 분명히 달라진다(그림 1-11, 1-14 참조). 벡터 $\boldsymbol{F}_d$의 방향은 **사인 법칙**을 통하여 도출할 수 있다(부록 A).

$$\frac{F_d}{\sin(75°)} = \frac{F_2}{\sin(\gamma_d)} \text{ 따라서 } \gamma_d = \sin^{-1}\left(\frac{F_2}{F_d}\sin(75°)\right) = 58.2°$$

그리고

$$\theta_{dx} = \gamma_d + 30° = 88.2°$$

그림 1-14에서 확인 가능하듯, 벡터 $\boldsymbol{F}_d$의 크기는 79.5 N이며, $+x'$축을 기준으로 시계방향(CW)으로 θ_{dx}(88°)만큼 기울어 있다.

4. **최종 단계** 적절한 축척으로 그려진 결과 그림과 삼각형법으로 도출한 방향 각도 θ_{dx}는 일치하는 것으로 보인다. 벡터 차인 $\boldsymbol{F}_d=\boldsymbol{F}_1-\boldsymbol{F}_2$는 벡터 F_1과 F_2의 스칼라양의 차와는 다름을 명심하자. 벡터 차 $\boldsymbol{F}_d$의 크기인 F_d는 단순히 벡터 $\boldsymbol{F}_1$과 $\boldsymbol{F}_2$의 크기의 차로 도출할 수 없다. 벡터 F_d의 정확한 크기는 79.5 N이며, 아래와 같이 요약할 수 있다.

$$|\boldsymbol{F}_d| = F_d = 79.5 \text{ N} \neq F_1 - F_2 = -10 \text{ N}$$

연습문제

1.3 벡터와 스칼라

도입문제

1.3-1 다음 벡터의 방향 코사인과 벡터 방향의 단위 벡터를 구하시오. $\boldsymbol{V}=10\boldsymbol{i}+15\boldsymbol{j}$.

1.3-2 다음 두 벡터의 합($\boldsymbol{V}_s$)과 차($\boldsymbol{V}_d$)를 구하시오. $\boldsymbol{V}_1=10\boldsymbol{i}+15\boldsymbol{j}$, $\boldsymbol{V}_2=8\boldsymbol{i}-12\boldsymbol{j}$. **평행사변형 법칙**과 **삼각형 법칙**을 이용하여 그 결과를 확인하시오.

1.3-3 다음 두 벡터의 합($\boldsymbol{V}_s$)과 차($\boldsymbol{V}_d$)를 구하시오. $\boldsymbol{V}_1=-10\boldsymbol{i}+15\boldsymbol{j}$, $\boldsymbol{V}_2=8\boldsymbol{i}-12\boldsymbol{j}$. **평행사변형 법칙**과 **삼각형 법칙**을 이용하여 그 결과를 확인하시오.

1.3-4 두 벡터 $\boldsymbol{V}_1$과 $\boldsymbol{V}_2$의 **합**이 $(4\boldsymbol{i}-8\boldsymbol{j}-7\boldsymbol{k})$이다. $\boldsymbol{V}_1$ 벡터의 단위 벡터가 $(0.635\boldsymbol{i}+0.773\boldsymbol{j})$일 때, 서로 **직교**인 두 벡터 $\boldsymbol{V}_1$과 $\boldsymbol{V}_2$를 구하시오.

1.3-5 두 벡터 $\boldsymbol{V}_1$과 $\boldsymbol{V}_2$는 직교한다. 만약 $\boldsymbol{V}_1=(5\boldsymbol{i}+7\boldsymbol{j}-3\boldsymbol{k})$이고 $\boldsymbol{V}_2=(7\boldsymbol{i}+V_y\boldsymbol{j}+14\boldsymbol{k})$일 때 $\boldsymbol{V}_2$ 벡터의 y방향 성분 V_y를 구하시오.

대표문제

1.3-6 예제 1-1에 있는 그림에서 자동차의 주차 브레이크 P점에 두 힘이 작용하고 있다. 두 힘의 크기가 각각 $F_1=57.5$ N, $F_2=67$ N일 때, 두 힘 벡터의 직교좌표계에서의 성분 $\boldsymbol{F}_1$과 $\boldsymbol{F}_2$를 구하시오.

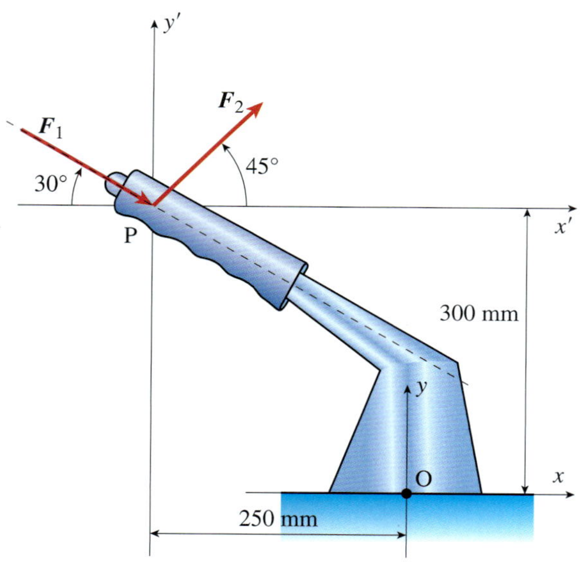

P1.3-6

1.3-7 그림 (a)의 움직이는 카메라 시스템을 고려하자. 두 힘 $\boldsymbol{F}_1$과 $\boldsymbol{F}_2$는 그림 (b)와 같이 각도 $\alpha=22°$, $\beta=40°$로 향하고 그 크기는 각각 124 N과 150 N이다.

(a) 두 힘 벡터 $\boldsymbol{F}_1$과 $\boldsymbol{F}_2$의 합인 $\boldsymbol{F}_s$의 크기와 방향을 구하시오.

(b) 두 힘 벡터 $\boldsymbol{F}_1$과 $\boldsymbol{F}_2$의 차인 $\boldsymbol{F}_d$의 크기와 방향을 구하시오.

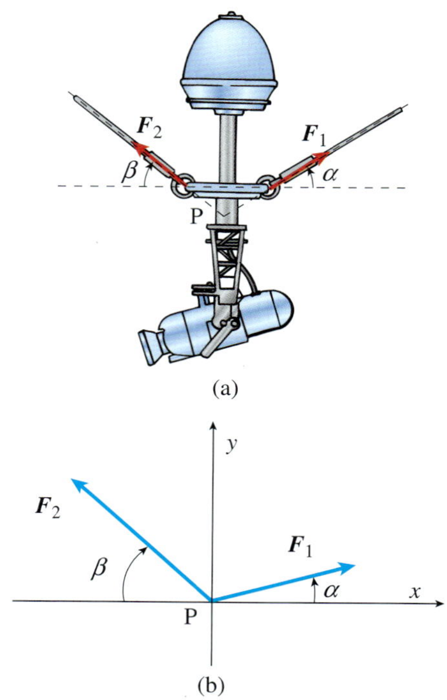

P1.3-7

CHAPTER 2

힘, 모멘트, 합력

sainthorant daniel/Shutterstock.com

범선의 마스트를 지지하는 케이블에는 큰 힘이 발생한다.

이 장의 목적

- 공학적 응용에 사용되는 구조 및 기계와 같은 물체에 대한 힘 및 모멘트 벡터의 작용을 학습한다.
- 벡터 연산을 사용하여 합력을 구하고 이를 선택한 방향 혹은 지정된 축에 대한 벡터로 분해하는 방법을 학습한다.
- 특정 점에 대한 회전하는 힘인 모멘트에 대해 학습한다.
- 크기가 같고 방향은 반대인 두 개의 평행한 힘으로 구성된 우력을 학습한다.
- 강체에서 힘-우력 시스템을 위치 이동하여 동일한 힘 및 우력 시스템으로 대체하는 방법을 학습한다.

이 장의 구성

힘과 힘이 구조에 미치는 영향은 재료역학의 핵심 내용이다. 힘과 하중에 의한 회전 효과인 모멘트는 둘 다 벡터양이다. 앞서 살펴본 벡터 연산을 그대로 힘 해석에 적용하여 정역학 문제를 풀 수 있다. 실제 공학 문제의 솔루션에 기본적인 벡터 연산을 활용할 수 있다. 먼저 한 점에 작용하는 힘 벡터를 학습하고 추후 강체에 작용하는 하중에 대해 살펴본다.

2.1 힘: 2D, 3D

힘은 벡터양으로 표시되며 크기, 작용선, 방향 및 작용점으로 표기된다. 2차원 힘과 시스템은 일반적인 스칼라 연산을 통해 해석할 수 있지만 3차원 힘은 구조의 다양한 지점에서 발생하는 효과를 해석하기 위해 벡터 대수학이 필요한 경우가 많다.

힘의 형태

힘의 해석은 모든 차원에서 벡터 해석으로 수행할 수 있고 재료역학에서는 정적인 힘에 대해 고려를 하기 때문에 많은 경우 스칼라양과 대수 방정식을 이용하여 힘의 효과를 해석할 수 있다. 앞 장에서 학습한 벡터 연산을 기반으로 힘 해석을 수행하도록 한다.

그림 2-1에 있는 소형 트럭 크레인을 살펴보자. 이 크레인은 일정한 두께의 직사각형 강판을 들어 올리고 있는데, 판은 **W**의 무게를 가지고 있고 이는 판의 무게중심에 위치하는 **외력**으로 표현할 수 있다. 플레이트의 무게는 각 상단 모서리에 있는 클레비스와 핀 부착물을 통해 크레인에 매달려 있는 두 개의 케이블에 의해 지탱된다. 핀, 클레비스 부착물 및 각 모서리에 있는 플레이트에 작용하는 힘은 플레이트의 국부적인 응력과 변형을 발생시키는 **내부 힘**의 예이다.

여기서 우리는 먼저 플레이트에 대한 케이블-클레비스-핀 리프트 시스템에 관심을 가지고 **분석**해본다. 먼저 케이블과 플레이트가 포함된 부분을 분리한다. 이 부분의

그림 2-1
기울어진 직사각형 강판을 들어 올리는 소형 트럭 크레인

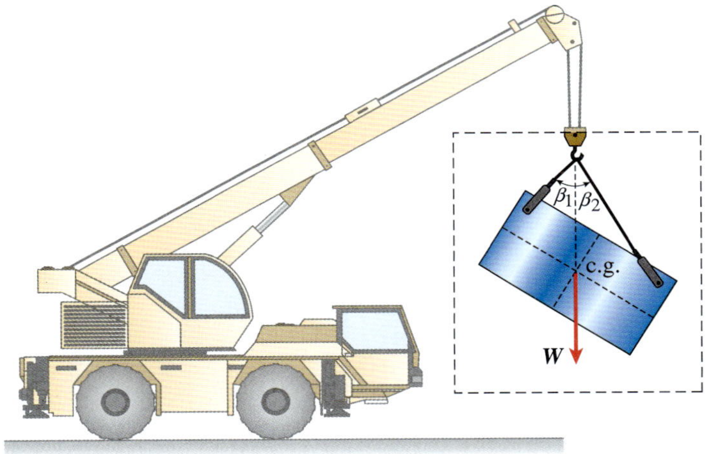

그림 2-2
구조의 일부 분리된 부분: 플레이트와 케이블

해석에 대해서는 케이블 힘($\boldsymbol{F}_1$, $\boldsymbol{F}_2$)과 플레이트의 무게($\boldsymbol{W}$)만 필요하므로 플레이트 바로 위의 크레인 훅 부분에서 절단한다(그림 2-2 참조). 여기서 우리는 힘 $\boldsymbol{F}_1$과 $\boldsymbol{F}_2$로부터 구성된 합력벡터 $\boldsymbol{R}$를 찾으려 한다. 이때 우리의 관심사는 점선 안의 부분이므로 훅이 케이블 1과 2에 부착된 지점의 위쪽 부분과 왼쪽에 있는 시스템에 대해서는 무시하고 해석을 진행할 수 있다.

지금은 케이블에 걸리는 힘에만 관심이 있기 때문에 두 케이블을 모두 절단하여 케이블 **내부**에 작용하는 힘을 표현한다. 결과 스케치인 그림 2-3a는 외부 힘 $\boldsymbol{W}$와 내부 케이블 힘 $\boldsymbol{F}_1$, $\boldsymbol{F}_2$를 모두 보여준다. 이때 플레이트에 발생하는 응력과 변형은 무시한다.

평행사변형 법칙을 이용해서 합력 $\boldsymbol{R}$(그림 2-3)를 다음과 같이 구한다.

$$\boldsymbol{R} = \boldsymbol{F}_1 + \boldsymbol{F}_2 \tag{2-1}$$

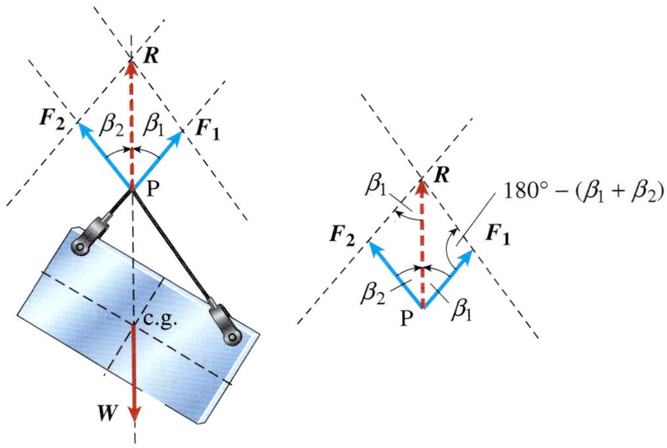

그림 2-3
(a), (b) 평행사변형 법칙으로 구한 합력 $\boldsymbol{R}$

그림 2-4

(a), (b) 삼각형 법칙으로 구한 합력 $\boldsymbol{R}$

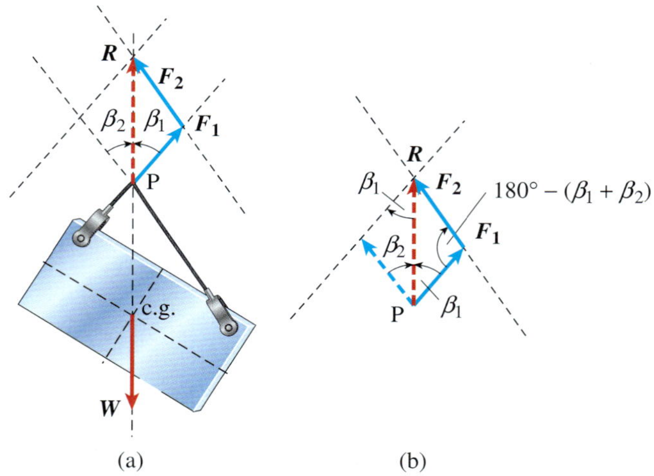

삼각형 법칙을 사용하여도 그림 2-4와 같이 동일한 결과를 얻을 수 있다.

합력 $\boldsymbol{R}$의 크기를 찾기 위해 그림 2-3b에서의 값을 가지고 코사인 법칙을 활용한다.

$$R = |\boldsymbol{R}| = \sqrt{F_1^2 + F_2^2 - 2F_1F_2\cos(180° - (\beta_1 + \beta_2))} \quad \textbf{(2-2)}$$

또 다른 방법으로는 그림 2-4b의 값을 가지고 사인 법칙을 활용할 수도 있다.

$$\frac{R}{\sin(180° - (\beta_1 + \beta_2))} = \frac{F_1}{\sin(\beta_2)} = \frac{F_2}{\sin(\beta_1)} \quad \textbf{(2-3)}$$

그 결과 합력 $\boldsymbol{R}$의 크기는 다음과 같이 구해진다.

$$R = F_1\left(\frac{\sin(180° - (\beta_1 + \beta_2))}{\sin(\beta_2)}\right) = F_2\left(\frac{\sin(180° - (\beta_1 + \beta_2))}{\sin(\beta_1)}\right) \quad \textbf{(2-4)}$$

예제 2-1

그림 2-5

케이블 BDC에 의해 지지되는 표지판

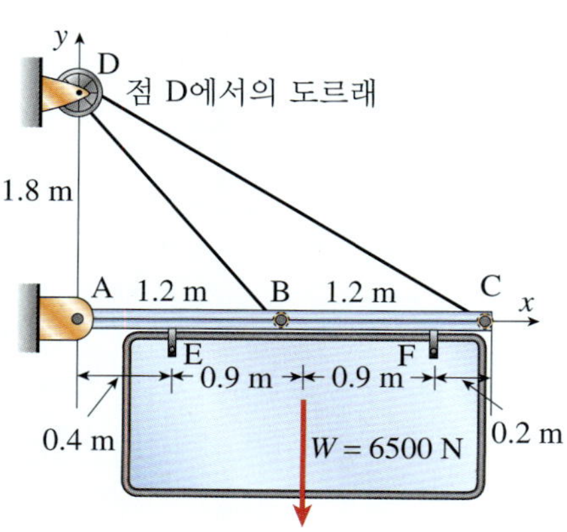

인장력 T가 작용하는 연속 케이블이 표지판을 지탱하기 위해 수평 프레임 B, C부분에 연결되어 있다(그림 2-5 참조). 케이블은 D에서 마찰이 없는 작은 도르래를 통과하여 연결되어 있다.

(a) D에서 두 케이블 힘의 합인 단일 등가 벡터 $\boldsymbol{R}_D$의 크기와 방향을 **평행사변형 법칙**을 사용하여 구하시오.

(b) $\boldsymbol{R}_D$의 DB선 방향 성분을 구하시오.

풀이

Part (a): 4단계 문제풀이 접근방법을 사용하여 D에서 두 케이블 힘의 합인 단일 등가 벡터 $\boldsymbol{R}_D$의 크기와 방향을 구한다. 평행사변형 법칙을 사용한다.

그림 2-6

D점에서 교차되는 케이블의 장력 벡터

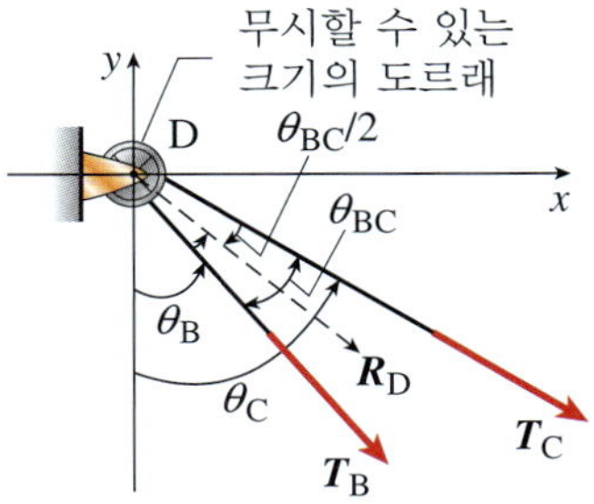

그림 2-7

합력 벡터 $\boldsymbol{R}_D$

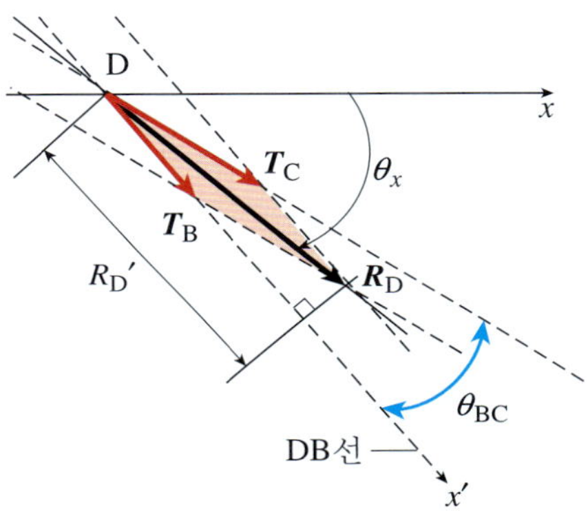

그림 2-8

무시할 수 없는 도르래의 크기 때문에 설정된 케이블 장력 벡터의 교차점 D′

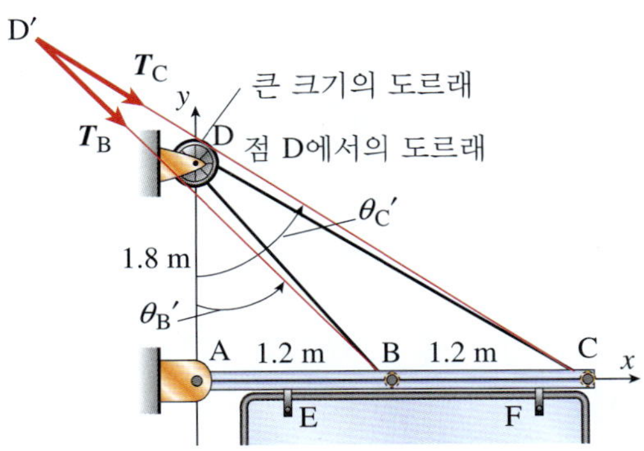

1. **개념화[가설, 스케치]** 먼저 관심 있는 D에서 도르래 주변 영역을 분리한다. 선 DB와 DC를 따라 각각 작용하는 벡터 $\boldsymbol{T}_B$와 $\boldsymbol{T}_C$를 주의 깊게 스케치한다(그림 2-6 참조).
2. **분류[단순화, 분류화]** 도르래가 작기 때문에 두 벡터의 작용선은 점 D에서 시작한다고 가정한다. 이 두 장력 벡터의 합 $\boldsymbol{R}_D$는 그림 2-7과 같은 평행사변형을 사용해서 나타낼 수 있다.
3. **해석[수치계산, 적절한 식 선정, 수학적인 해를 구함]** 벡터 합은 $\boldsymbol{R}_D = \boldsymbol{T}_B + \boldsymbol{T}_C$이다. 합력 $\boldsymbol{R}_D$의 크기는 코사인 법칙으로 구할 수 있고, DB와 DC선 사이의 각도 θ_{BC}도 다음처럼 구할 수 있다(그림 2-7 참조).

$$\theta_{BC} = \theta_C - \theta_B = \tan^{-1}\left[\frac{2.4}{1.8}\right] - \tan^{-1}\left[\frac{1.2}{1.8}\right] \tag{2-5}$$

$$= 53.13° - 33.69° = 19.44°$$

$$R_D = |\boldsymbol{R}_D| = \sqrt{T^2 + T^2 - 2T^2\cos(180° - \theta_{BC})} = 1.971T \tag{2-6}$$

x축 기준으로 시계방향으로 회전한 $\boldsymbol{R}_D$의 방향을 표현하는 각도 θ_x는 다음과 같다.

$$\theta_x = 90° - \theta_C + \frac{\theta_{BC}}{2} = 46.6° \tag{2-7}$$

즉 R_D의 크기는 $1.971T$이고 방향은 $+x$축을 기준으로 시계방향으로 46.6° 회전한 방향이다(그림 2-7 참조).

4. **최종 단계** 만약에 도르래가 '작지' 않은 경우라면 단일 점 D로 힘의 작용점을 나타낼 수 없고 그 치수를 반드시 고려해야 한다. 형상이 그림 2-8과 같이 케이블 힘의 작용선상으로 표시된 것으로 변경되고 실제 이 두 장력은 D′에서 교차한다. 그림 2-6의 각도는 각각 θ_B(크게), θ_C(작게), θ_{BC}(작게) 변경된다. 도르래 반경을 12 cm로 가정하면 $\boldsymbol{R}_D$의 크기가 약 1% 정도 증가한다.

Part (b): DB선에 대한 R_D'의 투영된 크기 R_D 구하기

3. **해석** DB선에 대한 $\boldsymbol{R}_D$의 투영된 크기를 구하면 다음과 같다.

$$R_D' = |\boldsymbol{R}_D|\cos\left[\frac{\theta_{BC}}{2}\right] = 1.971T\cos\left[\frac{19.44°}{2}\right] = 1.943T \tag{2-8}$$

이것은 DB선에 작용하는 장력 $\boldsymbol{T}$의 크기보다 상당히 큰데 그림 2-7에서 DB를 따라 $\boldsymbol{T}_B$ 및 $\boldsymbol{T}_C$의 구성 요소를 취하면 다음과 같다.

$$R_D' = T + T\cos(\theta_{BC}) = 1.943T \tag{2-9}$$

힘의 구성 요소: 2D

그림 2-9

합력 $\boldsymbol{R}$의 직각좌표계에서의 성분

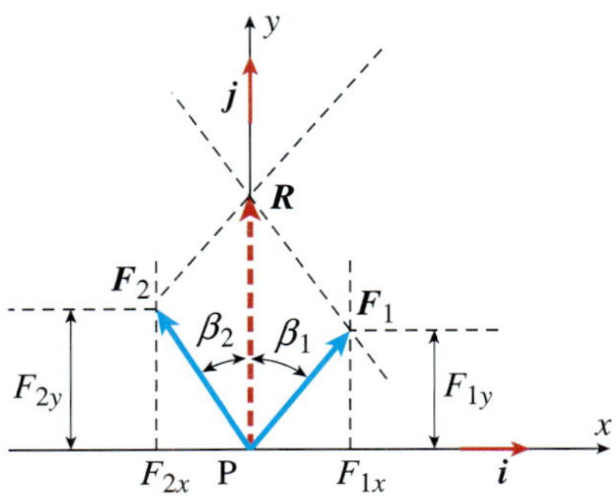

일반적으로 공학 문제에서 한 점에서 작용하는 동일 평면상의 힘을 해석할 때 직교좌표계를 사용하는 것이 편리하다. 예를 들어 앞서 본 크레인의 예에서 강판을 지지하는 두 힘 $\boldsymbol{F}_1$과 $\boldsymbol{F}_2$의 합력 $\boldsymbol{R}$는 직교좌표계에서의 구성 요소 관점에서 다음과 같이 쓸 수 있다(그림 2-9 참조).

$$\begin{aligned}\boldsymbol{R} &= \boldsymbol{F}_1 + \boldsymbol{F}_2 = (F_{1x} + F_{2x})\boldsymbol{i} + (F_{1y} + F_{2y})\boldsymbol{j} \\ &= (R_x)\boldsymbol{i} + (R_y)\boldsymbol{j}\end{aligned} \quad \text{(2-10)}$$

이때

$$\begin{aligned}&F_{1x} = F_1 \sin(\beta_1),\ F_{2x} = -F_2 \sin(\beta_2),\ F_{1y} = F_1 \cos(\beta_1), \\ &F_{2y} = F_2 \cos(\beta_2)\end{aligned} \quad \text{(2-11)}$$

힘 벡터 $\boldsymbol{R}$, $\boldsymbol{F}_1$, $\boldsymbol{F}_2$는 다음과 같이 벡터 열 형식으로도 표현할 수 있다.

그림 2-10

예제 2-1의 케이블에 작용하는 하중의 직교좌표계 성분

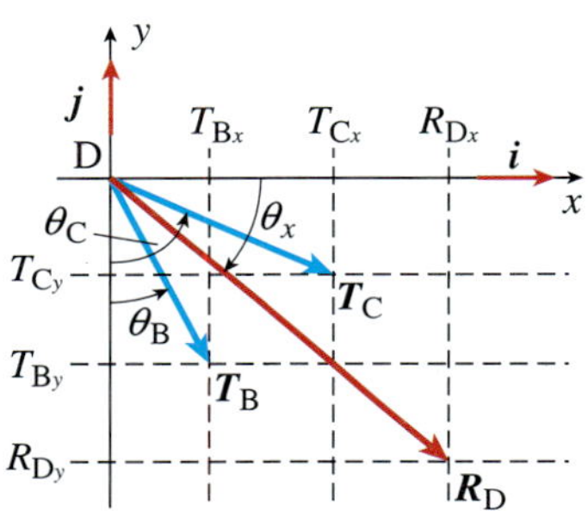

$$\begin{aligned}&\boldsymbol{R} = \begin{pmatrix} R_x \\ R_y \end{pmatrix} \quad \boldsymbol{F}_1 = \begin{pmatrix} F_{1x} \\ F_{1y} \end{pmatrix} = \begin{pmatrix} F_1 \sin(\beta_1) \\ F_1 \cos(\beta_1) \end{pmatrix} \\ &\boldsymbol{F}_2 = \begin{pmatrix} F_{2x} \\ F_{2y} \end{pmatrix} = \begin{pmatrix} -F_2 \sin(\beta_2) \\ F_2 \cos(\beta_2) \end{pmatrix}\end{aligned} \quad \text{(2-12)}$$

직교좌표계의 구성 요소를 사용하여 예제 2-1을 풀면 그림 2-10에서의 해석 결과대로 합력 $\boldsymbol{R}_\mathrm{D}$를 다음처럼 구할 수 있다.

$$\boldsymbol{R}_\mathrm{D} = (R_{\mathrm{D}x})\boldsymbol{i} + (R_{\mathrm{D}y})\boldsymbol{j} = \boldsymbol{T}_\mathrm{B} + \boldsymbol{T}_\mathrm{C} = (T_{\mathrm{B}x} + T_{\mathrm{C}x})\boldsymbol{i} + (T_{\mathrm{B}y} + T_{\mathrm{C}y})\boldsymbol{j} \quad \text{(2-13)}$$

여기서 $R_{\mathrm{D}x} = T_{\mathrm{B}x} + T_{\mathrm{C}x}$, $R_{\mathrm{D}y} = T_{\mathrm{B}y} + T_{\mathrm{C}y}$.

벡터 형식으로 표현된 벡터의 직교좌표계 성분은 다음과 같다.

$$\begin{aligned}&\boldsymbol{R}_\mathrm{D} = \begin{pmatrix} R_{\mathrm{D}x} \\ R_{\mathrm{D}y} \end{pmatrix} \quad \boldsymbol{T}_\mathrm{B} = \begin{pmatrix} T_{\mathrm{B}x} \\ T_{\mathrm{B}y} \end{pmatrix} = \begin{pmatrix} T_\mathrm{B} \sin(\theta_\mathrm{B}) \\ -T_\mathrm{B} \cos(\theta_\mathrm{B}) \end{pmatrix} \\ &\boldsymbol{T}_\mathrm{C} = \begin{pmatrix} T_{\mathrm{C}x} \\ T_{\mathrm{C}y} \end{pmatrix} = \begin{pmatrix} T_\mathrm{C} \sin(\theta_\mathrm{C}) \\ -T_\mathrm{C} \cos(\theta_\mathrm{C}) \end{pmatrix}\end{aligned} \quad \text{(2-14)}$$

예제 2-1의 치수 자료를 사용하면($\theta_\mathrm{B} = 53.13°$, $\theta_\mathrm{C} = 33.69°$와 $|\boldsymbol{T}_\mathrm{B}| = |\boldsymbol{T}_\mathrm{C}| = T$), 식 (2-14)는 다시 다음과 같이 표현할 수 있다.

$$\begin{aligned}&\boldsymbol{R}_\mathrm{D} \begin{pmatrix} 1.355 \\ -1.432 \end{pmatrix} T \quad \boldsymbol{T}_\mathrm{B} = \begin{pmatrix} T_{\mathrm{B}x} \\ T_{\mathrm{B}y} \end{pmatrix} = \begin{pmatrix} 0.555 \\ -0.832 \end{pmatrix} T \\ &\boldsymbol{T}_\mathrm{C} = \begin{pmatrix} T_{\mathrm{C}x} \\ T_{\mathrm{C}y} \end{pmatrix} = \begin{pmatrix} 0.8 \\ -0.6 \end{pmatrix} T\end{aligned} \quad \text{(2-15)}$$

직교좌표계의 구성 요소를 사용하여 계산한 $\boldsymbol{R}_\mathrm{D}$의 크기는 다음과 같다.

$$R_\mathrm{D} = |\boldsymbol{R}_\mathrm{D}| = \sqrt{R_{\mathrm{D}x}{}^2 + R_{\mathrm{D}y}{}^2} = \sqrt{(1.355T)^2 + (-1.432T)^2}$$
$$= \sqrt{3.887T^2} = 1.971T \tag{2-16}$$

그리고 $\boldsymbol{R}_\mathrm{D}$의 방향은 다음으로 계산된다.

$$\theta_x = \tan^{-1}\left(\frac{|R_{\mathrm{D}y}|}{R_{\mathrm{D}x}}\right) = \tan^{-1}\left(\frac{|-1.432T|}{1.355T}\right) = 46.6° \tag{2-17}$$

2차원 직교좌표계 구성 요소 해석의 또 다른 예로 그림 2-11에 있는 벽에 부착된 고리를 살펴보자. 세 힘($\boldsymbol{T}_1$, $\boldsymbol{T}_2$, $\boldsymbol{T}_3$)이 작용하고 있고 이 힘의 합력은 $\boldsymbol{R}$로 표시되어 있다. 합력의 직교좌표계상 구성 요소는 R_x와 R_y이며, R_x는 볼트의 허용 **인장**응력과 관계가 있고 R_y는 허용 **전단**응력과 관련이 있다. 이때 합력 R의 크기는 $R = \sqrt{R_x^2 + R_y^2}$로 구해지고, 합력의 방향은 $\theta_x = \tan^{-1}\left[\frac{R_y}{R_x}\right]$로 구해진다. 합력 R의 직교좌표계 구성 성분은 다음과 같이 구할 수 있다.

$$R_x = T_{2x} + T_{3x} = T_2\cos(30°) + T_3\sin(30) = 0.866T_2 + 0.5T_3$$
$$R_y = T_1 + T_{2y} + T_{3y} = T_1 + T_2\sin(30°) - T_3\cos(30°) \tag{2-18}$$
$$= T_1 + 0.5T_2 - 0.866T_3$$

다른 방법으로 벡터의 합을 통해 합력 $\boldsymbol{R}$를 구할 수도 있는데 x축 방향과 y축 방향의 단위 벡터로 표현된 연산식은 다음과 같다.

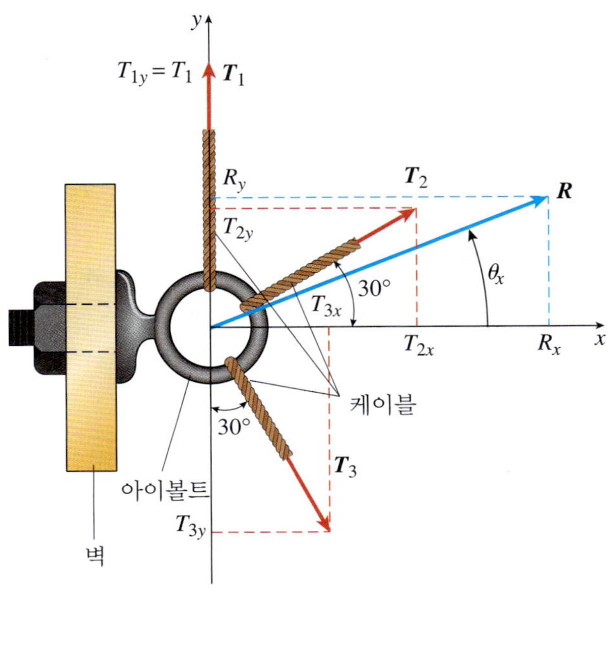

그림 2-11
세 개의 케이블이 연결된 아이볼트

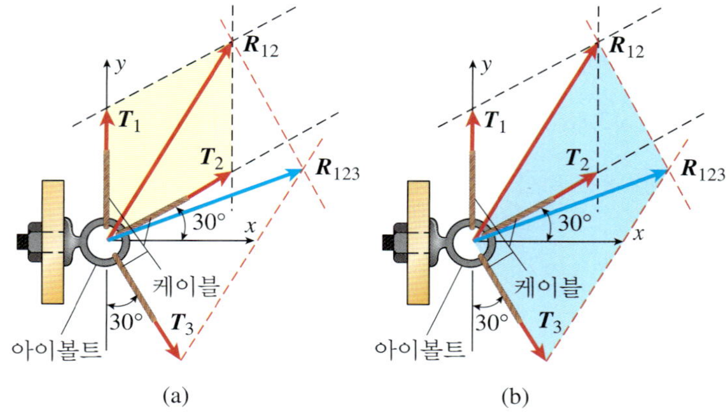

그림 2-12
(a), (b) 평행사변형 법칙의 연속 적용

$$R = T_1 + T_2 + T_3 = R_x i + R_y j = (T_{2x} + T_{3x})i + (T_1 + T_{2y} + T_{3y})j \quad (2\text{-}19)$$

이 방법 외에도 평행사변형 법칙이나 삼각형 법칙을 사용하여 세 힘 T_1, T_2, T_3의 합력을 구할 수 있다. 그림 2-12에 **평행사변형 법칙**을 이용해서 합력을 구하는 과정이 표시되어 있다. 세 개의 힘 벡터 중 T_1, T_2에 대해 합력 R_{12}를 구하고(그림 2-12a), 이 합력 벡터와 T_3과의 합을 구해 합력 벡터 R_{123}을 최종으로 구한다(그림 2-12b).

$$R_{12} = T_1 + T_2\ ,\quad R = R_{123} = R_{12} + T_3 \quad (2\text{-}20)$$

또한 그림 2-13에 있는 방법처럼 **삼각형** 방법 혹은 **다각형** 방법을 사용하여 합력을 구할 수 있다.

$$R = T_1 + T_2 + T_3 = T_2 + T_3 + T_1 = T_3 + T_2 + T_1 \quad (2\text{-}21)$$

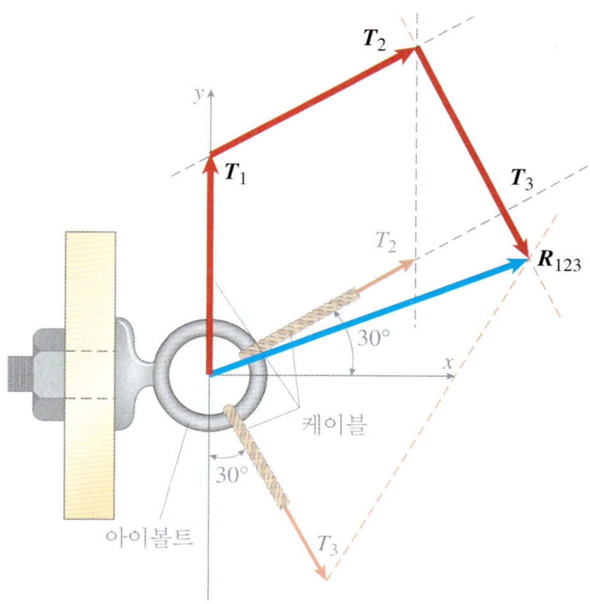

그림 2-13
볼트-케이블 시스템의 힘에 대한 다각형 법칙

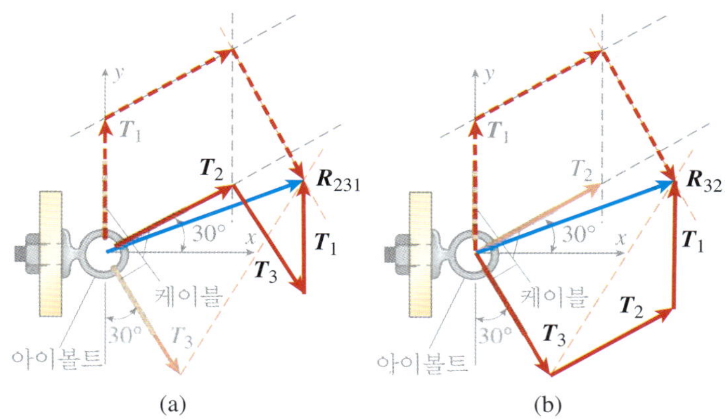

그림 2-14
(a), (b) 다각형 법칙의 대체 방법

마지막으로 세 개의 하중을 *x*, *y*축에 대한 성분으로 분해하여 각각의 합을 구해 합력을 표현하는 방법으로 합력을 구할 수도 있으니 상황에 따라 가장 유용한 방법을 사용하도록 한다.

2.2 모멘트와 우력: 2D, 3D

힘은 강체에 작용하여 회전 효과를 줄 수 있고, 그 결과로 축을 중심으로 물체를 회전시킬 수 있다. 힘의 크기 *F*와 축에서 힘의 작용선까지의 수직거리 *d*를 곱한 값을 **모멘트**라 한다. 예를 들어 그림 2-15의 바퀴 러그 볼트를 조이거나 풀려면 러그 렌치를 이용하여 볼트에서 일정 거리 *d*만큼 떨어진 지점에 힘 *F*를 가해서 모멘트를 생성하면 된다. 일반적으로 모멘트는 벡터양이고, 크기는 $M = Fd$이다. 모멘트의 단위는 뉴턴-미터(N·m)로 표시된다.

기준점에 대한 모멘트

2차원에서 모멘트 $\boldsymbol{M}$은 일반적으로 기준점에 대해 정의된다(그림 2-15). 모멘트 $\boldsymbol{M}$은 기준점 O가 포함된 평면에 수직인 점 O를 지나는 축을 중심으로 표시된다. 그림 2-16a와 같이 실제로 모멘트 $\boldsymbol{M}$은 평면에 수직인 **벡터**이다. 힘 $\boldsymbol{F}$가 작용선 L_2와 함께 A에 가해지면 모멘트 $\boldsymbol{M}$은 $\boldsymbol{F}$가 물체를 회전시키려는 방향에 따라 방향이 달라지는 C-C축 방향으로 작용하는 벡터로 표현된다. $\boldsymbol{M}$의 방향은 **오른손 법칙**에 의해 결정된다. 오른손 네 손가락으로 힘 $\boldsymbol{F}$의 방향을 가리키고 모멘트에 의해 회전하는 방향으로 손가락을 말아준다. 이때 엄지손가락이 가리키는 방향이 관심 지점인 O점을 통과하는 축상에서 모멘트 $\boldsymbol{M}$이 가지는 방향이 된다(그림 2-16b). 그림 2-16에서 모멘트 $\boldsymbol{M}$은 반시계방향(CCW)이고 모멘트 벡터는 부호 규칙에서 양의 방향으로 간주한다. 이 모멘트는 그림 2-16a에 표시된 축 C-C에 대해서 점선으로 표시된 곡선 형태의 화살표로도 나타낼 수 있다.

그림 2-15
O점에 대한 하중 *F*의 모멘트 *M*

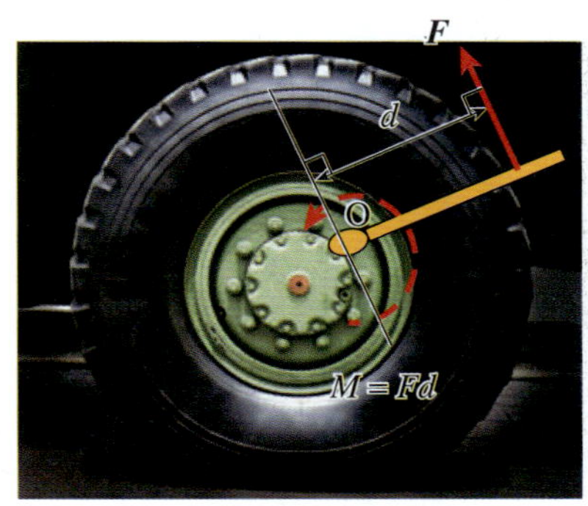

Jaggat Rashidi/Shutterstock.com

그림 2-16

(a) 2차원 평면에서의 모멘트 $\boldsymbol{M}$, (b) 오른손 법칙

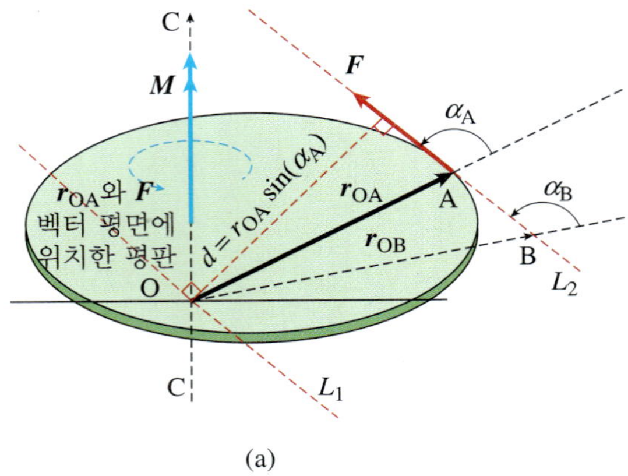

벡터의 외적 많은 경우, 벡터 연산을 사용하여 한 점에 대한 모멘트를 설명하는 것이 편리하다. 모멘트 $\boldsymbol{M}$을 점 A의 점 O를 기준으로 한 선 L_2를 따라 표시되는 위치 벡터 $\boldsymbol{r}_{\mathrm{OA}}$와 힘 $\boldsymbol{F}$의 외적이라 정의하면 다음과 같다.

$$\boldsymbol{M} = \boldsymbol{r}_{\mathrm{OA}} \times \boldsymbol{F} \tag{2-22}$$

모멘트 $\boldsymbol{M}$의 크기는 다음과 같은 스칼라 연산을 사용하면 된다.

$$M = F\, r_{\mathrm{OA}} \sin(\alpha_{\mathrm{A}}) = Fd \tag{2-23}$$

이 식은 그림 2-15에 표시된 모멘트의 초기 정의와 같다.

힘 $\boldsymbol{F}$의 작용선을 따라 있는 **임의의 점**(그림 2-16에서 대체점 B)을 사용할 수 있으므로 모멘트 $\boldsymbol{M}$에 대한 등가식은 다음과 같다.

$$\boldsymbol{M} = \boldsymbol{r}_{\mathrm{OB}} \times \boldsymbol{F} \tag{2-24}$$

여기서 $\boldsymbol{r}_{\mathrm{OB}}$는 점 O를 기준으로 한 B점의 위치 벡터이다. 모멘트 암 거리 d가 변경되지 않았고 이 값은 $d = r_{\mathrm{OB}} \sin(\alpha_{\mathrm{B}})$로 계산된다. 따라서 식에서 얻은 모멘트의 크기는 식 (2-22), (2-24)와 같다.

식 (2-22), (2-24)의 외적 표현은 $\boldsymbol{F} \times \boldsymbol{r}$가 $\boldsymbol{r} \times \boldsymbol{F}$를 사용하여 얻은 것과 반대 부호의 모멘트 값을 나타내기 때문에 모멘트의 방향을 정확히 표현하기 위해 매우 중요하다.

그림 2-17

3차원에서의 힘과 모멘트 벡터

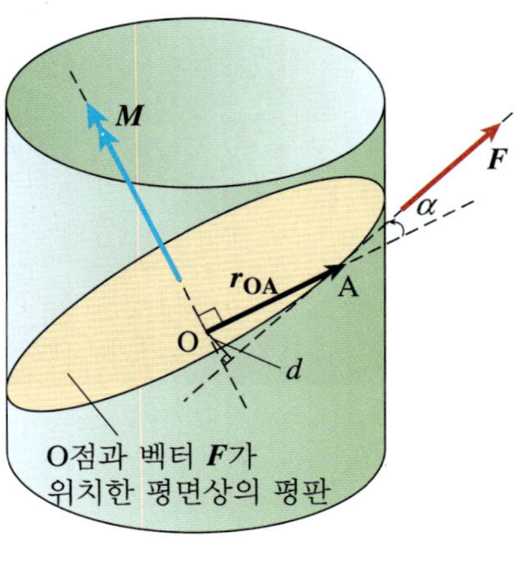

2차원에서 모멘트의 축은 평면에 수직이고 모든 하중은 기준점을 포함하여 평면상에 놓여 있다. 이러한 유형의 문제는 사실 스칼라 연산을 통해 충분히 쉽게 구할 수 있다. 그러나 3차원 문제에서는 모멘트 축이나 기준점 O와 힘의 작용선 사이의 거리를 구하기 어려울 수 있기 때문에 벡터 솔루션을 활용하는 것이 일반적이다.

그림 2-17에서 A점을 지나는 작용선을 따라 작용하는 힘 $\boldsymbol{F}$를 고려한다. 식 (2-22)를 사용하여 기준점 O에 대한 모멘트 $\boldsymbol{M}$을 계산한다. 그림 2-17에서 점 O와 힘 $\boldsymbol{F}$는 경사면을 형성하고 모멘트 벡터 $\boldsymbol{M}$은 그 평면에 수직이다. 위치 벡

터 $\boldsymbol{r}_{OA}$는 점 O에서 힘의 작용선 위의 임의의 점 A까지의 벡터이고, 모멘트 팔 d는 점 O에서 힘의 작용선까지의 수직거리이다. 그림 2-18에 위치 벡터와 힘 벡터의 직교좌표계 성분이 표시되어 있다.

그림 2-18
힘과 위치 벡터에 대한 직교좌표계 성분

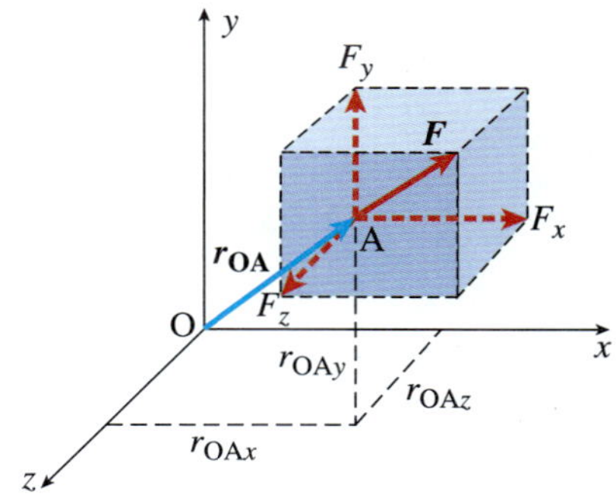

$$\boldsymbol{F} = F_x\boldsymbol{i} + F_y\boldsymbol{j} + F_z\boldsymbol{k},\ \boldsymbol{r}_{OA} = r_{OAx}\boldsymbol{i} + r_{OAy}\boldsymbol{j} + r_{OAz}\boldsymbol{k} \tag{2-25}$$

식 (2-22)를 사용하면 외적을 구할 수 있고 행렬식은 다음과 같이 표시된다.

$$\boldsymbol{M} = \boldsymbol{r}_{OA} \times \boldsymbol{F} = \begin{vmatrix} \boldsymbol{i} & \boldsymbol{j} & \boldsymbol{k} \\ r_{OAx} & r_{OAy} & r_{OAz} \\ F_x & F_y & F_z \end{vmatrix} \tag{2-26}$$

이 행렬식은 다음과 같이 직교좌표계 성분으로 표현할 수 있고

$$\boldsymbol{M} = \left|\begin{pmatrix} r_{OAy} & r_{OAz} \\ F_y & F_z \end{pmatrix}\right|\boldsymbol{i} - \left|\begin{pmatrix} r_{OAx} & r_{OAz} \\ F_x & F_z \end{pmatrix}\right|\boldsymbol{j} + \left|\begin{pmatrix} r_{OAx} & r_{OAy} \\ F_x & F_y \end{pmatrix}\right|\boldsymbol{k} \tag{2-27}$$

모멘트 $\boldsymbol{M}$은 다음의 벡터식 형태로 정리된다.

$$\begin{aligned} \boldsymbol{M} &= (r_{OAy}F_z - r_{OAz}F_y)\boldsymbol{i} + (r_{OAz}F_x - r_{OAx}F_z)\boldsymbol{j} \\ &\quad + (r_{OAx}F_y - r_{OAy}F_x)\boldsymbol{k} \end{aligned} \tag{2-28}$$

식 (2-28)에서 괄호 안의 개별 항은 그림 2-18에서 x, y, z축에 대한 모멘트를 취함으로써 각각 구할 수 있다.

바리뇽의 정리

바리뇽의 정리(Varignon's theorem)는 그림 2-19에서 점 O에 대한 모멘트 M_O가 같은 점에 대한 힘 성분 각각의 모멘트 합과 같다는 것을 말한다. 많은 2차원 문제(및 일부 3차원 문제)에서 힘의 직교 성분 F_x와 F_y가 일반적으로 사용되기 때문에 모멘트 M_O의 계산은 힘과 거리의 직교좌표계 성분을 사용하여 각각의 M_O를 찾는 과정으로 단순화된다. 모멘트 $\boldsymbol{M}_O$는 z방향의 벡터이고, 크기는 다음과 같이 계산된다.

$$M_O = |\boldsymbol{M}_O| = F_x d_y + F_y d_x \tag{2-29}$$

그림 2-19에서의 수직거리는 $d_x = d\cos(\theta)$, $d_y = d\sin(\theta)$이다.

힘의 직교좌표계 성분이 사용되지 않는다면(그림 2-20) 벡터 연산 형태의 바리뇽의 정리가 필요하다.

$$\boldsymbol{M}_O = \boldsymbol{r}_{OA} \times \boldsymbol{R} = \boldsymbol{r}_{OA} \times (\boldsymbol{F}_1 + \boldsymbol{F}_2) = \boldsymbol{r}_{OA} \times \boldsymbol{F}_1 + \boldsymbol{r}_{OA} \times \boldsymbol{F}_2 \tag{2-30}$$

힘 $\boldsymbol{F}_1$과 $\boldsymbol{F}_2$는 합력 $\boldsymbol{R}$의 (직교 성분이 아닌)성분이고 위치 벡터 $\boldsymbol{r}_{OA}$는 점 O에서 힘의 합력 $\boldsymbol{R}$의 작용선상의 임의의 점까지의 벡터이다. 식 (2-30)은 외적에 대한 **분배 법칙**을 보여준다. 모멘트 $\boldsymbol{M}_O$의 크기는 다음과 같이 스칼라 연산을 사용해서 계산할 수

그림 2-19

바리뇽의 정리를 사용한 점 O에 대한 힘 $\boldsymbol{F}$의 모멘트 $\boldsymbol{M}_\mathrm{O}$

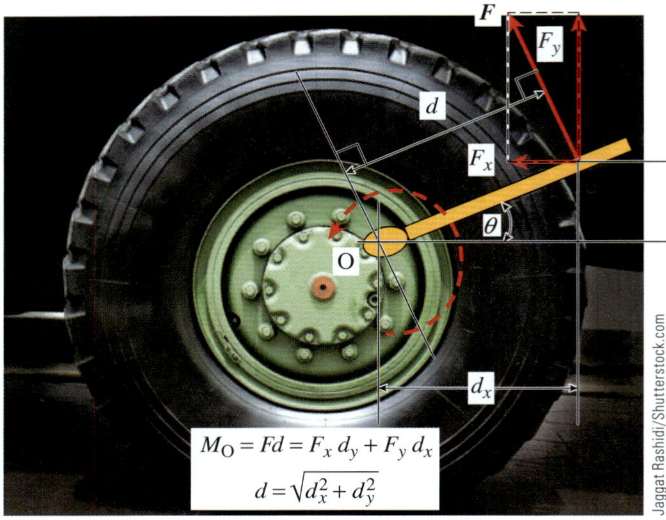

그림 2-20

바리뇽의 정리를 사용한 비직사각형 성분의 힘 $\boldsymbol{R}$에 대한 모멘트 $\boldsymbol{M}_\mathrm{O}$

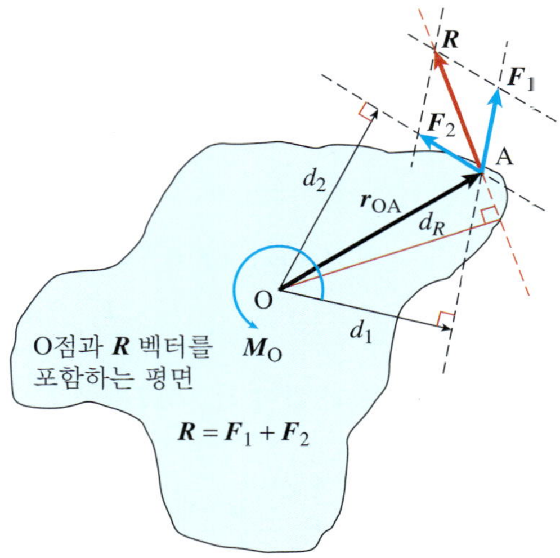

있다.

$$M_\mathrm{O} = |\boldsymbol{M}_\mathrm{O}| = Rd_R = F_1 d_1 + F_2 d_2 \tag{2-31}$$

각 하중에 대한 수직거리 d_R, d_1, d_2는 벡터 연산을 사용하여 구하면 된다. 스칼라 및 벡터 연산을 활용한 접근방식은 예제 2-2에서 기준점에 대한 모멘트를 찾는 데 활용된다.

바리뇽의 정리는 3차원으로 확장될 수도 있다. 그림 2-21a의 A지점에 적용된 동시하중 $\boldsymbol{F}_1$, $\boldsymbol{F}_2$, $\boldsymbol{F}_3$의 경우, 특정 점 O를 지나는 축에 대한 모멘트의 합은 아래와 같고

$$\boldsymbol{M}_\mathrm{O} = \boldsymbol{r}_\mathrm{OA} \times \boldsymbol{F}_1 + \boldsymbol{r}_\mathrm{OA} \times \boldsymbol{F}_2 + \boldsymbol{r}_\mathrm{OA} \times \boldsymbol{F}_3 = \boldsymbol{r}_\mathrm{OA} \times (\boldsymbol{F}_1 + \boldsymbol{F}_2 + \boldsymbol{F}_3) \tag{2-32}$$

이 값은 다음의 합력에 대한 같은 점의 모멘트 값과 같다.

그림 2-21

(a), (b) 3차원 물체에서의 바리뇽의 정리

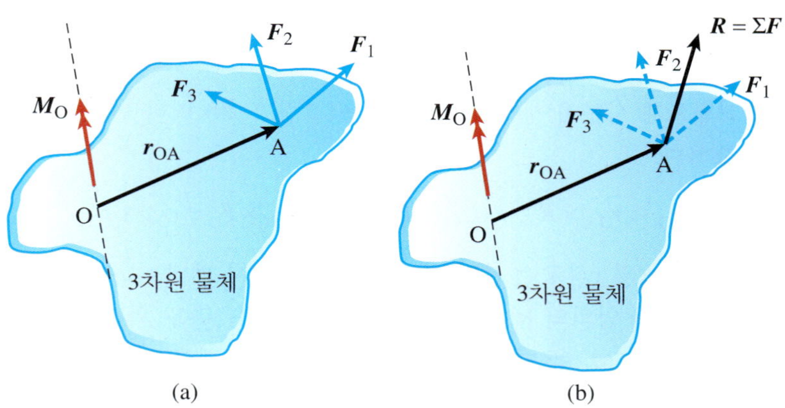

$$M_O = r_{OA} \times R \quad \text{(2-33)}$$

벡터 $\boldsymbol{R}$는 세 힘의 합력이다(그림 2-21b).

예제 2-2

그림 2-22에서 자동차 주차 브레이크에 작용하는 힘에 대해 설명하고 있다. 힘의 크기는 $F_1 = 60$ N, $F_2 = 70$ N이다. 스칼라 및 벡터 연산을 활용하여 점 O에 대한 모멘트를 구하시오.

그림 2-22
(a), (b) 자동차 주차 브레이크에 작용하는 힘

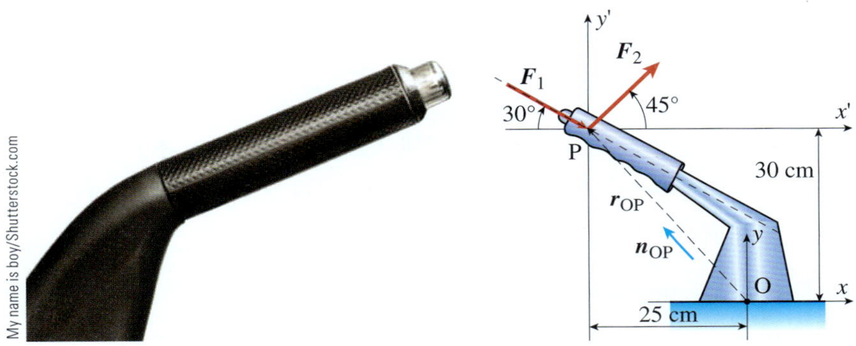

(a) (b)

풀이

4단계 문제풀이 접근방법을 사용하여 스칼라와 벡터 연산을 활용한 점 O에 대한 모멘트를 구한다.

2. 분류 힘 $\boldsymbol{F}_1$과 $\boldsymbol{F}_2$의 x, y축 방향 성분은 다음과 같다.

$$\boldsymbol{F}_1 = F_{1x}\boldsymbol{i} + F_{1y}\boldsymbol{j} = (51.96)\boldsymbol{i} + (-30)\boldsymbol{j}\text{ N} = \begin{pmatrix} 51.96 \\ -30 \end{pmatrix}\text{N}$$
$$\boldsymbol{F}_2 = F_{2x}\boldsymbol{i} + F_{2y}\boldsymbol{j} = (49.50)\boldsymbol{i} + (49.50)\boldsymbol{j}\text{ N} = \begin{pmatrix} 49.50 \\ 49.50 \end{pmatrix}\text{N} \quad \text{(2-34)}$$

두 벡터의 합은 합력 $\boldsymbol{R}$로 표시되고 그 크기는 $R = 103.32$ N이다.

$$\boldsymbol{R} = \boldsymbol{F}_1 + \boldsymbol{F}_2 = \left(F_{1x} + F_{2x}\right)\boldsymbol{i} + \left(F_{1y} + F_{2y}\right)\boldsymbol{j}$$
$$= (101.46)\boldsymbol{i} + (19.50)\boldsymbol{j}\text{ N} = \begin{pmatrix} 101.46 \\ 19.50 \end{pmatrix}\text{N} \quad \text{(2-35)}$$

그림 2-23

합력의 직각좌표계 성분 F_1, F_2

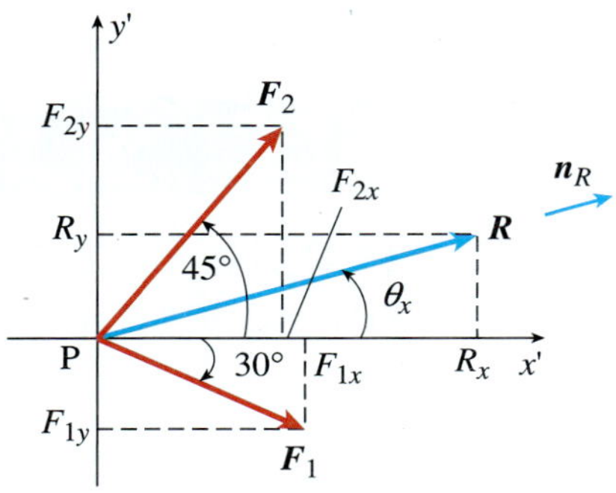

이때 $R_x = 101.46$ N이고 $R_y = 19.50$ N이다. 합력 $\boldsymbol{R}$의 방향은 x축을 기준으로 반시계방향으로 $\theta_x = \cos^{-1}\left(\frac{R_x}{R}\right) = 10.88°$로 나타난다. 합력 $\boldsymbol{R}$ 방향의 단위 벡터는 아래와 같다.

$$\boldsymbol{n}_R = \frac{\boldsymbol{R}}{R} = \frac{(101.46)\boldsymbol{i} + (19.50)\boldsymbol{j}\text{ N}}{103.32\text{ N}} = (0.982)\boldsymbol{i} + (0.189)\boldsymbol{j} = \begin{pmatrix} 0.982 \\ 0.189 \end{pmatrix} \tag{2-36}$$

기준점 O에서 힘의 작용점 P까지의 위치 벡터는 아래와 같고

$$\boldsymbol{r}_{\text{OP}} = (-25)\boldsymbol{i} + (30)\boldsymbol{j}\text{ cm} = \begin{pmatrix} -25 \\ 30 \end{pmatrix}\text{cm},\ r_{OP} = 39.05\text{ cm} \tag{2-37}$$

선 OP 방향의 단위 벡터 $\boldsymbol{n}_{\text{OP}}$는 다음과 같다.

$$\boldsymbol{n}_{\text{OP}} = \frac{\boldsymbol{r}_{\text{OP}}}{r_{\text{OP}}} = \left(\frac{-25}{39.05}\right)\boldsymbol{i} + \left(\frac{30}{39.05}\right)\boldsymbol{j} = (-0.64)\boldsymbol{i} + (0.768)\boldsymbol{j} = \begin{pmatrix} -0.64 \\ 0.768 \end{pmatrix} \tag{2-38}$$

3. 해석 모멘트 $\boldsymbol{M}_{\text{O}}$는 다양한 방법으로 계산할 수 있다. 모든 경우에 대해 모멘트 $\boldsymbol{M}_{\text{O}}$는 시계방향(CW)이므로 오른손 법칙에 따라 음의 방향을 가리킨다. 몇 가지 계산 방식에 대해 (a)~(d)에서 설명한다.

Part (a): 바리뇽의 정리

$R_x = F_{1x} + F_{2x}$와 $R_y = F_{1y} + F_{2y}$: $M_{\text{O}} = (R_x)(30\text{ cm}) + (R_y)(25\text{ cm})$(그림 2-24 참조). 스칼라 연산을 사용하면 모멘트 $\boldsymbol{M}_{\text{O}}$의 크기는 아래와 같다.

$$M_{\text{O}} = (101.46\text{ N})(30\text{ cm}) + (19.50\text{ N})(25\text{ cm}) = 3531\text{ N}\cdot\text{cm} = 35.31\text{ N}\cdot\text{m} \tag{2-39}$$

Part (b): $\boldsymbol{M}_{\text{O}} = \boldsymbol{r}_{\text{OP}} \times \boldsymbol{R}$, $M_{\text{O}} = |\boldsymbol{M}_{\text{O}}|$(그림 2-22와 2-23 참조). $\boldsymbol{i}\times\boldsymbol{j} = \boldsymbol{k}$, $\boldsymbol{j}\times\mathbf{i} = -\boldsymbol{k}$, $\boldsymbol{i}\times\boldsymbol{i} = \boldsymbol{j}\times\boldsymbol{j} = 0$임을 상기하자. 외적을 이용하여 $\boldsymbol{M}_{\text{O}}$를 구하면

$$\begin{aligned} \boldsymbol{M}_{\text{O}} &= \boldsymbol{r}_{\text{OP}} \times \boldsymbol{R} = [(-25)\boldsymbol{i} + (30)\boldsymbol{j}]\text{ cm} \times [(101.46)\boldsymbol{i} + (19.50)\boldsymbol{j}]\text{ N} \\ &= (-487 - 3044)\boldsymbol{k}\text{ N}\cdot\text{cm} = -3531\text{ N}\cdot\text{cm} = -35.31\text{ N}\cdot\text{m} \end{aligned} \tag{2-40}$$

$$M_{\text{O}} = 35.31\text{ N}\cdot\text{m}$$

Part (c): R_y가 y축과 정렬되도록 힘 $\boldsymbol{R}$의 위치를 작용선을 따라 옮겨주면 R_x만 사용하여 M_{O}를 구할 수 있다(그림 2-25 참조). R_y는 점 O를 통과하는 작용선을 가지므로 모멘트 M_{O}에 영향을 주지 않는다.

$$\begin{aligned} M_{\text{O}} &= R_x(30\text{ cm} + d_y) = (101.46\text{ N})[30\text{ cm} + (25\text{ cm})\tan(\theta_x)] \\ &= (101.46\text{ N})[30\text{ cm} + 4.80\text{ cm}] = 3531\text{ N}\cdot\text{cm} = 35.31\text{ N}\cdot\text{m} \end{aligned} \tag{2-41}$$

그림 2-24
바리뇽 정리를 활용해서 구한 M_O

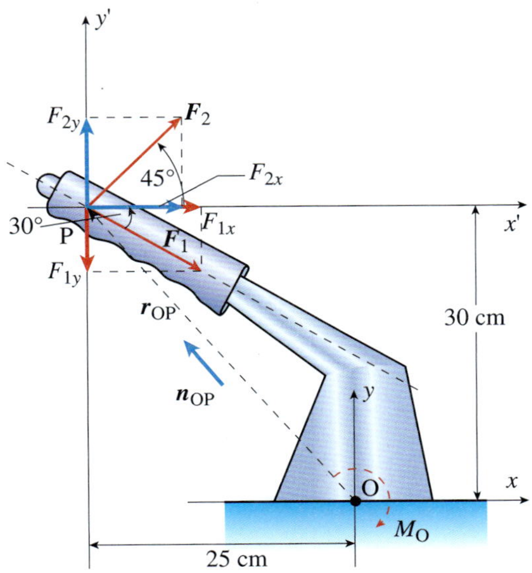

그림 2-25
합력의 x축 방향 성분 R_x만 사용해서 구한 M_O

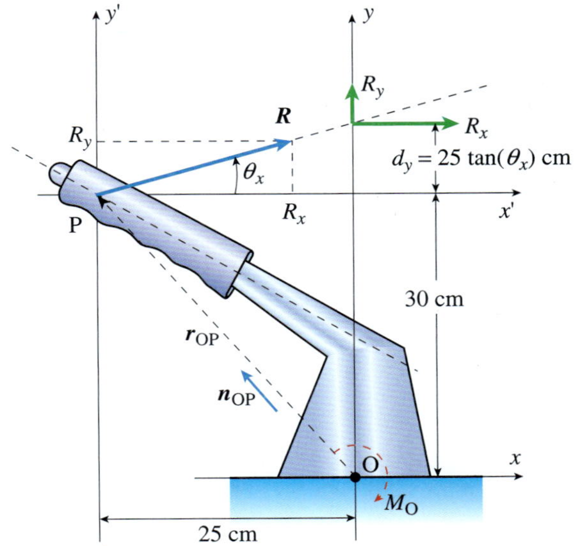

Part (d): R_x가 x축과 정렬되도록 힘 R의 위치를 작용선을 따라 옮겨주면 R_y만 사용하여 M_O를 구할 수 있다(그림 2-26 참조).

$$\begin{aligned} M_O &= (R_y)(25\text{ cm} + d_x) = (19.50\text{ N})\left[25\text{ cm} + (30\text{ cm})/\tan(\theta_x)\right] \\ &= (19.50\text{ N})[25\text{ cm} + 156.11\text{ cm}] = 3531\text{ N}\cdot\text{cm} = 35.31\text{ N}\cdot\text{m} \end{aligned} \tag{2-42}$$

그림 2-26
합력의 y축 방향 성분 R_y만 사용해서 구한 M_O

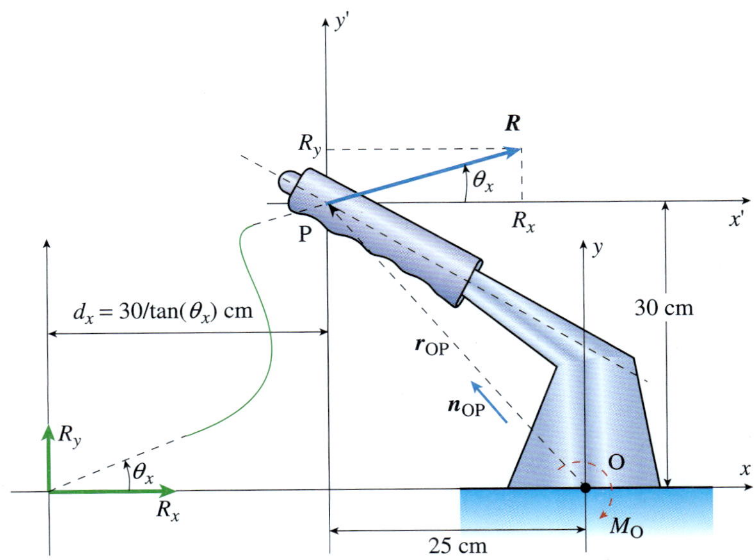

우력 및 힘-우력 시스템

그림 2-27
우력

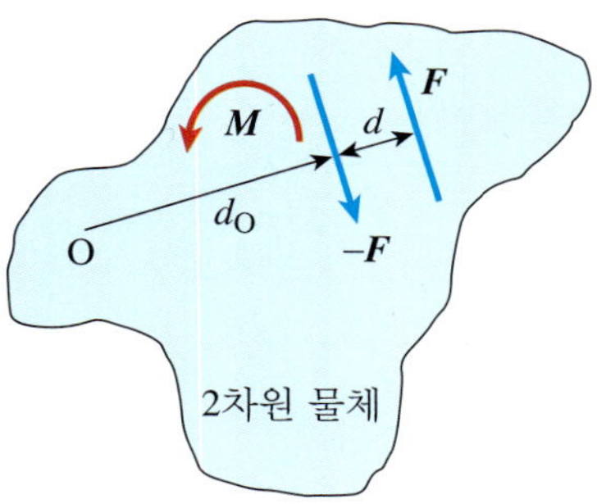

우력은 크기가 같고 방향이 반대이며 물체상에서 평행한 작용선을 따라 작용하는 두 개의 힘 벡터에 의해 발생한다(그림 2-27). 이 두 힘은 거리 d만큼 떨어져 있고 기준점 O에서부터 d_O의 거리에 위치한다. 모든 방향으로 힘의 합력은 0이지만 이 평행한 한 쌍의 힘은 모멘트 축을 통해 물체를 반시계방향으로 회전하게 하는 모멘트 $\boldsymbol{M}$을 발생시킨다. 이 모멘트의 크기는 다음과 같이 계산된다.

$$M = F(d_O + d) - Fd_O = Fd \tag{2-43}$$

점 O 기준의 두 힘에 의한 모멘트는 힘 사이의 수직거리 d에만 의존하고 점 O로부터의 거리와는 관계없다. 결과적으로 식 (2-43)에서의 반시계방향 모멘트 $\boldsymbol{M}$은 물체의 모든 모멘트 축에 대해 일정한 값을 가진다.

힘-우력 시스템 물체에 작용하는 힘 $\boldsymbol{F}$의 효과를 고려할 때 종종 그 물체의 다른 지점에서 그 힘이 어떻게 작용하는지를 해석할 필요가 있다. 이에 몇 가지 개념을 사용하여 특정 지점 A(그림 2-28a)에 작용하는 원래 힘을 다른 관심 지점 B(그림 2-28b)에서의 등가 힘과 모멘트로 대체할 수 있다. 이때 A지점에서 B지점으로 힘 $\boldsymbol{F}$가 이동하

그림 2-28
(a) A점에서 작용하는 힘 $\boldsymbol{F}$,
(b) B점에서의 등가 힘-우력

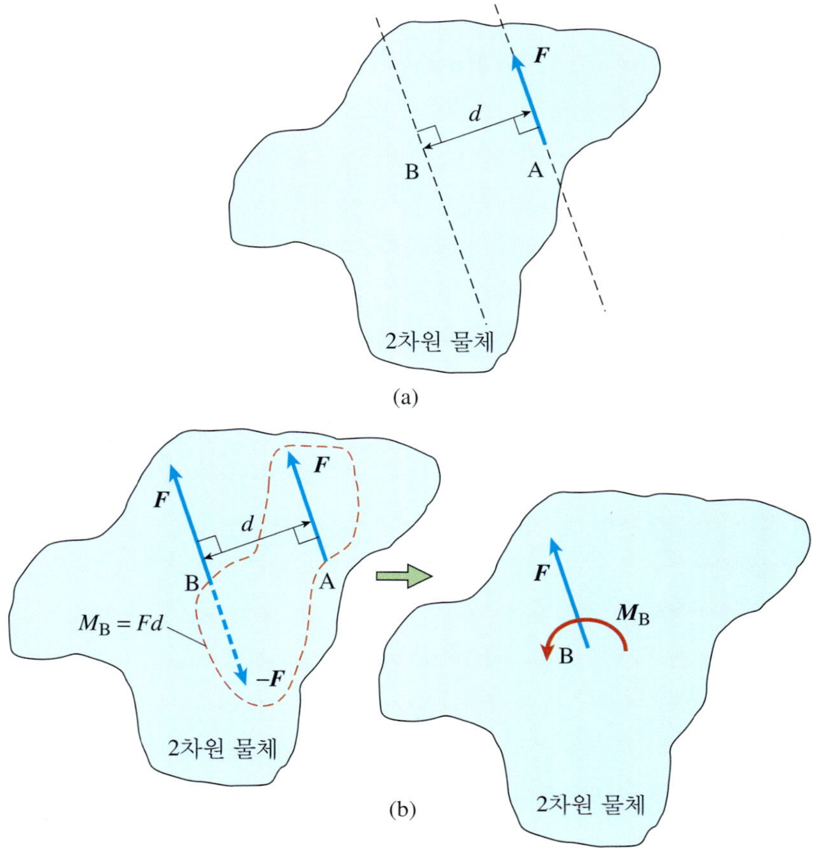

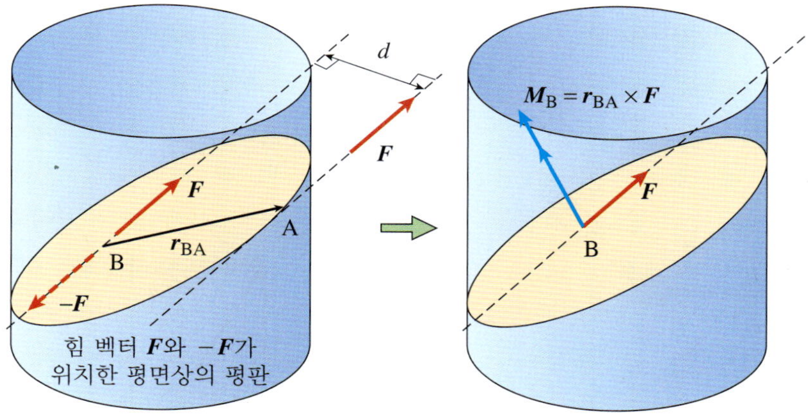

그림 2-29
3차원 힘-우력 시스템

게 되면 힘의 회전 효과인 모멘트도 전달되어야 한다. 그림 2-28b에 설명된 과정을 통해 이를 계산할 수 있다. **B에 추가된 두 힘**($+F$, $-F$)**은** 원래 표시가 없었던 하중이었으므로 **합력과 모멘트가 없다**. 점 A의 원래 힘 $\boldsymbol{F}$와 B의 힘 중 하나가 우력을 발생시켜 결과적으로 A점에서의 힘이 B점에서의 힘-우력 시스템으로 대체되게 된다. 동일한 3차원에서의 예가 그림 2-29에 나와 있다.

그림 2-28과 2-29에 표시된 과정은 역으로도 활용할 수 있다. B점에 작용하는 힘과 모멘트를 평행한 작용선까지 거리 d만큼 이동시켜 모멘트를 없애줌으로써 한 점(A)에서 작용하는 힘으로만 표현이 가능하다.

힘-우력 시스템의 예로 그림 2-30에 보이는 소켓 렌치의 사용에 대해 알아보자. A에서 소켓 렌치의 핸들에 가해진 아래 방향의 힘 $\boldsymbol{P}$는 B점에서 평행력 $\boldsymbol{P}$와 우력(토크) $\boldsymbol{T}_B$로 대체될 수 있다. 이 문제에서는 토크에 의한 회전 효과가 볼트 머리에 적용되는 C점에서의 등가 힘-우력 시스템을 알 필요가 있다. 이를 위해 점 A에서의 힘 $\boldsymbol{P}$를 점 C의 힘 $\boldsymbol{P}$와 우력 모멘트 $\boldsymbol{M}_C$로 대체할 수 있다(그림 2-31, 2-32). 우력 벡터 $\boldsymbol{M}_C$는 소켓 렌치의 평면(ABC평면)에 있고 위치 벡터인 $\boldsymbol{r}_{CA}$에 수직으로 작용한다.

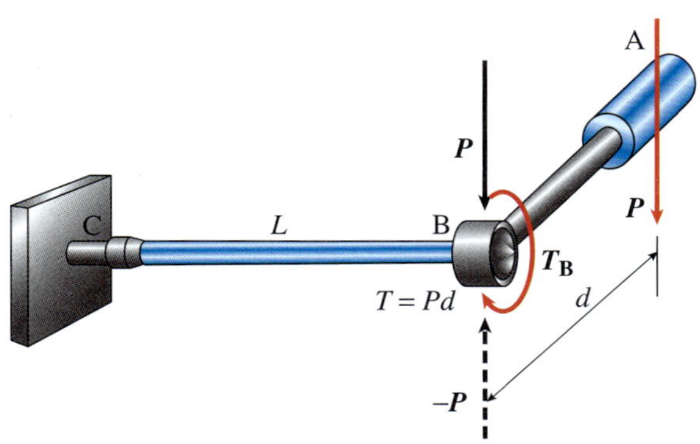

그림 2-30
소켓 렌치의 B에서 작용하는 힘-우력 시스템

그림 2-31
C점에서의 힘-우력 시스템

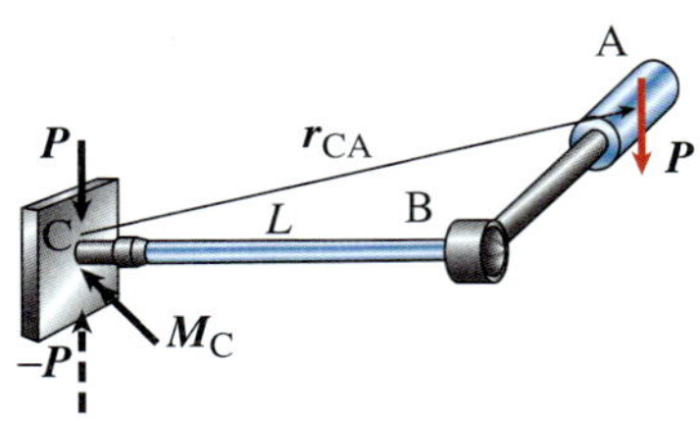

그림 2-32
평면도

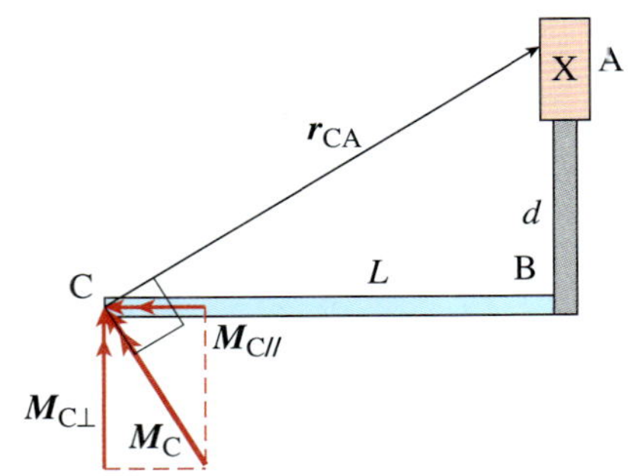

우력의 크기는 $M_C = (P)(|r_{CA}|) = P\sqrt{d^2 + L^2}$ 이고, 샤프트 BC방향의 모멘트는 비틀림을, 수직방향의 모멘트는 굽힘을 각각 일으킨다. 이러한 모멘트는 앞서 이야기한 다양한 방법으로 계산할 수 있지만 여기에서처럼 간단한 기하 형태는 스칼라 연산으로 계산하는 것이 더 쉽다. 이러한 모멘트 성분을 계산하기 위해 권장되는 스칼라 및 벡터 연산은 다음과 같다.

$$M_{C//} = Pd = \boldsymbol{M}_C \cdot \boldsymbol{n}_{BC} = (\boldsymbol{r}_{CA} \times \boldsymbol{P}) \cdot \boldsymbol{n}_{BC}$$
$$M_{C\perp} = PL = |\boldsymbol{M}_C - \boldsymbol{M}_{C//}| \quad \text{(2-44)}$$

여기서 벡터 $\boldsymbol{n}_{BC}$는 샤프트 BC의 축방향 단위 벡터이다. 모멘트 Pd는 샤프트 BC를 비트는 방향의 **토크**이고, PL은 샤프트 축에 수직으로 작용하는 **굽힘** 모멘트이다.

힘이 작용하는 시스템의 합력

앞 절에서는 한 점에 작용하는 여러 하중(**공점력계**)에 대한 합력을 다루었다. 합력은 시스템에 작용하는 여러 힘을 대체하여 해석할 때 사용된다. 즉, 합력은 점 혹은 강체에서 작용하는 힘의 해석을 위해 사용할 수 있는 가장 단순한 힘의 조합이다. 한 점에 작용하는 여러 힘의 합력은 간단한 벡터의 합에 의해 얻어진다.

$$\boldsymbol{R} = \boldsymbol{F}_1 + \boldsymbol{F}_2 + \boldsymbol{F}_3 = \sum_{i=1}^{3} \boldsymbol{F}_i \quad \text{(2-45)}$$

다각형 법칙과 **벡터 연산 방식**은 합력을 계산할 때 사용된다. 또한 직교좌표계의 구성 요소를 활용하여 합을 구하는 방법도 사용할 수 있다.

$$R_x = \Sigma F_x,\ R_y = \Sigma F_y,\ R_z = \Sigma F_z$$
$$R = \sqrt{R_x^2 + R_y^2 + R_z^2} = \sqrt{(\Sigma F_x)^2 + (\Sigma F_y)^2 + (\Sigma F_z)^2} \quad \text{(2-46)}$$

2차원 및 3차원 시스템에서 한 점에 힘이 작용하는 공점력계의 경우 모든 힘의 작용선은 한 점에서 만나므로 공유점에 대한 모멘트는 없다. 모멘트가 없기 때문에 점이나 강체에 대해서 공점력계에서 작용하는 힘의 효과는 동일하다.

그러나 공유점에서 기준점이 합력의 작용선 이외의 다른 지점으로 옮겨 가면 모멘트는 0이 아니다. 합력 $\boldsymbol{R}$ 또는 개별 하중을 사용해서 임의의 점 O에 대한 모멘트를 구하기 위해 바리뇽의 정리를 사용할 수 있다.

이제 공점력계가 아닌 일반적인 시스템에 대한 힘의 해석을 고려해본다.

비공점력계 그림 2-33a에서 평면 강체에 적용된 힘 $\boldsymbol{F}_1$, $\boldsymbol{F}_2$, $\boldsymbol{F}_3$을 고려한다. 여기서 점 O와 같이 설정한 기준점을 사용해서 합력 $\boldsymbol{R}$와 그 작용선을 찾으려 한다. 그림 2-33b에서 $\boldsymbol{F}_3$에 대해 설명되어 있는 대로 각 힘에 대해 O점에서의 등가 힘-우력 조합을 만들어 이동시킨다. 세 힘에 대한 점 O에서의 힘-우력 조합이 그림 2-33c에 표현되어 있

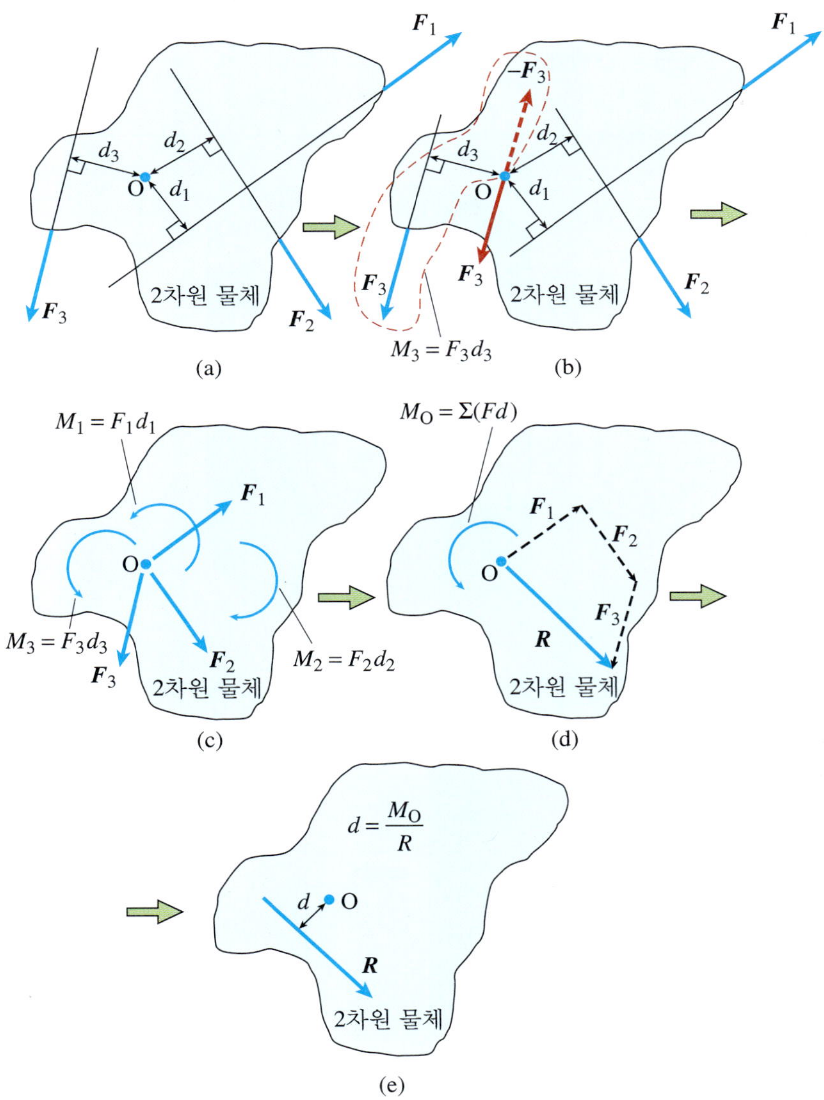

그림 2-33

비공점력계에서 합력을 구하는 과정

다. 그리고 이 힘-우력은 다음 방정식을 사용하여 그림 2-33d처럼 결합된다.

$$\boldsymbol{R} = \sum \boldsymbol{F}, \quad M_{\mathrm{O}} = \sum M = \sum(Fd) = Rd \tag{2-47a, b}$$

그림 2-13과 2-14의 힘 다각형은 합력 $\boldsymbol{R}$와 점 O를 기준으로 한 작용선을 찾기 위해 그림 2-33d에서 사용된다. 마지막 단계에서 합력 $\boldsymbol{R}$를 기준점 O로부터 거리 d만큼 평행하게 이동하여 강체에 대한 원래 힘 시스템의 전체 효과에 대한 가장 간단한 표현을 찾는다(그림 2-33e).

거리 d는 식 (2-47b)에서 $d = M_{\mathrm{O}}/R$로 결정된다. 식 (2-47b)는 바리뇽의 정리를 비공점력계로 확장한 것으로 **모멘트의 원리**로 알려져 있다. 이 원리는 임의의 점 O에 대한 시스템의 모멘트는 동일한 점에 대한 합력 $\boldsymbol{R}$의 모멘트로 구할 수 있고, 개별 힘의 O점에 대한 모멘트의 합을 구함으로써도 찾을 수 있다고 알려준다. 여기서 특수한 경우 합력은 0이 될 수 있지만 그때의 합력의 우력이 0이 되는 것은 아니라는 점을 주의하여야 한다.

그림 2-33에 표시된 일련의 과정은 복잡한 시스템의 경우 벡터 연산이 필요하다는 것을 빼고는 3차원 시스템에도 적용 가능하다.

그림 2-34

3차원 비공점력계에 대한 가장 간단한 합력을 찾는 과정

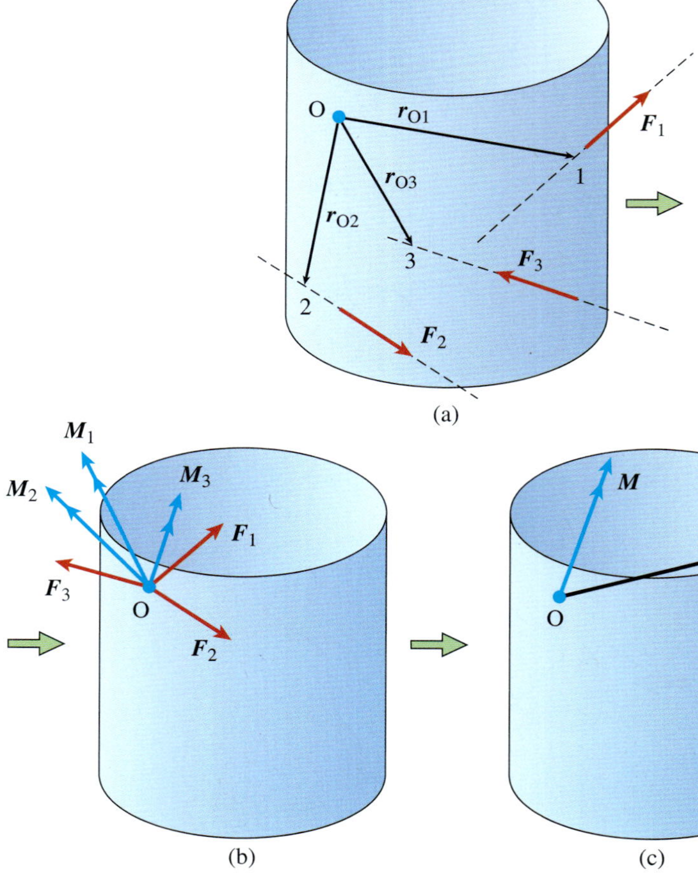

이 과정은 그림 2-34에서 3차원으로 설명하였으며 임의의 점 O에서 합력 $\boldsymbol{R}$와 모멘트 $\boldsymbol{M}$은 다음과 같이 계산된다.

$$\boldsymbol{R} = \sum_{i=1}^{3} \boldsymbol{F}_i = \boldsymbol{F}_1 + \boldsymbol{F}_2 + \boldsymbol{F}_3$$
$$\boldsymbol{M} = \Sigma(\boldsymbol{r} \times \boldsymbol{F}) = \sum_{i=1}^{3} \boldsymbol{M}_i = \boldsymbol{M}_1 + \boldsymbol{M}_2 + \boldsymbol{M}_3 \quad (2\text{-}48)$$

여기서 $\boldsymbol{M}_i = \boldsymbol{r}_{Oi} \times \boldsymbol{F}_i$이다.

합력의 모멘트 $\boldsymbol{M}$의 크기와 방향은 기준점 O의 선택에 따라 다르지만 $\boldsymbol{M}$은 자유 벡터이며 임의의 평행 위치로 이동할 수 있다. 그리고 합력 $\boldsymbol{R}$는 점 O의 선택에 관계없이 동일한 크기와 방향을 갖는다.

평행한 힘 평행력 시스템의 합력 $\boldsymbol{R}$의 크기는 단순히 개별 힘의 크기에 대해 대수적 합으로 표현할 수 있다. 기준점 O에 대한 합력의 모멘트인 $\boldsymbol{M}_O$는 O점에서 각 힘까지의 위치 벡터를 사용하여 개별 하중의 모멘트를 합산해서 구한다. **가장 간단한 결과**를 찾기 위해서는 합력 $\boldsymbol{R}$를 기준점 O에서 거리 d만큼 이동해서 합력 단독으로 전체 시스템의 힘-우력을 나타낼 수 있도록 한다. 이에 대해서는 예제 2-3에서 설명한다.

예제 2-3

기계에 사용된 기초판은 A, D, E에서 각각 5 kN의 동일한 하중이 작용하고 있고, B, C, F에서 7.5 kN의 동일한 하중이 작용하고 있다(그림 2-35). L=3 m라 하자.

(a) 합력 $\boldsymbol{R}$와 $\boldsymbol{R}$가 단독으로 전체 힘-우력 시스템을 나타낼 수 있도록 하는 작용점의 좌표 x, y를 구하시오.

(b) 합력 $\boldsymbol{R}$가 점 G를 통과하도록 힘 $\boldsymbol{F}_D$와 $\boldsymbol{F}_F$의 크기를 조정하시오.

그림 2-35
기초판 및 하중

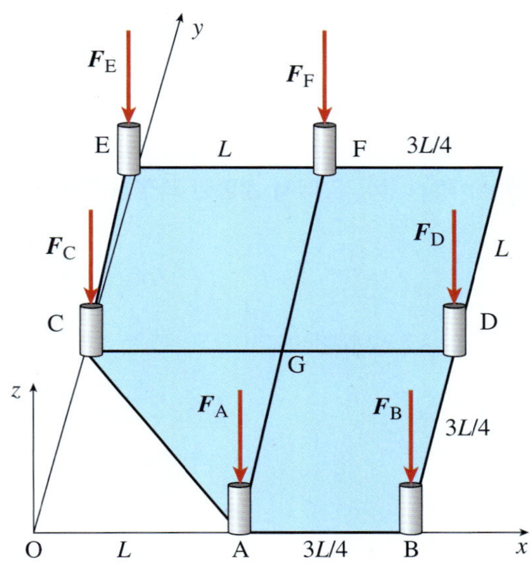

풀이

4단계 문제풀이 접근방법을 사용한다.

1. **개념화** 6개의 하중은 모두 z축상의 음의 방향으로 작용하고 있기 때문에 직교좌표계의 성분으로 표현하기가 용이하다. 하중 작용 지점은 그림 2-35에 표현된 대로 사각형 그리드상에 있으므로 기준점 O에서 각 하중점까지의 위치 벡터 성분 $(\boldsymbol{i}, \boldsymbol{j})$를 쉽게 구할 수 있다.
2. **분류** 간단한 합산으로 합력 벡터 $\boldsymbol{R}$를 구할 수 있다. 그리고 벡터의 외적을 이용하면 기준점 O에 대한 등가 우력 모멘트 $\boldsymbol{M}_{\mathrm{O}}$를 구할 수 있다. 판재가 직사각형이고 그리드 형태의 레이아웃이므로 단순한 스칼라 연산을 사용할 수 있다.
3. **해석** 먼저 벡터 연산을 사용해서 힘-우력 시스템의 $\boldsymbol{R}$와 $\boldsymbol{M}_{\mathrm{O}}$를 구한다.

$$\begin{aligned}\boldsymbol{R} &= \sum \boldsymbol{F} = \boldsymbol{F}_{\mathrm{A}} + \boldsymbol{F}_{\mathrm{B}} + \boldsymbol{F}_{\mathrm{C}} + \boldsymbol{F}_{\mathrm{D}} + \boldsymbol{F}_{\mathrm{E}} + \boldsymbol{F}_{\mathrm{F}} = -[(3)(5 + 7.5)\ \mathrm{kN}]\boldsymbol{k} \\ &= (-37.5\ \mathrm{kN})\boldsymbol{k}\end{aligned} \tag{2-49}$$

$$\begin{aligned}\boldsymbol{M}_{\mathrm{O}} &= \sum(\boldsymbol{r}\times\boldsymbol{F}) \\ &= \boldsymbol{r}_{\mathrm{OA}}\times\boldsymbol{F}_{\mathrm{A}} + \boldsymbol{r}_{\mathrm{OB}}\times\boldsymbol{F}_{\mathrm{B}} + \boldsymbol{r}_{\mathrm{OC}}\times\boldsymbol{F}_{\mathrm{C}} + \boldsymbol{r}_{\mathrm{OD}}\times\boldsymbol{F}_{\mathrm{D}} + \boldsymbol{r}_{\mathrm{OE}}\times\boldsymbol{F}_{\mathrm{E}} + \boldsymbol{r}_{\mathrm{OF}}\times\boldsymbol{F}_{\mathrm{F}}\end{aligned} \tag{2-50}$$

각 지점의 위치 벡터는 다음과 같이 구할 수 있다.

$$\begin{aligned}&\boldsymbol{r}_{\mathrm{OA}} = L\boldsymbol{i},\ \boldsymbol{r}_{\mathrm{OB}} = \frac{7}{4}L\boldsymbol{i},\ \boldsymbol{r}_{\mathrm{OC}} = \frac{3}{4}L\boldsymbol{j},\ \boldsymbol{r}_{\mathrm{OD}} = \frac{7}{4}L\boldsymbol{i} + \frac{3}{4}L\boldsymbol{j}, \\ &\boldsymbol{r}_{\mathrm{OE}} = \frac{7}{4}L\boldsymbol{j},\ \boldsymbol{r}_{\mathrm{OF}} = L\boldsymbol{i} + \frac{7}{4}L\boldsymbol{j}\end{aligned} \tag{2-51}$$

Part (a): 식 (2-50)을 이용하면 $\boldsymbol{M}_{\mathrm{O}} = (-93.75)\boldsymbol{i} + (103.125)\boldsymbol{j}\ \mathrm{kN\cdot m}$로 구할 수 있다. 여기에 모멘트의 원리를 사용하면

$$\boldsymbol{M}_{\mathrm{O}} = \boldsymbol{r}\times\boldsymbol{R} = (x\boldsymbol{i} + y\boldsymbol{j})\times(-37.5\ \mathrm{kN})\boldsymbol{k} \tag{2-52}$$

그다음 $\boldsymbol{M}_{\mathrm{O}}$에 대한 위 방정식을 풀면 x와 y좌표 값이 계산된다($x=2.75$, $y=2.5$). 또한 점 O에서 합력 $\boldsymbol{R}$가 판재를 관통하는 점까지의 거리 d_R는 다음과 같다.

$$d_R = \sqrt{x^2 + y^2} = \frac{|\boldsymbol{M}_{\mathrm{O}}|}{|\boldsymbol{R}|} = 3.717\ \mathrm{m}$$

Part (b): 앞에서 설명한 과정을 반복한다. 그런데 위치 벡터 $\boldsymbol{r}$는 다음과 같이 알고 있다.

$$\boldsymbol{r}_{\mathrm{OG}} = L\boldsymbol{i} + \frac{3}{4}L\boldsymbol{j} = (3)\boldsymbol{i} + (2.25)\boldsymbol{j}\ \mathrm{m} \tag{2-53}$$

그러나 힘 벡터 $\boldsymbol{F}_{\mathrm{D}}$와 $\boldsymbol{F}_{\mathrm{F}}$는 알 수 없으므로 식 (2-49)는 아래와 같이 표현된다.

$$\begin{aligned}\boldsymbol{R} &= \sum \boldsymbol{F} = \boldsymbol{F}_{\mathrm{A}} + \boldsymbol{F}_{\mathrm{B}} + \boldsymbol{F}_{\mathrm{C}} + \boldsymbol{F}_{\mathrm{D}} + \boldsymbol{F}_{\mathrm{E}} + \boldsymbol{F}_{\mathrm{F}} \\ &= -[(2)(5 + 7.5)\ \mathrm{kN}]\boldsymbol{k} + (-F_{\mathrm{D}})\boldsymbol{k} + (-F_{\mathrm{F}})\boldsymbol{k} \\ &= (-25\ \mathrm{kN} - F_{\mathrm{D}} - F_{\mathrm{F}})\boldsymbol{k}\end{aligned} \tag{2-54}$$

그림 2-36

평행력 시스템에서의 합력 $\boldsymbol{R}$

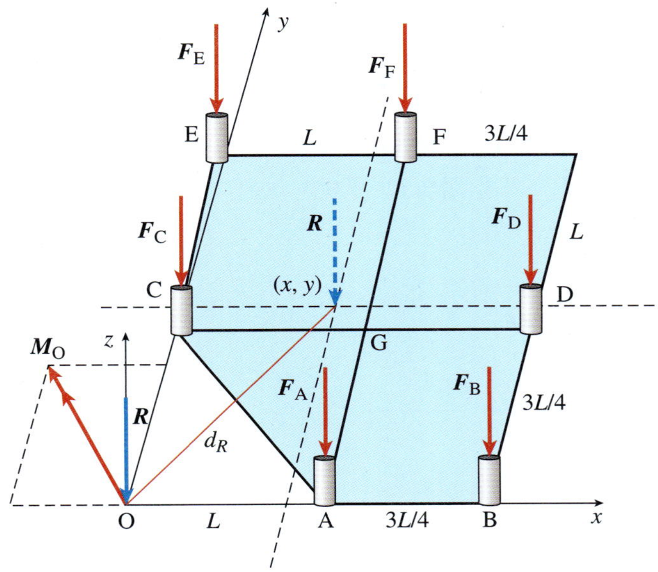

식 (2-52)는 다시 아래와 같이 변경되고

$$\begin{aligned}\boldsymbol{M}_O &= \boldsymbol{r}_{OG} \times \boldsymbol{R} = (3\boldsymbol{i} + 2.25\boldsymbol{j})\text{ m} \times (-25\text{ kN} - F_D - F_F)\boldsymbol{k} \\ &= (-2.25(F_D + F_F) - 56.25)\boldsymbol{i} + (3(F_D + F_F) + 75)\boldsymbol{j}\text{ kN·m}\end{aligned} \tag{2-55}$$

식 (2-50)은 다음과 같이 표현된다.

$$\begin{aligned}\boldsymbol{M}_O = \Sigma(\boldsymbol{r} \times \boldsymbol{F}) &= (-2.25F_D - 5.25F_F - 43.125)\boldsymbol{i}\text{ kN·m} \\ &\quad + (5.25F_D + 3F_F + 54.375)\boldsymbol{j}\text{ kN·m}\end{aligned} \tag{2-56}$$

식 (2-55)와 (2-56)에서 $\boldsymbol{M}_O$에 관해 같다고 놓고 계산하면 $F_D = 9.17$ kN, $F_F = 4.38$ kN의 결과가 계산된다. 따라서 그림 2-36에서 합력 $\boldsymbol{R}$가 점 G를 통과해야 하는 경우 D와 F에서의 힘 크기는 5 kN과 7.5 kN에서 9.17 kN과 4.38 kN으로 각각 변경되어야 한다.

연습문제

2.1 힘: 2D, 3D

도입문제

2.1-1 F_1에서 F_5까지의 힘은 연결부 A에서 만나는 구조 부재에 작용한다(그림 참조). $F_1 = 450$ N, $F_3 = 90$ N, $F_5 = 670$ N으로 알려져 있다. 5가지 힘의 합이 0인 경우 힘 F_2와 F_4의 크기를 구하시오.

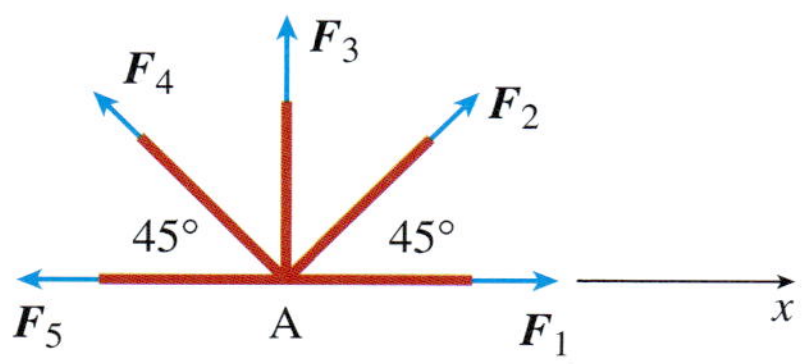

P2.1-1

2.1-2 인장력 $\boldsymbol{F}_1$, $\boldsymbol{F}_2$, $\boldsymbol{F}_4$와 압축력 $\boldsymbol{F}_3$은 연결부 A에서 만나는 트러스 부재에 작용한다.

(a) 힘 $\boldsymbol{F}_1$과 $\boldsymbol{F}_2$의 **합력** $\boldsymbol{R}_{12}$를 구하고 이 합력이 x축과 이루는 각도를 구하시오.

(b) 힘 $\boldsymbol{F}_3$과 $\boldsymbol{F}_4$에 대해 (a) 문제를 반복하시오.

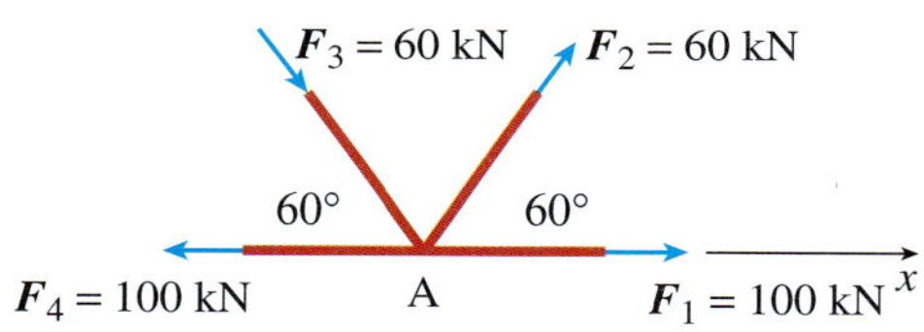

P2.1-2

2.1-3 크기 $T = 350$ N의 케이블 장력은 반경 $r = 100$ mm인 핀 지지 풀리에 작용한다(그림 참조). 점 O에 작용하는 합력 $\boldsymbol{R}$의 크기와 방향을 구하시오.

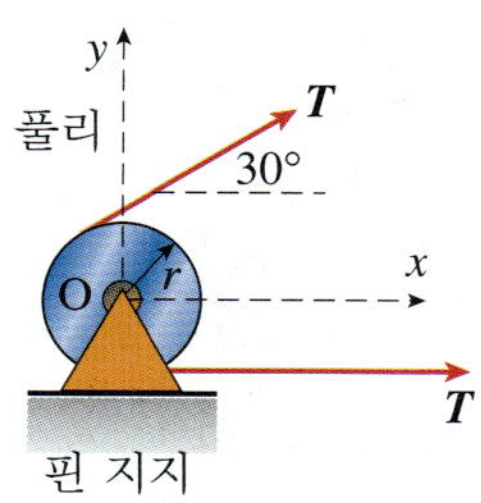

P2.1-3

2.1-4 세 개의 케이블이 아이볼트에 부착되어 있다(그림 참조). 케이블의 장력은 $T_1 = 3.6$ kN, $T_2 = 2.7$ kN, $T_3 = 5.3$ kN으로 알려져 있다. 세 개의 케이블 장력의 합 $\boldsymbol{R}$와 x축과 이루는 각도를 구하시오.

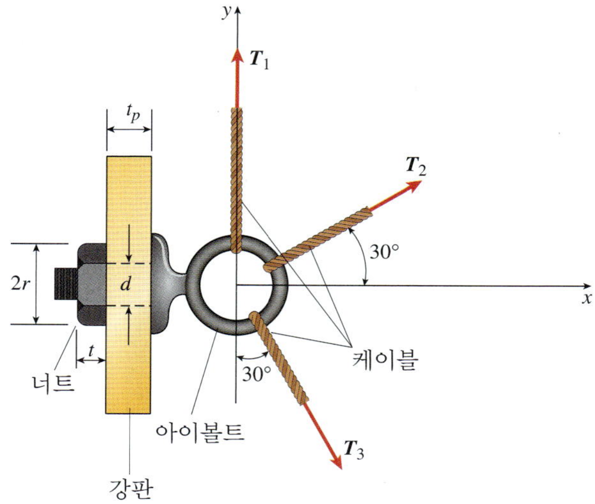

P2.1-4

대표문제

2.1-5 두 개의 케이블은 건물의 입구 캐노피를 위한 지지 시스템의 일부이다. 케이블 장력은 $T_1 = 440$ N 및 $T_2 = 560$ N이고 두 케이블 모두 x-y평면에 있다(그림 참조). 단위 벡터 $\boldsymbol{i}$와 $\boldsymbol{j}$와 x축과 이루는 각도의 관점에서 두 케이블 힘의 합 $\boldsymbol{R}$를 찾으시오.

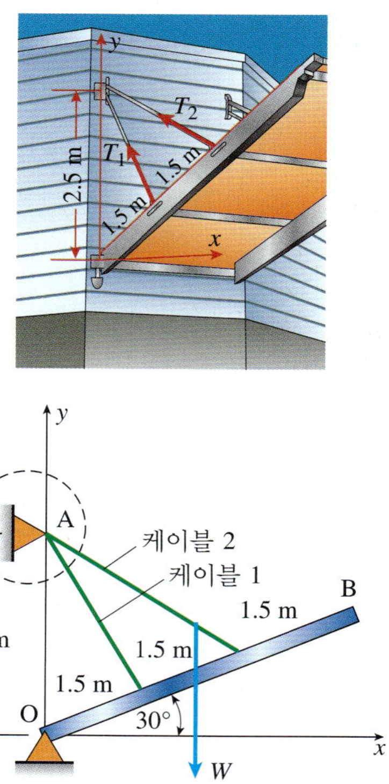

P2.1-5

2.1-6 힘 $F_1 = F_3 = 250$ N이 각도 $\theta = 30°$로 적용되고, $F_2 = 180$ N이 다리 운동 기구에 아래쪽으로(양손 포함) 작용하고 있다(그림 참조). 이 세 가지 힘에 대한 합력 벡터 $\boldsymbol{R}$를 구하시오.

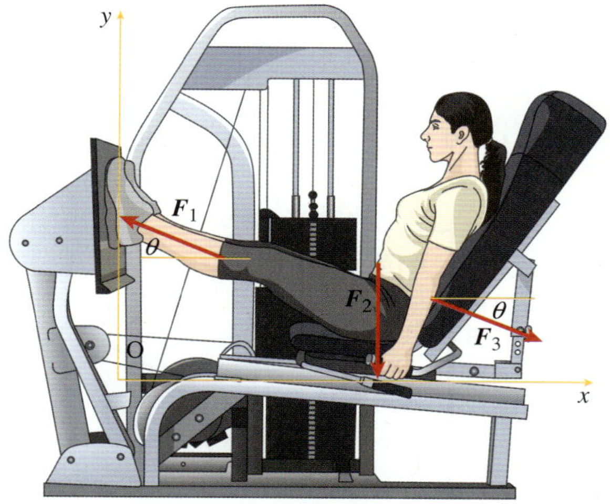

P2.1-6

2.1-7 라디오 타워는 네 개의 케이블로 수직 위치에 고정되어 있다. 네 개의 케이블 중 세 개의 인장력이 그림에 나와 있다. 합력 $\boldsymbol{R}$가 타워의 수직축을 따라 작용해야 하는 경우 네 번째 케이블에서 장력 $\boldsymbol{T}$를 구하시오.

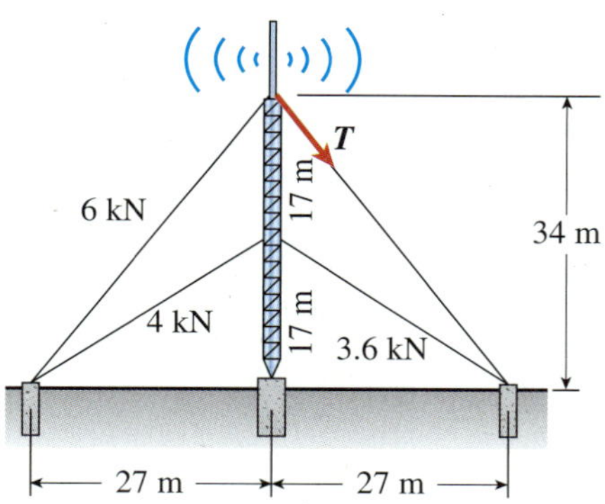

P2.1-7

2.1-8 단일 강철 스트럿 AB는 C와 D의 경첩을 중심으로 회전하는 질량 20 kg의 차량 엔진 후드를 지지한다(그림 a와 b 참조). 버팀대는 수직 평면에 놓여 있고 A에서 볼트에 부착되어 있다. 버팀대의 힘은 $F_S = 154$ N이다.

(a) 단위 벡터 $\boldsymbol{i}, \boldsymbol{j}, \boldsymbol{k}$의 관점에서 A에서 힘 $\boldsymbol{F}_S$를 작성하시오.

(b) 선 AD에 대한 $\boldsymbol{F}_S$의 투영 $\boldsymbol{F}_{AD}$와 $\boldsymbol{F}_S$와 AD 사이의 각도 θ를 구하시오.

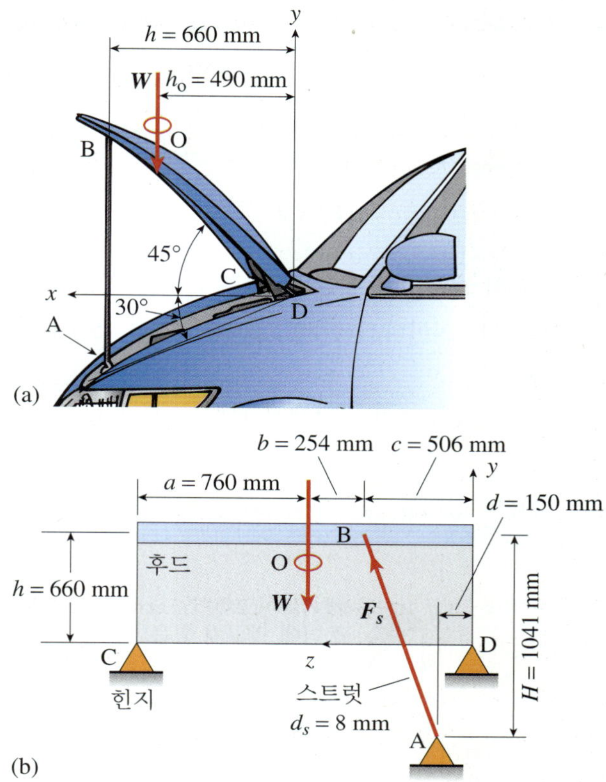

P2.1-8

2.2 모멘트와 우력: 2D, 3D

도입문제

2.2-1 그림에 표시된 트러스 구조에 적용된 힘 시스템에 대해 점 A에서 합력과 커플(우력)을 구하시오. 또한 단일 벡터로 취급되는 경우 합력 $\boldsymbol{R}$의 y절편을 구하시오.

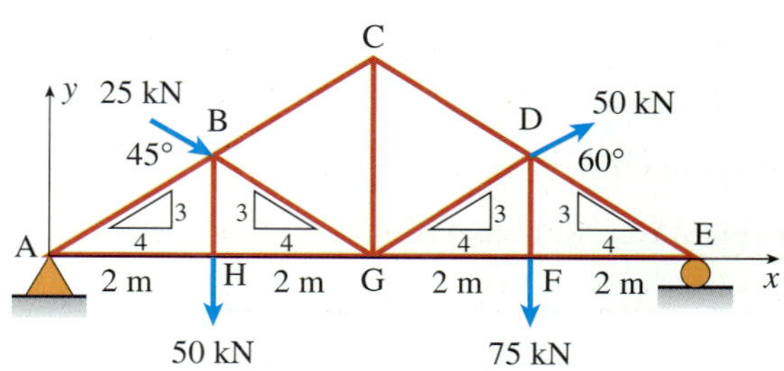

P2.2-1

2.2-2 세 개의 힘과 한 개의 커플(우력)이 보 ABCDE에 적용된다(그림 참조). $L = 3.6$ m, $\theta = 60°$라고 할 때, A지점에서 합력과 커플(우력)을 구하시오.

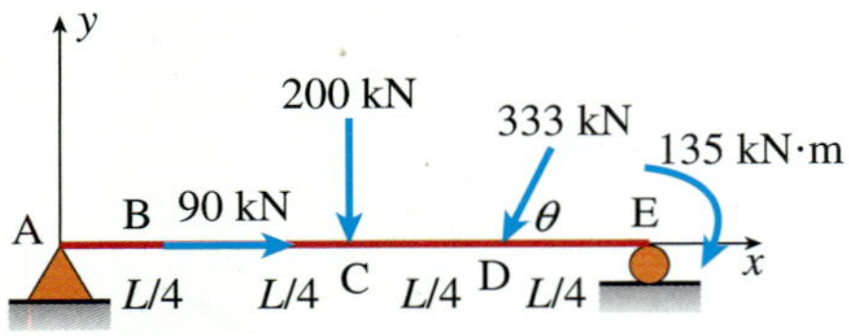

P2.2-2

2.2-3 이동식 크레인의 실린더 EB를 들어 올리는 힘 $\boldsymbol{F}_{EB}$의 크기는 11 kN이다. $\alpha=80°$, $\beta=45°$, BC=5.4 m라고 가정한다.

(a) 단위 벡터 $\boldsymbol{i}, \boldsymbol{j}, \boldsymbol{k}$의 관점에서 모멘트 벡터 $\boldsymbol{M}_C$를 구하시오.

(b) 바리뇽의 정리를 사용하여 (a) 부분의 합력을 확인하시오.

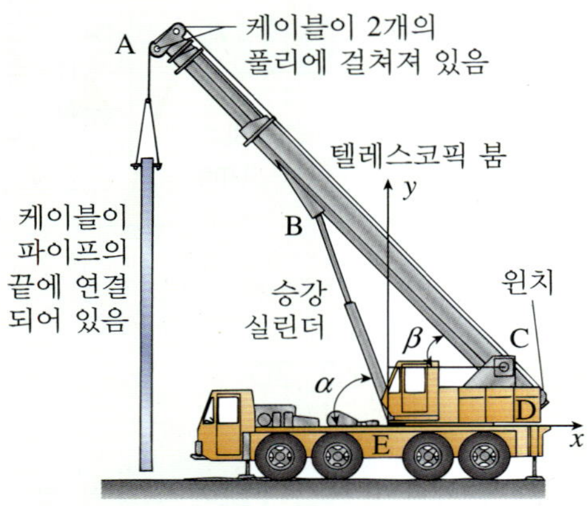

P2.2-3

대표문제

2.2-4 강철 도어 핸들의 B에 힘이 가해지고 있다. A에서 합력과 모멘트를 구하시오.

(a) 바리뇽의 정리를 이용하시오.

(b) 벡터 연산을 이용하시오.

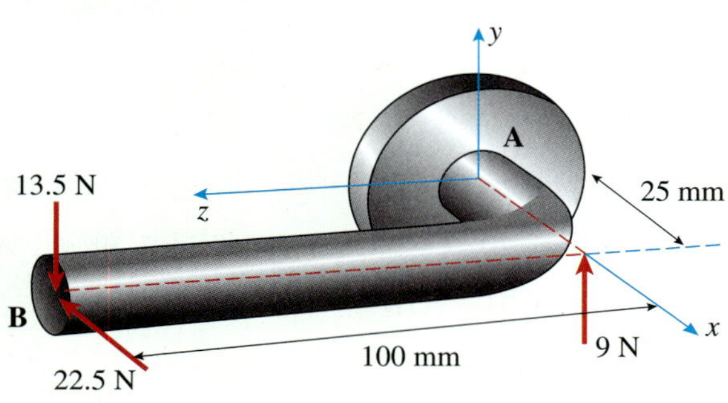

P2.2-4

2.2-5 단일 강철 스트럿 AB는 C와 D의 경첩을 중심으로 회전하는 질량 20 kg의 차량 엔진 후드를 지지하고 있다(그림 a와 b 참조). 버팀대는 수직 평면에 놓여 있고 A에서 볼트에 부착되어 있다. 버팀대에 가해지는 힘의 크기는 $F_S=154$ N이다.

(a) 힘 $\boldsymbol{W}$ 및 $\boldsymbol{F}_S$에 대해 A지점에서 등가 힘-우력 시스템을 구하시오.

(b) 경첩선 CD에 대한 이 두 힘의 모멘트를 구하시오.

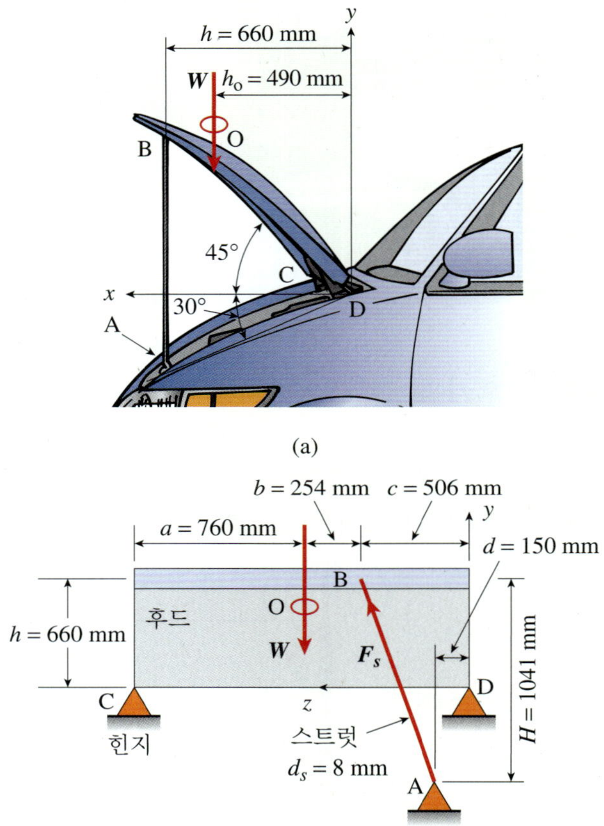

(b)

P2.2-5

CHAPTER 3

부재와 강체의 평형

Stefano Termanini/Shutterstock.com

교량의 갑판, 차량 및 보행자의 무게는 케이블과 교량 타워에 의해 지지된다.

이 장의 목적

- 스칼라 대수와 벡터 대수로 표현된 2D와 3D 물체의 정적 평형 방정식을 이해한다.
- 구조에 대한 다양한 지지 조건을 설명한다.
- 정적 평형 분석에 필수적인 첫 번째 단계인 적절한 자유물체도를 그리는 방법에 대해 학습한다.
- 2D와 3D 구조의 안정성과 정정성에 관해 논의한다.

이 장의 구성

3.1 서론

정역학에서 가장 중요한 주제는 힘이 작용하는 기계 혹은 구조물의 **평형**을 계산하는 것이다. 평형 상태에서는, 물체는 안정적이고 움직이지 않는 상태로 지지되거나 구속되며, 이에 따라 물체에 작용하는 모든 힘의 **합력**과 우력의 **합**은 0이 된다. 정지마찰력과 운동마찰력이 작용하는 거친 표면 위에 놓여 있는 물체를 제외하고, **정적** 힘(static forces)이 작용하는 구속된 물체는 강체의 움직임을 보이지 않는다.

평형을 계산하기 위한 첫 번째 단계는, **자유물체도**를 이용하여 물체에 작용하는 모든 반력을 나타내는 것이다. 먼저, 해석을 원하는 물체 내의 지점에서의 자유물체도를 작성하여, 외부힘과 짝힘 혹은 내력을 찾기 위한 **평형 방정식**을 세운 후, 평형 방정식과 스칼라/벡터 연산을 통해 다양한 구조의 해석을 다룬다. 정역학은 대부분 움직이지 않는 상태의 물체를 다루기 때문에, 물체의 속도와 가속도는 모두 0으로 간주된다. 하지만 운동마찰력이 작용하여 힘의 반대방향으로 등속운동을 하는 물체에 관한 내용도 소개한다.

3.2 자유물체도

정확한 자유물체도 없이 힘의 평형을 해석하는 것은 매우 어려우며, 자유물체도는 미지의 반력과 내력을 찾아내어 분석하기 위해 필요하다. 자유물체도는 문제를 해결할 때, 평형 방정식을 작성하고 수학적 접근방법을 선택하기 전 단계인 **개념화 단계**(conceptualization stage)에서 작성되며, 이 장에서는 2차원 혹은 3차원 문제풀이를 위한 벡터 및 스칼라 대수 형식의 평형 방정식을 학습한다. 이후 요소의 안정적인 모델링을 위한 7가지 구속 조건을 살펴보고, 마지막으로, 연습문제를 통해 자유물체도 작성의 중요성을 학습한다.

평형 방정식

평형 상태의 강체 혹은 변형된 물체에 작용하는 합력 $\boldsymbol{R}$, 모든 우력모멘트 $\boldsymbol{M}$은 0이며, 벡터를 이용한 평형 방정식의 합은 다음과 같이 나타낼 수 있다.

$$\boldsymbol{R} = \Sigma \boldsymbol{F} = 0 \tag{3-1}$$

$$\boldsymbol{M} = \Sigma \boldsymbol{M} = \Sigma(\boldsymbol{r} \times \boldsymbol{F}) = 0 \tag{3-2}$$

$\boldsymbol{F}$는 물체에 작용하는 힘의 벡터이고, $\boldsymbol{r}$는 $\boldsymbol{F}$로 인해 발생하는 모멘트의 위치 벡터이다. 상황에 따라 평형 방정식은 직교좌표계의 스칼라 방정식으로 나타내는 것이 편리하다. 평면좌표계(x, y)에서의 평형 방정식은 다음과 같이 나타낼 수 있다.

$$\Sigma F_x = 0 \quad \Sigma F_y = 0 \quad \Sigma M_z = 0 \tag{3-3}$$

z축은 물체의 평면에서 수직방향으로의 축이며, 식 (3-3)은 2차원이나 평면 문제에 사용될 수 있다.

3차원 좌표계(x, y, z)에서는 세 가지 힘의 방정식과 모멘트 방정식이 필요하며, 각음과 같이 나타낼 수 있다.

$$\Sigma F_x = 0 \quad \Sigma F_y = 0 \quad \Sigma F_z = 0 \tag{3-4}$$

$$\Sigma M_x = 0 \quad \Sigma M_y = 0 \quad \Sigma M_z = 0 \tag{3-5}$$

만약 미지수의 개수가 평형 방정식의 개수와 같으면, 식 (3-4), (3-5)를 이용하여 물체 내의 미지의 반력과 내력을 찾아낼 수 있으며, 이러한 문제를 **정정** 문제라 정의하며, 물체는 안정적으로 여겨진다. 반면, 물체가 추가적인 지지를 받고 있는 경우의 문제를 **부정정** 문제로 정의하며, 이 경우 평형식만으로는 해결할 수 없다. 따라서 정정과 강체는 물체의 평형이 성립하기 위한 필요충분조건이다.

반력과 구속 조건

물체 및 구조의 적절한 구속은 평형 방정식을 만족시키기 위해 필수적이다. 정적 힘이 작용하는 강체를 고정시키고, 안정적인 모델을 확보하기 위해서는 **충분하고 적절한** 방식의 지지(supports)가 필요하다. 고정점에서의 반력은 화살표 기둥에 사선이 그려진 한 방향의 한 개의 화살표로 표현된다. 고정점에서의 반력 모멘트는 사선이 그려진 양방향 혹은 곡선의 화살표로 나타내어진다. 물체에 직접적으로 작용하는 힘은 사선 없는 화살표로 나타내며, 대표적인 반력은 표 3-1에서 확인할 수 있다.

기계 시스템에서 힘의 작용을 잘 검토한다면, 그것을 자유물체도에 올바르게 표시할 수 있으며, 문제가 2차원인가 3차원인가에 따라 지지 조건이 달라질 수 있다. 표 3-1에는 2차원 및 3차원 지지의 이상화 방법 중 가장 일반적으로 사용되는 몇 가지 예가 실려 있다.

앞서 기술된 반력과 구속은 자유물체도의 필수적인 요소이다. 따라서 올바른 정적 평형 해답을 얻기 위해서는 물체에 작용하는 모든 힘을 자유물체도에 포함시켜야 한다.

자유물체도의 중요성

자유물체도를 그리는 것은 강체 및 변형된 물체의 정적 분석을 위한 **필수적인 첫 단계**이다. 정확한 평형 솔루션을 얻기 위해서는 물체 혹은 물체의 구성 요소에 작용하는 모든 힘과 반발력이 반드시 표시되어야 한다. 이번 장에서는 몇 가지 예와 함께 올바른 자유물체도를 그리는 것의 중요성을 알아볼 것이다.

미지의 힘을 알아내기 위해 **정적 부호 규약**(statics sign convention)이 사용되며, 좌표축에서 양의 방향으로 작용하는 힘은 양(positive), 반시계방향의 모멘트 벡터 또한 양으로 정의된다. 많은 문제에서 반력 혹은 접촉력의 방향은 명백한 편이지만, 처음 설정한 힘의 방향과 모든 미지수의 최종 결과의 방향이 같은 의미를 나타낼 수 있도록 하는 데에는 정적 부호 규약을 사용하는 것이 효과적이다.

정역학 문제를 해결하는 데는 자유물체도가 필수적이기 때문에 기계적 시스템을 자유물체도로 전환하는 방법을 충분히 학습해야 한다. 자유물체도 작성은 미지의 힘을 계산하기 위한 **4단계 문제풀이 접근방법**(four-step problem-solving approach) 가운데

표 3-1

2D 혹은 3D 정적 해석에서의 반력과 지지 조건의 모델링

<table>
<tr><th>지지 혹은 연결 타입</th><th>지지 혹은 연결의 간소화된 스케치</th><th>반력, 반력 모멘트, 연결힘</th></tr>
<tr><td colspan="3">1. 롤러 지지: 반발력 R가 롤링 표면에 수직방향으로 발생한다. 롤링 표면은 수평, 수직, 또는 θ의 각도만큼 기울어질 수 있다. 마찰력이 있는 경우, 지지대의 움직임을 방해하고, 표면에 접하는 힘 F를 포함한다. 3D에서 롤러는 x-z평면에서 움직이고, R_y는 평면에 수직이다.</td></tr>
<tr><td>
The Earthquake Engineering Online Archive

롤러 지지된 다리
[(1.1), (1.2) 참조]
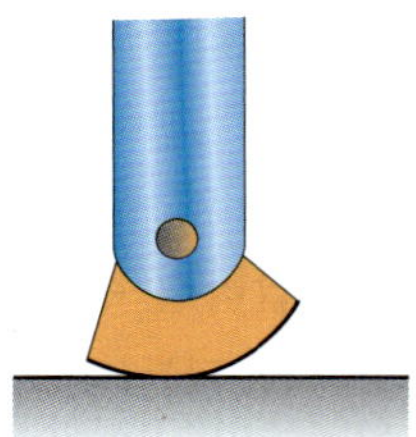
로커 지지된 다리
[(1.3) 참조]
</td><td>
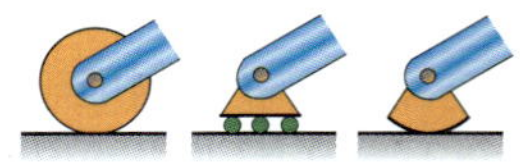
(1.1) (1.2) (1.3)
수평방향 롤러 지지[(1.1), (1.2)] 혹은 로커 지지[(1.3)]
아래 혹은 위로 향하는 모션이 구속된다.
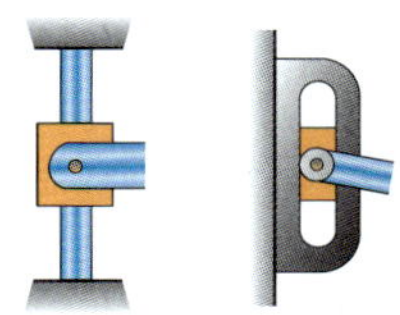
수직방향 롤러 구속
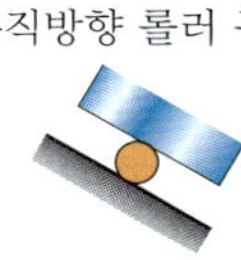
회전되거나 기울어진 롤러 지지
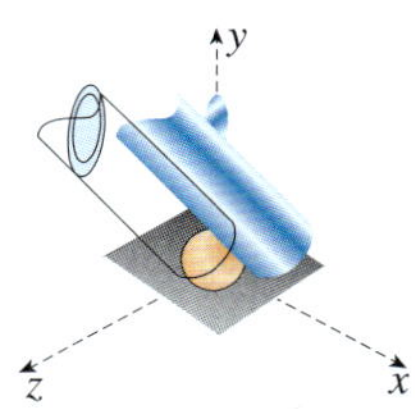

3D 롤러 지지
</td><td>
(a) 2D 롤러 지지(매끈한 표면에서의 마찰력은 F=0이다)
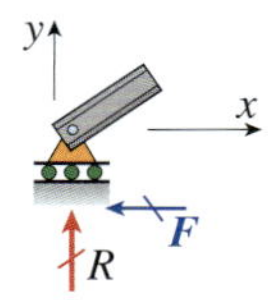

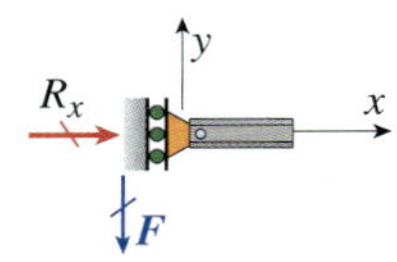

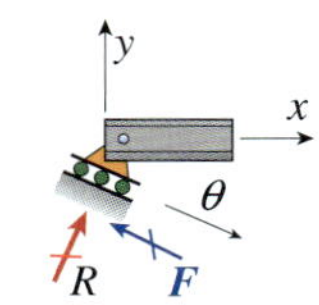

(b) 3D 롤러 지지(매끈한 롤링 표면에서의 마찰력은 F=0이며, R_y는 x-z평면에 대해 수직방향이다)
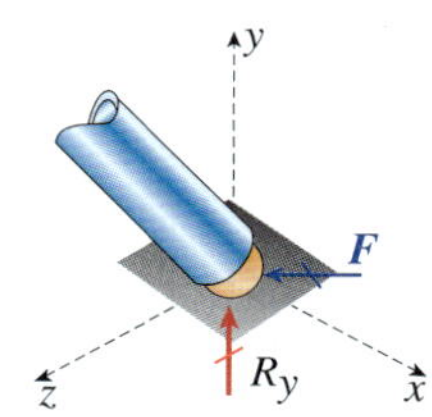

</td></tr>
<tr><td colspan="3">2. 핀 고정: 한 종류의 반력이 발생하며, 2D에서는 R_x와 R_y, 3D에서는 수직방향의 힘이 추가된 세 가지 요소로 표현된다. 핀 고정은 모멘트에 대한 저항이 없으며, 자유로운 회전이 가능하다. 3D에서서는 볼-소켓 조인트나 지지로 구성된다.</td></tr>
<tr><td>
The Earthquake Engineering Online Archive

</td><td>
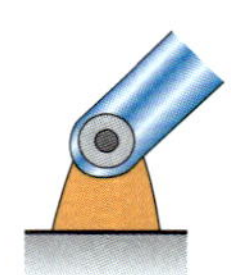
2차원 핀 고정
</td><td>
(a) 2차원 핀 고정
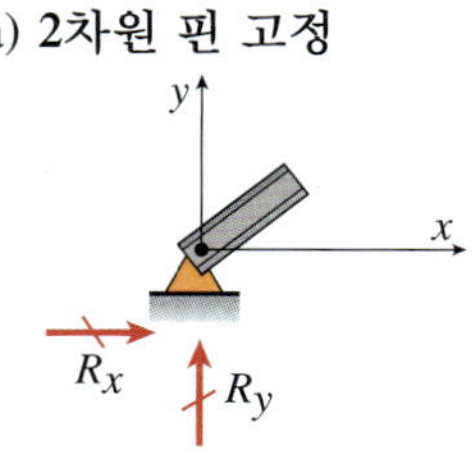

</td></tr>
</table>

볼-소켓 조인트 모델
(3D 카메라 마운트)

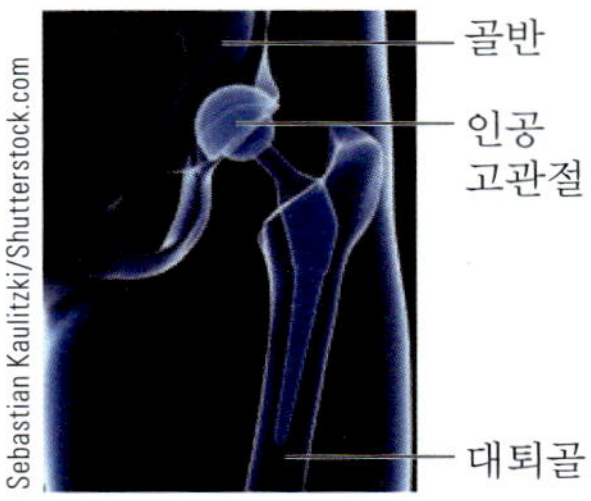

인공관절

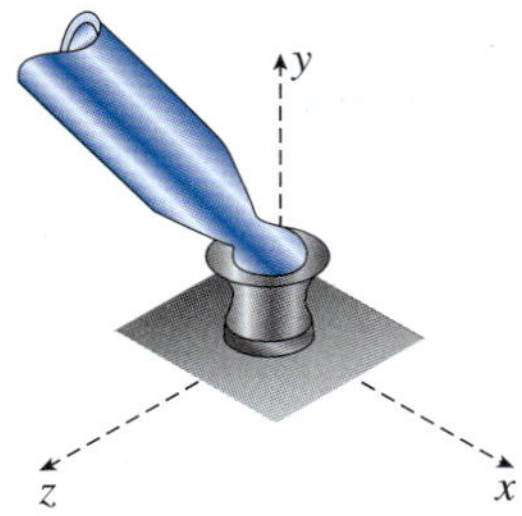

볼-소켓 조인트 모델

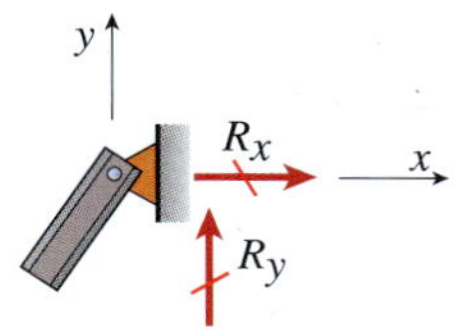

(b) **3D 핀 고정**

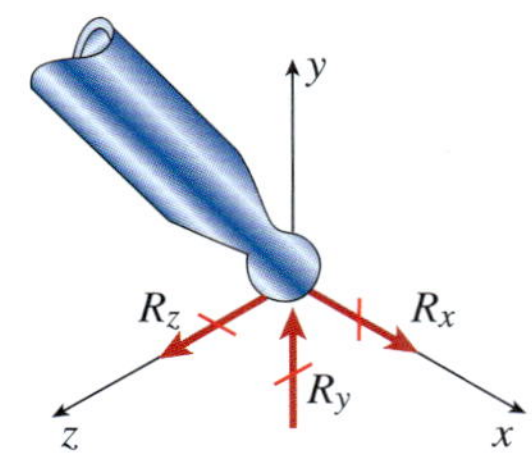

3. 미끄럼 지지: 회전 없이 변형되는 지지이다. 슬리브나 플랜지를 따라 빈틈없이 움직이는 접관(collar) 슬라이딩 등이 있으며, 2차원에서 반력은 슬리브에 수직인 힘 R_x와 슬리브와 관련된 회전에 저항하는 모멘트 M_z이다. 3차원에서 미끄럼 지지는 마찰이 없는 평면 y-z 위에서 발생하고, 반력 모멘트 구성 요소 M_y와 M_z가 평면에 대해 회전하는 것을 막는다.

라이트 스탠드의 미끄럼 지지

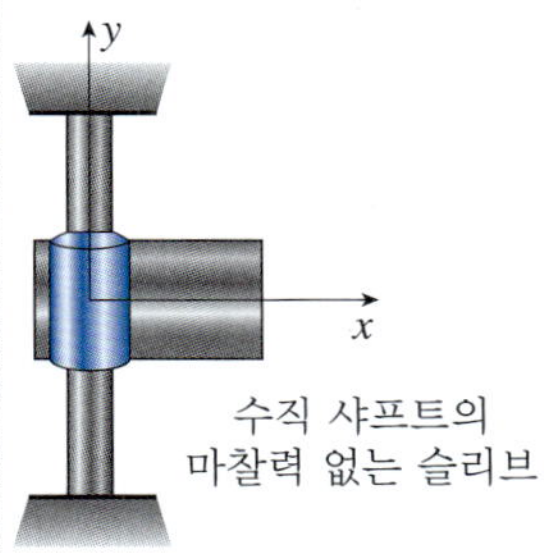

2D 미끄럼 지지

마찰력 $\boldsymbol{F}$는 슬라이딩 표면을 따라 $+y$방향의 반대로 작용한다.
매끈한 표면에서의 $\boldsymbol{F}$는 0으로 가정한다.

3D에서는 x축의 회전을 막는 반력 모멘트 M_x가 추가된다.

(a) **2D 미끄럼 지지**($+y$ 또는 $-y$를 따라 마찰이 없는 경로로 병진한다)

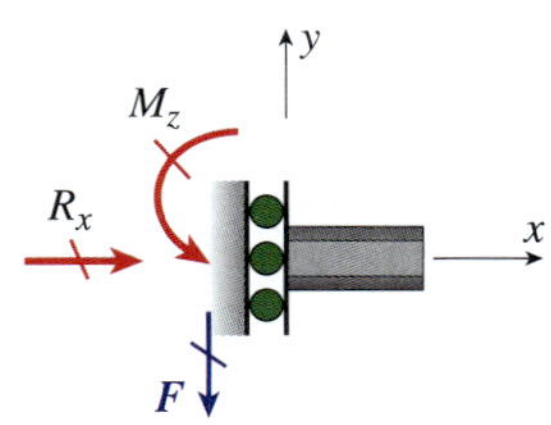

(b) **3D 미끄럼 지지**(마찰이 없는 y-z평면을 따라 병진한다)

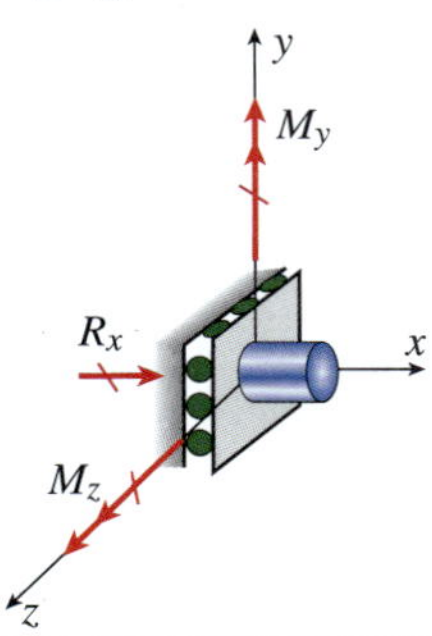

(계속)

<table>
<tr><th>지지 혹은 연결 타입</th><th>지지 혹은 연결의 간소화된 스케치</th><th>반력, 반력 모멘트, 연결힘</th></tr>
<tr><td colspan="3">4. 고정단: 고정단에서 부재와 지지 사이에 병진이나 회전이 일어나지 않는다. 이것은 2차원에서 힘 구성 요소 R_x, R_y, 모멘트 M_z와 같은 세 가지 반력 요소를 필요로 한다. 3차원에서는 세 가지 반력 요소와 세 가지 모멘트 반력 요소가 필요하다.</td></tr>
<tr><td>

Franco Nadalin/Shutterstock.com
콘크리트에 고정된 강철 기둥

Radovan1/Shutterstock.com
베이스에 고정된 기둥
</td><td>
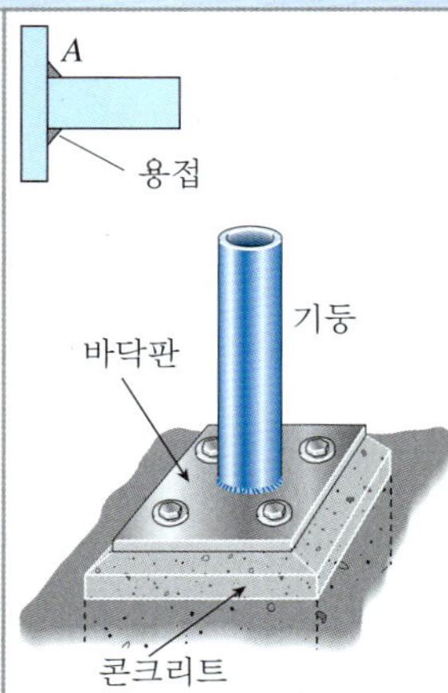

표지판 기둥의 고정단
</td><td>
(a) 2D 고정단
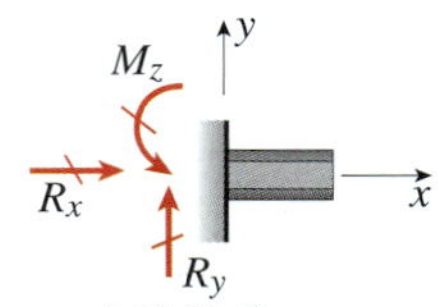

수평 부재
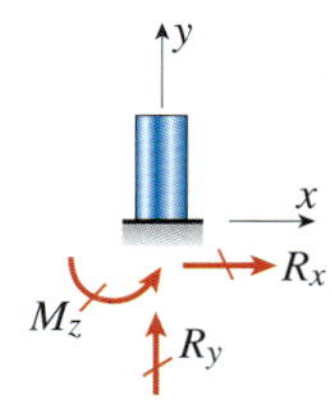

수직 부재
(b) 3D 고정단
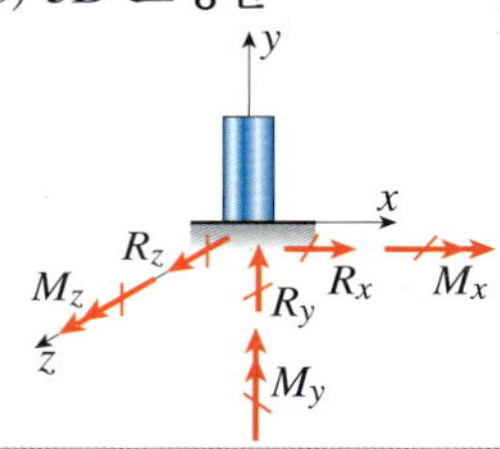

</td></tr>
<tr><td colspan="3">5. 탄성 혹은 스프링 지지: 2D에서는 수평/수직 방향의 병진 스프링 또는 이 둘의 조합이 있을 수 있다. 선형 스프링의 경우, 스프링 베이스에서의 반력은 스프링 상수 k에 스프링 축방향의 변위 δ를 곱한 값이다. 선형 병진 스프링의 지지에서 조인트 A가 $+x(\delta_x)$ 및 $+y(\delta_y)$방향으로 이동하면 선형 지지대에서 반력 R_x 및 R_y가 각각 $-x$와 $-y$방향으로 생 성된다. 또는 병진에 대해 지지대가 고정될 수 있지만, 회전에 대해 모멘트 스프링 k_r값을 가진다. 조인트 A가 $+z$축(θ_z)을 중심으로 회전하면 회전 스프링의 기저부에 $-z$방향으로 반력 모멘트 M_z가 생성된다. 3D에서 완전한 탄성 지지는 세 개의 병진 스프링(k_x, k_y, k_z)과 세 개의 회전 스프링(k_{rx}, k_{ry}, k_{rz})으로 구성되며, 임의의 조인트 변위는 세 개의 반력 과 세 개의 반력 모멘트를 발생시킨다. 극한에서 각각의 스프링 상수 값이 무한에 접근함 에 따라 탄성 지지는 위의 4(b)와 같이 완전히 고정된 지지대가 된다.</td></tr>
<tr><td>

Nipon Laicharoenchokchai/Shutterstock.com
중장비용 병진 스프링 지지대
</td><td>
3D에서 반력 $R_z = -k_z\delta_z$로 $+z$방향 k_z를 추가한다.
3D에서 반력 모멘트 $M_y = -k_{ry}\delta_y$를 $+y$방향 k_{ry}에 회전 굴곡 스프링을 추가하고, $+x$방향의 반력 모멘트 $M_x = -k_{rx}\theta_x$
</td><td>
(a) 2D 병진 스프링(k)
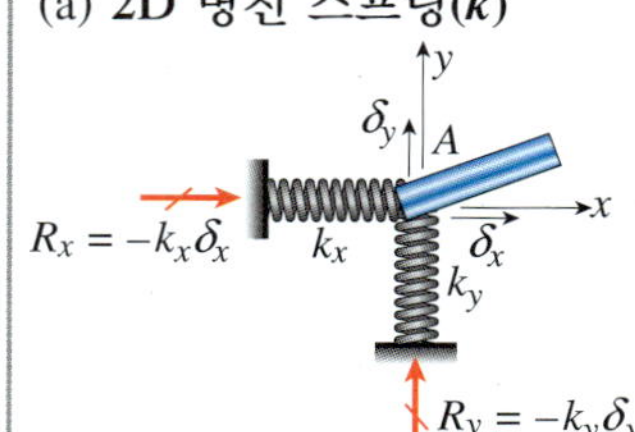

</td></tr>
</table>

 빨래집게의 회전 스프링	를 갖는 회전 토션 스프링을 추가한다.	(b) **2D 회전 스프링(k_r)** 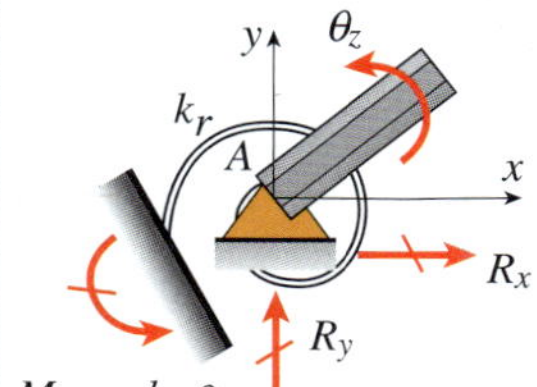

6. 레일 위 바퀴 고정: 이 고정은 3차원 롤러 고정의 특별한 형태이다(앞의 1b 참조). x-z 평면상의 일반적인 운동은 수직 힘 R_y와 수평 힘 R_x에 의해 제한되며, 둘은 바퀴가 움직이는 레일 혹은 슬롯에 수직으로 작용한다. 만약 마찰이 있다면 바퀴 이동에 반대하는 방향으로 레일을 따라 마찰력 F가 추가된다.

	z축에 대한 레일 위 바퀴 고정, 마찰은 무시한다. R_x는 가로축 방향 구속력이고, R_y는 수직력이다. 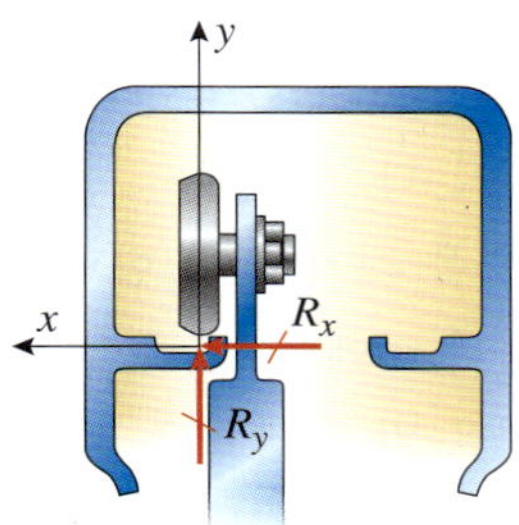 가이드레일의 단면도	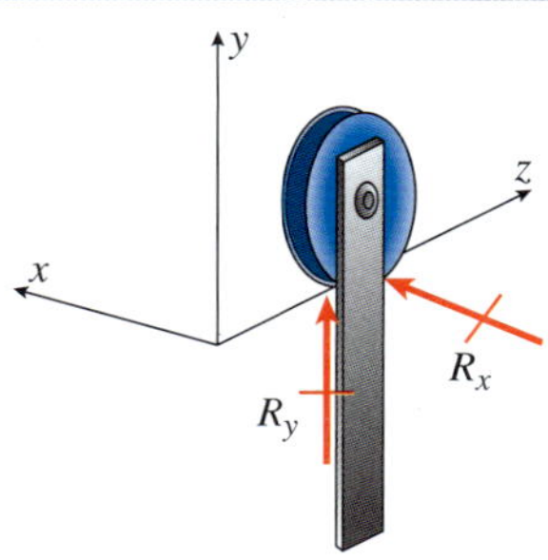

7. 스러스트 베어링 지지: 스러스트 베어링은 해당 축에 대해 발생하는 회전 움직임이 일어나는 동안 축선을 따르는 병진 운동을 제한한다. 반력과 모멘트 구성 요소는 스 러스트 축에 대한 반력 모멘트 $M_x=0$을 제외한 모든 방향으로 작용한다(마찰이 없을 때). 특별한 경우는 축방향의 스러스트 구속 요소 $R_x=0$인 저널 베어링이다.

스러스트 베어링은 반력(R_x, R_y, R_z)과 반력 모멘트 구성 요소(M_y, M_z)의 지지 조건을 갖는다. 축의 회전 방향(x축 방향)으로는 모멘트 반력이 없다.  필로우 블록형 베어링	**저널 베어링**은 $M_x=0$일 뿐만 아니라 축방향 반력도 없다($R_x=0$). 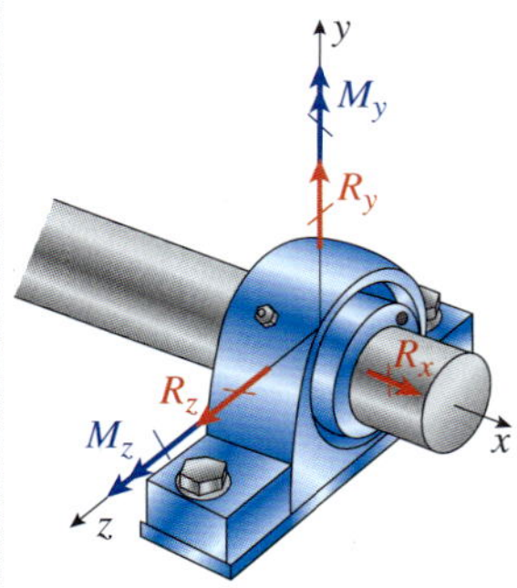	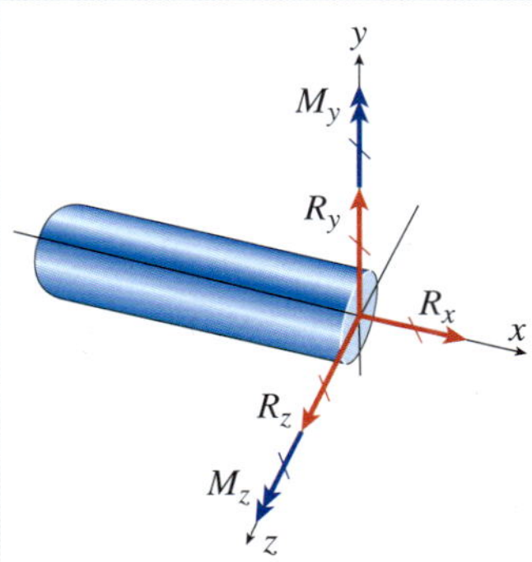

첫 번째 단계이며, **부정확한 자유물체도는 평형 방정식의 잘못된 해석으로 이어질 수 있다.** 따라서 자유물체도를 신중하게 작성하는 것은 매우 중요하다.

자유물체도 예시

다음의 예시는 정적 평형의 법칙을 바탕으로 물리적 구조 혹은 기계적 시스템의 해석을 위한 단순화 모델로의 변환 방법에 대해 설명한다. 먼저 해석하고자 하는 구조를 선택하고, 그것을 주위를 둘러싸거나 부착된 물체로부터 **분리**시킨다. 지지점에서 발생하는 힘을 추가하고, 그 구조가 다른 물체와 접촉한 지점에서의 힘을 추가한다. 물체에 작용하는 중력과 자력으로 인한 힘도 함께 추가해야 한다. 작용하는 힘과 반력은 집중 혹은 분산될 수도 있으며, 일단은 중력을 물체의 중심에 작용하는 집중하중으로 다룬다.

평면 트러스 그림 3-1의 평면 트러스는 A와 B에 의해 지지되고 있으며 트러스의 하현 부분을 따르는 결합점에서 자동차의 하중($2P$, P)을 받고 있다. 외부 하중 P(작은 자동차의 무게)로 표현되며, 트럭의 하중은 그림에서 나타나는 것과 같이 두 배의 값($2P$)을 가진다. 이때 트러스 부재(truss members) 각각의 무게는 P의 하중값에 비해 매우 작은 것으로 간주하여 고려하지 않는다. 또한 본 그림에서는 트러스 치수(dimensions)가 빠져 있지만, A와 B에서의 반력을 찾기 위해 힘과 모멘트 평형 방정식을 사용하기 위해서는 트러스의 치수가 필요하다. A에서 **핀** 고정(pin support)은 수직적 및 수평적 변형(translation) 모두에 대한 저항을 가진다[표 3-1(2) 참조]. 따라서 결합점 A에서 반력 A_x와 A_y는 그림 3-1b처럼 자유물체도에 나타내진다. B지점에서의 지지는 **롤러**로 구성되어 있기 때문에 수직방향으로의 저항만 발생하고, 따라서 수직방향의 반력 B_y만 그림 3-1b에 표시된다. [혹은 B의 지지는 같은 움직임을 가지지만 물리적으로 롤러와는 다른 **로커** 지지(rocker support)가 될 수도 있다. 표 3-1(1) 참조] 그림 3-1b의 자유물체도를 그릴 때, 트러스 구조는 단일 강체로 취급된다. 우선은, A와 B지점의 반력에만 초점을 맞추며, 각각의 트러스 부재와 결합점에 관한 세부 사항은 무시한다. 따라서 그림에서 개별 부재는 색칠하여 가려놓고 구조의 경계만 표시하였다.

케이블 지지 보 그림 3-2에서 보 AB는 케이블 BC에 의해 지지되어 있다. A지점에서의 보를 핀 고정으로 가정하면, A는 반력 구성 요소 A_x와 A_y로 나타낼 수 있다. 보에 작용하는 힘에만 집중할 수 있도록 케이블 BC를 따라 잘라낸 후(점선으로 표시된

그림 3-1
(a) 평면 트러스 구조와
(b) 자유물체도

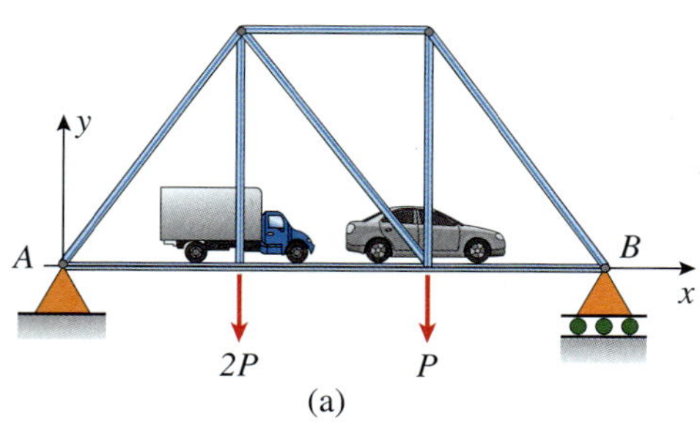

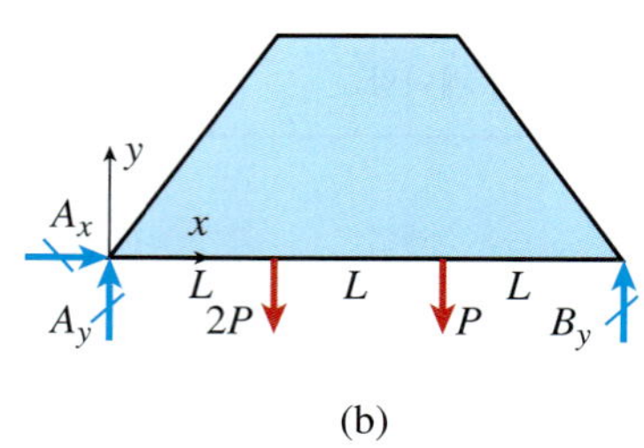

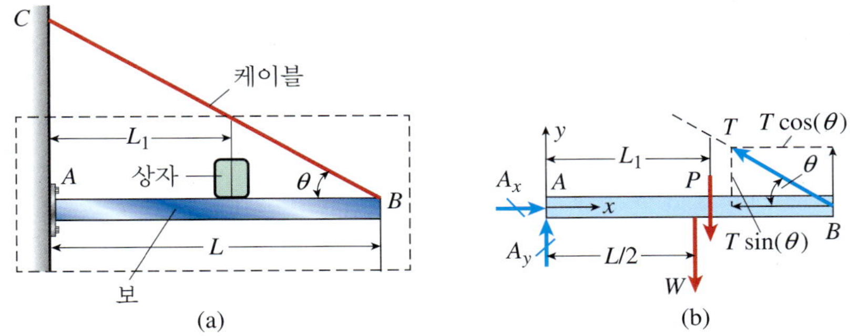

그림 3-2
(a) 케이블 지지 보 구조와
(b) 보의 자유물체도

박스) 장력 T를 설정하여 보만 따로 떼어내도록 한다. B에서 C로의 작용선을 이미 알고 있기 때문에, 장력 T가 점 B로 작용하도록 설정하기 위해 **이동 원리**(principle of transmissibility)를 사용한다. 그림 3-2(b)의 자유물체도에서 케이블 힘의 구성 요소는 각 θ를 통해 나타내고 B에서 적용될 수 있다. 보의 등분포하중은 보의 무게중심에 집중되는 힘 W로 나타낼 수 있고, 상자의 하중은 A의 오른쪽으로 $x = L_1$ 거리에서 힘 P로 작용한다.

비행기 그림 3-3a는 격납고로 견인되고 있는 비행기를 나타내고 있다. 이 그림의 정적 평형 해석에는 랜딩기어에 작용하는 힘과 비행기를 끌기 위해 B에서 작용하는 힘이 필요하다. 만약 비행기 양쪽의 날개 하중과 랜딩 기어 반력의 크기가 같다면 2차원 자유물체도를 사용할 수 있다. 2차원 자유물체도에 나타나는 것은 다음과 같다.

- 랜딩기어 앞에서 작용하는 견인력 F
- 승객과 화물을 포함한 주요 기체의 무게 W_1
- 양쪽 날개의 구조물과 연료의 무게 W_2
- 두 개의 제트 엔진의 무게 W_3

반력 A_x는 회전 마찰(rolling friction)로 인해 발생하는 뒤쪽 착륙 기어에서의 항력이다. 힘 A_y는 복합 반력으로서 뒤쪽 착륙 기어에 수직방향으로 작용하는 힘의 합이며, 힘 B_y는 앞쪽 착륙 기어에 작용하는 수직방향의 힘의 합이다. 물론 정적 평형 해석을 수행하기 위해서는 개별 힘이 작용하는 정확한 위치에 대한 정보가 필요하다.

차량 리프트 프레임 그림 3-4에서는 차량 리프트 도식의 자유물체도를 보여준다. 리

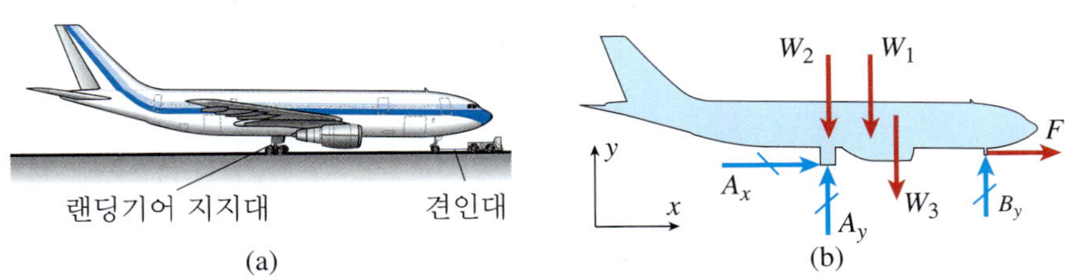

그림 3-3
(a) 견인되고 있는 비행기와
(b) 비행기의 2D 자유물체도

프트의 베이스와 프레임을 디자인하기 위해서는 리프트 프레임 베이스에서의 반력(A_x, A_y)과 반력 모멘트(M_A)를 계산해야 한다. 2차 자유물체도를 사용하기 위해 프레임과 자동차의 무게중심은 같은 x-y평면에 놓여 있다고 가정한다. 프레임에 적용되는 하중은 다음과 같다.

- 수평 프레임 부재의 무게 W_1
- 수직 프레임 부재의 무게 W_2
- 자동차의 무게 C

그림 3-4b의 자유물체도에서 보듯이 무게 W는 각 프레임 부품의 무게중심에 작용하며, 자동차 무게 C는 양쪽 지지대에 나뉘어 적용된다.

컨테이너 크레인 그림 3-5의 컨테이너 크레인은 배에서 컨테이너로 수송되는 화물을 싣고 내리는 데 사용된다. 일반적인 크레인 구조는 부두와 평행하게 설치된 레일을 따라 움직이며 네 지점에서 지지되어 있다(레일 A의 두 지점과 레일 B의 두 지점). 배에서 물건을 내리도록 자리를 잡으면, 크레인은 A와 B지점에서 핀 고정을 하며 정박한다. 만약 모든 하중이 크레인의 무게중심을 포함하는 x-y평면 내에서 작용한다면, 핀

그림 3-4
(a) 들어 올려진 자동차와 (b) 왼쪽 리프트 프레임의 2D 자유물체도

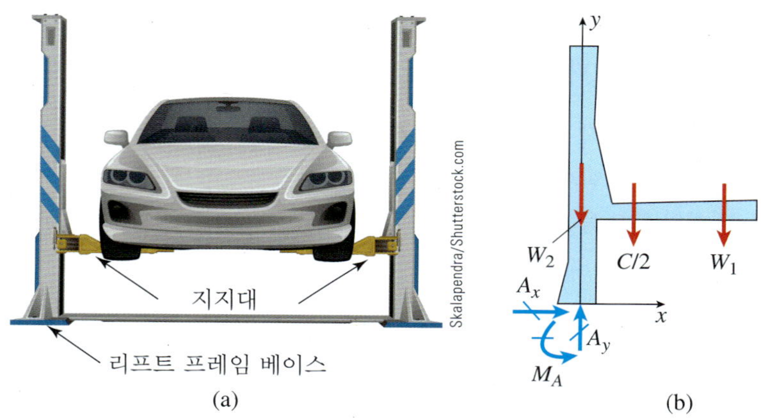

그림 3-5
(a) 컨테이너 크레인과 (b) 컨테이너 크레인의 2D 자유물체도

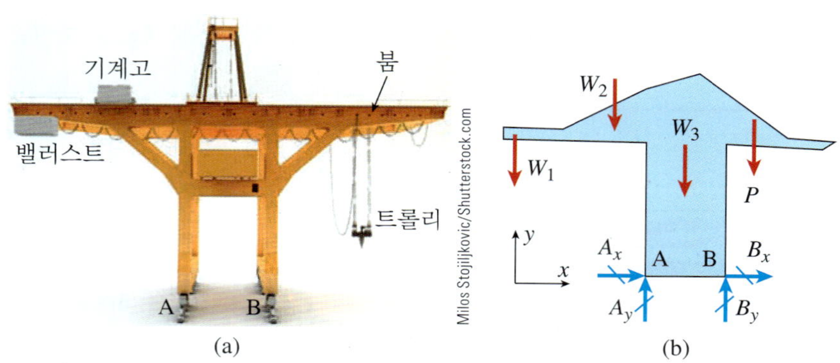

고정 A와 B에서의 반력을 찾기 위한 정적 평형 해석에 2차원 자유물체도를 사용할 수 있다. 적용되는 하중은 다음과 같다.

- 뒤쪽 밸러스트(ballast)의 무게 W_1
- 기계고의 무게 W_2
- 크레인 프레임 부재의 전체 무게 W_3
- 트롤리(운전사 캐빈, 케이블, 스프레더)와 컨테이너 화물의 무게 P

각기 다른 종류의 화물을 들어 올리기 위해 크레인 운전사는 크레인 붐을 따라 트롤리를 움직인다. 따라서 평형 해석을 수행하기 전, 힘 P의 정확한 위치가 반드시 구체적으로 명시되어야 한다. 구조물 부분 사이의 힘을 알아내기 위해서는, 분리된 부분에 해당하는 별도의 자유물체도를 그리고, 각 부분에 해당하는 평형 해석을 수행한다.

이동식 건설 크레인 소규모 이동식 크레인은 무게 P의 굴착 파이프(drill pipe)의 한 부분을 들어 올리기 위해 사용된다(그림 3-6a). 파이프의 윗부분 끝에 부착되어 있는 케이블은 A지점에서 두 개의 도르래에 맞물려 작동하고, D지점의 크레인 붐(crane

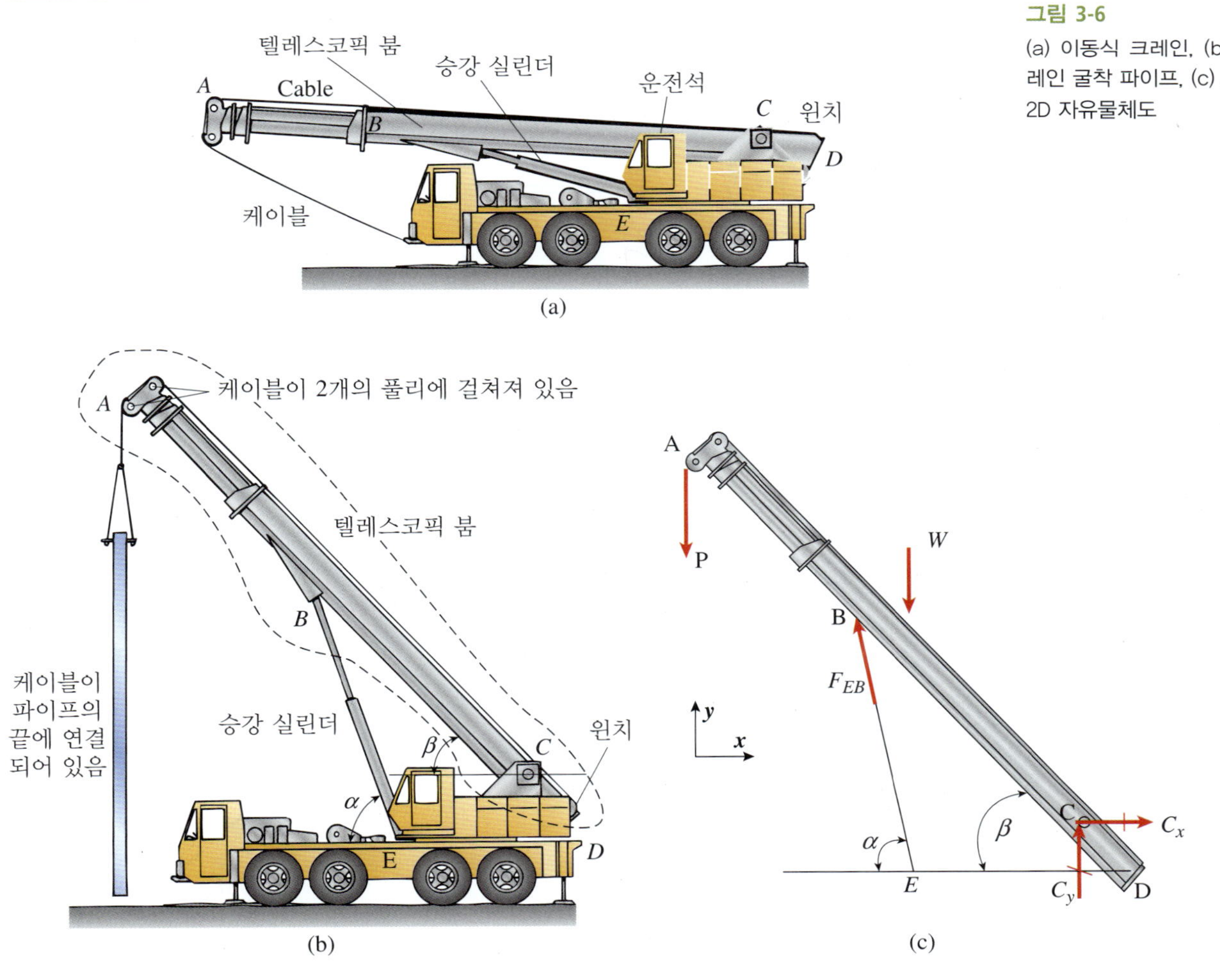

그림 3-6
(a) 이동식 크레인, (b) 이동식 크레인 굴착 파이프, (c) 크레인 붐의 2D 자유물체도

boom) 위의 윈치(winch)에 고정되어 있다. 붐 위의 *B*와 *C*에 작용하는 힘을 찾기 위한 정적 평형 해석을 위해 텔레스코픽 붐(telescopic boom) *ABCD*만 따로 떼어낸다(그림 3-6b의 점선 참고). 정적 평형 해석에 사용될 자유물체도는 그림 3-6c에 나타나 있다. 붐 *ABCD*에 작용하는 힘을 나타내기 위해, *A*지점에 매달려 있는 파이프 바로 위의 케이블을 잘라내어 케이블을 들어 올리는 작용선을 따라 케이블 힘 *P*를 아래 방향으로 적용한다. 또한 *B*와 *E* 사이의 승강 실린더(elevating cylinder)를 잘라내거나, 간단히 *B* 지점에서 붐으로부터 실린더를 떼어내고 힘 F_{EB}를 들어 올리는 것으로 대체한다. 마지막으로, 트럭과 붐이 연결되어 있는 *C*지점에서 핀을 제거한다. 케이블 윈치는 *D*지점에서 붐과 연결되어 있기 때문에 붐 표면에 있는 케이블을 잘라낼 필요가 없다. 붐의 무게 *W*는 무게중심에 적용된다. C_x와 C_y는 *C*지점에서의 반력을 나타낸다. 마지막으로, α와 β의 각도로 정해진 위치에서 크레인 암(arm)을 고정시키는 데 필요한 실린더 *EB*의 힘 F_{EB}는 *B*에서 적용된다.

신호등 기둥 다음으로, 교차로에 있는 신호등 기둥의 2차원과 3차원 모형의 자유물체도에 대해 학습한다(그림 3-7). 골조는 수직 캔틸레버이기 때문에 *A*지점에서 기본 반력만이 미지의 반력으로 포함된다(이들 반력은 기둥과 기둥 조립을 위한 맨 아랫부분의 토대를 설계하기 위해 사용된다). 2차원에서 힘 W_1과 W_2는 각각 신호등의 팔과

그림 3-7

(a) 신호등 기둥 어셈블리(2D), (b) 신호등 기둥의 2D 자유물체도, (c) 신호등 기둥 사진(3D), (d) 신호등 기둥 어셈블리(3D), (e) 신호등 기둥의 3D 자유물체도

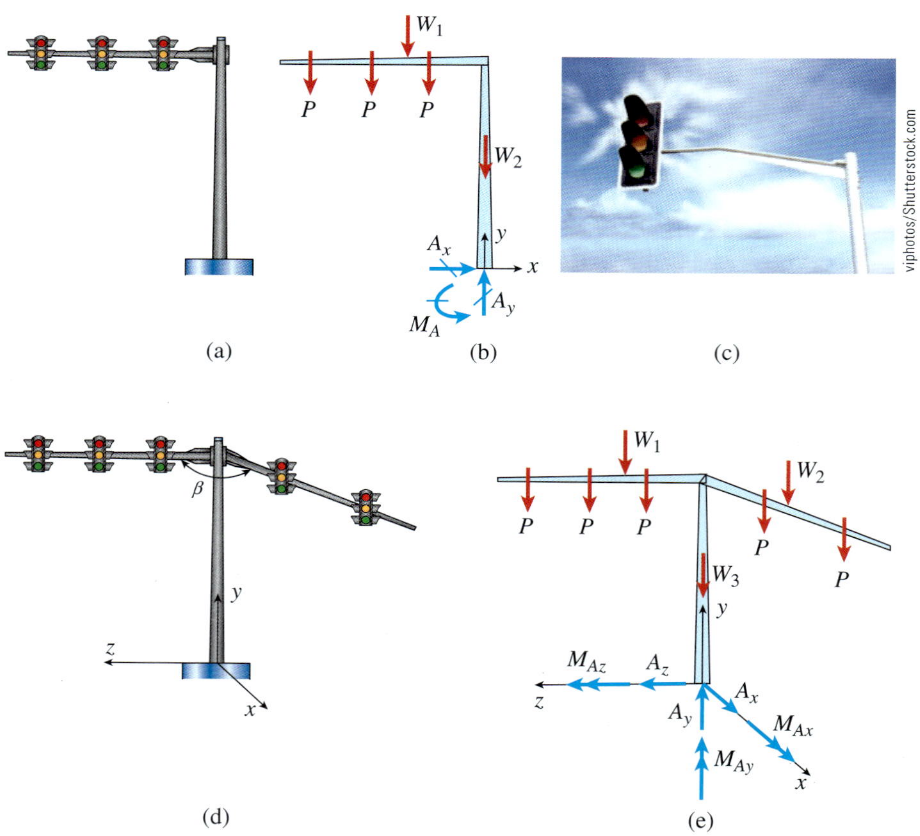

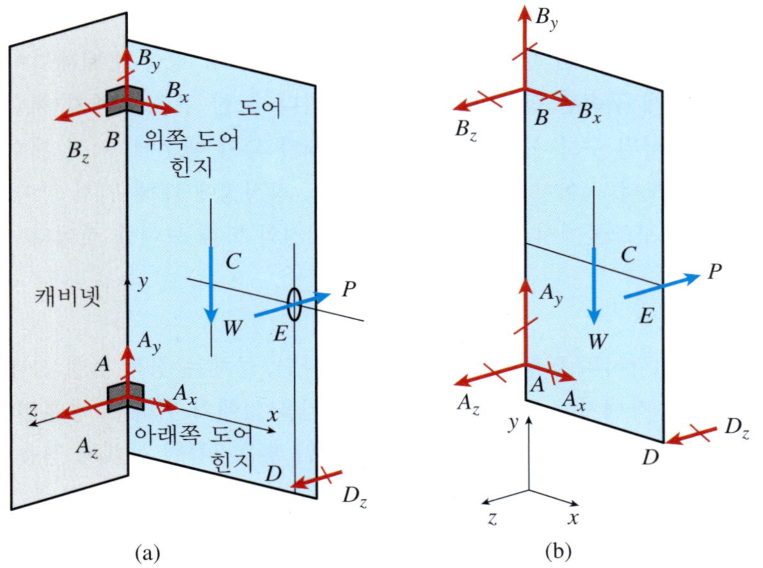

그림 3-8
(a) 힌지로 고정된 캐비닛 문(3D)과 (b) 캐비닛 문의 자유물체도

기둥의 무게를 나타내며, 각각의 힘 P는 신호등 구조물 하나의 무게를 나타낸다. 2차원 캔틸레버에서는 오직 두 개의 반력(A_x, A_y)과 한 개의 모멘트 반력(M_A)만이 존재한다. 3차원의 신호등 구조물(그림 3-7c부터 e)에서, 각각의 팔에 W와 P가 작용하고, 기둥에는 추가적으로 기둥의 무게 W_3이 적용된다. A에 세 가지 반력 요소가 있고 세 반력 모멘트 요소가 존재한다(그림 3-7e).

캐비닛 문 A와 B에서 힌지에 의해 고정되어 있는 캐비닛 문을 고려해보자. 힌지는 고정 지점 A와 B에서만 반력이 발생하며, D에서 자석에 붙는 방식으로 문이 닫힌다. 문의 무게(W)는 무게중심에서 작용하며, 닫히는 힘 P는 지점 E의 문고리 위치에서 적용된다. 각각의 힌지는 x-y-z방향으로 반력 요소를 제공하고, 문 정지 반력(stop reaction)은 힘 D_z이다. 이때 마찰은 없는 것으로 가정하며, 힌지에 의해 y축에 대한 반력 모멘트는 발생하지 않는다. 따라서 요소 M_{Ay}와 M_{By}는 모두 0이고 자유물체도상에서도 표현하지 않는다.

요약하면, 적절한 자유물체도의 구성은 고정된 물체의 반력을 찾기 위한 평형 솔루션을 도출해내는 기계적 시스템의 정적 해석에서 중요한 첫 번째 단계이다. 바디를 구성하는 구성 요소 내의 내력과 접촉력(contact forces)을 찾기 위해 추가적인 자유물체도가 필요하다. 자유물체도의 작성은 문제풀이 전략의 **개념화 단계**에서 이루어지며, 올바른 문제해결을 위한 필수적인 단계이다. 자유물체도 작성에서 생긴 오류는 틀린 결과로 이어진다. 이 장 마지막에 있는 연습문제는 구조의 전체 및 일부에 해당하는 자유물체도를 올바르게 그리는 연습을 할 수 있도록 도와줄 것이다. 더하여, 3.3절에 있는 상세한 예제에 자유물체도 작성부터, **4단계 문제풀이 접근방법**을 이용하여 정적 평형 문제해결을 수행할 때 자유물체도가 어떻게 활용되는지가 나와 있다.

3.3 2D와 3D에서의 평형

평형에서의 구조 및 요소의 상세한 예를 살펴보기에 앞서, 평형 문제해결이 가능하도록 구조가 **적절하게 구속된** 상태인지 확인해야 한다. 또한 구조의 **지지** 개수가 가능한 독립된 평형 방정식의 수보다 많으면 **부정정** 문제가 되기 때문에, 지지 개수는 독립된 평형 방정식의 수보다 적어야 한다. 구속, 이동성, 정정성에 대해 먼저 알아보고, 뒤이어 다양한 정정성 구조물에서 발생하는 반력을 예시와 함께 보여줄 것이다.

구속과 이동성

식 (3-1)부터 (3-5)까지의 평형 방정식이 만족된다면, 물체는 정적 평형 상태로 간주된다. 하중이 물체에 가해지는 상태에서 강체 움직임을 없애기 위하여, **충분한 개수**와 **적절히 배치**된 지지 혹은 구속이 있어야 한다. 2차원 혹은 3차원 물체에 적용 가능한 모든 구속은 표 3-1에 정리되어 있으며, 대부분이 이전에 제시한 자유물체도 예시에서 사용되었다.

3.2절의 **평면 트러스**(plane truss) 예시를 다시 생각해보면, A에서 핀 고정이 롤러 고정으로 바뀐다면(그림 3-9a), 구조는 수직하중 $2P$와 P 아래의 평형 상태처럼 보인다. 하지만 면밀히 검토해보면 x방향의 반력이 없기 때문에, 힘 Q와 같이 x방향으로 적용되는 하중을 견딜 수 없다. 따라서 이 구조는 불안정한 구조이며, 트러스는 수평력(horizontal forces) 상태에서 강체 변형이 발생하게 된다. 이러한 이유로, 하중 Q가 제거되지 않는다면 방정식 $\Sigma F_x = 0$이 성립될 수 없기 때문에 평형에 대한 더 이상의 고려는 무의미하다. 그림 3-9의 트러스 구조는 오직 두 개의 반력(A_y, B_y)을 가지는데 이것은 **불충분한 구속의 개수**로 인해 불안정한 상태이다.

그림 3-10a에서 C지점에 또 다른 수평 롤러 고정을 추가하여 반력 C_y를 가지는 상황을 가정해보자. 여전히 트러스는 불안정한 상태가 되고 평형 해석은 불가능하다. 세 개의 반력(A_y, B_y, C_y)과 세 개의 방정식[식 (3-3)]이 존재하지만, 구속의 **부적절한 배치**(세 개의 수평 롤러 고정)로 인해 $\Sigma F_x = 0$이 성립될 수 없다. 이 구조는 움직임이 발생할 수 있으며 힘 Q와 같이 x방향에서 적용되는 하중(기울어진 하중 포함)을 견딜 수 없게 된다.

구속의 **부적절한 배치**의 또 다른 예가 그림 3-11a에 나타나 있다. 핀 고정이 A지점에서 복구되어 있지만, B지점에서 롤러 고정이 제거되어 있으며 C지점에서의 롤러

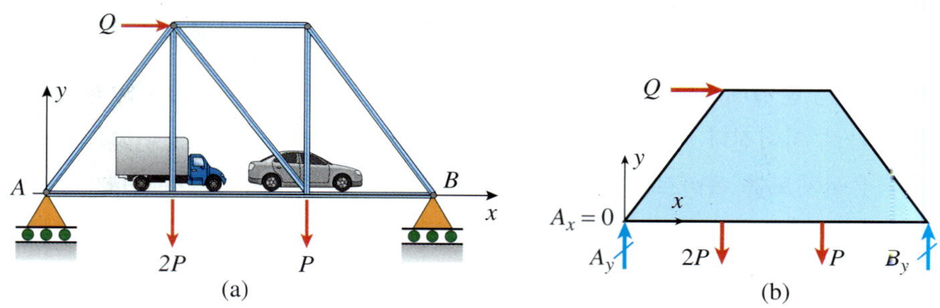

그림 3-9
(a) 두 개의 구속이 있는 불안정한 평면 트러스와 (b) 불안정한 평면 트러스의 자유물체도

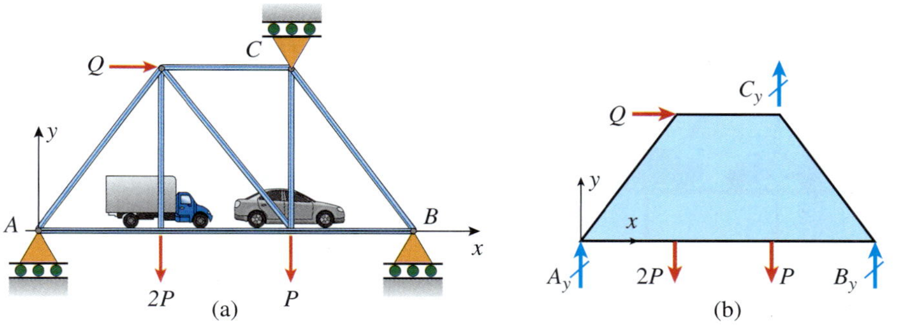

그림 3-10

(a) 세 개의 구속이 있는 불안정한 평면 트러스와 (b) 불안정한 평면 트러스의 자유물체도

가 회전하여 배치되어 있어 반력 R_C의 작용선이 A지점을 지나간다. 현재 세 가지 구속(그림 3-11b의 A_x, A_y, R_C)이 존재하며, 평형 방정식 $\Sigma F_x = 0$과 $\Sigma F_y = 0$은 스칼라 대수와 R_C의 직교좌표계 성분을 이용하여 다음과 같이 나타낼 수 있다.

$$\Sigma\, F_x = 0 \quad \text{따라서} \quad A_x + R_C \cos\,\theta + Q = 0 \quad \text{또는} \quad A_x + R_C \cos\,\theta = -Q$$

$$\Sigma\, F_y = 0 \quad \text{따라서} \quad A_y + R_C \sin\,\theta - 2P - P = 0 \quad \text{또는} \quad A_y + R_C \sin\,\theta = 3P$$

하지만 반력 C의 작용선은 A지점을 지나며 통과하고, 세 번째 평형 방정식 $\Sigma M_A = 0$을 만족시킬 수 없다.

$$\Sigma M_A = 0 \quad \text{따라서} \quad (-R_C \cos\,\theta)(H) + (R_C \sin\,\theta)(2L) - QH - 2PL - P(2L) = 0$$

$$\text{또는}\ R_C(-H \cos\,\theta + 2L \sin\,\theta) = QH + 4PL$$

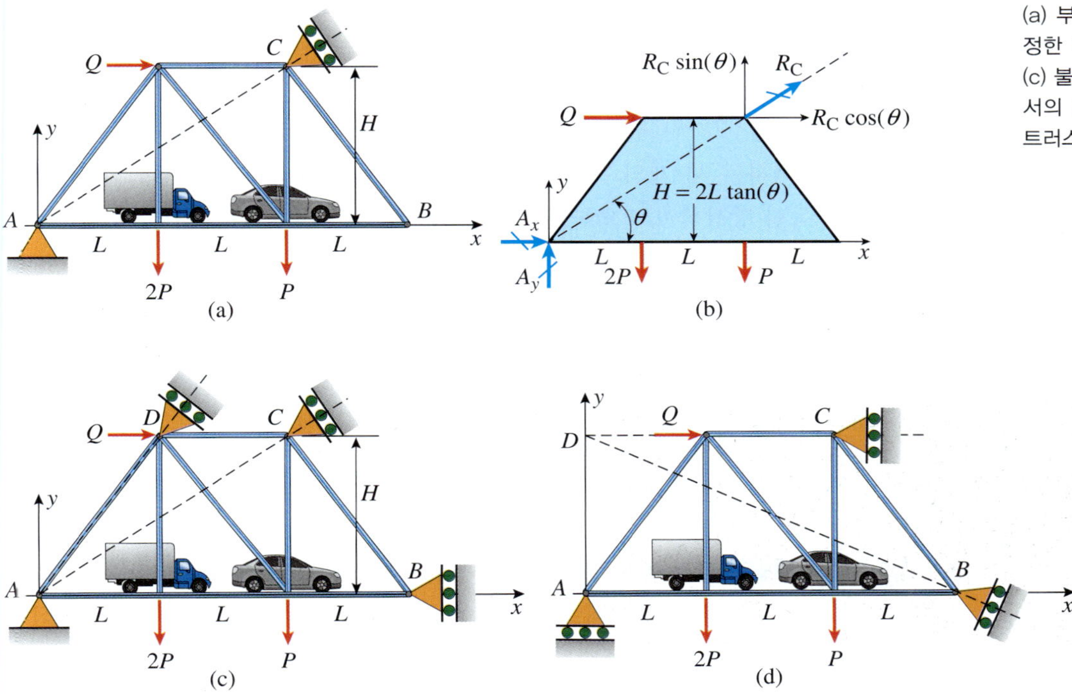

그림 3-11

(a) 부적절한 구속 배치, (b) 불안정한 평면 트러스의 자유물체도, (c) 불안정한 평면 트러스(A지점에서의 모멘트), (d) 불안정한 평면 트러스(D지점에서의 모멘트)

그림 3-12
(a) 안정한 평면 트러스 구조와 (b) 불충분한 부재로 인한 불안정한 트러스 구조

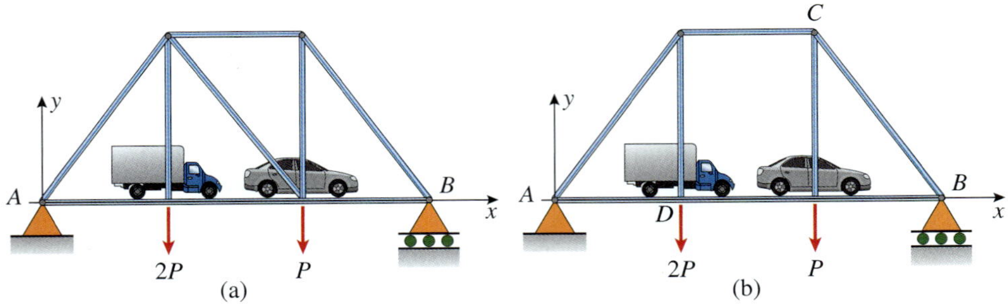

하지만 모멘트 암$(-H\cos\theta+2L\sin\theta)$이 0이면, $QH+4PL=0$이라는 의미 없는 결과가 남게 되고, 이것은 구조를 불안정하게 만든다. 하중 Q, $2P$, P는 A에 대해 시계방향의 모멘트를 발생시키지만, 반력 R_C는 A에 대해 0의 모멘트 저항을 가진다.

그림 3-11에서는 구속 조건이 추가되었지만, 모든 반력의 작용선이 여전히 지점 A를 통과하고 있기 때문에, 이는 부적절한 구속의 추가이며, 평면 트러스상의 B와 D 지점에서 문제를 해결하지 못한다. 마지막으로 그림 3-11d와 같이 만약 A지점에서 구속이 핀에서 롤러 고정으로 바뀌고 롤러 고정이 B와 C에 배치된다면, 이제 모든 반력은 D지점을 통과할 것이고 방정식 $\Sigma M_D=0$을 만족시킬 수 없다. 따라서 구속의 부적절한 배치로 인해 구조는 여전히 불안정한 상태가 된다.

따라서 구조의 **외적 안정성**(external stability)은 구속의 개수와 배치에 달려 있다는 것을 확인하였다. 하중을 받는 트러스의 붕괴를 막기 위하여 부재의 충분한 개수와 적절한 배치가 이루어지도록 **내부 안정성**(internal stability)을 고려하는 것 또한 중요하다. 예를 들어, 그림 3-12a에서 핀으로 고정된 트러스에서 중심 경사 부재(center diagonal member)가 제거된다면, 부재의 불충분한 개수로 인해 구조는 붕괴될 것이다(그림 3-12b).

독립된 평형 방정식 2차원 구조에서 정적 평형을 수립하고 미지의 반력 혹은 모멘트를 알아내기 위해서는 세 개의 **독립** 방정식(independent equations)이 필요하다(3차원에서는 6개의 독립 방정식이 필요하다. 대부분의 경우, $\Sigma F_x=0$, $\Sigma F_y=0$, $\Sigma M_z=0$이 사용된다. 그림 3-13a의 평면 트러스 예의 경우, 그림 3-13b의 자유물체도가 사용된다. A와 B지점의 반력을 찾기 위한 세 가지 평형 방정식과 과정은 다음과 같다.

$$\Sigma F_x=0 \quad \text{따라서} \quad A_x=0 \tag{3-6a}$$

$$\Sigma M_A=0 \quad \text{따라서} \quad B_y(3L)-2P(L)-P(2L)=0 \quad \text{또는} \quad B_y=\frac{4}{3}P \tag{3-6b}$$

$$\Sigma F_y=0 \quad \text{따라서} \quad A_y+B_y-2P-P=0 \quad \text{또는} \quad A_y=3P-B_y=\frac{5}{3}P \tag{3-6c}$$

앞의 방정식에는 **정적 부호 규약**이 사용되었다. $+x$와 $+y$방향에서의 힘은 양으로 가정되고, $+z$축에 대한 반시계방향의 모멘트 역시 양이다. 만약 음의 답이 얻어진다면, 반력 혹은 모멘트는 자유물체도에서 작성한 것의 반대방향이다.

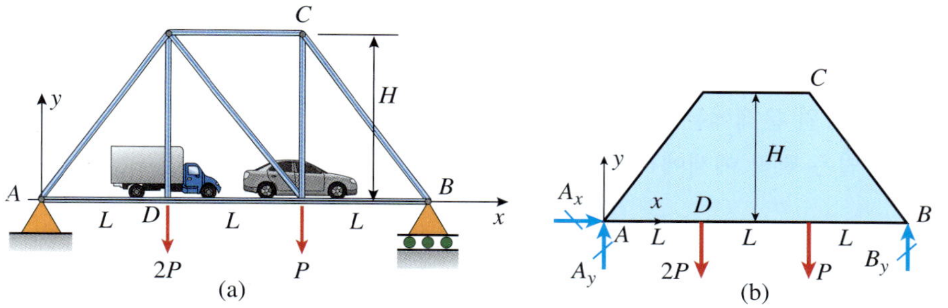

그림 3-13
(a) 평면 트러스 구조와
(b) 자유물체도

식 (3-6)에서 반력 A_x, A_y, B_y에 대한 같은 솔루션을 찾기 위한 대안적인 접근방법은 **독립된 모멘트 평형 방정식**(independent moment equilibrium equations) $\Sigma M_A = 0$, $\Sigma M_B = 0$, $\Sigma M_C = 0$을 사용하는 것이다.

- $\Sigma M_A = 0$을 이용하여 B_y를 구할 수 있다.
- $\Sigma M_B = 0$을 이용하여 A_y를 구할 수 있다.
- $\Sigma M_C = 0$을 이용하여 $A_x = 0$을 도출할 수 있다.

A, B에서의 반력을 찾아내는 또 다른 유효한 접근법은 다음과 같은 방정식을 사용하는 것이다.

1. $\Sigma M_A = 0$, $\Sigma M_B = 0$, $\Sigma F_x = 0$
2. $\Sigma F_x = 0$, $\Sigma F_y = 0$, $\Sigma M_C = 0$
3. $\Sigma F_x = 0$, $\Sigma F_y = 0$, $\Sigma M_D = 0$
4. $\Sigma F_y = 0$, $\Sigma M_C = 0$, $\Sigma M_D = 0$

$\Sigma M_A = 0$, $\Sigma M_B = 0$, $\Sigma M_D = 0$을 이용해서는 문제를 해결할 수 없다. $\Sigma M_D = 0$이 반력 A_y, B_y에 대한 관련된 값은 보여주지만, A_x에 대한 해답으로 이어지지 않는 중복된 정보를 제공하기 때문이다. 일반적으로, 그림 3-13b의 직선 ADB와 같이, 한 직선 위의 세 점으로 작성된 세 가지 모멘트 방정식은 독립적이지 않으며, 이 세 가지 방정식으로는 모든 미지수 반력에 대한 완전한 해석을 얻을 수 없다.

정정성

2차원 구조가 정적 평형을 이루기 위해서는 **독립된** 세 가지 방정식이 필요하며, 세 가지 방정식에 대한 해답은 모든 미지의 반력과 모멘트에 대한 정보를 제공할 것이다. 3차원에서는 모든 미지의 반력을 찾기 위해 6개의 독립 방정식이 필요하다. 안정적인 구조를 설정한 후, 미지수의 개수를 독립된 평형 방정식의 개수와 비교할 수 있다.

2차원에서의 평형: 예제

이러한 예제에서 다뤄진 구조는 안정적이고 정정의 상태이다. 이 장에서의 구조는 구조 자체, x-y평면에 대해 적용되는 하중이 매우 대칭적이기 때문에, 3차원적인 물체로 구성되어 있다 하더라도 x-y평면상에 놓여 있는 2차원적인 모형으로 표현되어 있다고 가정한다. 모든 예에 **4단계 문제풀이 접근방법**이 사용되며, 중요한 첫 번째 단계는 구조의 정적 평형에 필요한 모든 반력을 찾기 위한 적절한 **자유물체도**를 그리는 것이다. 대부분의 2차원 문제에는 스칼라 대수 접근법을 이용하며, 스칼라 대수 접근법과 벡터 대수 접근법은 몇몇 예제에서 비교해볼 것이다.

예제 3-1

그림 3-14a의 평면 트러스 구조는 그림 3-13b의 자유물체도를 사용하여 조인트 A와 B에서 지지 반력을 알아내기 위해 이전에 분석되었고, 반력은 식 (3-6)과 같이 주어진다. 여기서는 조인트 C에서의 자유물체도를 사용하여 조인트 C에서의 힘의 평형을 알아본다(그림 3-14b 참조). 조인트 C의 분석은 부재 1과 3의 총내력이 각각 $F_1 = 5P/3$ 및 $F_3 = 4P/3$의 크기를 갖는다고 가정한다. 주어진 힘 F_1과 F_3을 사용하여 대각선 부재 2의 힘 F_2와 수평 부재 4의 힘 F_4를 구하시오. 단, 트러스의 무게는 고려하지 않는다.

그림 3-14

(a) 평면 트러스 조인트 C, D에 가해지는 힘, (b) 평면 트러스 C지점의 부재에 가해지는 힘, (c) 실제 트러스 조인트의 사진

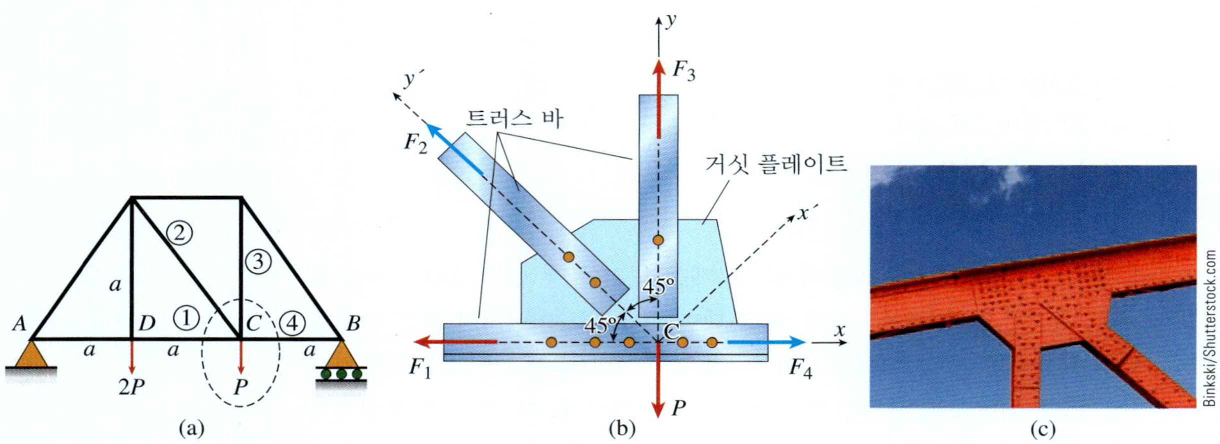

풀이

4단계 문제풀이 접근방법을 사용하여 대각선 부재 2의 힘 F_2와 수평 부재 4의 힘 F_4를 구한다.

1. **개념화[가정, 스케치]** 그림 3-14b는 조인트 C의 **자유물체도**이고, 5가지 힘이 작용하는 평형 상태이다. 그림 3-15와 같이 부재에 존재하는 힘을 5개의 동시 힘으로 표시하여 자유물체도를 단순화한다.
2. **분류[단순화, 분류화]** 5가지 힘은 동시에 발생하므로 C지점의 평형 상태에 대한 해석에는 모멘트 방정식이 필요하지 않다. C지점에서의 평형을 위해서는 x와 y방향 힘의 합이 0이 되어야 한다. 스칼라 대수에 기반한 솔루션 접근 방식은 벡터 대수에 기반한 솔루션보다 수행하기 더 쉬울 수 있다.

그림 3-15
5개의 동시 힘

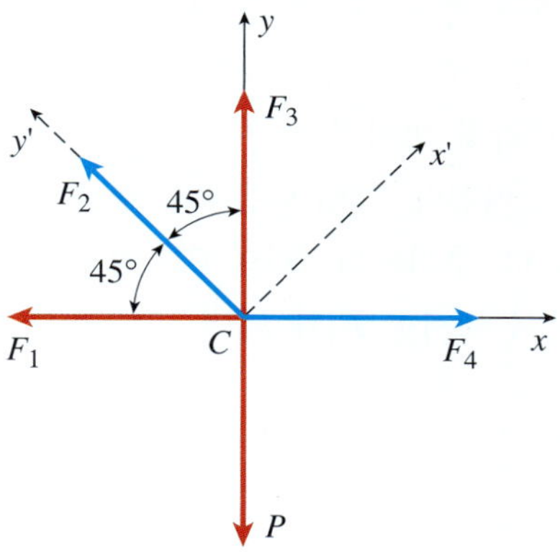

3. 해석[수치계산, 적절한 식 선정, 수학적인 해를 구함] 솔루션 찾기에 앞서 다음 과정을 살펴보자.

(a) y방향 힘의 합은 미지의 힘 F_4를 제거하여 하나의 미지수(F_2)가 있는 하나의 방정식을 만든다.

(b) 같은 방식으로 임시 회전 좌표계 x'-y'을 사용하여 x'방향 힘의 합은 미지의 힘 F_2를 제거하고, 힘 F_4에 대한 간단한 다이렉트 솔루션으로 표현할 수 있다.

솔루션 접근법 (a)는 x-y 좌표계를 사용한다. 접근법 (b)가 힘 F_2와 F_4에 대해 동일한 솔루션으로 계산되는지 확인해야 한다.

***x*-*y* 좌표계에서 스칼라 대수를 이용한 솔루션:** x-y 좌표계의 합은 다음 두 방정식을 보여준다.

$$\Sigma F_x = 0 \qquad -F_1 - F_2\cos(45°) + F_4 = 0 \tag{a}$$

또는

$$-F_2\cos(45°) + F_4 = F_1 = \frac{5}{3}P \tag{b}$$

$$\Sigma F_y = 0 \qquad -P + F_2\sin(45°) + F_3 = 0 \tag{c}$$

또는

$$F_2\sin(45°) = P - F_3 = P - \frac{4}{3}P = -\frac{1}{3}P \tag{d}$$

식 (c), (d)에서 힘 F_2는

$$F_2 = -\frac{\sqrt{2}}{3}P = -0.471P \tag{e}$$

F_2를 식 (b)에 대입하면 F_4 는

$$F_4 = \frac{5}{3}P + \left(-\frac{\sqrt{2}}{3}P\right)\left(\frac{1}{\sqrt{2}}\right) = \frac{4}{3}P = 1.333\,P \tag{f}$$

힘 F_2는 음수이며, 이는 힘 벡터가 실제로 처음 가정한 것처럼 C지점에서 멀어지는 방향이 아니라 C지점을 **향한다**는 것을 의미하고, 힘 F_4는 양수이며 그림 3-15에 올바르게 표시되어 있다. 따라서 평면 트러스에서 부재 2는 **압축 부재**이고 부재 4는 **인장 부재**이다.

벡터 대수를 사용한 솔루션: 좌표축 방향을 따라 단위 벡터로 $\boldsymbol{i}$와 $\boldsymbol{j}$를 사용하는 힘 평형의 벡터 표현은 다음과 같이 나타낼 수 있다.

$$\Sigma \boldsymbol{F} = 0 \qquad -F_1\boldsymbol{i} - (F_2\cos(45°))\boldsymbol{i} + (F_2\sin(45°))\boldsymbol{j} + F_3\boldsymbol{j} + F_4\boldsymbol{i} - P\boldsymbol{j} = 0 \tag{g}$$

또는

$$\left(-\frac{5}{3}P\right)\boldsymbol{i} - (F_2\cos(45°))\boldsymbol{i} + (F_2\sin(45°))\boldsymbol{j} + \left(\frac{4}{3}P\right)\boldsymbol{j} + F_4\boldsymbol{i} - P\boldsymbol{j} = 0 \tag{h}$$

식 (h)는 계수 $\boldsymbol{i}$가 있는 항과 계수 $\boldsymbol{j}$가 있는 항을 각각 포함하는 두 개의 스칼라 방정식으로 나뉘며, 식 (b)와 (d)를 구할 수 있고, 이전에 설명한 대로 계산을 진행한다.

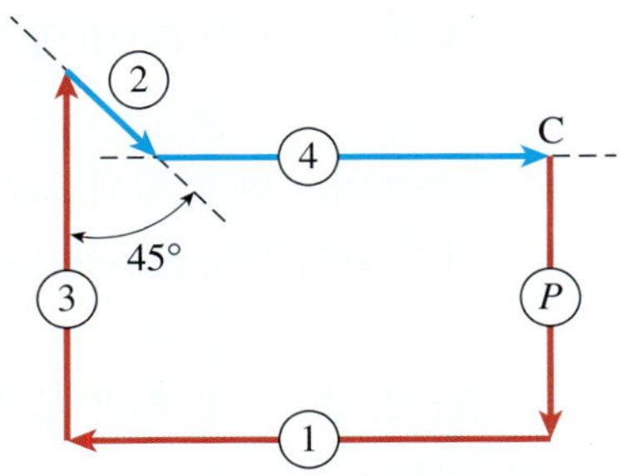

그림 3-16
F_2, F_4를 구하기 위한 다각형 힘 분석

4. **최종 단계[결론, 해의 검증 — 해가 합당한가? 단위가 맞는가? 비슷한 문제풀이 방법과 비교해볼 때 어떠한가?]** 2장에서, 힘이 동시에 작용할 때의 합력 $\boldsymbol{R}$를 계산하였고, 힘의 시스템과 합력이 결과가 닫힌 다각형을 형성하는 것을 학습하였다[식 (2-21)과 그림 2-13, 2-14 참조]. 힘의 시스템이 평형 상태에 있으면 합력은 0이며, 이 예제에서 **다각형 법칙**의 적용은 그림 3-16에 나와 있고, 주어진 힘 $\boldsymbol{P}$, $\boldsymbol{F}_1$, $\boldsymbol{F}_3$이 먼저 그려진다. 그런 다음 다각형을 닫기 위해 미지의 힘 $\boldsymbol{F}_2$와 $\boldsymbol{F}_4$(작용선이 알려진)가 추가된다. (라인 P를 참조하여) 그림 3-16의 라인 2와 4를 측정하면 앞서 제시한 $\boldsymbol{F}_2$와 $\boldsymbol{F}_4$에 대한 수학적 솔루션을 확인할 수 있다.

예제 3-2

인장력 T가 있는 연속 케이블이 B와 C의 수평 프레임 부재에 부착되어 간판 구조물을 지지한다(그림 3-17 참조). 케이블은 D에서 마찰이 없는 작은 도르래를 통과한다(이 구조는 D에서 케이블의 합력을 찾기 위해 예제 2-1에서 다루었었다). 케이블의 장력 T와 A와 D의 핀에 작용하는 힘을 구하시오. 단, 간판, 프레임 부재 ABC, 케이블 BDC의 무게는 하중 W에 포함된다고 가정한다.

그림 3-17
케이블 BDC로 지지된 간판 구조

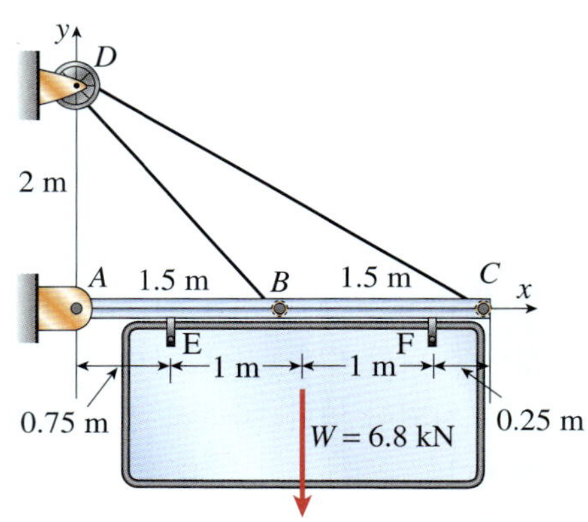

풀이

4단계 문제풀이 접근방법을 사용하여 케이블의 장력 T와 A와 D의 핀에 가해지는 힘을 구하는 과정은 다음 단계로 진행된다.

1. **개념화** A와 D에서의 핀 반력과 지지점 E와 F에서의 하중 W가 동일한 두 힘 $W/2$로 분할되는 간판 구조의 자유물체도를 그리는 것으로 시작한다. 핀 반력 A는 직사각형 요소(A_x, A_y)로 표시되며, 간판의 자유물체도는 그림 3-18에 나와 있다.
2. **분류** 전체 정적 평형은 x와 y방향 힘의 합이 0이 되어야 하고, 선택한 점을 통과하는 z축에 대한 모멘트가 0이어야 한다. 도르래의 크기는 무시하고 B와 C의 케이블 힘이

그림 3-18
간판 구조 전체의 자유물체도

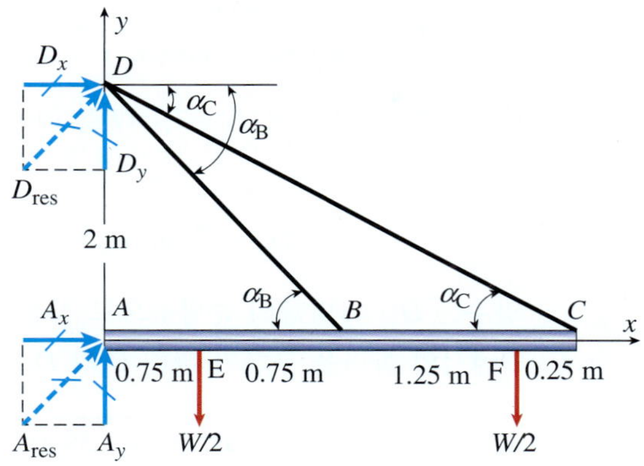

점 D를 향한다고 가정한다(도르래 크기의 영향에 대한 설명은 예제 2-1 참조). D에 대한 모멘트 방정식을 이용하여 D에서의 반력과 반력 성분 A_y를 고려사항에서 편리하게 제외할 수 있다. 이보다 효율적인 솔루션 접근 방식은 하나의 방정식과 하나의 미지수인 반력 성분 A_x를 생성하는 것이다.

이 2D 문제의 경우 스칼라 대수에 기반한 솔루션 접근 방식이 벡터 대수에 기반한 솔루션 접근 방식보다 수월하다.

3. 해석 솔루션을 찾는 과정은 다음과 같다.

i. A_x를 찾기 위해 D지점에서 모멘트의 총합을 구한다(반시계방향의 모멘트를 양수로 정한다).

$$\Sigma M_D = 0 \qquad A_x(2\text{ m}) - \frac{W}{2}(0.75\text{ m} + 2.75\text{ m}) = 0$$

$$A_x = \frac{6800\text{ N}}{2}\left(\frac{3.5\text{ m}}{2\text{ m}}\right) = 5950\text{ N} \tag{a}$$

ii. D_x를 찾기 위해 x방향 힘의 총합을 구한다.

$$\Sigma F_x = 0 \qquad A_x + D_x = 0 \quad \text{또는} \quad D_x = -A_x = -5950\text{ N} \tag{b}$$

음수는 D_x가 x방향에 대해 반대로 작용하는 것을 의미한다.

iii. 케이블 BDC의 장력 T를 구하기 위해 D지점에서의 자유물체도를 이용하여 D지점에서의 x방향의 힘을 더한다(그림 3-19). 먼저 각도 α_B, α_C를 계산한다(그림 3-18).

그림 3-19
D지점에서의 자유물체도

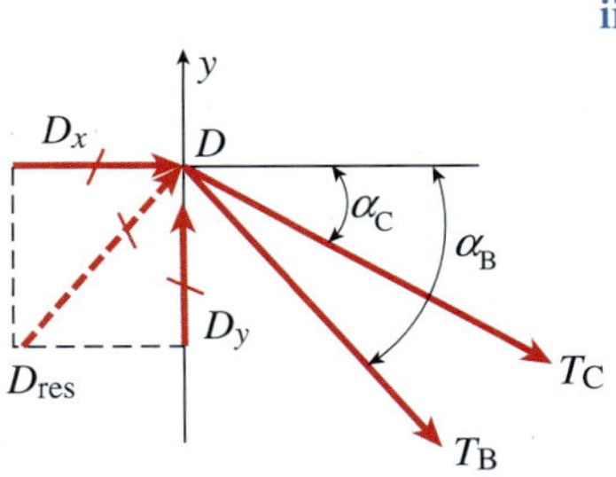

$$\alpha_B = \tan^{-1}\left(\frac{2}{1.5}\right) = 53.13° \qquad \alpha_C = \tan^{-1}\left(\frac{2}{3}\right) = 33.69° \tag{c}$$

D지점에서의 평형 방정식 $\Sigma F_x = 0$을 적용하면,

$$D_x + T(\cos(\alpha_B) + \cos(\alpha_C)) = 0$$

$$T = \frac{-D_x}{\cos(\alpha_B) + \cos(\alpha_C)} = \frac{-(-5950\ \text{N})}{\cos(\alpha_B) + \cos(\alpha_C)} = 4155\ \text{N} \quad \textbf{(d)}$$

iv. (연속 케이블이므로) $T_B = T_C = T$일 때의 D_y를 구하기 위해 평형 방정식 $\Sigma F_y = 0$을 적용하면,

$$D_y = T(\sin(\alpha_B) + \sin(\alpha_C)) = 5629\ \text{N} \quad \textbf{(e)}$$

양수는 D_y가 y방향의 순방향으로 작용하는 것을 의미한다.

v. D에서의 합력을 구하기 위해 D_x와 D_y를 이용하면,

$$D_{res} = \sqrt{D_x^2 + D_y^2} = \sqrt{(-5950\ \text{N})^2 + (5629\ \text{N})^2} = 8190\ \text{N} \quad \textbf{(f)}$$

vi. A_y를 구하기 위해 전체 자유물체도(그림 3-18)의 y방향 힘을 더하면,

$$\Sigma F_y = 0 \qquad A_y + D_y = W$$

또는 $$A_y = -D_y + W = -5629\ \text{N} + 6800\ \text{N} = 1171\ \text{N} \quad \textbf{(g)}$$

vii. 마침내, 핀 A에서 합력은 다음과 같이 나타난다.

$$A_{res} = \sqrt{A_x^2 + A_y^2} = \sqrt{(5950\ \text{N})^2 + (1171\ \text{N})^2} = 6064\ \text{N} \quad \textbf{(h)}$$

4. 최종 단계 최종 확인으로, 파이프 ABC **단독**의 자유물체도를 사용하여 평형 솔루션을 확인한다(그림 3-20에서 $T_B = T_C = T$).

여기에서 케이블을 절단하는 전체 구조에 수평면을 통과시키고 케이블 힘 T를 추가하여 자유물체도를 그린다. 힘 평형과 A에 대한 모멘트 평형 방정식의 모든 합은 0이 된다.

$$\Sigma F_x = 0 \quad A_x - T(\cos(\alpha_B) + \cos(\alpha_C)) = 0$$
$$\Sigma F_y = 0 \quad A_y - W + T(\sin(\alpha_B) + \sin(\alpha_C)) = 0 \quad \textbf{(i)}$$
$$\Sigma M_A = 0 \quad T\sin(\alpha_B)(1.5\ \text{m}) + T\sin(\alpha_C)(3\ \text{m}) - \frac{W}{2}(0.75\ \text{m} + 2.75\ \text{m}) = 0$$

그림 3-20
구조 하단부의 자유물체도

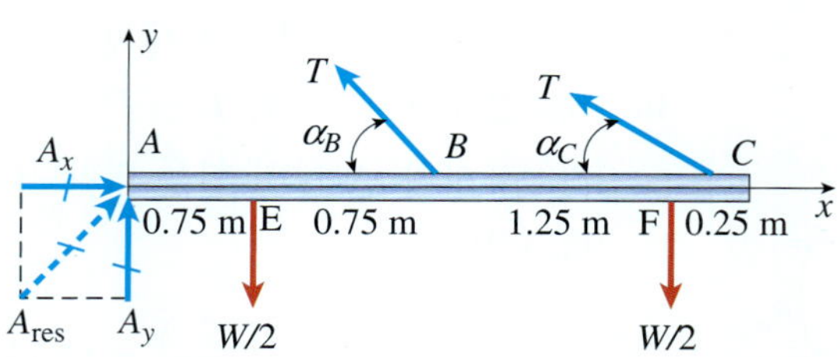

연습문제

3.2 자유물체도

대표문제

3.2-1 캔틸레버 보 ABC는 타이 로드 BD로 지지된다(그림 참조). 전체 구조의 완전한 자유물체도(FBD)를 그리시오. 또한 보 ABC 단독의 FBD를 스케치하시오.

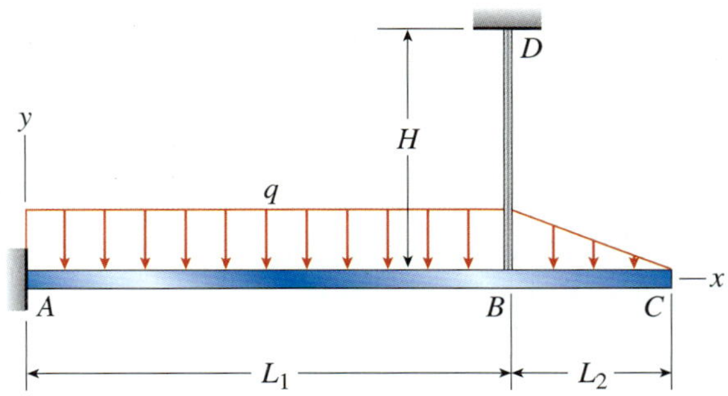

P3.2-1

3.2-2 막대 ACB는 스트럿 DC에 의해 지지되고 B에서 하향 하중 P를 전달하고 있다. 막대와 스트럿 구조의 완전한 FBD를 그리시오. 또한 막대 ACD 단독의 FBD와 스트럿 DC의 또 다른 FBD를 그리시오.

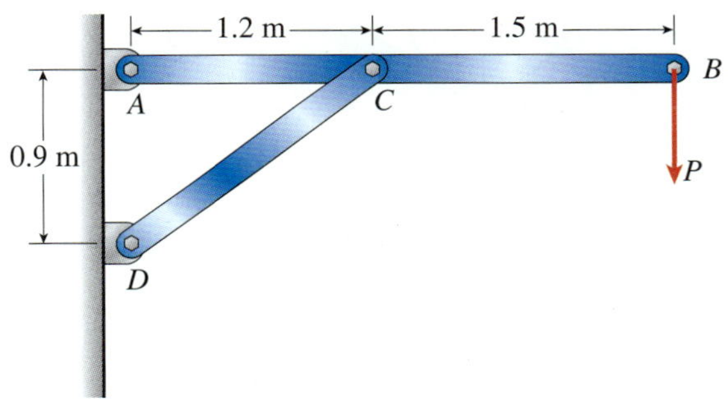

P3.2-2

3.2-3 옹벽과 지주 지지 스트럿의 단면이 해석에 사용할 단순화된 모델과 함께 그림에 표시되어 있다. 벽과 스트럿 지지대의 완전한 FBD를 그리시오. 또한 각 구성 요소(벽, 버팀대) 단독의 FBD를 스케치하시오.

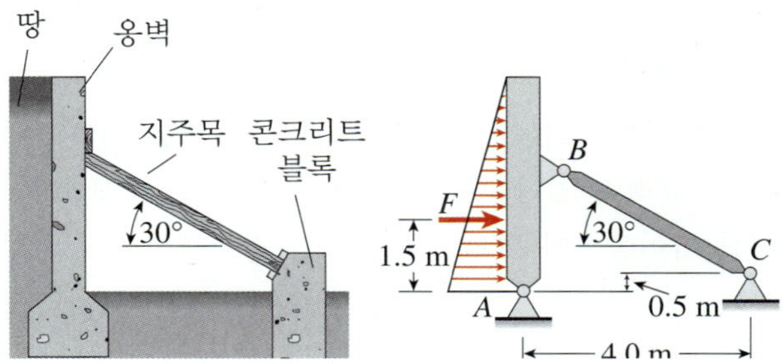

P3.2-3

3.2-4 중량이 W_T인 픽업 트럭 테일 게이트는 중량이 W_C인 상자를 지지하고 있다(그림 참조). 테일 게이트는 B의 핀을 중심으로 회전하고 A에 연결된 케이블에 의해 구속된다. 테일 게이트의 완전한 FBD를 그리시오.

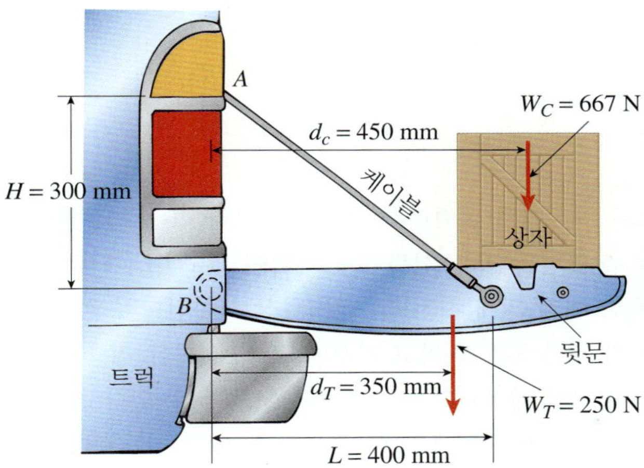

P3.2-4

3.2-5 보 ABC는 B에서 보 DBE에 놓여 있다. 보 무게와 지지대 D, E, B에서의 마찰은 무시한다. 전체 구조의 완전한 FBD를 그리시오. 또한 보 ABC와 보 DBE의 FBD를 그리시오.

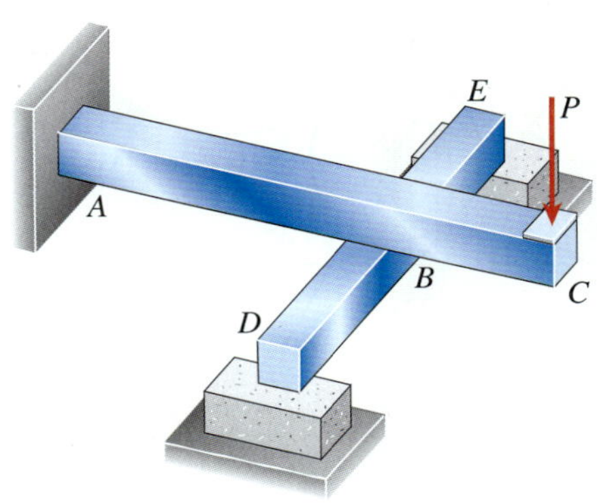

P3.2-5

3.3 2D와 3D에서의 평형

도입문제

3.3-1 세 개의 케이블이 아이볼트에 부착되어 있다(그림 참조). 케이블의 힘은 $T_1 = 3.6$ kN, $T_2 = 2.7$ kN, $T_3 = 5.4$ kN으로 알려져 있다. 아이볼트에서 반력 구성 요소를 구하시오(아이볼트가 핀 고정이라고 가정한다).

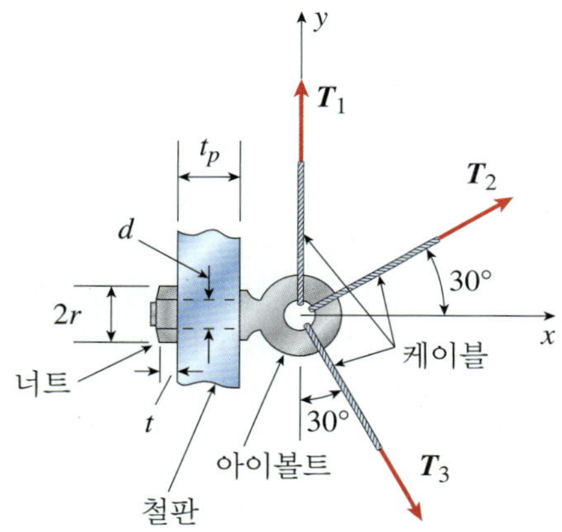

P3.3-1

3.3-2 두 개의 실린더가 경사면을 따라 접촉하고 있다. 상부 실린더는 하부 실린더에 기대어 있고 둘 다 접촉력이 N_1인 벽에 의해 지지되고 있다. 상부 실린더와 경사면 사이의 접촉력은 N_3이고 하부 실린더에 대한 접촉력은 N_2이다(그림 참조). 모든 마찰력은 무시할 수 있다고 가정할 때, 하중 변수 W에 대한 접촉력 N_1에 대한 식을 구하시오. 또한 실린더 사이의 접촉력 F에 대한 식을 구하시오.

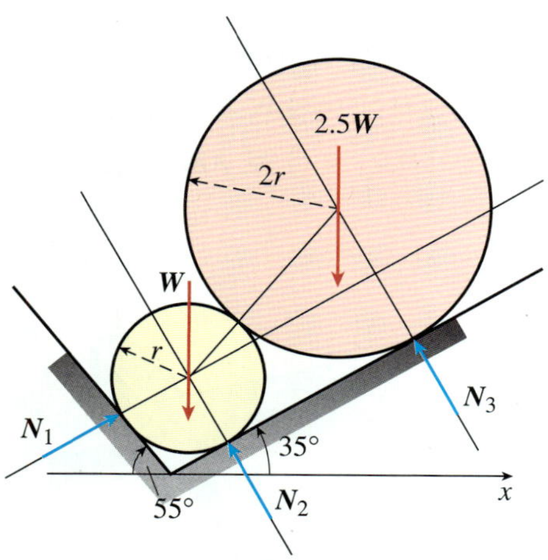

P3.3-2

3.3-3 그림에 표시된 두 개의 실린더에 대하여 연습문제 3.3-2를 반복하시오.

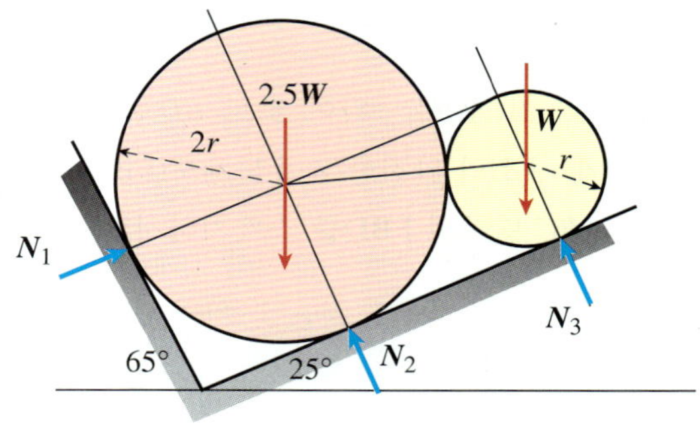

P3.3-3

3.3-4 그림에 표시된 두 개의 실린더에 대하여 연습문제 3.3-2를 반복하시오.

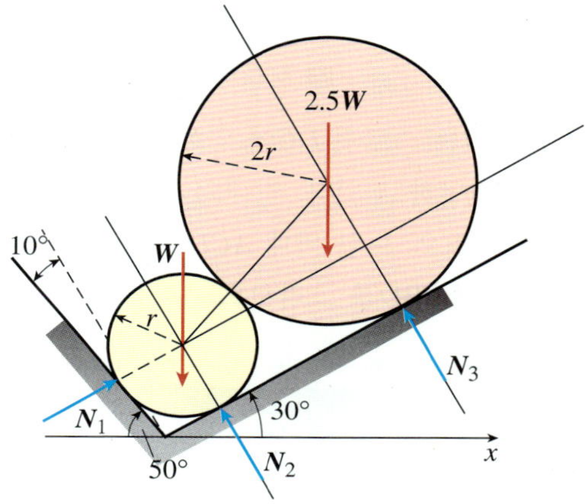

P3.3-4

3.3-5 그림에 표시된 두 개의 실린더에 대하여 연습문제 3.3-2를 반복하시오.

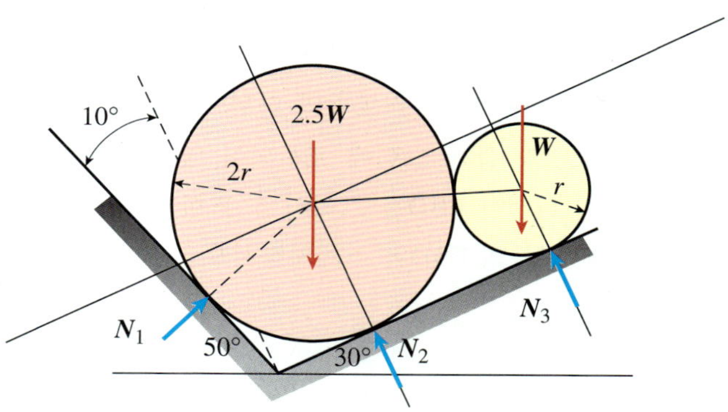

P3.3-5

대표문제

3.3-6 D의 케이블 및 풀리 시스템은 그림과 같이 230 kg의 기둥(ACB)을 수직 위치로 세우는 데 사용된다. 케이블은 인장력 $\boldsymbol{T}$가 작용하고 있고 C에 부착되어 있다. 그림과 같이 기둥 끝의 위치에 대한 케이블 힘 $\boldsymbol{T}$와 A와 D에서의 반력을 구하시오.

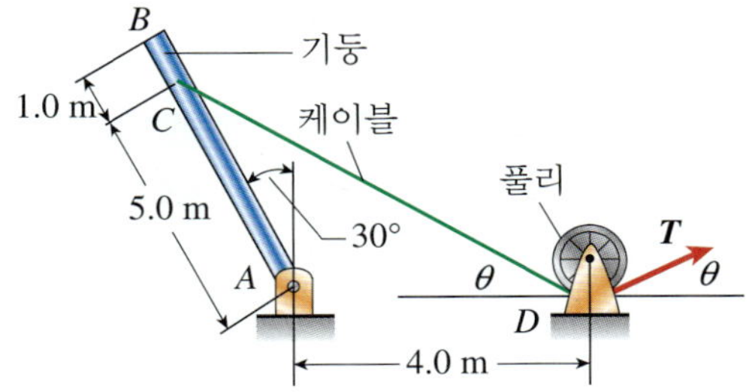

P3.3-6

3.3-7 건물 입구 캐노피의 한 부분을 지지하기 위해 A에서 마찰이 없는 작은 도르래 위로 연속 케이블이 연결되어 있다(그림 a). 그림 b의 2D 스케치를 사용하여 O와 A에서 케이블 힘 $\boldsymbol{T}$와 핀 지지 반력을 구하시오. 이 캐노피 부분의 무게가 $W=3{,}000$ N이라고 가정한다.

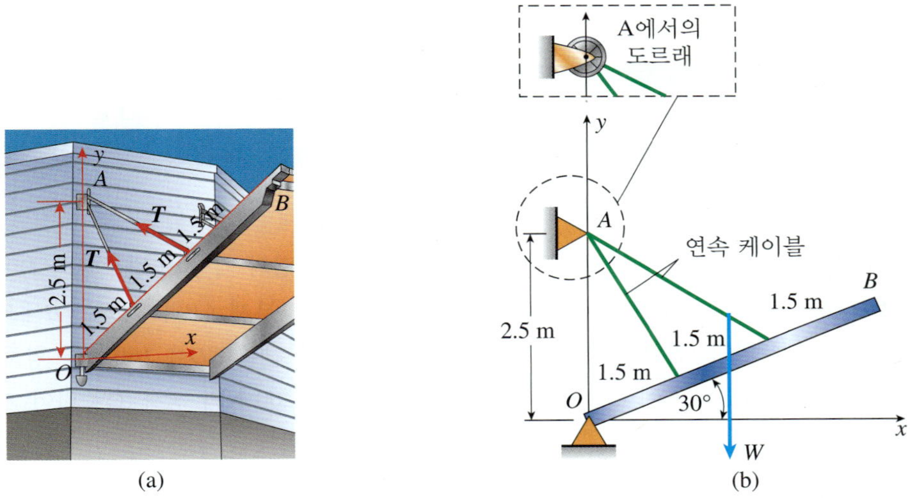

P3.3-7

3.3-8 라디오 타워는 네 개의 케이블로 수직 위치에 고정되어 있다. 네 개의 케이블 중 세 개의 인장력이 그림에 나와 있다. 네 번째 케이블의 장력 $\boldsymbol{T}$와 핀 지지대 A, O, B의 반력 성분을 구하시오. 타워의 무게가 20 kN이고 케이블의 무게를 포함한다고 가정한다.

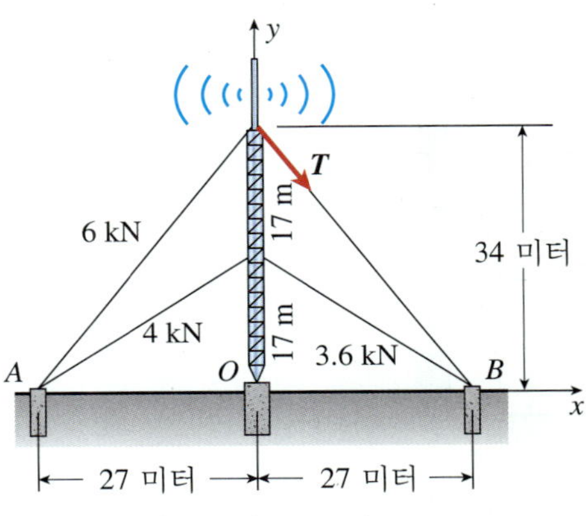

P3.3-8

3.3-9 보 *ABC*의 세그먼트 *AB*와 *BC*는 연결부 *B*의 오른쪽으로 약간 떨어진 곳에 핀으로 연결되어 있다(그림 참조). 측방향 하중은 *A*와 *AB*의 중앙부에서 작용하고, 연결부 *B*에 집중 모멘트가 가해진다. 지지점 *A*, *B*, *C*에서 반력을 구하시오.

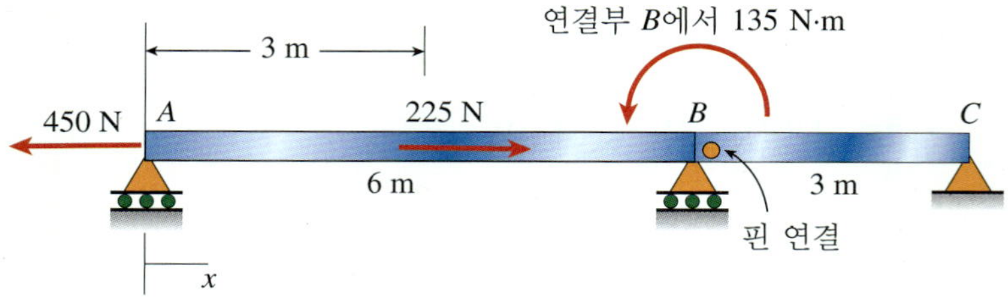

P3.3-9

3.3-10 보 *ABCD*의 세그먼트 *AB*와 *BCD*는 $x=4$ m에서 핀으로 연결되어 있다. 보는 *A*의 슬라이딩 지지대와 *C*와 *D*의 롤러 지지대에 의해 지지되어 있다(그림 참조). 160 N 부하가 *BC*에 작용하고 조인트 *D*에 집중 모멘트가 가해질 때, 지지점 *A*, *C*, *D*에서의 반력을 구하시오.

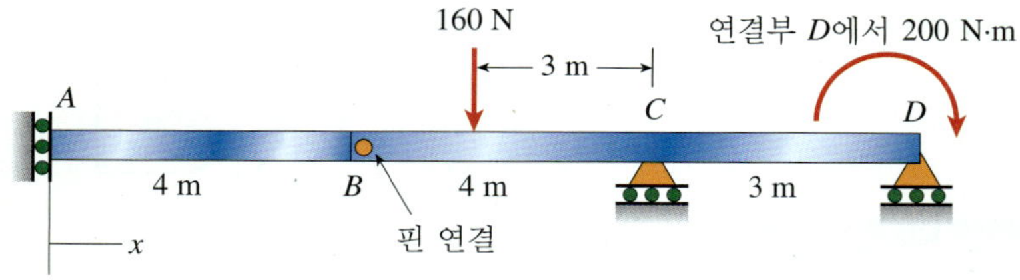

P3.3-10

3.3-11 그림과 같이 조인트 *A*와 *C*에 평면 프레임이 연결되어 있다. 부재 *AB*와 *BC*는 *B*에서 핀으로 연결되고 2.4 kN의 측면 하중이 *AB*에 작용한다. 연결부 *C*에 집중 모멘트가 가해지고 있을 때, 지지점 *A*와 *C*에서의 반력을 구하시오.

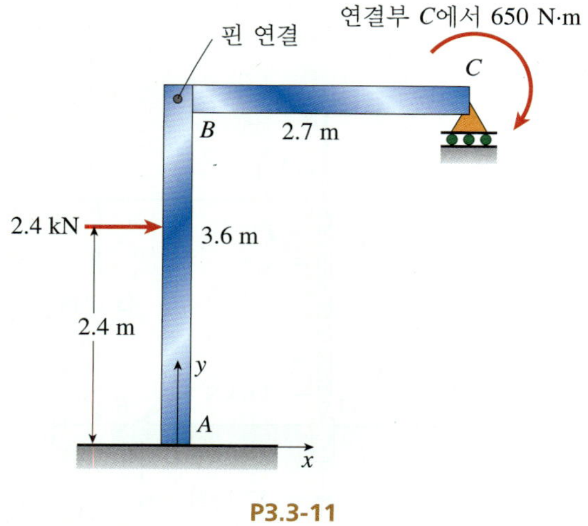

P3.3-11

3.3-12 그림과 같이 연결부 *A*와 *D*에 평면 프레임이 연결되어 있다. 부재 *AB*와 *BCD*는 *B*에서 핀으로 연결되어 있고 그림과 같이 *CD*에 160 N의 횡하중이 작용한다. *BC*의 중앙부에 200 N의 경사 집중력이 가해질 때, 지지대 *A*와 *D*에서의 반력을 구하시오.

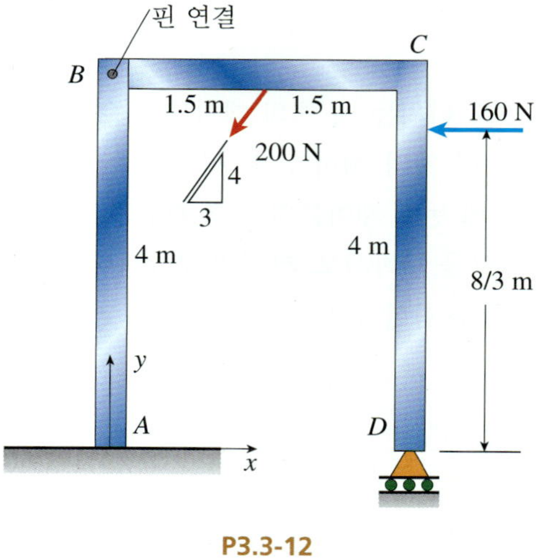

P3.3-12

3.3-13 핸드 펌프는 실린더에서 유체를 추출하는 데 사용된다. 그림에 표시된 위치에서 $P=90$ N의 힘이 펌프 암에 수직인 O에서 작용된다. 펌프 암 OAB가 점 A를 중심으로 회전한다면 A에서의 회전력과 B에서의 수직력 $\boldsymbol{F}$는 얼마인가? (펌프 암의 FBD를 그리는 것으로 시작한다.)

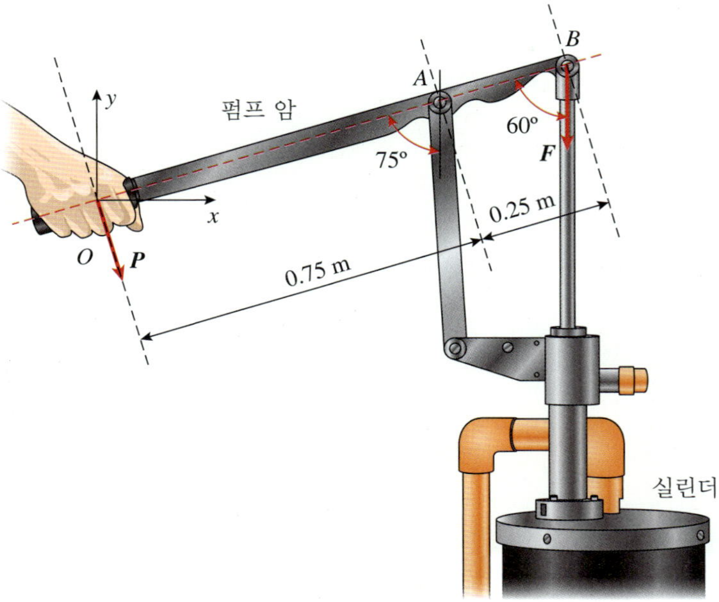

P3.3-13

3.3-14 단일 강철 스트럿 AB는 C와 D의 경첩을 중심으로 회전하는 질량 20 kg의 차량 엔진 후드를 지지한다(그림 a와 b 참조). 스트럿은 수직 평면에 있으며 A에서 볼트에 부착된다고 할 때, 스트럿에서 힘 $\boldsymbol{F}_S$와 A에서의 핀 지지 반력 구성 요소를 구하시오.

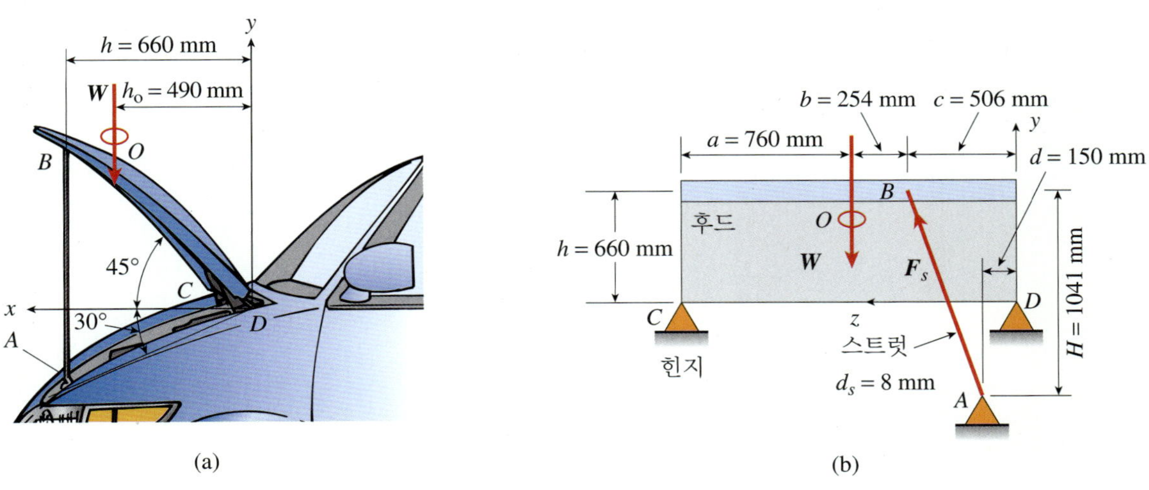

P3.3-14

CHAPTER 4

구조적 응용

Ashwin/Shutterstock.com

응용역학의 원리는 교통망의 필수 요소인 교량과 같은 구조물의 분석과 설계에 사용된다. 280미터에 달하는 DNA 나선 형태의 이 다리는 싱가포르의 마리나 중부와 마리나 남부를 연결하는 보행자 다리이다.

이 장의 목적

- 평면 트러스와 입체 트러스의 안정성과 정정성에 대해 배운다.
- 정정 입체 트러스와 정정 평면 트러스의 두 가지 해석법인 절점법과 절단법을 예제와 문제풀이 접근방법을 통해 학습한다.
- 평면과 입체 프레임, 복합 하중을 받는 부재로 구성된 기계의 안정성과 정정성에 대해 학습한다.
- 프레임과 기계의 2D 및 3D 예제에 대한 문제풀이를 통해 지지 반력, 핀 고정력, 축력, 전단력, 모멘트를 구한다.

이 장의 구성

4.1 서론

이제 트러스, 프레임, 기계와 같은 다양한 종류의 구조 해석에 평형 법칙을 적용할 수 있다. 3장에서는 구조를 전체적으로 보고 자유물체도를 그려 외부 반력과 지지점에서의 모멘트를 구했다. 이제는 접합부(두 개 이상의 부재가 연결되어 구조를 구성하는 부분)에서 구조물을 분해하여 개별 부재 간의 상호작용력을 구하고자 한다. 구조의 개별 요소 또는 부재를 분해함으로써 구조 전체의 내부 부재들 간의 작용–반작용력이 드러난다. 상호작용하는 구조 부재 간의 작용–반작용력은, **작용력과 반작용력은 서로 접촉하는 물체 사이에 발생하며, 이 힘은 크기가 같고 방향은 반대**라는 뉴턴의 제3법칙에서 비롯된다.

이 장에서는 평면 트러스와 입체 트러스, 평면 프레임과 입체 프레임, 기계의 평형에 대해 학습한다. 어떤 구조의 평형 해석을 시도하기 전에 먼저 3장에서 익힌 방법을 통해 구조의 안정성을 확인할 것이다. 구조가 안정적이라고 판단되면, 다음으로 구조의 정정성을 확인할 것이다. 구조가 정정 구조물로 판단되면, 적절한 자유물체도를 이용하여 평형 해석을 하고, 지지 반력, 구조의 상호작용하는 부분 간 연결점에서의 힘, 부재 내부의 힘까지 구할 수 있다.

4.2절에서는 두 가지 접근 방식을 통한 평면 트러스의 평형 해석법을 제시한다. 마지막으로, 프레임과 기계는 4.3절에서 다룬다. 각 구조의 유형과 해석 접근법은 예제를 통해 설명한다.

4.2 평면 트러스

트러스(truss)는 가볍고 견고하며 효율적인 내하중 부재로, 탑, 건설 기중기, 교량, 지붕 구조 및 기타 용도로 흔히 사용된다. 한 평면에 있는 2차원적 트러스를 평면 트러스라고 하며, 이는 핀 접합부로 연결된 부재의 조립체로 구성된다. 그림 4–1a는 철교용 데크와 레일을 지지하기 위해 나란히 사용되는 평면 트러스의 예를 보여주며, 그림 4–1b는 운동 경기장용 접이식 지붕의 일부로서 평행 평면 트러스를 보여준다.

평면 트러스의 기본 구성단위는 대체로 세 개의 직선 부재로 구성된 삼각형이다(그림 4–2a). 부재를 두 개씩 추가하면 트러스의 면적을 넓혀 운동 경기장 지붕 또는

(a) (b)

그림 4-1
(a) 철교와 (b) 운동 경기장의 접이식 지붕에 사용되는 평면 트러스

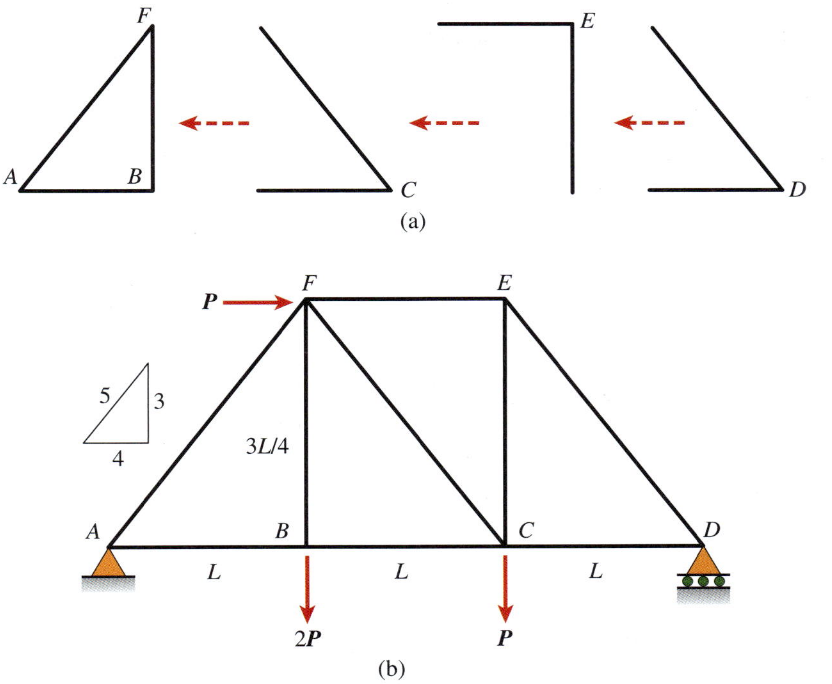

그림 4-2

(a), (b) 평면 트러스는 삼각형을 형성하는 핀 연결 부재의 조립체이다.

교량처럼 강을 건너기 위해 사용할 수 있다. 집중하중은 접합부에만 가해지는 것으로 가정하며, 안정성과 구속력을 위해 핀 또는 롤러 지지대가 적절한 위치에 사용된다(그림 4-2b). 개별 트러스 부재의 자중에 의한 분포하중은 일반적으로 그림 4-2b의 ***P***와 같은 인가 하중에 비해 작기 때문에 무시한다. 그렇지 않을 경우, 부재의 길이에 따른 크기가 균일하다면 자중 ***W***는 부재 양 끝단의 접합부에 작용하는 동일한 정적 집중하중 $W/2$로 적용할 수 있다.

트러스의 개별 부재나 봉은 인가 하중을 부재의 축을 따라 작용하는 인장력 또는 압축력의 형태로 지지대로 전달한다는 점에서 종종 양 끝단 고정점에서만 하중을 받는 부재라고 불린다(그림 4-3a). 부재의 힘은 트러스 부재의 전체 길이를 따라 일정하며 부재를 연결하는 핀에 작용하는 힘과 크기는 같고 방향은 반대이다. 예를 들어, 그림 4-3b에서 부재 *AB*, *BC*, *BF*는 인장력을 받고 있다. 이때 접합부 *B*에 작용하는 부재의 힘은 부재의 끝단에 작용하는 힘의 반대방향이다.

접합부에만 하중이 작용한다는 가정과 더불어, 핀 연결부에서는 부재 간 모멘트 전달 없이 축력만 작용한다. 실제로는 트러스 접합부에서 두 개 이상의 부재를 접합하기 위해 일반적으로 거싯 플레이트(그림 4-4 참조)를 사용한다. 하지만 그림 4-4b와 같이 각 트러스 부재의 작용선이 한 점에서 만나도록 설정함으로써 부재 축의 오정렬과 그로 인한 모멘트의 발생을 방지한다. 그림 4-5는 일반적인 거싯 플레이트 접합부의 사진이다.

안정적인 정정 트러스에서 부재력을 구하기 위한 기본적인 두 가지 접근법은 **절점법**과 **절단법**이다. 그림 4-2b와 4-4a의 평면 트러스 *ADFE*에 각 접근법을 적용할 것

그림 4-3

(a) 트러스 부재(또는 봉)는 축방향으로 인장력(T) 또는 압축력(C)을 받는 양 끝단 고정점에서만 하중을 받는 부재이다. (b) 크기는 같지만 방향은 반대인 힘이 부재 끝단과 접합부에 작용한다.

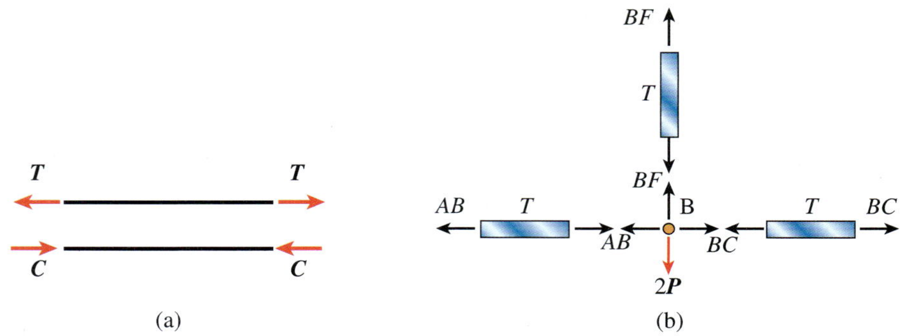

그림 4-4

부재의 작용선이 공통점 C에서 만나는 평면 트러스 접합부

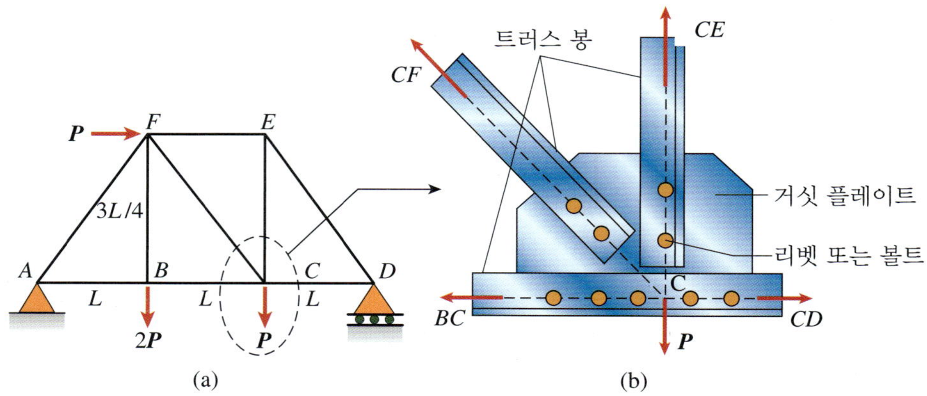

그림 4-5

(a) 철재 거싯 플레이트가 사용된 목재 트러스 접합부, (b) 철재 트러스 거싯 플레이트

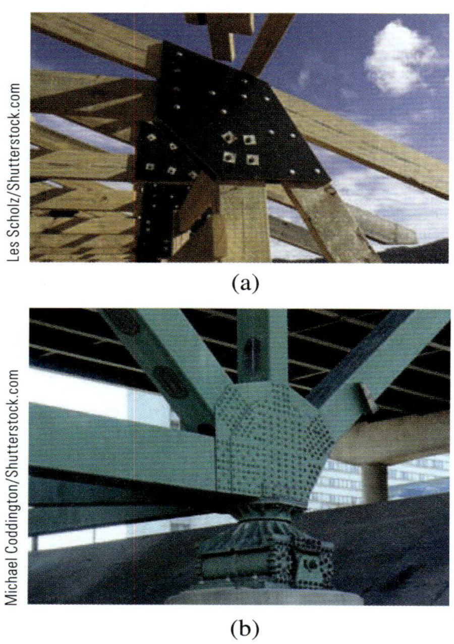

이다. 다음으로 각 해법을 보다 자세히 설명하기 위한 추가적인 예시를 다룬다.

절점법

평면 트러스의 각 접합부 핀의 자유물체도를 이용하여 각 접합부에서의 힘 평형 방정식을 써서 각 부재의 힘을 기본 미지수로 하는 연립방정식을 세운다. 그러나 보다 효율적인 해법은 한 접합부에서 다음 접합부로 이동하며 미지수를 제거해나가는 방법이다. 먼저, 전체 구조의 자유물체도를 이용하여 지지대에서의 반력을 구한다(그림 4-6). 예를 들어, 식 $\Sigma F_x = 0$, $\Sigma F_y = 0$, $\Sigma M_A = 0$을 풀어서 하중 변수 P에 대한 반력 성분 A_x, A_y, D_y를 구할 수 있다. 그림 4-6의 음영은 전체 구조의 외부 평형을 설정하고, 지지 반력을 구하기 위해서는 내부 부재의 배열은 고려할 필요가 없음을 강조한다.

이제 반력을 알고 있으니, 각 접합부 핀의 자유물체도를 그리고 부재력을 구하기 위해 각 접합부에서의 평형 방정식 $\Sigma F_x = 0$과 $\Sigma F_y = 0$을 세울 수 있다. 모든 접합부 핀의 자유물체도는 그림 4-7a에 함께 나타내었고, 핀 A의 자유물체도는 따로 그림 4-7b에 나타내었다. 부재의 이름은 각 끝단의 접합부르 명명되고, 각 부재는 장력을 받고 있는 것으로 가정한다. 따라서 부재력을 나

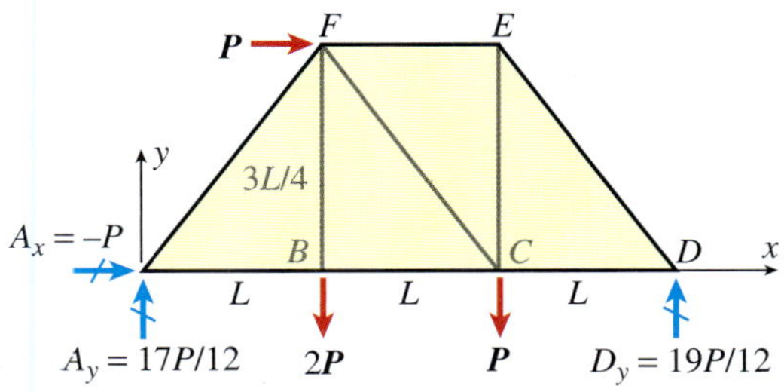

그림 4-6
트러스의 전체 자유물체도 및 A와 D에서의 반력

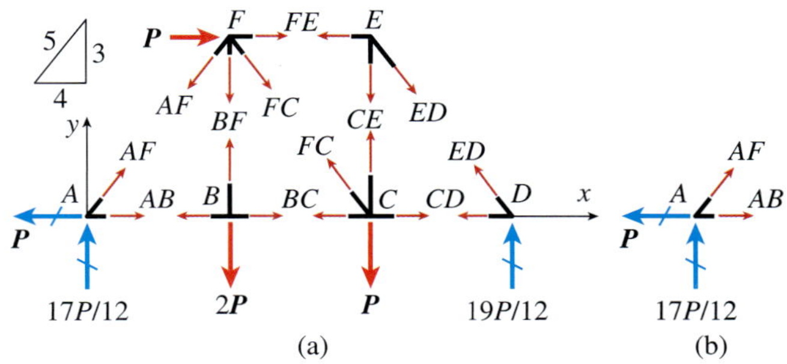

그림 4-7
(a) 모든 접합부 핀의 자유물체도, (b) 접합부 A의 핀 자유물체도

타내는 화살표는 부재의 축을 따라 접합부로부터 멀어지는 방향이다. 접합부 A의 자유물체도는 부재 AF와 AB를 포함하게 된다.

접합부 A의 자유물체도와 트러스 부재의 3:4:5 삼각비를 이용하여 접합부 A에서 힘의 평형 방정식 두 개를 세울 수 있다. 두 개의 연립방정식을 풀게 되는 상황을 피하기 위해, 먼저 y방향의 힘을 합하여 하나의 식과 하나의 미지수를 이용해 부재력 AF를 구한다. 접합부 A 핀의 힘의 평형 방정식과 부재력 AF와 AB의 해는 다음과 같다.

$$\Sigma F_y = 0 \qquad \frac{17}{12}P + \frac{3}{5}AF = 0 \quad \text{따라서} \quad AF = -\frac{5}{3}\left(\frac{17}{12}P\right) = -\frac{85}{36}P = -2.35P\ \text{(C)}$$

$$\Sigma F_x = 0 \qquad -P + \frac{4}{5}AF + AB = 0 \quad \text{따라서} \quad AB = P - \frac{4}{5}\left(-\frac{85}{36}P\right) = \left(\frac{26}{9}\right)P = 2.89P\ \text{(T)} \tag{4-1}$$

부재력 AF의 음수 부호는 그림 4-7b에서 힘 AF가 핀 A에 가하는 힘의 방향에 대한 가정이 틀렸다는 것을 의미한다. 사실 힘 벡터는 반대방향이고, 부재 AF는 압축(C) 상태에 있다. 그러나 힘 AB는 양수이므로, 벡터 AB는 올바르게 그려졌고 처음 가정과 같이 인장(T) 상태에 있다.

접합부 B에는 경사진 부재가 없기 때문에 접합부 B에서의 절점법은 더욱 쉽다. 부재 AB와 BC는 x방향이고, 부재 BF는 y방향이다. 추가로, 접합부 B에는 두 개의 미지 부재력(BC, BF)이 있고 두 개의 식을 세울 수 있으므로 힘 BC와 BF를 구할 수 있다. [접합부 A에서 접합부 F로 이동했다면 핀 F에 작용하는 세 개의 미지 부재력(BF, FC, FE)을 만났을 것이다. 하지만 세울 수 있는 식은 $\Sigma F_x = 0$과 $\Sigma F_y = 0$, 두 개뿐이다. 따라서 접합부 F에서의 평형식만으로는 이러한 부재력을 구할 수 없다.] 그림 4-7a의 접합부 B 핀의 자유물체도와 힘의 평형 방정식을 적용하면 부재력 BC와 BF는 다음과 같이 구할 수 있다.

그림 4-8

평면 트러스의 반력과 부재력 예시

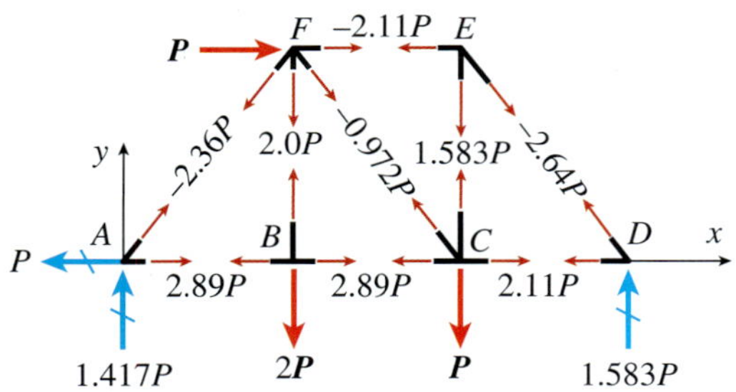

$$\sum F_x = 0 \qquad -AB + BC = 0 \ \text{따라서} \ BC = AB = 2.89P \ (\text{T}) \tag{4-2}$$

$$\sum F_y = 0 \qquad BF - 2P = 0 \ \text{따라서} \ BF = 2P \ (\text{T})$$

다음으로, 힘 AF와 BF를 구했으니, 접합부 F로 이동하여 $\Sigma F_y = 0$ 식을 통해 힘 FC를 구하고, $\Sigma F_x = 0$ 식을 통해 힘 FE를 구한다. 접합부 E에서 식 $\Sigma F_x = 0$을 이용하여 힘 ED를 구하고, $\Sigma F_y = 0$ 식을 통해 힘 CE를 구한다. 접합부 D에서는 $\Sigma F_x = 0$ 식으로 힘 CD를 구하고, 식 $\Sigma F_y = 0$을 통해 힘 ED의 수직 성분이 반력 D_y와 같음을 확인할 수 있다. 마지막으로, 이미 구해둔 부재력 BC, CD, FC, CE를 사용하여 접합부 C에서의 x와 y방향 힘의 합이 각각 0이 되는 것을 확인한다. 반력과 부재력을 포함하여 해당 평면 트러스의 최종 결과를 그림 4-8에 요약하였다.

이렇게 접합부를 차례로 해석해나가는 방식으로 각 접합부에서 둘 이하의 미지 부재력을 구할 수 있다. 다른 접근법으로는 트러스 전체에 대해 $2j$개의 힘의 평형 방정식을 세우고(j = 트러스 내 접합부의 수), 이 식들을 동시에 푸는 방법이 있다.

안정성과 정정성 문제 3.3절에서는 앞서 해석한 평면 트러스 구조의 안정성과 정정성 문제를 절점법을 사용하여 다룬다. 구조가 안정적이려면 **충분한 수의 구속점이 적절하게 배치되어** 임의의 인가 하중에 대해서 정적인 평형을 유지할 수 있어야 한다. 구속을 하나 더 추가하면, 예를 들어 반력 성분 D_x를 접합부 D에 추가하면(A와 D 모두 핀 지지가 되면), 이 구조는 1차적으로 **외적 부정정 구조**가 된다. 평면 트러스가 외적 정정성을 가지려면 외부 반력(r)의 수는 3을 초과할 수 없다. 만약 r가 3보다 크다면, 정적 평형 법칙($\Sigma \boldsymbol{F} = 0$, $\Sigma \boldsymbol{M} = 0$)을 적용하는 것만으로는 반력과 부재력을 구할 수 없다. 그러나 r가 3보다 작다면, 그 구조는 안정적이지 않아 특정한 하중 조건에서 붕괴할 수 있다(3.3절 참조). 여기서 해석한 평면 트러스는 $m + r = 9 + 3 = 12$이며, $2j = 2(6) = 12$이므로 안정적이고 또 정정성을 가져 모든 반력과 부재력에 대해 절점법을 사용하여 완전한 해를 구할 수 있다는 것을 알아두자.

이러한 트러스 구조에 대해 **내적** 안정성과 정정성 또한 고려하여야 한다. 절점법에서는 j를 평면 트러스 내 접합부의 수라고 할 때 $2j$개의 평형 방정식이 있다. 만약 평면 트러스의 미지 부재의 수(m)와 반력의 수(r)가 가능한 평형 방정식의 수($2j$)를 초과한다면, 그 트러스는 외적으로 또는 내적으로 부정정하다. 따라서 평면 트러스의 반력과 부재력을 구하기 위한 첫 번째 단계는 3.3절에서 다룬 것과 같이 구조의 안정성(또는 이동 가능성) 판별이다. 트러스가 안정적이라면, 구조의 내적 및 외적 정정성을 고려할 수 있다. 안정적인 평면 트러스의 가능한 결정성의 경우를 살펴보면 다음과 같다.

- $m + r < 2j$ 부재력과 반력보다 식의 수가 많으므로 해가 없음
- $m + r = 2j$ 정정성을 가짐
- $m + r > 2j$ (**외적** 또는 **내적**으로)부정정함. 만약 $r > 3$이라면 **외적**으로 부정정함
- $m + 3 > 2j$ **내적**으로 부정정함

추가 고려사항 평면 트러스의 해석에서 종종 발생하는 상황이며, 절점법을 사용할 때 인지하고 있어야 한다.

힘을 받지 않는 부재 트러스를 주의 깊게 살펴보면 주어진 하중에서 힘을 받지 않는 몇몇 부재를 발견할 수도 있다. 예를 들어, 만약 접합부 *B*(그림 4-9a)에 하중이 없다면, 식 $\Sigma F_y=0$에 따라 부재 *BF*는 힘을 받지 않는 부재가 된다[식 (4-2)에서 하중 2*P*를 삭제]. 또 다른 예는 그림 4-9b에 나타낸 것과 같이 *C*에 롤러 지지가 있고 *D*에 수평하중이 가해지는 경우이다. *D*에 식 $\Sigma F_y=0$을 적용하면 부재력 *ED*의 수직 성분은 0이 되어야 하므로 부재 *ED*는 힘을 받지 않는 부재라는 것을 알 수 있다. 부재력 *ED*의 수평 성분 또한 0이 되어야 한다. 마지막으로, *E*에서 식 $\Sigma F_y=0$을 적용하면 부재 *CE*가 힘을 받지 않는 부재라는 것을 알 수 있다.

그림 4-9

(a), (b) 평면 트러스에서 힘을 받지 않는 부재

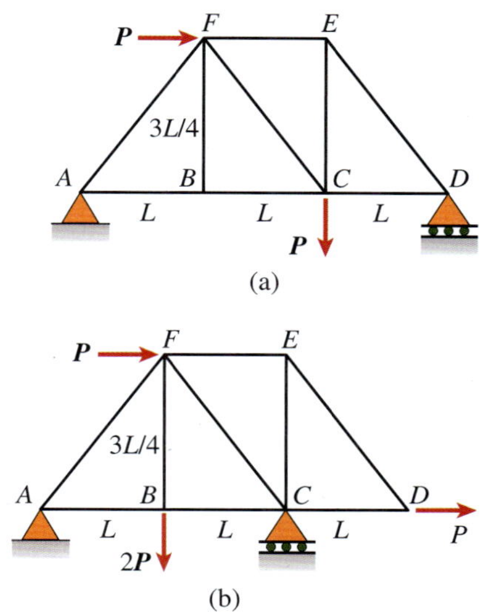

동일선상의 부재 만약 그림 4-10a와 같이 접합부 *J*에서 세 부재가 접하고 있고 부재 *IJ*와 *JK*가 축 x'상에서 동일선상에 있다면, 회전축 y'에서의 힘의 평형식($\Sigma F_{y'}=0$)을 통해 수직 부재력 성분 JL_y는 0이어야 하며, 따라서 부재 *JL*은 힘을 받지 않는 부재라는 것을 알 수 있다(접합부 *J*에 축 y'방향으로의 하중이 가해지지 않는다면). 또한 식($\Sigma F_{x'}=0$)으로부터 부재력 *IJ*와 *JK*는 크기가 같음을 알 수 있다. 일반적으로, 동일선상의 부재가 공통 접합부 *J*에서 접하고 그림 4-10b와 같이 그 접합부에 하중이 가해지지 않는다면, 식 $\Sigma F_{y'}=0$으로부터 $JL=JM$이며, 식 $\Sigma F_{y''}=0$으로부터 $IJ=JK$임을 알 수 있다.

그림 4-10

(a), (b) 접합부 *J*에서 동일선상의 부재의 힘의 평형

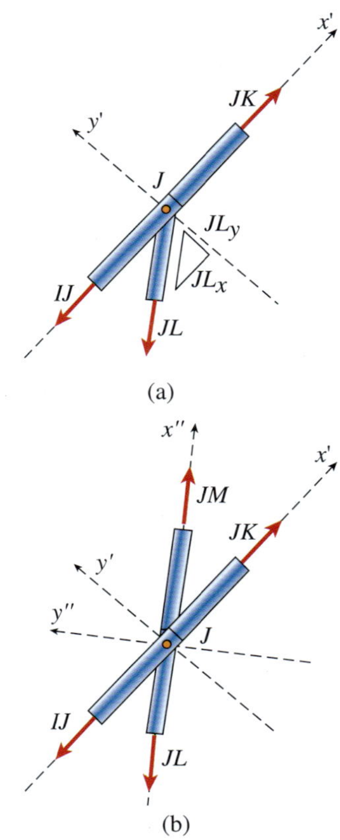

대각재에서의 케이블 몇몇 상황에서 평면 또는 입체 트러스의 대각 부재로 케이블이 사용된다. 그림 4-11은 평면 트러스에서 대각 부재로서 케이블이 사용되는 두 가지 다른 배열로 케이블 짝 1(*BE*/*FC*)과 케이블 짝 2(*AE*/*FD*)를 보여준다. 케이블 짝 1에서 그림 4-8의 원래 트러스에서 대각 부재 *FC*가 케이블로 대체되고, 케이블 부재 *BE*가 트러스에 추가되었다. 케이블 짝 2에서는, 원래 트러스의 대각 부재 *FC*는 *F*에서 *D*로의 케이블로 대체되었고, 케이블 부재 *AE*가 트러스에 추가되었다. 케이블은 인장

그림 4-11

(a), (b) 트러스에서 종종 대각선으로 케이블이 사용된다.

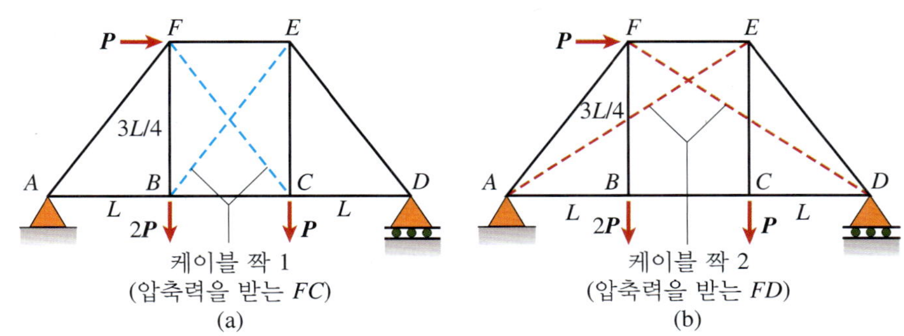

그림 4-8(반복)
평면 트러스에서의 반력과 부재력 예시

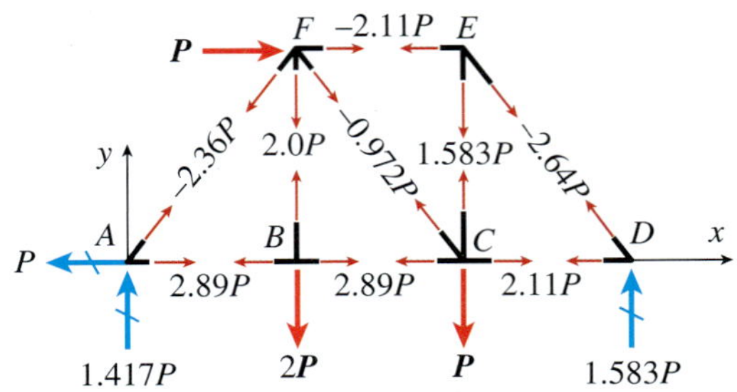

력만 받을 수 있으므로, 만약 해석 결과 인가 하중으로 인해 케이블이 압축력을 받아야 한다면 힘을 받지 않는 부재가 된다. 케이블을 짝으로 함께 추가하면 $m+3=13 > 2j=12$가 되므로, 트러스는 내적으로 부정정하게 되며 정적 평형식을 사용할 수 없다는 것을 알아두자. 하지만 케이블 짝 1의 *FC*와 짝 2의 *FD*는 압축력을 받고 있으므로, 힘을 받지 않는 부재로 취급할 수 있다. (그림 4-11에서와 같이 케이블 짝 1의 *BE*와 짝 2의 *AE*는 인장력을 받는다는 것을 알아두자.) 결과적으로, 케이블 부재 *FC*와 *FD*는 무시하고 남은 부재만 이용하여 평형 해석을 할 수 있다. 하지만 다른 하중이 가해져 양 케이블 **모두가 인장력**을 받게 된다면 정적 평형 해석은 할 수 없다($m+3=13>2j$). 그리고 양 케이블 **모두가 압축력**을 받는다면($m+3=11<2j$) 트러스는 불안정하게 된다.

예제 4-1

그림 4-12
평면 트러스 모델

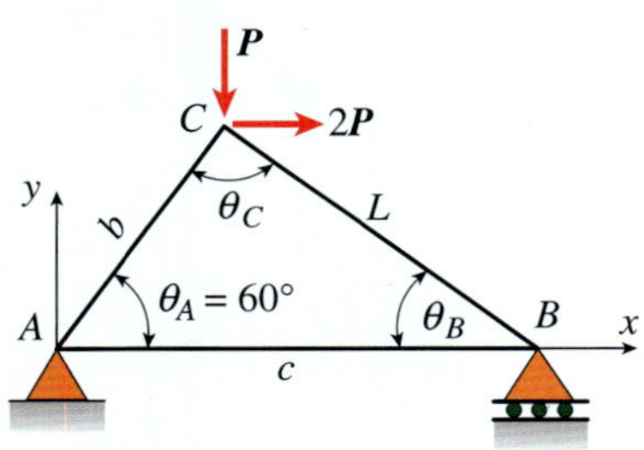

평면 트러스가 *A*에서 핀 지지되고 있으며 *B* 위치에서 롤러 지지를 받고 있다(그림 4-12). 접합부 *C*에 접합부 힘 $2P$와 $-P$가 작용한다. 다음 수치 자료를 사용하여 접합부 *A*와 *B*에서의 지지 반력을 구하고, 부재력 *AB*, *AC*, *BC*를 구하시오. $P=150$ kN, $L=3$ m, $\theta_A=60°$, $b=2.13$ m.

풀이

4단계 문제풀이 접근방법을 사용하고 절점법을 이용하여 *A*와 *B*의 반력을 구하고, 세 부재의 힘을 구한다.

1. **개념화[가설, 스케치]** 먼저 전체 트러스 모델의 자유물체도를 그린다(그림 4-13). *C*에 작용하는 알고 있는 외력과 *A*와 *B*에 작용하는 미지 반력을 나타내고 반력을 구하기 위해 평형 해석을 사용해야 한다.
2. **분류[단순화, 분류화]** 이 트러스는 외적으로 정정성을 가지며 안정적이다(**미지수의 수:** $m+r=3+3=6$, **사용 가능한 식의 수:** $2j=6$). 먼저 세 반력 성분 A_x, A_y, B_y를 구한다. 다음으로 각 접합부의 자유물체도를 그려 세 부재의 힘을 구한다. 외부 반력에 대해서는 정적 부호 규약을 사용하고 부재력에 대해서는 변형 부호 규약을 사용한다.

그림 4-13

트러스 모델의 자유물체도(FBD)

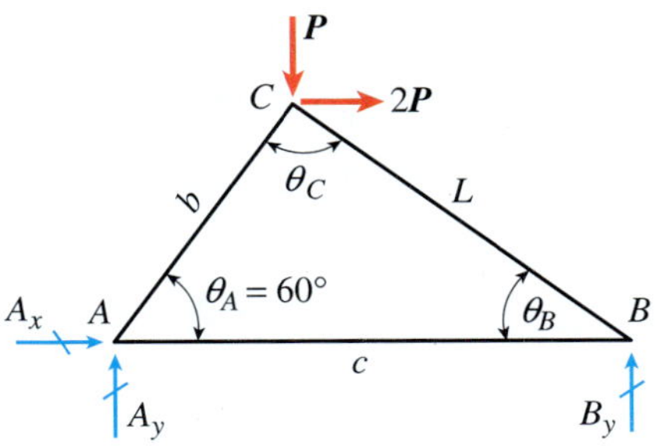

3. 해석[수치계산, 적절한 식 선정, 수학적인 해를 구함] 각도 θ_B와 θ_C, 부재 AB의 길이 c를 구한다. 사인 법칙을 사용하면 다음과 같다.

$$\theta_B = \sin^{-1}\left[\frac{b}{L}\sin(\theta_A)\right] = 37.943°$$

따라서 $\theta_C = 180° - (\theta_A + \theta_B) = 82.057°$

그리고 $c = L\left[\frac{\sin(\theta_C)}{\sin(\theta_A)}\right] = 3.431 \text{ m}$

또는 $c = b\cos(\theta_A) + L\cos(\theta_B) = 3.431 \text{ m}$

또는 코사인 법칙으로 길이 c를 구한다.

$$c = \sqrt{b^2 + L^2 - 2bL\cos(\theta_C)} = 3.431 \text{ m}$$

지지 반력: 그림 4-13의 전체 트러스 모델의 평형식이 다음 세 식으로 표현되어 있다. 식 (4-3)으로부터 지지 반력을 구할 수 있다.

$$\begin{aligned} &\sum F_x = 0 \quad A_x + 2P = 0 && A_x = -2P = -300 \text{ kN} \\ &\sum M_A = 0 \quad B_y(c) - P(b\cos(\theta_A)) - 2P(b\sin(\theta_A)) = 0 && B_y = 207.9 \text{ kN} \\ &\sum F_y = 0 \quad A_y + B_y = P && A_y = -57.9 \text{ kN} \end{aligned} \tag{4-3}$$

그림 4-14

각 트러스 접합부 핀의 자유물체도(FBD)

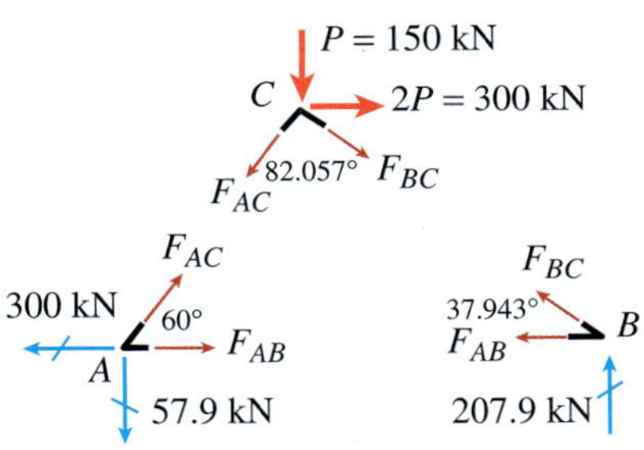

정적 부호 규약에 의해서 반력 성분 A_x는 $-x$방향으로 작용하며, 반력 성분 A_y는 $-y$방향으로 작용한다.

부재력: 절점법에서 각 접합부 핀의 자유물체도를 그린다(그림 4-14). 변형 부호 규약을 사용하여, 각 부재는 인장력을 받는 것으로 가정한다. (부재력을 나타내는 화살표는 각 부재가 연결된 두 접합부로부터 멀어지는 방향으로 표시한다.) 힘은 각 접합부에 동시에 작용하므로, 미지 부재력을 구하기 위해 각 위치에서 힘의 평형식을 사용한다. 접합부 A에서 힘의 평형식을 사용하면 다음과 같다.

접합부 A에서 $\Sigma F_y = 0 \quad F_{AC} = 57.9 \text{ kN}/\sin(60°) = 66.81 \text{ kN}$

접합부 A에서 $\Sigma F_x = 0 \quad F_{AB} = -F_{AC}\cos(60°) + 300 \text{ kN} = 266.6 \text{ kN}$

접합부 B로 이동하여 x 또는 y방향으로 힘의 평형식을 사용하면 부재력 BC를 구할 수 있다.

접합부 B에서 $\Sigma F_x = 0 \quad F_{BC}\cos(37.943°) + F_{AB} = 0$ 따라서 $F_{BC} = -338.1 \text{ kN}$

또는 접합부 B에서 $\Sigma F_y = 0 \quad F_{BC}\sin(37.943°) + 207.9 \text{ kN} = 0$

마지막으로, 접합부 C에서 x 및 y방향으로의 평형을 확인함으로써 앞서 구한 부재력 AC와 BC의 타당성을 확인한다.

$$\text{접합부 } C\text{에서 } \sum F_x = 0 \qquad -F_{AC}\cos(60°) + F_{BC}\cos(37.943°) + 2P = 0$$

$$\text{또는 접합부 } C\text{에서 } \sum F_y = 0 \qquad -F_{AC}\sin(60°) - F_{BC}\sin(37.943°) - P = 0$$

4. 최종 단계[결론, 해의 검증–해가 합당한가? 단위가 맞는가? 비슷한 문제풀이 방법과 비교해볼 때 어떠한가?] 외부 지지 반력을 구한 후, 절점법은 일반적으로 구조를 따라 각 접합부에서 힘의 평형식을 사용하게 된다. 이상적으로는, 하나의 미지수를 가진 하나의 식을 차례로 풀게 되어 여러 미지수를 가진 연립식을 풀 필요가 없다.

이 문제에서는 핀 C에서 시작해서 힘 F_{AC}와 F_{BC}를 먼저 구하고, 핀 B에서 힘 F_{AB}와 B_y를 구하는 것이 더 빠를 수 있다. 마지막으로, 핀 A에서 A_x와 A_y를 구한다. 트러스 전체적으로 $2j=6$개의 평형식을 세울 수 있다. 식 $\Sigma F_x=0$과 $\Sigma F_y=0$을 각 접합부에 차례로 사용하고, 이 식의 해를 컴퓨터를 이용해 해석하면 세 개의 반력과 세 개의 부재력을 바로 구할 수 있다.

절단법

절단법은 절점법과는 다른 접근법으로, 트러스의 일부 부재에 작용하는 힘만 구하고자 할 때 주로 사용된다. 절단법에서는 평면 트러스의 일부를 절단하여 선택된 부재의 내력을 드러내고자 한다. 절단면은 반드시 트러스를 통과하며 구하고자 하는 부재의 내력을 보여줄 수 있어야 한다. 구조를 절단함으로써 두 개의 자유물체도(상하, 좌우)가 만들어지며, 어떤 것이든 평형 해석에 사용할 수 있다. **만약 구조 전체가 평형 상태에 있다면, 구조의 어떤 부분 또한 평형 상태에 있어야 한다.** 이 자유물체도에서 부재 내력은 절단된 부재가 인장력을 받는 것으로 가정된다는 것을 보여주기 위해 부재 절단면으로부터 멀어지는 방향의 화살표로 나타내었다. 만약 계산된 힘이 음수라면, 그 부재는 압축력을 받는 상태이다.

그림 4-15

(a), (b) 트러스를 통과하는 부분 절단과 이에 따른 왼쪽 자유물체도

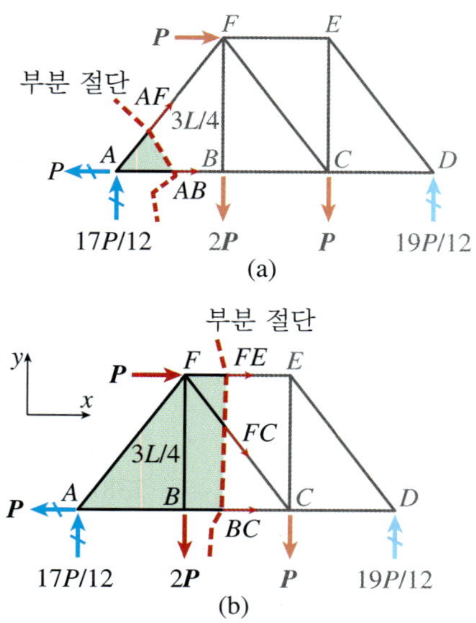

그림 4-15와 4-16은 몇 가지 부분 절단과 이로 인한 자유물체도를 보여준다. 그림 4-15b와 4-16b의 자유물체도는 트러스 중간 패널을 **왼쪽과 오른쪽으로** 부분 절단한 것이고, 그림 4-15a와 4-16a는 트러스 양 끝 부분을 부분 절단한 자유물체도임을 알아두자. 각 음영 처리된 영역은 평형 상태에 있는 단일 강체로 취급한다. 음영은 물체 내의 절단되지 않은 부재는 자유물체도의 평형 해석에 관여하지 않는다는 것을 강조하기 위함이다. 부분 절단면은 반드시 부재를 통과해야 하며 접합부를 통과해서는 안 된다.

절점법은 힘의 평형식만 활용하는 반면(스칼라 형태로는 j개의 각 접합부마다 $\Sigma F_x=0$, $\Sigma F_y=0$), 절단법에서는 구조를 분할 절단한 자유물체도에 힘의 평형과 모멘트 평형을 **모두** 사용할 수 있다. 예를 들어, 그림 4-15a의 접합부 F에 대한 모멘트의 합을 통해 부재력 AB를 다음과 같이 구할 수 있다. (앞서 구조의 자유물체도를 이용해 반력을 구한 바 있다. 그림 4-6 참조)

$$\sum M_F = 0 \quad AB\left(\frac{3L}{4}\right) = P\left(\frac{3L}{4}\right) + \frac{17P}{12}(L) = \left(\frac{26}{12}\right)PL$$

$$\text{따라서} \quad AB = \left(\frac{26}{9}\right)P = 2.89P\,(\mathrm{T}) \qquad \textbf{(4-4)}$$

이 부재 AB의 인장력은 식 (4-1b)와 그림 4-8의 결과와 같다. 여기서 자유물체도에는 나타나 있지 않은 접합부 F에 대한 모멘트를 합했다는 것을 알아두자. 다음으로 그림 4-15b의 자유물체도에서 힘 FE를 구하기 위해 접합부 C에 대한 모멘트를 계산해보자. 힘 FC와 BC는 C를 통과하는 방향으로 작용하므로 이들은 모멘트 식에서 소거된다.

$$\sum M_C = 0 \quad FE\left(\frac{3L}{4}\right) = -P\left(\frac{3L}{4}\right) + 2P(L) - \left(\frac{17}{12}\right)P(2L) = -\frac{19}{12}PL$$

$$\text{따라서} \quad FE = -\left(\frac{19}{9}\right)P = -2.11P\,(\mathrm{C}) \qquad \textbf{(4-5)}$$

부재력 FE는 음수이므로, 인장력을 받고 있다는 초기 가정은 잘못되었으며 그림 4-8과 같이 부재는 압축력을 받고 있다. 절단법의 마지막 예시로, 그림 4-16a의 오른쪽 자유물체도(음영 영역)를 살펴본다. 수직(y)방향 힘의 합을 통해 부재력 CE를 다음과 같이 구할 수 있다.

$$\sum F_y = 0 \quad -CE + \frac{19}{12}P = 0 \quad \text{또는} \quad CE = \frac{19}{12}P = 1.583P\,(\mathrm{T}) \qquad \textbf{(4-6)}$$

이 평형 해석을 통해 힘 또는 모멘트 평형(그리고 스칼라 계산) 모두 알고자 하는 힘을 구하기 위해 사용될 수 있다는 것을 알 수 있다. 예상한 대로, 식 (4-4)에서부터 (4-6)까지의 계산을 통해 구한 부재력은 그림 4-8에서 절점법을 사용해 구한 값과 동일하다.

많은 경우에 절점법과 절단법을 함께 사용하는 것이 트러스 구조, 특히 입체 트러스 구조의 평형 해석을 수행하는 가장 효율적인 방법이다.

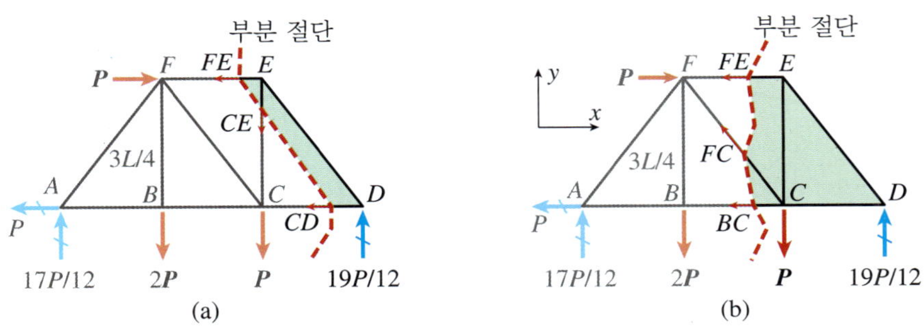

그림 4-16
(a), (b) 트러스를 관통하는 부분 절단과 이에 따른 오른쪽 자유물체도

예제 4-2

그림 4-17의 평면 트러스는 7개의 접합부와 11개의 부재를 가진다. 부재 6, 10, 11에서의 부재력을 구하시오.

그림 4-17
평면 트러스 모델

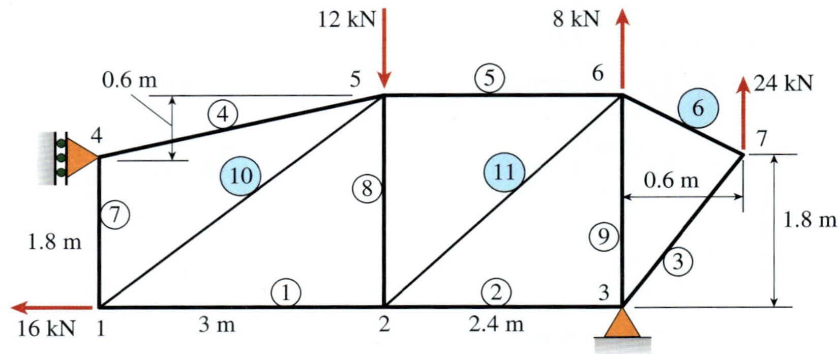

풀이

4단계 문제풀이 접근방법과 절단법을 사용하여 접합부 3과 4의 반력을 구하고, 부재 6, 10, 11의 힘을 구한다.

1. **개념화** 먼저 전체 트러스 모델의 자유물체도를 그린다(그림 4-18). 음영은 외부 반력을 구하기 위한 평형식에 접합부 1, 5, 6, 7의 알려진 힘과 접합부 3, 4의 미지 반력만 필요하다는 것을 강조하기 위함이다.
2. **분류** 전체적인 평형을 위해서는 x와 y방향의 힘 성분과 z방향의 모멘트 합이 0이 되어야 한다. 이 트러스는 정정성을 가진다. 만약 부재력만을 구하고자 한다면 경우에 따라서는 반력을 모두 구할 필요는 없다. 외부 반력에는 **정적 부호 규약**을 사용하고 부재력을 구할 때에는 **변형 부호 규약**을 사용한다.

그림 4-18
트러스 모델의 자유물체도

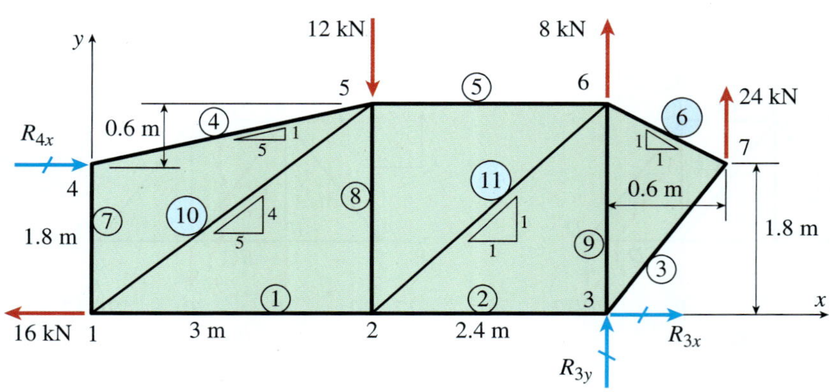

3. 해석

지지 반력: 그림 4-18의 트러스 모델 자유물체도를 이용하면 접합부 4에 대한 x 및 y 방향 힘의 합과 모멘트의 합은 다음과 같다.

$$\sum F_y = 0 \quad R_{3y} = (12 - 8 - 24)\ \text{kN} = -20\ \text{kN}$$

$$\sum M_4 = 0 \quad R_{3x}(1.8\ \text{m}) + R_{3y}(5.4\ \text{m}) + [-(16)(1.8) - (12)(3) + (8)(5.4) + (24)(6)]\ \text{kN}\cdot\text{m} = 0$$

$$\text{또는} \qquad R_{3x} = \frac{-1}{1.8\ \text{m}}[(-20)(5.4) + 122.4]\ \text{kN}\cdot\text{m} = \frac{-14.4}{1.8}\text{kN} = -8\ \text{kN} \tag{4-7}$$

$$\sum F_x = 0 \quad R_{4x} = 16\ \text{kN} - R_{3x} = (16 - (-8))\ \text{kN} = 24\ \text{kN}$$

반력 성분 R_{3x}와 R_{3y}는 모두 음수이므로, 이들 모두 x와 y의 반대방향으로 작용한다.

부재력 6: 부재 3과 6 사이를 통과하는 부분 절단을 한 후 오른쪽에 대한 자유물체도를 사용한다(그림 4-19). 다른 가능한 절단은 부재 2, 9, 6을 통과하는 대각 방향으로의 절단이 있다. 부재력 F_3의 작용선상에서 접합부 3에 대한 모멘트를 합하여 하나의 미지수를 가진 식 하나를 얻을 수 있다[식 (4-7)의 지지 반력은 모멘트 평형식에 필요하지 않음을 알아두자]. F_6의 x와 y방향 성분은 접합부 7의 바로 왼쪽에 위치한다고 가정한다.

$$\sum M_3 = 0 \quad F_{6x}(1.8\ \text{m}) + F_{6y}(0.6\ \text{m}) + (24\ \text{kN})(0.6\ \text{m}) = 0 \tag{4-8}$$

$$\text{여기서} \quad F_{6x} = F_{6y} = F_6/\sqrt{2} \quad \text{따라서} \quad F_6 = \frac{-14.4}{(1.8 + 0.6)}\sqrt{2} = -8.49\ \text{kN}$$

다른 방법으로, F_6을 구하기 위한 벡터 식을 다음과 같이 쓸 수 있다.

$$\sum \boldsymbol{M}_3 = 0 \quad [0.6\ \text{m}\,\boldsymbol{i} + 1.8\ \text{m}\,\boldsymbol{j}] \times \left[\frac{F_6}{\sqrt{2}}(-\boldsymbol{i} + \boldsymbol{j}) + 24\ \text{kN}\,\boldsymbol{j}\right] = \left[\frac{6\sqrt{2}}{5}F_6 + 14.4\right]\boldsymbol{k}\ \text{kN}\cdot\text{m} = 0$$

$$\text{따라서} \ F_6 = \frac{-12}{\sqrt{2}}\ \text{kN} = -8.49\ \text{kN (C)}$$

부재 6은 압축력을 받는 상태이며, 힘 F_6은 그림 4-19의 접합부 7로부터 위로 향한다.

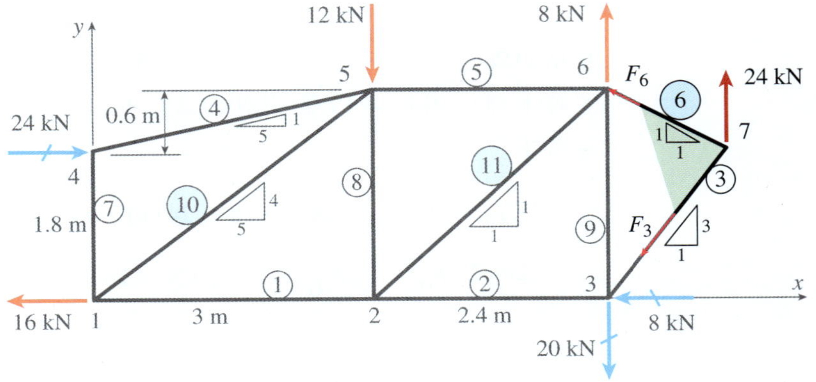

그림 4-19
F_6을 구하기 위한 부분 절단과 이로 인한 자유물체도

부재 10의 힘: 부재 1, 10, 4를 통과하는 수직 부분 절단을 하고 절단 부분 왼쪽에 대한 자유물체도를 이용한다(그림 4-20).

만약 부재 4의 힘을 알고 있다면, F_{10}을 찾기 위해 접합부 2에 대한 모멘트를 합한다. 접합부 4에 절점법을 사용하면 다음과 같다.

$$\sum F_x = 0 \qquad R_{4x} + F_4(5/\sqrt{26}) = 0$$

따라서 $$F_4 = -\frac{\sqrt{26}}{5}(24\ \text{kN}) = -24.48\ \text{kN (C)}$$

그림 4-20

F_{10}을 구하기 위한 부분 절단과 이로 인한 자유물체도

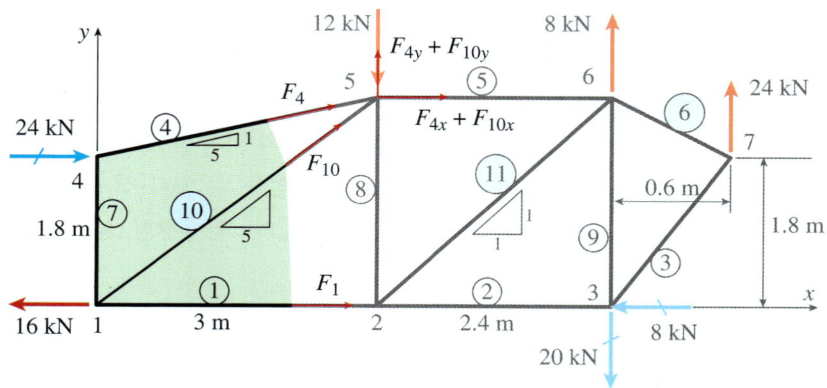

이제 힘 벡터 F_4와 F_{10}의 작용선을 따라 접합부 5에 작용하는 y방향 성분의 작용선이 접합부 2를 통과하도록 한다(그림 4-20의 접합부 5 참고). 이제 이들의 x성분만이 모멘트 식에 필요하게 되었다. 그림 4-20의 자유물체도에서 접합부 2에 대한 모멘트를 합하면 다음과 같다.

$$\sum M_2 = 0 \qquad -R_{4x}(1.8\ \text{m}) - F_{4x}(2.4\ \text{m}) - F_{10x}(2.4\ \text{m}) = 0$$

$$F_{10x} = \frac{1}{2.4\ \text{m}}[-R_{4x}(1.8\ \text{m}) - F_{4x}(2.4\ \text{m})] = \frac{-1}{2.4}[(24)(1.8) + (-24)(2.4)]\ \text{kN} = 6\ \text{kN} \qquad \textbf{(4-9)}$$

따라서 $$F_{10} = \frac{\sqrt{41}}{5}(6\ \text{kN}) = 7.68\ \text{kN (T)}$$

부재 11의 힘: 마지막으로, 부재 2, 11, 5를 통과하는 부분 절단을 하고 절단 부분 오른쪽에 대한 자유물체도를 그린다(그림 4-21). y방향의 힘을 더하여 부재 11의 힘을 구한다.

$$\sum F_y = 0 \quad F_{11y} = R_{3y} + (8 + 24)\ \text{kN} = (-20 + 8 + 24)\ \text{kN} = 12\ \text{kN} \qquad \textbf{(4-10)}$$

그리고 $$F_{11} = \sqrt{2}F_{11y} = 12\sqrt{2}\ \text{kN} = 16.97\ \text{kN (T)}$$

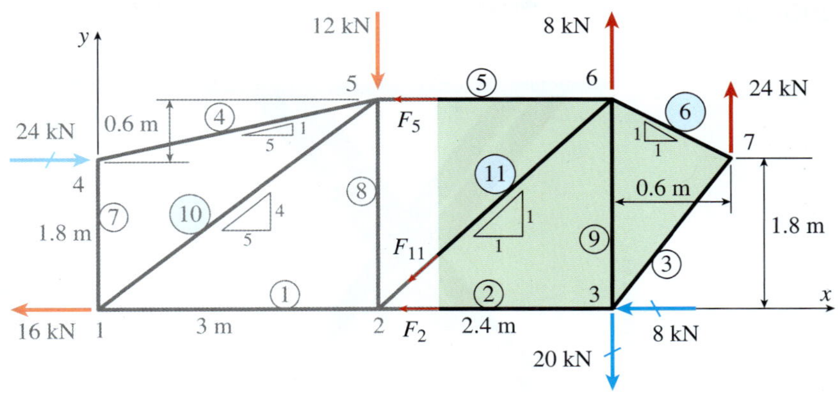

그림 4-21
F_{11}을 찾기 위한 부분 절단과 그로 인한 자유물체도

4. 최종 단계 절단법은 선택한 부재력을 구하기 위한 효율적인 방법이다. 구하고자 하는 부재를 고립시키고 가능한 많은 미지수를 소거할 수 있는 부분 절단을 선택하는 것이 중요하다. 다음으로 부재력을 구하기 위해 정적 평형 해석을 위한 올바른 자유물체도를 그린다. 이 문제에서 부재 10의 힘을 구하기 위해 절단법과 절점법이 함께 사용되었다. 평면 트러스 해석에서 두 방법을 함께 사용하는 것이 일반적인 해석 접근법이다.

4.3 프레임과 기계

앞서 다룬 트러스 구조와는 달리, 프레임은 주로 접합부와 부재 하중을 함께 받아 복합하중을 받는 부재로 이루어져 있다. 이러한 부재는 **내부** 축력(N)과 전단력(V), 내부 우력(M)의 형태로 하중을 받는다. 실제로는 이러한 내력과 우력은 부재의 길이방향의 위치에 따라 달라질 수 있다(트러스 봉은 전체 길이방향으로 인장력 혹은 압축력의 일정한 축력을 받는 양 끝단 고정점에서만 하중을 받는 부재였음을 기억하자. 그림 4-3a 참고). 프레임 부재는 핀 연결부를 사용해 접합될 수도 있고, 접합부가 단단하여 한 부재에서 다음 부재로 모멘트를 전달하는 형태일 수도 있다. 건설 및 생산 장치와 같이, 업무 수행 과정에서 다른 위치로 움직이며 힘 또는 모멘트를 전달하는 프레임 부재로 이루어진 특수한 종류의 프레임을 **기계**라고 한다. 최대 내력을 알 수 있도록 여러 위치에서 기계 또는 기계 요소의 평형 해석을 수행해야 할 수 있다.

이제 외부 평형을 조사해보는 단계를 넘어 부재 내부와 부재 간 연결부의 내력을 구할 수 있다. 예를 들어, 그림 4-22a에 나타낸 것처럼 작은 휴대용 캠핑 테이블과 같은 단순한 2차원적 프레임 구조를 생각해보자. 집중하중 $2P$가 테이블 중심선을 따라 작용하며, 따라서 그림 4-22b와 같이 G 위치에 정적인 등가하중 $\boldsymbol{P}$를 받는 테이블의 전면 프레임 $ABDG$의 2차원 평형 해석을 할 수 있다. E 위치의 핀은 제거할 수 있어 테이블을 사용하지 않을 때에는 접어둘 수 있다. 우리의 목표는 A와 B에서의 지지 반력뿐만 아니라 C, D, E에서의 핀 연결 힘도 구하는 것이다. 마지막으로, 부재 DE와 BC의 중점

그림 4-22
(a) 휴대용 캠핑 테이블, (b) 테이블의 2차원 모델

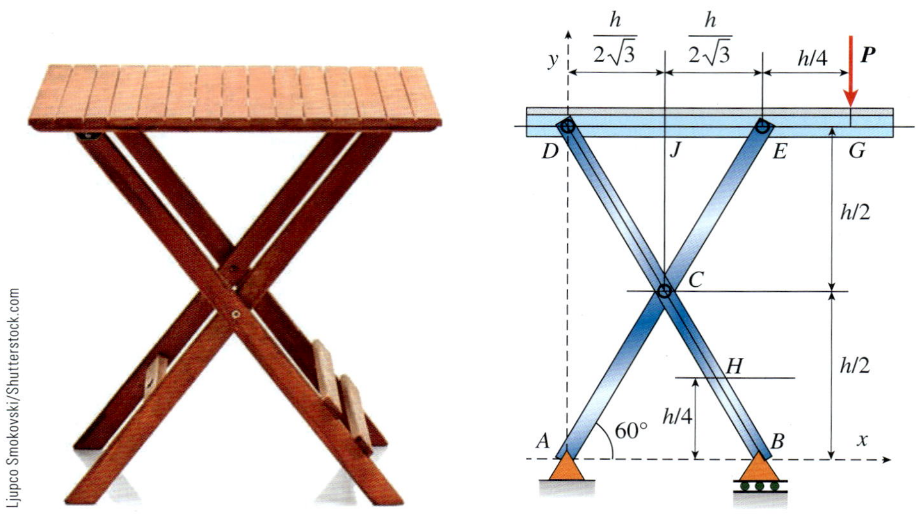

(a) (b)

그림 4-23
캠핑 테이블의 자유물체도

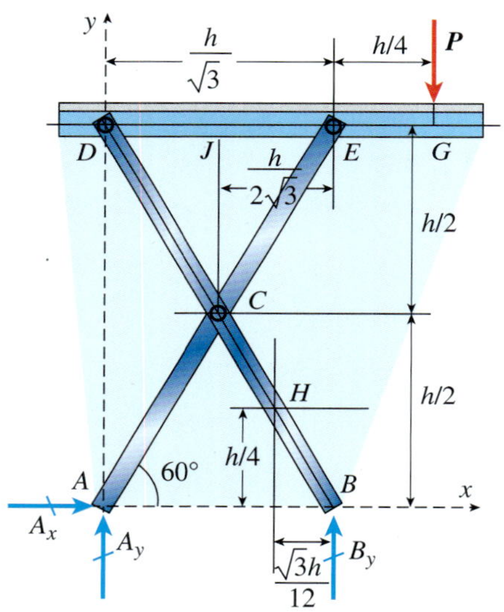

J와 H에서의 내부 축력과 전단력(N, V), 그리고 내부 우력(M)을 각각 구하자

세 개의 반력과 세 개의 평형식을 세울 수 있으므로, 테이블의 2차원 모델은 **외적으로 정정성**을 가진다. A와 B에서의 반력 성분은 그림 4-23에 나타낸 전체적인 자유물체도를 이용하여 구할 수 있다. 그림 4-23의 음영은 C, D, E의 핀과 같은 내부의 세부 사항은 반력을 구하기 위해 전체적인 평형을 나타낸 다음 식들과는 무관하다는 것을 강조하기 위함이다.

$$\sum F_x = 0 \qquad A_x = 0$$

$$\sum M_A = 0 \qquad B_y\left(\frac{h}{\sqrt{3}}\right) - P\left(\frac{h}{\sqrt{3}} + \frac{h}{4}\right) = 0$$

$$\text{따라서} \quad B_y = \frac{P}{4}(\sqrt{3} + 4) = 1.433P\ [\uparrow] \tag{4-11}$$

$$\sum F_y = 0 \qquad A_y + B_y = P \quad \text{따라서} \quad A_y = -0.433P\ [\downarrow]$$

반력 B_y는 양수이므로 그림 4-23에 나타낸 것과 같이 $+y$방향으로 위로 향한다[식 (4-11)의 반력 뒤에 붙는 화살표는 그 힘 성분의 방향을 나타낸다]. 하지만 성분 A_y는 음수이므로 $-y$방향으로 작용한다. 만약 A의 핀 지지가 잡아주지 않는다면 테이블은 G에 작용하는 하중 $\boldsymbol{P}$에 의해 시계방향으로 돌게 될 것이다.

C, D, E에서의 핀 연결 힘 다음으로 각 부재마다 별도의 자유물체도를 만들기 위해 C, D, E의 핀을 제거함으로써 프레임 모델을 분해한다(그림 4-24 참고). 뉴턴의 제3법칙(작용-반작용)이 주의 깊게 적용된 것을 확인하자. C, D, E의 힘은 가정된 방향으로 나타냈지만 각 부품 모델에 반대방향으로 표시되어 있다. **요소 *DEG*** 부터 시작하여, 평형식을 적용해 핀에 작용하는 힘 성분 D_y와 E_y를 구한다.

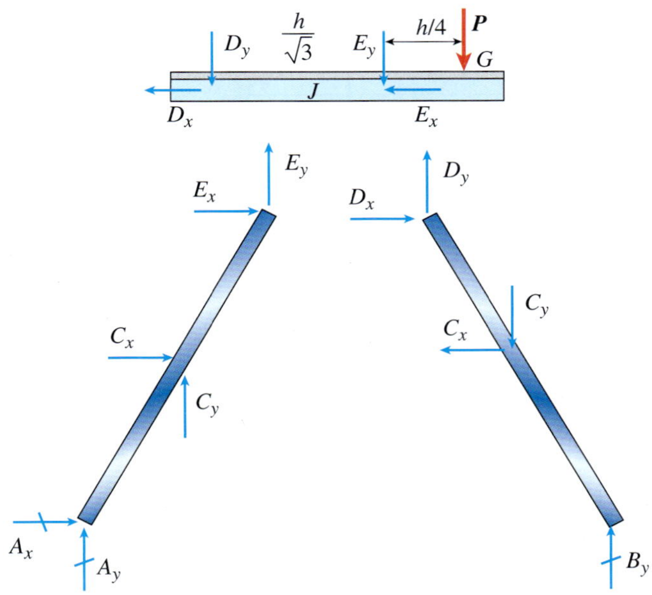

그림 4-24
각 테이블 부재의 분리된 자유물체도

$$\sum M_D = 0\ E_y\left(\frac{h}{\sqrt{3}}\right) = -P\left(\frac{h}{\sqrt{3}} + \frac{h}{4}\right)\ \text{따라서}\ E_y = -P\left(\frac{\sqrt{3}+4}{4}\right) = -1.433P\,[\uparrow]$$

$$\sum F_y = 0\ \ D_y = -E_y - P = 0.433P\ [\downarrow] \tag{4-12}$$

핀 연결 힘에 붙은 화살표는 **해당 부품에 작용하**는 힘 성분의 방향을 나타낸다. 이는 인접한 요소에 작용하는 힘 성분과는 반대방향이다. 이제 **요소 *BCD***로부터는 다음을 구할 수 있다.

$$\sum M_C = 0 \quad D_x\left(\frac{h}{2}\right) = (B_y - D_y)\left(\frac{h}{2\sqrt{3}}\right)\ \text{따라서}\ D_x = \frac{P}{\sqrt{3}} = 0.577P\ [\rightarrow]$$

$$\sum F_x = 0 \quad C_x = D_x = 0.577P\ [\leftarrow] \tag{4-13}$$

$$\sum F_y = 0 \quad C_y = B_y + D_y = 1.866P\ [\downarrow]$$

마지막으로, **요소 *DEG***로 돌아와 힘 성분 E_x는 다음과 같이 구할 수 있다.

$$\sum F_x = 0 \quad D_x + E_x = 0\ \text{따라서}\ E_x = -D_x = 0.577P\,[\rightarrow] \tag{4-14}$$

모든 반력과 핀 연결 힘 성분을 올바른 방향으로 그림 4-25에 나타냈다. 각 요소의 자유물체도에서 x와 y방향으로의 힘의 평형을 확인할 수 있다.

***J* 위치에서의 내력** 이제 반력과 핀 힘 성분을 구하였으니, 다음으로 요소 *DEG*의 *J* 위치에서의 내력(N, V)과 내부 우력(M)을 구한다. 그림 4-26에 방향을 가정해 나타낸 것과 같이, 접합부 *D*와 *E* 사이에서 요소 *DEG*의 중간 지점을 절단하면 이 내력(N_J, V_J)과 내부 우력(M_J)이 드러난다. *J*에서의 힘 성분과 모멘트는 부재 *DEG*가 절단된 각

그림 4-25
최종 반력과 핀 연결 힘 성분

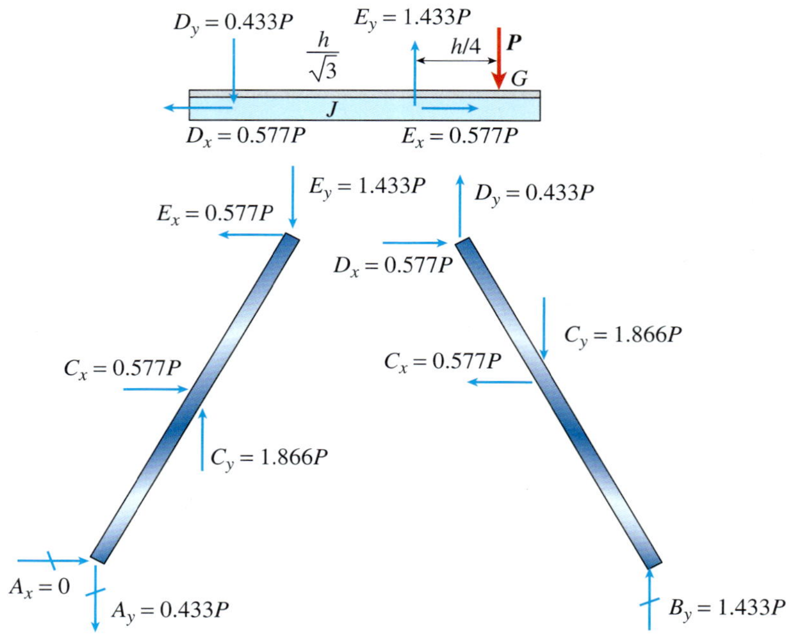

그림 4-26
(a) J 위치에서의 내력과 모멘트,
(b) 왼쪽 자유물체도 DJ

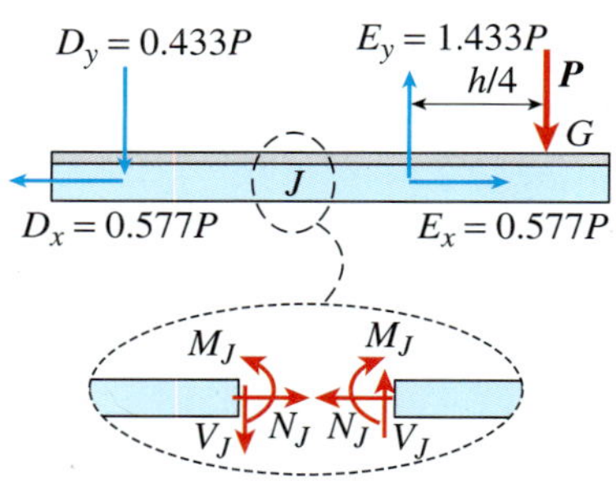

(a)

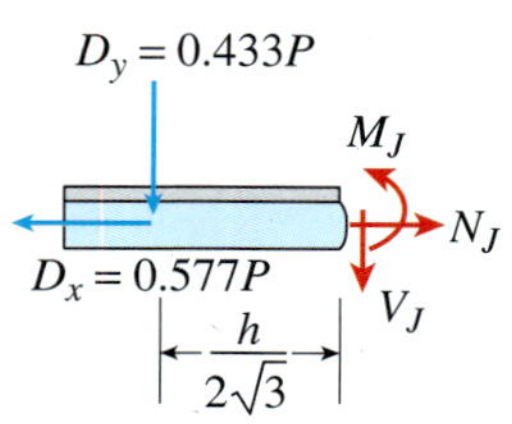

(b)

면에서 크기는 같지만 방향은 반대라는 것을 알아두자. 왼쪽 자유물체도(즉, DEG를 절단한 왼쪽 부분)를 사용하여 다음과 같은 결과를 구할 수 있다.

$$\Sigma F_x = 0 \quad -0.577P + N_J = 0 \quad \text{따라서} \quad N_J = 0.577P\,(\text{T})$$

$$\Sigma F_y = 0 \quad -0.433P - V_J = 0 \quad \text{따라서} \quad V_J = -0.433P\,[\uparrow] \qquad \textbf{(4-15)}$$

$$\Sigma M_{\text{at pt. }J} = 0 \quad M_J + 0.433P\left(\frac{h}{2\sqrt{3}}\right) = 0 \quad \text{따라서} \quad M_J = -0.125Ph\,[\text{CW}]$$

물론 식 (4-15)의 N_J, V_J, M_J는 부재 요소 DJ 대신 JG의 자유물체도를 사용하여 같은 식으로 구할 수 있다. V_J와 M_J의 음수 부호는 그림 4-26b에서 가정된 방향은 옳지 않고 사실 나타낸 것과 반대방향이었다는 것을 나타낸다.

H 위치에서의 내력 다음으로 접합부 B와 C 사이 중간 부분인 H 위치에서의 내력과 모멘트를 구한다(그림 4-22b 참고). 아래쪽 자유물체도 BH를 사용하여(그림 4-27b) 평형식을 통해 다음을 구할 수 있다.

$$\Sigma F_y = 0 \quad F_H = -B_y = -1.433P\,[\downarrow]$$

$$\text{따라서} \quad N_H = F_H \sin 60° = -1.241P\,(\text{C})$$

$$\text{그리고} \quad V_H = F_H \cos 60° = -0.717P \qquad \textbf{(4-16)}$$

$$\Sigma M_{\text{at pt. }H} = 0 \quad M_H = -B_y\left(\frac{\sqrt{3}h}{12}\right) = -0.207Ph\,[\text{CW}]$$

식 (4-16)의 모든 내력은 음수이므로, N_H, V_H, M_H의 방향은 그림 4-27b에 나타낸 것의 반대이다. 예를 들어 축력 N_H는 음수이므로 부재 BH는 예상한 대로 압축력을 받는 상태이다.

프레임의 안정성과 결정성 트러스 구조를 조사할 때, 미지 힘의 수를 사용 가능한 평형식의 수와 비교하여 안정적인 트러스에 평형식을 사용할 수 있는 경우들을 따져보았다. 이러한 경우는 미지 반력과 부재력의 수($m+r$)와 사용 가능한 평형식의 수(평면 트러스의 경우 $2j$, 입체 트러스의 경우 $3j$)의 관계에 따라 나뉜다. 2차원 프레임에서는 $3m$개의 미지 내력(N, V, M)이 있고, r개의 미지 반력이 있다. $3j$개의 사용 가능한 평형식($\Sigma F_x=0$, $\Sigma F_y=0$, $\Sigma M_z=0$)과 각 핀 연결부마다 c개의 추가적인 모멘트 식($\Sigma M_{pin}=0$)이 있다($c=$프레임 내의 핀 연결부 수). 결론적으로 안정적인 2차원 프레임에서 가능한 조합은 다음과 같다.

- $3m + r < 3j + c$ 미지수보다 식이 많음. 해가 없음
- $3m + r = 3j + c$ 정정성을 가짐
- $3m + r > 3j + c$ (**내적** 또는 **외적**으로)부정정함. $r > 3$이라면 **외적**으로 부정정함
- $3m + 3 > 3j + c$ **내적**으로 부정정함

앞서 해석한 캠핑 테이블 프레임의 경우에는 $m=6(AC, BC, CD, CE, DE, EG)$, $r=3(A_x, A_y, B_y)$, $j=6$(접합부 A, B, C, D, E, G), $c=3$(C, D, E의 핀)이다. J와 H 위치는 접합부가 아닌 내력을 구한 프레임상의 위치임을 알아두자. 결과적으로, $3m+r=3j+c=21$이므로 이 프레임은 내적 및 외적으로 정정성을 가진다. 입체 프레임의 경우, $3m$과 $3j$는 각각 $6m$과 $6j$가 되며, 핀 연결부는 볼-소켓 접합부가 된다.

이제 이 해석법을 다음 예제의 프레임과 기계 구조에 적용해본다.

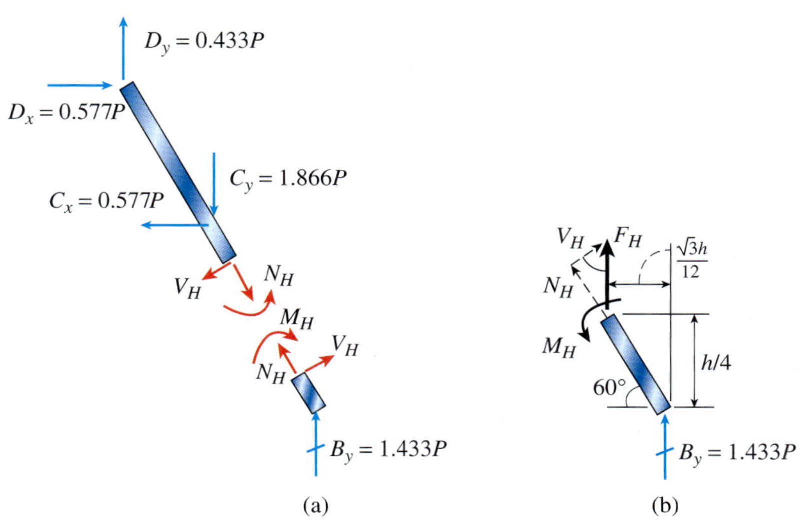

그림 4-27
(a) H지점에서의 내력과 모멘트. (b) 아래쪽 자유물체도 BH

예제 4-3

그림 4-28의 평면 프레임은 생산 설비에서 새 기계의 일부가 될 것이다. C에 부착된 케이블은 F의 도르래를 지나며 2,000 N의 아래 방향 하중을 받는다. 그림 4-29, 4-30과 같이 두 개의 다른 설계안 또한 고려되고 있다. 설계 2에서는, 지지 A는 핀이며, 요소 $BCDE$는 B에 핀 연결되어 있다. 설계 3에서는, 지지 A는 롤러이며, $BCDE$는 B에 핀 연결되어 있고, 보강재 HJK가 H와 K에 핀 연결되어 있다. 각 설계안에 대해서, A와 E에서의 반력과 부재 간 핀 연결부에서의 모든 힘 성분을 구하시오. 모든 부재의 자중은 무시한다.

풀이

4단계 문제풀이 접근방법을 사용한다.

1. **개념화** 설계 3의 B, H, K 핀과 같은 프레임 요소와 부재 사이에 부착된 세부사항은 무시하고, 외력과 지지 반력만 나타내는 전체적인 자유물체도를 그리는 것으로 시작한다.

그림 4-28

프레임 설계 1

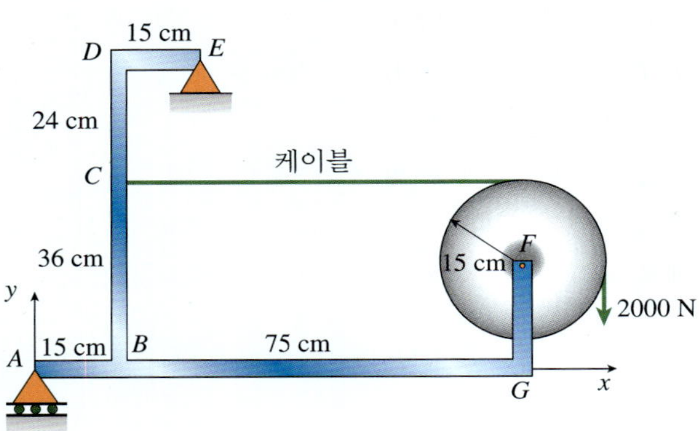

그림 4-29

프레임 설계 2

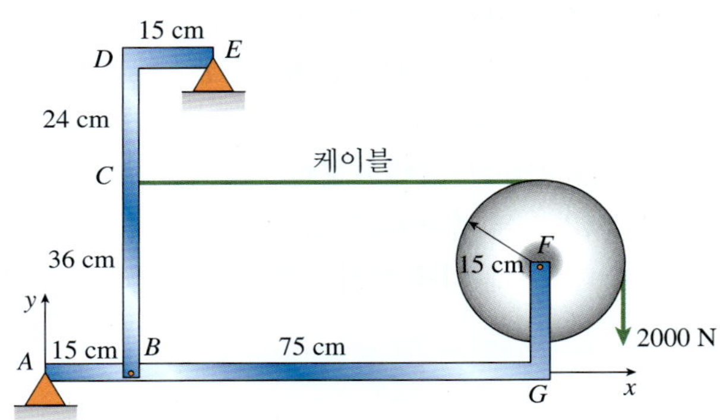

그림 4-30

프레임 설계 3

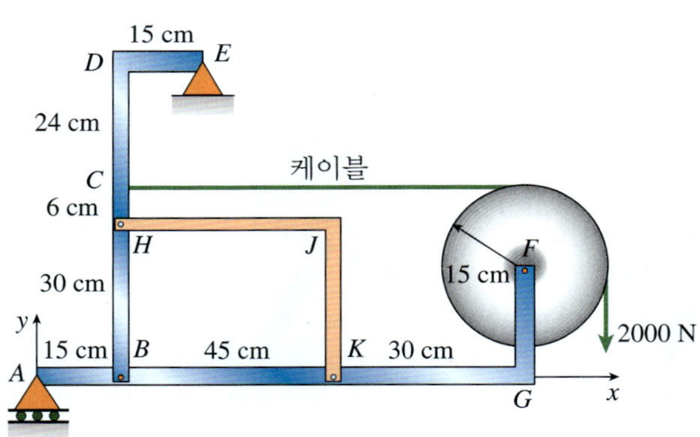

그림 4-31

(a), (b), (c) 설계 1~3의 전체적인 자유물체도

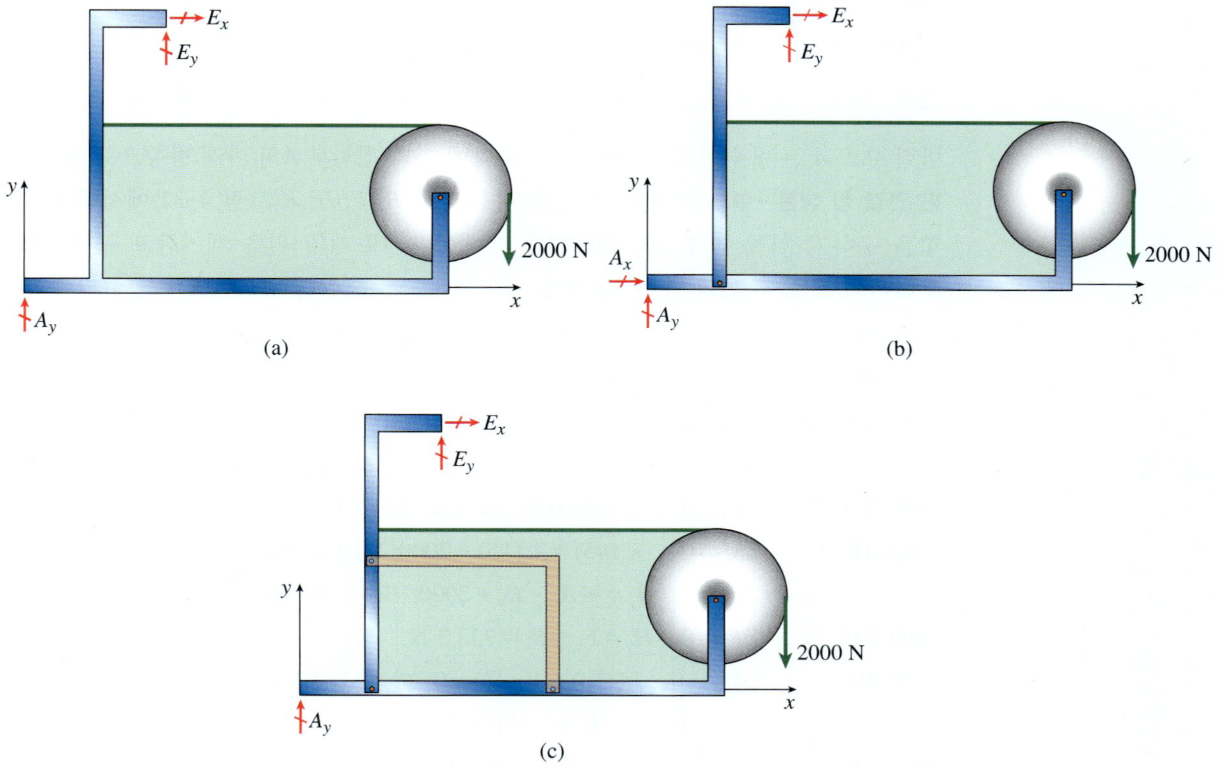

이 세 개의 자유물체도(그림 4-31a, b, c)로부터 설계 1과 3은 접합부 A와 E에서 같은 지지 반력을 받는다는 것은 자명하다. 하지만 설계 2는 A에 추가적인 반력 요소 A_x를 가지며(그림 4-31b), 아래쪽 요소 $ABGF$와 위쪽 요소 $BCDE$, 두 개의 별도 자유물체도를 그리기 위해서는 B의 핀을 제거해야 한다.

2. **분류** 프레임 설계 1과 3은 **외적** 정정성을 가진다. 설계 1에는 18개의 **미지수**와 18개의 **평형식**이 있다(m=부재의 수, r=구속의 수, j=접합부의 수일 때, $3m+r=15+3=18$, $3j=18$). 설계 3의 경우에는, c=핀 연결의 수라고 할 때, $3m+r=27+3=30$, $3j+c=27+3=30$이다. 따라서 부재 간의 핀 연결을 분리하지 않고도 두 설계에 대한 세 반력 요소를 구할 수 있다. 하지만 설계 2는 전반적으로는 정정하지만(즉, $3m+r=15+4=19$이며 $3j+c=18+1=19$), **외적으로는 부정정**하다. 네 개의 반력 요소가 있지만 세 개의 평형식만 있기 때문에 평형식을 더 세우기 위해 B의 핀을 제거해야 한다. 여기서 프레임 요소 $ABGF$와 $BCDE$ 사이의 모멘트는 0이므로 위쪽과 아래쪽 자유물체도에서 식을 하나 더 얻기 위해 $\Sigma M_B=0$을 사용한다.
3. **해석** A와 E에서의 반력과 부재 간 핀 연결부의 모든 힘 성분에 대한 해석이 다음으로 제시된다. 각 해석은 자유물체도에 나타낸 요소들의 평형에 기반한다.

외부 반력-설계 1과 3: 설계 1 또는 3(그림 4-31a 또는 c)의 자유물체도를 사용하여 다음과 같이 A와 C에서의 외부 반력을 구한다.

$$\Sigma F_x = 0 \quad E_x = 0$$

$$\Sigma M_A = 0 \quad E_y(30 \text{ cm}) - 2000 \text{ N}(105 \text{ cm}) = 0 \quad \text{따라서} \quad E_y = 7000 \text{ N}$$

$$\Sigma F_y = 0 \quad A_y + E_y - 2000 \text{ N} = 0 \quad \text{따라서} \quad A_y = -7000 \text{ N} + 2000 \text{ N} = -5000 \text{ N}$$

반력 요소 A_y는 음수이므로, 정적 부호 규약에 따라 접합부 A의 아래 방향으로 작용한다.

핀 연결 힘 성분-설계 3: 반력 성분을 사용하여, B, F, H, K(그림 4-32)에서의 핀 연결 힘을 구하기 위해 설계 3의 프레임을 분해한다. 네 개의 핀을 제거하고 구조 요소를 분리하여 그림 4-32와 같이 네 개의 자유물체도를 그린다. B, H, K에서의 핀 연결 힘은 뉴턴의 제3법칙(크기는 같지만 방향은 반대)에 따라 인접한 자유물체도와는 방향이 반대라는 점을 알아두자. A와 E의 반력 요소와 정적 부호 규약 가정을 사용하여 다음과 같이 핀 연결 힘을 구한다.

FBD 도르래: $\Sigma F_x = 0 \quad F_x = 2000 \text{ N}$ 그리고 $\Sigma F_y = 0 \quad \Sigma F_y = 2000 \text{ N}$

FBD $ABKF$: $\Sigma M_B = 0 \quad K_y(45) = A_y(15) - 2000(21) + 2000(75)$ 또는 $K_y = 733.3 \text{ N}$

$\Sigma F_y = 0 \quad B_y = -A_y - K_y + 2000$ 또는 $B_y = 6266.7 \text{ N}$

FBD BHE: $\Sigma F_y = 0 \quad H_y = E_y - B_y = 733.3 \text{ N}$

FBD HK: $\Sigma M_K = 0 \quad H_x(30) + H_y(45) = 0$ 따라서 $H_x = -1100 \text{ N}$

$\Sigma F_x = 0 \quad K_x = H_x = -1100 \text{ N}$

FBD $ABKF$: $\Sigma F_x = 0 \quad B_x = -K_x + 2000(21)$ 따라서 $B_x = 3100 \text{ N}$

힘은 뉴턴, 길이는 센티미터 단위이다.

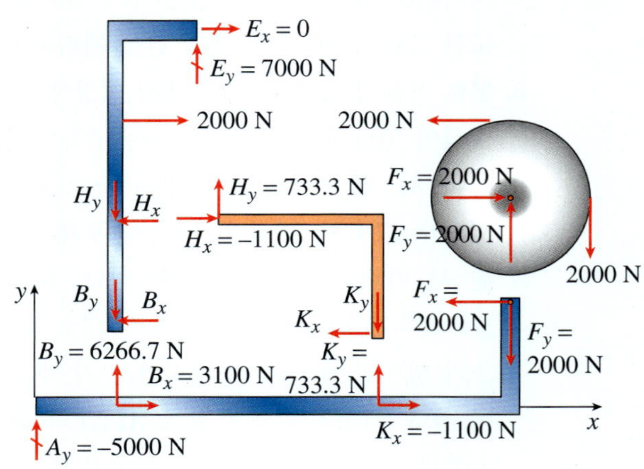

그림 4-32
설계 3 프레임의 요소에 대한 개별 자유물체도

외부 반력과 핀 연결 힘-설계 2: 이 프레임은 외적으로 부정정하므로 먼저 세 개의 자유물체도(그림 4-33)를 만들기 위해 B와 F의 핀을 제거하여 분해한다. F의 도르래 힘 성분은 앞서 다룬 것과 같지만, 미지 힘 간의 추가적인 관계식을 얻기 위해 자유물체도 BE와 ABF에 대해 $\Sigma M_B = 0$을 사용한다. 핀 내부의 연결 힘을 구하기 위한 평형 해석은 다음과 같다.

그림 4-33
프레임 설계 2에 대한 개별 자유물체도

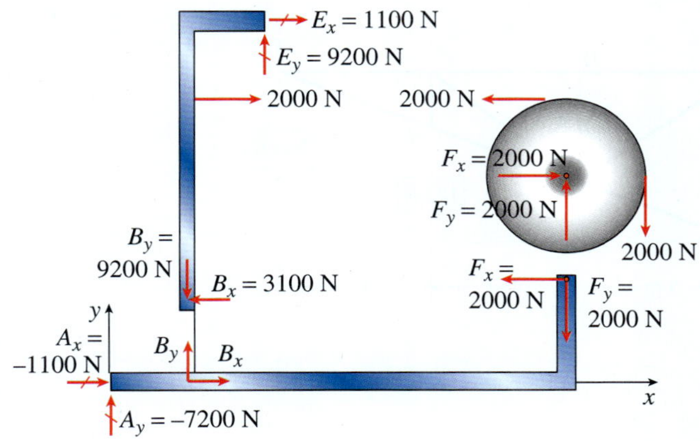

FBD ABF:	$\Sigma M_B = 0$	$A_y(15) = 2000(21) - 2000(75)$ 따라서 $A_y = -7200$ N
	$\Sigma F_y = 0$	$B_y = -A_y + 2000$ 따라서 $B_y = 9200$ N
FBD BE:	$\Sigma F_y = 0$	$E_y = B_y = 9200$ N
	$\Sigma M_B = 0$	$E_x(60) + 2000(36) - E_y(15) = 0$ 따라서 $E_x = 1100$ N
	$\Sigma F_x = 0$	$B_x = 2000 + E_x = 3100$ N
FBD ABF:	$\Sigma F_x = 0$	$A_x = -B_x + 500 = -1100$ N

힘은 뉴턴, 길이는 센티미터 단위이다.

4. **최종 단계** 각 프레임의 올바른 평형 해석을 위해서 자유물체도를 주의 깊게 그리는 것이 첫 번째로 중요한 단계이다. 만약 구조가 외적으로 정정하다면, 외부 반력과 모멘트를 구하기 위해 전체 자유물체도를 그리는 것으로 시작하며, 내부 부재력이나 개별 요소 간의 연결 힘을 구하려면 구조 요소에 대한 개별 자유물체도로 진행한다. 만약 평형식의 수보다 미지 반력의 수가 많다면, 설계 2에서와 같이 해를 찾기 위한 추가적인 평형식을 얻기 위해 구조를 요소 부품으로 분해해야 한다.

그림 4-33의 개별 자유물체도로부터 얻은 반력 요소를 확인하기 위해, 그림 4-31b의 프레임 설계 2의 전체 자유물체도에서 힘과 모멘트 평형이 만족되는 것을 알아두자.

연습문제

4.2 평면 트러스

도입문제

4.2-1 E와 F에서 지지 반력을 구하시오. 그다음 그림에 표시된 평면 트러스에서 모든 부재의 힘을 구하시오.

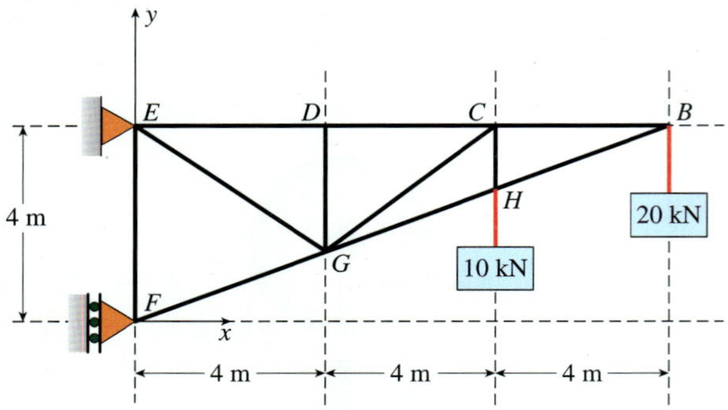

P4.2-1

4.2-2 F와 H에서 지지 반력을 구하시오. 그다음 그림에 표시된 평면 트러스에서 모든 부재의 힘을 구하시오. $P=45$ kN, $L=2.4$ m로 고려한다.

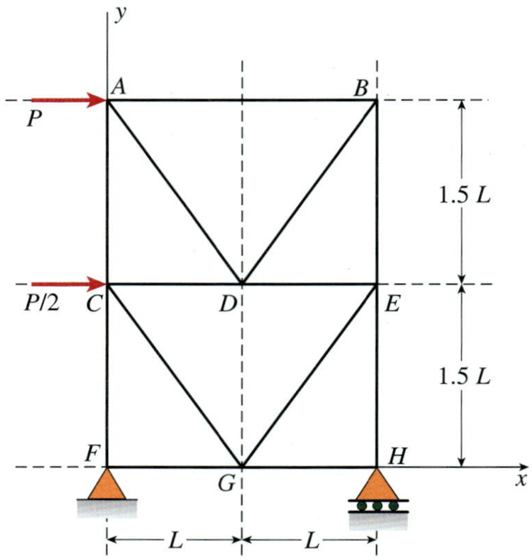

P4.2-2

대표문제

4.2-3 모든 반력을 찾은 다음 그림에 표시된 평면 트러스에서 GH와 CD 부재에 작용하는 힘을 구하시오. 절점법을 사용하고 $P=900$ N, $L=1$ m로 고려한다.

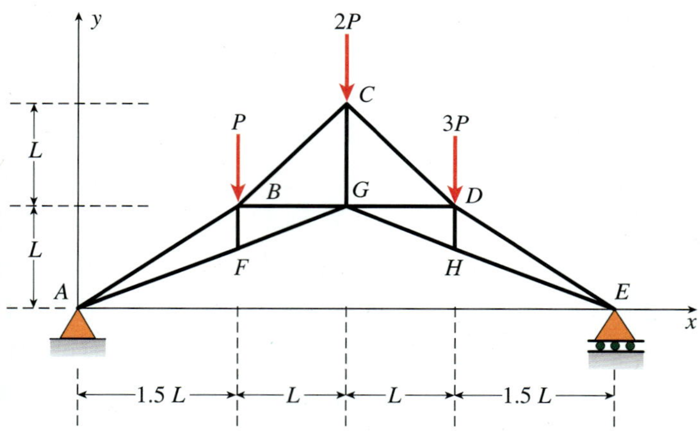

P4.2-3

4.2-4 평면 트러스는 A(핀 고정)와 E(롤러 고정)로 지지되고 있다.

(a) 고정점에서의 반력을 구하시오.

(b) FE 부재에 작용하는 힘을 구하시오.

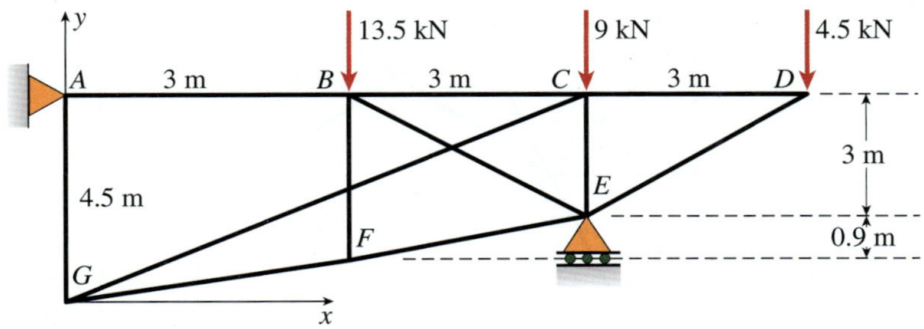

P4.2-4

4.2-5 캔틸레버 트러스는 A에서 핀으로, B에서 롤러로 지지되고 있다. A와 B에서 반력을 구하시오. 그다음 절점법을 사용하여 부재 IJ의 힘을 구하고, 절단법을 사용하여 EF의 힘을 구하시오. $P=45$ kN으로 고려한다.

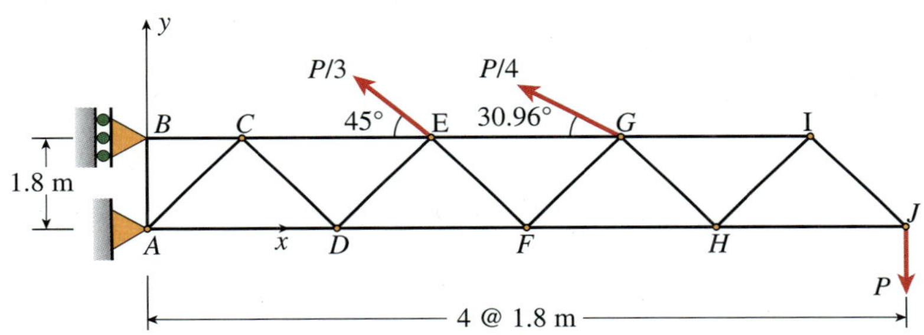

P4.2-5

4.2-6 트러스 교량은 A에서 E까지 아래 방향 하중을 전달한다(그림 참조). $P=7.5$ kN인 경우 절단법을 사용하여 부재 BC, HI, IJ, JK에 작용하는 힘을 구하시오.

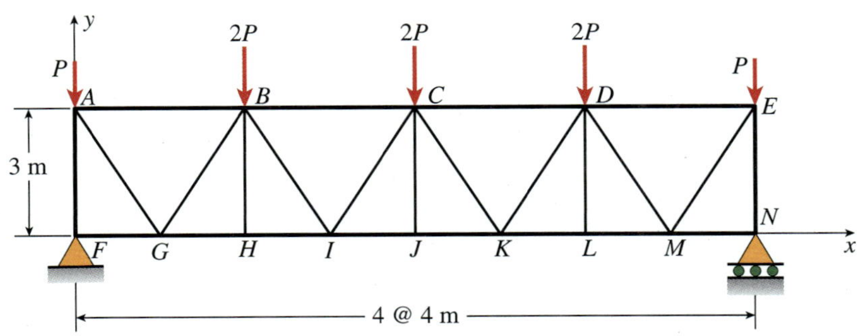

P4.2-6

4.2-7 절단법을 사용하여 부재 *EI*, *BF*, *AF*, *CF*에서 힘을 구하시오. $P=5.6$ kN으로 고려한다.

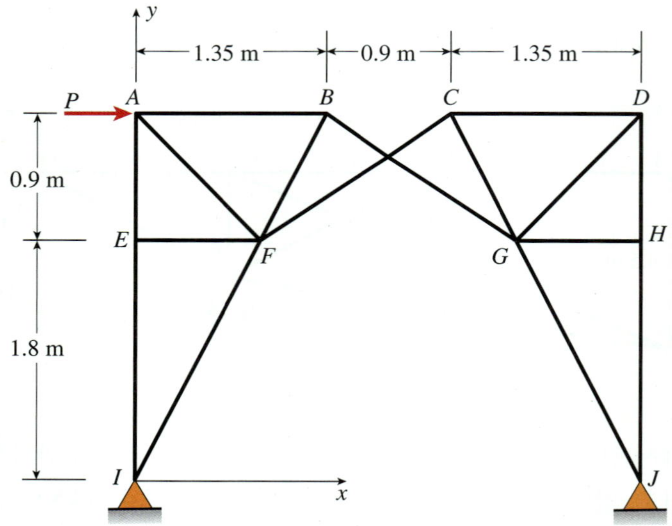

P4.2-7

4.2-8 절단법을 사용하여 그림에 표시된 경사 트러스 교량의 *BC*, *HI*, *CH* 부재에 작용하는 힘을 구하시오. $P=5$ kN으로 고려한다.

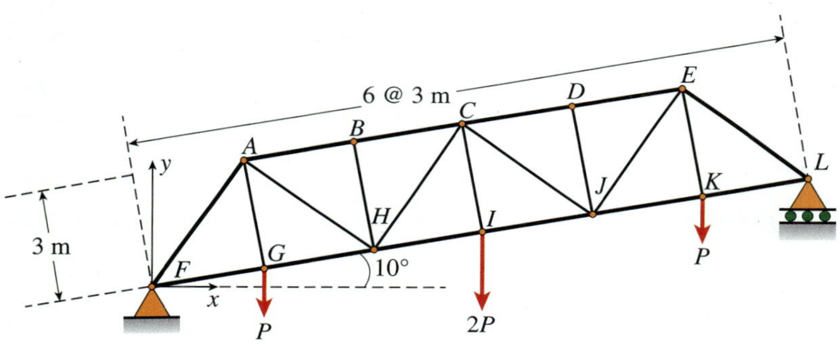

P4.2-8

CHAPTER 5

도심, 질량중심, 관성 모멘트

age fotostock/Alamy Stock Photo

강재는 다양한 형태로 사용된다. 강재의 단면 특성은 해석과 설계에 필요하다.

이 장의 목적

- 1차 모멘트를 사용하여 기본 모양의 평면, 선, 부피의 중심을 찾는다.
- 복합 형상이라고 하는 평면, 선, 체적 집합체의 중심을 찾는다.
- 질량중심과 무게중심을 구하기 위해 도심의 개념을 확장한다.
- 극관성 모멘트와 평면 영역의 관성 승적을 포함하여 평면 영역의 관성 모멘트(단면 2차 모멘트라고도 함)를 구한다.
- 평면 영역에 대해 서로 다른 평행축 사이에서 관성 모멘트를 이동하는 데 사용되는 평행축 정리를 학습한다.
- 주관성 모멘트로 알려진 관성 모멘트의 최댓값과 최솟값을 갖게 되는 때의 회전된 x, y축을 구한다.

이 장의 구성

5.1 서론

이 장은 평면 영역, 선, 부피의 중심에 관한 정의와 공식에서부터 시작한다. **중심**이라는 용어는 본체의 기하학적 속성을 나타내는데, 여기서는 평면 **영역**의 중심에 집중한다. 평면 영역의 중심을 이해하면 영역을 단일 곡선(또는 **선**)으로 쉽게 축소하거나 영역을 **부피**로 확장하고 그에 따라 공식을 수정할 수 있다.

이 책의 주요 내용은 **정적인** 힘에 의해 작용하는 실제 물체의 거동에 대한 것이다. 그러한 힘 중 하나는 지구의 중력장에 의존하는 물체의 자중인데, 중력장이 균일하면 중력은 물체의 모든 극소 요소에 작용한다. 분산된 중력은 물체의 **무게중심**에서 정적으로 등가인 집중된 힘 W로 대체될 수 있다. 관심이 있는 물체에 동적인 힘이 가해지면 해석을 위해 **질량중심**을 찾아야 한다. 이는 작용한 힘을 물체의 질량으로 나눈 가속도의 해석을 위한 위치로 생각할 수 있다.[1] 중력장이 균일하고 모든 요소에 대해 작용선이 평행한 경우 무게중심과 질량중심이 일치한다. 지구 중력장에서 제거된 물체에는 중력이 작용하지 않으므로 해당 물체의 무게중심 개념은 의미가 없다. 그러나 여전히 물체의 질량중심을 찾을 수 있고 물체의 밀도가 물체 전체에서 균일하면 물체의 중심과 질량중심은 같다.

이 장 후반부에서는 평면 영역의 **관성 모멘트**를 다룬다. 여기서 도심과 무게중심 및 질량중심은 **1차 모멘트**를 사용하여 구하고, 관성 모멘트는 **2차 면적 모멘트**를 이용하여 구한다. 여기에 사용된 용어가 조금 의아해 보일 수 있다. 예를 들어, '관성 모멘트'라는 용어는 면적의 속성을 언급할 때는 분명히 잘못된 사용이다. 왜냐하면 이 경우에는 관성과 관련된 질량이 관련되지 않기 때문이다. 또한 '영역'이라는 단어조차 부적절하게 사용된다. '평면 영역(면적)'이라는 문구는 '평면 표면'을 의미하는데, 엄밀히 말하면 영역(면적)은 표면의 **크기**를 나타내는 척도이며 표면 자체와 같은 것은 아니다. 이러한 용어 사용에서의 혼란에도 불구하고 이 책에서 사용된 용어는 공학 문헌에 너무 깊이 뿌리박혀 있어서 혼동을 일으키는 경우가 거의 없다. 나중에 보의 굽힘과 샤프트의 비틀림이 보 또는 샤프트 단면의 관성 모멘트와 관련이 있음을 알 수 있다. 이들 그리고 다른 응용 분야에서 평면 영역의 관성 모멘트 해석은 역학에서 중요한 주제이다.

5.2 평면, 선, 체적의 도심

평면 영역의 도심

평면 영역의 도심의 위치는 중요한 기하학적 속성이다. 도심 위치를 찾는 공식을 얻기 위해 그림 5-1을 참조해보면, 이 그림은 점 C로 표현된 도심을 갖는 비정형의 평면 영역을 보여준다. 이때 x-y 좌표계는 임의의 원점 O점을 기준으로 임의의 방향을 설정할 수 있다. 기하학적 **영역**(area) 그림은 다음의 적분으로 정의된다.

[1] 동적인 힘은 역학의 후속 과정의 주제이다.

$$A = \int dA \qquad \textbf{(5-1)}$$

여기서 dA는 좌표 x와 y를 갖는 면적의 미세 요소(그림 5-1)이고, A는 이 형상의 전체 면적이다.

x 및 y축에 대한 면적의 **1차 모멘트**(first moment)는 각각 다음과 같이 정의된다.

$$Q_x = \int y\,dA \qquad Q_y = \int x\,dA \qquad \textbf{(5-2a, b)}$$

그러므로 1차 모멘트는 미소 면적과 기준축과의 거리를 곱한 값의 합으로 표현된다. 1차 모멘트는 xy축상의 위치에 따라 그 값이 양일 수도 있고 음일 수도 있다. 또한 1차 모멘트의 단위는 길이의 세제곱이다(예를 들어, mm^3).

도심(centroid) C(그림 5-1)의 좌표 $\bar{x}$와 $\bar{y}$는 1차 모멘트를 면적으로 나눈 값이다.

$$\bar{x} = \frac{Q_y}{A} = \frac{\int x\,dA}{\int dA} \qquad \bar{y} = \frac{Q_y}{A} = \frac{\int y\,dA}{\int dA} \qquad \textbf{(5-3a, b)}$$

영역의 경계를 간단한 수학적 표현으로 정의하면, 식 (5-3a, b)에 나타난 적분은 수식적으로 구할 수 있으므로 $\bar{x}$와 $\bar{y}$에 대한 공식을 얻을 수 있다. 부록 B에 나열된 공식은 이러한 방식으로 구한 결과이다. 일반적으로 $\bar{x}$와 $\bar{y}$ 좌표는 기준축에 대한 도심의 위치에 따라 양의 값 또는 음의 값이 될 수 있다.

만약 면적이 **어떤 축에 대해 대칭**(symmetric about an axis)이면 대칭축에 대한 1차 모멘트가 0이기 때문에 도심은 해당 축 위에 존재한다. 예를 들면, 그림 5-2에 나타낸 일축대칭 면적의 도심은 대칭축인 x축상에 존재한다. 그러므로 이 경우에 도심 C의 위치를 구하기 위해서는 다른 하나의 좌표에 대한 도심 값만 계산하면 된다.

만약 면적이 그림 5-3과 같이 **두 개의 대칭축**(two axes of symmetry)을 갖는 경우 도심의 위치는 대칭축의 교차점에 있기 때문에 단순 관찰을 통해 결정할 수 있다.

그림 5-4에 나타낸 면적 요소는 **점대칭**(symmetric about a point)이다. 이 형태는 특정한 대칭축은 없지만 이 점을 지나게 그려진 모든 선이 대칭적으로 해당 면적과 접

그림 5-1

도심 C를 갖는 임의 형상의 평면 영역

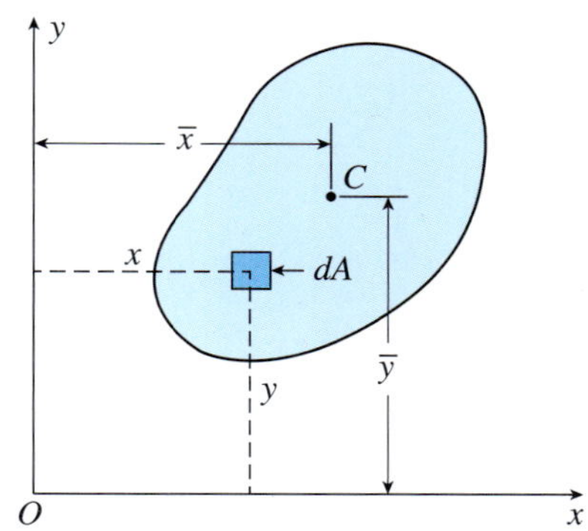

그림 5-2

하나의 대칭축을 갖는 면적

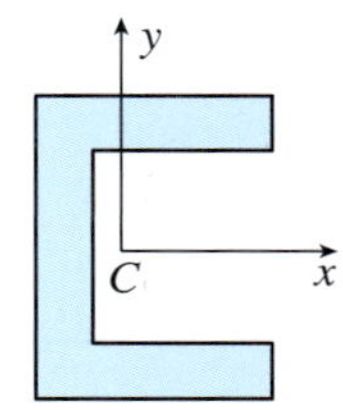

그림 5-3

두 개의 대칭축을 갖는 면적

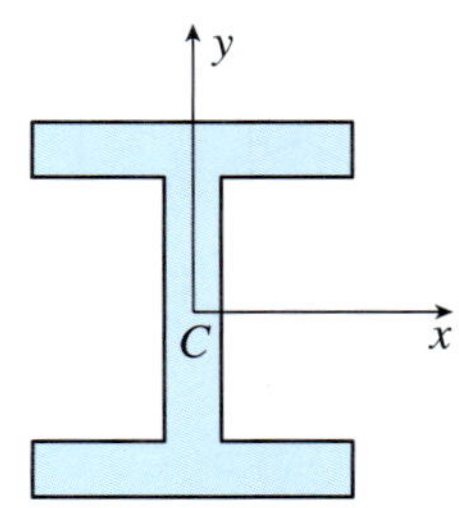

그림 5-4

점대칭인 면적 요소

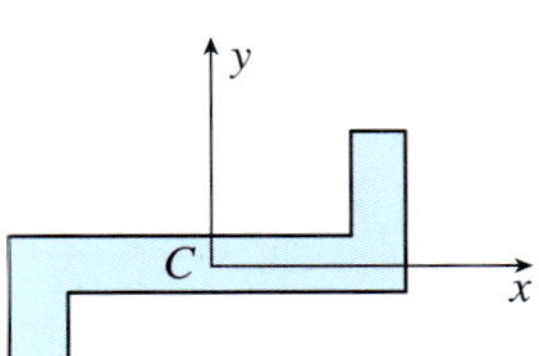

(a)

넓은 플랜지 강 부재 단면의 도심은 대칭축의 교차점에 있다.

Zelfit/Shutterstock.com

(b)

축되는 점[**대칭의 중심**(center of symmetry)이라고 부른다]을 갖는다. 이러한 면적의 도심은 대칭의 중심과 일치하므로 도심은 관찰을 통해 구할 수 있다.

만약 면적이 간단한 수학적 표현으로 정의되지 않는 **비정규적인 경계**(irregular boundaries)를 갖는다면, 식 (5-3a, b)의 적분을 수치적으로 평가함으로써 도심을 구할 수 있다. 가장 간단한 과정은 기하 형상을 작은 유한 요소로 나누고 적분을 합계로 대치하는 것이다. 만약 i번째 요소의 면적을 ΔA_i로 표기하면, 합계에 대한 표현식은 다음과 같다.

$$A = \sum_{i=1}^{n}\Delta A_i \qquad Q_x = \sum_{i=1}^{n}\bar{y}_i\Delta A_i \qquad Q_y = \sum_{i=1}^{n}\bar{x}_i\Delta A_i \tag{5-4a, b, c}$$

여기서 n은 요소의 전체 개수이고, $\bar{y}_i$는 i번째 요소 도심의 y좌표, $\bar{x}_i$는 i번째 요소 도심의 x좌표이다. 식 (5-3a, b)의 적분을 해당하는 합계로 대치하면, 도심의 좌표를 구하는 다음 공식이 구해진다.

$$\bar{x} = \frac{Q_y}{A} = \frac{\sum_{i=1}^{n}\bar{x}_i\Delta A_i}{\sum_{i=1}^{n}\Delta A_i} \qquad \bar{y} = \frac{Q_x}{A} = \frac{\sum_{i=1}^{n}\bar{y}_i\Delta A_i}{\sum_{i=1}^{n}\Delta A_i} \tag{5-5a, b}$$

$\bar{x}$와 $\bar{y}$에 대한 계산의 정밀도는 선정한 요소들이 얼마나 정확하게 실제 면적과 일치하는가에 달려 있다. 만약 면적이 정확하게 일치한다면, 그 도심 계산의 결과는 정확할 것이다. 이 외에 일반적인 경우에는 식 (5-5a, b)에 표현된 것과 같은 수치해석적인 방법으로 여러 컴퓨터 프로그램을 사용하여 도심을 구한다.

그림 5-5
곡면의 도심

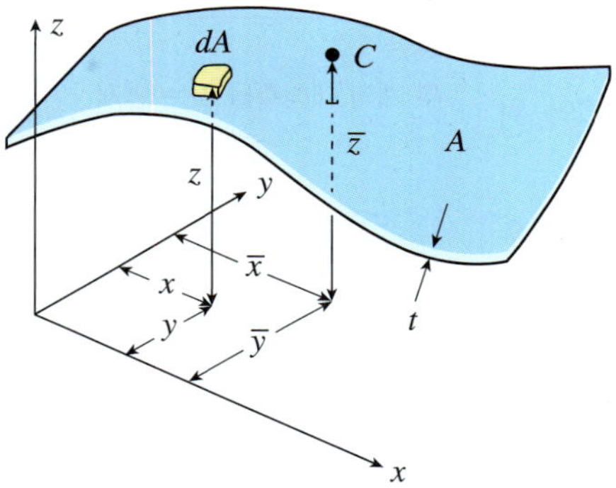

곡면의 도심

관심 영역이 평면 영역(그림 5-1)이 아닌 곡면(그림 5-5)인 경우 식 (5-3)에 나열된 것에 세 번째 도심 좌표를 추가해야 한다. 이때 표면의 두께가 일정하다고 가정하면, 표면의 중심 좌표는 $(\bar{x}, \bar{y}, \bar{z})$이고, 여기서 세 번째 좌표는 다음과 같다.

$$\bar{z} = \frac{\int z\,dA}{\int dA} \tag{5-6}$$

그런데 일반적으로 중심 C는 곡면에 존재하지 않는다.

그림 5-6
선의 도심

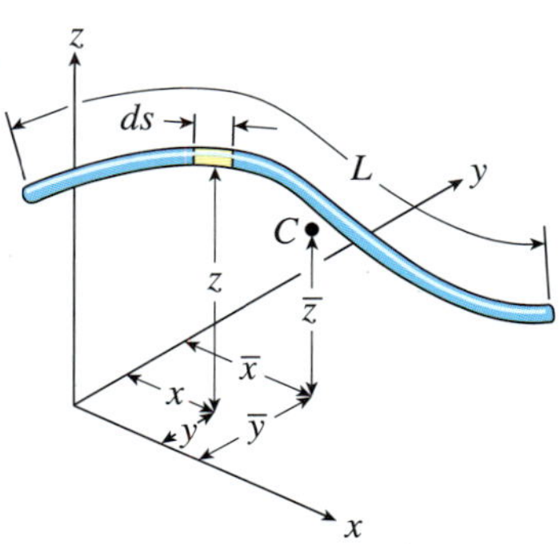

선의 도심

곡면이 균일한 곡선으로 축소되면(그림 5-6) 식 (5-3)과 (5-6)의 요소 영역 dA를 요소 **길이** ds로 대체한다. 이때 선의 길이는 $L = \int ds$이고 선의 도심 좌표는 다음을 이용하여 구할 수 있다.

$$\bar{x} = \frac{\int xds}{L} \quad \bar{y} = \frac{\int yds}{L} \quad \bar{z} = \frac{\int zds}{L} \tag{5-7}$$

일반적으로 중심 C는 선 자체에 존재하지 않는다. 선이 좌표 평면 중 하나에 있으면 식 (5-7)의 세 좌표 중 두 좌표만 필요하다.

체적의 도심

곡면이 균일한 체적으로 확장되면(그림 5-7), 체적의 요소는 dV이고, 총체적은 $V = \int dV$이다. 체적의 도심 좌표는 다음과 같이 계산된다.

$$\bar{x} = \frac{\int xdV}{V} \quad \bar{y} = \frac{\int ydV}{V} \quad \bar{z} = \frac{\int zdV}{V} \tag{5-8}$$

그림 5-7
체적의 도심

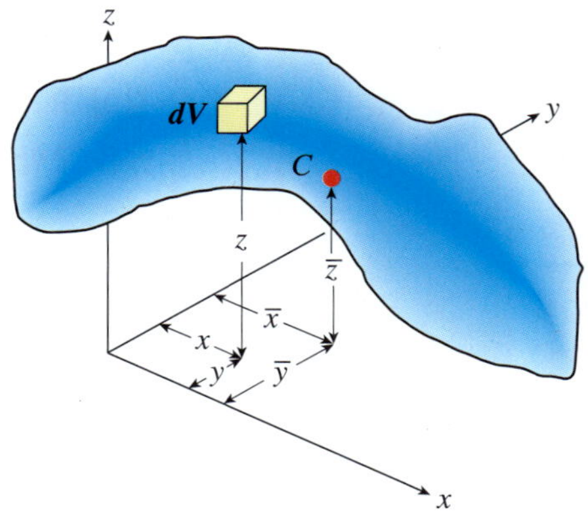

예제 5-1과 5-2는 이 장에 제시된 공식을 사용하여 도형의 도심을 찾는 데 필요한 해석의 예를 보여준다.

예제 5-1

그림 5-8에 도시된 포물선 요소의 도심을 구하시오. $b=2$, $h=1$로 가정한다.

그림 5-8
포물선 y의 도심

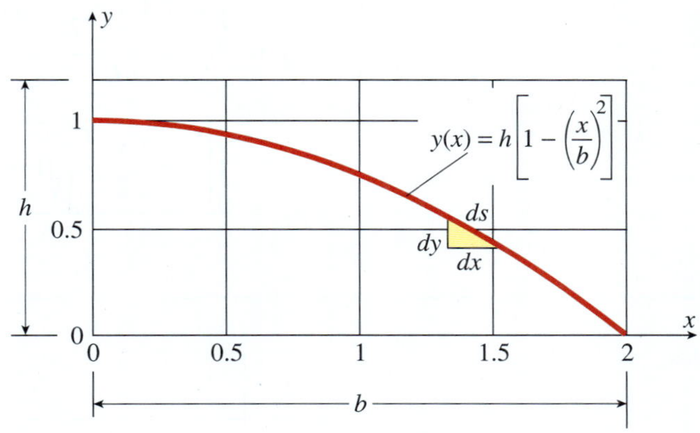

풀이

4단계 문제풀이 접근방법과 1차 모멘트를 이용하여 x-y평면에 놓인 포물선 요소의 도심을 구한다.

1. **개념화[가설, 스케치]** 1차 모멘트를 이용하여 도심의 좌표 x_L과 y_L을 구한다. 도심은 포물선상에 위치하지는 않는다.
2. **분류[단순화, 분류화]** ds가 길이방향의 미세 요소일 때, 포물선의 총길이 L은 $L = \int ds$로 구할 수 있다.

$$ds = \sqrt{dx^2 + dy^2} = \sqrt{1 + \left(\frac{dy}{dx}\right)^2}\,dx \tag{5-9}$$

길이 요소 ds의 x축과 y축에 대한 1차 모멘트를 사용하면 다음과 같은 도심의 좌표 x_L, y_L을 구할 수 있다.

$$x_L = \frac{\int xds}{L} \qquad y_L = \frac{\int yds}{L} \tag{5-10}$$

3. 해석[수치계산, 적절한 식 선정, 수학적인 해를 구함] 주어진 포물선의 함수 $y(x) = h\left[1 - \left(\frac{x}{b}\right)^2\right]$로부터 전체 길이 L을 구하면 다음과 같다.

$$L = \int ds = \int_0^b \sqrt{1 + \left(\frac{dy}{dx}\right)^2}\,dx = \int_0^b \sqrt{1 + \left(-2\frac{hx}{b^2}\right)^2}\,dx$$

$$= \int_0^2 \sqrt{1 + \left(-\frac{x}{2}\right)^2}\,dx = 2.296 \tag{5-11}$$

주어진 상수 값 $b=2$와 $h=1$을 대입하면 포물선에 대한 도심 좌표를 아래와 같이 구할 수 있다.

$$x_L = \frac{\int_0^2 x\sqrt{1 + \left(-\frac{x}{2}\right)^2}\,dx}{L} = 1.062$$

$$y_L = \frac{\int_0^2 \left[1 - \left(\frac{x}{2}\right)^2\right]\sqrt{1 + \left(-\frac{x}{2}\right)^2}\,dx}{L} = 0.634 \tag{5-12}$$

그림 5-9
포물선 y의 도심 (x_L, y_L)

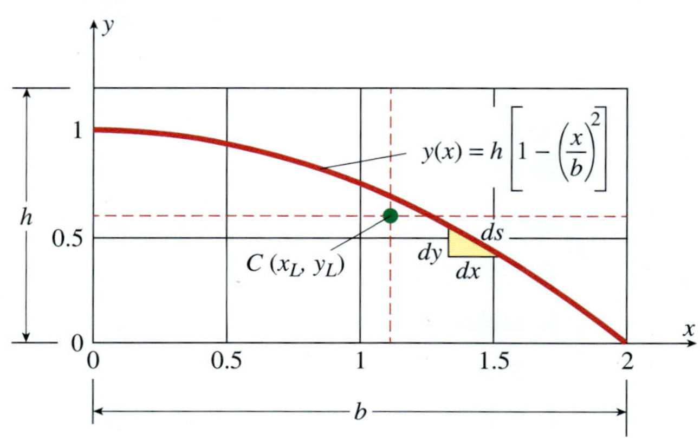

이 예제에서 주어진 포물선 대신 직선의 함수 $y(x) = h\left[1 - \frac{x}{b}\right]$에 대해 도심을 구하면 도심의 좌표는 $(b/2,\ h/2)$로 직선상에 위치하는 것을 확인할 수 있다(그림 5-10).

그림 5-10

직선 y의 도심 $(x_L\ ,\ y_L)$

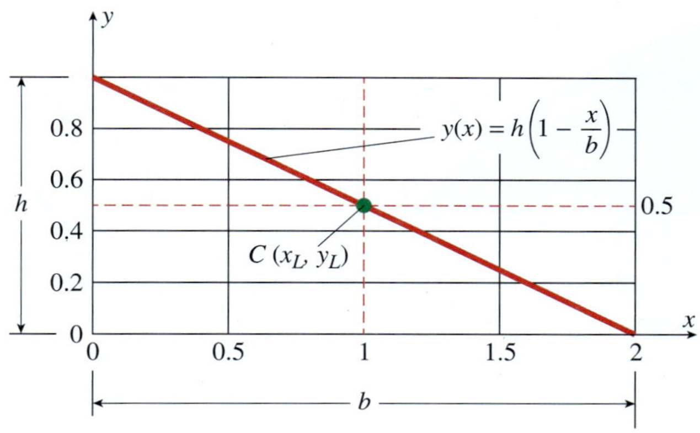

예제 5-2

그림 5-11

(a) 포물선 AB로 둘러싸인 평면 영역의 도심

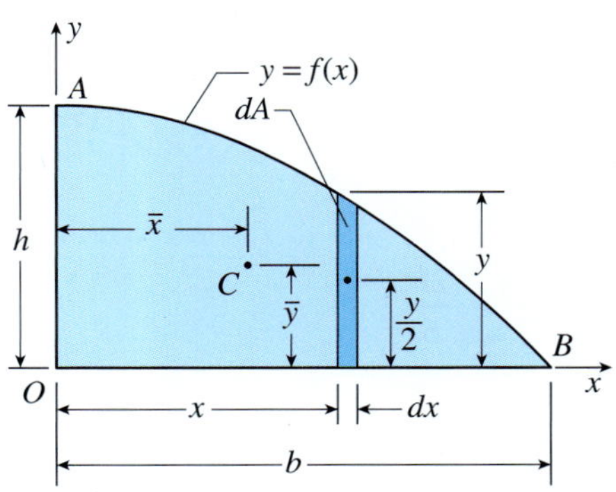

(a)

영역 OAB는 x축, y축 및 정점이 A에 있는 포물선 곡선으로 경계를 이룬다[그림 5-11(a)]. 곡선의 함수는 다음과 같다. $y = f(x) = h\left(1 - \left[\frac{x}{b}\right]^2\right)$. 포물선과 축으로 이루어진 영역의 도심 C를 구하시오. $b=2$, $h=1$로 가정한다.

풀이

4단계 문제풀이 접근방법과 면적의 1차 모멘트를 사용하여 x-y평면에 놓인 평면 영역의 중심을 구한다.

1. **개념화** 면적의 1차 모멘트를 사용하여 중심 C의 좌표 $\bar{x}$와 $\bar{y}$를 구한다. 얇은 수직 스트립 $dA = ydx$[그림 5-11(a)] 또는 얇은 수평 스트립 $dA = xdy$[그림 5-11(b)]가 면적 요소로 선택될 수 있다.
2. **분류** 수직의 얇은 미소 스트립의 넓이는

$$dA = ydx = h\left(1 - \left[\frac{x}{b}\right]^2\right)dx \tag{5-13}$$

그러므로 포물선 반분 AB의 넓이는

$$A = \int dA = \int_0^b h\left(1 - \left[\frac{x}{b}\right]^2\right)dx = \frac{2bh}{3} = \frac{2(2)(1)}{3} = \frac{4}{3} \tag{5-14}$$

x 및 y축에 대한 요소 영역 dA의 1차 모멘트는 차례로 중심 C의 좌표 $\bar{x}$와 $\bar{y}$에 대한 솔루션으로 이어진다.

그림 5-11(계속)

(b) 수평 스트립을 사용하여 도심 구하는 방법

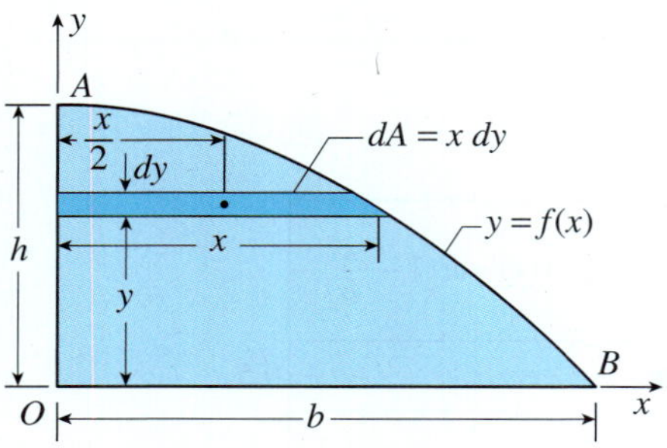

(b)

3. 해석 축에 관한 면적 dA[식 (5-13) 참조] 요소의 1차 모멘트는 요소의 면적과 그 도심에서 축까지의 거리를 곱함으로써 얻어진다. 그림 5-11(a)에 나타낸 요소의 도심 x와 y좌표는 각각 x와 $y/2$이므로, x축과 y축에 대한 요소의 1차 모멘트는 다음과 같다.

$$Q_x = \int \frac{y}{2} dA = \int_0^b \frac{h^2}{2}\left(1 - \left[\frac{x}{b}\right]^2\right)^2 dx = \frac{4bh^2}{15}$$

$$Q_y = \int x\, dA = \int_0^b hx\left(1 - \left[\frac{x}{b}\right]^2\right) dx = \frac{b^2h}{4} \tag{5-15}$$

이제 도심 C의 좌표 값을 구하면 아래와 같다.

$$\bar{x} = \frac{Q_y}{A} = \frac{3b}{8} = \frac{3(2)}{8} = \frac{3}{4} \quad \bar{y} = \frac{Q_x}{A} = \frac{2h}{5} = \frac{2(1)}{5} = \frac{2}{5} \tag{5-16}$$

4. 최종 단계 이 결과는 부록 B의 사례 17에 열거된 공식과 일치한다.

포물선 AB로 둘러싸인 면적의 중심 C는 또한 면적 dA의 요소를 높이 dy와 너비 $x = b\sqrt{1 - \frac{y}{h}}$의 **수평 스트립**[그림 5-11(b)]으로 취하여 구할 수도 있다.

$$A = \int_0^h b\sqrt{1 - \frac{y}{h}}\, dy = \frac{2bh}{3}$$

$$\bar{x} = \frac{\int_0^h \frac{x}{2} x\,dy}{A} = \frac{\int_0^h \frac{1}{2}\left[b\sqrt{1 - \frac{y}{h}}\right]^2 dy}{A} = \frac{3b}{8} \tag{5-17}$$

$$\bar{y} = \frac{\int_0^h yx\,dy}{A} = \frac{\int_0^h y\left[b\sqrt{1 - \frac{y}{h}}\right] dy}{A} = \frac{2h}{5}$$

5.3 복합체의 도심

복합 단면

공학 업무를 수행할 때 적분으로 도심의 위치를 구하는 경우는 거의 없다. 이는 일반적인 기하 형상의 도심은 이미 잘 알려져 있고, 필요한 경우에 대해서는 표로 제공되기 때문이다. 하지만 각 부분이 직사각형이나 원처럼 잘 알려진 기하 형상의 여러 요소로 구성된 **복합 단면**(composite areas)의 도심을 구해야 하는 경우가 자주 있다. 그러한 복합 단면의 예는 보통 사각형 요소로 구성된 보나 기둥의 단면이다(예로서 그림 5-2, 5-3, 5-4 참조).

복합 단면의 **면적과 1차 모멘트**(areas and first moments)는 구성 요소들의 해당 속성을 더함으로써 구할 수 있다. 하나의 복합 단면을 n개의 부분 요소로 나누고, i번째 부분의 면적을 A_i로 표기한다. 그러면 다음의 식으로 면적과 1차 모멘트를 얻을 수 있다.

$$A = \sum_{i=1}^{n} A_i \qquad Q_x = \sum_{i=1}^{n} \bar{y}_i A_i \qquad Q_y = \sum_{i=1}^{n} \bar{x}_i A_i \qquad \textbf{(5-18a, b, c)}$$

여기서 $\bar{x}_i$와 $\bar{y}_i$ 좌표는 i번째 요소의 도심 좌표 값이다. 복합 단면의 각 요소의 좌표는 항상 전체 면적에 대한 기준 좌표계를 기준으로 해석된다.

복합 단면의 **도심 좌표**(coordinates of the centroid)는 다음과 같다.

$$\bar{x} = \frac{Q_y}{A} = \frac{\sum_{i=1}^{n} \bar{x}_i A_i}{\sum_{i=1}^{n} A_i} \qquad \bar{y} = \frac{Q_x}{A} = \frac{\sum_{i=1}^{n} \bar{y}_i A_i}{\sum_{i=1}^{n} A_i} \qquad \textbf{(5-19a, b)}$$

복합 단면은 n개의 부분으로 정확하게 표현되기 때문에, 위 공식은 도심의 좌표 값을 정확히 알려준다.

식 (5-19a, b)의 사용법을 설명하기 위해 그림 5-12a의 L형 단면을 고려하자. 이 면적의 측면 치수는 b와 c이고, 두께는 t이다. 이 면적은 도심이 각각 C_1, C_2인 두 개의 직사각형 면적 A_1과 A_2로 분할할 수 있다(그림 5-12b). 두 부분의 면적과 도심의 좌표는 다음과 같다.

그림 5-12

두 부분으로 이루어진 복합 단면의 도심

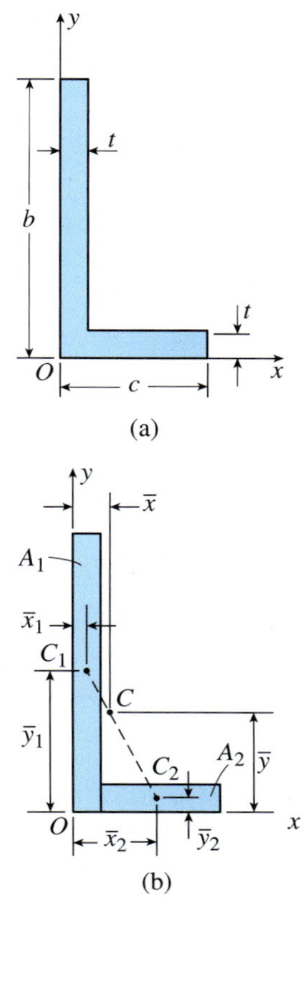

$$A_1 = bt \qquad \bar{x}_1 = \frac{t}{2} \qquad \bar{y}_1 = \frac{b}{2}$$

$$A_2 = (c - t)t \qquad \bar{x}_2 = \frac{c + t}{2} \qquad \bar{y}_2 = \frac{t}{2}$$

그러므로 복합 단면의 면적과 1차 모멘트[식 (5-18a, b, c)로부터]는 다음과 같다.

$$A = A_1 + A_2 = t(b + c - t)$$

$$Q_x = \bar{y}_1 A_1 + \bar{y}_2 A_2 = \frac{t}{2}(b^2 + ct - t^2)$$

$$Q_y = \bar{x}_1 A_1 + \bar{x}_2 A_2 = \frac{t}{2}(bt + c^2 - t^2)$$

마지막으로, 식 (5-19a, b)로부터 복합 단면(그림 5-12b)의 도심 C에 대한 $\bar{x}$, $\bar{y}$ 좌표 값을 다음 식으로 계산할 수 있다.

$$\bar{x} = \frac{Q_y}{A} = \frac{bt + c^2 - t^2}{2(b + c - t)} \qquad \bar{y} = \frac{Q_x}{A} = \frac{b^2 + ct - t^2}{2(b + c - t)} \qquad \textbf{(5-20a, b)}$$

보다 복잡한 면적의 경우에도 비슷한 과정을 통해 도심을 구할 수 있다.

참고 1: 복합 단면이 두 부분으로만 분할될 때 전체 면적의 도심 C는 두 부분의 도심 C_1과 C_2를 연결하는 선 위에 존재한다(그림 5-12b에서 L자형 영역 참조).

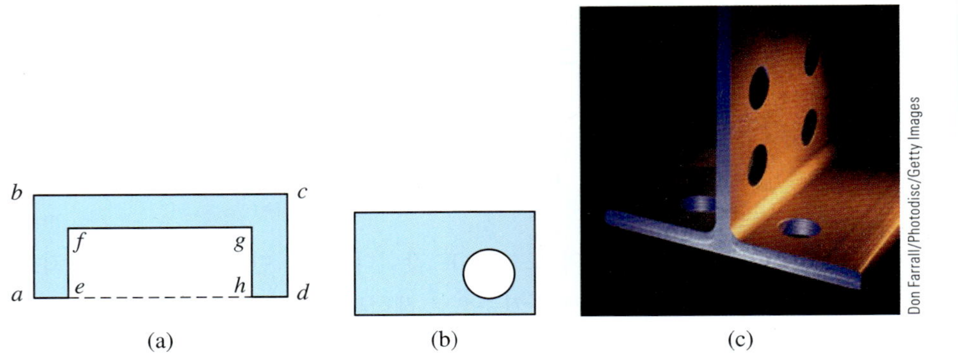

그림 5-13
(a), (b) 절개 부분과 구멍이 있는 복합 단면, (c) 보에서 절개는 도심 및 관성 모멘트 계산에서 고려해야 한다.

참고 2: 복합 단면에 대한 식 (5-18)과 (5-19)를 사용할 때 빼기로 **빈** 면적을 다룰 수 있다. 이러한 방식은 형상에서 잘린 부분이나 구멍이 있을 때 유용하다.

예를 들어, 그림 5-13a의 요소를 고려해보자. 이 형상은 내부 직사각형 *efgh*의 속성을 바깥 직사각형 *abcd*의 대응되는 속성으로부터 빼줌으로써 복합 단면의 값을 구할 수 있다. (다른 관점으로, 바깥 직사각형을 '양의 면적'으로, 내부 직사각형을 '음의 면적'으로 다룬다면 동일한 결과를 얻을 수 있다.)

유사하게, 영역에 구멍이 있는 경우(그림 5-13b), 외부 직사각형의 속성에서 구멍 영역의 속성을 뺀다. (다시 말하지만 바깥쪽 직사각형을 '양의 면적'으로, 구멍을 '음의 면적'으로 처리하면 동일한 효과가 나타난다.)

마지막으로, 그림 5-12에서 L자형 영역의 도심은 '양의 면적' bc와 '음의 면적' $(b-t)(c-t)$를 사용하여 계산할 수 있다.

복합 선과 체적

면적과 관련된 식 (5-18)과 (5-19)는 다음과 같이 선과 체적의 복합체에 적용하기 위해 변경될 수 있다. **선**(lines)에 대해서는,

$$L = \sum_{i=1}^{n} L_i \qquad Q_x = \sum_{i=1}^{n} \bar{y}_i L_i \qquad Q_y = \sum_{i=1}^{n} \bar{x}_i L_i \tag{5-21}$$

여기서 $\bar{x}_i$와 $\bar{y}_i$는 i번째 선분의 도심 좌표이고, Q_x와 Q_y는 각각 x 및 y축에 대한 복합 선의 1차 모멘트이다. **2차원** 복합 선의 도심 좌표는 다음과 같이 구할 수 있다.

$$\bar{x} = \frac{Q_y}{L} = \frac{\sum_{i=1}^{n} \bar{x}_i L_i}{\sum_{i=1}^{n} L_i} \qquad \bar{y} = \frac{Q_x}{L} = \frac{\sum_{i=1}^{n} \bar{y}_i L_i}{\sum_{i=1}^{n} L_i} \tag{5-22}$$

마지막으로, **복합 체적**(assemblage of volumes)에 대한 도심의 좌표는 다음을 사용하여 유사한 방식으로 **3차원**에서 구할 수 있다.

$$\bar{x} = \frac{\sum_{i=1}^{n} \bar{x}_i V_i}{\sum_{i=1}^{n} V_i} \qquad \bar{y} = \frac{\sum_{i=1}^{n} \bar{y}_i V_i}{\sum_{i=1}^{n} V_i} \qquad \bar{z} = \frac{\sum_{i=1}^{n} \bar{z}_i V_i}{\sum_{i=1}^{n} V_i} \tag{5-23}$$

여기서 $\bar{x}_i$, $\bar{y}_i$, $\bar{z}_i$는 i번째 부피 성분의 도심 좌표이다.

5.4 질량중심과 무게중심

5.2절과 5.3절에 제시된 도심에 대한 유사한 표현을 사용하여 질량 및 무게중심을 정의하는 적분 표현을 유도하는 것은 매우 간단하다. 물체의 **질량중심**의 가속도는 물체가 받는 동적 힘을 질량으로 나눈 값으로, 물체의 운동을 해석하는 대표적인 값이기 때문에 질량중심의 개념은 동역학에서 가장 중요한 개념 중 하나이다(1.2절의 뉴턴의 제2법칙 참조). 중력으로 인해 물체에 가해지는 정적인 힘의 경우, 물체 전체에 작용하는 분산된 중력은 물체의 총중량과 동일하고 이는 **무게중심**에 작용하는 단일 힘으로 대체될 수 있다.

질량중심

질량중심을 구하기 위한 과정은 물체의 밀도 ρ를 단위 부피당 질량으로 정의하는 것으로 시작한다. 결과적으로 질량의 요소는 부피 dV의 요소에 대해 $dm = \rho dV$이다. 밀도가 물체 전체에 걸쳐 변하는 경우 1차 모멘트를 사용하여 질량 $m = \int \rho\, dV$인 물체의 질량중심을 다음과 같이 구한다.

$$\bar{x} = \frac{\int x\rho dV}{\int \rho dV} \qquad \bar{y} = \frac{\int y\rho dV}{\int \rho dV} \qquad \bar{z} = \frac{\int z\rho dV}{\int \rho dV} \tag{5-24}$$

밀도가 일정하면 변수 ρ는 식 (5-24)의 분자와 분모에서 상쇄되고 식 (5-24)는 식 (5-8)로 축약된다. 따라서 물체의 질량중심과 물체 부피의 중심은 같은 점으로 볼 수 있다.

복합체 **복합체**의 경우, 본체를 구성하는 n개의 부분 중 i번째 부분에 대해 질량 m_i와 질량중심 좌표($\bar{x}_i$, $\bar{y}_i$, $\bar{z}_i$)를 곱하여 구할 수 있는 각 부분의 1차 모멘트를 합산함으로써 질량중심을 구할 수 있다. 단순 물체의 질량중심을 구했던 적분식 식 (5-24)는 복합체의 질량중심을 구하기 위해 다음과 같은 공식으로 대체된다.

$$\bar{x} = \frac{\sum_{i}^{n} m_i \bar{x}_i}{\sum_{i}^{n} m_i} \qquad \bar{y} = \frac{\sum_{i}^{n} m_i \bar{y}_i}{\sum_{i}^{n} m_i} \qquad \bar{z} = \frac{\sum_{i}^{n} m_i \bar{z}_i}{\sum_{i}^{n} m_i} \tag{5-25}$$

무게중심

중력 $W = mg = \int gdm$은 물체의 무게이며, 물체의 무게중심에 작용한다. 상수 g는 중력으로 인한 힘을 계산하는 데 사용된다. 중력계에서 미소 무게 $dW = gdm$은 물체의 각 미소 요소에 작용한다. 다음 식에서 1차 모멘트를 사용하여 무게중심을 구할 수 있다.

$$\bar{x} = \frac{\int xdW}{W} \qquad \bar{y} = \frac{\int ydW}{W} \qquad \bar{z} = \frac{\int zdW}{W} \tag{5-26}$$

중력장이 균일하고 모든 요소에 대해 평행하다면 식 (5-26)에서 상수 g는 분자와 분모에서 상쇄된다. 이 경우 질량중심과 무게중심은 일치하며 다음과 같이 정의된다.

$$\bar{x} = \frac{\int xdm}{m} \qquad \bar{y} = \frac{\int ydm}{m} \qquad \bar{z} = \frac{\int zdm}{m} \tag{5-27}$$

물체가 중력장의 영향을 받지 않는 경우 무게중심 개념은 관련이 없으며, 대신 질량중심을 활용해야 한다.

복합체 **복합체**의 경우 본체를 구성하는 n개의 부분 중 i번째 부분에 대해 무게 W_i와 무게중심 좌표 $(\bar{x}_i, \bar{y}_i, \bar{z}_i)$를 사용하여 해당 부분의 1차 모멘트를 구한 다음 모든 n개의 부분에 대해 합산한다. 질량중심과 마찬가지로 식 (5-27)은 다음 식으로 대체된다.

$$\bar{x} = \frac{\sum_i^n W_i \bar{x}_i}{\sum_i^n W_i} \qquad \bar{y} = \frac{\sum_i^n W_i \bar{y}_i}{\sum_i^n W_i} \qquad \bar{z} = \frac{\sum_i^n W_i \bar{z}_i}{\sum_i^n W_i} \tag{5-28}$$

5.5 평면 영역과 복합 단면의 관성 모멘트

앞서 평면, 선, 체적의 (무게와 질량중심뿐만 아니라) 중심 위치에 대한 **1차 모멘트**의 적용을 학습했으므로 이번 절에서는 평면 영역의 관성 모멘트를 찾기 위한 면적 **2차 모멘트**의 사용을 알아본다. 이를 위해서 단면의 중심 또는 다른 평행축에 대해 평면 영역의 다른 관성 모멘트를 정의하는 것으로부터 시작해서 적분 표현식을 사용하여 직사각형 및 원과 같은 기본 모양의 관성 모멘트 공식을 구한다. 그런 다음 기본 모양의 조합을 사용하여 복합 단면에 대한 관성 모멘트를 구하는 방법에 대해 학습한다. 마지막으로 단면의 축을 회전시켜 관성 모멘트 속성이 최대 또는 최소인 주축 방향을 찾는 방법을 알아본다.

그림 5-14
임의 형상의 평면 영역

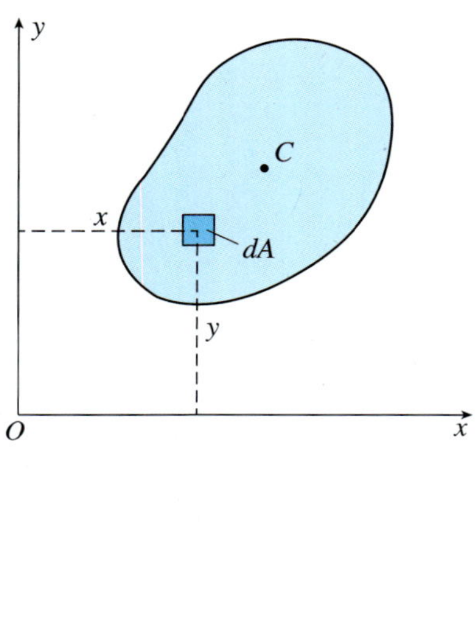

직사각형의 관성 모멘트

x축과 y축에 대한 평면 영역(그림 5-14)의 **관성 모멘트**(moments of inertia)는 다음의 적분으로 각각 정의된다.

$$I_x = \int y^2 dA \qquad I_y = \int x^2 dA \tag{5-29a, b}$$

여기서 x와 y는 면적의 미분 요소 dA의 위치를 나타내는 좌표이다. 요소 dA는 기준축으로부터 거리의 제곱으로 곱해지기 때문에 관성 모멘트는 **면적의 2차 모멘트**(second moments of area)라고도 한다. 또한 면적의 관성 모멘트는 항상 양의 크기를 가진다(1차 모멘트와는 다름).

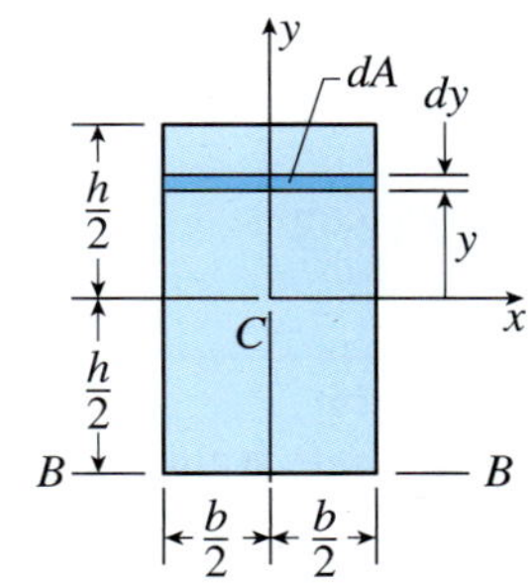

그림 5-15
직사각형의 관성 모멘트

관성 모멘트가 적분으로 어떻게 구해지는지 알아보기 위해, 폭이 b이고 높이가 h인 직사각형을 고려하자(그림 5-15). x축과 y축은 도심 C에서 원점을 갖는다고 설정한다. 편의를 위해 폭이 b이고 높이가 dy인(그러므로 $dA=bdy$) 가느다란 수평 띠로 된 면적의 미분 요소 dA를 사용한다. 요소 띠의 모든 부분이 x축으로부터 같은 거리에 있기 때문에 x축에 대한 관성 모멘트 I_x는 다음과 같이 표현된다.

$$I_x = \int y^2 dA = \int_{-h/2}^{h/2} y^2 b\, dy = \frac{bh^3}{12} \tag{5-30}$$

비슷한 방법으로 $dA=hdx$인 수직 띠 형태로 면적 요소를 사용하면 y축에 대한 관성 모멘트를 얻을 수 있다.

$$I_y = \int x^2 dA = \int_{-b/2}^{b/2} x^2 h\, dx = \frac{hb^3}{12} \tag{5-31}$$

기준축의 설정을 다르게 한다면 관성 모멘트의 값은 달라진다. 예를 들어, 직사각형의 바닥에서 BB축을 고려하자(그림 5-15). 만약 이 축을 기준으로 선택한다면 y를 해당 축으로부터 면적 dA까지의 직선거리로 정의해야 하고, 이에 대한 관성 모멘트는 다음과 같이 계산된다.

$$I_{BB} = \int y^2 dA = \int_0^h y^2 b\, dy = \frac{bh^3}{3} \tag{5-32}$$

축 BB에 대한 관성 모멘트는 도심의 x축에 대한 관성 모멘트보다 더 크다. 일반적으로 관성 모멘트는 기준축이 도심에서 멀리 평행이동할수록 증가한다.

회전 반지름

회전 반지름(radius of gyration)으로 알려진 물리량은 역학에서 종종 사용된다. 평면 영역의 회전 반지름은 면적의 관성 모멘트를 면적 그 자체로 나눈 값의 제곱근으로 정의된다.

$$r_x = \sqrt{\frac{I_x}{A}} \qquad r_y = \sqrt{\frac{I_y}{A}} \tag{5-33a, b}$$

여기서 r_x와 r_y는 각각 x축과 y축에 관한 회전 반지름을 나타낸다. 관성 모멘트의 단위는 길이의 네제곱이고 면적의 단위는 길이의 제곱이기 때문에 회전 반지름은 길이의 단위로 표현된다.

비록 면적의 회전 반지름은 물리적 의미가 뚜렷하지는 않지만, 원래의 면적과 동일한 관성 모멘트를 갖는 전체 면적이 응축된 한 점까지의 (기준축으로부터의)거리라고 생각할 수 있다.

예제 5-3

그림 5-16

포물선 *AB*로 둘러싸인 면적의 관성 모멘트

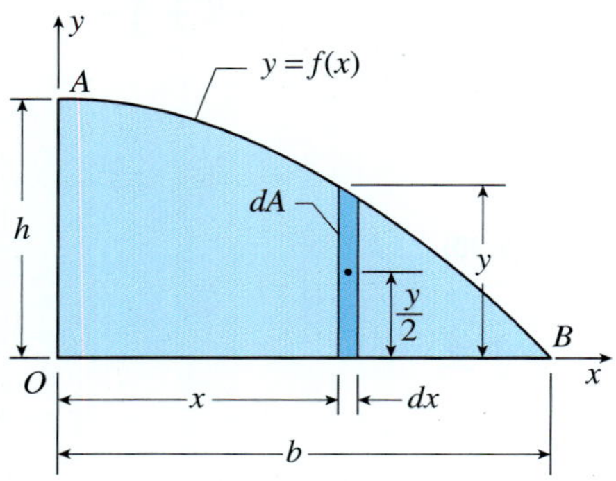

그림 5-16에 표시된 포물선 *AB*로 둘러싸인 영역에 대한 관성 모멘트 I_x와 I_y를 결정하시오. 포물선 경계의 방정식은 다음과 같다.

$$y = f(x) = h\left(1 - \frac{x^2}{b^2}\right) \tag{5-34}$$

또한 각 축에 대한 회전 반지름을 구하시오. $b=2$, $h=1$이라고 가정한다. (이 동일한 영역은 앞서 예제 5-2에서 고려되었다.)

풀이

4단계 문제풀이 접근방법을 사용하여 적분으로 관성 모멘트를 구한다.

1. 개념화 적분으로 관성 모멘트를 구하기 위해 식 (5-29a, b)를 사용한다. 면적 미분 요소 dA는 그림 5-16에서처럼 폭이 dx이고, 높이가 y인 수직방향의 띠로 선택된다. 이 요소의 면적은 다음과 같다.

$$dA = ydx = h\left(1 - \frac{x^2}{b^2}\right)dx \tag{5-35}$$

앞의 예제 5-2에서와 같이 포물선 *AB*로 둘러싸인 전체 영역의 면적은 다음과 같다.

$$A = \int dA = \int_0^b h\left(1 - \left[\frac{x}{b}\right]^2\right)\,dx = \frac{2bh}{3} = \frac{2(2)(1)}{3} = \frac{4}{3} \tag{5-36}$$

2. 분류 2차 모멘트를 사용하여 x와 y축 모두에 대한 관성 모멘트를 구한다.

3. 해석

관성 모멘트: 이 요소의 모든 점은 y축에서 동일한 거리에 있으므로 y축에 대한 요소의 관성 모멘트는 x^2dA이다. 따라서 y축에 대한 전체 면적의 관성 모멘트는 다음과 같이 구할 수 있다.

$$I_y = \int x^2\,dA = \int_0^b x^2 h\left(1 - \frac{x^2}{b^2}\right)dx = \frac{2hb^3}{15} \tag{5-37}$$

x축에 대한 관성 모멘트를 얻기 위해 면적의 미분 요소 dA가 x축에 대해 갖는 관성 모멘트 dI_x를 표현하면 다음과 같다.

$$dI_x = \frac{1}{3}(dx)y^3 = \frac{y^3}{3}dx$$

따라서 x축에 대한 전체 면적의 관성 모멘트는

$$I_x = \int_0^b \frac{y^3}{3} dx = \int_0^b \frac{h^3}{3}\left(1 - \frac{x^2}{b^2}\right)^3 dx = \frac{16bh^3}{105} \tag{5-38}$$

여기에 주어진 값 $b=2$, $h=1$을 대입하면 관성 모멘트는 다음과 같이 계산된다.

$$I_x = \frac{16}{105}bh^3 = \frac{16}{105}(2)(1)^3 = 0.305$$
$$I_y = \frac{2}{15}b^3h = \frac{2}{15}(2)^3(1) = 1.067 \tag{5-39}$$

회전 반지름: 식 (5-33)으로부터

$$r_x = \sqrt{\frac{I_x}{A}} = 2\sqrt{\frac{2}{35}}h = 0.478 \qquad r_y = \sqrt{\frac{I_y}{A}} = \frac{b}{\sqrt{5}} = 0.894 \tag{5-40}$$

4. 최종 단계 I_x 및 I_y와 똑같은 결과는 면적의 수평 띠 $dA=xdy$ 형태의 요소를 사용하거나 면적의 사각형 요소 $dA=dxdy$를 사용하여 이중적분을 수행함으로써 얻을 수 있다. I_x 및 I_y에 관한 위 공식은 부록 B의 사례 17에 주어진 것과 일치한다.

수평 스트립을 사용하는 경우$\left(x = b\sqrt{1 - \frac{y}{h}}\right)$, 관성 모멘트를 계산하면 다음과 같다.

$$I_x = \int_0^h y^2\left[b\sqrt{1 - \frac{y}{h}}\right]dy = \frac{16}{105}bh^3$$
$$I_y = \int_0^h \frac{\left[b\sqrt{1 - \frac{y}{h}}\right]^3}{3}dy = \frac{2}{15}b^3h \tag{5-41}$$

축의 이동(평행축 정리)

이 절에서는 평면 영역의 관성 모멘트와 관계된 매우 유용한 정리를 유도한다. **평행축 정리**(parallel-axis theorem)로 알려진 이 정리는 도심축에 대한 관성 모멘트와 임의의 평행축에 대한 관성 모멘트 사이의 관계를 제공한다.

이 정리를 유도하기 위해 그림 5-30에 표시된 도심 C를 갖는 임의의 형태의 면적을 고려하자. 또한 다음의 두 좌표계를 고려하자. (1) 도심에 원점을 가진 x_cy_c축과 (2) 임의의 점 O에 원점이 있고 평행한 x-y축. 두 개의 평행축 사이의 거리는 각각 d_1과 d_2로 표기된다. 또한 면적 요소 dA는 도심축에 관해 x와 y좌표를 갖는다.

관성 모멘트의 정의로부터 x축에 관한 관성 모멘트 I_x는 다음과 같다.

그림 5-17

평행축 정리의 유도

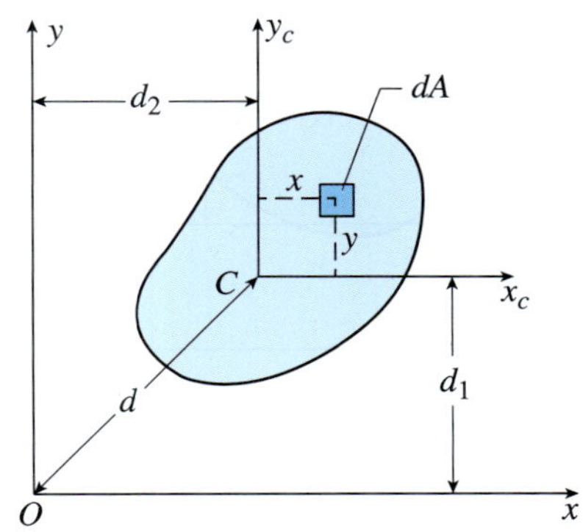

$$I_x = \int (y + d_1)^2 dA = \int y^2 dA + 2d_1 \int y\, dA + d_1^2 \int dA \quad \text{(5-42)}$$

우변의 첫 번째 적분은 x_c축에 관한 관성 모멘트 I_{xc}이다. 두 번째 적분은 x_c축에 관한 면적의 1차 모멘트이다(이 적분은 x_c축이 도심을 통과하기 때문에 0이다). 세 번째 적분은 면적 A 그 자체이다. 그러므로 위 식은 다음과 같이 정리할 수 있다.

$$I_x = I_{xc} + Ad_1^2 \quad \text{(5-43a)}$$

y축에 관한 관성 모멘트에 대해 같은 방식으로 유도하면 다음의 식을 얻는다.

$$I_y = I_{yc} + Ad_2^2 \quad \text{(5-43b)}$$

식 (5-69a)와 (5-69b)는 관성 모멘트에 대한 평행축 정리를 나타낸다.

평면의 임의의 축에 대한 영역의 관성 모멘트는 평행한 중심축에 대한 관성 모멘트에 면적의 곱과 두 축 사이의 거리의 제곱을 더한 것과 같다.

그림 5-15(반복)

직사각형의 관성 모멘트

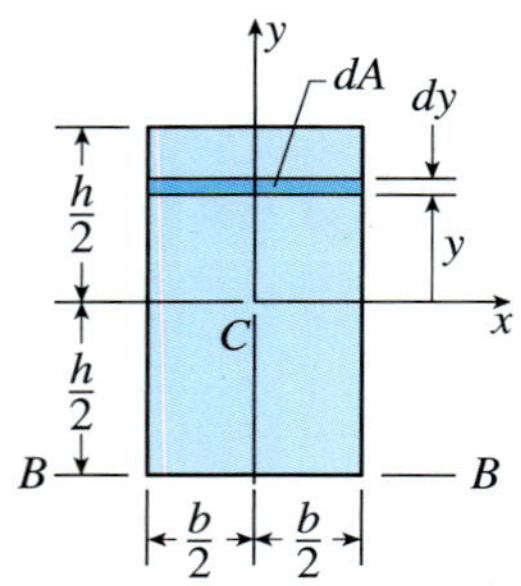

평행축 정리의 사용법을 설명하기 위해 그림 5-28에 표시된 직사각형을 고려하자. 도심을 통과하는 x축에 대한 관성 모멘트가 $bh^3/12$임을 알기 때문에[식 (5-30) 참조] 평행축 정리를 사용하여 직사각형의 밑변에 대한 관성 모멘트 I_{BB}를 구할 수 있다.

$$I_{BB} = I_x + Ad^2 = \frac{bh^3}{12} + bh\left(\frac{h}{2}\right)^2 = \frac{bh^3}{3}$$

이 결과는 앞서 적분으로 구한 관성 모멘트의 값과 일치한다[식 (5-32) 참조].

평행축 정리를 통해 도심으로부터 축의 평행이동량이 클수록 거리의 제곱에 비례하여 관성 모멘트가 증가한다는 사실을 알 수 있다. 그러므로 도심축에 관한 관성 모멘트는 주어진 축의 방향에 대해서만큼은 그 면적의 **최소 관성 모멘트**이다.

평행축 정리를 사용할 때 두 평행축 중 하나는 반드시 도심축이 되어야 한다. 만약 도심을 지나지 않는 축 1-1에 대한 관성 모멘트 I_1이 알려져 있을 때 도심을 지나지 않는 다른 축 2-2에 대한 관성 모멘트 I_2를 구해야 한다면(그림 5-18), 평행축 정리를 두 번 적용해야 한다. 처음에는 알고 있는 관성 모멘트 I_1로부터 도심에 대한 관성 모멘트 I_{xc}를 구한다.

그림 5-18

도심을 지나지 않는 두 개의 평행한 축을 가진 평면(1-1축과 2-2축)

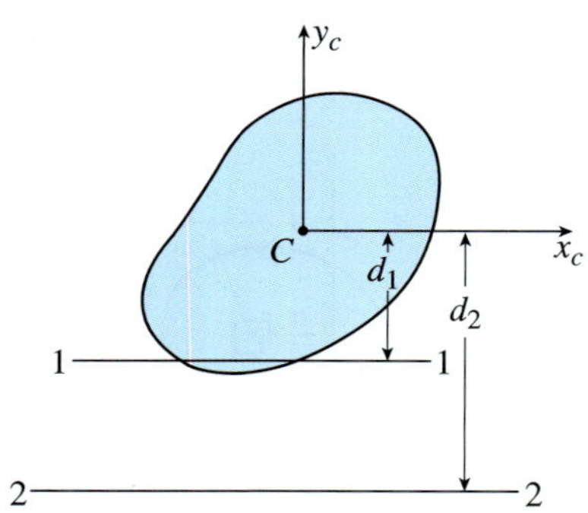

$$I_{xc} = I_1 - Ad_1^2 \quad \text{(5-44)}$$

그다음 도심에 대한 관성 모멘트와 평행축 정리를 활용하여 관성 모멘트 I_2를 구한다.

$$I_2 = I_{xc} + Ad_2^2 = I_1 + A(d_2^2 - d_1^2) \quad \text{(5-45)}$$

이 식은 면적의 도심으로부터 거리가 증가할수록 관성 모멘트가 증가한다는 것을 다시 보여준다.

예제 5-4

그림 5-19
포물선 AB로 이루어진 면적의 평행축 정리

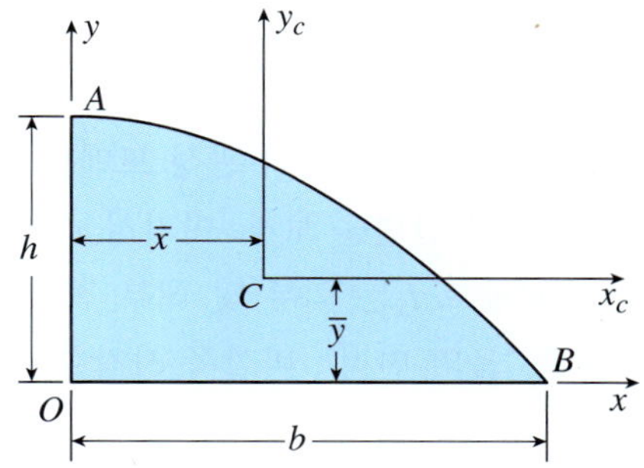

그림 5-19에서 포물선 AB로 둘러싸인 영역은 밑변이 b이고 높이가 h이다. 평행축 정리를 사용하여 중심축 x_c와 y_c에 대한 관성 모멘트 I_{xc}와 I_{yc}를 결정하시오.

풀이

평행축 정리와 4단계 문제풀이 접근방법을 사용하여 포물선 AB로 둘러싸인 면적의 도심에 대한 관성 모멘트를 구한다.

1. **개념화** 앞의 예제 5-2에서 도심을 구했고, 예제 5-3에서는 그림 5-19에서 포물선 AB로 둘러싸인 면적의 관성 모멘트를 적분을 사용하여 x, y축에 대해 계산했다. 많은 경우 평면 영역의 도심에 대한 관성 모멘트가 더 중요하다.

2. **분류** 면적 A, 중심 좌표 $\bar{x}$와 $\bar{y}$, x 및 y축에 대한 관성 모멘트 I_x 및 I_y가 이미 알려져 있으므로 (적분 대신)평행축 정리를 사용하여 관성 중심 모멘트를 찾는다. 이러한 양은 앞의 예제 5-2와 5-3에서 얻어졌다. 그 방법을 반복해서 사용하면,

$$A = \frac{2bh}{3} \qquad \bar{x} = \frac{3b}{8} \qquad \bar{y} = \frac{2h}{5} \qquad I_x = \frac{16bh^3}{105} \qquad I_y = \frac{2hb^3}{15}$$

3. **해석** x_c축에 대한 관성 모멘트를 얻으려면 식 (5-44)를 사용하고 평행축 정리를 다음과 같이 활용한다.

$$I_{xc} = I_x - A\bar{y}^2 = \frac{16bh^3}{105} - \frac{2bh}{3}\left(\frac{2h}{5}\right)^2 = \frac{8bh^3}{175} \tag{5-46}$$

유사한 방식으로 y_c축에 대한 관성 모멘트를 구한다.

$$I_{yc} = I_y - A\bar{x}^2 = \frac{2hb^3}{15} - \frac{2bh}{3}\left(\frac{3b}{8}\right)^2 = \frac{19hb^3}{480} \tag{5-47}$$

4. **최종 단계** 평행축 정리는 회전 반지름에도 적용된다. 각 축에 대한 회전 반지름은 다음과 같다.

$$r_x = \sqrt{\frac{I_x}{A}} = \sqrt{\frac{8h^2}{35}} \qquad r_y = \sqrt{\frac{I_y}{A}} = \sqrt{\frac{b^2}{5}}$$

$$r_{xc} = \sqrt{\frac{I_{xc}}{A}} = \sqrt{\frac{12h^2}{175}} \qquad r_{yc} = \sqrt{\frac{I_{yc}}{A}} = \sqrt{\frac{19b^2}{320}}$$

식 (5-46)의 이동 정리 식에서 $A = 2bh/3$으로 나누면 다음과 같다.

$$\frac{I_x}{A} = r_x^2 = \frac{I_{xc}}{A} + \frac{A}{A}\bar{y}^2 = r_{xc}^2 + \bar{y}^2 \quad \text{따라서} \quad r_x^2 = \frac{12}{175}h^2 + \left[\frac{2h}{5}\right]^2 = \frac{8}{35}h^2$$

마찬가지로 식 (5-47)에서

$$r_y^2 = r_{yc}^2 + \bar{x}^2 = \frac{19b^2}{320} + \left[\frac{3b}{8}\right]^2 = \frac{b^2}{5}$$

복합 단면

특정 축에 대한 **복합 단면**의 관성 모멘트는 동일한 축에 대한 부분의 관성 모멘트의 합이다. 이에 대한 예로 그림 5-20a에 표시된 속이 빈 상자 단면을 보자. 여기서 x 및 y축은 도심 C를 지나는 대칭축이다. x축에 대한 관성 모멘트 I_x는 외부 및 내부 직사각형의 관성 모멘트의 대수적 합과 같다. (안쪽 사각형은 '음의 면적', 바깥쪽 사각형은 '양의 면적'이라고 생각하면 된다.) 따라서

$$I_x = \frac{bh^3}{12} - \frac{b_1h_1^3}{12} \tag{5-48}$$

이 동일한 공식은 절개 부분이 '음의 면적'으로 간주되는 그림 5-20b에 표시된 채널 단면에도 적용된다.

속이 빈 상자 단면의 경우 유사한 기술을 사용하여 수직축에 대한 관성 모멘트 I_y를 구할 수 있다. 그러나 채널 단면의 경우 합성 형상의 중심 y축이 양의 직사각형 영역과 음의 직사각형 영역에 대해 동일한 위치에 있지 않으므로 관성 모멘트 I_y의 결정은 앞서 논의한 평행축 정리의 사용이 필요하다.

관성 모멘트에 대한 공식(formulas for moments of inertia)은 부록 B에 나열되어 있다. 표시되지 않은 모양의 경우 관성 모멘트는 일반적으로 평행축 정리와 함께 나열된 공식을 사용하여 얻을 수 있다. 면적이 불규칙한 모양이어서 관성 모멘트를 이러한 방식으로 얻을 수 없는 경우 수치해석 방법을 사용하여 구해야 한다. 이를 위해 대상 영역을 ΔA_i의 작은 요소로 나누고 각 영역에 기준축으로부터의 거리의 제곱을 곱한 다음 그 값을 전체 요소에 대해 합산한다.

그림 5-20
복합 단면

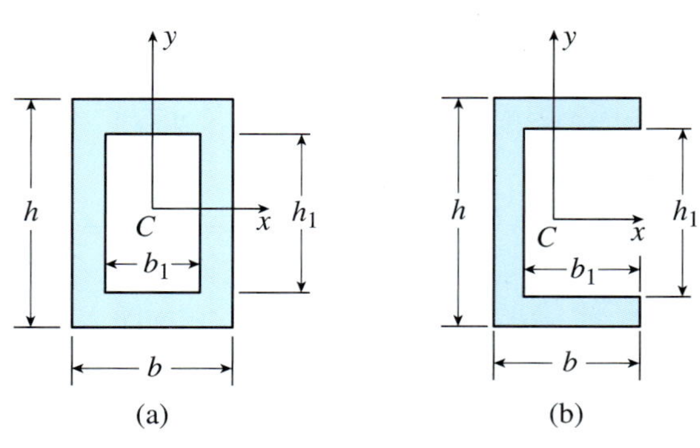

극관성 모멘트

앞 절에서 다룬 관성 모멘트는 그림 5-21에서 x축 및 y축과 같이 면적 그 자체의 평면 내에 놓인 축에 대해 정의되었다. 이제 면적의 평면에 대해 수직이고 원점 O에서 평면과 **교차하는** 축을 고려한다. 이 수직축에 대한 관성 모멘트는 **극관성 모멘트**(polar moment of inertia)라고 하며, 기호 I_P로 표기한다.

그림의 평면에 직각이고 원점 O를 지나는 축에 대한 극관성 모멘트는 다음의 적분식으로 정의된다.

$$I_P = \int \rho^2 dA \tag{5-49}$$

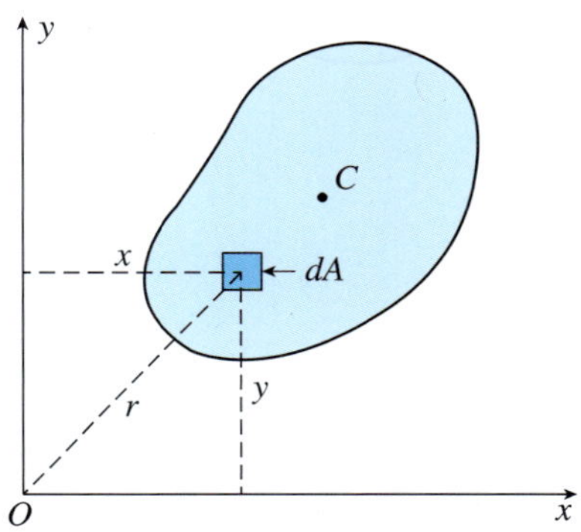

그림 5-21
임의 형상의 단면

여기서 ρ는 점 O로부터 면적의 미분 요소인 dA까지의 거리이다(그림 5-21). 이 적분은 관성 모멘트 I_x, I_y의 형태와 유사하다[식 (5-29a, b) 참조].

x와 y가 요소 dA의 직교좌표계상의 좌표라면 $\rho^2 = x^2 + y^2$이므로, I_P에 관한 다음의 표현식을 얻는다.

$$I_P = \int \rho^2 dA = \int (x^2 + y^2) dA = \int x^2 dA + \int y^2 dA$$

이를 정리하면 다음의 중요한 관계식을 도출할 수 있다.

$$I_P = I_x + I_y \tag{5-50}$$

이 식은 임의의 점 O 위치에서 그림의 평면에 수직인 축에 대한 극관성 모멘트는 같은 점을 지나고, 그림의 평면에 놓이는 임의의 두 개의 직교축 x와 y에 대한 관성 모멘트의 합과 같다는 것을 보여준다.

편의상 해당 축이 그림의 평면에 직각이라는 언급 없이 I_P를 간단히 점 O에 대한 **극**(polar)관성 모멘트라고 말한다. 또한 I_x와 I_y를 극관성 모멘트와 구별하기 위해 때로는 이들을 **직교**(rectangular)관성 모멘트라고도 한다.

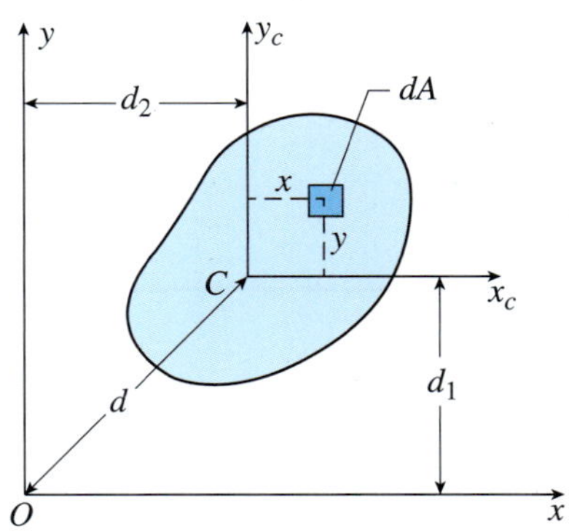

그림 5-17 (반복)
평행축 정리의 유도

면적의 평면 내 여러 점에 대한 극관성 모멘트는 **극관성 모멘트의 평행축 정리**(parallel-axis theorem for polar moments of inertia)로 관련되어 있다. 이 이론은 그림 5-17을 다시 참조하여 유도할 수 있는데, 원점 O와 도심 C에 대한 극관성 모멘트를 각각 $(I_P)_O$와 $(I_P)_C$로 표기한다. 그러면 식 (5-50)을 사용하여 다음 공식을 유도할 수 있다.

$$(I_P)_O = I_x + I_y \qquad (I_P)_C = I_{xc} + I_{yc} \tag{5-51}$$

직교관성 모멘트에 대해 앞서 유도한 평행축 정리[식 (5-43a)와 (5-43b) 참조]를 참고하자. 이 두 개의 식을 추가하면,

$$I_x + I_y = I_{xc} + I_{yc} + A(d_1^2 + d_2^2)$$

식 (5-51)을 대치하고 $d^2 = d_1{}^2 + d_2{}^2$(그림 5-17)로 두면 다음 식을 얻을 수 있다.

$$(I_P)_O = (I_P)_C + Ad^2 \tag{5-52}$$

이 식은 극관성 모멘트에 대한 **평행축 정리**(parallel-axis theorem)를 나타낸 것이다.

평면의 임의의 점 O에 대한 면적의 극관성 모멘트는 중심 C에 대한 극관성 모멘트에 면적의 곱과 점 O와 C 사이의 거리의 제곱을 더한 것과 같다.

그림 5-22
원의 극관성 모멘트

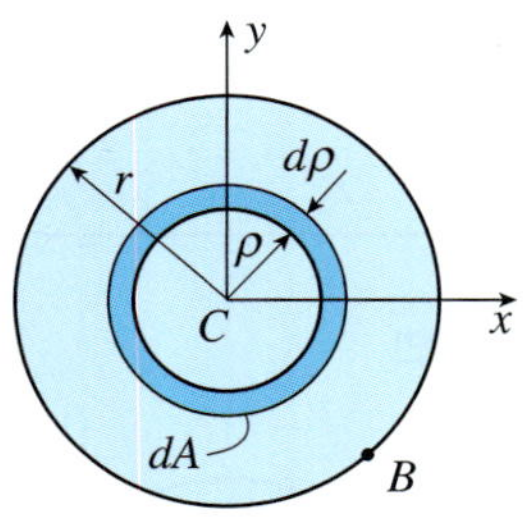

극관성 모멘트와 평행축 이론을 설명하기 위하여 반지름이 r인 원을 고려하자(그림 5-22). 면적의 미분 요소 dA를 반지름이 ρ이고 두께가 $d\rho$인 얇은 고리의 형태로 가정한다($dA = 2\pi\rho\ d\rho$). 요소 내의 모든 점이 원의 중심으로부터 같은 거리 ρ가 되기 때문에 중심에 대한 전체 원의 극관성 모멘트는 다음과 같다.

$$(I_P)_C = \int \rho^2 dA = \int_0^r 2\pi\rho^3 d\rho = \frac{\pi r^4}{2} \tag{5-53}$$

이 결과 값은 부록 B의 사례 9에 제시되어 있다.

원주 위의 임의의 점 B(그림 5-22)에 대한 원의 극관성 모멘트는 평행축 정리로 구할 수 있다.

$$(I_P)_B = (I_P)_C + Ad^2 = \frac{\pi r^4}{2} + \pi r^2(r^2) = \frac{3\pi r^4}{2} \tag{5-54}$$

극관성 모멘트는 기준점이 면적의 도심일 때 **값이 가장 작다**.

원은 극관성 모멘트를 적분으로 구할 수 있는 특수한 경우이다. 그렇지만 공학 문제의 해결을 위해 접하는 대부분의 형상은 간단한 적분으로는 극관성 모멘트를 구할 수 없다. 대신 극관성 모멘트는 보통 두 개의 직교축에 대한 관성 모멘트를 더해서 구할 수 있다[식 (5-50)].

관성 승적

평면 영역의 관성 승적은 면적의 평면에 놓인 한 쌍의 직교축에 대해 정의된다. 그러므로 그림 5-23의 면적을 참조하면 x축과 y축에 관한 **관성 승적**(product of inertia)은 다음과 같이 정의된다.

$$I_{xy} = \int xy\, dA \tag{5-55}$$

그림 5-23
임의 형상의 평면

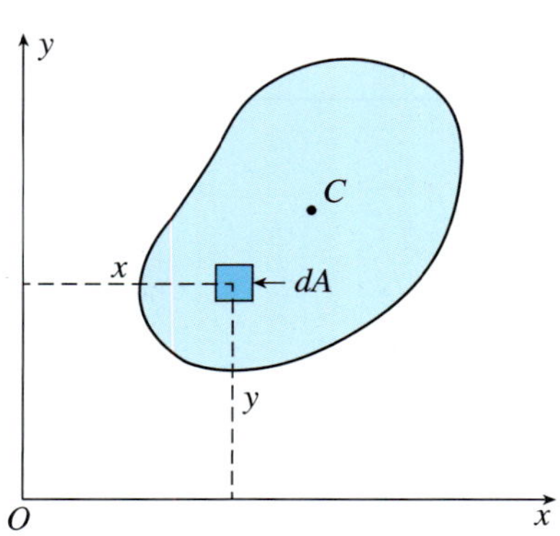

이 정의로부터 면적의 각 미분 요소 dA는 그 좌표 값들의 곱으로 곱해진다. 그 결과, 관성 승적은 해당 면적의 x-y축의 위치에 따라 양, 음, 또는 0이 될 수 있다.

만약 면적 전체가 좌표축의 1사분면에 위치해 있다면(그림 5-23에서처럼) 관성 승적은 요소 dA가 모두 양의 좌표 x와 y를 갖기 때문에 양이다. 만약 면적 전체가 2사분면에 놓인다면 관성 승적은 모든 요소가 양의 y좌표와 음의 x좌표를 갖기 때문에 음이 된다. 마찬가지로 3사분면과 4사분면 내에 전체 면적이 있다면, 각각 양과 음의 관성 승적을 갖게 된다. 면적이 하나 이상의 사분면에 위치하면, 관성 승적의 부호는 사분면 내의 면적 분포에 따라 달라진다.

좌표축 중 하나가 면적의 **대칭축**(axis of symmetry)인 경우라면 특별한 경우가 된다. 예를 들어, y축에 대칭인 그림 5-24의 면적을 고려해보자. 좌표 x와 y를 갖는 모든 요소 dA에 대해, 같은 y좌표와 반대 부호의 x좌표를 갖는 대칭적으로 위치한 똑같은 요소 dA가 존재한다. 그러므로 $xydA$로 곱한 값은 서로 사라지고 식 (5-55)에서의 적분은 사라진다. 그러므로 **적어도 하나의 축이 면적의 대칭축인 경우 한 쌍의 축에 대한 면적의 관성 승적은 0이 된다.**

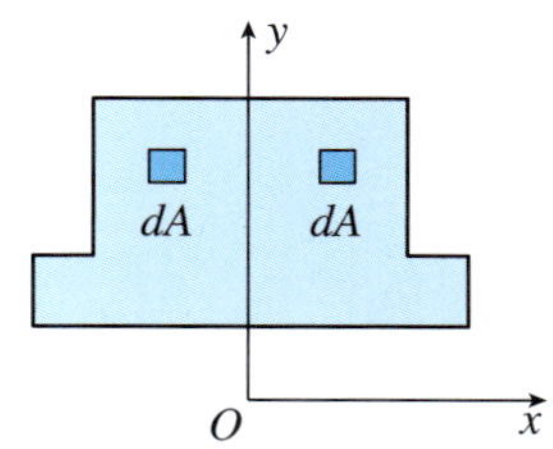

그림 5-24
한 축이 대칭축일 때 관성 승적은 0이 된다.

이러한 규칙의 예로서 그림 5-15, 5-20, 5-24에 나타낸 면적의 관성 승적 I_{xy}는 0이 된다. 대조적으로 그림 5-12에 있는 면적의 경우 관성 승적 I_{xy}는 0이 아닌 양의 값을 갖는다. (이 결과는 그림에서 보인 특정한 x-y축에 대한 관성 승적에 대해 유효하다. 만약 해당 축이 다른 위치로 이동하면 관성 승적은 변할 수 있다.)

평행한 일련의 축에 대한 면적의 관성 승적은 직교관성 모멘트와 극관성 모멘트에 대해 대응하는 이론과 유사한 **평행축 정리**에 의해 표현된다. 이 정리를 얻기 위해 도심 C와 도심축 x_cy_c를 가진 그림 5-25의 면적을 고려해보자. x_cy_c축에 평행한 임의의 다른 축에 대한 관성적 I_{xy}는 다음과 같다.

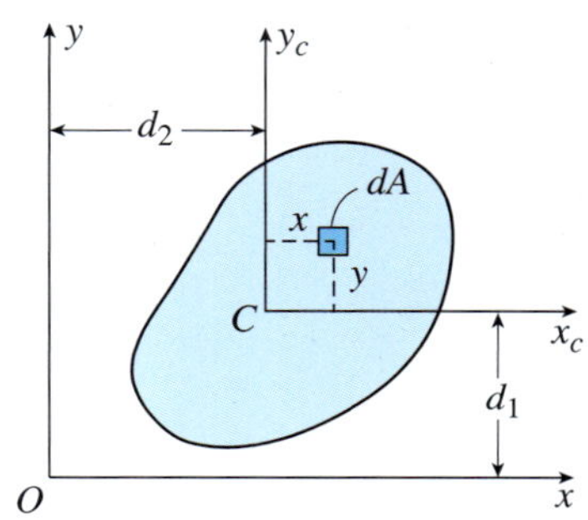

그림 5-25
임의 형상의 평면

$$
\begin{aligned}
I_{xy} &= \int (x + d_2)(y + d_1)\, dA \\
&= \int xy\, dA + d_1 \int x\, dA + d_2 \int y\, dA + d_1 d_2 \int dA
\end{aligned}
$$

여기서 d_1과 d_2는 x-y축에 대한 도심 C의 좌표 값이다(그러므로 d_1과 d_2는 양 또는 음의 값을 가질 수 있다).

위 식의 첫 번째 적분은 도심축에 대한 관성 승적이 I_{xcyc}이고, 두 번째와 세 번째 적분은 도심축에 대한 면적의 1차 모멘트이기 때문에 0이 된다. 그리고 마지막 적분은 면적 A이다. 따라서 이 식은 다음과 같이 정리된다.

$$
I_{xy} = I_{xcyc} + A d_1 d_2 \tag{5-56}
$$

이 식은 **관성 승적에 대한 평행축 정리**(parallel-axis theorem for product of inertia)를 나타낸다.

평면상에서 임의의 축에 대한 면적의 관성 승적은 평행한 도심축에 대한 관성 승적에 면적과 한 쌍의 축에 대한 도심의 좌표 값을 곱한 값을 합한 것과 같다.

평행축 정리의 사용법을 설명하기 위해 직사각형의 왼쪽 아래 모서리의 점 O를 원점으로 하는 x-y축에 관한 직사각형의 관성 승적을 구해보자(그림 5-26). 도심축 x_cy_c에 관한 관성 승적은 대칭이기 때문에 0이 된다. 또한 x-y축에 관한 도심의 좌표는 다음과 같다.

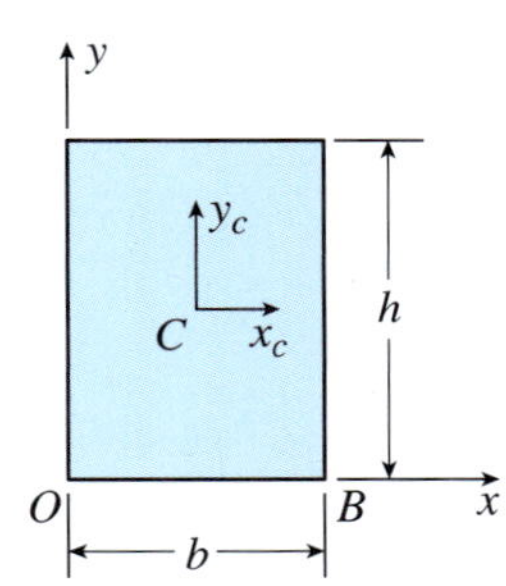

그림 5-26
관성 승적의 평행축 정리

$$
d_1 = \frac{h}{2} \qquad d_2 = \frac{b}{2}
$$

이를 식 (5-56)에 대입하면 다음을 얻는다.

$$I_{xy} = I_{xcyc} + Ad_1d_2 = 0 + bh\left(\frac{h}{2}\right)\left(\frac{b}{2}\right) = \frac{b^2h^2}{4} \quad \textbf{(5-57)}$$

관성 승적은 전체 면적이 1사분면에 놓여 있기 때문에 양이다. 만약 x-y축이 수평으로 이동하여 원점이 직사각형의 오른쪽 아래 모서리인 B점이 되면, 전체 면적은 2사분면에 놓이게 되고 관성 승적은 $-b^2h^2/4$가 된다.

5.6 관성 모멘트에 대한 축의 회전

그림 5-27

축의 회전

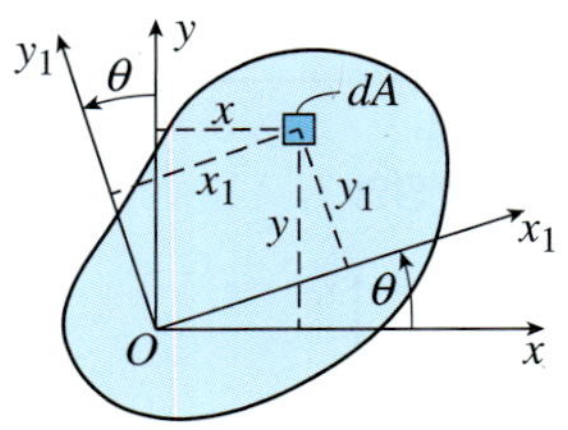

평면 영역의 관성 모멘트는 기준축의 원점의 위치와 방향에 따라 달라진다. 주어진 원점에서 축이 해당 원점을 중심으로 회전하면 관성 모멘트와 관성 승적은 변하게 된다. 변하는 방식, 그리고 최댓값과 최솟값의 크기 등이 이 절과 다음 절에서 논의된다.

그림 5-27의 평면 영역을 고려하고,,x-y축이 임의로 위치시킨 기준축이라고 가정하자. 이러한 축에 대한 관성 모멘트와 관성적은 다음과 같다.

$$I_x = \int y^2 dA \qquad I_y = \int x^2 dA \qquad I_{xy} = \int xy dA \quad \textbf{(5-58a, b, c)}$$

이때 x와 y는 면적의 미분 요소 dA의 좌표이다.

x_1-y_1축은 x-y축과 같은 원점을 갖지만 해당 축에 대해 반시계방향으로 각도 θ만큼 회전되어 있다. x_1-y_1축에 관한 관성 모멘트와 관성 승적은 각각 I_{x1}, I_{y1}, I_{x1y1}로 나타낸다. 이러한 값을 얻기 위해 x_1-y_1축상의 면적 요소 dA가 필요하다. 이러한 좌표는 기하학적으로 x-y좌표와 각도 θ를 사용하여 다음과 같이 표현할 수 있다.

$$x_1 = x\cos\theta + y\sin\theta \qquad y_1 = y\cos\theta - x\sin\theta \quad \textbf{(5-59a, b)}$$

x_1축에 관한 관성 모멘트는 다음과 같다.

$$\begin{aligned} I_{x1} &= \int y_1^2 dA = \int (y\cos\theta - x\sin\theta)^2 dA \\ &= \cos^2\theta \int y^2 dA + \sin^2\theta \int x^2 dA - 2\sin\theta\cos\theta \int xy dA \end{aligned}$$

즉, 식 (5-58a, b, c)를 사용하면

$$I_{x1} = I_x \cos^2\theta + I_y \sin^2\theta - 2I_{xy}\sin\theta\cos\theta \quad \textbf{(5-60)}$$

여기에 다음과 같은 삼각함수의 법칙을 활용한다.

$$\cos^2\theta = \frac{1}{2}(1 + \cos 2\theta) \qquad \sin^2\theta = \frac{1}{2}(1 - \cos 2\theta)$$
$$2\sin\theta\cos\theta = \sin 2\theta$$

그러면 식 (5-60)은 다음과 같이 표현된다.

$$I_{x1} = \frac{I_x + I_y}{2} + \frac{I_x - I_y}{2}\cos 2\theta - I_{xy}\sin 2\theta \quad \textbf{(5-61)}$$

비슷한 형태로, x_1y_1축에 대한 관성 승적을 얻을 수 있다.

$$I_{x1y1} = \int x_1 y_1 \, dA = \int (x\cos\theta + y\sin\theta)(y\cos\theta - x\sin\theta)\, dA$$
$$= (I_x - I_y)\sin\theta\cos\theta + I_{xy}(\cos^2\theta - \sin^2\theta) \qquad \textbf{(5-62)}$$

다시 삼각함수의 법칙을 적용하면 다음 식을 도출할 수 있다.

$$I_{x1y1} = \frac{I_x - I_y}{2}\sin 2\theta + I_{xy}\cos 2\theta \qquad \textbf{(5-63)}$$

식 (5-61)과 (5-63)은 회전된 축에 대한 관성 모멘트 I_{x1}과 관성 승적 I_{x1y1}을 원래 축에 대한 관성 모멘트와 관성 승적으로 표현하고 있다. 이러한 식을 **관성 모멘트와 관성 승적의 변환 공식**(transformation equations for moments and products of inertia)이라고 한다.

관성 모멘트 I_{y1}은 I_{x1}과 I_{x1y1}을 구할 때와 동일한 절차로 구할 수 있다. 그러나 더 간단한 절차는 식 (5-61)에서 θ 대신 $\theta+90°$로 대체하는 것이다. 그 결과는 아래와 같다.

$$I_{y1} = \frac{I_x + I_y}{2} - \frac{I_x - I_y}{2}\cos 2\theta + I_{xy}\sin 2\theta \qquad \textbf{(5-64)}$$

이 식은 축이 원점에 대해 회전함에 따라서 관성 모멘트 I_{y1}이 어떻게 변하는지를 보여준다.

관성 모멘트와 관련하여 유용한 식은 I_{x1}과 I_{y1}을 합함으로써 얻어진다[식 (5-61)과 (5-64)]. 그 결과는 아래와 같다.

$$I_{x1} + I_{y1} = I_x + I_y \qquad \textbf{(5-65)}$$

이 식은 한 쌍의 축에 관한 관성 모멘트의 합은 원점에 대해 축이 회전하더라도 일정하게 유지된다는 것을 보여준다. 이 합은 원점에 대한 극관성 모멘트이다.

5.7 주축과 주관성 모멘트

관성 모멘트와 관성 승적의 변환 공식[식 (5-61), (5-63), (5-64)]은 회전각 θ가 변함에 따라 관성 모멘트와 관성 승적이 어떻게 변화하는지를 보여준다. 이 값 중 특별히 관심이 있는 것은 관성 모멘트의 최댓값과 최솟값이다. 이 값은 **주관성 모멘트**(principal moments of inertia)라 하고 이때 대응하는 축은 **주축**(principal axes)이라고 한다.

주축

관성 모멘트 I_{x1}을 최대 혹은 최소로 만드는 각도 θ를 구하기 위해, 식 (5-61)의 우변에 대해 미분을 취하고 미분된 항의 값이 0이 되도록 하는 θ를 구한다.

$$(I_x - I_y)\sin 2\theta + 2I_{xy}\cos 2\theta = 0 \qquad \textbf{(5-66)}$$

$$\tan 2\theta_p = -\frac{2I_{xy}}{I_x - I_y} \qquad \textbf{(5-67)}$$

이때 θ_p는 주축을 정의하는 축의 회전각을 표시한다. 이와 같은 결과는 식 (5-64)를 사용하여 I_{y1}을 미분해서도 구할 수 있다.

식 (5-67)로부터 0~360°까지 범위에서 각 $2\theta_p$에 대한 두 개의 값을 구할 수 있다. 이 두 값은 180°의 차이가 있고 θ_p로 고려한다면 90°의 차이가 있으므로 한 쌍의 직교하는 주축을 정의할 수 있다. 이 한 쌍의 축에서 하나는 최대 관성 모멘트를 나타내는 축이고, 다른 하나는 최소 관성 모멘트를 나타내는 축이다.

이제 θ가 변화함에 따라 달라지는 관성 승적 I_{x1y1}에 대해 알아보자[식 (5-63) 참조]. 만약 $\theta=0$이면, 예상한 바와 같이 $I_{x1y1}=I_{xy}$이다. 만약 $\theta=90°$이면 $I_{x1y1}=-I_{xy}$의 관계를 얻을 수 있다. 즉, 축이 90° 회전하는 동안 관성 승적은 부호가 바뀌는데, 이는 중간 단계의 각에서 관성 승적의 값이 0이 되는 지점이 존재함을 의미한다. 이 방향을 구하기 위해 I_{x1y1}[식 (5-63)]을 0으로 두자.

$$(I_x - I_y)\sin 2\theta + 2I_{xy}\cos 2\theta = 0$$

이 식은 주축에 대한 각 θ_p를 정의하는 식 (5-66)과 같다. 그러므로 **주축에 대한 관성 승적은 0이다.**

앞서 적어도 하나의 축이 대칭축이면 한 쌍의 축에 대한 면적의 관성 승적은 0이 됨을 알아보았다. 그러므로 면적이 대칭축을 가지면 해당 축과 그에 수직인 임의의 축은 한 쌍의 주축을 이룬다.

앞에서 살펴본 내용을 요약하면 아래와 같다.

1. 원점 O를 지나는 주축은 관성 모멘트가 최대와 최소가 되는 한 쌍의 직교축이다.
2. 해당 주축의 방향은 식 (5-67)로부터 구한 각 θ_p에 의해 주어진다.
3. 관성 승적은 주축에 대해 항상 0이다.
4. 대칭축은 항상 주축이 된다.

주점

이제 주어진 점 O에 원점을 가진 한 쌍의 주축을 고려하자. 만일 같은 점을 지나는 **다른** 한 쌍의 주축이 존재한다면 해당 점을 통과하는 **모든** 쌍의 축은 주축이 된다. 더욱이 θ가 변해도 관성 모멘트는 일정하다.

이러한 결론은 식 (5-61)에서 구한 I_{x1}에 대한 변환 공식의 특성을 통해서도 알 수 있다. 이 식은 각도가 2θ로 표현된 삼각함수를 포함하고 있기 때문에 360°의 범위에서 2θ가 변할 때 I_{x1}의 값으로 하나의 최댓값과 하나의 최솟값을 갖는다. 만약 두 번째 최댓값이 존재한다면 이는 I_{x1}이 상수인 유일한 경우이고 이는 모든 쌍의 축이 주축이 되고, 모든 관성 모멘트가 같음(일정함)을 의미한다.

해당 점을 지나는 모든 축이 주축이 되고, 따라서 관성 모멘트가 모든 축에 대해 같아지는 이 점을 **주점**(principal point)이라 한다.

이를 설명하기 위해 그림 5-28에 있는 폭 $2b$, 높이 b인 직사각형을 고려하자. 점

O에서 원점을 가진 x-y축은 y축이 대칭축이기 때문에 직사각형의 주축이다. 원점이 같은 x'-y'축은 관성 승적 $I_{x'y'}$이 0이기 때문에 역시 주축이다. 그러므로 점 O를 지나는 모든 한 쌍의 축은 모두 주축이 되고 모든 관성 모멘트는 일정한 값을 갖는다(그 크기는 $2b^4/3$). 따라서 점 O는 해당 직사각형의 주점이다. (또 다른 주점은 y축이 직사각형의 윗부분과 교차하는 부분에 위치한다.)

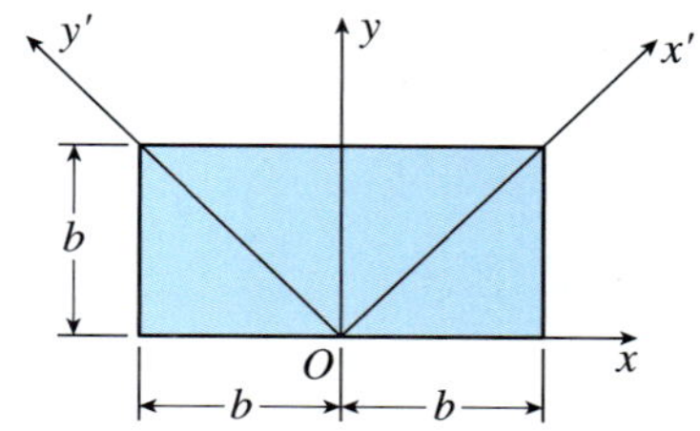

그림 5-28
점 O를 지나는 모든 축이 주축이 되는 직사각형

앞서 언급한 주점과 관련된 내용은 면적의 도심을 지나는 축의 경우에도 적용된다. 각 쌍에서 적어도 하나의 축이 대칭축인 **다른 두 쌍의** 도심축을 갖는 면적을 생각해보자. 다시 말해, 서로 직각이 아닌 두 개의 서로 다른 대칭축이 존재하는 면적인 경우에는 그 도심이 주점이 된다.

정사각형과 정삼각형의 두 가지 예가 그림 5-29에 표시되어 있다. 각 경우에 x-y축은 그 원점이 도심 C에 위치하고 적어도 하나의 축이 대칭축이기 때문에 도심의 주축이 된다. 그뿐 아니라 두 번째 도심축(x'-y'축)은 적어도 하나의 대칭축을 갖는다. 그러므로 x-y와 x'-y' 모두 주축이 된다. 따라서 도심 C를 지나는 모든 축은 주축이고, 그러한 축은 같은 관성 모멘트를 갖는다.

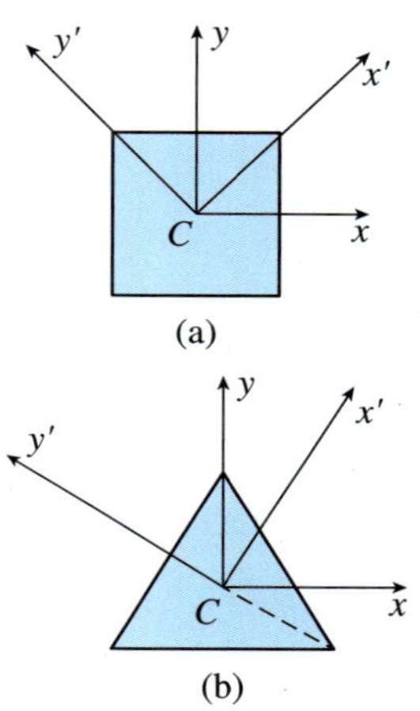

그림 5-29
모든 도심축이 주축이고 도심 C가 주어진 평면 영역의 예

만약 면적이 **세 개의 대칭축**을 가지고, 게다가 그중 두 개가 직각이면 앞 문단에서 언급한 조건은 자동으로 만족된다. 그러므로 면적이 세 개 이상의 대칭축을 가지면 도심이 주점이 되고 도심을 지나는 모든 축은 주축이 되며 결과적으로 같은 크기의 관성 모멘트를 갖게 된다. 이러한 조건은 원과 모든 정다각형, 그리고 그 밖의 대칭 형상에 대해 만족된다.

일반적으로 모든 평면은 기본적으로 두 개의 주점을 갖는다. 이러한 점은 최대의 주관성 모멘트를 갖는 주 도심축상에 도심으로부터 같은 거리에 위치한다. 특별한 경우는 도심에 대한 두 개의 주관성 모멘트도 같을 때 발생한다. 이때는 두 개의 주점이 도심에서 합쳐져 하나의 주점만 갖게 된다.

주관성 모멘트

이제 I_x, I_y, I_{xy}를 알고 있다는 가정하에 주관성 모멘트를 구해보자. 한 가지 방법은 식 (5-67)을 이용하여 θ_p의 두 값(90°의 차이가 남)을 구하고 이 값을 I_{x1}에 관한 식 (5-61)에 대입하는 것이다. 그 결과로 얻을 수 있는 두 개의 값은 I_1과 I_2로 표기할 수 있는 주관성 모멘트이다. 이 방법의 장점은 두 개의 주각에 대응하는 각각의 주관성 모멘트를 알 수 있다는 것이다.

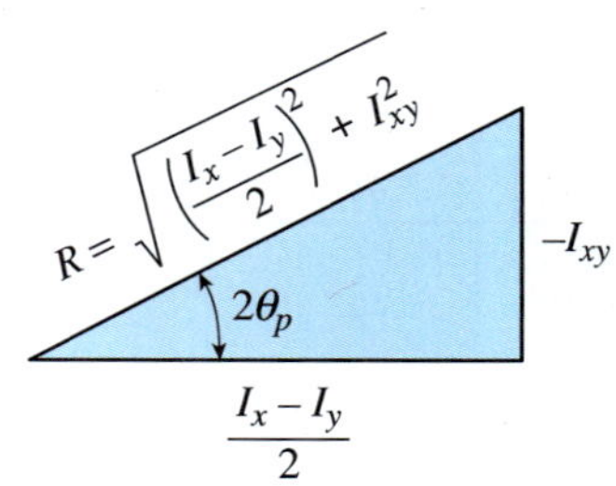

그림 5-30
식 (5-67)의 기하학적 표현

주관성 모멘트를 구하기 위한 일반적인 공식을 얻을 수도 있다. 식 (5-67)과 그림 5-30[식 (5-67)의 기하학적인 표현]으로부터,

$$\cos 2\theta_p = \frac{I_x - I_y}{2R} \quad \sin 2\theta_p = \frac{-I_{xy}}{R} \tag{5-68a, b}$$

여기서 아래는 직각삼각형의 긴 빗변이다.

$$R = \sqrt{\left(\frac{I_x - I_y}{2}\right)^2 + I_{xy}^2} \tag{5-69}$$

R를 구할 때는 항상 양의 제곱근 값을 취한다.

이제 $\cos 2\theta_p$와 $\sin 2\theta_p$[식 (5-68a, b)]의 표현식을 I_{x1}을 위한 식 (5-61)에 대입하고 기호 I_1로 표기된 두 개의 주관성 모멘트 중 큰 값의 주관성 모멘트를 구하면 다음과 같다.

$$I_1 = \frac{I_x + I_y}{2} + \sqrt{\left(\frac{I_x - I_y}{2}\right)^2 + I_{xy}^2} \quad \textbf{(5-70a)}$$

I_2로 표기된 작은 주관성 모멘트는 아래의 식으로 구해진다[식 (5-65) 참조].

$$I_1 + I_2 = I_x + I_y$$

I_1에 대한 식을 위 식에 대입한 후 I_2를 구하면 아래와 같다.

$$I_2 = \frac{I_x + I_y}{2} - \sqrt{\left(\frac{I_x - I_y}{2}\right)^2 + I_{xy}^2} \quad \textbf{(5-70b)}$$

식 (5-70a)와 (5-70b)는 주관성 모멘트를 계산하기 위한 편리한 방법을 제공한다.

다음 예제는 주축의 방향을 구하고 주관성 모멘트를 결정하는 방법을 설명한다.

예제 5-5

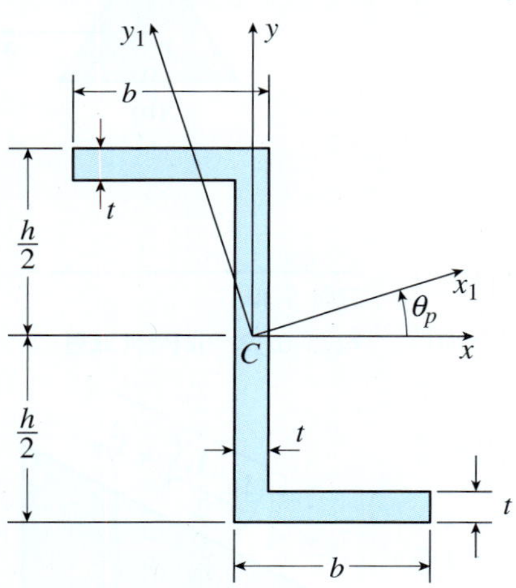

그림 5-31
Z 단면에 대한 주축과 주관성 모멘트

그림 5-31에 있는 Z 단면의 단면적 도심에 대한 주축의 방향과 주관성 모멘트의 크기를 구하시오. 다음의 치수 자료를 사용한다. 높이 $h = 200$ mm, 폭 $b = 90$ mm, 균일한 두께 $t = 15$ mm.

풀이

모멘트와 관성 승적에 대한 변환 공식과 4단계 문제풀이 접근방법을 사용하여 그림 5-31의 Z 형상의 주관성 모멘트를 구한다.

1. **개념화** 도심 C를 통과하는 기준축으로 x-y축(그림 5-31)을 사용한다. 이 축에 대한 관성 모멘트와 관성 승적은 해당 면적을 세 개의 직사각형으로 분할하고 평행축 정리를 사용함으로써 구할 수 있다.
2. **분류** 관성 모멘트에 대한 이러한 계산 결과는 다음과 같다.

$$I_x = 29.29 \times 10^6 \text{ mm}^4 \qquad I_y = 5.667 \times 10^6 \text{ mm}^4$$
$$I_{xy} = -9.366 \times 10^6 \text{ mm}^4$$

이 값을 각도 θ_p를 위한 식 (5-67)에 대입하면

$$\tan 2\theta_p = -\frac{2I_{xy}}{I_x - I_y} = 0.7930 \qquad 2\theta_p = 34.4°\text{와 } 218.4°$$

따라서 θ_p의 두 값은 다음과 같다.

$$\theta_p = 19.2°\text{와}\ 109.2°$$

주축은 그림 5-31에 있는 x_1-y_1축이다.

3. 해석

변환 공식: I_{x1}을 구하기 위한 변환 공식[식 (5-61)]에 앞서 구한 θ_p값을 대입하면, I_{x1}은 각각 32.6×10^6 mm^{4}와 2.4×10^6 mm^{4}가 된다. 이와 같은 값은 식 (5-70a)와 (5-70b)에 대입하더라도 같은 값을 얻을 수 있다. 그러므로 주관성 모멘트에 대한 각은 아래와 같다.

$$I_1 = 32.6 \times 10^6 \text{ mm}^4 \qquad \theta_{p1} = 19.2°$$

$$I_2 = 2.4 \times 10^6 \text{ mm}^4 \qquad \theta_{p2} = 109.2°$$

연습문제

5.3 복합체의 도심

도입문제

5.3-1 정사각형의 1/4이 제거되었다(그림 참조). 나머지 영역의 중심 C의 좌표 $\bar{x}$와 $\bar{y}$는 무엇인가?

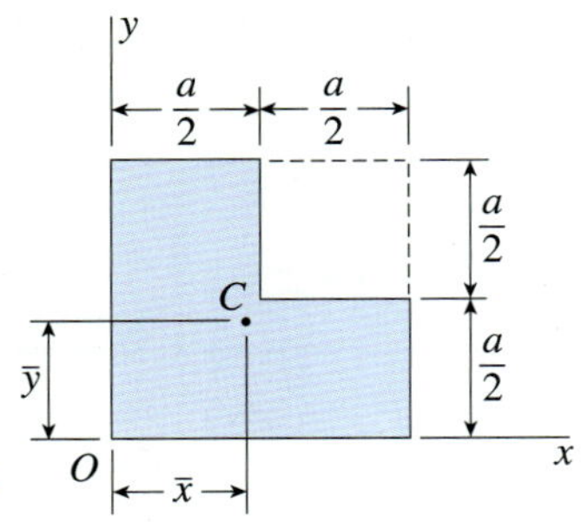

P5.3-1, 5.5-6

5.3-2 $a=150$ mm, $b=25$ mm, $c=50$ mm인 경우 그림에 표시된 채널 단면의 중심 C까지의 거리 $\bar{y}$를 계산하시오.

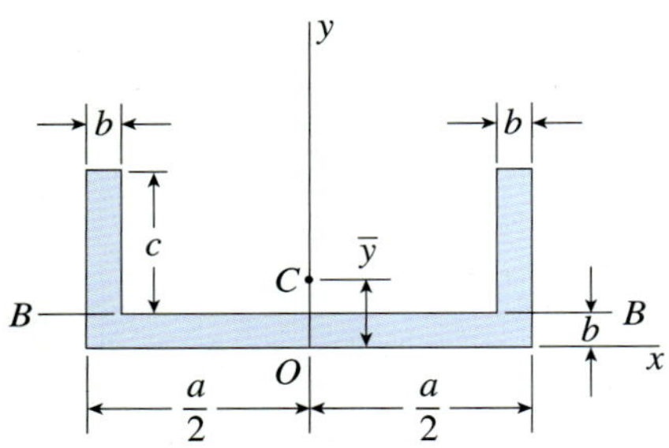

P5.3-2, 5.3-3

5.3-3 중심 C가 선 BB에 놓이도록 하는 단면의 치수 a, b, c 사이의 관계를 구하시오.

대표문제

5.3-4 그림에 표시된 복합 단면의 중심 C까지의 거리 $\bar{y}$를 구하시오.

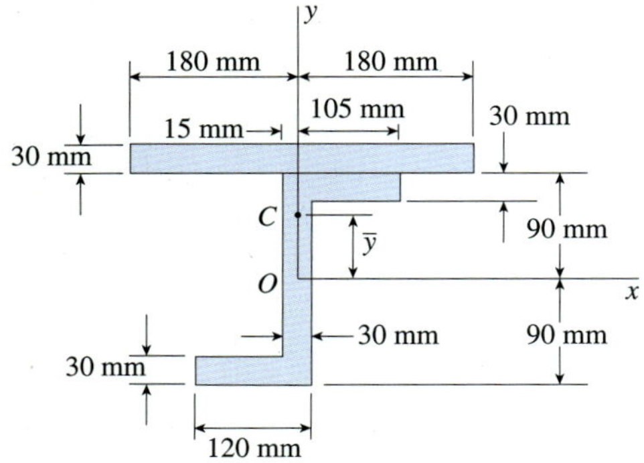

P5.3-4, 5.5-7

5.3-5 그림과 같이 L자형 영역의 중심 C의 좌표 $\bar{x}$와 $\bar{y}$를 구하시오.

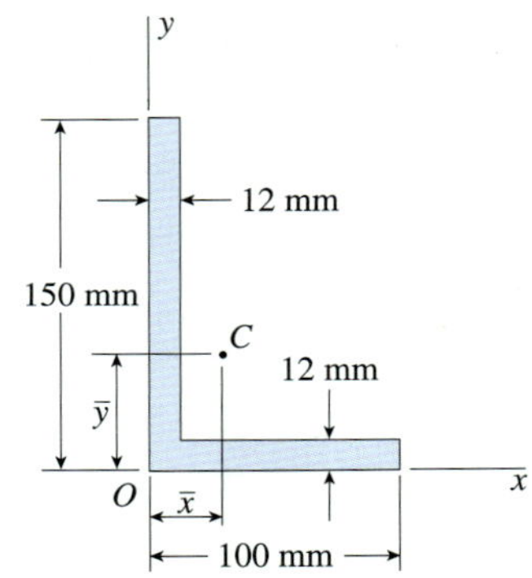

P5.3-5, 5.5-5, 5.5-9

5.3-6 그림에 표시된 영역의 중심 C의 좌표 $\bar{x}$와 $\bar{y}$를 구하시오.

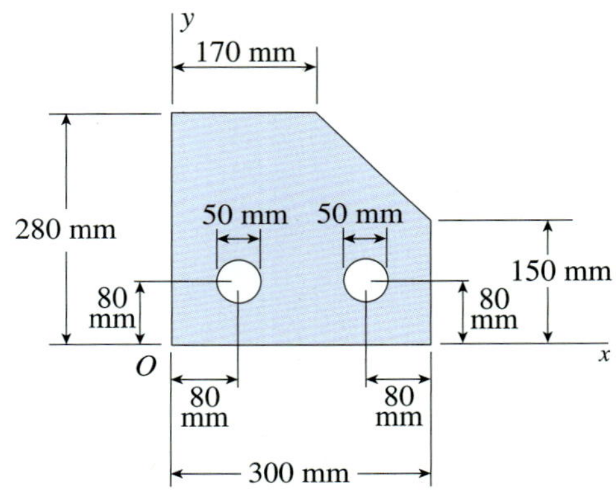

P5.3-6

5.5 평면 영역과 복합 단면의 관성 모멘트

도입문제

5.5-1 밑변이 b이고 높이가 h인 삼각형의 관성 모멘트 I_x를 구하시오(부록 B의 사례 4 참조).

5.5-2 윗변과 아랫변이 각각 a와 b이고, 높이가 h인 사다리꼴의 관성 모멘트 I_{BB}를 구하시오(부록 B의 사례 8 참조).

5.5-3 밑변이 b이고 높이가 h인 포물선 스팬드럴의 관성 모멘트 I_x를 구하시오(부록 B의 사례 18 참조).

5.5-4 반지름이 r인 원의 관성 모멘트 I_x를 구하시오(부록 B의 사례 9 참조).

대표문제

5.5-5 연습문제 5.3-5 그림에 표시된 L자형 영역에 대한 x와 y축에 대한 관성 모멘트 I_x 및 I_y를 계산하시오.

평행축 정리

도입문제

5.5-6 연습문제 5.3-1에 설명된 기하학적 도형에 대해 중심 C를 통과하고 x축에 평행한 축에 대한 관성 모멘트 I_c를 구하시오.

대표문제

5.5-7 연습문제 5.3-4에 대한 그림에 표시된 합성 영역에 대해 중심 C를 통과하고 x축에 평행한 축에 대한 관성 모멘트 I_{xc}를 계산하시오.

5.5-8 그림에 표시된 넓은 플랜지 보 단면은 전체 높이가 250 mm이고 두께가 15 mm이다. 관성 중심 모멘트 I_x와 I_y가 각각 3:1의 비율이 되어야 하는 경우 플랜지 너비 b를 결정하시오.

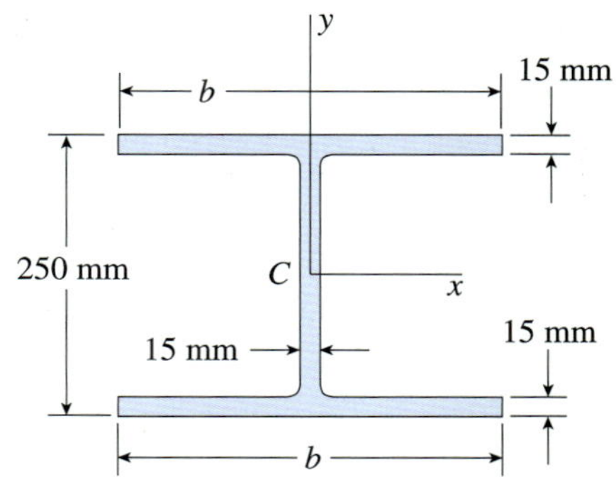

P5.5-8

5.5-9 연습문제 5.3-5에 대한 그림에 표시된 L자형 영역에 대해 중심 C를 통과하고 x와 y축에 평행한 축에 대한 관성 중심 모멘트 I_{xc} 및 I_{yc}를 각각 계산하시오.

CHAPTER 6

봉, 샤프트, 보 및 프레임의 내부 효과

goja1/Shutterstock.com

이 거대한 광산 드릴 기계는 축방향, 비틀림 및 굽힘 효과를 받는 다양한 구조 요소로 구성된다.

이 장의 목적

- 봉, 샤프트, 보 및 프레임의 내부 힘과 모멘트를 학습한다.
- 축력에 의해 작용하는 봉에 대한 내부 축방향 힘 $N(x)$와 분산된 축방향 하중 $q(x)$ 사이의 미분 및 적분 관계를 유도한다.
- 비틀림 모멘트가 적용된 샤프트에 대해 내부 비틀림 모멘트 $T(x)$와 분포된 비틀림 하중 $t(x)$ 사이의 미분 및 적분 관계를 유도한다.
- 여러 가지 유형의 보, 보에 작용하는 다양한 유형의 하중 및 보에 대한 다양한 지지 조건을 정의한다.
- 보에 대한 분포된 횡방향 하중 $q(x)$, 내부 전단력 $V(x)$, 굽힘 모멘트 $M(x)$ 사이의 미분 및 적분 관계를 유도한다.
- 봉에 대한 축력 선도(AFD), 샤프트에 대한 비틀림 모멘트 선도(TMD), 보에 대한 전단(V) 및 굽힘 모멘트(M) 선도를 그린다.
- 다이어그램을 사용하여 설계에서 중요한 봉, 샤프트 및 보의 최대 축력, 비틀림 모멘트, 전단, 모멘트를 구한다.

이 장의 구성

6.1 서론

지지점에서 반력을 계산하고 구조 전체의 정적 평형을 설정하여(3장 참조), 각 부재의 축의 어느 지점에서든 수직인 단면의 내부 힘과 모멘트를 찾을 수 있다. **봉**(bar)의 축방향 변형 계산에는 내부 축방향 힘이 필요하다. **샤프트**(shaft)의 비틀림 변형 계산에는 내부 비틀림 모멘트가 필요하다. **보**(beam)의 전단 및 굽힘 변형을 계산하기 위해서는 내부 전단력과 굽힘 모멘트가 필요하다. 이러한 내부 효과는 이들 요소의 길이를 따라 특정 위치에서 응력과 변형을 계산하는 데도 필요하다. 내부 힘과 모멘트의 최댓값은 이러한 구성 요소의 설계에 결정적인 역할을 한다.

6.2 축방향 하중이 있는 봉

인장 또는 **압축**만 받는 구조 구성 요소를 **축방향 하중 부재**(axially loaded members)라고 한다. 케이블과 코일 스프링도 축방향 하중을 지지하지만 트러스 부재와 같은 직선 길이방향 축이 있는 막대 형태의 봉이 가장 일반적인 유형이다. 축방향 하중을 받는 봉의 다른 예로는 엔진의 커넥팅 로드, 자전거 바퀴의 바큇살, 건물의 기둥 및 항공기 엔진 마운트의 스트럿이 있다.

봉에 작용하는 내력

자유단에 하중 P_0을 받는 길이 L의 균질한 캔틸레버를 고려하자(그림 6-1a). 하중 P_0은 $x=L$ 지점에서 봉의 도심축을 따라 길이방향으로 작용한다. 고정단($x=0$ 지점)에서 작용하는 반력 R는 평형 방정식 $\Sigma F_x=0$을 사용하여 구할 수 있고 그 값은 $R+P_0=0$ 또는 $R=-P_0$이다. 그림 6-1b에서 자유물체도의 오른쪽 부분(RHFB)으로부터 **축방향 내력**(internal axial force) $N(x)$는 P_0임을 알 수 있다. 사실 축방향 하중 N은 **인장력**이며 봉 전체에 대해 **균일하게** 작용한다.

축방향 분포하중 그림 6-1c에서 크기 q_0의 축중심 방향 **균일하중**(uniform load)이 작용하는 것처럼 축하중이 봉에 균일하게 분포하여 작용한다면 하중 크기 q_0에 봉을 따라 작용한 길이를 곱해서 작용하는 하중의 크기를 결정한다. 그러므로 지지점에서의 반력 R는 $\Sigma F_x=0$을 이용해서 구할 수 있고, 반력은 $R+q_0L=0$이 되어 $R=-q_0L$로 계산된다. 균일한 축방향 하중 q_0을 표시하는 일반적인 대체 방법이 그림 6-1d에 나와 있다. 여기서 일정한 높이 q_0의 직사각형이 사용되며 명확성을 위해 막대 위에 분포하중이 표시된다. 이때 하중은 세로 중심축을 따라 실제로 가해지는 것으로 해석해야 한다. 분포하중에 의해 작용하는 전체 부재에 대한 축방향 하중은 $F_q = \int_0^L q_0 dx = q_0 L$로 구할 수 있고, 전체 시스템에 대해 평형 방정식을 활용하여 반력을 구하면 다음과 같이 반력을 구할 수 있다. $R=-F_q=-q_0L$. 막대를 따라 어떤 위치 x에서 **축방향 내력** $N(x)$는 그림 6-1c 또는 d의 RHFB에서 다음과 같이 찾을 수 있다.

$$N(x) = q_0(L-x) \tag{6-1}$$

그림 6-1

(a) 자유단 끝에서 축하중 P_0이 작용하는 캔틸레버, (b) 균일한 내력 $N(x)$가 작용하는 캔틸레버, (c) q_0의 균일한 분포하중이 작용하는 캔틸레버, (d) 캔틸레버상에 분포하중을 나타내는 다른 방법

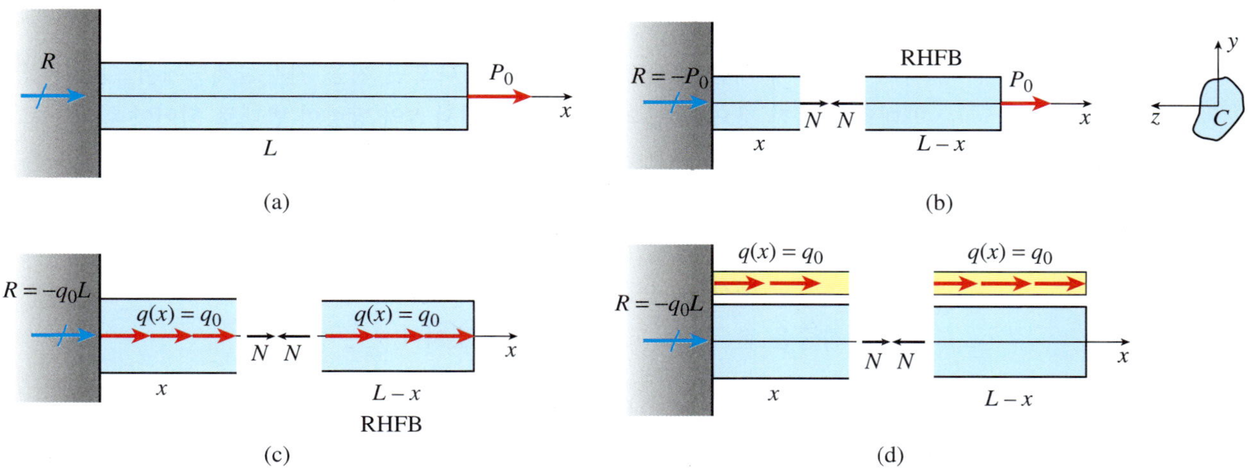

즉, 축하중 N은 **인장력**이고 봉의 전체 길이에 걸쳐 x에 따라 선형적으로 변하는 값이다. $x=0$에서는 반력과 크기가 같고 $x=L$에서는 $N=0$이다.

마지막으로 그림 6-2a에서와 같이 **선형적으로 변하는** 축중심 하중 $q(x)$를 살펴보자. 하중의 크기는 $x=0$에서 0이고, $x=L$에서 최댓값인 q_0을 갖는다[$q(0)=0$, $q(L)=q_0$]. x에 대한 분포하중의 함수는 다음과 같다. $q(x)=q_0\left(\frac{x}{L}\right)$. 이 부재에 작용하는 총 축방향 하중은 $F_q=\int_0^L q(x)dx=\frac{1}{2}q_0L$이고, F_q는 그림 6-2에 있는 하중 삼각형(노란색)의 면적이다. 정적인 평형에 대해 해석하면 $\Sigma F_x=0$을 만족시켜야 하고, 이를 통해 반력을 구하면 $R+F_q=0$이 되어 $R=-\frac{1}{2}q_0L$로 구할 수 있다.

평형 방정식과 그림 6-2b의 왼쪽 자유물체도로부터 **축방향 내력** $N(x)$는 다음과 같이 구할 수 있다.

$$N(x)=\frac{1}{2}q_0L-\frac{1}{2}q(x)x=\frac{1}{2}q_0L\left(1-\frac{x^2}{L^2}\right) \tag{6-2}$$

식 (6-2)에 대해 그래프를 그려 봉의 전체 길이에 대한 내부 힘 $N(x)$의 변화를 표시할 수 있다.

부호 규약 뉴턴의 제3법칙(작용-반작용)에 따라 그림 6-1과 6-2의 각 절단면의 두 면에서 내부 힘과 모멘트는 크기는 같지만 방향은 반대이다. 내부 축방향 힘 벡터 **N**이 절단면에서 멀어지는 방향으로 작용하면 해당 부분이 **장력** 상태에 있게 된다(일반적으로 양수로 간주됨). 반대로, **N**이 절단면을 향해 작용하면 해당 부분이 **압축**된다(일반적으로 음수로 간주됨). 이러한 이유로 내부 축방향 힘 **N**에 사

그림 6-2

(a) 최대 크기가 q_0인 선형적으로 변하는 축방향 하중을 갖는 캔틸레버 막대와 (b) 왼쪽 자유물체도

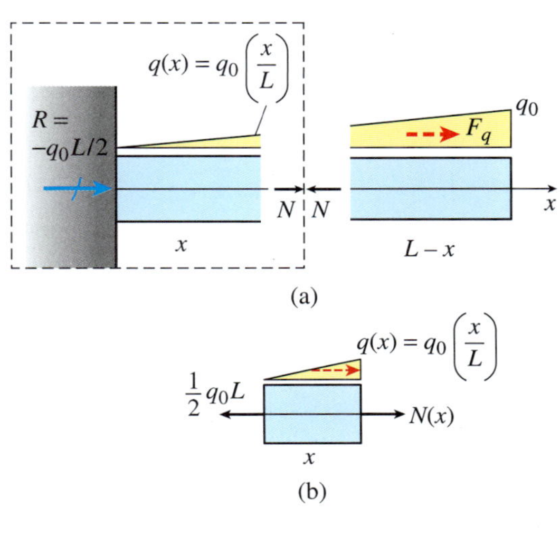

용되는 **변형에 대한 부호 규약**은 다음과 같다.

> **봉의 절단면에서 멀어지는 방향으로 작용하는 축력(N) 벡터(axial force vector)는 양수이고 절단 단면을 가리키는 힘 벡터는 음수이다.**

내력 N에 대한 계산 결과가 음수로 나오면 처음 자유물체도에서 설정한 방향이 반대로 그려진 것으로, 봉의 자유물체도에서 N의 방향이 반대로 되어야 한다. 즉, 계산의 결과에 의해 최종적으로 표현되는 힘의 방향은 초기 자유물체도에서 설정한 힘의 방향과 관계없이 항상 일정하다. 물체에 작용하는 하중이 인장인 상황을 예를 들자. 자유물체도를 그릴 때 예상한 하중의 종류가 인장이라면 계산 결과가 양의 값이 나올 것이고 압축으로 예상했다면 하중 계산 결과 값이 음수가 나와 결론적으로 두 경우 모두 인장인 하중을 결론으로 도출할 수 있을 것이다.

하중과 축방향 내력 사이의 관계

축방향 분포하중 $q(x)$가 작용하는 그림 6-1c의 봉에서 가져온 요소를 고려하자(그림 6-3 참조). 분포하중은 막대의 도심(x)축을 따라 적용되고, 축방향 내력 $N(x)$는 적용된 하중에 저항하기 위해 막대 내에서 발생한다. 미분력 dN은 막대를 따라 x축상을 이동할 때 내부 축방향 힘의 변화를 설명한다. 내부 힘은 변형 기호 규약에 따라 그림 6-3b에서 가정된 양의 방향으로 표시된다. 그림 6-3b에서 요소의 평형은 다음 관계가 필요하다.

$$\Sigma F_x = 0 \qquad -N + q(x)dx + (N + dN) = 0$$

$$\text{또는} \qquad \frac{dN}{dx} = -q \tag{6-3}$$

식 (6-3)으로부터 **막대 내 축방향 힘의 변화율이 막대를 따라 같은 지점에서 분포하중 값의 음수와 같다**는 것을 알 수 있다. 만약 봉의 특정 영역에서 작용하는 분포하중이 없다면 축방향 내력의 변화는 없게 되고($\frac{dN}{dx} = 0$) 그 영역에서는 축방향 내력이 일정하다. 같은 방식으로 축방향 하중이 봉의 한 부분에 **균일하게 분포**되면(그림 6-1c), dN/dx는 일정하고 내부 축방향 힘 N은 막대의 해당 부분에서 위치 x에 따라 선형적으로 변한다[식 (6-1) 참조]. 그리고 분산된 축방향 하중이 **선형적으로** 변하는 경우(그림 6-2), 내부 축방향 힘 $N(x)$는 식 (6-2)와 같이 x의 2차 함수가 된다.

하중 q와 축력 N 사이의 두 번째 관계를 얻으려면 식 (6-3)의 양쪽에 dx를 곱하고 봉의 축을 따라 두 점 A와 B 사이를 적분하면 된다.

$$\int_A^B dN = N_B - N_A = -\int_A^B q(x)dx \tag{6-4}$$

식 (6-4)를 설명하면 다음과 같다.

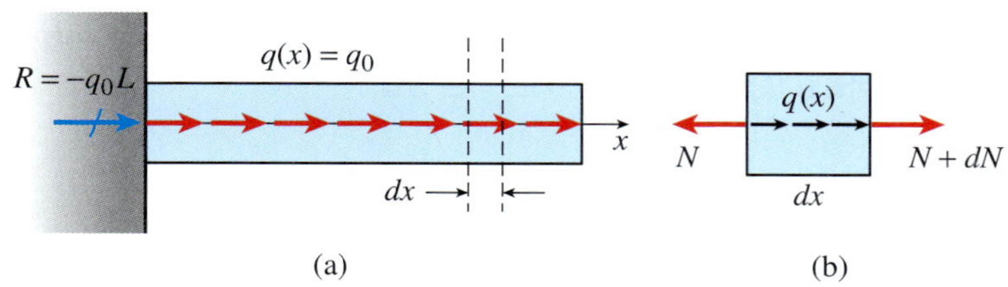

그림 6-3

(a), (b) 하중과 내부 축력 사이의 관계를 도출하는 데 사용되는 봉의 요소(축방향 분포하중 q 및 내부 축방향 힘 N은 양의 방향으로 표시됨)

막대를 따라 있는 두 점 사이의 축방향 내력의 변화는 동일한 두 점 사이의 축방향 하중 곡선의 아래 영역 면적 값의 음수와 같다.

그림 6-2에서 선형적으로 변하는 축방향 하중을 갖는 막대에 대해 이 내용을 확인해보자. 점 A를 $x=0$ 부분, 점 B를 $x=L$ 부분이라 하면,

$$N_B - N_A = -\frac{1}{2}q_0 L = -F_q \tag{6-5}$$

여기서 F_q는 삼각형 하중 곡선 아래의 면적이다.

6.3 비틀림 모멘트가 작용하는 샤프트

비틀림 또는 **비틀림 모멘트**가 작용하는 대표적인 구성 요소에는 **비틀림 샤프트**(shafts in torsion)가 있다. 이러한 모멘트 또는 토크는 샤프트의 세로축을 중심으로 비틀림 회전을 유발한다. 이러한 부재의 몇 가지 예로서 자동차의 구동축 및 차축, 선박의 프로펠러 축, 고든 종류의 차량의 스티어링 로드, 핸드 드릴 및 파워 드릴의 드릴 비트가 있다.

샤프트 내부에 작용하는 비틀림 모멘트

자유단에서 단면의 도심 C상에 $+x$방향으로 작용하는 비틀림 모멘트 T_0이 적용된 그림 6-4a의 캔틸레버 샤프트를 고려하자. x축에 대한 모멘트의 합과 평형 방정식을 통해(즉, $\Sigma M_x=0$, 따라서 $M+T_0=0$) 반력 모멘트 $M=-T_0$에 대한 값을 결정할 수 있다. 그림 6-4b의 RHFB를 사용한 추가 평형 분석을 통해 **내부 비틀림 모멘트**(internal torsional moment) $T(x)=T_0$임을 알 수 있고, 따라서 $T(x)$가 샤프트의 전체 길이에 걸쳐 일정하다는 것을 보여준다. 그림 6-4의 내부 비틀림 모멘트 벡터는 절단의 왼쪽 및 오른쪽 면 모두에서 절단면의 면에서 **밖으로 나가는** 방향(축하중에서의 인장 방향)을 가리킨다.

분포 비틀림 모멘트 샤프트의 세로방향 도심에서 작용하는 모멘트가 그림 6-4c의 일정한 크기의 **균일 모멘트**(uniform moment) t_0과 같이 분포하중인 경우 모멘트 크기 t_0에 샤프트를 따라 작용하는 거리를 곱하여 샤프트의 해당 구획에 작용하는 비틀림 모멘트의 총계를 구한다. 분포 모멘트 $t(x)$가 샤프트의 전체 길이에 걸쳐 작용하면 지지점에서의 반력 모멘트 M은 평형 방정식 $\Sigma M_x=0$을 사용하여 구하고 그 결과는 다음과

그림 6-4

(a) 자유단에서 비틀림 모멘트 T_0이 적용된 캔틸레버 샤프트, (b) 내부 비틀림 모멘트가 $T(x)$인 캔틸레버 샤프트, (c) 균일한 분포 비틀림 모멘트가 작용하는 캔틸레버 샤프트 t_0의 모멘트 하중, (d) t_0의 균일한 분포 비틀림 모멘트 하중을 나타내는 다른 방법

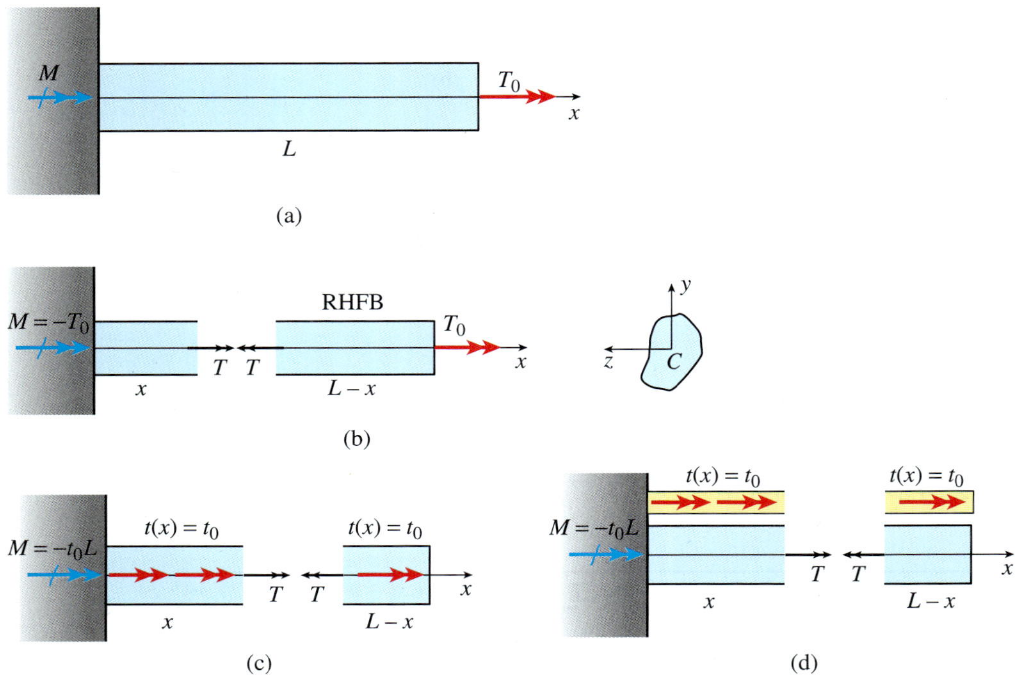

같다.

$$M + t_0 L = 0$$

$$\text{또는} \quad M = -t_0 L$$

균일하게 분포된 모멘트 t_0을 표시하는 다른 방법은 그림 6-4d에 나와 있다. 여기서 일정한 높이 t_0의 직사각형이 사용되고 실제로 가해지는 방향을 따라 하중이 적용된다는 이해를 돕기 위해 샤프트 위에 분포 모멘트가 표시된다. 이제 샤프트에 적용된 총모멘트는 분포하중 도형 영역의 면적으로 표시된다.

$$M_t = \int_0^L t_0 dx = t_0 L$$

다시 한번 물체 전체에 대해 정적 평형 해석을 하면 $M = -M_t = -t_0 L$이 된다. **내부 모멘트**(internal moment) $T(x)$는 그림 6-4c 또는 d의 오른쪽 자유물체도(RHFB)에서 다음과 같이 계산할 수 있다.

$$T(x) = t_0(L - x) \tag{6-6}$$

위 식에서 보면 내부 모멘트 T는 샤프트의 전체 길이에 걸쳐 x에 따라 선형적으로 변한다. $x = 0$에서 T는 반력 모멘트 M과 같고 $x = L$에서는 $T = 0$이다.

마지막으로, **선형적으로 변하는** 비틀림 모멘트 하중을 고려한다. $t(x)$는 그림 6-5a에 나와 있다. 하중은 $x=0[$즉, $t(0)=t_0]$에서 최대 크기 t_0을 가지며 $x=L[t(L)=0]$에서 크기가 0이며, x의 함수로 표현한 임의의 점에서의 크기는 $t(x)=t_0\left(1-\dfrac{x}{L}\right)$이다. 샤프트에 적용된 총 비틀림 모멘트 $M_t=\int_0^L t(x)dx=\dfrac{1}{2}t_0L$이고 이것은 삼각형 형태의 하중 그래프의 아랫부분 면적과 같다. 정적인 평형을 고려하면 다음의 평형 방정식을 활용할 수 있다. $\Sigma M_x=0$. 이는 $M+M_t=0$이고 따라서 $M=-\dfrac{1}{2}t_0L$이다.

평형 조건 $\Sigma M_x=0$에서 그림 6-5b의 왼쪽 자유물체도(LHFB)를 사용하면 **내부 비틀림 모멘트** $T(x)$는 다음과 같다.

$$T(x)=\frac{1}{2}t_0L-\frac{x}{2}(t_0+t(x))=\frac{t_0}{2L}(L-x)^2 \tag{6-7}$$

샤프트 길이방향에 대한 내부 모멘트 $T(x)$의 변화를 표시하기 위해 식 (6-7)을 그래프로 표현할 수 있다.

부호 규약 뉴턴의 제3법칙(작용–반작용)에 따라 내부 모멘트는 그림 6-4와 그림 6-5에서 각 절단면의 두 면에서 크기는 같지만 방향이 반대이다.

내부 비틀림 모멘트 벡터 T가 절단면에서 바깥쪽으로 표시되면 양수로 간주되고, 모멘트 T가 절단면을 향하여 작용하면 이것은 음수로 간주된다.

모멘트 $\boldsymbol{T}$에 대한 계산 결과가 음수로 판명되면 초기에 자유물체도에서 설정한 방향과 반대방향의 모멘트가 작용한다는 의미이므로 $\boldsymbol{T}$의 방향은 샤프트의 자유물체도에서 반전되어야 한다.

그림 6-5
(a) 최대 크기가 t_0인 선형적으로 변하는 비틀림 모멘트를 갖는 캔틸레버 샤프트와 (b) 왼쪽 자유물체도(LHFB)

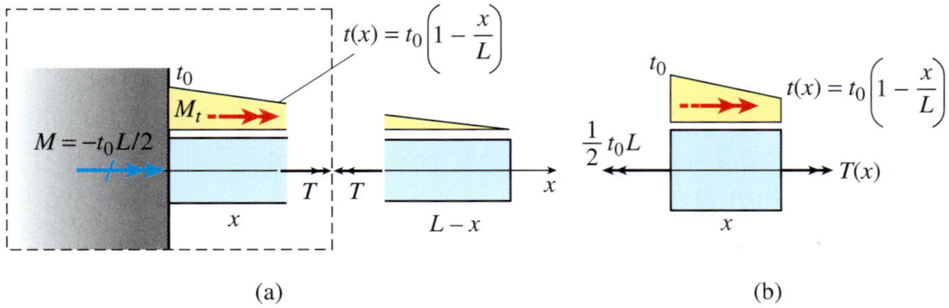

하중과 내부 비틀림 모멘트의 관계

비틀림 모멘트의 작용으로 인한 직선 샤프트의 비틀림은 응용역학에서 중요한 문제이다. 먼저 분포 비틀림 모멘트 $t(x)$가 작용하는 샤프트에서 가져온 미세 요소를 고려한

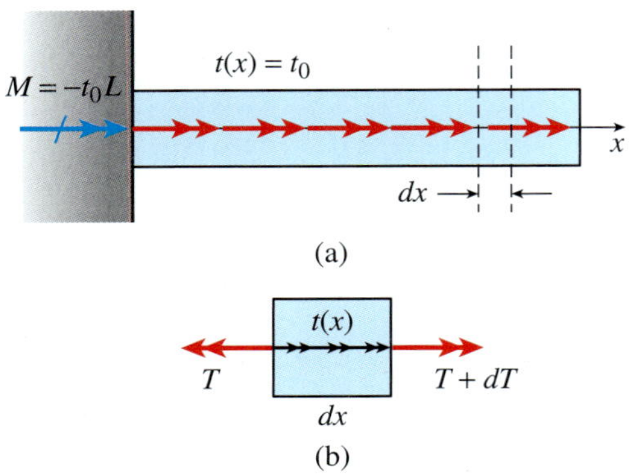

그림 6-6

(a), (b) 하중과 내부 비틀림 모멘트의 관계를 도출하는 데 사용되는 샤프트 요소(분포 비틀림 하중 t 및 내부 비틀림 모멘트 T는 양의 방향으로 표시됨)

다(그림 6-6). 내부 토크 T는 샤프트 내에서 발생하며 샤프트의 위치에 따라 변한다. 미소 모멘트 dT는 샤프트를 따라 내부 비틀림 모멘트의 변화를 설명할 수 있다. 요소의 각 면에 대한 내부 토크는 변형 부호 규약에 따라 면에서 멀어지는 방향으로 작용한다고 가정한다.

그림 6-6b에서 요소의 평형을 활용하여 다음을 유도할 수 있다.

$$\Sigma M_x = 0 \qquad -T + t(x)dx + (T + dT) = 0$$

또는

$$\frac{dT}{dx} = -t \tag{6-8}$$

식 (6-8)은 **샤프트 내 비틀림 모멘트의 변화율이 샤프트를 따라 같은 지점에서 분포된 비틀림 하중 값의 음수와 같다**는 것을 나타낸다. 적용된 토크 t와 내부 토크 T 사이의 이러한 미분 관계는 수학적으로 식 (6-3)에 제시된 축방향 하중 q와 내부 축방향 힘 N 사이의 관계와 동일하다. 따라서 샤프트의 일부 영역[즉, 그림 6-4b에서와 같이 $t(x) = 0$]에 적용된 분산 모멘트가 없으면 $dT/dx = 0$이고 내부 비틀림 모멘트는 해당 영역에서 일정하다. 같은 방식으로 비틀림 모멘트 하중이 샤프트의 한 부분에 **균일하게 분포**되면(그림 6-4c와 6-6 참조) dT/dx는 일정하고 내부 비틀림 모멘트 T는 샤프트의 해당 부분에서 선형적으로 변한다. **선형** 분포 비틀림의 경우(그림 6-5), 내부 비틀림 모멘트에 대한 2차 표현은 식 (6-7)에 나와 있다. 식 (6-7)에서 $T(x)$를 미분하여 다음을 얻을 수 있다.

$$\frac{dT}{dx} = \frac{d}{dx}\left(\frac{t_0}{2L}(L - x)^2\right) = -t_0\left(1 - \frac{x}{L}\right) = -t(x) \tag{6-9}$$

이 결과는 식 (6-8)과 일치한다.

크기 t의 분포 비틀림 하중과 내부 비틀림 모멘트 T 사이의 두 번째 관계는 식 (6-8)의 양쪽에 dx를 곱한 다음 샤프트 축을 따라 두 점 A와 B를 적분하여 얻는다.

$$\int_A^B dT = T_B - T_A = -\int_A^B t(x)dx \tag{6-10}$$

이것은 식 (6-4)에서와 같은 표현이지만 이제는 내부 축력 N이 아니라 내부 비틀림 모멘트 T에 적용된다.

그림 6-5에서 선형적으로 변하는 비틀림 하중을 갖는 샤프트의 경우 점 A가 $x = 0$이고 점 B가 $x = L$이면 다음과 같다.

$$T_B - T_A = -\frac{1}{2}t_0 L = -M_t \tag{6-11}$$

여기서 M_t는 삼각형 비틀림 하중 곡선 아래의 면적이다.

6.4 횡하중 및 모멘트가 작용하는 보와 프레임

보는 길이를 따라 횡하중(보 축에 수직인 벡터를 갖는 힘) 또는 모멘트를 받을 때 **구부러지는** 부재이다. 하중은 **집중**되거나 **분산**될 수 있으며 보 위의 특정 지점에 적용된 굽힘 모멘트를 포함할 수도 있다. 보의 예로는 건물이나 교량의 바닥 시스템 부재, 비행기 날개, 좌석을 지지하는 경기장의 프레임 부재가 있다. 여기서 초점은 작용하는 하중 및 설계에 대한 거동 평가에 필수적인 이러한 구조 구성 요소의 내부 힘과 모멘트를 결정하는 것이다. 일반적으로 보는 앞에서 논의한 축방향 하중이 있는 철근과 비틀림 모멘트가 있는 샤프트보다 더 복잡한 하중 전달 요소이므로 보는 철근 및 샤프트보다 더 깊이 연구된다.

그림 6-7에 나타낸 보는 단일평면에 놓여 있기 때문에 **평면 구조물**로 분류된다. 만일 모든 하중이 동일 평면에서 작용하고 모든 처짐(점선으로 나타낸)이 그 평면에서 발생한다면, 그 평면을 **굽힘 평면**(plane of bending)이라고 한다.

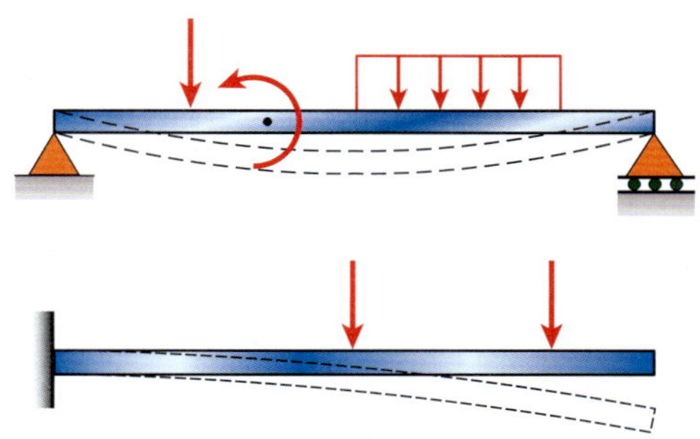

그림 6-7
횡하중을 받는 보의 예

전단력과 굽힘 모멘트를 구하는 것이 모든 보의 **설계**에서 필수적인 단계이다. 일반적으로 이 크기들의 최댓값뿐만 아니라 이들이 축을 따라 변하는 방법도 알 필요가 있다. 전단력과 굽힘 모멘트를 구하고 나면 치수가 정해진 보에서 응력, 변형 및 처짐을 계산하거나 다양한 조건에 맞추어 새로운 보를 설계(즉, 필요한 크기 구하기)할 수 있다.

보, 하중 및 반력의 종류

보는 일반적으로 그들이 지지되는 방법에 따라 설명된다. 예를 들어 한쪽 끝은 핀으로 다른 쪽 끝은 롤러로 지지된(그림 6-8a) 보는 **단순 지지 보**(simply supported beam) 혹은 **단순 보**(simple beam)라고 한다. 3.2절의 표 3-1에서 볼 수 있듯이, **핀 지지**의 근본적인 특징은 핀이 보 끝의 이동은 억제하지만 회전은 억제하지 않는다는 것이다. 따라서 그림 6-8a에서와 같이 보의 끝 A는 수평방향 혹은 수직방향으로 이동할 수는 없지만 보의 축은 그림의 평면 내에서 회전할 수는 있다. 결과적으로 핀 지지는 수평방향과 수직방향 분력(H_A와 R_A)을 갖는 반력을 일으킬 수 있으나 모멘트 반력을 일으킬 수는 없다.

보의 끝 B(그림 6-8a)에서 **롤러 지지**(roller support)는 수직방향의 이동을 억제하지만 수평방향의 이동을 억제하지는 않는다. 따라서 이 지지는 수직방향의 힘(R_B)은 억제할 수 있지만 수평방향의 힘은 억제할 수 없다. 물론 보의 축은 A에서와 같이 B에서 회전이 자유롭다. 롤러 지지와 핀 지지의 수직반력은 상향 또는 하향으로 작용할 수 있으며, 핀 지지의 수평반력은 우측이나 좌측으로 작용할 수 있다. 그림에서 반력은 하중과 구분할 목적으로 빗금 친 화살표로 표시된다.

그림 6-8b에 나타나 있는, 한쪽 끝은 고정되어 있고 다른 쪽은 자유단인 보를 **캔틸레버**(cantilever beam)라고 한다. **고정 지지점**(fixed support)에서 이 보는 이동도 회전도 할 수 없는 반면에 자유단에서는 이동과 회전 모두 가능하다. 결과적으로 고정 지

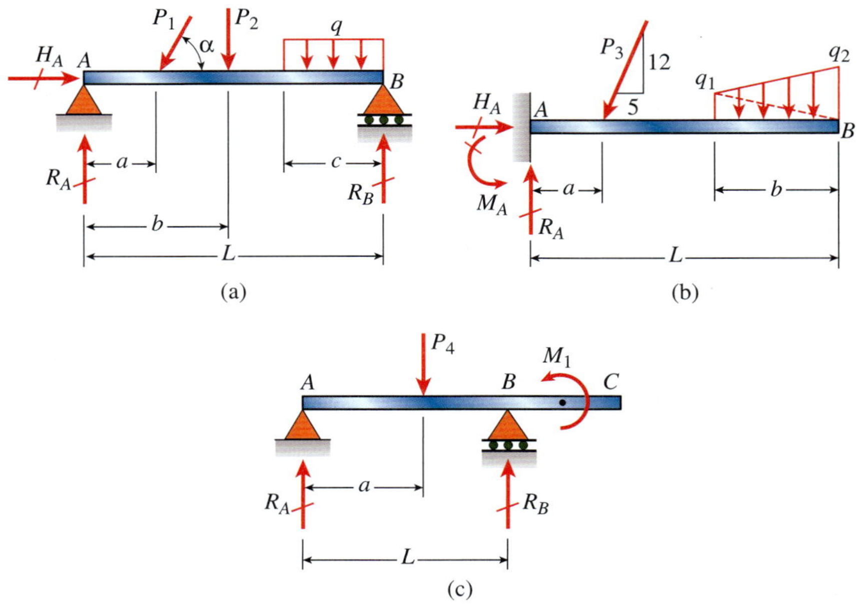

그림 6-8
보의 종류: (a) 단순 보, (b) 캔틸레버, (c) 돌출 보

지에서는 힘과 모멘트 반력 둘 다 존재한다.

그림에 있는 세 번째 예는 **돌출 보**(beam with an overhang)이다(그림 6-8c). 이 보는 점 A와 B에서 단순 지지되어 있으나 보의 한쪽 끝이 점 B를 넘어서 돌출되어 있다. 돌출된 구간 BC는 보의 축이 점 B에서 회전할 수 있다는 점을 제외하고는 캔틸레버와 유사하다. 반력 성분 H_A는 그림 6-8c에 표시된 하중에 대해 0이므로 그림에 포함되지 않았다.

그림 6-8에 나타낸 보의 설명과 같이, 실제 구조물을 **이상적인 모델**(idealized model)로 표시하는 과제는 공학 업무에서 중요한 일이다. 모델은 수학적 해석이 용이하도록 충분히 단순해야 하지만 합리적인 정확도로 구조물의 실제 거동을 나타내기에 충분할 만큼 복합적이어야 한다. 물론 모든 모델은 본질과 유사하다. 예들 들면 실제 보의 지지는 결코 완벽히 견고할 수는 없으므로 핀 지지점에서는 약간의 이동이 있고 고정 지지점에서는 약간의 회전이 항상 발생한다. 또한 지지점은 결코 완전히 마찰에서부터 자유로울 수는 없으므로 롤러 지지점에서는 이동에 대한 소량의 구속이 항상 존재한다. 대부분의 경우, 특히 정정 보의 경우 이상적인 조건으로부터 이러한 편차는 보의 거동에 매우 작은 영향을 미치므로 무시하더라도 큰 무리가 없다.

하중의 종류 이 논의에서 하중은 그림의 평면에서 작용한다고 가정했다. 즉, 모든 힘은 그림의 평면 내에서 벡터를 가져야 하고 모든 우력은 그림의 평면에 수직인 모멘트 벡터를 가져야 한다. 또한 보 자체는 해당 평면에 대해 대칭이어야 한다. 즉, 보의 모든 횡단면에는 수직 대칭축이 있어야 한다. 이러한 조건에서 보는 **굽힘 평면**(그림의 평면)에서만 처짐이 발생한다.

보에 작용하는 여러 가지 종류의 하중이 그림 6-8에 나타나 있다. 하중이 매우 작은 면적에 걸쳐 작용할 때 그것은 하나의 힘인 **집중하중**(concentrated load)으로 이상화될 수 있다. 그림에 있는 하중 P_1, P_2, P_3, P_4가 그 예이다. 또 다른 종류의 하중은 돌출보에 작용하는 우력 모멘트 M_1로 표시되는 **우력**(couple)이다(그림 6-8c).

그림 6-8a에 있는 하중 q와 같이 하중이 보의 축을 따라 분포되었을 때, 그 하중은 **분포하중**(distributed load)으로 설명된다. 분포하중은 단위길이당 힘의 단위로 표시되는 하중의 **크기**(intensity)로 측정된다(예를 들어 미터당 뉴턴). **등분포하중**(uniformly distributed load) 또는 **균일하중**(uniform load)은 단위길이당 일정한 세기 q를 갖는다(그림 6-8a). 변화하중은 축방향으로 위치에 따라 세기가 변하는 것이다. 예를 들어 그림 6-8b의 **선형적으로 변하는 하중**(linearly varying load)은 세기가 q_1에서 q_2로 선형적으로 변한다. 보의 경우 대부분의 경우 분포하중은 위쪽 또는 아래쪽으로 작용하고 부재를 가로질러 작용하는 것으로 가정한다.

보의 내부 힘과 모멘트

그림 6-9a의 캔틸레버를 보면 보는 **전단**과 **굽힘**의 조합력을 받고 이렇게 가해진 하중에 저항한다. 그림 6-9의 보에서 하중 P_0은 자유단($x=L$)에서 보의 축에 가로로 가해지고 도심 C에서 $(-y)$방향으로 작용한다. 고정단에서 x만큼 떨어진 지점에서 보를 절단하면 단면에서 내부 전단력 V와 내부 굽힘 모멘트 M이 모두 존재하고 이 힘이 함께 작용하여 적용된 하중 P_0에 저항하게 된다. 전체 보의 정적 평형 해석에서 다음과 같이 반력 R_1을 찾을 수 있다.

$$\Sigma F_y = 0\text{이므로 } R_1 - P_0 = 0 \text{ 또는 } R_1 = P_0$$

보의 왼쪽 끝에서 z축에 대한 모멘트의 합($x=0$에서)을 통해서 반력 모멘트 R_2를 구할 수 있다.

$$\Sigma M_z = 0\text{이므로 } R_2 - P_0 L = 0 \text{ 또는 } R_2 = P_0 L$$

3장과 4장에서와 같이 반력과 모멘트를 구하기 위해 **정적 부호 규약**을 사용하였다. 마지막으로, RHFB(그림 6-9b)를 사용하고 양의 내부 전단력$(+V)$이 절단면의 오른쪽 면에 위쪽으로 작용하고 양의 내부 굽힘 모멘트$(+M)$가 동일한 단면에 시계방향으로 작용한다고 가정하고 다음과 같이 전단력 및 모멘트를 구한다.

$$\Sigma F_y = 0\text{이므로 } V(x) = P_0$$
$$\Sigma M_z = 0\text{이므로 } M(x) = -P_0(L-x)$$

이 예에서 전단력은 보 위의 모든 위치에서 일정하다. 그러나 내부 모멘트는 보의 위치에 따라 일정하지 않다. 일반적으로 함수 $V(x)$ 및 $M(x)$를 별도의 **다이어그램**(diagram)으로 표시하여 각각이 보의 길이방향 위치 좌표 x에 따라 어떻게 변하는지 확인하고, 각각이 최댓값에 도달하는 위치를 찾아야 한다. 그러나 이를 수행하기 전에 내부 전단력 V 및 굽힘 모멘트 M을 계산하고 표시하는 데 사용할 **부호 규약**을 정의해야 할 필요가 있다.

그림 6-9

(a) 끝단에 횡방향 하중 P_0이 작용하는 캔틸레버와 (b) 내부에 전단력 $V(x)$와 모멘트 $M(x)$가 작용하는 캔틸레버

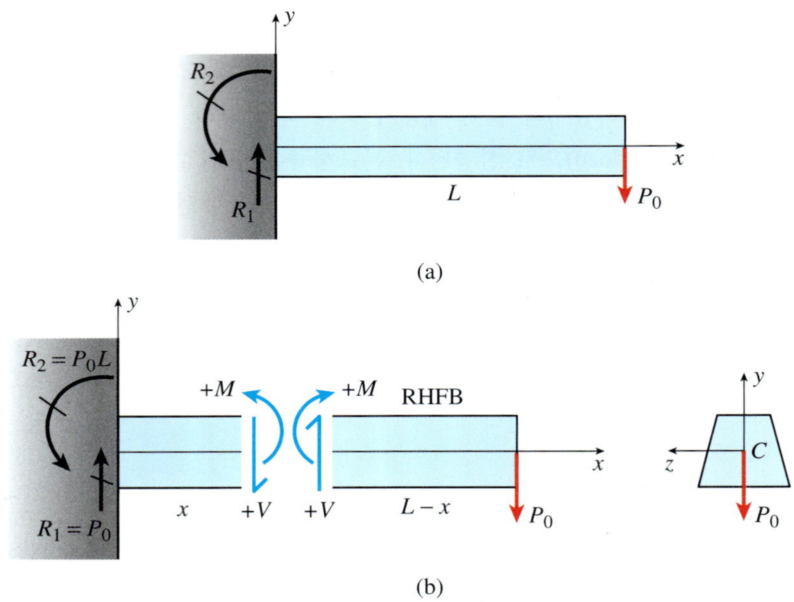

부호 규약 이제 전단력과 굽힘 모멘트의 부호 규약을 고려해보자. 전단력과 굽힘 모멘트가 그림 6-9b에 보인 방향으로 작용할 때 양이라고 가정하는 것이 일반적인 관례이다. 오른쪽 자유물체도(RHFB)의 일부인 **오른쪽 면**에서 전단력은 보 세그먼트를 시계방향으로 회전시키는 경향이 있고, 굽힘 모멘트는 보의 상단 부분을 압축하고 아래쪽 부분을 늘리는 경향이 있다. 보의 **왼쪽 부분**에 대한 전단력 V와 모멘트 M의 작용도 그림 6-9b에 나와 있다. 이제 두 힘의 방향이 앞의 경우와 반대이다. 전단력은 아래쪽으로 작용하고 굽힘 모멘트는 반시계방향으로 작용한다. 그러나 전단력은 여전히 재료를 시계방향으로 회전시키는 경향이 있으며, 굽힘 모멘트는 여전히 보의 상부를 압축하고 하부를 연장하는 경향이 있다.

따라서 내부 전단력 또는 굽힘 모멘트의 대수 기호는 공간에서의 방향이 아니라 작용하는 재료를 변형하는 방법에 따라 결정된다. 보의 경우 다음 부호 규약을 따른다.

양의 전단력은 재료에 대해 시계방향으로 작용하고(그림 6-9b) 음의 전단력은 재료에 대해 반시계방향으로 작용한다. 또한 양의 굽힘 모멘트는 보의 상부를 압축하고(그림 6-9b) 음의 굽힘 모멘트는 하부를 압축한다.

그림 6-10

전단력 V와 굽힘 모멘트 M에 대한 부호 규약

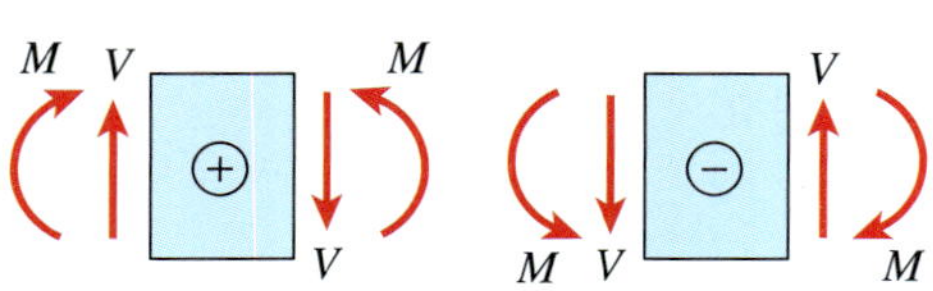

이러한 규약을 확실히 하기 위해, 모든 양과 음의 전단력과 굽힘 모멘트를 그림 6-10에 나타내었다. 힘과 모멘트가 작은 거리만큼 떨어진 두 단면 사이를 절단한 보의 요소에 작용하는 모습으로 보여주었다.

모든 양과 음의 전단력 및 굽힘 모멘트에 의해 발생한 요소의 **변형**이 그림 6-11에 그려져 있다. 양의 전단력은 우측면이 좌측면에 비해 아래로 움직이게 함으로써 요소를 변형시키려 하고, 이미 언급했듯이 양의 굽힘

모멘트는 보의 상부는 줄어들게 하고 하부는 늘어나게 한다는 것을 알 수 있다.

내부 전단력과 굽힘 모멘트의 부호 규약은 부재가 어떻게 변형되었는가에 근거를 두기 때문에 **변형 부호 규약**(deformation sign conventions)이라고 한다. 예를 들면, 봉의 출력을 다루는 데 변형 부호 규약을 이미 사용했다. 봉을 늘리는 축력은 양이고 줄이는 축력은 음이라 명시했다. 따라서 축력의 부호는 공간에서 축력의 방향에 따르는 것이 아니라 축력이 부재를 어떻게 변형시키는가에 따르는 것이다.

대조적으로 평형 방정식을 작성할 때는 **정적 부호 규약**(static sign convention)을 사용하는데, 여기서 힘은 좌표축의 방향과 일치하는가에 따라 양과 음이 된다. 예를 들어 y방향의 힘을 더한다면, y축의 양의 방향으로 작용하는 힘은 양이 되고 음의 방향으로 작용하는 힘은 음이 된다.

그림 6-11

(a) 전단력과 (b) 굽힘 모멘트에 의해 발생되는 보 요소의 변형

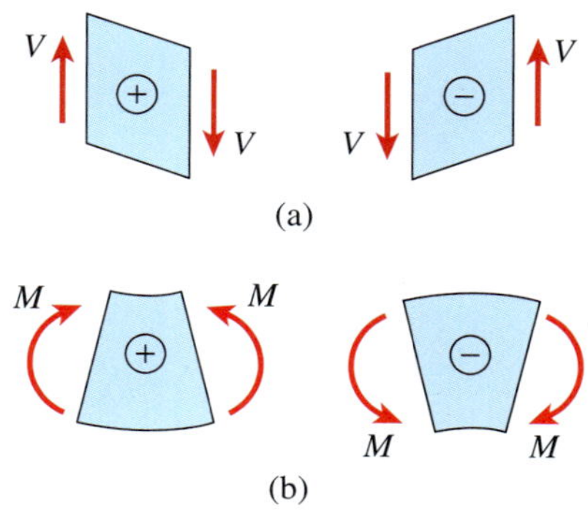

하중, 전단력 및 굽힘 모멘트 사이의 관계

이제 보의 하중, 전단력 및 굽힘 모멘트 사이의 몇 가지 중요한 관계를 알아본다. 이러한 관계는 보 전체에 걸쳐 전단력과 굽힘 모멘트 선도를 작성하는 데 매우 유용하다.

관계식을 얻기 위해 거리 dx만큼 떨어진 두 단면 사이를 잘라낸 보의 요소를 고려해보자(그림 6-12). 요소의 윗면에 작용하는 하중은 그림 6-12a, b, c에 나타낸 것과 같이 각각 분포하중, 집중하중, 우력이 될 수 있다. 이 하중들의 **부호 규약**은 다음과 같다.

분포하중과 집중하중은 보에 대해 아래로 작용할 때 양이며 위로 작용할 때 음이다. 보에 하중으로서 작용하는 우력은 반시계방향일 때 양이며 시계방향일 때 음이다.

만약 다른 부호 규약을 사용할 경우, 이 절에서 유도된 방정식에 나타나는 항의 부호가 변경될 수 있다.

요소의 측면에 작용하는 전단력과 굽힘 모멘트는 그림 6-11에 이들의 양의 방향으로 나타난다. 일반적으로 전단력과 굽힘 모멘트는 보의 축에 따라 변한다. 그러므로 요소의 오른쪽 면에 작용하는 이들의 크기는 왼쪽 면에 작용하는 것과 비교하여 크기가 다를 것이다.

분포하중의 경우에는(그림 6-12a) V와 M의 증가분이 미소하므로 이들을 각각 dV와 dM으로 표기한다. 오른쪽 면에서 이에 대응하는 힘은 $V+dV$와 $M+dM$이다.

집중하중(그림 6-12b) 또는 우력(그림 6-12c)의 경우에는 증가분이 한정될 것이므로 각각 V_1과 M_1로 표기된다. 오른쪽 면에서 이에 대응하는 합력은 $V+V_1$과 $M+M_1$이다.

각 하중 종류별로 요소에 대한 두 개의 평형 방정식을 세울 수 있다. 즉, 수직방향의 힘의 평형에 대한 한 개의 방정식과 모멘트 평형에 대한 한 개의 방정식이다. 첫 번째 식은 하중과 전단력 사이의 관계를 나타내고, 두 번째 식은 전단력과 굽힘 모멘트 사이의 관계를 나타낸다.

그림 6-12

하중, 전단력 및 굽힘 모멘트 사이의 관계를 유도하기 위한 보의 요소에 대한 자유물체도(모든 하중, 전단력, 모멘트는 양의 방향으로 표기됨)

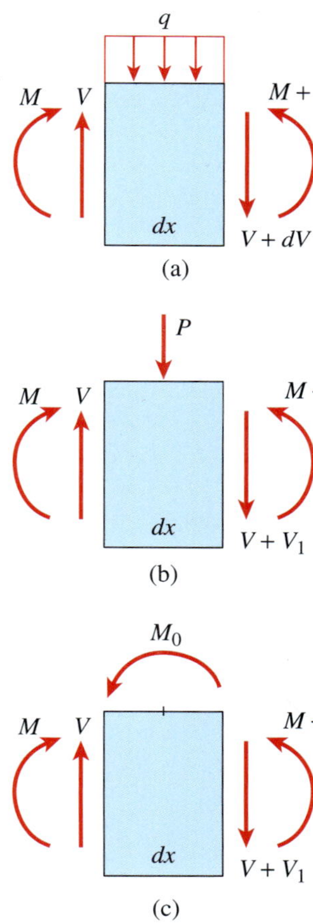

분포하중 하중의 첫 번째 종류는 그림 6-12a에 보인 것과 같이 세기 q의 분포하중이다. 먼저 분포하중과 전단력의 관계를 살펴보고, 다음에는 굽힘 모멘트와의 관계를 살펴본다.

전단력 수직방향의 힘(위 방향 힘이 양이다)의 평형으로부터 다음 식을 얻는다.

$$\sum F_{\text{vert}} = 0 \qquad V - q\,dx - (V + dV) = 0$$

또는

$$\frac{dV}{dx} = -q \tag{6-12}$$

이 식으로부터 보의 축을 따라 임의의 점에서 전단력의 변화율은 동일한 점에서 분포하중 세기의 음의 값과 같다는 사실을 알 수 있다. 만약 분포하중의 부호 규약이 반대이면 q는 아래 방향 대신에 위 방향이 양이며, 이때에는 위 식에서 우변의 음의 부호는 없어진다.

몇 가지 유용한 관계식은 식 (6-12)에서 바로 알 수 있다. 이를테면, 보의 구간에 분포하중이 없으면($q=0$) $dV/dx=0$이고 전단력은 보의 해당 구간에서 일정하다. 또한 분포하중이 보의 구간에 걸쳐 일정하면($q=$상수) dV/dx는 역시 상수이고 전단력은 보의 해당 구간에서 선형적으로 변한다.

보에서 두 개의 단면에 작용하는 전단력에 관련된 유용한 관계식은 보의 축에 따라 식 (6-12)를 적분하여 얻을 수 있다. 이 관계식을 얻기 위해, 식 (6-12)의 양변에 dx를 곱한 다음 보의 축을 따라 임의의 두 점 A와 B 사이를 적분한다.

$$\int_A^B dV = -\int_A^B q\,dx \tag{6-13}$$

여기서 점 A에서 점 B로 이동함에 따라 x는 증가한다고 가정한다. 이 식의 좌변은 점 B와 점 A에서 전단력의 차이($V_B - V_A$)와 같다. 우변의 적분은 A와 B 사이의 하중 선도의 면적을 나타내며, 점 A와 B 사이에 작용하는 분포하중의 합력의 크기와 같다. 그러므로 식 (6-13)으로부터 다음 식을 얻는다.

$$\begin{aligned} V_B - V_A &= -\int_A^B q\,dx \\ &= -(A\text{와 } B \text{ 사이 하중 선도의 면적}) \end{aligned} \tag{6-14}$$

다시 말해, 보의 축을 따라 두 점 사이의 전단력의 차이는 이 두 점 사이의 아래 방향으로 작용하는 하중 전체의 음의 값과 같다. 하중 선도의 면적은 q의 작용 방향에 따라 (q가 아래로 작용한다면)양이 될 수도 있고 (q가 위로 작용한다면)음이 될 수도 있다.

식 (6-12)는 오직 분포하중만을 받는 보의 요소에 대해 유도되었기 때문에, 집중하중이 작용하는 점에서는 식 (6-12)를 사용할 수 없다. 같은 이유로 집중하중 P가 점 A와 B 사이에서 보에 작용하면 식 (6-14) 역시 사용할 수 없다.

굽힘 모멘트 이제 그림 6-12a에 나타낸 보 요소의 모멘트 평형을 고려해보자. 요소

좌측면의 축에 대해 모멘트를 합하고(축은 그림의 평면에 수직이다), 반시계방향의 모멘트를 양으로 취하면 다음의 식을 얻을 수 있다.

$$\sum M = 0 \qquad -M - q\,dx\left(\frac{dx}{2}\right) - (V + dV)\,dx + M + dM = 0$$

미분의 곱을 제거하면(미소량의 곱이므로 그 밖의 항에 비해 무시할 수 있음) 다음과 같은 관계식을 얻는다.

$$\frac{dM}{dx} = V \tag{6-15}$$

이 식은 보의 축을 따라 임의의 점에서 굽힘 모멘트의 변화가 동일한 점에서 전단력과 같다는 사실을 보여준다. 이를테면 전단력이 보의 구간에서 0이면 굽힘 모멘트는 동일한 구간에서 일정하다.

식 (6-15)는 분포하중이 보에 작용하는(또는 하중이 없는) 구간에서만 적용된다. 집중하중이 작용하는 점에서는 전단력의 갑작스러운 변화(또는 불연속)가 일어나기 때문에 도함수 dM/dx가 정의되지 않는다.

보의 축을 따라 두 점 A와 B 사이에서 식 (6-15)를 적분하면 다음과 같다.

$$\int_A^B dM = \int_A^B V\,dx \tag{6-16}$$

이 식에서 좌변의 적분은 점 B와 A에서 굽힘 모멘트의 차이($M_B - M_A$)이다. 우변의 적분을 설명하기 위해 V를 x의 함수로 생각하고 x에 대한 V의 변화를 보여주는 전단력 선도를 보일 필요가 있다. 그러면 우측의 적분은 전단력 선도에서 점 A와 B 사이의 면적을 나타낸다는 사실을 알 수 있다. 그러므로 식 (6-16)을 다음과 같은 방법으로 표현할 수 있다.

$$\begin{aligned} M_B - M_A &= \int_A^B V\,dx \\ &= (A\text{와 } B \text{ 사이 하중 선도의 면적}) \end{aligned} \tag{6-17}$$

이 식은 집중하중이 보의 점 A와 B 사이에 작용할 때도 유효하다. 그러나 우력이 A와 B 사이에 작용할 때는 유효하지 않다. 우력은 굽힘 모멘트에 갑작스러운 변화를 일으키고 식 (6-16)의 좌변은 이러한 불연속점을 지나서 적분될 수 없다.

집중하중 이제 보 요소에 작용하는 집중하중 P를 고려해보자(그림 6-12b). 수직방향의 힘의 평형으로부터 다음 식을 얻는다.

$$V - P - (V + V_1) = 0 \quad \text{또는} \quad V_1 = -P \tag{6-18}$$

이 결과는 집중하중이 작용하는 어느 점에서나 전단력의 급격한 변화가 발생한다는 것을 의미한다. 좌측에서 우측으로 하중 작용점을 통과했기 때문에 전단력은 아래로 작용하는 하중 P의 크기와 같은 양만큼 감소한다. 요소의 좌측면에 대한 모멘트의 평형으로부터 다음 식을 얻을 수 있다.

$$-M - P\left(\frac{dx}{2}\right) - (V + V_1)dx + M + M_1 = 0$$

또는

$$M_1 = P\left(\frac{dx}{2}\right) + Vdx + V_1dx \tag{6-19}$$

요소의 길이 dx는 아주 미소하므로 굽힘 모멘트의 증분 M_1 역시 아주 미소하다는 사실을 이 식으로부터 알 수 있다. **따라서 집중하중의 작용점을 지나갈 때 굽힘 모멘트는 변하지 않는다.**

굽힘 모멘트 M은 집중하중의 작용점에서 변하지 않을지라도 그 변화율 dM/dx는 갑자기 변하게 된다. 요소의 좌측면에서는 굽힘 모멘트의 변화율이 $dM/dx = V$이다. 우측면에서는 변화율이 $dM/dx = V + V_1 = V - P$이다. **그러므로 집중하중 P의 작용점에서 굽힘 모멘트의 변화율 dM/dx는 P와 같은 양만큼 갑자기 감소한다.**

우력 형태의 하중 고려해야 하는 마지막 하중의 형태는 우력 M_0 형태의 하중이다(그림 6-12c). 수직방향에 대한 요소의 평형으로부터 $V_1 = 0$을 얻고, 이는 **전단력이 우력의 작용점에서 변하지 않음**을 보여준다.

요소의 좌측면에 대한 모멘트의 평형은 다음과 같다.

$$-M + M_0 - (V + V_1)dx + M + M_1 = 0$$

미분량을 포함하는 항을 제거하면(유한 항에 비해 무시할 수 있으므로) 다음 식을 얻는다.

$$M_1 = -M_0 \tag{6-20}$$

이 식은 하중 작용점을 왼쪽에서 오른쪽으로 지나감에 따라 굽힘 모멘트가 M_0만큼 감소한다는 사실을 보여준다. **그러므로 굽힘 모멘트는 우력의 작용점에서 급격히 변한다.**

식 (6-12)에서 (6-20)까지의 식은 보의 전단력과 굽힘 모멘트를 완벽히 검토할 때 유용하다.

전단력과 굽힘 모멘트 선도 보를 설계할 때 일반적으로 전단력과 굽힘 모멘트가 보의 길이에 걸쳐 어떻게 변하는지를 알아야 한다. 이 양의 최댓값과 최솟값은 특별한 관심사이다. 이러한 종류의 정보는 일반적으로 전단력과 굽힘 모멘트를 세로축에 나타내고 보의 축에 따른 위치 x를 가로축에 나타낸 그래프에 의해 주어진다. 이러한 그래프를 **전단력 선도와 굽힘 모멘트 선도**(shear-force and bending-moment diagrams)라고 한다.

이 선도들을 확실히 이해할 수 있도록 세 가지 기본적인 하중 조건, 즉 한 개의 집중하중, 균일하중 및 여러 개의 집중하중에 대해 이 선도들이 어떻게 해석되고 작성되는지를 설명할 것이다.

집중하중 그림 6-13a에 집중하중 P를 지지하고 있는 단순 보 AB가 있다. 하중 P는 보의 왼쪽 지지점에서 a만큼 떨어진 지점, 오른쪽 지지점에서는 b만큼 떨어진 지점에 작용하고 있다. 전체 보를 자유물체로 간주하여 평형 방정식으로부터 두 지지점 A, B에서의 반력을 구하면 다음과 같다.

$$R_A = \frac{Pb}{L} \qquad R_B = \frac{Pa}{L} \tag{6-21a,b}$$

이제 하중 P의 왼쪽 편에 A지지점으로부터 x만큼 거리가 떨어진 지점을 절단한다. 그리고 잘린 보의 왼쪽 부분의 자유물체도를 그리면 그림 6-13b와 같이 표시된다. 평형 방정식을 사용하여 A로부터 x만큼 떨어진 지점에서 작용하는 전단력 V와 굽힘 모멘트 M을 구한다.

$$V = R_A = \frac{Pb}{L} \qquad M = R_A x = \frac{Pbx}{L} \qquad (0 < x < a) \tag{6-22a,b}$$

이 표현식은 하중이 작용하는 지점 왼쪽에 있는 보에서만 유효하다.

다음으로, 하중 P의 오른쪽 부분에서 보를 절단하고 잘려진 왼쪽 부분의 자유물체도를 다시 그린다(그림 6-13c). 이 자유물체에 대한 평형 방정식에서 전단력과 굽힘 모멘트에 대해 다음 식을 얻을 수 있다.

$$V = R_A - P = \frac{Pb}{L} - P = -\frac{Pa}{L} \qquad (a < x < L) \tag{6-23a}$$

그리고

그림 6-13

집중하중이 작용하는 단순 지지 보의 전단력(V) 선도와 굽힘 모멘트(M) 선도

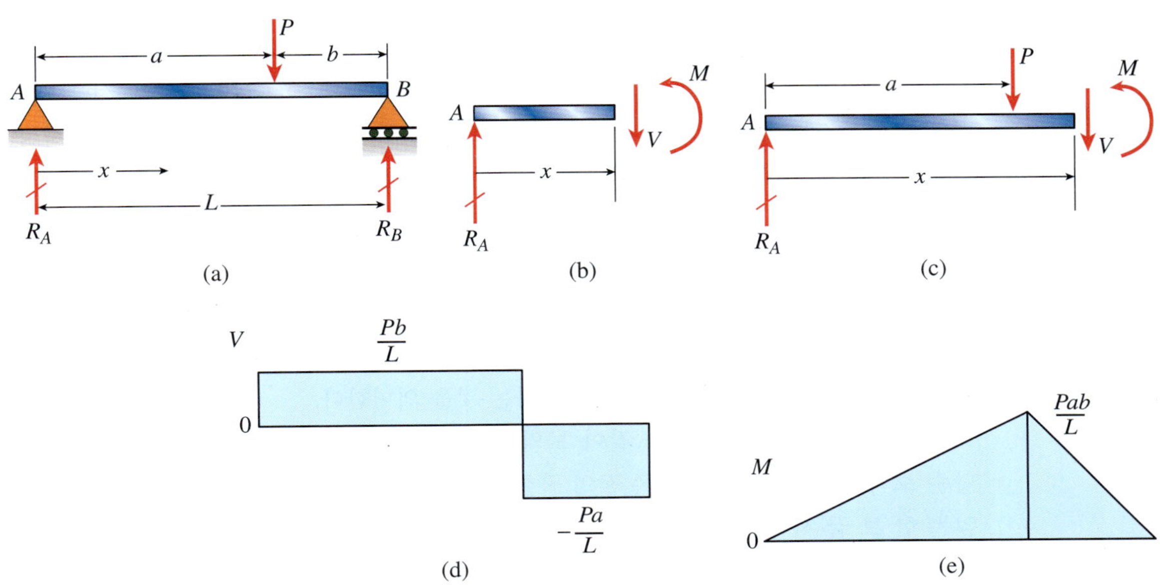

$$
\begin{aligned}
M &= R_A x - P(x-a) = \frac{Pbx}{L} - P(x-a) \\
&= \frac{Pa}{L}(L-x) \qquad\qquad (a < x < L)
\end{aligned}
\tag{6-23b}
$$

상기 방정식은 하중이 작용하는 지점 오른쪽 부분에서만 유효하다.

전단력 및 굽힘 모멘트의 방정식은 보의 아랫부분에 도시되어 있다. 그림 6-13d는 전단력 선도이고, 그림 6-13e는 굽힘 모멘트 선도이다. 그림 6-13d에서 보의 끝 A에서의 전단력($x=0$)은 반력 R_A와 같다. 그런 다음 하중 P가 가해지는 지점까지 일정하게 유지되다가 하중이 작용하는 지점에서 전단력은 하중 P와 같은 양만큼 갑자기 감소한다. 하중 지점을 지나 보의 오른쪽 부분에서 전단력은 다시 일정하고 그 크기는 B에서의 반력과 수치적으로 동일하다.

그림 6-13e에서 볼 수 있듯이 보 왼쪽 부분의 굽힘 모멘트는 A점에서 0의 값으로 시작해서 집중하중 작용점($x=a$)에서 Pab/L까지 선형적으로 증가한다. 오른쪽 부분에서의 굽힘 모멘트 역시 선형 함수이며, 집중하중 작용점에서 Pab/L의 값을 갖고 B점($x=L$)에서 0까지 감소하게 된다. 그래서 최대 굽힘 모멘트는 다음과 같고

$$M_{\max} = \frac{Pab}{L} \tag{6-24}$$

이 최대 굽힘 모멘트는 집중하중이 작용하는 지점에서 발생한다.

하중 P 우측 부분에 대한 전단력과 굽힘 모멘트의 식을 유도할 때[식 (6-23a)와 (6-23b)], 보의 왼쪽 부분의 평형을 고려했다(그림 6-13c). 이 자유물체에는 V 및 M 외에 힘 R_A 및 P가 작용하고 있다. 이러한 예에서는 절단된 보의 오른쪽 부분을 자유물체로 간주하는 것이 더 간단하다. 그러면 V와 M 외에 하나의 힘(R_B)만 평형 방정식에서 고려하면 되기 때문이다. 물론 최종 결과는 바뀌지 않는다.

결과적으로 전단력 및 굽힘 모멘트 선도(그림 6-13d 및 e)의 특성을 알 수 있다. 먼저 전단력 선도의 기울기 dV/dx는 $0<x<a$ 및 $a<x<L$ 영역에서 0이며, 이는 방정식 $dV/dx=-q$[식 (6-12)]와 같은 결과를 보여준다. 또한 동일한 영역에서 굽힘 모멘트 선도의 기울기 dM/dx는 V[식 (6-15)]로 구할 수 있는데, 하중 P의 왼쪽에서 모멘트 선도의 기울기는 Pb/L이고 오른쪽은 $-Pa/L$이다. 따라서 하중 P의 적용 지점에서 전단력 선도의 급격한 변화(하중 P의 크기와 동일)와 굽힘 모멘트 선도에서 기울기의 변화가 있는 것을 알 수 있다.

이제 전단력 선도의 면적을 고려하자. $x=0$에서 $x=a$로 이동할 때 전단력 선도의 면적은 $(Pb/L)a$ 또는 Pab/L이다. 이 양은 동일한 두 점 사이의 굽힘 모멘트의 증가를 나타낸다[식 (6-17)]. $x=a$에서 $x=L$까지 전단력 선도의 면적은 $-Pab/L$이며, 이는 이 영역에서 굽힘 모멘트가 그만큼 감소한다는 것을 의미한다.

결과적으로, 예상한 바와 같이 보의 끝 B에서 굽힘 모멘트는 0이다. 일반적으로, 단순 보의 경우와 같이 보 양쪽 끝의 굽힘 모멘트가 0이면 보에 커플(우력)이 작용하지 않는 한 보 끝 사이의 전단력 선도 영역은 0이어야 한다.

일반적으로 보를 설계할 때 전단력과 굽힘 모멘트의 최댓값과 최솟값이 필요하다. 단일 집중하중을 갖는 단순 보의 경우 최대 전단력은 길이 a 또는 b 중 더 작은 영역에 걸쳐 발생하고, 최대 굽힘 모멘트는 하중이 작용하는 위치에서 발생한다.

크기가 일정한 분포하중 일정한 크기 q로 균일하게 분포된 하중을 갖는 단순 보가 그림 6-14a에 도시되어 있다. 보와 분포하중이 대칭이기 때문에 좌우 반력(R_A 및 R_B)은 $qL/2$와 같다. 왼쪽 끝에서 거리 x에서 전단력과 굽힘 모멘트는 다음과 같다.

$$V = R_A - qx = \frac{qL}{2} - qx \tag{6-25a}$$

그리고

$$M = R_A x - qx\left(\frac{x}{2}\right) = \frac{qLx}{2} - \frac{qx^2}{2} \tag{6-25b}$$

보의 길이 전체에 걸쳐 유효한 이 방정식은 전단력 및 굽힘 모멘트 선도로 표시된다(각각 6-14c와 d).

전단력 선도는 $x=0$ 및 $x=L$에서 반력과 수치적으로 동일한 세로좌표를 갖는 기울어진 직선으로 구성된다. 직선의 기울기는 식에서 예상한 대로 $-q$이다[식 (6-12)로부터]. 굽힘 모멘트 선도는 보의 중간점에 대해 대칭인 포물선 곡선이다. 각 단면에서 굽힘 모멘트 선도의 기울기는 그 지점에서의 전단력과 같다[식 (6-15) 참조].

$$\frac{dM}{dx} = \frac{d}{dx}\left(\frac{qLx}{2} - \frac{qx^2}{2}\right) = \frac{qL}{2} - qx = V$$

굽힘 모멘트의 최댓값은 굽힘 모멘트 선도에 나타난 대로 dM/dx와 전단력 V가 모두 0인 보의 중간점에서 발생한다. 따라서 $x=L/2$를 식에 대입한다[식 (6-25b)].

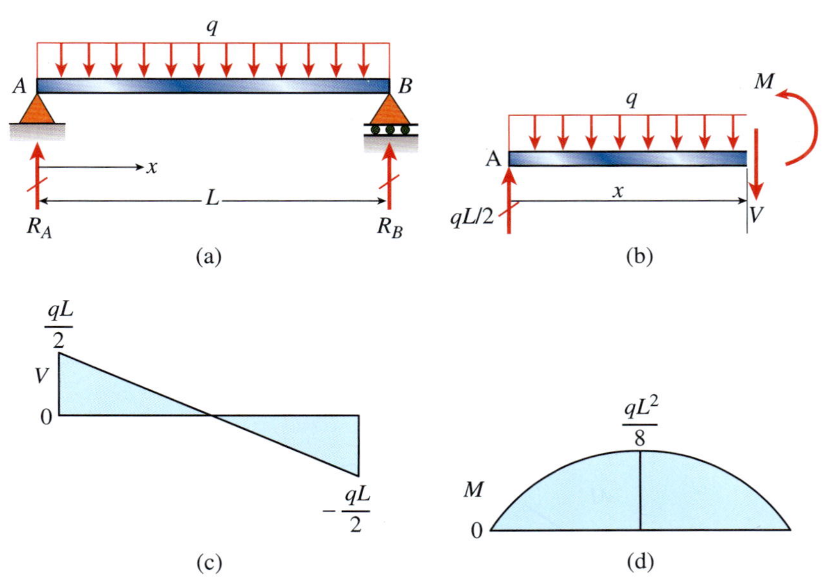

그림 6-14
분포하중이 작용하는 단순 지지 보의 전단력(V) 선도와 굽힘 모멘트(M) 선도

$$M_{\max} = \frac{qL^2}{8} \qquad \textbf{(6-26)}$$

하중 강도 선도(그림 6-14a)는 면적 qL을 가지며, 식 (6-14)에 따르면 보를 따라 A에서 B로 이동할 때 전단력 V는 이 양만큼 감소해야 한다. 위의 경우에 대해 확인해 보면 실제로 전단력이 $qL/2$에서 $-qL/2$로 감소하는 것을 알 수 있다.

$x=0$과 $x=L/2$ 사이의 전단력 선도 면적은 $qL^2/8$이고, 이 면적은 동일한 두 점 사이의 굽힘 모멘트의 증가를 나타낸다[식 (6-17)]. 같은 방식으로 굽힘 모멘트는 $x=L/2$에서 $x=L$의 영역에서 $qL^2/8$만큼 감소한다.

복수의 집중하중 여러 집중하중이 단순 보에 작용하는 경우(그림 6-15a), 전단력 및 굽힘 모멘트에 대한 식은 하중 적용 지점 사이의 세그먼트에 대해 결정될 수 있다. 다시 보의 왼쪽 부분의 자유물체도를 사용하고 끝 A에서 거리 x를 측정하여 보의 첫 번째 세그먼트에 대해 다음 방정식을 얻는다.

$$V = R_A \qquad M = R_A x \qquad (0 < x < a_1) \qquad \textbf{(6-27a, b)}$$

두 번째 세그먼트에 대해서는,

$$V = R_A - P_1 \qquad M = R_A x - P_1(x - a_1) \quad (a_1 < x < a_2) \qquad \textbf{(6-28a, b)}$$

보의 세 번째 세그먼트의 경우 보의 왼쪽 부분보다 오른쪽 부분을 고려하는 것이 해당 자유물체에 더 적은 수의 하중이 작용하기 때문에 계산에 유리하다. 따라서

$$V = -R_B + P_3 \qquad \textbf{(6-29a)}$$

$$M = R_B(L - x) - P_3(L - b_3 - x) \qquad (a_2 < x < a_3) \qquad \textbf{(6-29b)}$$

마지막으로, 네 번째 세그먼트에 대해서는

그림 6-15
복수의 집중하중이 작용하는 단순 지지 보의 전단력(V) 선도와 굽힘 모멘트(M) 선도

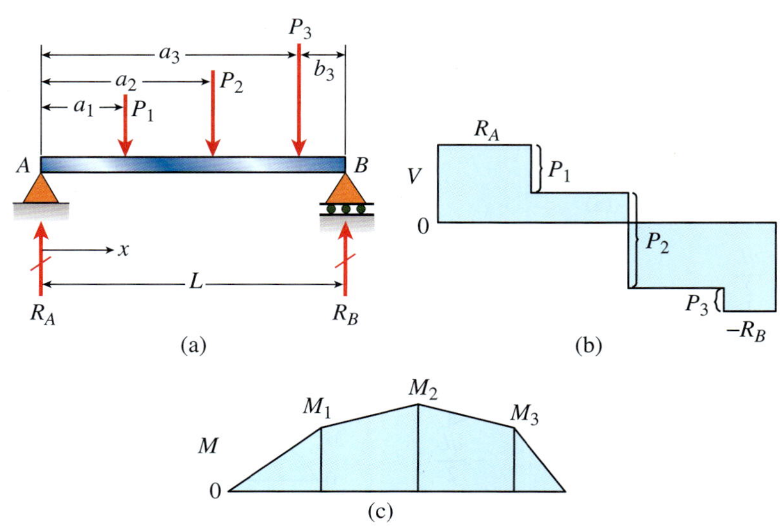

$$V = -R_B \qquad M = R_B(L - x) \qquad (a_3 < x < L) \qquad \textbf{(6-30a, b)}$$

방정식 (6-27)부터 (6-30)은 전단력 및 굽힘 모멘트 선도를 구성하는 데 사용할 수 있다(그림 6-15b 및 c).

전단력 선도에서 전단력은 보의 각 세그먼트에서 일정하며, 각 변화량이 하중과 동일하게 모든 하중점에서 급격하게 변한다는 점에 유의해야 한다. 또한 각 세그먼트의 굽힘 모멘트는 x의 선형 함수이다. 따라서 굽힘 모멘트 선도의 해당 부분은 경사진 직선이다. 이 선을 그리는 데 도움이 되도록 $x=a_1$, $x=a_2$, $x=a_3$을 식 (6-27b), (6-28b), (6-29b)에 대입하여 집중하중 작용점에서 굽힘 모멘트를 찾을 수 있다.

이러한 방식으로 다음 굽힘 모멘트를 구한다.

$$M_1 = R_A a_1 \qquad M_2 = R_A a_2 - P_1(a_2 - a_1) \qquad M_3 = R_B b_3 \qquad \textbf{(6-31a, b, c)}$$

이러한 값을 알면 점을 직선으로 연결하여 굽힘 모멘트 선도를 쉽게 구성할 수 있다.

전단력의 불연속점에서 굽힘 모멘트 선도의 기울기 dM/dx에 상응하는 변화가 있다. 또한 두 하중점 사이의 굽힘 모멘트 변화는 동일한 두 점 사이의 전단력 선도의 면적과 같다[식 (6-17) 참조]. 예를 들어, 하중 P_1과 P_2 사이의 굽힘 모멘트 변화는 $M_2 - M_1$이다. 식 (6-31a, b)를 대체하여 다음을 얻는다.

$$M_2 - M_1 = (R_A - P_1)(a_2 - a_1)$$

이것은 $x=a_1$과 $x=a_2$ 사이의 직사각형 전단력 선도의 면적이다.

집중하중만 있는 보의 최대 굽힘 모멘트는 하중 중 하나 또는 반력이 작용하는 점에서 발생해야 한다. 이것을 보여주기 위해 굽힘-모멘트 선도의 기울기는 전단력과 같다는 것을 기억해야 한다. 따라서 굽힘 모멘트가 최대 또는 최소 값을 가질 때마다 미분 dM/dx(따라서 전단력)는 부호를 변경해야 한다. 그러나 집중하중만 있는 보에서 전단력은 하중이 작용하는 지점에서만 부호를 변경할 수 있다.

x축을 따라 이동할 때 전단력이 양에서 음으로 변경되면(그림 6-15b에서와 같이) 굽힘 모멘트 선도의 기울기도 양에서 음으로 변경된다. 따라서 이 구간의 단면에 최대 굽힘 모멘트가 있어야 한다. 반대로 전단력의 음수에서 양수 값으로의 변화는 최소 굽힘 모멘트를 나타낸다. 이론적으로 전단력 선도는 여러 지점에서 수평축과 교차할 수 있지만 그럴 가능성은 거의 없다. 이러한 각 교차점에 해당하는 굽힘 모멘트 선도에는 국부적인 최댓값 또는 최솟값이 있다. 보에서 최대의 굽힘 모멘트(양 혹은 음의 값)를 찾기 위해 모든 세그먼트에서 굽힘 모멘트 값의 최댓값과 최솟값을 결정해야 한다.

일반적인 유의사항 '최대' 및 '최소'라는 용어는 '가장 큰' 및 '가장 작은'의 일반적인 의미와 함께 자주 사용된다. 결과적으로 '보의 최대 굽힘 모멘트'는 굽힘-모멘트 선도가 매끄럽고 연속적인 함수(그림 6-14d에서와 같이) 또는 일련의 선(그림 6-15c에서와 같이)으로 기술되는지 여부와 관계없이 여기에서 사용된다.

게다가 모멘트 값의 양수와 음수를 구별하는 것이 종종 필요하다. 따라서 '최대 양의 모멘트' 및 '최대 음의 모멘트'와 같은 표현이 사용된다. 이 두 경우 모두 표현식은 숫자로 가장 큰 양을 나타낸다. 즉, '최대 음수 모멘트'라는 용어는 실제로 '수치적으로 가장 큰 음수 모멘트'를 의미한다. 전단력 및 처짐과 같은 보의 해석과 관련된 다른 수치에도 유사한 설명이 적용된다.

보의 최대 양 및 음의 굽힘 모멘트는 다음 위치에서 발생할 수 있다. (1) 집중하중이 적용되고 전단력이 부호를 변경하는 단면(그림 6-13 및 6-15 참조), (2) 전단력이 0인 단면(그림 6-14 참조), (3) 수직 반작용이 존재하는 지지점, (4) 우력이 적용된 단면. 앞의 논의와 다음 예제는 이러한 모든 가능성을 보여준다.

보에 여러 하중이 작용할 때, 개별적으로 작용하는 각 하중에 대해 얻은 선도를 중첩(또는 합산)하여 전단력 및 굽힘 모멘트 선도를 얻을 수 있다. 예를 들어, 그림 6-15b의 전단력 선도는 실제로 단일 집중하중에 대해 그림 6-13d에 표시된 유형인 세 개의 개별 선도의 합이다. 그림 6-15c의 굽힘 모멘트 선도에 대해 유사한 설명을 할 수 있다. 전단력과 굽힘 모멘트 선도의 중첩은 정적으로 결정된 보의 전단력과 굽힘 모멘트가 적용된 하중의 선형 함수이기 때문에 허용된다.

예제 6-1

돌출부가 있는 단순 보는 점 A와 B에서 지지되고 있다(그림 6-16). 강도 $q=6$ kN/m의 균일한 하중이 보의 전체 길이에 작용하고 집중하중 $P=28$ kN이 왼쪽 지지점에서 3 m 떨어진 지점에 작용한다. 전체 보의 길이는 10 m이고 그중 돌출부의 길이는 2 m이다.

A점에서 5 m 떨어진 곳에 위치한 단면 D에서 전단력 V 및 굽힘 모멘트 M을 계산하고 전단 및 모멘트 선도를 그리시오.

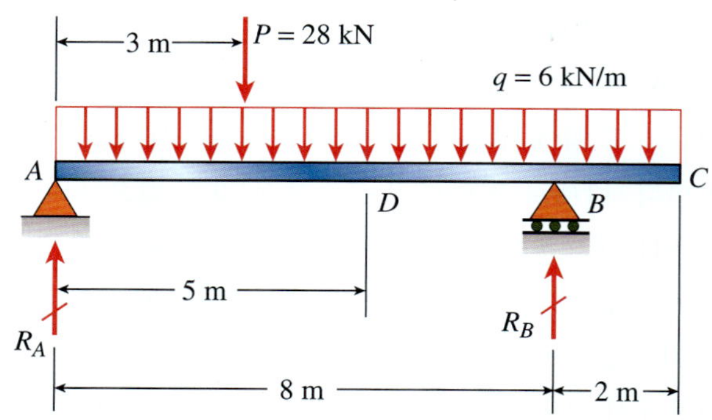

그림 6-16
돌출부가 있고 균일한 분포하중과 집중하중이 있는 보

풀이

지지점에서 반력을 계산한 다음 점 D에서 내부 전단력과 굽힘 모멘트를 구하고 전단력과 굽힘-모멘트 선도를 그린다. 4단계 문제풀이 접근방법을 사용한다.

1. **개념화** 그림 6-17에 표시된 전체 구조의 FBD를 사용하여 반력 R_A 및 R_B를 찾는다. 보에 수직하중만 가해지기 때문에 A의 핀에서 수평 반력 성분은 0이다. 점 D에서 내부 전단력 V_D와 굽힘 모멘트 M_D(그림 6-18)는 D에서 보를 절단하여 해석함으로써 얻을

수 있다. 그림 6-18의 왼쪽 또는 오른쪽 자유물체도를 사용하여 V_D와 M_D를 찾을 수 있다.

2. **분류** 그림 6-18의 자유물체도는 변형 부호 규약에 따라 가정된 양의 방향에서 내부 전단력 V_D와 굽힘 모멘트 M_D를 보여준다. 전단 및 모멘트 함수 $V(x)$ 및 $M(x)$는 집중하중 P 및 반력 R_B로 인해 불연속이므로 보의 전체 길이에 대해 $V(x)$ 및 $M(x)$를 찾기 위해 세 개의 개별 절단이 이루어져야 한다(그림 6-19). 반력 R_A 및 R_B를 찾는 것으로 시작한다.

3. **해석**

외부 반력에 대한 풀이: y방향의 힘과 점 A에 대한 모멘트를 합하고 **정적 부호 규약**을 사용하여 다음을 계산한다.

$$\sum F_y = 0 \qquad R_A + R_B = P + qL = 28 \text{ kN} + (6 \text{ kN/m})(10 \text{ m}) = 88 \text{ kN}$$
$$\sum M_A = 0 \qquad R_B(8 \text{ m}) = (28 \text{ kN})(3 \text{ m}) + (6 \text{ kN/m})(10 \text{ m})(5 \text{ m}) = 384 \text{ kN} \cdot \text{m} \qquad \textbf{(6-32a, b)}$$

식 (6-32b)에서 분산하중은 $x=(8+2)/2$ m$=5$ m에서 작용하는 합력으로 대체되었다. 식 (6-32b)를 풀고 $R_B=48$ kN을 구한 다음 식 (6-32a)를 사용하여 $R_A=40$ kN을 구한다. 이러한 반력은 그림 6-18에 나와 있다.

점 D에서 내부 전단력 V 및 모멘트 M에 대한 풀이: 그림 6-18에서 왼쪽 FBD를 사용하여 다음을 구한다.

그림 6-17
보의 자유물체도

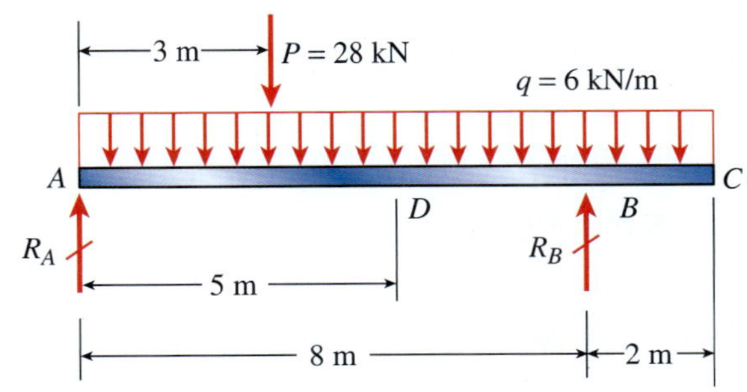

그림 6-18
D에서 절단된 단면의 왼쪽 및 오른쪽 자유물체도

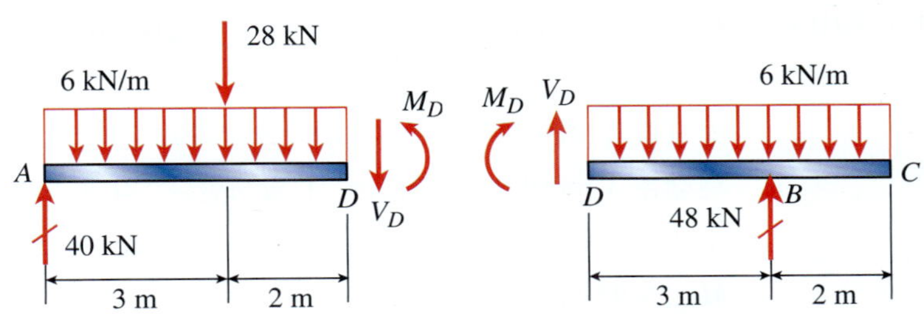

그림 6-19

함수 $V(x)$ 및 $M(x)$를 구하는 데 필요한 세 부분의 절단

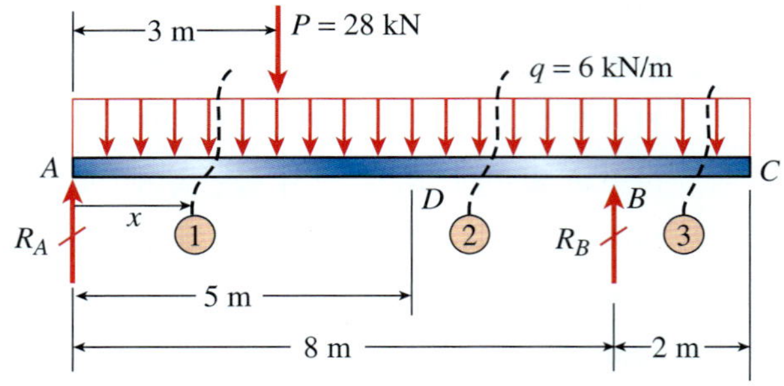

$$\Sigma F_y = 0 \quad V_D = 40\text{ kN} - 28\text{ kN} - (6\text{ kN/m})(3+2)\text{m} = -18\text{ kN}\ (\uparrow)$$

$$\begin{aligned} \Sigma M_D &= 0 \\ M_D &= 40\text{ kN}(5\text{ m}) - 28\text{ kN}(2\text{ m}) - (6\text{ kN/m})(5\text{ m})(5\text{ m}/2) \\ &= 69\text{ kN}\cdot\text{m (CCW)} \end{aligned} \tag{6-33}$$

내부 전단력 $V(x)$ 및 모멘트 $M(x)$에 대한 풀이: 전단 및 모멘트 선도를 그리는 한 가지 옵션은 보의 전체 길이에 대해 함수 $V(x)$ 및 $M(x)$를 찾은 다음 컴퓨터 소프트웨어를 사용하여 선도를 그리는 것이다. 먼저 위치 1에서 3까지 보를 자른다(그림 6-19). 그런 다음 왼쪽 또는 오른쪽 자유물체도를 다음과 같이 사용한다.

전단력 $V(x)$:

$$\begin{aligned} &\text{단면 1 (LHFB)} \quad V(x) = R_A - qx && 0 \le x \le 3\text{ m} \\ &\text{단면 2 (LHFB)} \quad V(x) = R_A - qx - P && 3\text{ m} < x < 8\text{ m} \\ &\text{단면 3 (RHFB)} \quad V(x) = q(10\text{ m} - x) && x \ge 8\text{ m} \end{aligned} \tag{6-34}$$

단면 3에서 LHFB보다 RHFB를 사용하면 $V(x)$를 찾기가 더 쉽다. LHFB가 사용된 경우 $V(x)$에 대한 표현은 R_A 및 P를 포함하지만 숫자 값을 대체한 후 식 (6-34c)에 표시된 것과 같이 단순화된다. 다음으로 굽힘 모멘트 함수를 찾는다.

모멘트 $M(x)$:

$$\begin{aligned} &\text{단면 1 (LHFB)} \quad M(x) = R_A x - q\frac{x^2}{2} = 40x - 3x^2\ (\text{kN}\cdot\text{m}) && 0 \le x \le 3\text{ m} \\ &\text{단면 2 (LHFB)} \quad M(x) = R_A x - q\frac{x^2}{2} - P(x - 3\text{ m}) = 12x - 3x^2 + 84\ (\text{kN}\cdot\text{m}) && 3\text{ m} \le x \le 8\text{ m} \\ &\text{단면 3 (RHFB)} \quad M(x) = \frac{-q}{2}(10\text{ m} - x)^2 = -3(10 - x)^2\ (\text{kN}\cdot\text{m}) && x \ge 8\text{ m} \end{aligned} \tag{6-35}$$

전단력의 최댓값은 지지대 A의 오른쪽과 지지대 B의 왼쪽에 발생하며, 모멘트의 최댓값은 $V=0$이 되는 지점에서 발생한다. 최대 모멘트의 지점은 식을 설정하여 찾을 수 있다. $V(x)$[식 (6-34a)]가 0인 경우인 $x_m = 3$ m에 대해 $M(x_m)$[식 (6-35a)]을 풀면 $M_{max} = 93$ kN·m가 나온다.

전단력과 굽힘 모멘트 선도: 전단 및 모멘트 선도를 구성하기 위해 선호되는 또 다른 접근 방식은 하중, 전단 및 모멘트 사이의 미분 및 적분 관계의 그래픽 해석이다. 결과 선도는 그림 6-20에 나와 있다. 이 그래픽 접근 방식을 기반으로 두 선도에서 다음 결과를 고찰한다.

a. A의 오른쪽으로 조금 떨어진 전단력 V는 R_A이다. A의 오른쪽으로 더 이동함에 따라 전단력은 하중 강도 q(lb/ft)만큼 감소한다. 거리 $x=3$ m에서 전단력 V는 40 kN에서 22 kN[$=40$ kN $-$ 3 m(6 kN/m)]으로 감소했다.

b. 전단력 선도에 대한 접선의 기울기는 $dV/dx=-q(x)$ 이후 하중 곡선의 음의 세로좌표 값과 같다. 하중 $q(x)$는 일정하므로 전단력은 선형으로 감소한다.

c. 하중 P의 적용 지점 바로 오른쪽에서 전단력은 22 kN에서 P를 뺀 값인 -6 kN이다. 이것은 최대 양의 모멘트 M_{max}의 위치($x_m=3$ m)이다.

d. 지지점 A(모멘트가 0인 경우)에서부터 $x_m=3$ m까지의 최대 모멘트 지점까지의 모멘트 변화는 이 두 점 사이의 전단력 선도 아래 면적과 같다. 전단력 선도 아래의 이 사다리꼴 영역(그림 6-20a에서 A_1로 표시됨)은 다음과 같다.

$$M_{max} = \frac{1}{2}[40 \text{ kN} + 22 \text{ kN}](x_m) = 93 \text{ kN} \cdot \text{m}.$$

e. 하중과 전단, 전단과 모멘트 간의 적분 관계는 하중 곡선 $q(x)$가 일정한 크기를 가지므로 전단력 $V(x)$ 선도는 선형 플롯이고 모멘트 $M(x)$ 선도는 2차 함수의 곡선임을 의미한다. [이는 식 (6-34) 및 (6-35)에 나와 있다.]

f. D에서의 전단력은 위치 $x=x_m$에서의 전단력보다 $(-2\text{ m})(q)=-12$ kN 작다. D에서의 모멘트는 M_{max}에서 $x=x_m$에서 $x=5$ m까지의 전단력 선도 아래 삼각형 면적을 뺀 값이다. 또는

$$M_{max} - \frac{1}{2}(6 + 18) \text{ kN } (2 \text{ m}) = [93 - \frac{1}{2}(24)(2)] \text{ kN} \cdot \text{m} = 69 \text{ kN} \cdot \text{m}.$$

$x=x_m$에서 $x=8$ m까지 전단력 선도 아래의 전체 삼각형 영역을 빼서 다음을 구할 수 있다.

$$M_B = M_{max} - \frac{1}{2}(42 \text{ kN})(5 \text{ m}) = -12 \text{ kN} \cdot \text{m}.$$

g. 전단력 선도에서 B를 지나 이동함에 따라 전단력은 -36 kN에서 $+12$ kN으로 증가하며, 이는 반력 R_B로 인해 $+48$ kN이 증가한다.

h. B 바로 왼쪽의 **변곡점**에서 모멘트는 0이다. 변곡점이 B의 왼쪽으로 0.343 m만큼 떨어져 있음을 찾기 위해 전단력 선도에서 A_1로 표시된 두 영역을 같다고 놓고 계산한다. B에서 C(A_2로 표시됨)까지의 전단 곡선 아래 영역은 12 kN·m와 같다. 이것을 모멘트 M_B에 추가하면 C에서 모멘트 값을 다시 0으로 만든다.

그림 6-20

(a), (b) 전단력과 모멘트 선도

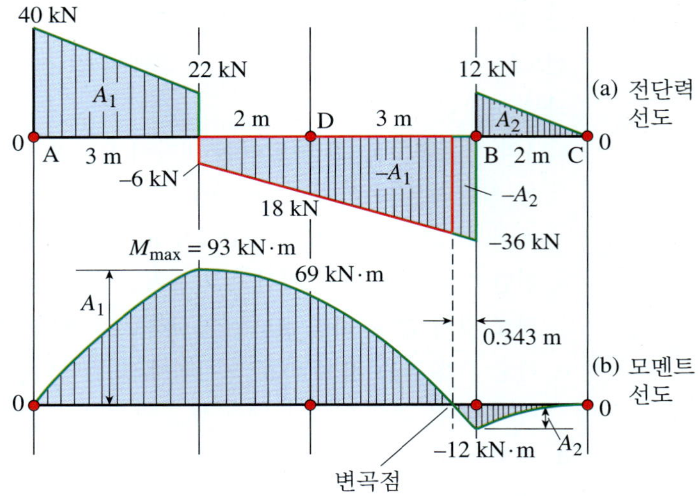

4. 최종 단계 하중, 전단 및 모멘트 사이의 미분 및 적분 관계의 그래픽 해석을 사용하여 그림 6-20에 표시된 선도를 구성했다. 이를 확인하기 위해 함수 $V(x)$ 및 $M(x)$[식 (6-34) 및 (6-35)]는 널리 사용되는 컴퓨터 소프트웨어(예: Maple, Mathcad, Mathematica 및 MATLAB)를 사용하여 그래프로 나타낼 수 있다.

연습문제

6.2 축방향 하중이 있는 봉

대표문제

6.2-1 흙에 박힌 나무 말뚝은 측면을 따라 마찰에 의해 하중 P를 완전히 지지하고 있다(그림 a 참조). 말뚝의 단위길이당 마찰력 f는 말뚝 표면에 균일하게 분포한다고 가정한다.

(a) 하중 P로 표현되는 말뚝의 내부 축방향 힘 $N(y)$를 구하시오(그림 a).

(b) 표면 마찰 f가 깊이에 따라 선형으로 변하는 경우 문제 (a)를 반복하시오(그림 b 참조).

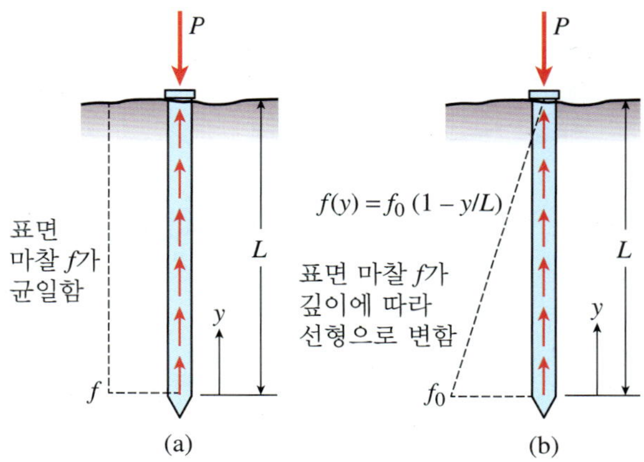

P6.2-1

6.2-2 길이가 L이고 밑면의 지름이 d인 길고 가느다란 막대가 자체 무게로 수직으로 매달려 있다(그림 참조). 원뿔의 무게는 W일 때, 막대 자체 무게로 인한 내부 축방향 힘 $N(x)$에 대한 공식을 도출하시오.

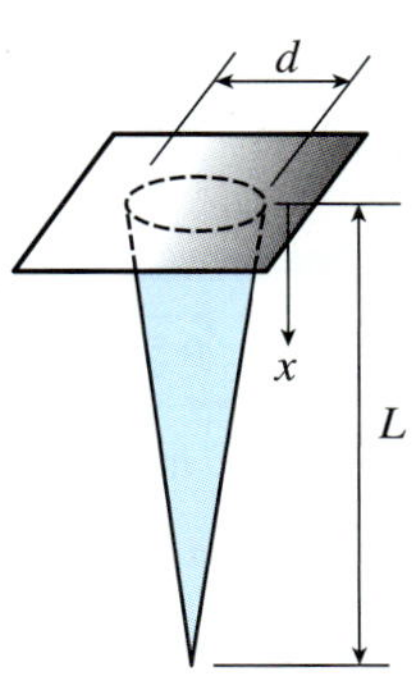

P6.2-2

6.2-3 캔틸레버 막대 ABC에 $+x$방향으로 작용하는 분산된 축중심 하중이 작용하고 있다(그림 참조). AB의 부하는 A의 강도 0에서 B의 강도 q_0까지 선형적으로 변한다. 그리고 BC에서 강도 q_0으로 균일하게 분포하고 있다.

(a) 각 막대 세그먼트에서 내부 축방향 힘 $N(x)$를 구하시오.

(b) 이제 BC의 하중이 $-x$방향으로 가해진다는 가정하에 문제 (a)를 반복하시오.

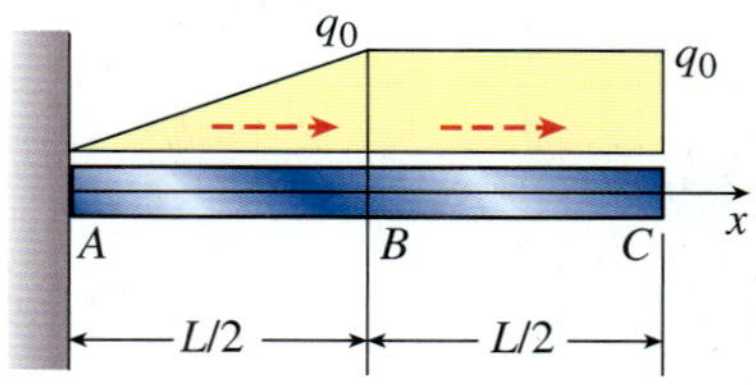

P6.2-3

6.2-4 캔틸레버 막대 ABC는 그림과 같이 선형적으로 변하는 축중심 하중이 작용하고 있다. AB의 하중은 $+x$방향으로 작용하고 BC의 하중은 $-x$방향으로 작용한다. 피크 강도 $q_0 = 3.6$ kN/m, $L = 3.6$ m라고 가정할 때, 각 막대 세그먼트에서 내부 축방향 힘 $N(x)$를 구하시오.

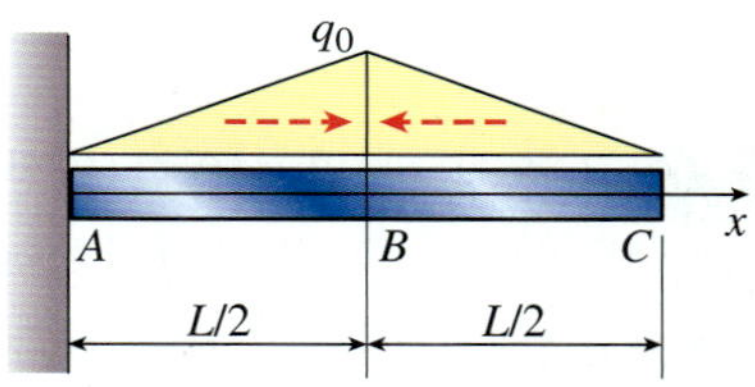

P6.2-4

6.2-5 막대 AB는 축방향 중심 하중 $q(x)$에 의해 압축되고 있다(그림 참조). $L = 8$ m, 피크 강도 $q_0 = 4$ kN/m라고 가정할 때, 막대에서 내부 축방향 힘 $N(x)$를 구하시오.

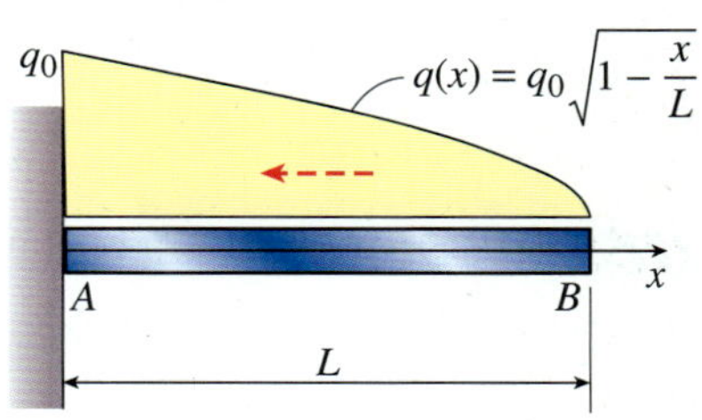

P6.2-5

6.3 비틀림 모멘트가 작용하는 샤프트

도입문제

6.3-1 토크 $T_a = 100\ \text{N}\cdot\text{m}$, $T_b = 150\ \text{N}\cdot\text{m}$가 그림과 같이 샤프트 ACB에 작용하고 있다. $L = 10\ \text{m}$로 고려한다.

(a) A에서 반력 토크를 구하시오.

(b) 비틀림 모멘트 벡터 T_b가 오른쪽이 아닌 왼쪽으로 향하는 경우 문제 (a)를 반복하시오.

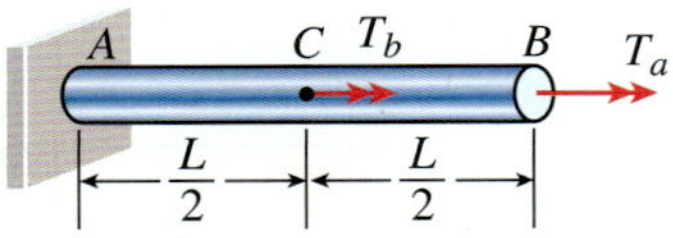

P6.3-1

6.3-2 축 $ABCD$는 그림과 같은 토크를 받는다. A에서 반력 토크를 구하시오.

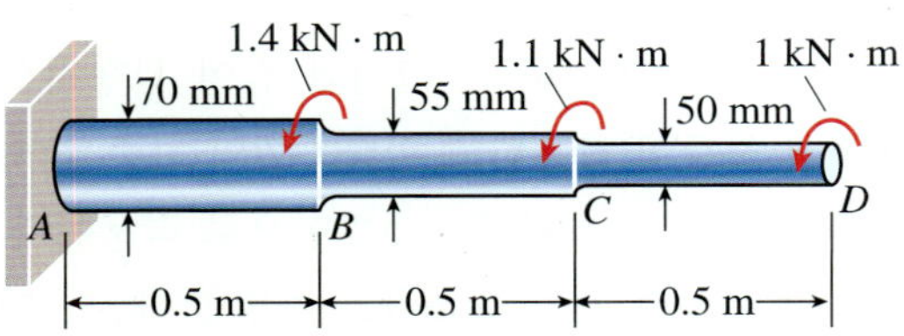

P6.3-2

대표문제

6.3-3 길이가 L이고 속이 꽉 찬 균일한 원형 막대 AB는 단위거리당 일정한 강도 t의 분산 토크에 의해 하중을 받고 있다(그림 참조). A에서 반력 토크를 구하시오.

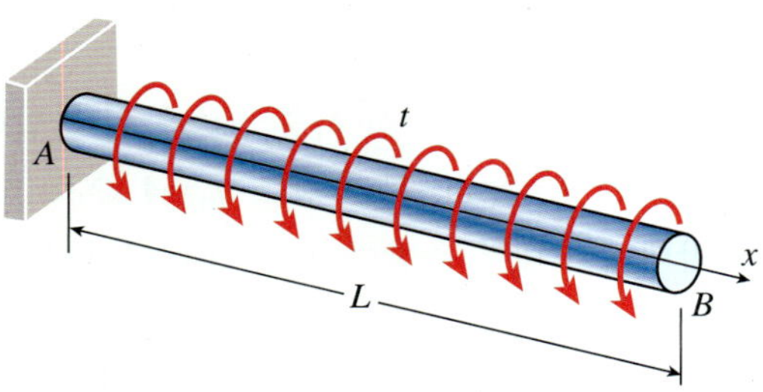

P6.3-3

6.3-4 기어 샤프트 $ABCDE$는 그림에 표시된 토크를 받는다. 각 세그먼트에서 내부 토크를 구하시오. 기어 사이의 간격이 일정하다고 가정한다.

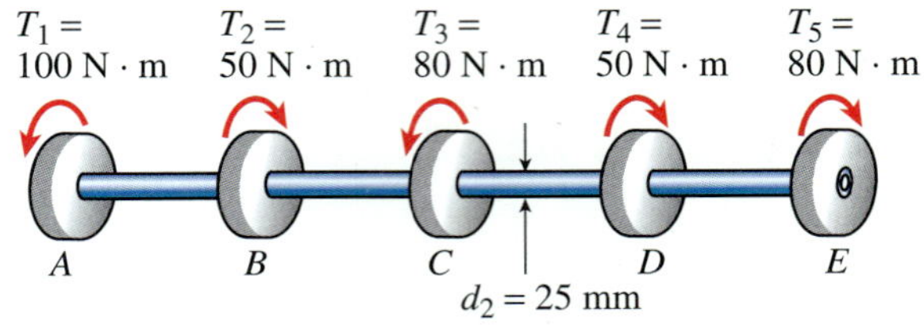

P6.3-4

6.3-5 속이 빈 강철 샤프트 ACB는 끝 A와 B에서 회전에 대해 고정되어 있다(그림 참조). 수평력 $P = 3\ \text{kN}$은 지점 C에서 샤프트에 용접된 수직 암의 끝에 작용한다. B에서의 반력 토크는 $-720\ \text{N}\cdot\text{m}$일 때, A에서 반력 토크를 구하시오.

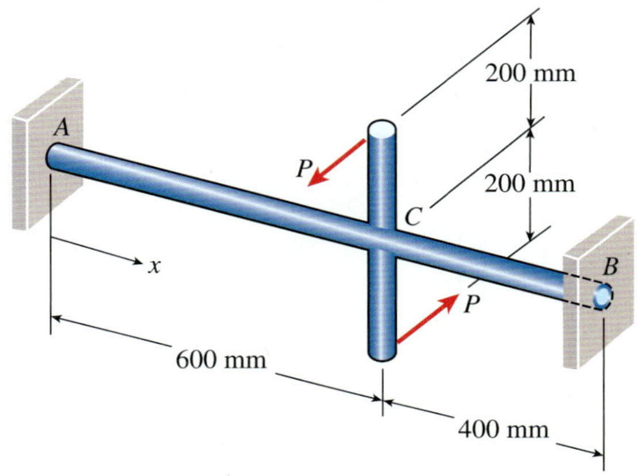

P6.3-5

6.4 횡하중 및 모멘트가 작용하는 보와 프레임

도입문제

6.4-1 그림에 표시된 단순 지지 보 AB에 6 kN 하중의 바로 오른쪽 부분에 작용하고 있는 전단력 V와 굽힘 모멘트 M을 구하시오.

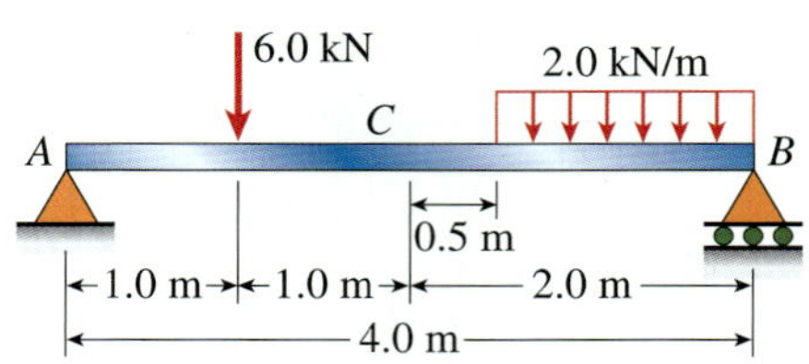

P6.4-1

6.4-2 돌출부가 있는 보의 중간점에서 전단력 V와 굽힘 모멘트 M을 구하시오(그림 a 참조). 하나의 하중은 아래쪽으로, 다른 하나는 위쪽으로 작용하며 시계방향 모멘트

Pb가 각 지지대에 작용한다. 모멘트 Pb가 보의 양 끝에서 작용하는 경우에 중간점에서의 전단력 V와 굽힘 모멘트 M을 구하시오(그림 b).

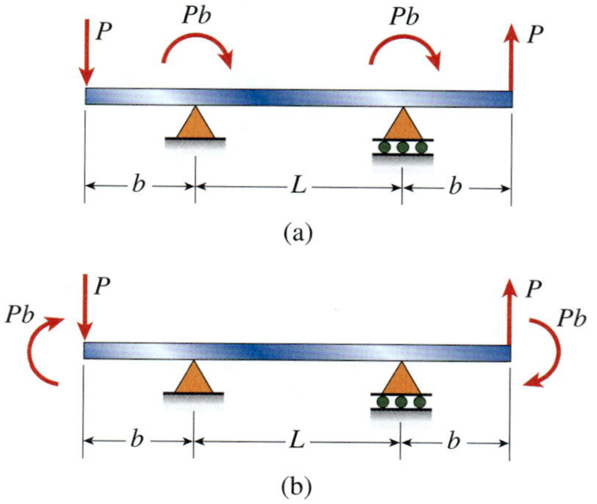

P6.4-2

6.4-3 그림에 표시된 캔틸레버 보 AB의 4 kN 하중 바로 오른쪽에 위치한 단면에서 전단력 V와 굽힘 모멘트 M을 계산하시오.

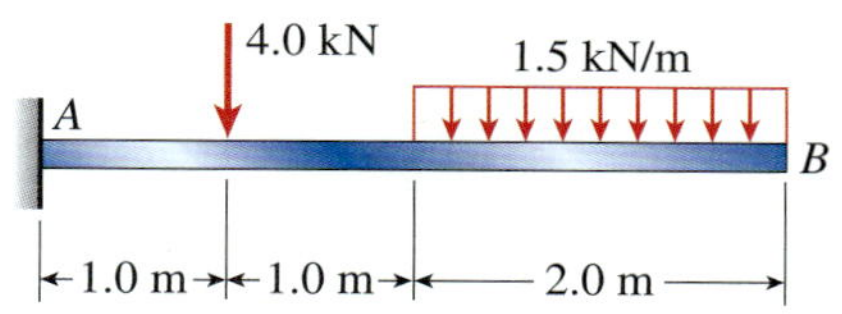

P6.4-3

대표문제

6.4-4 그림에 표시된 돌출부가 있는 보를 고려하시오.

(a) 왼쪽 끝 A에서 5.5 m 떨어진 단면에서 전단력 V와 굽힘 모멘트 M을 계산하시오.

(b) A에서 5.5 m 떨어진 단면에 0의 전단력을 발생시키는 부재 BC의 오른쪽 절반에 작용하는 하중 강도 q의 필요한 크기를 구하시오.

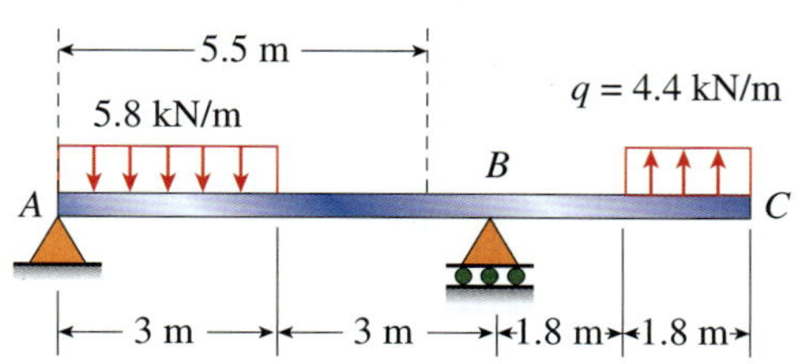

P6.4-4

6.4-5 그림에 표시된 보 ABC는 A와 B에서 단순 지지되고 B에서 C로 돌출부가 있다. 하중은 수직 암 끝에 작용하는 수평력 $P_1 = 4.0$ kN과 돌출부의 끝에서 작용하는 수직력 $P_2 = 8.0$ kN으로 구성된다.

(a) 왼쪽 지지대에서 3.0 m 떨어진 단면에서 전단력 V와 굽힘 모멘트 M을 구하시오. **참고:** 보와 수직 암의 너비를 무시하고 계산할 때 중심선 치수를 사용한다.

(b) 왼쪽 지지대에서 2.0 m 떨어진 단면에서 $V = 0$이 되는 하중 P_2의 값을 구하시오.

(c) $P_2 = 8.0$ kN일 때 왼쪽 지지대에서 2.0 m 떨어진 단면에서 $M = 0$이 되는 하중 P_1의 값을 구하시오.

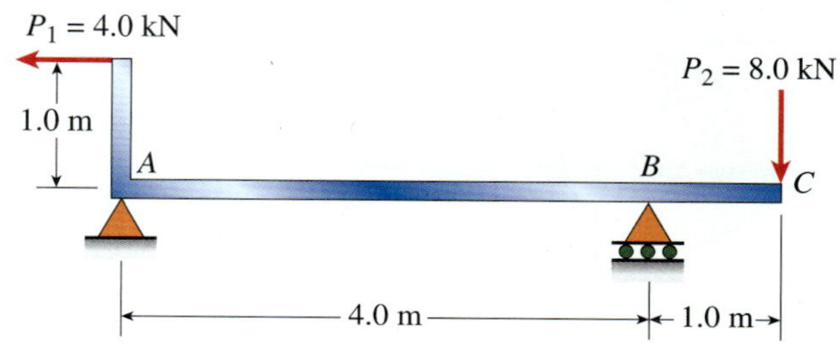

P6.4-5

6.4-6 그림에 표시된 보 $ABCD$는 각 끝에 돌출부가 있고 강도 q의 균일한 하중을 받고 있다(그림 a). 보의 중간점에서 굽힘 모멘트가 0이 되는 비율 b/L은 얼마인가? $L/2$에서 피크 강도가 q_0인 삼각형 하중에 대해 문제를 반복하시오(그림 b).

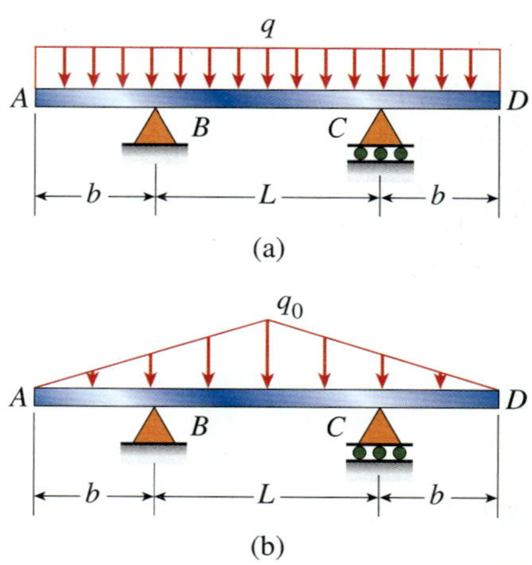

P6.4-6

6.4-7 순항 조건에서 소형 비행기의 날개에 작용하는 분산하중은 그림과 같이 이상적인 변화를 보인다. 날개 끝

의 4 m 지점에서 전단력 V와 굽힘 모멘트 M을 구하시오.

WojciechBeczynski/Shutterstock.com

작은 비행기의 날개는 위로 들어 올리는 방향의 분포하중이 작용한다.

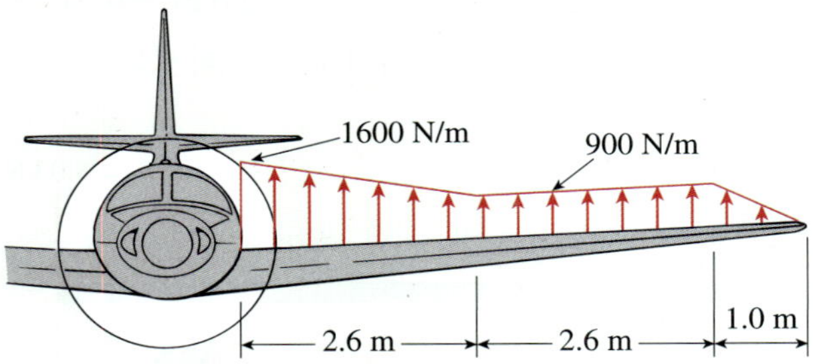

(b)

P6.4-7

6.4-8 수직 암 CE가 있는 보 $ABCD$는 A와 D에서 단순 지지된다(그림 a 참조). 케이블은 E에서 암에 부착된 작은 도르래 위로 통과하고 케이블의 한쪽 끝은 지점 B에서 보에 부착된다.

(a) 점 C 바로 왼쪽에 있는 보의 굽힘 모멘트가 수치적으로 7.5 kN·m와 같다면 케이블에 작용하는 힘 P는 얼마인가? **참고:** 보와 수직 암의 너비를 무시하고 계산할 때 중심선 치수를 사용한다.

(b) 롤러 지지대가 C에 추가되고 전단 릴리스가 C의 바로 왼쪽에 삽입되는 상황에서 문제 (a)를 반복하시오(그림 b 참조).

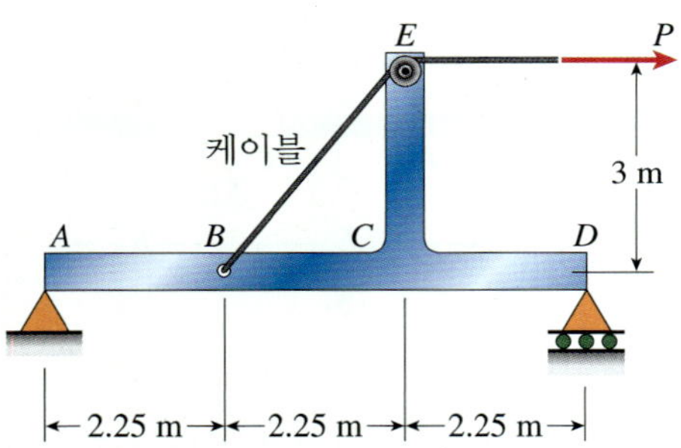

(a)

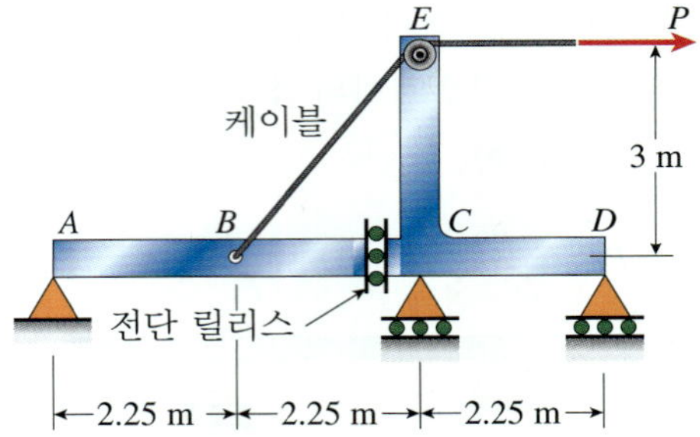

(b)

P6.4-8

6.4-9 단순 지지 보 AB는 사다리꼴로 분포된 하중을 지지하고 있다(그림 참조). 하중의 강도는 지지대 A에서 50 kN/m에서 지지대 B에서 25 kN/m까지 선형적으로 변한다. 보의 중간점에서 전단력 V와 굽힘 모멘트 M을 계산하시오.

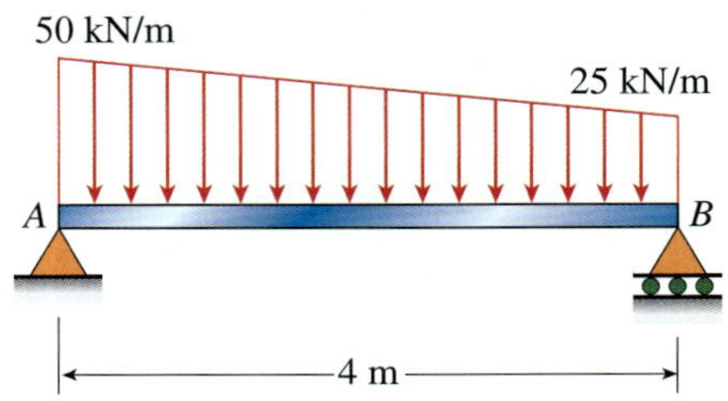

P6.4-9

6.4-10 그림 a에 표시된 보에 대해 $x=3L/4$에서 전단(V) 및 모멘트(M)를 구하시오. $M_A=24$ kN · m, $P=48$ kN, $L=6$ m, $q_0=8$ kN/m라 한다. 그림 b의 보에 대해 $x=3L/4$에서 전단(V) 및 모멘트(M)를 구하시오. (먼저 고정 지지점 A에서의 반력 모멘트를 구한다.)

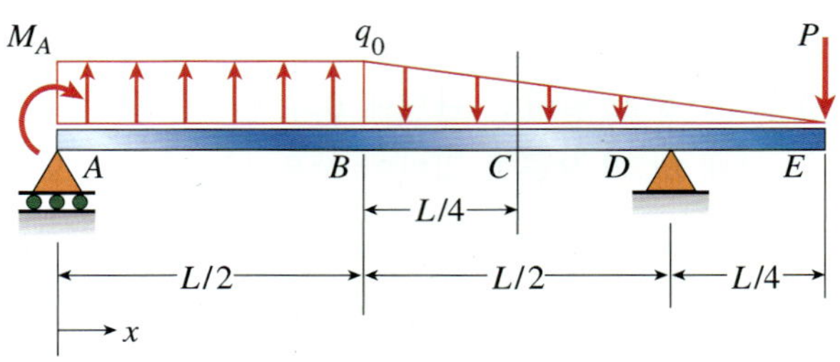

(a)

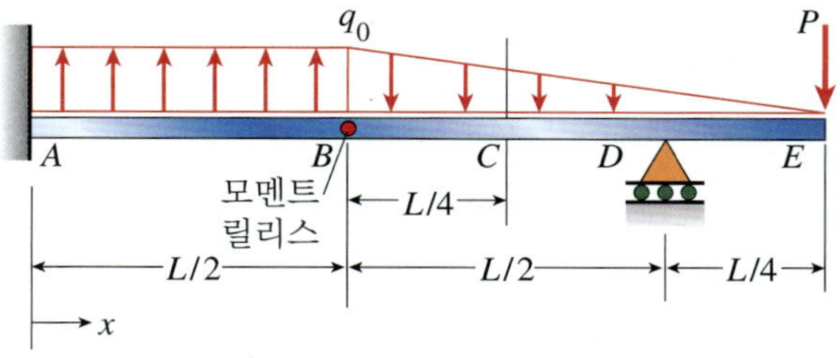

(b)

P6.4-10

6.4-11 최대 하중 강도 q_0 및 보 길이 변수 L의 관점에서 보 (a)의 $x=2L/3$에서 전단력 V 및 모멘트 M에 대한 식을 구하시오. $x=L/2$에서 보 (b)에 대해 반복하시오.

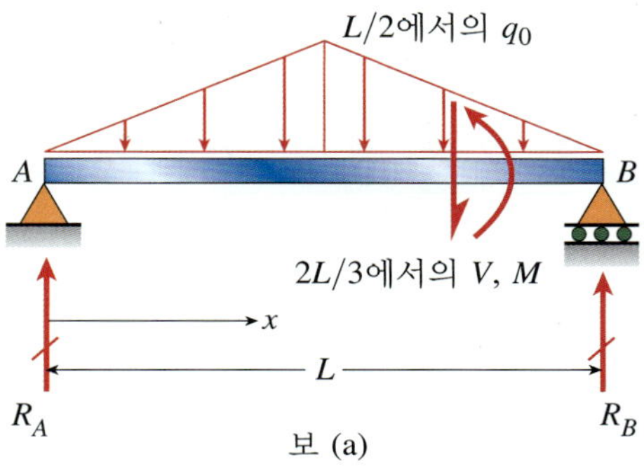

P6.4-11

6.4-12 최대 하중 강도 q_0 및 보 길이 변수 L의 관점에서 보 AB의 $x=x_0$에서 전단력 V 및 모멘트 M에 대한 식을 구하시오. $x_0=2L/3$으로 지정한다.

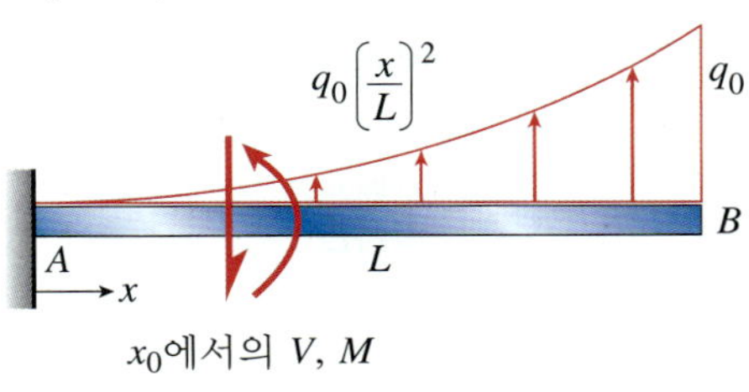

P6.4-12

전단력과 굽힘 모멘트 선도

도입문제

6.4-13 두 개의 동일한 집중하중 P를 지지하는 단순 지지 보 AB에 대한 전단력 및 굽힘 모멘트 선도를 그리시오(그림 참조). 왼쪽 하중이 위쪽이고 오른쪽 하중이 아래쪽인 상황에 대해 반복하시오.

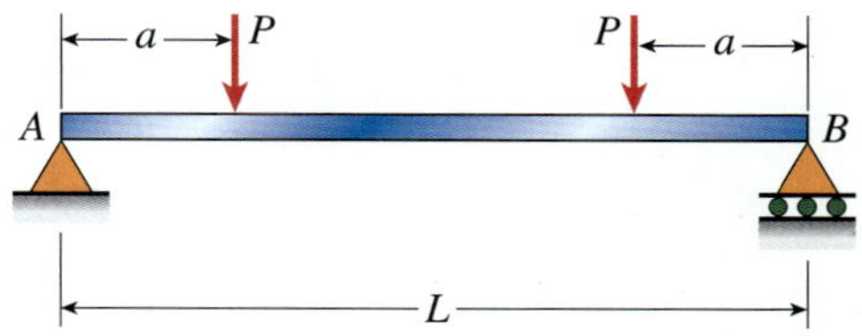

P6.4-13

6.4-14 삼등분 지점에서 작용하는 우력 M_1과 $3M_1$을 받는 단순 보 AB가 그림에 나와 있다. 이 보에 대한 전단력 및 굽힘 모멘트 선도를 그리시오.

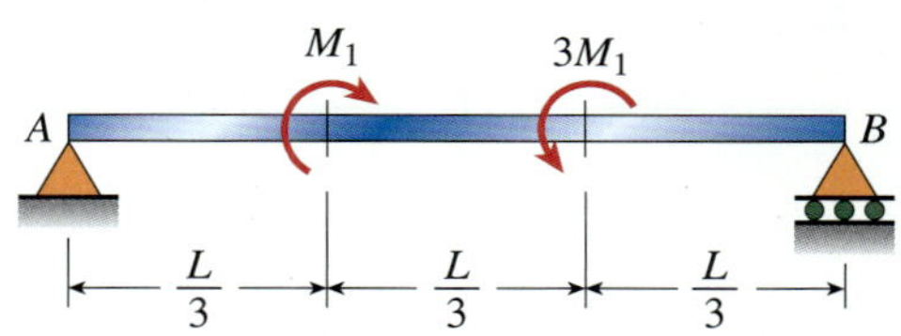

P6.4-14

대표문제

6.4-15 돌출 보 ABC는 표시된 배열을 통해 작용하는 두 개의 힘 P와 D에서의 시계방향 모멘트 Pa에 의해 하중을 받고 있다.

(a) 보 ABC에 대한 전단력 및 굽힘 모멘트 선도를 그리시오.

(b) D에서의 모멘트 Pa가 모멘트 M으로 대체되면 변수 P와 B에서의 반력이 0이 되도록 M에 대한 식을 구하시오. 보 ABC에 대한 관련 전단력 및 굽힘 모멘트 선도를 그리시오.

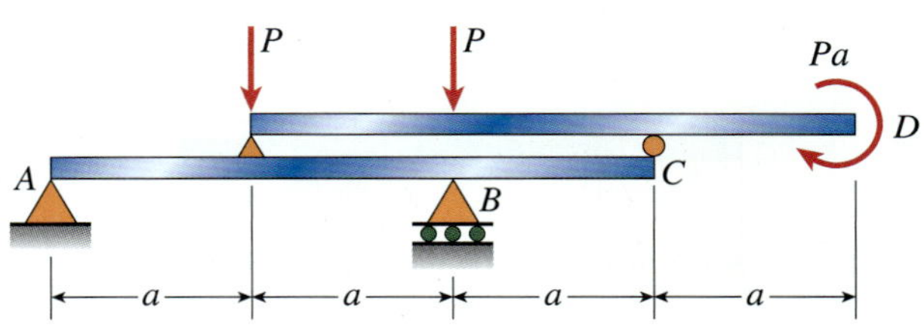

P6.4-15

6.4-16 두 개의 다른 하중 사례에 의해 작용하는 캔틸레버 보 AB에 대한 전단력 및 굽힘 모멘트 선도를 그리시오.

(a) 선형 변화와 최대 강도 q_0을 갖는 분포하중(그림 a 참조).

(b) 포물선 변화와 최대 강도 q_0을 갖는 분포하중(그림 b 참조).

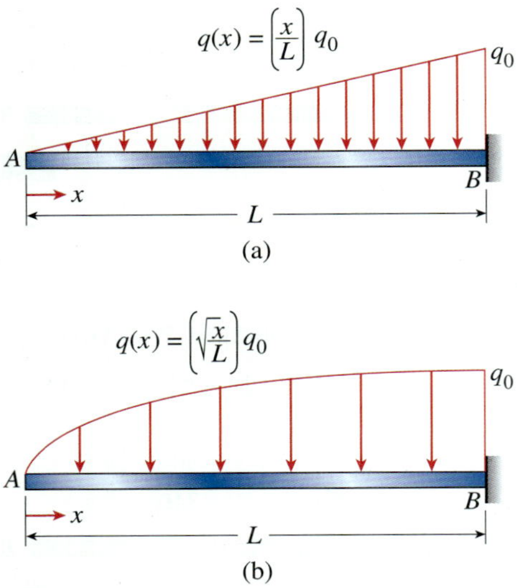

P6.4-16

6.4-17 그림에 표시된 보 AB는 보 길이의 절반에 걸쳐 작용하는 강도 3,000 N/m의 균일하중을 지지하고 있다. 보는 전체 길이에 걸쳐 등분포하중으로 표현되는 기초 위에 놓여 있다.

(a) 이 보에 대한 전단력 및 굽힘 모멘트 선도를 그리시오.

(b) 그림 b에 표시된 분산하중 변동에 대해 (a) 문제를 반복하시오.

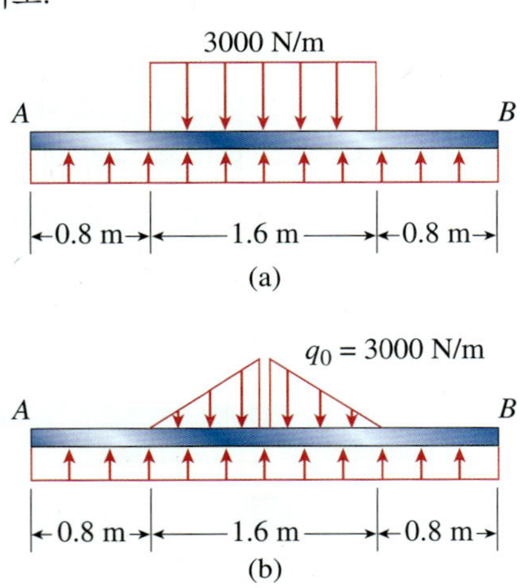

P6.4-17

6.4-18 그림에 표시된 두 개의 보 중 최대 모멘트가 더 큰 보는 무엇인가? 그리고 다음 물음에도 답하시오.

(a) 지지 반력을 구하시오.

(b) 두 보에 대한 축력(N), 전단력(V), 모멘트(M) 선도를 그리시오.

(c) 모든 중요한 N, V, M값과 N, V 및/또는 M이 0인 지점의 위치를 명시하시오.

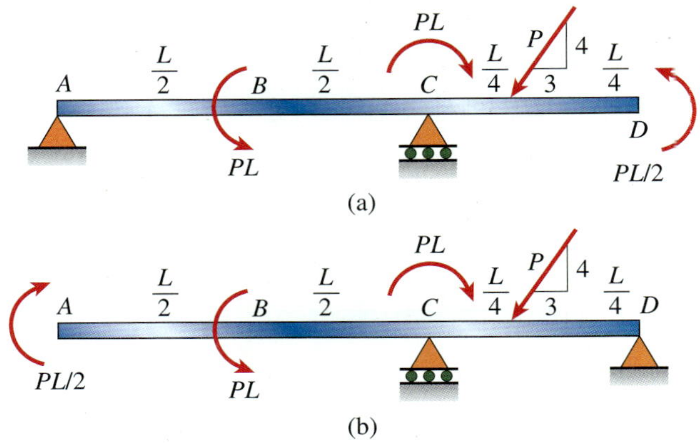

P6.4-18

6.4-19 그림에서 세 개의 보는 동일한 하중을 받고 있다. 그러나 하나는 C의 바로 왼쪽에 모멘트 릴리스가 있고, 두 번째는 C의 바로 오른쪽에 전단 릴리스가 있으며, 세 번째는 C의 바로 왼쪽에 축방향 릴리스가 있다. 이때 어느 보가 가장 큰 최대 모멘트를 가지는가? 그리고 다음 물음에도 답하시오.

(a) 지지 반력을 구하시오.

(b) 세 보 모두에 대한 축력(N), 전단력(V), 모멘트(M) 선도를 그리시오.

(c) 모든 중요한 N, V, M값과 N, V 및/또는 M이 0인 지점의 위치를 명시하시오.

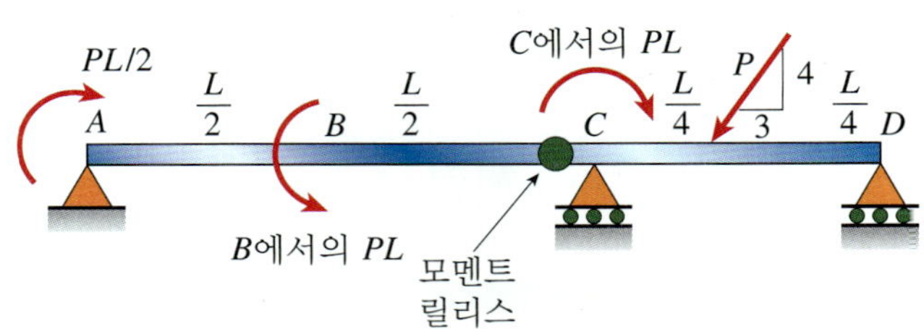

(a)

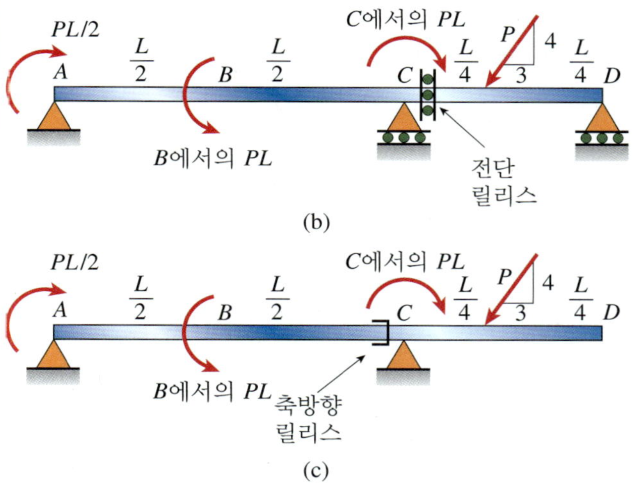

P6.4-19

6.4-20 단순 지지 보는 사다리꼴로 분포된 하중을 받고 있다(그림 참조). 하중의 강도는 지지점 A의 1.0 kN/m에서 지지점 B의 2.5 kN/m까지 변화한다.

(a) 이 보에 대한 전단력 및 굽힘 모멘트 선도를 그리시오. B에서 M_0이 0이라고 가정한다.

(b) 보의 최대 모멘트가 1.0 kN·m를 초과하지 않도록 B에서 필요한 모멘트 M_0을 구하시오.

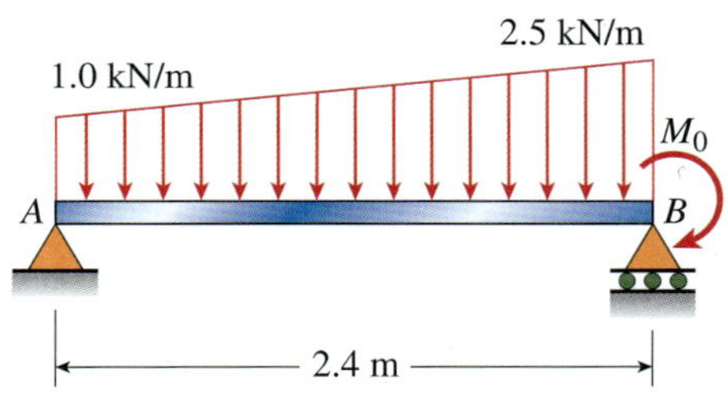

P6.4-20

6.4-21 길이가 L인 보는 강도 q의 균일한 하중을 지지하도록 설계되었다(그림 참조). 보의 지지대가 끝에 배치되어 단순 보를 생성하는 경우 보의 최대 굽힘 모멘트는 $qL^2/8$이다. 그러나 보의 지지대가 보의 중앙을 향해 대칭으로 이동하면(그림 참조) 최대 굽힘 모멘트가 감소한다.

(a) 보의 최대 굽힘 모멘트가 가능한 가장 작은 수치가 되도록 지지대 사이의 거리를 결정하시오. 그리고 이 조건에 대한 전단력 및 굽힘 모멘트 선도를 그리시오.

(b) 균일한 하중이 중간 스팬에서 피크 강도 $q_0=q$를 갖는 삼각형 분포하중으로 대체되는 경우 문제 (a)를 반복하시오(그림 b 참조).

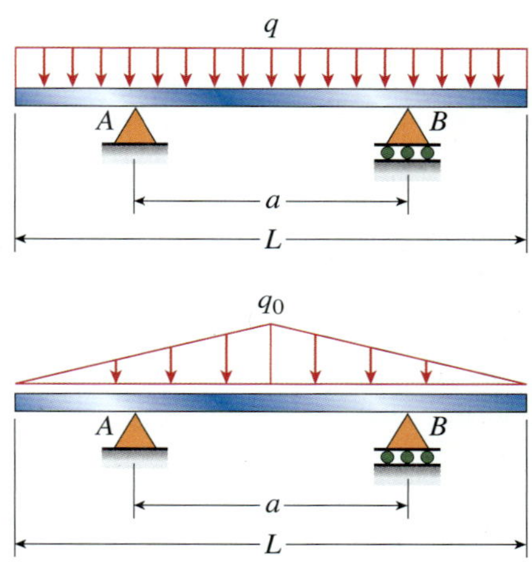

P6.4-21

CHAPTER 7

인장, 압축 및 전단

© Can Stock Photo Inc./ronyzmbow

모든 구성 요소 및 연결부의 응력을 점검하여 구조물이 적절한 안전율로 모든 강도 요건을 충족하는지 확인한다.

이 장의 목적

- 구조물을 이루고 있는 다양한 재료에 여러 가지 하중이 작용할 때, 구조물에 발생하는 응력, 변형률 및 변위에 대하여 정의한다.
- 구조물에 사용되는 재료에 따른 수직응력(σ)과 수직변형률(ε)에 대하여 학습한다.
- 수직응력(σ)-수직변형률(ε) 그래프를 통해 탄성계수(E), 항복응력(σ_y) 및 극한응력(σ_u)과 같은 다양한 재료의 특성을 확인한다.
- 전단응력(τ)-전단변형률(γ) 그래프를 통해 전단 탄성계수(G)에 대해 확인한다.
- 훅의 법칙을 통해 수직응력과 수직변형률($\sigma = E\varepsilon$), 전단응력과 전단변형률($\tau = G\gamma$)에 대해 학습한다.
- 재료의 특성 중 하나인 푸아송 비(ν)에 따른 횡방향 길이와 체적의 변화에 대해 학습한다.
- 볼트로 연결된 부재 사이에 작용하는 수직응력, 전단응력 및 지압응력에 대하여 학습한다.
- 안전율을 고려하여 허용응력값을 설정한다.
- 설계의 기본 개념을 소개한다. 강도와 강성 요건을 만족하는 구조물 부재의 크기를 결정하기 위한 반복적인 설계 과정에 대하여 학습한다.

이 장의 구성

7.1 재료역학의 소개

재료역학(mechanics of materials)은 다양한 종류의 하중을 받는 고체의 거동을 다루는 응용역학의 한 분야이다. 이 분야의 연구에 대한 다른 이름으로 **재료강도학**(strength of materials)과 **변형체역학**(mechanics of deformable bodies)이 있다. 이 책에서 다루는 고체로는 축하중을 받는 봉, 비틀림을 받는 축, 굽힘을 받는 보, 압축을 받는 기둥이 있다.

재료역학의 주목적은 구조물 및 그 부재에 작용하는 하중에 의한 응력, 변형률 및 변위를 결정하는 것이다. 비행기와 안테나, 건물과 다리, 기계와 모터 또는 선박과 우주선 등 모든 형태의 구조물을 안전하게 설계하기 위해서는 기계적 거동에 대한 이해가 필수적이며, 구조물의 기계적 거동에 대하여 학습하는 재료역학은 수많은 공학분야에서 기본과목이라고 할 수 있다. 재료역학의 대부분의 문제는 변형 가능한 물체에 작용하는 외부하중 및 외부하중에 의한 구조물 내부에 작용하는 힘을 찾는 것에서부터 시작한다. 먼저 구조물에 작용하는 하중과 지지부의 조건이 정의된다면, 지지부에 작용하는 반력과 구조물의 부재 및 요소에 발생하는 내력은 정역학적 힘의 평형법칙에 의해 결정된다(구조물이 힘의 평형법칙에 의해 지지부의 반력을 찾을 수 있는 정적 구조물로 제시되었을 경우).

재료역학은 실제 물체에 하중이 작용하여 그에 따른 물체에 변형이 발생할 때, 내부에 작용하는 응력과 변형률에 대하여 학습한다. 또한 응력과 변형을 결정하기 위하여 여러 가지 이론적인 법칙과 개념뿐만 아니라 재료의 물리적인 성질도 이용한다. 아울러 정적 힘의 평형법칙의 적용만으로는 지지부의 반력을 찾을 수 없는 정적 부정정 구조물이라는 문제를 풀기 위해 필요한 물체의 변형에 기초한 추가정보를 얻는 경우를 보게 된다.

이론적 해석과 실험 결과는 재료역학에서도 똑같이 중요한 역할을 한다. 이론은 기계적 거동을 예측하기 위한 공식이나 방정식을 유도하기 위해 사용되지만, 이렇게 이론으로 유도된 식은 재료의 물질적인 성질을 알지 못하면 실제 설계에 활용할 수 없다. 이와 같은 물리적 성질은 실험실에서 면밀하게 실험을 수행한 후에 얻을 수 있다. 더욱이 모든 문제를 이론적으로만 해결할 수 없으며, 이러한 경우 물리적인 실험이 필수적이다.

재료역학의 역사적인 발전은 이론과 실험의 매혹적인 혼합으로 이루어져 있다. 어떤 경우에는 이론을 활용하여 유용한 결과를 얻을 수 있는 방향을 제시하기도 하였고, 다른 경우에는 실험이 그 역할을 담당했다. 레오나르도 다빈치(Leonardo da Vinci, 1452~1519)와 갈릴레오 갈릴레이(Galileo Galilei, 1564~1642) 같은 유명한 과학자들은 그들의 실험 결과를 설명할 수 있는 (오늘날의 표준이 되는)적당한 이론을 개발하지는 않았지만 철사, 봉 및 보의 강도를 결정하기 위한 실험을 수행하였다. 이와 대조적으로 저명한 수학자 레온하르트 오일러(Leonhard Euler, 1707~1783)는 그의 해석 결과의 중요성을 입증할 수 있는 실험적 증거가 나오기 오래전인 1744년에 기둥의 수학적 이론을 전개하고 기둥의 임계 하중을 계산하였다. 오일러의 결과는 오늘날 대부

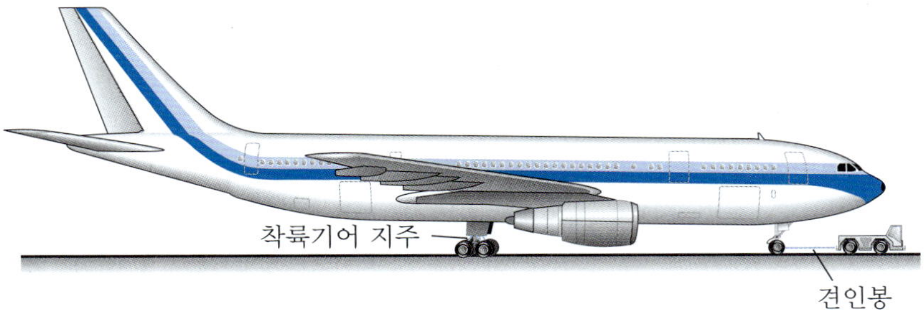

그림 7-1
축하중을 받고 있는 구조물 부재 (견인봉은 인장 상태이며 착륙기어 지주는 압축 상태에 있다.)

분의 기둥의 설계와 해석의 기초가 되고 있으나, 그의 이론을 뒷받침할 만한 적절한 실험 결과가 없었기 때문에 100년 이상이나 사용되지 않았다.

7.2 수직응력 및 수직변형률

구조물에 작용하는 반력과 내력은 정역학을 통해 알아보았고, 이제 변형체와 관련된 내부 현상을 좀 더 면밀히 확인할 차례이다. 재료역학에서 가장 기본적인 개념은 **응력**(stress)과 **변형률**(strain)이다. 이 개념은 축하중을 받는 단면이 균일한 봉을 고찰함으로써 가장 기본적인 형태로 설명할 수 있다. **균일 단면 봉**(prismatic bar)이란 봉의 전체 길이에 걸쳐 동일한 단면적을 갖는 직선형 구조 부재이며, **축하중**(axial force)은 부재의 축방향으로 작용하는 하중으로, 봉에 인장이나 압축을 초래한다. 그 예를 그림 7-1에 도시하였으며, 그림에서 견인봉은 인장 상태에 있는 균일 단면 부재이고 착륙기어의 지주는 압축 상태에 있는 부재이다. 다른 예로 교량용 트러스, 자동차 엔진의 연결봉, 자전거 바퀴의 스포크(spoke), 빌딩의 기둥 및 소형비행기의 날개 지주와 같은 부재가 있다.

논의를 위하여, 그림 7-1의 견인봉을 고려하여 그 일부분을 자유물체도(그림 7-2a)와 같이 분리시킨다[전체 비행기의 자유물체도(FBD)에 대해서는 그림 3-3 참조]. 이 자유물체도를 그릴 때, 봉의 자중은 무시하고 양단에 작용하는 축하중 P만 능동적인 힘(active force)으로 가정한다. 그다음으로 봉의 두 가지 형상을 고려한다. 첫 번째는 봉에 하중이 작용되기 **전의** 형상이며(그림 7-2b), 두 번째는 봉에 인장하중 P가 작용한 **후의** 형상이다(그림 7-2c). 봉의 원래 길이는 문자 L로 표시하고, 하중에 의한 길이의 증가는 δ(delta, 델타)로 표시하였다.

봉 끝에 작용하는 외부 인장력 P로 인한 봉 내부에서의 작용은 외부 인장력 P 사이의 mn 면에서 가상의 절단을 함으로써 알 수 있다(그림 7-2c). 이 면은 봉의 길이방향, 즉 축방향에 수직으로 절단하였기에 **단면**(cross section)이라고 한다.

이제, 가상으로 절단한 단면 mn의 왼쪽에 있는 봉의 일부를 자유물체로 분리한다(그림 7-2d). 이 자유물체의 우측 끝(단면 mn)에는 봉의 잔여 부분

그림 7-2
인장 상태에 있는 균일 단면 봉: (a) 봉의 자유물체도, (b) 하중을 받기 전의 봉, (c) 인장하중(P) 작용 후의 봉, (d) 인장하중(P)에 의한 봉 내부의 수직응력

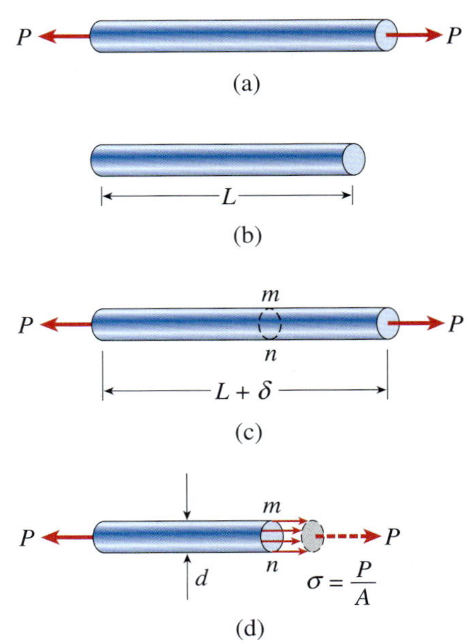

에 대한 제거된 부분(즉, 단면 mn의 오른쪽 부분)의 작용이 표시되어 있다. 이 작용은 전체 단면상에 작용하는 연속적으로 분포된 **응력**으로 구성되며, 단면에 작용하는 축하중 P는 그 응력들의 **합력**(resultant)이다(이 합력은 그림 7-2d에 점선으로 도시하였다).

응력은 단위면적당 받고 있는 힘의 단위를 가지며 σ(sigma, 시그마)로 표시한다. 일반적으로 평면에 작용하는 응력 σ는 전체 면적에 걸쳐 균일하거나 한 점에서 다른 점으로 갈 때 그 크기가 달라질 수 있다. 응력이 단면 mn(그림 7-2d)상에 **균일하게 분포**되어 있다고 가정한다면, 그 응력의 합력은 응력과 봉의 단면적 A의 곱, 즉 $P=\sigma A$의 크기와 같아야 한다. 따라서 응력의 크기에 대한 다음 식을 얻을 수 있다.

$$\sigma = \frac{P}{A} \tag{7-1}$$

이 식은 임의의 단면 형상을 갖는 균일 단면 봉이 축하중을 받고 있을 때 균일한 응력의 강도를 나타낸다.

봉이 하중 P에 의해 늘어나면, 응력은 **인장응력**(tensile stress)이 되고, 힘의 방향이 반대가 되어 봉이 압축되면, **압축응력**(compressive stress) 상태가 된다. 이와 같은 응력은 모두 절단면에 수직으로 작용하기 때문에 **수직응력**(normal stress)이라 한다. 따라서 인장응력이나 압축응력은 수직응력이다. 표면에 평행하게 작용하는 하중에 의한 **전단응력**(shear stress)은 7.6절에서 논의한다.

관례적으로 인장응력을 정의할 때는 양으로, 압축응력을 정의할 때는 음으로 정의한다. 수직응력 σ는 축하중을 단면적으로 나눔으로써 얻어지기 때문에 단위면적당 받는 힘의 단위로 표시된다.

SI 단위에서 힘은 뉴턴(N)으로 표시되고, 면적은 제곱미터(m^2)로 표시된다. 따라서 응력은 제곱미터당 뉴턴(N/m^2), 즉 파스칼(Pa)의 단위를 갖는다. 그러나 파스칼은 아주 작은 응력의 단위이므로 일반적으로 메가파스칼(MPa)과 같은 큰 배수로 사용할 필요가 있다.

SI 단위에서는 권장되지 않지만, 종종 응력이 메가파스칼과 같은 단위인 제곱밀리미터당 뉴턴(N/mm^2)으로 주어지는 경우도 있다.

제한사항

공식 $\sigma = P/A$는 응력이 봉의 전체 단면에 균일하게 분포되어 있는 경우에만 유효하다. 이 조건은 나중에 이 절 뒷부분에서 설명될, 축하중 P가 단면의 도심(centroid)에 작용할 경우 실현될 수 있다. 그러나 이 책에서는 (일반적으로) 특별히 다른 언급이 없는 한, 축하중은 단면의 도심에 작용하는 것으로 생각한다.

그림 7-2d에 도시된 균일한 응력 상태가 하중이 작용하고 있는 양단 끝을 제외한 전체 길이에 걸쳐 존재한다. 봉 끝에서의 응력 분포는 하중 P가 봉에 어떻게 전달되느냐에 따라 달라진다. 만약 하중이 양 끝단에 균일하게 분포되어 있다면, 끝단에서의 응력 패턴은 다른 모든 곳과 동일할 것이다. 그러나 하중이 핀이나 볼트를 통해 구조물 끝에 전달될 경우에는 국부적인 큰 응력, 즉 **응력집중**(stress concentration)을 유발할

가능성이 있다.

이와 같은 가능성은 그림 7-3에 도시된 아이바(eyebar)를 이용하여 설명하였다. 이 경우 하중 P는 봉 양 끝에 있는 구멍(또는 눈)에 끼워져 있는 핀을 통하여 봉에 전달된다. 따라서 그림에 도시된 힘은 실제로 핀과 아이바 사이에 작용하는 지압응력(또는 베어링 응력)의 합력이며, 구멍 주변의 응력 분포는 매우 복잡하다. 그러나 양 끝단으로부터 봉의 중앙으로 이동함에 따라 응력 분포는 그림 7-2d에 도시된 균일 분포에 점차적으로 근접하게 된다.

그림 7-3

인장하중 P를 받는 강철 아이바

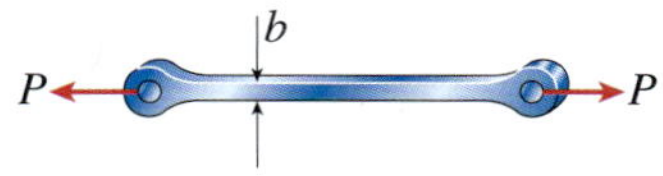

실질적으로, 공식 $\sigma = P/A$는 양끝의 응력집중으로부터 적어도 봉의 최대 횡방향 치수(b)만큼 떨어져 있는 봉 내의 모든 지점에서 사용될 수 있다. 다시 말해서 그림 7-3의 아이바에서의 응력 분포는 확장된 양 끝단으로부터 b(봉의 폭) 이상 떨어진 곳에서는 균일하며, 또한 그림 7-2와 같은 균일 단면 봉의 응력 분포는 양단으로부터 d(봉의 지름) 이상 떨어진 곳에서는 균일하다(그림 7-2d). 물론 응력이 불균일하게 분포하는 경우에서도 식 $\sigma = P/A$는 그 단면상의 **평균** 수직응력을 표시하므로 여전히 유용하게 사용될 수 있다.

수직응력

앞서 언급한 바와 같이, 곧은 봉이 축방향의 하중을 받으면 길이가 변하되, 인장 상태에서는 길이가 늘어나고 압축 상태에서는 짧아진다. 예를 들어, 그림 7-2의 균일 단면 봉을 다시 생각해보면, 이 봉(그림 7-2c)의 신장량 δ는 봉의 부피 전체에 걸쳐 재료의 모든 요소가 늘어난 양의 누적된 결과이다. 재료는 봉의 모든 곳에서 동일한 것으로 가정한다. 이와 같은 경우, 봉 전체 길이의 절반($L/2$)에서는 $\delta/2$의 신장량을 가지며, 봉의 1/4 길이에서는 $\delta/4$의 신장량을 갖는다.

일반적으로 봉의 어느 부분의 신장량은 그 길이를 전체 길이 L로 나누고 전체 신장량 δ를 곱한 것과 같다. 따라서 봉의 단위 길이는 $1/L \times \delta$에 상당하는 신장량을 가진다. 이 양을 **단위길이당 신장량** 또는 **변형률**이라 부르며, ε(epsilon, 엡실론)으로 표시한다. 변형률은 다음 식과 같다.

$$\varepsilon = \frac{\delta}{L} \tag{7-2}$$

만약 봉이 인장 상태에 있다면, 그 변형률은 재료의 신장을 표시하는 **인장변형률**(tensile strain)이라고 한다. 만약 봉이 압축 상태에 있다면, 그 변형률은 **압축변형률**(compressive strain)이 되며 봉의 길이는 짧아진다. 일반적으로 인장변형률은 양으로 표시하고, 압축변형률은 음으로 표시한다. 변형률 ε은 수직응력(인장응력 또는 압축응력)과 연관되어 있으므로 **수직변형률**(normal strain)이라고 한다.

수직변형률은 두 길이의 비율(길이/길이)이기 때문에 **무차원 양**(dimensionless quantity)으로 나타내며 단위를 갖지 않는다. 따라서 변형률은 단순히 숫자로만 표시한다. 구조용 재료로 만들어진 봉에 하중이 작용할 때 그 길이의 변화는 매우 미소(작다)하므로, 변형률 값 역시 일반적으로 매우 작다.

전체 길이(L)가 2.0 m인 강 봉을 고려해보자, 큰 인장력이 봉이 가해졌을 때, 이 봉이 1.4 mm만큼 늘어났다면 그 변형률은 다음과 같다.

$$\varepsilon = \frac{\delta}{L} = \frac{1.4 \text{ mm}}{2.0 \text{ m}} = 0.0007 = 700 \times 10^{-6}$$

실제로 δ와 L의 원래 단위가 변형률 자체에 붙여지기도 하며, 그와 같은 경우 변형률은 mm/m, μm/m와 같은 형태로 기록된다. 예를 들어, 위의 변형률 ε은 700 μm/m와 같이 나타낼 수 있다. 또한 특히 변형률이 클 경우에 변형률은 백분율(%)로 표시하기도 한다. (앞선 예의 변형률은 0.07%이다.)

단축응력과 변형률

수직응력과 수직변형률의 정의는 순수 정역학 및 기하학적 고찰에 근거를 두고 있으며, 이는 식 (7-1)과 (7-2)가 어떤 크기의 하중과 어떤 종류의 재료에도 적용 가능하다는 것을 의미한다. 그 기본 요건은 봉의 변형이 전체 체적에 걸쳐 균일해야 한다는 것이며, 이는 다시 말하면 봉은 균일 단면이고, 하중은 단면의 도심에 작용하며, 재료는 **균질**(homogeneous: 봉의 모든 부분이 동일한 재료로 이루어짐)이어야 한다는 것이다. 이와 같은 조건하에서 유발된 응력과 변형률의 상태를 **단축응력과 변형률**(uniaxial stress and strain)이라고 한다(가로방향으로 존재하는 변형률은 7.5절에서 다룬다).

균일한 응력 분포를 위한 축하중의 작용선

균일 단면 봉의 응력과 변형률에 대한 앞선 내용 전반에 걸쳐, 수직응력 σ는 단면에 균일하게 분포하는 것으로 가정하였다. 이 조건은 축하중의 작용선이 단면적의 도심을 통과할 때 충족된다는 점에 유의한다.

그림 7-4
균일 단면 봉 내부의 균일한 응력 분포: (a) 축하중 P, (b) 봉의 단면적

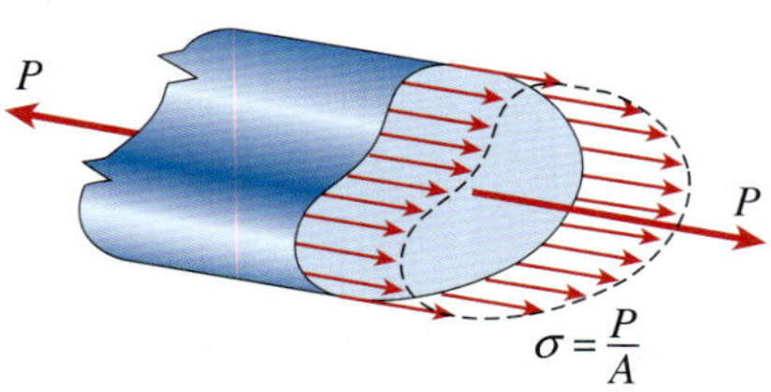

(a)

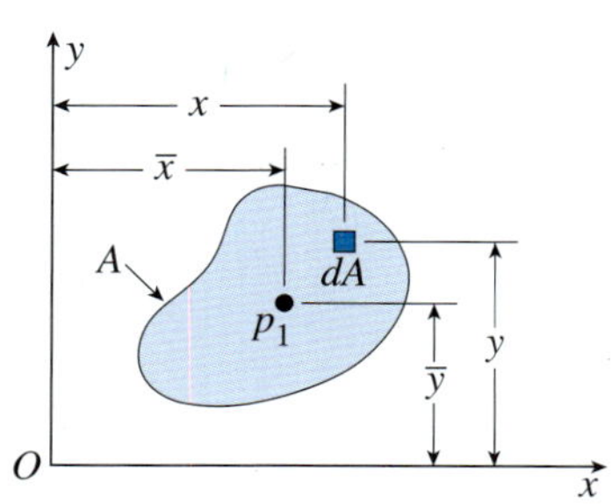

(b)

균일 분포 응력 σ를 발생시키는 축하중 P를 받고 있는 임의의 단면 형상의 균일 단면 봉을 고려하자(그림 7-4a). 힘의 작용선과 단면이 교차하는 단면 내에 있는 한 점을 p_1이라고 하자(그림 7-4b). 이 단면을 포함하는 평면에 x-y축을 생성하고 점 p_1의 좌표를 $\bar{x}$와 $\bar{y}$로 나타낸다. 이러한 좌표를 결정하기 위하여, x와 y축에 관한 힘 P의 모멘트 M_x와 M_y가 각각 균일 분포 응력에 상응하는 모멘트와 일치되어야 한다는 것을 생각한다.

힘 P의 모멘트는 다음과 같다.

$$M_x = P\bar{y} \qquad M_y = -P\bar{x} \tag{7-3a, b}$$

여기서 모멘트는 그 벡터(오른손 법칙을 사용)가 대응하는 축의 양의 방향으로 작용될 때 양으로 간주하였다.

분포 응력의 모멘트는 전 단면적 A에 걸쳐 적분함으로써 얻을 수 있다.

미소 면적 영역 dA(그림 7-4b)에 작용하는 미소 힘은 σdA와 같다. 이 미소 힘에 의한 x축과 y축에 작용하는 모멘트는 각각 $\sigma y dA$ 및 $-\sigma x dA$이며, 여기서 x와 y는 미소 면적 dA의 좌표를 나타낸다. 총모멘트는 전체 단면에 걸쳐

적분함으로써 다음과 같이 얻어진다.

$$M_x = \int \sigma y dA \quad M_y = -\int \sigma x dA \tag{7-3c, d}$$

이 식은 응력 σ에 의해 발생된 모멘트를 제공한다.

다음으로, 하중 P로부터 얻어진 모멘트 M_x와 M_y[식 (7-3a, b)]를 분포 응력으로부터 얻은 모멘트[식 (7-3c, d)]와 같다고 하고 정리하면 다음과 같다.

$$P\overline{y} = \int \sigma y dA \quad P\overline{x} = -\int \sigma x dA$$

응력 σ가 균일하게 분포하므로 전 단면적 A에 걸쳐 일정하고, 적분 기호 밖으로 꺼내 놓을 수 있다. 응력 σ는 P/A라는 것을 알고 있으므로 점 p_1의 좌표에 대한 다음과 같은 식을 얻을 수 있다.

$$\overline{y} = \frac{\int y dA}{A} \quad \overline{x} = \frac{\int x dA}{A} \tag{7-4a, b}$$

이 식은 단면의 도심 좌표를 정의하는 식과 같다(5.2절 참조). 따라서 다음과 같은 중요한 결론을 얻을 수 있다.

균일 단면 봉에서 균일한 인장 또는 압축을 얻기 위해서는 축하중은 반드시 단면의 도심에 작용해야 한다.

이미 언급한 바와 같이, 이 책에서 그렇지 않다는 별도의 언급이 없는 한, 이와 같은 조건을 항상 만족시킨다고 가정한다.

다음의 예제들은 균일 단면 봉의 응력과 변형률의 계산 과정을 예시한 것이다. 첫 번째 예제에서는 봉의 자중을 무시하였으며, 두 번째 예제에서는 그 자중을 포함시켰다(교과서 문제풀이에서 봉의 자중을 포함한다는 특별한 지시가 없는 한, 구조물의 자중을 생략하는 것이 관례이다).

예제 7-1

강체 튜브 B의 상부에 베이스 플레이트가 올려져 있고 그 위에 탄성 스프링이 놓여 있다(그림 7-5 참조). 스프링은 또 다른 강체 튜브 A로 둘러싸여 있지만 s만큼 튜브 A에서 늘어날 수 있다. 힘 P가 스프링을 압축하기 위해 캡 플레이트에 가해지고 있다. 두 개의 튜브 모두 d_O의 외경을 가지고 있으나, 내부 직경은 각각 d_A, d_B를 가진다. 다음과 같은 수치를 가정하여 문제를 푸시오(스프링 강성 $k=4{,}200$ kN/m, $d_O=75$ mm, $d_A=62$ mm, $d_B=57$ mm, $s=3.2$ mm).

(a) 하중 $P=11$ kN이 작용할 때, 튜브 A와 B에 작용하는 튜브의 축방향의 수직응력은 무엇인가?

(b) 하중 $P=22$ kN일 때, (a)를 다시 계산하시오.

(c) 만약 튜브 A에 작용하는 수직응력이 5.5 MPa이라면 P의 값은 얼마여야 하는가? 그 때 연관된 튜브 B의 응력은 얼마인가?

풀이

4단계 문제풀이 접근방법을 사용한다.

1. 개념화[가정, 스케치] 작용하는 하중 P의 크기에 따라 두 가지 상태의 자유물체도를 생각해볼 수 있다(그림 7-6). 그림 7-6a와 같이 강체 튜브 A의 내부 단면을 잘라내어 그림처럼 강체 튜브와 스프링에 작용하는 내력을 가지고 (튜브 A에 대한)위쪽의 자유물체도를 만든다. 이것은 하중 P로 인해 캡 플레이트가 x만큼 하강할 때($x<s$), 스프링의 힘 $(k)(x)$를 나타낸다. 그림 7-6b는 하중 P로 인해 캡 플레이트가 하강한 길이 x가 s와 동일한 경우를 보여주며, 따라서 이 경우 스프링의 힘 $(k)(s)$와 동일하다. 또한 그림 7-6은 강체 튜브 B의 내부 단면을 잘라내어 튜브 B와 내부에 작용하는 내력에 대한 자유물체도를 보여준다. 이것은 튜브 B의 내부 압축력이 적용되는 하중 P와 동일함을 나타낸다. [강체 튜브 A와 B에 작용하는 내력은 두 가지 화살표(크기는 같지만 힘의 방향이 서로 반대인 경우, 다시 말해서 힘의 평형이 작용)로 나와 있으며, N_A와 N_B가 실제로 균일하게 분포된 힘으로 각 튜브의 둥근 단면에 작용한다는 것을 나타낸다.]

그림 7-5

강체 튜브 내부의 탄성 스프링

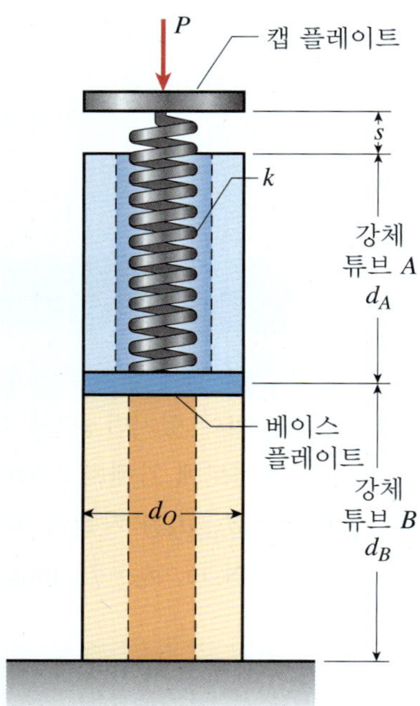

그림 7-6

(a), (b) 자유물체도($x<s$, $x=s$)

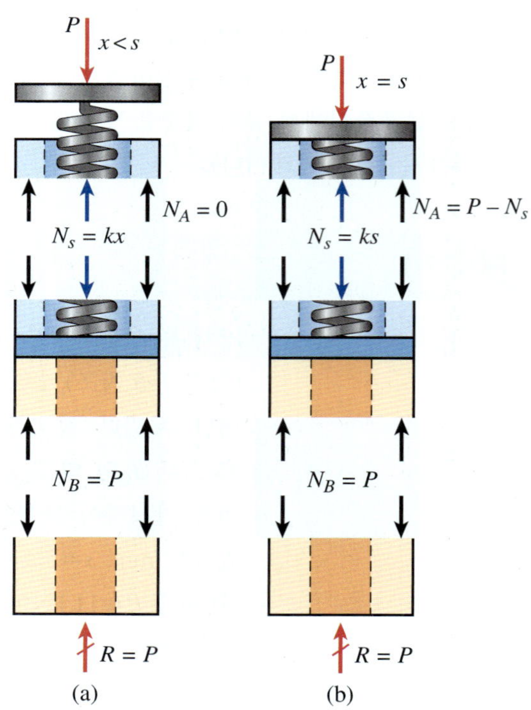

2. 분류[단순화, 분류화] 캡 플레이트에 작용하는 하중 P가 캡 플레이트를 아래로 s만큼 이동시켜 닫을 수 있는 힘의 크기(그림 7-6b) P는 $(k)(s)$이다. 이 힘은 스프링에 가해질 수 있는 최대 하중이다. 만약 작용하는 하중 P의 크기가 스프링에 가해질 수 있는 최대 하중보다 작으면[캡 플레이트의 처짐량(x)이 s보다 작은 경우] 작용하는 하중 P는 베이스 플레이트에 전달되어 강체 튜브 B에 전달되지만 강체 튜브 A는 하중으로 인한 영향을 받지 않는다. 그러나 작용하는 하중 P의 크기가 캡 플레이트를 닫을 만큼 충분한 압축력을 가지고 있다면, 캡 플레이트를 통해 강체 튜브 A와 스프링은 하중 P를 받게 되며, 베이스 플레이트를 통해 튜브 B로 전달될 것이다. 요약하면, 그림 7-6의 자유물체도는 아래와 같이 나타난다. 만약 스프링이 하중 P에 의해 x만큼 압축된다면, 스프링과 두 개의 튜브에 작용하는 내부 압축력은 다음과 같다.

$$N_s = P = kx,\ N_A = 0,\ N_B = P \qquad x < s\text{의 경우}$$
$$N_s = ks,\ N_A = P - ks,\ N_B = N_s + N_A = P \qquad x = s\text{의 경우}$$

3. 해석[수치계산, 적절한 식 선정, 수학적인 해를 구함]

캡 플레이트를 닫기 위해 필요한 힘 P: 캡이 닫힐 때, 작용하는 하중 P와 ks는 같다.

$$P = ks = (4200\ \text{kN/m})(3.2\ \text{mm}) = 13.44\ \text{kN}$$

작용하는 하중 P=11 kN일 때, 튜브의 응력: 캡은 $x = P/k = 2.619$ mm($<s$)일 때 아래쪽으로 배치되며, 따라서 튜브의 내력은 $N_A = 0$, $N_B = P$로 나타낼 수 있다. 튜브의 단면적은 아래와 같다.

$$A_A = \frac{\pi}{4}\left(d_O^2 - d_A^2\right) = \frac{\pi}{4}\left(75^2 - 62^2\right)\text{mm}^2 = 1399\ \text{mm}^2$$
$$A_B = \frac{\pi}{4}\left(d_O^2 - d_B^2\right) = \frac{\pi}{4}\left(75^2 - 57^2\right)\text{mm}^2 = 1866\ \text{mm}^2$$

튜브 A와 B에 작용하는 계산된 압축응력은 아래와 같다.

$$\sigma_A = \frac{N_A}{A_A} = 0 \quad \sigma_B = \frac{N_B}{A_B} = 5.89\ \text{MPa}$$

작용하는 하중 P=22 kN일 때, 튜브의 응력: 캡의 하중에 의한 아래로 처짐은 $x = P/k =$ 5.24 mm($>s$)이고, 따라서 튜브의 내력은 $N_A = P - (k)(s) = (22 - 13.44)$ kN = 8.56 kN, $N_B = P$이다. 튜브 A와 B에서의 수직응력은 아래와 같다.

$$\sigma_A = \frac{8.56\ \text{kN}}{1399\ \text{mm}^2} = 6.12\ \text{MPa} \quad \sigma_B = \frac{22\ \text{kN}}{1866\ \text{mm}^2} = 11.79\ \text{MPa}$$

강체 튜브 A에 응력이 5.5 MPa일 때, 작용 하중 P: 캡이 닫히기 위해서는 작용하는 하중 P가 반드시 $(k)(s) = 13.44$ kN을 넘어서야 하고, 튜브 A에 힘이 전달되어야 하며, 그때 튜브 A에 작용하는 수직응력은 $\sigma_A = 5.5$ MPa이다. 튜브 A에서의 수직 압축력은 $N_A = (\sigma_A)(A_A) = 7.69$ kN이다. 이때 작용하는 하중 P는 $P = N_A + ks = 7.69\ \text{kN} + 13.44\ \text{kN} = 21.1$ kN과 같이 구할 수 있다. 튜브 B에 작용하는 수직 압축응력은 내력 $N_B = P$

인 점을 이용하여 구하면, $\sigma_B = \dfrac{21.1\ \text{kN}}{1866\ \text{mm}^2} = 11.33\ \text{MPa}$이다.

4. **최종 단계[결론, 해의 검증 — 해가 합당한가? 단위가 맞는가? 비슷한 문제풀이 방법과 비교해볼 때 어떠한가?]** 만약 튜브 A가 여기에서 가정된 강체가 아닌 탄성체(변형체)이면, 튜브 A는 원래 있던 것에 평행하게 작용하는 다른 스프링으로 모델링될 수 있다. 더 나아간 해석 절차를 생각해보면, 튜브에 작용하는 힘 N_A를 $P>(k)(s)$인 경우에 대해 구해보는 것이다. 그 경우 힘 N_A는 $P-(k)(s)$와 동등할 수 없으며, 아래로 처지는 x 값은 s보다 커야 한다.

예제 7-2

로컬 레이더 장치에 작용하는 바람에 의한 터빈의 효과를 측정하기 위해 안테나와 수신기가 헬리콥터에 있는 강철 와이어에 매달려 있다(그림 7-7 참조). 와이어에 작용하는 **최대 응력을 계산**하기 위해서 와이어의 자체 무게를 고려한다. **와이어의 최대 응력**(MPa 단위)을 다음과 같은 수치를 이용하여 계산하시오. $L_1=6$ m, $L_2=5$ m, $d=9.5$ mm, 안테나 무게 $W_1=380$ N, 수신기 무게 $W_2=700$ N, 체적밀도 γ는 77.0 kN/m^{3}이다(부록 F의 표 F-1 참조).

그림 7-7
(a), (b) 헬리콥터 와이어에 매달려 있는 장치

그림 7-8
자유물체도

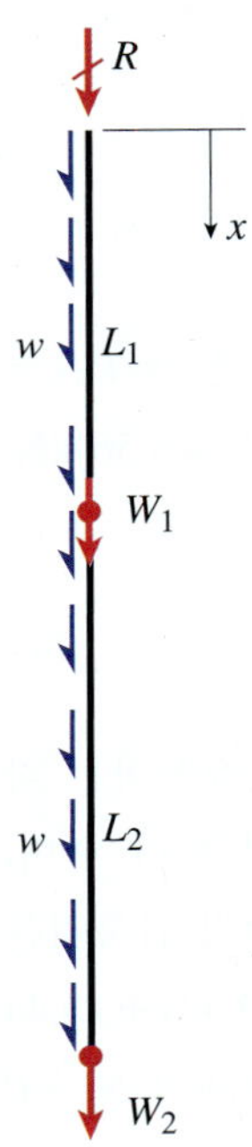

풀이

4단계 문제풀이 접근방법을 사용한다.

1. **개념화** 그림 7-8은 헬리콥터에 매달려 있는 장치의 자유물체도를 나타낸다. 안테나(W_1)와 수신기(W_2) 중량은 와이어를 따라 지정된 위치에 집중된 힘으로 나타난다. 와이어

그림 7-9

와이어의 축하중 $N(x)$

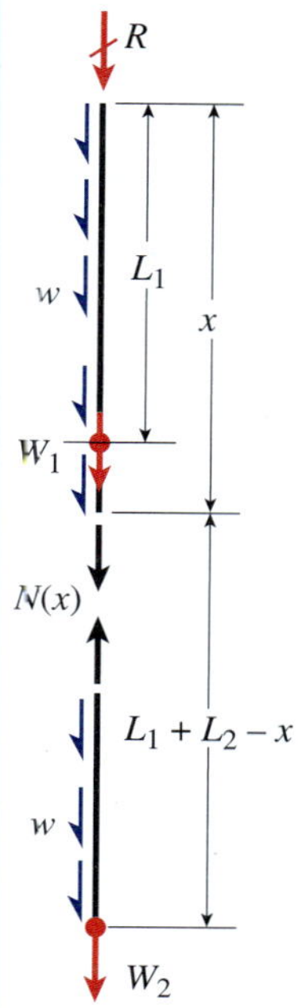

의 자중은 전체적으로 분포되어 있는 축하중 $w(x)=\gamma A$로 표현되며, A는 와이어의 단면이다. 그림 7-9는 와이어를 특정 지점에서 자른 x를 기준으로 위쪽과 아래쪽의 자유물체도를 나타낸다. 둘 중 어떤 것을 사용하여도 잘라낸 부분 지점에서의 내부 축하중 $N(x)$를 구할 수 있다. 와이어에서 내부 축하중은 헬리콥터에 다다른 지점에서 최대가 된다($x=0$).

2. 분류 먼저 와이어 꼭대기에서의 반력 R를 구하는 것으로 문제풀이를 시작한다. 그리고 아래쪽 지지를 받는 와이어에 작용하는 최대 축하중 N_{max}를 구한다. 와이어는 균일 단면적을 가지고 있기 때문에, 와이어에 작용하는 최대 축하중 N_{max}를 균일 단면적 A로 나눈 값, 즉 와이어에 작용하는 최대 축방향 수직응력인 σ_{max}를 쉽게 구할 수 있다.

3. 해석

반력 R: 그림 7-8의 자유물체도를 이용하면 아래의 식을 얻을 수 있다.

$$R = -\left[W_1 + W_2 + w(L_1 + L_2)\right] = -\left[W_1 + W_2 + \gamma A(L_1 + L_2)\right]$$

마이너스 표시는 반력 R가 $(-x)$방향으로 작용하고, 그림 7-8 및 7-9와 같이 위쪽 방향으로 작용한다는 것을 의미한다.

매달린 와이어의 내부 축하중 $N(x)$: 와이어의 길이에 따라 와이어의 내부 축하중은 변한다. 와이어의 위와 아랫부분(그림 7-9에 나와 있는 잘라진 아래쪽 부분)을 잘라서 나타내보면 아래와 같은 식을 얻을 수 있다.

$$N(x) = W_1 + W_2 + w(L_1 + L_2 - x) \quad 0 \le x \le L_1$$
$$N(x) = W_2 + w(L_1 + L_2 - x) \quad L_1 \le x \le L_1 + L_2$$

그림 7-9의 내부 하중 $N(x)$는 인장 상태이며, 잘라진 부분에서 보면 내력의 합은 같아야 하므로 그림에서 보여지는 것처럼 쌍 힘으로 나타낼 수 있다. $x=0$에서 와이어에 작용하는 최대 하중은 $N_{max} = N(0) = W_1 + W_2 + w(L_1 + L_2)$이다.

와이어에 작용하는 최대 응력 계산: 와이어의 단면적 A는 일정하므로, N_{max}를 A로 나누면 와이어의 최대 응력을 구할 수 있다.

$$\sigma_{max} = \frac{N_{max}}{A} = \frac{W_1 + W_2 + w(L_1 + L_2)}{A} = \frac{W_1 + W_2}{A} + \gamma(L_1 + L_2)$$

수치 계산: 와이어의 단면적은 다음과 같다.

$$A = \frac{\pi}{4}d^2 = \frac{\pi}{4}(9.5\text{ mm})^2 = 70.88\text{ mm}^2$$

최대 응력은 다음과 같다.

$$\sigma_{max} = \frac{W_1 + W_2}{A} + \gamma(L_1 + L_2) = \frac{380\text{ N} + 700\text{ N}}{70.88\text{ mm}^2} + 77.0\frac{\text{kN}}{\text{m}^3}(6\text{ m} + 5\text{ m}) = 16.08\text{ MPa}$$

4. 최종 단계 와이어의 무게를 무시하면, 와이어에 작용하는 최대 수직응력은 5% 수치인 15.24 MPa까지 감소될 것이다. 비록 이 문제에서는 응력이 작지만, 응력 계산을 할 때 와이어의 자체 무게를 고려하지 않는 것은 추천하지 않는다.

7.3 재료의 기계적 성질

기계 및 구조물이 적절하게 기능하도록 설계하기 위해서는 사용될 재료의 **기계적 거동**(mechanical behavior)에 대한 이해가 필요하다. 일반적으로 재료가 하중을 받을 때 어떻게 거동하는지를 결정할 수 있는 유일한 방법은 실험실에서 실험을 통해 실제로 어떻게 거동하는지 알아보는 것이다. 통상적인 실험 과정은 평가대상 재료로 제작된 작은 시편을 시험기에 장착하고 하중을 가한 후, 그 하중에 의한 시편의 변형(길이의 변화나 직경의 변화 등)을 측정하는 것이다.

그림 7-10
자동 데이터 처리 시스템을 갖춘 인장 시험기

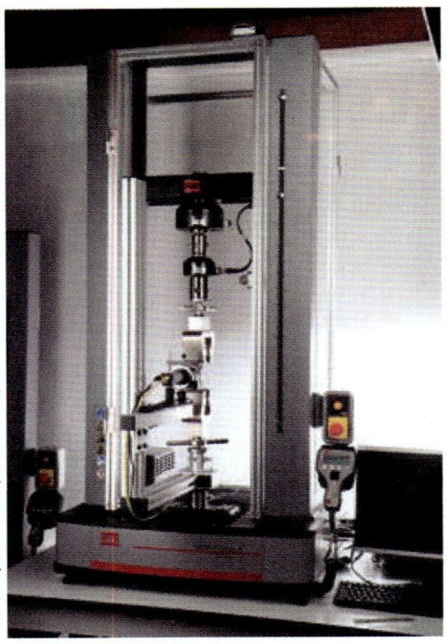

Courtesy of MTS Systems Corporation

일반적인 **인장 시험기**(tensile-test machine)를 그림 7-10에 나타내었다. 측정하고자 하는 재료의 시편을 시험기의 두 그립(grip) 사이에 설치한 다음, 인장하중을 가한다. 측정 장치는 가해지는 하중과 그로 인한 변형을 기록하고, 자동 제어 시스템과 데이터 처리 시스템이 결과를 도표화한다.

그림 7-11에 보다 상세한 **인장 시험편**(tensile-test specimen)의 형상을 나타내었다. 그립이 물리는 시편의 양 끝은 단면적을 크게 하여 시편이 물리는 그립 부분에서 파손이 발생하지 않게 한다. 7.2절에서 예시한 바와 같이 그립 주변에서는 응력 분포가 불균일하기 때문에 시편이 그 양단에서 파손될 경우 재료에 대해 원하는 정보를 얻을 수 없게 된다. 잘 설계된 시편의 경우, 응력 분포가 균일하고 봉이 순수 인장력만 받는 시편의 균일 단면부에서 파단이 일어날 것이다. 이와 같은 경우가 그림 7-11과 7-14에 나타나 있으며, 그림 7-14는 강재 시편이 하중을 받아 파손되기 직전의 사진을 보여준다. 그림 7-11의 시편에 두 개의 암(arm)에 의해 장착되어 있는 장치는 하중이 가해지는 동안 신장률을 측정하는 **신장계**(extensometer)이다.

시험 결과를 비교할 수 있도록 시편의 치수와 하중 적용 방법이 표준화되어 있다. 미국에서는 주요 표준 단체 중 하나인 미국시험재료학회(American Society for Testing and Materials, ASTM)가 재료와 시험에 대한 규격과 표준을 출판하는 기술 협회이다. 다른 표준화 단체로는 미국표준협회(American Standards Association, ASA), 미국국립표준기술연구소(National Institute of Standards and Technology, NIST), 국제도량형국(Bureau International des Poids et Mesures, BIPM)이 있다. 다른 나라에도 이와 유사한 기구들이 있다.

그림 7-11
신장계가 부착된 일반적인 인장 시험편

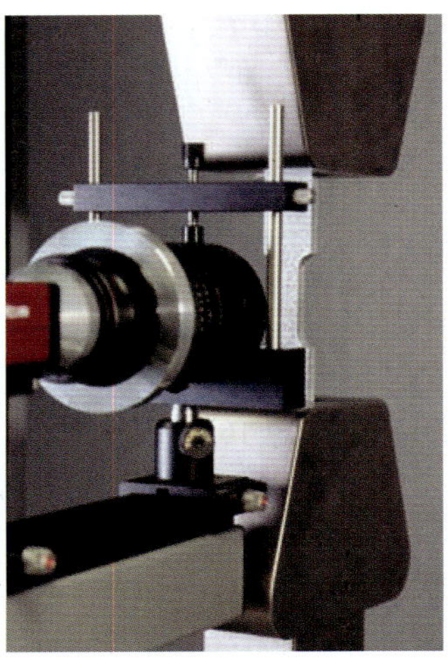

Courtesy of MTS Systems Corporation

ASTM 표준 인장 시편의 지름은 12.8 mm이고, 신장계의 암에 장착되는 표점(gage mark) 사이의 **표점 거리**(gage length)는 50.8 mm이다(그림 7-11 참조). 시편이 늘어날 때, 축하중은 자동으로 측정되어 기록되거나 또는 다이얼의 지침을 읽어 기록한다. 표점 거리의 신장률은 그림 7-11과 같은 유형의 기계적 게이지나 전기저항식 스트레인 게이지에 의해 동시에 측정된다.

정적 시험(static test)에서는 하중을 천천히 가하며, 하중이 가해지는 속도가 시편의 기계적 거동에 영향을 미치지 않으므로 정밀한 부하 속도는 중요하지 않다. 그러나 **동적 시험**(dynamic test)에서는 하중이 급격하게 가해지며, 어떤 경우 주기적인(일정하게 반복되는) 방식으로 적용되기도 한다. 동하중(dynamic load)의 특성은 재료에 영향을 미치므로 부하 속도 또한 측정되어야 한다.

금속의 **압축 시험**(compression test)은 통상적으로 정육면체나 원통형의 작은 시편으로 수행한다. 정육면체는 보통 한 변의 길이가 50 mm이며, 원통형은 약 25 mm의 직경과 25~300 mm의 길이를 갖는다. 시험기에 의해 가해진 하중과 시편의 단축된 길이를 모두 측정해야 하며, 짧아진 길이는 끝단부의 영향을 배제하기 위해 시편의 길이보다 짧은 표점 거리에 대하여 측정하여야 한다.

중요한 건설 프로젝트에서는 콘크리트를 압축 시험하여 요구되는 강도를 확보하였는지 확인한다. 콘크리트 시험편의 한 형태로 직경이 152 mm이고, 길이가 305 mm이며, 28일간 양생된 것을 사용한다[콘크리트는 경화되면서 강도가 강해지므로, 콘크리트의 경화(양생)는 중요하다]. 암석에 대한 압축 시험을 수행할 때에는 이와 유사하지만 약간 작은 시편을 사용한다(그림 7-12 참조).

그림 7-12
압축 강도, 탄성계수 및 푸아송 비를 얻기 위해 압축 시험 중인 암석 샘플

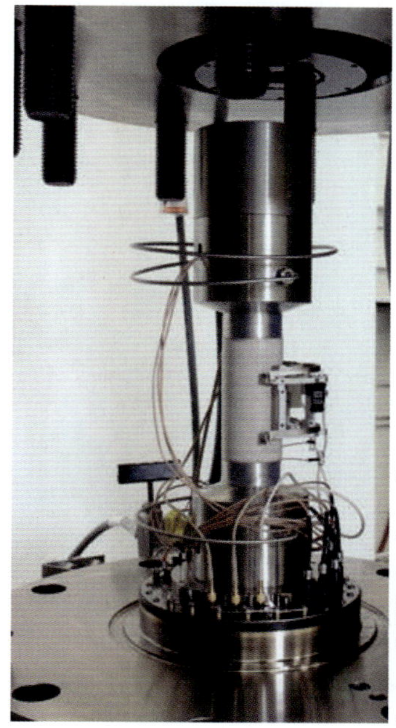

Courtesy of MTS Systems Corporation

응력-변형률 선도

시험 결과는 일반적으로 시험할 시편의 치수에 따라 달라진다. 시험할 시편과 크기가 같은 부품을 갖는 구조물의 설계는 있을 수 없으므로, 모든 크기의 부재에 적용할 수 있는 형식으로 시험 결과를 표시할 필요가 있다. 이와 같은 목적을 달성할 수 있는 간단한 방법은 시험 결과를 응력과 변형률로 변환하는 것이다.

시험편에 작용하는 축 응력(axial stress) σ는 시편에 작용하는 축하중 P를 단면적 A로 나누어 계산한다[식 (7-1)]. 이때 시편의 초기 단면적이 계산에 사용되었다면, 그 응력은 **공칭 응력**[nominal stress. 다른 이름으로 **관용적 응력**(conventional stress) 및 **공학적 응력**(engineering stress)이 있다.]이라고 한다. 축 응력의 보다 정확한 값을 나타내는 **진응력**(true stress)이라고 불리는 응력은 시편에 작용하는 하중으로 인해 감소되는 순간순간 봉의 실제 단면적을 사용하여 응력을 계산한 것이다. 인장력 시험에서의 실제 면적은 초기 면적보다 항상 작기 때문에(그림 7-14 참조), 진응력은 공칭 응력보다 크다.

시험편의 평균 축 변형률 ε은 표점 사이에서 측정된 신장량 δ를 표점 거리 L로 나누어 계산한다. 이 계산에 초기 표점 거리(예: 50 mm)가 사용되었다면, **공칭 변형률**(nominal strain)이 얻어진다. 인장하중이 가해지면 표점 사이의 거리가 늘어날 것이기에, 표점 사이의 실제 늘어날 길이를 사용하여 계산한 **진변형률**[true strain. 또는 **자연 변형률**(natural strain)]을 구할 수 있다. 인장 상태에서 진변형률은 항상 공칭 변형률보다 작다. 그러나 대부분의 공학적 용도에서는 공칭 응력과 공칭 변형률을 사용한다.

인장 및 압축 시험을 수행하고, 각각의 하중값에 대한 응력과 변형률을 계산한 다음 응력에 대한 변형률 선도를 그릴 수 있다. 이와 같은 **응력-변형률 선도**(stress-strain diagram)는 시험한 특정 재료의 기계적 특성을 나타내며, 기계적인 성질과 거동의 유형에 대한 중요한 정보를 제공한다.

구조용 강의 응력과 변형률 **구조용 강**(structural steel)은 **연강**(mild steel) 또는 **저탄소강**(low-carbon steel)으로 알려져 있으며, 가장 널리 사용되는 금속으로서 건물, 교량, 크레인, 선박, 타워, 차량 및 기타 여러 가지 유형의 구조물에서 찾아볼 수 있다. 인장

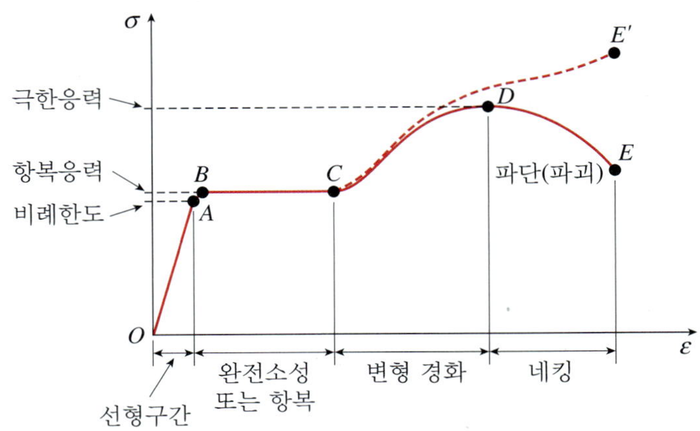

그림 7-13
인장을 받는 일반적인 구조용 강의 응력-변형률 선도(비균일 척도)

상태의 일반적인 구조용 강에 대한 응력-변형률 선도를 그림 7-13에 나타냈다. 변형률은 수평축에, 대비되는 응력은 수직축에 각각 도시하였다.

그림 7-13의 선도는 원점 O에서 점 A까지 직선으로 시작되며, 이 초기 영역은 응력과 변형률의 관계가 **선형적**(linear)일 뿐만 아니라 **비례적**(proportional)이라는 것을 의미한다.[1] 점 A를 지나면, 응력과 변형률 사이의 관계가 더 이상 유지되지 않으며, 따라서 점 A에서의 응력을 **비례한도**(proportional limit)라고 한다. 저탄소강의 경우 이 한도는 210~350 MPa 범위이지만, (높은 탄소 함유량과 기타 합금으로 된)고강도 강은 550 MPa 이상의 비례한도를 가질 수 있다. 원점 O에서 점 A까지 직선의 기울기를 **탄성계수**(modulus of elasticity)라고 한다. 이 기울기는 변형률로 나눈 응력의 단위를 나타내므로, 탄성계수는 응력과 동일한 단위를 갖는다(7.4절 참조).

응력이 비례한도 이상으로 증가하면, 변형률은 응력의 증분보다 훨씬 빠르게 증가하기 시작한다. 결과적으로 응력-변형률 곡선은 점 B에서 곡선이 수평해질 때까지 그 기울기가 점점 작아지게 된다(그림 7-13 참조). 이 점을 시점으로 하여 인장력이 거의 증가하지 않는 상태에서도 시편의 신장량이 현저하게 증가한다(B에서 C까지). 이와 같은 현상을 재료의 **항복**(yielding)이라 하고, 점 B를 **항복점**(yield point)이라고 한다. 이때의 응력값을 강의 **항복응력**(yield stress)이라고 한다.

B에서 C까지의 영역에서(그림 7-13 참조) 재료는 작용 하중이 증가하지 않더라도 변형이 되는 **완전소성**(perfectly plastic) 상태가 된다. 완전소성 영역에서 연강 시편의 신장량은 일반적으로 선형구간(하중 작용 시점과 비례한도 사이)에서 발생하는 신장량의 약 10~15배에 이른다. 소성 영역(및 그 이후의 영역)에서 매우 큰 변형률이 발생하기 때문에 이 선도를 실제의 비율로 그리지 않았다.

B-C 영역에서 항복이 진행되는 동안 발생된 큰 변형을 경험한 뒤, 강은 **변형 경화**

[1] 두 변수의 비가 일정할 경우 두 변수는 서로 **비례한다**(proportional)고 말한다. 따라서 비례관계는 원점을 지나는 직선으로 표시할 수 있다. 그러나 비례관계와 선형관계가 같은 것은 아니다. 비례관계가 선형적이라고 할지라도, 그 역이 반드시 사실이지는 않다. 왜냐하면 원점을 지나지 않는 직선으로 표시되는 관계는 선형적이지만 비례관계는 아니기 때문이다. 흔히 사용하는 '직접 비례'라는 표현은 '비례'와 동의어이다.

(strain harden)를 일으키기 시작한다. 변형 경화 과정에서 재료는 결정 구조가 변화하며, 그 결과 추가적인 변형에 대한 재료의 저항력을 증가시키게 된다. 이 영역에서 시편의 신장은 작용하는 인장하중의 증가를 필요로 하며, 따라서 응력-변형률 선도는 *C*에서부터 *D*영역까지 양의 기울기를 가지며 증가하게 된다. 이후 시편에 작용하는 하중이 최대치에 도달하게 되며(시편이 하중을 견딜 수 있는 최대치까지 되면), 이에 대응하는 응력(*D*지점에서)을 **극한응력**(ultimate stress)이라고 한다. 극한응력 이후 시편은 더 신장되면서 동시에 하중의 감소를 동반하며, 결국 그림 7-13의 *E*지점에서 파단(fracture)이 발생한다.

앞서 찾아낸 재료의 항복응력과 극한응력을 각각 **항복 강도**(yield strength)와 **극한 강도**(ultimate strength)라고 한다. **강도**(strength)는 구조물이 하중을 견딜 수 있는 능력을 일컫는 일반적인 용어이다. 예를 들어, 보의 항복 강도는 보에 항복을 발생시키는 데 필요한 하중의 크기이며, 트러스의 극한 강도는 트러스가 지탱할 수 있는 최대 하중, 즉 파손 하중을 말한다. 그러나 특정 재료의 인장 시험을 수행할 때, 시편에 작용하는 총하중이 아닌 시편에 작용하는 응력으로 부하 능력을 정의하고 있으며, 따라서 일반적으로 재료의 강도는 응력으로 표시한다.

시편이 신장되면 **횡방향 수축**(lateral contraction)이 발생한다. 이로 인한 단면적 감소는 그림 7-13의 거의 *C*지점까지 계산된 응력값에 영향을 미치지 않을 만큼 그 크기가 미소하지만, 점 *C*를 지나게 되면 단면적의 감소가 응력-변형률 선도의 곡선 모양을 변화시키기 시작한다. 극한응력을 지나는 지점에서부터 봉 단면적의 감소가 눈에 띌 정도로 분명하게 나타나게 되며, 이러한 현상은 시편이 파손될 때까지 진행된다. 이 현상이 발생하는 *D*-*E* 구간을 **네킹**(necking)이라고 한다(그림 7-14 참조).

네킹으로 인해 감소된 단면적을 사용하여 응력을 계산하면 **진응력-변형률 곡선**(true stress-strain curve, 그림 7-13의 점선 *CE*′)이 얻어진다. 시편이 지탱할 수 있는 총하중은 극한응력에 도달한 후에 감소하지만(곡선 *DE*로 표시), 이러한 감소는 시편의 단면적 감소에 의한 것일 뿐, 재료 자체의 강도 저하에 의한 것은 아니다. 실제로 재료는 파손(점 *E*′)에 이를 때까지 진응력의 증가를 견딜 수 있다. 대부분의 구조물의 경우 비례한도보다 낮은 응력에서 사용될 것을 예상한다면, 시편의 초기 단면적을 기준으로 응력을 계산하여 그려낸 **관용적 응력-변형률 곡선**(conventional stress-strain curve)을 보여주는 *OABCDE*가 공학적 설계에 사용하기 위한 만족스러운 정보를 제공한다.

그림 7-13의 선도는 연강에 대한 응력-변형률 곡선의 일반적인 특성을 보여주고 있으나 그 비율은 실제와 다르다. 왜냐하면 이미 언급한 바와 같이, *B*에서 *C*구간에서 발생된 변형률은 *O*에서 *A*구간까지 발생하는 변형률보다 10배 이상 크기 때문이다. 또한 *C*에서 *E*까지의 변형률은 *B*에서 *C*까지의 변형률보다 몇 배나 더 크다. 그림 7-15는 비례적으로 그려진 연강의 응력-변형률 선도의 정확한 관계를 도시한 것이다. 이 그림에서 원점으로부터 *A*까지의 변형률은 *A*로부터 *E*까지의 변형률에 비해 아주 작기 때문에 식별할 수 없으며, 선도의 초기 부분이 수직선으로 나타난다.

연성 큰 소성 변형률과 동시에 명확한 항복점이 나타나는 것은 실제 설계에서 흔히

그림 7-14
인장을 받는 연강 봉의 네킹
(© Barry Goodno)

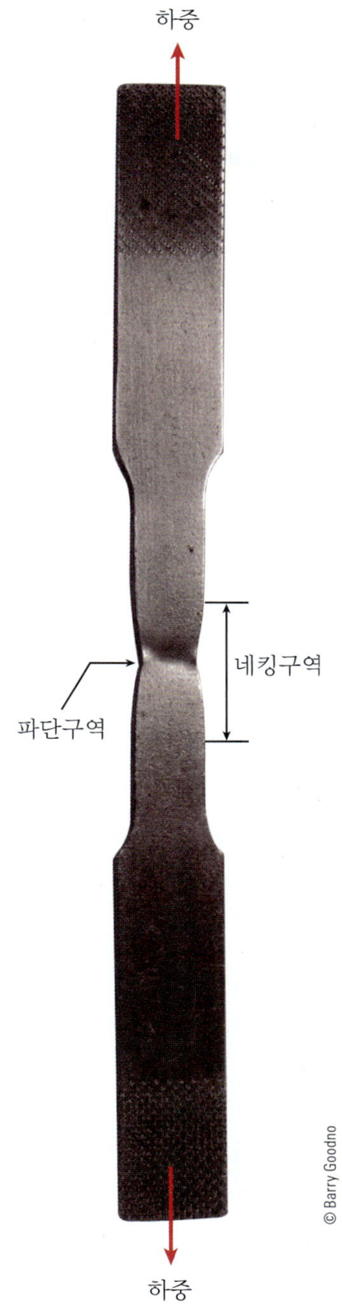

그림 7-15
인장을 받는 일반적인 구조용 강의 응력-변형률 선도(균일 척도로 표시)

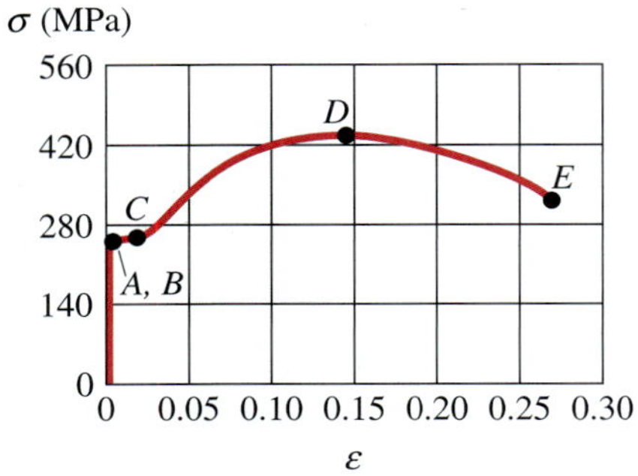

사용되는 구조용 강의 중요한 특성이다. 파손되기 전에 큰 **영구**(permanent) 변형률을 발생시키는 구조용 강과 같은 재료는 **연성**(ductile) 재료로 분류한다. 연성이란 강 봉이 원호로 굽혀지거나 끊어지지 않고 철사와 같이 인발될 수 있는 성질이다. 연성 재료의 바람직한 특성은 하중이 커짐에 따라 재료가 현저히 변형(distortion)을 일으키는 것이다. 따라서 실제 파괴가 일어나기 전에 교정 및 보수할 수 있는 기회를 제공한다. 또한 연성 거동을 하는 재료는 파괴 전에 많은 양의 변형 에너지를 흡수할 수 있다.

구조용 강은 약 0.2%의 탄소를 함유하는 철 합금이므로, 저탄소강으로 분류된다. 탄소 함유량이 증가하면, 연성의 특성은 저하되지만 강도는 커지는 특성을 갖는다(큰 항복응력과 큰 극한응력). 강의 물리적인 특성은 열처리, 다른 금속의 존재 및 압연과 같은 제조 과정의 영향을 받는다. (특정 조건에서) 연성으로 거동하는 기타 재료로는 알루미늄, 구리, 마그네슘, 납, 몰리브덴, 니켈, 황동, 청동, 모넬 메탈, 나일론 및 테플론 등이 있다.

그림 7-16
알루미늄 합금의 일반적인 응력-변형률 선도

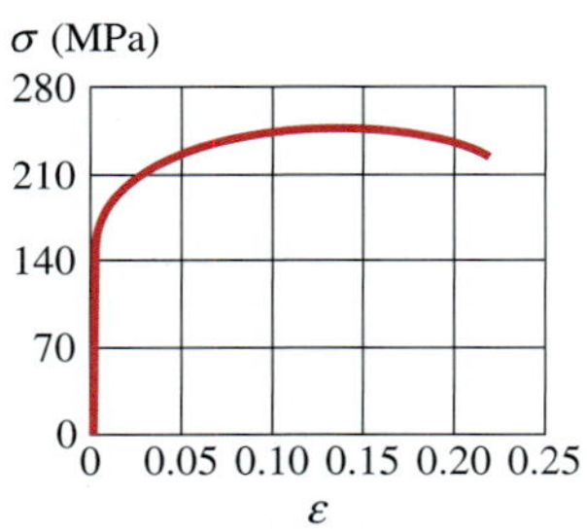

알루미늄 합금 현저하게 큰 연성의 특성을 가지고 있지만, **알루미늄 합금**(aluminum alloy)은 일반적으로 그림 7-16의 응력-변형률 선도에서 알 수 있는 바와 같이, 뚜렷하게 정의할 수 있는 항복점을 가지고 있지 않다. 그러나 인식 가능한 비례한도를 갖는 초기 선형 영역을 가지고 있다. 구조용으로 생산된 알루미늄 합금은 70~410 MPa 범위의 비례한도를 가지며, 140~550 MPa 범위의 극한응력을 갖는다.

알루미늄과 같이 재료가 뚜렷한 항복점을 가지고 있지 않으며, 비례한도를 초과한 이후 큰 변형을 갖는 재료의 경우, **오프셋법**(offset method)을 사용하여 **임의의** 항복응력을 결정할 수 있다. 그림 7-17의 초기 선형(직선) 부분과 평행한 직선을 0.002(또는 0.2%)만큼의 표준 변형률로 평행하게 오프셋시킨 후 응력과 변형률 선도상에 그린다. 오프셋된 직선과 응력-변형률 곡선의 교차점(그림의 점 *A*)을 항복응력으로 정의한다. 이 응력은 임의의 규정에 따라 결정되었고 또한 재료의 고유 물성이 아니므로, **오프셋 항복응력**(offset yield stress)이라고 별칭하여 실제 항복응력과 구분하고 있다. 알루미늄과 같은 재료의 오프셋 항복응력은 비례한도보다 다소 크며, 선형 영역에서 소성 변형 영역으로 급격하게 천이하는 구조용 강의 오프셋 응력은 본질적으로 항복응력 및 비례한도와 같다.

그림 7-17
0.2% 오프셋법으로 결정된 임의의 항복응력

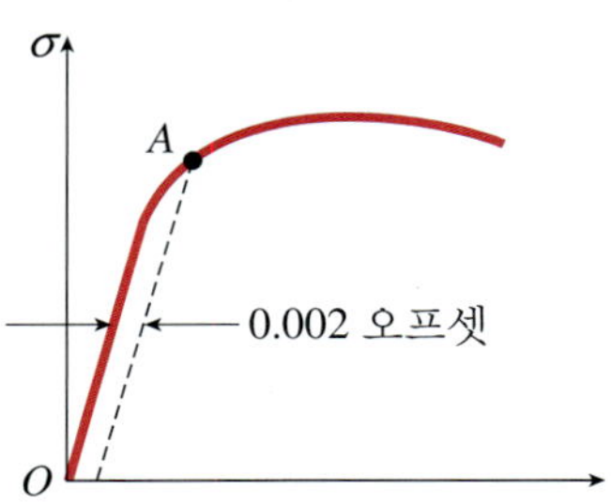

고무 고무는 (금속에 비해)상대적으로 큰 변형률에 이르기까지 응력과 변형률 사이에 선형적인 관계를 유지한다. 비례한도에서의 변형률은 0.1 또는 0.2(10% 또는 20%) 만큼 높을 수 있다. 비례한도를 넘어서면 그 거동은 고무의 종류에 따라 달라진다(그림 7-18). 어떤 종류의 연질 고무는 파단 없이 엄청나게 늘어나며, 원래 길이의 몇 배까지 도달하기도 한다. 그 결과, 고무 재료는 하중에 대한 저항력을 증가시키고, 응력-변형률 곡선은 현저하게 상향된다. 고무 밴드를 손으로 당겨보면 이러한 특성을 쉽게 감지할 수 있다. (고무는 변형률이 매우 크지만, 변형률이 영구적이지 않기 때문에 연성 재료는 아니다. 물론 고무는 탄성 재료이다. 7.4절 참조)

연성과 신장량 인장을 받는 재료의 연성(ductility)은 신장량과 파단이 발생하는 단면적의 감소로 그 특성을 파악할 수 있다. **백분율 신장량**(percent elongation)은 다음과 같이 정의된다.

$$\text{백분율 신장량} = \frac{L_1 - L_0}{L_0}(100) \tag{7-5}$$

여기서 L_0은 원래의 표점 거리이고, L_1은 파괴 시 표점 사이의 거리로 정의된다. 신장량은 시편의 전체 길이에 걸쳐 균일하지 않으며 네킹 영역에 집중되므로, 백분율 신장량은 표점 거리에 따라 달라진다. 따라서 신장률을 나타낼 때에는 항상 표점 거리가 주어져야 한다. 표점 거리 50 mm에 대한 강의 신장량은 재료의 성분에 따라 3~40%가 되며, 구조용 강의 경우에는 보통 20~30%의 값이 일반적이다. 알루미늄 합금의 신장량은 그 성분과 처리에 따라 1~45%까지 변한다.

단면 수축률(percent reduction in area)은 발생된 네킹양의 척도가 되며, 다음과 같이 정의된다.

$$\text{단면 수축률} = \frac{A_0 - A_1}{A_0}(100) \tag{7-6}$$

여기서 A_0은 원래의 단면적이며, A_1은 파괴 시 측정된 단면적이다. 연강의 경우, 단면 수축률은 대략 50% 정도이다.

그림 7-18

인장을 받는 두 종류의 고무에 대한 응력-변형률 선도

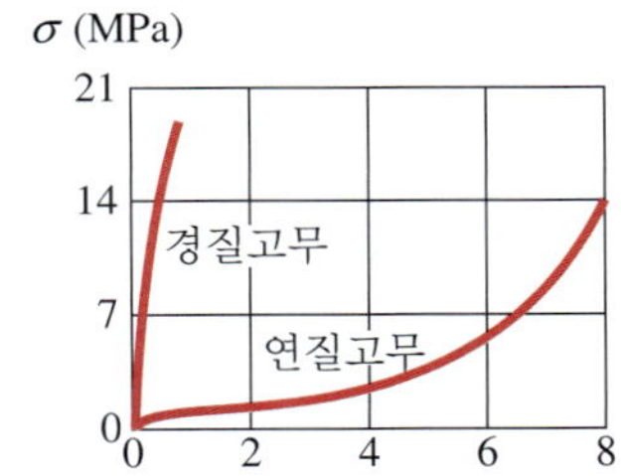

취성 재료 비교적 작은 변형률에서 인장 파손되는 재료는 **취성**(brittle) 재료로 분류된다. 그 예로서 콘크리트, 돌, 주철, 유리, 세라믹 및 다양한 금속 합금이 있다. 취성 재료는 비례한도(그림 7-19의 A점의 응력)보다 큰 응력을 받게 된 후 조금만 더 신장되어도 파손된다. 게다가 단면 수축률이 연성 재료와 비교했을 때 매우 작기 때문에 공칭 파괴응력(점 B)은 진극한응력과 같다. 고탄소강의 경우 항복응력이 매우 높지만(일부의 경우 700 MPa을 초과하기도 함), 취성적으로 거동하고 단 몇 %의 신장률에서 파괴되기도 한다.

보통 유리(glass)의 경우 거의 연성이 없기 때문에 이상적인 취성 재료로 볼 수 있다. 인장을 받는 유리의 응력-변형률 선도는 항복을 일으키기 전에 파손되기 때문에, 본질적으로 직선이다. 어떤 종류의 판유리는 약 70 MPa 정도의 극한응력을 가지고 있지만, 유리의 종류, 시편의 크기 및 미시적인 결함의 존재 유무에 따라 큰 차이가 있다. **유리 섬유**(glass fiber)는 현저하게 큰 강도를 갖도록 개발할 수 있으며, 7 GPa 이상의 극한응력을 갖는 것도 있다.

그림 7-19

비례한도(A점)와 파괴응력(B점)을 보여주는 취성 재료의 일반적인 응력-변형률 선도

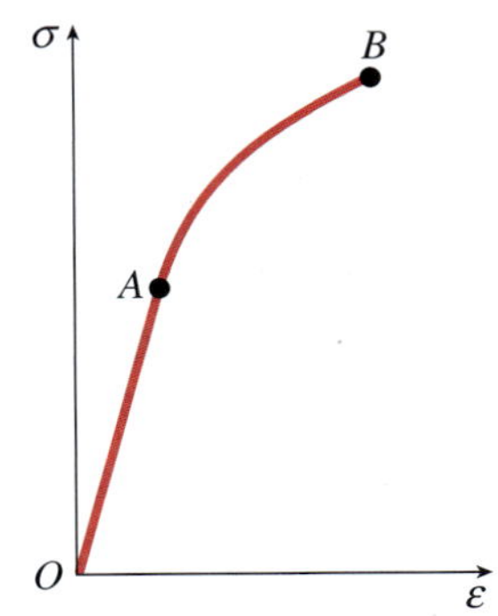

플라스틱 **플라스틱**(plastic)은 가볍고 부식에 대한 저항력이 클 뿐만 아니라 양호한 전기 절연성을 가지고 있어 다양한 종류의 플라스틱이 구조용 재료로 사용되고 있다. 이 재료의 기계적 성질은 매우 다양하며, 취성적인 것도 연성적인 것도 있다. 플라스틱 재료로 구조물을 설계할 때에는 그 성질이 온도 변화와 시간의 경과에 크게 의존한다는 것을 유의해야 한다. 예를 들어, 어떤 플라스틱의 인장 극한응력은 온도를 10°C에

서 50℃로 올리는 것만으로도 그 값이 거의 절반으로 줄어든다. 또한 하중을 받고 있는 플라스틱은 시간이 경과함에 따라 더 이상 사용할 수 없을 때까지 계속 늘어난다. 예를 들어, 초기에 0.005의 변형률을 발생시키는 인장하중을 받고 있는 폴리염화 비닐 봉은 하중이 일정한 상태에서도 일주일 후에는 그 변형률이 2배가 된다[**크리프**(creep)라고 알려진 이 현상은 다음 절에서 논의한다].

플라스틱의 극한 인장응력은 일반적으로 14~350 MPa 범위에 있으며, 비중량은 8~14 kN/m^{3}까지 변화한다. 어떤 종류의 나일론은 극한응력이 80 MPa이고, 그 비중량이 물에 비해 불과 12% 더 무거운 11 kN/m^{3}인 것도 있다. 나일론은 무게가 경량화되어 있기 때문에 중량 대비 강도의 비는 구조용 강과 거의 같다.

복합재료 **섬유 강화 재료**(filament-reinforced material)는 고강도 필라멘트, 섬유 또는 단결정(whisker)이 삽입된 모재[또는 **기지재료**(matrix)]로 이루어져 있으며, 이와 같은 복합재료는 모재의 원래 강도보다 훨씬 큰 강도를 가지게 할 수 있다. 그 예로 유리 섬유를 사용하면 플라스틱 기지재료의 강도를 두 배 이상 크게 할 수 있다. 복합재료는 고강도와 경량성이 요구되는 항공기, 배, 로켓 및 우주선에 널리 사용된다.

압축

압축을 받는 재료의 응력-변형률 곡선은 인장의 경우와는 다르다. 강, 알루미늄 및 구리와 같은 연성 재료는 인장에서와 거의 비슷한 압축 비례한도를 가지며, 압축 및 인장에서의 응력-변형률 선도의 초기 영역은 거의 같다. 하지만 항복이 시작된 후 그 거동은 매우 다르다. 인장 시험의 경우에는 시편이 신장되고 네킹이 발생한 다음 최종적으로 시편이 파손에 이르게 된다. 재료가 압축될 때에는, 시편과 끝판(end plate) 사이의 마찰로 인해 횡팽창을 구속하기 때문에 시편이 측면으로 불룩해져 배럴(barrel)의 형태가 된다(그림 7-20 참조). 하중이 증가함에 따라 시편이 납작하게 되어 추가적인 압축 변형에 대한 큰 저항력을 유발하게 된다(이것은 응력-변형률 곡선이 매우 가파르다는 것을 의미한다). 이와 같은 특성을, 구리의 압축응력-변형률 선도를 나타낸 그림 7-20에 예시하였다. 압축 시험된 시편의 실제 단면적은 인장 시험과 다르게 초기 단면적보다 크기 때문에, 압축 시험에서의 진응력은 공칭응력보다 작다.

그림 7-20
압축을 받는 구리의 응력-변형률 선도

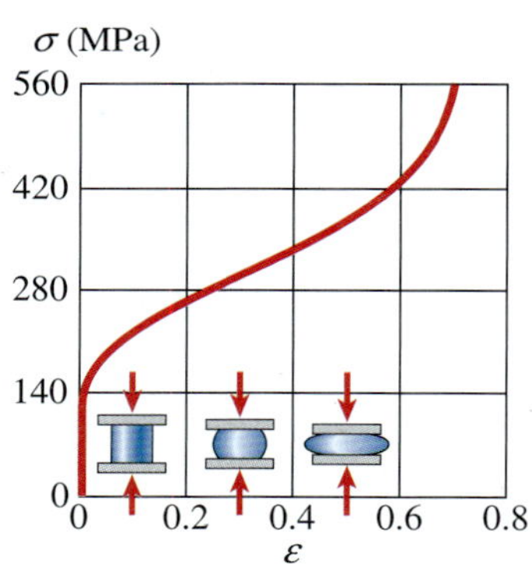

압축하중을 받는 취성 재료는 전형적인 초기 선형 영역을 가지며. 이어서 하중 증가 속도에 비해 다소 빠른 속도로 압축 변형이 증가하는 영역을 수반한다. 인장과 압축에 대한 응력-변형률 곡선은 거의 유사하지만, 압축에서의 극한응력이 인장에 비해 훨씬 큰 값을 갖는다. 또한 압축될 때 납작해지는 연성 재료와 달리 취성 재료는 실제로 최대 하중에서 깨져 버린다.

기계적 성질 표

다양한 재료의 기계적 성질(mechanical property)이 부록 F에 수록되어 있다. 표에 있는 데이터들은 재료에 대하여 대표적인 것이며, 이 책의 문제풀이에 적합하다. 그러나 동일한 재료일지라도 제작 과정의 차이, 화학적 성분의 차이, 내부 결함, 온도 및 기타 여러 가지 요인으로 인해 재료의 성질과 응력-변형률 곡선은 크게 달라진다.

이러한 이유로 부록 F(또는 유사한 종류의 표)에서 얻은 자료는 특정한 공학적 용도나 설계 목적으로 사용해서는 안 된다. 그 대신 특정 제품을 사용하려 한다면, 그 특정 제품에 대한 정보(기계적 성질 등)는 해당 제조업체나 재료 공급업체와 상담하여 사용하도록 한다.

7.4 탄성, 소성 및 크리프

그림 7-21

(a) 탄성 거동 및 (b) 부분 탄성 거동을 나타내는 응력-변형률 선도

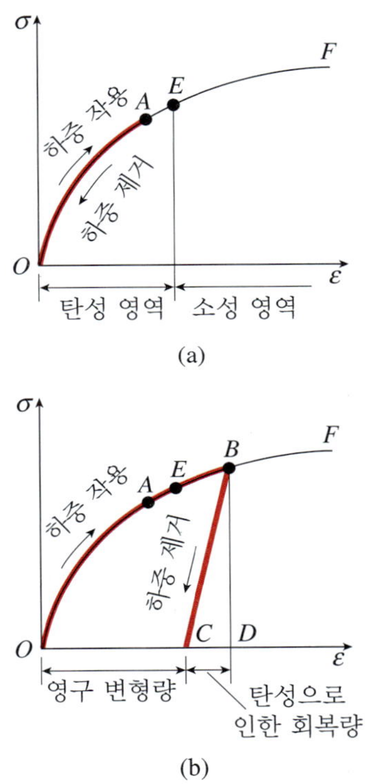

앞선 절에서 언급한 바와 같이, 응력-변형률 선도는 재료가 인장이나 압축하중을 받을 때의 공학적 재료의 거동을 나타낸다. 이제는 **하중이 제거**(unloaded)되어 재료에 작용하중이 제거된 경우에는 어떤 현상이 발생하는지 살펴보기로 한다.

예를 들어, 응력과 변형률 선도가 그림 7-21a와 같이 원점 O에서 A지점까지 가도록 시편에 인장하중을 가한다고 가정하자. 또한 시편에 하중을 제거하면 재료가 동일한 곡선을 따라 원점 O까지 되돌아간다고 가정해보자. 이와 같이 하중이 제거되는 동안 원래의 시편의 크기 상태로 되돌아가는 성질은 재료의 **탄성**(elasticity)이라 하고, 그 재료는 **탄성적**(elastic)이라고 한다. **재료가 탄성적이기 위해서는 응력-변형률 선도의 원점 O에서 점 A까지의 구간이 꼭 선형적일 필요는 없다는 것에 유의할 필요가 있다.**

이제 동일한 재료에 좀 더 큰 하중을 가하여 응력-변형률 선도상의 점 B에 도달했다고 가정해보자(그림 7-21b). 하중이 점 B에 이른 상태에서 하중을 제거하면, 재료는 선도상의 선 BC를 따라 거동하게 된다. 이 하중 제거선은 응력-변형률 선도의 초기 직선의 기울기를 가진다. 즉 직선 BC는 응력-변형률 곡선 원점의 접선에 평행하다. 점 C에 도달하게 되면 하중은 완전히 제거된 상태이지만, 선분 OC로 표시되는 **잔류 변형률**(residual strain) 또는 **영구 변형률**(permanent strain)만큼 재료는 영구 변형(원래 길이보다 늘어난 상태)된다. 그 결과, 시험된 봉은 하중을 가하기 전보다 길어지며, 봉의 영구적으로 늘어난 양을 **영구 변형**(permanent set)이라고 한다. 하중이 원점 O에서 B까지 가해지는 동안에 발생한 총변형률 OD 중에서, 변형률 CD만큼 탄성적으로 길이 변화가 되돌아오지만, 변형률 OC만큼 영구적으로 변형된 형태로 남게 된다. 따라서 하중을 제거하는 동안에 봉은 부분적으로 원래 형상으로 회복(변형률 OC만큼)하게 되므로, 이 재료는 **부분적 탄성**(partially elastic)의 성질을 가지고 있다고 이야기할 수 있다.

응력-변형률 곡선의 A점과 B점(그림 7-21b) 사이에 있는 어떤 점에서 재료는 탄성의 성질을 가지며, 그 점을 넘어서게 하중이 더 가해지면 재료는 부분적 탄성의 성질을 가진다. 이 어떤 점을 찾기 위하여 하중을 가해 응력을 발생시킨 후 하중을 제거하기로 한다. 만약 영구 변형이 없다면(즉, 하중으로 인해 늘어난 봉이 원래 길이로 복귀한다면), 그 재료는 그 특정 응력값에 도달할 때까지 완전 탄성적이라고 말할 수 있다.

하중을 가하고 하중을 제거하는 과정은 반복될 수 있고, 또한 하중의 크기를 더

크게 부하할 수 있다. 좀 더 큰 하중을 부하한 후 하중을 제거하는 동안의 늘어난 변형률이 완전히 복구되지 않은 응력에 도달할 수 있다. 이와 같은 절차에 의해 탄성 영역의 상한계 영역, 예를 들어 그림 7-21a와 b의 E지점에서의 응력을 구할 수 있으며, 이 점에서의 응력을 그 재료의 **탄성한도**(elastic limit)라고 한다.

대부분의 금속을 포함한 많은 재료가 응력-변형률 곡선의 초기 구간에 선형 영역을 가진다(예: 그림 7-13, 7-16 참조). 이 선형 영역의 상한계 응력을, 앞 절에서 설명한 바와 같이, 비례한도라고 한다. 탄성한도는 비례한도와 같거나 약간 크다. 따라서 많은 재료의 경우 이 두 한도에 같은 수치값을 지정하고 있다. 연강의 경우에 항복응력이 비례한도에 거의 근접해 있기 때문에, 실용 목적에서는 항복응력, 탄성한도, 비례한도는 모두 같은 것으로 가정한다. 물론 이와 같은 사실이 모든 재료에 적용되는 것은 아니다. 고무는 비례한도를 훨씬 초과한 후에도 탄성적인 재료의 대표적인 예이다.

탄성한도의 변형률을 초과하여 비탄성 변형률을 일으키는 재료의 특성을 **소성**(plasticity)이라고 한다. 따라서 그림 7-21a의 응력-변형률 선도에서 소성 영역을 수반하는 탄성 영역을 볼 수 있다. 소성 영역에서 하중을 받고 있는 연성 재료에 큰 변형이 유발되었을 때, 이 재료는 **소성 유동**(plastic flow) 상태에 있다고 한다.

재료에 하중을 다시 가할 때(재부하)

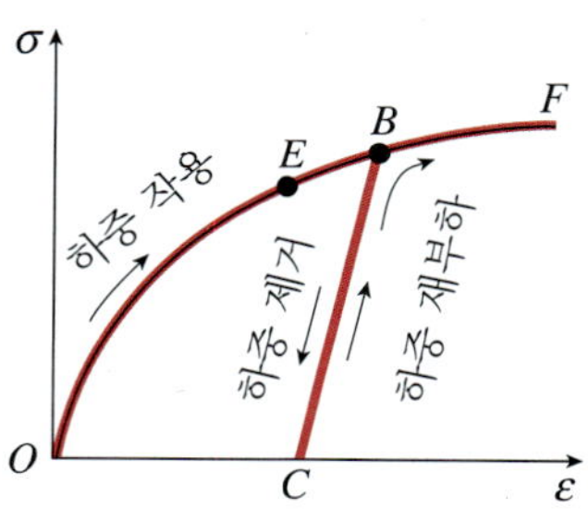

그림 7-22
재료에 하중 재부하와 탄성한도 및 비례한도의 증가

재료가 하중을 받아 탄성 영역에 있을 때는 재료의 거동을 현저하게 변화시키지 않으면서 하중 부하와 하중 제거 및 재부하(reloading)를 반복할 수 있다. 그러나 소성 영역이 될 때까지 하중을 부하하면, 재료의 내부 구조가 달라지고 그 성질이 변한다. 예를 들어, 재료가 하중을 받아 소성 영역이 된 후, 하중을 제거하면 영구 변형률이 존재한다는 것은 이미 관찰한 바 있다(그림 7-21b). 위와 같이 하중을 부하하였다가 제거한 다음, 재료가 재부하되었다고 가정해보자(그림 7-22). 재부하가 응력-변형률 선도의 C점에서 시작하여, 1차 부하 과정에서 하중 제거가 시작된 점인 B까지 지속되었다고 하면, 그 후 이 재료는 원래의 응력-변형률 선도를 따라 점 F를 향하게 된다. 따라서 2차 부하 과정에서 점 C를 원점으로 하는 새로운 응력-변형률 곡선이 얻어진 것으로 생각할 수 있다.

2차 하중을 가하는 과정에서 재료는 C에서 B까지 선형 탄성적으로 거동하며, 직선 CB는 원래 부하 곡선의 원점에서 그린 접선의 기울기와 동일한 기울기를 갖는다. 이때 비례한도는 원래의 탄성한도(점 E)보다 큰 응력인 점 B가 된다. 따라서 강이나 알루미늄과 같은 재료를 비탄성 또는 소성 영역까지 신장시키면 **재료의 성질이 변화**한다. 즉 선형 탄성 영역이 확대되고 비례한도와 탄성한도가 상향된다(대장간에서 금속을 두들겨 소성시키면 강도가 강해지는 예). 그러나 '새로운 재료'에서 탄성한도를 상회한 항복 영역(B에서 F까지)의 크기가 원래의 재료(E에서 F까지)에 비해 작기 때문에 연성은 감소한다.[2]

[2] 여러 가지 환경 및 하중 조건하에서의 재료 거동에 관한 연구는 응용역학의 중요한 분야이다. 재료에 대한 더 상세한 공학 정보에 대해서는 이 주제만 별도로 다루는 다른 교재를 참고하라.

크리프

앞서 기술된 응력-변형률 선도는 시편의 정적 부하와 하중 제거를 포함하는 인장 시험에서 얻어진 것이며, 시간의 경과에 따른 변화에 대하여는 논의하지 않았다. 그러나 장시간에 걸쳐 일정한 하중이 구조물에 작용할 경우, 어떤 재료는 정적 하중으로 인한 변형률 이외에 부가적인 변형률이 발생한다. 이것을 **크리프**(creep)라고 한다.

이와 같은 현상은 여러 가지 방식으로 증명할 수 있다. 예를 들어 수직 봉(그림 7-23a)에 힘 P를 서서히 가하여, δ_0만큼 늘어났다고 가정하자. 또한 작용하는 하중과 그에 상당하는 신장이 t_0의 지속 시간 동안 유발되었다고 가정해보자(그림 7-23b). 시간 t_0 동안 하중은 일정하게 유지된다. 그러나 하중은 변함이 없지만 봉은 크리프로 인하여 그림 7-23b와 같이 점차 늘어나는 것을 알 수 있다. 이러한 거동은 그 변형이 아주 미소하여 종종 무시되기도 하지만 많은 재료에서 발생되고 있다.

그림 7-23
일정한 하중을 받는 봉의 크리프

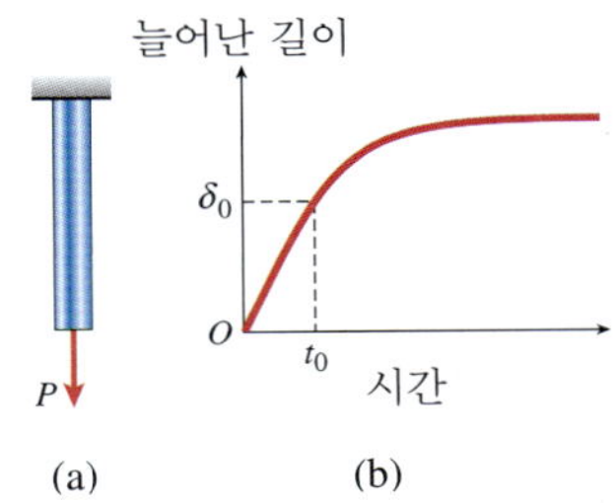

크리프의 또 다른 예로 고정된 두 지지단 사이의 초기 인장응력 σ_0을 받고 있는 와이어를 고려해보자(그림 7-24). 다시 말하지만 와이어가 처음 신장되는 동안의 시간을 t_0으로 표시하기로 한다. 시간이 경과함에 따라, 와이어 양 끝단에 있는 지지점은 움직이지 않더라도 와이어의 응력은 점차 감소되다가 마침내 일정한 값에 도달하게 된다. 크리프의 또 다른 예라고 할 수 있는 이 과정을 재료의 **이완**(relaxation)이라고 한다.

그림 7-24
일정한 변형량을 받는 와이어에서의 응력 이완

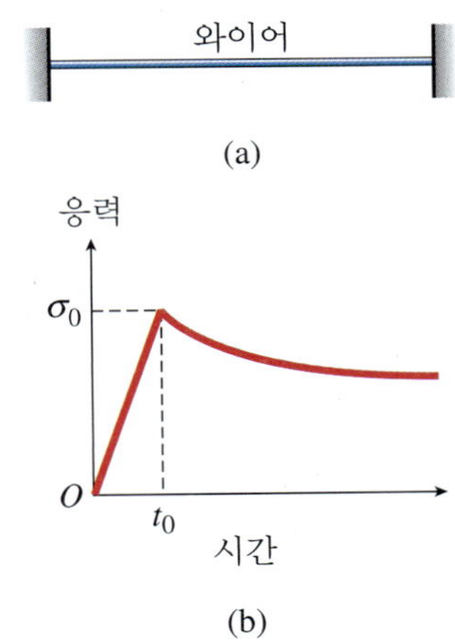

크리프 현상은 일반적으로 상온보다는 고온에서 발생하는 경우가 많아 고온에서의 발생을 중요하게 다루어야 한다. 따라서 엔진과 가열로 등 장시간 고온에서 운용되는 기타 구조물의 설계 시 반드시 고려되어야 한다. 그러나 강, 콘크리트 및 목재와 같은 재료에서는 상온에서 약간의 크리프가 발생하는 것으로 알려져 있다. 예를 들어, 장시간에 걸친 콘크리트의 크리프는 지지대 사이의 처짐으로 인한 교량 상판의 진동을 유발할 수 있다. [그 개선책으로 수평선 위의 초기 변위의 상향 **캠버**(camber)를 갖는 상판을 설계함으로써 크리프 발생 시 스팬(span)을 수평 위치로 낮아지게 한다.]

예제 7-3

수평 봉을 따라 슬라이드 운동을 하는 A와 수직 슬롯을 따라 움직이는 B를 구성요소로 하는 기구물이 있다. 구성요소 중 점 A와 B에 롤러 지지대가 있는 봉 AB(길이 $L = 1.5$ m, 무게 $W = 4.5$ kN)는 강체이다(마찰은 무시한다). 이 기구물은 작동하지 않을 때, 와이어(직경 $d = 3.5$ mm) 끝단이 A와 C에 부착되어 지탱된다(그림 7-25 참조). 와이어는 구리 합금으로 이루어졌으며 이 와이어의 응력-변형률 관계는 다음과 같다.

$$\sigma(\varepsilon) = \frac{124{,}000\varepsilon}{1 + 240\varepsilon} \qquad 0 \le \varepsilon \le 0.03 \ \ (\sigma\text{는 MPa 단위})$$

(a) 재료의 응력-변형률 선도에서 탄성계수 E(GPa)는 얼마인가? 또한 0.2%의 오프셋 항복응력(MPa)은 얼마인가?

(b) 와이어에 작용하는 인장하중 T(kN)를 구하시오.

(c) 와이어의 축방향 수직변형률(ε)과 늘어난 길이(δ, mm 단위)를 구하시오.

(d) 구조물에 모든 하중을 제거할 경우 와이어의 영구 변형을 구하시오.

그림 7-25

예제 7-3: (a) 구리 합금 와이어에 의해 지지된 강철 봉과 (b) 점 A에서의 확대보기

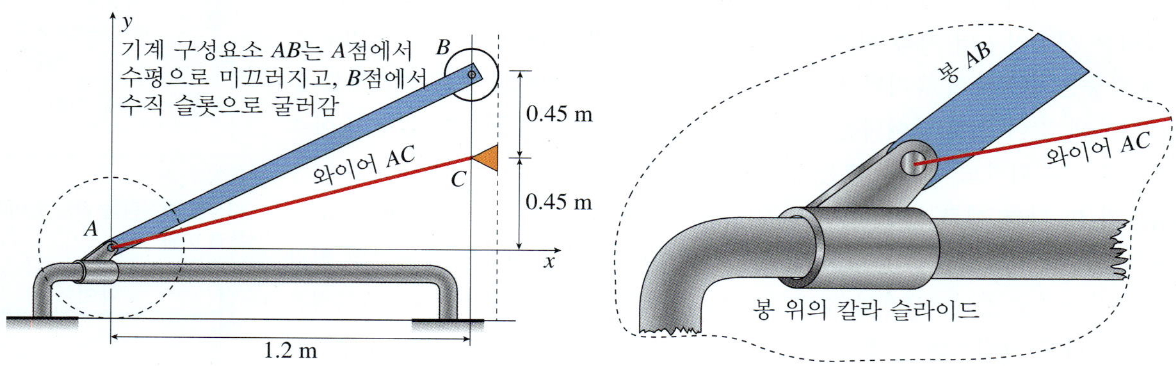

(a) (b)

풀이

4단계 문제풀이 접근방법을 사용하여 탄성계수, 항복응력, 인장하중, 수직변형률과 신장량 그리고 구리 합금 와이어 AC의 영구 변형률을 구한다.

1. **개념화** 구리 합금은 큰 연성을 가지고 있지만 명확한 항복점이 없는 응력-변형률 곡선을 갖는다. 그림 7-17의 그림과 같이 오프셋법을 사용하여 항복점을 정의한다. 그림 7-21b와 같이 잔류 변형률을 찾은 다음 와이어의 영구 변형을 구한다.

2. **분류** 응력-변형률 곡선의 $\sigma(\varepsilon)$에 대해 주어진 해석식은 와이어를 제조하는 데 사용된 구리 합금에 대해서 측정된 실험 데이터를 기반으로 한다. 따라서 해석식은 재료의 실제 거동의 근사치이며 실험 데이터를 기반으로 공식화되었다. 실제 응력-변형률 곡선은 다양한 종류의 서로 다른 재료의 구조물을 모델링하고 분석하는 데 사용할 수 있는 컴퓨터 프로그램에 종종 사용된다.

3. **해석**

Part (a): 재료의 응력-변형률 선도를 그린다. 탄성계수 E(GPa)는 얼마인가? 0.2%의 오프셋 항복응력(MPa)은 얼마인가?

0과 0.03 사이의 변형률 값에 대한 함수 $\sigma(\varepsilon)$의 그래프를 그린다(그림 7-26). 변형률 $\varepsilon = 0.03$일 때 응력은 454 MPa이다.

$$\sigma(\varepsilon) = \frac{1124{,}000\varepsilon}{1 + 240\varepsilon} \qquad \varepsilon = 0, 0.001, \ldots, 0.03$$

$$\sigma(0) = 0 \qquad \sigma(0.03) = 454 \text{ MPa}$$

그림 7-26

예제 7-3의 구리 합금 와이어의 응력-변형률 곡선

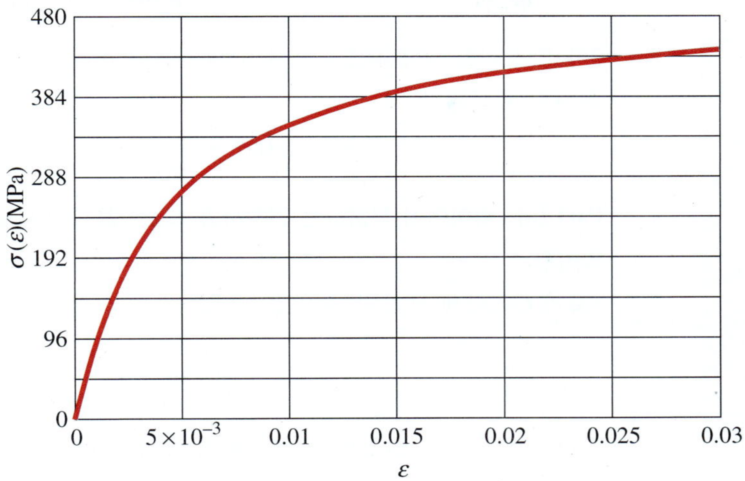

응력-변형률 곡선에서 변형률 $\varepsilon=0$일 때 접선의 기울기는 탄성계수 E이다(그림 7-27 참조). $\sigma(\varepsilon)$ 곡선에서 접선의 기울기를 얻기 위해 $\sigma(\varepsilon)$ 함수에 미분을 취하고, E값을 찾기 위해 $\varepsilon=0$으로 계산한다.

$$E(\varepsilon) = \frac{d}{d\varepsilon}\sigma(\varepsilon) = \frac{124{,}000}{(240\varepsilon + 1)^2}$$

$$E = E(0) \qquad E = 124{,}000 \text{ MPa} = 124 \text{ GPa}$$

0.2% 오프셋된 직선과 응력-변형률 선도가 교차하는 항복 변형률 ε_y를 찾는다(그림 7-27 참조). ε_y를 $\sigma(\varepsilon)$의 함수로 표현하고, 항복응력 $\sigma(\varepsilon_y)=\sigma_y$를 푼다.

$$\varepsilon_y=0.002 + \frac{\sigma_y}{E} \text{ 그리고 } \sigma(\varepsilon_y) = \sigma_y \text{ 또는 } \sigma_y = \frac{124{,}000\varepsilon_y}{1+240\varepsilon_y}$$

σ_y의 항으로 식을 재정리하면,

그림 7-27

예제 7-3의 구리 합금 와이어의 탄성계수 E, 0.2% 오프셋 라인과 항복응력 σ_y 및 변형률 ε_y

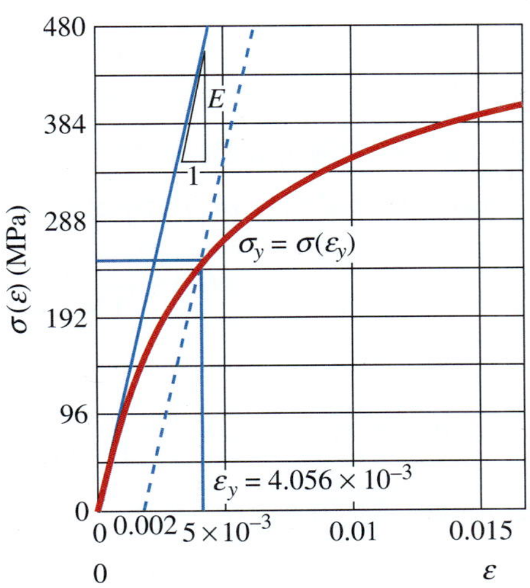

$$\sigma_y^2 + \left(\frac{E}{500}\right)\sigma_y - \frac{E^2}{120,000} = 0$$

2차 방정식을 풀면 0.2% 오프셋 항복응력 σ_y는 $\sigma_y = 255$ MPa이다. 항복 변형률은 다음처럼 계산된다.

$$\varepsilon_y = 0.002 + \frac{\sigma_y}{E(\text{GPa})} = 4.056 \times 10^{-3}$$

Part (b): 와이어에 작용하는 인장하중 T(kN)를 구하시오. 봉의 무게는 $W = 4.5$ kN임을 기억하자.

x축과 C위치에 부착된 케이블 사이의 각도를 구한다.

$$\alpha_C = \arctan\left(\frac{0.45}{1.2}\right) = 20.556°$$

하나의 미지수와 하나의 방정식을 구하기 위해 점 A에서 모멘트의 합을 구한다. 반력 B_x는 왼쪽으로 작용한다.

$$B_x = \frac{-W(0.6\text{ m})}{0.9\text{ m}} = -3\text{ kN}$$

다음으로 케이블에 작용하는 T_C를 구하기 위해 x방향 힘의 합력을 구한다.

$$T_C = \frac{-B_x}{\cos(\alpha_C)} \qquad T_C = 3.2\text{ kN}$$

Part (c): 수직 축 변형률 ε과 와이어 신장량 δ(mm)를 구한다.

수직응력을 계산하고 응력-변형률 선도에서 변형률과 관련된 점을 찾는다[$\sigma(\varepsilon)$ 함수로부터]. 와이어의 신장량은 변형률에 와이어의 원래 길이를 곱한 것이다.

와이어의 지름, 단면적, 길이는 다음과 같다.

$$d = 3.5\text{ mm} \quad A = \frac{\pi}{4}d^2 = 9.6211\text{ mm}^2$$

$$L_C = \sqrt{(1.2\text{ m})^2 + (0.45\text{ m})^2} = 1.282\text{ m}$$

이제 와이어의 응력과 변형률 그리고 와이어의 신장량을 계산할 수 있다.

$$\sigma_C = \frac{T_C}{A} = 333\text{ MPa}$$

와이어에 작용하는 응력이 0.2% 오프셋 항복응력인 255 MPa을 초과한 것에 유의하여야 한다. $\sigma(\varepsilon)$ 선도나 주어진 $\sigma(\varepsilon)$ 함수로부터 대응하는 수직응력을 찾을 수 있다.

$$\varepsilon(\sigma) = \frac{\sigma}{124,000 - 240\sigma}$$

이때,

$$\varepsilon(\sigma_C) = \varepsilon_C, \text{ 또는 } \varepsilon_C = \frac{\sigma_C}{124\text{ GPa} - 240\sigma_C} = 7.556 \times 10^{-3}$$

최종적으로 와이어의 신장량은

$$\delta_C = \varepsilon_C L_C = 9.68\text{ mm}$$

Part (d): 모든 하중을 제거한 경우의 영구 변형을 구한다.

와이어의 외력이 제거된다면 와이어에 작용하는 응력은 그림 7-28의 하중 제거 라인 BC를 따라 0으로 돌아갈 것이다(그림 7-21b 참조). 이때의 탄성 회복 변형률은 다음과 같이 계산할 수 있다.

$$\varepsilon_{er} = \frac{\sigma_C}{E} = 3.895 \times 10^{-4}$$

이런 이유로 잔류 변형률은 총변형률(ε_C)에서 탄성 회복 변형률(ε_{er})을 뺀 값이다.

$$\varepsilon_{res} = \varepsilon_C - \varepsilon_{er} = 7.166 \times 10^{-3}$$

결국 와이어의 영구 변형은 잔류 변형률과 와이어 길이의 곱으로 계산된다.

$$\varepsilon_{res} L_C = 9.184 \text{ mm}$$

그림 7-28

예제 7-3의 구리 합금 와이어의 잔류 변형률(ε_{res})과 탄성 회복 변형률(ε_{er})

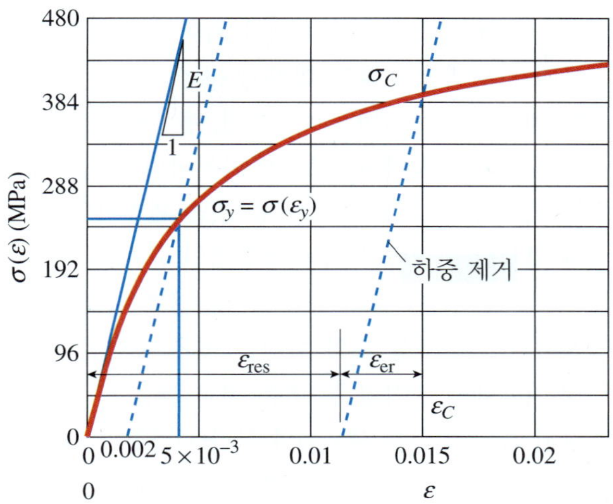

4. 최종 단계 이 예제에서는 구리 합금에 대한 응력-변형률 관계의 해석 모델을 제시한다. 계산된 탄성계수 E값과 항복응력 σ_y는 부록 F에 열거된 값과 일치한다. 와이어의 인장력, 수직변형률과 신장량, 영구 변형률은 재료가 명백한 항복점을 넘어가면서 힘을 받을 때 계산된다.

7.5 선형 탄성, 훅의 법칙 및 푸아송 비

대부분의 금속, 목재, 플라스틱 및 세라믹을 포함한 많은 구조용 재료는 처음 하중을 받으면 탄성적이고 선형적으로 거동한다. 따라서 이와 같은 재료의 응력-변형률 선도는 원점을 통과하는 직선으로 시작된다. 그 예로 원점 O에서 비례한도(점 A)까지 선형적이고 탄성적인 영역을 갖는 구조용 강의 응력-변형률 곡선(그림 7-13)이 있다. 또 다른 예로서, 알루미늄(그림 7-16), 취성 재료(그림 7-19) 및 구리(그림 7-20)에 대한 응력-변형률 선도상의 비례한도와 탄성한도 이하의 영역을 예시할 수 있다.

재료가 탄성적으로 거동하고 또한 응력과 변형률이 선형적인 관계를 나타낼 경우, 그 거동이 **선형 탄성적**(linearly elastic)이라고 한다. 기계나 구조물의 항복에 의한 영구 변형을 피하기 위하여 이 영역의 데이터를 사용하여 설계해야 한다.

훅의 법칙

단순 인장이나 압축을 받는 봉의 응력과 변형률 사이의 선형적인 관계는 다음 식으로 나타낼 수 있다.

$$\sigma = E\varepsilon \tag{7-7}$$

여기서 σ는 축 응력이고, ε은 축 변형률이며, E는 재료의 **탄성계수**로 알려져 있는 비례 상수이다. 탄성계수는 앞선 7.3절에서 언급한 바와 같이 선형 탄성 영역에서 응력-변형률 선도의 기울기이다. 변형률은 무차원 양이므로, 탄성계수 E의 단위는 응력의 단위와 같다. SI 단위에서 E의 단위는 파스칼(pascal)로 나타낸다.

식 $\sigma = E\varepsilon$은 유명한 영국 과학자 로버트 훅(Robert Hooke, 1635~1703)의 이름을 붙여 일반적으로 **훅의 법칙**(Hooke's law)이라고 한다. 훅은 재료의 탄성 거동을 연구한 최초의 인물이며 금속, 목재, 돌, 뼈 및 힘줄과 같은 다양한 재료를 시험하였다. 그는 무게를 지탱하고 있는 긴 와이어의 신장량을 측정하였으며, '각각의 신장량과 무게는 언제나 그 비율이 같다'는 것을 관찰하였다. 따라서 훅은 작용하는 하중과 그로 인해 발생한 신장량 사이의 선형적인 관계를 확립하였다.

식 (7-7)은 봉의 단순 인장, 압축(**단축응력**)에 의한 길이방향 응력과 변형률에만 적용되므로 사실 훅의 법칙은 매우 제한된 버전이라고 할 수 있다. 대부분의 구조물 및 기계에서 관찰할 수 있는 것과 같은 좀 더 복잡한 응력 상태를 다루기 위해서는 확장된 훅의 법칙을 사용해야 한다(11.5절과 11.6절 참조).

구조용 금속과 같이 강성이 큰 재료의 탄성계수(E)는 비교적 큰 값을 갖는다. 강은 약 210 GPa의 탄성계수를 가지며, 알루미늄의 경우 대략 73 GPa이 일반적이다. 유연성이 큰 재료는 작은 탄성계수를 가지며, 플라스틱의 경우 0.7~14 GPa 범위의 값을 갖는다. E의 대표적인 값이 부록 F의 표 F-2에 수록되어 있다. 대부분의 재료에서 압축 시 E값은 인장 시와 거의 동일하다.

탄성계수는 또 다른 영국 과학자 토머스 영(Thomas Young, 1773~1829)의 이름을 따라 **영 계수**(Young's modulus)라고도 한다. 균일 단면 봉의 인장 및 압축의 연구와 관련하여 영은 '탄성계수'의 개념을 도입하였다. 그러나 영이 사용한 계수에는 재료뿐만 아니라 봉의 성질도 포함되었기 때문에 오늘날 사용되는 계수와 같지 않다.

푸아송 비

균일 단면 봉이 인장하중을 받을 때, 축방향 신장은 **횡방향 수축**(lateral contraction: 작용하는 하중 방향에 수직인 방향의 수축)을 동반한다. 이와 같은 형상의 변화를 그림 7-29에 도시하였으며, 그림 (a)는 하중이 작용하기 전 봉의 형상이고, 그림 (b)는 하중이 작용한 후 봉의 형상이다. 또한 그림 (b)에서의 점선은 하중이 작용하기 전 봉의 형상을 표시한 것이다.

횡방향 수축은 고무 밴드를 늘려보면 쉽게 알 수 있지만, 금속의 경우 (선형 탄성 영역에서) 횡방향의 수축된 크기 변화가 매우 미소하여 육안으로는 알 수 없다. 그러나 정밀한 계측 장비를 사용하면 그 양을 측정할 수 있다.

재료가 선형 탄성적이라면, 봉 내부의 임의의 점에서 **횡방향 변형률**(lateral strain) ε'은 동일한 점에서의 축방향 변형률 ε에 비례한다. 이러한 변형률의 비가 **푸아송 비**(Poisson's ratio)로 알려져 있는 재료의 성질이다. 일반적으로 ν (nu, 뉴)로 표시되는 이 무차원 비는 다음과 같이 표시할 수 있다.

$$\nu = -\frac{\text{횡방향 변형률}}{\text{축방향 변형률}} = -\frac{\varepsilon'}{\varepsilon} \tag{7-8}$$

그림 7-29

인장을 받는 균일 단면 봉의 축방향 신장과 횡방향 수축: (a) 하중 작용 전의 봉, (b) 하중 작용 후의 봉(봉의 변형이 매우 과장됨)

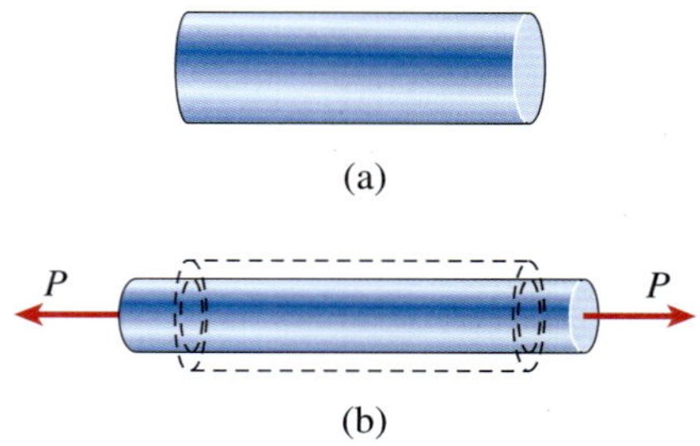

보통 횡방향과 축방향의 변형률이 서로 다른 부호를 갖는다는 사실을 보정하기 위하여, 푸아송 비의 식에는 음의 부호가 삽입되어 있다. 예를 들어 인장을 받는 봉의 축방향 변형률은 양이며, 횡방향 변형률은 음이다(봉의 폭이 감소하므로). 압축의 경우에는 봉의 축방향 길이가 짧아지고(음의 축방향 변형률) 축방향과 수직인 횡방향은 반대로 폭이 넓어짐(양의 횡방향 변형률)에 따라 그 반대의 상황이 된다. 따라서 일반적인 재료의 경우 푸아송 비는 항상 양의 값을 갖는다. 그러나 저밀도의 오픈 셀 폴리머 구조와 같은 재료는 음의 푸아송 비를 가질 수 있다. 따라서 선형 탄성 범위 안에서 푸아송 비의 값은 -1에서 $+0.5$까지 변화한다.

재료의 푸아송 비가 주어지면, 축방향 변형률로부터 다음과 같은 횡방향 변형률을 찾을 수 있다.

$$\varepsilon' = -\nu\varepsilon \tag{7-9}$$

식 (7-8)과 (7-9)를 사용할 때, 이 식은 단축응력을 받는 봉, 즉 축방향에 수직응력 σ만 작용하는 봉에만 적용할 수 있다는 것에 유념해야 한다.

푸아송 비는 재료의 분자 이론을 이용하여 이 비의 계산을 시도한, 프랑스의 저명한 수학자 시메옹 드니 푸아송(Siméon Denis Poisson, 1781~1840)의 이름을 따서 붙여진 것이다. 등방성 재료에 대하여 푸아송은 $\nu=1/4$임을 발견하였다. 보다 정밀한 원자 구조 모델을 토대로 한 최근 계산에서 $\nu=1/3$임을 찾아냈다. 이 두 값은 대부분의 금속과 여타 재료에서 0.25~0.35의 범위에 있는 실제 측정치와 거의 일치한다. 푸아송 비의 값이 극히 낮은 재료는 코르크이며 실질적인 ν는 거의 0에 가까우며, 콘크리트의 ν는 약 0.1 혹은 0.2이다. 푸아송 비에 대한 이론적인 한곗값은 0.5이며, 이는 뒤의 11.5절에서 설명한다. 고무는 이 한곗값에 가깝다. 푸아송 비는 낮은 밀도의 오픈 셀 폴리머 구조 등의 물질에서 -1.0까지 낮아질 수 있다. 따라서 탄성 범위 안에서 푸아송 비는 -1.0~$+0.5$까지 변화한다.

선형 탄성 범위의 다양한 재료에 대한 푸아송 비의 표가 부록 F에 수록되어 있다(표 F-2 참조). 일반적으로 인장 및 압축에 대한 푸아송 비는 서로 같다고 가정한다.

재료의 변형률이 커지면 푸아송 비는 변한다. 예를 들어, 구조용 강의 경우 소성 항복이 일어나면 푸아송 비는 약 0.5가 된다. 따라서 푸아송 비는 선형 탄성 영역에서만 일정한 값을 갖는다. 재료의 거동이 비선형적일 때는 축방향 변형률에 대한 횡방향 변형률의 비를 흔히 **수축 비**(contraction ratio)라고 한다. 물론 선형 탄성 거동의 특수한 경우에서는 수축 비와 푸아송 비는 서로 같다.

제한사항

앞 절에서 기술한 바와 같이, 특정 재료의 경우 푸아송 비는 선형 탄성 영역 내에서 일정하다. 따라서 그림 7-29의 균일 단면 봉의 어떤 주어진 점에서 횡방향 변형률은 하중이 증가하거나 감소함에 따른 축방향 변형률에 비례한다. 그러나 주어진 하중값(봉 전체에 걸친 일정한 축방향 변형률을 의미)에 대하여 횡방향 변형률이 봉 전체에 걸쳐 동일해지려면 추가적인 조건을 만족해야 한다.

첫째로 재료는 **균질**(homogeneous)이어야 한다. 즉 모든 점에서 같은 성분(즉 동일한 탄성 특성)을 가져야 한다. 그러나 균질 재료라는 것이 특정 점에서의 탄성 성질이 모든 **방향**으로 같다는 것을 의미하지는 않는다. 예를 들어, 나무 기둥에서와 같이 탄성계수가 축방향과 횡방향에서 차이가 있을 수 있다. 따라서 횡방향 변형률이 균일하기 위한 두 번째 조건은, 길이방향 축에 **수직인** 모든 방향에서 탄성 성질이 동일해야 한다는 것이다. 종종 금속의 경우와 같이 앞서 기술한 모든 조건이 만족될 때, 균일한 인장을 받는 균일 단면 봉의 횡방향 변형률은 봉의 모든 점에서 같으며 봉의 축에 직각인 모든 방향으로 같을 것이다.

모든 방향(축방향, 측면 방향, 횡방향 또는 여타의 모든 방향)으로 동일한 성질을 갖는 재료를 **등방성**(isotropic)이라고 한다. 다양한 방향에서 재료의 성질이 다른 경우 그 재료는 **이방성**(anisotropic 또는 aeolotropic)이라고 한다.

이 책에서는 특정하게 언급되지 않는 한, 재료는 선형 탄성적, 균질 및 등방성이라고 가정하여 모든 예제와 문제를 다룬다.

예제 7-4

속이 빈 원형 플라스틱 관(길이 L_p, 안지름 d_1, 바깥지름 d_2; 그림 7-30 참조)이 주철 관(길이 L_c, 안지름 d_3, 바깥지름 d_4) 안쪽에 일직선으로 삽입되어 있다.

(a) 압축하는 힘 P가 작용할 때 플라스틱 관의 초기 길이 L_p를 구하기 위한 수식을 유도하시오. 최종적으로 두 관의 길이는 동일해지고, 그때 플라스틱 관의 바깥지름은 주철 관의 안지름과 같아진다.

(b) 아래에 주어진 수치 데이터를 이용하여 플라스틱 관의 초기 길이 L_p(m)를 구하고 플라스틱 관의 최종 두께 t_p(mm)를 구하시오.

(c) 압축하중 P(N)는 얼마인가? 두 개의 관에 작용하는 수직응력(MPa)은 얼마인가?

(d) 플라스틱 관의 초기 부피와 최종 부피(mm^3)를 비교하시오.

수치 데이터와 관의 횡단 특성은 다음과 같다.

$$L_c = 0.25\text{ m} \quad E_c = 170\text{ GPa} \quad E_p = 2.1\text{ GPa} \quad \nu_c = 0.3 \quad \nu_p = 0.4$$

$$d_1 = 109.8 \text{ mm} \qquad d_2 = 110 \text{ mm} \qquad d_3 = 110.2 \text{ mm}$$

$$d_4 = 115 \text{ mm} \qquad t_p = \frac{d_2 - d_1}{2} = 0.1 \text{ mm}$$

그림 7-30

예제 7-4: 주철 관 내부의 압축을 받는 플라스틱 관

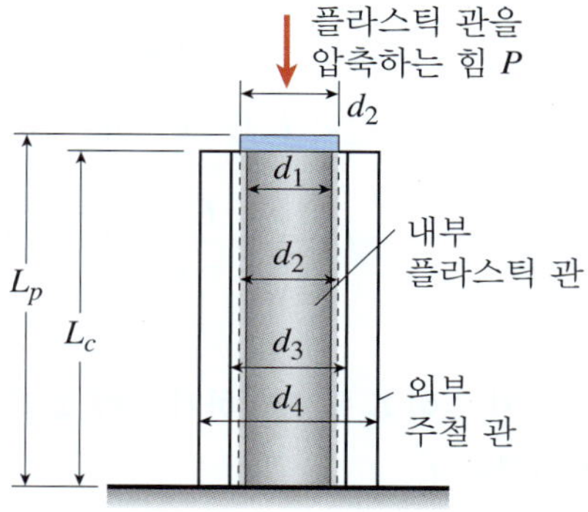

풀이

4단계 문제풀이 접근방법을 사용하여 주철 관 안에 들어가는 알맞은 플라스틱 라이너의 직선 치수와 힘을 구한다.

1. **개념화** 압축력 P를 가하면 플라스틱 관은 압축 수직응력과 외부 축 변형이 발생하는 반면, 주철 관에 작용하는 응력은 없다. 플라스틱 관의 초기 길이(L_p)는 주철 관(L_c)보다 길다. 압축력 P가 완전히 작용하면 두 관의 길이는 동일하게 된다. 플라스틱 관과 주철 관의 초기 단면적은 아래와 같다.

$$A_p = \frac{\pi}{4}(d_2^2 - d_1^2) = 34.526 \text{ mm}^2 \quad A_c = \frac{\pi}{4}(d_4^2 - d_3^2) = 848.984 \text{ mm}^2$$

2. **분류** 두 가지 요건은 다음과 같다. (i) 플라스틱 관의 압축은 플라스틱 관과 내부 주철 관 표면 사이의 차이($d_3 - d_2$)만큼 닫힌다. (ii) 두 관의 최종 길이는 동일하다. 첫 번째 요건은 측면 변형률에 따라 달라지며, 두 번째 요건은 수직변형률에 따라 달라진다. 각각의 요건은 플라스틱 관의 짧아짐의 표현을 이끌 것이다. 두 식을 동일시하면(즉, 변위 양립성 적용) 요구되는 플라스틱 관의 길이를 도출할 수 있다.

3. **해석**

Part (a): 플라스틱 관의 초기 길이 L_p를 구하기 위한 수식을 유도한다.

플라스틱 관의 축방향 압축으로 인해 가로방향 변형이 발생하며 이로 인해 플라스틱 관과 주철 관의 내부 표면 사이의 간격($d_3 - d_2$)은 가까워진다. 가로방향의 신장은 양의 부호를 갖는다(여기서 $\varepsilon_{\text{lat}} = \varepsilon'$).

$$\varepsilon_{\text{lat}} = \frac{d_3 - d_2}{d_2} = 1.818 \times 10^{-3}$$

플라스틱 관에서 **압축**을 수반하는 수직변형률은 식 (7-9)를 사용하여 구한다. 이 경우 플라스틱 관에 대한 푸아송 비와 측면 변형률도 필요하다.

$$\varepsilon_p = \frac{-\varepsilon_{\text{lat}}}{\nu_p} \quad \text{또는} \quad \varepsilon_p = \frac{-1}{\nu_p}\left(\frac{d_3 - d_2}{d_2}\right) = -4.545 \times 10^{-3}$$

이제 플라스틱 관의 **줄어든** 길이(δ_{p1})를 계산하기 위해 압축 수직변형률 ε_p를 이용한다.

$$\delta_{p1} = \varepsilon_p L_p$$

동시에, 플라스틱 관의 **줄어든** 길이(주철 관의 길이와 동일한 길이)는,

$$\delta_{p2} = -(L_p - L_c)$$

플라스틱 관의 초기 길이 L_p를 계산하기 위해 δ_{p1}과 δ_{p2}를 동일하다고 놓고 계산하면,

$$L_p = \frac{L_c}{1+\varepsilon_p} \quad \text{또는} \quad L_p = \frac{L_c}{1 - \dfrac{d_3 - d_2}{\nu_p d_2}}$$

Part (b): 초기 길이 L_p를 계산하기 위해 플라스틱 관의 두께 변화 Δt_p와 최종 두께 t_{pf}를 수치값으로 대체한다.

예상대로 L_p는 주철 관의 길이 $L_c = 0.25$ m보다 더 길고 압축된 플라스틱 관의 두께는 Δt_p에 의해 증가한다.

$$L_p = \frac{L_c}{1 - \left(\dfrac{d_3 - d_2}{\nu_p d_2}\right)} = 0.25114 \text{ m}$$

$$\Delta t_p = \varepsilon_{\text{lat}} t_p = 1.818 \times 10^{-4} \text{ mm} \quad \text{따라서} \quad t_{pf} = t_p + \Delta t_p = 0.10018 \text{ mm}$$

Part (c): 두 관에 작용하는 압축하중 P와 그 힘으로 인한 최종 수직응력을 구한다.

플라스틱 관에 작용하는 수직 압축 변형률을 확인해보면 훅의 법칙[식 (7-7)]을 이용해 계산된 값은 플라스틱 관의 극한응력보다 훨씬 낮음을 보여준다(부록 F의 표 F-3 참조). 플라스틱 관의 최종 수직응력은 다음과 같다.

$$\sigma_p = E_p \varepsilon_p = -9.55 \text{ MPa}$$

플라스틱 관을 압축하기 위해 필요한 힘은 다음과 같다.

$$P_{\text{reqd}} = \sigma_p A_p = -330 \text{ N}$$

주철 관에 작용하는 초기 응력과 최종 응력은 주철 관에 작용하는 힘이 없으므로 0이다.

Part (d): 플라스틱 관의 초기 부피와 최종 부피를 비교한다.

플라스틱 관의 초기 단면적은 다음과 같다.

$$A_p = 34.526 \text{ mm}^2$$

플라스틱 관의 최종 단면적은 다음과 같다.

$$A_{pf} = \frac{\pi}{4}[d_3^2 - (d_3 - 2t_{pf})^2] = 34.652 \text{ mm}^2$$

플라스틱 관의 초기 부피는 다음과 같다.

$$V_{\text{pinit}} = L_p A_p = 8671 \text{ mm}^3$$

플라스틱 관의 최종 부피는 다음과 같다.

$$V_{p\text{final}} = L_c A_{pf} \quad \text{또는} \quad V_{p\text{final}} = 8663 \text{ mm}^3$$

4. 최종 단계 플라스틱 관의 초깃값과 최종값의 변화 비를 살펴보면 약간의 변화가 있음을 알 수 있다.

$$\frac{V_{p\text{final}}}{V_{p\text{init}}} = 0.99908$$

이 예제에서 얻어진 수치 결과는 보통의 하중 조건하에서 구조용 재료의 치수 변화가 지극히 작다는 것을 보여준다. 크기의 변화가 거의 없음에도 불구하고, 치수의 변화는 어떤 종류의 해석(부정적 구조물의 해석 등)과 응력 및 변형률의 실험적인 결정에 중요하게 작용할 수 있다.

7.6 전단응력 및 전단변형률

이중 전단을 받는 U자형 고리와 핀을 보여주는 고가 보도용 대각선 지주

앞 절에서는 직선 봉에 작용하는 축하중에 의해 발생된 수직응력의 영향을 검토하였다. 이 응력은 재료의 표면에 **수직**방향으로 작용하기 때문에 '수직응력'이라고 한다. 이제 재료의 표면에 **접선**방향으로 작용하는 **전단응력**(shear stress)이라고 하는 또 다른 종류의 응력에 대하여 알아보자.

전단응력의 작용 예로 그림 7-31a에 도시된 볼트 이음을 생각해보자. 이 이음은 평단형 봉 A와 U자형 고리(clevis) C, 그리고 봉과 U자형 고리를 통과하는 볼트 B로 이루어져 있다. 인장하중 P의 작용하에서 봉과 U자형 고리는 **지압** 또는 **베어링**(bearing) 상태에 있는 볼트를 압박하게 되며, **지압 응력** 또는 **베어링 응력**(bearing stresses)이라고 하는 접촉 응력을 발생시킨다. 또한 봉과 U자형 고리는 연결되어 있는 볼트를 전단(shear), 즉 절단시키려 하며 이와 같은 경향은 볼트의 전단응력에 의해 저지된다. 예를 들어, 사진에 보이는 보행자용 고가 보도에 대한 지주를 생각해보자.

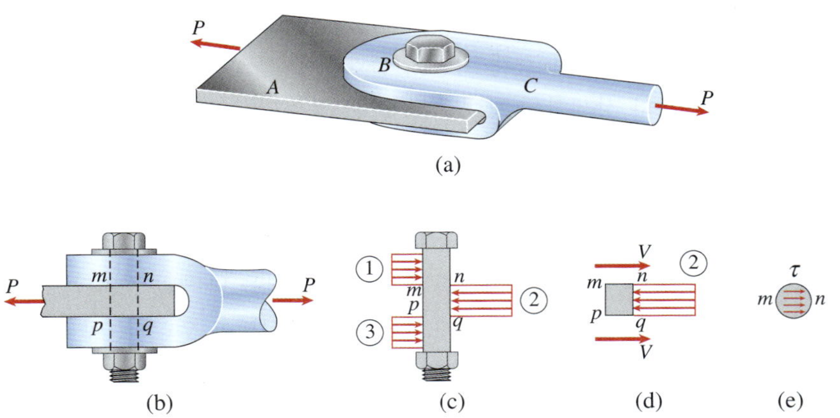

그림 7-31
이중 전단 하중을 받는 볼트로 연결된 볼트 이음

베어링 응력 및 전단응력의 작용을 보다 명확하게 보여주기 위하여, 이 유형의 이음부에 대한 측면도(그림 7-31b)를 살펴보자. 이 그림을 염두에 두고 볼트의 자유물체도를 그린다(그림 7-31c). U자형 고리에 의해 볼트에 가해진 베어링 응력은 왼쪽 자유물체도에 나타나 있으며, 1과 3으로 표기하였다. 또한 봉으로부터의 응력은 오른쪽 자유물체도에 나타나 있으며 2로 표기하였다. 베어링 응력의 실제 분포는 구하기 쉽지 않기 때문에, 응력이 균일하게 분포한다고 가정하는 것이 일반적이다. 균일 분포의 가정을 근거로 하여, 전체 베어링 하중 F_b를 베어링 면적 A_b로 나누어 **평균 베어링 응력**(average bearing stress) σ_b를 구할 수 있다.

$$\sigma_b = \frac{F_b}{A_b} \tag{7-10}$$

베어링 면적(bearing area)은 곡선 베어링 표면의 투영된 면적으로 정의된다. 예를 들어, 그림에서 1로 표기된 베어링 응력을 고려해보자. 베어링 응력이 작용하는 투영 면적 A_b는 높이가 U자형 고리의 두께와 같고 폭이 볼트의 직경과 같은 직사각형이다. 또한 1로 표기된 응력을 유발하는 베어링 하중 F_b는 $P/2$이며, 마찬가지로 같은 크기의 면적과 힘이 3으로 표기된 응력에도 동일 적용된다.

이제 평판형 봉과 볼트 사이의 베어링 응력(2로 표기된 응력)을 살펴보자. 이 응력의 경우, 베어링 면적 A_b는 높이가 평판형 봉의 두께와 같고 폭이 볼트의 직경과 같은 직사각형이며, 이에 대응하는 베어링 하중 F_b는 하중 P와 같다.

그림 7-31c의 자유물체도는 단면 mn과 pq를 따라 볼트가 전단되려는 것을 예시한 것이다. 볼트의 $mnpq$ 부분에 대한 자유물체도(그림 7-31d 참조)로부터, 전단력 V가 볼트의 절단면에 작용하는 것을 알 수 있다. 이 특수한 예의 경우, 두 개의 전단면(mn 및 pq)이 존재하며, 따라서 볼트는 **이중 전단**(double shear) 상태에 있다고 말한다. 이중 전단에서 각각의 전단력은 볼트에 의해 전달된 전체 하중의 절반, 즉 $V=P/2$와 같다.

전단력 V는 볼트 단면에 분포된 전단응력의 합력이다. 예를 들어, 단면 mn에 작용하는 전단응력을 도시하면 그림 7-31e와 같다. 이 응력은 절단면에 평행하게 작용한다. 응력의 정확한 분포는 알 수 없으나 중심 근처에서 최대가 되고, 가장자리에 있는 어떤 위치에서 0이 된다. 또한 그림 7-31e에 도시된 바와 같이 전단응력은 관례적으로 τ(tau, 타우)로 표기한다.

단일 전단을 받는 볼트 이음을 그림 7-32a에 도시하였으며, 여기서 금속 봉에 작용하는 축하중 P는 볼트를 통하여 강재 기둥의 플랜지에 전달된다. 기둥의 단면도(그림 7-32b)는 이음부를 보다 상세하게 보여준다. 또한 볼트의 스케치(그림 7-32c)는 볼트에 작용하는 베어링 응력의 가정된 분포를 보여준다. 앞서 기술한 바와 같이, 실제 베어링 응력의 정확한 분포는 그림에 도시한 것보다 훨씬 복잡하다. 더욱이 베어링 응력은 볼트의 헤드 및 너트의 내부 표면에도 발생한다. 따라서 그림 7-32c는 자유물체도가 **아니며**, 볼트의 축상에 작용하는 이상화된 베어링 응력을 나타낸 것이다.

볼트를 단면 mn으로 절단하면 그림 7-32d에 도시된 그림을 얻는다. 이 그림에는 볼트 단면에 작용하는 전단력 V(하중 P와 동일)가 포함되어 있다. 이미 이야기한 바와

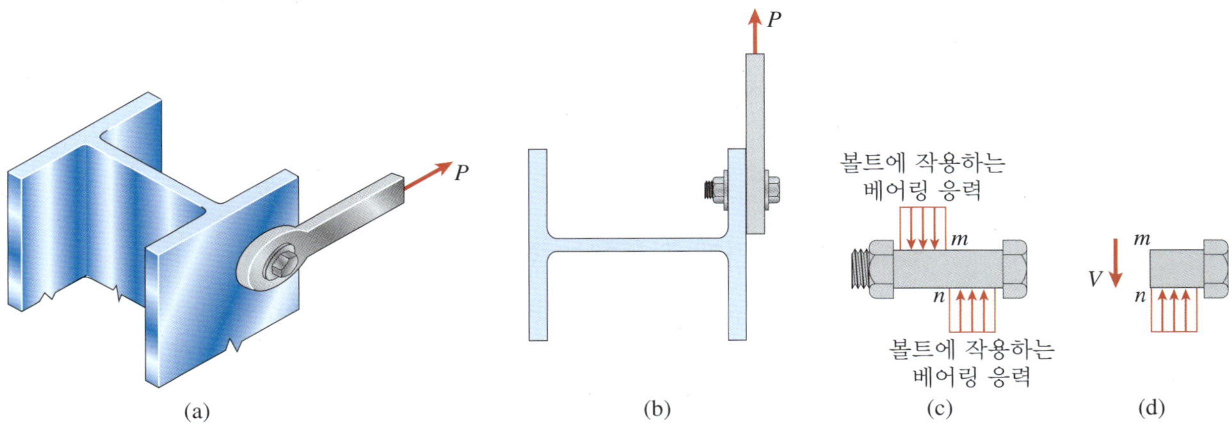

그림 7-32
단일 전단 하중을 받는 볼트로 연결된 볼트 이음

같이, 이 전단력은 볼트의 단면에 작용하는 전단응력의 합력이다.

단일 전단 상태에서 파괴될 무렵까지 하중을 가한 볼트의 변형은 그림 7-33과 같다(그림 7-32c와 비교).

볼트 이음에 관한 앞의 설명에서, 체결 요소 사이의 (볼트를 조임으로써 발생하는) **마찰**(friction)은 무시하였다. 마찰의 존재는 하중의 일부가 마찰력으로 전달되는 것을 뜻하므로 볼트에 작용하는 하중을 감소시키게 된다. 마찰력은 신뢰성이 없고 추정하기도 어렵기 때문에 오차가 개재되더라도 보수적으로(안전하게) 평가되도록 계산에서 제외시키는 것이 일반적이다.

볼트 단면의 **평균 전단응력**(average shear stress)은 전체 전단력 V를 이 힘이 작용하는 단면적 A로 나누어 다음과 같이 구할 수 있다.

$$\tau_{\text{aver}} = \frac{V}{A} \qquad \textbf{(7-11)}$$

단일 전단을 받는 볼트를 보여주는 그림 7-32의 예에서, 전단력 V는 하중 P와 같고 면적 A는 볼트의 단면적이다. 그러나 **이중 전단** 상태인 그림 7-31의 예에서 전단력 V는

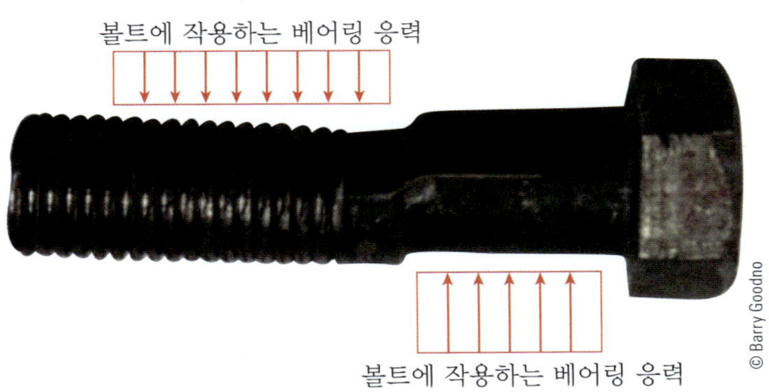

그림 7-33
단일 전단 하중을 받는 볼트의 파단

$P/2$와 같다.

식 (7-11)은 전단응력이 일반적인 수직응력과 마찬가지로 힘의 강도 또는 단위면적당 받는 힘으로 표시되는 것을 보여준다. 따라서 전단응력의 **단위**는 수직응력의 단위와 동일하다. 즉 SI 단위에서는 파스칼 또는 그 배수와 같다.

그림 7-31과 7-32에 표시된 하중 장치는 **직접 전단**(direct shear or simple shear)의 예로서, 여기서 전단응력은 재료를 절단하려는 힘의 직접 작용에 의해 발생된다. 직접 전단은 볼트, 핀, 리벳, 키, 용접 및 접착 이음의 설계에서 발생한다.

직교하는 평면에 작용하는 전단응력의 동일성

그림 7-34

전단 응력을 받는 미소 재료 요소

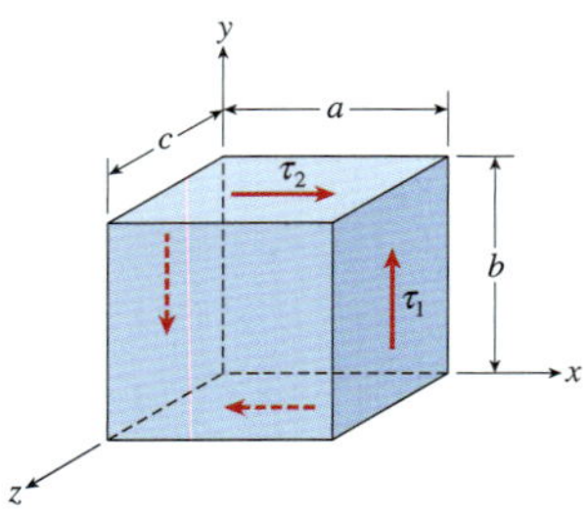

전단응력의 작용에 대한 보다 완전한 그림을 얻기 위해, x, y, z방향의 변의 길이가 각각 a, b, c인 직각 평행육면체 형상의 미소 요소를 생각해보자(그림 7-34).[3] 이 요소의 앞면과 뒷면에는 응력이 작용하지 않는다.

우선, 면적이 bc인 우측면에 전단응력 τ_1이 균일 분포하는 것으로 가정하자. 요소가 y방향으로 평행상태가 되려면, 우측면에 작용하는 총전단력(전단응력 × 면적), $\tau_1 bc$가 좌측면에 작용하는 크기가 같고 방향이 반대인 전단력과 평행을 이루어야 한다. 이 두 면의 면적은 서로 같으므로 두 면의 전단력도 당연히 서로 크기가 같아야 한다.

좌측면과 우측면(그림 7-34)에 작용하는 전단력 $\tau_1 bc$는, 그림에서 반시계방향으로 작용하고 크기가 $\tau_1 bc$인 z축에 대하여 우력 모멘트를 형성한다.[4] 요소의 평행조건은, 이 우력 모멘트와 평형을 이루어야 한다는 것을 뜻한다. 상면과 하면에 작용하는 응력을 τ_2로 나타내면, 이에 상응하는 수평 전단력이 $\tau_2 ac$가 되는 것을 알 수 있다. 이 힘이 시계방향의 우력 모멘트(전단응력 × 면적 × 모멘트 팔) $\tau_2 abc$를 형성한다. z축에 대한 요소의 평형으로부터, $\tau_1 abc$는 $\tau_2 abc$와 같다는 것을 알 수 있다. 또는

$$\tau_1 = \tau_2 \tag{7-12}$$

따라서 그림 7-35a와 같이, 요소에 작용하는 네 개의 전단응력의 크기는 모두 같다.

요약하면, 직사각형 요소에 작용하는 전단응력에 관한 다음과 같은 일반적인 관찰 결과를 얻을 수 있다.

1. 요소의 서로 마주 보는(그리고 평행한) 면에 작용하는 전단응력은 서로 크기가 같고 방향이 반대이다.
2. 요소의 인접(그리고 수직인) 면에 작용하는 전단응력의 크기는 같고, 두 응력은 두 인접면이 교차하는 모서리를 향하거나 또는 멀어지는 방향을 가진다.

이러한 관찰은, 그림 7-34와 7-35에 나타낸 바와 같이 전단응력(수직응력은 존재하지 않음)만 받고 있는 요소에서 얻어진 것으로서, 이러한 응력 상태를 **순수전단**(pure

[3] **평행육면체**(parallelepiped)는 밑변이 평행사변형인 각기둥이다. 그러므로 평행육면체는 6개 면을 가지며 각각은 평행사변형이다. 서로 반대쪽 면은 평행이며 동일한 평행사변형이다. **직각 평행육면체**(rectangular parallelepiped)는 모든 면이 직사각형의 형태를 갖는다.

[4] **우력**(couple)은 크기가 같고 방향이 반대인 두 개의 평행한 힘을 나타낸다.

shear)이라고 한다.

일반적으로, 앞에서 기술된 결론은 요소의 면에 수직응력이 작용하는 경우에도 유효하다. 그 이유는 미소 요소의 반대면에 작용하는 수직응력은 통상적으로 크기가 같고 방향이 반대이기 때문이다.

그림 7-35

전단응력(a) 및 전단변형률(b)을 받는 미소 재료 요소

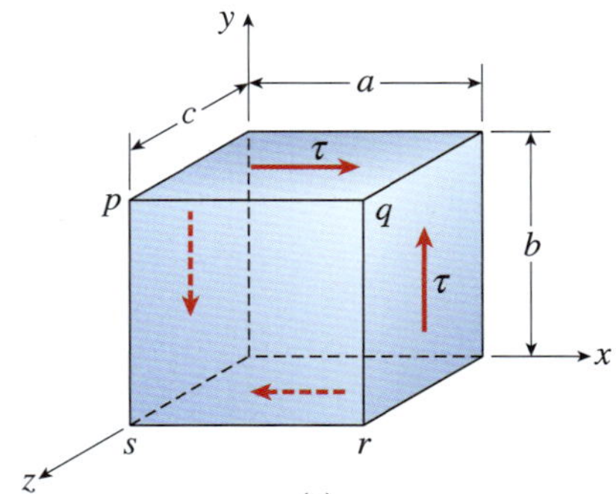

(a)

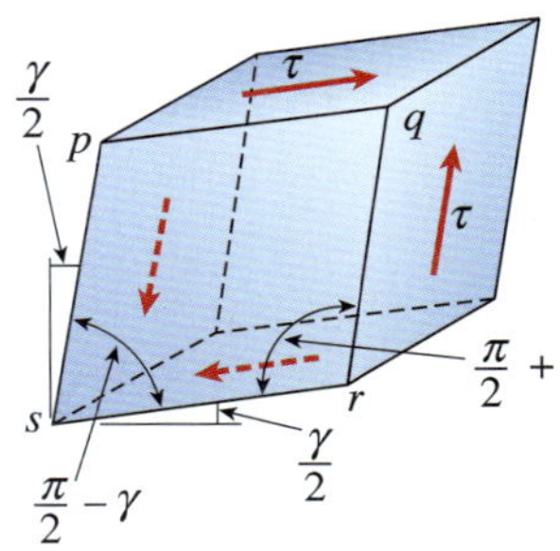

(b)

전단변형률

재료의 요소에 작용하는 전단응력(그림 7-35a)은 **전단변형률**을 동반한다. 이 변형률을 시각화하는 데 도움을 주기 위해, 전단응력은 x, y, z방향으로 요소를 신장시키거나 신축시키지 않는다는 것에 주의해야 한다. 다시 말해서, 요소의 각 면의 길이는 변하지 않는다. 그 대신 전단응력은 요소의 **형상**을 변하게 한다(그림 7-35b). 즉, 직각 평행육면체인 원래의 요소는 경사진 평행육면체(oblique parallelepiped)로 변형되며, 앞면과 뒷면은 장사방형이 된다.[5]

이와 같은 변형 때문에 측면 사이의 각이 변하게 된다. 예를 들어, 변형 전에 $\pi/2$였던 점 q와 s에서의 각은 미소각 γ만큼 감소되어 $\pi/2-\gamma$가 된다(그림 7-35b). 동시에 점 p 및 r에서의 각은 $\pi/2+\gamma$로 증가한다. 각 γ는 작용하는 전단력으로 인한 요소의 **뒤틀림**(distortion) 또는 형상 변화의 정도로서, **전단변형률**(shear strain)이라고 한다. 전단변형률은 각도이기 때문에 도(degree)나 라디안(radian)으로 측정된다.

전단응력과 전단변형률의 부호 규약

전단응력과 전단변형률에 대한 부호 규약을 확립할 때 도움이 되도록, 응력 요소의 각 면을 식별하기 위한 방법을 강구할 필요가 있다(그림 7-35a). 따라서 좌표축의 양의 방향으로 향하는 면을 요소의 양의 면(positive face)으로 간주하기로 한다. 다른 말로, 양의 면은 그 외향 법선이 좌표축의 양의 방향을 향하며, 그 반대쪽 면은 음의 면이 된다. 그러므로 그림 7-35a에서 오른쪽, 위 및 앞면은 각각 양의 x, y, z면이며 그 반대방향의 면은 음의 x, y, z면이 된다.

앞 단락에서 기술된 용어를 사용하면, 전단응력에 대한 부호 규약을 다음과 같이 기술할 수 있다.

요소의 양의 면에 작용하는 전단응력이 좌표축의 양의 방향으로 작용하면 양이 되고, 좌표축의 음의 방향으로 작용하면 음이 된다. 요소의 음의 면에 작용하는 전단응력은 좌표축의 음의 방향으로 작용하면 양이 되고, 좌표축의 양의 방향으로 작용하면 음이 된다.

따라서 그림 7-35a에 도시된 전단응력은 모두 양이다.

---

5 **경사진 각**(oblique angle)은 예각이나 둔각일 수 있지만, 직각은 **아니다**. **장사방형**(rhomboid)은 경사진 각을 가지며 서로 이웃한 변이 **다른** 평행사변형이다[**마름모**(rhombus)는 경사진 각을 가지며 네 변이 같은 평행사변형이며, 종종 **다이아몬드 형상**이라고 부른다].

전단변형률에 대한 부호 규약은 다음과 같다.

요소의 전단변형률은 양의 두 면(또는 음의 두 면) 사이의 각이 감소하면 양이 된다. 또한 전단변형률은 양의 두 면(또는 음의 두 면) 사이의 각이 증가하면 음이 된다.

따라서 그림 7-35b에 도시된 변형률은 양이며, 양의 전단응력은 양의 전단변형률을 동반한다는 것을 알 수 있다.

전단상태에서의 훅의 법칙

전단을 받는 재료의 성질은 직접 전단 시험이나 비틀림 시험을 통하여 실험적으로 결정할 수 있다. 비틀림 시험은 속이 빈 원형 튜브를 이용하여 순수전단응력 상태를 유지시키며 수행된다. 이 실험 결과로부터 **전단응력-변형률 선도**(shear stress-strain diagram: 전단변형률 γ에 대한 전단응력 τ의 선도)를 그릴 수 있다. 이 선도는 동일 재료에 대한 인장 시험 선도(σ vs. ε)와 크기는 다르지만 형상은 비슷하다.

전단응력-변형률 선도로부터 비례한도, 탄성계수, 항복응력 및 극한응력과 같은 재료의 성질을 얻을 수 있다. 전단에서 이 성질들의 수치값은 보통 인장일 때의 특성값의 절반 정도이다. 예를 들어, 전단을 받는 구조용 강의 전단 항복응력값은 인장 항복응력값의 0.5~0.6배이다.

많은 재료의 경우, 전단응력-변형률 선도의 초기 부분(탄성 영역)은 인장에서와 같이 원점을 통과하는 직선이 된다. 이 선형 탄성 영역에서 전단응력과 전단변형률은 비례하며, 따라서 **전단에서의 훅의 법칙**(Hooke's law in shear)은 다음과 같이 표시할 수 있다.

$$\tau = G\gamma \tag{7-13}$$

여기서 G는 **전단 탄성계수**[shear modulus of elasticity, 또는 **강성계수**(modulus of rigidity)]이다.

전단 탄성계수 G는 인장 탄성계수 E와 같은 단위를 갖는다. 즉, SI 단위의 경우 파스칼(또는 그 곱)로 표기된다. 연강의 경우 전형적인 G의 값은 75 GPa이고, 알루미늄 합금의 경우 전형적인 G의 값은 28 GPa이다. 추가적인 값은 부록 F의 F-2에 수록되어 있다.

인장 및 전단에서의 탄성계수는 다음과 같은 관계를 가진다.

$$G = \frac{E}{2(1+\nu)} \tag{7-14}$$

여기서 ν는 푸아송 비이다. 이 관계식은 E, G, ν가 재료의 독립적인 탄성 성질이 아니라는 것을 보여주고 있다. 보통 재료의 푸아송 비는 0과 0.5 사이의 값을 가지므로, 식 (7-14)로부터 G값은 E값의 1/3~1/2 정도 되는 것을 알 수 있다.

다음 예제는 전단의 영향과 관련된 전형적인 해석 과정을 보여준다. 예제 7-5는 단에서의 전단응력에 관한 것이고, 예제 7-6은 수평 전단력을 받는 탄성 중합체 베어링 패드의 전단응력과 전단변형률을 구하는 문제이다. 예제 7-7은 볼트로 조여진 브래킷에서의 수직응력과 전단응력에 대하여 다룬다.

예제 7-5

강판에서 구멍 가공용 펀치를 그림 7-36a에 나타내었다. 단면도(그림 7-36b)에 나타낸 바와 같이, 직경 $d=20$ mm의 펀치가 8 mm의 두께를 가지는 강판의 구멍 가공에 사용되었다고 가정하자.

만약 구멍을 뚫는 데 $P=110$ kN의 힘이 필요하다면, 강판의 평균 전단응력과 펀치의 평균 압축응력은 얼마인가?

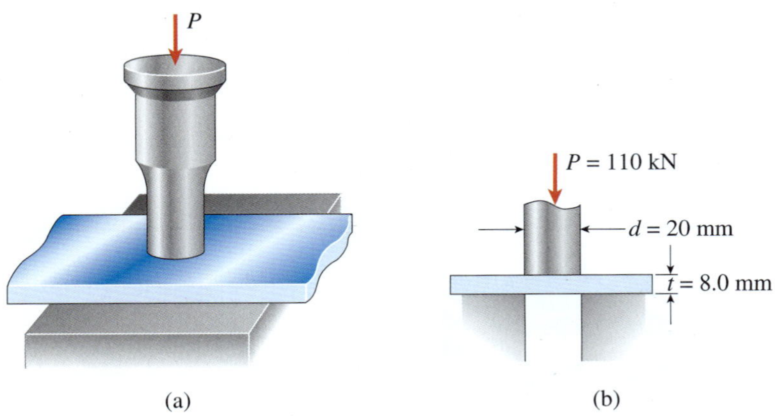

그림 7-36
예제 7-5: 강판에 구멍 내기

풀이

4단계 문제풀이 접근방법을 사용하여 강판의 평균 전단응력과 펀치의 평균 압축응력을 구한다.

1. **개념화** 하중 P에 의해 전체 길이에 걸쳐서 펀치의 축이 압축되어 있다고 가정하자. 힘 P는 강판에서 아래쪽으로 작용하고 펀치가 강판을 지날 때 생기는 직경 d를 따라 힘이 균일하게 분포되어 있다.
2. **분류** 강판에서 평균 전단응력은 하중 P를 강판의 전단 영역으로 나눔으로써 얻을 수 있다. 전단 영역은 펀치가 강판을 지날 때 노출되는 원통형 영역이다. 압축응력은 펀치의 아래쪽 부분을 관통한 원형 단면에 작용하는 응력이다(그림 7-36).
3. **해석** 전단 면적 A_s는 펀치 구멍의 원둘레에 강판의 두께를 곱한 것과 같다.

$$A_s = \pi dt = \pi(20 \text{ mm})(8.0 \text{ mm}) = 502.7 \text{ mm}^2$$

여기서 d는 펀치의 직경이며 t는 강판의 두께이다. 따라서 강판의 평균 전단응력은

$$\tau_{\text{aver}} = \frac{P}{A_s} = 110 \text{ kN}/502.7 \text{ mm}^2 = 219 \text{ MPa}$$

펀치의 평균 압축응력은

$$\sigma_c = \frac{P}{A_{\text{punch}}} = \frac{P}{\pi d^2/4} = 110\ \text{kN}/\pi(20\ \text{mm})^2/4 = 350\ \text{MPa}$$

4. **최종 단계** 응력 집중 효과에 의한 수직과 전단응력 분포는 균일하지 않다. 따라서 계산 결과는 '평균' 응력으로 계산된다. 또한 이 해석은 펀치가 판을 뚫고 나올 때 생기는 충격 효과는 무시되었기에 지극히 이상화된 해석 결과라는 것을 명심해야 한다.

예제 7-6

기계나 교량의 대들보(거더, girder)를 받치는 데 사용되는 베어링 패드가 강판이 덮인 선형 탄성 재료(보통 고무와 같은 탄성 중합체)로 이루어져 있다(그림 7-37a). 이 탄성 중합체의 두께는 h이고, 강판의 크기는 $a \times b$이며, 패드가 수평 전단력 V를 받고 있는 것으로 가정한다.

탄성 중합체의 평균 전단응력 τ_{aver}와 판의 수평 변위 d에 대한 공식을 유도하시오(그림 7-37b).

그림 7-37
예제 7-6: 전단력을 받는 베어링 패드

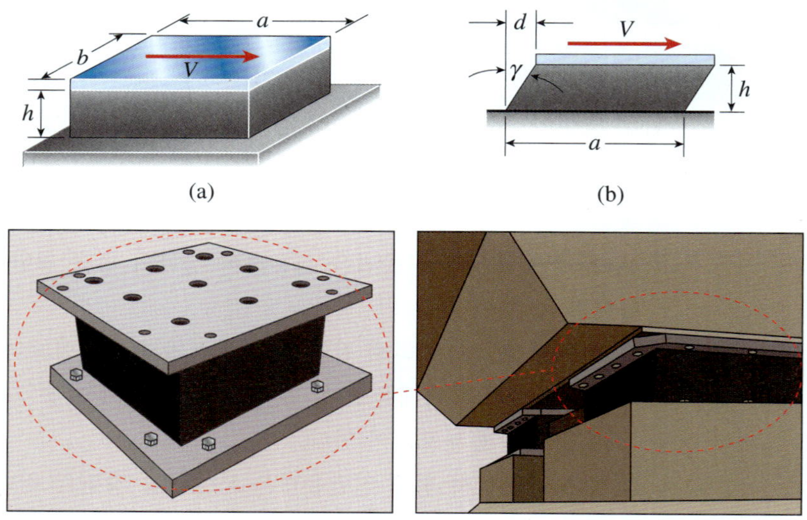

풀이

4단계 문제풀이 접근방법을 사용하여 탄성 중합체의 평균 전단력을 찾고 평판의 수평방향 변형량 d를 계산한다.

1. **개념화** 그림 7-37b에 나타낸 것과 같이 전단력 V 아래에 있는 베어링 패드의 변형은 두께 h처럼 선형으로 가정한다.
2. **분류** 탄성 중합체의 전단응력은 전 체적에 걸쳐 균일하게 분포하고, 전단변형률 γ는 작다고 가정한다.

3. 해석 탄성 중합체의 수평면에 작용하는 전단응력은 전단력 V를 평판의 면적 ab로 나눈 것과 같다(그림 7-37a).

$$\tau_{\text{aver}} = \frac{V}{ab} \tag{7-15}$$

이에 대응하는 전단변형률[전단에서의 훅의 법칙으로부터, 식 (7-13)]은

$$\gamma = \frac{\tau_{\text{aver}}}{G_e} = \frac{V}{abG_e} \tag{7-16}$$

여기서 G_e는 탄성 중합 재료의 전단 탄성계수이다. 끝으로 수평 변위 d는 $h \tan \gamma$와 같다(그림 7-37b).

$$d = h\tan\gamma = h\tan\left(\frac{V}{abG_e}\right) \tag{7-17}$$

대부분의 실제 상황에서 전단변형률 γ는 작은 각도이며, 이와 같은 경우에는 $\tan \gamma$를 γ로 대체할 수 있다.

$$d = h\gamma = \frac{hV}{abG_e} \tag{7-18}$$

예를 들어, 만약 $V=0.8$ kN, $a=75$ mm, $b=60$ mm, $h=20$ mm, $G_e=1.25$ MPa일 때, 식 (7-17)의 결과는 $d=2.86$ mm인 반면, 식 (7-18)의 결과는 $d=2.84$ mm이다.

4. 최종 단계 식 (7-17)과 (7-18)은 전단응력과 전단변형률이 탄성 중합체의 전 체적에 걸쳐 균일하다는 가정을 전제로 하고 있으므로, 평판의 수평 변위에 대한 근삿값이다. 실제로는 재료의 가장자리에서 전단응력은 0이 되며(수직방향 자유면에는 전단응력이 존재하지 않으므로), 따라서 재료의 변형은 그림 7-37b에 도시된 것보다 훨씬 복잡하다. 그러나 평판의 길이 a가 탄성 중합체의 두께 h와 비교하여 크다면, 위 결과는 설계 목적상 만족할 만한 것이라고 말할 수 있다.

예제 7-7

농구선수가 덩크슛을 한 뒤 농구 골대에 매달려 있다. 농구선수는 $P=1.75$ kN의 크기로 A지점에서 아래 방향으로 하중을 가한다(그림 7-38a). 나중에 선수는 다시 덩크슛을 하고 골대의 점 A와 점 B를 잡고 매달렸다(그림 7-38b, c 참조). 골대와 지지 브래킷은 네 개의 와셔와 볼트로 백보드에 체결되어 있다(그림 7-38d). 선수가 한 손과 양손으로 구조물에 덩크슛을 하여 하중을 가한 경우에, 지지 브래킷 2번 볼트에 작용하는 응력을 각각 비교하시오. 백보드는 고정 지지물이고 볼트와 와셔의 직경은 각각 $d_b=10$ mm, $d_w=16$ mm이며, 지지 브래킷의 두께 $t=5$ mm로 가정한다.

그림 7-38

(a) 하중 사례 1: 하중이 골대 A점에서 밑으로 작용하는 경우, (b) 하중 사례 2: 하중이 A점과 B점에 작용하는 경우, (c) 농구 골대를 위에서 본 모습, (d) 지지 브래킷과 볼트 확대도

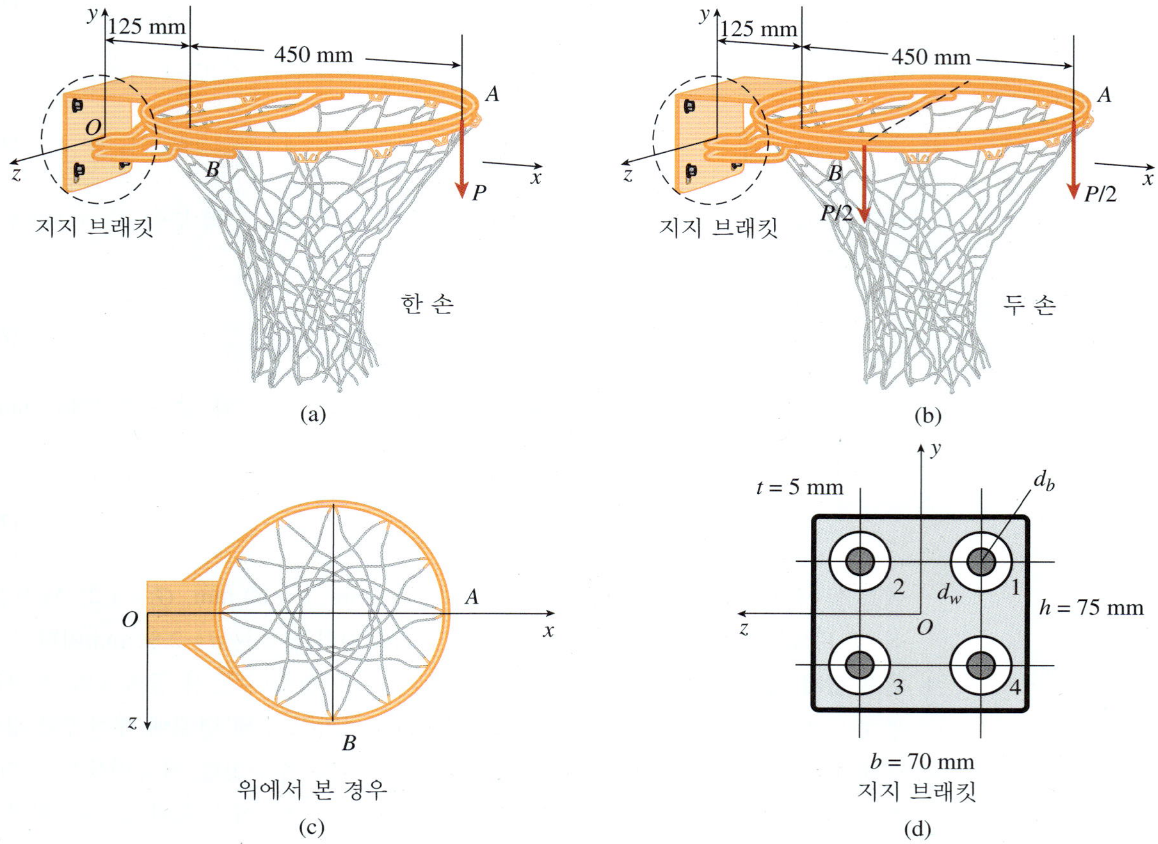

풀이

4단계 문제풀이 접근방법을 사용한다.

1. 개념화 지지점 O에서 반력과 모멘트를 찾은 후, 각 볼트 결합부에 작용하는 힘과 모멘트를 각각 계산한다. 골대와 브래킷은 캔틸레버이다. 각 하중에 대한 반력은 그림 7-39의 자유물체도와 같다.

반력—사례 1: 하중 P는 점 A에서 $(-y)$방향으로 작용한다. 하중과 모멘트의 합은 다음과 같다.

$$\Sigma F_y = 0 \quad R_y = P = 1.75 \text{ kN}$$
$$\Sigma M_z = 0 \quad M_{z1} = P(125 + 450) \text{ mm} = (1.75)(0.575) \text{ kN}\cdot\text{m} = 1.006 \text{ kN}\cdot\text{m} \tag{a}$$

반력—사례 2: 점 A와 B에 하중 $P/2$가 작용한다. 점 O에서의 반력은 다음과 같다.

$$\Sigma F_y = 0 \quad R_y = P = 1.75 \text{ kN}$$
$$\Sigma M_z = 0 \quad M_{z2} = \frac{P}{2}(125 + 225) \text{ mm} + \frac{P}{2}(575 \text{ mm}) = 0.809 \text{ kN}\cdot\text{m} \tag{b}$$
$$\Sigma M_x = 0 \quad T_x = -\frac{P}{2}(225 \text{ mm}) = -0.1969 \text{ kN}\cdot\text{m}$$

그림 7-39

(a) 하중 사례 1에 대한 O점에서의 지지 반력, (b) 하중 사례 2에 대한 O점에서의 지지 반력

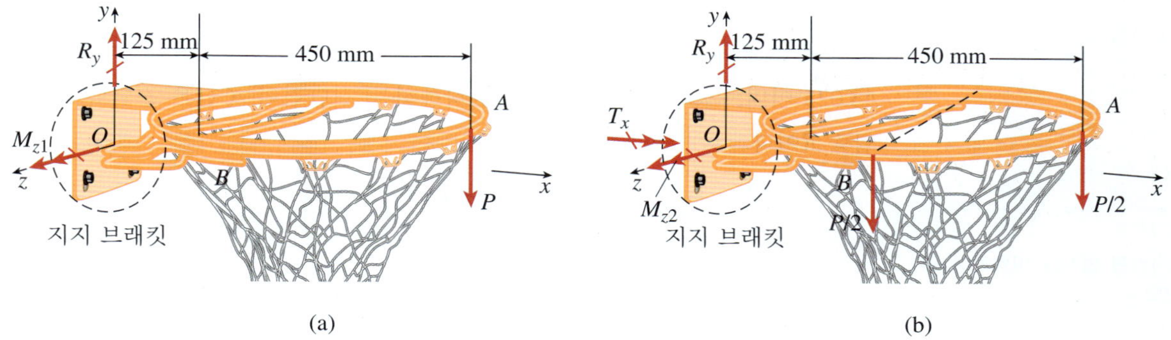

볼트 2에서의 힘—사례 1: 점 O에서의 반력을 음수로 하여 볼트에 작용하는 수직하중 및 전단력을 구한다. 이때 반력 R_y에 의해 네 개의 볼트에 각각 작용하는 전단력은 $P/4=437.5$ N이다(그림 7-40a). 모멘트 M_{z1}[식 (a)]을 같은 값을 가지는 두 개의 짝힘 $(N_1)(h)$로 대체하여(그림 7-40a 참조) 볼트 2에서 $(+x)$방향으로의 수직응력 N_1을 다음과 같이 계산할 수 있다.

$$N_1 = \frac{M_{z1}}{2h} = \frac{1.006\ \text{kN}\cdot\text{m}}{0.15\ \text{m}} = 6.708\ \text{kN} \qquad \textbf{(c)}$$

볼트 2에서의 힘—사례 2: 반력 R_y는 사례 1과 2에서 같다. 따라서 전단력 $P/4=437.5$ N이 볼트 2에 작용한다(그림 7-40b). 모멘트 M_{z2}[식 (b)]를 두 개의 힘(그림 7-40b)으로 대체하면 볼트 2의 장력은

$$N_2 = \frac{M_{z2}}{2h} = \frac{0.809\ \text{kN}\cdot\text{m}}{0.15\ \text{m}} = 5.396\ \text{kN} \qquad \textbf{(d)}$$

또한 사례 2의 비틀림 모멘트 T_x[식 (b) 참조]는 반시계방향으로 작용하는 두 개의 힘으로 대체할 수 있으며, 이는 $(V)(d)$(그림 7-40b 참조)와 같다. 여기서 $d = \sqrt{b^2 + h^2} =$

그림 7-40

(a) 하중 사례 1에 대한 볼트 2에 작용하는 힘, (b) 하중 사례 2에 대한 볼트 2에 작용하는 힘

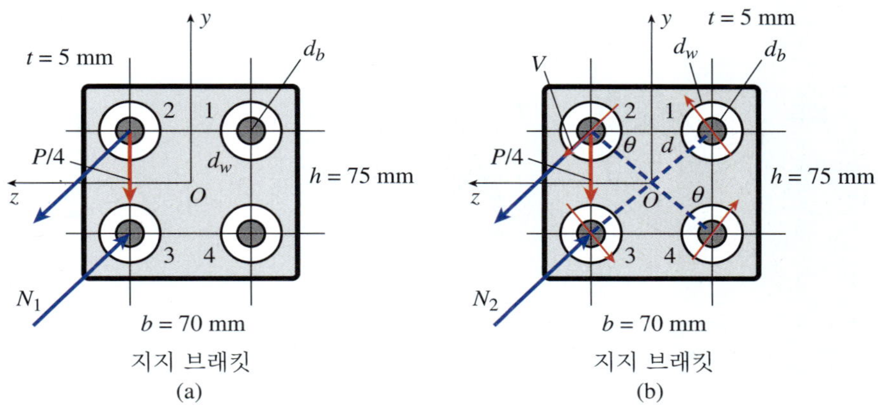

102.6 mm이다. 볼트 2의 평면 내 전단력은 다음과 같이 계산한다.

$$V = \frac{T_x}{2d} = \frac{196.9\ \text{N}\cdot\text{m}}{2(102.6\ \text{mm})} = 0.9595\ \text{kN} \tag{e}$$

힘 V가 작용하는 방향은 그림 7-40b에 나타낸 바와 같이 각도 $\theta = \tan^{-1}\left(\frac{b}{h}\right) =$ 43.025°이며, 볼트 2의 전체 평면에 작용하는 전단력의 총합은 전단력 V와 $P/4$의 합력 R이다.

$$R = \sqrt{(V\cos\theta)^2 + \left(\frac{P}{4} + V\sin\theta\right)^2} \tag{f}$$

$$= \sqrt{(707.34)^2 + (437.5 + 648.39)^2}\ \text{N} = 1.298\ \text{kN}$$

그림 7-41
평행사변형 법칙을 이용하여 구한 합력 R

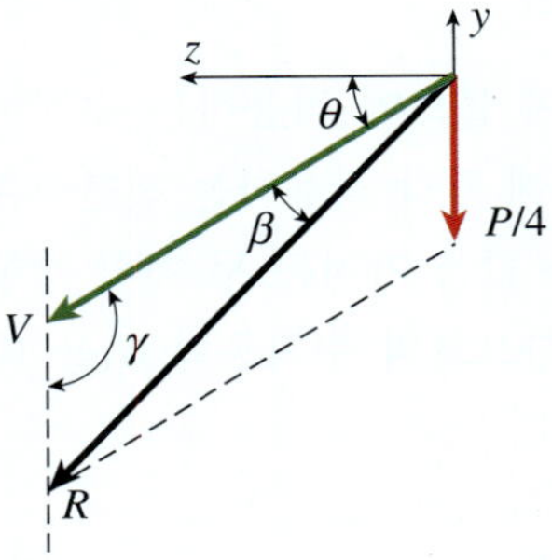

합력 R는 그림 7-41과 같이 평행사변형 법칙을 사용하여도 $\beta = 14.265°$ 및 $\gamma = 133.025°$로 나타낼 수 있다.

2. **분류** 볼트 2에 작용하는 하중을 이용하여 와셔 위의 볼트와 볼트 2가 있는 지지 브래킷에 평균 응력을 계산하기 위한 식을 만든다. 관심 있는 5개의 관련 응력은 (a) 볼트에 작용하는 수직응력(그림 7-42a), (b) 볼트에 작용하는 전단응력(그림 7-42b), (c) 볼트 기둥에 작용하는 베어링 응력(그림 7-42c), (d) 와셔에 작용하는 베어링 응력(그림 7-42d), (e) 브래킷 위에 있는 와셔 주변의 전단응력(그림 7-42e)이다.

그림 7-42
볼트, 와셔, 지지 브래킷에 작용하는 5가지 평균 응력

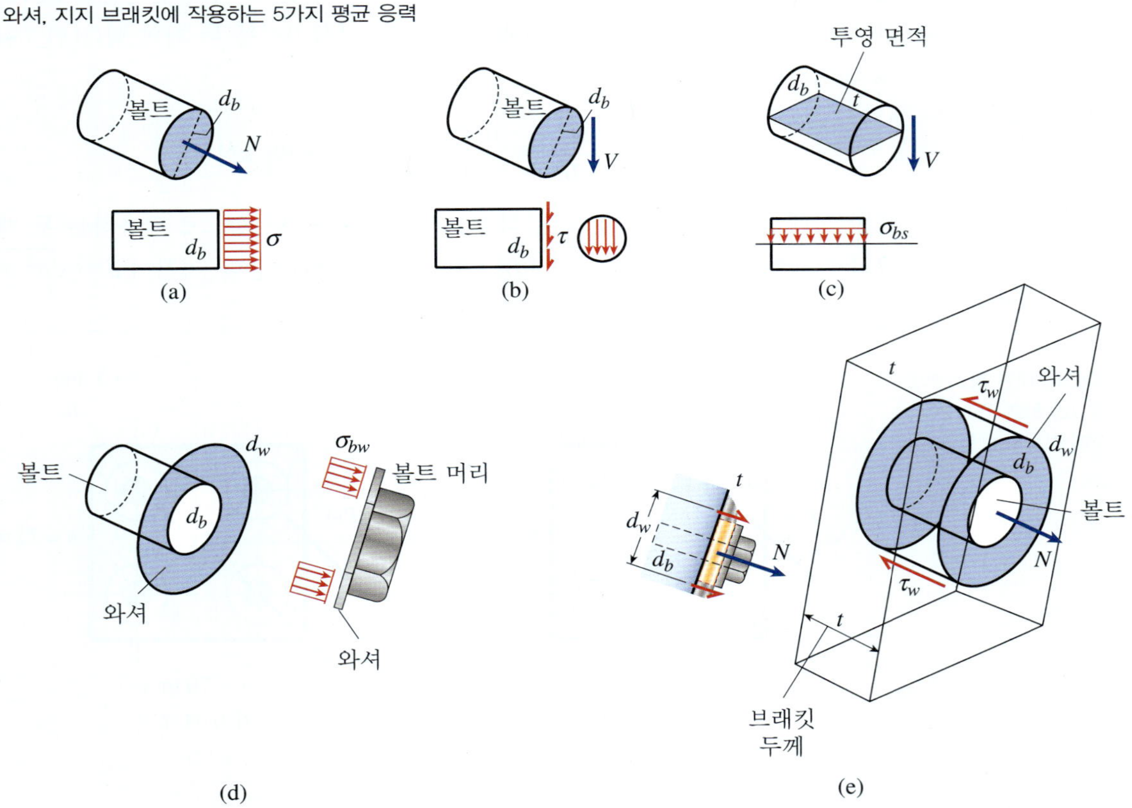

3. 해석 하중 사례 1과 하중 사례 2에 대한 볼트 2 위치에서의 5가지 연결 응력을 표 7-1에 나타내었다. 볼트, 와셔, 브래킷의 치수는 $d_b=10$ mm, $d_w=16$ mm, $t=5$ mm이다. 응력 계산에 필요한 면적은 다음과 같다.

볼트의 단면적:

$$A_b = \frac{\pi}{4}d_b^2 = 78.54 \text{ mm}^2$$

와셔의 단면적:

$$A_w = \frac{\pi}{4}\left(d_w^2 - d_b^2\right) = 122.52 \text{ mm}^2$$

브래킷 위 와셔 주변부의 실린더 영역:

$$A_p = \pi d_w t = 251.33 \text{ mm}^2$$

4. 최종 단계 볼트 2에서 전단응력과 베어링 응력(표 7-1의 항목 b와 c)은 하중 사례 2에서 비틀림 모멘트 T_x[식 (b) 참조]가 브래킷에 작용할 때 세 배로 증가한다. 나머지 세 개의 볼트 응력은 두 개 하중의 경우와 비교하면 25% 정도 차이가 난다. 평균 응력은 그림 7-42에 나타나 있고, 표 7-1에 제시된 것은 지지 브래킷 네 개 중 하나의 볼트에 작용하는 실제의 응력 상태를 근사화한 것이다. 최대 진응력은 연결부의 국부적인 응력집중, 볼트의 체결력, 측면에 작용하는 충격과 같은 다양한 이유로 더 높을 수 있다. 여기서 계산된 응력값은 작다. 만약 응력값을 높이려면 유한요소법을 이용한 컴퓨터 모델을 통해 좀 더 자세하고 정교한 분석을 수행하여야 한다.

표 7-1
볼트 2에서 5개의 연결 응력

연결부의 5가지 응력	하중 사례 1	하중 사례 2
a. 볼트에 작용하는 수직응력	$\frac{N_1}{A_b} = 85.4$ MPa	$\frac{N_2}{A_b} = 68.7$ MPa
b. 볼트에 작용하는 전단응력	$\frac{P}{4A_b} = 5.57$ MPa	$\frac{R}{A_b} = 16.53$ MPa
c. 볼트의 기둥에 작용하는 베어링 응력	$\frac{P}{4d_b t} = 8.75$ MPa	$\frac{R}{d_b t} = 26.0$ MPa
d. 와셔에 작용하는 베어링 응력	$\frac{N_1}{A_w} = 54.7$ MPa	$\frac{N_2}{A_w} = 44.0$ MPa
e. 브래킷 위에 있는 와셔 주변의 전단응력	$\frac{N_1}{A_p} = 26.7$ MPa	$\frac{N_2}{A_p} = 21.5$ MPa

7.7 허용응력 및 허용하중

엔지니어는 사회의 기본적인 요구를 충족할 수 있는 다양한 종류의 물체를 끊임없이 설계한다. 이 요구에는 주택, 농업, 교통, 통신 및 현대생활의 여러 가지 양상이 포함된다. 설계 시 고려해야 할 요소에는 기능, 강도, 외관, 경제 및 환경적인 영향 등이 있다. 그러나 재료역학을 학습할 때, 설계의 주요 관심사는 **강도**(strength), 즉 **하중을 지탱하거나 전달할 수 있는 물체**(object)**의 능력이다**. 하중을 지탱하는 물체에는 빌딩, 기계, 컨테이너, 트럭, 항공기 및 선박 등이 있다. 단적으로, 이와 같은 모든 물체를 **구조물**(structure)이라고 하며, 따라서 **구조물이란 하중을 지지하거나 전달하는 물체이다**.

안전율

하중에 대한 구조물의 저항 능력(하중을 견디는 능력)을 **강도**라고 한다. **구조물의 실제 강도는 설계에서 요구하는 강도보다 커야 한다**. 설계 요구 강도에 대한 실제 강도의 비를 **안전율**(factor of safety) n이라고 한다.

$$\text{안전율 } n = \frac{\text{실제 강도}}{\text{설계 요구 강도}} \tag{7-19}$$

물론 파손을 일으키지 않도록 하려면 안전율이 1.0보다 커야 한다. 상황에 따라 1.0보다 다소 큰 값에서부터 10까지의 안전율이 사용되고 있다.

강도와 파손은 양자가 모두 여러 가지 다른 의미를 가지고 있기 때문에, 안전율을 설계에 포함하는 것은 간단한 일이 아니다. 강도는 구조물의 하중 및 하중 변화에 대한 저항력으로 측정될 수도 있고, 재료의 응력으로 측정될 수도 있다. 파손은 구조물의 파괴와 전반적인 붕괴를 뜻하거나, 또는 변형이 과도해져서 구조물의 예상 기능을 더 이상 수행할 수 없는 상태를 의미할 수 있다. 후자와 같은 파손 유형은 실제 붕괴를 일으키는 하중보다 훨씬 작은 하중에서도 발생될 수 있다.

안전율의 결정에는 다음과 같은 사항이 고려되어야 한다. 설계 하중을 초과하는 하중에 의해 구조물이 우발적인 과대 하중을 받을 수 있는 확률, 하중의 종류(정하중 또는 동하중), 하중이 한 번만 작용할 것인지 또는 반복될 것인지의 여부, 하중을 얼마나 정확히 알고 있는지, 피로 파손의 가능성, 제작상의 과실, 작업 품질의 질적 차이, 재료의 성질 변동, 부식이나 기타 환경적 영향에 의한 열화, 해석 방법의 정확성, 파손이 점진적인지(충분한 경고) 또는 급작스러운지(경고 없음)의 여부, 파손의 결과(소규모의 손상 또는 대규모의 재해) 및 기타 고려 사항이 있다. 안전율이 너무 작으면 파손의 가능성이 커지며, 구조물은 부적합해질 것이다. 안전율이 너무 크면, 구조물은 재료를 낭비하게 될 것이고, 기능상으로 적합하지 않을 수 있다(예: 너무 무거워진다).

이와 같은 복잡성과 불확실성 때문에 안전율은 확률 기준으로 결정된다. 안전율은 보통 다른 설계자들이 사용할 코드나 규격서를 작성한 노련한 엔지니어 집단에 의해 결정되며, 때로는 법으로 정해지기도 한다. 코드와 규격서의 규정은 불필요한 경비를 없애고 합리적인 수준의 안전성을 확보하기 위한 것이다.

항공기 설계에서는 안전율보다 **안전 여유**(margin of safety)를 말하는 것이 관례이다. 안전 여유는 안전율에서 1을 뺀 값으로 정의된다.

$$안전\ 여유 = n - 1 \tag{7-20}$$

안전 여유는 종종 백분율로 표시되며, 이 경우에는 주어진 값에 100을 곱한 것이다. 따라서 실제 강도가 요구 강도의 1.75배인 구조물은 안전율이 1.75이며, 안전 여유는 0.75(또는 75%)이다. 안전 여유가 0 이하로 감소한 경우 그 구조물은 (아마) 파손될 것이다.

허용응력

안전율은 여러 가지 방법으로 정의되고 기술된다. 많은 구조물의 경우, 하중이 제거되었을 때 영구 변형을 방지하기 위해 재료가 선형 탄성 영역 내에 있어야 한다는 것이 중요하다. 이러한 조건하에서 구조물의 항복을 기준으로 한 안전율을 설정한다. 구조물 내에 있는 임의의 점의 응력이 항복응력에 도달하게 되면 항복이 시작된다. 따라서 항복응력(또는 항복 강도)을 기준으로 안전율을 적용하면, 구조물의 어느 부분에서도 초과되어서는 안 되는 **허용응력**[allowable stress, 또는 **사용 응력**(working stress)]을 얻을 수 있다. 즉,

$$허용응력 = \frac{항복\ 강도}{안전율} \tag{7-21}$$

또는 인장과 전단에 대하여 각각 다음과 같이 나타낼 수 있다.

$$\sigma_{\text{allow}} = \frac{\sigma_Y}{n_1} \quad 그리고 \quad \tau_{\text{allow}} = \frac{\tau_Y}{n_2} \tag{7-22a, b}$$

여기서 σ_Y와 τ_Y는 항복응력이며, n_1과 n_2는 대응하는 안전율이다. 건물 설계에서 인장 항복에 대한 대표적인 안전율은 1.67이다. 따라서 항복응력이 250 MPa인 연강은 150 MPa의 허용응력을 갖는다.

때때로 안전율이 항복응력 대신에 **극한응력**(ultimate stress)에 적용되기도 한다. 이 방법은 콘크리트나 플라스틱과 같은 취성 재료와 목재 및 고강도 강과 같이 명시적으로 항복응력이 정의되지 않은 재료에 적합하다. 이 경우 인장과 전단에서의 허용응력은,

$$\sigma_{\text{allow}} = \frac{\sigma_U}{n_3} \quad 그리고 \quad \tau_{\text{allow}} = \frac{\tau_U}{n_4} \tag{7-23}$$

여기서 σ_U와 τ_U는 극한응력(또는 극한 강도)이다. 재료의 극한 강도에 대한 안전율은 보통 항복 강도를 기준으로 한 것보다 크다. 연강의 경우, 항복에 대한 안전율 1.67은 극한 강도에 대한 안전율 약 2.8에 해당한다.

허용하중

특정 재료와 구조물에 대한 허용응력이 설정되면, 그 구조물에 대한 **허용하중**(allowable load)을 구할 수 있다. 허용하중과 허용응력 사이의 관계는 구조물의 유형에 따라 달라

진다. 이 장에서는 가장 기본적인 종류의 구조물, 즉 인장 또는 압축을 받는 봉, 직접 전단과 직접 베어링(direct bearing)을 받는 핀(또는 볼트)만을 다룬다.

이런 종류의 구조물에서 응력은 전 단면에 균일하게 분포한다(또는 최소한 균일 분포하는 것으로 **가정**한다). 예를 들어 인장을 받는 봉의 경우, 축하중의 합력이 단면의 도심에 작용되는 한 응력은 단면적에 균일하게 분포한다. 이와 같은 분포 특성은 봉이 좌굴되지 않는 한 압축을 받는 봉에도 적용된다. 전단을 받는 핀의 경우에는 단면에 작용하는 평균 전단응력만 고려하며, 이것은 전단응력이 균일 분포한다는 가정과 같은 의미이다. 마찬가지로, 핀의 투영 면적에 작용하는 평균 베어링 응력만을 고려한다.

따라서 위의 네 가지 경우에서 모두 **허용하중**(또는 **안전 하중**이라고도 함)은 허용응력이 작용하는 면적을 곱한 것과 같다.

$$\text{허용하중} = (\text{허용응력})(\text{면적}) \tag{7-24}$$

직접 **인장** 및 **압축**(좌굴이 없는)을 받는 봉의 경우, 이 식은 다음과 같이 된다.

$$P_{\text{allow}} = \sigma_{\text{allow}} A \tag{7-25}$$

여기서 σ_{allow}는 허용 수직응력이고, A는 봉의 단면적이다. 봉에 구멍이 뚫려 있는 경우, 봉이 인장될 때에는 보통 **유효 면적**을 사용한다. **유효 면적**(net area)은 총단면적에서 구멍에 의해 삭감된 면적을 뺀 것이다. 압축의 경우에는, 구멍에 압축응력을 전달할 수 있는 볼트나 핀이 구멍을 채운 경우, 전체 단면적을 사용할 수 있다.

직접 전단을 받는 핀에 대하여, 식 (7-24)는 다음과 같이 된다.

$$P_{\text{allow}} = \tau_{\text{allow}} A \tag{7-26}$$

여기서 τ_{allow}는 허용 전단응력이고, A는 전단응력이 작용하는 면적이다. 핀이 단일 전단 상태에 있다면 면적은 핀의 단면적이 되고, 이중 전단이라면 그 면적은 핀 단면적의 두 배가 된다.

끝으로 **베어링**에 대한 허용하중은 다음과 같다.

$$P_{\text{allow}} = \sigma_b A_b \tag{7-27}$$

여기서 σ_b는 허용 베어링 응력이며, A_b는 베어링 응력이 작용하는 핀이나 다른 표면의 투영 면적이다.

다음 예제는 재료의 허용응력을 알고 있을 때, 허용하중을 구하는 방법을 예시한 것이다.

예제 7-8

공장에서 중장비를 지지하기 위한 수직 행거(hanger)로 사용되는 강 봉이 그림 7-43과 같이 볼트 이음으로 지지대에 부착되어 있다. 두 개의 클립앵글(clip angle, 두께 $t_c = 9.5$ mm)은 상부의 지지대에 지름이 12 mm인 볼트 1과 2에 의해 체결되었다. 각각의 볼트는 지름 $d_w=28$ mm인 와셔와 함께 구성되어 있다. 행거의 주요부는 지름 $d=25$ mm인 단일 볼트(그림 7-43a의 볼트 3)로 클립앵글에 체결되어 있다. 행거는 너비 $b_1=38$ mm, 두께 $t=13$ mm인 직사각형 단면을 갖는다. 볼트 이음부 행거 너비는 $b_2=75$ mm로 확대된다. 다음과 같은 고려사항을 기준으로 하여 행거에 작용하는 인장하중 P의 허용값을 결정하시오.

(a) 행거 주요부의 허용 인장응력은 110 MPa이다.

(b) 볼트 3의 구멍이 위치한 단면에서 행거의 허용 인장응력은 75 MPa이다(이 단면에서의 허용응력은 구멍 주변의 응력집중으로 인하여 더 작다).

(c) 행거와 볼트 3의 생크(shank) 사이의 허용 베어링 응력은 180 MPa이다.

(d) 볼트 3의 허용 전단응력은 45 MPa이다.

(e) 볼트 1과 2의 허용 수직응력은 160 MPa이다.

(f) 와셔와 볼트 1이나 2에 있는 클립앵글 사이의 허용 베어링 응력은 65 MPa이다.

(g) 볼트 1과 2에 있는 클립앵글의 허용 베어링 응력은 35 MPa이다.

풀이

행거에서 허용 인장응력 P의 값을 구하기 위하여 다양한 연결 구성요소 안에서 다양한 허용 인장응력을 기반으로 한 4단계 문제풀이 접근방법을 사용한다.

1. 개념화 자유물체도를 스케치하여 각 연결 구성요소에 작용하는 힘을 찾는다. 각 구성요소에 가해지는 힘을, 작용하는 관련 면적에 허용응력을 곱한 값으로 표현한다. 이 힘은 응력 조건하에 가해진 하중 P에 대하여 허용되는 값을 말한다. 각각의 7가지 응력 상태와[(a)~(g) 문제에서 언급한 내용] 연관되어 적용되는 하중은 예제 그림에 각각 나와 있고, 해당되는 계산은 단계 3에 나타나 있다.

2. 분류 허용응력과 해당 면적을 기준으로 허용하중 P의 7가지 값을 계산하여, 허용하중 P의 최솟값을 구할 수 있다.

그림 7-43에 나타난 행거 연결 장치의 수치 데이터는 다음과 같다.

연결 요소 치수:

$$t_c = 9.5 \text{ mm} \quad t = 13 \text{ mm} \quad b_1 = 38 \text{ mm} \quad b_2 = 75 \text{ mm}$$
$$d_1 = 12 \text{ mm} \quad d = 25 \text{ mm} \quad d_w = 28 \text{ mm}$$

허용응력:

$$\sigma_a = 110 \text{ MPa} \quad \sigma_{a3} = 75 \text{ MPa} \quad \sigma_{ba3} = 180 \text{ MPa} \quad \tau_{a3} = 45 \text{ MPa}$$
$$\tau_{a1} = 35 \text{ MPa} \quad \sigma_{a1} = 160 \text{ MPa} \quad \sigma_{ba1} = 65 \text{ MPa}$$

3. 해석

Part (a): 행거 주요부의 응력을 기준으로 하여 허용하중을 구한다(그림 7-43c).

이것은 인장응력(110 MPa)과 허용응력 행거의 단면적[식 (7-25)]을 곱한 값과 같다.

$$P_a = \sigma_a b_1 t = (110 \text{ MPa})(38 \text{ mm} \times 13 \text{ mm}) = 54.3 \text{ kN}$$

이 값보다 큰 하중은 행거의 주요부에 과도한 응력을 유발할 것이다(즉, 실제 응력은 허용응력을 초과할 것이므로). 그 결과 안전율이 작아지게 된다.

그림 7-43

예제 7-8: 인장하중 P를 받는 수직 행거: (a) 볼트 연결부의 정면도, (b) 연결부의 측면도, (c) 및 (d) 행거에 작용하는 인장응력, (e) 볼트에 작용하는 베어링 응력

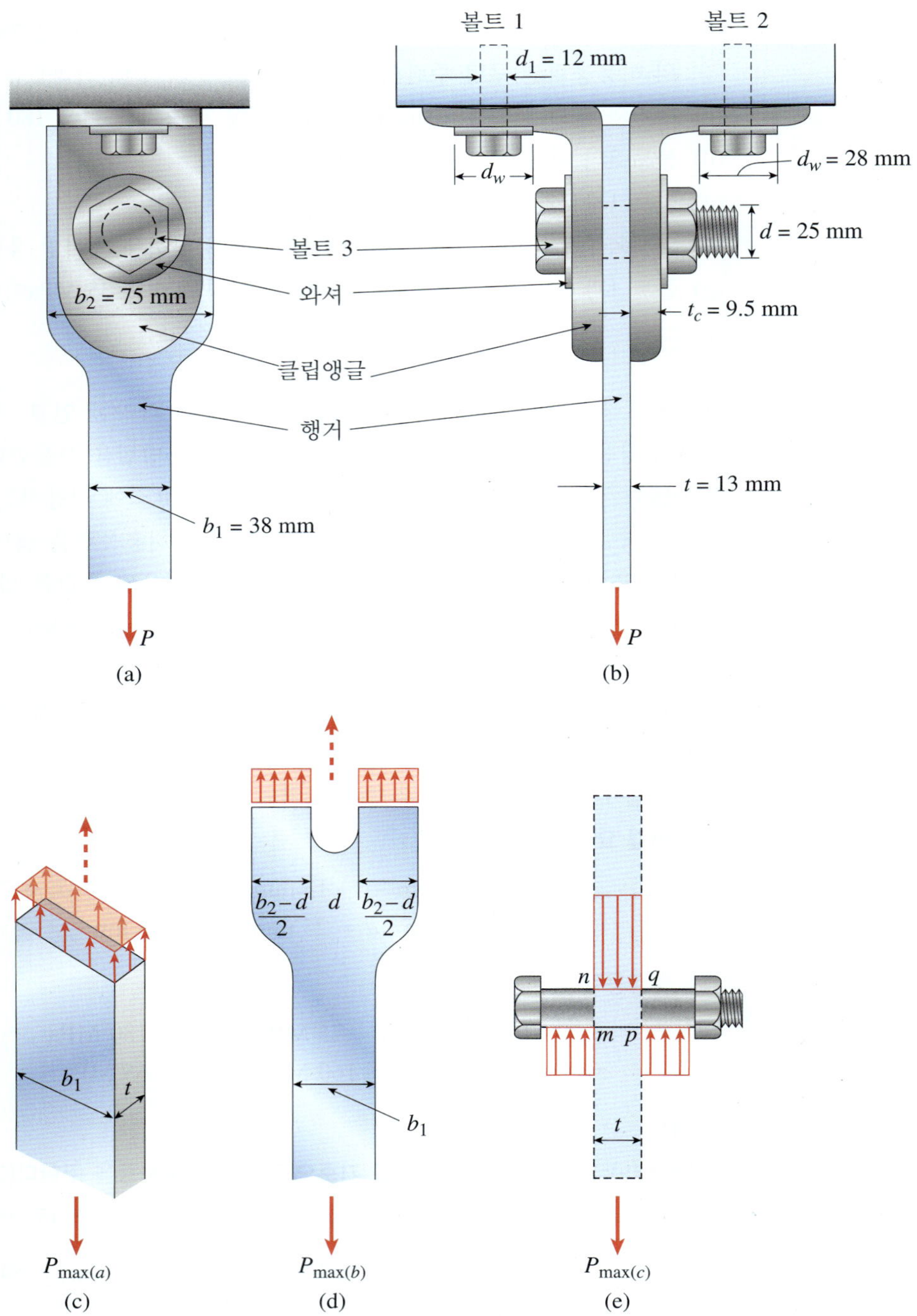

그림 7-43(계속)

예제 7-8: 인장하중 P를 받는 수직 행거: (f) 볼트에 작용하는 전단응력, (g) 볼트에 작용하는 수직응력, (h) 와셔에 작용하는 베어링 응력, (i) 클립앵글에 작용하는 전단

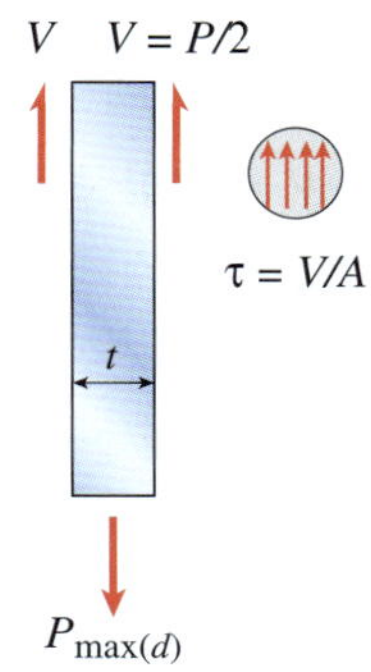

(f)

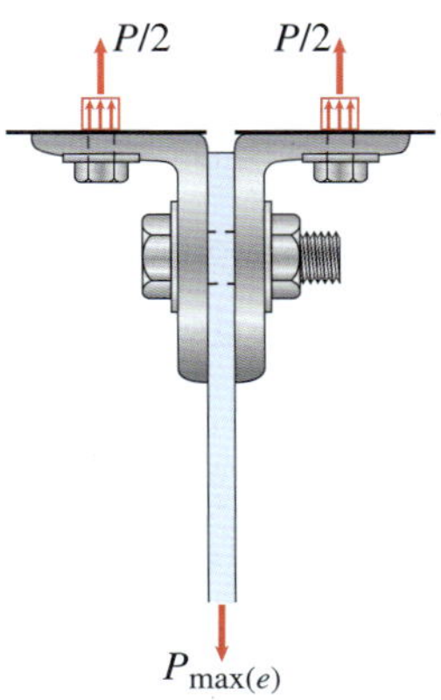

(g)

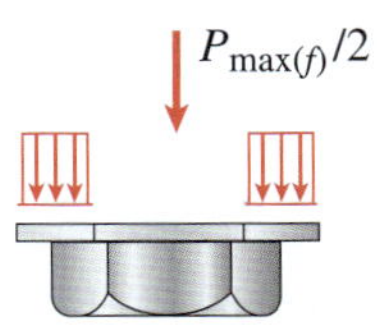

(h)

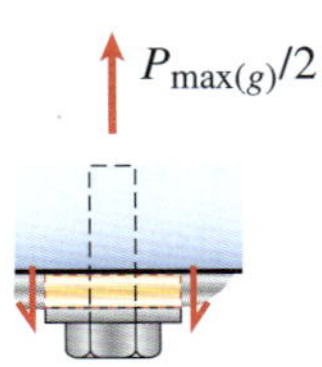

(i)

Part (b): 볼트 3이 관통하는 곳의 행거의 단면에서 허용 인장응력(75 MPa)을 기준으로 허용하중을 찾는다.

볼트가 관통하는 곳의 행거의 단면에서(그림 7-43d), 크기가 다른 허용응력과 단면적을 이용하여 위와 같은 계산을 한다. 유효 단면적(즉, 봉이 구멍에 가공된 후의 잔여 면적)은 유효 폭(net width)에 두께를 곱한 것과 같다. 유효 폭은 전체 폭 b_2에서 구멍의 직경 d를 뺀 것과 같다. 따라서 이 단면의 허용하중 P_b에 대한 식은 다음과 같다.

$$P_b = \sigma_{a3}(b_2 - d)t = (75 \text{ MPa})(75 \text{ mm} - 25 \text{ mm})(13 \text{ mm}) = 48.8 \text{ kN}$$

Part (c): 이제 행거와 볼트 3 사이의 베어링 허용응력(180 MPa)을 기준으로 허용하중을 찾는다.

행거와 볼트 사이의 베어링(그림 7-43e)을 기준으로 한 허용하중은 허용 베어링 응력에 베어링 면적을 곱한 것과 같다. 베어링 면적은 실제 접촉면의 투영 면적이며, 이 투영 면적은 볼트의 직경에 행거의 두께를 곱한 것과 같다. 따라서 허용하중[식 (7-27)]은 다음과 같다.

$$P_c = \sigma_{ba3}dt = 58.5 \text{ kN} = (180 \text{ MPa})(25 \text{ mm})(13 \text{ mm}) = 58.5 \text{ kN}$$

Part (d): 볼트 3의 허용 전단응력(45 MPa)을 기준으로 허용하중을 결정한다.

볼트(그림 7-43f)의 전단을 기준으로 한 허용하중 P_d는 허용 전단응력에 전단 면적을 곱한 것과 같다[식 (7-26)]. 전단 면적은 볼트가 이중 전단 상태에 있으므로 볼트 면적의 두 배이다. 따라서

$$P_d = 2\tau_{a3}\left(\frac{\pi}{4}d^2\right) = 2(45 \text{ MPa})\left[\frac{\pi}{4}(25 \text{ mm})^2\right] = 44.2 \text{ kN}$$

Part (e): 볼트 1과 2의 허용 수직응력(160 MPa)을 기준으로 허용하중을 구한다.

볼트 1과 2의 허용 수직응력은 160 MPa이다. 각각의 볼트에는 하중 P를 반씩 나누어 받는다(그림 7-43g 참조). 최종 허용하중 P_e는 볼트의 허용 수직하중과 볼트 1과 2의 단면적의 합을 곱한 것과 같다.

$$P_e = \sigma_{a1}(2)\left(\frac{\pi}{4}d_1^2\right) = (160 \text{ MPa})(2)\left[\frac{\pi}{4}(12 \text{ mm})^2\right] = 36.2 \text{ kN}$$

Part (f): 볼트 1 또는 2에서 와셔와 클립앵글 사이의 허용 베어링 응력(65 MPa)을 기준으로 허용하중을 구한다.

와셔와 볼트 1, 2가 있는 클립앵글의 허용 베어링 응력은 65 MPa이다. 각각의 볼트(1 또는 2)는 작용하는 하중 P를 반씩 나누어 받는다(그림 7-43h 참조). 지지 면적은 와셔(와셔는 볼트와 딱 맞는 것으로 가정하였다) 링 부분의 원형 면적이다. 최종 허용하중 P_f는 와셔의 허용 지지응력에 와셔의 면적의 두 배를 곱한 것과 같다.

$$P_f = \sigma_{ba1}(2)\left[\frac{\pi}{4}(d_w^2 - d_1^2)\right] = (65 \text{ MPa})(2)\left\{\frac{\pi}{4}[(28 \text{ mm})^2 - (12 \text{ mm})^2]\right\}$$
$$= 65.3 \text{ kN}$$

Part (g): 최종적으로 볼트 1과 2의 클립앵글을 통하여 허용 전단응력(35 MPa)을 기준으로 허용하중을 구한다.

볼트 1과 2가 있는 클립앵글을 통한 허용 전단응력은 35 MPa이다. 각각의 볼트(1 또는 2)는 하중 P를 반씩 나누어 받는다(그림 7-43i 참조). 각 볼트의 전단 면적은 홀의 원주 길이($\pi \times d_w$)에 클립앵글의 두께(t_c)를 곱한 것과 같다.

최종 허용하중 P_g는 허용 전단응력에 전단 면적의 두 배를 곱한 것과 같다.

$$P_g = \tau_{a1}(2)(\pi d_w t_c) = (35\ \text{MPa})(2)(\pi \times 28\ \text{mm} \times 9.5\ \text{mm}) = 58.5\ \text{kN}$$

4. **최종 단계** 이제 7가지 주어진 조건을 기준으로 하여 행거의 허용 인장하중을 구하였다. 앞의 7가지 결과를 비교한 결과, 가장 작은 하중은 볼트 1과 2에서 수직응력을 기준으로 한[Part (e) 참조] $P_{\text{allow}} = 36.2$ kN임을 알 수 있다.

더 정교한 분석은 전체 행거 조립의 무게를 고려한 분석이며, 예제 7-2에서 볼 수 있다. 예제 7-7에서는 하중이 평균값만을 나타내며, 볼트 구멍 주위의 응력집중과 같은 국소화된 효과를 포함하지 않았다는 점에 유의해야 한다.

7.8 축하중 및 직접전단에 대한 설계

앞 절에서는 간단한 구조물에 대한 허용하중의 결정 방법에 관하여 논의하였으며, 그보다 앞선 절에서는 봉의 응력, 변형률 및 변형을 구하는 방법을 살펴보았다. 이와 같은 양을 결정하는 것을 **해석**(analysis)이라고 한다. 재료역학과 관련하여, 해석은 하중, 온도 변화 및 기타 물리 작용에 대한 구조물의 반응, 즉 **응답**(response)을 결정하는 것이다. 구조물의 응답이란 하중에 의해 발생된 응력, 변형률 및 변형을 말한다.

또한 응답은 구조물의 하중 및 하중 변화에 대한 저항 능력을 뜻한다. 예를 들어 구조물의 허용하중은 응답의 한 유형이다.

구조물의 모든 물리적 특성이 완벽하게 파악되었을 때, 즉 구조물의 모든 **성질**을 알고 있을 때 그 구조물을 **알려진**(또는 **주어진**) 구조물이라고 한다. 구조물의 성질은 부재의 유형과 그 배열 방법, 모든 부재의 크기, 지지 유형과 그 위치, 사용된 재료 및 재료의 성질을 포함한다. 따라서 구조물을 해석할 때, **구조물의 특성은 주어지고 그로 인한 구조물의 응답은 찾아야 한다.**

해석의 역과정을 **설계**(design)라고 한다. 구조물을 설계할 때, **구조물이 하중을 지탱하고 의도된 기능을 수행할 수 있도록 구조물의 특성을 결정해야 한다.** 예를 들어, 공학에서 일반적인 설계 문제는 주어진 하중을 지탱할 수 있는 부재의 크기를 결정하는 것이다. 구조물의 설계는 통상적으로 해석에 비해 더 많은 시간이 소요되고 훨씬 어려운 과정이라고 할 수 있다. 실제로, 구조물을 한 번 이상 해석하는 것은 전형적인 설계 과정의 일부이다.

이 절에서는 전단을 받는 핀과 볼트뿐만 아니라, 단순 인장 및 압축을 받는 부재에 요구되는 크기를 계산하는 가장 기본적인 형태의 설계를 다룰 것이다. 이와 같은 경우에 설계 과정은 아주 단순하다. 전달될 하중과 재료의 허용응력을 알고, 다음과 같은 일반식으로부터 부재의 요구 면적을 계산할 수 있다[식 (7-24)와 비교].

$$\text{요구 면적} = \frac{\text{전달될 하중}}{\text{허용응력}} \tag{7-28}$$

이 식은 응력이 전체 면적에 균일하게 분포하는 어떤 구조물에서도 적용할 수 있다. (인장을 받는 봉의 크기와 전단을 받는 핀의 크기를 구하기 위해 이 식을 활용하는 과정을 예제 7-9에 예시하였다.)

식 (7-28)에 예시된 바와 같이, **강도**를 고려하는 것 외에도 구조물의 설계에는 **강성**(stiffness)과 **안정성**(stability)도 포함되어야 한다. 강성은 구조물의 형상 변화에 대한 저항 능력(예: 신장, 굽힘 및 비틀림에 대한 저항)이며, 안정성은 압축응력하에서 구조물의 좌굴에 대한 저항 능력을 말한다. 보의 성능을 저해할 수 있는 큰 처짐과 같은 과도한 변형을 방지하기 위하여 가끔 강성에 대한 제한이 필요하다. 좌굴은 압축을 받고 있는 가느다란 기둥을 설계할 때 주요하게 고려해야 할 사항이다(14장 참조).

설계 과정의 또 다른 영역은 **최적화**(optimization)로서, 최소 중량과 같은 특정 목표를 달성하기 위해 최상의 구조물을 설계하는 것이다. 예를 들어, 주어진 하중을 지탱할 수 있는 구조물은 수없이 많을 수 있지만, 어떤 환경에서 가장 좋은 구조물은 가장 가벼운 것일 수 있다. 물론 최소 중량과 같은 목적은 일반적으로 특정 설계 프로젝트의 미적, 경제적, 환경적, 정치적 및 기술적인 측면을 포함한 일반적인 고려사항과 균형을 이루어야 한다.

구조물을 해석하거나 설계할 때, 구조물에 작용하는 힘은 **하중**(load)과 **반력**(reaction)으로 나타낼 수 있다. 하중은 중력, 수압, 바람, 지진과 같은 어떤 외적 요인에 의해 구조물에 가해지는 **능동적인 힘**(active force)이다. 반력은 이러한 외부 하중으로 인해 구조물의 지지부에 발생하는 **수동적인 힘**(passive force)이다. 그 크기와 방향은 구조물 자체의 특성에 의해 결정된다. 따라서 구조물에 작용하는 하중은 사전에 미리 알고 있어야 하는 반면에 반력은 해석의 일부로 계산되어야 한다.

예제 7-9

연속 케이블 ADB는 건물 입구 덮개의 일부인 보 $OABC$를 지지하기 위해 D의 마찰이 없는 작은 도르래 위에서 작동된다(그림 7-44 참조). 하중 $P = 4.5$ kN은 덮개의 끝단인 C에서 적용된다. 덮개 부분의 무게가 $W = 7.5$ kN이라고 가정한다.

(a) 케이블 힘 T와 O와 D지점에서의 핀 지지 반력을 구하시오.

(b) 허용 수직응력이 125 MPa일 때, 케이블 ADB에서 필요한 단면적을 구하시오.

(c) 전단에서의 허용응력이 80 MPa일 때, O, A, B, D에서 핀의 직경을 구하시오.

(**참고:** O, A, B, D에서의 핀은 양면 전단이다. 또한 덮개의 하중 P와 무게 W만 고려하고, 케이블 ADB의 무게는 무시한다.)

그림 7-44

(a) 빌딩 입구의 경사 덮개, (b) 하나의 보와 지지 케이블로 이루어진 2차원 모델

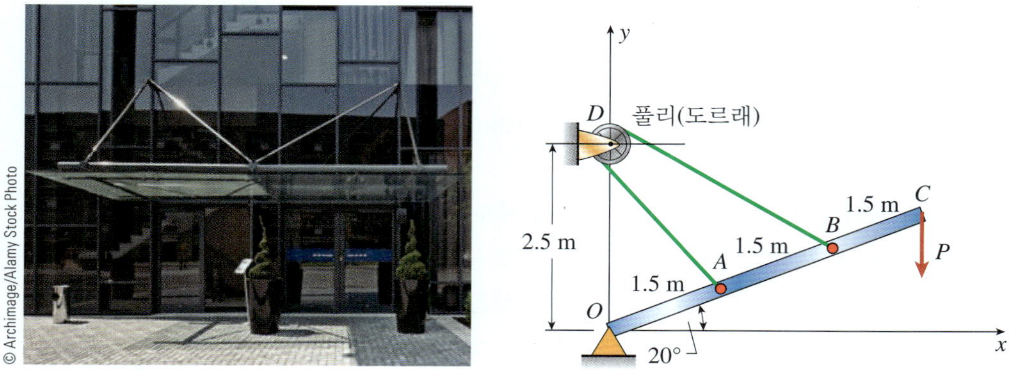

(a) (b)

풀이

4단계 문제풀이 접근방법을 사용한다.

1. **개념화** 보 $OABC$의 자유물체도에서 시작한다(그림 7-45a). 또한 전체 구조의 자유물체도를 스케치하고(그림 7-45b), 조인트 D 부분은 따로 스케치한다(그림 7-45c). 케이블 힘 T와 적용되는 반력 성분을 모두 표기하자.
2. **분류** 먼저 보 $OABC$의 자유물체도(그림 7-45a)를 이용하여 O점에서의 케이블 힘 T와 반력 성분을 구한다. 그리고 그림 7-45b나 그림 7-45c를 이용하여 D에서의 반력을 구

그림 7-45

자유물체도: (a) 보 $OABC$, (b) 보와 케이블 구조, (c) 조인트 D

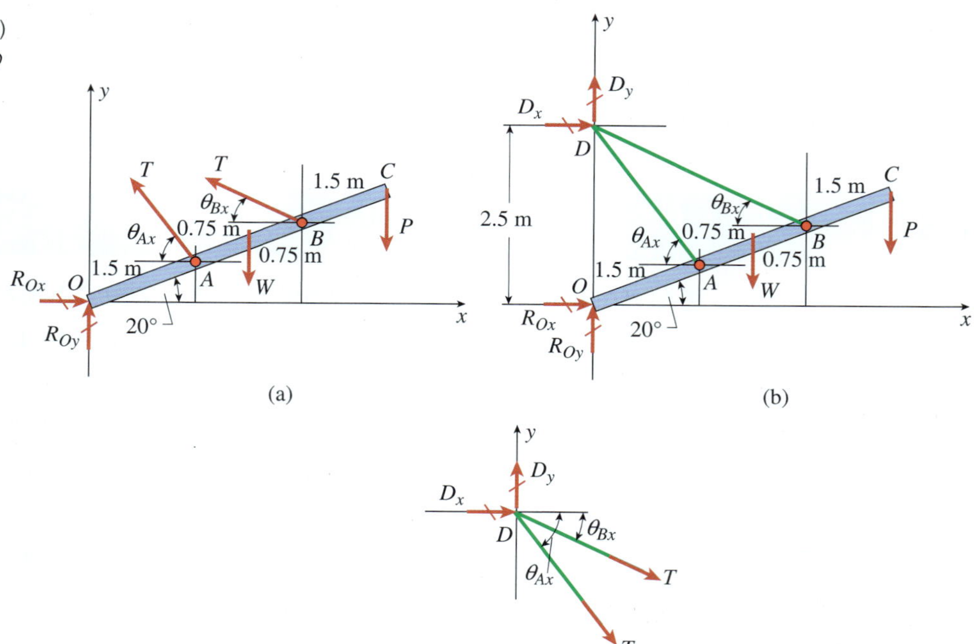

(a) (b) (c)

한다. 케이블 힘 T와 허용되는 수직응력을 이용하여 필요한 케이블 단면 영역을 구한다. 힘 T와 허용되는 전단력을 이용하여 A와 B에서 핀의 직경을 구한다. 얻어진 O와 D에서의 반력을 이용하여 이들 지점에서의 핀 직경을 구한다.

3. 해석

케이블 힘 T: 먼저, 그림 7-45a에서 요구되는 거리와 각도를 구한다.

$$AD = \sqrt{1.5^2 + 2.5^2 - 2(1.5)(2.5)\cos 70^\circ}\ \text{m} = 2.436\ \text{m} \quad BD = \sqrt{3^2 + 2.5^2 - 2(3)(2.5)\cos 70^\circ}\ \text{m} = 3.181\ \text{m}$$

$$\theta_{Ax} = \sin^{-1}\left(\frac{2.5\ \text{m}}{AD}\sin 70^\circ\right) - 20^\circ = 54.648^\circ \qquad \theta_{Bx} = \sin^{-1}\left(\frac{2.5\ \text{m}}{BD}\sin 70^\circ\right) - 20^\circ = 27.603^\circ$$

그림 7-45a에서 점 O에서의 모멘트 값을 더하고, 케이블 ADB에서의 장력 T를 구한다.

$$T = \frac{W(2.25\ \text{m})(\cos 20^\circ) + P(4.5\ \text{m})(\cos 20^\circ)}{d_1 + d_2} = 9.527\ \text{kN} \tag{a}$$

여기서 d값은 다음과 같다.

$$d_1 = \cos\theta_{Ax}(2.5\ \text{m} - AD\sin\theta_{Ax}) + \sin\theta_{Ax}(1.5\ \text{m}\ \cos 20^\circ) = 1.446\ \text{m}$$
$$d_2 = \cos\theta_{Bx}(2.5\ \text{m} - BD\sin\theta_{Bx}) + \sin\theta_{Bx}(3\ \text{m}\ \cos 20^\circ) = 2.215\ \text{m}$$

O에서의 반력: 그림 7-45a에서 힘을 합하여 O점에서의 반력 성분을 구한다.

$$\Sigma F_x = 0 \quad R_{Ox} = T(\cos\theta_{Ax} + \cos\theta_{Bx}) = 13.95\ \text{kN}$$
$$\Sigma F_y = 0 \quad R_{Oy} = -T(\sin\theta_{Ax} + \sin\theta_{Bx}) + W + P = -0.184\ \text{kN}$$

O에서의 반력은 다음과 같다.

$$R_{O\text{res}} = \sqrt{R_{Ox}^2 + R_{Oy}^2} = 13.96\ \text{kN} \tag{b}$$

D에서의 반력: 그림 7-45c에서 힘을 합하여 D에서의 반력 성분을 구한다.

$$\Sigma F_x = 0 \quad D_x = -T(\cos\theta_{Ax} + \cos\theta_{Bx}) = -13.95\ \text{kN}$$
$$\Sigma F_y = 0 \quad D_y = T(\sin\theta_{Ax} + \sin\theta_{Bx}) = 12.18\ \text{kN}$$

D에서의 반력은 다음과 같다.

$$D_{\text{res}} = \sqrt{D_x^2 + D_y^2} = 18.53\ \text{kN} \tag{c}$$

케이블 ADB에서의 단면적: 허용되는 수직응력이 125 MPa이고 케이블 힘 $T=9.527$ kN[식 (a)]인 것을 이용하여 케이블에서의 단면적을 구한다.

$$A_{\text{cable}} = \frac{9.527\ \text{kN}}{125\ \text{MPa}} = 76.21\ \text{mm}^2$$

점 O, A, B, D에서 핀의 직경: 모든 핀은 이중 전단이다. 허용되는 전단응력은 $\tau_{\text{allow}} =$ 80 MPa이다. 계산된 각 핀의 직경은 다음과 같다.

$$\text{핀 } A, B: \quad A_{\text{reqd}} = \frac{T}{2\tau_{\text{allow}}} = \frac{9.527 \text{ kN}}{2(80 \text{ MPa})} = 59.54 \text{ mm}^2 \quad \text{따라서} \quad d = \sqrt{\frac{4}{\pi}(59.54 \text{ mm}^2)} = 8.71 \text{ mm}$$

$$\text{핀 } O: \quad A_{\text{reqd}} = \frac{R_{O\text{res}}}{2\tau_{\text{allow}}} = \frac{13.96 \text{ kN}}{2(80 \text{ MPa})} = 87.22 \text{ mm}^2 \quad \text{따라서} \quad d = \sqrt{\frac{4}{\pi}(87.22 \text{ mm}^2)} = 10.54 \text{ mm}$$

$$\text{핀 } D: \quad A_{\text{reqd}} = \frac{D_{\text{res}}}{2\tau_{\text{allow}}} = \frac{18.53 \text{ kN}}{2(80 \text{ MPa})} = 115.8 \text{ mm}^2 \quad \text{따라서} \quad d = \sqrt{\frac{4}{\pi}(115.8 \text{ mm}^2)} = 12.14 \text{ mm}$$

4. 최종 단계 실제로 케이블 및 핀의 크기에 대한 최종 결정을 내리기 전에, 덮개의 무게를 고려하는 것 이외에 다른 하중을 고려해야 한다. 하중은 일시적으로 구조에 의해 지지되는 바람하중, 지진하중, 그리고 물체의 무게를 포함한다. 또한 만약 케이블 *AD*와 *BD*가 (연결된 케이블 *ADB*가 아니라) **분리된 케이블**이라면, 두 개의 케이블에서 힘은 동등하지 않을 것이다. 그렇다면 구조는 이제 **정적 문제로 결정되지 않으며**(부정정 구조), 케이블 힘과 *O*와 *D*에서의 반력은 정적인 힘의 평형만으로 결정되어서는 안 될 것이다. 이러한 문제는 8장의 8.4절에서 논의될 것이다(예제 8-7 참조).

요약 및 복습

7장에서는 구조용 재료의 기계적 성질에 대하여 다루었다. 도심에 작용하는 축하중을 받는 봉의 수직응력과 변형률을 계산하였으며, 또한 트러스 같은 간단한 구조물을 조립하는 데 쓰이는 핀 이음에 발생하는 (베어링 응력 이외에도)전단응력과 변형률을 계산하였다. 적당한 안전율에 의한 허용응력 수준을 정의하였으며, 구조물에 가할 수 있는 허용하중을 구하기 위하여 이러한 값을 사용하였다.

이 장에 나타낸 주된 개념은 다음과 같다.

1. 재료역학의 주된 목적은 작용하는 하중으로 인한 구조물 및 부품의 **응력, 변형률** 및 **변위**를 결정하는 것이다. 이러한 구성요소는 축하중을 받는 봉, 비틀림을 받는 축, 굽힘을 받는 보, 압축을 받는 기둥을 포함한다.

2. (굽힘을 피하기 위하여)단면의 도심에 작용하는 인장 또는 압축하중을 받는 균일 단면 봉은 **수직응력**(σ) 및 **변형률**(ε)과 그 길이에 비례하는 신장과 수축을 받는다.

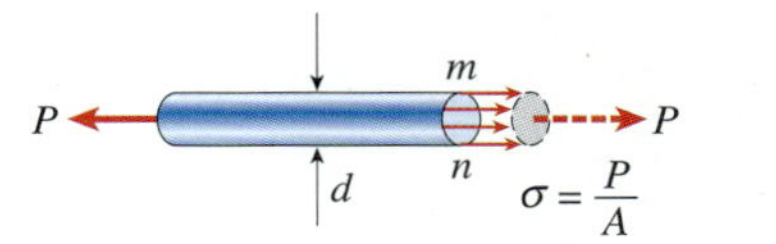

$$\sigma = \frac{P}{A} \qquad \varepsilon = \frac{\delta}{L}$$

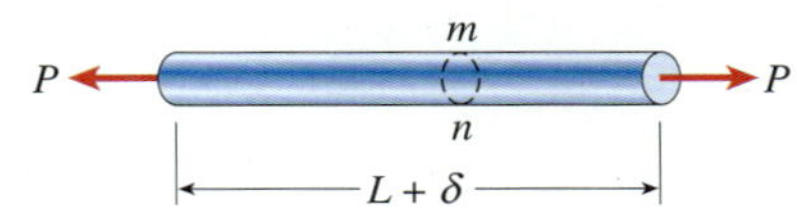

이 응력과 변형률은 부분적으로 높은 응력 또는 **응력집중**이 발생하는 하중 작용점 근처를 제외하고는 **균일**하다.

3. 여러 가지 재료의 **기계적 거동**을 조사하였으며, 재료에 관한 중요한 정보를 제공하는 응력-변형률 선도를 그렸다. **연성** 재료는 (**비례한도**까지) 초기에는 수직응력과 변형률 사이의 선형 관계를 가지며 **훅의 법칙**으로 연결된 응력과 변형률 관계를 가져 **선형 탄성적**이라고 말한다.

$$\sigma = E\varepsilon$$

어떤 재료는 잘 정의된 항복점을 갖는다. 반면, 알루미늄과 같은 다른 연성 재료는 전형적으로 명확히 정의할 수 있는 항복점을 갖지 않아서 **오프셋법**을 사용하여 임의의 항복점을 결정할 수 있다.

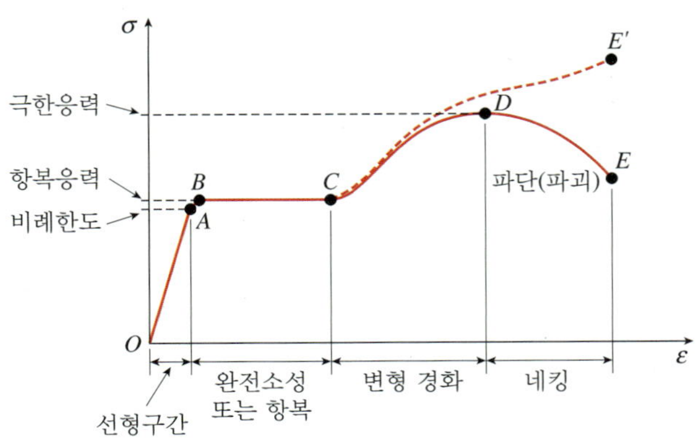

연강

4. (콘크리트, 석재, 주철, 유리 세라믹 및 여러 가지 금속 합금같이) 비교적 낮은 변형률값에서 인장 파손하는 재료는 **취성** 재료로 분류된다. 취성 재료는 비례한도 이후

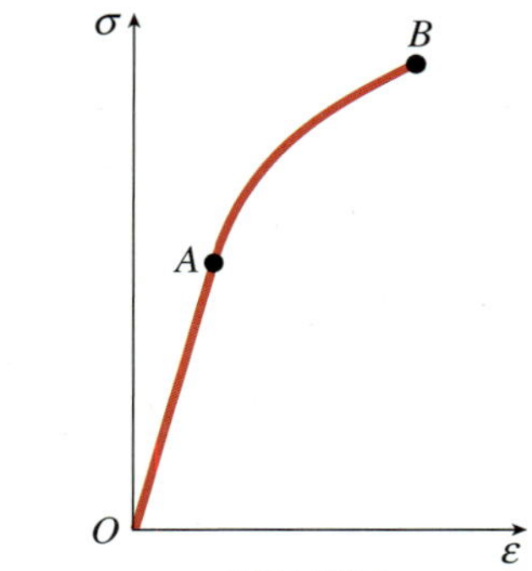

취성 재료

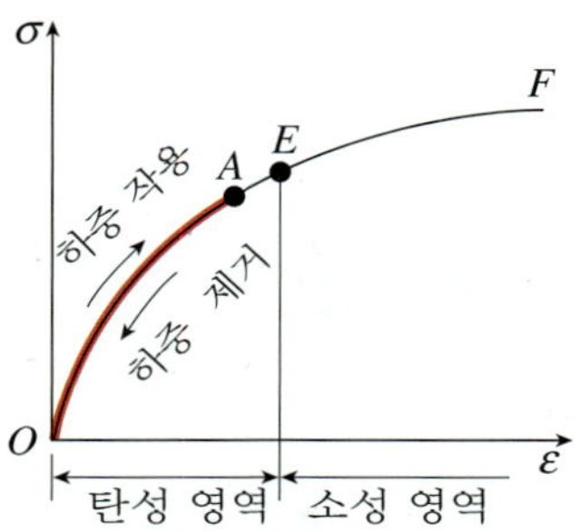

부분 탄성 거동

의 아주 작은 신장량에도 파손된다.

5. 재료가 하중을 받아 탄성 영역 내에 있으면, 재료는 거동의 현저한 변화 없이 하중을 가하고, 제거하고 또 다시 가할 수 있다. 그러나 소성 영역으로 하중을 가하면, 재료의 내부 구조가 달라지고 그 성질이 변한다. 재료의 하중 부하 및 하중 제거 거동은 **탄성 한도** 및 **영구 변형**(잔류 변형)과 같은 재료의 **탄성** 및 **소성** 특성에 의존한다. 시간에 대한 지속 하중은 **크리프** 및 **이완**을 초래한다.

6. 인장하중을 받는 봉의 축방향 신장량은 횡방향 수축을 동반한다. 수직변형률에 대한 횡변형률의 비를 **푸아송 비**(ν)라 한다.

$$\nu = -\frac{\text{횡방향 변형률}}{\text{축방향 변형률}} = -\frac{\varepsilon'}{\varepsilon}$$

재료가 균질이고 등방성이라면 선형 탄성 영역에서 푸아송 비는 일정하다. 이 교재에 나와 있는 대부분의 예제 및 연습문제는 재료가 선형 탄성, 균질 및 **등방성**이라는 가정하에 문제를 해결한다.

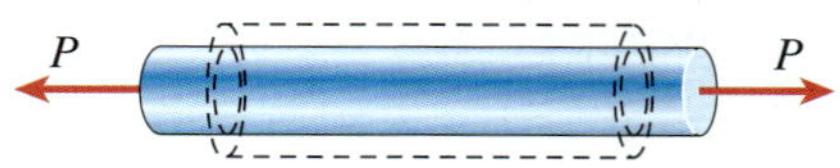

횡방향 수축

7. **수직응력**(σ)은 재료의 표면에 수직으로 작용하며, **전단응력**(τ)은 표면의 접선(수평)방향으로 작용한다. 평판 사이의 볼트 연결부에서 단일 또는 이중 평균 전단응력(τ_{aver})을 받는 볼트 이음을 조사하였다.

$$\tau_{aver} = \frac{V}{A}$$

평균 **베어링 응력**(σ_b)은 볼트와 판 사이의 실제 둥근 접촉면의 투영 면적(A_b)에 작용한다.

$$\sigma_b = \frac{F_b}{A_b}$$

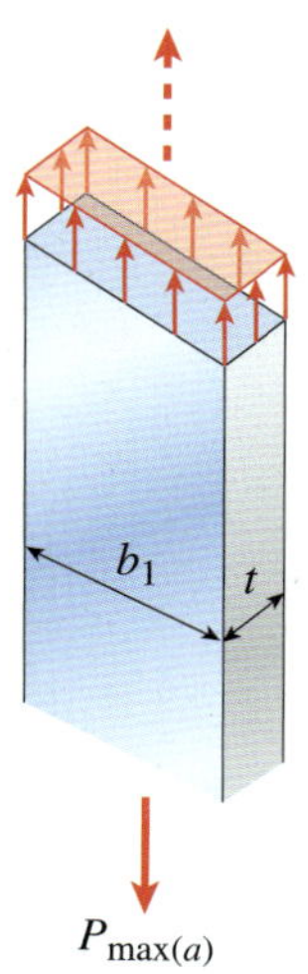

수직응력

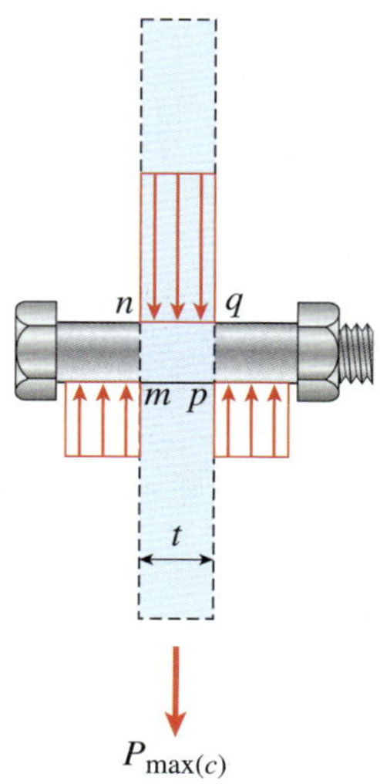

봉을 관통하는 볼트에 작용하는 베어링 응력

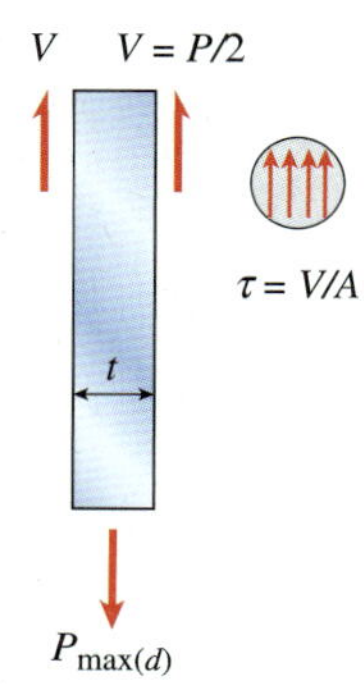

봉을 관통하는 볼트에 작용하는 전단응력

8. 전단응력 및 변형에 의해서만 작용하는 재료의 요소는 **순수전단**이라는 응력 상태에 있다. 전단변형률(γ)은 순수전단을 받는 요소에서 뒤틀림의 정도 또는 형상의 변화라는 것을 관찰하였다. 전단응력(τ)이 전단변형률과 전단 탄성계수(G)에 의하여 관계를 갖는 전단에서의 훅의 법칙을 조사하였다.

$$\tau = G\gamma$$

E와 G는 서로 연관되어 있어서 재료의 독립 탄성 성질이 아니라는 것에 주목하였다. 푸아송 비를 이용하여 E와 G를 구하면 다음과 같다.

$$G = \frac{E}{2(1+\nu)}$$

9. **강도**는 하중을 지지하거나 전달하는 구조물 또는 구성요소의 능력이다. **안전율**은 구조물 부재의 실제 강도를 요구 강도와 연결시키며 재료 성질의 변동, 하중의 불확실한 크기 또는 분포, 급작스런 과부하 가능성 등과 같은 여러 가지 불확실성을 설명한다. 이 불확실성으로 인하여 안전율(n_1, n_2, n_3, n_4)은 확률 방법을 사용하여 결정되어야 한다.

10. 설계에 사용할 허용응력은 항복 또는 극한응력을 안전율로 나누어 구할 수 있다. **연성** 재료의 경우,

$$\sigma_{\text{allow}} = \frac{\sigma_Y}{n_1} \qquad \tau_{\text{allow}} = \frac{\tau_Y}{n_2}$$

반면 **취성** 재료의 경우,

$$\sigma_{\text{allow}} = \frac{\sigma_U}{n_3} \qquad \tau_{\text{allow}} = \frac{\tau_U}{n_4}$$

일반적으로 변수 n_1과 n_2는 1.67이고, n_3과 n_4는 2.8이다.

축 인장을 받는 핀 이음 부재에 대하여, **허용하중**은 허용응력에 적당한 면적(예: 도심에 작용하는 하중을 받는 봉에 대해서는 유효 단면적, 전단을 받는 핀에 대해서는 핀의 단면적, 베어링을 받는 볼트에 대해서는 투영 면적)을 곱한 것이다. 봉이 압축을 받으면, 유효 단면적을 사용할 필요는 없지만 좌굴이 중요한 고려사항이 될 수 있다.

11. 마지막으로, 다양한 하중을 받는 특별한 구조물에 대하여 다양한 **강도 및 강성 요건**을 만족시키기 위하여 구조물 부재의 적당한 치수를 구하는 반복 과정인 **설계**를 고찰하였다. 그러나 강도와 파손은 여러 가지 다른 의미를 가지므로, 안전율을 설계에 결합하는 것은 간단한 문제가 아니다.

연습문제

7.2 수직응력 및 수직변형률

도입문제

7.2-1 속이 빈 원형 기둥 ABC(그림 참조)는 상단에서 작용하는 $P_1 = 7.5$ kN의 하중을 받고 있다. 두 번째 하중 P_2는 B의 캡 플레이트 주위에 균일하게 분포되어 있다. 기둥 상단부와 하단부의 직경과 두께는 각각 $d_{AB} = 32$ mm, $t_{AB} = 12$ mm, $d_{BC} = 57$ mm, $t_{BC} = 9$ mm이다.

(a) 기둥 상단부에 작용하는 수직응력 σ_{AB}를 구하시오.

(b) 기둥의 하단부가 상단부와 동일한 압축응력을 가지기 위한 하중 P_2의 크기는 얼마가 되어야 하는가?

(c) P_1이 7.5 kN으로 유지되고 P_2가 10 kN으로 설정된 경우, 두 부품에서 동일한 압축응력이 발생하기 위한 새로운 BC의 두께는 얼마인가?

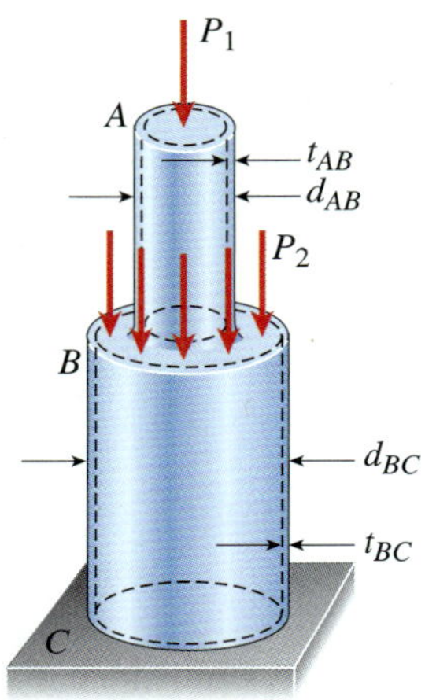

P7.2-1

대표문제

7.2-2 자전거 운전자가 캔틸레버 핸드브레이크(그림 a 참조)와 V 브레이크(그림 b)의 효과를 비교하려 한다.

(a) 각 자전거 브레이크 시스템의 휠 림(rim)에 작용하는 제동력 R_B를 계산하시오. 또한 브레이크 패드의 평균 압축 수직응력 σ_c는 얼마인가($A = 1.077$ mm^2)? 모든 힘이 그림의 평면에 작용하고, 케이블 장력 $T = 200$ N이 발생한다고 가정한다.

(b) 각 브레이크 시스템에 대하여 케이블의 유효 단면적이 4 cm^{2}인 경우, 브레이크 케이블에 작용하는 응력은 얼마인가?

힌트: 대칭으로 인해 각 그림의 오른쪽 절반만 사용하여 해석한다.

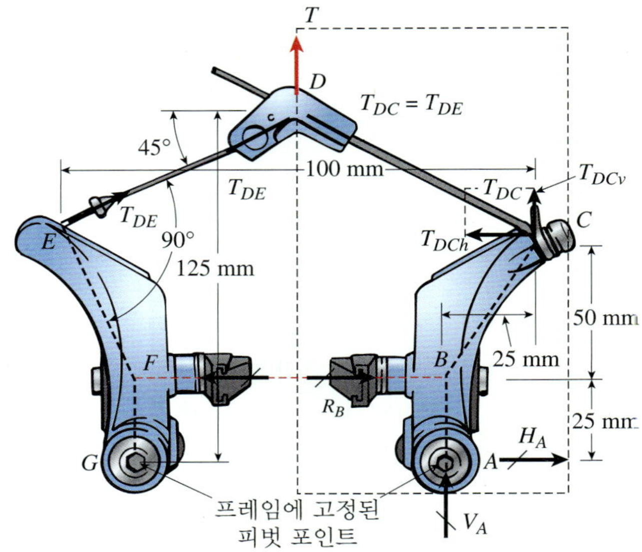

(a) 캔틸레버 브레이크

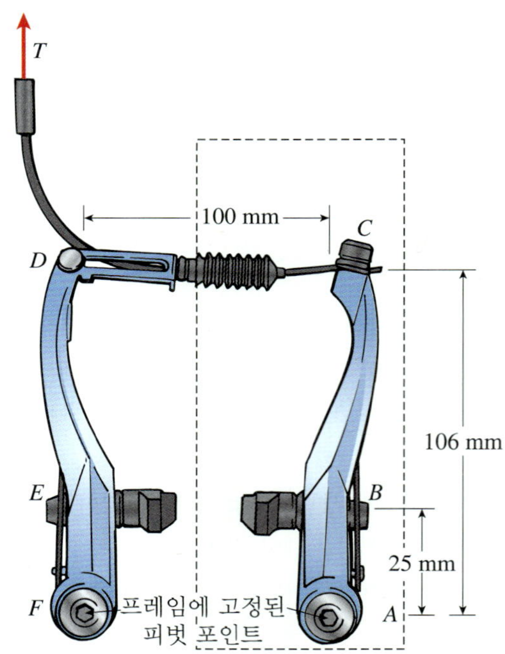

(b) V 브레이크

P7.2-2

7.2-3 긴 옹벽은 왼쪽 그림과 같이 30° 각도로 설정된 나무 지주로 버팀대를 이루고 콘크리트 블록으로 지지되어

있다. 나무 지주 버팀대는 3 m의 균일한 간격을 두고 있다. 해석을 위해 벽과 버팀대를 오른쪽 그림과 같이 이상화하였다. 벽의 기초와 지주의 양쪽 끝은 핀으로 가정한다. 벽에 대한 토양의 압력은 삼각형으로 분포되어 있다고 가정하고, 벽의 3 m 길이에 작용하는 합력은 $F = 190$ kN이다.

각 버팀대의 단면이 150 mm × 150 mm의 정사각형인 경우, 버팀대에 작용하는 압축응력 σ_c는 얼마인가?

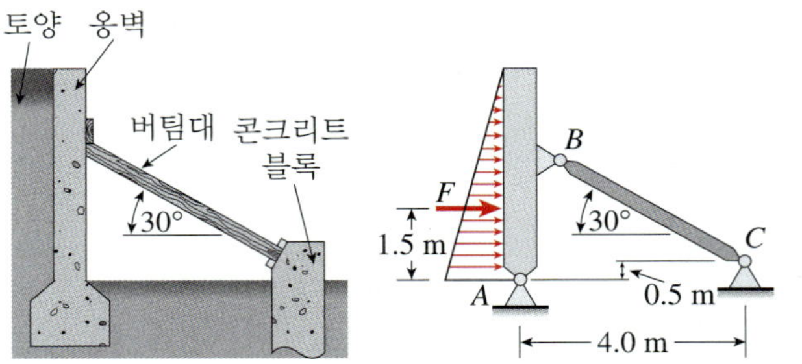

P7.2-3

7.2-4 무게중심이 C에 있고 중량이 450 kg인 크레인 붐이 그림과 같이 두 개의 케이블 AQ와 BQ(각 케이블당 $A_e = 304\ \text{mm}^2$)에 의해 고정되어 있다. 하중 $P = 20$ kN이 지점 D에 수직으로 작용하고 있다. 크레인 붐은 y-z평면에 놓여 있다.

(a) 각 케이블에 작용하는 인장력, T_{AQ} 및 T_{BQ}(kN)를 구하시오. 케이블의 무게는 무시하고, 하중 P 외에 붐의 무게는 포함하여 계산한다.

(b) 각 케이블에 작용하는 평균 응력(σ)을 구하시오.

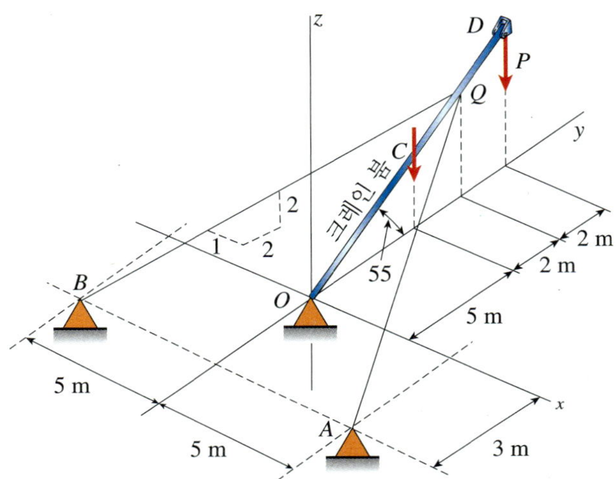

P7.2-4

7.3 재료의 기계적 성질

도입문제

7.3-1 A, B, C로 지정된 세 가지 다른 재료는 12 mm의 직경과 50 mm의 표점 거리를 갖는 동일한 크기의 시험편으로 만들어져 인장 시험에 사용되고 있다(그림 참조). 파손 시 표점 거리는 각각 54.5, 63.2, 69.4 mm이다. 또한 파손 단면에서 지름은 각각 11.46, 9.48, 6.06 mm이다.

각 시편의 연신율 및 면적 감소율을 결정하시오. 또한 시험 데이터를 분석하여 각각의 재료가 연성 재료인지 취성 재료인지 판단하시오.

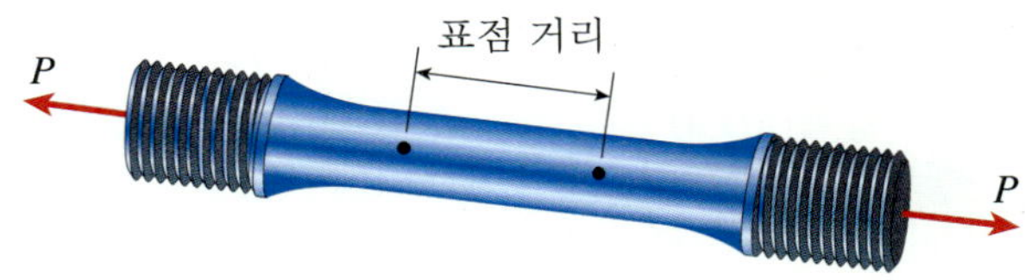

P7.3-1

대표문제

7.3-2 핀으로 연결된 세 개의 봉으로 구성된 대칭 구조물의 D점에 하중 P가 작용하고 있다(그림 참조). 기울어진 봉과 수평 봉 사이의 각도는 $\alpha = 52°$이다. 중간 봉의 축방향 변형은 0.027이다.

다음과 같은 응력-변형률 관계를 갖는 구리 합금에 작용하는 인장응력을 구하시오.

$$\sigma = \frac{124{,}020\varepsilon}{1 + 300\varepsilon} \quad 0 \le \varepsilon \le 0.03 \quad (\sigma = \text{MPa})$$

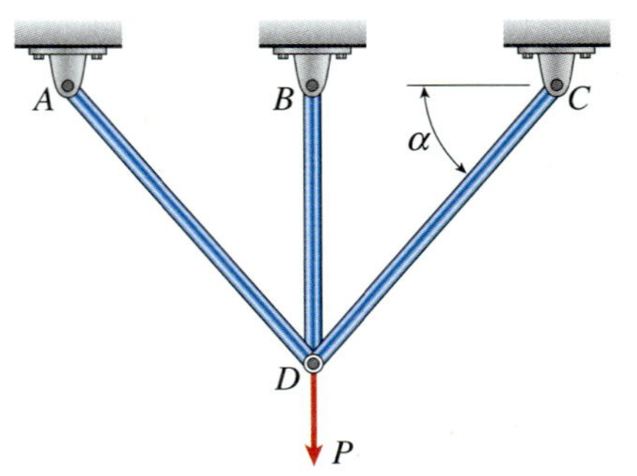

P7.3-2

7.3-3 메타크릴레이트 플라스틱 시편을 실온에서 인장 시험하여(그림 참조) 첨부된 표에 나열된 응력-변형률 데이터를 생성하였다.

응력-변형률 선도를 그리고 비례한도, 탄성계수(응력-변형률 곡선의 초기 부분의 기울기) 및 0.2% 오프셋에서의 항복응력을 결정하시오. 재료는 연성인가, 취성인가?

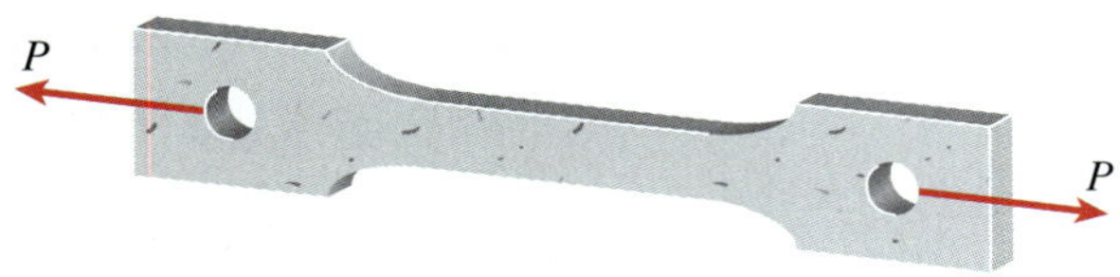

P7.3-3

연습문제 7.3-3의 응력-변형률 데이터

응력(MPa)	변형률
8.0	0.0032
17.5	0.0073
25.6	0.0111
31.1	0.0129
39.8	0.0163
44.0	0.0184
48.2	0.0209
53.9	0.0260
58.1	0.0331
60.2	0.0384
62.0	0.0429
62.1	파단

7.3-4 첨부된 표에 표시된 데이터는 고강도 강철의 인장 시험으로부터 얻은 것이다. 시편의 직경은 13 mm, 표점거리는 50 mm이다(연습문제 7.3-1 참조). 파단 시 표점거리의 신장은 3.0 mm이고, 최소 직경은 10.7 mm이다.

강철 인장 시험에 대한 응력-변형률 선도를 그리고 비례한도, 탄성계수(응력-변형률 곡선의 초기 부분의 기울기), 0.1% 오프셋에서의 항복응력, 극한응력 및 50 mm의 신장률 및 면적 감소율을 결정하시오.

연습문제 7.3-4의 인장 시험 데이터

하중(kN)	늘어난 길이(mm)
5	0.005
10	0.015
30	0.048
50	0.084
60	0.099
64.5	0.109
67.0	0.119
68.0	0.137
69.0	0.160
70.0	0.229
72.0	0.259
76.0	0.330
84.0	0.584
92.0	0.853
100.0	1.288
112.0	2.814
113.0	파단

7.4 탄성, 소성 및 크리프

도입문제

7.4-1 그림과 같은 응력-변형률 선도를 갖는 구조용 강철로 만들어진 봉의 길이는 1.5 m이다. 강철의 항복응력은 350 MPa이고, 응력-변형률 선도의 초기 선형 부분의 기울기는 200 GPa이다.

(a) 봉이 5 mm 늘어날 때까지 축방향으로 하중을 가한 후, 하중을 제거하였다. 봉의 최종 길이는 초기 길이와 비교했을 때 어떠한가?

(b) 봉이 직경 $d=40$ mm의 원형 단면을 가지고 있고, 인장하중 $P=350$ kN이 가해진다면 봉에 작용하는 응력은 얼마인가? 봉이 영구적으로 늘어난 길이는 얼마인가?

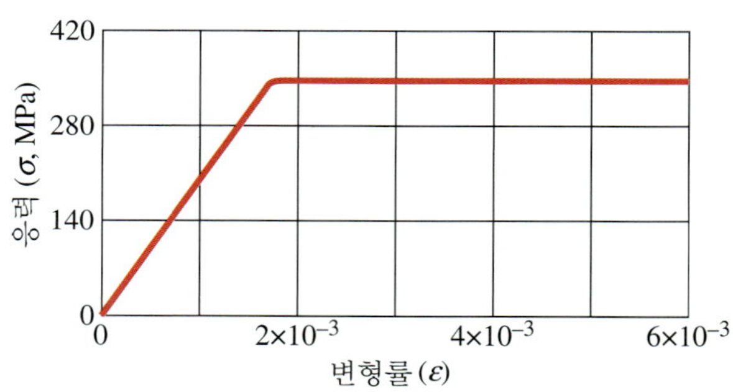

P7.4-1

대표문제

7.4-2 마그네슘 합금의 원형 봉의 길이는 750 mm이다. 재료의 응력-변형률 선도는 그림과 같다. 봉은 6.0 mm가 늘어날 때까지 축방향으로 하중을 가한 후 하중을 제거하였다.

(a) 봉의 영구 변형은 얼마인가?

(b) 봉에 다시 하중을 가한 경우, 비례한도는 얼마인가?

힌트: 그림 7-21b와 7-22의 개념을 사용한다.

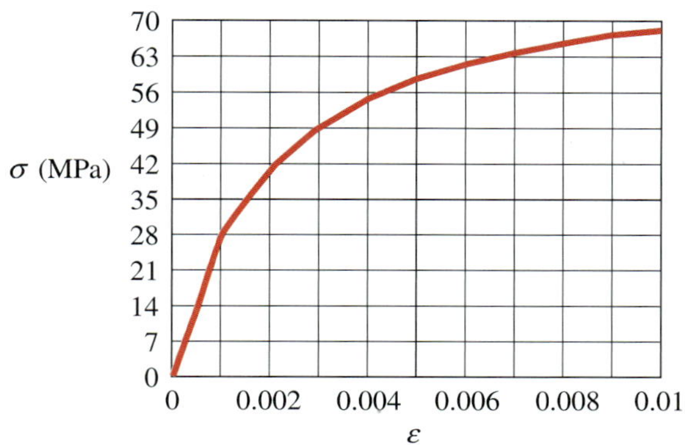

P7.4-2

7.4-3 인장력 T를 받고 있는 연속 케이블(직경 6 mm)이 점 B와 C의 수평 프레임 부재에 부착되어 간판 구조를 지지한다. 케이블은 D에 있는 작은 무마찰 풀리 위를 지나간다. 와이어는 구리 합금으로 만들어졌고 와이어의 응력-변형률 관계는 다음과 같다.

$$\sigma(\varepsilon) = \frac{124{,}000\varepsilon}{1 + 300\varepsilon} \quad 0 \le \varepsilon \le 0.03 \quad (\sigma\text{는 MPa 단위})$$

(a) W=6.8 kN의 하중으로 인한 케이블의 축방향 수직변형률과 늘어난 길이를 구하시오.

(b) 힘이 제거될 경우 케이블의 영구 변형은 얼마인가?

힌트: 응력-변형률 선도에서 탄성계수 E 및 0.2% 오프셋 항복응력을 구한다.

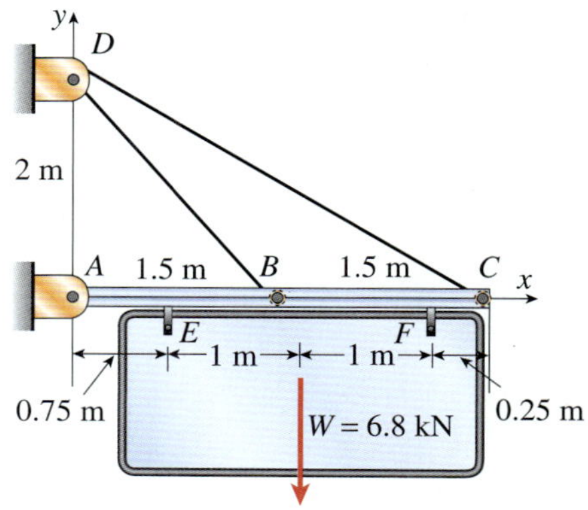

P7.4-3

7.5 선형 탄성, 훅의 법칙 및 푸아송 비

7.5절에 대한 문제를 다룰 때, 재료가 선형적이며 탄성적으로 거동한다고 가정한다.

도입문제

7.5-1 대형 크레인에 사용되는 고강도 강철 봉의 직경은 d=50 mm이다(그림 참조). 강철의 탄성계수 E=200 GPa이며, 푸아송 비는 ν=0.29이다. 간극 요건으로 인해 축방향 하중에 의해 압축될 때 봉의 지름은 50.025 mm로 제한된다. 허용 가능한 최대 압축하중 P_{max}는 얼마인가?

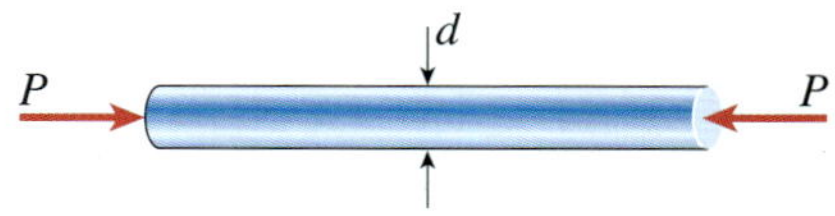

P7.5-1

7.5-2 사각 플라스틱 봉(길이 L_p, 측면 치수 s_p=193 mm)을 속이 빈 사각형 주철 튜브(길이 L_c=400 mm, 측면 s_c=200 mm, 두께 t_c=3 mm) 내부에 삽입하였다.

(a) 플라스틱 봉이 어떤 힘 P에 의해 압축될 때, 봉과 튜브의 최종 길이가 L_c 길이와 같고 동시에 플라스틱 봉과 주철 튜브 사이의 간격이 닫힐 수 있는 플라스틱 봉의 초기 길이 L_p를 구하시오.

(b) 플라스틱 봉의 초기 체적과 최종 체적을 구하여 비교하시오.

E_c=170 GPa, E_p=2.1 GPa, ν_c=0.3, ν_p=0.4로 가정한다.

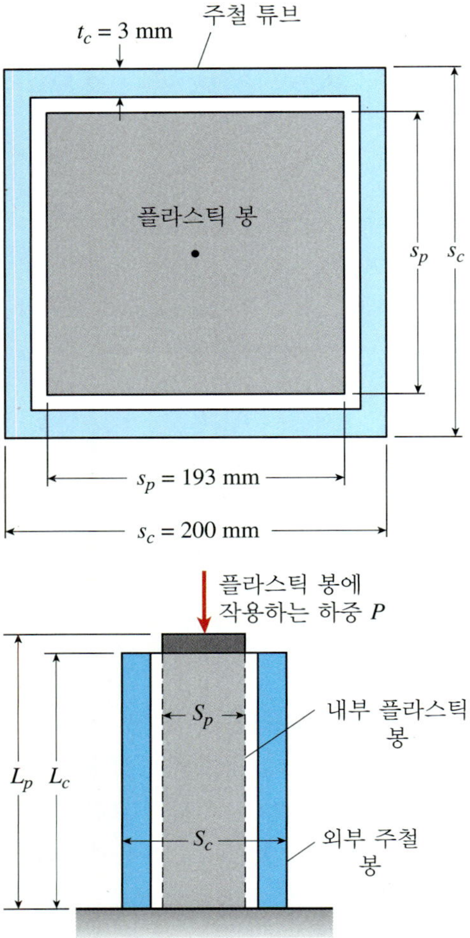

P7.5-2

대표문제

7.5-3 속이 빈 황동 원형 파이프 ABC(그림 참조)가 상단에서 작용하는 $P_1 = 118$ kN을 받고 있다. 두 번째 하중 $P_2 = 98$ kN은 B의 캡 플레이트 주위에 균일하게 분포되어 작용한다. 파이프 상부 및 하부 직경과 두께는 각각 $d_{AB} = 31$ mm, $t_{AB} = 12$ mm, $d_{BC} = 57$ mm, $t_{BC} = 9$ mm이며, 탄성계수는 96 GPa이다. 두 하중을 동시에 적용하면, 파이프 BC 부분의 벽 두께가 5×10^{-3} mm만큼 증가한다.

(a) 파이프 BC 부분의 늘어난 내경은 얼마인가?

(b) 황동에 대한 푸아송 비를 구하시오.

(c) 파이프 AB 부분의 늘어난 벽 두께와 늘어난 내경을 구하시오.

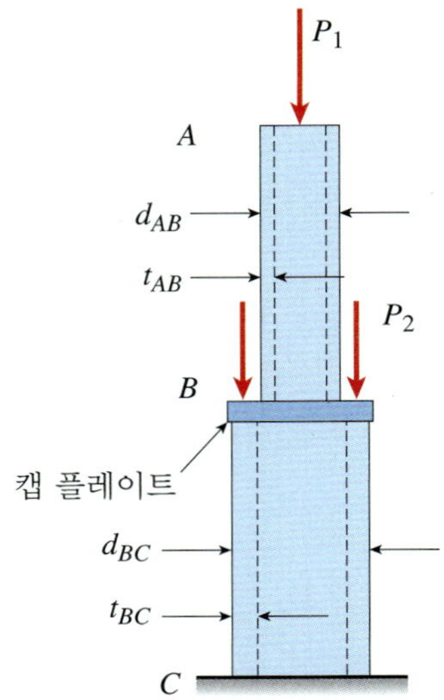

P7.5-3

7.5-4 길이가 동일하지만 모양이 다른 세 개의 둥근 구리 합금 막대가 그림과 같이 표시되어 있다. 첫 번째 막대는 전체 길이에 걸쳐 균일한 직경 d를 가지며, 두 번째 막대는 전체 길이의 $L/5$에 직경 d를 가지며, 세 번째 막대는 전체 길이의 $L/15$에 직경 d를 가진다. 두 번째와 세 번째 막대의 나머지 부분의 지름은 $2d$이다. 세 개의 막대는 모두 동일한 축하중 P를 받는다.

$P = 1{,}400$ kN, $L = 5$ m, $d = 80$ mm, $E = 110$ GPa, $\nu = 0.33$의 수치 데이터를 사용한다.

(a) 각 막대의 길이 변화를 구하시오.

(b) 각 막대의 체적 변화를 구하시오.

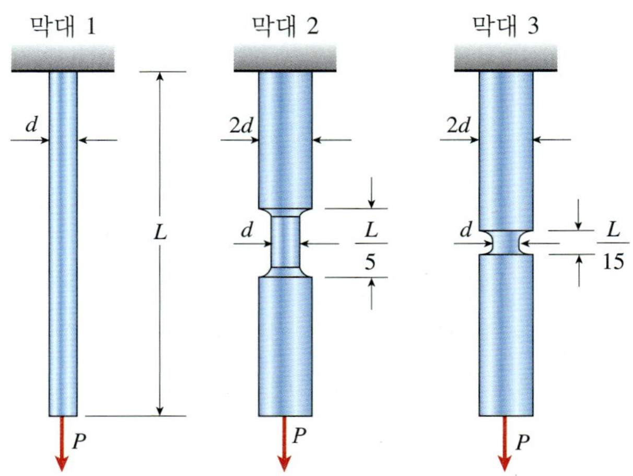

P7.5-4

7.6 전단응력 및 전단변형률

도입문제

7.6-1 기울어진 사다리 AB는 C에서 사람(85 kg)과 사다리 자체의 중량($q = 40$ N/m)을 지지한다. 각 사다리 레일($t_r = 4$ mm)은 직경 $d_p = 8$ mm의 볼트로 사다리 레일에 부착된 슈($t_s = 5$ mm)로 지지된다.

(a) A와 B에서 지지 반력을 구하시오.

(b) A점 슈 볼트에 작용하는 합력을 구하시오.

(c) A점 슈 볼트에 작용하는 최대 평균 전단응력(τ)과 베어링 응력(σ_b)을 구하시오.

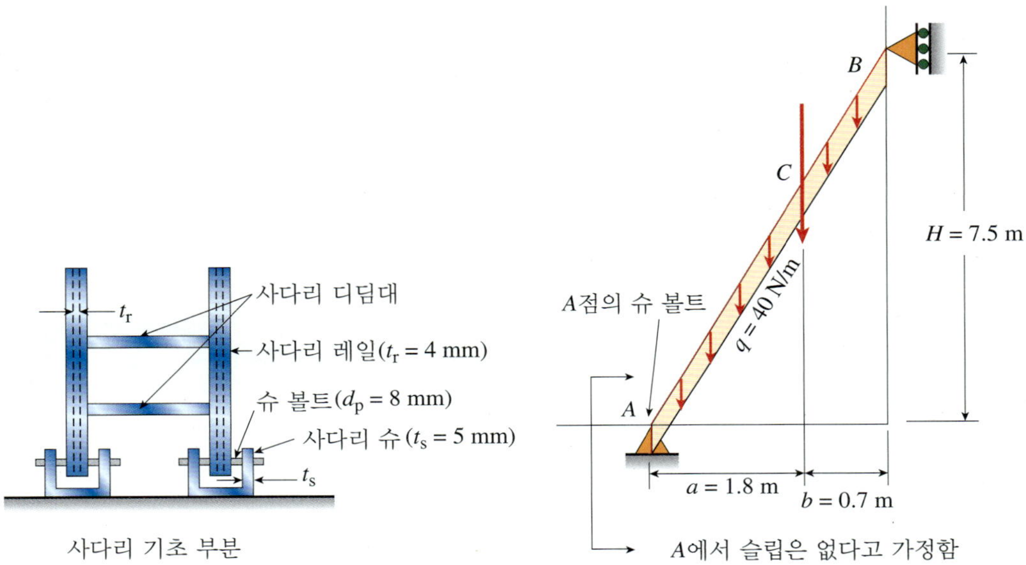

P7.6-1

대표문제

7.6-2 클로로프렌(인공고무) 탄성체에 접합된 두 개의 강판으로 구성된 탄성 중합체 베어링 패드는 정적 하중 시험 중 전단력 V를 받고 있다(그림 참조). 패드의 치수는 $a = 125$ mm, $b = 240$ mm이며, 인공고무의 두께는 $t = 50$ mm이다. 전단력 $V = 12$ kN이 작용할 때, 상단 플레이트는 고정된 하단 플레이트에 비해 측면으로 8.0 mm 수평 이동되었다. 클로로프렌의 전단 탄성계수 G를 구하시오.

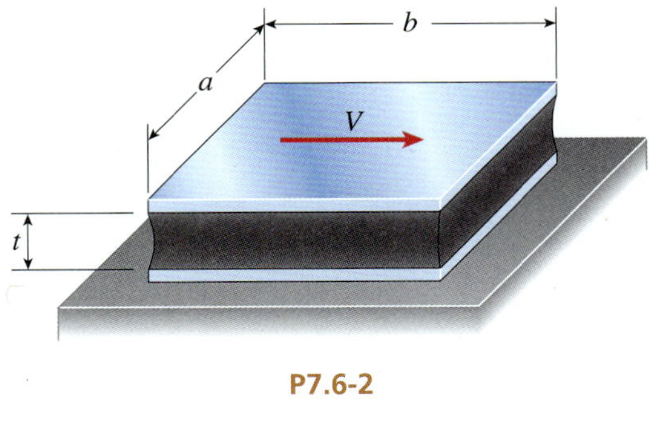

P7.6-2

7.6-3 심해에 위치한 드릴 장비에 강철 라이저 파이프가 매달려 있다(그림 참조). 별도의 분리된 파트는 볼트로 고정된 플랜지 판을 사용하여 접합된다(그림 b 및 사진 참조). 각 분리된 파이프의 연결부에는 볼트 6개가 있다고 가정한다. 라이저 파이프의 총길이는 $L = 1{,}500$ m, 외부 및 내부 직경은 $d_2 = 405$ mm 및 $d_1 = 380$ mm, 플랜지 플레이트 두께 $t_f = 44$ mm, 볼트 및 와셔 직경은 각각 $d_b = 28$ mm 및 $d_w = 47$ mm라고 가정하자.

(a) 라이저 파이프의 전체 길이가 공기 중에 매달려 있다고 생각하면, 각 볼트의 평균 수직응력 σ, 각 와셔 아래의 평균 베어링 응력 σ_b 및 가장 위쪽 볼트 연결부의 각 볼트 위치에서 플랜지 플레이트를 통과하는 평균 전단응력 τ를 구하시오.

(b) 동일한 라이저 파이프가 해상에서 드릴 장비에 매달려 있는 경우, 연결부의 수직, 베어링 및 전단응력은 얼마인가? 부록 F의 표 F-1에서 강철 및 해수 중량 밀도를 찾고, 라이저 파이프에 대한 폼 케이싱 효과로 인한 부력은 무시한다.

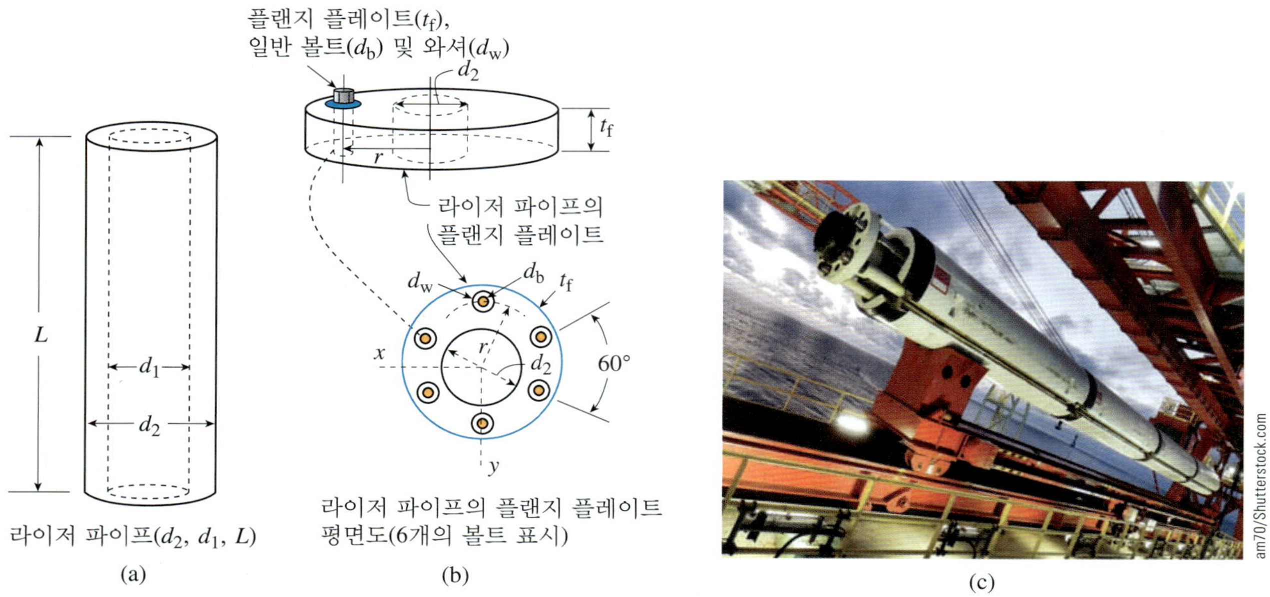

P7.6-3

7.6-4 히치 장착형 자전거 거치대는 최대 네 대의 135 N 자전거를 두 개의 암 GH에 장착하고 끈으로 묶을 수 있도록 설계되어 있다(그림 a의 자전거 하중 참조). 거치대는 A에서 차량에 부착되며 캔틸레버 보 $ABCDGH$로 이루어져 있다고 가정한다(그림 b). 고정 부분 AB의 중량은 $W_1 = 45$ N으로 A를 중심으로 225 mm 떨어져 있고(그림 b 참조), 나머지 랙의 중량은 $W_2 = 180$ N이며 A에서 480 mm 떨어져 작용하고 있다. $ABCDG$는 단면은 53 mm× 50 mm에 두께 $t = 3$ mm를 가지는 강철 튜브이다. 세그먼트 $BCDGH$는 히치 거치대를 탈거하지 않고, 차량 후면에 접근할 수 있도록 직경 $d_B = 6$ mm인 B에서의 볼트를 중심으로 회전한다.

실제로 사용하게 될 때, 거치대는 C에 있는 핀(핀 직경 $d_p = 8$ mm)에 의해 똑바로 세워져 고정된다(사진 및 그림 c 참조). 자전거가 선반에 뒤집히는 효과는 BC에서 $F \cdot h$의 커플 효과에 의해 견디게 된다.

(a) 모든 하중에 의한 거치대 A에서의 반력을 구하시오.

(b) B에서 볼트와 C에서 핀에 작용하는 하중을 구하시오.

(c) B에서 볼트와 C에서 핀에 작용하는 평균 전단응력(τ_{aver})을 구하시오.

(d) B에서 볼트와 C에서 핀에 작용하는 평균 베어링 응력(σ_b)을 구하시오.

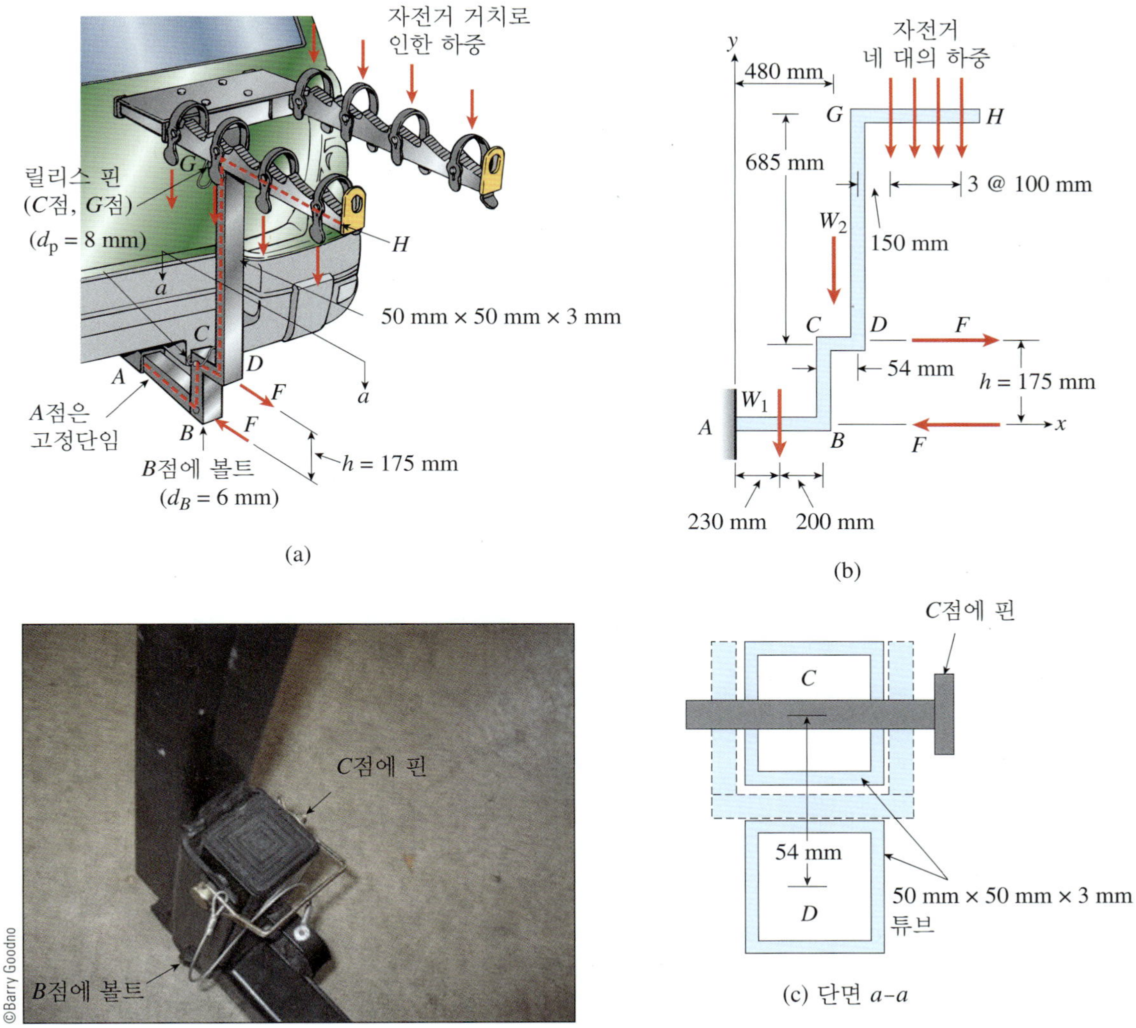

P7.6-4

7.6-5 허리케인 대피 경로의 이동식 표지판(그림 a 참조)은 지면에 볼트로 고정된 베이스 플레이트와 짧은 기둥으로 연결되어 있다. 하단 기둥에는 지름 d_b의 구멍 네 개가 있는 별도의 재래식 베이스 플레이트가 있다. 상단 베이스 플레이트는 위치 1부터 4까지에 슬롯이 있으며, 이 네 지점에서 하단 베이스 플레이트에 볼트로 고정된다(그림 b 참조). 네 개의 볼트는 각각 직경이 d_b이고 와셔의 직경은 d_w이다. 볼트는 직사각형($b \times h$) 패턴으로 배열되어 있다. 최하단에서 위로 높이 $z = L$에 있는 표지판 구조물의 압력중심(C.P.)에서 y방향으로 가해지는 풍력만 고려한다. 표지판과 기둥의 무게와 상부와 하부 베이스 플레이트의 마찰은 고려하지 않는다. 또한 하단 베이스 플레이트와 짧은 고정 기둥은 강체라고 가정한다.

(a) 풍력 W_y로 인한 볼트 1과 4(그림 c 참조)에 작용하는 평균 전단응력 τ(MPa)를 구하시오.

(b) 볼트 1과 4에서 볼트와 상부 베이스 플레이트(두께 t) 사이의 평균 베어링 응력 σ_b(MPa)를 구하시오.

(c) 풍력 W_y로 인한 상부 베이스 플레이트와 볼트 4의 와셔 사이의 평균 베어링 응력 σ_b(MPa)를 구하시오(볼트의 초기 장력은 0이라고 가정한다).

(d) 풍력 W_y로 인한 상단 베이스 플레이트를 통해 볼트 4에 작용하는 평균 전단응력 τ(MPa)를 구하시오.

(e) 풍력 W_y로 인한 볼트 3에 작용하는 수직응력 σ 에 대한 식을 구하시오.

(표지판의 바람과 베이스 플레이트에 작용하는 합력에 대한 추가 설명은 문제 7.7-4 참조)

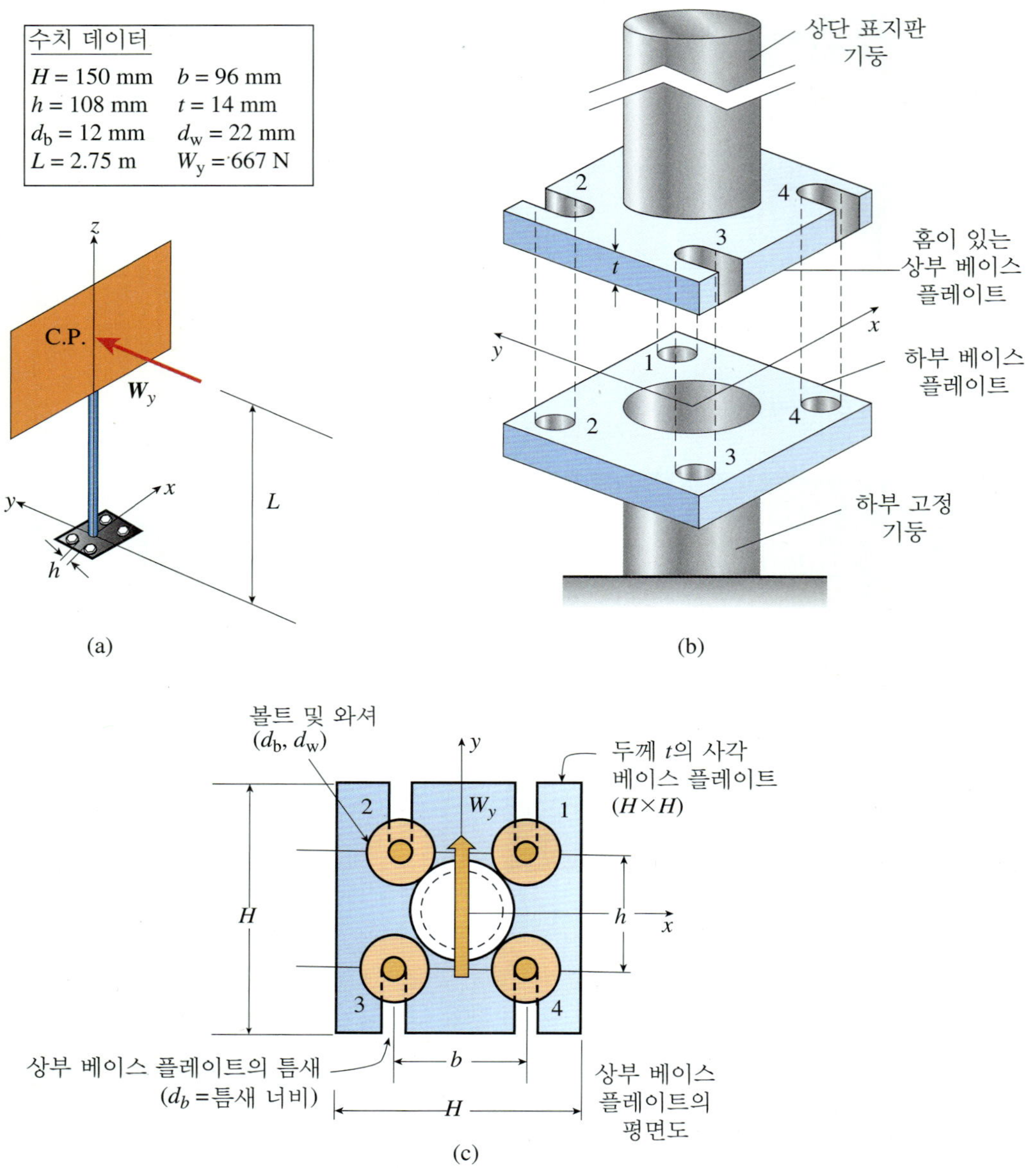

P7.6-5

7.7 허용응력 및 허용하중

도입문제

7.7-1 20 mm 볼트 10개를 사용하여 두 개의 플랜지 샤프트 사이에 토크 T_0이 전달된다(그림 및 사진 참조). 볼트 중앙을 연결한 원의 직경은 $d=250$ mm이다. 볼트의 허용 전단응력이 85 MPa일 경우 최대 허용토크는 얼마인가? (플랜지 사이의 마찰은 무시한다.)

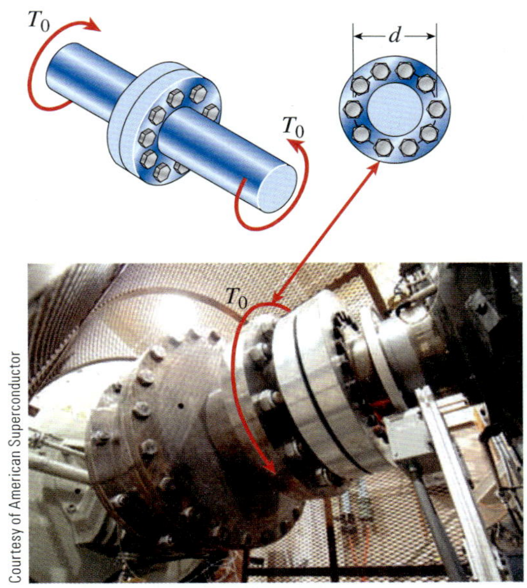

선박 추진 모터의 구동축의 축 이음 장치

P7.7-1

대표문제

7.7-2 그림 a의 케이블과 도르래 시스템은 B에서 질량 300 kg의 케이지를 지지하고 있다. 여기에는 케이블 질량도 포함되어 있다고 가정한다. 세 개의 강철 풀리의 각 두께는 $t=40$ mm이다. 세 개의 풀리의 핀 직경은 $d_{pA}=25$ mm, $d_{pB}=30$ mm, $d_{pC}=22$ mm이다(그림 a와 b 참조).

(a) 케이블 인장력 T의 관점에서 A, B, C의 풀리에 작용하는 합력에 대한 식을 나타내시오.

(b) 아래의 허용응력을 기준으로 B에서 케이지에 추가할 수 있는 최대 중량 W는 얼마인가? 핀의 전단응력은 50 MPa이고, 핀과 풀리 사이의 베어링 응력은 110 MPa이다.

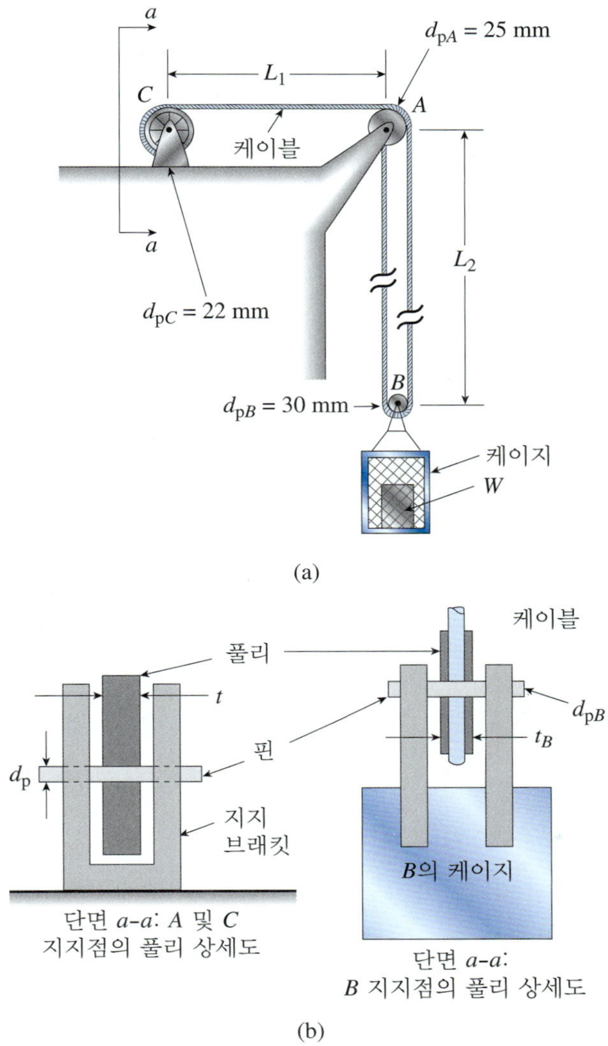

P7.7-2

7.7-3 평면 트러스는 그림 a와 같이 B와 C의 접합부에 각각 $2P$와 P의 하중을 받는다. 트러스 봉은 인장에서 극한응력 390 MPa을 갖는 두 개의 L 102×76×6.4 강철 앵글로 제작된다(표 C-5 참조: 두 앵글의 단면적, $A=2{,}180$ mm^2, 그림 b 참조). 앵글은 직경이 16 mm인 리벳이 있는 C(그림 c)의 두께가 12 mm인 거싯 플레이트에 연결되어 있다. 각 리벳은 동일한 하중을 나누어 가지며, 그 하중을 동일하게 거싯 플레이트에 전달한다고 가정한다. 리벳은 강으로 이루어져 있으며, 리벳에 대한 전단 및 베어링 극한응력은 각각 190 MPa 및 550 MPa이다.

견딜 수 있는 극한하중에 대해 2.5의 안전율이 필요한 경우, 허용하중 P_{allow}를 결정하시오. 봉의 장력, 리벳의 전단, 리벳과 봉 사이의 베어링 및 리벳과 거싯 플레이트 사이의 베어링을 고려하시오. 플레이트 간의 마찰 및 트러스 자체의 무게는 무시한다.

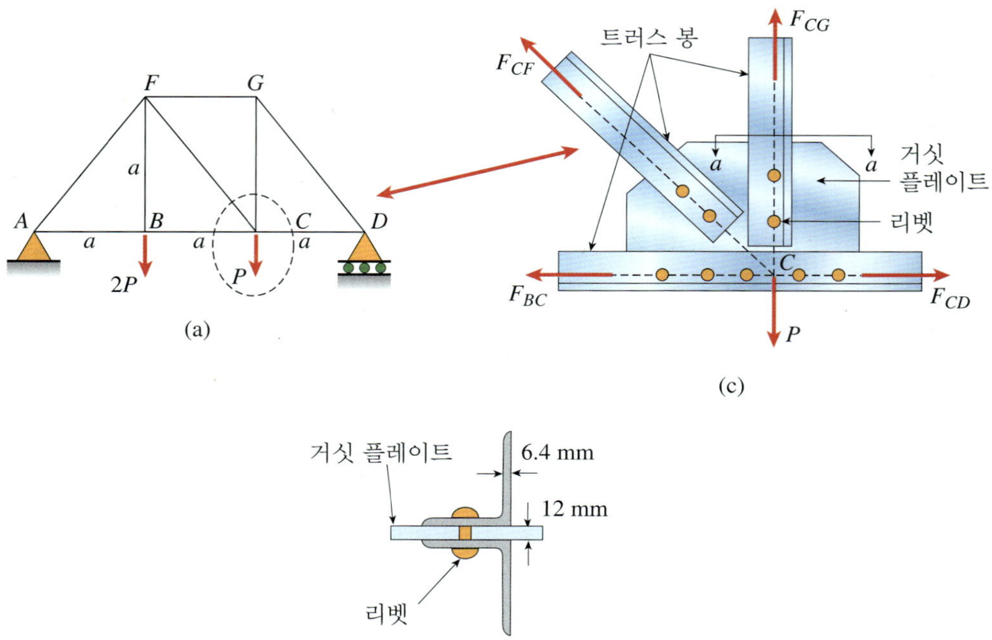

(b) 단면 a–a

P7.7-3

7.7-4 표지판의 자체 무게 W는 콘크리트 바닥에 고정된 볼트 네 개에 의해 받침대에서 지지된다. 풍압 p는 표지판 표면에 대해 수직으로 작용하며, 균일한 풍압이 압력중심(C.P.)에서 합력 F로 나타난다. 풍력은 각 볼트에서 y방향으로 동일한 전단력 $F/4$를 생성하는 것으로 가정한다(그림 a와 c 참조). 바람에 의한 전복 효과는 볼트 A와 C에서 상승력 R를, 볼트 B와 D에서 하강력($-R$)을 유발한다(그림 b 참조). 바람의 합력에 의한 각 응력 조건에 대한 관련 극한응력은 각 볼트의 수직응력($\sigma_u = 410$ MPa), 베이스 플레이트에서의 전단응력($\tau_u = 115$ MPa), 각 볼트의 수평 전단 및 베어링 응력($\tau_{hu} = 170$ MPa 및 $\sigma_{bu} = 520$ MPa), B(또는 D)에서 바닥 와셔에 대한 베어링 응력($\sigma_{bw} = 340$ MPa)이다.

견딜 수 있는 극한하중에 대해 2.5의 안전율이 필요한 경우, 표지판에 대한 볼트로 고정된 바닥 시스템이 견딜 수 있는 최대 풍압 $p_{\max}$(Pa)를 구하시오.

다음의 수치 데이터를 사용하여 계산하시오. 볼트 $d_b = 19$ mm, 와셔 $d_w = 38$ mm, 베이스 플레이트 $t_{bp} = 25$ mm, 베이스 플레이트 치수 $h = 350$ mm 및 $b = 300$ mm, $W = 2.25$ kN, $H = 5.2$ m, 표지판 치수 $L_v = 3$ m $\times L_h = 3.7$ m, 파이프 기둥 직경 $d = 150$ mm 및 파이프 기둥 두께 $t = 10$ mm.

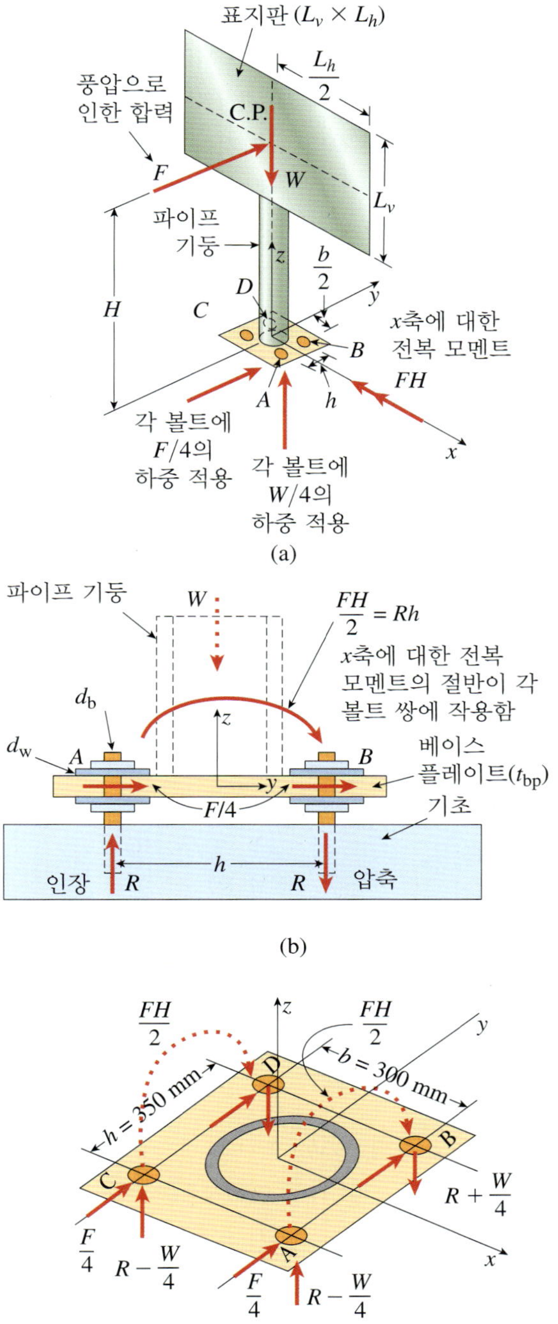

P7.7-4

7.8 축하중 및 직접전단에 대한 설계

도입문제

7.8-1 항복응력 $\sigma_Y = 290$ MPa의 구리 합금 파이프는 축방향 인장하중 $P = 1{,}500$ kN을 받고 있다(그림 a 참조). 항복이 발생하지 않게 안전율 1.8을 사용한다.

(a) 파이프의 두께 t가 외부 직경의 1/8일 경우 필요한 최소 외부 직경 d_{min}은 얼마인가?

(b) 그림 b와 같이 튜브 중간에 직경 $d/10$의 구멍이 뚫린 경우에 대하여 (a)를 반복하시오.

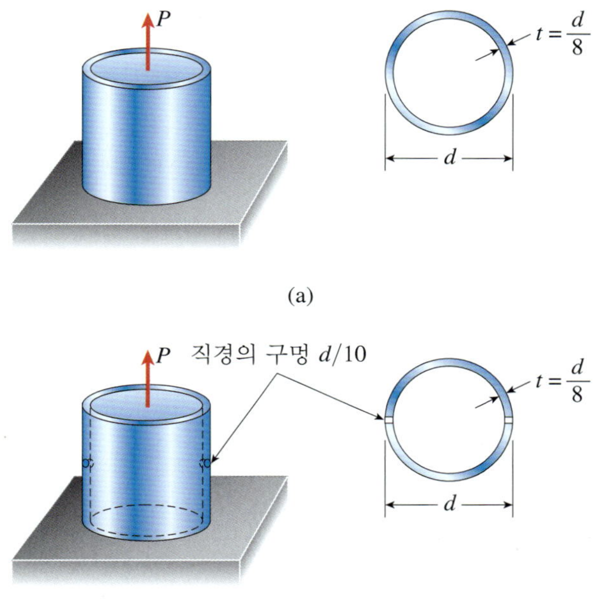

P7.8-1

대표문제

7.8-2 평면 트러스는 각각의 조인트 D, C, B에서 조인트 하중 P, $2P$, $3P$를 받고 있다(그림 참조, $P = 23$ kN). 모든 부재는 거싯 플레이트에 핀으로 연결된 두 개의 끝판을 가지고 있다. 각 끝판의 두께는 $t_p = 16$ mm이며, 모든 거싯 플레이트의 두께는 $t_g = 28$ mm이다. 각 핀의 허용 전단응력이 83 MPa이고 각 핀의 허용 베어링 응력이 124 MPa인 경우, 부재 BE의 양쪽 끝에서 사용되는 핀의 최소 직경 d_{min}은 얼마인가?

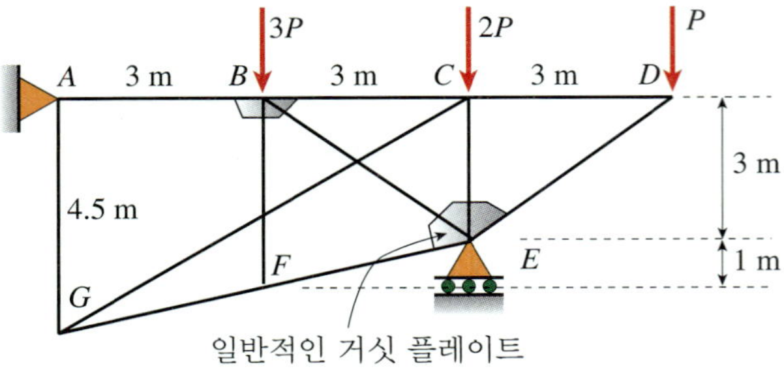

P7.8-2

7.8-3 길이 $L=6$ m, 폭 $b_2=250$ mm의 정사각형 강철 튜브가 크레인에 의해 들어 올려지고 있다(그림 참조). 튜브는 A지점과 B지점의 케이블로 고정되는 직경 d의 핀에 매달려 있으며, 단면은 내부 치수 $b_1=210$ mm, 외부 치수 $b_2=250$ mm인 속이 빈 정사각형이다. 핀의 허용 전단응력은 60 MPa이고, 핀과 튜브 사이의 허용 전단응력은 90 MPa이다.

튜브의 무게를 지탱하기 위한 핀의 최소 직경을 결정하시오. **참고:** 무게를 계산할 때 튜브의 둥근 모서리는 무시한다.

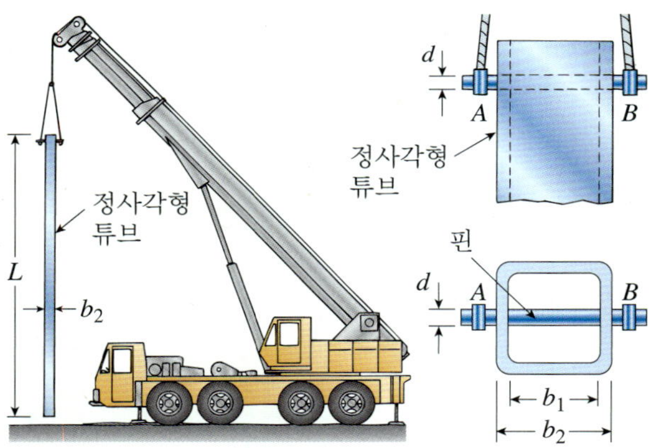

P7.8-3

7.8-4 그림과 같이 조깅 트랙은 A에서 핀으로 고정되고, B에서 강철 봉 BC와 강철 와셔로 지지되는 목재 보 AB($L=2.3$ m)로 구성되어 있다. 강철 봉($d_{BC}=5$ mm)과 와셔($d_B=25$ mm)는 모두 $T_{BC}=1{,}890$ N의 인장력을 받도록 설계되어 있다. 또한 봉은 극한응력 $\sigma_u=410$ MPa에 도달하는 것에 대비하여 안전율 3을 사용하여 설계되었다. 허용 베어링 응력 $\sigma_{ba}=3.9$ MPa은 점 B에 위치한 와셔의 크기를 결정하기 위해 사용되었다.

일부 기계 및 전기 장비를 지지하기 위해 또 다른 목재 보 HF가 조깅 트랙 아래에 매달려 있다(그림 참조). 장비의 무게에 의한 추가 하중은 보 HF의 중간 지점에 작용하는 집중하중 $W_E=780$ N과 보의 길이방향으로 균일한 분포하중 $q=730$ N/m이다. 이러한 장치를 고안하고자, D에서 보 AB를 통해 구멍을 뚫고 보 HF를 지지하기 위해 D와 F 모두에 동일한 강철 봉(d_{BC})과 와셔(d_B)를 설치하였다.

(a) σ_u 및 σ_{ba}를 사용하여 강철 봉 DF 및 와셔 d_F에 대해 위에서 제안한 설계를 확인하자. 허용 가능한 설계인가?

(b) 강철 봉 BC의 수직 인장응력과 B지점의 베어링 응력을 다시 확인하자. 보 HF에 추가된 두 개의 하중 중 부적절한 것이 있다면 원래의 설계 기준을 충족하도록 다시 설계한다.

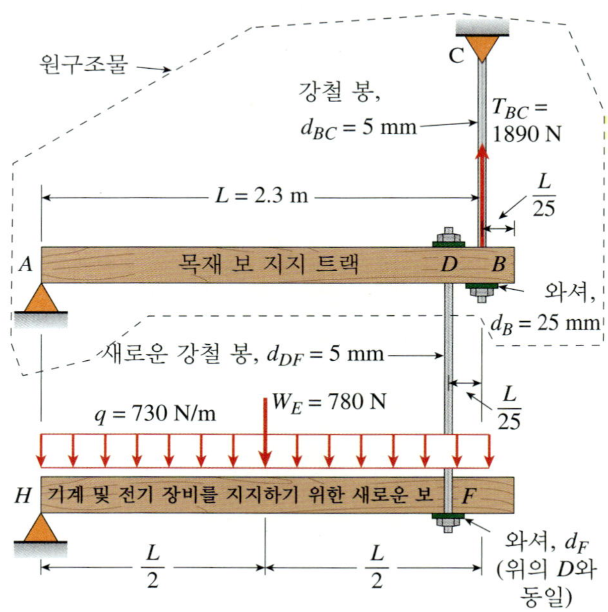

P7.8-4

CHAPTER 8

축하중을 받는 부재

Joe Raedle/Reportage/Getty Images

원유 시추 장치는 자중, 충격, 온도 효과와 같은 여러 하중 조건을 고려하여 설계하여야 하는 축하중 부재로 구성되어 있다.

이 장의 목적

- 힘-변위 관계에 기초하여 축하중을 받는 부재의 길이 변화에 대해 공부한다.
- 집중하중과 분포하중을 받는 부정정 봉의 지지 반력을 구한다.
- 온도, 부적합, 사전변형 효과에 의한 봉의 길이 변화를 구한다.
- 축하중을 받는 봉의 경사면에서의 수직응력과 전단응력을 구한다.

이 장의 구성

8.1 서론

오직 인장 또는 압축만 받는 구조물 요소를 **축하중을 받는 부재**(axially loaded members)라고 한다. 길이방향으로 직선 축을 갖는 봉이 가장 일반적인 형태이지만, 케이블과 코일 스프링도 축하중을 받는다. 트러스 부재, 엔진의 커넥팅 로드, 자전거 바퀴의 살(spoke), 건물의 기둥 및 항공기 엔진 마운트의 스트럿(strut) 구조가 축하중을 받는 봉의 예이다. 7장에서는 이러한 부재의 응력-변형률 거동과 단면에 작용하는 응력에 대한 공식($\sigma = P/A$)과 길이방향의 변형률($\varepsilon = \delta/L$)에 대한 공식을 다루었다.

8.2 축하중을 받는 부재의 길이 변화

그림 8-1
축하중을 받는 스프링

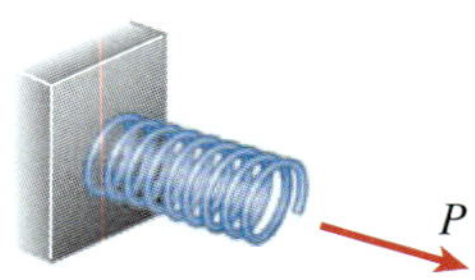

길이방향으로 하중을 받는 부재의 길이 변화를 구할 때, **코일 스프링**(coil spring)(그림 8-1)으로 시작하는 것이 편리하다. 이런 형태의 스프링은 다양한 종류의 기계와 장치에 많이 사용된다. 예를 들어, 모든 자동차에는 수십 개의 코일 스프링이 사용된다.

그림 8-1과 같이 스프링에 축방향으로 하중을 가할 때, 하중 방향에 따라 스프링은 길어지거나 짧아진다. 하중이 스프링 바깥쪽으로 작용하면 스프링은 늘어나며, 스프링은 **인장**으로 하중을 받는다. 하중이 스프링 쪽으로 작용하면 스프링은 짧아지고, 스프링은 **압축**을 받는다. 그러므로 이러한 용어에 의하여, 스프링 각각의 코일이 직접 인장 또는 압축응력을 받는다고 생각해서는 안 된다. 오히려 코일은 직접 전단 및 비틀림을 받는다. 그럼에도 불구하고 스프링의 전체적인 늘어남이나 짧아짐은 인장 또는 압축의 거동과 비슷하므로 같은 용어가 사용된다.

스프링

그림 8-2에 스프링의 신장이 도시되어 있다. 위쪽 그림은 **자연 상태의 길이**(natural length) L(**응력을 받지 않은 길이**, **이완 길이** 또는 **자유 길이**라고도 함)을 보여주며, 아래쪽 그림은 인장하중을 가한 결과를 보여준다. 하중 P가 작용하면 스프링은 δ만큼 늘어나며, 최종 길이는 $L+\delta$가 된다. 스프링 재료가 **선형 탄성**(linearly elastic)이면, 하중과 신장량은 비례 관계를 보여준다.

$$P = k\delta \qquad \delta = fP \tag{8-1a, b}$$

그림 8-2
수직하중을 받는 스프링의 인장

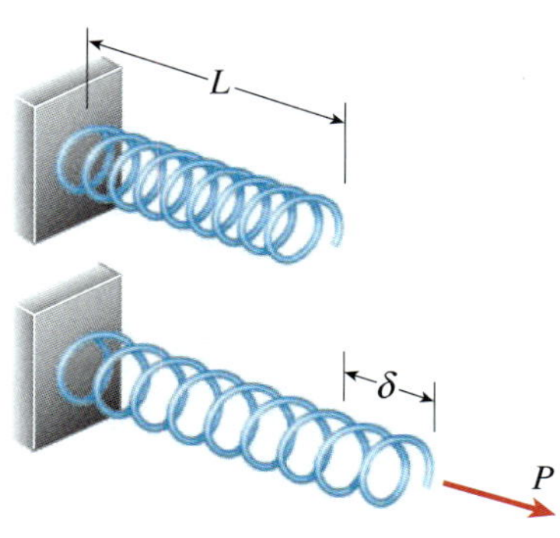

여기에서 k와 f는 비례상수이다.

상수 k는 스프링의 **강성도**(stiffness)라 하고, 단위신장량을 발생시키는 데 필요한 힘으로 정의되며, $k = P/\delta$의 관계를 나타낸다. 비슷하게, 상수 f는 **유연도**(flexibility)라 하고, 이는 단위하중으로 발생하는 신장량으로 정의되며, $f = \delta/P$로 표현된다. 이 논의에는 인장을 받는 스프링을 이용하였지만, 식 (8-1a, b)는 명백하게 압축을 받는 스프링에도 적용된다.

앞에서 살펴본 바와 같이, 스프링의 강성도와 유연도는 서로 역수의 관계를 가진다.

$$k = \frac{1}{f} \qquad f = \frac{1}{k} \tag{8-2a, b}$$

스프링의 유연도는 주어진 하중에 의한 신장량을 측정함으로써 쉽게 구할 수 있다. 그런 후 식 (8-2a)로부터 강성도를 계산할 수 있다. 스프링의 강성도와 유연도에 대한 다른 용어로는 각각 **스프링 상수**(spring constant)와 **컴플라이언스**(compliance)가 있다.

식 (8-1)과 (8-2)로 주어지는 스프링 특성은 예제 8-1에서와 같이 스프링을 포함한 기계 장치의 해석에 사용될 수 있다.

균일 단면 봉

축하중을 받는 봉은 스프링과 마찬가지로 인장하중을 받으면 길이가 늘어나고, 압축하중을 받으면 줄어든다. 이러한 거동을 해석하기 위하여 그림 8-3과 같은 균일 단면 봉을 고려해보자. **균일 단면 봉**(prismatic bars)은 길이방향으로 직선 축을 가지며 전체 길이에 걸쳐 일정한 단면을 갖는 구조용 부재를 일컫는다. 원형 봉을 예로 들었지만, 그림 8-4에서 보이는 바와 같이 구조용 부재는 여러 가지 단면 형태를 가질 수 있다.

그림 8-3
원형 균일 단면 봉

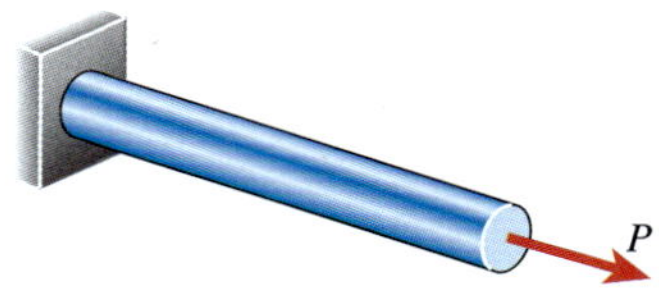

그림 8-4
구조체의 전형적인 단면

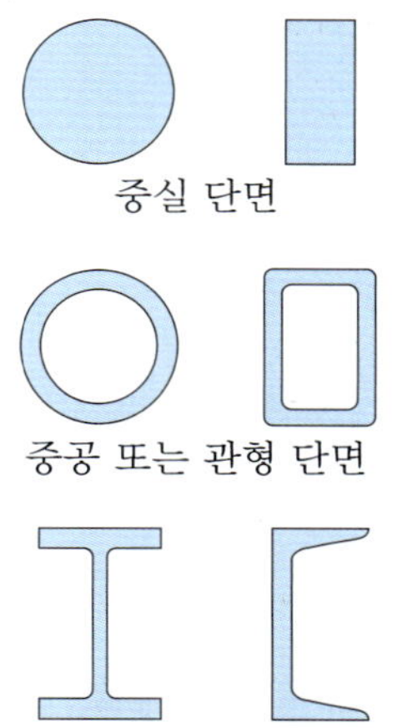

그림 8-5에서는 인장하중 P를 받는 균일 단면 봉에서의 **신장량**(elongation) δ를 보여준다. 하중이 끝 단면의 도심에 작용하면, 끝에서 멀리 떨어진 단면에 작용하는 균일 수직응력은 공식 $\sigma = P/A$로 주어진다. 여기에서 A는 축선에 수직인 단면의 면적이다. 또한 봉이 균질 재료로 제작되었다면 축방향 변형률은 $\varepsilon = \delta/L$이며, 여기에서 δ는 신장량, L은 봉의 길이이다.

재료가 **선형 탄성**이라고 가정한다면, 이는 재료가 훅의 법칙을 따른다는 것을 의미한다. 그렇다면 길이방향 응력과 변형률은 $\sigma = E\varepsilon$의 관계가 있으며 여기에서 E는 탄성계수이다. 이와 같은 기본적인 관계를 조합하면 봉의 신장량은 다음과 같은 수식으로 얻을 수 있다.

$$\delta = \frac{PL}{EA} \tag{8-3}$$

이 식은 신장량이 하중 P와 길이 L에 비례하고, 탄성계수 E와 단면적 A에 반비례함을 보여준다. EA의 곱셈 값은 **축강성**(axial rigidity)으로 알려져 있다.

비록 식 (8-3)은 인장을 받는 부재에 대해서 유도되었지만, 동일하게 압축을 받

그림 8-5
인장에서의 균일 단면 봉의 신장

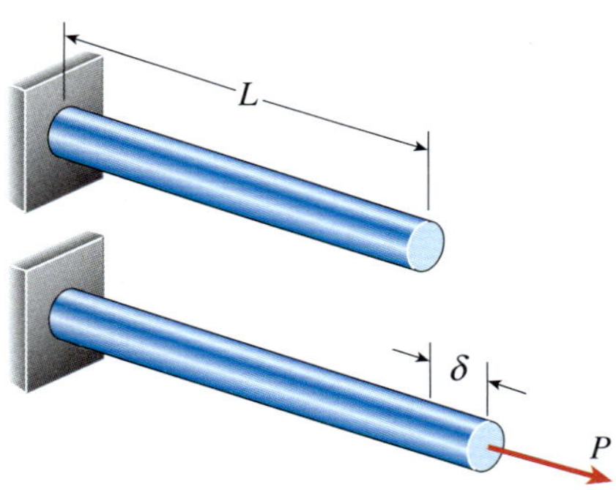

는 부재에 대해서도 똑같이 적용되며, 이 경우 δ는 봉의 수축량을 나타낸다. 일반적으로 부재가 길어졌는지 짧아졌는지는 육안으로 확인할 수 있으나, **부호 규약**(sign convention)이 필요한 경우가 있다(예를 들어 부정정 봉을 해석할 때). 이러한 경우 보통 신장은 양으로, 수축은 음으로 나타내며, 이를 **변형 부호 규약**(deformation sign convention)이라 한다.

일반적으로 봉의 길이 변화는, 특히 강이나 알루미늄 같은 구조용 금속 재료인 경우 원래 길이에 비하여 매우 작다. 예를 들어, 길이가 2 m이고 48 MPa의 보통의 압축하중을 받는 알루미늄 지주를 생각해보자. 만약 탄성계수가 72 GPa이라면, 지주의 수축량은 [P/A를 σ로 바꾼 식 (8-3)으로부터] $\delta = 0.0013$ m이다. 결론적으로 원래 길이에 대한 길이 변화의 비는 0.0013/2 또는 1/1,500이며, 최종 길이는 원래 길이의 0.999배이다. 이와 유사한 일반적 조건에서는, 계산할 때 (최종 길이 대신에) 봉의 원래 길이를 사용할 수 있다.

균일 단면 봉의 강성도와 유연도는 스프링의 경우와 같은 방법으로 정의된다. 강성도는 단위 신장량을 발생시키는 데 필요한 힘 또는 P/δ이며, 유연도는 단위 하중으로 인한 신장량 또는 δ/P이다. 그러므로 식 (8-3)으로부터 균일 단면 봉의 **강성도**와 **유연도**는 각각 다음과 같다.

$$k = \frac{EA}{L} \qquad f = \frac{L}{EA} \tag{8-4a, b}$$

식 (8-4a, b)에 주어진 것을 포함하여, 구조용 부재의 강성도와 유연도는 컴퓨터 기반 방법(computer-oriented methods)을 이용하여 대형 구조물을 해석하는 데 특별한 역할을 한다.

케이블

© Barsik/Dreamstime.com

풀리의 철 케이블

케이블은 예를 들어, 무거운 물체를 들어 올리고 잡아당길 때, 승강기를 올릴 때, 타워를 담김 줄로 고정시킬 때, 현수교를 지지할 때와 같은 경우에 큰 인장력을 전달하는 데 사용된다. 케이블은 스프링 및 균일 단면 봉과는 달리 압축에는 견디지 못한다. 게다가 굽힘에 대한 저항이 작으므로 직선으로 되는 것만큼 굽힘도 쉽게 일어난다. 그럼에도 불구하고 케이블은 인장력만 받기 때문에 축하중을 받는 부재로 간주된다. 케이블의 인장력은 축방향으로 작용하기 때문에 케이블의 형상에 따라 힘의 방향과 크기가 달라질 수 있다.

케이블은 수많은 와이어를 특정 방식으로 꼬는 방식으로 만든다. 케이블의 용도에 따라 다양한 종류의 배열이 가능하지만, 케이블의 공통적인 형태는 그림 8-6과 같이 중앙의 **가닥**(strand) 주위에 나선형으로 꼬인 6개의 가닥으로 구성되어 있다. 각각의 가닥은 나선형으로 꼬아진 많은 와이어로 구성된다. 이러한 이유로 케이블을 종종 **와이어 로프**(wire rope)라고 일컫기도 한다.

케이블의 단면적은 각 와이어의 총단면적과 같으며, 이를 **유효 면적**(effective area) 또는 **금속 면적**(metallic area)이라고 부른다. 이 면적은 각각의 와이어 사이에 공간이 있기 때문에 케이블과 같은 지름을 갖는 원의 면적보다 작다. 예를 들어 25 mm 지름을 갖는 케이블의 실제 단면적(유효 면적)은 300 mm^2인 반면에 25 mm 지름을 갖는 원의 면적은 491 mm^2이다.

같은 인장 조건하에서 케이블의 신장량은 같은 재료 및 같은 금속 단면적을 갖는 중실봉의 신장량보다 크며, 이는 케이블 내의 와이어가 로프 내의 파이버(fiber)와 같은 방식으로 조여지기 때문이다. 그러므로 케이블의 탄성계수[**유효계수**(effective modulus)라 불림]는 케이블 재료의 탄성계수보다 작다. 강 케이블의 유효계수는 약 140 GPa이지만, 강 자체의 탄성계수는 210 GPa이다.

식 (8-3)에 의하여 케이블의 **신장량**을 구할 때, *E*값으로 유효계수를, *A*값으로 유효 면적을 이용하여야 한다.

실제에서는 케이블의 단면 치수와 기타 성질은 제조사로부터 얻는다. 그러나 이 책에서는 문제를 푸는 데 사용하기 위하여(분명히 공학적 응용에서 사용 불가) 특정한 형태의 케이블에 대한 성질을 표 8-1에 수록하였다. 마지막 열은 케이블을 끊을 수 있는 하중인 **극한하중**을 나타내고 있음에 주목해야 한다. 케이블의 용도에 따라 **허용하중**은 극한하중에 3~10 범위의 안전율을 적용하여 구한다. 케이블의 각 와이어는 보통 고강도 강으로 제작되며 파괴될 때의 응력은 약 1,400 MPa 정도일 수 있다.

다음 예제는 스프링과 봉을 포함하는 간단한 장치를 해석하는 기법이다. 해를 구하는 자유물체도, 평형 방정식 및 길이 변화에 대한 식을 필요로 한다. 이 장 끝에 있는 연습문제는 많은 추가적인 예제를 제공한다.

그림 8-6

철 케이블에서 가락 및 와이어의 전형적인 배열

Tom Grundy/Shutterstock.com

표 8-1

철 케이블의 물질적 특성[1]

공칭 직경	예측 무게	유효 면적	극한하중
mm	N/m	mm^2	kN
12	6.1	76.7	102
20	13.9	173	231
25	24.4	304	406
32	38.5	481	641
38	55.9	697	930
44	76.4	948	1260
50	99.8	1230	1650

[1] 이 책의 문제를 풀이하기 위해 사용될 것임

예제 8-1

두 개의 강체 봉이 스프링으로 CD에 연결되어 있는 기계 시스템에서, B와 E에서 선형 스프링으로 지지되는 방식으로 설계되어 있다(그림 8-7 참조). 하중 P가 C에 적용되기 전에 봉은 평행하며 스프링에는 응력이 작용하지 않는다. 봉의 무게는 무시한다.

(a) 하중 P가 C에 작용되었을 때 C에서의 아래쪽으로의 변위 δ_C의 공식을 유도하고, 봉 DEF의 회전 각도 θ의 공식을 유도하시오. (하중 P가 작용할 때 봉이 아주 작은 각도만큼 회전한다고 가정한다.)

(b) 두 개의 병진 스프링에서의 힘을 구하고 E에 있는 회전 스프링에 작용하는 모멘트를 구하시오.

그림 8-7
탄성 스프링에 의해 연결되고 지지되는 두 개의 강체 봉

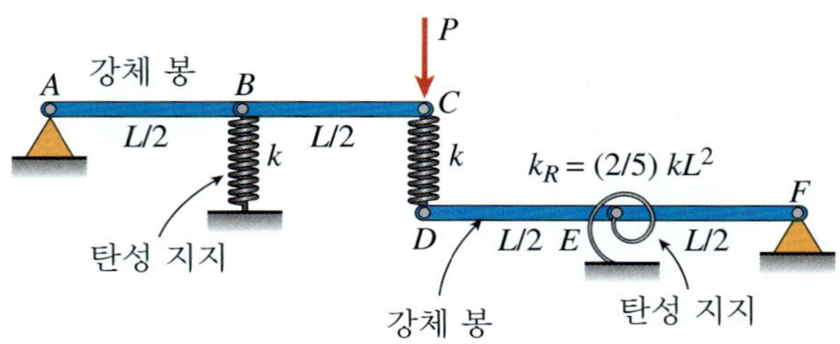

풀이

4단계 문제풀이 접근방법을 사용하여 두 봉의 회전, 병진 스프링에 작용하는 힘, 회전 스프링에 작용하는 모멘트를 구한다.

1. **개념화[가정, 스케치]** 그림 8-8에서의 점선으로 볼 수 있듯이, 봉 ABC는 하중 P가 작용하게 될 경우 아래 방향으로 움직일 것이며, 봉 DEF는 반시계방향으로 회전할 것이다. 그 결과 스프링에 작용하는 힘 F_B와 F_{CD}, 그리고 회전 스프링에 작용하는 모멘트 M_E는 그림 8-8에서 보는 바와 같이 작용할 것이다. 이제 B에서 병진 스프링이 지지하는 힘을 $F_B = k\delta_B$로 교체하고, E에서 회전 스프링이 지지하는 모멘트를 $M_E = k_R\theta$로 치환함으로써 각 봉의 자유물체도를 그린다. C와 D 사이에서 두 개의 봉을 지지하는 스프링은 크기는 같지만 방향이 반대인 힘 $F_{CD} = k(\delta_C - \delta_D)$를 C와 D점에 가하게 되는데,

그림 8-8
C와 D지점에서 스프링에 의해 연결되어 있는 위 그리고 아래 봉의 자유물체도

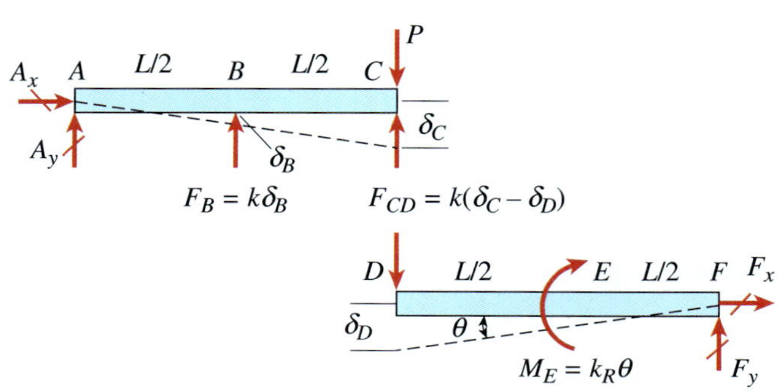

이는 상대변위 ($\delta_C - \delta_D$)에 따라 변한다. 힘 P는 점 C에서 아래 방향으로 작용한다. 따라서 변위 δ_C는 δ_D보다 크다. 이때 음수인 결과 값은 그림 8-8의 힘과 모멘트가 반대 방향으로 작용함을 의미한다.

2. **분류[단순화, 분류화]** 두 봉은 강체이고 변위와 회전은 작다. 따라서 $\delta_B = \delta_C/2$이고 $\theta = \delta_D/L$이다.

3. **해석[수치계산, 적절한 식 선정, 수학적인 해를 구함]**

봉 *ABC*의 평형: 그림 8-8에서 위 자유물체도의 점 A에 관한 모멘트를 합한다.

$$\Sigma M_A = 0 \qquad F_B \frac{L}{2} + F_{CD}L - PL = 0 \ \text{ 또는 } \ \frac{k}{2}\delta_B + k(\delta_C - \delta_D) = P$$

$\delta_B = \delta_C/2$로 치환하고, 단순화하면 다음을 구할 수 있다.

$$\frac{5k}{4}\delta_C - k\delta_D = P \qquad \text{(a)}$$

봉 *DEF*의 평형: 다음으로 그림 8-8에서 아래 자유물체도의 점 F에 관한 모멘트를 합한다.

$$\Sigma M_F = 0 \qquad F_{CD}L - M_E = 0 \ \text{ 또는 } \ k(\delta_C - \delta_D)L = k_R\theta$$

$\theta = \dfrac{\delta_D}{L}$ 와 $k_R = \dfrac{2}{5}kL^2$을 대입하고 단순화하면 다음을 얻는다.

$$\delta_C = \frac{7}{5}\delta_D \qquad \text{(b)}$$

마지막으로 식 (b)를 식 (a)에 대입하고, 변위 δ_C, δ_D와 회전 θ를 구하면 다음을 얻는다.

$$\delta_D = \frac{4}{3}\frac{P}{k}, \qquad \delta_C = \frac{28}{15}\frac{P}{k}, \qquad \theta = \frac{4}{3}\frac{P}{kL} \qquad \text{(c)}$$

두 개의 스프링에 작용하는 힘과 *E*에서 회전 스프링에 작용하는 모멘트: 식 (b)와 (c)의 변위를 이용해서 병진 스프링에 작용하는 힘과 회전 스프링 지지점 E에 작용하는 모멘트를 구하면 다음과 같다.

$$F_B = k\delta_B = \frac{14}{15}P, \qquad F_{CD} = k(\delta_C - \delta_D) = \frac{8}{15}P, \qquad M_E = k_R\theta = \frac{8}{15}PL$$

4. **최종 단계[결론, 해의 검증 — 해가 합당한가? 단위가 맞는가? 비슷한 문제풀이 방법과 비교해볼 때 어떠한가?]** 스프링에 작용하는 힘과 모멘트 값은 모두 양수이다. 따라서 그림 8-8에서 가정한 힘과 모멘트들의 방향이 적절하다는 것을 알 수 있다. 예상한 대로, 두 개의 병진 스프링 모두 압력을 받고 있으며, E지점의 회전 스프링은 봉 DEF를 반시계방향으로 돌리도록 작용한다.

예제 8-2

두 개의 프레임이 강체 보(*ABC*)와 탄성 기둥(*BD*, 그림 8-9 참조)을 이용하여 구성되어 있다. 프레임 1은 미끄럼 지지대가 *A*에 설치되어 있으며 하중 *P*가 *C*에 가해지고 있다. 프레임 2는 *A*가 핀으로 지지되어 있으며 점 *C*에 모멘트 $M = PL/3$이 가해지고 있다. 두 개의 프레임 모두에 대해, 기둥 *BD*는 단면적 $A = 8{,}500\ \text{mm}^2$와 높이 $L = 725$ mm를 갖는다. 기둥은 $E = 205$ GPa인 강철로 만들어졌다고 가정한다.

(a) 각각의 프레임에 대해서, 점 *C*에서의 변위 δ_C가 0.75 mm로 제한될 때 허용하중 *P*값을 구하시오.

(b) $P = 1{,}200$ kN인 경우, $\delta_C = 0.75$ mm가 되도록 하기 위해 필요한 각 기둥의 단면적은 얼마인가?

그림 8-9
두 개의 프레임: 탄성 기둥에 의해 지지되는 강체 보

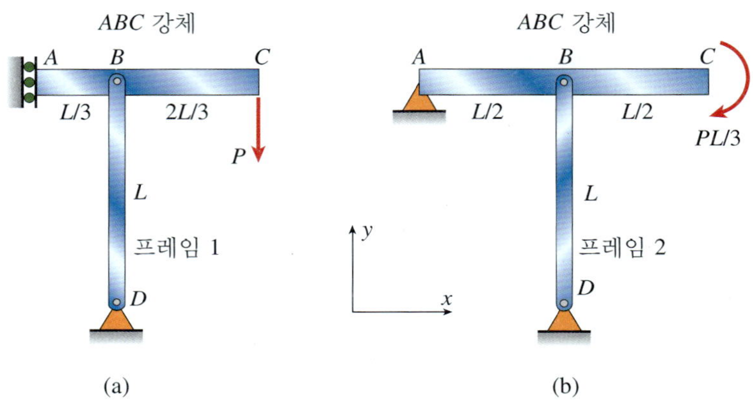

풀이

4단계 문제풀이 접근방법을 사용하여 허용하중 *P*와 필요한 단면적을 구한다.

1. **개념화** 프레임 1과 2의 강체 보 *ABC*의 자유물체도를 그림 8-10과 같이 나타낸다. 이 자유물체도를 이용하여 기둥 *BD*에 작용하는 힘 F_{BD}를 구한다.
2. **분류** *A*의 미끄럼 지지 때문에 프레임 1의 강체 보 *ABC*는 회전할 수 없다. 따라서 그림 8-11a의 변위 선도에서 보이는 대로 강체 보는 아래 방향으로 평형 이동하게 된다. 그러므로 기둥 *BD*의 아래 방향 변위 δ_B는 δ_C와 같다. 프레임 2에서 강체 보 *ABC*는 그림 8-11b의 변위 선도에서 보이는 대로 핀 지지점 *A*를 중심으로 회전할 것이다. 삼각형 닮음 조건으로부터 기둥 *BD* 윗부분에서의 아래 방향 변위 δ_B는 $\delta_C/2$와 같다. 그

그림 8-10
(a) 프레임 1과 (b) 프레임 2의 강체 보 *ABC*의 자유물체도

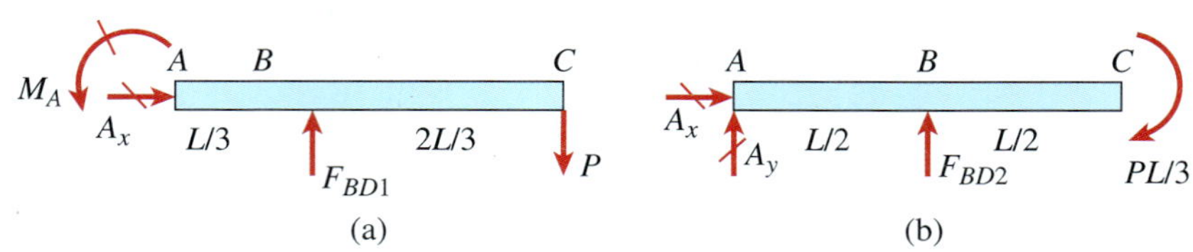

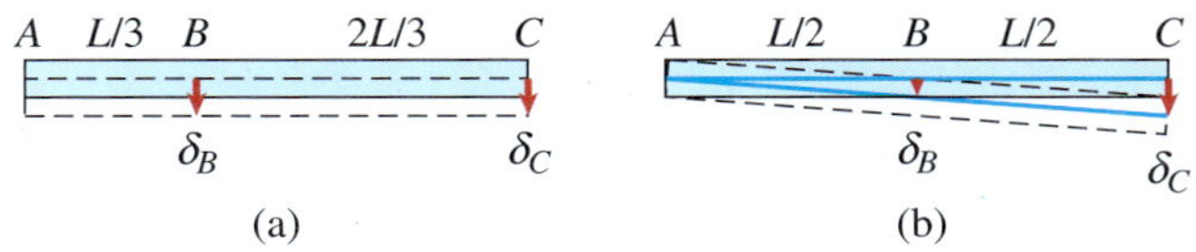

그림 8-11
(a) 프레임 1과 (b) 프레임 2의 강체 보 *ABC*의 변위

림 8-11의 모든 변위는 매우 작다고 가정한다.

3. 해석

프레임 1의 허용하중 P: 그림 8-10a에서 y방향의 힘을 모두 합해 $F_{BD1}=P$를 얻는다. **힘-변위 관계**와 $\delta_B=\delta_C$를 사용하여 프레임 1에서 허용하중 P_{a1}의 수식을 구하며, 이는 C에서의 아래 방향 변위가 δ_C를 초과할 수 없다는 요건을 만족시킨다. 수치값을 대입하여 다음을 얻는다.

$$P_{a1} = \frac{EA}{L}\delta_C = \frac{(205\ \text{GPa})(8500\ \text{mm}^2)}{725\ \text{mm}}(0.75\ \text{mm}) = 1803\ \text{kN}$$

프레임 2의 허용하중 P: 그림 8-10b의 접합점 A에 관한 모멘트를 합하여 $F_{BD2}=2P/3$를 얻는다. **힘-변위 관계**와 $\delta_B=\delta_C/2$를 이용하여 프레임 2의 허용하중 P_{a2}에 대한 수식을 구하고, 수치값을 대입한다.

$$\delta_B = \frac{F_{BD2}L}{EA} = \frac{(2P/3)L}{EA} = \frac{\delta_C}{2}$$

따라서

$$P_{a2} = \frac{3}{4}\frac{EA}{L}\delta_C = \frac{3}{4}\frac{(205\ \text{GPa})(8500\ \text{mm}^2)}{725\ \text{mm}}(0.75\ \text{mm}) = 1352\ \text{kN}$$

접합점 C에 적용하는 모멘트 M의 허용값은 $P_{a2}L/3=327\ \text{kN}\cdot\text{m}$로 구할 수 있다.

기둥 BD의 요구 단면적: 이제 하중은 $P=1{,}200$ kN으로 특정되었지만, 변위 δ_C값의 한계 값에 근거하여 각 프레임의 기둥 BD의 요구 단면적을 구한다. 힘-변위 관계로부터

$$A_{BD1} = \frac{F_{BD1}L}{E\delta_B} = \frac{(1200\ \text{kN})(725\ \text{mm})}{(205\ \text{GPa})(0.75\ \text{mm})} = 5659\ \text{mm}^2$$

$$A_{BD2} = \frac{F_{BD2}L}{E\delta_B} = \frac{\left(\frac{2}{3}1200\ \text{kN}\right)(725\ \text{mm})}{(205\ \text{GPa})\left(\frac{0.75\ \text{mm}}{2}\right)} = 7545\ \text{mm}^2$$

4. 최종 단계 C점에서 $\delta_C \le 0.75$ mm라는 변위 제한에 근거하여 허용하중 P_{a1}과 P_{a2}의 값을 계산하였다. 이제 각 프레임의 기둥 BD의 축방향 수직응력 σ를 확인하여 위의 하중값이 주어졌을 때 수직응력이 탄성 범위 내에 있음을 확인해야 한다. 프레임 1과 2의 기둥 BD에 작용하는 응력값은 다음과 같다.

$$\sigma_{BD1} = \frac{F_{BD1}}{A} = \frac{1803\ \text{kN}}{8500\ \text{mm}^2} = 212\ \text{MPa} \qquad \sigma_{BD2} = \frac{F_{BD2}}{A} = \frac{901\ \text{kN}}{8500\ \text{mm}^2} = 106\ \text{MPa}$$

강철의 항복응력은 250 MPa이므로 두 응력값 모두 가능하다(부록 F의 표 F-3 참조). 두 개의 기둥 모두 압축하중을 받고 있음을 주목할 필요가 있다. 따라서 앞으로 논의될 **좌굴 불안정성**(buckling instability)의 가능성을 고려하여야 한다.

8.3 불균일 조건에서의 길이 변화

앞 절에서 설명한 바와 같이, 선형 탄성 재료의 균일 단면 봉이 끝에 하중을 받을 때, 길이 변화는 식 $\delta = PL/EA$로 구한다. 이 절에서는 같은 식이 더욱 일반적인 경우에도 사용될 수 있다는 것을 보여줄 것이다.

중간 지점에서 축하중을 받는 봉

예를 들어, 균일 단면 봉이 축의 중간 지점에 축방향으로 한 개 또는 그 이상의 축하중을 받는다고 가정하자(그림 8-12a). 각 부분의 신장량 및 수축량을 대수적으로 합함으로써 이 봉의 길이 변화를 구할 수 있다. 그 절차는 다음과 같다.

1. 봉의 AB, BC, CD 부분을 각각 1, 2, 3이라고 정의한다.
2. 그림 8-12b, c, d의 자유물체도로부터, 각 부분 1, 2, 3의 내력 N_1, N_2, N_3을 구한다. 축방향 내력을 외력 P와 구분하기 위하여 문자 N으로 나타내었음을 주목하자. 수직방향 힘을 합하여 축력에 대한 식을 다음과 같이 얻는다.

$$N_1 = -P_B + P_C + P_D \qquad N_2 = P_C + P_D \qquad N_3 = P_D$$

   이 수식을 적을 때 변형 부호 규약을 사용하였다(내부 축력이 인장되면 양의 값을, 압축일 경우 음의 값을 가진다). 이 봉에 대해서 **축력 선도**(axial-force diagram, AFD)를 그릴 수 있고, 이 선도는 봉의 길이에 걸쳐 내부 축력 $N(x)$의 변화를 보여준다(그림 8-12e).
3. 식 (8-3)으로부터 각 부분의 길이 변화를 구한다.

$$\delta_1 = \frac{N_1 L_1}{EA} \qquad \delta_2 = \frac{N_2 L_2}{EA} \qquad \delta_3 = \frac{N_3 L_3}{EA}$$

   여기에서 L_1, L_2, L_3은 각 부분의 길이이고, EA는 봉의 축강성이다.
4. δ_1, δ_2, δ_3을 더하여 δ를 구한다. 이것은 전체 봉의 길이 변화이다.

$$\delta = \sum_{i=1}^{3} \delta_i = \delta_1 + \delta_2 + \delta_3$$

길이 변화는 신장은 양으로, 수축은 음으로 하여 대수적으로 합하여야 한다. 각 봉 부분의 끝에 그려진 변위 그림은 그 구조물에 대한 **축변위 선도**(axial-displacement

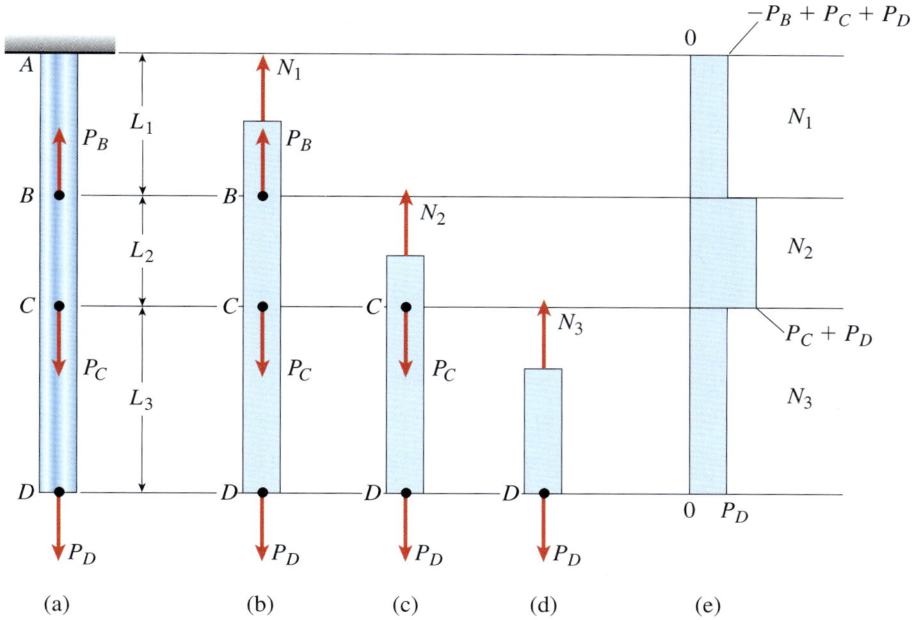

그림 8-12
(a) 중간 지점에 외력이 작용하는 봉, (b), (c), (d) 축방향 내력 N_1, N_2, N_3을 보여주는 자유물체도, (e) 축력 선도

diagram, ADD)라 한다.

균일 단면 부분으로 구성된 봉

이와 같은 동일한 접근방법이 각각 다른 축력, 다른 치수 및 다른 재료로 구성되어 있는 여러 개의 균일 단면 부분으로 구성된 봉에도 적용될 수 있다(그림 8-13a). 길이 변화는 다음 식으로 구한다.

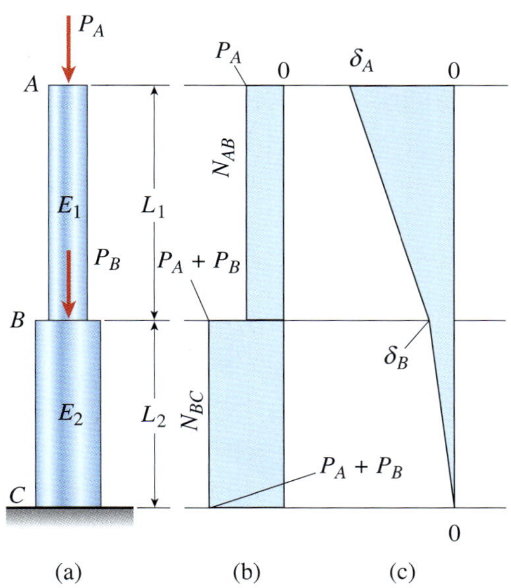

그림 8-13
(a) 다른 축력, 다른 치수 및 다른 재료를 갖는 균일 단면 부분으로 구성된 봉, (b) AFD, (c) ADD

$$\delta = \sum_{i=1}^{n} \frac{N_i L_i}{E_i A_i} \qquad \text{(8-5)}$$

여기에서 아래 첨자 i는 여러 부분에 대한 숫자 표시이며, n은 부분의 전체 개수이다. 특히 N_i는 외부하중이 아니며, 부분 i의 축방향 내력이라는 것을 주목하자. 그림 8-13b에 AFD의 스케치를 나타냈으며, ADD를 그림 8-13c에 나타내었다. A에서의 변위 δ_A는 각 부분의 수축의 합 $\delta_{AB} + \delta_{BC}$와 같으며, B에서의 변위 δ_B는 부분 $BC(\delta_{BC})$의 수축값과 같다. 지지점 C는 고정되어 있으므로 $\delta_C = 0$이다. 각 부분의 내력은 일정하지만, 각 부분 안에서의 내부 변위는 선형적으로 변화한다(그림 8-13c).

연속적으로 변하는 하중 또는 치수를 갖는 봉

때로는 축력 N과 단면적 A가 그림 8-14a의 테이퍼 봉에서 보는 바와 같이, 봉의 축을 따라 연속적으로 변한다. 이 봉은 단면적이 연속적으로 변할 뿐만 아니라 축력도 연속적으로 변한다. 그림처럼 하중이 두 개의 부분, 즉 봉의 B단에서 작용하는 힘 P_B와 축에 따라 작용하는 분포 힘 $p(x)$로 구성되어 있다. (분포 힘은 미터당 뉴턴과 같은 단위 길이당 힘의 단위를 가진다.) 분포된 축하중은 원심력, 마찰력 또는 수직으로 매달려 있는 봉의 무게와 같은 인자에 의해 발생할 수 있다.

이러한 조건에서 식 (8-5)는 길이 변화를 구하는 데 더 이상 유효하지 않다. 그 대신 봉의 미분 요소의 길이를 구하여 이를 봉 전체 길이에 대해 적분한다.

봉의 좌측 끝단으로부터 길이 x만큼 떨어진 위치에 있는 미소 요소를 선정한다(그림 8-14c). 이 단면에 작용하는 축방향 내력 $N(x)$(그림 8-14b)는 부분 AC 또는 CB를 자유물체로 하여 평형 조건으로부터 구할 수 있다. 일반적으로 이 힘은 x의 함수로 표현된다. 또한 봉의 치수를 알기 때문에 단면적 $A(x)$를 x의 함수로 표시할 수 있다.

미분 요소의 신장량 $d\delta$(그림 8-14c)는 $\delta = PL/EA$의 P 대신에 $N(x)$, L 대신에 dx, A 대신에 $A(x)$를 대입함으로써 다음과 같이 구할 수 있다.

$$d\delta = \frac{N(x)dx}{EA(x)} \qquad \text{(8-6)}$$

전체 봉의 신장량은 위 식을 전체 길이 영역에 대해 적분하여 구한다.

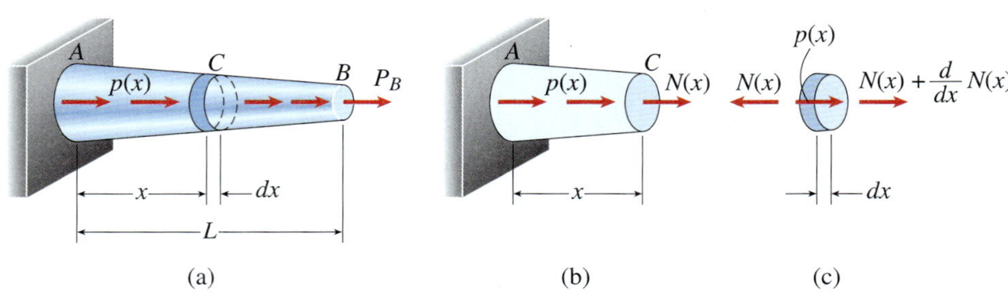

그림 8-14
단면적과 축력이 변하는 봉

$$\delta = \int_0^L d\delta = \int_0^L \frac{N(x)dx}{EA(x)} \tag{8-7}$$

만약 $N(x)$와 $A(x)$에 대한 수식이 너무 지나치게 복잡하지 않다면, 적분은 해석적으로 구할 수 있으며, 뒤의 예제 8-4에서 설명하는 바와 같이 δ 또는 $\delta(x)$에 대한 공식을 구할 수 있다. 그러나 적분이 어렵거나 불가능한 경우에는 적분을 구하기 위하여 수치적인 방법을 사용하여야 한다.

제한사항

식 (8-5)부터 (8-7)은 공식에 탄성계수 E가 있으므로, 선형 탄성 재료로 된 봉에만 적용된다. 또한 공식 $\delta = PL/EA$는 응력 분포가 모든 단면에 걸쳐 일정하다는 가정에서 유도되었다(왜냐하면 공식 $\sigma = P/A$에 기반하고 있으므로). 이 가정은 균일 단면 봉에는 유효하지만 테이퍼 봉에는 유효하지 않으므로 식 (8-7)은 봉의 측면 사이의 각이 작은 경우의 테이퍼 봉에 대해서만 만족할 만한 결과를 제시한다.

예를 들면, 봉의 측면 사이의 각도가 20°인 경우, 식 $\sigma = P/A$에서 구한 응력(임의로 선정한 단면에서)은 그곳의 같은 단면적에 대한 (더 진보된 방법으로 계산된) 정확한 응력보다 3% 더 작다. 더 작은 각에 대해서 오차는 더욱 작아진다. 결과적으로 식 (8-7)은 테이퍼 각이 작으면 만족된다고 할 수 있다. 테이퍼 각이 큰 경우에는 더욱 정확한 해석 방법이 필요하다.

축변위 선도

평형 상태를 사용하면 봉의 길이에 걸친 내부 축력 $N(x)$의 변화를 시각적인 도시로 나타낼 수 있으며, 이것을 활용함으로써 최대 내부 축력 N_{max}의 위치(또한 최대 축 수직 응력의 위치일 수도 있는)와 같은 봉의 특이점을 찾을 수 있다. 이 그림은 **축력 선도**(AFD)라 일컬어진다. 측력 선도를 그리는 규칙은 $q(x)$와 $N(x)$ 사이의 미분적인 그리고 적분적인 관계를 이용하는 것이다. 이제 식 (8-7)의 **힘-변위 관계**를 사용하여 봉의 길이에 걸친 축변위 $\delta(x)$의 변화에 대한 그림을 도시할 수 있는데, 이를 **축변위 선도**(ADD)라 한다.

ADD를 만들 때, 먼저 식 (8-7)에서 내부 축력 $N(x)$가 내부 변위 $\delta(x)$에 대한 식으로 이루어지는 피적분 함수의 일부라는 것을 주목할 필요가 있다. 그러므로 축력 선도에서 세로축 $N(x)$는 축변위에서의 기울기에 **비례**한다. 기울기에 대한 정확한 식은 식 (8-7)의 분자에 $EA(x)$를 포함해야 한다. 두 번째로, 적분식으로 표현된다는 것은 임의의 두 점 A와 B 사이 축변위의 변화가 AFD상의 같은 두 지점 사이의 넓이에 비례한다는 것을 의미한다.

$$\delta_B - \delta_A = \int_A^B \frac{N(x)}{EA(x)} dx$$

이러한 발견을 이용하여 AFD로부터 ADD를 만드는 것에서 다음과 같은 규칙 또는 가이드라인을 만들 수 있다.

- ADD에서 임의의 지점의 기울기는 같은 지점의 봉 EA의 축 강도로 나뉜 같은 지점에서 AFD의 세로축 값과 같다.
- 봉 위의 임의의 두 점 사이의 축방향 변위의 변화는 같은 범위상의 봉 EA의 축 강도로 나뉜, 동일한 두 지점 사이의 축력 선도의 넓이와 같다.

(EA가 각 봉의 부분별로 일정하도록) 봉이 부분적으로 균일 단면이고 $N(x)$가 x에 대해서 일정하거나 선형적인 경우, ADD는 아래에 주어져 있듯 간단하게 기하학적으로 만들어낼 수 있다. 그렇지 않은 경우, ADD를 만들기 위해서는 식 (8-7)의 해석적 혹은 수치적 적분이 필요하다.

축력을 받는 다양한 봉에 대해서 축력 선도가 그림 8-12e와 8-13b에 도시되어 있다. 그림 8-15a와 b의 봉의 평형 상태를 고려해보는데, 그림 8-15d의 ADD를 구성하는 데 그림 8-15c의 AFD를 이용하자. 그림 8-15d의 ADD는 식 (8-7)의 힘-변위 관계에 기반을 두며, 위에 명시된 두 개의 규칙으로 표현되어 있는 기하학적인 해석을 활용한다. 먼저, 지지점의 변위 $\delta_A=0$에 주목하자. 다음 AFD에서 A와 B 사이의 세로축 값은 상수($+2P$)이며, A와 B 사이 AFD 아래 부분의 넓이는 $+PL/2EA$이며, ADD는 기울기 $+2P/EA$로 선형적으로 변하며 이 부분에 걸친 세로축상의 변화는 $\delta_B-\delta_A=\delta_B=+PL/2EA$이다. 또한 B부터 C까지 세로축상의 변화는 $-PL/4EA$이므로 $\delta_C=+PL/4EA$이다. 마지막으로 부분 CD에 걸친 세로축상의 변화는 $+PL/2EA$이므로 $\delta_D=\delta_{\max}=+3PL/4EA$이다. ADD를 구성하는 데 정적 부호 규약을 사용한다. 축변위 벡터가 $+x$방향이면 축변위 $\delta(x)$는 양의 값을 가진다(그리고 ADD에서 기준선 위에 그려져 있다). 예제 8-3과 8-4에 이러한 개념의 추가적인 응용 예시를 제시한다.

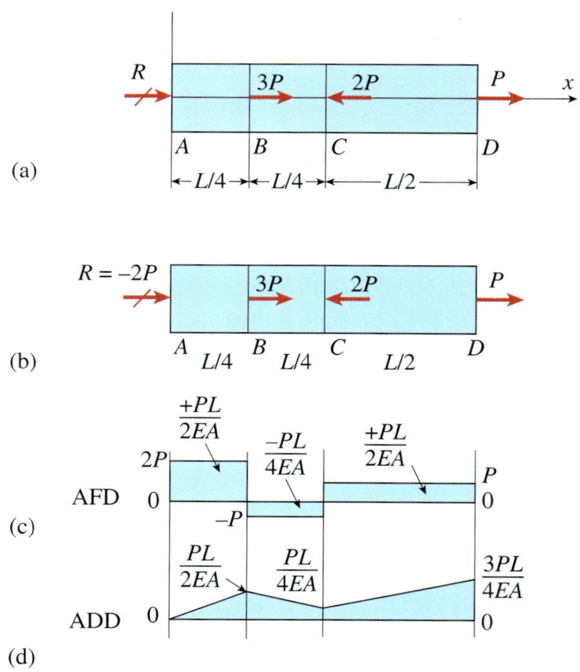

그림 8-15
(a) 중간 지점에 축방향 하중을 받는 균일 단면 봉, (b), (c), (d) 전체 FBD, 축력 선도(AFD), 축변위 선도(ADD)

예제 8-3

석유 시추 작업 시작 전에 드릴 파이프의 섹션을 석유 시추 장비에 거치한다(그림 8-16). 파이프의 길이는 L, 지름은 d, 벽 두께는 t이다. 파이프의 무게 W, 파이프 맨 위 지지점에서의 지지 반력 R, 중력에 의한 파이프 위의 임의의 점 x에서의 내부 축력 $N(x)$와 변위 $\delta(x)$에 대한 수식을 유도하시오. 축력 선도(AFD)와 축변위 선도(ADD)를 도시하시오.

(a) (b)

그림 8-16
시추 장비에 거치한 균일 단면 파이프

풀이

4단계 문제풀이 접근방법을 사용한다.

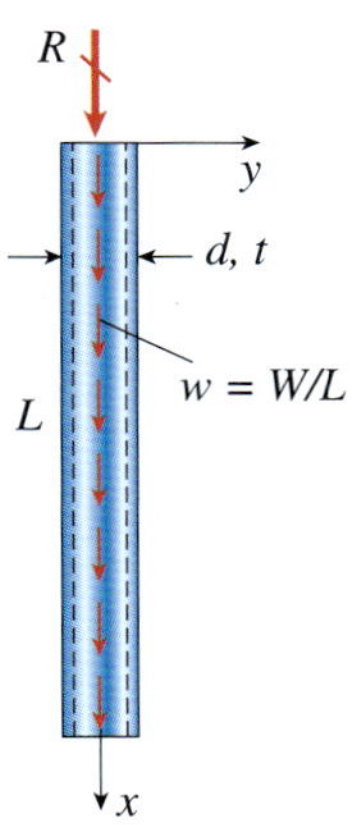

그림 8-17
전체 파이프의 자유물체도

1. **개념화** 드릴 파이프는 균일 단면이며, 총무게는 W이다. 따라서 단위길이당 무게는 일정한 강도의 축력 $w = W/L$로 균일하게 분포되어 있다. x축은 파이프의 세로 중심축이며, 파이프의 맨 위 지지점으로부터 파이프의 끝 바닥 지점까지 이어져 있다. 맨 위의 지지점만 고정되어 있는 상태이며, 이것은 축방향의 구속만을 의미한다. 맨 위 지점의 지지 반력 R를 구하기 위하여 전체적인 파이프의 자유물체도(그림 8-17)를 이용하여 시작한다. 맨 위에서부터 x 거리만큼에 위치해 있으며 바닥으로부터는 $L-x$ 거리에 있는 지점을 기준으로 파이프를 분리하면 파이프의 상단 자유물체도와 하단 자유물체도가 나오고(그림 8-18), 내부 축력 $N(x)$를 표시할 수 있다.
2. **분류** 시추 작업 전에 드릴 파이프는 하나의 축력만을 받게 된다. 파이프는 오직 내부 축력 $N(x)$만 임의의 단면적에서 받으며, 이 단계에서 파이프는 어떤 전단력과 모멘트도 받지 않는다. 파이프는 일정하게 분포되어 작용하는 중력 $w(x)$로 인해 길이는 증가하게 된다.
3. **해석**

파이프 무게 W와 지지 반력 R: 원형 파이프의 단면적은 아래와 같이 구해질 수 있다.

$$A = \frac{\pi}{4}\left(d^2 - (d - 2t)^2\right) = \pi t(d - t)$$

그림 8-18
봉의 위/아래 자유물체도

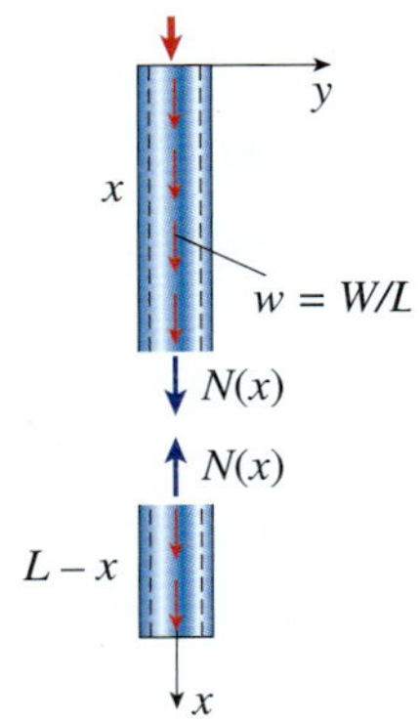

철의 비중량은 γ이며(다양한 물질에 대한 비중량의 수치값은 부록 표 F-1 참조), 따라서 파이프의 단위길이당 무게는 $w=\gamma A$로 주어지며, 파이프의 총무게는 $W=wL$이다. 거치되어 있는 파이프는 정정 구조물이며, 오직 축방향 힘만 고려한다. 그림 8-17에서 x방향 힘을 모두 합하면 반력 R는

$$\Sigma F_x = 0 \qquad R + wL = 0 \quad \text{따라서} \quad R = -wL = -W$$

정적 부호 규약에 기반하여, 음수 결과 값은 반력 R가 **위쪽** 방향인 $-x$방향으로 작용하는 것을 의미한다.

거치되어 있는 파이프의 내부 축력 $N(x)$: 그림 8-18의 위 또는 아래 자유물체도 어느 것이든 파이프의 임의의 지점 x에서의 내부 축력을 구하는 데 사용될 수 있다. 위 자유물체도(upper free-body diagram, UFBD)를 사용하면 다음 수식을 구할 수 있다.

$$\Sigma F_x = 0 \qquad R + (w)(x) + N(x) = 0 \text{ (UFBD)} \quad \text{또는} \quad N(x) = w(L - x)$$

그림 8-18의 아래 자유물체도(lower free-body diagram, LFBD)를 이용해도 같은 결과를 도출한다.

$$\Sigma F_x = 0 \qquad -N(x) + (w)(L - x) = 0 \text{ (LFBD)} \quad \text{또는} \quad N(x) = w(L - x)$$

내부 축력은 x에 대한 선형 함수로 나타내어지며, 변형 부호 규약에 근거하여 그림 8-18에서 가정한 대로 인장으로 작용한다. $N(x)$ 식에 x값을 대입하면 최대 인장력이 맨 위 지지점($x=0$)에서 $N(0)=N_{max}=W$로 주어짐을 알 수 있고, 선형적으로 감소하여 파이프의 바닥($x=L$) 지점에서 $N(L)=0$이 된다.

축력 선도(AFD): 내부 축력 $N(x)$의 그래프를 그림 8-19와 같이 도시하였으며, 이를 축력 선도라 일컫는다. 파이프는 모든 부분에서 인장이며, 따라서 $N(x)$는 기준 축의 오른쪽에 그려져 있다($+y$방향으로). 이 그래프는 $\frac{dN}{dx} = -w$의 일정한 기울기를 갖는다.

축변위 선도(ADD): 힘-변위 관계식[식 (8-7)]을 사용하여[ζ(zeta, 제타)를 적분의 가상 변수로 사용하여] 파이프 위의 임의의 위치 x에서의 변위 $\delta(x)$의 수식을 다음과 같이 구할 수 있다.

$$\delta(x) = \int_0^x \frac{N(\zeta)d\zeta}{EA} = \int_0^x \frac{w(L-\zeta)d\zeta}{EA} = \frac{wL^2}{2EA}\left[\frac{2x}{L} - \left(\frac{x}{L}\right)^2\right]$$

축력 $N(x)$는 x의 선형식이고, 변위 $\delta(x)$는 맨 위 지지점에서 0이고, $x=L$일 때 최대인 2차식이다.

$$\delta(0) = 0, \quad \delta_{max} = \delta(L) = \frac{wL^2}{2EA} = \frac{WL}{2EA}$$

파이프 바닥의 최대 변위는 전체 파이프의 무게 W가 $x=L$에서만 작용했을 때의 변위의 절반값이다. 그림 8-19b에 그려진 파이프의 높이에 따른 변위 $\delta(x)$의 그래프를 축변위 선도라 한다.

그림 8-19
파이프 전체의 (a) 축력 선도(AFD)와 (b) 축변위 선도(ADD)

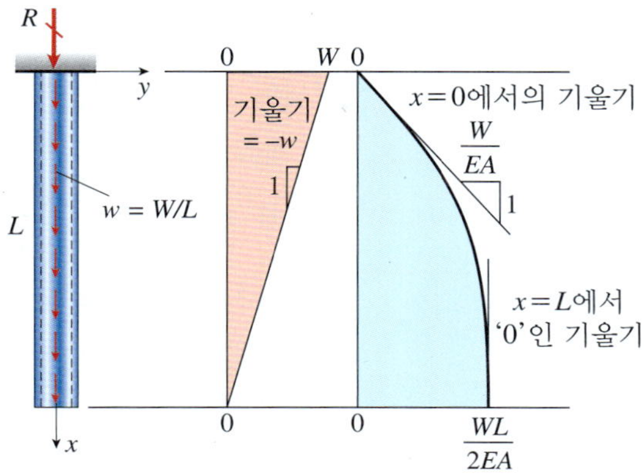

(a) AFD, $N(x)$ (b) ADD, $\delta(x)$

4. 최종 단계 축력 선도(그림 8-19a)로부터, 최대 인장 내력 N_{max}는 맨 위 지지점에 있다. 예상할 수 있듯이, N_{max}는 W로 파이프의 무게와 같다. 균일 단면을 가지는 파이프이므로 최대 응력과 변형 또한 맨 위 지지점에서 발생한다.

분포하중 강도 w는 파이프 전체에 걸쳐 일정하다. 하중 강도 w와 내부 축력 N 사이의 미분 관계식은 그림 8-14(c)에 보이는 대로 $\frac{dN}{dx} = -w$이다[여기에서 하중 강도를 $p(x)$로부터 $w(x)$로 변경]. x-y 좌표계에서 AFD는 일정한 기울기 $-w = -(W/L)$임을 주목하자. **이는 AFD의 기울기가 $w(x)$의 선도, 즉 분포된 축하중 선도의 (−)세로축 값과 같음을 확인하였다. 더 나아가 축하중 선도 아래의 넓이는 $-wL$이며, 이것은 AFD에서 파이프의 시작부터 끝까지 내력 축의 변화와 같다.** 이것은 다음과 같이 나타낼 수 있다.

$$N_{\text{bottom}} - N_{\text{top}} = -W = -\int_0^L w\,dx = -wL$$

내력 $N(x)$와 변위 $\delta(x)$ 사이의 유사한 기하학적 관계는 그림 8-19에서 AFD와 ADD를 비교하면 명백해진다. 식 (8-7)에서 내력 $N(x)$는 축변위 $\delta(x)$로 표현되는 피적분 함수로 표현된다는 것에 주목할 필요가 있으며, 그러므로 축력 선도에서 세로축 $N(x)$는 축변위 선도에서의 기울기에 비례관계를 따른다[기울기에 대한 전체 식은 식 (8-7)의 분모에 $EA(x)$를 포함해야 한다]. 게다가 적분표현식은 임의의 두 점 사이의 축변위가 AFD상의 동일한 두 점 사이의 **넓이**에 비례한다는 것을 의미한다. 파이프의 상단($x=0$)과 바닥($x=L$)을 두 위치로 선택하면 AFD 아래 부분의 총면적은 $\frac{1}{2}WL$이고, $\delta_{\text{bottom}} - \delta_{\text{top}} = \delta_{max} - 0 = \dfrac{WL}{2EA}$이다.

예제 8-4

그림 8-20
T 프레임 구조물

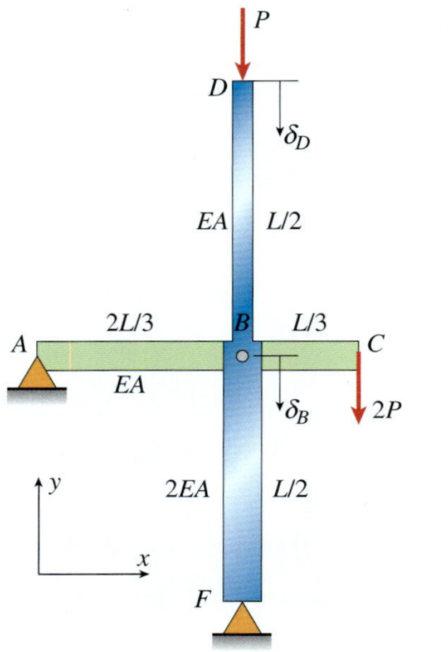

그림 8-21
(a) 보 ABC와 (b) 기둥 DBF의 자유물체도

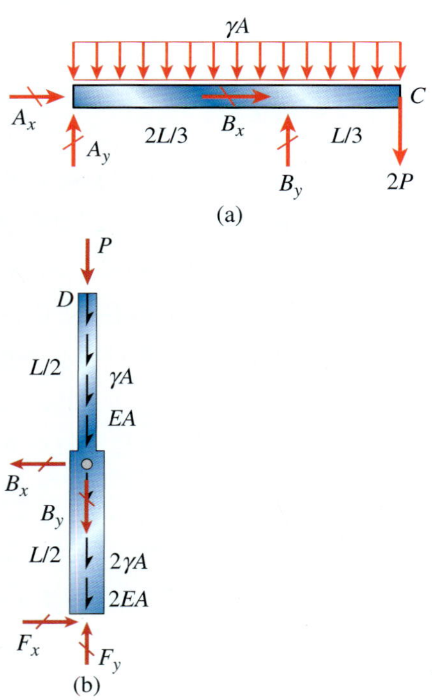

T 프레임 구조물은 균일 단면 보 ABC와 불균일 단면 기둥 DBF로 구성되어 있다. 이들은 마찰이 없는 핀으로 연결되어 B점에서 결합되었다. 보는 A에서 핀 지지되어 있고, 기둥은 F에서 핀 지지되어 있다(그림 8-20 참조). 보 ABC와 기둥 DB 부분은 단면적 A를 갖는다. 기둥 BF 부분은 면적 $2A$를 갖는다. 두 부재의 탄성계수는 E로 같다. C에서 하중 $2P$가 아래 방향으로 적용되고, D에서 하중 P가 작용한다. 또한 두 부재의 자중을 고려한다. 재료의 비중량은 γ이다. $D(\delta_D)$와 $B(\delta_B)$에서의 기둥 DBF의 아래 방향으로의 변위 식을 구하시오. 기둥 DBF에 대한 축력 선도(AFD)와 축변위 선도(ADD)를 도시하시오.

풀이

4단계 문제풀이 접근방법을 사용하여 이러한 T 프레임 구조물에 대하여 B와 D에서의 변위를 구한다.

1. **개념화** B의 핀을 제거하고 프레임을 두 개의 자유물체도(보 ABC에 및 기둥 DBF에 대한 자유물체도)로 분리한다(그림 8-21). A와 F의 반력 성분을 나타낸다. B에서 핀 힘 성분에 반대방향이며 크기가 같다. C와 D에 각각 가한 하중 $2P$와 P, 보 ABC에 균일 분포 자중에 의한 횡방향 하중 γA, DB에 γA와 BF에 $2\gamma A$로 불균일 분포 자중에 의한 축방향 하중. 기둥의 DB와 BF 부분에서 DB와 BF의 축방향 변위를 구하기 위하여 **힘-변위 관계**를 사용하고 변위 δ_B와 δ_D를 구한다.
2. **분류** 변위 δ_B는 기둥 BF 부분에서 압축의 결과인 반면에 D의 변위 δ_D는 δ_B와 기둥 DB 부분의 압축 변위의 합이다. 그림 8-21b에서 볼 수 있듯이 각 하중에 의한 변위를 표 8-2에 요약하였다. 예제 8-3으로부터 균일 분포 축하중 w에 의한 변위는 집중하중에 의한 것의 절반임을 기억하자.

$$\frac{wL^2}{2EA} = \frac{(\gamma A)L^2}{2EA}$$

3. **해석**

정적—핀 힘 성분 B_y: 힘 B_y를 구하기 위하여 그림 8-21a의 점 A에 대하여 모멘트를 합한다.

$$\Sigma M_A = 0 \quad B_y = \frac{1}{(2L/3)}\left(\gamma AL\left(\frac{L}{2}\right) + 2PL\right) = \frac{3}{4}\gamma AL + 3P \qquad \textbf{(a)}$$

그림 8-21b에서 y방향의 힘을 합하면 기둥 DBF의 기점의 반력 성분 F_y를 다음과 같이 구할 수 있다.

표 8-2

그림 8-21b의 하중이 D의 하향 변위에 미치는 영향 (기여도)

(1) 그림 8-21b의 하중 성분	(2) 기둥 부분 DB	(3) 기둥 부분 BF
D에서의 힘 P	$\frac{P(L/2)}{EA}$	$\frac{P(L/2)}{2EA}$
DB에서의 균일 축하중 γA	$\frac{\gamma A(L/2)^2}{2EA}$	$\frac{\gamma A(L/2)(L/2)}{2EA}$
B에서의 힘 B_y	없음	$\frac{B_y(L/2)}{2EA}$
BF에서의 균일 축하중 $2\gamma A$	없음	$\frac{2\gamma A(L/2)^2}{2(2EA)}$

$$F_y = P + B_y + (\gamma A + 2\gamma A)\frac{L}{2} = 4P + \frac{9}{4}\gamma AL \tag{b}$$

B에서의 하향 변위: 식 (a)로부터 구한 힘 B_y에 대한 표현을 대입한 후, 표 8-2의 3열의 요소를 모두 합하여 변위 δ_B를 구한다.

$$\delta_B = \frac{7}{16}\frac{\gamma L^2}{E} + \frac{PL}{EA} \tag{c}$$

D에서의 하향 변위: 변위 δ_D를 구하기 위하여 표 8-2의 2열의 요소를 모두 합하고, 식 (c)의 변위 δ_B를 합한다.

$$\delta_D = \delta_B + \frac{\gamma L^2}{8E} + \frac{PL}{2EA} = \frac{9}{16}\frac{\gamma L^2}{E} + \frac{3}{2}\frac{PL}{EA} \tag{d}$$

이제 축력과 변위 선도를 간단하게 하기 위하여 γAL을 가한 하중 P와 같다고 가정한다. γA에 이 식을 식 (a)부터 (d)까지 대입함으로써 힘 F_y와 B_y, 그리고 B와 D에서의 변위에 대한 단순화된 식을 구한다.

$$B_y = \frac{15}{4}P \qquad F_y = \frac{25}{4}P \qquad \delta_B = \frac{23}{16}\frac{PL}{EA} \qquad \delta_D = \frac{33}{16}\frac{PL}{EA}$$

축력 선도(AFD): 자유물체도(그림 8-22a)로부터 시작하여 축력 선도(그림 8-22b)를 도시화한다. 축력 선도는 기둥 DBF의 높이에 걸친 내부 축력 $N(y)$의 변화를 보여준다. 길이방향 중심축 y는 조인트 F의 기준점으로부터 위 방향으로 측정된다. 변형 부호 규약을 이용하면, 음의 $N(y)$는 압축 내력을 의미한다. 기저 부분에서 내력은 $N(0) = -F_y$이다. 기둥 DBF의 꼭대기에서는 $N(L) = -P$이다. B 바로 아래에서 압축응력은 B_y만큼 증가한다. D와 B 사이와 D와 F 사이에서 $N(y)$는 선형적으로 변화하고, 따라서 AFD는 $y=0$, $L/2$, L에서 알고 있는 축력 N을 연결하는 직선으로 구성된다.

축변위 선도(ADD): 축변위 선도(그림 8-22c)는 기둥 DBF의 높이에 걸친 축변위 $\delta(y)$를 도시화한 선도이다. $\delta(0)=0$, $\delta(L/2)=\delta_B$, $\delta(L)=\delta_D$라는 점에 주목하자. 축력 $N(y)$는 기둥 DBF의 높이에 걸쳐 선형적으로 변화하며, 따라서 하향 변위 $\delta(y)$는 DB와 BF 부분에서 2차 함수로 변화한다.

그림 8-22

(a) 기둥 *DBF*의 자유물체도,
(b) 축방향 내력 *N*,
(c) 축방향 변위 δ

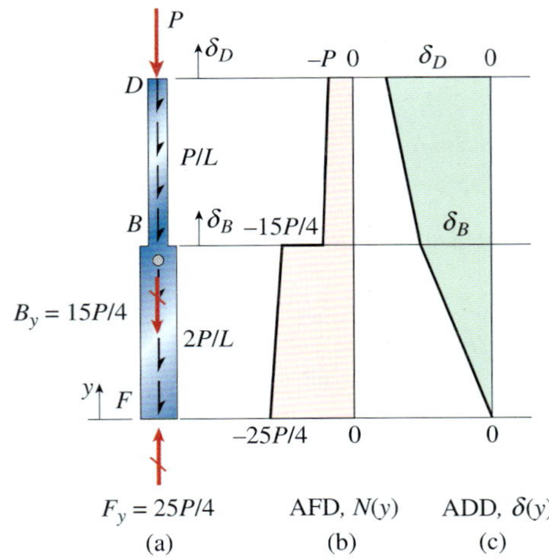

4. 최종 단계 축력과 축변위 선도는 구조물에서 최대 하중 및 변위의 위치를 도시한다. 기둥 *DBF*에 대해서 최대 압축력 위치는 기저부이고, 최대 변위점은 예상했던 대로 맨 꼭대기이다. 그림 8-21에서와 같은 자유물체도는 내력 $N(y)$를 구할 때 필수적이다. 내력은 힘-변위 관계를 가지고 기둥의 높이에 걸친 축방향 변위 $\delta(y)$를 구하는 데 사용한다.

이미 알고 있는 힘의 점과 아는 변위 점 사이에 선을 넣어서 그림 8-22에 선도를 도시하였다. 더욱 엄격한 방법은 기둥 *DBF*를 위/아래 자유물체도로 나누고(그림 8-23 참조) *BF*와 *DB* 부분의 내력 $N(y)$에 대한 두 개의 함수를 나타내는 것이다.

그림 8-23

기둥 *DBF*의 위/아래 자유물체도

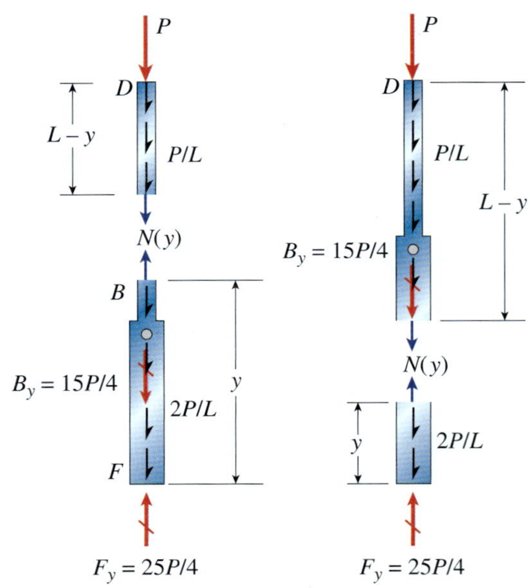

$$N(y) = -\frac{25}{4}P + \frac{2P}{L}y \quad \left(y \le \frac{L}{2}\right) \qquad N(y) = -P - \frac{P}{L}(L-y) \quad \left(\frac{L}{2} \le y \le L\right)$$

기둥 DBF가 전체 높이에 걸쳐 압축되므로 내력 $N(y)$는 음의 값을 갖는다. 기둥의 전체 높이에 걸친 축변위 분포 $\delta(y)$는 내력 $N(y)$를 힘-변위 관계식에 대입함으로써 구할 수 있으며 다음 두 개의 방정식을 얻는다.

$$\delta(y) = \int_0^y \frac{\left(-\frac{25}{4}P + \frac{2P}{L}\zeta\right)}{2EA} d\zeta = \frac{P}{EA}\left(\frac{y^2}{2L} - \frac{25}{8}y\right) \quad \left(y \le \frac{L}{2}\right)$$

$$\delta(y) = -\frac{23}{16}\frac{PL}{EA} - \int_{L/2}^y \frac{P + \left(\frac{P}{L}\right)(L-\zeta)}{EA} d\zeta = \frac{P}{EA}\left(\frac{y^2}{2L} - 2y - \frac{9L}{16}\right) \quad \left(\frac{L}{2} \le y \le L\right)$$

변위 $\delta(y)$는 아래 방향을 향하므로 음의 값을 갖는다. 함수 $N(y)$와 $\delta(y)$ 선도는 그림 8-22b와 c에 도시되었다.

예제 8-5

길이 L, 일정한 두께 t를 가진 평봉(flat bar)의 폭이 고정단 b_2와 자유단 b_1 사이에서 선형적으로 변화하는 직사각형 단면을 갖는다(그림 8-24a 참조). 봉의 경사도는 작다고 가정한다. 봉은 탄성계수 E를 갖는다.

(a) 자유단에 중심 축하중 P_c를 받는 경우, 신장량 δ_C 표현식을 구하시오. 오로지 P_c에 의한 B의 신장량 δ_B를 구하시오.

(b) $P_C = 275$ kN, $L = 1.5$ m, $t = 19$ mm, $b_1 = 100$ mm, $b_2 = 150$ mm, $E = 70$ GPa일 때, 신장량 δ_B와 δ_C를 계산하시오.

(c) 그림 8-24b와 같이 두 개의 하중이 작용하고 있을 때, $\delta_C = 0$이라면 요구되는 하중 P_B(kN)는 얼마인가?

그림 8-24

직사각형 단면을 갖는 평봉:
(a) 축하중 P_C만 가해지는 경우,
(b) 축하중 P_B와 P_C가 가해지는 경우

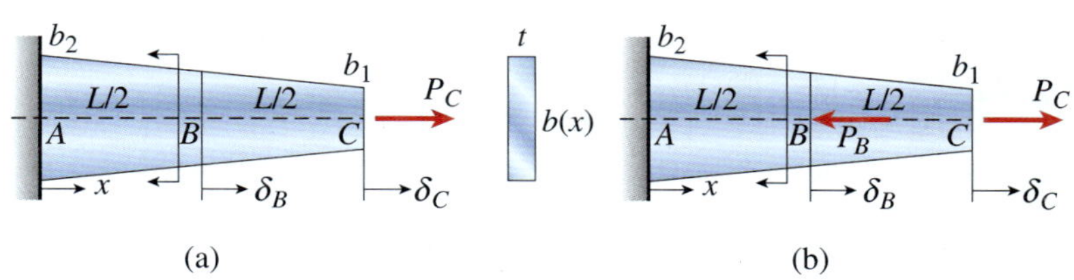

풀이

4단계 문제풀이 접근방법을 사용하여 이 경사진 봉의 길이 변화를 구한다.

1. **개념화** 그림 8-24a에서 봉은 전체 길이에 걸쳐 인장을 받게 되며, 축방향 내력 $N(x)$는 가한 하중 P_C와 같다(그림 8-25a 자유물체도 참조). 하중 P_B가 그림 8-24b에 추가되면 내력 $N(x)$는

$$N(x) = P_C - P_B \qquad (0 \le x \le L/2)$$

$$N(x) = P_C \qquad (L/2 \le x \le L)$$

몇 개의 자유물체도 스케치(그림 8-25b와 8-25c)가 이 방정식을 얻기 위한 가이드로 사용된다. 모든 경우에 내력 $N(x)$는 변형 부호 규약에 따라 초기에 인장인 것으로 가정하므로, $N(x)$에 대한 화살표의 머리는 절단면의 각 면으로부터 나가는 방향으로 향한다.

2. **분류** 봉 ABC는 각 봉 부분에서 일정 축력을 갖지만, 연속적으로 변하는 단면을 가지며, 따라서 B와 C에서의 변위를 구하기 위해 **힘-변위 관계**[식 (8-7) 참조]의 적분 형식을 사용해야 한다. 단면적은 x에 대하여 선형적으로 변하고, 봉의 폭 b_2와 b_1 그리고 두께 t에 의하여 $A(x) = t\left[b_2 - \dfrac{x}{L}(b_2 - b_1)\right]$과 같이 표현할 수 있다.

3. **해석**

Part (a): B와 C에서 오직 하중 P_C에 의한 봉 신장량

$x=L$에서 하중 P_C를 적용하고, 불균일 단면 봉 ABC의 신장량을 구하기 위하여 식 (8-7)을 사용한다.

$$\delta_C = \int_0^L \frac{P_C}{EA(x)}dx = \int_0^L \frac{P_C}{Et\left[b_2 - \dfrac{x}{L}(b_2 - b_1)\right]}dx = \frac{P_C L}{Et(b_2 - b_1)}\ln\left[\frac{b_2}{b_1}\right]$$

이 동일한 식은 L이 $L/2$로 대체되고, $x=L/2$에서 $b_B=(b_1+b_2)/2$가 봉의 폭으로 대체될 경우에 대하여 오직 P_C에 의한 B의 변위 δ_B를 구하는 데 사용할 수 있다. B에서의 변위는 다음과 같다.

$$\delta_B = \int_0^{L/2} \frac{P_C}{Et\left[b_2 - \dfrac{x}{L}(b_2 - b_B)\right]}dx = \frac{P_C L/2}{Et(b_2 - b_B)}\ln\left[\frac{b_2}{b_B}\right] = \frac{P_C L}{Et(b_2 - b_1)}\ln\left[\frac{2b_2}{b_1 + b_2}\right]$$

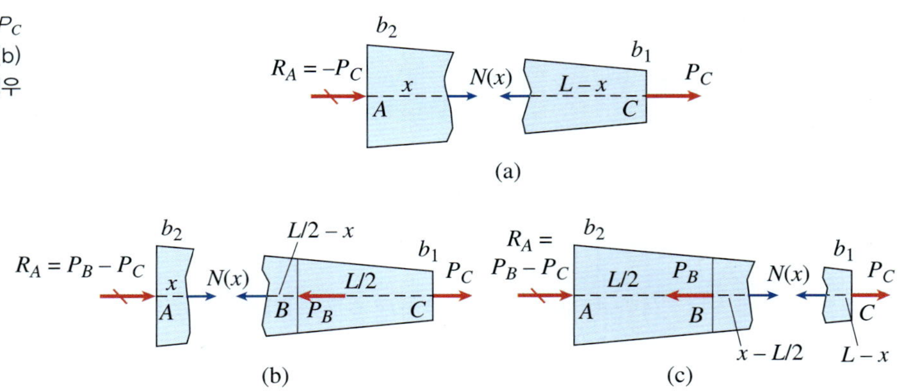

그림 8-25
축방향 인장 내력 $N(x)$: (a) 축하중 P_C만 작용하는 경우의 자유물체도, (b) 축하중 P_B와 P_C가 모두 작용하는 경우에 대한 AB와 BC의 두 절단면

Part (b): 수치계산, 오직 P_C에 의한 B와 C에서 봉의 신장량

B와 C에서 봉의 신장량은 수치값을 δ_B와 δ_C에 대한 앞 식에 대입함으로써 구할 수 있다. $P_C = 275$ kN, $L = 1.5$ m, $t = 19$ mm, $b_1 = 100$ mm, $b_2 = 150$ mm, $E = 70$ GPa.

$$\delta_B = \frac{275\ \text{kN}(0.75\ \text{m})}{70\ \text{GPa}(19\ \text{mm})(25\ \text{mm})}\ln\left[\frac{6}{5}\right] = 1.131\ \text{mm}$$

$$\delta_C = \frac{275\ \text{kN}(1.5\ \text{m})}{70\ \text{GPa}(19\ \text{mm})(50\ \text{mm})}\ln\left[\frac{3}{2}\right] = 2.515\ \text{mm}$$

Part (c): 하중 P_B와 P_C에 의한 변위가 조인트 C에서 0이 되도록 요구되는 하중 P_B

음의 x방향으로 하중 P_B만 작용하면, 조인트 B와 C는 같은 양만큼 변위가 발생할 것이며, P_C가 $(-P_B)$로 대체되는 것 이외에는 여기에서 주어진 δ_B의 표현을 이용하여 변위량을 계산한다.

P_B와 P_C가 동시에 작용하는 경우 적합 조건에 의하여 C에서 변위량의 합은 0이며, 요구되는 하중 P_B는 다음과 같은 해로 구할 수 있다.

$$P_B = \frac{Et(b_2 - b_B)}{\dfrac{L}{2}\ln\left[\dfrac{b_2}{b_B}\right]}\delta_C = \frac{70\ \text{GPa}(19\ \text{mm})(25\ \text{mm})}{(0.75\ \text{m})\ln\left[\dfrac{6}{5}\right]}(2.515\ \text{mm}) = 612\ \text{kN}$$

4. 최종 단계

참고 1: 임의의 위치 x에서 계산된 평균 응력은 $\sigma(x) = N(x)/A(x)$와 같이 계산된다. 부분 (c)의 조합하중에 대하여, 이 7075-T6 알루미늄 합금의 응력은 항복응력(표 F-3 참조: $\sigma_y = 480$ MPa)보다 작다.

$$\sigma_{\text{near}A} = \frac{(-612 + 275)\text{kN}}{(150\ \text{mm})(19\ \text{mm})} = -118.2\ \text{MPa},\ \sigma_{\text{near}B} = \frac{275\ \text{kN}}{(125\ \text{mm})(19\ \text{mm})} = 115.8\ \text{MPa},$$

$$\sigma_{\text{near}C} = \frac{275\ \text{kN}}{(100\ \text{mm})(19\ \text{mm})} = 144.7\ \text{MPa}$$

참고 2: 극한에서는 일정 단면적 $A = (b_1)(t)$(그리고 일정 두께 t)가 되는 균일 단면 봉이 되도록 b_2가 b_1에 접근하며, 힘-변위 관계는 $\delta = PL/EA$가 된다[식 (8-3) 참조]. 이것을 증명하기 위하여 δ_C에 대한 위 식을 $\xi = b_2/b_1$의 항으로 나타낸다. 그리고 $f(\xi) = \ln(\xi)$와 $g(\xi) = b_1(\xi - 1)$을 가지고 로피탈 법칙(L'Hospital's Rule)을 이용하여 $b_2 \to b_1$일 경우에 대한 변위 δ_C를 구한다.

$$\lim_{x\to1}\frac{f(\xi)}{g(\xi)} = \lim_{x\to1}\frac{\ln(\xi)}{b_1(\xi-1)} = \lim_{x\to1}\frac{f'(\xi)}{g'(\xi)} = \frac{1}{b_1} \quad \text{따라서} \quad \delta_C = \frac{P_C L}{E(b_1 t)} = \frac{P_C L}{EA}$$

8.4 부정정 구조물

앞 절에서 다룬 스프링, 봉, 케이블은 반력과 축방향 내력을 자유물체도와 평형 방정식만으로 구할 수 있다는 한 가지 공통된 중요한 성질을 갖고 있다. 이러한 형태의 구조물을 **정정**(statically determinate)이라고 분류한다. 정정 구조물의 힘은 재료의 성질을 알지 못하더라도 구할 수 있다는 것에 특히 유의해야 한다. 예를 들어, 그림 8-26에 있는 봉 *AB*를 생각해보면, 하단의 반력 *R*뿐만 아니라 봉의 두 부분의 축방향 내력을 계산하는 과정은 봉의 재료와 무관하다.

그림 8-26
정정 봉

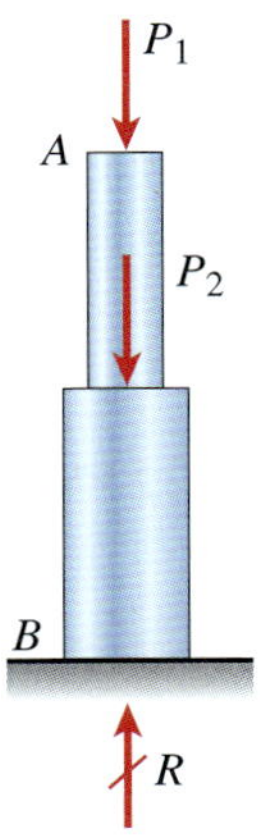

대부분의 구조물은 그림 8-26의 봉보다 더 복잡하며, 이들의 반력과 축방향 내력은 정역학만으로 구할 수 없다. 그림 8-27에 양단이 고정된 봉 *AB*의 예시를 도시하였다. 두 개의 수직 반력(R_A와 R_B)이 있으나, 사용할 수 있는 평형 방정식이 한 개(수직 방향 힘을 합한 식)뿐이다. 이 식은 두 개의 미지수를 포함하고 있으므로 반력을 구하기에 충분하지 않다. 이러한 종류의 구조물은 **부정정**(statically indeterminate)으로 분류된다. 이러한 구조물을 해석하기 위해서는 평형 방정식에 구조물의 변위에 관계된 식이 추가되어야 한다.

부정정 구조물을 해석하는 방법을 알기 위하여 그림 8-28의 예제를 살펴보자. 균일 단면 봉 *AB*의 양단은 강 지지체에 부착되어 있고, 중간 지점 *C*에서 축하중 *P*를 받는다. 이미 언급한 바와 같이, 단 한 개의 **평형 방정식**(equation of equilibrium)만 가능하므로 반력 R_A와 R_B는 정역학만으로 구할 수 없다.

$$\Sigma F_{\text{vert}} = 0 \qquad R_A - P + R_B = 0 \tag{8-8}$$

그림 8-27
부정정 봉

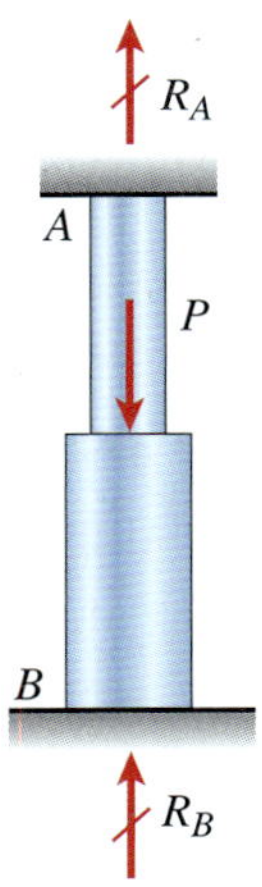

두 개의 미지 반력을 구하기 위하여 추가적인 방정식이 필요하다.

추가적인 방정식은 양단이 고정된 봉의 길이 변화가 없다는 관찰에 근거한다. 봉을 지지점으로부터 분리하면(그림 8-28), 양단이 자유로우며, 세 개의 힘(R_A, R_B, P)을 받는 봉을 얻는다. 이러한 힘은 봉에 δ_{AB}만큼의 길이 변화를 일으키고, 이 값은 0이 되어야 한다.

$$\delta_{AB} = 0 \tag{8-9}$$

이러한 식을 **적합 방정식**(equation of compatibility)이라고 부르며, 봉이 길이 변화가 지지점의 조건에 적합해야 한다는 사실을 표현한다.

식 (8-8)과 (8-9)를 풀기 위하여, 적합 방정식을 미지의 힘 R_A와 R_B의 항으로 표현하여야 한다. 봉에 작용하는 힘과 길이 변화 사이의 관계는 **힘-변위 관계**(force-displacement relation)로 알려져 있다. 이러한 관계는 재료의 성질에 따라 여러 가지 형태를 갖는다. 만약 재료가 선형 탄성이면 방정식인 $\delta = PL/EA$가 힘-변위 관계를 얻는데 사용된다.

그림 8-28의 봉이 단면적 *A*를 가지고 탄성계수가 *E*인 재료로 만들어졌다고 가정하자. 봉의 윗부분과 아랫부분의 길이 변화는 각각 다음과 같다.

$$\delta_{AC} = \frac{R_A a}{EA} \qquad \delta_{CB} = -\frac{R_B b}{EA} \tag{8-10a, b}$$

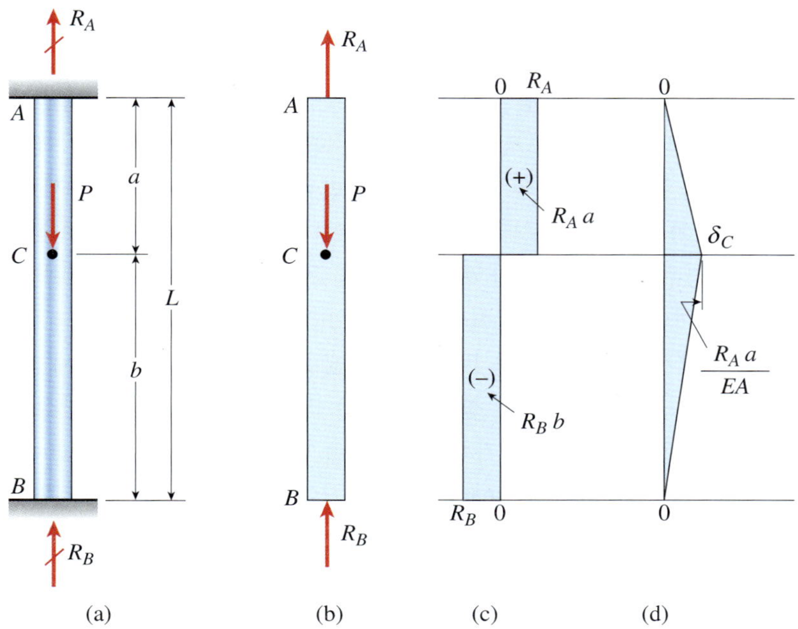

그림 8-28
부정정 봉의 해석: (a) 부정정 봉, (b) 자유물체도, (c) 축력 선도, (d) 축변위 선도

여기에서 음의 부호는 봉의 길이가 줄어듦을 의미한다. 식 (8-10a, b)는 힘-변위 관계식이다.

이제 세 개의 방정식(**평형** 방정식, **적합** 방정식, **힘-변위** 관계식) 세트를 연립하여 계산한다. 이 예제에서는 먼저 힘-변위 관계식을 적합 방정식과 연립하는 것으로 시작한다.

$$\delta_{AB} = \delta_{AC} + \delta_{CB} = \frac{R_A a}{EA} - \frac{R_B b}{EA} = 0 \tag{8-11}$$

이 식은 두 개의 미지 반력을 포함하고 있음을 기억하자.

다음 단계는 평형 방정식[식 (8-8)]과 이전의 식[식 (8-11)]을 연립하여 계산하는 것이다. 그 결과는 다음과 같다.

$$R_A = \frac{Pb}{L} \qquad R_B = \frac{Pa}{L} \tag{8-12a, b}$$

반력을 구하고 난 다음에 다른 힘과 변위를 구할 수 있다. 예를 들어, 점 C에서의 하향 변위 δ_C를 구한다고 하자. 이 변위는 부재 AC 부분의 신장량과 같다.

$$\delta_C = \delta_{AC} = \frac{R_A a}{EA} = \frac{Pab}{LEA} \tag{8-13}$$

또한 봉의 두 부분의 응력은 축방향 내력으로부터 직접 구할 수 있다(예: $\sigma_{AC} = R_A / A = Pb/AL$). 내부 축력 N의 분포 선도(AFD)는 그림 8-28c에 도시되었다. 봉의 높이에 걸친 축변위(δ)의 변화 선도(ADD)를 그림 8-28d에 나타내었다. 봉이 A와 B에서 완벽히 고정되었으므로, ADD에서 볼 수 있듯이 변위 $\delta_A = \delta_B = 0$이다.

일반적인 유의사항

앞의 논의로부터 부정정 구조물의 해석은 평형 방정식, 적합 방정식, 힘-변위 관계식을 설정하고, 이것의 풀이 과정을 포함한다는 것을 확인하였다. 평형 방정식은 미지의 힘(반력 또는 내력)에 대한 구조물에 작용하는 하중과 관련되어 있고, 적합 방정식은 구조물의 변위와 관련된 조건을 포함한다. 힘-변위 관계식은 구조용 부재의 치수와 성질을 힘과 변위와 관련시키는 데 사용하는 식이다. 선형 탄성적으로 거동하며 축하중을 받는 봉의 경우에는 이 관계가 $\delta = PL/EA$에 근거한다. 마지막으로, 미지의 힘과 변위를 구하기 위하여 세 개의 방정식을 동시에 연립하여 풀어준다.

공학 문헌에서 평형, 적합성 및 힘-변위 방정식에 나타나는 조건에 대해 다양한 용어가 사용된다. 평형 방정식은 **정역학**(static) 또는 **동역학**(kinetic) 방정식으로 알려져 있고, 적합 방정식은 때로는 **기하**(geometric) 방정식, **운동학**(kinematic) 방정식 또는 **지속적 변형**(consistent deformations) 방정식이라 부르며, 힘-변위 관계식은 **구성 관계식**(constitutive relations)이라고 부른다(왜냐하면 재료의 **구성** 또는 물리적 성질을 다루기 때문이다).

이 장에서 논의되는 비교적 간단한 구조물에서는 앞의 해석 방법이 적절하다. 그러나 복잡한 구조물에서는 더욱 정형적인 접근방법이 필요하다. 일반적으로 사용되는 두 가지 방법, 즉 **유연도 방법**(flexibility method, **하중 방법**이라고도 함)과 **강성도 방법**(stiffness method, **변위 방법**이라고도 함)이 구조 해석 교과서에 자세하게 기술되어 있다. 이러한 방법은 백 개 또는 수천 개의 연립방정식을 풀어야 하는 대형 복합 구조물에 사용되지만, 평형 방정식, 적합 방정식, 힘-변위 관계식과 같은 앞 절에서 설명한 개념을 기초로 한다.

다음 두 개의 예제는 축하중을 받는 부재로 구성된 부정정 구조물을 해석하는 방법론에 대한 것이다.

예제 8-6

그림 8-29에서 C점에서 하중 $2P$가 작용하는 평면 프레임의 모든 지지 반력에 대한 식을 구하시오. 부재 AC는 길이 L, 폭 b, 두께 t인 균일 단면 평봉으로 가정한다. 보 ABC는 중간 높이(점 B)에서 기둥 DBF에 핀 지지되어 있다. 기둥 DBF는 D의 $b_1 = b$로부터 F에서의 폭 $b_2 = 5b/4$까지 선형적으로 경사졌으며 일정한 두께를 갖는다. 하중은 C의 $2P$만 고려한다. 모든 부재의 무게는 무시한다. 두 부재의 탄성계수는 E로 서로 같다.

풀이

4단계 문제풀이 접근방법을 사용하여 이러한 T 프레임 구조물의 지지 반력을 구한다.

1. **개념화** 프레임은 1자유도를 가진 부정정 구조물이다. 5개의 반력 성분(조인트 A와 F에 각각 두 개씩, 점 D에 한 개; 그림 8-30a 참조)이 있지만, 단 세 개의 총괄 평형 방정식에 B의 핀으로 인한 하나의 추가적인 방정식이 더 있을 뿐이다. B의 핀을 제거하여 프레임을 두 개의 자유물체도(보 ABC 한 개와 기둥 DBF 한 개)로 분리한다(그림

그림 8-29

T 프레임 구조물

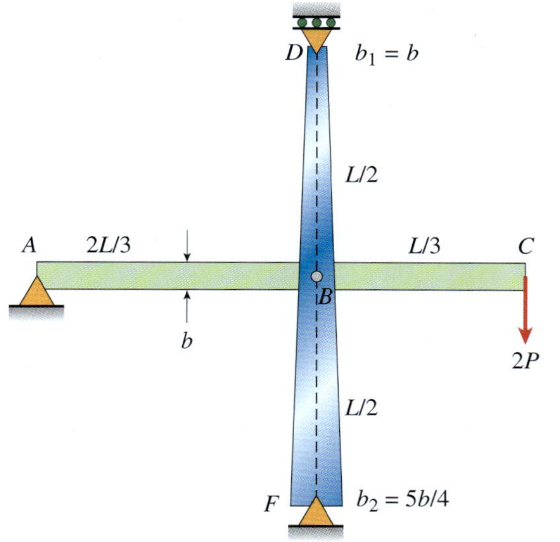

8-30b). 각각의 분리된 자유물체도에서 점 B의 핀 하중 성분은 서로 반대방향이고, 크기가 같은 것에 주목한다.

2. **분류** 지점 D에서의 변위 **적합** 조건에 근거하여 하나의 추가 방정식을 설정하기 위하여 R_D를 과잉력으로 선택하고 중첩법을 이용한다.

풀어진 구조물의 중첩: 풀어지거나 또는 정정 구조물을 만들기 위하여 과잉력 R_D를 제거한다. 첫 번째 풀어진 구조물(그림 8-31a)의 지점 C에 실제 하중 $2P$를 적용하고, 두 번째 풀어진 구조물(그림 8-31b)에 미지의 과잉력 R_D를 적용한다. 실제 구조물(그림 8-30a)에서 모든 반력과 변위는 두 개의 풀어진 구조물(그림 8-31a, b)에서 해당하는 항목 간의 합이어야 한다.

그림 8-30

(a) 전체 자유물체도, (b) 보 ABC와 기둥 DBF의 자유물체도

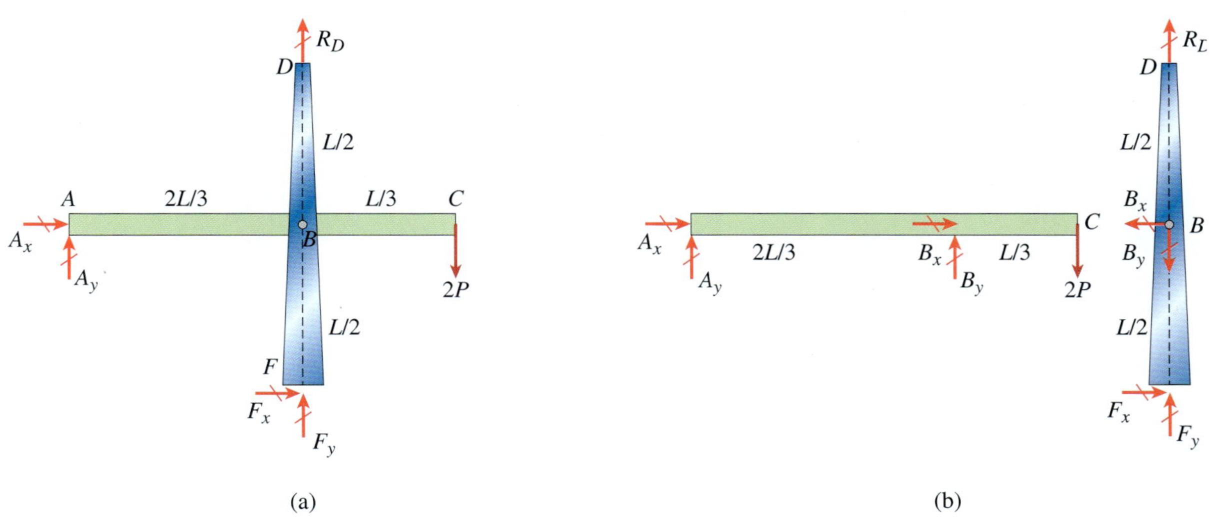

그림 8-31

(a) 실제 하중을 받는 풀어진 구조물 1, (b) 과잉력 R_D가 가해졌을 때 풀어진 구조물 2

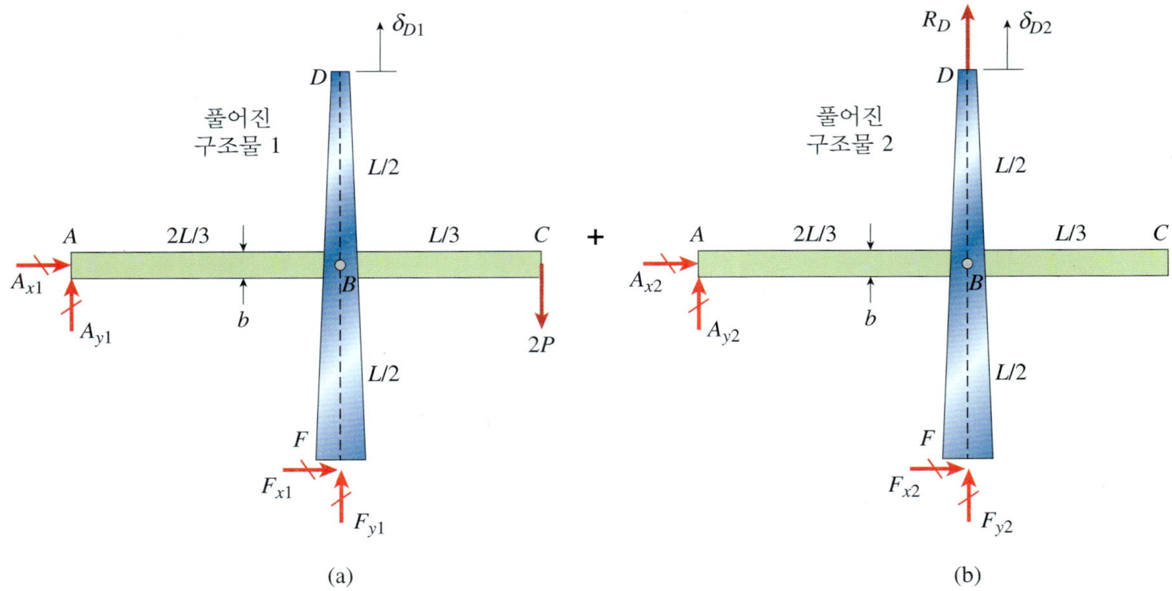

적합 방정식: 실제 구조물의 지점 D에서의 수직변위(그림 8-30a)는 0이다. 그림 8-31a와 b에서 D지점에서의 변위를 중첩하여 다음의 적합 방정식을 얻는다.

$$\delta_D = 0 = \delta_{D1} + \delta_{D2} \tag{a}$$

힘-변위 관계식을 그림 8-31a의 풀어진 구조물에 적용하여 지점 C에서 가해진 하중 $2P$의 항으로 된 δ_{D1}의 식을 얻는다. 비슷한 방법으로 그림 8-31b의 변위 δ_{D2}에 대한 해도 미지 반력 R_D의 항으로 된 식을 얻는다. 두 개의 식을 식 (a)에 대입함으로써 반력 R_D를 구한다. 마지막 단계는 나머지 반력을 구하기 위하여 정적 평형을 적용한다.

3. 해석

풀어진 구조물 1의 변위 δ_{D1} 구하기: B의 핀을 제거하고 보 ABC와 기둥 DBF(그림 8-32a)에 대한 자유물체도를 개별적으로 도시한다. 보 ABC에서 점 A에 관한 모멘트를 합하여 $B_{y1}=3P$를 얻는다. B_{y1}을 기둥 DBF에 적용하면 DB 부분의 내력은 0이고, BF 부분의 압축 내력은 $3P$가 된다. 경사진 봉의 폭은 B에서 $b_B=9b/8$이고, F에서 $b_2=5b/4$이다. 봉 DBF의 경사는 작으므로 예제 8-5에서 유도된 변위식을 사용하여 풀어진 구조물 1의 D에서 하향 변위는 다음과 같다.

$$\delta_{D1} = \frac{(-3P)\left(\frac{L}{2}\right)}{Et(b_2 - b_B)}\ln\left(\frac{b_2}{b_B}\right) = -\frac{PL}{Ebt}(12)\ln\left(\frac{10}{9}\right) = -1.2643\frac{PL}{Ebt} \tag{b}$$

풀어진 구조물 2의 변위 δ_{D2} 구하기: 그림 8-32b의 점 A에 관한 모멘트를 총합하여

그림 8-32

(a) 풀어진 구조물 1과 (b) 풀어진 구조물 2에 대한 보와 기둥의 자유물체도

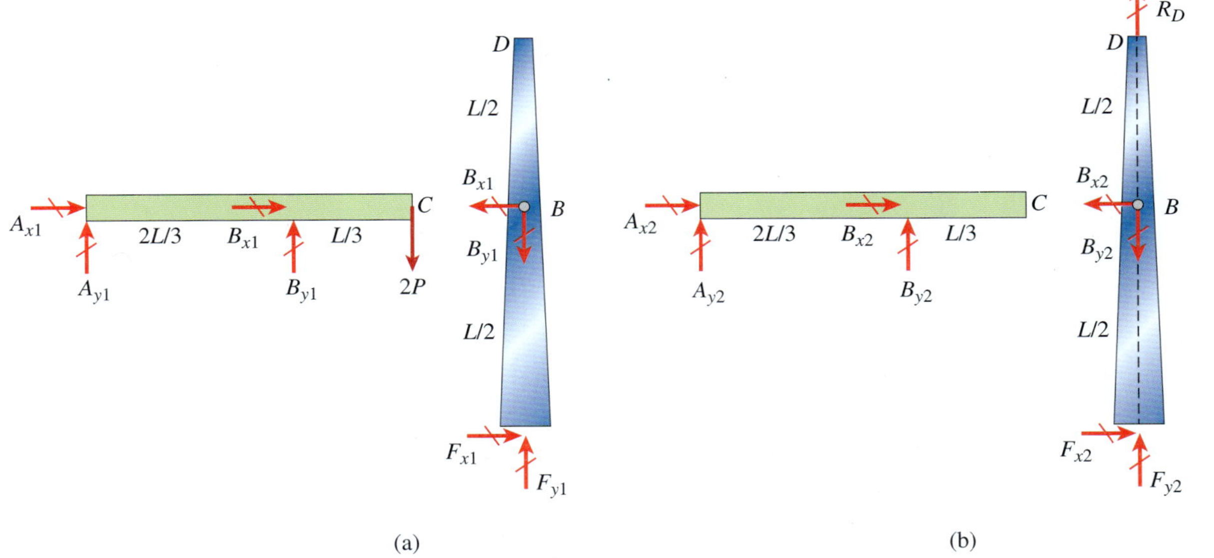

$B_{y2}=0$을 얻는다. 다음으로 기둥 DBF의 자유물체도에서 y방향 힘을 합하여 $F_{y2}=-R_D$를 구한다. 기둥 DBF는 가해진 하중 R_D와 같은 일정 내력을 가지며 봉 DBF의 D에서 폭은 $b_1=b$이다. 그러므로 풀어진 구조물 2의 D에서의 상향 변위는 다음과 같다.

$$\delta_{D2} = \frac{(R_D L)}{Et(b_2 - b_1)}\ln\left(\frac{b_2}{b_1}\right) = \frac{R_D L}{Ebt}(4)\ln\left(\frac{5}{4}\right) = 0.8926\frac{R_D L}{Ebt} \tag{c}$$

과잉력 R_D를 구하기 위한 적합 방정식 풀이: δ_{D1}과 δ_{D2}에 대한 식을 식 (a)에 대입하고, 과잉력 R_D에 대하여 풀어준다.

$$R_D = P\frac{1.2643}{0.8926} = 1.416P \tag{d}$$

나머지 반력을 구하기 위한 평형식: 과잉력 R_D를 알고 있는 상태에서 그림 8-30의 자유물체도를 이용하여 점 A와 F에서의 반력 성분을 구한다. 그림 8-30b의 보 ABC로부터 다음을 구한다.

$$\Sigma M_B = 0 \qquad A_y = \frac{-1}{\left(\frac{2L}{3}\right)}\left(2P\left(\frac{L}{3}\right)\right) = -P \tag{e}$$

그림 8-30의 총괄 자유물체도를 이용하여 나머지 반력을 구하면

$$\Sigma M_F = 0 \qquad A_x = \frac{-1}{\left(\frac{L}{2}\right)}\left(A_y\left(\frac{2L}{3}\right) + 2P\left(\frac{L}{3}\right)\right) = 0$$

$$\Sigma F_x = 0 \qquad F_x = -A_x = 0 \tag{f}$$

$$\Sigma F_y = 0 \qquad F_y = 2P - A_y - R_D = 1.584P$$

를 구한다.

다른 방법으로는 8-31a와 b의 반력을 중첩시킴으로써 다음과 같은 그림 8-30a의 총 반력을 구한다.

$$A_x = A_{x1} + A_{x2} \qquad A_y = A_{y1} + A_{y2} \qquad F_x = F_{x1} + F_{x2} \qquad F_y = F_{y1} + F_{y2} \tag{g}$$

4. **최종 단계** 이 1자유도 부정정 프레임의 반력의 해는 그림 8-31과 식 (a)와 (g)에서 보이는 바와 같이 **중첩법**에 기반하여 구할 수 있다. 그러므로 점 C의 하중 $2P$에 대한 거동은 구조물의 선형 탄성 거동 및 작은 변위여야 한다.

B에서 핀의 힘은 관심거리이며, 그림 8-30b의 각각의 자유물체도를 사용하여 핀 하중 성분 B_x와 B_y를 구할 수 있다. 그림 8-30b에서 보 ABC의 평형으로부터 다음과 같이 구할 수 있다.

$$B_x = -A_x = 0 \qquad B_y = 2P - A_y = 2P - (-P) = 3P$$

이 결과는 그림 8-30b의 기둥 DBF의 힘을 합하여 확인할 수 있다.

$$B_x = -F_x = 0 \qquad B_y = R_D + F_y = 1.416P + 1.584P = 3P$$

예제 8-7

강체 보 $OABC$는 건물 입구 캐노피의 지지 구조물의 일부이다(그림 8-33a). 보 $OABC$는 끝점 O에서 핀으로 연결되고, A와 B에서 두 개의 케이블(AD와 BD)로 지지되어 있다(그림 8-33b). 캐노피와 케이블의 무게 총합 $W = 7.5$ kN은 A와 B 사이에서 집중하중으로 작용하고, 수직하중 P는 점 C에 작용한다. 보의 길이는 4.5 m이다. 두 케이블의 공칭 지름은 12 mm이고 유효 면적은 76.7 mm^2(표 8-1 참조)이며, 유효 탄성계수는 135 GPa이다. 각 케이블의 최대 허용하중이 20 kN이면 C에 작용 가능한 최대 하중 P를 구하시오.

풀이

4단계 문제풀이 접근방법을 사용한다.

1. **개념화** 전체 구조물의 자유물체도를 도시하는 것으로 시작하며(그림 8-34a), 케이블의 수평면을 통하여 위/아래 자유물체도를 작성한다. 케이블 AD와 BD의 힘 T_1과 T_2가 각각 표시되므로 그림 8-34b의 아래 자유물체도가 가장 중요하게 사용된다.
2. **분류** 이 구조물은 예제 7-9에서 검토되었지만, 여기에서 사용된 케이블 AD와 BD가 위치한 D에서 풀리로 이어지는 연속 케이블로 캐노피를 지지했다. 두 개의 케이블 미지력 T_1과 T_2는 예제 7-9에서는 하나의 케이블 미지력으로 대체되었다. 그러므로 그

그림 8-33

(a) 건물 입구의 경사진 캐노피, (b) 한 개의 보와 두 개의 지지 케이블에 대한 2차원 모델

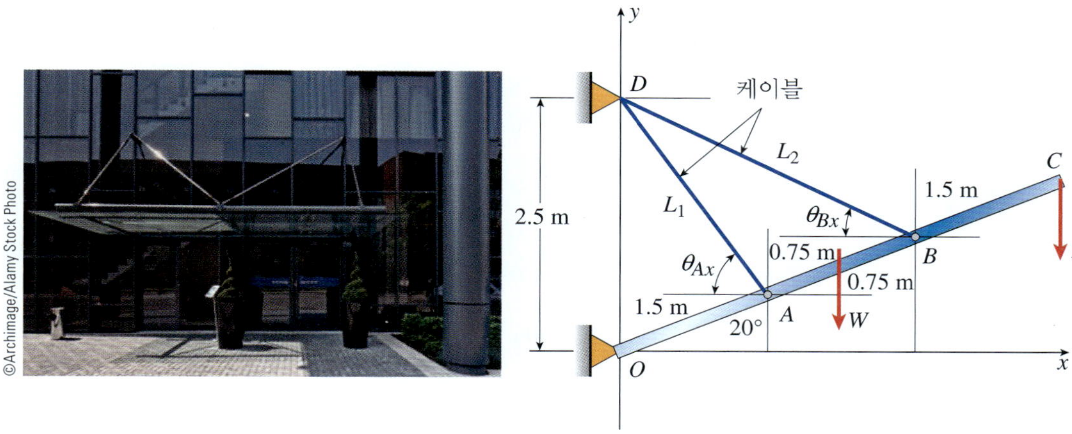

(a) (b)

그림 8-34

(a) 보와 케이블 구조물과 (b) 보 *OABC*의 자유물체도

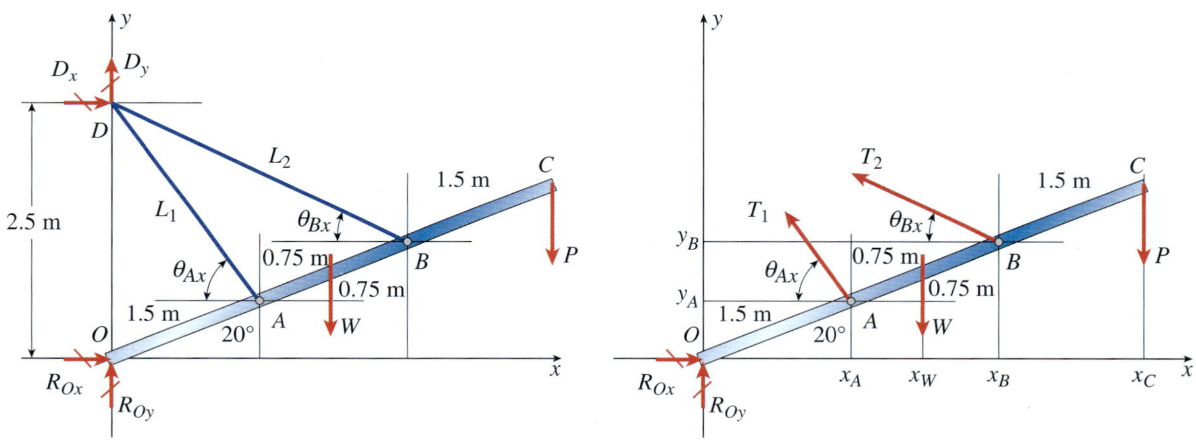

(a) (b)

림 8-34b의 보 *OABC*는 **1자유도 부정정** 구조물이다. 네 개의 미지수(R_{Ox}, R_{Oy}, T_1, T_2)가 있지만, 세 개의 독립된 **평형 방정식**만 존재한다. 다른 관계식을 얻기 위해서는 두 개의 케이블 미지력 사이의 **적합 방정식**이 필요하다.

3. 해석

평형 방정식: 그림 8-34b에서 점 O에 대한 모멘트를 종합하여 케이블에 작용하는 장력 T_1과 T_2를 포함하는 방정식을 구한다.

$$\Sigma M_O = 0 \qquad T_1(x_A \sin\theta_{Ax} + y_A \cos\theta_{Ax}) + T_2(x_B \sin\theta_{Bx} + y_B \cos\theta_{Bx}) = W x_W + P x_C \tag{a}$$

식 (a)에서 변수의 수치값은 표 8-3에서 보이는 바와 같이 계산한다.

표 8-3

식 (a)에서 사용하기 위한 변수의 수치값

점 O에 대한 모멘트 암 길이	$x_A = (1.5\text{ m})\cos(20°) = 1.4095\text{ m}$ $y_A = (1.5\text{ m})\sin(20°) = 0.5130\text{ m}$ $x_B = 2.8191\text{ m},\ y_B = 1.0261\text{ m}$ $x_C = 4.2286\text{ m},\ x_W = 2.1143\text{ m}$
코사인 법칙을 사용하여 구한 초기 케이블 길이	$L_1 = \sqrt{1.5^2 + 2.5^2 - 2(1.5)(2.5)\cos 70°}\text{ m} = 2.436\text{ m}$ $L_2 = \sqrt{3^2 + 2.5^2 - 2(3)(2.5)\cos 70°}\text{ m} = 3.181\text{ m}$
사인 법칙을 사용하여 구한 케이블과 보 사이의 각도	$\theta_A = \sin^{-1}\left(\dfrac{2.5\text{ m}}{L_1}\sin 70°\right) = 74.648°$ $\theta_B = \sin^{-1}\left(\dfrac{2.5\text{ m}}{L_2}\sin 70°\right) = 47.603°$ $\theta_{Ax} = \theta_A - 20° = 54.648°,\ \theta_{Bx} = \theta_B - 20° = 27.603°$

표 8-3으로부터 수치해를 모멘트 평형식 (a)에 대입하여 단위 미터와 kN으로 된 다음 식을 얻는다.

$$1.4465T_1 + 2.2155T_2 = 15.8573\text{ kN}\cdot\text{m} + 4.2286P \qquad \textbf{(b)}$$

적합 방정식: 강체 보 $OABC$는 하중 W와 P에 의해 점 O에 대해 시계방향으로 회전한다. 보의 변위된 위치는 그림 8-35에서 직선 $OA'B'C'$이며 모든 변위는 매우 작다. 점 A와 B의 변위의 각 변위 Δ_A와 Δ_B는 선 $OABC$에 수직이다. 닮음 조건의 삼각형 OAA'과 OBB'을 사용하여 다음의 적합 방정식을 구한다.

$$\Delta_B = 2\Delta_A \qquad \textbf{(c)}$$

힘-변위 관계: 그림 8-35에서의 변위는 매우 작지만, 점 A와 B의 변위 Δ_A와 Δ_B, 케이블 AD의 신장량 δ_1, 케이블 BD의 신장량 δ_2 사이의 기하학적 관계식은 다음과 같이 기술할 수 있을 정도로 충분히 크다.

$$\Delta_A = \frac{\delta_1}{\sin\theta_A} \qquad \Delta_B = \frac{\delta_2}{\sin\theta_B}$$

Δ_A와 Δ_B에 관련한 이러한 표현을 식 (c)에 대입함으로써 다음을 구한다.

$$\delta_2 = 2\left(\frac{\sin\theta_B}{\sin\theta_A}\right)\delta_1$$

케이블은 선형 탄성의 특성으로 거동하며, 그 신장량은 **힘-변위 관계**의 유연도 f의 항으로 다음과 같이 서술한다.

$$\delta_1 = \left(\frac{L_1}{EA}\right)T_1 = f_1T_1 \qquad \delta_2 = \left(\frac{L_2}{EA}\right)T_2 = f_2T_2$$

그림 8-35
변위 선도

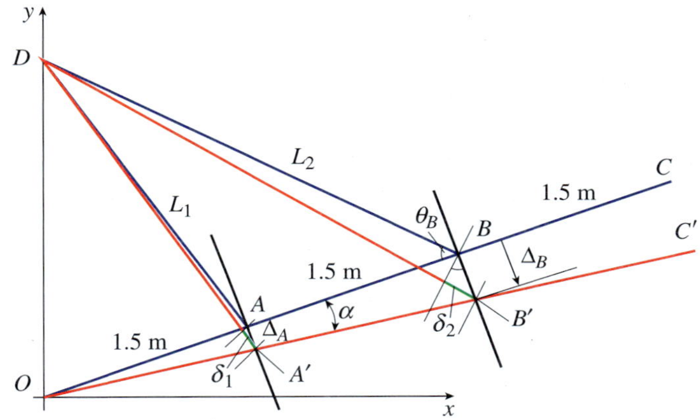

이는 다음과 같이 된다.

$$f_2T_2 = 2\left(\frac{\sin\theta_B}{\sin\theta_A}\right)f_1T_1 \quad \text{또는} \quad T_2 = 2\left(\frac{\sin\theta_B}{\sin\theta_A}\right)\left(\frac{f_1}{f_2}\right)T_1$$

수치값을 대입하면

$$T_2 = 2\left(\frac{\sin 47.603°}{\sin 74.648°}\right)\left(\frac{2.353(10^{-4})}{3.072(10^{-4})}\right)T_1 = 1.173\,T_1 \tag{d}$$

케이블 장력 T_1과 T_2 사이의 이러한 관계는 힘-변위 관계를 적합 방정식[식 (c)]에 대입한 결과이다.

방정식 해: 여기에서 제한 조건은 케이블의 장력 T_1과 T_2 모두 20 kN을 초과할 수 없다는 것이다. 식 (d)로부터 T_2는 T_1보다 크며, 점 C에서의 힘 P 크기가 증가하게 되면 첫 한계 20 kN에 도달하게 된다. 식 (d)를 평형 방정식 (b)에 대입하고, $T_2 = 20$ kN의 치환을 통해 P_{max}의 해를 구한다.

$$P_{max} = \frac{1}{4.2286}\left(1.4465\left(\frac{T_2}{1.173}\right) + 2.2155\,T_2 - 15.8573\right)\text{kN} = 12.56\text{ kN} \tag{e}$$

4. 최종 단계 점 C에서 $P_{max} = 12.56$ kN일 때, 케이블 BD는 힘의 한계 $T_2 = 20$ kN에 도달하게 되고, 케이블 AD는 인장력 $T_1 = \dfrac{20\text{ kN}}{1.173} = 17.05$ kN을 받게 된다. 케이블 유연도 f는 알고 있으므로 힘-변위 관계식을 이용하여 케이블의 신장량 $\delta_1 = f_1T_1 = 4.012$ mm와 $\delta_2 = f_2T_2 = 6.144$ mm를 구한다. 다음으로 점 A와 B의 하향 변형량(보 $OABC$에 수직, 그림 8-35 참조)은 $\Delta_A = \dfrac{\delta_1}{\sin\,\theta_A} = 4.16$ mm와 $\Delta_B = \dfrac{\delta_2}{\sin\,\theta_B} = 8.32$ mm이다. 그러므로 예를 들어 B점에서의 x와 y방향의 처짐은 $\Delta_{Bx} = \Delta_B\sin(20°) = 2.85$ mm, $\Delta_{By} = -\Delta_B\cos(20°) = -7.82$ mm이다.

Δ_B를 이용하면 보 $OABC$의 시계방향 회전은 $\alpha = \Delta_B/3\text{ m} = 2.77(10^{-3})$라디안 = 0.159°이다. 이는 변위가 작다는 가정을 확인시켜 준다. 끝으로 O점과 D점에서의 반력(그림 8-34a 참조)은 알려진 케이블의 장력 T_1과 T_2를 이용하여 계산한다.

예제 8-8

중실 원형 강철 실린더 S가 중공 원형 구리 튜브 C 안에 들어 있다(그림 8-3a와 b). 실린더와 튜브는 시험기의 강체 판 사이에서 압축력 P에 의해 압축을 받고 있다. 강철 실린더의 단면적은 A_s, 탄성계수는 E_s이며, 구리 튜브의 단면적은 A_c, 탄성계수는 E_c이고, 길이는 둘 다 L이다.

다음을 구하시오. (a) 강철 실린더에 작용하는 압축력 P_s와 구리 튜브에 작용하는 압축력 P_c, (b) 이에 대응되는 압축응력 σ_s와 σ_c, (c) 조립체의 수축량 δ_s.

풀이

4단계 문제풀이 접근방법을 사용한다. 필수적인 단계는 각 부분에 나와 있다.

Part (a): 강철 실린더 및 구리 튜브에 작용하는 압축력

1. 개념화 강철 실린더와 구리 튜브에 작용하는 압축력 P_s와 P_c를 노출하기 위하여, 먼저

그림 8-36
예제 8-8: 부정정 구조물의 해석

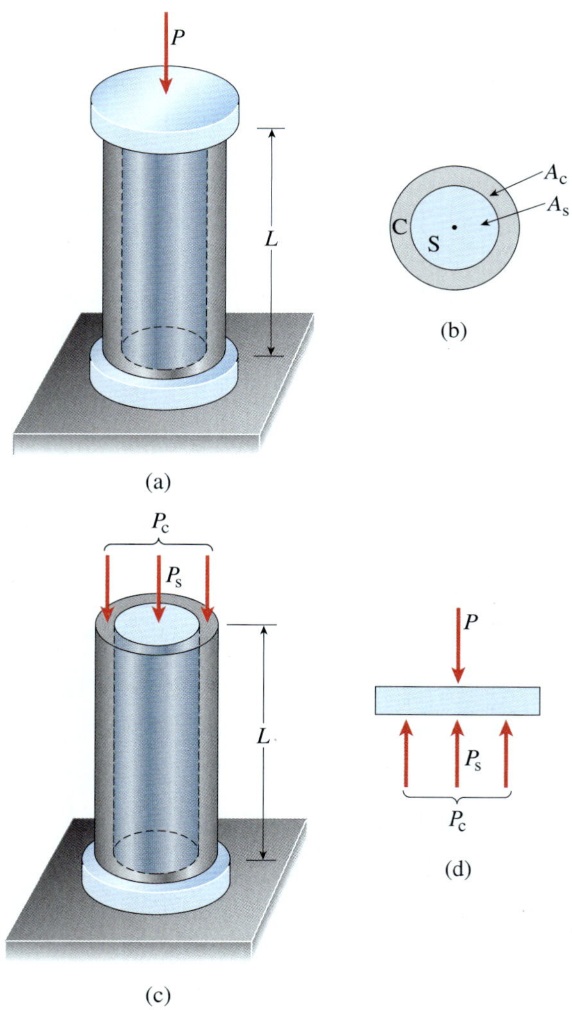

조립체 상단의 판을 제거한다(그림 8-36c). 힘 P_s는 강철 실린더의 전체 단면적에 작용하는 균일 분포 응력의 합력이며, 힘 P_c는 구리 튜브의 전체 단면적에 작용하는 응력의 합력이다.

2. 분류

평형 방정식: 상단판의 자유물체도는 그림 8-36d에 도시하였다. 이 판은 힘 P와 미지의 압축력 P_s와 P_c를 받으므로 평형 방정식은

$$\Sigma F_{\text{vert}} = 0 \qquad P_s + P_c - P = 0 \tag{a}$$

유일하게 사용할 수 있는 유의미한 평형 방정식은 두 개의 미지수를 포함하고 있다. 그러므로 이는 부정정 구조물이다.

적합 방정식: 상단의 판은 강체이므로 강철 실린더와 구리 튜브는 같은 양만큼 길이가 감소한다. 강철 부분과 구리 부분의 수축량을 각각 δ_s와 δ_c라고 했을 때, 다음과 같은 적합 방정식을 얻는다.

$$\delta_s = \delta_c \tag{b}$$

힘-변위 관계: 실린더와 튜브의 길이 변화는 일반 방정식 $\delta = PL/EA$에서 구할 수 있다. 그러므로 이 예제에서 힘-변위 관계식은 다음과 같다.

$$\delta_s = \frac{P_s L}{E_s A_s} \qquad \delta_c = \frac{P_c L}{E_c A_c} \tag{c, d}$$

3. 해석 이제 세 개의 방정식을 연립하여 풀어준다. 첫 번째로 힘-변위 관계식을 적합 방정식[식 (b)]에 대입하면 다음과 같다.

$$\frac{P_s L}{E_s A_s} = \frac{P_c L}{E_c A_c} \tag{e}$$

이 방정식은 적합 조건을 미지의 항으로 나타낸다.

다음으로, 평형 방정식[식 (a)]과 앞의 적합 방정식[식 (e)]을 연립함으로써 풀이가 가능하고, 강철 실린더와 구리 튜브에 작용하는 축력을 구한다.

$$P_s = P\left(\frac{E_s A_s}{E_s A_s + E_c A_c}\right) \qquad P_c = P\left(\frac{E_c A_c}{E_s A_s + E_c A_c}\right) \tag{8-14a, b}$$

4. 최종 단계 이러한 식은 강철과 구리 부분의 압축력이 이들 각각의 축강성에는 비례하고, 축강성의 합에는 반비례함을 보여준다.

Part (b): 강철 실린더와 구리 튜브에 작용하는 압축응력

3. 해석 축력을 구한 후, 두 재료의 압축응력을 구한다.

$$\sigma_s = \frac{P_s}{A_s} = \frac{PE_s}{E_s A_s + E_c A_c} \qquad \sigma_c = \frac{P_c}{A_c} = \frac{PE_c}{E_s A_s + E_c A_c} \tag{8-15a, b}$$

4. 최종 단계 응력의 비 σ_s/σ_c는 탄성계수의 비 E_s/E_c와 같음을 기억해야 하며, 이는 일반적으로 '강성이 높은' 재료에 더 큰 응력이 발생함을 보여주는 것이다.

Part (c): 조립체의 수축

2. **분류** 전체 조립체의 수축량 δ는 식 (c) 또는 (d)로부터 구할 수 있다. 힘[식 (8-14a, b)로부터]을 대입함으로써 다음을 얻을 수 있다.

$$\delta = \frac{P_s L}{E_s A_s} = \frac{P_c L}{E_c A_c} = \frac{PL}{E_s A_s + E_c A_c} \tag{8-16}$$

4. **최종 단계** 이 결과는 조립체의 수축량은 전체 하중을 두 부분의 강성도의 합으로 나눈 것과 같음을 보여준다[식 (8-4a)로부터 축하중을 받는 봉의 강성도는 $k = EA/L$임을 상기하자].

방정식의 대체 해: 힘-변위 관계식[식 (c) 및 (d)]을 적합 방정식에 대입하는 대신, 이 관계식은 다음과 같은 형태로 작성할 수 있다.

$$P_s = \frac{E_s A_s}{L}\delta_s \qquad P_c = \frac{E_c A_c}{L}\delta_c \tag{f, g}$$

그리고 이를 평형 방정식[식 (a)]에 대입하면

$$\frac{E_s A_s}{L}\delta_s + \frac{E_c A_c}{L}\delta_c = P \tag{h}$$

이 식은 평형 방정식을 미지의 변위 항으로 표현한다. 적합 방정식[식 (b)]과 앞에서 기술한 방정식을 연립하여 풀어 변위를 구한다.

$$\delta_s = \delta_c = \frac{PL}{E_s A_s + E_c A_c} \tag{i}$$

이는 식 (8-16)과 일치한다. 마지막으로 표현 (i)를 식 (f)와 (g)에 대입하여 압축력 P_s와 P_c를 얻는다[식 (8-14a, b) 참조].

참고: 방정식을 푸는 일반적인 방법은 **강성도**(또는 **변위**) **해석 방법**의 단순화된 형태이며, 방정식을 푸는 첫 번째 방법은 **유연도**(또는 **하중**) **방법**의 단순화된 형태이다. 이 두 가지 방법에 대한 명칭은, 식 (h)는 변위를 미지수로, 강성도를 계수로 갖는다는 사실[식 (8-4a) 참조]과 반면 식 (e)는 힘을 미지수로, 유연도를 계수로 갖는다는 사실[식 (8-4b) 참조]로부터 기인한다.

8.5 열효과, 부적합, 사전변형률

외부 하중만이 구조물에 응력과 변형률을 발생시키는 유일한 원인은 아니다. 다른 인자로서 온도 변화로 인한 **열효과**(thermal effect), 구조물의 불완전성에서 기인한 **부적합**(misfit), 초기 변형에 의해서 생기는 **사전변형률**(prestrain)이 있다. 또 다른 원인으로는 지지점의 정착(또는 이동), 가속운동에 의해 초래된 내부 하중, 지진과 같은 자연현상 등이 있다.

열효과, 부적합, 사전변형률은 기계 시스템이나 구조 시스템에서 흔히 일어나며, 이 절에서는 이에 대해 설명한다. 일반적으로 이들은 정정 구조물보다 부정정 구조물의 설계에서 더욱 중요하다.

열효과

온도 변화는 구조용 재료의 팽창 또는 수축을 일으키며, **열변형률**(thermal strains)과 **열응력**(thermal stresses)을 발생시킨다. 열팽창과 관련한 간단한 예가 그림 8-37에 제시되어 있으며, 여기에서 재료의 블록은 제한을 받지 않고 자유롭게 팽창한다. 블록을 가열하면, 재료의 모든 요소는 모든 방향으로 열변형률을 갖게 되며, 결과적으로 블록의 치수는 증가하게 된다. 꼭짓점 A를 고정 기준점으로 설정하고 변 AB가 원래 위치를 유지하며 블록은 점선과 같은 형태로 변화하게 될 것이다.

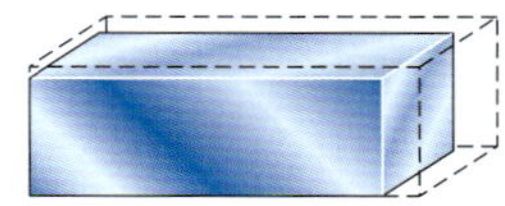

그림 8-37
온도 증가 조건하의 재료 블록

대부분의 구조용 재료에 대하여 열변형률 ε_T는 온도 변화 ΔT에 비례한다. 즉

$$\varepsilon_T = \alpha(\Delta T) \tag{8-17}$$

이때 α는 **열팽창계수**(coefficient of thermal expansion)라고 일컬어지며, 재료의 성질이다. 변형률은 무차원 양이므로 열팽창계수는 온도 변화의 역수와 같은 단위를 갖는다. SI 단위로 α의 단위는 1/K(켈빈온도의 역수) 또는 1/°C(섭씨온도의 역수)로 표현된다. 온도 변화가 켈빈 도와 섭씨 도에서 수치적으로 같기 때문에, α의 값은 두 가지 경우에 같다. α의 전형적인 값은 부록 F의 표 F-4에 수록되어 있다.

열변형률에 대해 **부호 규약**이 필요할 때, 일반적으로 팽창은 양, 수축은 음으로 가정한다.

열변형률의 상대적인 중요성을 설명하기 위하여 다음과 같은 방법으로 열변형률과 축하중에 의한 변형률을 비교한다. 공식 $\varepsilon=\sigma/E$에 의해 주어지는 길이방향 변형률을 가지는 축하중을 받는 봉을 고찰해보자. 여기에서 σ는 응력, E는 탄성계수이다. 온도 변화 ΔT 조건하의 똑같은 봉을 고려하면, 봉은 식 (8-17)로 주어지는 열변형률을 갖는 것을 의미한다.

$$\sigma = E\alpha(\Delta T)$$

온도 변화 ΔT하에서 같은 변형률이 발생하는 축응력 σ를 계산하기 위하여 이 식을 사용한다. $E=210$ GPa이고 $\alpha=17\times10^{-6}$/°C인 스테인리스강으로 된 봉을 예로 들자. σ에 대한 앞에서의 기술은 방정식을 이용하여 빠르게 계산하면, 60°C의 온도 변화 조건에서는 214 MPa의 응력에 대응되는 같은 변형률을 발생시킨다는 것을 알 수 있다. 이 응력은 재료의 일반적인 허용응력 내에 있게 된다. 그러므로 상대적으로 적당한 온도 변화는 일반적인 하중에 의해 같은 크기의 변형률을 발생시키므로, 온도에 의한 영향에 대한 고려는 공학적 설계에서 중요하다는 것을 내포한다.

보통의 구조용 재료는 가열되면 팽창하고, 냉각되면 수축하므로 온도 증가는 양(positive)의 열변형률을 발생시킨다. 온도가 원래의 값으로 돌아가게 되면 재료는 원래의 모양으로 되돌아가게 된다. 그러므로 열변형률은 일반적으로 가역적(reversible)

그림 8-38

균일한 온도 증가로 인한 균일 단면 봉의 길이 증가[식 (8-18)]

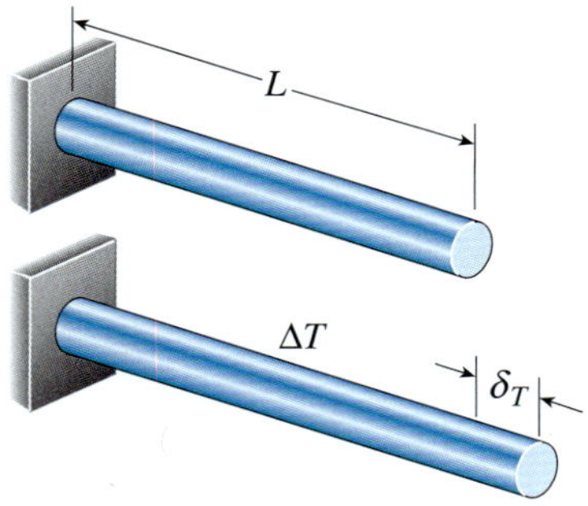

그림 8-39

각 부재가 균일한 온도 변화를 받는 정정 트러스 구조물

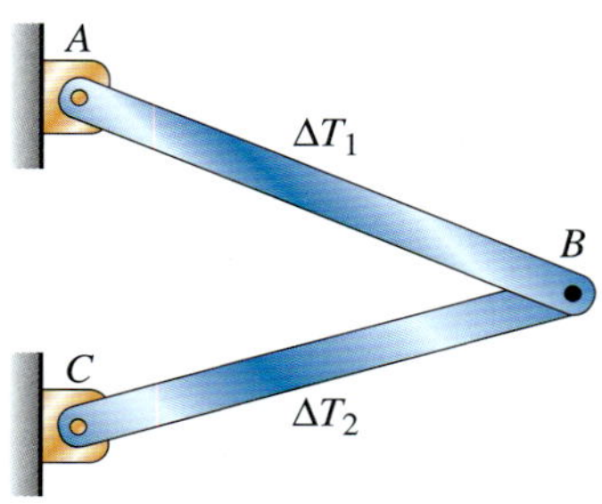

Barros & Barros/The Image Bank/Getty Images

부정정 트러스에서는 온도 변화와 사전 변형률로 인해 힘이 발생할 수 있다.

이다. 그러나 이러한 전형적으로 거동하지 않는 몇 개의 특수 금속 합금이 최근 개발되었다. 이는 어떤 온도 범위 이상에서 가열하면 치수가 감소하고, 냉각하면 치수가 증가한다.

물은 열적 관점에서 보면 특이한 물질이다. 물은 4℃ 이상으로 가열하면 팽창하고, 4℃ 이하로 냉각해도 팽창한다. 따라서 물은 4℃에서 최대 밀도 값을 보인다.

이제 그림 8-37에서 본 재료 블록을 다시 생각해보자. 재료는 균질, 등방성이며, 온도 증가 ΔT는 전체 블록 영역에서 균일하다고 가정하자. 블록의 모든 치수의 증가는 원래의 치수에 열변형률을 곱함으로써 계산할 수 있다. 즉, 치수 중의 하나를 L이라 하면, 이 길이는 다음과 같은 양으로 증가한다.

$$\delta_T = \varepsilon_T L = \alpha(\Delta T) L \tag{8-18}$$

식 (8-18)은 앞 절에서 설명하였던 힘-변위 관계식과 유사한 **온도-변위 관계식**(temperature-displacement relation)이다. 이 식은 그림 8-38에 보인 균일 단면 봉의 신장량 δ_T와 같은, 균일한 온도 변화를 받는 구조용 부재의 길이를 계산하는 데 사용된다. (봉의 가로방향의 치수도 변하지만, 이들의 변화는 봉에 의해 전달된 축력에는 어떤 영향도 미치지 못하므로 그림상에서 보여주지 않는다.)

열변형률에 의한 앞의 논의에서는 구조물의 제약을 받지 않고 자유롭게 팽창 또는 수축할 수 있다고 가정하였다. 이러한 조건은 마찰이 없는 표면에 놓여 있거나 열린 공간상에서 매달려 있을 때 유효하다. 이러한 경우 물체 전체에 걸쳐 온도 변화가 균일한 경우 응력이 발생하지 않으며, 온도 변화가 불균일하게 작용할 경우에는 내부 응력이 발생한다. 그러나 많은 구조물은 자유 팽창이나 수축을 억제하는 지점을 가지고 있으므로, 이 경우 구조물 전체에 걸친 온도 변화가 균일하더라도 **열응력**은 발생할 것이다.

열효과에 대한 이러한 개념을 설명하기 위하여, 그림 8-39의 두 개의 봉으로 구성된 트러스 ABC에서 봉 AB의 온도는 ΔT_1만큼 변화하고, 봉 BC의 온도는 ΔT_2만큼 변화한다고 가정하자. 트러스는 정정 구조물이므로, 두 개의 봉은 자유롭게 늘어나거나 줄어들게 되며, 조인트 B에 변위를 일으킨다. 그러나 두 개의 봉 내에는 응력이 없고, 지지점에서는 반력이 없다. 이러한 결론은 일반적으로 **정정 구조물**(statically determinate structure)에 적용된다. 즉, 부재 내의 균일한 온도 변화는 이에 대응되는 응력을 발생시키지 않은 상태로, 열변형률(그리고 대응되는 길이 변화)을 발생시킨다.

부정정 구조물(statically indeterminate structure)은 구조물의 특성이나 온도 변화의 성질에 따라 열응력이 발생할 수도 있고, 발생하지 않을 수도 있다. 몇 가지 가능성을 예시하기 위하여 그림 8-40과 같은 부정정 트러스를 고찰해보자. 이 구조물의 지지점은 조인트 D를 수평방향으로 이동하도록 허용하므로, 전체 트러스가 균일하게 가열될 경우 응력이 발생하지 않는다. 모든 부재는 원래 길이에 비례하여 길이가 증가하며, 트러스의 크기는 약간 커지게 된다.

그러나 일부 봉은 가열되고 다른 봉은 가열되지 않는다면, 봉의 부정정 배열이 자유로운 팽창을 억제하기 때문에 열응력이 생길 것이다. 이러한 조건을 유도하기 위하여 한쪽 봉만 가열된다고 가정하자. 이 봉의 크기가 커짐에 따라 다른 봉으로부터 제한을 받게 되고, 그러므로 모든 부재에 응력이 발생하게 된다.

온도 변화에 따른 부정정 구조물의 해석은, 앞 절에서 언급한 개념인 평형 방정식, 적합 방정식, 힘-변위 관계식을 기초로 한다. 주요한 차이점은 해석을 수행할 때 힘-변위 관계식($\delta = PL/EA$와 같은)에 온도-변위 관계식[식 (8-18)]을 추가적으로 사용한다는 것이다. 다음 두 예제는 이러한 과정을 자세하게 보여준다.

그림 8-40

온도 변화를 받는 부정정 트러스

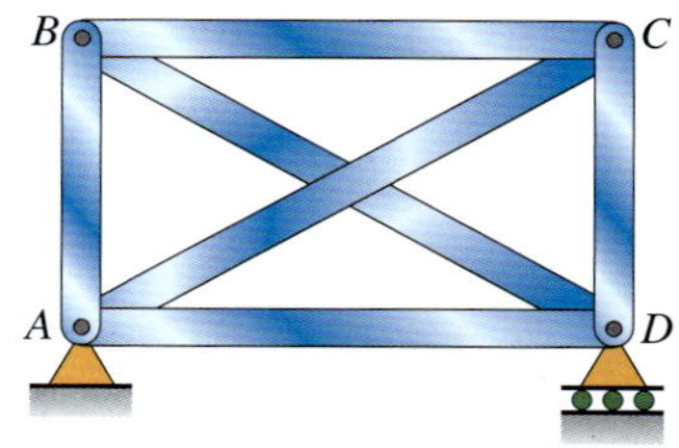

예제 8-9

선형 탄성 재료로 만들어진, 길이가 L인 균일 단면 봉 AB가 고정된 지지체 사이에 위치해 있다(그림 8-41a). 봉의 선형 탄성계수는 E이고, 열팽창계수는 α이다.

(a) 만약 봉의 온도가 ΔT만큼 균일하게 증가한다면, 봉에 생기는 열응력 σ_T에 대한 공식을 유도하시오.

(b) 문제 (a)에서 강체 지지체 B가 스프링 상수 k를 갖는 탄성 지지체로 교체될 경우 공식을 수정하시오(그림 8-41b). 단, 오직 봉 AB만이 ΔT만큼 균일하게 온도가 증가한다고 가정한다.

(c) 봉이 A로부터 x 거리에서 온도가 $\Delta T(x) = \Delta T_0(1 - x^2/L^2)$(그림 8-41c 참조)로 증가하는 형태로 불균일 가열된다고 가정하였을 때, 문제 (b)를 반복하시오.

그림 8-41

예제 8-9: (a) 균일한 온도 증가 ΔT를 받는 부정정 봉, (b) 균일한 온도 증가 ΔT와 탄성 지지를 가진 부정정 봉, (c) 불균일한 온도 증가 $\Delta T(x)$와 탄성 지지를 가진 부정정 봉

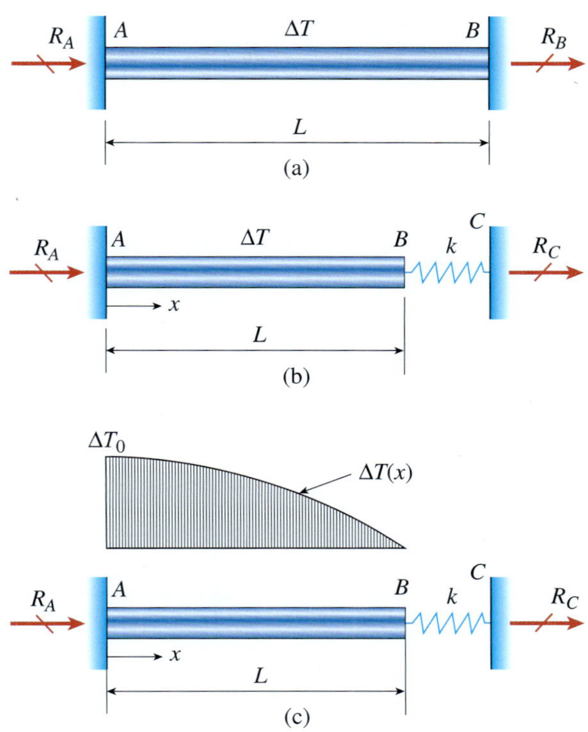

풀이

4단계 문제풀이 접근방법을 사용한다. 필수적인 단계는 각 부분에서 설명한다.

Part (a): ΔT만큼 균일하게 온도가 증가하는 A와 B에서 고정되어 있는 봉의 열응력 구하기

1. **개념화** 온도가 증가하기 때문에 봉은 늘어나려 하지만, A와 B에서 강체로 지지되어 있기 때문에 구속된다. 그러므로 지점에서 반력 R_A와 R_B가 발생하며, 봉은 균일 압축 응력을 받게 된다.

2. **분류**

평형 방정식: 유일하게 유효한 정적 평형 방정식은 반력 R_A와 R_B의 합이 0이 되어야 한다. 그러므로 두 개의 미지수를 갖는 하나의 식을 얻는다. 이것은 **1자유도 부정정 문제**이다.

$$\Sigma F_x = 0 \qquad\qquad R_A + R_B = 0 \tag{a}$$

반력 R_B를 **과잉반력**으로 선정하고, 추가적인 식(**적합** 방정식)을 얻기 위하여 두 개의 풀어진 정정 구조물(그림 8-41d)의 **중첩법**을 이용한다. 첫 번째 풀어진 구조물은 ΔT만큼 균일하게 온도가 증가하고, δ_T만큼 늘어난다. 두 번째 풀어진 구조물은 과잉반력 R_B에 의해 δ_B만큼 늘어난다. 정적 부호 규약을 이용하여 x방향의 힘과 변위는 양으로 가정한다.

적합 방정식: 지점 A와 B에서 완전히 구속되어 있으므로 봉의 순수한 길이 변화는 0임을 표현하는 적합 방정식은 다음과 같다.

$$\delta_T + \delta_B = 0 \tag{b}$$

온도-변위 및 힘-변위 관계: 온도에 의해 봉의 길이 증가는 식 (8-18)에 의하여 다음과 같이 표현할 수 있다.

$$\delta_T = \alpha(\Delta T)L \tag{c}$$

여기에서 α는 재료의 열팽창계수이다. 미지의 하중 R_B로 인한 길이의 증가는 힘-변위 관계로부터 구한다.

그림 8-41(계속)

예제 8-9: (d) 지지체 B가 제거된 정정 봉(즉, 풀어진 구조물)

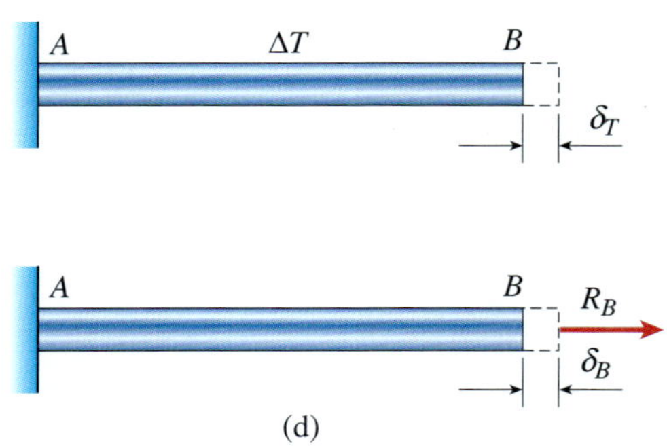

$$\delta_B = R_B\left(\frac{L}{EA}\right) = R_B f_{AB} \tag{d}$$

E는 탄성계수, A는 봉의 단면적, f_{AB}는 봉의 유연도이다.

3. **해석** 식 (c)와 (d)를 적합 방정식 (b)에 대입하면 과잉반력 R_B는 다음과 같이 풀이되며,

$$R_B = \frac{-\alpha(\Delta T)L}{f_{AB}} = -EA\alpha(\Delta T) \tag{e}$$

평형 방정식 (a)로부터 다음을 얻는다.

$$R_A = -R_B = EA\alpha(\Delta T) \tag{f}$$

정적 부호 규약에 기반하여 R_B는 음의 x방향인, 반면에 R_A는 양의 x방향이다. 마지막 단계로, 봉의 압축응력을 다음과 같이 계산한다(단, 온도가 증가할 경우 ΔT는 양의 값을 갖는다고 가정한다).

$$\sigma_T = \frac{R_A}{A} = E\alpha(\Delta T) \tag{g}$$

4. **최종 단계**

참고 1: 이 예제에서 반력은 봉의 길이에 독립적이며, 응력은 길이와 단면적에 독립적이다[식 (f) 및 (g) 참조]. 그러므로 다시 한번, 순전히 수치계산에서는 봉의 거동의 중요한 면을 주목할 수 없으므로 부호로 표시된 해의 유용성이 증명되었다.

참고 2: 봉의 열변형량을 구할 때[식 (c)], 재료는 균질이며, 온도 증가는 봉의 전체 체적에 균일하다고 가정했다. 또한 반력으로 인한 길이 증가를 구할 때[식 (d)], 재료는 선형 탄성적으로 거동한다고 가정했다. 이러한 구속 조건은 식 (c)와 (d) 같은 식을 사용할 때 유의하여야 한다.

참고 3: 이 예제에서 봉은 고정단뿐 아니라 모든 단면에서 길이방향 변위가 0이다. 그러므로 이 봉에서 **축방향 변형률은 0이며, 길이방향 변형률이 없는 길이방향 응력**의 특별한 상태가 존재한다. 물론 온도 변화와 축방향 압축 모두에서 봉의 횡방향 변형률이 있다.

Part (b): A에서는 고정되고, B에서는 탄성 지지점을 가지며, 균일한 온도 변화 ΔT하에서 봉의 열응력 구하기

2. **분류** 그림 8-41b에서 구조물은 1자유도 부정정 구조물이며, 그러므로 R_C를 과잉으로 선택하고, 문제풀이를 위해 한 번 더 두 개의 풀어진 구조물의 중첩을 이용한다.

3. **해석** 먼저, 원래의 부정정 구조물의 **정적 평형**에 의하여 다음과 같은 결과를 얻는다.

$$R_A + R_C = 0 \tag{h}$$

두 개의 풀어진 구조물에 대하여 조인트 C에서 **변위 적합 조건**(compatibility of displacement)은 다음과 같이 표현된다.

$$\delta_T + \delta_C = 0 \tag{i}$$

첫 번째 풀어진 구조물에서 오직 봉 AB에만 균일 온도 변화 ΔT를 적용하면 다음과 같이 표현된다.

$$\delta_T = \alpha(\Delta T)L \qquad \textbf{(c, 반복)}$$

스프링은 양의 x방향으로 변위하고, 온도 변화에 의하여 변형되지 않는다는 것을 주목해야 한다. 다음으로, 두 번째 풀어진 구조물에서 스프링 끝에 과잉력 R_C를 가했으며, 이로 인해 양의 x방향으로 변위를 발생시킨다. 봉 AB와 스프링 모두 힘 R_C를 받게 되므로, C에서의 총변위는 봉과 스프링의 신장량의 합이다.

$$\delta_C = R_C\left(\frac{L}{EA}\right) + \frac{R_C}{k} = R_C(f_{AB} + f) \qquad \textbf{(j)}$$

여기에서 $f = 1/k$는 스프링의 유연도이다. 온도-변위식[식 (c)]과 힘-변위식[식 (j)]을 적합 방정식[식 (i)]에 대입한 후, 과잉력 R_C에 대하여 풀면 다음을 얻는다.

$$R_C = \frac{-\alpha(\Delta T)L}{f_{AB} + f} = \frac{-\alpha(\Delta T)L}{\dfrac{L}{EA} + \dfrac{1}{k}} \quad \text{또는} \quad R_C = -\left[\frac{EA\alpha(\Delta T)}{1 + \dfrac{EA}{kL}}\right] \qquad \textbf{(k)}$$

평형 방정식[식 (h)]으로부터 다음을 유도한다.

$$R_A = -R_C = \frac{EA\alpha(\Delta T)}{1 + \dfrac{EA}{kL}} \qquad \textbf{(l)}$$

정적 부호 규약에 근거하여, 반력 R_A는 양의 x방향인 반면에 반력 R_C는 음의 x방향임을 상기하자. 마지막으로 봉의 압축응력은 다음과 같다.

$$\sigma_T = \frac{R_A}{A} = \frac{E\alpha(\Delta T)}{1 + \dfrac{EA}{kL}} \qquad \textbf{(m)}$$

4. **최종 단계** **스프링 강성도 k가 무한대로 접근한다면**, 식 (l)이 식 (f)로 되고, 식 (m)이 식 (g)로 되는 것을 주목하자. 무한하게 강성도가 높은 스프링을 사용하면 강체 지점이 C에서 B로 옮겨진다.

Part (c): A에서는 고정되고, B에서는 탄성 지지점을 가지는 비균일 온도 조건하의 봉의 열응력 구하기

2. **분류** 그림 8-41c의 구조물은 1자유도 부정정 구조물이다. 그러므로 다시 한번, 반력 R_C를 과잉으로 선택하고 Part (a)와 (b)에서와 같이 1자유도 부정정 문제를 풀기 위하여 두 개의 풀어진 구조물의 중첩을 사용한다(그림 8-41e, f).

3. **해석** 전체 구조물에 대하여 **정적 평형** 방정식은 식 (h)이며, **적합** 방정식은 식 (i)이다. 먼저, 풀어진 구조물(그림 8-41e)에서의 변위 δ_T를 구하면 다음과 같다.

그림 8-41(계속)

예제 8-9: (e) 불균일한 온도 상승하에서의 지지체 C가 제거된 정정 봉(즉 풀어진 구조물), (f) 과잉력 R_C가 가해지고 있는 정정 봉

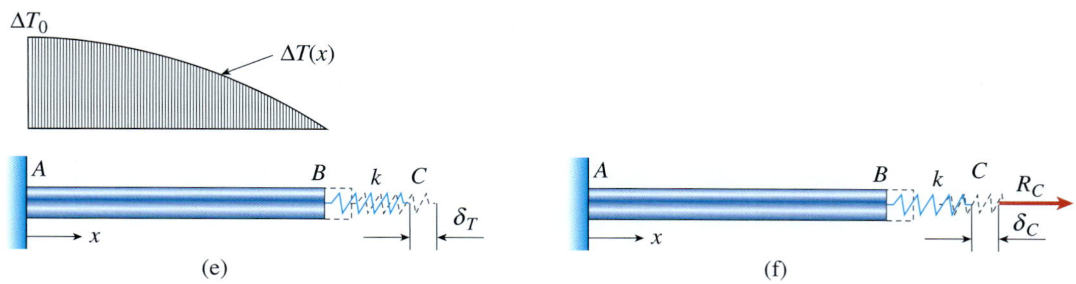

$$\delta_T = \int_0^L \alpha[\Delta T(x)]dx = \int_0^L \alpha\left\{\Delta T_0\left[1-\left(\frac{x}{L}\right)^2\right]\right\}dx = \frac{2}{3}\alpha\left(\Delta T_0\right)L \qquad \textbf{(n)}$$

그리고 두 번째 풀어진 구조물(그림 8-41f)에서의 δ_C는 수식 (j)와 같다.

$$\delta_C = R_C(f_{AB} + f) \qquad \textbf{(j, 반복)}$$

온도-변위식[식 (n)]과 힘-변위식[식 (j)]을 적합 방정식[식 (i)]에 대입하면 다음을 얻는다.

$$R_C = \frac{\dfrac{-2}{3}\alpha(\Delta T_0)L}{f_{AB} + f} = \frac{-2\alpha(\Delta T_0)L}{3\left(\dfrac{L}{EA} + \dfrac{1}{k}\right)} \quad \text{또는} \quad R_C = -\left(\frac{2}{3}\right)\left[\frac{EA\alpha(\Delta T_0)}{1 + \dfrac{EA}{kL}}\right] \qquad \textbf{(o)}$$

정적 평형 방정식[식 (h)]으로부터

$$R_A = -R_C = \left(\frac{2}{3}\right)\left[\frac{EA\alpha(\Delta T_0)}{1 + \dfrac{EA}{kL}}\right] \qquad \textbf{(p)}$$

마지막으로 비균일 온도 변화 $\Delta T(x) = T_0(1-(x/L)^2)$하에서 봉의 압축응력은 다음과 같다.

$$\sigma_T = \frac{R_A}{A} = \left(\frac{2}{3}\right)\left[\frac{E\alpha(\Delta T_0)}{1 + \dfrac{EA}{kL}}\right] \qquad \textbf{(q)}$$

4. 최종 단계 다시 한번, 무한한 강성을 가진 스프링을 사용하면 식 (q)에서 EA/kL 항이 소거되고, 그 결과는 A와 B에서 고정되고 비균일 온도 변화 $\Delta T(x) = \Delta T_0(1-(x/L)^2)$을 받는 균일 단면 봉의 해가 됨을 주목할 필요가 있다.

예제 8-10

길이 L인 원형 관 형태를 가진 슬리브(sleeve)가 볼트 주위를 둘러싸고, 양단에 있는 와셔 사이에 끼워져 있다(그림 8-42a). 너트는 슬리브가 꼭 결합되어 있도록 조여져 있는 상태이다. 슬리브와 볼트는 다른 재료와 서로 다른 단면적으로 되어 있다(슬리브의 열팽창계수 α_S는 볼트의 열팽창계수 α_B보다 크다고 가정한다).

(a) 전체 조립체의 온도가 ΔT만큼 증가하면, 슬리브와 볼트에 발생하는 응력 σ_S와 σ_B의 값은 각각 얼마인가?

(b) 슬리브와 볼트 길이 L의 증가량 δ는 얼마인가?

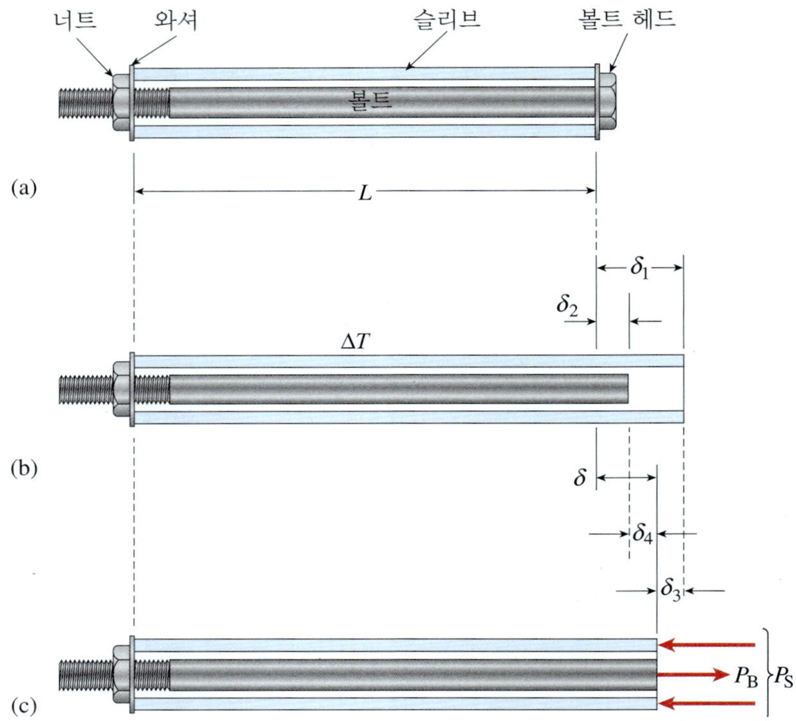

그림 8-42
예제 8-10: 균일한 온도 증가 ΔT를 받는 슬리브와 볼트의 조립체

풀이

4단계 문제풀이 접근방법을 사용한다. 필수적인 단계는 각 부분에서 설명한다.

Part (a): 슬리브와 볼트의 응력

1. **개념화** 슬리브와 볼트는 서로 다른 재료이며, 가열되어 자유롭게 팽창한다면 이들은 서로 다른 양만큼 길이가 증가하게 된다. 그러나 이 구조물이 조립체로 결합될 때 자유 팽창은 일어나지 않으며 두 재료에 모두 열응력이 발생한다. 이러한 응력을 구하기 위하여, 부정정 해석에서와 같은 개념의 평형 방정식, 적합 방정식, 변위 관계식을 이용한다. 그러나 구조물을 분해하기 전에는 이러한 공식을 구현할 수 없다.

2. 분류 구조물을 분해하는 간단한 방법은, 볼트의 머리 부분을 제거하여 슬리브와 볼트가 온도 변화 ΔT 조건하에서 자유롭게 팽창하도록 허용하는 것이다(그림 8-42b). 이로 인해 슬리브와 볼트의 길이 증가량은 각각 δ_1과 δ_2로 표시되며, 이에 대응되는 **온도-변위 관계식**은 다음과 같다.

$$\delta_1 = \alpha_S(\Delta T)L \qquad \delta_2 = \alpha_B(\Delta T)L \tag{a, b}$$

그림 8-42b에서와 같이 α_S는 α_B보다 크므로, 신장량 δ_1은 δ_2보다 크다.

슬리브와 볼트의 최종 길이가 같을 때까지 슬리브와 볼트의 축력은 슬리브를 줄어들게 하고, 볼트는 늘어나게 한다. 이러한 힘은 그림 8-42c에 보여지며, 여기에서 P_S는 슬리브에 작용하는 압축력, P_B는 볼트에 작용하는 인장력을 나타낸다. 이에 대응하는 슬리브의 수축량 δ_3과 볼트의 신장량 δ_4는 다음과 같고

$$\delta_3 = \frac{P_S L}{E_S A_S} \quad \delta_4 = \frac{P_B L}{E_B A_B} \tag{c, d}$$

$E_S A_S$와 $E_B A_B$는 각각의 축강성이다. 식 (c)와 (d)는 **하중-변위 관계식**이다.

3. 해석 최종 신장량 δ는 슬리브와 볼트에서 모두 같다는 사실을 표현한 **적합 방정식**을 사용한다. 슬리브의 신장량은 $\delta_1 - \delta_3$이고, 볼트의 신장량은 $\delta_2 + \delta_4$이다. 그러므로

$$\delta = \delta_1 - \delta_3 = \delta_2 + \delta_4 \tag{e}$$

온도-변위와 하중-변위 관계식[식 (a)~(d)까지]을 이 방정식에 대입하면 다음 식을 얻는다.

$$\delta = \alpha_S(\Delta T)L - \frac{P_S L}{E_S A_S} = \alpha_B(\Delta T)L + \frac{P_B L}{E_B A_B} \tag{f}$$

식 (f)를 재배치하면,

$$\frac{P_S L}{E_S A_S} + \frac{P_B L}{E_B A_B} = \alpha_S(\Delta T)L - \alpha_B(\Delta T)L \tag{g}$$

이는 적합 방정식의 변형된 형태이다. 이 식은 미지의 힘 P_S와 P_B를 포함하고 있음에 주목하자.

볼트의 머리부를 제거하고 남은 조립체 부분에 대한 자유물체도인 그림 8-42c로부터 **평형 방정식**을 구한다. 수평방향의 힘을 합하여 다음을 얻으며

$$P_S = P_B \tag{h}$$

이 식은 슬리브의 압축력은 볼트의 인장력과 같다는 명백한 사실을 나타낸다.

이제 식 (g)와 (h)를 연립하여 슬리브와 볼트에 작용하는 축력을 구한다.

$$P_S = P_B = \frac{(\alpha_S - \alpha_B)(\Delta T)E_S A_S E_B A_B}{E_S A_S + E_B A_B} \tag{8-19}$$

4. 최종 단계 온도가 증가하며 열팽창계수 α_S는 열팽창계수 α_B보다 크다고 가정하여 이

식을 유도하였다. 이러한 조건하에서 P_S는 슬리브에 작용하는 압축력이고, P_B는 볼트에 작용하는 인장력이다.

온도는 증가하지만 열팽창계수 α_S가 열팽창계수 α_B보다 작다면, 그 결과는 달라질 것이다. 이러한 조건에서서는 볼트 머리부와 슬리브 사이에 틈이 열리게 되며, 조립체의 어느 부분에서도 응력이 작용하지 않게 된다.

슬리브와 볼트의 응력: 슬리브와 볼트의 응력 σ_S와 σ_B에 대한 식은 각각 이에 대응되는 힘을 해당 면적으로 나누어서 구한다.

$$\sigma_S = \frac{P_S}{A_S} = \frac{(\alpha_S - \alpha_B)(\Delta T)E_S E_B A_B}{E_S A_S + E_B A_B} \quad \text{(8-20a)}$$

$$\sigma_B = \frac{P_B}{A_B} = \frac{(\alpha_S - \alpha_B)(\Delta T)E_S A_S E_B}{E_S A_S + E_B A_B} \quad \text{(8-20b)}$$

가정된 조건하에서, 슬리브의 응력 σ_S는 압축응력이고, 볼트의 응력 σ_B는 인장응력이다. 이러한 응력은 조립체의 길이와 무관하고, 이들의 크기가 각각 이들의 해당 면적에 역비례한다는 것은 흥미롭다(즉, $\sigma_S/\sigma_B = A_B/A_S$).

Part (b): 슬리브와 볼트의 길이 증가

2, 3. 분류, 해석: 조립체의 신장량 δ는 식 (8-19)의 P_S 또는 P_B를 식 (f)에 대입하여 구할 수 있으며, 다음 식을 얻는다.

$$\delta = \frac{(\alpha_S E_S A_S + \alpha_B E_B A_B)(\Delta T)L}{E_S A_S + E_B A_B} \quad \text{(8-21)}$$

앞의 공식을 이용하여, 어떤 수치 데이터 값이 주어져도 조립체의 힘, 응력 및 변위를 쉽게 계산할 수 있다.

4. 최종 단계 결과에 대한 부분적 검토 과정으로 식 (8-19), (8-20), (8-21)이 간단한 경우의 알고 있는 값으로 줄어드는 것을 주목할 필요가 있다. 예를 들어, 볼트가 강체이며 온도 변화의 영향을 받지 않는다고 가정하자. 이러한 경우는 $\alpha_B = 0$과 E_B를 무한대로 설정함으로써 표현할 수 있으며, 이것이 슬리브가 강체의 지점 사이에 고정된 조립체에 대한 조건이다. 이 값을 식 (8-19), (8-20), (8-21)에 대입함으로써 다음을 얻는다.

$$P_S = E_S A_S \alpha_S(\Delta T) \qquad \sigma_S = E_S \alpha_S(\Delta T) \qquad \delta = 0$$

이 결과는 강체의 지점 사이에 고정된 봉에 대한 예제 8-9의 결과와 일치한다.

두 번째 특별 케이스로, 슬리브와 볼트가 같은 재료로 되어 있다고 가정하자. 그러면 두 부분은 자유롭게 팽창하고 온도가 변화함에 따라 같은 양만큼 늘어나게 되며, 힘이나 응력은 발생하지 않는다. 유도된 방정식이 이러한 거동을 예측하는지 알아보기 위하여 $\alpha_S = \alpha_B = \alpha$를 식 (8-19), (8-20), (8-21)에 대입하면 다음과 같은 예상된 결과를 얻는다.

$$P_S = P_B = 0 \qquad \sigma_S = \sigma_B = 0 \qquad \delta = \alpha(\Delta T)L$$

부적합 및 사전변형률

구조물의 부재가 사전에 정해진 길이보다 약간 다른 길이로 제작되었다고 가정한다면, 부재는 의도한 대로 구조물에 맞지 않을 것이며, 구조물의 기하학적 모양은 계획된 것과 다를 것이다. 이러한 종류의 상황을 **부적합**(misfit)이라고 한다. 종종 부적합은 구조물을 만든 시점에서 구조물 내에 변형률을 주기 의하여 의도적으로 가공된다. 이러한 변형률은 다른 하중이 구조물에 가해지기 전에 이미 존재하며, 이를 **사전변형률**(prestrain)이라 한다. 사전변형률에 수반되는 응력이 **사전응력**(prestress)이며 구조물이 사전응력을 받는다고 한다. 사전응력의 일반적인 예에는 자전거 바큇살(이것은 사전응력을 받지 않으면 붕괴될 수 있음), 테니스 라켓의 사전 인장된 면, 수축되어 맞춰진 기계 부품, 사전응력을 받는 콘크리트 보 등이 있다.

구조물이 **정정**(statically determinate)이면, 하나 또는 그 이상의 부재에서 작은 부적합은 구조물의 이론적인 형상과는 약간 다르게 되지만, 변형률이나 응력을 발생시키지 않는다. 이러한 상황을 예시하기 위하여 수직 봉 *CD*(그림 8-43a)에 의해 지지되는 수평 보 *AB*로 구성된 단순 구조물을 고찰하자. 봉 *CD*가 정확한 길이 *L*을 가진다면, 보는 구조물이 구현되었을 때 수평일 것이다. 그러나 봉이 의도한 것보다 약간 길다면, 보는 수평으로부터 작은 각을 가지게 될 것이다. 그럼에도 불구하고 부정확한 봉의 길이로 인해 봉이나 보에는 변형률이나 응력이 발생하지 않을 것이다. 더 나아가, 하중 *P*가 보의 끝단에 작용하면(그림 8-43b), 이 하중에 의하여 구조물의 응력은 봉 *CD*의 부정확한 길이의 영향을 받지 않는다.

일반적으로 정정 구조물이면 작은 부적합은 기하학적으로 약간의 변화를 주지만, 변형률이나 응력을 발생시키지 않는다. 그러므로 부적합의 효과는 온도 변화의 효과와 비슷하다.

구조물이 **부정정**(statically indeterminate)인 경우에는 상황이 다르다. 그 이유는 구조물의 부적합에 대해 자유롭게 조정되지 않기 때문이다(어떤 종류의 온도 변화에 대해 자유롭게 조정되지 않는 것과 비슷하게). 이것을 보여주기 위하여 두 개의 수직 봉으로 지지된 보를 생각해보자(그림 8-44a). 두 개의 봉이 모두 정확한 길이 *L*을 가진다면 구조물은 변형률이나 응력을 받지 않고 조립될 수 있으며 보는 수평이 될 것이다.

그러나 봉 *CD*가 사전에 정해진 길이보다 약간 길다고 가정하면, 구조물을 조립하기 위해서 봉 *CD*는 외력에 의해 압축되어야 하고(또는 봉 *EF*가 외력에 의해 늘어나야 하고), 봉은 제자리에 맞춰진 후 외력은 제거되어야 한다. 결과적으로 보는 변형되고 회전할 것이며, 봉 *CD*는 압축을, 봉 *EF*는 인장을 받게 된다. 다시 말하면, 외력이 작용하지 않더라도 모든 부재 내에는 사전변형률이 존재하게 되며 구조물은 사전응력을 받게 된다. 하중 *P*가 추가되면(그림 8-44b), 추가적인 변형률과 응력이 발생하게 된다.

그림 8-43
작은 부적합을 갖는 정정 구조물

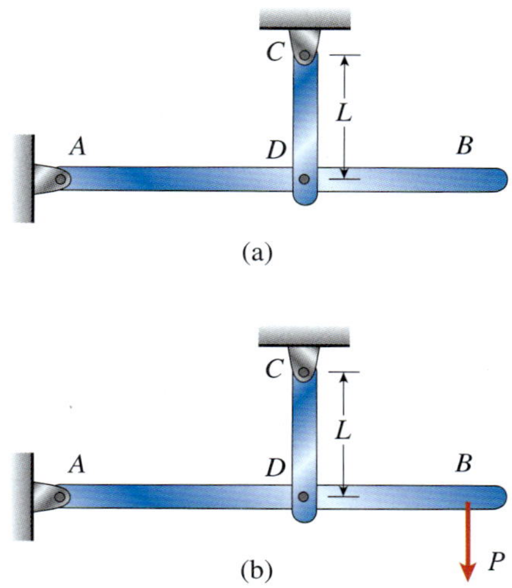

그림 8-44
작은 부적합을 갖는 부정정 구조물

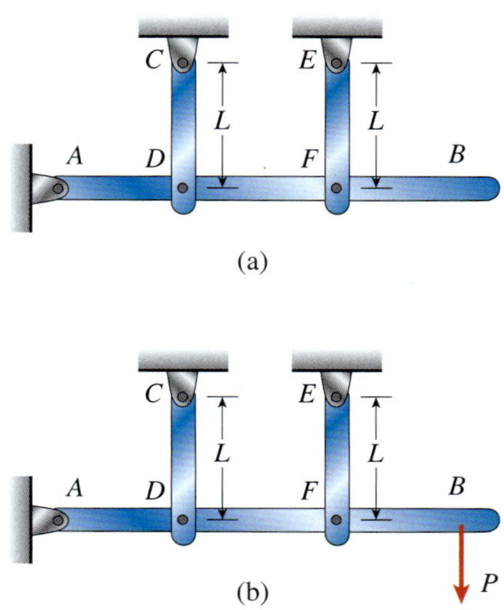

부적합과 사전변형률을 가진 부정정 구조물의 해석은 앞에서 기술한 하중과 온도 변화에 대한 부분과 동일한 방법으로 해석된다. 해석의 기본 핵심은 평형 방정식, 적합 방정식, 힘-변위 관계식, 온도-변위 관계식(필요시)이다. 이 방법론은 예제 8-12에서 보여준다.

볼트와 턴버클

그림 8-45
나사의 피치는 하나의 나사산에서 다음 나사산까지의 거리이다.

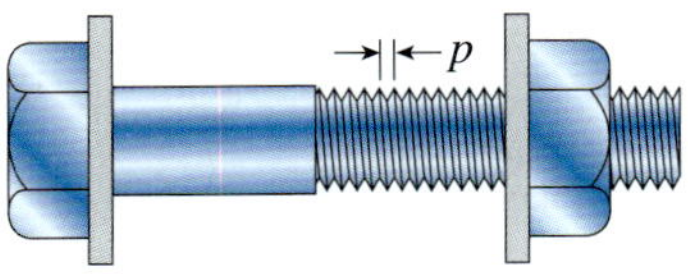

구조물의 사전응력은 구조물의 한 개 이상의 부분이 이론적인 길이보다 인장되거나 압축될 때 발생한다. 길이의 변형을 일으키는 간단한 방법은 볼트나 턴버클(turnbuckle)을 조이는 것이다. **볼트**(bolt)의 경우(그림 8-45), 너트를 한 바퀴 돌릴 때마다 너트가 나사의 간격 p(나사의 **피치**라고 불림)와 같은 거리만큼 볼트를 따라 움직이게 된다. 그러므로 너트가 움직인 거리 δ는 다음과 같고

$$\delta = np \tag{8-22}$$

n은 너트의 회전 수(정수일 필요 없음)이다. 구조물의 정렬에 따라 너트를 돌리면 부재를 인장하거나 압축시킬 수 있다.

이중 작용 턴버클(double-acting turnbuckle)(그림 8-46)의 경우, 두 양단에 나사가 있다. 한쪽 끝은 오른 나사로, 다른 쪽 끝은 왼 나사로 사용되므로 턴버클을 회전시킴으로써 길이가 늘어나거나 감소한다. 턴버클을 한 바퀴 돌리면 각 나사를 따라 거리 p만큼 이동한다. 여기에서 p는 나사의 피치이다. 그러므로 턴버클을 한 바퀴 돌려서 조이면 나사는 거리 $2p$만큼 가까워지며 그 효과는 장치를 $2p$만큼 길이가 줄어들게 한다. n바퀴에 대해 거리는 다음과 같다.

$$\delta = 2np \tag{8-23}$$

다음의 예제에서처럼 턴버클은 종종 케이블에 설치되고 조여져 케이블에 초기 장력을 발생시킨다.

그림 8-46
이중 작용 턴버클(턴버클의 한 바퀴 회전은 케이블을 $2p$만큼 줄어들게 하거나 늘어나게 한다. 단, p는 나사의 피치)

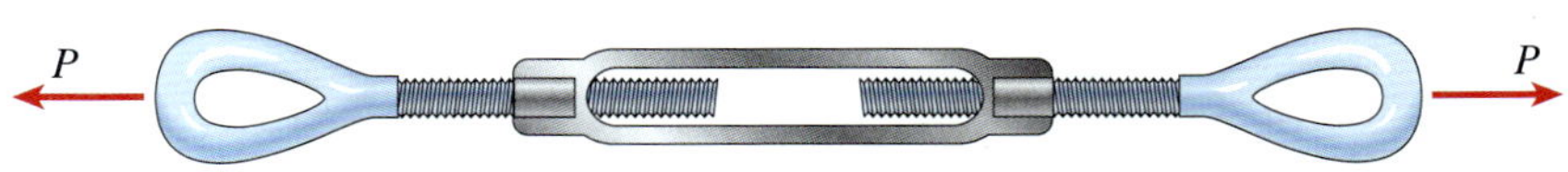

예제 8-11

그림 8-47a의 조립체는 구리 관과 양단의 강체 판, 그리고 턴버클을 가진 두 개의 강철 케이블로 구성되어 있다. 조립체가 초기 응력 없이 제대로 맞춰질 때까지 턴버클을 돌림으로써 케이블의 느슨함을 제거한다. (그 이상 턴버클을 조이면 케이블은 인장을 받고, 관은 압축을 받는 사전응력 상태를 발생시킨다.)

(a) 턴버클을 n회 회전시켜 조일 때, 관과 케이블(그림 8-47a)의 힘을 구하시오.

(b) 관의 수축량을 구하시오.

그림 8-47

예제 8-11: 압축을 받는 구리 관과 인장을 받는 두 개의 강철 케이블로 구성된 부정정 구조체

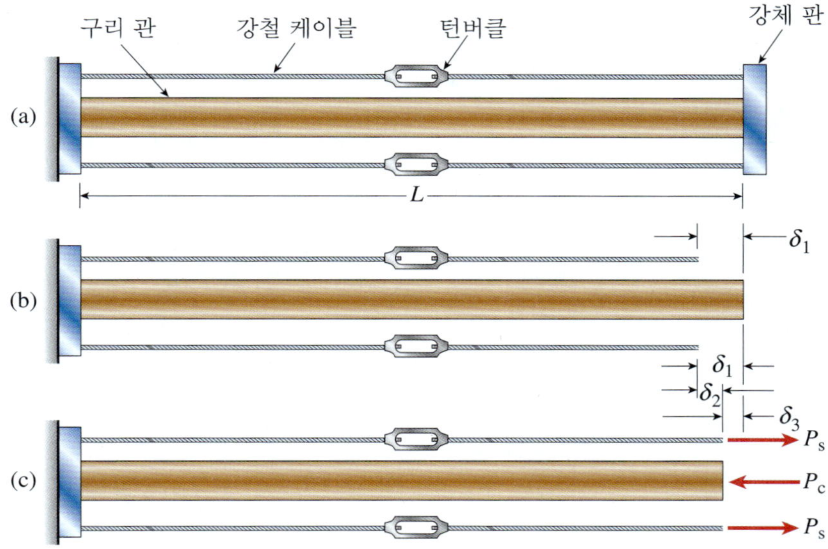

풀이

4단계 문제풀이 접근방법을 사용한다. 필수적인 단계는 각 부분에서 설명한다.

Part (a): 케이블과 관에 작용하는 힘

1. 개념화 관과 케이블의 길이 변화가 자유롭도록 조립체의 우측 면의 판을 제거함으로써 해석을 시작한다(그림 8-47b). 턴버클을 n회 회전시키면 그림 8-47b에 도시한 것처럼, 아래만큼 케이블 길이가 줄어든다.

$$\delta_1 = 2np \tag{a}$$

케이블의 인장력과 관의 압축력은 이들의 최종 길이가 같아질 때까지 케이블을 늘어나게, 관을 줄어들게 한다. 이 힘은 그림 8-47c에 도시된 것과 같으며, 여기에서 P_s는 강철 케이블 중 하나에 작용하는 인장력, P_c는 구리 관에 작용하는 압축력이다. 하중 P_s에 의한 케이블의 신장량은

$$\delta_2 = \frac{P_s L}{E_s A_s} \tag{b}$$

여기에서 $E_s A_s$는 케이블의 축강성, L은 케이블의 길이이다. 또한 구리 관의 압축력 P_c는 구리 관을 아래만큼 줄어들게 한다.

$$\delta_3 = \frac{P_c L}{E_c A_c} \tag{c}$$

여기에서 $E_c A_c$는 관의 축강성이다. 식 (b)와 (c)는 **하중-변위 관계식**이다.

2. 분류 케이블 중 하나의 최종적인 수축량은 턴버클의 회전에 의한 수축량 δ_1에서 힘 P_s에 의한 신장량 δ_2를 뺀 것과 같다. 케이블이 최종적으로 줄어든 이 길이는 관의 수축량 δ_3과 같다.

$$\delta_1 - \delta_2 = \delta_3 \tag{d}$$

이는 **적합 방정식**이다.

턴버클 관계식[식 (a)]과 하중-변위 관계식[식 (b)와 (c)]을 앞의 방정식에 대입하면

$$2np - \frac{P_s L}{E_s A_s} = \frac{P_c L}{E_c A_c} \tag{e}$$

또는

$$\frac{P_s L}{E_s A_s} + \frac{P_c L}{E_c A_c} = 2np \tag{f}$$

이 식은 적합 방정식의 수정된 형태이다. 이 식은 P_s와 P_c를 미지수로 포함하고 있음에 주목할 필요가 있다. 끝의 판이 제거된 자유물체도(그림 8-47c)를 이용하여 다음과 같은 평형 방정식을 얻는다.

$$2P_s = P_c \tag{g}$$

3. 해석

케이블과 관의 힘: 식 (f)와 (g)를 연립하여 풀어줌으로써 강철 케이블과 구리 관의 축력을 각각 구할 수 있다.

$$P_s = \frac{2npE_c A_c E_s A_s}{L(E_c A_c + 2E_s A_s)} \quad P_c = \frac{4npE_c A_c E_s A_s}{L(E_c A_c + 2E_s A_s)} \tag{8-24a, b}$$

힘 P_s는 인장력, P_c는 압축력임을 상기하자. 힘 P_s와 P_c를 단면적 A_s와 A_c로 나눠줌으로써 강철과 구리에서의 응력 σ_s와 σ_c를 각각 구할 수 있다.

Part (b): 관의 수축량

2, 3. 분류, 해석 관 길이의 감소량은 δ_3이며 다음과 같이 구할 수 있다[그림 8-47과 식 (c) 참조].

$$\delta_3 = \frac{P_c L}{E_c A_c} = \frac{4npE_s A_s}{E_c A_c + 2E_s A_s} \tag{8-25}$$

4. 최종 단계 앞의 공식들을 이용하여 주어진 수치 데이터에 대해 조립체의 힘, 응력, 변위를 계산할 수 있다.

예제 8-12

탄성 스프링이 관 A에 의하여 둘러싸여 있고, 관 A보다 s만큼 길다. 스프링은 강체 밑판으로 고정되어 있고 관 B의 상단부에 세팅되어 있다(그림 8-48 참조). 강체 상판에 스프링과 관을 누르는 힘 P가 가해진다. 관 A와 B는 알루미늄 합금으로 만들어졌으며, 외경은 d_O, 내경은 각각 d_A와 d_B이다. 하중 $P = 140$ kN이 가해질 때, 관 A와 B의 축방향 압축

그림 8-48
알루미늄 관 내의 탄성 스프링

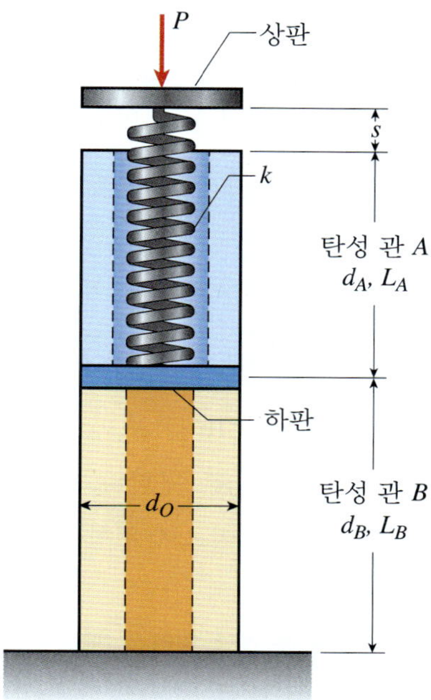

응력을 구하고, 관 구조물에 대한 축력과 변위 선도를 도시하시오. $E=72$ GPa, 스프링 강성 $k=200$ MN/m, $d_O=76$ mm, $d_A=62$ mm, $d_B=58$ mm, $s=0.5$ mm로 가정한다. 관 A와 B의 길이는 $L_A=0.35$ m, $L_B=0.4$ m이다.

풀이

4단계 문제풀이 접근방법을 사용한다.

1. **개념화** 탄성 스프링은 관 A에 맞지 않고, 그래서 힘 P에 의해 간격은 좁혀지며 스프링에 압축으로 작용한다. 간격이 좁혀질 때까지 관 A의 하중은 0이다. 그림 8-49a에서 스프링과 관 A를 자른 단면은 위판의 아래 방향 변위 x에 대한 스프링 힘 $N_s=(k)(x)=P$를 보여주는 위 자유물체도를 생성한다. 간격이 좁혀지면서 위판이 관 A에 닿을 때까지 관 A의 내력은 0이다. 그림 8-49b에서 위판 변위 x가 간격 s를 초과하면 힘 P는 스프링과 관 A를 동시에 누른다. 관 B를 자른 단면도와 가한 하중 P와 같은 관 B의 압축 내력 N_B를 포함하는 아래 자유물체도를 보여준다. (관 A와 관 B의 내력은 두 개의 화살표로 표시되었으며, 각 관에서 화살표는 N_A와 N_B가 각 관 원형 단면에 균일하게 분포되어 작용하는 힘임을 나타낸다.)
2. **분류** 힘 P가 간격 s에 닿을 만큼 충분히 클 경우, 구조물은 부정정이 된다. 그림 8-49b와 같이, 힘 P는 스프링과 관 A에 의하여 작용된다. 스프링의 힘 N_s와 관 A의 내력 N_A를 구하기 위하여 **평형**과 **적합** 방정식이 필요하다.

그림 8-49
(a), (b) 자유물체도($x \le s$, $x > s$)

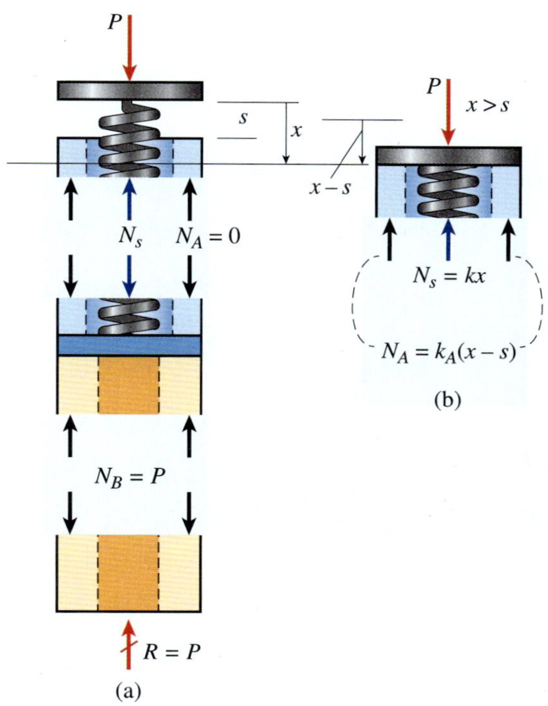

평형: 그림 8-49a의 아래 자유물체도에서 x방향 축력을 합하여 $N_B = P$라는 관 B의 압축력을 구한다. 그림 8-49b의 위 자유물체도의 힘을 합하여 다음을 유도한다.

$$N_A + N_s = P \tag{a}$$

이 하나의 방정식은 두 개의 미지수를 가지므로, 구조물은 **1자유도 부정정**이다.

적합: 힘 P로 스프링을 압축하여 간격이 좁혀지면, 관 A와 스프링이 함께 변형되기 시작한다. 적합 방정식은 다음과 같고

$$\frac{N_A}{k_A} = \frac{N_s}{k} - s \tag{b}$$

관 A의 축강성은 $k_A = \dfrac{EA_A}{L_A}$이고, 이때 A_A는 관 A의 단면적이다.

3. 해석

평형 및 적합 방정식 풀이: $N_A = \dfrac{k_A}{k} N_s - k_A s$를 얻기 위하여 식 (b)를 N_A에 대하여 푼다. 이것을 식 (a)에 대입함으로써 힘 $N_s = \dfrac{k}{k + k_A}(P + k_A s)$를 구한다. 그러면 $N_A = P - N_s$ 또는 $N_A = \dfrac{k_A}{k + k_A}(P - ks)$이다. 마지막으로 $N_s = kx$이므로 평형 방정식 (a)는 또한 $kx + k_A(x - s) = P$로 쓸 수 있다.

관 A와 B의 응력: N_A와 N_B를 알고 있으므로 관 A와 B의 축방향 **압축**응력을 계산할 수 있다. 관 단면적은

$$A_A = \frac{\pi}{4}\left(d_O^2 - d_A^2\right) = 1517\,\text{mm}^2 \quad A_B = \frac{\pi}{4}\left(d_O^2 - d_B^2\right) = 1894\,\text{mm}^2$$

만약 $E = 72$ GPa이고 $L_A = 0.35$ m일 경우, 관 A의 축강성은

$$k_A = \frac{EA_A}{L_A} = \frac{(72\,\text{GPa})(1517\,\text{mm}^2)}{350\,\text{mm}} = 312\,\frac{\text{MN}}{\text{m}}$$

$$N_A = \frac{k_A}{k + k_A}(P - ks) = \frac{312}{200 + 312}\left(140\,\text{kN} - 200\,\frac{\text{MN}}{\text{m}}(0.5\,\text{mm})\right) = 24.4\,\text{kN}$$

관 A와 B의 결과적인 응력은 다음과 같다.

$$\sigma_A = \frac{N_A}{A_A} = \frac{24.4\,\text{kN}}{1517\,\text{mm}^2} = 16.1\,\text{MPa} \text{ 그리고 } \sigma_B = \frac{N_B}{A_B} = \frac{140\,\text{kN}}{1894\,\text{mm}^2} = 73.9\,\text{MPa}$$

축력 및 변위 선도: 평형으로부터, 스프링 힘은 $N_s = P - N_A = 140\text{ kN} - 24.4\text{ kN} = 115.6$ kN이므로, 스프링의 총 압축된 정도는 $x = \dfrac{N_s}{k} = \dfrac{115.6\,\text{kN}}{200\,\text{MN/m}} = 0.578$ mm이다. 이것은 힘 P가 간격 s를 좁힐 만큼 충분히 크며, 관 A를 $x - s = 0.078$ mm만큼 압축시키는 것을 확인할 수 있다.

관의 자중은 작아서 본 해석에는 포함시키지 않았다. 그러므로 그림 8-50a의 축력 선도(AFD)에 보여주는 것과 같이, 힘 N_A와 N_B는 전체 관에 대해서 일정하게 작용하는 상수로 하였다. AFD는 일정 힘 부분으로 구성되고, 그러므로 ADD(그림 8-50b)는 관 구조물의 높이 방향으로 선형적으로 변한다. 관 B의 아래와 위 사이의 축 변위 변

화는 길이 L_B에 대하여 EA_B: $\dfrac{(140\text{ kN})L_B}{EA_B} = 0.411\text{ mm}$로 나눈 AFD의 면적과 같다. 상단부의 아래 방향으로의 총변위 0.489 mm를 구하기 위하여 관 A의 압축 $(x-s)$에 이 값을 더한다.

4. **최종 단계** 한번 간격 s가 좁아지면 관 A와 스프링 k는 동시에 변형되고, 각각은 스프링과 관 A의 총축강성$(k+k_A)$에 대비한 자신의 축강성(k 또는 k_A)에 비례하여 하중 P 중에서 일부 하중을 받는다. 여기에서 간격이 좁아지게 되면 스프링 단독으로 $(k)(s)=100$ kN을 받게 되고 그 후 잔여힘 $(P-ks)$는 축강성의 비(관 A에 대해서는 $\dfrac{k_A}{k+k_A}$, 탄성 스프링에 대해서는 $\dfrac{k}{k+k_A}$)에 근거하여 관 A와 스프링에 분배된다.

결국 스프링은 $N_s=100\text{ kN}+15.6\text{ kN}=115.6\text{ kN}$(가해진 하중 P의 83%)의 힘을 받고, 관 A는 $N_A=24.4$ kN(가해진 하중 P의 17%)의 힘을 받게 된다.

예제 7-1에서 관 A와 B가 **강체**라고 가정한 이 구조물 모델을 사용하였다는 것을 다시 생각할 필요가 있다. 관이 강체라는 가정은 해석 절차를 더욱 간단하게 하며, 스프링 강성 k가 관 A의 축강성보다 매우 작다는 가정에서 적절하나, $k/k_A=0.64$인 본 예제의 경우는 부적합하다. 예제 7-1에서 탄성 스프링은 본 에제에서 사용한 것보다 50배 더 유연하다.

이 예제에서 관 A가 **강체**라고 가정하면, 스프링 힘은 $N_s=(k)(s)=100$ kN이고, 이는 이전에 계산한 것보다 13.5% 낮다. 동시에 관 A의 힘은 $N_A=P-N_s=(140-100)$ kN$=40$ kN이고, 이는 $N_A=24.4$ kN인 부정정 구조물에서 구한 값보다 약 64%가 크다. 그러므로 본 예제의 강체 관과 탄성 스프링이라는 가정은 잘못된 결과를 유도하게 되는 것이다.

그림 8-50
(a), (b) 관 A와 B에 대한 축력 및 변위 선도

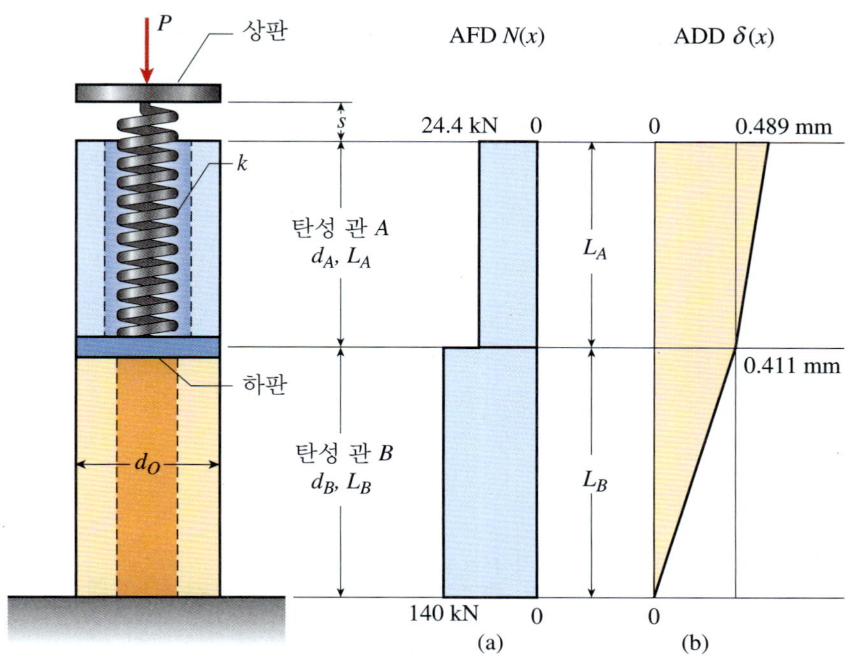

8.6 경사면에서의 응력

앞 장에서 논의한 축하중을 받는 부재의 인장과 압축에서는 단면에 수직으로 작용하는 응력에 대해서만 고려하였다. 이러한 응력을 그림 8-51에 도시하였으며, 여기에서 봉 *AB*가 축하중 *P*를 받고 있다.

봉이 평면 *mn*(*x*축에 수직)으로 중간 단면을 절단하면 그림 8-51b와 같이 수직응력을 드러내 보인다. 절단면 *A*에서의 응력 분포가 균일하다고 가정하면, 절단면에 작용하는 수직응력은 공식 $\sigma_x = P/A$로 구할 수 있다. 7장에서 설명한 바와 같이 균일 단면 봉이고 균질 재료 조건이 만족되어야 하며, 축하중 *P*는 절단면의 중심에 작용하며 절단면은 국부적으로 응력집중이 일어나는 지점에서 멀리 떨어져 위치하여야 한다. 물론 봉의 길이방향에 수직인 절단면에는 전단응력이 작용하지 않는다는 조건이 만족되어야 한다.

편의상 응력은 복잡한 3차원 보기(그림 8-51b)보다 2차원 보기(그림 8-51c)로 나타낸다. 그러나 2차원으로 나타낸 그림이라도 봉은 그림면에 수직방향으로 두께를 가지고 있음을 명심해야 한다. 수식 유도나 계산 시 반드시 3차원을 고려해야 한다.

응력 요소

그림 8-51과 같은 봉에서 응력을 표현하는 가장 유용한 방법은 그림 8-51c에서 *C*로 명시된 것과 같은 작은 요소로 재료를 분리하고, 이 요소의 모든 면에 작용하는 응력

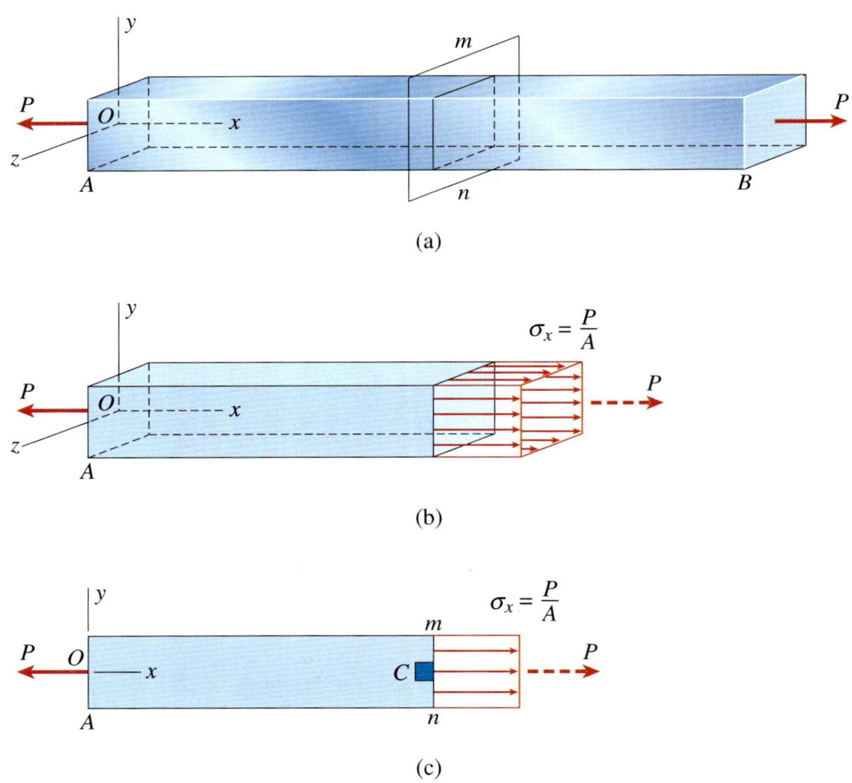

그림 8-51
균일 단면 봉에서 절단면 *mn*에 작용하는 응력: (a) 축력 *P*를 받는 봉, (b) 절단된 봉에 수직응력을 받는 3차원 보기, (c) 2차원 보기

을 나타내는 것이다. 이러한 종류의 요소를 **응력 요소**(stress element)라고 한다. 점 C에서의 응력 요소는 오른쪽 면이 절단면 mn에 있는 작은 직사각형 블록(정육면체이든 직육면체이든 중요하지 않음)이다.

응력 요소의 크기는 극히 작지만, 명확히 하기 위하여 그림 8-52a와 같이 요소를 크게 확대하여 도시한다. 이 경우 요소의 각 모서리는 x, y, z축과 평행하며, 응력은 x면(x축에 수직인 면)에 작용하는 수직응력 σ_x만 존재한다. 3차원 보기 대신 요소의 2차원 보기(그림 8-52b)를 도시하는 것이 더욱 편리하다.

경사면에서의 응력

그림 8-52의 응력 요소는 축하중을 받는 봉의 제한된 응력을 보여준다. 완벽한 그림을 얻기 위해서는 그림 8-53a의 경사면 pq로 잘려진 단면 같은 **경사면**에 작용하는 응력에 대해 고찰해볼 필요가 있다. 응력은 봉 전체에 걸쳐 동일하기 때문에 그림 8-53b(3차원 보기) 및 그림 8-53c(2차원 보기)의 자유물체도에서 나타낸 것과 같이 경사면에서의 응력은 균일하게 분포한다. 자유물체의 평형 원리에 따라 응력에 의한 합력은 수평방향의 힘 P와 같아야 한다(합력은 그림 8-53b와 c에서 점선으로 도시되어 있음).

예비 단계로, 경사면 pq의 **방향**이 지정되어야 한다. 표준적인 방법은 x축과 단면에 수직인 n 사이의 각도를 θ로 지정하는 것이다(그림 8-54a 참조). 그러므로 그림에 있는 경사면에 대한 각도 θ는 약 30°이다. 이와는 대조적으로, 절단면 mn(그림 8-51a)의 각도 θ는 0이다(단면에 수직은 x축이 되기 때문). 추가적인 예로, 그림 8-52의 응력 요소를 고찰해보면, 오른쪽 면의 각도 θ는 0, 윗면(봉의 길이방향의 단면)의 각도는 90°, 왼쪽 면의 각도는 180°, 아래 면의 각도는 270°(또는 −90°)이다.

이제 단면 pq(그림 8-54b)에 작용하는 응력을 분석해보자. 이미 언급한 대로 응력에 의한 합력은 x방향으로 작용하는 힘 P이다. 이 합력은 다음의 두 가지 성분, 즉 경사면 pq에 수직으로 작용하는 수직력 N과 경사면에 접선방향으로 작용하는 전단력 V로 분해할 수 있다. 이러한 힘의 성분은 다음과 같다.

$$N = P\cos\theta \qquad V = P\sin\theta \tag{8-26a,b}$$

수직력 N과 전단력 V는 경사면(그림 8-54c, d)에 균일하게 분포되어 있는 수직응력 및

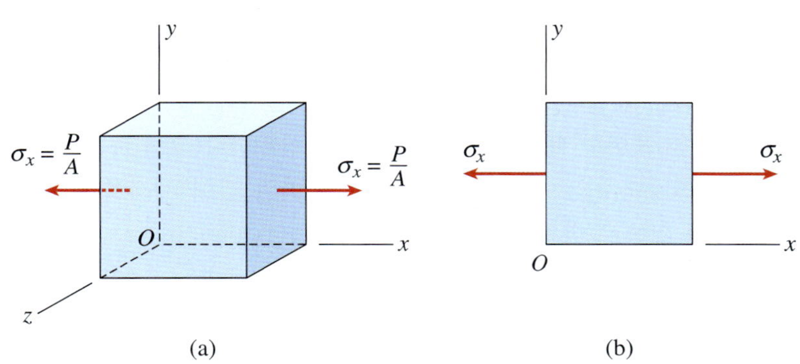

그림 8-52
그림 8-51c에서 축하중 봉의 점 C에서의 응력 요소: (a) 요소의 3차원 보기와 (b) 요소의 2차원 보기

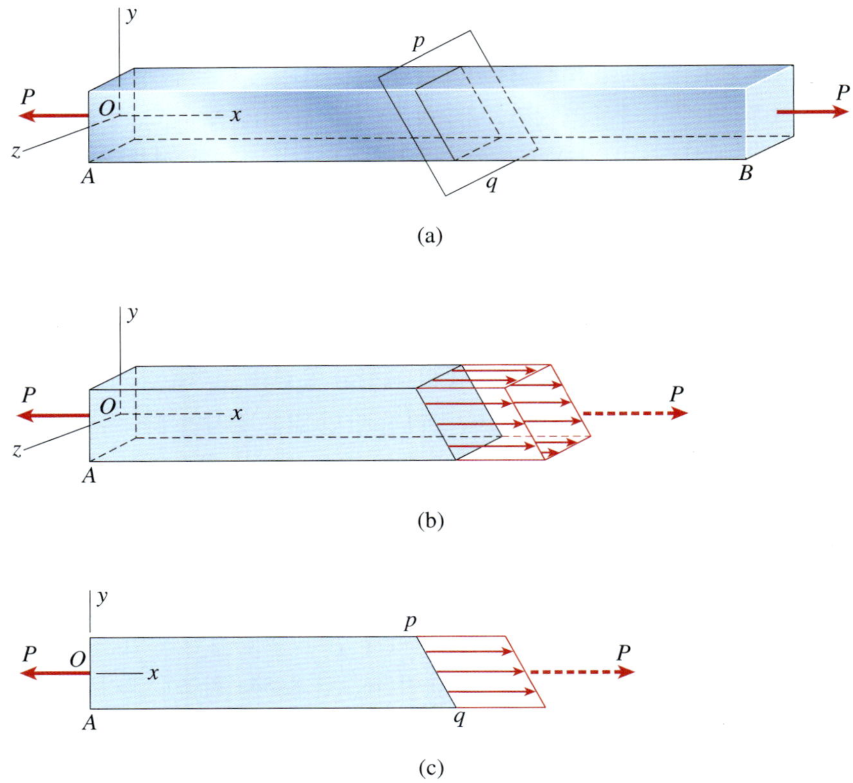

그림 8-53
균일 단면 봉에서 경사면 *pq*에 작용하는 응력: (a) 축하중 *P*를 받는 봉, (b) 절단 봉에서의 응력 3차원 보기, (c) 2차원 보기

전단응력과 관련되어 있다. 수직력 *N*을 절단면의 면적으로 나누면 수직응력이 되고, 전단력 *V*를 절단면의 면적으로 나누면 전단응력이 된다. 따라서 응력은

$$\sigma = \frac{N}{A_1} \qquad \tau = \frac{V}{A_1} \tag{8-27a, b}$$

A_1은 경사면의 면적으로 다음과 같다.

$$A_1 = \frac{A}{\cos\theta} \tag{8-28}$$

일반적으로 *A*는 봉의 단면적이다. 응력 σ와 τ는 그림 8-54c와 d에 표시된 방향, 즉 각각 수직력 *N*과 전단력 *V*의 방향으로 작용한다.

이 시점에서 경사면에 작용하는 응력에 대하여 표준화된 **표시법과 부호 규약**(notation and sign convention)을 정립해야 한다. 아래 첨자 θ는 응력이 각도 θ로 기울어진 단면에 작용하는 것을 나타낸다(그림 8-55). 이는 아래 첨자 *x*가 *x*축에 수직인 면에 작용하는 응력을 표현할 때 사용하는 것과 일맥상통한다(그림 8-51 참조). 수직응력 σ_θ는 인장을, 전단력 τ_θ는 그림 8-55에 보이는 바와 같이 재료를 반시계방향으로 회전시키는 경우를 양으로 한다.

인장을 받고 있는 봉의 경우, 수직력 *N*은 양의 수직응력 σ_θ(그림 8-54c 참조), 전단력 *V*는 음의 전단응력 τ_θ(그림 8-54d 참조)를 발생시킨다. 이러한 응력은 아래의 식으로 주어진다[식 (8-26), (8-27), (8-28) 참조].

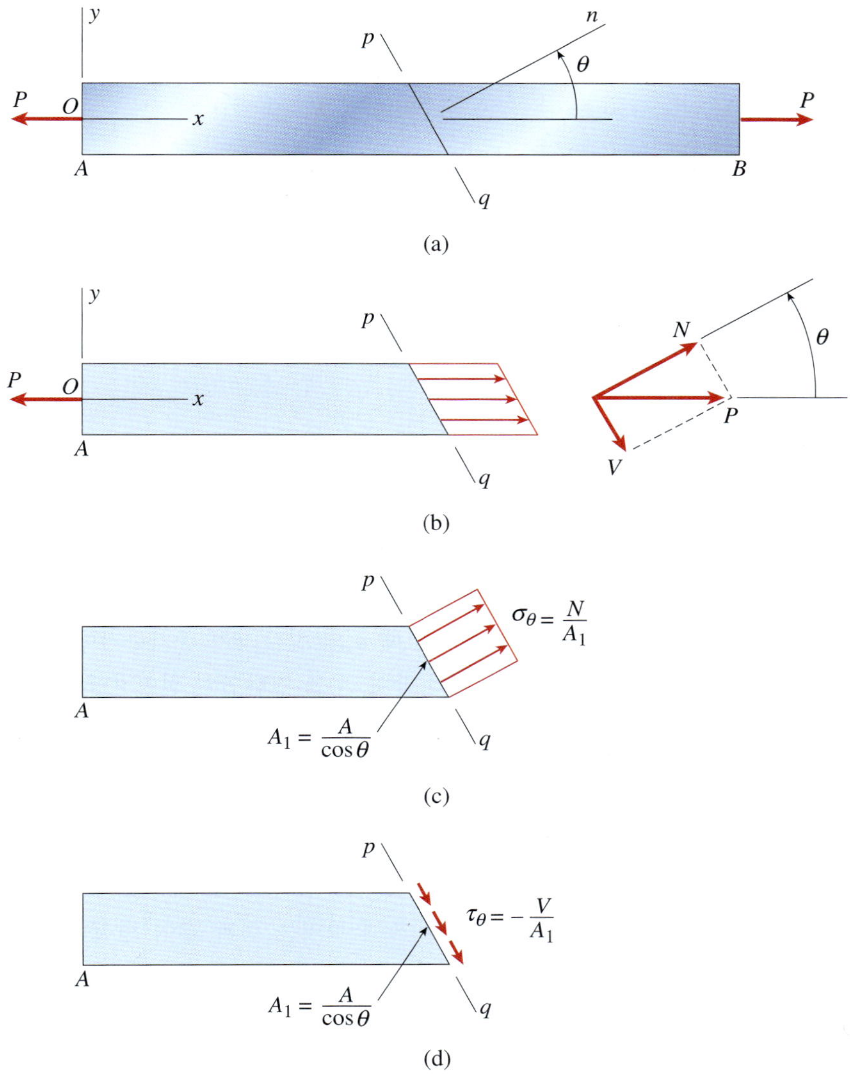

그림 8-54
경사면 *pq*에 작용하는 응력을 보여주는 인장을 받는 균일 단면 봉

$$\sigma_\theta = \frac{N}{A_1} = \frac{P}{A}\cos^2\theta \qquad \tau_\theta = -\frac{V}{A_1} = -\frac{P}{A}\sin\theta\cos\theta$$

식 $\sigma_x = P/A$를 도입하고, 여기에서 σ_x는 단면의 수직응력이고, 다음의 삼각함수를 이용하면

$$\cos^2\theta = \frac{1}{2}(1 + \cos 2\theta) \qquad \sin\theta\cos\theta = \frac{1}{2}(\sin 2\theta)$$

수직응력과 전단응력은 다음과 같은 식으로 표현된다.

$$\sigma_\theta = \sigma_x\cos^2\theta = \frac{\sigma_x}{2}(1 + \cos 2\theta) \tag{8-29a}$$

$$\tau_\theta = -\sigma_x\sin\theta\cos\theta = -\frac{\sigma_x}{2}(\sin 2\theta) \tag{8-29b}$$

이 식은 x축에 각도 θ를 가지는 경사면에 작용하는 응력을 나타낸다(그림 8-55).

그림 8-55

경사면에 작용하는 응력에 대한 부호 규약(수직응력은 인장인 경우 양, 전단응력은 반시계방향 회전을 유발하는 경우 양)

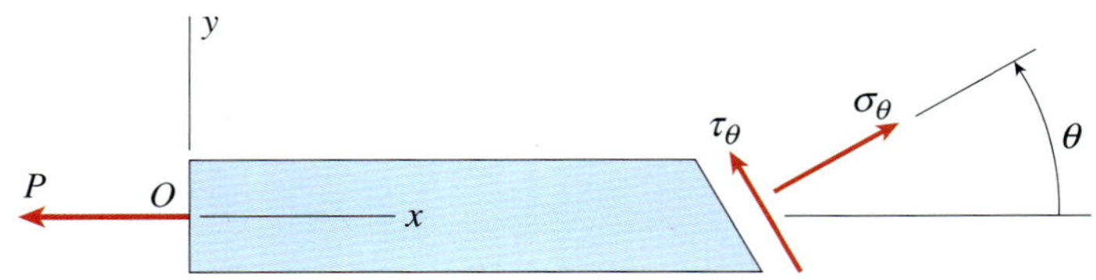

식 (8-29a)와 (8-29b)는 정역학으로부터 유도된 것으로, 재료에 무관하다는 것을 인식하는 것은 중요하다. 그러므로 이 방정식은 재료의 거동이 선형 또는 비선형이든, 탄성 또는 비탄성이든 관계없이 어떠한 재료에서도 유효하다.

최대 수직 및 전단응력

그림 8-56에 의하면 경사면의 각도가 변화함에 따라 응력이 변화하는 것을 알 수 있다. 수평축은 각도 θ가 $-90°$에서 $+90°$로 변화하고, 수직축은 σ_θ와 τ_θ의 값을 나타나고 있다. 여기에서 양의 방향 각도 θ는 x축에 반시계방향의 값을 나타내고, 음의 각도는 시계방향의 값을 나타낸다(그림 8-55).

그래프에서 보면, 수직응력 σ_θ는 $\theta=0$일 때 σ_x와 같다. θ가 증가하거나 감소하면 $\theta=\pm 90°$에서 0이 될 때까지 수직응력은 감소하며, 이는 절단면이 길이방향의 축과 평행인 경우에는 수직응력이 없기 때문이다. **최대 수직응력**은 $\theta=0$일 때 발생하며 그 값은

$$\sigma_{\max} = \sigma_x \tag{8-30}$$

또한 $\theta=\pm 45°$에서 수직응력은 최대 수직응력의 반이 되는 것에 주목하자.

전단응력 τ_θ는 길이방향 단면($\theta=\pm 90°$)에서뿐 아니라, 봉의 단면($\theta=0$)에서도 0이 된다. 이 극단 사이에서 전단응력은 그래프에 보이는 것과 같이 변하며, $\theta=-45°$에서 가장 큰 양의 값을 가지고, $\theta=+45°$에서 가장 큰 음의 값을 갖는다. 이러한 **최대 전단응력**은 같은 크기를 가지며

$$\tau_{\max} = \frac{\sigma_x}{2} \tag{8-31}$$

이 값은 요소를 서로 반대방향으로 회전시킨다.

그림 8-57에 **인장을 받는 봉**의 최대 응력을 나타냈다. 여기에서 두 개의 응력 요소(요소 A는 $\theta=0°$ 방향, 요소 B는 $\theta=45°$ 방향)가 선정되었다. 요소 A는 최대 수직응력[식 (8-30)], 요소 B는 최대 전단응력[식 (8-31)]을 갖는다. 요소 A의 경우 수직응력만 존재한다(어느 면이든 전단응력이 없음)(그림 8-57b).

요소 B의 경우(그림 8-57c), 모든 면에 수직응력과 전단응력이 작용한다(물론 요소의 정면과 후면은 제외). 45°면(그림에서 오른쪽 윗면)의 경우, 수직응력과 전단응력은 각각 $\sigma_x/2$와 $-\sigma_x/2$가 된다[식 (8-29a)와 (8-29b)로부터]. 그러므로 수직응력은 인장(양의 값)이며 전단응력은 요소에 대하여 시계방향으로 작용(음의 값)하고 있다. 나머지 면에 대한 응력도 $\theta=135°$, $-45°$, $-135°$ 등을 식 (8-29a)와 (8-29b)에 대입하면 같은 방법으로 구할 수 있다.

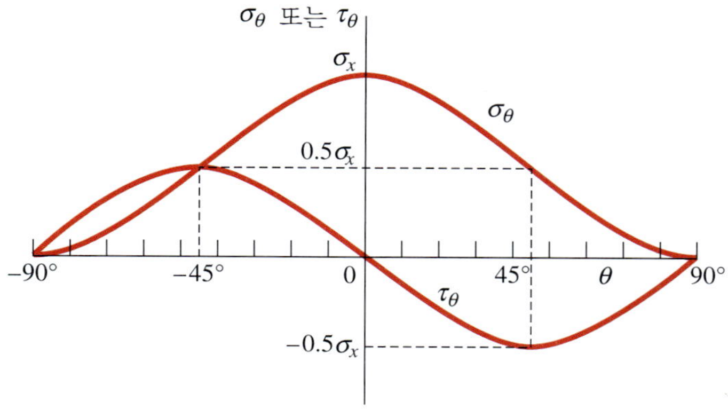

그림 8-56

경사면의 각도 θ에 대한 수직응력 σ_θ와 전단응력 τ_θ 그래프[그림 8-55와 식 (8-29a)와 (8-29b) 참조]

그러므로 $\theta=45°$인 특별한 경우에, 네 면에 작용하는 수직응력은 모두 같으며 ($\sigma_x/2$로 동일), 네 면에 작용하는 전단응력도 최댓값으로 같은 값($\sigma_x/2$로 동일)을 갖는다. 또한 수직면에 작용하는 전단응력은 그 크기가 같고, 면의 교차점에서의 방향이 서로를 향하는 방향 또는 서로 반대방향으로 향하고 있음을 주목할 필요가 있다. 이는 7.6절에서 자세히 논의했었다.

봉이 인장 대신 압축을 받고 있다면 응력 σ_x는 압축이고, 음의 값을 가지게 된다. 결론적으로 응력 요소에 작용하는 봉에 작용하는 모든 응력은 인장에 반대방향으로 작용하게 된다. 물론 식 (8-29a)와 (8-29b)를 이용하여 계산이 가능하고 σ_x에 음의 값을 대입함으로써 계산할 수 있다.

축하중을 받고 있는 봉의 최대 전단응력이 최대 수직응력의 반밖에 되지 않지만, 재질이 인장에 비해 전단에 훨씬 취약한 경우에는 전단응력에 의해 재료의 파괴를 유

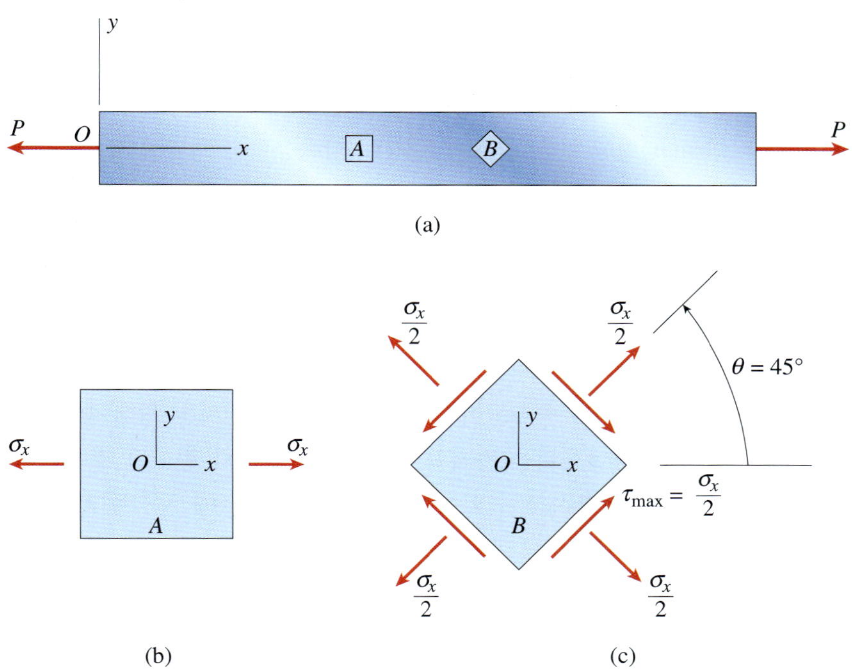

그림 8-57

인장을 받는 봉에서 $\theta=0°$와 $\theta=45°$인 응력 요소에 작용하는 수직 및 전단응력

그림 8-58
압축하중을 받는 목재 블록의 45°면으로의 전단파괴 (©Jim Gere)

그림 8-59
인장하중을 받는 연마된 시편에 나타나는 슬립 밴드(또는 뤼더스 밴드) (©Jim Gere)

도하는 원인이 된다. 예로 그림 8-58에서 전단파괴를 보여주고 있으며, 이는 목재 블록이 압축하중을 받는 경우 45° 방향의 면을 따라 전단파괴되는 것을 보여준다.

이와 유사한 형태의 거동은 인장하중을 받고 있는 연철에서 발생한다. 표면 연마된 저탄소강 시편의 인장 과정에서, 봉의 표면에서 약 45° 방향으로 거시적인 **슬립 밴드**(slip band)가 발생한다(그림 8-59). 이 띠는 전단응력이 최대인 면을 따라서 재질이 전단파괴되고 있음을 나타낸다. 이러한 띠는 1842년 피보(G. Piobert)와 1860년 뤼더스(W. Lüders)에 의해 처음으로 관찰되었으며, 이를 **뤼더스 밴드**(Lüders' bands) 또는 **피보 밴드**(Piobert's bands)라고 부른다. 이것은 봉이 항복응력에 도달했을 경우에 나타나기 시작한다(7.3절의 그림 7-13에서 B지점).

단축응력

이 절에서 설명하는 축의 응력 상태는 **단축응력**(uniaxial stress)인데, 봉에 인장 또는 압축력을 오직 한 방향에서만 받기 때문에 명백하다. 이와 같은 단축응력의 응력 요소에서 가장 중요한 방향은 $\theta=0$과 $\theta=45°$이다(그림 8-57b, c). 전자는 최대 수직응력을 가지고 있고, 후자는 최대 전단응력을 가지고 있다. 다른 각도로 절단된 경우에는 각 절단면에서의 응력 요소에 작용하는 응력은 그림 8-13과 8-14에 도시된 바와 같이 식 (8-29a)와 (8-29b)로 구할 수 있다.

단축응력은 **평면응력**으로 알려진 응력 상태의 특별한 경우이다. 이는 11장에서 자세히 다룰 것이다.

예제 8-13

압축 봉은 폭 b의 정사각형 단면을 가지고 있고 하중 $P=35$ kN을 지지해야 한다(그림 8-60a). 봉은 두 개의 조각으로 구성되어 있으며, 이는 수직방향과의 각도 $\alpha=40°$인 면 pq를 따라서 (**스카프이음**으로 알려진)접착이음으로 연결되어 있다. 재질은 허용 압축응력과 허용 전단응력이 각각 7.5 MPa, 4.0 MPa인 구조용 플라스틱이다. 또한 접착이음의 허용 압축응력은 5.2 MPa, 허용 전단응력은 3.4 MPa이다. 이 봉의 최소 폭 b를 구하시오.

풀이

4단계 문제풀이 접근방법을 사용한다.

1. 개념화 편의상 경사면에 작용하는 응력에 대한 공식을 유도하는 데 사용되었던 그림(그림 8-54 및 8-55 참조)과 일치하는 수평 위치(그림 8-60b)로 봉의 요소를 회전시킨다. 이 위치에서의 봉에 대하여, 접합이음의 평면(면 pq)에 수직인 n이 봉의 축과 각도 $\beta=90°-\alpha$ 또는 50°를 이루는 것을 확인하자. 각도 θ는 반시계방향이 양으로 정의되며(그림 8-55), 접합이음에 대하여 각도 $\theta=-50°$를 이룬다.

봉의 단면적은 하중 P와 단면에 작용하는 응력 σ_x와 아래와 같은 관계식을 이룬다.

$$A = \frac{P}{\sigma_x} \tag{a}$$

2. 분류 필요한 면적을 구하기 위하여, 먼저 네 개의 허용응력에 대응되는 σ_x를 결정해야 한다. 그 후 가장 작은 σ_x를 요구 면적을 구하는 데 활용할 수 있다. σ_x의 값은 식 (8-29a)와 (8-29b)를 재배열함으로써 다음과 같이 구할 수 있다.

$$\sigma_x = \frac{\sigma_\theta}{\cos^2\theta} \qquad \sigma_x = -\frac{\tau_\theta}{\sin\theta\cos\theta} \tag{8-32a, b}$$

이제 이 구해진 식을 접착이음과 플라스틱에 적용한다.

3. 해석

Part (a): 접착이음의 허용응력에 기반한 σ_x값

접착이음에서의 압축에 대하여 $\sigma_\theta=-5.2$ MPa과 $\theta=-50°$이다. 식 (8-32a)에 대입하면

$$\sigma_x = \frac{-5.2\ \text{MPa}}{(\cos\ (-50°))^2} = -12.6\ \text{MPa} \tag{b}$$

접착이음의 전단에 대해서 허용응력은 3.4 MPa이다. 그러나 τ_θ가 +3.4 MPa인지 −3.4 MPa인지가 분명하지 않다. 이를 해결하기 위한 한 가지 방법은 식 (8-32b)에 +3.4 MPa과 −3.4 MPa을 모두 대입하고 음의 값이 되는 σ_x를 선택하는 것이다. σ_x의 다른 값은 양(인장)이 될 것이며 이 봉에 적용되지 않는다. 또 다른 방법은 봉 자체를 살펴보고(그림 8-60b) 하중의 방향으로부터 전단응력이 평면 pq에 대해 시계방향으로 회전하는 것을 관측함으로써 가능하다. 이는 전단응력이 음임을 의미한다. 그러므로 $\tau_\theta=-3.4$ MPa과 $\theta=-50°$를 식 (8-32b)에 대입함으로써 다음을 얻을 수 있다.

그림 8-60

예제 8-13:
경사면에서의 응력

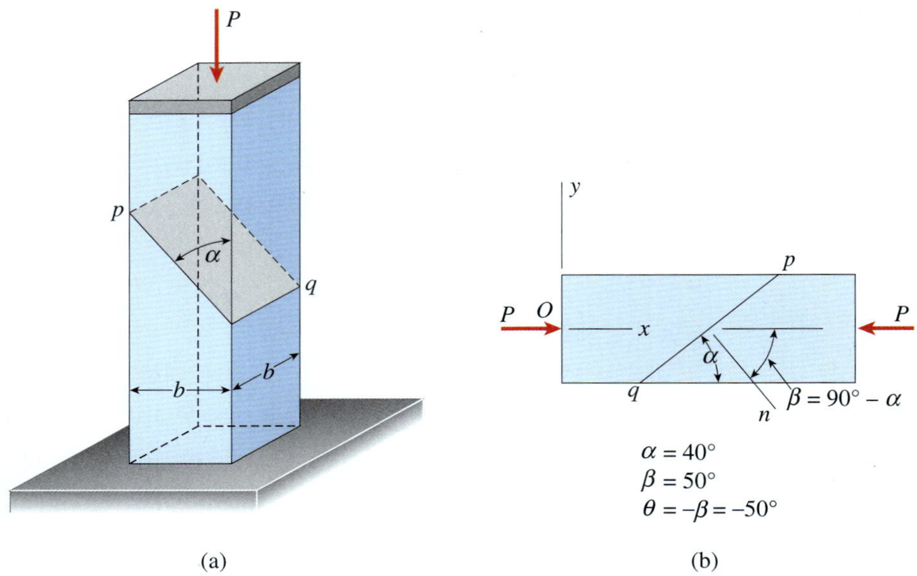

$$\sigma_x = -\frac{-3.4 \text{ MPa}}{(\sin(-50°))(\cos(-50°))} = -6.9 \text{ MPa} \quad \textbf{(c)}$$

Part (b): 플라스틱의 허용응력에 근거한 σ_x 값

최대 압축응력은 축에 수직인 단면에서 발생한다. 따라서 최대 허용 압축응력은 7.5 MPa이므로 다음을 바로 알 수 있다.

$$\sigma_x = -7.5 \text{ MPa} \quad \textbf{(d)}$$

최대 전단응력은 45°에서 발생하고 그 값은 $\sigma_x/2$와 같다[식 (8-31) 참조]. 허용응력은 4 MPa이므로 다음과 같이 된다.

$$\sigma_x = -8 \text{ MPa} \quad \textbf{(e)}$$

이는 식 (8-32b)에 $\tau_\theta = 4$ MPa과 $\theta = 45°$를 대입하여 얻는 결과와 동일하다.

Part (c): 봉의 최소 폭

네 개의 σ_x의 값[식 (b), (c), (d), (e)]을 비교하고, $\sigma_x = -6.9$ MPa이 최소가 됨을 주목하자. 그러므로 이 값이 설계를 지배한다. 요구되는 면적을 구하기 위하여 식 (a)에 대입하고 오직 수치값을 사용하면 요구 면적을 구할 수 있다.

$$A = \frac{35 \text{ kN}}{6.9 \text{ MPa}} = 5072 \text{ mm}^2$$

4. 최종 단계 봉은 정사각형 단면($A = b^2$)을 가지므로, 최소 폭은

$$b_{\min} = \sqrt{A} = \sqrt{5072 \text{ mm}^2} = 71.2 \text{ mm}$$

$b_{\min}$보다 큰 어떠한 폭의 값도 허용응력을 초과하지 않음을 보증한다.

예제 8-14

길이 $L=0.5$ m, 단면적 $A=1{,}200$ mm^{2}인 균일 단면 봉이 축하중 $P=90$ kN의 압축응력을 받고 있다(그림 8-61a).

(a) 각도 $\theta=25°$로 절단된 경사면 pq에 작용하는 완료된 응력 상태를 구하시오. 그리고 적절하게 기울어진 응력 요소에 응력을 나타내시오.

(b) 봉이 지지점 A와 B 사이에 고정되고(그림 8-61b), 그리고 온도가 $\Delta T=33$°C로 상승했을 때 rs면에 작용하는 압축응력이 65 MPa이다. rs면에 작용하는 전단응력 τ_A를 구하시오. 각도 θ는 얼마인가? (탄성계수 $E=110$ GPa이며 열팽창계수는 $\alpha=20\times10^{-6}$/°C로 가정한다.)

(c) 허용 수직응력은 ±82 MPa이고 허용 전단응력이 ±40 MPa일 때, 봉의 허용응력을 초과하지 않는 봉의 최대 허용 온도 **상승**(ΔT)을 구하시오.

그림 8-61

예제 8-14: (a) 봉의 경사면 pq에서의 응력과 (b) 봉의 경사면 rs에서의 응력

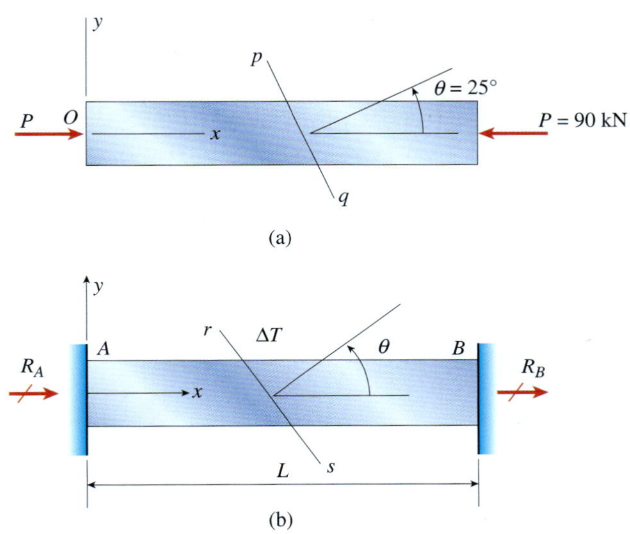

풀이

4단계 문제풀이 접근방법을 사용한다. 일부 단계는 합쳐져 있고 필수적인 단계만 각 부분에서 설명한다.

Part (a): 경사면 pq에 나란한 응력 요소에 작용하는 완료된 응력 상태 구하기

1, 2. 개념화, 분류 경사면 pq에 작용하는 완료된 응력 상태를 구하기 위하며, 먼저 적용하중 P로 인한 압축 수직응력 σ_x를 구하는 것으로 시작한다.

$$\sigma_x = \frac{-P}{A} = \frac{-90\ \text{kN}}{1200\ \text{mm}^2} = -75\ \text{MPa}$$

3. 해석 다음으로 식 (8-29a)와 (8-29b)로부터 $\theta=25°$인 경우 수직응력과 전단응력을 다음과 같이 구한다.

$$\sigma_\theta = \sigma_x \cos(\theta)^2 = (-75\text{ MPa})\cos(25°)^2 = -61.6\text{ MPa}$$
$$\tau_\theta = -\sigma_x \sin(\theta)\cos(\theta) = -(-75\text{ MPa})\sin(25°)\cos(25°)$$
$$= 28.7\text{ MPa}$$

이러한 응력은 그림 8-61c의 경사면 pq에 보이는 바와 같다. 응력 요소 **면 *ab***(그림 8-61d)는 단면 pq에 나란하다. 수직응력 σ_θ는 **음**(압축)이고, 전단응력 τ_θ는 **양**(반시계 방향)임에 주목하자. 이제 응력 요소의 남아 있는 세 면에 작용하는 수직 및 전단응력을 구하기 위하여 식 (8-29a)와 (8-29b)를 사용한다.

면 *cb*에 작용하는 수직 및 전단응력은 식 (8-29a)와 (8-29b)에서 $\theta + 90° = 115°$를 사용하여 계산한다.

$$\sigma_{cb} = \sigma_x \cos(115°)^2 = (-75\text{ MPa})\cos(115°)^2 = -13.4\text{ MPa}$$
$$\tau_{cb} = -\sigma_x \sin(115°)\cos(115°) = -(-75\text{ MPa})[\sin(115°)\cos(115°)]$$
$$= -28.7\text{ MPa}$$

4. **최종 단계** 반대쪽 **면 *cd***에 작용하는 응력은 **면 *ab***에 작용하는 응력과 같으며 그것을 식 (8-29a)와 (8-29b)에 $\theta = 25° + 180° = 205°$를 대입함으로써 검산할 수 있다. **면 *ad***의 경우 식 (8-29a)와 (8-29b)에 $\theta = 25° - 90° = -65°$를 대입하여 검산할 수 있다. 완료된 응력 상태가 그림 8-61d에 도시되어 있다.

Part (b): 경사면 *rs*에 나란한 응력 요소상에 온도 증가로 인한 수직 및 전단응력 결정하기

2. **분류** 예제 8-9로부터 온도 증가 $\Delta T = 33°\text{C}$로 인한 반력 R_A와 R_B(그림 8-61b)는

$$R_A = -R_B = EA\alpha(\Delta T) \quad \textbf{(a)}$$

결과적인 축방향 압축 열응력은

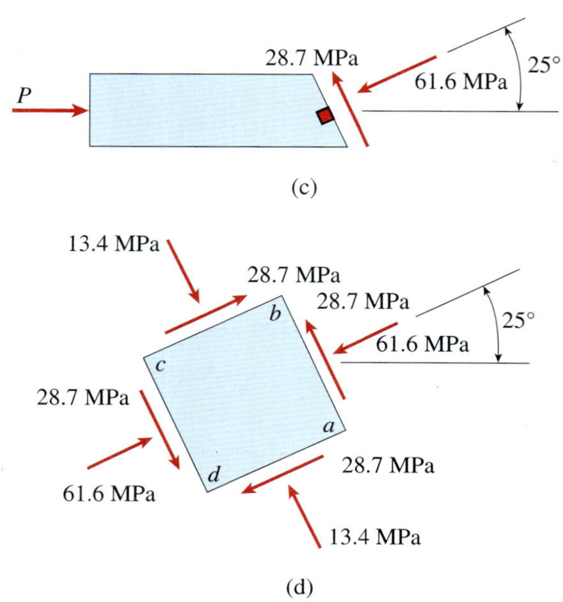

그림 8-61(계속)
예제 8-14: (c) 봉의 경사면 pq의 요소에 작용하는 응력, (d) 봉의 경사면 pq의 요소에 작용하는 완벽한 상태의 응력

그림 8-61(계속)
예제 8-14: (e) 봉의 경사면 *rs*의 요소에 작용하는 수직 및 전단응력

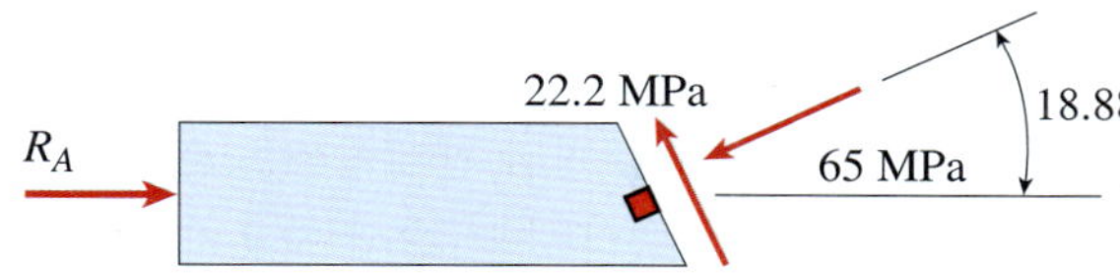

(e)

$$\sigma_T = \frac{R_A}{A} = E\alpha(\Delta T) \tag{b}$$

따라서

$$\sigma_x = -(110 \text{ GPa})[20 \times 10^{-6}/°\text{C})](33°\text{C}) = -72.6 \text{ MPa}$$

3. 해석 *rs*면에 작용하는 압축응력은 65 MPa이므로 식 (8-29a)로부터 경사면 *rs*의 각도 θ는

$$\theta_{rs} = \cos^{-1}\left(\sqrt{\frac{\sigma_\theta}{\sigma_x}}\right) = \cos^{-1}\left(\sqrt{\frac{-65 \text{ MPa}}{-72.6 \text{ MPa}}}\right) = 18.878°$$

식 (8-29b)로부터 경사면 *rs*에 작용하는 전단응력 τ_θ는

$$\tau_\theta = -\sigma_x(\sin(\theta_{rs})\cos(\theta_{rs})) = -(-72.6 \text{ MPa})\sin(18.878°)\ \cos(18.878°)$$
$$= 22.2 \text{ MPa}$$

Part (c): 허용응력값에 기반한 봉의 최대 허용 온도 증가(ΔT) 결정하기

2, 3. 분류, 해석 최대 수직응력 σ_{max}는 $\theta=0$으로 경사진 응력 요소에 발생하며[식 (8-30)] $\sigma_{max}=\sigma_x$이다. 식 (b)의 **열응력**을 허용 수직응력 $\sigma_a=82$ MPa과 같게 하면 허용 수직응력에 근거한 ΔT_{max}를 구할 수 있다.

$$\Delta T_{max1} = \frac{\sigma_a}{E\alpha} = \frac{82 \text{ MPa}}{(110 \text{ GPa})[20 \times 10^{-6}/°\text{C}]} = 37.3°\text{C} \tag{c}$$

식 (8-31)로부터 최대 전단응력 τ_{max}는 경사각 45° 단면에서 발생하며, 그 값은 $\tau_{max}=\sigma_x/2$이다. 주어진 허용응력을 이용하여 $\tau_a=40$ MPa과 식 (8-31)의 최대 수직 및 전단응력 사이의 관계식을 이용하여 두 번째 ΔT_{max} 값을 다음과 같이 구할 수 있다.

$$\Delta T_{max2} = \frac{2\tau_a}{E\alpha} = \frac{2(40 \text{ MPa})}{(110 \text{ GPa})[20 \times 10^{-6}/°\text{C}]} = 36.4°\text{C}$$

4. 최종 단계 허용 전단응력 τ_a를 초과하지 않는다는 것에 근거하여, 낮은 온도 상승값을 선정한다. 이는 $\tau_{allow} < \sigma_{allow}/2$이므로 이것을 예상할 수 있다.

요약 및 복습

8장에서는 자중과 같은 분포하중과 온도 변화, 사전변형률이 봉에 수직방향으로 작용할 때의 거동에 대해 논의하였다. 균일 및 불균일 조건하에서 봉의 길이 변화를 계산함으로써 힘-변위 관계식을 도출하였다. 평형 및 적합 방정식은 부정정 구조물에 대하여 도출되었다. 경사면에 작용하는 수직 및 전단응력과 관련하여 방정식을 배웠다. 이러한 내용이 이 장에 제시된 주요 개념이다.

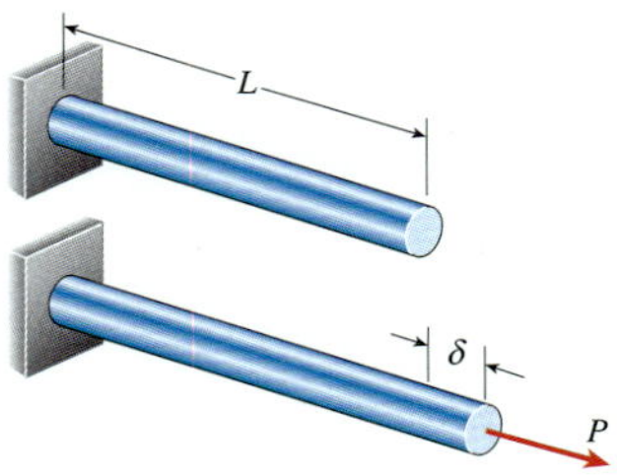

1. 인장 또는 압축 중심 하중을 받은 봉의 신장 또는 수축(δ)은 하중(P)과 길이(L)에 비례하며 봉의 축강성(EA)에는 반비례한다. 이 관계를 **힘-변위 관계**라고 한다.

$$\delta = \frac{PL}{EA}$$

2. 케이블은 **장력만 작용하는 요소**이며, 케이블에 하중이 작용하는 경우 발생하는 강화 효과를 설명하기 위해 유효 탄성계수(E_e)와 유효 단면적(A_e)을 사용하여야 한다.

3. 봉의 단위길이당 축방향 강성을 **강성도**(k)라고 하며, 역관계는 **유연도**(f)라고 한다.

$$\delta = Pf = \frac{P}{k} \qquad f = \frac{L}{EA} = \frac{1}{k}$$

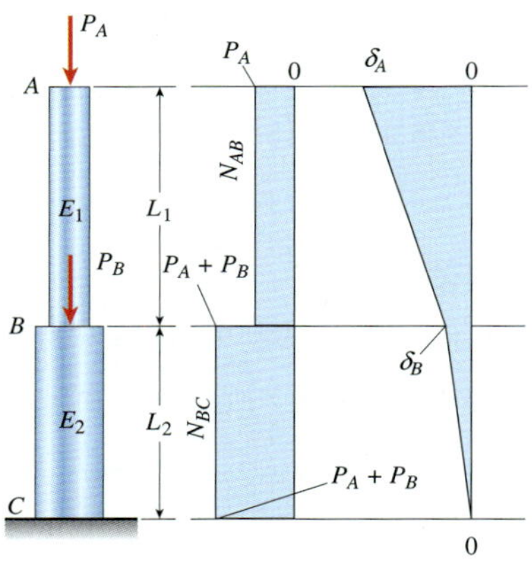

4. 봉의 각 부분별 변형량의 합은, 전체 봉의 신장 및 수축(δ)의 값과 같다.

$$\delta = \sum_{i=1}^{n} \frac{N_i L_i}{E_i A_i}$$

내력 N_i의 그래픽 도시는 **축력 선도**(AFD)라 한다. **축변위 선도**(ADD)를 도시하기 위하여 축력 선도를 따라 **힘-변위 관계식**을 사용한다. 이러한 선도는 최대 힘과 응력, 변위 및 변형률의 위치를 식별하는 데 도움이 되는 유용한 시각적 보조 도구이다.

5. **자유물체도**는 각 부분 i에서 축력(N_i)을 찾는 데 사용된다. 만약 축력 및/또는 횡단면 면적이 지속적으로 변할 경우 적분의 표현이 요구된다.

$$\delta = \int_0^L d\delta = \int_0^L \frac{N(x)dx}{EA(x)}$$

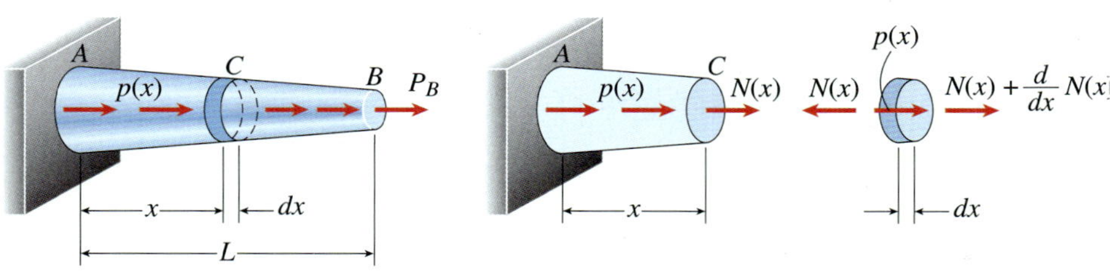

6. 만약 봉 구조가 **부정정** 구조물일 경우, 미지의 힘을 풀기 위하여 정역학으로부터 도출할 수 있는 추가 방정식이 필요하다. **적합 방정식**은 지지 조건으로부터 변위와 관계된 미지수와 관련되어 있는 추가적인 관계식을 도출하는 데 사용된다. '해제된'(또는 정적으로 결정된) 구조의 **중첩**을 사용하여 실제 부정정 봉 구조를 나타내는 것이 편리하다.

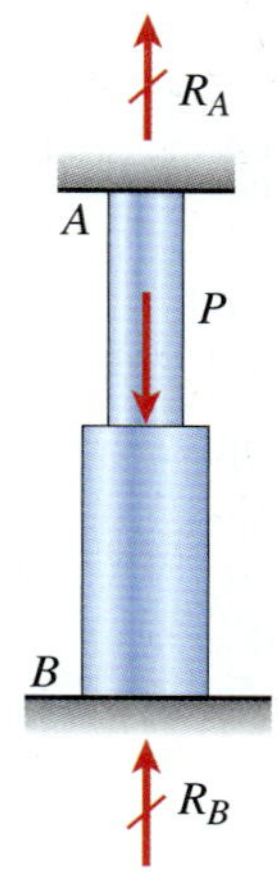

7. **열효과**는 봉의 온도 변화(ΔT)와 길이(L)에 비례하는 변위를 초래하지만 정정 구조물에서는 응력이 아니다. 재료의 열팽창계수(α)는 또한 열효과로 인한 축방향 변형률(ε_T) 및 축방향 변위(δ_T)를 계산하는 데 필요하다.

$$\varepsilon_T = \alpha(\Delta T) \qquad \delta_T = \varepsilon_T L = \alpha(\Delta T)L$$

8. **부적합** 및 **사전변형률**은 부정정 구조물에서만 축방향 힘을 유발한다.

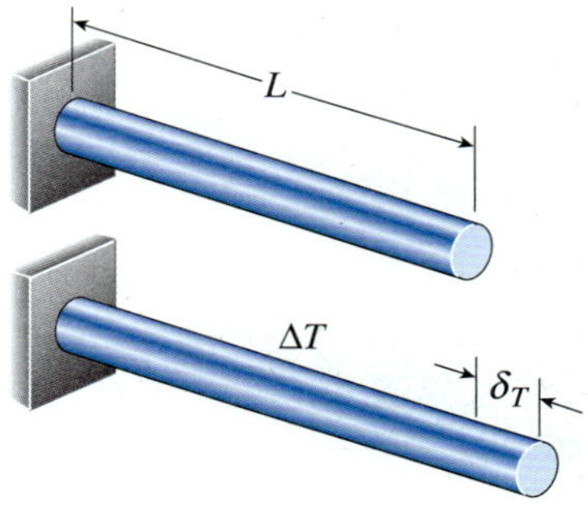

9. 축방향으로 하중을 받는 **최대 수직응력**(σ_{max}) 및 **최대 전단응력**(τ_{max})은 경사 응력 요소를 고려하여 구한다. 최대 수직응력은 봉의 축을 따라 발생하지만 최대 전단응력은 봉의 축에 대해 45°의 경사에서 발생하며 그 값은 최대 수직응력의 절반이다.

$$\sigma_{max} = \sigma_x \qquad \tau_{max} = \frac{\sigma_x}{2}$$

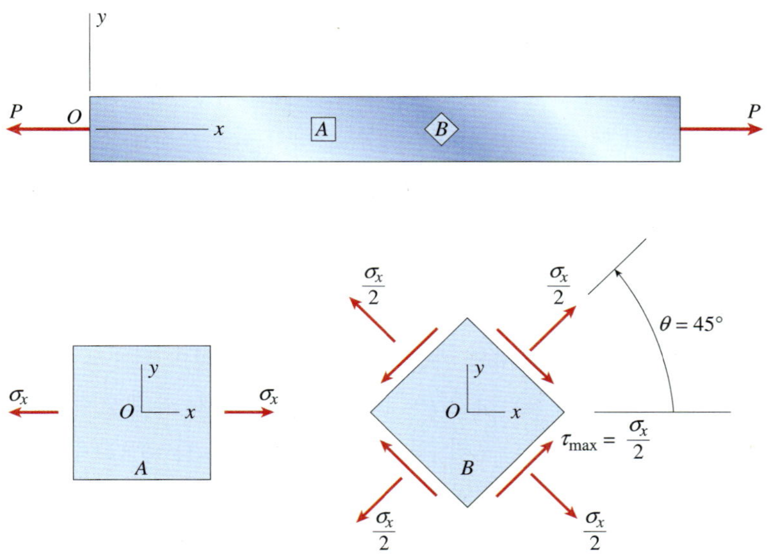

연습문제

8.2 축하중을 받는 부재의 길이 변화

도입문제

8.2-1 3 m의 강체 봉 AB는 A에서 수직 병진 스프링으로 지지되고 B에서 핀으로 지지된다. 봉은 최대 강도 q_0으로 선형적으로 변화하는 분포하중을 받는다. 스프링 상수가 700 kN/m인 경우 스프링의 수직 변형을 계산하시오.

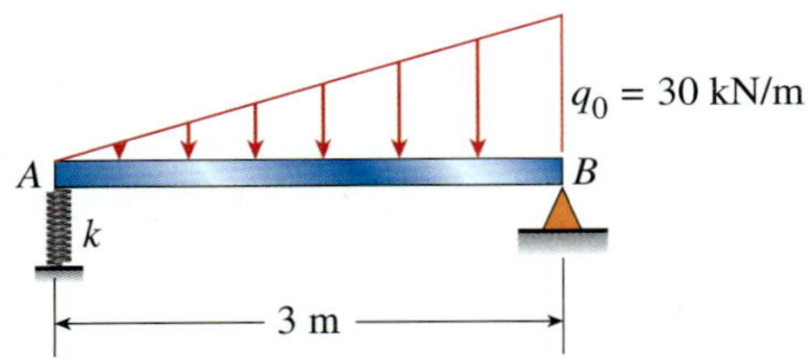

P8.2-1

8.2-2 어떤 장치가 두 개의 수직 막대 BD와 CE에 의해 지지되는 수평 빔 ABC로 구성된다. 봉 CE는 양쪽 끝이 고정되어 있지만 봉 BD는 하단부가 고정되어 있다. A에서 B까지의 거리는 600 mm이고 B에서 C까지의 거리는 350 mm이다. 봉 BD와 CE의 길이는 각각 350 mm와 450 mm이며, 단면적은 720 mm^{2}이다. 봉은 탄성계수가 E=200 GPa인 강철로 만들어졌다. 하중 P가 20 kN일 때, 점 A에서 변위를 계산하시오.

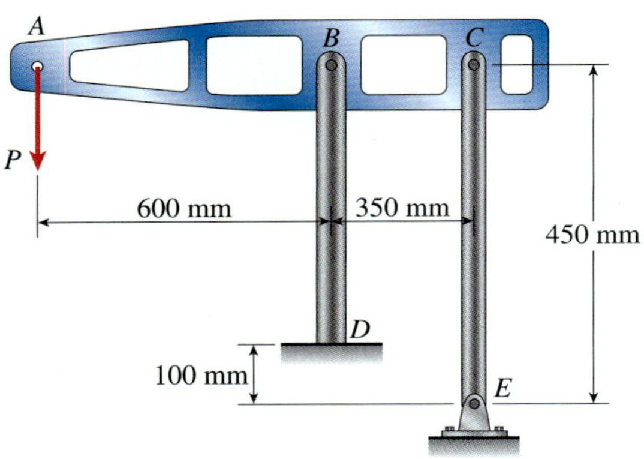

P8.2-2

대표문제

8.2-3 B지점에서 회전하는 수평 암 AB(길이 b=250 mm)와 수직 암 BC(길이 c=175 mm)로 구성된 강체 L자형 프레임 ABC를 가진 작은 실험실 규모의 저울이 있다. 피벗은 실험실 벤치에 지지되어 있는 외부 프레임 BCD에 부착된다. C에서 포인터의 위치는 나사산 막대에 부착된 스프링(k=875 N/m)에 의해 제어된다. 나사산의 피치는 p=1.6 mm이다. 하중 W를 가한 상태에서 포인터를 표시로 되돌리려면 너트를 12번 회전해야 한다. 무게 W를 계산하시오.

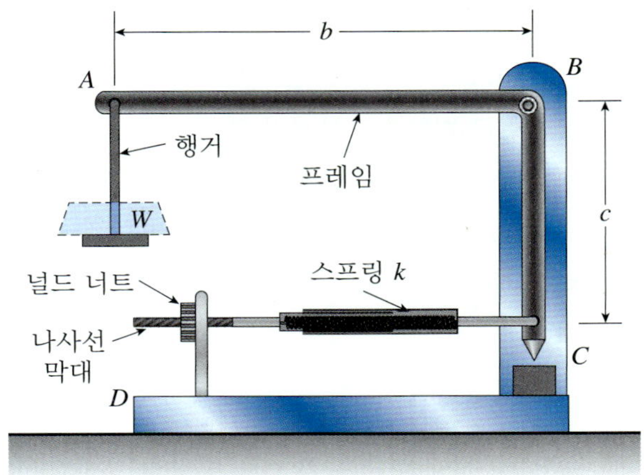

P8.2-3

8.2-4 무게가 W=25 N인 균일한 봉 AB는 그림과 같이 두 개의 스프링으로 지지된다. 왼쪽의 스프링은 강성 k_1= 300 N/m 및 초기 길이 L_1=250 mm를 가진다. 오른쪽 스프링에 대응되는 값은 k_2=400 N/m 및 L_2=200 mm이다. 스프링 사이의 거리는 L=350 mm이고 오른쪽 스프링은 왼쪽 스프링에 대한 지지점 아래로 거리 h=80 mm인 지지대에 매달려 있다. 단, 스프링의 무게는 무시한다.

(a) 하중 P=18 N이 가해질 때, 막대를 수평 위치로 가져오기 위해 왼쪽 스프링(그림 a)으로부터의 거리 x는 얼마인가?

(b) P가 제거되었을 때, 무게 W하에서 봉(그림 a)이 수평 위치에 매달리기 위해 필요한 k_1의 새로운 값은 얼마인가?

(c) P가 제거되고 k_1=300 N/m이면 무게 W하에서 봉(그림 a)이 수평 위치에 매달리기 위해 스프링 k_1을 오른쪽으로 이동해야 하는 거리(b)는 얼마인가?

(d) 왼쪽 스프링이 초기 길이가 L_1=250 mm인 직렬로 연결된 두 개의 스프링(k_1=300 N/m, k_3)으로 교체된

경우(그림 b 참조), 무게 W하에서 봉(그림 a)이 수평 위치에 매달리기 위해 필요한 k_3 값은 얼마인가?

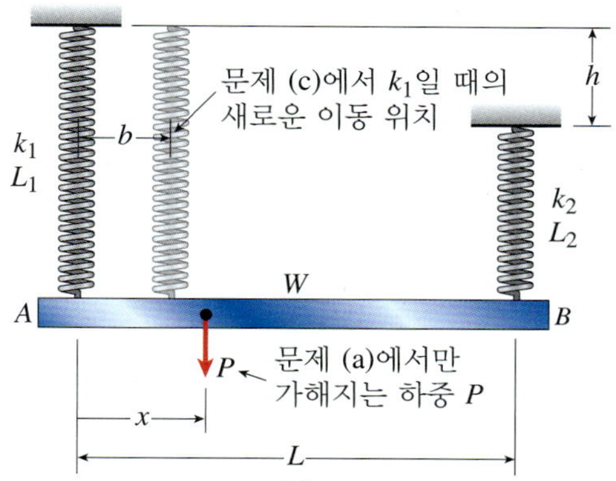

(a)

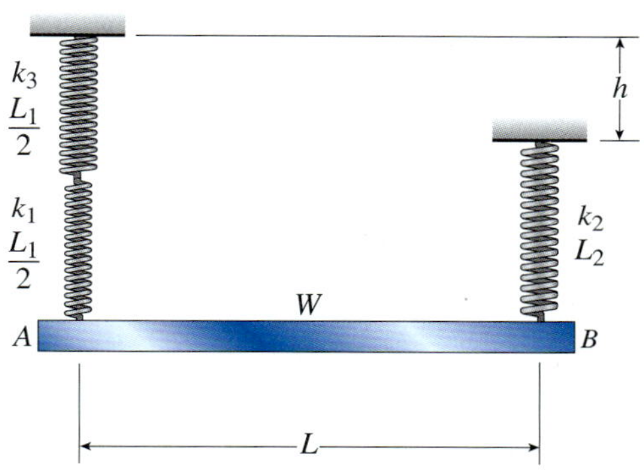

(b)

P8.2-4

8.2-5 길이가 b인 두 개의 강체 봉 AB와 BC로 구성된 프레임워크 ABC가 있다(그림 a의 첫 번째 부분 참조). 봉은 A, B, C에서 핀 연결되며 강성 k의 스프링에 의해 결합된다. 스프링은 봉의 중간 지점에 부착된다. 프레임워크는 A에서 핀 지지대, C에서 롤러 지지대를 가지며 봉은 수평으로부터 각도 α를 이루고 있다.

조인트 B에서 수직방향 하중 P가 가해질 때(그림 a의 두 번째 부분 참조) 롤러 지지대 C는 오른쪽으로 이동하고, 스프링이 인장되며, 봉의 각도는 α에서 각도 θ로 감소한다.

(a) 각도 θ와 점 A와 C 사이의 거리 증가 δ를 결정하시오. 또한 A 및 C에서 반력을 구하시오. (다음 데이터를 사용한다. $b=200$ mm, $k=3.2$ kN/m, $\alpha=45°$, $P=50$ N)

(b) C에서 $k_1=k/2$인 변위 스프링과 A에서 $k_r=kb^2/2$인 회전 스프링이 추가되었을 때, 문제 (a)를 반복하시오 (그림 b 참조).

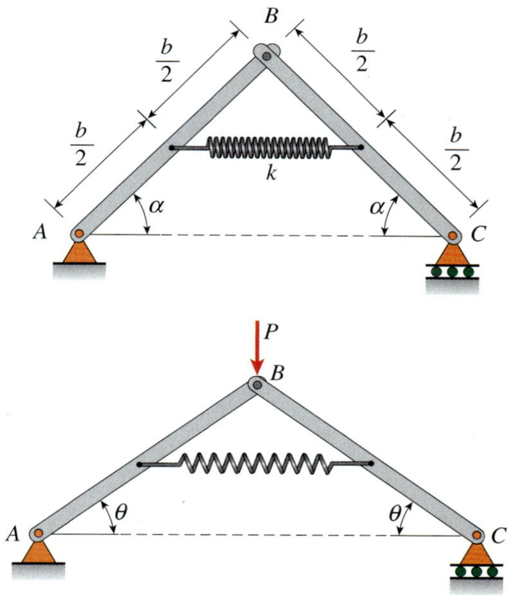

(a) 초기 그리고 변형 후 구조

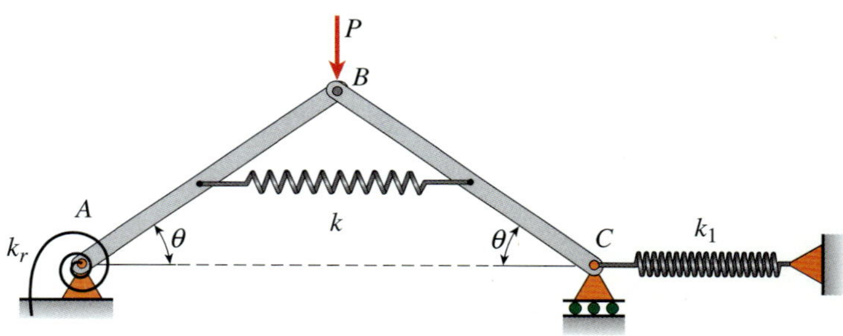

(b) 변형 후 구조

P8.2-5

8.3 불균일 조건에서의 길이 변화

도입문제

8.3-1 알루미늄 봉 AD(그림 참조)의 단면적은 250 mm^{2}이고, 힘 $P_1=7{,}560$ N, $P_2=5{,}340$ N, $P_3=5{,}780$ N이 가해지고 있다. 봉의 부분 길이는 $a=1{,}525$ mm, $b=610$ mm, $c=910$ mm이다.

(a) 탄성계수가 $E=72$ GPa이라고 가정할 때, 봉의 길이 변화를 계산하시오. 봉이 인장되거나 압축되는가?

(b) 세 개의 하중이 작용할 때 봉의 길이가 변하지 않도록 하려면 하중 P_3의 하중 P가 얼마만큼 증가되어야

하는가?

(c) 만약 세 개의 모든 하중이 작용하고 P_3이 5,780 N으로 남아 있을 때, 부분 AB의 단면적은 얼마로 변화하여야 하는가?

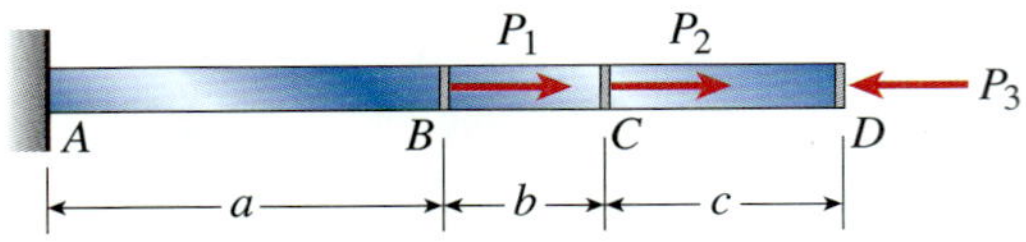

P8.3-1

8.3-2 수직방향의 각기둥 봉의 단면적 A_1, A_2, A_3이 각각 6,000 mm^2, 5,000 mm^2, 4,000 mm^{2}이다. 봉이 $E=200$ GPa인 강철로 만들어졌다. B, D, E지점의 변위를 계산하시오. 단, 봉의 무게는 무시한다.

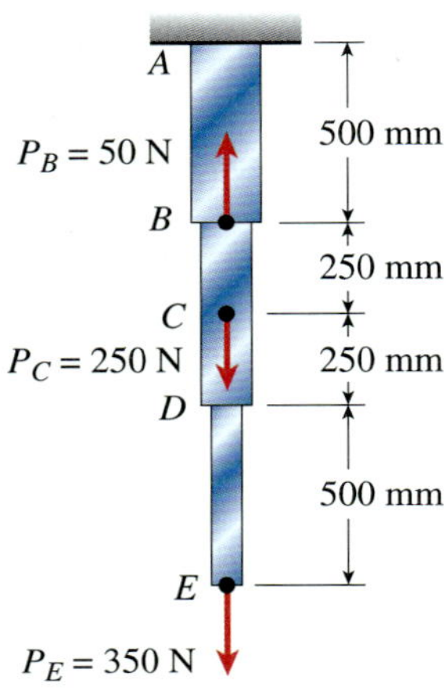

P8.3-2

대표문제

8.3-3 길이 L의 봉 ABC는 길이는 같지만 직경이 다른 두 부분으로 구성된다. AB 부분에서는 직경 $d_1=100$ mm, BC 부분에서는 직경 $d_2=60$ mm를 갖는다. 두 부분은 모두 길이 $L/2=0.6$ m이다. 직경 d의 길이방향 구멍은 부분 AB의 절반 길이($L/4=0.3$ m)까지 드릴링되어 있다. 봉은 $E=4.0$ GPa의 탄성계수를 갖는 플라스틱으로 만들어졌다. 압축하중 $P=110$ kN이 봉 끝에 작용한다.

(a) 만약 봉의 압축량이 8.0 mm로 제한되면 구멍의 최대 허용 직경 d_{max}는 얼마인가? (그림 a 참조)

(b) 이제 봉의 압축량이 8.0 mm로 제한되는 하중 P가 가해지고, d_{max}가 $d_2/2$로 설정되면, 끝 C로부터 거리 b는 얼마인가? (그림 b 참조)

(c) 마지막으로, 하중 P가 끝에 적용되고 $d_{max}=d_2/2$일 때, 봉의 압축량이 8.0 mm로 제한된다고 하면 구멍의 허용 길이 x는 얼마인가? (그림 c 참조)

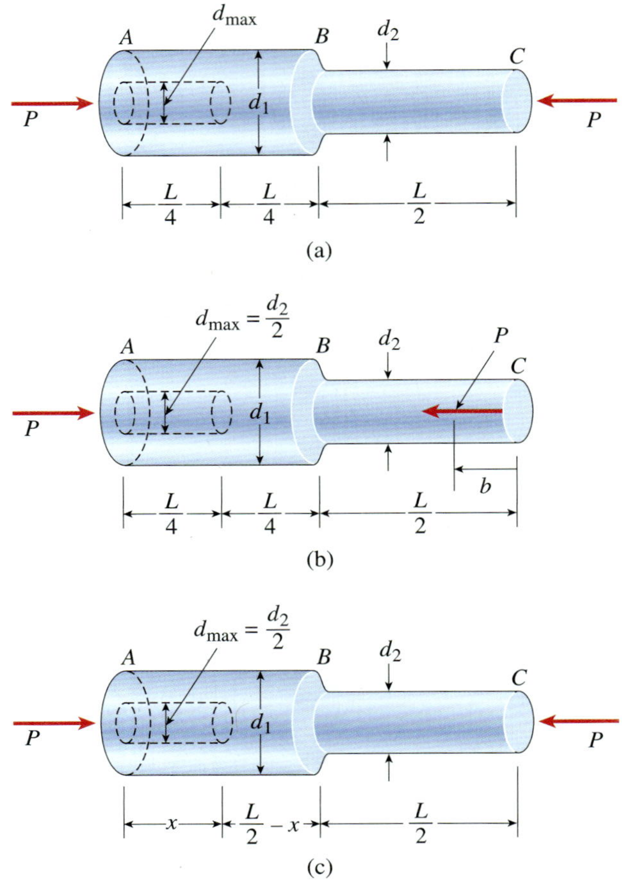

P8.3-3

8.3-4 길이 L, 일정한 두께 t인 폭이 고정 지지대에서 자유단부까지 b_2와 b_1 사이에서 선형적으로 변화하는 직사각형 단면의 편평한 알루미늄 합금 봉이 있다(그림 참조). 막대의 테이퍼가 작다고 가정한다. 봉의 탄성계수는 E이다. $P_2=200$ kN인 경우, 변위 $\delta_C=0$일 때 P_1의 값을 구하시오. 변위 δ_B는 얼마인가? 단, $L=2$ m, $t=20$ mm, $b_1=100$ mm, $b_2=115$ mm, $E=72$ GPa로 가정한다.

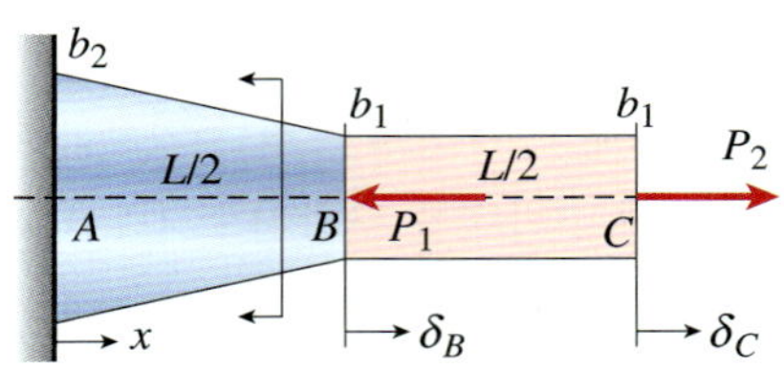

P8.3-4

8.3-5 수직 강철 봉 ABC는 상단부에서 핀으로 지지되고 하단에서는 하중 P_1이 작용한다. 가로 빔 BDE는 조인트 B에서 수직 봉에 핀으로 D점에서 지지된다. 하중 P_2 및 모멘트 M은 E점에서 작용된다. 만약 $P_1 = 11$ kN, $P_2 = 4.5$ kN, $M = 2.8$ kN · m가 작용할 때, C점에서의 수직변위 δ_C를 계산하시오. 탄성계수는 $E = 200$ GPa이고 단면적은 $A_1 = 160$ mm^2, $A_2 = 100$ mm^{2}이다. 봉의 자중은 무시한다.

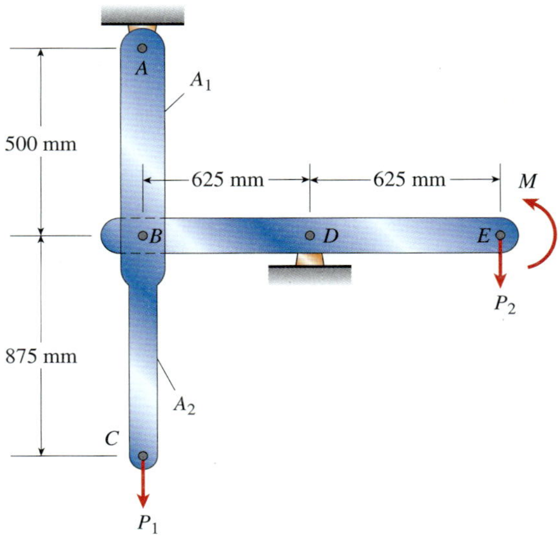

P8.3-5

8.4 부정정 구조물

도입문제

8.4-1 그림에서와 같이 조립체는 강 셀(내경 $d_2 = 7$ mm, 외경 $d_3 = 9$ mm)로 둘러싸인 황동 코어(직경 $d_1 = 6$ mm)로 구성되어 있다. 길이 $L = 85$ mm를 가진 코어와 셀 구조물 모두 하중 P로 압축되고 있다. 황동과 강의 탄성계수는 각각 $E_b = 100$ GPa과 $E_s = 200$ GPa이다.

(a) 조립체를 0.1 mm까지 압축할 때의 하중 P는 얼마인가?

(b) 강의 허용응력이 180 MPa이고, 황동의 허용응력이 140 MPa일 때, 허용 압축하중 P_{alllow}는 얼마인가? (**제안:** 예제 8-8에서 도출된 식을 사용한다.)

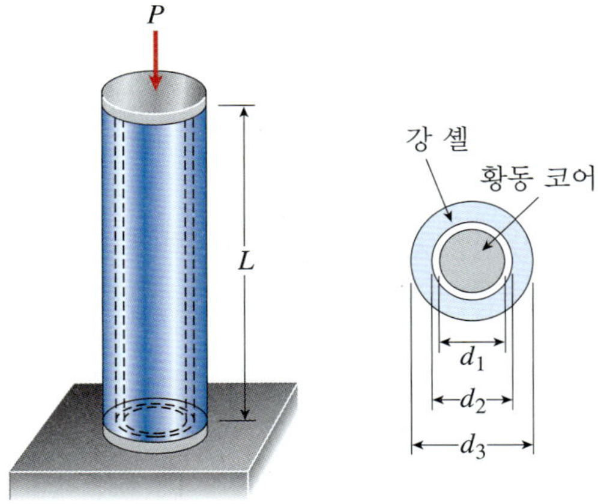

P8.4-1

8.4-2 수평 강체 봉 ABC는 A에 핀 고정되고 점 B와 C에서는 두 개의 케이블로 지지된다. 봉의 C 끝단에서 수직 하중 $P = 10$ kN이 작용한다. 두 개의 케이블은 탄성계수 $E = 200$ GPa인 강으로 만들어졌고, 동일한 단면적을 갖는다. 만약 케이블의 항복응력이 400 MPa이고 안전율이 2.0인 경우 각 케이블에서 요구되는 최소 단면적을 계산하시오. 하중 P만 고려하고, 봉 ABC와 케이블의 무게는 무시한다.

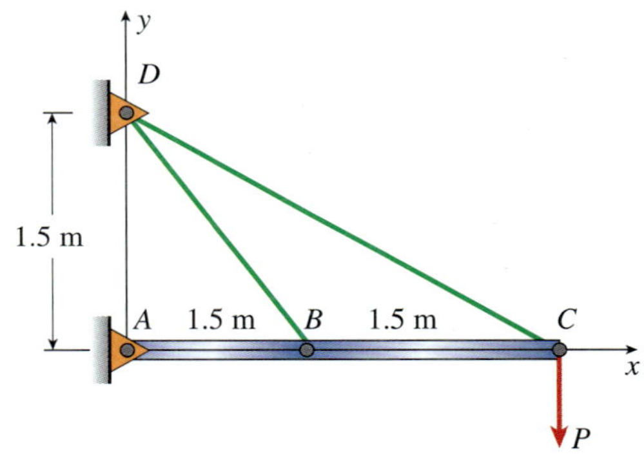

P8.4-2

대표문제

8.4-3 세 개의 강철 케이블은 60 kN의 하중을 공동으로 지지한다(그림 참조). 중간 케이블의 직경은 20 mm이며, 각 외부 케이블의 직경은 12 mm이다. 각 케이블이 하중의 1/3(즉, 20 kN)을 지지하도록 케이블의 장력이 조정된다. 나중에 하중은 40 kN에서 100 kN까지 총하중을 증가시킨다.

(a) 이제 총하중의 몇 퍼센트가 중간 케이블에 의해 전달되는가?

(b) 중간과 외부 케이블의 응력 σ_M과 σ_O는 얼마인가? (**참고:** 케이블의 속성은 8.2절의 표 8-1 참조)

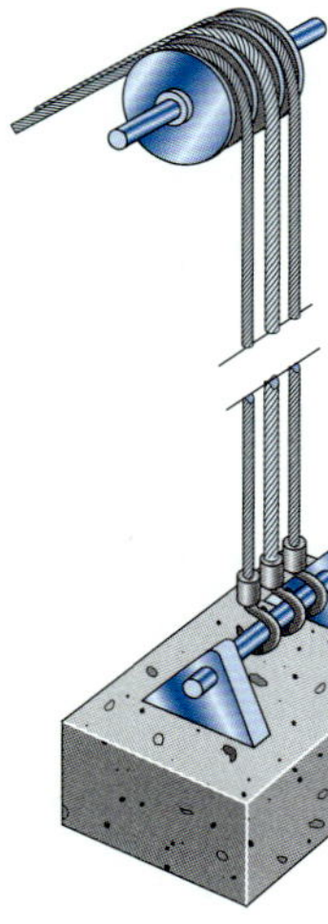

P8.4-3

8.4-4 무게 $W=800$ N의 강체 봉이 세 개(두 개의 강과 한 개의 알루미늄)의 등간격의 수직 와이어(길이 $L=150$ mm, 간격 $a=50$ mm)에 의해 수직으로 매달려 있다. 와이어는 또한 봉에 하중 P가 가해진다. 강 와이어의 직경은 $d_s=2$ mm이고, 알루미늄 와이어의 직경은 $d_a=4$ mm이다. $E_s=210$ GPa과 $E_a=70$ GPa로 가정한다.

(a) 강 와이어의 허용응력이 220 MPa이고 알루미늄 와이어의 허용응력이 80 MPa인 경우 **봉의 중간 지점** ($x=a$)에서 지지할 수 있는 허용하중 P_{allow}를 구하시오(그림 a 참조).

(b) 하중이 $x=a/2$지점에 위치할 때 P_{allow}는 얼마인가? (그림 a 참조)

(c) 그림 b에서 보이는 것과 같이 두 번째와 세 번째 와이어가 **바뀌었을 때** 문제 (b)를 반복하시오.

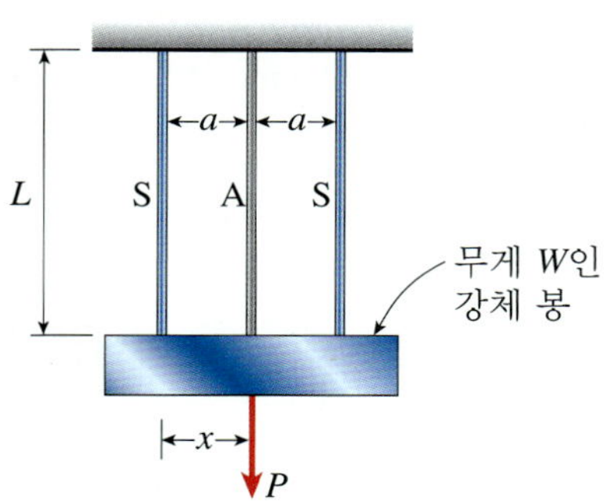

(a)

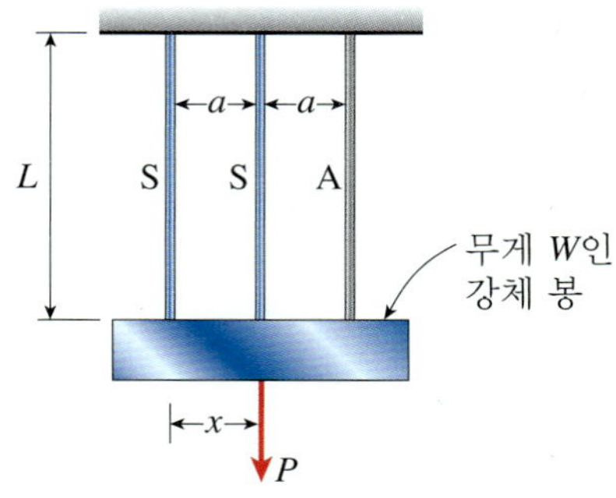

(b)

P8.4-4

8.4-5 치수가 $2b\times 2b$인 사각형 단면의 **바이메탈** 봉(또는 복합재료 봉)은 탄성계수 E_1과 E_2를 갖는 두 개의 다른 금속으로 구성되어 있다(그림 참조). 봉의 두 부분은 동일한 단면적 치수를 갖는다. 봉은 강체의 끝판에 작용하는 힘 P에 의해 압축된다. 하중의 작용선은 봉의 각 부분이 압축에 의해 균일한 응력을 갖는 편심 e를 갖는다.

(a) 봉의 두 부분에서 축힘 P_1과 P_2를 구하시오.

(b) 하중의 편심 e를 구하시오.

(c) 봉의 두 부분에서 응력의 비 σ_1/σ_2를 구하시오.

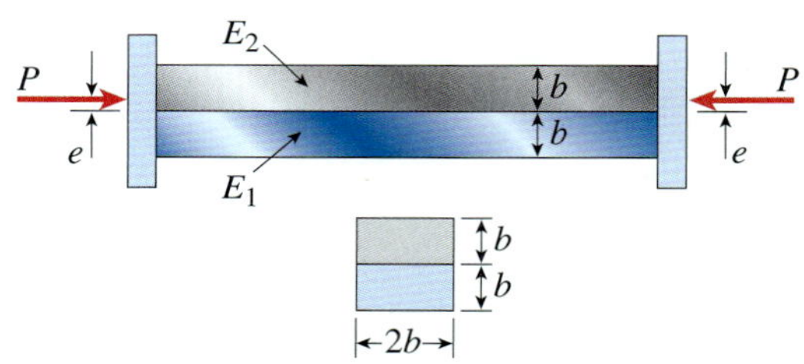

P8.4-5

8.4-6 강체 봉 $ABCD$는 지점 B에서 핀으로 고정되고 A와 D에서 스프링으로 지지되고 있다(그림 참조). A와 D의 스프링은 각각 $k_1=10$ kN/m와 $k_2=25$ kN/m의 강도를 가지며, a, b, c는 각각 250 mm, 500 mm, 200 mm이다. C지점에서 하중 P가 작용한다.

만약 가해지는 하중 P에 의한 봉의 회전각도가 3°로 제한된다면, 최대 허용하중 P_{max}는 얼마인가?

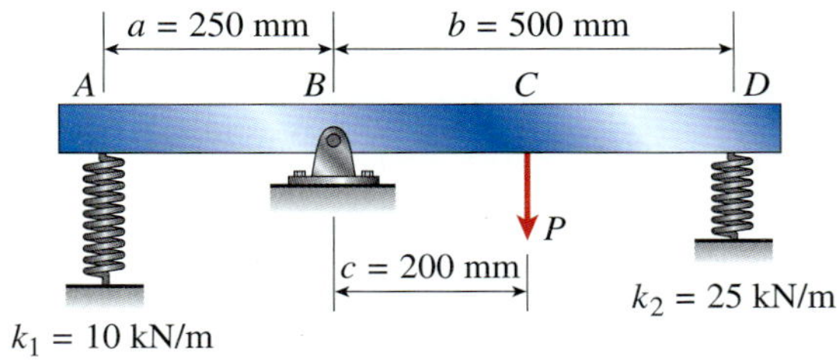

P8.4-6

8.5 열효과, 부적합, 사전변형률

열효과

도입문제

8.5-1 무게 $W = 3,560$ N인 강체 봉이 균등한 간격을 둔 세 개의 와이어에 의해 매달려 있다. 두 개는 강철이고 하나는 알루미늄이다(그림 참조). 와이어의 직경은 3.2 mm 이다. 하중이 가해지기 전에 세 개의 전선은 모두 같은 길이를 가졌다. 강철 전선이 전체 하중의 전달을 초래하는 세 개의 전선 모두에서의 온도 증가 ΔT는 얼마인가? ($E_S = 205$ GPa, $\alpha_S = 12 \times 10^{-6}$/°C, $\alpha_a = 24 \times 10^{-6}$/°C를 가정한다.)

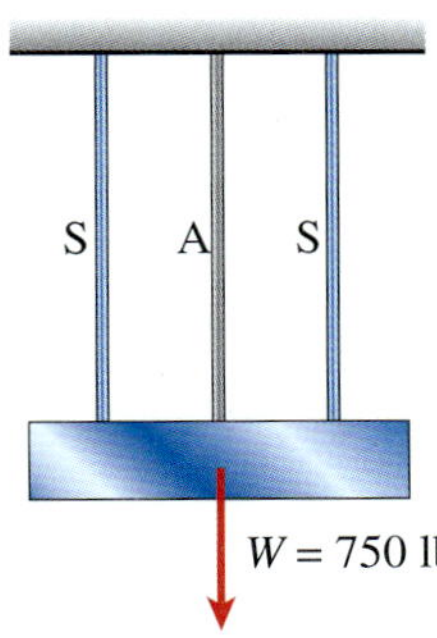

P8.5-1

대표문제

8.5-2 두 개의 서로 다른 솔리드 원형 단면을 가진 플라스틱 봉 ACB가 그림과 같이 단단한 지지대 사이에 고정되어 있다. 왼쪽과 오른쪽 부품의 직경은 각각 50 mm와 75 mm이다. 각각에 대응되는 길이는 225 mm와 300 mm 이다. 또한 탄성계수 E는 6.0 GPa이고 열팽창계수 α는 100×10^{-6}/°C이다. 봉은 30°C의 균일한 온도 상승 조건하에 있다.

(a) 다음을 계산하시오. (1) 봉의 압축력 N, (2) 최대 압축응력 σ_c, (3) 점 C의 변위 δ_C

(b) A의 단단한 지지대가 스프링 상수 $k = 50$ MN/m인 탄성 지지대로 대체되었을 때, 문제 (a)를 반복하시오 (그림 b 참조, 봉 ACB만 온도 증가의 영향을 받는다고 가정한다).

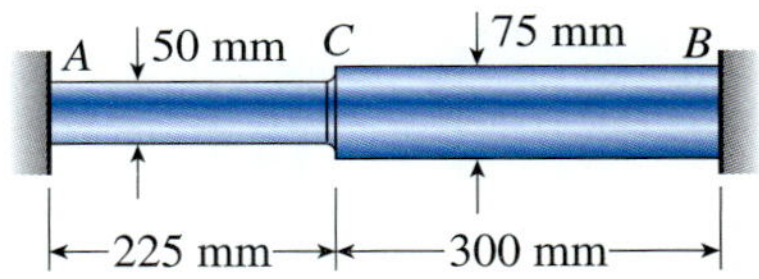

(a)

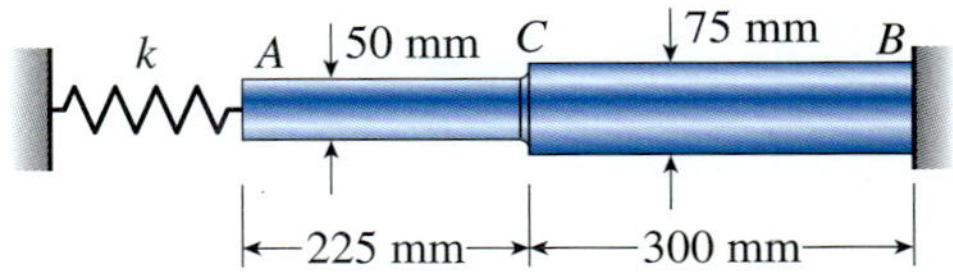

(b)

P8.5-2

8.5-3 원형 강철로 된 막대 AB(직경 $d_1 = 15$ mm, 길이 $L_1 = 1,100$ mm)는 바깥쪽으로 청동 슬리브(외경 $d_2 = 21$ mm, 길이 $L_2 = 400$ mm)가 수축됨으로써 단단히 결합되어 있다(그림 참조). 온도 상승 $\Delta T = 350$°C로 인한 강철 막대의 총인장 δ를 계산하시오. (재료 특성은 다음과 같다. 강철의 경우 $E_S = 210$ GPa과 $\alpha_S = 12 \times 10^{-6}$/°C, 청동의 경우 $E_b = 110$ GPa과 $\alpha_b = 20 \times 10^{-6}$/°C)

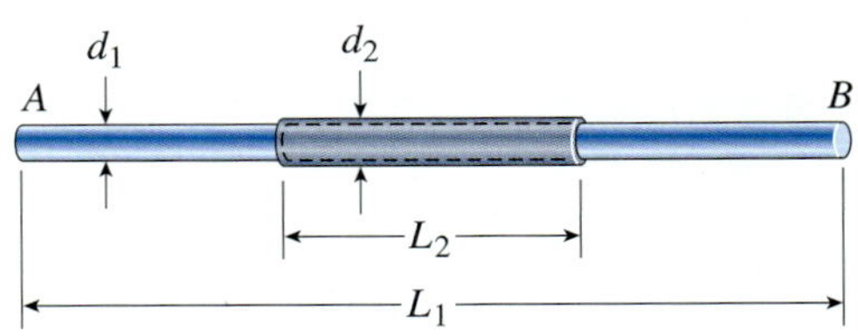

P8.5-3

부적합 및 사전응력

도입문제

8.5-4 길이 0.635 m, 직경 50 mm의 구리 봉 AB는 끝부분 A와 단단한 구속 사이의 0.2 mm의 갭 사이에 실온에 위치한다(그림 참조). 봉은 스프링 상수 $k = 200$ MN/m의 탄성 스프링에 의해 끝단 B에서 지지된다.

(a) 만약 봉에만 작용하는 온도 상승이 27°C일 때, 봉

의 축방향 압축응력 σ_c를 계산하시오(구리의 경우 $\alpha = 17.5 \times 10^{-6}/°C$와 $E = 110$ GPa을 사용한다).

(b) 스프링에 작용하는 힘은 얼마인가? (중력 효과는 무시한다.)

(c) $k \to \infty$이면 (a) 문제를 반복하시오.

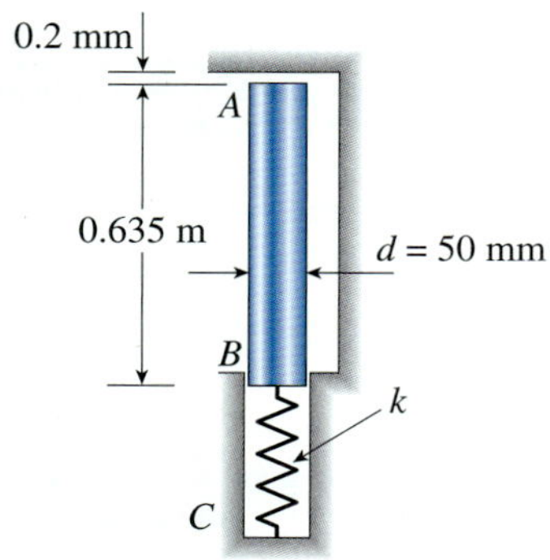

P8.5-4

8.5-5 길이 L과 축방향 강성도 EA를 갖는 봉 AB는 끝단 A에서 고정되어 있다(그림 참조). 다른 쪽에서 막대의 끝과 단단한 표면 사이에 치수 s의 작은 간격이 존재한다. 하중 P는 고정 지점으로부터 길이 2/3지점인 C지점에서 봉에 작용한다.

만약 하중 P에 의해 생성된 지지 반력이 크기가 같아야 한다면 간격의 크기 s는 얼마가 되어야 하는가?

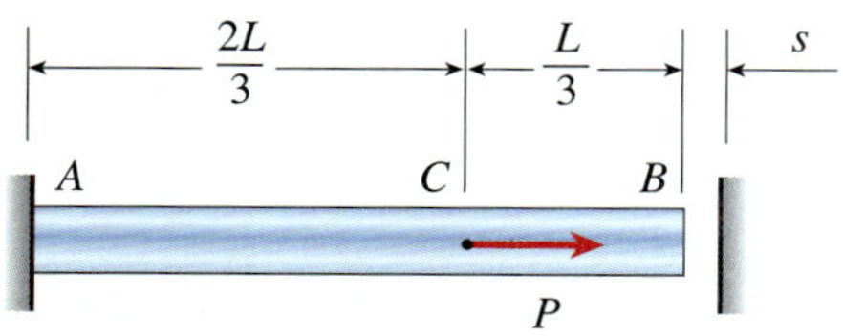

P8.5-5

대표문제

8.5-6 두 개의 구리 튜브로 만든 슬리브가 간격 s를 두고 주석-납 솔더와 결합되어 있는 구조물을 고려하자. 슬리브는 양쪽에 황동 캡을 가지고 있으며, 강철 볼트와 와셔가 있는 너트가 있으며, 너트를 회전시켜 결합되도록 하였다. 그다음 두 종류의 '하중'이 적용되었다. (너트에 $n = 1/2$만큼의 회전 부여, 동시에 $\Delta T = 30°C$의 온도 증가)

(a) 온도와 볼트의 사전응력 모두에 의한 슬리브와 볼트에 작용하는 힘, P_S와 P_B를 구하시오. 구리의 경우 $E_c = 120$ GPa, $\alpha_c = 17 \times 10^{-6}/°C$, 강철의 경우 $E_s = 200$ GPa, $\alpha_s = 12 \times 10^{-6}/°C$를 사용한다. 볼트의 피치는 $p = 1.0$ mm이다. $s = 26$ mm이고 볼트의 직경은 $d_B = 5$ mm라고 가정한다.

(b) Sweated 조인트에서 전단응력이 허용 전단응력 $\tau_{aj} = 18.5$ MPa을 초과하지 못한다고 할 때, 요구되는 솔더 조인트의 길이 s를 구하시오.

(c) 온도 변화 ΔT와 볼트의 초기 사전응력으로 인한 전체 조립체의 최종 인장은 얼마인가?

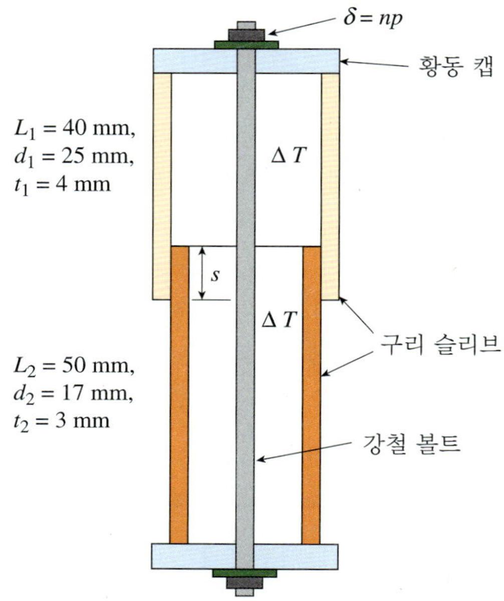

P8.5-6

8.5-7 폴리에틸렌 튜브(길이 L)는 스프링(변형 전 길이 $L_1 > L$)이 $\delta = (L_1 - L)$만큼 압축된 상태로 설치되어 있는 캡을 가진다. 캡과 아래판의 변형은 무시한다. 스프링 아래판의 힘을 잉여 값으로 사용한다. 수치적 특성은 그림의 상자 안에 주어진 값을 사용한다.

(a) 스프링의 결과적인 힘 F_k는 얼마인가?

(b) 튜브의 결과적인 힘 F_t는 얼마인가?

(c) 튜브의 최종 길이 L_f는 얼마인가?

(d) 스프링에 작용하는 최종 힘이 0일 때, 튜브 내부의 온도 변화 ΔT는 얼마인가?

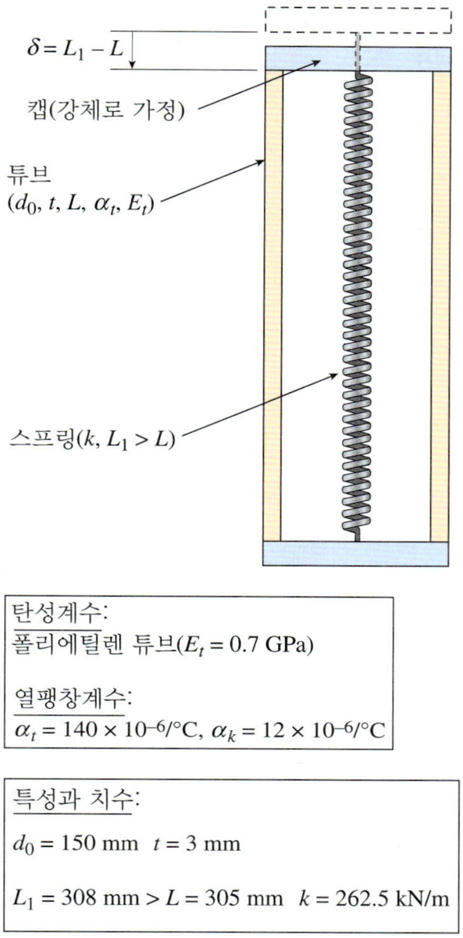

P8.5-7

8.6 경사면에서의 응력

도입문제

8.6-1 직경 d=1.6 mm인 황동 와이어는 200 N의 초기 장력 T로 강성 지지체 사이에서 인장되어 있다(그림 참조). 열팽창계수가 21.2×10^{-6}/°C, 탄성계수는 110 GPa이다.

(a) 온도가 30°C만큼 하강하였을 때 와이어에서 최대 전단응력 τ_{max}는 얼마인가?

(b) 허용 전단응력이 70 MPa일 때 최대 허용 온도 강하는 얼마인가?

(c) 와이어가 느슨해지는 온도 변화는 얼마인가?

8.6-2 강철 시편(그림 참조)의 장력 테스트 동안 인장계는 50 mm의 표점거리로 0.004 mm의 신장을 보여준다. 강철이 비례한도보다 낮은 범위에서 인장되었으며 탄성계수는 E=210 GPa이라고 가정한다.

(a) 시편에서 최대 수직응력 σ_{max}는 얼마인가?

(b) 최대 전단응력 τ_{max}는 얼마인가?

(c) 봉의 축에 45°의 각도로 기울어진 응력 요소를 도시하고, 이 요소의 면에 작용하는 모든 응력을 보이시오.

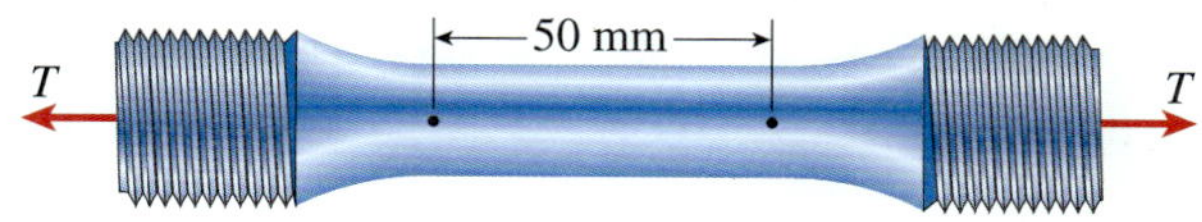

P8.6-2

대표문제

8.6-3 그림과 같이 비행기 트러스 구조는 강철 UPN 220 형상으로부터 조립된다(부록 C의 표 C-3 참조). L=3 m이고 b=0.71L이라고 가정한다.

(a) 하중 변수 P=220 kN일 때, 각 트러스 부재의 최대 전단응력 τ_{max}는 얼마인가?

(b) 허용 수직응력이 96 MPa이고 허용 전단응력이 52 MPa인 경우, 하중 변수 P의 최대 허용값은 얼마인가?

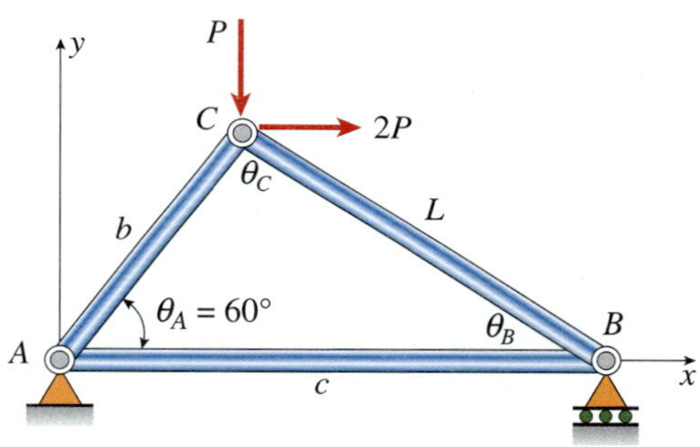

P8.6-3

8.6-4 그림에서와 같이 지름이 d=32 mm인 플라스틱 봉이 힘 P=190 N으로 테스트 기계에서 압축된다.

(a) (1) 각도 θ=0°, (2) 각도 θ=22.5°, (3) 각도 θ=45°로 회전된 응력 요소의 모든 면에 작용하는 수직 및 전단응력을 구하시오. 각각의 경우에 적절하게 회전된 요소의 스케치에 응력을 보이시오. σ_{max}와 τ_{max}는 얼마인가?

(b) 그림과 같이 스프링 강성이 k인 스프링이 테스트 기계에 도입되었을 때 플라스틱 봉의 σ_{max}와 τ_{max}를 구하시오. 스프링 강성은 플라스틱 봉의 축방향 강성의 1/6이다.

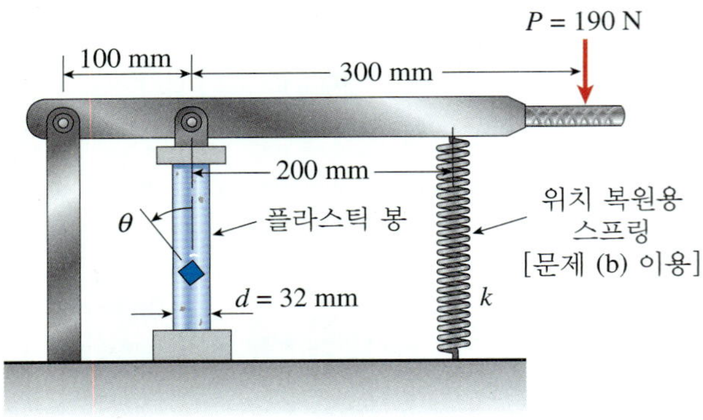

P8.6-4

8.6-5 두 개의 보드는 그림과 같이 스카프(scarf) 조인트를 따라 접착하여 결합된다. 절단 및 접착의 목적을 위해 조인트의 평면과 보드 면 사이의 각도 α는 10~40° 사이의 범위여야 한다. 인장하중 P가 가해질 때, 보드의 수직응력은 4.9 MPa이다.

(a) $\alpha=20°$인 경우 접착된 관절에 작용하는 수직 및 전단응력은 얼마인가?

(b) 조인트의 허용 전단응력이 2.25 MPa이면, 허용되는 가장 큰 각도 α의 값은 얼마인가?

(c) 접착된 조인트에서의 전단응력이 수직응력과 동일하거나 두 배가 되는 각도 α는 얼마인가?

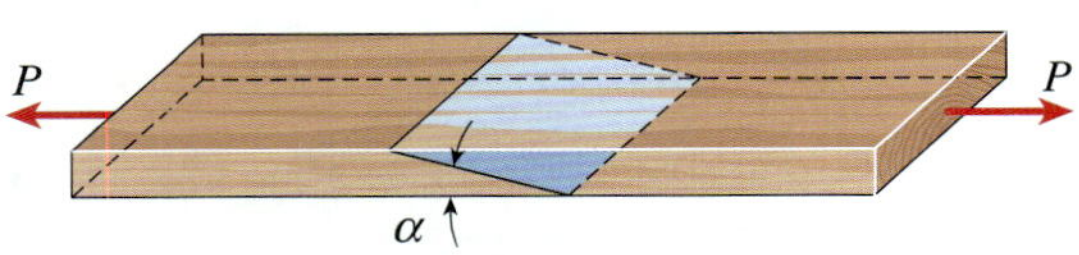

P8.6-5

8.6-6 그림에 도시된 바와 같이, 봉의 절단 요소 측면에서 작용하는 단축응력은 60 MPa과 20 MPa의 인장응력이다.

(a) 각도 θ와 전단응력 τ_θ를 구하고, 요소의 스케치에 모든 응력을 보이시오.

(b) 재료에서 최대 수직응력 σ_{max} 및 최대 전단응력 τ_{max}를 구하시오.

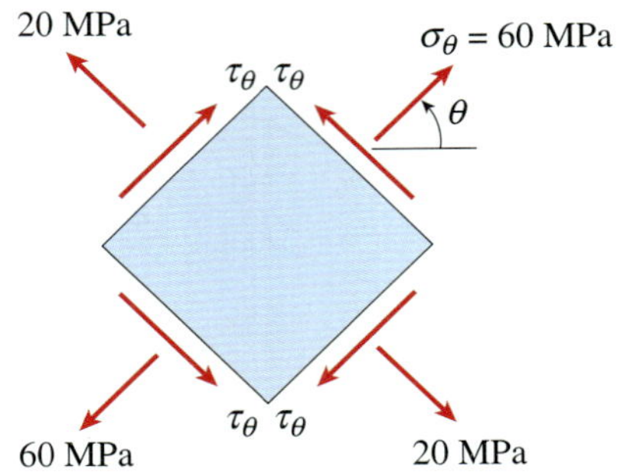

P8.6-6

8.6-7 길이 $L=0.6$ m인 직사각형 단면($b=19$ mm, $h=38$ mm)의 플라스틱 봉 AB는 A에서 고정되고, C점에서 스프링 지지체($k=3{,}150$ kN/m)를 갖는다(그림 참조). 초기 상태에서는 봉과 스프링에 응력이 없다. 봉의 온도가 48℃까지 **상승**하면 $L_\theta=0.46$ m의 경사면 pq에서 **압축**응력은 5.3 MPa이 된다. 스프링은 질량이 없고 온도 변화의 영향을 받지 않는다고 가정한다. $\alpha=95\times10^{-6}$/°C와 $E=2.8$ GPa로 한다.

(a) 평면 pq에서 전단응력 τ_θ는 얼마인가? 각도 θ는 얼마인가?

(b) 평면 pq에 방향을 둔 응력 요소를 도시하고, 이 요소의 모든 면에 작용하는 응력을 보이시오.

(c) 만약 허용 수직응력이 6.9 MPa이고 허용 전단응력이 ±3.9 MPa이면, 봉에서 허용응력값이 초과되지 않는 범위에서 스프링 상수 k의 최대 허용값은 얼마인가?

(d) 봉의 허용응력값이 초과되지 않을 경우 봉의 최대 허용 길이 L은 얼마인가? ($k=3{,}150$ kN/m로 가정한다.)

(e) 봉의 허용응력값이 초과되지 않을 경우 봉의 최대 허용 온도 증가(ΔT)는 얼마인가? ($L=0.6$ m, $k=3{,}150$ kN/m로 가정한다.)

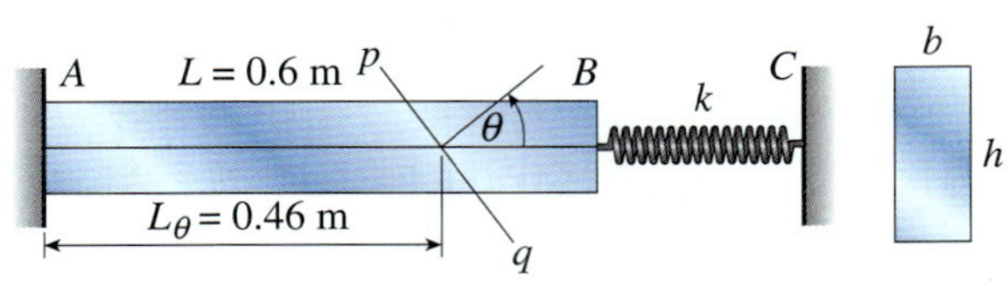

P8.6-7

CHAPTER 9

비틀림

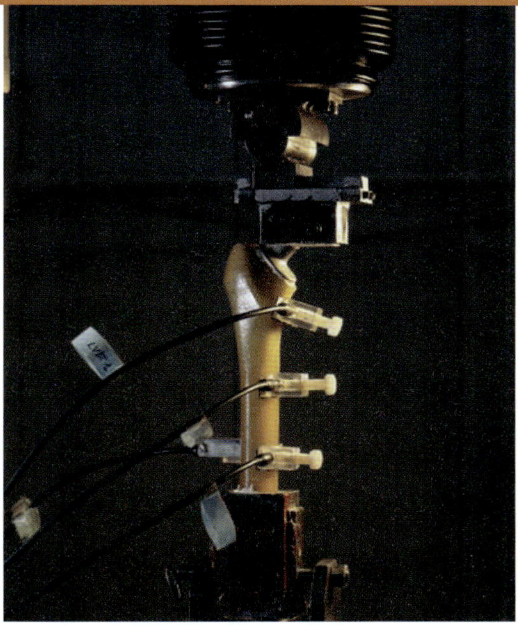

Mauro Fermariello/Science Source

네 개의 센서가 대퇴골(노란색)에 나사로 고정되어 응력을 측정하고 인공 엉덩이뼈의 비틀림 안정성을 테스트한다. 보철물은 대부분 대퇴골 내부에 있으며 돌출된 구 부분은 시험기 상단의 클램프로 고정된다.

이 장의 목적

- 비틀림 모멘트를 받는 원형 봉과 속이 빈 축의 비틀림을 학습한다.
- 단면에서 반지름 방향으로의 거리 증가에 따른 전단응력의 변화와 관련된 비틀림 공식을 도출한다.
- 원형 봉에서 비틀림각이 비틀림 모멘트와 비틀림 유연도의 곱에 비례하는 토크-변위 관계식을 정의한다.
- 원형 축의 경사진 단면의 관심 지점에서 수직 및 전단응력을 구한다.
- 탄성계수 E와 전단 탄성계수 G 간의 관계식을 정의한다.
- 원형 축에서 동력 P, 토크 T, 회전 속도 n과의 관계를 도출하고, 동력 전달에 대해 배운다.
- 비틀림 모멘트를 받는 부정정 구조물(축)에서의 지지 반력 모멘트를 구한다.

이 장의 구성

그림 9-1

손잡이에 작용하는 토크 T에 의한 스크루드라이버의 비틀림

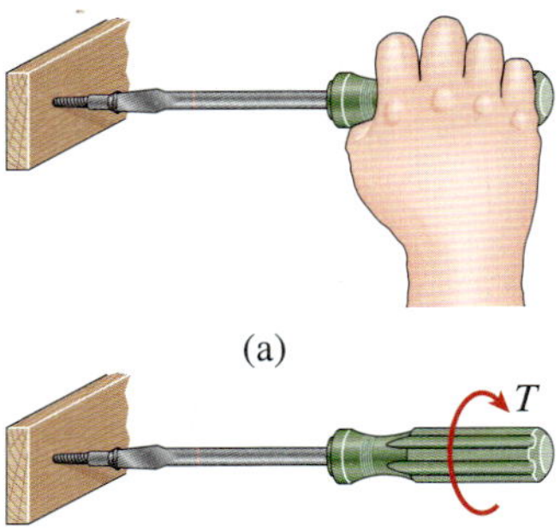

그림 9-2

비틀림 토크 T_1과 T_2를 받는 원형 봉

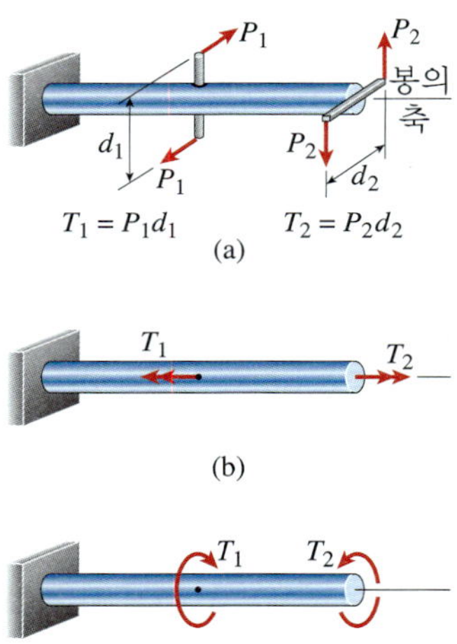

9.1 서론

7장과 8장에서는 가장 단순한 형태의 구조 부재, 즉 축하중을 받는 직선 봉의 거동을 논의하였다. 이제는 **비틀림**(torsion)이라 알려진 더 복잡한 형태의 거동을 고찰할 것이다. 모멘트(또는 토크)는 봉의 축에 대하여 회전을 발생시키려 하는데, 이 모멘트를 받는 직선 봉의 뒤틀림을 비틀림이라 한다. 예를 들어, 스크루드라이버를 돌릴 때(그림 9-1a), 손이 손잡이(그림 9-1b)에 토크 T를 작용하여 스크루드라이버의 자루를 비튼다. 그 밖의 비틀림을 받는 구조물의 예로는 구동축, 짧은 차축, 프로펠러 축, 조향장치 봉 및 드릴 비트 등이 있다.

이상적인 경우의 비틀림 하중이 그림 9-2a에 도시되어 있으며, 이 그림에서 직선 봉의 한쪽 끝은 고정되어 있고, 봉은 크기가 같고 방향이 반대인 두 쌍의 하중을 받고 있다. 첫 번째 쌍은 봉의 중간 지점에 힘 P_1이 작용하고 있고, 두 번째 쌍은 봉의 끝 지점에 힘 P_2가 작용하고 있다. 각 쌍으로 작용하는 힘은 **우력**(couple)을 이루게 되고, 봉을 축방향으로 비틀게 된다. 정역학 지식으로부터, **우력의 모멘트**(moment of a couple)는 한 개의 힘과 두 힘 작용선 사이의 수직거리를 곱한 것과 같으며, 첫 번째 우력의 모멘트는 $T_1 = P_1d_1$이고, 두 번째 우력의 모멘트는 $T_2 = P_2d_2$이다. 모멘트의 **단위**는 뉴턴미터(N·m)이다.

우력의 모멘트는 두 개의 머리를 가진 화살 형태의 **벡터**로 나타낼 수 있다(그림 9-2b). 그 화살은 우력을 포함한 평면에 수직이므로, 두 개의 화살 모두 봉의 축과 평행하다. 모멘트의 방향은 모멘트 벡터의 **오른손 법칙**(오른손에서 손가락으로 모멘트 방향을 감싸면 엄지손가락이 모멘트 방향을 가리키는)을 따른다.

모멘트를 나타내는 또 다른 방법은 회전 방향으로 작용하는 곡선 화살표를 도시하는 방법이다(그림 9-2c). 곡선 화살 및 벡터로 표시된 형식 모두 널리 사용되며 이 책에서는 둘 다 사용한다. 편의 및 개인의 취향에 따라 선택한다.

그림 9-2에서 모멘트 T_1과 T_2와 같이 봉을 비트는 모멘트를 **토크**(torque) 또는 **비틀림 모멘트**(twisting moment)라 한다. 토크를 받고 회전에 의해 동력을 전달하는 원기둥을 **축**(shaft)이라고 한다. 예를 들면, 자동차의 구동축 또는 선박의 프로펠러 축 등이 있다. 대부분의 축은 원형 단면을 가지며, 속이 차 있거나 튜브 형태이다.

이 장에서는 비틀림을 받는 원형 봉 내의 변형 및 응력에 대한 공식을 유도하는 것부터 시작한다. 그 후 **순수전단**(pure shear)으로 알려진 응력 상태를 해석하고, 인장 탄성계수 E와 전단 탄성계수 G의 관계식을 구한다. 다음으로 회전축을 해석하고 전달 동력을 구한다. 마지막으로 비틀림에 관련되어 있는 부정정 부재, 원형 단면이 아닌 축 및 응력집중에 대한 몇 가지 추가적인 주제에 대해 다룰 것이다.

9.2 원형 봉의 비틀림 변형

비틀림에 대하여 살펴보기 위해 양 끝단에서 토크 T를 받는 원형 단면을 갖는 균일한 봉을 고려하자(그림 9-3a). 봉의 모든 단면이 동일하고 같은 내부 토크 T를 받고 있는

상태를 **순수 비틀림**(pure torsion) 상태에 있다고 한다. 대칭성으로부터 모든 단면이 축 길이방향으로 회전할 때 봉 단면의 형상이 변화하지 않는다는 것을 증명할 수 있다. 달리 말하면, 모든 단면이 평면인 채 원형의 형태로 남아 있게 되며, 모든 반지름은 직선을 유지한다. 더욱이 봉 양 끝단의 면 사이의 회전각이 작으면 봉의 길이 또는 지름은 변화하지 않는다.

봉의 변형을 시각적으로 가시화하기 위하여 봉의 좌측 끝이 고정되어 있다고 상상해보자(그림 9-3a). 그러면 토크 T의 작용으로 우측 끝면이 작은 각도 ϕ만큼 회전한다(좌측 끝단에 상대적으로). 여기에서 ϕ는 **비틀림각**(angle of twist 또는 angle of rotation)이라 한다. 이 회전으로 봉의 표면에 있는 길이방향 직선 pq가 나선 곡선 pq'으로 변한다. 여기에서 q'은 오른쪽 끝 단면이 ϕ만큼 회전한 후의 점 q의 위치이다(그림 9-3b).

축을 따라 비틀림각이 변하며, 중간에 있는 단면의 회전각 $\phi(x)$는 왼쪽 끝면의 값 0으로부터 오른쪽 끝면의 값 ϕ의 값을 가진다. 봉의 모든 단면이 같은 반지름을 가지고 있고 같은 토크를 받는다면(순수전단) 각도 $\phi(x)$는 양 끝단 사이에서 선형적으로 변화한다.

외부 표면에서의 전단변형률

이제 거리가 dx만큼 떨어진 두 단면 사이의 봉 요소를 고려해보자(그림 9-4a 참조). 이 확대된 요소는 그림 9-4b에 보이는 바와 같다. 이 요소의 바깥 표면에 처음에 길이방향 축에 평행한 변 ab와 cd를 가진 미소 요소 $abcd$를 주목하자. 봉이 비틀리는 동안에 오른쪽 단면은 왼쪽 단면에 비하여 미소 비틀림각 $d\phi$만큼 회전하여, 점 b와 점 c가 각각 b'과 c' 위치로 변화한다. 이 작은 회전이 일어나는 동안 요소 $ab'c'd$인 요소 변의 길이는 변화하지 않는다.

그러나 요소의 모서리각은(그림 9-4b) 더 이상 90°가 아니다. 요소는 **순수전단** 상태에 있고 이것은 요소에 전단변형률만 있고 수직변형률은 없다(7.6절의 그림 7-35 참조). 봉의 바깥 표면에서 γ_{max}로 표시된 전단변형률은 a지점에서의 각도 감소량(즉, 각 bad의 감소량)과 같다. 그림 9-4b로부터 각도의 감소량은 다음과 같다.

$$\gamma_{max} = \frac{bb'}{ab} \tag{9-1}$$

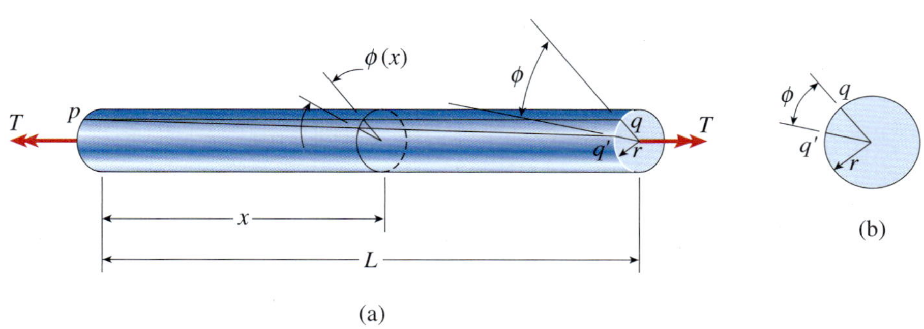

그림 9-3
순수 비틀림을 받는 원형 봉의 변형

그림 9-4
비틀림을 받는 봉에서의 절단된 길이가 dx인 요소의 변형

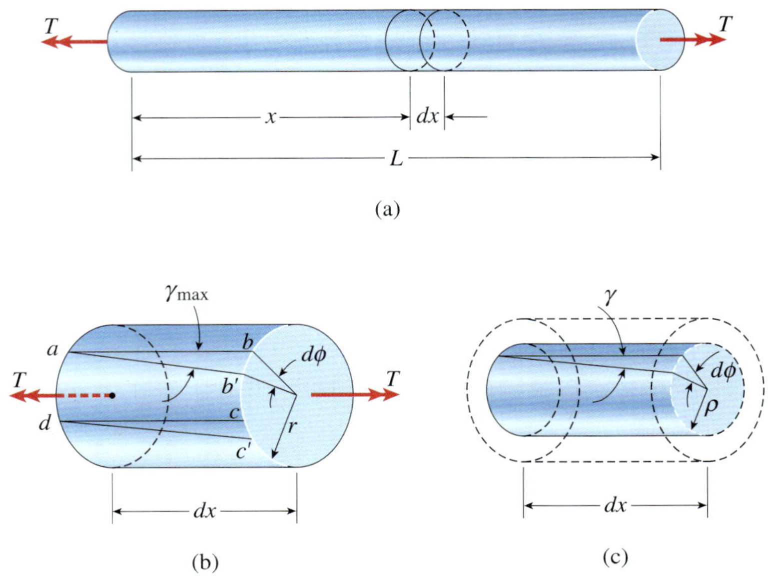

여기에서 γ_{max}는 라디안으로 측정되고, bb'은 점 b가 움직인 거리, ab는 요소의 길이(dx와 같음)이다. 봉의 반지름을 r로 표시하면 거리 bb'은 $rd\phi$로 표시할 수 있으며, 여기에서 $d\phi$도 라디안으로 측정된다. 그러므로 앞의 식은 아래와 같이 된다.

$$\gamma_{max} = \frac{rd\phi}{dx} \quad \textbf{(9-2)}$$

이 식은 봉 표면에서의 전단변형률과 비틀림각 사이의 관계식이다.

$d\phi/dx$의 양은 비틀림각 ϕ의 축방향 거리 x에 대한 변화율이다. $d\phi/dx$를 기호 θ로 표시하고, **비틀림 변화율**(rate of twist) 또는 단위길이당 **비틀림각**(angle of twist per unit length)이라 한다.

$$\theta = \frac{d\phi}{dx} \quad \textbf{(9-3)}$$

이 기호를 이용하여 표면에서의 전단변형률에 대한 식[식 (9-2)]을 다음과 같이 쓸 수 있다.

$$\gamma_{max} = \frac{rd\phi}{dx} = r\theta \quad \textbf{(9-4)}$$

편의를 위하여 식 (9-3)과 식 (9-4)를 유도할 때 순수 비틀림을 받는 봉을 고려하였다. 그러나 두 개의 식은 비틀림 변화율 θ가 일정하지 않고 축방향 거리 x에 따라 변하는 경우와 같은 일반적인 비틀림의 경우에도 유효하다.

순수 비틀림의 특수한 경우에, 비틀림 변화율이 전체 비틀림각 ϕ를 봉의 길이 L로 나눈 값(즉, $\theta = \phi/L$)과 같다. 그러므로 순수 비틀림의 경우에 그 결과는 다음과 같다.

$$\gamma_{max} = r\theta = \frac{r\phi}{L} \quad \textbf{(9-5)}$$

이 식은 선 pq와 pq' 사이의 각(qpq')이 γ_{max}임을 고려하면, 그림 9-3a의 기하학적 특성으로부터 직접 구할 수 있다. 따라서 $\gamma_{max}L$은 봉 끝에서의 길이 qq'과 같다. 그러나 길이 qq'이 $r\phi$와 같기 때문에(그림 9-3b), $r\phi = \gamma_{max}L$ 관계식이 도출되며 이는 식 (9-5)와 일치한다.

봉 내에서의 전단변형률

봉 내부에서의 전단변형률은 표면에서 전단변형률 γ_{max}를 구할 때와 같은 방법으로 구할 수 있다. 봉 단면의 반지름은 비틀림이 일어나는 동안 직선을 유지하고 뒤틀리지 않으므로, 외부 표면의 요소 $abcd$(그림 9-4b)에 대한 앞의 논의는 반지름이 ρ인 내부 원기둥의 표면에 위치한 비슷한 요소(그림 9-4c)에 그대로 적용된다. 그러므로 내부 요소는 그에 상응하는 전단변형률을 갖고 순수전단 상태에 있게 된다[식 (9-4)와 비교].

$$\gamma = \rho\theta = \frac{\rho}{r}\gamma_{max} \tag{9-6}$$

이 식은 원형 봉 내 전단변형률의 중심으로부터 반지름 방향의 거리 ρ에 따른 선형적인 변화를 보여준다. 변형률은 중심에서 0이고, 외부 표면에서는 최댓값 γ_{max}에 도달한다.

원형 관

앞선 논의를 다시 검토하면 전단변형률에 대한 식[식 (9-2)부터 (9-4)]은 속이 찬 원형 봉과 마찬가지로 **원형 관**(circular tube)(그림 9-5)에서도 적용될 수 있음을 알 수 있다. 그림 9-5는 외부 표면의 최대 전단변형률과 내부 표면의 최소 전단변형률 사이에서 선형적인 변화를 보여준다. 이들 변형률에 관련한 식은 다음과 같다.

$$\gamma_{max} = \frac{r_2\phi}{L} \quad \gamma_{min} = \frac{r_1}{r_2}\gamma_{max} = \frac{r_1\phi}{L} \tag{9-7a, b}$$

여기에서 r_1과 r_2는 각각 내측 반지름과 외측 반지름이다.

원형 봉에서의 변형률에 관련한 모든 수식은 기하학적 개념에 근거하여 도출되었으며, 물성치는 포함되지 않았다. 그러므로 이 식은 재료가 탄성-비탄성, 선형-비선형과 관계없이 모든 재료에 대해서도 유효하다. 그러나 이 식은 작은 비틀림각과 변형률을 갖는 봉에서만 제한적으로 적용된다.

그림 9-5
원형 관 내에서의 전단변형률

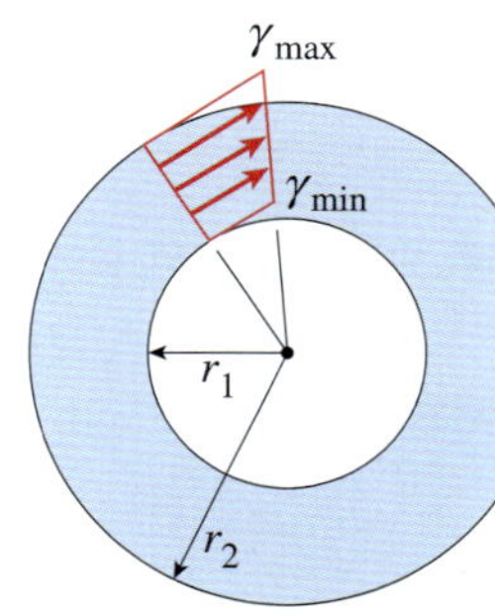

9.3 선형 탄성 재료로 된 원형 봉

이제 비틀림을 받는 원형 봉의 전단변형률을 검토하였으니(그림 9-3부터 9-5까지 참조) 이에 대응하는 전단응력의 방향과 크기를 구해보자. 응력의 방향을 그림 9-6a에 예시한 바와 같이 관찰로 결정할 수 있다. 토크 T는 오른쪽에서 보면 봉의 오른쪽 끝을 반시계방향으로 회전시키려 한다. 따라서 봉의 표면에 위치한 응력 요소의 전단응력 τ

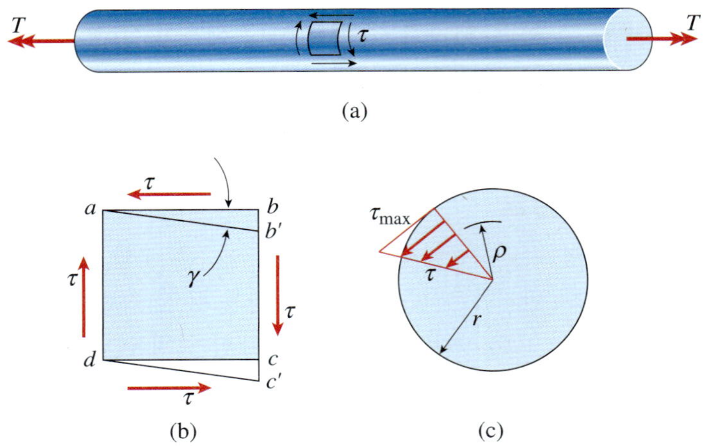

그림 9-6
비틀림을 받는 원형 봉의 전단응력

는 그림과 같은 방향을 가진다.

명확하게 하기 위하여 그림 9-6a에 보인 응력 요소를 그림 9-6b에서와 같이 확대시켰으며, 여기에서 전단변형률과 전단응력이 모두 도시되었다. 8.6절에서 이미 설명한 바와 같이, 그림 9-6b에서 보이는 것처럼 응력 요소를 일반적인 2차원으로 도시하였으나, 응력 요소는 실제로는 그림의 평면에 수직인 방향의 두께를 갖는 3차원 구조물이라는 것을 기억해야 한다.

전단응력의 크기는 봉 재료에 대한 응력-변형률 관계식을 이용하여 변형률로부터 구할 수 있다. 재료가 선형 탄성이면, **전단에서의 훅 법칙**을 사용한다[식 (7-13)].

$$\tau = G\gamma \tag{9-8}$$

G는 전단 탄성계수이고, γ는 라디안 단위의 전단변형률이다. 이 식을 전단변형률에 대한 식[식 (9-2)와 (9-4)]과 결합하면 다음을 얻는다.

그림 9-7
비틀림을 받는 원형 봉의 길이방향과 횡방향 전단응력

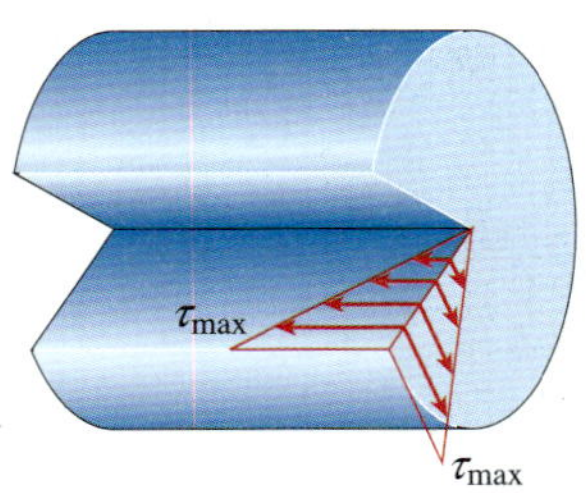

$$\tau_{max} = Gr\theta \qquad \tau = G\rho\theta = \frac{\rho}{r}\tau_{max} \tag{9-9a, b}$$

여기에서 τ_{max}는 봉의 외부 표면(반지름 r)에서의 전단응력이고, τ는 내부 점(반지름 ρ)에서의 전단응력이며, θ는 비틀림 변화율이다. (이 식에서 θ는 단위길이당 라디안 단위이다.)

그림 9-6c의 삼각형 모양의 응력 선도에 의해 예시된 바와 같이 식 (9-9a, b)는 전단응력이 봉의 중심으로부터 떨어진 길이에 따라 선형적으로 변하는 것을 보여준다. 이러한 응력의 선형 변화는 훅의 법칙을 따른 결과이다. 응력-변형률 관계가 비선형 관계이면, 응력도 비선형적으로 변하며 다른 해석방법이 요구된다.

그림 9-8
길이방향에 대하여 45°에 위치한 응력 요소에 작용하는 인장응력과 압축응력

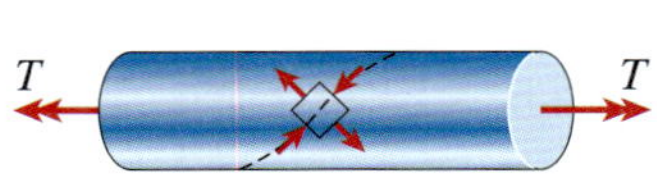

단면에 작용하는 전단응력은 봉의 길이방향 평면 위에 작용하는 같은 크기의 전단응력을 동반한다(그림 9-7). 7.6절에서 설명한 바와 같이, 서로 직교하는 평면 위에서는 항상 같은 크기의 전단응력이 존재하기 때문이다. 봉의 재료가 단면방향보다 길이방향 평면에서 전단력에 더 취약하다면 비틀림으로 인하여 최초의 균열은 길이방향 표면에 발생하게 될 것이다. 통상적인 목재가 이러한 예이며, 나무의 결이 봉의 축에

따라 평행하게 진행된다.

뒤의 9.5절에서 설명하겠지만, 봉 표면에서의 순수전단응력 상태(그림 9-6b)에서는 각 45°만큼 회전된 요소 위에 같은 크기의 인장응력과 압축응력이 작용하는 상태와 동등하다. 그러므로 이 봉의 축과 45°의 각을 이루는 측면을 가진 사각형 요소는 그림 9-8에 보인 바와 같이 인장응력과 압축응력을 받게 될 것이다. 비틀림을 받는 봉이 전단보다 인장에 더욱 취약한 재료로 만들어진 축에서는 45° 경사진 나선 형태를 따라 인장에서 파괴가 발생하며, 이는 백묵 조각을 비틀어서 증명할 수 있다.

비틀림 공식

해석의 다음 단계는 전단응력과 토크 T 사이의 관계식을 구하는 것이다. 이것이 이루어지면, 어떤 종류의 토크가 작용하더라도 이로 인한 봉 내부의 응력과 변형률도 계산할 수 있다.

단면에 작용하는 전단응력의 분포는 그림 9-6c와 9-7에 도시되어 있다. 이 응력은 단면에 걸쳐 연속적으로 작용하므로 그 결과가 모멘트의 형태로 나타나며, 그 모멘트는 봉에 작용하는 토크 T와 같다. 이 합 모멘트를 구하기 위하여 봉의 축으로부터 반지름 방향으로 거리 ρ만큼 떨어진 곳에 위치한 면적 요소 dA를 고려하자(그림 9-9). 이 요소에 작용하는 전단력은 τdA와 같고, 여기서 τ는 반지름 ρ에서의 전단응력이다. 이 힘의 봉의 축에 대한 모멘트는 힘과 중심으로부터의 거리를 곱한 값 또는 $\tau\rho dA$와 같다. 식 (9-9b)의 전단응력 τ를 대입하면, 요소에 의한 모멘트는 다음과 같이 표현할 수 있다.

그림 9-9
단면에 작용하는 총전단응력 구하기

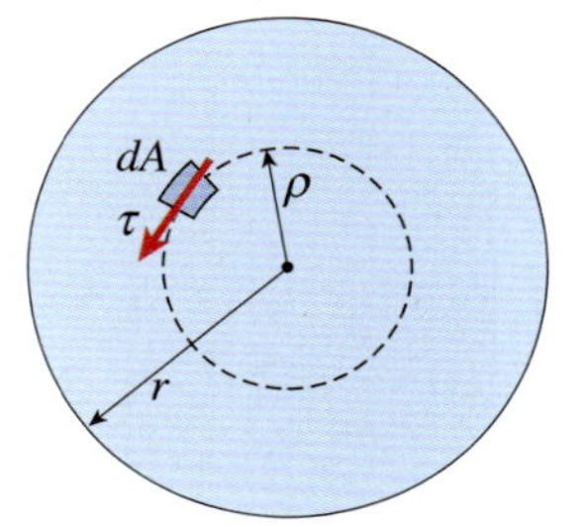

$$dM = \tau\rho dA = \frac{\tau_{\max}}{r}\rho^2 dA$$

합 모멘트(토크 T와 같음)는 이러한 모든 요소 모멘트의 전체 단면적에 걸친 합이며

$$T = \int_A dM = \frac{\tau_{\max}}{r}\int_A \rho^2 dA = \frac{\tau_{\max}}{r} I_p \quad \textbf{(9-10)}$$

여기에서 다음은 원형 단면의 **극관성 모멘트**이다.

$$I_p = \int_A \rho^2 dA \quad \textbf{(9-11)}$$

단면적이 r이고 직경이 d인 **원**의 극관성 모멘트는 다음과 같으며

$$I_p = \frac{\pi r^4}{2} = \frac{\pi d^4}{32} \quad \textbf{(9-12)}$$

부록 B의 사례 9에 주어져 있다. 관성 모멘트의 단위는 길이의 네제곱임을 유의하자.

최대 전단응력에 대한 표현은 식 (9-10)을 재배열함으로써 아래와 같이 구할 수 있다.

$$\tau_{\max} = \frac{Tr}{I_p} \quad \textbf{(9-13)}$$

이 식은 **비틀림 공식**(torsion formula)으로 알려져 있으며, 이는 최대 전단응력이 작용 토크 T에는 비례하고 극관성 모멘트 I_p에는 반비례함을 보여준다.

비틀림 공식에 사용되는 전형적인 **단위**는 다음과 같다. SI 단위계에서는 통상 토크 T는 뉴턴미터(N·m), 반지름 r는 미터(m), 극관성 모멘트 I_p는 미터의 네제곱(m^4), 전단응력 τ는 파스칼(Pa)이다.

$r=d/2$와 $I_p=\pi d^4/32$를 비틀림 공식에 대입함으로써 최대 응력에 대한 다음 식을 얻는다.

$$\tau_{\max} = \frac{16T}{\pi d^3} \tag{9-14}$$

이 식은 **속이 찬 원형 단면** 봉에 적용되는 반면, 비틀림 공식 자체[식 (9-13)]는 뒤에 설명되는 것과 같이 속이 찬 봉과 원형 관에 다 같이 적용된다. 식 (9-14)는 전단응력이 지름의 세제곱에 반비례함을 보여준다. 그러므로 지름이 두 배가 되면 응력은 1/8로 줄어들게 된다.

봉의 중심으로부터 거리 ρ만큼 떨어진 위치에서의 전단응력은 다음과 같다.

$$\tau = \frac{\rho}{r}\tau_{\max} = \frac{T\rho}{I_p} \tag{9-15}$$

이는 식 (9-9b)를 비틀림 공식[식 (9-13)]과 결합함으로써 구하였다. 식 (9-15)는 **일반화된 비틀림 공식**이며, 전단응력은 봉의 중심으로부터 반지름 방향의 거리에 따라 선형적으로 변화함을 보여준다.

비틀림각

이제 선형 탄성 재료로 된 봉의 비틀림각을 적용된 토크 T에 연관시킬 수 있다. 식 (9-9a)와 비틀림 공식을 결합하면 다음을 얻을 수 있고,

$$\theta = \frac{T}{GI_p} \tag{9-16}$$

여기에서 θ는 단위길이당 라디안의 단위를 갖는다. 이 식은 비틀림 변화율 θ가 토크 T에 비례하고, **비틀림 강도**(torsional rigidity)라고 알려진 GI_p에 반비례함을 보여준다.

순수 비틀림을 받는 봉에서 전체 비틀림각 ϕ는 비틀림 변화율과 봉의 길이의 곱($\phi=\theta L$)과 같으므로 다음과 같고,

$$\phi = \frac{TL}{GI_p} \tag{9-17}$$

여기에서 ϕ는 라디안으로 측정된다. 앞의 식을 해석과 설계에 사용하는 과정은 뒤의 예제 9-1과 9-2에 예시되어 있다.

봉의 **비틀림 강성도**(torsional stiffness)라고 불리는 양 GI_p/L은 단위 회전각을 발생시키는 데 필요한 토크이다. **비틀림 유연도**(torsional flexibility)는 강성도의 역수 또는 L/GI_p이며 단위 토크에 의해 생기는 회전각으로 정의된다. 그러므로 비틀림 강성도와

유연도는 다음과 같이 표현된다.

$$k_T = \frac{GI_p}{L} \quad f_T = \frac{L}{GI_p} \tag{9-18a, b}$$

이러한 양은 인장 또는 압축을 받는 봉의 축 강성도 $k=EA/L$과 축 유연도 $f=L/EA$와 유사하다[식 (8-4a, b)와 비교]. 강성도와 유연도는 구조 해석에서 중요한 역할을 한다.

비틀림각에 관한 식[식 (9-17)]은 재료의 전단 탄성계수 G를 쉽게 구하는 방법 중 하나이다. 원형 봉의 비틀림 시험을 하여 크기를 아는 토크 T에 의해 생성되는 비틀림각 ϕ를 측정할 수 있다. 그다음에 G값은 식 (9-17)로부터 계산할 수 있다.

원형 관

비틀림 하중을 견뎌내는 데에는 원형 관이 속이 찬 봉보다 더 효율적이다. 알고 있는 바와 같이 속이 찬 원형 봉 내의 전단응력은 단면의 외부 경계에서는 최대이고, 중심에서는 0이다. 그러므로 내부가 찬 재료의 대부분은 최대 전단응력 이하의 응력을 받고 있다. 더 나아가 단면의 중심 근처의 응력은 토크 계산에서 다른 부분보다 더 작은 모멘트 암 ρ를 가지게 된다[그림 9-9와 식 (9-10) 참조].

이와는 대조적으로 속이 빈 튜브에서는 재료의 대부분이 단면의 외부 경계 근처에 있어 전단응력과 모멘트 암이 가장 크다(그림 9-10). 그래서 무게 감소와 재료의 절감이 중요할 경우 원형 관을 사용하는 것이 권장된다. 예를 들어, 일반적으로 대형 구동축, 프로펠러 축 및 발전기 축은 속이 비어 있는 원형 단면을 갖는다.

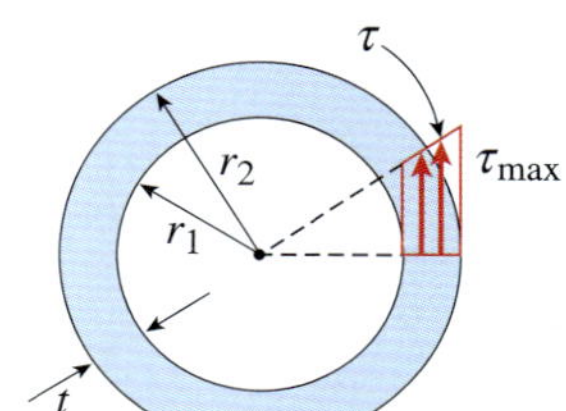

그림 9-10
비틀림을 받는 원형 관

원형 관의 비틀림 해석은 속이 차 있는 봉에 대한 것과 거의 동일하다. 전단응력에 대한 같은 기본식이 사용될 수 있다[식 (9-9a, b)]. 물론 반지름 방향 거리 ρ는 r_1에서 r_2까지의 범위 내에서 한정되며, r_1은 봉의 안쪽 반지름, r_2는 바깥쪽 반지름이다(그림 9-10).

토크 T와 최대 응력 사이의 관계식은 식 (9-10)과 같이 주어지지만, 극관성 모멘트의 적분 한계 값[식 (9-11)]은 $\rho=r_1$과 $\rho=r_2$이다. 그러므로 관 단면적의 극관성 모멘트는 다음과 같다.

$$I_p = \frac{\pi}{2}(r_2^4 - r_1^4) = \frac{\pi}{32}(d_2^4 - d_1^4) \tag{9-19}$$

이 식은 다음과 같은 형태로도 표현이 가능하며

$$I_p = \frac{\pi r t}{2}(4r^2 + t^2) = \frac{\pi d t}{4}(d^2 + t^2) \tag{9-20}$$

여기에서 r는 관의 **평균 반지름**으로서 $(r_1+r_2)/2$와 같으며, d는 **평균 지름**으로서 $(d_1+d_2)/2$와 같고, t는 **벽 두께**(그림 9-10)이고 r_2-r_1과 같다. 물론 식 (9-19)와 (9-20)은 같은 결과를 주지만, 때로는 후자의 식이 더 편리하기도 하다.

관이 상대적으로 매우 얇아서 벽 두께 t가 반지름 r에 비해 작다면, 식 (9-20)의 t^2항은 무시할 수 있다. 이와 같이 단순화하면 극관성 모멘트에 대한 다음과 같은 **근사**

식을 얻게 된다.

$$I_p \approx 2\pi r^3 t = \frac{\pi d^3 t}{4} \tag{9-21}$$

이 결과는 부록 B의 사례 22에 주어져 있다.

참고: 식 (9-20)과 (9-21)에서 문자 r와 d는 각각 평균 반지름과 평균 지름이며 최댓값은 아니다. 또한 식 (9-19)와 (9-20)은 같은 식이며, 식 (9-21)은 근사식이다.

I_p를 식 (9-19), (9-20) 또는 필요한 경우 식 (9-21)에 따라 구할 수 있으면, 비틀림 공식[식 (9-13)]은 선형 탄성 재료의 원형 관에 대해 사용될 수 있다. 같은 논리가 전단응력에 대한 일반식[식 (9-15)], 비틀림 변화율과 비틀림각에 대한 식[식 (9-16) 및 (9-17)], 강성도와 유연도 방정식[식 (9-18a, b)]에 적용된다.

관의 전단응력 분포가 그림 9-10에 도시되었다. 그림으로부터 얇은 관의 평균 응력은 거의 최대 응력만큼 크다는 것을 알 수 있다. 이것은 속이 비어 있는 봉이 속이 차 있는 봉보다 재료의 사용 면에서 더욱 효율적임을 의미한다. 이 내용은 이미 설명하였으며, 뒤의 예제 9-2와 9-3에서 예시한다.

토크를 전달하는 원형 관을 설계할 때, 두께 t는 관의 벽에 주름이 생기거나 좌굴되지 않도록 충분히 커야 한다는 것을 확인해야 한다. 예를 들면, $(r_2/t)_{max} = 12$와 같이 반지름과 두께의 비의 최댓값이 결정되어야 한다. 다른 설계 고려사항으로는 환경과 내구성의 요인이 포함된다. 이것 역시 최소 벽 두께가 요구된다. 이러한 주제는 기계 설계 교과목이나 교과서에서 논의된다.

제한사항

이 절에서 유도된 방정식은 선형 탄성 거동하는 원형 단면 봉(속이 차 있든, 비어 있든)으로 제한된다. 다시 말하면, 하중은 응력이 재료의 비례한도를 초과하지 않아야 한다. 게다가 응력에 대한 식은 응력집중(구멍 및 다른 급격한 형상 변화) 부위와 하중이 작용하는 단면으로부터 멀리 떨어진 봉의 부분에서만 유효하게 적용 가능하다.

결론적으로, 원형 봉과 관의 비틀림에 대한 식은 다른 형상의 봉에는 적용될 수 없음은 중요하다. 직사각형 단면이나 I형 단면과 같은 비원형 봉은 원형 단면 봉과는 전혀 다르게 거동한다. 이를테면, 이들의 단면은 평면으로 남아 있지 않고 최대 응력도 단면의 중앙에서 가장 멀리 떨어진 곳에 일어나지 않는다. 그러므로 이러한 봉에 대해서는 탄성 이론과 고급 재료역학과 관련된 책에 제시되어 있는 고급 해석방법이 요구된다(9.9절에 원형 단면이 아닌 균일한 축의 비틀림에 대한 간략한 개관이 나와 있다).

예제 9-1

원형 단면을 가진 속이 찬 강철 봉(그림 9-11)의 지름이 $d=40$ mm, 길이 $L=1.3$ m이고 전단 탄성계수 $G=80$ GPa이다. 봉의 양단에서 토크 T를 받고 있다.

(a) 토크의 크기가 $T=340$ N·m일 때 봉에서 받는 최대 전단응력은 얼마인가? 양 끝단 사이의 비틀림각은 얼마인가?

(b) 허용 전단응력이 42 MPa이고 허용 비틀림각이 2.5°라면 최대 허용토크는 얼마인가?

그림 9-11
예제 9-1: 순수 비틀림을 받는 봉

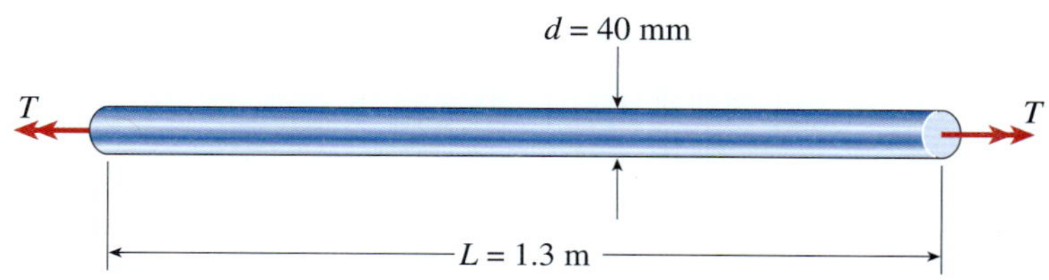

풀이

4단계 문제풀이 접근방법을 사용한다. 효율적인 문제풀이를 위해 필요에 따라 단계를 합한다.

Part (a): 최대 전단응력과 비틀림각

1, 2. 개념화[가정, 스케치], 분류[단순화, 분류화] 원형 단면을 가졌으므로 식 (9-14)로부터 최대 전단응력을 계산할 수 있다.

$$\tau_{\max} = \frac{16T}{\pi d^3} = \frac{16(340\ \text{N}\cdot\text{m})}{\pi(0.04\ \text{m})^3} = 27.1\ \text{MPa}$$

같은 방법으로 식 (9-17)과 극관성 모멘트 식 (9-12)로부터 비틀림각을 구한다.

3. 해석[수치계산, 적절한 식 선정, 수학적인 해를 구함]

$$I_p = \frac{\pi d^4}{32} = \frac{\pi(0.04\ \text{m})^4}{32} = 2.51 \times 10^{-7}\ \text{m}^4$$

$$\phi = \frac{TL}{GI_p} = \frac{(340\ \text{N}\cdot\text{m})(1.3\ \text{m})}{(80\ \text{GPa})(2.51 \times 10^{-7}\ \text{m}^4)} = 0.02198\ \text{rad} = 1.26°$$

4. 최종 단계[결론, 해의 검증 — 해가 합당한가? 단위가 맞는가? 비슷한 문제풀이 방법과 비교해볼 때 어떠한가?] 여기에서 사용한 공식은 원형 단면을 가진 봉의 경우에만 사용할 수 있다. 예상된 것처럼 비틀림각이 매우 작다.

Part (b): 최대 허용토크

1, 2. 개념화, 분류 최대 허용토크는 허용 전단응력이나 허용 비틀림각으로부터 구한다.

3. 해석 전단응력으로부터 시작하여, 식 (9-14)를 재배치하고 다음과 같이 계산할 수 있다.

$$T_1 = \frac{\pi d^3 \tau_{\text{allow}}}{16} = \frac{\pi}{16}(0.04\ \text{m})^3(42\ \text{MPa}) = 528\ \text{N}\cdot\text{m}$$

계산된 값보다 더 큰 토크는 허용 전단응력 42 MPa을 초과할 것이다.

식 (9-17)을 재배치함으로써 비틀림각에 해당하는 토크를 계산한다.

$$T_2 = \frac{GI_p\phi_{\text{allow}}}{L} = \frac{(80\text{ GPa})(2.51 \times 10^{-7}\text{ m}^4)(2.5°)(\pi\text{rad}/180°)}{1.3\text{ m}}$$
$$= 674\text{ N}\cdot\text{m}$$

4. 최종 단계 T_2보다 더 큰 토크는 허용 비틀림각을 초과할 것이다. 최대 허용토크는 T_1과 T_2 중에서 작은 값이다.

$$T_{\max} = 528\text{ N}\cdot\text{m}$$

이 예제에서 허용 전단응력이 제한 조건으로 작용한다.

예제 9-2

culture-images GmbH/Alamy Stock Photo

강철로 만들어진, 원형 단면을 가진 속이 찬 봉과 속이 빈 원형 관을 제작하려고 한다(그림 9-12). 축은 허용 전단응력 40 MPa과 단위길이당 비틀림각 0.75°/m가 초과하지 않는 상태에서 1,200 N·m를 전달하여야 한다(강철의 전단 탄성계수는 78 GPa이다).

(a) 속이 찬 축의 지름 d_0을 구하시오.

(b) 속이 빈 축의 두께 t가 바깥지름의 1/10일 때, 바깥지름 d_2를 구하시오.

(c) 속이 빈 축과 속이 찬 축의 지름 비(즉, d_2/d_0 비)와 무게 비를 구하시오.

풀이

4단계 문제풀이 접근방법을 사용한다. 필수적인 단계만 각 부분에 명시되어 있다.

Part (a): 속이 찬 축

1, 2. 개념화, 분류 바깥지름 d_0은 허용 전단응력이나 허용 비틀림 변화율로부터 구한다.

3. 해석 허용 전단응력의 경우 식 (9-14)를 재배열함으로써 다음을 구한다.

$$d_0^3 = \frac{16T}{\pi\tau_{\text{allow}}} = \frac{16(1200\text{ N}\cdot\text{m})}{\pi(40\text{ MPa})} = 152.8 \times 10^{-6}\text{ m}^3$$

그래서 요구되는 지름은 같다.

$$d_0 = 0.0535\text{ m} = 53.5\text{ mm}$$

허용 비틀림 변화율의 경우 먼저 요구되는 극관성 모멘트를 구해야 한다[식 (9-16) 참고].

그림 9-12

예제 9-2: 강철 축의 비틀림

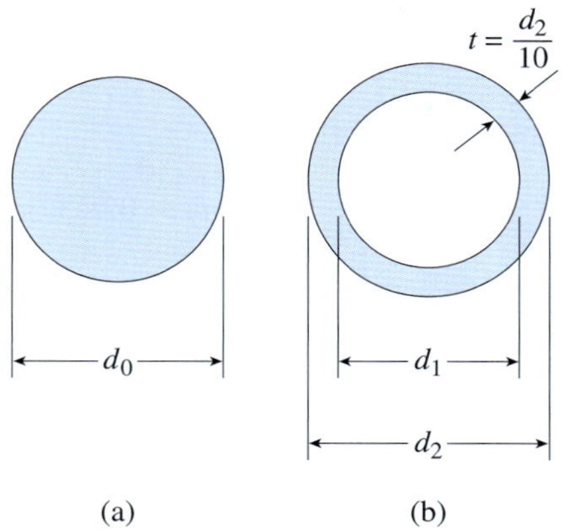

$$I_p = \frac{T}{G\theta_{allow}} = \frac{1200\ \mathrm{N \cdot m}}{(78\ \mathrm{GPa})(0.75°/\mathrm{m})(\pi\ \mathrm{rad}/180°)} = 1175 \times 10^{-9}\ \mathrm{m}^4$$

극관성 모멘트는 $\pi d^4/32$이므로, 필요한 지름은 다음과 같다.

$$d_0^4 = \frac{32I_p}{\pi} = \frac{32(1175 \times 10^{-9}\ \mathrm{m}^4)}{\pi} = 11.97 \times 10^{-6}\ \mathrm{m}^4$$

또는

$$d_0 = 0.0588\ \mathrm{m} = 58.8\ \mathrm{mm}$$

4. 최종 단계 앞에서 구한 두 개의 바깥지름 d_0을 비교하면 비틀림 변화율이 최종 지름을 결정하는 것을 알 수 있으며, 이는 다음과 같다.

$$d_0 = 58.8\ \mathrm{mm}$$

실제 설계의 경우 지름은 계산된 값(d_0)보다 약간 크게 설정해야 한다(예: 60 mm).

Part (b): 속이 빈 축

1, 2. 개념화, 분류 또 다시 바깥지름은 허용 전단응력이나 허용 비틀림 변화율로부터 구한다.

3. 해석 바깥지름 d_2와 안지름 d_1의 관계는 다음과 같다.

$$d_1 = d_2 - 2t = d_2 - 2(0.1d_2) = 0.8d_2$$

따라서 극관성 모멘트[식 (9-19)]는 아래와 같다.

$$I_p = \frac{\pi}{32}(d_2^4 - d_1^4) = \frac{\pi}{32}\left[d_2^4 - (0.8d_2)^4\right] = \frac{\pi}{32}(0.5904d_2^4) = 0.05796d_2^4$$

허용 전단응력의 경우, 비틀림 관계식[식 (9-13)]을 이용하면 다음과 같고

$$\tau_{allow} = \frac{Tr}{I_p} = \frac{T(d_2/2)}{0.05796d_2^4} = \frac{T}{0.1159d_2^3}$$

이를 재배열하면

$$d_2^3 = \frac{T}{0.1159\tau_{allow}} = \frac{1200 \text{ N} \cdot \text{m}}{0.1159(40 \text{ MPa})} = 258.8 \times 10^{-6} \text{ m}^3$$

d_2에 대해서 풀이하면

$$d_2 = 0.0637 \text{ m} = 63.7 \text{ mm}$$

이 값은 전단응력에 기초해서 구한 바깥 반지름이다.

허용 비틀림 변화율의 경우, 식 (9-16)을 θ를 θ_{allow}로, I_p를 앞서 구한 형식으로 바꾸면 다음과 같고

$$\theta_{allow} = \frac{T}{G(0.05796 d_2^4)}$$

여기서

$$d_2^4 = \frac{T}{0.05796 G\theta_{allow}}$$
$$= \frac{1200 \text{ N} \cdot \text{m}}{0.05796(78 \text{ GPa})(0.75°/\text{m})(\pi \text{ rad}/180°)} = 20.28 \times 10^{-6} \text{ m}^4$$

d_2에 대해서 풀이하면

$$d_2 = 0.0671 \text{ m} = 67.1 \text{ mm}$$

이 값은 허용 비틀림 변화율에 기초해서 구한 바깥지름이다.

4. 최종 단계 두 개의 바깥지름 d_2를 비교하면 비틀림 변화율이 최종 지름을 결정함을 알 수 있으며 그 값은 다음과 같다.

$$d_2 = 67.1 \text{ mm}$$

안지름 d_1은 $0.8d_2$ 또는 53.7 mm이다. (실제적인 값으로는 $d_2 = 70$ mm, $d_1 = 0.8d_2 = 56$ mm를 선정한다.)

Part (c): 바깥지름과 무게의 비

1, 2. 개념화, 분류 속이 찬 축(계산된 값을 이용)과 속이 빈 축의 바깥지름 비를 구하면 다음과 같다.

$$\frac{d_2}{d_0} = \frac{67.1 \text{ mm}}{58.8 \text{ mm}} = 1.14$$

3. 해석 무게는 단면적에 비례하므로, 속이 빈 축과 속이 찬 축의 무게 비를 다음과 같이 구할 수 있다.

$$\frac{W_H}{W_S} = \frac{A_H}{A_S} = \frac{\pi(d_2^2 - d_1^2)/4}{\pi d_0^2/4} = \frac{d_2^2 - d_1^2}{d_0^2}$$
$$= \frac{(67.1 \text{ mm})^2 - (53.7 \text{ mm})^2}{(58.8 \text{ mm})^2} = 0.47$$

4. 최종 단계 이 결과는 속이 빈 축은 속이 찬 축에 비해 바깥지름은 14% 증가하지만, 무게는 47%밖에 되지 않는 것을 보여준다.

참고: 이 예제는 허용 전단응력과 허용 비틀림 변화율을 알고 있을 때 속이 찬 축과 속이 빈 축의 바깥지름을 구하는 방법을 보여준다. 그리고 속이 빈 축이 속이 찬 축에 비하여 재료 사용 측면에서 유리함을 예시한다.

예제 9-3

같은 재질의 속이 빈 축과 속이 찬 축이 같은 바깥지름 R를 가지고 있다(그림 9-13). 속이 빈 축의 안쪽 반지름은 $0.6R$이다.

(a) 두 개의 축이 같은 토크를 받을 때 전단응력, 비틀림각, 무게 비를 구하시오.

(b) 두 축의 강도 대 무게 비를 구하시오.

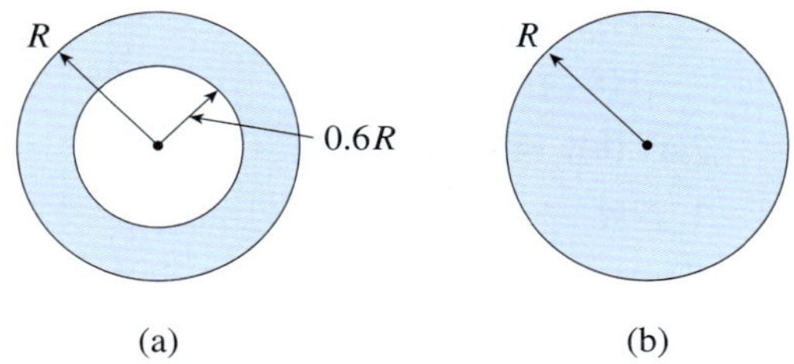

그림 9-13
예제 9-3: 속이 빈 축과 속이 찬 축의 비교

풀이

4단계 문제풀이 접근방법을 사용한다. 효율적인 풀이를 위하여 필요에 따라 단계를 합한다.

Part (a): 전단응력의 비교

2, 3. 분류, 해석 비틀림 공식[식 (9-13)]으로부터 토크와 반지름이 같으면 최대 전단응력은 $1/I_p$에 비례한다. 속이 빈 축의 경우

$$I_p = \frac{\pi R^4}{2} - \frac{\pi(0.6R)^4}{2} = 0.4352\pi R^4$$

속이 찬 축의 경우

$$I_p = \frac{\pi R^4}{2} = 0.5\pi R^4$$

그러므로 속이 빈 축과 속이 찬 축의 최대 전단응력 비 β_1은 다음과 같고

$$\beta_1 = \frac{\tau_H}{\tau_S} = \frac{0.5\pi R^4}{0.4352\pi R^4} = 1.15$$

아래 첨자 H와 S는 각각 속이 빈 축과 찬 축을 의미한다.

비틀림각의 비교

2, 3. 분류, 해석 두 축의 토크 T, 길이 L, 전단 탄성계수 G가 같으므로 비틀림각[식 (9-17)]은 $1/I_p$에 비례한다. 따라서 비틀림각의 비도 전단응력의 비와 같다.

$$\beta_2 = \frac{\phi_H}{\phi_S} = \frac{0.5\pi R^4}{0.4352\pi R^4} = 1.15$$

무게의 비교

2, 3. 분류, 해석 축의 무게는 단면적에 비례한다. 속이 찬 축의 무게는 πR^2에 비례하고 속이 빈 축의 무게는 다음에 비례한다.

$$\pi R^2 - \pi(0.6R)^2 = 0.64\pi R^2$$

그러므로 두 축의 무게의 비는 다음과 같다.

$$\beta_3 = \frac{W_H}{W_S} = \frac{0.64\pi R^2}{\pi R^2} = 0.64$$

4. 최종 단계 앞선 계산 결과로부터 속이 빈 축의 장점에 주목하자. 이 예제에서 속이 빈 축은 속이 찬 축에 비해 전단응력은 15%, 비틀림각도 15% 더 증가하나, 무게는 36% 만큼 작아진다.

Part (b): 강도 대 무게 비

2. 분류 구조물의 상대적인 효율을 강도 대 무게 비로 계산할 수 있으며, 강도 대 무게 비는 비틀림을 받는 봉에서 허용토크를 무게로 나눈 값으로 정의된다.

3. 해석 (비틀림 공식으로부터)그림 9-13a의 속이 빈 축에서의 허용토크는

$$T_H = \frac{\tau_{max} I_p}{R} = \frac{\tau_{max}(0.4352\pi R^4)}{R} = 0.4352\pi R^3 \tau_{max}$$

속이 찬 축의 경우는

$$T_S = \frac{\tau_{max} I_p}{R} = \frac{\tau_{max}(0.5\pi R^4)}{R} = 0.5\pi R^3 \tau_{max}$$

축의 무게는 단면적, 길이 L, 재료의 무게 밀도 γ의 곱과 같다.

$$W_H = 0.64\pi R^2 L\gamma \qquad W_S = \pi R^2 L\gamma$$

그러므로 속이 빈 축과 속이 찬 축의 강도 대 무게 비 S_H와 S_S는 각각 다음과 같다.

$$S_H = \frac{T_H}{W_H} = 0.68\frac{\tau_{max} R}{\gamma L} \quad S_S = \frac{T_S}{W_S} = 0.5\frac{\tau_{max} R}{\gamma L}$$

4. 최종 단계 이 예제에서 강도 대 무게 비는 속이 빈 축이 속이 찬 축에 비하여 36% 크며, 이는 속이 빈 축의 효율이 더 좋음을 증명한다. 축이 얇은 경우 백분율이 증가하고, 두꺼운 경우 백분율이 감소한다.

9.4 불균일 비틀림

9.2절에서 설명한 바와 같이, **순수 비틀림**은 균일한 단면을 갖는 봉의 양단에서 토크를 받는 것을 의미한다. 순수 비틀림과 달리 **불균일 비틀림**(nonuniform torsion)은 단면이 균일할 필요가 없고 봉의 어느 곳에서나 토크가 작용할 수 있다. 불균일 비틀림을 받는 봉은 구간별로 순수 비틀림 관련식을 이용하여 해석한 후 그 결과를 합하거나, 봉의 미소 요소에 대해서는 공식을 적용하고 적분함으로써 해석할 수 있다.

이러한 과정을 설명하기 위하여 세 가지 불균일 비틀림 경우를 고려할 것이다. 그 이외의 경우는 여기에서 설명한 방법과 유사한 방법으로 해결할 수 있다.

경우 1. 구간별로 일정한 토크를 받는 균일한 단면적을 갖는 봉(그림 9-14)

그림의 (a)에서 봉은 두 가지 다른 지름을 가지고 있고, A, B, C, D의 위치에서 토크를 받고 있다. 결과적으로 봉을 각 구간이 균일한 단면적을 갖고 일정한 토크를 받는 여러 조각으로 나눌 수 있다. 이 예제에서 AB, BC, CD의 세 개의 구간이 있다. 각 구간은 순수 비틀림을 받고 있다. 그러므로 각 부분에서는 이전 절에서 유도된 공식을 적용할 수 있다.

첫 번째 해석 단계는 각 구간별로 작용하는 내적 토크의 크기와 방향을 구하는 것이다. 일반적으로 토크는 관찰에 의하여 구할 수 있으나, 필요시 봉을 절단하여 자유물체도를 그리고 평형 방정식을 풀이함으로써 구할 수 있다. 이러한 과정은 그림 9-14b, c, d에 도시되어 있다. 첫 번째 절단은 내부 토크 T_{CD}가 나타날 수 있도록 구간 CD 중 어디든 가능하다. 자유물체도(그림 9-14b)로부터 T_{CD}는 $-T_1-T_2+T_3$과 같다. 다음 자유물체도로부터 T_{BC}는 $-T_1-T_2$와 같고, 마지막 자유물체도로부터 T_{AB}는 $-T_1$과 같다. 그러므로

$$T_{CD} = -T_1 - T_2 + T_3 \qquad T_{BC} = -T_1 - T_2 \qquad T_{AB} = -T_1 \qquad \textbf{(9-22a, b, c)}$$

위 식의 토크 값은 각 구간별로 길이에 따라 일정하다.

각 구간별 전단응력을 구하는 데 응력의 방향은 관심의 대상이 아니기 때문에 내부 토크의 크기만 필요하다. 그러나 전체 봉의 비틀림각을 구하기 위해서는 각 구간별 비틀림의 방향을 알아야 한다. 그러므로 내부 토크에 대한 **부호 규약**이 필요하다. 많은 경우에 사용되는 용이한 규칙은 다음과 같다.

토크 벡터의 방향이 단면의 바깥쪽을 가리키면 내부 토크는 양의 부호를 갖고, 단면 쪽을 가리키면 음의 부호를 갖는다.

그러므로 그림 9-14b, c, d에 나타난 모든 내부 토크는 양의 방향이다. 계산된 토크[식 (9-22a, b, c)로부터]가 양의 부호를 가지면 실제 토크가 가정된 방향과 같은 방향으로 작용하며, 음의 부호를 가지면 반대방향으로 작용하는 것이다.

봉에서 각 구간별 최대 전단응력은 구간별 치수와 내부 토크를 이용하여 비틀림 공식[식 (9-13)]으로부터 구할 수 있다. 예를 들어, BC 구간의 최대 전단응력(그림 9-14)은 그 구간의 지름과 토크 T_{BC}를 이용하여 식 (9-22b)로부터 계산을 통해 구한

그림 9-14

불균일 비틀림을 받는 봉(경우 1)

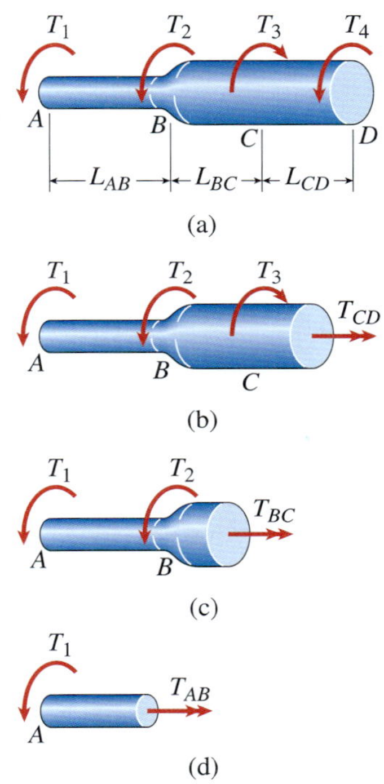

다. 봉 전체에서 최대 전단응력은 각 구간별로 구한 응력 중 최댓값이다.

각 구간별 비틀림각은 각 구간별 치수와 토크를 식 (9-17)을 이용하여 구한다. 전체 비틀림각은 각 구간별 비틀림각을 산술적으로 합산함으로써 구할 수 있다.

$$\phi = \phi_1 + \phi_2 + \ldots + \phi_n \tag{9-23}$$

여기에서 ϕ_1은 구간 1의 비틀림각, ϕ_2는 구간 2의 비틀림각으로 이와 같이 진행하며 n은 전체 구간의 수이다. 각 구간의 비틀림각은 식 (9-17)로 표현할 수 있으며, 총비틀림각을 구할 수 있는 일반 공식은 다음과 같이 쓸 수 있다.

$$\phi = \sum_{i=1}^{n} \phi_i = \sum_{i=1}^{n} \frac{T_i L_i}{G_i (I_p)_i} \tag{9-24}$$

여기에서 아래 첨자 i는 구간의 번호를 나타내는 지수이다. 봉의 i번째 구간에서 T_i는 내부 토크(그림 9-14와 같이 평형 조건으로부터), L_i는 길이, G_i는 전단 탄성계수, $(I_p)_i$는 극관성 모멘트이다. 그중 어떤 토크(또는 토크에 상응하는 비틀림각)는 양일 수 있고, 어떤 토크는 음일 수 있다. 각 구간의 비틀림각을 대수적으로 모두 더하면 봉 양단 사이의 비틀림각을 구할 수 있다. 이러한 과정을 추후 예제 9-4에서 예시한다.

그림 9-15

불균일 비틀림을 받는 봉(경우 2)

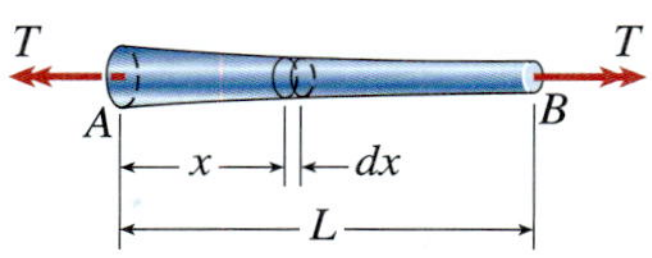

경우 2. 연속적으로 변하는 단면을 가지고 일정한 토크를 받는 봉(그림 9-15)

토크가 일정할 때 식 (9-14)에서 보인 바와 같이 최대 전단응력은 단면의 지름이 최소인 곳에서 생성된다. 더욱이 이러한 현상은 관 모양의 봉에서도 적용된다. 이러한 경우에 최대 전단응력을 구하기 위하여 최소 단면을 가진 위치에서만 검토하면 된다. 그렇지 않은 경우에는 최대 응력을 구하기 위하여 한 곳 이상의 응력을 계산해보아야 한다.

비틀림각을 구하기 위하여 봉의 한쪽 끝단에서 x만큼 떨어진 위치에서 길이가 dx인 요소를 고려해보자(그림 9-15). 이 요소에서의 미소 회전각 $d\phi$는 다음과 같다.

$$d\phi = \frac{T\,dx}{GI_p(x)} \tag{9-25}$$

이때 $I_p(x)$는 끝단에서 x만큼 떨어진 단면에서의 극관성 모멘트이다. 봉 전체의 비틀림각은 미소 회전각의 합이다.

그림 9-16

불균일 비틀림을 받는 봉(경우 3)

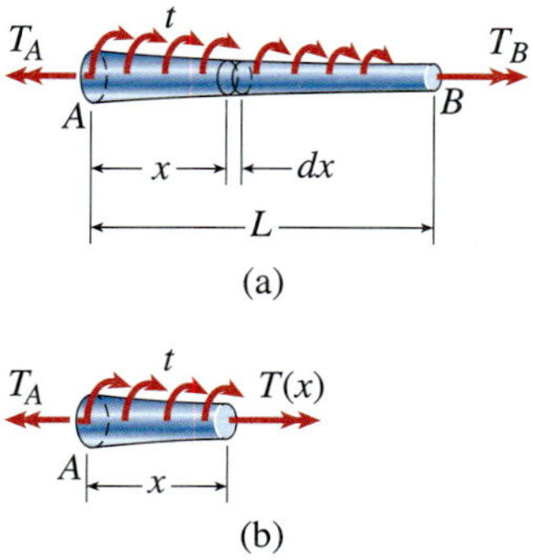

$$\phi = \int_0^L d\phi = \int_0^L \frac{T\,dx}{GI_p(x)} \tag{9-26}$$

만약 극관성 모멘트 $I_p(x)$가 복잡하지 않을 경우, 적분을 해석적으로 수행할 수 있다. 이 외의 경우는 수치적으로 구해야 한다.

경우 3. 연속적으로 변하는 단면을 가지고 연속적으로 변하는 토크를 받는 봉(그림 9-16)

그림의 (a)에서 봉은 축방향으로 단위길이당 t의 **분포 토크**를 받고 있다. 그 결과 내부 토크 $T(x)$가 축방향을 따라 연속적으로 변하고 있다(그림 9-16b). 내부 토크는 자유물체도와 평형 방정식을 통해 구할 수 있다. 경우 2에서와 같이 극관성 모멘트 $I_p(x)$

는 봉의 단면 치수로부터 구할 수 있다.

토크와 극관성 모멘트를 x의 함수로 표시한다면 비틀림 공식을 이용하여 축방향에 따른 전단응력의 변화를 결정할 수 있다. 그 후 최대 전단응력이 발생하는 단면을 확인할 수 있고 최대 전단응력을 구할 수 있다.

그림 9-16a에 있는 봉의 비틀림각은 경우 2에서 서술한 바와 같이 구할 수 있다. 단지 차이점은 극관성 모멘트와 같이 토크만 다르며, 이 역시 축을 따라 변화하게 된다. 결론적으로 비틀림 식은 다음과 같이 된다.

$$\phi = \int_0^L d\phi = \int_0^L \frac{T(x)dx}{GI_p(x)} \tag{9-27}$$

이 적분은 일부의 경우에는 해석적으로 적분이 가능하나, 이 외의 경우에는 보통 수치적으로 계산되어야 한다.

제한사항

이 절에서 설명한 방법은 봉이 선형 탄성 재료로 구성되어 있고, 단면이 원형(중실축 또는 중공축의 경우 모두)인 경우에 유효하다. 또한 비틀림 공식으로부터 구한 응력도 응력집중이 발생하는 위치로부터 충분히 떨어져 있는 위치에서 유효한데, 여기에서 응력집중이란 지름이 급격히 변하거나 집중토크가 작용하는 곳에서 큰 응력이 발생하는 현상이다. 그러나 응력집중은 비틀림각에는 상대적으로 작은 영향을 미친다. 그러므로 비틀림각 ϕ를 구하는 식은 일반적으로 유효하다.

마지막으로, 비틀림 공식과 비틀림각 식은 단면이 일정한 봉의 경우로부터 유도되었다는 것에 유의해야 한다(비틀림을 받는 비원형 막대에 대한 간략한 설명은 9.9절 참조). 봉의 단면적 변화가 작거나 점진적으로 변하는 경우에 이러한 식을 적용하는 것은 안전하다. 이 절에서 주어진 식들은 봉의 기울기(봉 측면의 각도)가 10°보다 작은 경우 만족할 만한 결과를 얻는다.

비틀림-변위 선도(TDD)

여기에서 내부 비틀림 모멘트 $T(x)$가 축의 길이방향에 따라 변하는 것을 그림으로 도시하여 축에서 위험한 부위(최대 전단응력이 발생하는 최대 비틀림 모멘트 T_{max}의 위치와 같은)를 확인할 수 있다. 이 그림은 **비틀림-모멘트 선도**(torsional-moment diagram, TMD)라 한다. 비틀림-모멘트 선도를 그리기 위한 법칙은 적용된 비틀림 강도 $t(x)$와 내부 비틀림 모멘트 $T(x)$ 사이의 미분과 적분 관계에 기초하고 있다. 식 (9-27)의 **토크-변위 관계식**이 비틀림 변위 $\phi(x)$를 축의 길이방향에 따라 도시하는 데 사용되며, 이를 **비틀림-변위 선도**(torsional-displacement diagram, TDD)라 한다.

TDD를 도시하기 위하여 첫째로 식 (9-27)의 비틀림-변위 $\phi(x)$ 식에서 내부 비틀림 모멘트 $T(x)$가 피적분 함수로 되어 있는 것에 주목하자. 그 결과로 비틀림 변위 선도에서 기울기는 비틀림 모멘트 선도의 수직 좌표 값에 비례한다. 기울기를 완전하게 표현하기 위해서는 비틀림 강성 $GI_p(x)$가 식 (9-27)의 분모에 포함되어야 한다. 둘째,

TMD상에서 두 점 사이의 면적은 두 점 사이의 비틀림 변위의 변화에 비례함을 나타낸다.

$$\phi_B - \phi_A = \int_A^B \frac{T(x)}{GI_p(x)} dx$$

이러한 결과는 TMD로부터 TDD를 구하기 위해 사용되는 가이드라인 또는 규칙을 유도하는 데 사용된다.

- TDD상의 한 점에서의 기울기는 TMD상에서 같은 위치에서의 수직 좌표 값을 축의 비틀림 강성(GI_p)으로 나눈 것과 같다.
- 축의 길이에 따라 존재하는 두 점의 비틀림 변위의 변화는 비틀림 모멘트 선도에서 같은 두 점 사이의 면적을 축의 비틀림 강성(GI_p)으로 나눈 것과 같다.

만약 축이 일부 영역에서 균일하고(각 부분별로 GI_p가 일정), 내부 모멘트 $T(x)$가 일정하다면 TDD는 간단한 도형으로부터 도시할 수 있다. 예를 들어, 내부 비틀림 모멘트가 각 부분에서 일정하다면 비틀림은 그 부분에서 선형적으로 변할 것이다. 그렇지 않을 경우 TDD를 도시하기 위해서는 식 (9-27)을 해석적 또는 수치적으로 적분하는 과정이 필요하다.

삼각형으로 분포된 토크 $t(x)$를 받는 캔틸레버 보(그림 9-17a, b 참조)의 TMD를 도시하는 예를 보여줄 것이다. 비틀림 하중이 선형적으로 변화하여, 그림 9-17c의 TMD에서 볼 수 있듯이 내부 토크 $T(x)$에서 2차 함수의 형상을 보여준다. 비틀림 변

그림 9-17

(a) 삼각형 분포 토크를 받고 있는 균일한 축, (b), (c), (d) 전체 FBD에서 비틀림-모멘트 선도(TMD)와 비틀림-변위 선도(TDD)

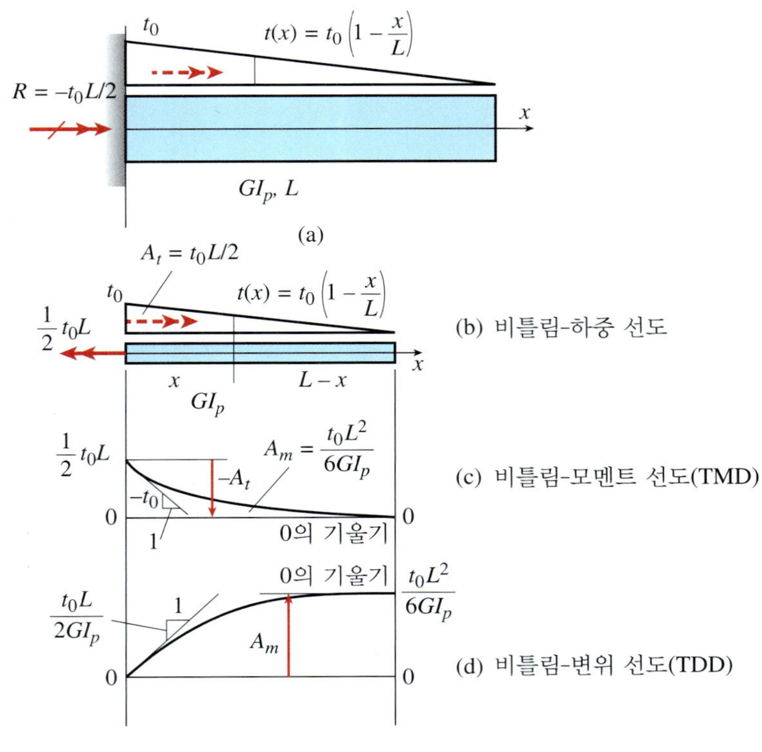

위 $\phi(x)$는 TDD에서 3차 함수의 변화를 보인다(그림 9-17d). 그림 9-17c와 d에 있는 TMD와 TDD를 비교하면 다음과 같은 내용을 얻을 수 있다. (a) TDD 곡선의 $x=0$에서의 접선의 기울기는 TMD의 수직 좌표 값 $t_0L/2$를 비틀림 강성 GI_p로 나눈 값과 같다. (b) $x=L$에서의 TMD 값이 0이고, 따라서 TDD는 그 지점에서 기울기가 0이다. (c) 전체 TMD의 면적 A_m은 $x=0$에서 $x=L$까지의 비틀림 변화량에 비례하고 $x=L$에서 최대 비틀림 값은 A_m/GI_p와 같다. **정적 부호 규약**을 TDD를 도시할 때 사용하자. 비틀림 변위 $f(x)$는 비틀림 변위 벡터가 $+x$방향이면 양(그리고 TDD상에서 기준축 위로 도시함)으로 규정한다. 이러한 개념의 응용을 예제 9-4와 9-5에서 제시한다.

예제 9-4

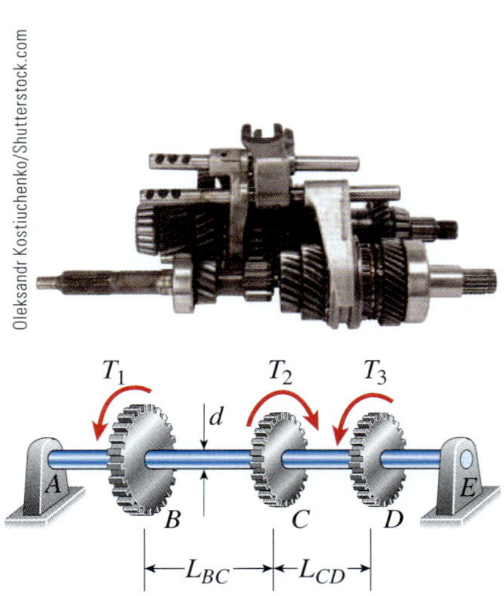

그림 9-18
예제 9-4: 비틀림을 받는 강철 축

지름 $d=30$ mm인 속이 찬 강철 축 $ABCDE$(그림 9-18)가 점 A와 E에서 베어링으로 지지되어 자유롭게 회전할 수 있다. 축은 점 C에서 기어를 통하여 $T_2=450$ N·m 토크를 그림의 방향으로 받고 있다. 축은 점 B와 D의 기어에서 토크 T_2와는 반대방향으로 저항 토크 $T_1=275$ N·m와 $T_3=175$ N·m를 받고 있다. 구간 BC와 CD의 길이는 각각 $L_{BC}=500$ mm와 $L_{CD}=400$ mm이고 전단 탄성계수는 $G=80$ GPa이다.

각 구간에서 최대 전단응력과 기어 B와 D 사이의 비틀림각을 구하시오.

풀이

4단계 문제풀이 접근방법을 사용하여 최대 전단응력과 B와 D 사이의 비틀림각을 구한다.

1. **개념화** 봉의 각 부분에서 균일하고 일정한 토크를 받고 있다(경우 1). 그러므로 우선 각 구간에서의 토크를 결정하면 전단응력과 비틀림각을 구할 수 있다. 그림 9-19에는 축을 구간 BC와 CD로 잘랐을 때의 자유물체도가 도시되어 있다.

그림 9-19
예제 9-4의 자유물체도

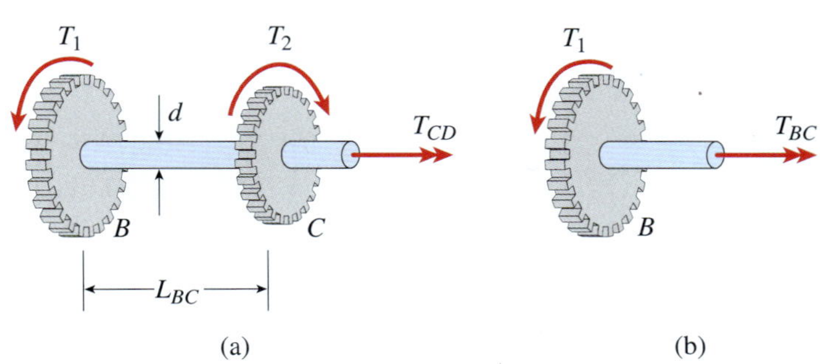

2. 분류 내부 토크를 구하기 위하여 각 자유물체도에서 축방향에 대한 모멘트를 합한다. 그림 9-19에 내부 토크 T_{BC}와 T_{CD}가 나타나 있으며 이를 양의 방향으로 가정한다.

각 구간에 작용하는 토크: 양단 베어링 지지부에서 마찰을 무시하면 양 끝구간(AB와 DE)의 토크는 0이다. 그러므로 양 끝구간의 응력과 비틀림각도 0이다.

구간 CD에서 토크 T_{CD}는 그림 9-19a처럼 구간 내 단면을 자르고 자유물체도를 도시하여 구할 수 있다. 토크의 방향은 양으로 가정한다. 그러므로 벡터의 방향은 면을 기준으로 바깥 방향으로 나가는 방향이다. 자유물체도의 평형으로부터 토크 T_{CD}는 다음과 같다.

$$T_{CD} = T_2 - T_1 = 450 \text{ N} \cdot \text{m} - 275 \text{ N} \cdot \text{m} = 175 \text{ N} \cdot \text{m}$$

양의 부호는 T_{CD}가 처음 가정한 방향과 같은 방향으로 작용함을 의미한다.

구간 BC에서의 토크도 그림 9-19b의 자유물체도를 이용하여 같은 방법으로 구한다.

$$T_{BC} = -T_1 = -275 \text{ N} \cdot \text{m}$$

이 계산 결과는 음의 부호를 가지고 있으며, 이는 그림에서의 방향과 반대방향으로 작용하는 것을 의미하는 것에 주목하자.

모든 내부 토크를 알면, 그림 9-20a에 도시된 바와 같이 TMD를 도시할 수 있다.

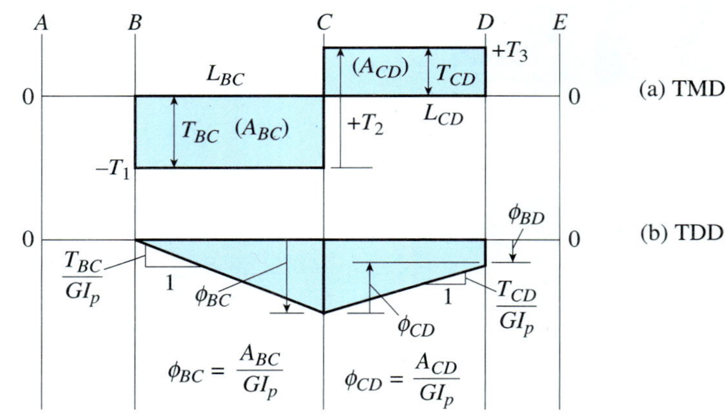

그림 9-20
비틀림을 받는 강철 축의 TMD와 TDD

3. 해석

전단응력: 구간 BC와 CD에서의 최대 전단응력은 비틀림 공식[식 (9-14)]의 변형식으로부터 구한다.

$$\tau_{BC} = \frac{16T_{BC}}{\pi d^3} = \frac{16(275 \text{ N} \cdot \text{m})}{\pi(30 \text{ mm})^3} = 51.9 \text{ MPa}$$

$$\tau_{CD} = \frac{16T_{CD}}{\pi d^3} = \frac{16(175 \text{ N} \cdot \text{m})}{\pi(30 \text{ mm})^3} = 33.0 \text{ MPa}$$

이 예제에서 전단응력의 방향은 관심사항이 아니므로 토크의 절댓값만이 앞으로의 계산 진행에 사용된다.

비틀림각: 기어 B와 D 사이의 비틀림각 ϕ_{BD}는 식 (9-23)에 주어진 것과 같이 봉의 교차 구간에서의 비틀림각의 산술적 합이다. 그러므로

$$\phi_{BD} = \phi_{BC} + \phi_{CD}$$

각각의 비틀림각을 구할 때, 단면의 극관성 모멘트를 다음과 같이 구하여 이용한다.

$$I_p = \frac{\pi d^4}{32} = \frac{\pi(30\text{ mm})^4}{32} = 79{,}520\text{ mm}^4$$

비틀림각을 구하면 다음과 같다.

$$\phi_{BC} = \frac{T_{BC}L_{BC}}{GI_p} = \frac{(-275\text{ N}\cdot\text{m})(500\text{ mm})}{(80\text{ GPa})(79{,}520\text{ mm}^4)} = -0.0216\text{ rad}$$

$$\phi_{CD} = \frac{T_{CD}L_{CD}}{GI_p} = \frac{(175\text{ N}\cdot\text{m})(400\text{ mm})}{(80\text{ GPa})(79{,}520\text{ mm}^4)} = 0.0110\text{ rad}$$

이 예제에서 비틀림각의 방향이 반대인 것에 주목하자. 산술적으로 합하면 전체 비틀림각은

$$\phi_{BD} = \phi_{BC} + \phi_{CD} = -0.0216 + 0.0110 = -0.0106\text{ rad} = -0.61°$$

음의 부호는 기어 D는 기어 B에 대해서 시계방향으로 회전함을 의미한다(축을 오른쪽에서 바라보았을 때). 그러나 대부분의 경우 절댓값만이 필요하므로, 기어 B와 D 사이의 비틀림각은 0.61°라 하여도 무방하다. 축 양단 사이의 비틀림각은 종종 **와인드 업**이라 불린다.

그림 9-20b에는 비틀림-변위 선도가 나와 있다. 여기에서 비틀림 변위는 점 B에 대한 실제 **상대적** 비틀림이다. 축의 변위 벡터가 축의 양의 방향이라면 비틀림 변위가 양임을 상기하자. 그림에 표시된 기하학적 관계를 확인하기 위하여 그림 9-20a와 b를 공부하도록 하자.

4. 최종 단계 이 예제에서 적용된 방법은 구간 내의 치수와 물성이 일정한 경우에 각 구간 내의 치수와 특성이 다르더라도 사용할 수 있다. 이 장의 예제와 장 끝에 있는 연습문제에서는 비틀림의 영향만 고려하였다. 10장에서는 굽힙의 영향도 고려할 것이다.

예제 9-5

강으로 된 드릴 파이프가 두 부분(AB, BC)으로 플랜지 B점에서 볼트로 연결되어 파이프와 볼트 연결부의 안정성을 시험하고 있다(그림 9-21 참조). 시험 과정에서 파이프는 A에서 고정되어 있고, $x=2L/5$에 집중 모멘트 $2T_0$이 작용하고 있고, 파이프 BC는 $t_0=3T_0/L$의 균일한 토크 강도가 작용하고 있다.

(a) 파이프에서 최대 전단응력 τ_{max}와 이것이 발생하는 위치를 구하시오. $T_0=226\text{ kN}\cdot\text{m}$로 가정한다. $G=81$ GPa로 하고, 두 파이프 모두 같은 내경 $d=250$ mm를 갖는다고

Courtesy of Subsea Riser Products

© Can Stock Photo Inc/Nostal6ie

가정한다. 파이프 AB는 두께 $t_{AB}=19$ mm이고, 파이프 BC는 두께 $t_{BC}=16$ mm를 갖는다.

(b) 파이프 구조의 전체 길이에 대해서 비틀림각 $\phi(x)$를 표현하는 식을 구하시오. 만약 파이프의 최대 허용 비틀림각이 $\phi_{allow}=0.5°$라면, 최대 허용**하중 변수**의 값 T_0(kN·m)을 구하시오. $L=3$ m로 한다. 또한 비틀림 모멘트 선도(TMD)와 비틀림-변위 선도(TDD)를 도시하시오.

(c) (b)에서 구한 최대 T_0을 이용하여 $r=380$ mm에서 B점에서 플랜지 판의 연결에서 요구되는 $d_b=22$ mm인 볼트의 개수를 구하시오. 단, 볼트의 허용 전단응력을 $\tau_a=190$ MPa로 가정한다.

풀이

4단계 문제풀이 접근방법을 사용하여 최대 전단응력, 최대 비틀림, B에서 체결 볼트의 개수를 구한다.

1. **개념화** 내부 토크 $T(x)$를 구하기 위하여 축을 따라 단면을 자르고 그림 9-21c와 같이 비틀림 모멘트 선도(TMD)를 도시한다. TMD로부터 구조물의 중앙에서 최대 내부 토크는 $6T_0/5$이다. 그것으로 최대 전단응력이 연결부 B의 바로 오른쪽 얇은 파이프 BC 부분에서 일어날 수 있다.
2. **분류** 각 부분의 표면에서 전단응력을 구하기 위하여 비틀림 공식[식 (9-13)]을 이용한다. TDD에 나타나는 비틀림 변위를 파이프의 길이에 따라 구하기 위해서는 토크-변위 관계식[식 (9-17)]을 사용한다. 마지막으로 필요한 볼트의 개수를 구하기 위해서 볼트 접합부의 전단응력을 검토한다.

3. **해석**

Part (a): 파이프의 최대 전단응력 τ_{max}

파이프에서의 전단응력을 계산하기 위하여 비틀림 공식[식 (9-13)]을 이용한다. 최대 전단응력은 파이프의 표면에서 발생한다. 각 파이프의 극관성 모멘트는 다음과 같이 계산한다.

$$I_{pAB} = \frac{\pi}{32}\left[(d + 2t_{AB})^4 - (d)^4\right]$$
$$= \frac{\pi}{32}\left[[250\text{ mm} + 2(19\text{ mm})]^4 - (250\text{ mm})^4\right] = 2.919 \times 10^{-4}\text{ m}^4$$

$$I_{pBC} = \frac{\pi}{32}\left[(d + 2t_{BC})^4 - (d)^4\right]$$
$$= \frac{\pi}{32}\left[[250\text{ mm} + 2(16\text{ mm})]^4 - (250\text{ mm})^4\right] = 2.374 \times 10^{-4}\text{ m}^4$$

전단 탄성계수 G가 일정하므로 AB 부분의 비틀림 강성은 BC 부분의 비틀림 강성에 비해 1.23배이다. TMD(그림 9-21c)로부터 최대 비틀림 모멘트는 조인트 B 부근의 AB와 BC 구간 모두에서 발생한다(각 $6T_0/5$로 같음). 비틀림 공식을 B 부근의 AB와 BC에 적용하면 다음과 같다.

그림 9-21
예제 9-5: (a), (b) 불균일 비틀림을 받는 두 개의 파이프, (c) 전체 축의 비틀림 모멘트 선도(TMD)

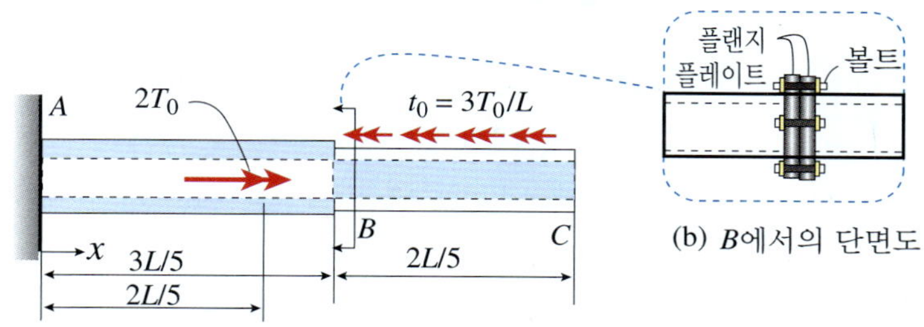

(b) B에서의 단면도

(a) 불균일 관

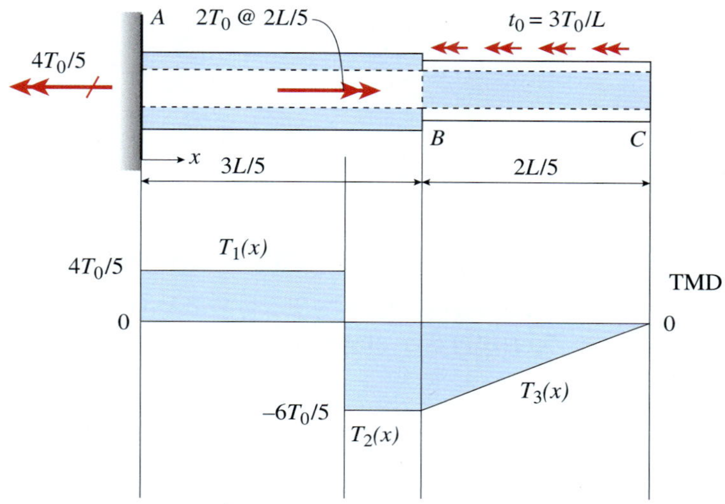

(c)

$$\tau_{\max AB} = \frac{\left(\dfrac{6}{5}T_0\right)\left(\dfrac{d + 2t_{AB}}{2}\right)}{I_{pAB}}$$

$$= \frac{\left(\dfrac{6}{5}226\ \text{kN}\cdot\text{m}\right)\left[\dfrac{250\ \text{mm} + 2(19\ \text{mm})}{2}\right]}{2.919 \times 10^{-4}\ \text{m}^4} = 133.8\ \text{MPa}$$

$$\tau_{\max BC} = \frac{\left(\dfrac{6}{5}T_0\right)\left(\dfrac{d + 2t_{BC}}{2}\right)}{I_{pBC}}$$

$$= \frac{\left(\dfrac{6}{5}226\ \text{kN}\cdot\text{m}\right)\left[\dfrac{250\ \text{mm} + 2(16\ \text{mm})}{2}\right]}{2.374 \times 10^{-4}\ \text{m}^4} = 161.1\ \text{MPa}$$

그러므로 파이프에서 최대 전단응력은 체결부 B의 플랜지 판 **바로 오른쪽에** 나타난다. '바로 오른쪽'은 생브낭의 원리에 따라 두 파이프의 연결부에서 응력집중이 생기는 것을 방지하기 위하여 연결부로부터 적정 거리를 옮겨야 한다는 것을 의미한다.

Part (b): 비틀림각 $\phi(x)$

다음으로 파이프 구조의 전 길이 영역에서 비틀림각 ϕ의 변화를 구하기 위하여 식 (9-24)부터 식 (9-27)까지의 **토크-변위 관계식**을 이용한다. 지지점 A는 고정되어 있고, 그래서 $\phi_A = \phi(0) = 0$이다. $x=0$으로부터 $x=2L/5$까지(부분 1) 토크가 일정하고, 식 (9-24)를 이용하여 비틀림각 $\phi_1(x)$를 구하며, 이는 $x=0$으로부터 $x=2L/5$까지 선형적으로 변한다.

$$\phi_1(x) = \frac{T_1(x)(x)}{GI_{pAB}} = \frac{\left(\frac{4T_0}{5}\right)(x)}{GI_{pAB}} = \frac{4T_0 x}{5GI_{pAB}} \qquad 0 \le x \le \frac{2L}{5} \qquad \text{(a)}$$

토크 $2T_0$이 적용된 위치에서의 비틀림각을 구하기 위하여 식 (a)를 $x=2L/5$에서 계산한다.

$$\phi_1\left(\frac{2L}{5}\right) = \frac{T_1\left(\frac{2L}{5}\right)\left(\frac{2L}{5}\right)}{GI_{pAB}} = \frac{\left(\frac{4T_0}{5}\right)\left(\frac{2L}{5}\right)}{GI_{pAB}} = \frac{8T_0 L}{25GI_{pAB}} = \frac{0.32T_0 L}{GI_{pAB}} \qquad \text{(b)}$$

다음으로 $x=2L/5$부터 $x=3L/5$까지(점 B) 비틀림각 $\phi_2(x)$의 변화에 대한 표현식을 구한다. 토크 $T_2(x)$는 일정하므로 $\phi_1(x)$와 마찬가지로 비틀림각 $\phi_2(x)$도 부분 2 영역에서 선형적으로 변화한다(그림 9-21c). 식 (9-24)를 이용하면 다음을 얻는다.

$$\begin{aligned}\phi_2(x) = \phi_1\left(\frac{2L}{5}\right) + \frac{T_2(x)\left(x - \frac{2L}{5}\right)}{GI_{pAB}} &= \frac{8T_0 L}{25GI_{pAB}} + \frac{\left(\frac{-6}{5}T_0\right)\left(x - \frac{2L}{5}\right)}{GI_{pAB}} \\ &= \frac{2T_0(2L - 3x)}{5GI_{pAB}} \qquad \frac{2L}{5} \le x \le \frac{3L}{5}\end{aligned} \qquad \text{(c)}$$

마지막으로 부분 3(또는 파이프 BC)의 전 영역에서 비틀림에 관한 표현식을 구한다. 내부 비틀림 모멘트가 선형적으로 변화하므로(그림 9-21c), 토크-변위 관계식[식 (9-27)]의 적분 형태가 요구된다. $T_3(x)$를 표현식에 대입한 후 B점에서의 비틀림각을 합하면, BC 구간에서의 비틀림각을 구할 수 있다(변수 ζ는 적분의 임시 변수임을 주의하자).

$$\begin{aligned}\phi_3(x) &= \phi_2\left(\frac{3L}{5}\right) + \int_{\frac{3L}{5}}^{x} \frac{\left[3T_0\left(\frac{\zeta}{L} - 1\right)\right]}{GI_{pBC}}\, d\zeta \\ &= \frac{2T_0\left[2L - 3\left(\frac{3L}{5}\right)\right]}{5GI_{pAB}} + \int_{\frac{3L}{5}}^{x} \frac{\left[3T_0\left(\frac{\zeta}{L} - 1\right)\right]}{GI_{pBC}}\, d\zeta\end{aligned}$$

토크 $T_3(x)$는 선형적으로 변하므로, 적분하면 BC 구간의 비틀림각의 변화는 2차 함수로 표현된다.

그림 9-22

예제 9-5: 비틀림-변위 선도 (TDD)

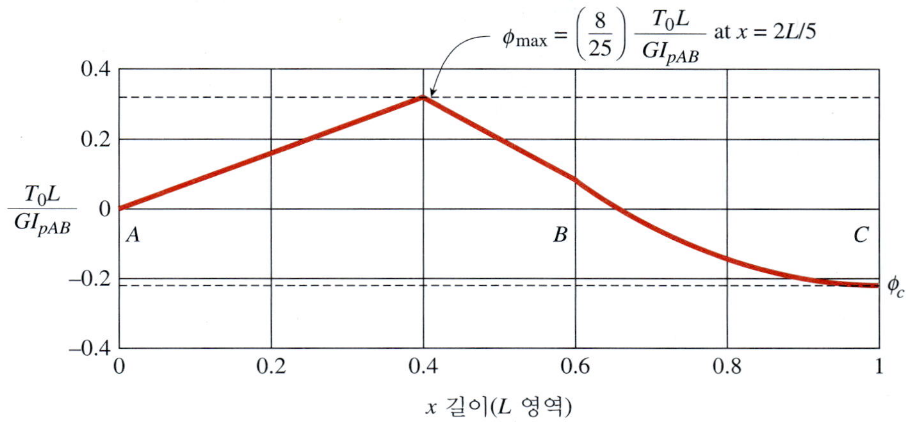

$$\phi_3(x) = \frac{2T_0L}{25GI_{pAB}} + \frac{3T_0(21L^2 - 50Lx + 25x^2)}{50GI_{pBC}L} \quad \frac{3L}{5} \le x \le L \tag{d}$$

$x=3L/5$을 대입하면 B점에서의 비틀림각은 다음과 같다.

$$\phi_3\left(\frac{3L}{5}\right) = \frac{2T_0L}{25GI_{pAB}}$$

$x=L$을 넣으면 C점에서의 비틀림각은

$$\phi_3(L) = \frac{2T_0L}{25GI_{pAB}} - \frac{6T_0L}{25GI_{pBC}} = -0.219\frac{T_0L}{GI_{pAB}}$$

(여기의 수치적 특성에 기반하여)$I_{pAB}=1.23I_{pBC}$라고 가정하고, 파이프 구조의 비틀림각의 변화를 길이방향으로 도시하고(그림 9-22), ϕ_{max}는 $x=2L/5$에서 발생함을 주목한다[식 (b) 참조].

마지막으로 만약 ϕ_{max}가 0.5°의 값만큼 허용된다면, 앞에서 구해진 수치값을 이용하여 최대 허용하중 변수 T_0(kN·m)을 구한다.

$$T_{0\,max} = \frac{GI_{pAB}}{0.32L}(\phi_{allow}) = \frac{(81\text{ GPa})(2.919\times10^{-4}\text{ m}^4)}{0.32(3\text{ m})}(0.5°) \tag{e}$$
$$= 215\text{ kN}\cdot\text{m}$$

Part (c): 플랜지 판에서 필요한 볼트의 수

식 (e)로부터 $T_{0,max}$를 사용하여 필요한 플랜지 판 연결 부위 B에서 반지름 $r=380$ mm 상에 놓여 있는 지름 $d_b=22$ mm인 볼트의 수를 구한다. 볼트의 허용 전단응력은 $\tau_a=190$ MPa이다. B에서 각 볼트가 토크를 똑같이 전달한다고 가정하였을 경우, n개의 볼트 각각은 단면의 도심으로부터 r만큼 떨어진 곳에서 전단력 F_b를 전달한다(그림 9-23).

볼트당 최대 전단력 F_b는 볼트의 단면적 A_b에 τ_a를 곱한 것과 같고, B에서의 총토크는 $6T_{0,max}/5$이다(그림 9-21c의 TMD 참조). 그러므로

그림 9-23
예제 9-5: B에서의 플랜지 볼트

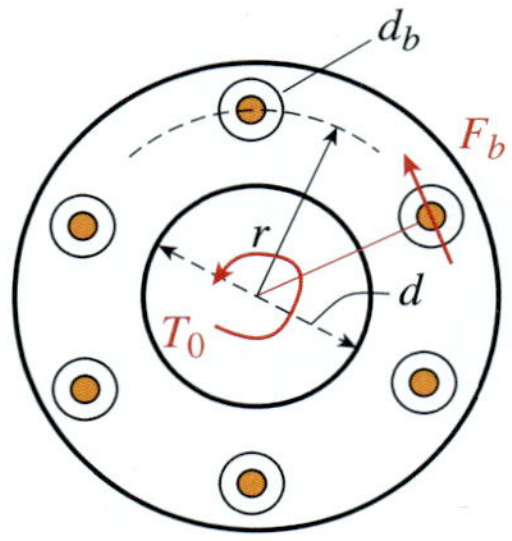

$$nF_b r = \frac{6}{5}T_{0\max} \quad \text{또는} \quad n = \frac{\frac{6}{5}T_{0\max}}{\tau_a A_b r} = \frac{\frac{6}{5}(215\ \text{kN}\cdot\text{m})}{(190\ \text{MPa})\left[\frac{\pi}{4}(22\ \text{mm})^2\right](380\ \text{mm})} = 9.4$$

플랜지 판 체결부 B에서 반지름 380 mm상에 22 mm 지름의 볼트를 10개 사용하여야 한다.

4. **최종 단계** 9.4절에 제시된 법칙과 그림 9-21c의 TMD를 이용하여 그림 9-22의 TDD를 확인한다. 최대 비틀림 모멘트와 최대 비틀림각의 값과 위치를 선도에서 쉽게 가시화할 수 있으며 그 값은 이러한 파이프 구조물을 공학적으로 평가할 때 필수적인 정보이다.

9.5 순수전단의 응력과 변형률

속이 차 있거나 비어 있는 원형 단면을 가진 봉이 비틀림을 받았을 때 앞의 그림 9-7에 예시된 바와 같이 전단응력은 단면과 길이방향에 걸쳐 작용한다. 이 절에서는 비틀림을 받는 동안 나타나는 응력과 변형률에 대해 조금 더 구체적으로 알아본다.

비틀림을 받는 봉의 두 단면 사이의 응력 요소 $abcd$를 고려해본다(그림 9-24a, b). 작용하는 응력이 네 면의 전단응력 τ만 있기 때문에 이 요소는 **순수전단**을 받는 상태에 있다(7.6절의 전단응력 부분 참고).

전단응력의 방향은 적용된 토크 T의 방향에 따라 결정된다. 이 절에서는 토크가 오른쪽에서 볼 때 봉의 오른쪽 끝부분의 시계방향으로 회전한다고 가정한다(그림 9-24a). 그러므로 요소에서 작용하는 전단응력은 그림과 같은 방향이다. 봉의 내부에서 비슷한 요소를 잘라내면 중심으로부터 거리가 작아 전단응력의 크기가 작은 것을 제외하고는 같은 응력 상태에 있다.

그림 9-24a에 보인 토크의 방향은 결과적으로 전단응력(그림 9-24b)이 7.6절에서 이미 설명되었던 부호 규약에 따라 양의 방향이 되도록 의도적으로 선정되었다. 이 부호 규약은 여기에서 되풀이되었다.

그림 9-24
비틀림을 받는 봉에서 잘라낸 응력 요소에 작용하는 응력(순수전단)

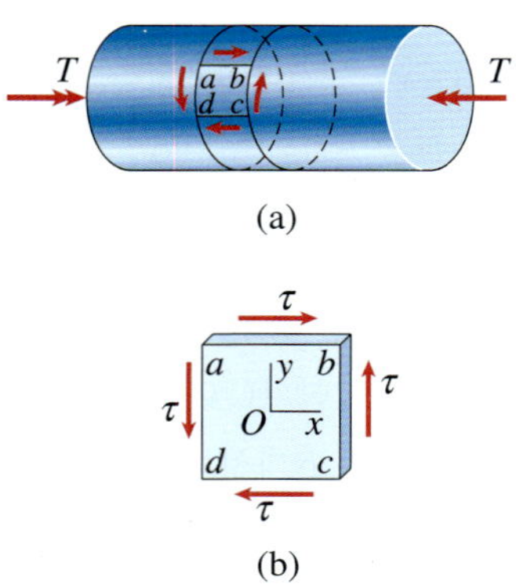

전단응력은 요소의 양의 면에서 축의 양의 방향으로 작용하면 양의 부호를 갖는다. 역으로 요소의 음의 면에서 음의 방향으로 작용하면 양의 부호, 음의 면에서 양의 방향으로 작용하면 음의 부호를 갖는다.

그림 9-24b의 응력 요소에 작용하는 전단응력에 부호 규약을 적용하면 네 개의 전단응력 모두 양의 부호를 갖게 된다. 예를 들어, 오른쪽 면(x축이 오른쪽으로 향하므로 양의 면)에 작용하는 응력이 양의 y축 방향으로 작용하므로 양의 전단응력이다. 그리고 왼쪽 면(음의 면)에 작용하는 응력이 음의 y축 방향으로 작용하므로 양의 전단응력이다. 나머지 응력도 유사한 방법으로 적용할 수 있다.

경사면에서의 응력

이제 순수전단 상태에 있는 응력 요소를 잘라낸 **경사면**상에 작용하는 응력을 결정한다. 단축응력 상태의 응력을 검토하기 위하여 8.6절에서 사용한 방법과 같은 접근방법을 사용한다.

그림 9-25a에 2차원 응력 요소가 도시되어 있다. 8.6절에서 이미 설명한 것과 같이 편의상 2차원으로 나타내었지만, 그림의 평면에 수직인 3차원 방향(두께)을 갖는다는 것을 항상 인지하고 있어야 한다.

면의 방향이 x축과 각도 θ를 갖는 쐐기모양(또는 '삼각형')의 응력 요소를 요소로부터 잘라낸다(그림 9-25b). 이 경사진 면에 수직응력 σ_θ와 전단응력 τ_θ가 작용하며 그림에서 양의 방향으로 나타낸다. 응력 σ_θ와 τ_θ의 **부호 규약**은 이미 8.6절에서 설명하였으며 여기에서도 동일하다.

수직응력 σ_θ는 인장 시 양의 값, 전단응력 τ_θ는 요소를 시계방향으로 회전 시 양의 값

(경사면에 작용하는 전단응력 τ_θ에 대한 부호 규약은 x-y축을 기준으로 한 직사각형 요소의 변에 작용하는 일반 전단응력 τ와 다름에 유의하자.)

삼각형 요소의 수평과 수직면(그림 9-25b)에 양의 전단응력 τ가 작용하고 있으며 요소의 앞뒤 면에는 응력이 작용하지 않는다. 그러므로 이 그림에서 요소에 작용하는 모든 응력을 볼 수 있다.

응력 σ_θ와 τ_θ는 삼각형 요소의 평형으로부터 구할 수 있다. 세 개의 면에 작용하는 힘은 응력과 그 응력이 작용하는 면의 넓이를 곱하여 구한다. 예를 들어 왼쪽 수직면의 면적이 A_0이라면 왼쪽 면에 작용하는 힘은 τA_0이다. 이 힘은 그림 9-25c의 **자유물체도**와 같이 음의 y방향으로 작용한다. 이 요소의 z방향의 두께가 일정하므로 밑면의 넓이는 $A_0 \tan\theta$이고 경사면의 넓이는 $A_0 \sec\theta$이다. 이 면에 작용하는 응력과 해당 면적을 곱하여 요소에 작용하는 나머지 힘을 구할 수 있으며, 이는 자유물체도를 완성시킨다(그림 9-25c).

이제 삼각형 요소에 대한 두 개의 평형 방정식을 쓸 수 있다. 하나는 σ_θ 방향, 다른 하나는 τ_θ 방향. 이 방정식을 구성할 때 왼쪽 면과 아래 면에 작용하는 힘은 σ_θ 방향과 τ_θ 방향으로 힘의 인자를 분해할 수 있다. 따라서 σ_θ 방향의 힘을 더하여 구한 첫 번째 식은 다음과 같다.

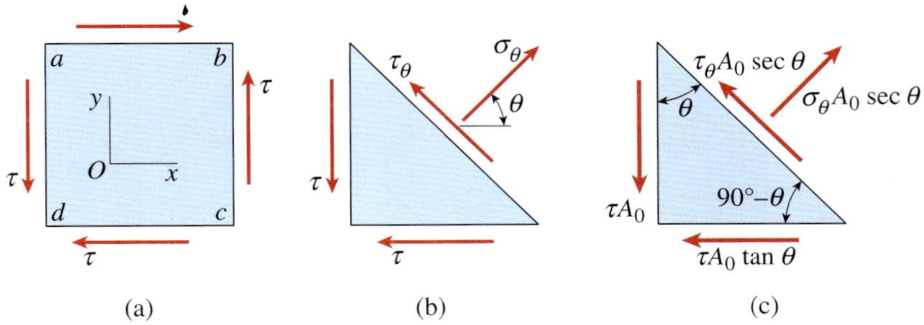

그림 9-25
경사면의 응력 해석: (a) 순수전단 상태의 요소, (b) 삼각형 요소에 작용하는 응력, (c) 삼각형 응력 요소에 작용하는 힘(자유물체도)

$$\sigma_\theta A_0 \sec\theta = \tau A_0 \sin\theta + \tau A_0 \tan\theta \cos\theta$$

또는

$$\sigma_\theta = 2\tau \sin\theta \cos\theta \qquad \textbf{(9-28a)}$$

τ_θ 방향의 힘을 더하여 구한 두 번째 식은 다음과 같다.

$$\tau_\theta A_0 \sec\theta = \tau A_0 \cos\theta - \tau A_0 \tan\theta \sin\theta$$

또는

$$\tau_\theta = \tau(\cos^2\theta - \sin^2\theta) \qquad \textbf{(9-28b)}$$

이러한 식은 삼각함수 항등식을 이용하여 더 간략한 형태로 표현할 수 있다(부록 A 참조).

$$\sin 2\theta = 2\sin\theta\cos\theta \qquad \cos 2\theta = \cos^2\theta - \sin^2\theta$$

이 경우 σ_θ와 τ_θ를 위한 식은

$$\sigma_\theta = \tau \sin 2\theta \qquad \tau_\theta = \tau\cos\ 2\theta \qquad \textbf{(9-29a, b)}$$

식 (9-29a, b)는 임의의 경사면에 작용하는 수직응력과 전단응력을 x와 y평면상에 나타나는 전단응력 τ(그림 9-25a)와 경사면의 방향을 정의하는 각도 θ(그림 9-25b)로 표현한 식이다.

그림 9-26
경사면의 각도 θ에 따른 수직응력 σ_θ와 전단응력 τ_θ의 그래프

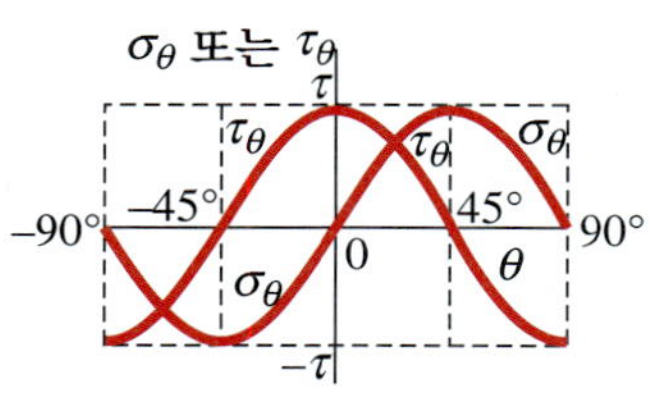

식 (9-29a, b)가 도시되어 있는 그림 9-26의 그래프에서 응력 σ_θ와 τ_θ가 경사면의 방향에 따라 변하는 경향성을 보여주고 있다. 그림 9-25a에서 응력 요소의 오른쪽 면을 나타내는 $\theta=0$일 때 이 그래프는 $\sigma_\theta=0$ 그리고 $\tau_\theta=\tau$임을 보여준다. 전단응력 τ가 요소에 대하여 반시계방향으로 작용하면 양의 전단응력 τ_θ가 되어 후자의 결과는 예측할 수 있다.

이 요소의 윗면($\theta=90°$)에서 $\sigma_\theta=0$과 $\tau_\theta=-\tau$이다. τ_θ가 음의 부호이면 요소에서 시계방향으로 작용하며, 이는 면 ab의 오른쪽으로 작용하는 것을 의미한다(그림 9-25a). 이는 전단응력 τ의 방향과 일치한다. 수치상 최대 전단응력은 $\theta=0$과 $90°$인 면뿐만 아니라 그 반대 면($\theta=180°$와 $270°$)에서 발생한 것을 주목하자.

그래프로부터 수직응력 σ_θ는 $\theta=45°$에서 최댓값에 도달하는 것을 알 수 있다. 이

그림 9-27
순수전단 상태에서의 $\theta=0$과 $\theta=45°$인 응력 요소

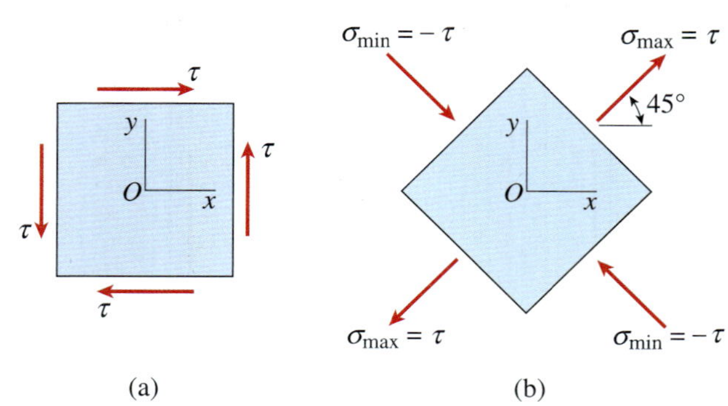

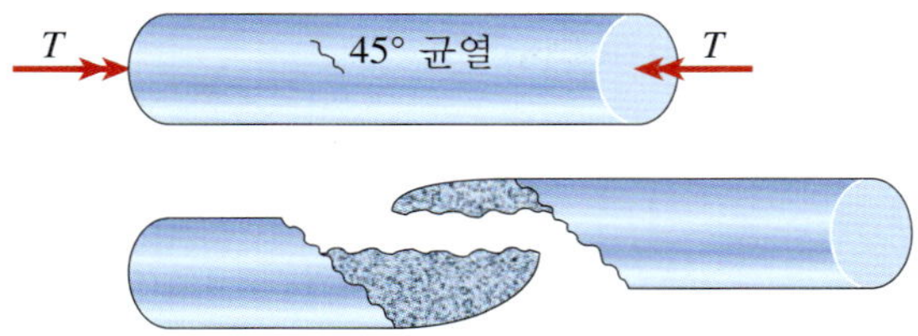

그림 9-28
취성 재료의 비틀림에서 45° 나선면을 따라 생성되는 인장 균열

각도에서 응력은 양(인장력)이고 전단응력 τ와 크기가 같다. 마찬가지로 수직응력 σ_θ는 $\theta=-45°$에서 최솟값(압축)을 갖는다. 이 두 개의 45° 각도에서 전단응력 τ_θ는 0이다. 이 조건들은 그림 9-27에 응력 요소가 $\theta=0$과 $\theta=45°$일 때로 나타나 있다. 요소의 경사각이 45°일 때 요소는 같은 크기의 인장응력과 압축응력이 수직으로 작용하고, 전단응력은 작용하지 않는다.

45° 요소(그림 9-27b)에 작용하는 수직응력은 그림 9-27a에 보인 방향으로 작용하는 전단응력 τ를 받는 요소에 대응되는 것에 주목하자. 만약 그림 9-27a에 작용하는 전단응력의 방향이 반대가 되면 45°에 작용하는 수직응력의 방향도 바뀐다.

만약 응력 요소가 45° 이외의 방향에 위치한다면 수직응력과 전단응력 모두 경사면에 작용하게 된다[식 (9-29a, b)와 그림 9-26 참조]. 이보다 일반적인 경우의 응력 요소에 대해서는 11장에서 구체적으로 논의할 것이다.

이 절에서 유도된 식들은 비틀림을 받는 봉이나 다른 구조물로부터 잘라낸 것과 관계없이 순수전단을 받는 응력 요소의 경우에 유효하다. 또한 식 (9-29)는 평형 방정식만으로 유도되었기 때문에 물체가 선형 탄성 거동을 보이든 보이지 않든 상관없이 어떠한 재질에도 유효하게 적용된다.

x축에 대해서 45°에 위치한 평면에서 최대 인장응력이 존재하는 것(그림 9-27b)은 취성인 인장력이 약한 재질로 제작된 봉이 비틀림을 받을 경우 45° 나선면을 따라 균열이 발생하고 파괴되는 현상을 설명해준다(그림 9-28). 9.3절에서 언급한 바와 같이, 이러한 파단은 교실의 백묵을 비틀면 쉽게 증명된다.

순수전단에서의 변형률

순수전단을 받는 요소에서 생기는 변형률을 고려해보자. 예를 들어 그림 9-27a에서와 같은 순수전단 상태의 요소를 보자. 그림 9-29a에 전단응력에 따른 전단변형률이 과장되어 도시되어 있다. 전단변형률 γ는 이미 7.6절에서 논의된 바와 같이 원래 직각이었던 두 직선의 각도 변화량이다. 그러므로 요소 왼쪽 아래 모서리 각도의 감소가 전단변형률 γ이다(라디안으로 측정). 같은 각도 변화가 위 오른쪽 모서리(각도 변화가 발생하는 부분)에도 발생하며, 나머지 두 모서리는 각도가 증가하게 된다. 그러나 요소 변의 길이, 또는 종이 평면에 수직인 두께는 전단변형 시 변화가 없다. 그러므로 요소의 모양은 직육면체(그림 9-27a)에서 경사진 직육면체(그림 9-29a)로 변화한다. 이러한 변형을 **전단 뒤틀림**(shear distortion)이라 한다.

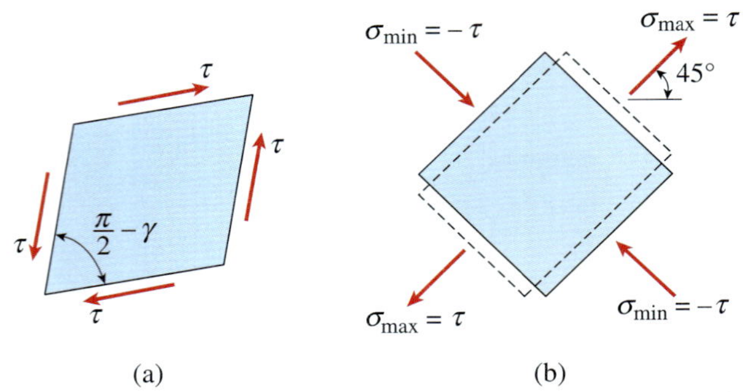

그림 9-29
순수전단에서의 변형률: (a) $\theta=0$인 요소의 전단뒤틀림, (b) $\theta=45°$인 요소의 전단뒤틀림

재료가 선형 탄성일 때 $\theta=0$인 요소의 전단변형률은 훅의 법칙에 따라 전단응력과 관계가 있다(그림 9-29a).

$$\gamma = \frac{\tau}{G} \tag{9-30}$$

여기에서 일반적으로 G 기호는 전단 탄성계수를 의미한다.

다음으로 $\theta=45°$인 요소의 변형률을 고려해본다(그림 9-29b). 45° 방향으로 작용하는 인장응력은 그 방향으로 요소를 늘리려 하는 경향이 있다. 푸아송 효과로 이 응력은 요소를 수직방향($\theta=135°$ 또는 $-45°$ 방향)에서 줄이려 하는 경향이 있다. 마찬가지로 135°에 작용하는 압축응력은 그 방향으로 요소를 수축시키려 하고, 45° 방향으로 인장시키려 한다. 이러한 치수 변화는 그림 9-29b에 도시되어 있으며, 점선은 변형된 요소를 표현한다. 전단뒤틀림이 없으므로 요소는 치수가 변하더라도 직육면체를 유지한다.

만약 재료가 선형 탄성이고 훅의 법칙을 따르면 $\theta=45°$인 요소의 응력과 변형률 관계식을 얻을 수 있다(그림 9-29b). $\theta=45°$에 작용하는 인장응력 σ_{max}는 그 방향으로 σ_{max}/E만큼 수직변형률을 발생시킨다. $\sigma_{max}=\tau$이므로 이 변형률은 τ/E로 표시할 수 있다. 응력 σ_{max}는 직교방향으로 $-\nu\tau/E$인 음의 변형률도 발생시키며 여기에서 ν는 푸아송 비이다. 비슷하게 응력 $\sigma_{min}=-\tau(\theta=135°$에서)는 그 방향으로 $-\tau/E$인 음의 변형률을 발생시키고, 수직방향(45° 방향)으로 변형률은 $\nu\tau/E$와 같다. 따라서 45° 방향의 수직변형률은

$$\varepsilon_{max} = \frac{\tau}{E} + \frac{\nu\tau}{E} = \frac{\tau}{E}(1+\nu) \tag{9-31}$$

이것은 양의 값을 가지며, 이는 인장됨을 의미한다. 직교 방향의 변형률은 음의 값을 가지며 같은 크기를 갖는다. 다시 말하면 순수전단은 45° 방향으로는 늘어나게 하고, 135° 방향으로는 줄어들게 한다. 이러한 변형률은 45° 대각선 방향으로 늘어나고, 135° 대각선 방향으로 줄어들었기 때문에 그림 9-29a의 변형된 요소와 부합한다.

다음 절에서 변형된 요소의 형상을 이용하여 45° 방향의 수직변형률 ε_{max}(그림 9-29b)와 전단변형률 γ(그림 9-29a)의 관계를 도출한다. 이를 통해 다음과 같은 관계식을 유도한다.

$$\varepsilon_{max} = \frac{\gamma}{2} \tag{9-32}$$

이 식은 식 (9-30)과 함께 전단응력 τ를 알고 있을 때, 순수전단 상태에서 최대 전단변형률과 최대 수직변형률 계산에 사용될 수 있다.

예제 9-6

바깥지름이 80 mm이고 안지름이 60 mm인 원형 관이 토크 $T=4.0$ kN·m를 받고 있다(그림 9-30). 관은 알루미늄 합금 7075-T6로만 제작되었다.

(a) 관에서 최대 전단, 인장, 압축응력을 구하고, 이 응력들의 방향성을 응력 요소에 적절하게 도시하시오.

(b) 각각에 대응하는 최대 변형률을 구하고, 변형된 요소에 이 변형률을 도시하시오.

(c) 만약 허용 수직변형률이 $\varepsilon_a=0.9\times10^{-3}$일 때, 최대 허용토크 T_{max}는 얼마인가?

(d) 만약 $T=4.0$ kN·m이고 $\varepsilon_a=0.9\times10^{-3}$이라면 관이 필요한 토크 T를 견디기 위한 바깥지름은 얼마가 되어야 하는가? (단, 관의 안지름은 60 mm로 변하지 않는다고 가정한다.)

그림 9-30

예제 9-6: 비틀림을 받는 원형 관

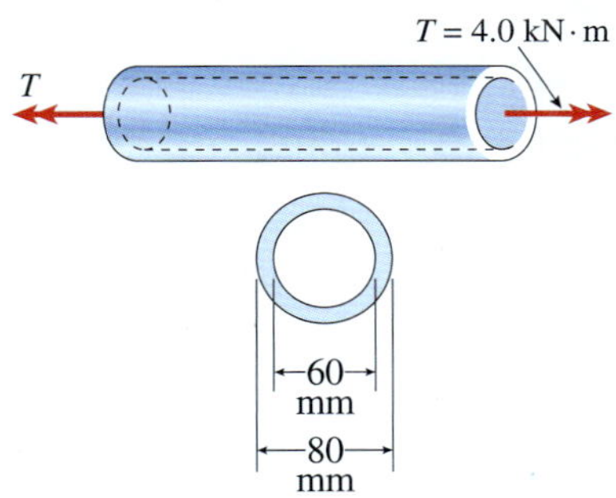

풀이

4단계 문제풀이 접근방법을 사용한다. 필수적인 단계는 각 부분에 서술되어 있다.

Part (a): 최대 응력

1, 2. 개념화, 분류 세 가지 응력(전단, 인장, 압축)의 최댓값의 크기는 수치적으로 모두 같지만 서로 다른 평면에서 작용한다. 이 응력들의 크기는 비틀림 공식으로부터 구한다.

$$\tau_{max} = \frac{Tr}{I_p} = \frac{(4000\ \text{N}\cdot\text{m})(0.040\ \text{m})}{\frac{\pi}{32}\left[(0.080\ \text{m})^4 - (0.060\ \text{m})^4\right]} = 58.2\ \text{MPa}$$

3. 해석 최대 전단응력은 그림 9-31a의 응력 요소에서와 같이 단면과 길이방향 평면에 작용하며, x축이 관의 길이방향과 평행하다.

최대 인장응력과 압축응력은 다음과 같다.

$$\sigma_t = 58.2\ \text{MPa} \qquad \sigma_c = -58.2\ \text{MPa}$$

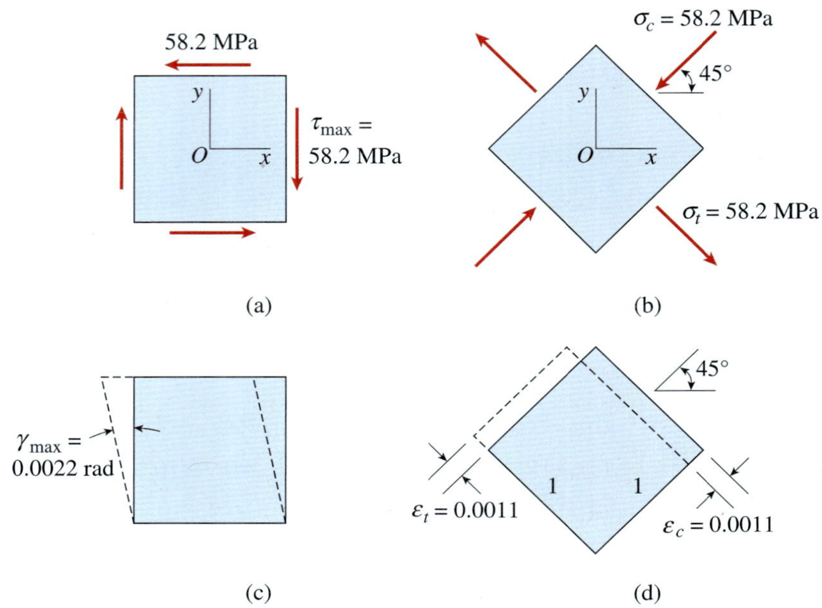

그림 9-31
예제 9-6의 관에 대한 응력과 변형률 요소: (a) 최대 전단응력, (b) 최대 인장응력과 최대 압축응력, (c) 최대 전단변형률, (d) 최대 인장변형률과 최대 압축변형률

4. 최종 단계 이 응력은 축에 대해서 45°인 평면에서 작용한다(그림 9-31b).

Part (b): 최대 변형률

1, 2. 개념화, 분류 관에서의 최대 전단변형률은 식 (9-30)으로부터 구한다. 전단 탄성계수는 부록 F의 표 F-2로부터 $G=27$ GPa이다.

3. 해석 따라서 전단변형률은

$$\gamma_{max} = \frac{\tau_{max}}{G} = \frac{58.2 \text{ MPa}}{27 \text{ GPa}} = 0.0022 \text{ rad}$$

변형된 요소는 그림 9-31c에서 점선으로 나타나 있다.

최대 수직변형률[식 (9-32)로부터]의 크기는

$$\varepsilon_{max} = \frac{\gamma_{max}}{2} = 0.0011$$

그러므로 최대 인장 및 압축 변형률은

$$\varepsilon_t = 0.0011 \qquad \varepsilon_c = -0.0011$$

4. 최종 단계 변의 길이가 단위길이인 요소가 변형된 후의 모양이 그림 9-31d에 점선으로 도시되어 있다.

Part (c): 최대 허용토크

1, 2. 개념화, 분류 관이 순수전단 상태이므로 허용 전단변형률은 허용 수직변형률의 두 배가 된다[식 (9-32) 참조].

$$\gamma_a = 2\varepsilon_a = 2(0.9 \times 10^{-3}) = 1.8 \times 10^{-3}$$

3. 해석 전단응력 식[식 (9-13)]으로부터

$$\tau_{\max} = \frac{T\left(\frac{d_2}{2}\right)}{I_p} \quad \text{따라서} \quad T_{\max} = \frac{\tau_a I_p}{\left(\frac{d_2}{2}\right)} = \frac{2(G\gamma_a)I_p}{d_2}$$

여기에서 d_2는 바깥지름이다. 수치값을 대입하면

$$T_{\max} = \frac{2(27\ \text{GPa})(1.8 \times 10^{-3})\left[\frac{\pi}{32}[(0.08\ \text{m})^4 - (0.06\ \text{m})^4]\right]}{0.08\ \text{m}}$$
$$= 3.34\ \text{kN} \cdot \text{m}$$

4. 최종 단계 허용 전단변형률이 (b)에서의 $\gamma_{\max}$보다 작아서 예상대로 $T_{\max}$는 4.0 kN·m 보다 작다.

Part (d): 관의 새로운 바깥지름

1, 2. 개념화, 분류 요구되는 바깥지름 d_2를 구하기 위하여 $T = 4.0$ kN·m를 앞의 식에 대입한다.

$$\frac{I_p}{d_2} = \frac{T}{2G\gamma_a} \quad \text{또는} \quad \frac{d_2^4 - (0.06\ \text{m})^4}{d_2} = \frac{\left(\frac{32}{\pi}\right)4\ \text{kN} \cdot \text{m}}{2(27\ \text{GPa})(1.8 \times 10^{-3})} = 4.192 \times 10^{-4}\ \text{m}^3$$

3. 해석 요구되는 바깥지름 d_2를 수치적으로 풀면 다음과 같다.

$$d_2 = 83.2\ \text{mm}$$

4. 최종 단계 가해지는 토크가 (c)에서의 $T_{\max}$보다 크기 때문에, 예상되는 대로 바깥지름 d_2는 (c)에서의 바깥지름보다 크다.

9.6 탄성계수 *E*와 *G*의 관계식

탄성계수 E와 G 사이의 중요한 관계식은 앞 절에서 유도한 식들로부터 도출할 수 있다. 이러한 목적으로 그림 9-32a의 응력 요소 $abcd$를 고려해보자. 요소의 앞면은 변의 길이가 h인 정사각형이라고 가정한다. 이 요소가 응력 τ에 의해서 순수전단을 받을 때, 면은 변의 길이가 h이고 전단변형률 $\gamma = \tau/G$인 마름모로 변형된다(그림 9-32b). 이 뒤틀림에 의해 대각선 bd의 길이는 증가하고 대각선 ac의 길이는 감소한다. 대각선 bd의 길이는 원래 길이 $\sqrt{2}h$에 $1 + \varepsilon_{\max}$를 곱한 값과 같으며, $\varepsilon_{\max}$는 45° 방향의 수직변형률이다. 그러므로

$$L_{bd} = \sqrt{2}h(1 + \varepsilon_{\max}) \qquad \textbf{(9-33)}$$

이 길이는 변형된 요소의 기하학적 형상을 고려하여 전단변형률 γ와 관련 지을 수 있다.

필요한 기하학적 관계를 얻기 위하여 그림 9-32b의 마름모의 절반에 해당되는 삼각형 abd(그림 9-32c)를 고려한다. 이 삼각형의 변 bd의 길이는 L_{bd}[식 (9-33)], 그리고

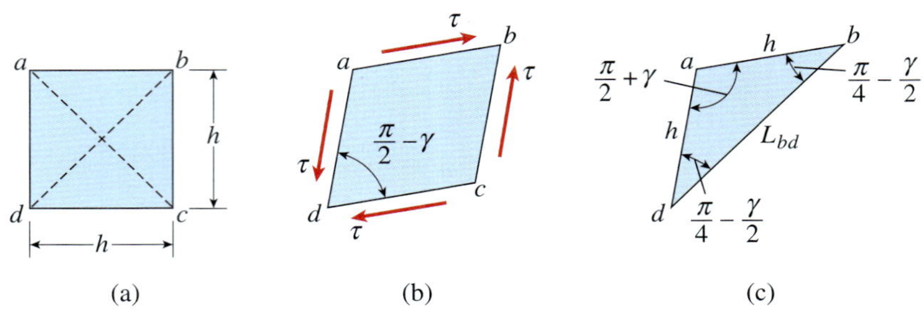

그림 9-32
순수전단응력 상태의 변형된 형상

다른 변의 길이는 h이다. 삼각형의 각도 adb는 마름모의 각도 adc의 절반 또는 $\pi/4 - \gamma/2$이다. 삼각형에서 각도 abd도 같다. 그러므로 삼각형의 각도 dab는 $\pi/2 + \gamma$와 같다. 삼각형 abd에서 코사인 법칙(부록 A 참조)을 이용하여 다음을 얻고

$$L_{bd}^2 = h^2 + h^2 - 2h^2 \cos\left(\frac{\pi}{2} + \gamma\right)$$

식 (9-33)의 L_{bd}를 대입하여 간단히 정리하면

$$(1 + \varepsilon_{\max})^2 = 1 - \cos\left(\frac{\pi}{2} + \gamma\right)$$

이 식의 좌항을 전개하고 $(\pi/2 + \gamma) = -\sin\gamma$를 이용하면 다음을 얻는다.

$$1 + 2\varepsilon_{\max} + \varepsilon_{\max}^2 = 1 + \sin\gamma$$

$\varepsilon_{\max}$와 γ가 매우 작은 변형률이므로 $\varepsilon_{\max}^2$는 $2\varepsilon_{\max}$에 비해 매우 작아서 무시하고, $\sin\gamma$를 γ로 대치할 수 있다. 결과적인 표현식은 아래와 같으며

$$\varepsilon_{\max} = \frac{\gamma}{2} \qquad \textbf{(9-34)}$$

이러한 관계식은 이미 9.5절의 식 (9-32)에서 정립하였다.

식 (9-34)에 나타나는 전단변형률 γ는 훅의 법칙[식 (9-30)]에 의해 τ/G와 같고, 수직변형률 $\varepsilon_{\max}$는 식 (9-31)에 의해 $\tau(1+\nu)/E$와 같다. 이 두 항을 식 (9-34)에 대입하면 다음의 식을 얻는다.

$$G = \frac{E}{2(1 + \nu)} \qquad \textbf{(9-35)}$$

따라서 E, G, ν는 선형 탄성체의 독립적 특성이 아님을 알 수 있다. 만약 이들 중 두 개를 알면, 세 번째 변수는 식 (9-35)로부터 계산할 수 있다.

전형적인 E, G, ν의 값은 부록 F의 표 F-2에 나와 있다.

9.7 원형 축의 동력 전달

원형 축은 자동차의 구동축, 선박의 프로펠러 축, 자전거의 축과 같이 하나의 장치나 기계로부터 다른 장치로 기계적 동력을 전달하는 중요한 역할을 수행한다. 동력은 축

의 회전에 의해 전달되고, 전달되는 동력의 크기는 토크의 크기 및 회전속도에 의해 결정된다. 설계 시 주요하게 결정되어야 하는 것은 사용된 재료의 허용응력을 초과하지 않으면서 주어진 회전속도에서 동력을 전달하는 축의 크기를 결정하는 것이다.

모터에 의해 구동되는 축(그림 9-33)이 초당 라디안(rad/s)으로 측정되는 각속도 ω로 회전하고 있다고 가정하자. 이 축은 토크 T를 장치에 전달하고(그림에는 표시되지 않음) 이는 유용한 일을 수행한다. 축에 의해 외부 장치에 전달된 토크는 같은 각속도 ω를 갖고, 즉 이 벡터는 왼쪽을 향한다. 그러나 그림에서 보이는 토크는 기구에 의해 축에 전달되는 토크이므로 벡터는 반대방향이다.

그림 9-33

각속도 ω로 일정한 토크 T를 전달하는 축

일반적으로 일정한 크기를 갖는 토크가 한 일 W는 토크와 회전한 각도를 곱한 값과 같다. 즉

$$W = T\psi \tag{9-36}$$

ψ는 라디안 단위의 회전각이다.

동력(power)은 일의 시간당 변화율이거나 또는 다음과 같고

$$P = \frac{dW}{dt} = T\frac{d\psi}{dt} \tag{9-37}$$

P는 동력, t는 시간을 표시한다. 각 변위 ψ의 변화율 $d\psi/dt$는 각속도 ω이고, 그러므로 다음과 같은 식으로 된다.

$$P = T\omega \quad (\omega = \text{rad/s}) \tag{9-38}$$

기초 물리학으로부터 친숙한 이 식은 일정한 토크 T를 전달하는 회전축의 전달 동력을 구하는 데 이용된다.

식 (9-38)에서 사용되는 **단위**는 다음과 같다. 만약 토크 T가 뉴턴미터라면 동력은 와트(W)가 된다. 1와트는 초당 1뉴턴미터(또는 초당 1줄)와 같다.

각속도는 흔히 단위시간당 회전 수인 회전주파수 f로 표시된다. 주파수의 단위는 헤르츠(Hz)이며 초당 회전 수(s^{-1})이다. 1회전은 2π 라디안이므로

$$\omega = 2\pi f \quad (\omega = \text{rad/s},\ f = \text{Hz} = \text{s}^{-1}) \tag{9-39}$$

그러면 동력에 관한 식[식 (9-3)]은 다음과 같이 된다.

$$P = 2\pi fT \quad (f = \text{Hz} = \text{s}^{-1}) \tag{9-40}$$

그 밖에 흔히 사용되는 단위는 분당 회전 수(rpm)이며 문자 n으로 나타낸다. 이는 다음과 같다.

$$n = 60f \tag{9-41}$$

그리고

$$P = \frac{2\pi nT}{60} \quad (n = \text{rpm}) \tag{9-42}$$

식 (9-40)과 (9-42)에서 P와 T는 식 (9-38)과 같은 단위를 갖는다. 즉 T가 뉴턴미터 단

위를 가지면 P는 와트 단위이다.

미국의 공학적 실무에서 동력은 종종 550 ft-lb/s와 같은 크기인 마력(hp)으로 표시한다. 그러므로 회전축에 전달되는 마력 H는 다음과 같다.

$$H = \frac{2\pi nT}{60(550)} = \frac{2\pi nT}{33,000} \quad (n = \text{rpm},\ T = \text{lb-ft},\ H = \text{hp}) \tag{9-43}$$

1마력은 대략 746와트이다.

앞의 식들은 축에 작용하는 토크와 축이 전달하는 동력 사이의 관계식이다. 일단 토크를 알면 9.2절부터 9.5절까지 설명된 바와 같이 전단응력, 전단변형률, 비틀림각 및 그 밖의 요구되는 양을 구할 수 있다.

다음의 예제는 회전축을 해석하는 과정의 예시이다.

예제 9-7

속이 찬 강철로 된 축은 점 B의 기어에 30 kW의 동력을 전달하고 있다(그림 9-34). 강철의 허용 전단응력은 42 MPa이다.

(a) 500 rpm으로 작동하기 위하여 요구되는 축의 지름 d는 얼마인가?

(b) 3,000 rpm으로 작동하기 위하여 요구되는 지름 d는 얼마인가?

그림 9-34

예제 9-7: 비틀림을 받는 강철 축

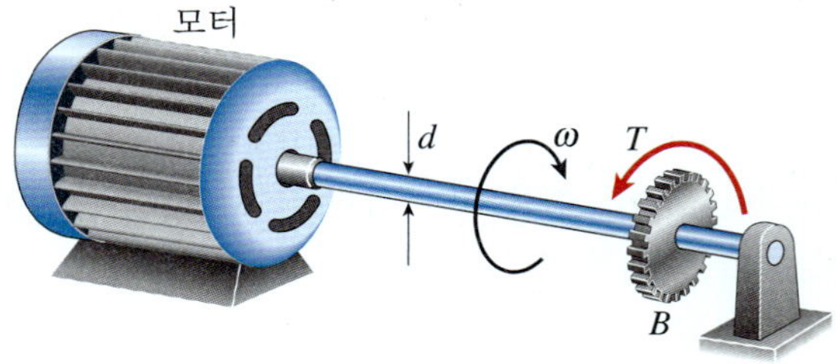

풀이

4단계 문제풀이 접근방법을 사용한다. 효율적인 문제풀이를 위해 필요에 따라 단계를 합한다.

Part (a): 500 rpm으로 작동하는 모터

1, 2. 개념화, 분류 동력과 회전속도를 알고 있으므로 식 (9-43)을 이용하여 축에 작용하는 토크 T를 구할 수 있다. 이 식을 T에 대해 풀이하면

$$T = \frac{60P}{2\pi n} = \frac{60(30\text{ kW})}{2\pi(500\text{ rpm})} = 573\text{ N}\cdot\text{m}$$

이 토크는 축에 의해서 모터로부터 기어로 전달된다.

축의 최대 전단응력은 수정된 비틀림 공식[식 (9-14)]으로부터 구할 수 있다.

$$\tau_{\max} = \frac{16T}{\pi d^3}$$

3. 해석 이 식을 지름 d에 대해 풀고, τ_{max} 대신 τ_{allow}를 대입하면

$$d^3 = \frac{16T}{\pi\tau_{allow}} = \frac{16(573\ \mathrm{N\cdot m})}{\pi(42\ \mathrm{MPa})} = 6.948 \times 10^{-5}\ \mathrm{m}^3$$

이 식으로부터 다음을 얻는다.

$$d = 41.1\ \mathrm{mm}$$

4. 최종 단계 허용 전단응력을 초과하지 않으려면 축의 지름은 최소한 이 값보다 커야 한다.

Part (b): 3,000 rpm으로 작동하는 모터

1, 2. 개념화, 분류 파트 (a)에서와 같은 순서를 따른다.

3. 해석 토크 T와 지름 d는 다음과 같다.

$$T = \frac{60\,P}{2\pi n} = \frac{60(30\ \mathrm{kW})}{2\pi(3000\ \mathrm{rpm})} = 95.49\ \mathrm{N\cdot m}$$

$$d^3 = \frac{16T}{\pi\tau_{allow}} = \frac{16(95.49\ \mathrm{N\cdot m})}{\pi(42\ \mathrm{MPa})} = 1.158 \times 10^{-5}\ \mathrm{m}^3$$

$$d = 22.6\ \mathrm{mm}$$

이 값은 (a)에서 구한 지름의 값보다 작다.

4. 최종 단계 이 예제는 회전속력이 높을수록 요구되는 축의 지름이 작아진다는 것을 보여준다(같은 동력 및 허용응력에서).

예제 9-8

지름이 50 mm인 속이 찬 강철 축 ABC(그림 9-35a)가 점 A에서 모터에 의해 50 kW 동력을 10 Hz로 전달한다. 기어 B와 C는 기계를 구동하기 위하여 각각 35 kW와 15 kW가 요구된다.

축에서 발생하는 최대 전단응력 τ_{max}와 점 A의 모터와 점 C 기어 사이의 비틀림각 ϕ_{AC}를 계산하시오(단, $G = 80$ GPa을 사용한다).

풀이

4단계 문제풀이 접근방법을 사용한다.

1. 개념화

축에 작용하는 토크: 해석은 모터와 두 개의 기어에 걸리는 토크를 구하는 것으로 시작한다. 모터는 10 Hz로 50 kW의 동력을 공급하므로 식 (9-40)으로부터 계산되는 축의 점 A에서 토크 T_A를 발생시킨다(그림 9-35b).

그림 9-35

예제 9-8: 비틀림을 받는 강철 축

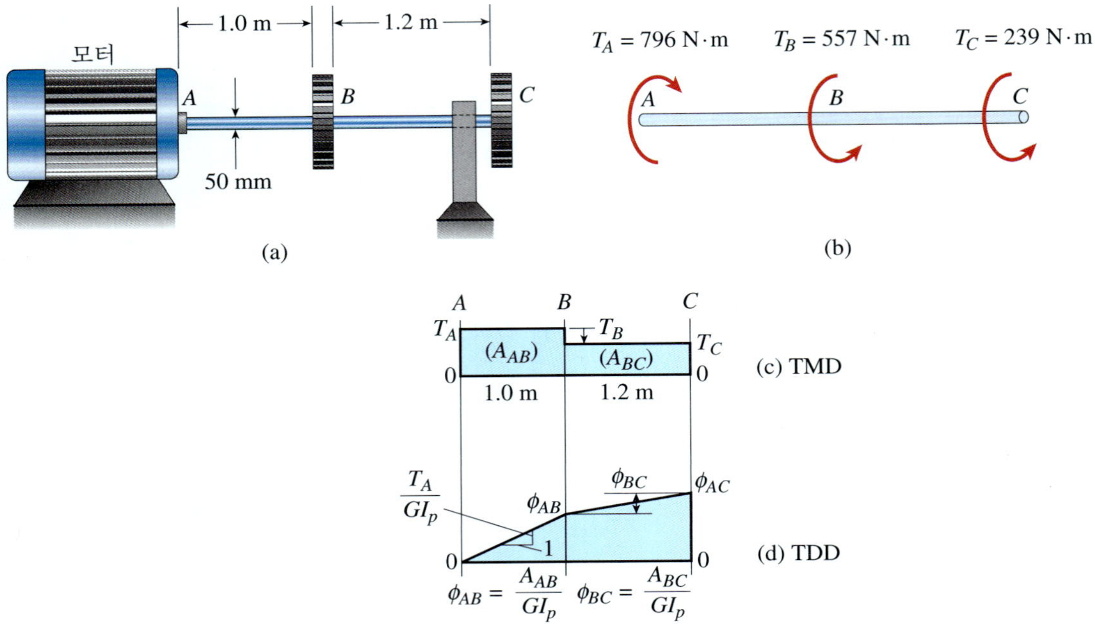

$$T_A = \frac{P}{2\pi f} = \frac{50\text{ kW}}{2\pi(10\text{ Hz})} = 796\text{ N}\cdot\text{m}$$

같은 방법으로, 기어에 의해 축에 가해지는 토크 T_B와 T_C는 다음과 같이 계산된다.

$$T_B = \frac{P}{2\pi f} = \frac{35\text{ kW}}{2\pi(10\text{ Hz})} = 557\text{ N}\cdot\text{m}$$

$$T_C = \frac{P}{2\pi f} = \frac{15\text{ kW}}{2\pi(10\text{ Hz})} = 239\text{ N}\cdot\text{m}$$

이러한 토크가 축의 자유물체도에 나타나 있다(그림 9-35b). 기어에 의해 작용하는 토크의 방향이 모터에 의해 작용하는 토크와 반대방향인 것에 주목하라(T_A를 모터에 의해 축에 작용하는 '하중'으로 생각하면, 토크 T_B와 T_C는 기어의 '반력'이 된다).

축의 두 개의 내부 구간에 작용하는 내부 토크는 그림 9-35b의 자유물체도로부터 (관찰을 통해) 구한다.

$$T_{AB} = 796\text{ N}\cdot\text{m} \qquad T_{BC} = 239\text{ N}\cdot\text{m}$$

그림 9-35c에 TMD가 도시되어 있다.

2. **분류** 두 개의 내부 토크는 같은 방향으로 작용한다. 따라서 전체 비틀림각을 구하기 위하여 구간 AB와 BC의 비틀림각을 더한다(구체적으로, 두 토크는 9.4절에서 도입한 부호 규약에 따라 양이다).

3. 해석

전단응력과 비틀림각: 축 구간 AB의 전단응력과 비틀림각은 식 (9-14)와 (9-17)로부터 일반적인 방법으로 구할 수 있다.

$$\tau_{AB} = \frac{16T_{AB}}{\pi d^3} = \frac{16(796\ \text{N}\cdot\text{m})}{\pi(50\ \text{mm})^3} = 32.4\ \text{MPa}$$

$$\phi_{AB} = \frac{T_{AB}L_{AB}}{GI_p} = \frac{(796\ \text{N}\cdot\text{m})(1.0\ \text{m})}{(80\ \text{GPa})\left(\frac{\pi}{32}\right)(50\ \text{mm})^4} = 0.0162\ \text{rad}$$

구간 BC에서 대응되는 값은 다음과 같다.

$$\tau_{BC} = \frac{16T_{BC}}{\pi d^3} = \frac{16(239\ \text{N}\cdot\text{m})}{\pi(50\ \text{mm})^3} = 9.7\ \text{MPa}$$

$$\phi_{BC} = \frac{T_{BC}L_{BC}}{GI_p} = \frac{(239\ \text{N}\cdot\text{m})(1.2\ \text{m})}{(80\ \text{GPa})\left(\frac{\pi}{32}\right)(50\ \text{mm})^4} = 0.0058\ \text{rad}$$

4. 최종 단계 그러므로 축의 최대 전단응력은 구간 AB에서 나타나며, 그 값은

$$\tau_{\max} = 32.4\ \text{MPa}$$

또한 점 A 모터와 점 C 기어 사이의 전체 비틀림각은

$$\phi_{AC} = \phi_{AB} + \phi_{BC} = 0.0162\ \text{rad} + 0.0058\ \text{rad} = 0.0220\ \text{rad} = 1.26°$$

그림 9-35d에는 TDD가 도시되어 있다. 앞서 설명한 대로, 축의 두 부분은 같은 방향으로 비틀어졌으므로 비틀림각은 합해져야 한다.

9.8 부정정 비틀림 부재

앞선 절에서 언급된 봉과 축의 모든 내부 토크와 반력을 자유물체도와 평형 방정식으로부터 구할 수 있으므로 정역학적으로 결정할 수 있는 **정정** 구조물이다. 그러나 봉에 고정 지지부와 같은 구속이 추가되면 평형 방정식만으로 토크를 결정하는 것은 적절하지 않다. 이러한 봉은 정역학적으로 결정할 수 없는 **부정정 구조물**로 분류된다. 이런 종류의 비틀림 부재는 회전변위와 관련된 식을 적합 방정식으로 평형 방정식을 보완하여 해석할 수 있다. 그러므로 일반적인 비틀림을 받는 부정정 비틀림 부재의 해석은 8.4절에서 축하중을 받는 부정정 봉에서 기술한 것과 같은 방법으로 해석이 가능하다.

해석의 첫 번째 단계는 주어진 물리적 조건하에서 자유물체도로부터 **평형 방정식**을 쓰는 것이다. 평형 방정식에서의 미지수는 내부 토크이거나 반력 토크이다.

해석의 두 번째 단계는 비틀림각에 관련된 물리적 조건에 기초하여 **적합 방정식**을 설정하는 것이다. 결과적으로 적합 방정식에서 미지수는 비틀림각이다.

그림 9-36

비틀림을 받는 부정정 봉

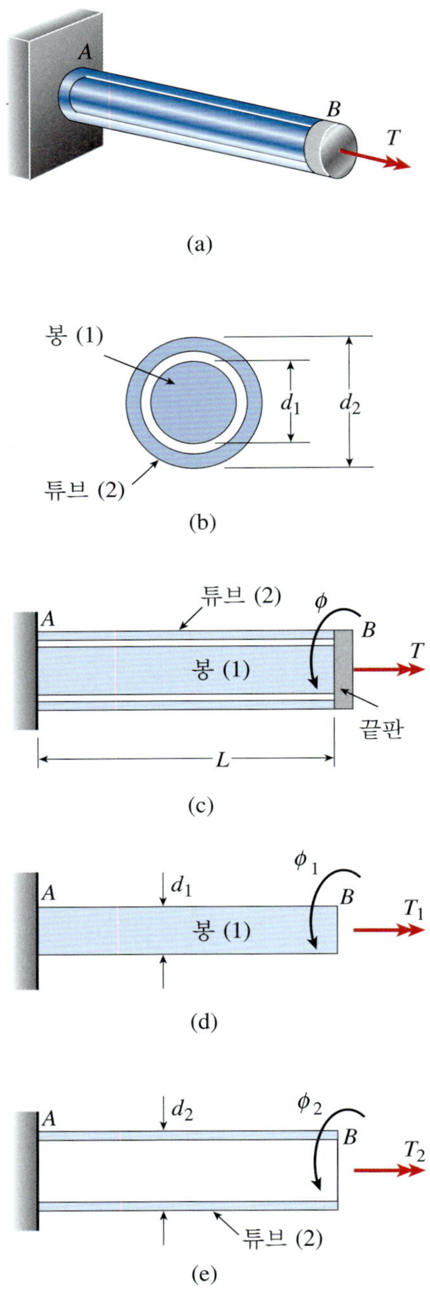

해석의 세 번째 단계는 $\phi = TL/GI_p$와 같은 **토크-변위 관계식**으로 비틀림각과 토크를 연계하는 것이다. 이 관계식을 적합 방정식에 도입하게 되면, 그 식은 토크를 미지수로 하는 방정식이 된다. 따라서 미지수인 토크를 결정하기 위한 최종 단계는 평형 방정식과 적합 방정식을 연립하여 계산하는 것이다.

풀이 방법을 설명하기 위하여 그림 9-36a의 복합 봉 AB를 해석한다. 이 봉은 A점에서 고정 지지되어 있고 B지점에서 토크 T가 작용한다. 더 나아가 봉은 두 부분으로 구성되어 있다. 속이 찬 봉과 관(그림 9-36b, c)으로 이루어져 있으며, B지점에서 강체 판으로 봉과 관이 연결되어 있다.

편의상 봉과 관(그리고 그것의 물성치)을 각각 숫자 1과 2로 구별하여 표시한다. 예를 들어 봉의 지름은 d_1 그리고 관의 바깥지름은 d_2이다. 봉과 관에는 작은 틈이 있다. 그러므로 관의 안지름은 봉의 직경 d_1보다 약간 더 크다.

복합 봉에 토크 T가 작용하면 아래 판은 작은 각도 ϕ만큼 회전하고(그림 9-36c), 봉과 관에 각각 T_1과 T_2의 토크가 걸린다(그림 9-36d, e). 평형 조건으로부터 두 토크의 합이 작용된 토크와 같음을 알 수 있으며, **평형 방정식**은 다음과 같다.

$$T_1 + T_2 = T \tag{9-44}$$

이 방정식은 두 개의 미지수(T_1과 T_2)를 포함하고 있으므로 복합 봉은 부정정 구조물이다.

두 번째 방정식을 얻기 위하여 봉과 관의 회전 변위를 고려해야 한다. 봉(그림 9-36d)의 비틀림각이 ϕ_1, 관(그림 9-36e)의 비틀림각이 ϕ_2임을 주목하라. 이 각은 아래 판에 의해 견고하게 고정되어 있으므로 값이 동일해야 한다. 결론적으로 **적합 방정식**은

$$\phi_1 = \phi_2 \tag{9-45}$$

각 ϕ_1과 ϕ_2는 각각 토크 T_1과 T_2와 선형 탄성체의 경우 $\phi = TL/GI_p$인 **토크-변위 관계식**으로 연계되어 있다. 그러므로

$$\phi_1 = \frac{T_1 L}{G_1 I_{p1}} \qquad \phi_2 = \frac{T_2 L}{G_2 I_{p2}} \tag{9-46a, b}$$

G_1과 G_2는 재료의 전단 탄성계수이고, I_{p1}과 I_{p2}는 각 단면의 극관성 모멘트이다.

앞서 구한 ϕ_1과 ϕ_2 표현식을 식 (9-45)에 대입하면 적합 방정식은

$$\frac{T_1 L}{G_1 I_{p1}} = \frac{T_2 L}{G_2 I_{p2}} \tag{9-47}$$

두 개의 방정식[식 (9-44)와 (9-47)]은 두 개의 미지수가 있으며, 토크 T_1과 T_2에 대해서 풀면 다음을 얻는다.

$$T_1 = T\left(\frac{G_1I_{p1}}{G_1I_{p1} + G_2I_{p2}}\right) \qquad T_2 = T\left(\frac{G_2I_{p2}}{G_1I_{p1} + G_2I_{p2}}\right) \qquad \textbf{(9-48a, b)}$$

두 개의 토크를 구하였으므로 부정정 구조물 해석의 필수적인 부분이 완성되었다. 그 밖에 모든 다른 값(즉 비틀림 응력 및 각도)은 토크로부터 구할 수 있다.

앞서 서술한 내용은 일반적으로 비틀림을 받는 부정정 시스템을 해석하는 것이다. 다음 예제에서 양단의 고정된 봉을 해석하는 데 같은 방법을 사용할 것이다. 모든 예제와 문제는 선형 탄성 재료로 제작되었다고 가정한다. 그러나 일반적인 방법은 토크-변위 관계식에서 차이가 있는 비선형 물질로 만들어진 봉에도 적용할 수 있다.

예제 9-9

그림 9-37a, b와 같이 봉 ACB가 양단에 고정되어 있고 점 C에서 토크 T_0을 받고 있다. 봉의 AC와 CB 구간의 지름은 각각 d_A와 d_B이고, 길이는 L_A와 L_B, 극관성 모멘트는 I_{pA}와 I_{pB}이다. 봉의 재료는 봉 전체 영역에 걸쳐 동일하다.

(a) 양단의 반력 토크 T_A와 T_B의 공식을 구하시오.

(b) 봉의 각 구간에서 최대 전단응력 τ_{AC}와 τ_{CB}의 공식을 구하시오.

(c) 하중 T_0이 작용하는 단면에서의 비틀림각 ϕ_C의 공식을 구하시오.

풀이

4단계 문제풀이 접근방법을 사용한다. 효율적인 문제풀이를 위해 필요에 따라 단계를 합한다.

1, 2. 개념화, 분류

평형 방정식: 하중 T_0은 그림 9-37a, b에서와 같이 봉의 양단에서 반력 T_A와 T_B를 발생시킨다. 따라서 봉의 평형식으로부터 다음을 얻는다.

$$T_A + T_B = T_0 \qquad \textbf{(a)}$$

이 방정식에 두 개의 미지수가 있기 때문에(그리고 다른 유용한 평형 방정식이 없음) 봉은 부정정이다.

적합 방정식: 이제 봉을 끝 지지점 B로부터 분리하면, 점 A는 고정이 되어 있지만 점 B는 자유단인 봉을 얻는다(그림 9-37c, d). 하중 T_0이 홀로 작용하면(그림 9-37c), 점 B에서 ϕ_1로 표현되는 비틀림각이 발생한다. 마찬가지로 반력 토크 T_B가 홀로 작용하면, ϕ_2로 표현되는 비틀림각이 발생한다(그림 9-37d). 원래 봉의 점 B 비틀림각은 0이며, 이것은 ϕ_1과 ϕ_2의 합과 같다. 그러므로 적합 방정식은

$$\phi_1 + \phi_2 = 0 \qquad \textbf{(b)}$$

ϕ_1과 ϕ_2는 그림과 같이 방향이 양으로 가정됨에 주목하자.

토크-변위 방정식: 그림 9-37c와 d를 참조하고 식 $\phi = TL/GI_P$를 이용하여 ϕ_1과 ϕ_2를 다음과 같이 토크 T_0과 T_B의 항으로 표현할 수 있다.

그림 9-37

예제 9-9: 비틀림을 받는 부정정 봉

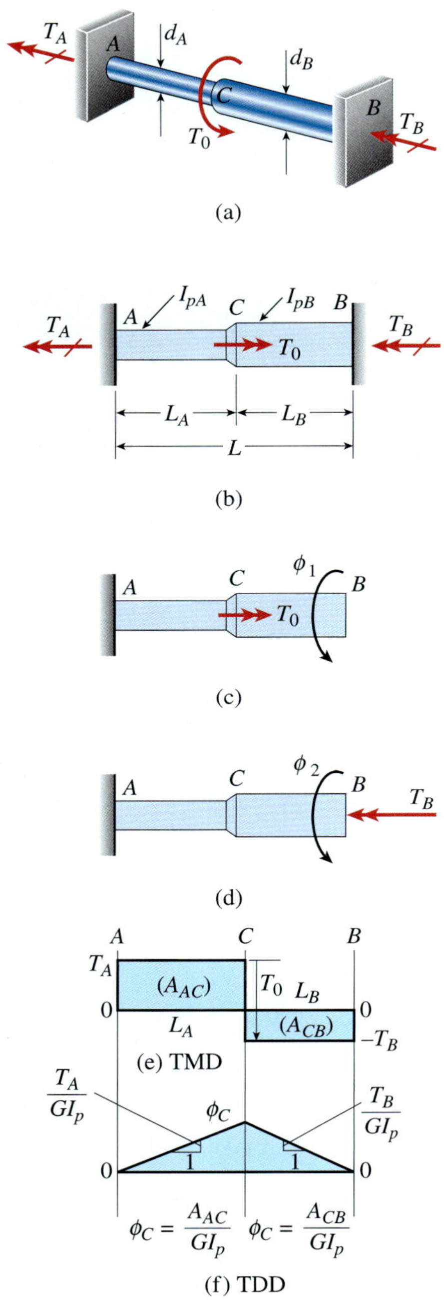

$$\phi_1 = \frac{T_0 L_A}{GI_{pA}} \qquad \phi_2 = -\frac{T_B L_A}{GI_{pA}} - \frac{T_B L_B}{GI_{pB}} \tag{c, d}$$

식 (d)의 음의 부호는 T_B가 양의 방향 ϕ_2와 반대방향으로 회전을 시키기 때문에 나타난다.

이제 비틀림각 식[식 (c)와 (d)]을 적합 방정식[식 (b)]에 대입하면 다음을 얻는다.

$$\frac{T_0 L_A}{GI_{pA}} - \frac{T_B L_A}{GI_{pA}} - \frac{T_B L_B}{GI_{pB}} = 0$$

또는

$$\frac{T_B L_A}{I_{pA}} + \frac{T_B L_B}{I_{pB}} = \frac{T_0 L_A}{I_{pA}} \tag{e}$$

3. 해석

방정식의 해: 앞의 방정식을 토크 T_B에 대하여 풀 수 있으며, 이 값을 평형 방정식[식 (a)]에 대입하여 토크 T_A를 구한다. 그 결과는

$$T_A = T_0\left(\frac{L_B I_{pA}}{L_B I_{pA} + L_A I_{pB}}\right)$$
$$T_B = T_0\left(\frac{L_A I_{pB}}{L_B I_{pA} + L_A I_{pB}}\right) \tag{9-49a, b}$$

그러므로 봉의 양단의 반력 토크가 구해졌으며 부정정 시스템의 해석이 완료되었다.

특별한 경우로 봉이 균일 단면을 가지면($I_{pA}=I_{pB}=I_p$), 앞의 결과는 다음과 같이 간략해진다.

$$T_A = \frac{T_0 L_B}{L} \qquad T_B = \frac{T_0 L_A}{L} \tag{9-50a, b}$$

여기서 L은 봉 전체의 길이이다. 이 방정식들은 축하중을 받는 양단이 고정된 봉의 반력에 대한 식과 유사하다[식 (8-12a, b) 참조]. 이 특별한 경우의 TMD는 그림 9-37e에 도시되어 있다.

최대 전단응력: 봉의 각 부분의 최대 전단응력은 비틀림 공식으로부터 직접 구할 수 있다.

$$\tau_{AC} = \frac{T_A d_A}{2I_{pA}} \qquad \tau_{CB} = \frac{T_B d_B}{2I_{pB}}$$

식 (9-49a, b)의 식을 대입하면

$$\tau_{AC} = \frac{T_0 L_B d_A}{2(L_B I_{pA} + L_A I_{pB})} \qquad \tau_{CB} = \frac{T_0 L_A d_B}{2(L_B I_{pA} + L_A I_{pB})} \tag{9-51a, b}$$

곱 $L_B d_A$와 곱 $L_A d_B$의 값을 비교하면, 봉의 어느 구간에서 더 큰 응력이 걸리는지 바로 확인할 수 있다.

회전각: 단면 C에서의 회전각 ϕ_C는 양쪽 구간이 단면 C에서 같은 각으로 회전하기 때문에 어느 구간과도 비틀림각이 같다. 그러므로 비틀림각은

$$\phi_C = \frac{T_A L_A}{G I_{pA}} = \frac{T_B L_B}{G I_{pB}} = \frac{T_0 L_A L_B}{G(L_B I_{pA} + L_A I_{pB})} \tag{9-52}$$

균일한 단면을 가진 봉($I_{pA} = I_{pB} = I_p$)의 특별한 경우에 하중이 작용하는 점의 회전각은

$$\phi_C = \frac{T_0 L_A L_B}{G L I_p} \tag{9-53}$$

그림 9-37f에는 균질한 봉의 TDD가 도시되어 있다.

4. **최종 단계** 이 예제는 부정정 봉의 해석뿐 아니라 응력과 회전각을 구하는 기법을 보여주었다. 더 나아가 이 예제에서 얻은 결과는 속이 차거나 속이 빈 구간을 갖는 봉에서도 유효한 결과를 얻는다는 것에 주목하자.

9.9 원형 단면을 갖지 않는 균일한 축의 비틀림

이 장의 9.1절에서 9.8절까지는 원형 단면을 갖는 축만 다루었다. 원형 단면(속이 차 있거나 비거나 관계없이)을 갖는 축은 비틀림 모멘트를 받으면 단면이 뒤틀리지 않는다. 평면 단면이 평형을 유지하고(그림 9-38에 보이는 것과 같이), 전단응력과 전단변형률이 축의 중심으로 바깥 면($\rho = r$)까지 선형적으로 변한다. 이제 비원형 단면을 갖는 길이가 L인 균일한 축이 한 끝에서 토크 T를 받는다고 하자. 이 단면은 차 있거나(그림 9-38에서 보이는 바와 같이 타원형, 삼각형, 사각형과 같은) 또는 그림 9-39에 묘사된 바와 같이 I형 단면, 채널, Z형 단면을 갖는 열린 단면일 수 있다.

이러한 비원형 단면이 비틀림 모멘트를 받으면 단면이 뒤틀리며 이러한 뒤틀림이 단면의 전단응력과 전단변형률을 변화시킨다. 이제 더 이상 전단응력을 구하기 위하여 식 (9-13)의 **비틀림 공식**을 사용할 수 없고 식 (9-17)과 같은 **토크-변위 관계식**도 적용할 수 없다. 예를 들어, 길이가 L인 사각형 봉이 토크 T에 의해 뒤틀린 변형이 그림 9-40a에 도시되어 있다. 단면은 여전히 사각형이나 봉의 표면에 그려진 격자들이 그림과 같이 변형되어 있고, $+/-x$ 변위는 단면 밖으로 뒤틀린 x 변위를 의미한다. 그림 9-40b에 사각형 단면을 가진 봉의 비틀림에 의한 전단응력 분포가 나타나 있다. 구석에서의 전단응력은 0이고 최대 전단응력은 긴 변의 중앙에서 나타난다(그림 9-38 및 9-40b의 점 A). 비원형 단면을 갖는 축의 비틀림을 서술하기 위해서는 생브낭에 의해 개발된 고급 이론이 필요하다. 그림 9-38과 9-39에서 최대 전단응력과 비틀림각을 구

그림 9-38

속이 찬 타원형, 삼각형, 사각형 단면

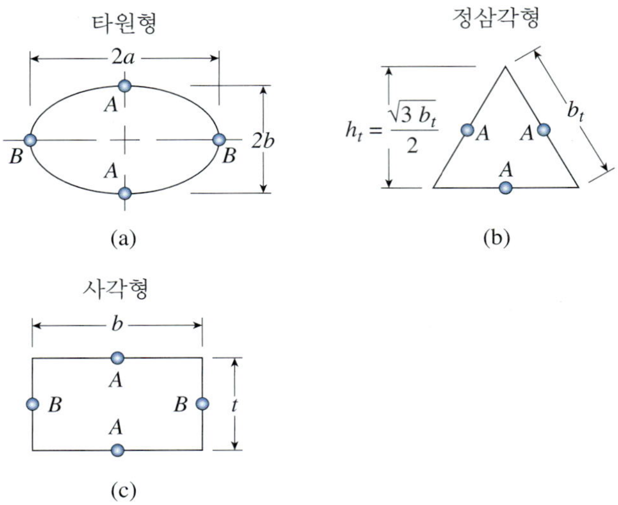

그림 9-39

얇은 열린 단면들: I형, 채널, Z형

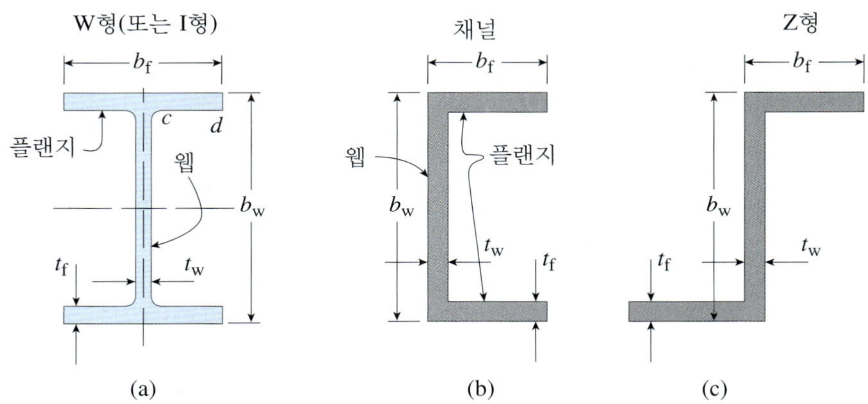

하기 위한 간단한 식을 소개하고, 예제 9-10과 9-11에서 이를 계산에 사용한다. 그러나 식의 유도는 본 내용의 범주를 벗어난다. **탄성이론**과 **유한요소법** 같은 후속 과정에서 배우는 이론에서 분석의 세부 내용을 다룬다.

전단응력 분포와 비틀림각

다음에서 비틀림 모멘트 T와 다양한 비원형 단면을 갖는 봉의 세 가지 중요한 항목과의 기본적인 관계식을 제시한다.

세 가지 중요한 항목은 다음과 같다.

1. 단면에서의 최대 전단응력 τ_{max}의 위치와 크기
2. 비틀림 강성 GJ
3. 길이가 L인 봉의 비틀림각 ϕ

상수 G는 탄성물체의 전단 탄성계수이고, J는 단면의 **비틀림 상수**이다. 원형 단면을

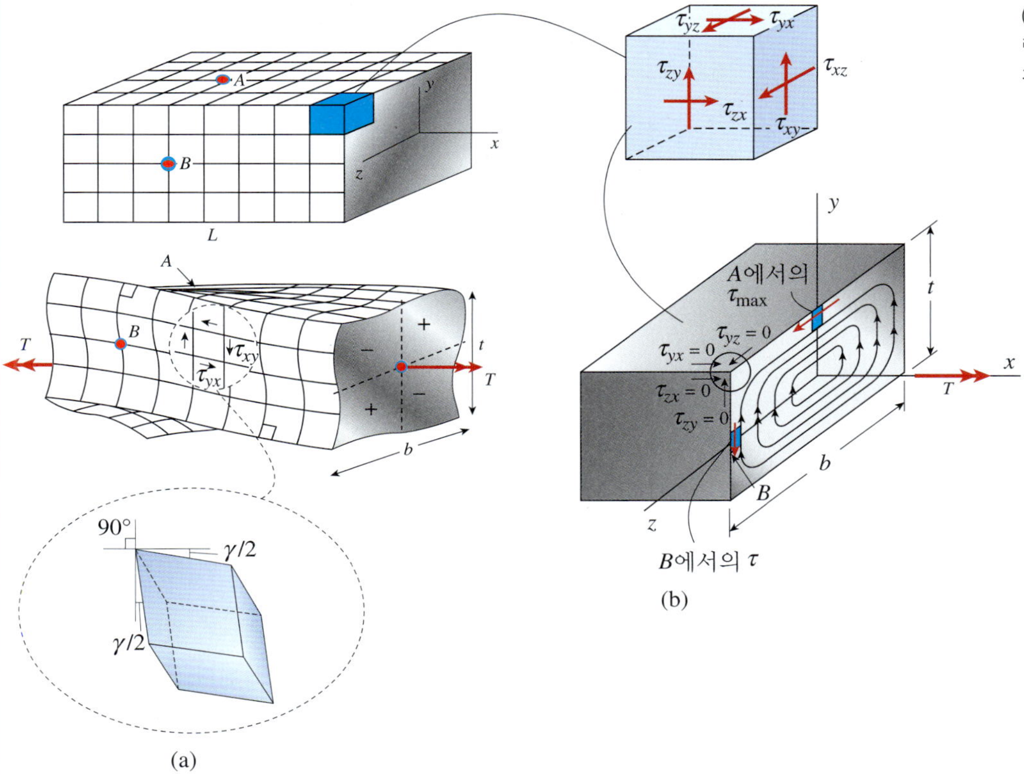

그림 9-40

(a) 사각형 단면을 갖는 봉의 비틀림, (b) 비틀림 모멘트 T를 받는 사각형 단면 봉의 전단응력 분포

가진 봉의 경우에만 상수 J가 극관성 모멘트 I_p가 되는 것에 주목하라.

타원형, 삼각형, 사각형 단면

타원형 단면(장축 $2a$, 단축 $2b$, 면적 $A = \pi ab$)을 갖는 봉의 전단응력이 그림 9-41에 나와 있다. 최대 전단응력은 단축의 끝에 위치하고 다음 식을 이용하여 구할 수 있다.

$$\tau_{max} = \frac{2T}{\pi ab^2} \tag{9-54}$$

여기에서 a는 b보다 크거나 같다. 길이 L인 타원형 봉의 비틀림각 ϕ는 다음과 같이 표현할 수 있다.

$$\phi = \frac{TL}{GJ_e}$$

여기서 비틀림 상수 J_e는

$$J_e = \frac{\pi a^3 b^3}{a^2 + b^2} \tag{9-55a, b}$$

만약 $a = b$이면 타원 단면이 **속이 찬 원형 단면**이 되어 J_e는 극관성 모멘트 I_p가 되고[식 (9-12)], 식 (9-54)와 (9-55a)가 각각 식 (9-13)과 (9-17)로 된다.

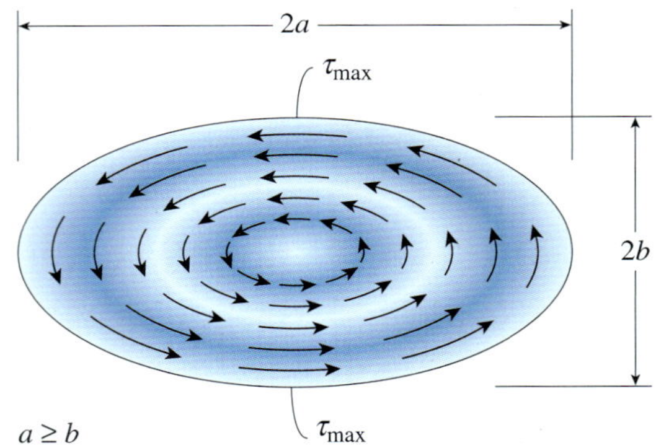

그림 9-41
타원형 단면의 전단응력 분포

다음으로 **정삼각형 단면**(그림 9-38b)을 갖는 길이가 L인 축이 토크 T를 받은 경우를 고려해본다. 각 변의 길이가 b_t, 그리고 삼각형 높이가 h_t이다. 비틀림 상수 J_t는

$$J_t = \frac{h_t^4}{15\sqrt{3}} \tag{9-56}$$

최대 전단응력은 **각 변의 중앙점**(그림 9-38b의 점 A)에서 나타난다. 길이가 L인 정삼각형 단면 봉의 최대 전단응력과 비틀림각 ϕ는 다음과 같이 표현된다.

$$\tau_{\max} = \frac{T\left(\dfrac{h_t}{2}\right)}{J_t} = \frac{15\sqrt{3}T}{2h_t^3} \tag{9-57}$$

여기에서 J_t와 ϕ는 각각 다음과 같다.

$$J_t = \frac{h_t^4}{15\sqrt{3}}$$

$$\phi = \frac{TL}{GJ_t} = \frac{15\sqrt{3}TL}{Gh_t^4} \tag{9-58}$$

마지막으로 **사각형 단면**($b \times t$, $b/t \geq 1$)(그림 9-38c 및 9-40 참조)을 고려해본다. 탄성 이론의 해에 의해 단면에서 **점 A의 최대 전단응력** 및 다양한 b/t 비에 따른 비틀림각은 다음과 같이 주어진다.

$$\tau_{\max} = \frac{T}{k_1 bt^2} \tag{9-59}$$

$$\phi = \frac{TL}{(k_2 bt^3)G} = \frac{TL}{GJ_r} \tag{9-60}$$

여기에서 $J_r = k_2 bt^3$이고 무차원 상수 k_1과 k_2는 표 9-1에 나와 있다.

타원형, 삼각형, 사각형 단면을 갖는 축의 **최대 전단응력은 원형 단면과는 달리 축의 중앙에서 가장 멀리 떨어진 곳에서는 일어나지 않는다**는 점은 특히 중요하다. 그 대신 최대 전단변형률과 응력은 각 변의 중앙점에서 일어난다. 사실 사각형이나 삼각

b/t	1.00	1.50	1.75	2.00	2.50	3.00	4	6	8	10	∞
k_1	0.208	0.231	0.239	0.246	0.258	0.267	0.282	0.298	0.307	0.312	0.333
k_2	0.141	0.196	0.214	0.229	0.249	0.263	0.281	0.298	0.307	0.312	0.333

표 9-1

사각형 봉의 무차원 상수

형 단면의 경우 구석에서의 응력은 0이다(예를 들어 그림 9-40a에서 사각형 단면에서 전단변형률이 구석에서 0인 것으로 나타났다).

얇고 열린 단면: I형, 앵글, 채널, Z형

열린 단면을 갖는 금속 구조물(그림 9-39 참조)은 가해진 비틀림 모멘트의 반응과 비틀림 특성을 계산하기 위하여 사각형의 결합체로 나타낸다. 전형적인 강 구조물의 비틀림 상수는 공학 핸드북과 매뉴얼에 표로 나와 있으며, 플랜지와 웹의 사각형을 사용한 것보다 10% 정도 높게 나와 있다. 그러므로 여기에 소개된 식들을 이용하여 최대 전단응력과 비틀림각을 계산하면 어느 정도 보수적인 값이 나온다.

전체 토크는 플랜지와 웹에서 감당하는 토크의 합과 같다고 가정한다. 먼저 플랜지 b_f/t_f 비를 계산한다(단면 치수는 그림 9-39 참조). 그 후 표 9-1(필요시 보간법 사용)로부터 상수 k_2를 구한다. 웹의 경우 표 9-1에서 $(b_w - 2t_f)/t_w$ 비를 사용하여 웹에 대한 새로운 상수 k_2를 구한다. 플랜지와 웹의 비틀림 상수는 각각 다음과 같이 표현된다.

$$J_f = k_2 b_f t_f^3 \quad J_w = k_2(b_w - 2t_f)\left(t_w^3\right) \tag{9-61a, b}$$

얇고 열린 단면의 총비틀림 상수(두 개의 플랜지로 가정)는 다음과 같이 얻는다.

$$J = J_w + 2J_f \tag{9-62}$$

최대 전단응력과 비틀림각은 다음으로 계산할 수 있다.

$$\tau_{max} = \frac{2T\left(\dfrac{t}{2}\right)}{J} \qquad \phi = \frac{TL}{GJ} \tag{9-63a, b}$$

여기서 τ_{max}를 계산할 때, 수식에서보다 **더 큰** t_f와 t_w를 사용하였다.

그림 9-38과 9-39에 있는 비원형 단면을 갖는 봉의 최대 전단응력과 비틀림각을 구하기 위한 공식을 적용한 예가 예제 9-10과 9-11에 예시되어 있다.

예제 9-10

길이 $L=1.8$ m인 축이 토크 $T=5$ kN·m를 양단에서 받고 있다(그림 9-42). *AB* 부분($L_1=900$ mm)은 황동($G_b=41$ GPa)으로 제작되었고 사각형 단면($a=75$ mm)을 갖고 있다. *BC* 부분($L_2=900$ mm)은 강철($G_s=74$ GPa)로 제작되었고 원형 단면($d=a=75$ mm)을 갖고 있다. *B* 근처의 응력집중은 무시한다.

(a) 각 부분의 최대 전단응력과 비틀림각을 구하시오.

(b) *AB*와 *BC* 부분의 최대 전단응력이 같을 때 봉 *AB*의 새로운 치수 a를 구하시오.

(c) *AB*와 *BC* 부분의 비틀림각이 같을 때 봉 *AB*의 새로운 치수 a를 구하시오.

(d) 만약 $a=75$ mm로 설정하고 봉 *BC*가 속이 비고 바깥지름 $d_2=a$인 관이라면, *AB*와 *BC* 부분의 비틀림각이 같기 위한 안지름 d_1을 구하시오.

그림 9-42
예제 9-10: 비원형 단면 축의 비틀림

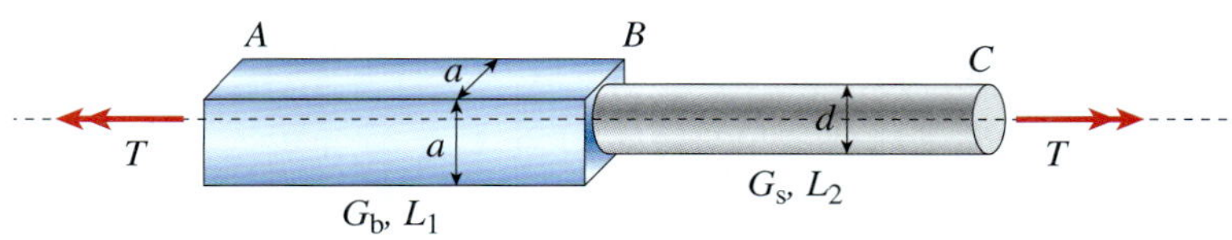

풀이

4단계 문제풀이 접근방법을 사용한다. 효율적인 문제풀이를 위해 필요에 따라 단계를 합한다.

Part (a): 각 부분의 최대 전단응력과 비틀림각

1, 2. 개념화, 분류 축의 각 부분이 받는 토크는 적용 토크 T와 같다. *AB* 부분의 경우 표 9-1에서 비틀림 상수 k_1과 k_2를 구한다.

3. 해석 식 (9-59)와 (9-60)을 이용하여 최대 전단응력과 비틀림각을 다음과 같이 구한다.

$$\tau_{\max 1}=\frac{T}{k_1bt^2}=\frac{T}{k_1a^3}=\frac{(5\text{ kN}\cdot\text{m})}{0.208(75\text{ mm})^3}=57\text{ MPa} \tag{a}$$

$$\phi_1=\frac{TL_1}{(k_2bt^3)G_b}=\frac{TL_1}{k_2a^4G_b}=\frac{(5\text{ kN}\cdot\text{m})(900\text{ mm})}{0.141(75\text{ mm})^4(41\text{ GPa})}=2.46\times10^{-2}\text{ radians} \tag{b}$$

AB 부분에서 최대 전단응력은 사각형 각 변의 중점에서 생성된다.

BC 부분은 속이 차 있는 원형 단면으로 식 (9-14)와 (9-17)을 이용하여 최대 전단응력과 비틀림각을 구한다.

$$\tau_{\max 2}=\frac{16T}{\pi d^3}=\frac{16(5\text{ kN}\cdot\text{m})}{\pi(75\text{ mm})^3}=60.4\text{ MPa} \tag{c}$$

$$\phi_2 = \frac{TL_2}{G_s I_p} = \frac{(5\ \text{kN}\cdot\text{m})(900\ \text{mm})}{74\ \text{GPa}\left[\dfrac{\pi}{32}(75\ \text{mm})^4\right]} = 1.958 \times 10^{-2} \qquad \text{(d)}$$

4. 최종 단계 사각형 AB 부분과 원형 BC 부분을 비교하면 강 파이프 BC 부분이 황동 사각형 봉 AB 부분보다 최대 전단응력이 6% 크고, 비틀림각은 20% 작다.

Part (b): AB와 BC 부분의 최대 전단응력이 같기 위한 봉 AB의 새로운 치수 a

1, 2. 개념화, 분류 τ_{max1}과 τ_{max2}를 구하는 식 (a)와 (c)를 같게 놓고 봉 AB의 새로운 값 a를 구하기 위하여 풀이한다.

3. 해석

$$\tau_{max1} = \tau_{max2} \text{ 따라서 } \frac{16}{\pi d^3} = \frac{1}{k_1 a_{new}^3} \text{ 또는 } a_{new} = \left(\frac{\pi d^3}{16\,k_1}\right)^{\frac{1}{3}} = 73.6\ \text{mm} \qquad \text{(e)}$$

4. 최종 단계 봉 BC의 지름이 $d=75$ mm에서 변하지 않고, 봉 AB의 치수 a가 약간 줄어들어 두 개의 봉 부분에서 최대 전단응력이 60.4 MPa로 같게 되었다[식 (c)].

Part (c): AB와 BC 부분의 비틀림각이 같기 위한 봉 AB의 새로운 치수 a

1, 2. 개념화, 분류 이제 ϕ_1과 ϕ_2를 구하기 위한 식 (b)와 (d)를 같게 놓고 봉 AB의 새로운 값 a를 푼다.

3. 해석

$$\phi_1 = \phi_2$$

따라서

$$\frac{L_1}{k_2 a_{new}^4 G_b} = \frac{L_2}{G_s I_p} \qquad \text{(f)}$$

또는

$$a_{new} = \left[\frac{L_1}{L_2}\left(\frac{G_s I_p}{k_2 G_b}\right)\right]^{\frac{1}{4}} = 79.4\ \text{mm}$$

4. 최종 단계 봉 BC의 지름이 $d=75$ mm로 변하지 않고, 황동 봉 AB의 치수 a가 약간 증가하여 두 개의 봉 부분에서 식 (d)와 같이 0.01958라디안으로 같게 되었다.

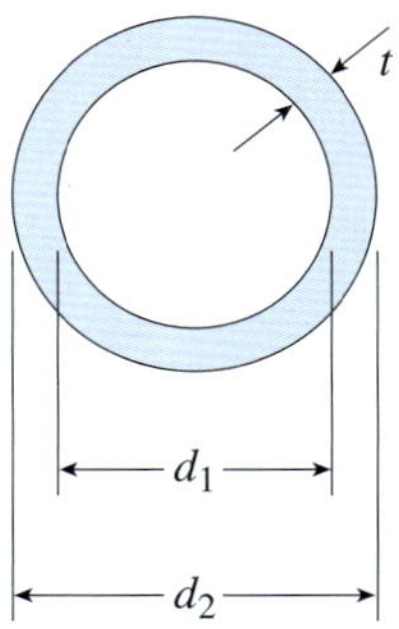

그림 9-43
BC 부분의 속이 비어 있는 파이프 단면

Part (d): BC 부분을 속이 빈 파이프로 변경, AB와 BC 부분의 비틀림각이 같아지기 위한 안지름 d_1 구하기

1, 2. 개념화, 분류 사각형 단면의 한 변의 길이 a가 75 mm이고 바깥지름은 $d_2=75$ mm이다(그림 9-43). 식 (9-19)를 이용하여 BC 부분의 극관성 모멘트를 구하면 비틀림각 ϕ_2는 다음과 같다.

$$\phi_2 = \frac{TL_2}{G_s\left[\dfrac{\pi}{32}\left(d_2^4 - d_1^4\right)\right]} \qquad \text{(g)}$$

3. 해석 다시 한번 식 (b)와 (g)를 이용하여 ϕ_1과 ϕ_2를 연립하여 계산한다. d_1에 대해 풀이하면 다음을 얻는다.

$$d_1 = \left[d_2^4 - 32\left(\frac{L_2}{L_1}\right)\left(\frac{G_b}{G_s}\right)\left(\frac{a^4 k_2}{\pi}\right)\right]^{\frac{1}{4}}$$

$$= \left[(75\text{ mm})^4 - 32\left(\frac{900\text{ mm}}{900\text{ mm}}\right)\left(\frac{41\text{ GPa}}{74\text{ GPa}}\right)\left[\frac{(75\text{ mm})^4(0.141)}{\pi}\right]\right]^{\frac{1}{4}} \tag{h}$$

$$= 50.4\text{ mm}$$

4. 최종 단계 적용된 토크 T에 의해 속이 찬 AB 부분의 황동 봉($a \times a$, $a=75$ mm)과 속이 빈 강관 BC 부분($d_2=75$ mm, $d_1=50.4$ mm)이 모두 길이는 900 mm, 같은 비틀림각(0.0246라디안)을 보인다. 그러나 BC 부분에서 속이 찬 봉 대신 속이 빈 봉을 이용하면 최대 전단응력이 60.4 MPa[식 (c)]에서 75.9 MPa로 증가하는 것을 추가적인 계산을 통해 보여준다.

식 (h)에서 안지름 d_1을 구하기 위한 식을 유도함으로써(단순히 수치적 해를 구하는 것보다), 주요한 변수의 다른 값을 이용하여 다른 해를 검토할 수 있다. 예를 들어 만약 봉 AB의 길이가 $L_1=1,100$ mm로 증가하고, BC 구간의 안지름 d_1이 57.6 mm로 증가한다면 AB와 BC 구간의 비틀림각은 같을 것이다.

예제 9-11

그림 9-44

예제 9-11: 비틀림을 받는 *W*형과 앵글 강

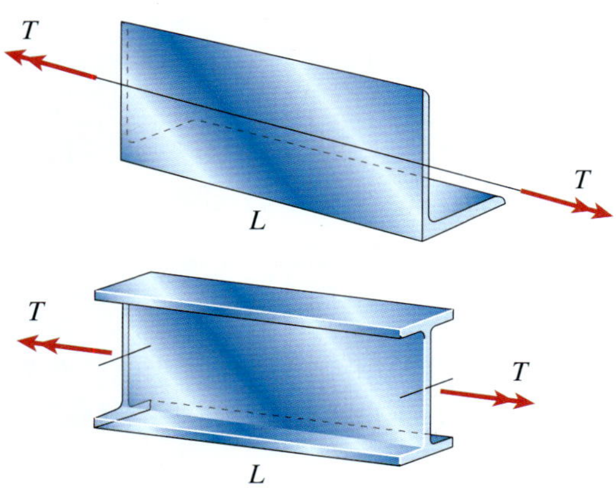

각 길이 $L=3.5$ m인 강으로 된 앵글(L178×102×19) 그리고 강으로 된 넓은 플랜지 빔(W360×39)은 토크 T를 받고 있다(그림 9-44 참조). 허용응력이 45 MPa이고 최대 허용 비틀림각이 5°이다. 각 단면에 작용할 수 있는 최대 토크 T를 구하시오. 단, $G=80$ GPa로 가정하고 응력집중 효과는 무시한다.

풀이

4단계 문제풀이 접근방법을 사용한다. 효율적인 문제풀이를 위해 필요에 따라 단계를 합한다.

앵글과 넓은 플랜지 강은 같은 단면적($A=4,960$ mm^2)을 가지고 있으나, 각 단면에서 플랜지와 웹 부분의 두께가 크게 다르다. 먼저 앵글 부분을 고려해보자.

Part (a): 강 앵글 부분

1, 2. 개념화, 분류 각 변의 길이가 다른 앵글에서 긴 사각형의 길이 $b_L=280$ mm이고, 일정한 두께 $t_L=19$ mm이므로 $b_L/t_L=14.7$이다. 표 9-1로부터 상수 $k_1=k_2$이고 이는 근사적으로 0.319이다.

3. 해석 각각 주어진 허용 전단응력과 허용 비틀림각을 기반으로 한 식 (9-59)와 (9-60)을 이용하여 다음과 같이 최대 허용토크를 구할 수 있다.

$$T_{\max 1} = \tau_a k_1 b_L t_L^2 = 45\ \text{MPa}\ (0.319)(280\ \text{mm})[(19\ \text{mm})^2] = 1451\ \text{N}\cdot\text{m} \tag{a}$$

$$T_{\max 2} = \phi_a (k_2 b_L t_L^3)\frac{G}{L} = \left(\frac{5\pi}{180}\ \text{rad}\right)(0.319)(280\ \text{mm})[(19\ \text{mm})^3]\frac{80\ \text{GPa}}{3500\ \text{mm}} = 1222\ \text{N}\cdot\text{m} \tag{b}$$

별도로 앵글에 대한 비틀림 상수 J_L을 다음과 같이 계산한다.

$$J_L = k_2 b_L t_L^3 = 6.128 \times 10^5\ \text{mm}^4 \tag{c}$$

그리고 식 (9-61)과 (9-63)을 이용하여 최대 허용토크값을 구한다.

식 (9-63a)로부터 $T_{\max 1}$, 식 (9-63b)로부터 $T_{\max 2}$를 다음과 같이 얻는다.

$$T_{\max 1} = \frac{\tau_a J_L}{t_L} = 1451\ \text{N}\cdot\text{m} \qquad T_{\max 2} = \frac{GJ_L}{L}\phi_a = 1222\ \text{N}\cdot\text{m}$$

4. 최종 단계 앵글의 경우 더 작은 값 $T_{\max} = 1{,}222\ \text{N}\cdot\text{m}$를 선택한다.

Part (b): W형 강

1, 2. 개념화, 분류 서로 다른 사각형인 두 개의 플랜지와 웹은 적용된 비틀림 모멘트에 동시에 저항한다. 그러나 치수(b, t)는 각각 다르다. 플랜지의 경우 크기는 W360×39, 폭은 $b_f = 128$ mm, 두께는 $t_f = 10.7$ mm이다. 웹은 두께 $t_w = 6.48$ mm, $b_w = (d_w - 2t_f) = (353\ \text{mm} - 2(10.7\ \text{mm})) = 331.6$ mm이다. b/t의 비에 기반해서 표 9-1로부터 플랜지와 웹에 대한 별도의 상수 k_2를 구하고, 각 구성 요소(플랜지와 웹)에 따라 식 (9-61)을 사용하여 비틀림 상수 J를 계산한다.

플랜지의 경우:

$$\frac{b_f}{t_f} = 11.963$$

따라서 추정된 값은 $k_{2f} = 0.316$이다. 그러므로

$$J_f = k_{2f} b_f t_f^3 = 0.316(128\ \text{mm})[(10.7\ \text{mm})^3] = 4.955 \times 10^4\ \text{mm}^4 \tag{d}$$

웹의 경우:

$$\frac{d_w - 2t_f}{t_w} = 51.173$$

그리고 k_{2w}는 $k_{2w} = 0.329$로 추정된다. 따라서

$$J_w = k_{2w}(d_w - 2t_f)(t_w^3) = 0.329[353\ \text{mm} - 2(10.7\ \text{mm})][(6.48\ \text{mm})^3] = 2.968 \times 10^4\ \text{mm}^4 \tag{e}$$

전체 W360×39 단면을 위한 비틀림 상수는 웹과 플랜지의 기여를 합산함으로써 얻을 수 있다[식 (d)와 (e)].

$$J_W = 2J_f + J_w = [2(4.955) + 2.968](10^4)\ \text{mm}^4 = 1.288 \times 10^5\ \text{mm}^4 \tag{f}$$

3. **해석** 이제 식 (9-63a)와 허용 전단응력 τ_a를 이용하여 플랜지와 웹의 최대 전단응력에 기반하여 최대 허용토크를 계산한다.

$$T_{\max f} = \tau_a \frac{J_W}{t_f} = 45 \text{ MPa}\left(\frac{1.288 \times 10^5 \text{ mm}^4}{10.7 \text{ mm}}\right) = 542 \text{ N} \cdot \text{m} \tag{g}$$

$$T_{\max w} = \tau_a \frac{J_W}{t_w} = 45 \text{ MPa}\left(\frac{1.288 \times 10^5 \text{ mm}^4}{6.48 \text{ mm}}\right) = 894 \text{ N} \cdot \text{m} \tag{h}$$

플랜지가 웹보다 더 큰 두께를 가지고 있으므로, 최대 전단응력은 플랜지에서 발생한다. 따라서 식 (h)를 이용하여 웹의 최대 전단응력에 기반한 $T_{\max}$의 계산은 불필요하다.

마지막으로 식 (9-63b)를 이용하여 최대 허용 비틀림각에 기반하여 $T_{\max}$를 계산한다.

$$T_{\max \phi} = \frac{GJ_W}{L}\phi_a = \frac{80 \text{ GPa}(1.288 \times 10^5 \text{ mm}^4)}{3500 \text{ mm}}\left(\frac{5\pi}{180}\text{rad}\right)$$
$$= 257 \text{ N} \cdot \text{m} \tag{i}$$

4. **최종 단계** W 단면의 경우 가장 제한적인 요구사항은 허용 비틀림각이므로 $T_{\max}=257$ N·m이다[식 (i)].

비록 앵글과 W형 단면의 면적이 같아도 W형이 비틀림에 훨씬 더 약한데, 왜냐하면 단면의 사각형($t_w=6.48$ mm, $t_f=10.7$ mm)이 앵글 부분($t_L=19$ mm)보다 훨씬 얇기 때문이라는 것이 흥미롭게 주목할 사항이다. 그러나 W형은 비틀림에 취약하지만 10장에서 보는 것과 같이 굽힘과 **횡방향** 전단응력에 잘 견디는 상당한 장점이 있다.

요약 및 복습

9장에서는 집중된 토크 또는 분포된 비틀림 모멘트뿐만 아니라 사전변형률 효과에 의한 봉 또는 중공 관의 거동에 대해 논의하였다. 토크-변위 관계식은 균일/불균일 조건하에서 봉의 비틀림각을 계산함으로써 유도되었다. 그리고 정역학적으로 비정정 구조물을 위해 평형 방정식과 적합 방정식이 세워졌으며, 중첩 과정을 통해 미지수 토크, 비틀림 변위, 응력에 관한 해를 풀이할 수 있다. 경사면에서 수직 및 전단응력에 대해 도출되었다. 이 장의 주요 개념은 다음과 같다.

1. 원형 봉과 관의 경우, **전단응력**(τ) 및 **변형률**(γ)은 단면 중심으로부터 반지름 방향의 거리에 따라 선형적으로 변경된다.

$$\tau = (\rho/r)\tau_{\max} \quad \gamma = (\rho/r)\gamma_{\max}$$

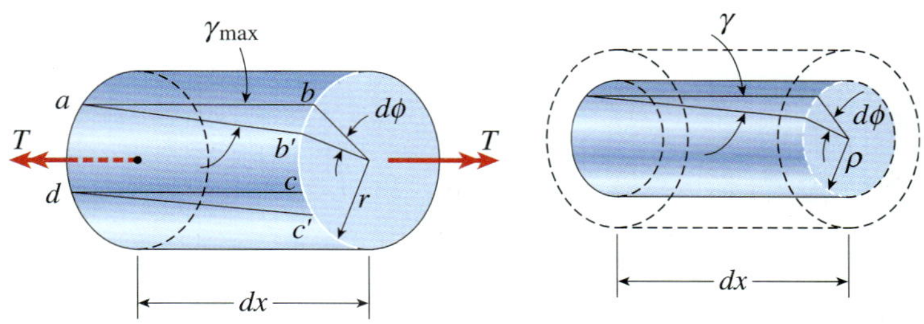

2. **비틀림 공식**은 전단응력과 비틀림 모멘트 사이의 관계에 대한 정의이다. 최대 전단응력 $\tau_{\max}$는 봉 또는 관의 바깥쪽 면에서 발생하고, 이는 원형 단면의 경우 비틀림 모멘트 T, 반지름 방향의 거리 r, 극관성 모멘트 I_p에 따라 달라진다. 얇은 두께의 관은 채워져 있는 봉에 비해 응력이 더욱 균일하게 분포되며 비틀림에 더욱 효율적이다.

$$\tau_{\max} = \frac{Tr}{I_p}$$

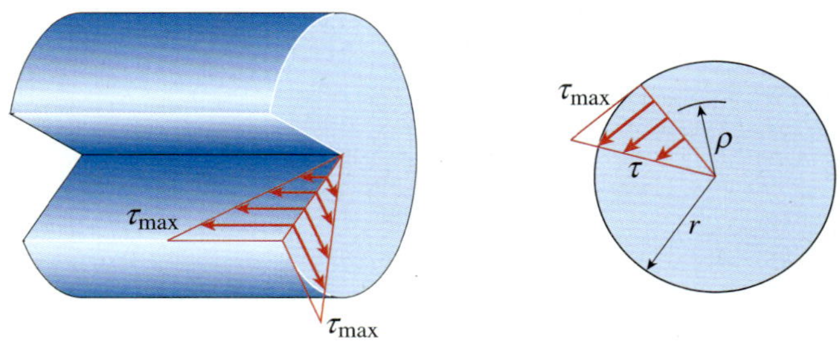

3. 비틀림 모멘트(들)를 받는 균일한 단면의 원형 막대의 비틀림각 ϕ는 토크 T와 봉의 길이 L 모두에 비례하고, 봉의 비틀림 강도(GI_p)에 반비례한다. 이러한 관계는 **토크-변위 관계식**이라 한다.

$$\phi = \frac{TL}{GI_p}$$

4. 봉의 단위길이당 비틀림 각도는 **비틀림 유연성**(f_T)이라고 하며, 역관계는 봉 또는 축의 **비틀림 강성**($k_T = 1/f_T$)이다.

$$k_T = \frac{GI_p}{L} \qquad f_T = \frac{L}{GI_p}$$

5. 단면이 일정하지 않은 축의 개별 부분의 비틀림 변위의 합은 전체 봉의 비틀림(ϕ)과 같다. 부분 i의 비틀림 모멘트(T_i)를 찾기 위해 자유물체도를 이용한다.

$$\phi = \sum_{i=1}^{n} \phi_i = \sum_{i=l}^{n} \frac{T_i L_i}{G_i (I_p)_i}$$

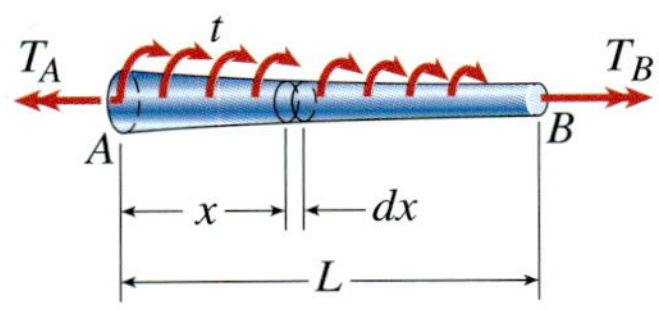

만약 비틀림 모멘트 그리고/또는 단면 특성(I_p)이 연속적으로 변할 경우 적분 표현식이 요구된다.

$$\phi = \int_0^L d\phi = \int_0^L \frac{T(x)dx}{GI_p(x)}$$

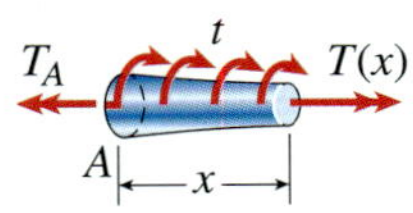

내부 비틀림 모멘트 T_i의 그래픽 도시를 **비틀림-모멘트 선도**(TMD)라고 한다. TMD는 **토크-변위 관계식**과 함께 사용하여 **비틀림-변위 선도**(TDD)라고 하는 축의 변위 형상을 얻을 수 있다. 이러한 선도는 최대 모멘트 및 전단응력, 비틀림 변위, 전단 변형률 등의 위치를 식별하는 데 도움이 되는 유용한 시각 보조 장치이다.

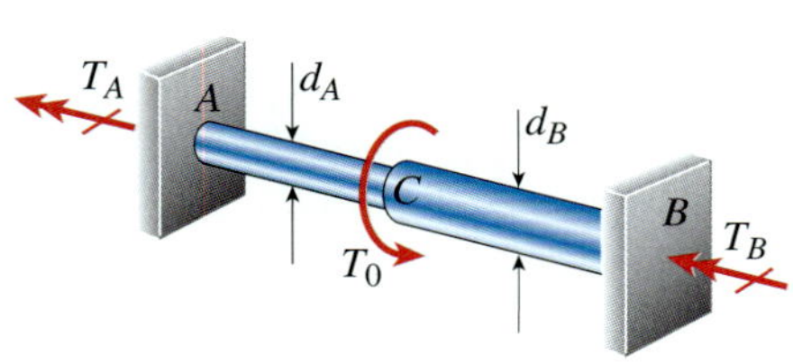

6. 만약 봉 구조가 **부정정 구조물**이면, 미지수 모멘트를 풀기 위해 추가적인 수식이 요구된다. **적합 방정식**은 봉 회전과 관련하여 미지수의 추가 관계식을 생성하기 위하여 사용된다. 실제 부정정 봉 구조물을 나타내기 위하여 정정 구조물의 **중첩**을 이용하는 것은 편리하다.
7. **부적합**과 **사전변형률**은 부정정 봉이나 축에서만 비틀림 모멘트를 유도한다.
8. 원형 축은 비틀림 모멘트에 의해 **순수전단**을 받는다. **최대 수직** 및 **전단응력**은 경사 응력 요소를 고려하여 얻는다. 최대 전단응력은 막대의 축과 정렬된 요소에서 발생하지만 최대 수직응력은 막대의 축에 45° 경사에서 발생하며 최대 수직응력은 최대 전단응력과 같다.

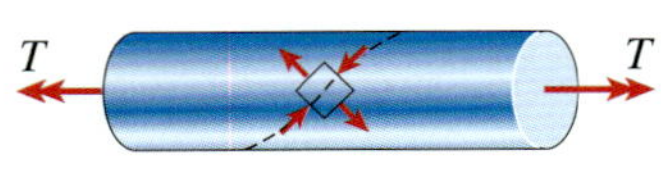

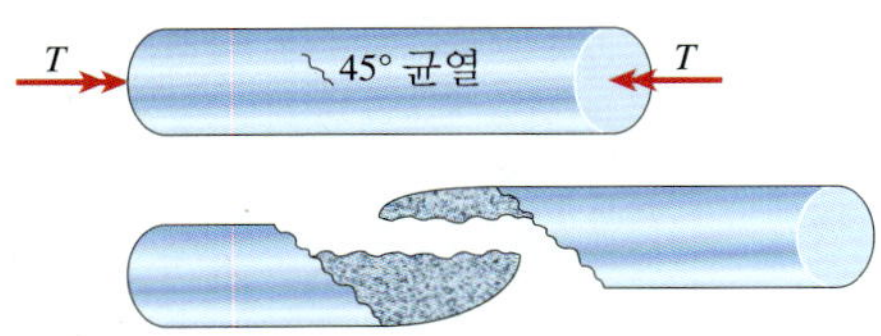

$$\sigma_{\max} = \tau$$

순수전단 상태에서의 최대 전단 그리고 수직변형률 사이의 관계식은 다음과 같다.

$$\varepsilon_{\max} = \gamma_{\max}/2$$

9. 원형 축은 일반적으로 한 장치나 기계에서 다른 장치로 기계적 동력을 전송하는 데 사용된다. 토크 T는 뉴턴미터로 표현되고, n이 축의 rpm인 경우 동력 P는 와트로 다음과 같이 표시된다.

$$P = \frac{2\pi nT}{60}$$

미국 단위로 토크는 ft-lb이고 동력은 마력(hp), H로 표시되며 다음과 같다.

$$H = \frac{2\pi nT}{33{,}000}$$

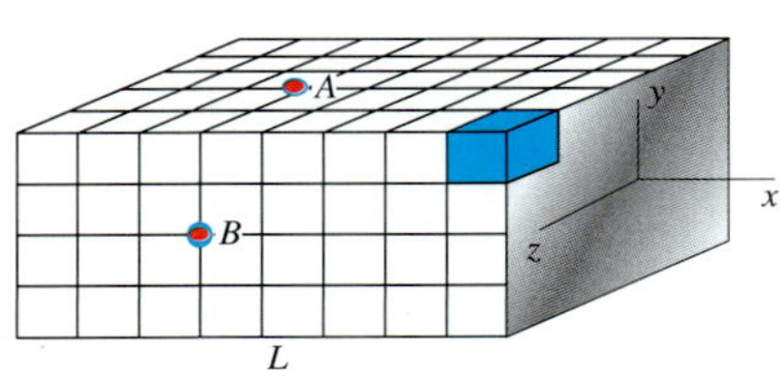

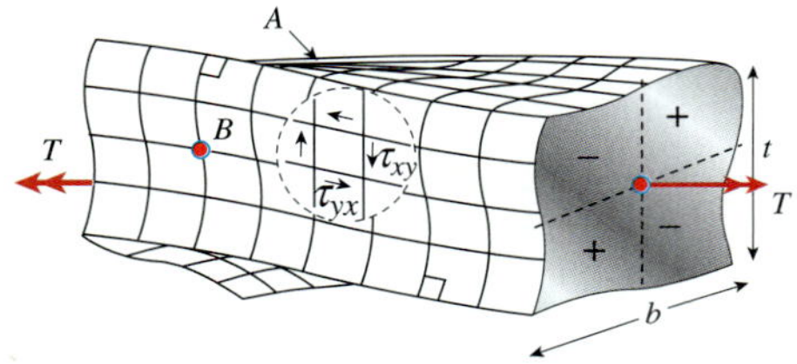

10. 비틀림 공식과 토크-변위 관계식은 **비원형 축**에는 적용되지 않는다. 단면이 타원형, 삼각형, 직사각형인 축은 비틀림 모멘트의 작용으로 변형되며, **원형 단면의 경우처럼 축으로부터 가장 큰 거리에서 최대 전단응력이 발생하지 않는다.**

연습문제

9.2 원형 봉의 비틀림 변형

도입문제

9.2-1 원형 관은 끝단에서 토크 T를 받는다. 관에서 최종 최대 전단변형률은 0.005이다. 관에서 최소 전단변형률과 관 단면의 중앙선에서 전단변형률을 계산하시오.

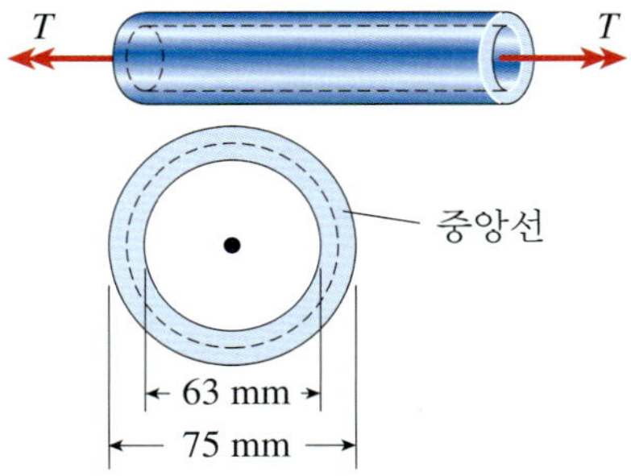

P9.2-1

대표문제

9.2-2 길이가 $L=1.0$ m인 원형 강관이 토크 T에 의해 비틀림 하중을 받는다(그림 참조).

(a) 튜브의 내부 반경이 $r_1=45$ mm이고 측정된 끝 사이의 비틀림 각도가 0.5°이면 내부 표면에서 전단변형률 γ_1(라디안 단위로)은 얼마인가?

(b) 최대 허용 전단변형률이 0.0004 rad이고 토크 T를 조정하여 비틀림각을 0.45°로 유지하고자 하는 경우, 최대 허용외경 $(r_2)_{max}$는 얼마인가?

9.3. 선형 탄성 재료로 된 원형 봉

도입문제

9.3-1 속이 차 있는 원형 단면 강철 봉의 직경은 $d=63$ mm, $L=1.5$ m, 전단 탄성계수 $G=80$ GPa이다. 봉에 토크 $T=400$ N·m가 끝에서 작용하고 있다. 끝 사이의 비틀림 각도를 계산하시오. 최대 전단응력과 봉의 중심에서 $r_A=25$ mm 떨어진 위치에서의 전단응력은 얼마인가?

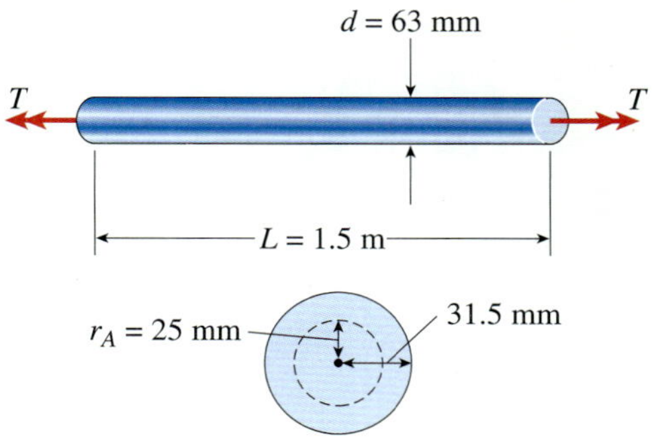

P9.3-1

대표문제

9.3-2 한 광부가 수동 윈치(그림 참조)를 사용하여 광산 갱도에서 광석 양동이를 들어 올린다. 윈치의 축은 직경 $d=15$ mm의 강철 봉이다. 또한 축 중심에서 리프팅 로프 중심까지의 거리는 $b=100$ mm이다.

(a) 적재된 버킷의 무게가 $W=400$ N인 경우 비틀림으로 인한 차축의 최대 전단응력은 얼마인가?

(b) 최대 버킷 하중이 510 N이고 차축의 허용 전단응력이 65 MPa인 경우 최소 허용 차축 직경은 얼마인가?

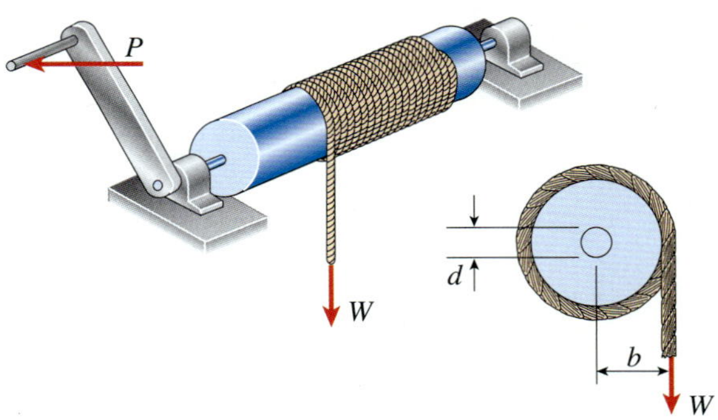

P9.3-2

9.3-3 타이어를 교체하기 위해 휠을 제거하는 동안 운전자는 러그 렌치의 두 암 끝에 $P=100$ N의 힘을 가한다(그림 참조). 렌치는 전단 탄성계수가 $G=78$ GPa인 강철로 만들어졌다. 렌치의 각 암은 길이가 225 mm이고 지름이 $d=12$ mm인 원형 단면을 가지고 있다.

(a) 러그 너트(암 A)를 돌리는 암의 최대 전단응력을 구하시오.

(b) 이 같은 암의 비틀림 각도(도의 단위로)를 구하시오.

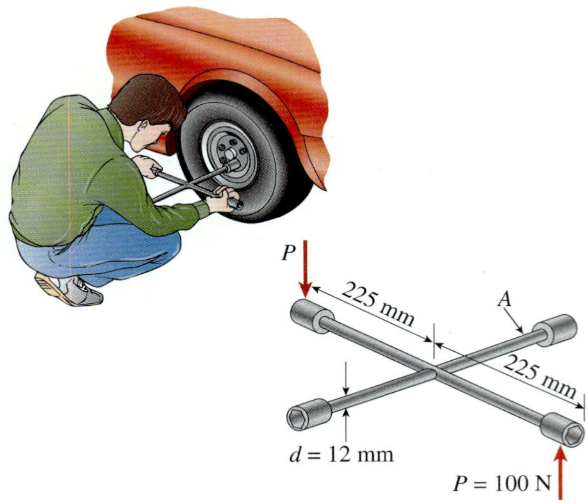

P9.3-3

9.3-4 세 개의 동일한 원형 디스크 *A*, *B*, *C*가 세 개의 동일한 속이 차 있는 원형 봉 끝에 용접된다(그림 참조). 막대는 공통 평면에 있고 디스크는 막대의 축에 수직인 평면에 있다. 철근은 교차점 *D*에서 용접되어 견고한 연결을 형성한다. 각 막대의 직경은 $d_1 = 10$ mm이고 각 디스크의 직경은 $d_2 = 75$ mm이다.

힘 P_1, P_2, P_3은 각각 디스크 *A*, *B*, *C*에 작용하여 막대에 비틀림이 발생한다. 만약 $P_1 = 100$ N인 경우 세 개의 철근에서의 최대 전단응력 τ_{max}는 얼마인가?

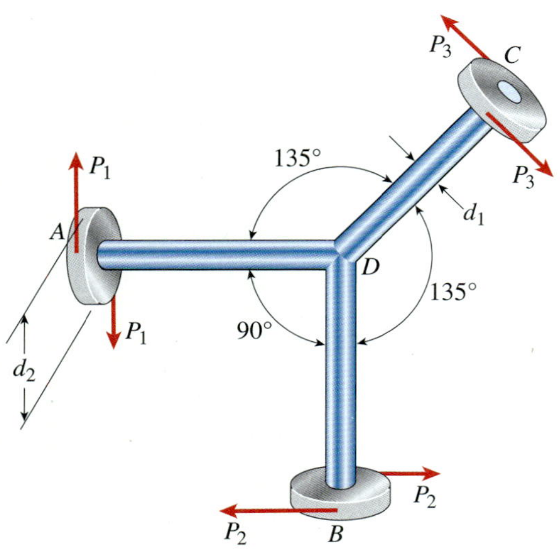

P9.3-4

9.3-5 단단한 원형 단면의 수직 기둥은 단단한 수평 암 *AB*의 끝에 작용하는 수평력 $P = 12$ kN에 의해 비틀린다 (그림 a 참조). 기둥 외부에서 각 힘의 작용선까지의 거리는 $c = 212$ mm(그림 b 참조)이고 기둥 높이는 $L = 425$ mm이다.

(a) 기둥의 허용 전단응력이 32 MPa인 경우 기둥의 최소 요구 직경 d_{min}은 얼마인가?

(b) 극의 비틀림 강성(kN · m/rad)을 구하시오. $G = 28$ GPa로 가정한다.

(c) 강성이 각각 $k = 2{,}700$ kN/m인 두 개의 병진 스프링이 *A*와 *B*에서 $2c/5$ 거리에 추가되는 경우(그림 c 참조), 문제 (a)를 반복하여 d_{min}을 구하시오. **힌트:** 기둥과 한 쌍의 용수철을 '평행 용수철'로 간주한다.

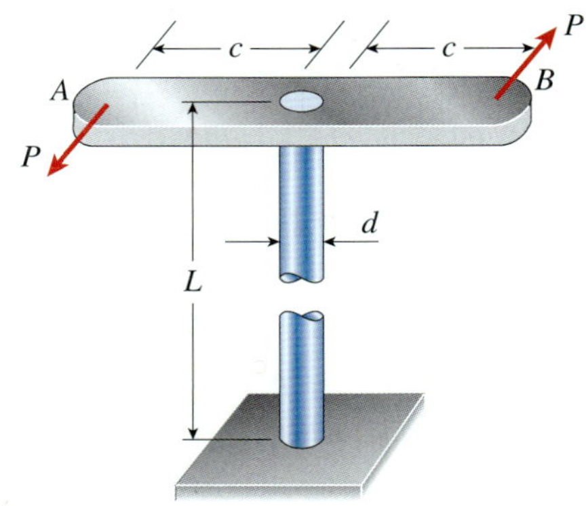

(a)

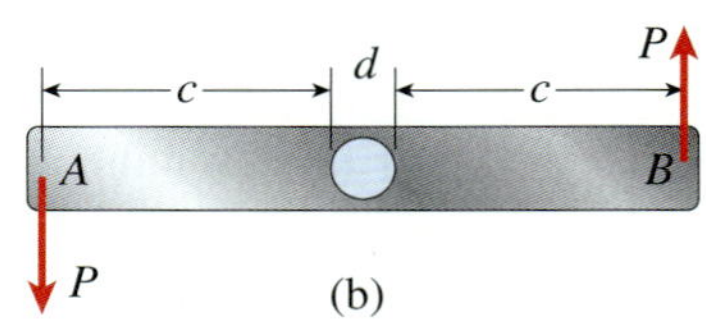

(b)

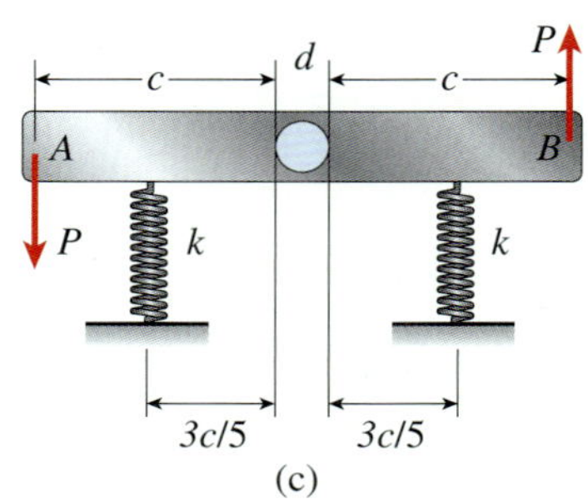

(c)

P9.3-5

9.3-6 내부 반경이 r_1이고 외부 반경이 r_2인 원형 튜브는 힘 $P = 4{,}000$ N에 의해 생성된 토크를 받는다(그림 a 참조). 힘은 튜브 외부에서 $b = 140$ mm 거리에 작용선을 가지고 있다.

(a) 튜브의 허용 전단응력이 43 MPa이고 내부 반경 $r_1 = 30$ mm인 경우, 최소 허용 외부 반경 r_2는 얼마인가?

(b) 강성이 $k_R = 50$ kN · m/rad인 비틀림 스프링이 튜브 끝에 추가되었다(그림 b 참조). 허용 전단응력을 초과하지 않는 경우 힘 P의 최댓값은 얼마인가? 튜브의 길이가 $L = 450$ mm, 외부 반경이 $r_2 = 37$ mm, 전단계수 $G = 74$ GPa로 가정한다. **힌트:** 튜브와 비틀림 용수철을 '평행 용수철'로 간주한다.

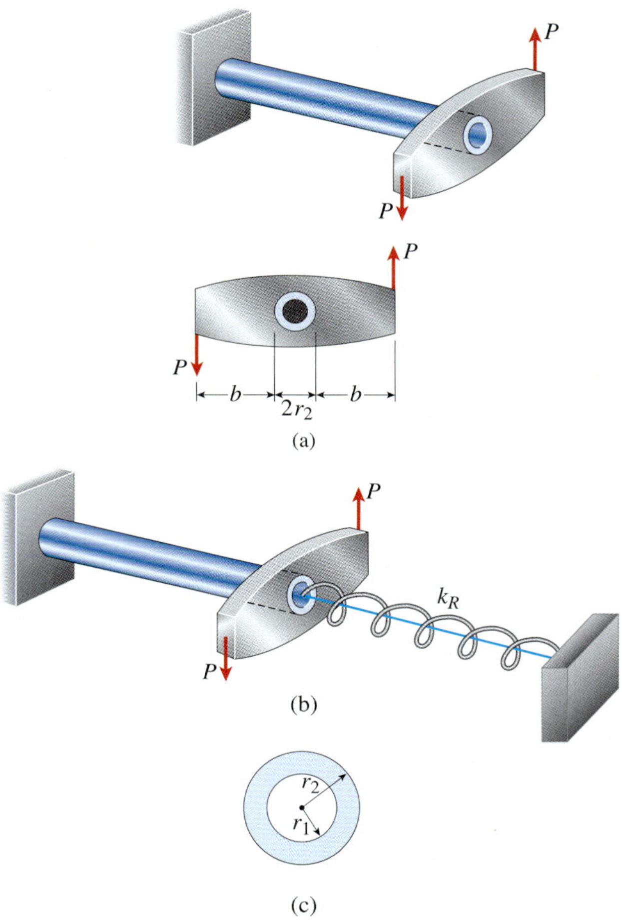

P9.3-6

9.4 불균일 비틀림

도입문제

9.4-1 두 개의 중실축 원형 부분으로 구성된 계단형 축 ABC는 그림과 같이 반대방향으로 작용하는 토크 T_1과 T_2를 받는다. 축의 더 큰 부분의 직경은 $d_1 = 58$ mm이고 길이는 $L_1 = 760$ mm이다. 더 작은 부분의 직경은 $d_2 = 45$ mm이고 길이는 $L_2 = 510$ mm이다. 재료는 전단계수 $G = 76$ GPa, 토크는 $T_1 = 2{,}300$ N · m와 $T_2 = 900$ N · m인 강철이다.

(a) 축의 최대 전단응력 τ_{max}와 끝단 C에서의 비틀림 각도 ϕ_c(도 단위)를 계산하시오.

(b) BC의 최대 전단응력이 AB의 최대 전단응력과 같아야 한다면 부분 BC의 필요한 지름은 얼마인가? 끝단 C에서 결과적인 비틀림은 얼마인가?

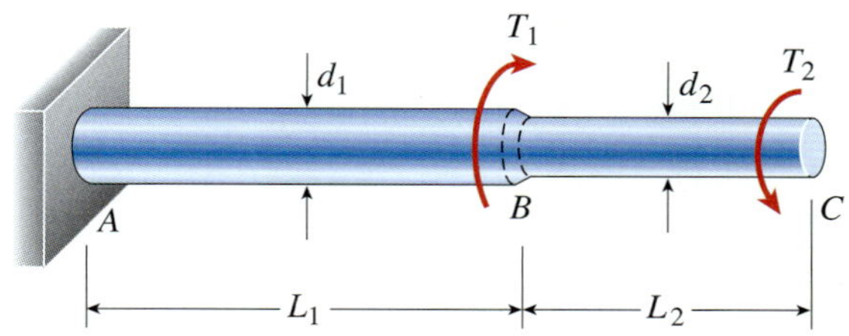

P9.4-1

9.4-2 외경 $d_3 = 70$ mm 및 내경 $d_2 = 60$ mm의 원형 튜브의 오른쪽 끝은 고정판에 용접되고 왼쪽 끝은 단단한 끝판에 용접된다(그림 참조). 지름이 $d_1 = 40$ mm인 단단한 원형 막대가 튜브 내부에 있고 튜브와 동심이다. 봉은 고정판의 구멍을 통과하고 단단한 끝판에 용접된다.

봉의 길이는 1.0 m이고 튜브 길이는 막대 길이의 절반이다. 토크 $T = 1{,}000$ N · m는 봉의 끝 A에 작용한다. 또한 봉과 튜브는 모두 전단 탄성계수가 $G = 27$ GPa인 알루미늄 합금으로 만들어진다.

(a) 막대와 튜브 모두에서 최대 전단응력을 구하시오.

(b) 막대의 끝 A에서 비틀림 각도(도 단위)를 구하시오.

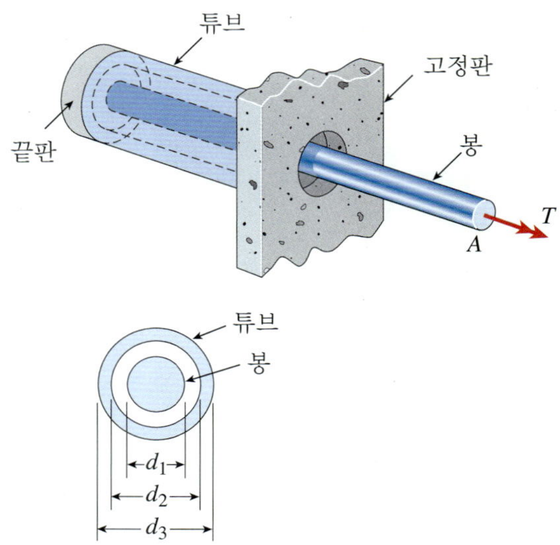

P9.4-2

9.4-3 중실축 원형 부분으로 구성된 계단형 축 $ABCD$는 그림과 같이 세 가지 토크를 받는다. 토크의 크기는 각각 3,000 N·m, 2,000 N·m, 800 N·m이다. 각 부분의 길이는 0.5 m이고 부분의 직경은 각각 80 mm, 60 mm, 40 mm이다. 재료는 전단 탄성계수가 $G=80$ GPa인 강철이다.

(a) 축의 최대 전단응력 τ_{max}와 끝 D에서의 비틀림 각도 ϕ_D(도 단위)를 계산하시오.

(b) 각 부분이 동일한 전단응력을 가져야 하는 경우 세 부분 모두 문제 (a)에서 전단응력 τ_{max}를 갖도록 하는 (a)에서 각 부분의 필요한 직경을 구하시오. D에서 비틀림 각도는 얼마인가?

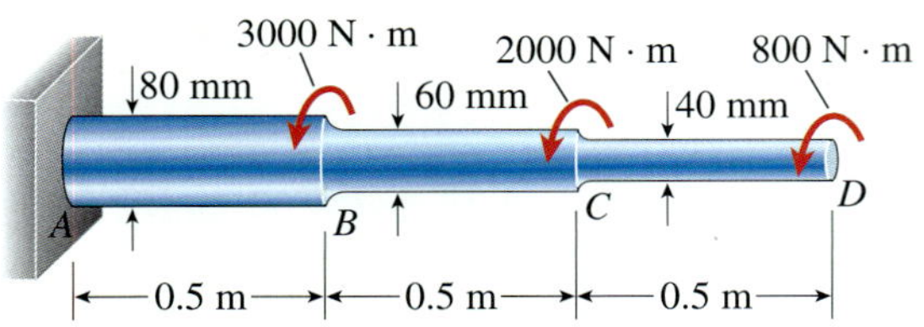

P9.4-3

대표문제

9.4-4 중실 강철 축 $ABCDE$는 지점 A와 E의 베어링에서 자유롭게 회전한다. 축은 C에서 기어에 의해 토크 $T_2=440$ N·m로 구동된다. B와 D의 기어는 축에 의해 구동되고 각각 저항토크 $T_1=270$ N·m와 $T_3=170$ N·m를 갖는다. 부분 BC와 CD의 길이는 각각 $L_{BC}=500$ mm, $L_{CD}=380$ mm이고, 전단계수 $G=80$ GPa이다. 허용 전단응력이 $\tau_a=40$ MPa인 경우 축의 최소 요구 직경(d)을 구하시오. 또한 기어 B와 D 사이의 비틀림 각도를 계산하시오.

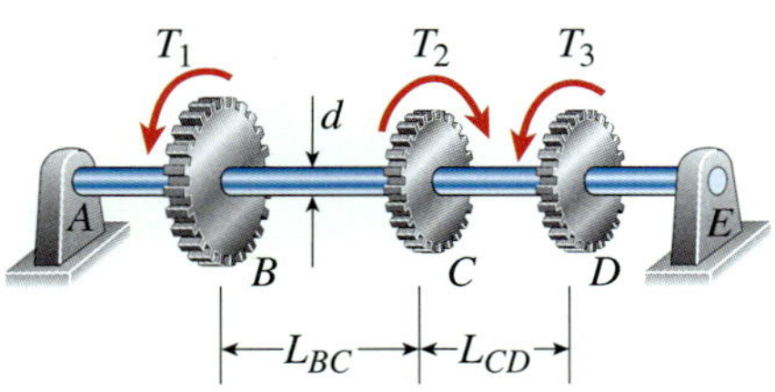

P9.4-4

9.4-5 B에서 볼트로 고정된 플랜지 판으로 연결된 강철 드릴 파이프의 두 부분은 두 파이프의 적절성을 평가하기 위해 테스트되고 있다. 테스트에서 파이프 구조는 A로 고정되었으며 집중토크 500 kN·m는 $x=0.5$ m 지점에서 적용되고 균일하게 분포된 토크 강도 $t_0=250$ kN·m/m는 파이프 BC에 적용된다. 두 파이프의 내경은 $d=200$ mm로 동일하다. 파이프 AB의 두께는 $t_{AB}=15$ mm이고 파이프 BC의 두께는 $t_{BC}=12$ mm이다. 파이프의 최대 전단응력과 최대 비틀림을 구하고, 이것이 발생하는 위치를 파이프를 따라 구하시오. $G=75$ GPa로 가정한다.

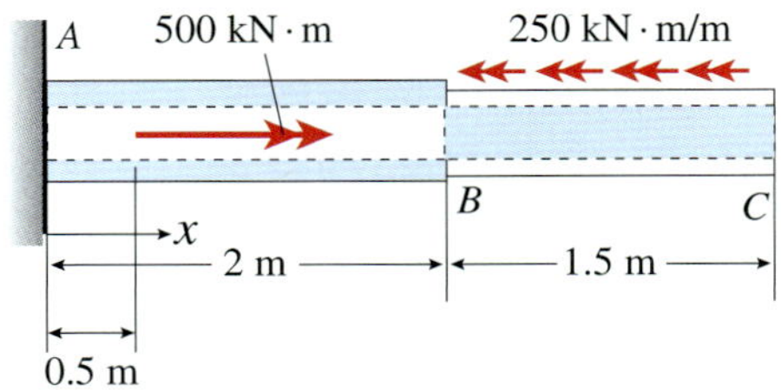

P9.4-5

9.4-6 표시된 비각형 캔틸레버 원형 막대에는 0에서 x까지의 내부 원통형 구멍이 있고 1번 부분에 대한 단면의 순극관성 모멘트는 $(7/8)I_p$이다. 토크 T는 x에 적용되고 토크 $T/2$는 $x=L$에 적용된다. 단, G가 일정하다고 가정한다.

(a) 반력 모멘트 R_1을 구하시오.

(b) 부분 1과 2의 내부 비틀림 모멘트 T_i를 구하시오.

(c) 결합부 3에서 비틀림 $\phi_3=TL/GI_p$를 얻기 위해 요구되는 x를 구하시오.

(d) 결합부 2에서의 비틀림 ϕ_2를 구하시오.

(e) 비틀림-모멘트(TMD: $T(x)$, $0 \le x \le L$) 및 비틀림-변위(TDD: $\phi(x)$, $0 \le x \le L$) 선도를 도시하시오.

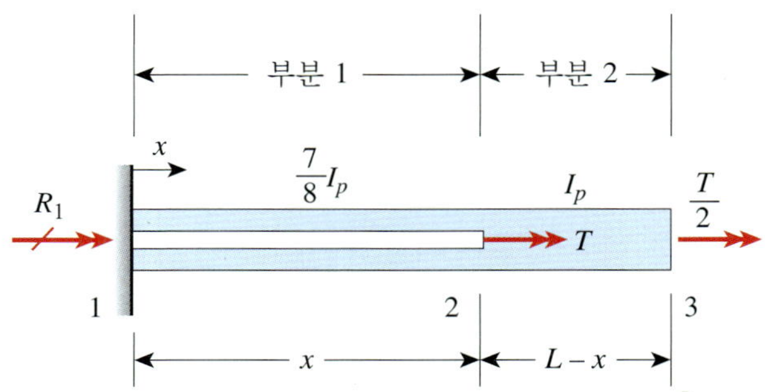

P9.4-6

9.4-7 그림과 같이 단면이 원형이고 길이가 L인 균일하게 경사진 알루미늄 합금으로 만들어진 관 AB가 있다. 끝단의 외경은 d_A 및 $d_B=2d_A$이다. 길이가 $L/2$이고 일정한 두께가 $t=d_A/10$인 속이 빈 단면이 튜브에 주조되고 B에서 A를 향해 절반 위치까지 확장된다.

(a) 끝단에 토크 T를 튜브에 가할 때 튜브의 비틀림 각도

ϕ를 구하시오. 다음 수치를 사용한다. $d_A = 65$ mm, $L = 1.2$ m, $G = 27$ GPa, $T = 4.5$ kN·m

(b) 속이 빈 부분의 직경이 d_A로 일정할 때, 문제 (a)를 반복하시오(그림 b 참조).

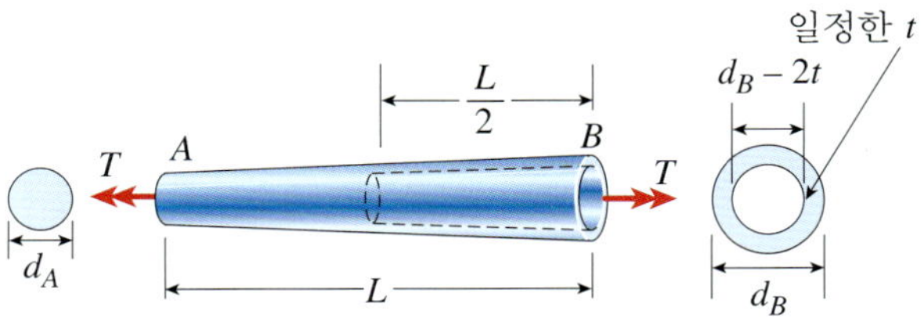

(a)

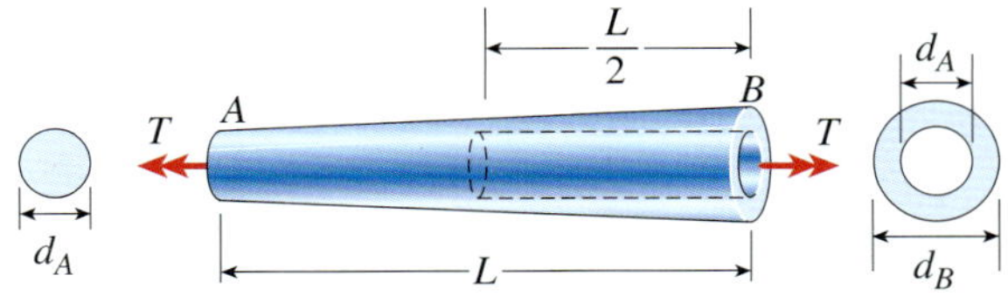

(b)

P9.4-7

9.5 순수전단의 응력과 변형률

도입문제

9.5-1 외경이 75 mm이고 내경이 65 mm인 원형 강관의 끝에 토크 T가 가해진다. 허용 수직변형률이 $\varepsilon_a = 5 \times 10^{-4}$인 경우 최대 허용토크 T_{max}를 계산하시오. $G = 75$ GPa로 가정한다.

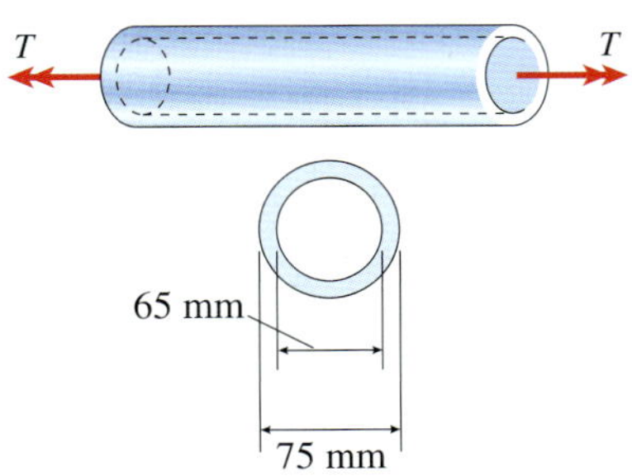

P9.5-1

9.5-2 속이 빈 알루미늄 축(그림 참조)의 외부 직경은 $d_2 = 100$ mm이고 내부 직경은 $d_1 = 50$ mm이다. 토크 T로 비틀림을 가했을 때 축은 단위거리당 비틀림 각도가 2°/m이다. 알루미늄의 전단 탄성계수는 $G = 27.5$ GPa이다.

(a) 축의 최대 인장응력 σ_{max}를 구하시오.

(b) 적용된 토크 T의 크기를 구하시오.

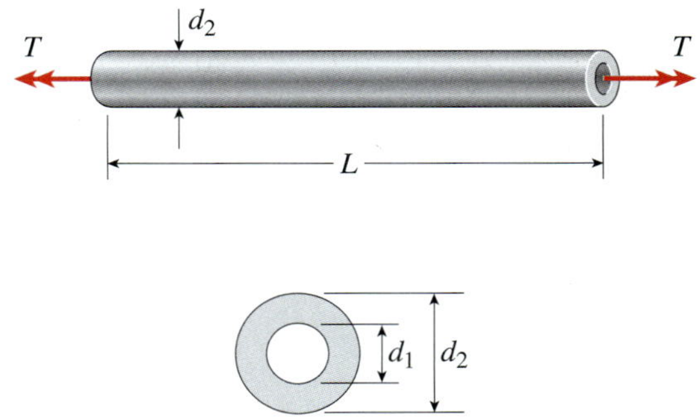

P9.5-2

대표문제

9.5-3 테스트 머신에서 속이 차 있는 $d = 50$ mm인 원형 단면 봉은 비틀림이 토크 $T = 500$ N·m로 가해진다. 이 토크 값에서 봉의 축 대비 45° 방향의 스트레인 게이지 판독값은 $\varepsilon = 339 \times 10^{-6}$이다. 재료의 전단계수 G는 얼마인가?

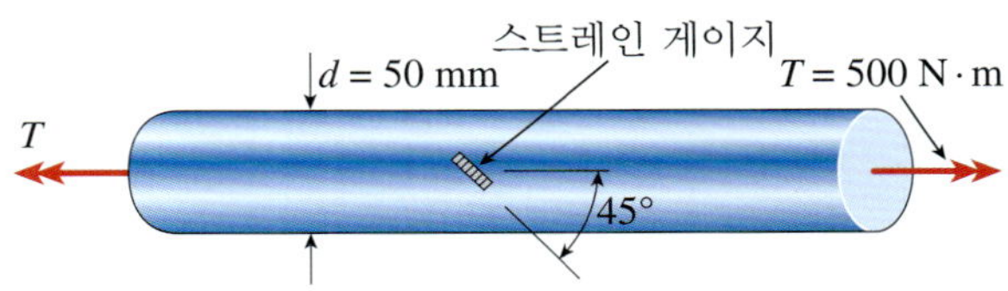

P9.5-3

9.5-4 알루미늄 관은 내경 $d_1 = 50$ mm, 전단 탄성계수 $G = 27$ GPa, $\nu = 0.33$, 토크 $T = 40$ kN·m가 작용하고 있다. 알루미늄의 허용 전단응력은 50 MPa이고 허용 수직변형률은 900×10^{-6}이다.

(a) 요구되는 외경 d_2를 구하시오.

(b) 허용 수직응력이 62 MPa이고 허용 전단변형률이 1.7×10^{-3}인 경우 요구되는 외경 d_2를 다시 계산하시오.

9.5-5 길이가 $L = 610$ mm인 원형 알루미늄 파이프 두 개가 비틀림 모멘트 T에 의해 하중을 받는다(그림 참조). 파이프 1의 외부 및 내부 직경은 각각 $d_2 = 76$ mm 및 $d_1 = 64$ mm이다. 파이프 2는 전체 길이 L을 따라 d_2의 일정한 외경과 d_1의 내경을 갖지만 중간 1/3에 걸쳐 $d_3 = 67$ mm의 증가된 내경을 갖는다.

$E = 72$ GPa, $\nu = 0.33$, 허용 전단응력 $\tau_a = 45$ MPa로 가정한다.

(a) 파이프 1에 적용될 수 있는 최대 허용토크를 구하시오. 파이프 2에 대해 반복하시오.

(b) 파이프 2의 최대 비틀림 ϕ가 파이프 1의 최대 비틀림 5/4를 초과할 수 없는 경우, 중간 부분의 최대 허용길이는 얼마인가? 두 파이프의 총길이가 L이고 적용된 토크 T가 동일하다고 가정한다.

(c) 파이프 2에 의해 전달되는 최대 토크가 파이프 1에 대한 토크의 7/8인 경우 파이프 2의 내경 d_3의 새 값을 구하시오.

(d) 각 파이프의 최대 수직변형률이 $\varepsilon_{max} = 811 \times 10^{-6}$인 경우, 각 파이프에 적용된 토크는 얼마인가? 또한 각 파이프의 최대 비틀림은 얼마인가? 원래 속성과 치수를 사용하시오.

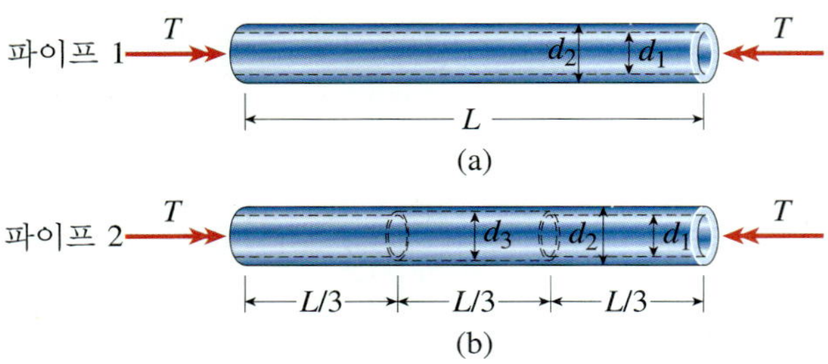

P9.5-5

9.7 원형 축의 동력 전달

도입문제

9.7-1 직경 $d = 38$ mm인 원형 강철 축을 구동하는 모터는 B의 기어에 37 kW를 전달한다. 강철의 허용 전단응력은 40 MPa이다. 축의 전단응력이 허용 한계를 초과하지 않도록 필요한 회전속도(분당 회전 수)를 계산하시오.

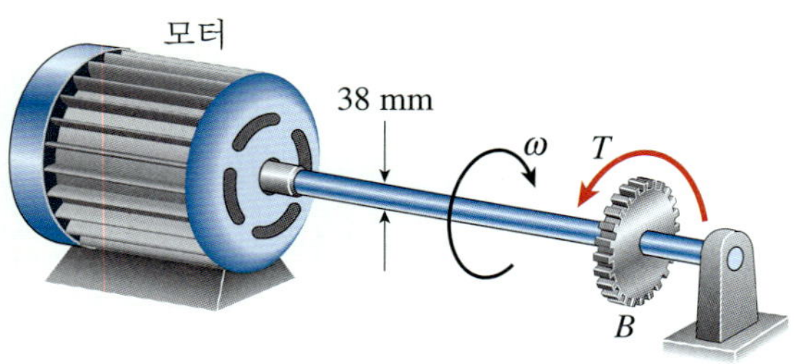

P9.7-1

대표문제

9.7-2 트럭의 구동축(외경 60 mm 및 내경 40 mm)은 2,500 rpm으로 작동한다(그림 참조).

(a) 축이 150 kW를 전달한다면 축의 최대 전단응력은 얼마인가?

(b) 허용 전단응력이 30 MPa일 때 전달할 수 있는 최대 동력은 얼마인가?

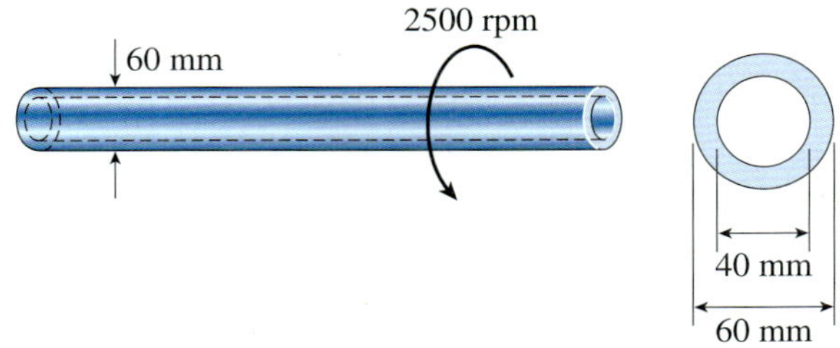

P9.7-2

9.7-3 모터는 축 끝까지 1,000 rpm에서 200 kW를 전달한다(그림 참조). B와 C의 기어는 각각 90 kW와 110 kW를 출력한다.

허용 전단응력이 50 MPa이고 모터와 기어 C 사이의 비틀림 각도가 1.5°로 제한되는 경우 샤프트의 필요한 직경 d를 결정하시오. $G = 80$ GPa, $L_1 = 1.8$ m, $L_2 = 1.2$ m로 가정한다.

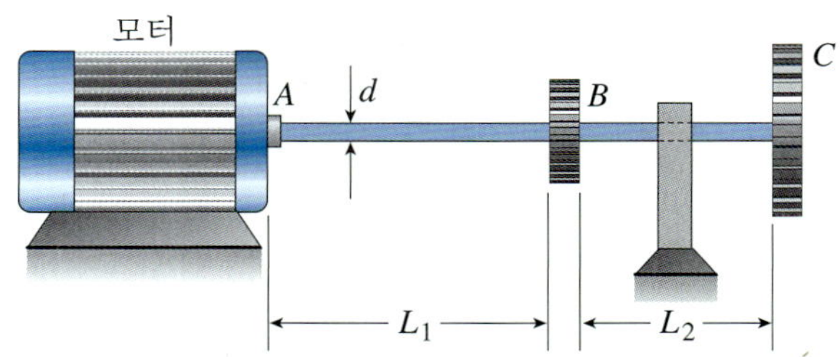

P9.7-3

9.8 부정정 비틀림 부재

도입문제

9.8-1 고정 지지대가 있는 속이 차 있는 원형 봉 $ABCD$는 그림에 표시된 위치에서 토크 T_0 및 $2T_0$에 의해 작동된다.

(a) 막대의 최대 비틀림 각도 ϕ_{max}에 대한 공식을 구하시오.

(b) B에 인가된 토크 T_0을 역방향으로 하면 ϕ_{max}는 얼마인가?

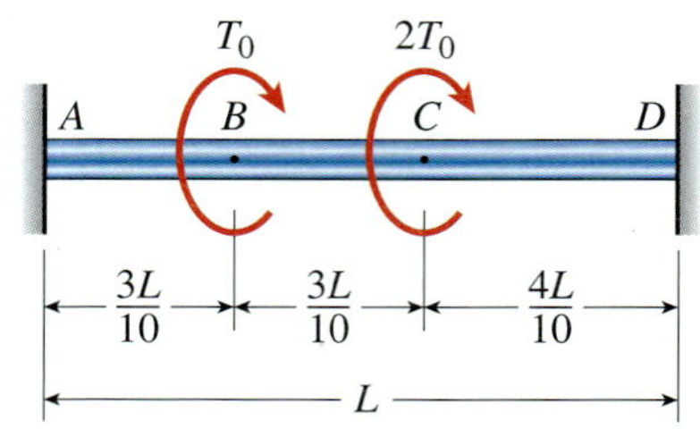

P9.8-1

9.8-2 두 개의 다른 지름을 가진 속이 차 있는 원형 단면을 가진 계단형 축 ACB는 끝단에서 회전을 방지한다(그림 참조).

(a) 축의 허용 전단응력이 42 MPa일 때 단면 C에서 가해질 수 있는 최대 토크 $(T_0)_{max}$는 얼마인가?

(b) 최대 비틀림각이 0.55°로 제한되는 경우 $(T_0)_{max}$를 구하시오. $G=73$ GPa로 한다.

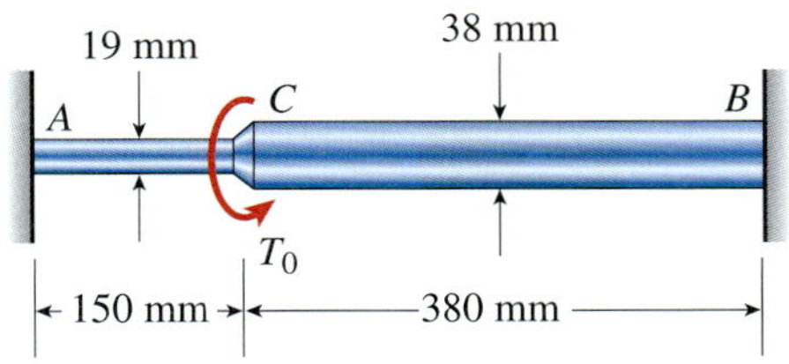

P9.8-2

대표문제

9.8-3 속이 차 있는 원형 알루미늄 봉 AB는 양쪽 끝이 고정되고 균일분포 토크 150 N·m/m가 적용된다. 봉의 직경은 $d=30$ mm이다. 지지대에서의 반작용 토크와 중간 영역에서의 비틀림 각도를 계산하시오. $G=28$ GPa이라고 가정한다.

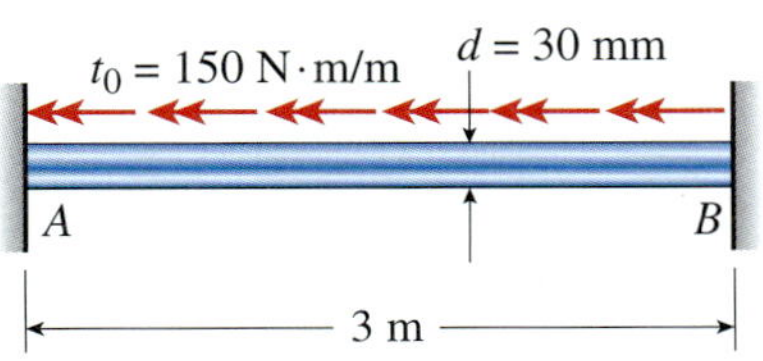

P9.8-3

9.8-4 B에서 볼트로 고정된 플랜지 판으로 연결된 강 드릴 파이프의 두 부분은 $x=0.9$ m에서 집중 토크 450 kN·m 및 균일분포 토크 $t_0=225$ kN·m/m가 파이프 BC에 적용된다. $G=81$ GPa로 하고 파이프 AB와 BC의 내경은 $d=300$ mm로 같다고 가정한다. 파이프 AB의 두께는 $t_{AB}=19$ mm이고 파이프 BC의 두께는 $t_{BC}=16$ mm이다. A와 C에서의 반작용 토크와 각 부분에서의 최대 전단응력을 구하시오.

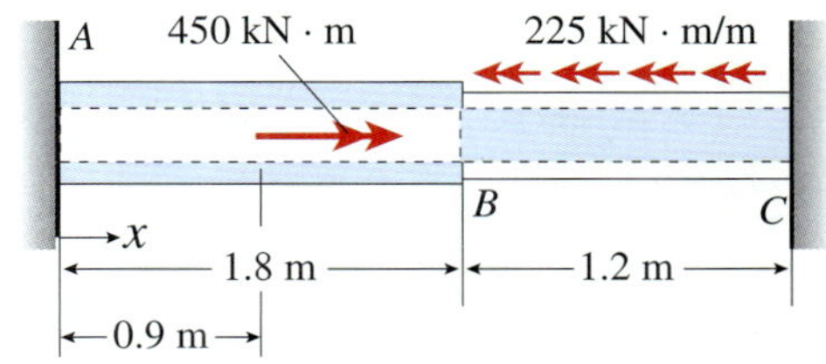

P9.8-4

9.8-5 길이 L의 원형 막대 AB는 끝단에서 회전에 대해 고정되고 끝단 A에서의 0부터 끝단 B에서의 t_0까지 강도가 선형적으로 변하는 분산 토크 $t(x)$에 의해 부하가 걸린다(그림 참조).

(a) 고정단 토크 T_A 및 T_B에 대한 공식을 구하시오.

(b) 비틀림각 $\phi(x)$에 대한 표현식을 구하시오. ϕ_{max}는 얼마이며 봉의 길이에 따라 어디에서 발생하는가?

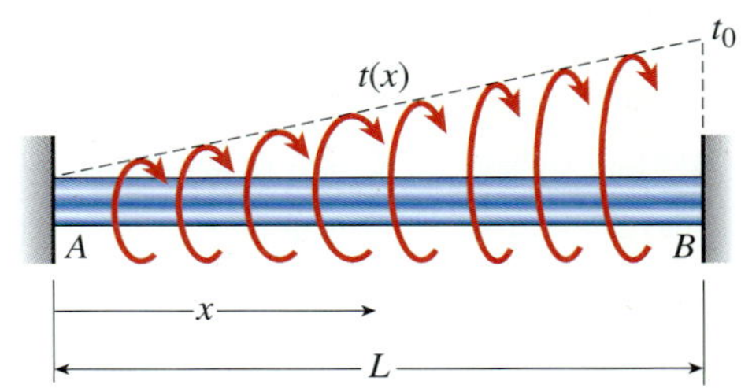

P9.8-5

9.8-6 직경 $d_1=25.0$ mm의 속이 차 있는 강철 봉은 외부 직경 $d_3=37.5$ mm 및 내부 직경 $d_2=30.0$ mm의 강철 튜브로 둘러싸여 있다(그림 참조). 막대와 튜브는 모두 끝 A의 지지대에 의해 단단히 고정되고 끝 B의 강체 판에 단단히 결합된다. 길이가 $L=550$ mm인 합성봉의 끝판에 토크 $T=400$ N·m가 작용한다.

(a) 막대와 튜브의 최대 전단응력 τ_1과 τ_2를 구하시오.

(b) 강철의 전단계수가 $G=80$ GPa이라고 가정하고 끝판의 회전각 ϕ(도 단위)를 구하시오.

(c) 합성봉의 비틀림 강성 k_T를 구하시오.

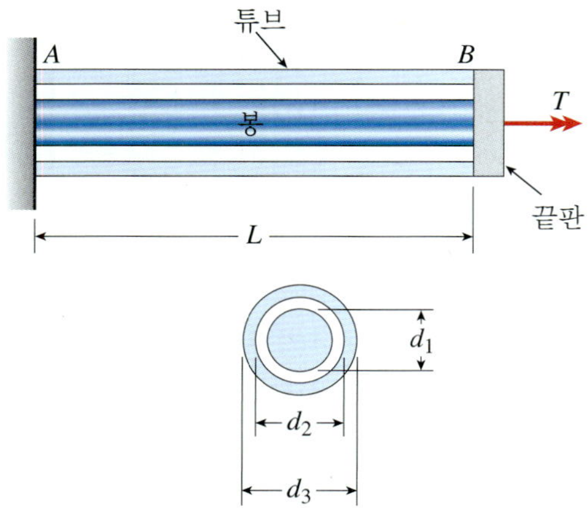

P9.8-6

9.8-7 전체 길이가 $L=3.0$ m인 강철 축($G_s=80$ GPa)은 강철에 단단히 결합된 황동 슬리브($G_b=40$ GPa)로 길이의 1/3을 감싸고 있다(그림 참조). 축과 슬리브의 외경은 각각 $d_1=70$ mm 및 $d_2=90$ mm이다.

(a) 끝단 사이의 비틀림 각도가 8.0°로 제한되는 경우 축 끝단에 가해질 수 있는 허용토크 T_1을 구하시오.

(b) 황동의 전단응력이 $\tau_b=70$ MPa로 제한되는 경우 허용토크 T_2를 구하시오.

(c) 강재의 전단응력이 $\tau_s=110$ MPa로 제한되는 경우 허용토크 T_3을 구하시오.

(d) 앞의 세 가지 조건이 모두 충족되어야 하는 경우 최대 허용토크 T_{max}는 얼마인가?

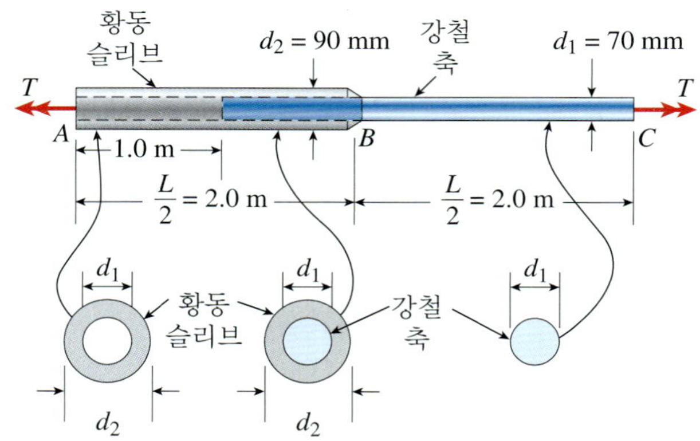

P9.8-7

CHAPTER 10

보에서의 응력

Jeff_Hu/iStock/Getty Images Plus/Getty Images

보는 다양한 현대 구조물에서 필수적인 하중 전달 구성 요소이다.

이 장의 목적

- 가로로 작용하는 하중이나 굽힘 모멘트를 받는 보에서 모멘트와 곡률 사이의 관계식을 유도한다.
- 수직응력이 보의 깊이에 따라 선형적으로 변화하고 굽힘 모멘트에 비례하며 단면의 관성 모멘트에 역비례함을 보여주는 굽힘 공식을 정의한다.
- 보의 단면계수를 정의하고, 재료의 허용응력에 기반하여 강재, 목재 혹은 다른 재료로 이루어진 보를 설계하기 위해 단면계수를 사용한다.
- 다른 단면 형상을 가지는 보에서 전단응력을 살펴보고 전단 공식을 사용하여 보의 깊이에 따른 전단응력의 변화를 공부한다.
- 두 가지 재료로 구성된 합성 보에서 수직응력을 계산하기 위해 수정된 굽힘 공식을 제시한다.
- 단면의 주 도심축을 따라 구성 성분으로 분해된 굽힘 모멘트 M을 받거나 또는 단면의 원래 축에 사용되는 일반화된 굽힘 공식을 비대칭 보를 해석하는 데 적용하기 위한 일반적인 과정을 제시한다.

이 장의 구성

10.1 서론

9장에서는 보에 작용하는 하중이 어떻게 전단력(shear forces)과 굽힘 모멘트(bending moments)와 같은 형태의 내적 작용력[또는 **합 응력**(stress resultants)]을 발생시키는지 알아보았다. 이 장에서는 한 단계 더 나아가 전단력과 굽힘 모멘트에 관련된 **응력**(stresses)과 **변형률**(strains)을 알아본다. 응력과 변형률을 알면, 여러 가지 형태의 하중 조건하에서 보를 해석하고 설계할 수 있다.

보에 작용하는 하중은 보를 굽혀지게[또는 휘어지게(flex)] 하여 보의 축을 곡선으로 변형시킨다. 예를 들어, 자유단에 하중 P를 받는 캔틸레버 보 AB를 고려한다(그림 10-1a). 원래는 직선이던 축이 곡선으로 굽혀졌으며(그림 10-1b), 이 곡선을 보의 **처짐 곡선**(deflection curve)이라고 한다.

그림 10-1

캔틸레버 보의 굽힘: (a) 하중을 받는 보와 (b) 처짐 곡선

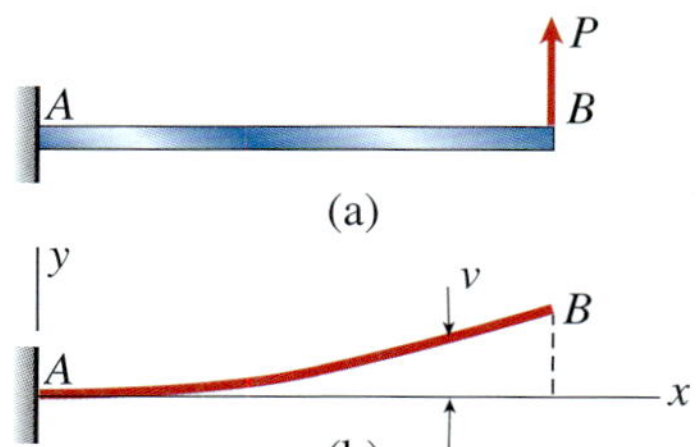

기준을 정하기 위해, 보의 길이방향 축의 적절한 점에 원점을 갖는(그림 10-1b) **좌표축**(coordinate axes)을 설정한다. 이 예에서는 고정단에 원점을 설정한다. x축의 양의 방향은 오른쪽을 향하고, y축의 양의 방향은 위쪽을 향한다. 그림에는 보이지 않는 z축은 앞쪽(즉, 바라보는 사람 쪽)을 향하게 함으로써 세 개의 축은 오른손 법칙 좌표계를 형성한다.

이 장에서 다루는 보는 x-y평면에 대해 대칭인 것으로 가정하며, 이는 y축이 단면의 대칭축임을 의미한다. 또한 모든 하중은 x-y평면 내에 작용하여야 한다. 결론적으로 굽힘 처짐(bending deflections)은 **굽힘 평면**(plane of bending)으로 알려진 이와 같은 평면 내에서 일어난다. 따라서 그림 10-1b의 처짐 곡선은 굽힘 평면 내에 놓인 평면 곡선이다.

보의 축선상의 임의의 점에서의 보의 **처짐**(deflection)은 원래의 위치에서 y방향으로 측정된 그 점의 **변위**(displacement)이다. 처짐은 y좌표와 구별하기 위해 v로 표시하였다(그림 10-1b 참조).[1]

그림 10-2

순수 굽힘을 받는 단순 보($M = M_1$)

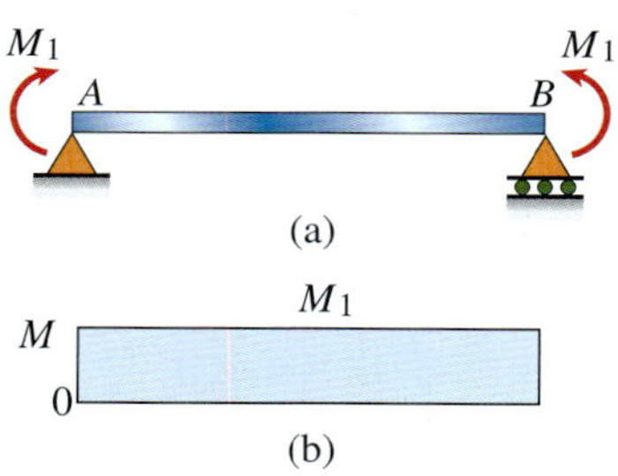

10.2 순수 굽힘과 불균일 굽힘

보를 해석할 때 종종 순수 굽힘과 불균일 굽힘을 구분하는 것이 필요하다. **순수 굽힘**(pure bending)은 일정한 굽힘 모멘트하에서 보가 휘는 것을 말한다. 그러므로 순수 굽힘은 전단력이 0인 보의 구간에서만 일어난다(왜냐하면 $V = dM/dx$). 한편 **불균일 굽힘**(nonuniform bending)은 전단력이 존재하는 상태에서 보가 휘는 것을 말하며, 이는 굽힘 모멘트가 보의 축을 따라 변화하는 것을 의미한다.

그림 10-3

순수 굽힘 상태의 캔틸레버 보($M = -M_2$)

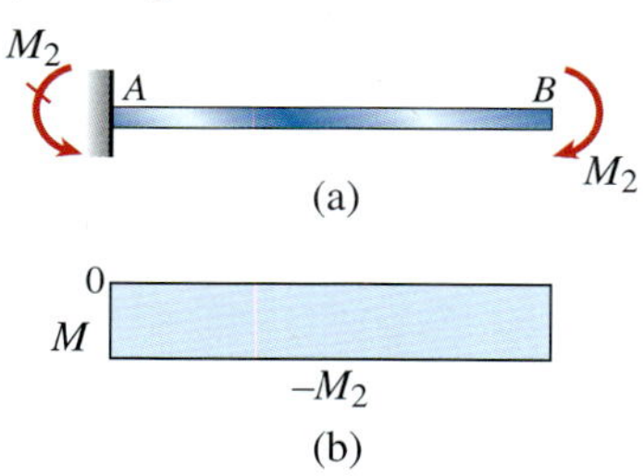

순수 굽힘의 예로서, 서로 반대방향으로 작용하는, 같은 크기의 두 짝힘 M_1을 받는 단순 보 AB를 고려한다(그림 10-2a). 그림 10-2b의 굽힘 모멘트 선도에서 알 수 있듯이, 이러한 하중은 보의 전체 길이에서 일정한 굽힘 모멘트 $M = M_1$을 발생시킨다. 전단력 V는 보의 모든 단면에서 0이다.

그림 10-3a는 순수 굽힘을 보여준다. 여기서 캔틸레버 보 AB 자유단에서는 시계

[1] 응용역학에서 x, y, z방향에서 변위에 대한 전통적인 기호는 각각 u, v, w이다.

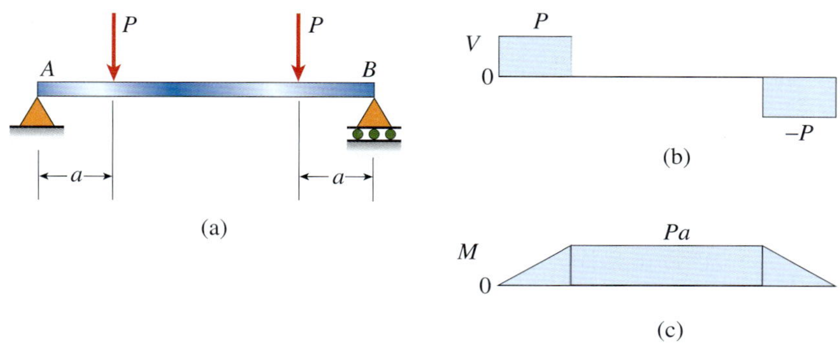

그림 10-4
중앙 구간은 순수 굽힘 상태이고 양단 구간은 불균일 굽힘 상태인 단순 보

방향의 짝힘 M_2가 작용한다. 이 보에는 전단력이 없으며 굽힘 모멘트 M은 전 길이에 걸쳐 일정하다. 굽힘 모멘트는 그림 10-3b의 굽힘 모멘트 선도에서 알 수 있듯이 음($M = -M_2$)의 값을 갖는다.

그림 10-4a와 같이 대칭으로 하중을 받는 단순 보는 전단력과 굽힘 모멘트 선도(그림 10-4b와 c)로부터 알 수 있듯이, 일부는 순수 굽힘 상태에 있고 일부는 불균일 굽힘 상태에 있는 보의 예이다. 보의 중앙 구간은 전단력이 0이고 굽힘 모멘트가 일정하므로 순수 굽힘 상태에 있다. 보의 양단 부근의 구간은 전단력이 존재하고 굽힘 모멘트가 변하기 때문에 불균일 굽힘 상태에 있다.

다음의 두 절에서는 순수 굽힘만 받는 보의 변형률과 응력을 고찰한다. 다행히도 10.7절에서 설명하는 바와 같이, 순수 굽힘에 대해 얻어진 결과는 전단력이 존재하는 경우에도 적용될 수 있다.

10.3 보의 곡률

하중이 보에 작용할 때, 보의 길이방향 축은 앞의 그림 10-1에서와 같이 곡선으로 변형된다. 그 결과로 생긴 보의 변형률과 응력은 처짐 곡선의 **곡률**에 직접적으로 관련된다.

곡률의 개념을 설명하기 위해, 자유단에 하중 P가 작용하는 캔틸레버 보를 다시 고려해본다(그림 10-5a 참조). 이 보의 처짐 곡선은 그림 10-5b에 나와 있다. 해석을 위해 처짐 곡선상에 두 점 m_1과 m_2를 설정한다. 점 m_1은 y축으로부터 임의의 거리 x만큼 떨어진 곳에 선택하고, 점 m_2는 곡선을 따라 미소 거리 ds만큼 더 떨어진 곳에 선택한다. 각각의 점에서 처짐 곡선의 **접선**에 수직인 선, 즉 곡선 자체에 수직인 선을 그린다. 이 수직선들은 점 O'에서 교차하는데, 이 점이 처짐 곡선의 **곡률중심**(center of curvature)이다. 대부분 보의 처짐은 매우 작고 처짐 곡선은 평평하기 때문에 점 O'은 일반적으로 그림에서 보이는 것보다 보에서부터 훨씬 먼 곳에 위치한다.

곡선으로부터 곡률중심까지의 거리 m_1O'은 **곡률 반경**(radius of curvature) ρ(rho, 로)라고 부르며, **곡률**(curvature) κ(kappa, 카파)는 곡률 반경의 역수로 정의된다. 따라서

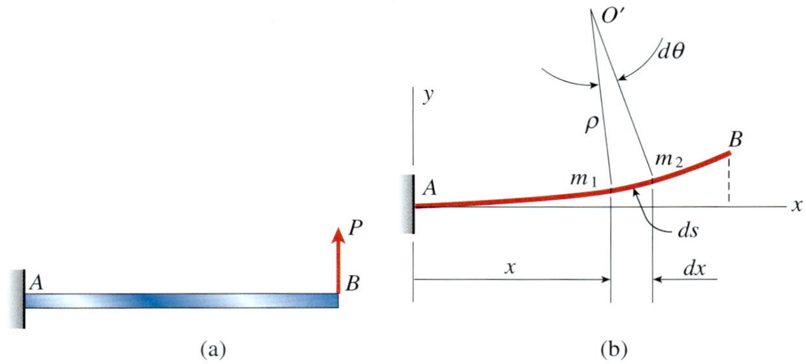

그림 10-5
굽혀진 보의 곡률:
(a) 하중을 받는 보,
(b) 처짐 곡선

$$\kappa = \frac{1}{\rho} \tag{10-1}$$

이고, 곡률은 보가 얼마나 급격하게 굽혀졌는가에 대한 척도이다. 보에 작용하는 하중이 작으면 보는 거의 직선일 것이며, 곡률 반경은 매우 크고 곡률은 작을 것이다. 하중이 증가하면 굽힘 정도는 커질 것이며, 곡률 반경은 작아지고 곡률은 커질 것이다.

삼각형 $O'm_1m_2$(그림 10-5b)의 기하학적 형상으로부터 다음 식을 얻는다.

$$\rho d\theta = ds \tag{10-2}$$

여기서 $d\theta$(라디안으로 측정)는 두 수직선 사이의 미소 각이고, ds는 점 m_1과 m_2 사이의 곡선상 미소 거리이다. 식 (10-2)와 식 (10-1)을 조합하면 다음 식을 얻을 수 있다.

$$\kappa = \frac{1}{\rho} = \frac{d\theta}{ds} \tag{10-3}$$

곡률에 대한 이 식은 본 교재에 유도 과정이 나와 있고, 곡률 크기에 관계없이 어느 곡선에도 적용된다. 곡률이 곡선의 전 길이에 걸쳐 **일정**하다면, 곡률 반경도 일정하며 곡선은 원호가 될 것이다.

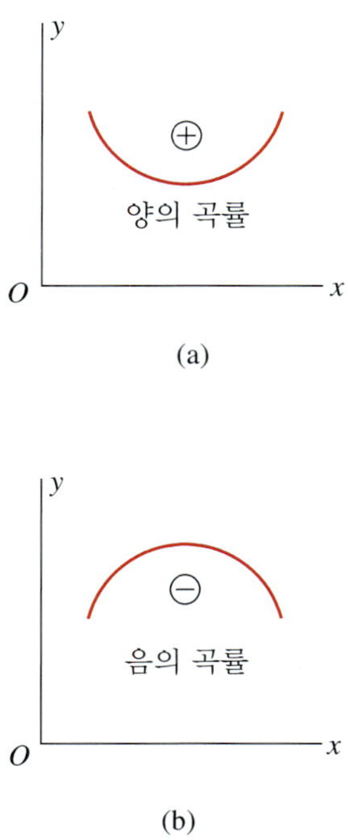

그림 10-6
곡률에 대한 부호 규약

보의 처짐은 일반적으로 보의 길이에 비하여 매우 작다(예: 자동차 구조 프레임의 처짐 또는 건물에서 보의 처짐을 생각해보라). 처짐이 작다는 것은 처짐 곡선이 거의 편평하다는 것을 의미한다. 따라서 곡선상의 거리 ds는 이의 수평 투영 거리인 dx와 같다고 놓을 수 있다(그림 10-5b 참조). 이러한 **미소 처짐**(small deflections)에 대한 특별한 조건하에서 곡률에 대한 식은 다음과 같이 된다.

$$\kappa = \frac{1}{\rho} = \frac{d\theta}{dx} \tag{10-4}$$

곡률과 곡률 반경은 모두 x축을 따라 측정되는 거리 x의 함수이다. 마찬가지로, 곡률중심 O'의 위치는 거리 x에 따라 결정된다.

보의 축상의 특정 점에서 곡률은 그 점에서의 굽힘 모멘트와 보 자체의 물성치(단면의 형상 및 재료의 유형)에 달려 있다. 그러므로 보가 균일 단면이고 재료가 균질이면, 곡률은 굽힘 모멘트에 의해 변화할 것이다(10.5절 참조). 결론적으로, **순수 굽힘**하의 보는 일정한 곡률을 갖게 되고 **불균일 굽힘**을 받는 보는 변화하는 곡률을 갖게 될 것이다.

곡률의 부호 규약(sign convention for curvature)은 좌표축의 방향과 관계가 있다. 만일 그림 10-6에서와 같이, x축은 오른쪽 방향이 양이고 y축은 위쪽 방향이 양이라면, 곡률은 보가 위쪽으로 오목하게 굽혀질 때 양이고, 곡률중심은 보의 위쪽에 있다. 반대로, 곡률은 보가 아래쪽으로 오목하게 굽혀질 때 음이며, 곡률중심은 보의 아래쪽에 있다.

다음 절에서는 굽혀진 보에서 길이방향 변형률을 곡률로부터 어떻게 산정하는지를 보여줄 것이며, 13장에서는 곡률이 보의 처짐과 어떻게 관련되는지를 배울 것이다.

10.4 보에서의 길이방향 변형률

보의 길이방향 변형률은 보의 곡률과 이와 관련된 변형을 해석하여 구할 수 있다. 이를 위해, 양의 굽힘 모멘트 M을 받아 순수 굽힘 상태에 있는 보의 AB 부분을 고려한다(그림 10-7a). 초기의 보는 직선의 길이방향 축(그림에서 x축)을 가지고 있으며, 보의 단면은 그림 10-7b에서와 같이 y축에 대해 대칭이라고 가정한다.

굽힘 모멘트의 작용하에, 보는 x-y평면(굽힘 평면) 내에서 휘게 되고 보의 길이방향 축은 원형 곡선(그림 10-7c의 곡선 $s-s$)으로 굽혀진다. 보는 위쪽으로 오목하게 굽혀지며 그것은 양의 곡률이다(그림 10-6a).

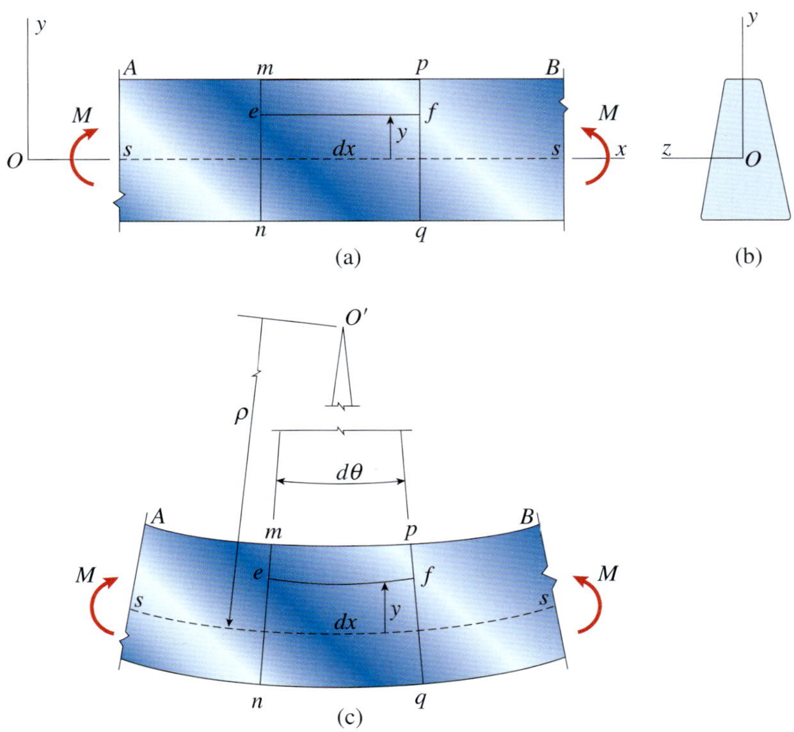

그림 10-7

순수 굽힘 상태의 보의 변형: (a) 보의 측면도, (b) 보의 단면, (c) 변형된 보

그림 10-7a의 mn면과 pq면 같은 **보의 단면**(cross sections of the beam)은 평면을 유지하고 길이방향 축에 수직이다(그림 10-7c). 순수 굽힘 상태에 있는 보의 단면이 평면으로 남는다는 사실은 보의 이론에서 기본적이고 종종 이를 가정이라고 한다. 그러나 가정은 대칭성에 근거한 합리적인 논증만을 사용하여 엄격하게 증명될 수 있기 때문에 가정을 이론이라고도 한다. 보와 하중 상태의 대칭성(그림 10-7a와 b)이라는 기본 관점은 보의 모든 요소(요소 $mpqn$과 같은)가 동일한 방식으로 변형되어야만 한다는 것을 의미하며, 이는 굽힘을 받는 동안 단면이 평면으로 남아 있는 경우에만 가능하다(그림 10-7c). 이러한 결론은 재료가 탄성이든 비탄성이든, 선형이든 비선형이든 상관없이 어떠한 재료의 보에 대해서도 유효하다. 물론 치수와 같은 재료 물성치는 굽힘 평면에 대하여 대칭이어야 한다.

참고: 순수 굽힘 상태의 평면 단면이 평면으로 남아 있을지라도 평면 자체의 변형이 있을 수 있다. 그러한 변형은 이 논의의 끝부분에서 설명되는 바와 같이 푸아송 비의 영향에 기인한 것이다.

그림 10-7c에서 보여지는 굽힘 변형 때문에 단면 mn과 pq는 x-y평면에 수직인 축에 대해 서로 회전한다. 보의 아랫부분의 길이방향 선은 늘어나는 반면에 윗부분의 선은 줄어든다. 따라서 보의 아랫부분은 인장 상태에 있고, 보의 윗부분은 압축 상태에 있다. 보의 상단과 하단 사이의 어느 곳엔가 길이방향 선의 길이가 변하지 않는 면이 있게 된다. 그림 10-7a와 c에 점선 $s-s$로 표시된 이 면을 보의 **중립면**(neutral surface)이라 한다. 이 면과 어떤 단면의 평면과의 교선을 그 단면의 **중립축**(neutral axis)이라 한다. 예를 들면, z축은 그림 10-7b의 단면에 대한 중립축이다.

변형된 보(그림 10-7c) 내의 단면 mn과 pq를 포함하는 평면은 곡률중심 O'을 통하는 선에서 교차한다. 이 평면 사이의 각을 $d\theta$라 표기하며, O'으로부터 중립면 $s-s$까지의 거리는 곡률 반경 ρ이다. 두 평면 사이의 원래 길이 dx(그림 10-7a)는 중립면(그림 10-7c)에서는 변하지 않으므로 $\rho d\theta = dx$이다. 그러나 두 평면 사이의 모든 다른 길이방향 선은 늘어나거나 혹은 줄어들며, 그래서 **수직변형률**(normal strain) ε_x만큼의 변형이 일어난다.

이러한 수직변형률을 계산하기 위하여, 평면 mn과 pq 사이의 보 내에 위치한 대표적인 길이방향 선 ef를 고려해본다(그림 10-7a). 선 ef는 원래 직선이던 보에서 중립면으로부터 거리 y만큼 떨어진 위치에 있다는 것을 알 수 있다. 이제 x축이 **변형되지 않은** 보의 중립면을 따라 놓여 있다고 가정한다. 물론 보가 처질 때, 중립면은 보와 같이 움직이지만, x축의 위치는 고정된 채로 유지된다. 어쨌든 처진 보 내의 길이방향 선 ef(그림 10-7c)는 아직도 중립면으로부터 같은 거리 y만큼 떨어진 위치에 있다. 따라서 굽힘이 일어난 후의 선 ef의 길이 L_1은

$$L_1 = (\rho - y)d\theta = dx - \frac{y}{\rho}dx$$

이고, $d\theta = dx/\rho$를 대입한 것이다.

선 ef의 원래 길이는 dx이기 때문에 선의 신장량은 $L_1 - dx$ 또는 $-ydx/\rho$이다. 이

에 대응하는 **길이방향 변형률**은 신장량을 원래 길이 dx로 나눈 것과 같다. 따라서 **변형률-곡률 관계식**(strain-curvature relation)은 다음과 같다.

$$\varepsilon_x = -\frac{y}{\rho} = -\kappa y \tag{10-5}$$

여기서 κ는 곡률이다[식 (10-1) 참조].

위의 식은 보의 길이방향 변형률이 곡률에 비례하고 중립면으로부터의 거리 y에 따라 선형적으로 변화한다는 것을 보여준다. 고려 대상이 되는 점이 중립면의 위쪽에 있다면 거리 y는 양의 값이다. 곡률이 양이면(그림 10-7c에서와 같이), ε_x는 수축을 의미하는 음의 변형률이 될 것이다. 반대로, 고려 대상이 되는 점이 중립면의 아래쪽에 있다면 거리 y는 음의 값이 될 것이고, 곡률이 양이면 변형률은 신장을 의미하는 양의 변형률이 된다. 변형률 ε_x에 대한 **부호 규약**(sign convention)은 앞의 장들에서 수직변형률에 대해 사용한 것과 동일하다는 것이다. 즉 신장은 양이고 수축은 음이다.

보에서 수직변형률에 대한 식 (10-5)는 오로지 변형된 보의 기하학적 형상으로부터 유도되었으며, 재료 물성치는 논의에서 고려하지 않았다. 따라서 **순수 굽힘 상태의 보에서의 변형률은 재료의 응력-변형률 곡선의 모양에 관계없이 중립면으로부터의 거리에 따라 선형적으로 변한다.**

해석의 다음 단계, 즉 변형률로부터 응력을 구하기 위해서는 **응력-변형률 곡선**의 사용이 필요하다. 이 단계는 선형 탄성 재료를 다루는 다음 절에서 설명할 것이다.

보의 길이방향 변형률은 푸아송 비의 영향 때문에 **가로 변형률**(transverse strains)(즉, y 및 z방향에서의 수직변형률)을 동반한다. 그러나 보는 가로방향으로 자유롭게 변형되기 때문에 가로방향 응력은 발생하지 않는다. 이러한 응력 상태는 인장이나 압축을 받는 균일 단면 봉의 상태와 유사하며, 그래서 **순수 굽힘 상태의 보 길이방향 요소는 압축응력 상태에 있다.**

예제 10-1

길이 $L = 4.9$ m, 높이 $h = 300$ mm인 강재 단순 보 AB(그림 10-8a)가 짝힘 M_0에 의해 중앙점에서 아래 방향 처짐을 갖는 원호 δ로 굽혀졌다(그림 10-8b). 보 밑면에서의 길이방향 수직변형률(신장)은 0.00125이고 보의 중립면에서 밑면까지의 거리는 150 mm이다.

이때 보의 곡률 반경 ρ, 곡률 κ, 처짐 δ를 계산하시오.

참고: 이 보는 높이에 비해 길이가 매우 길고($L/h = 16.33$), 변형률 0.00125도 매우 크기 때문에 상대적으로 큰 처짐을 갖는 경우이다(이는 보통 구조용 강에 대한 항복 변형률과 거의 같다).

풀이

4단계 문제풀이 접근방법을 사용한다. 효율적인 문제풀이를 위해 필요에 따라 단계를 합한다.

그림 10-8

예제 10-1: 순수 굽힘 상태의 보: (a) 하중을 받는 보와 (b) 처짐 곡선

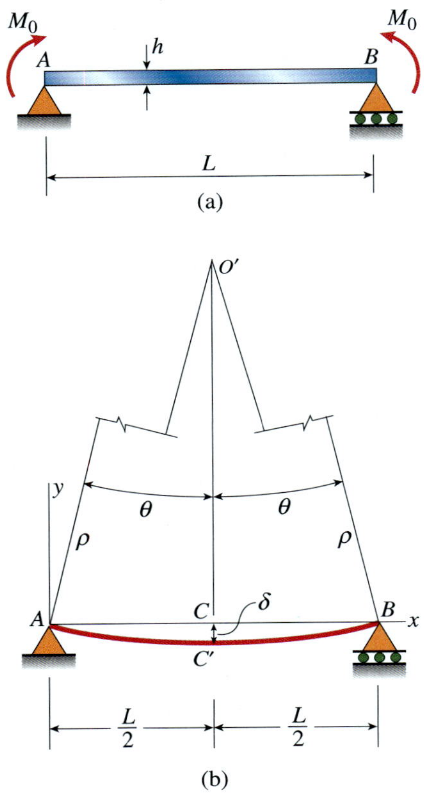

Part (a): 곡률

1, 2. 개념화[가정, 스케치], 분류[단순화, 분류화] 보의 밑면에서의 길이방향 변형률($\varepsilon_x = 0.00125$)과 중립면에서부터 밑면까지의 거리($y = -150$ mm)를 알기 때문에, 곡률 반경과 곡률을 계산하기 위해 식 (10-5)를 이용할 수 있다.

3. 해석[수치계산, 적절한 식 선정, 수학적인 해를 구함] 식 (10-5)를 재배열하고 수치를 대입하면 다음을 얻는다.

$$\rho = -\frac{y}{\varepsilon_x} = -\frac{-150 \text{ mm}}{0.00125} = 120 \text{ m} \quad \kappa = \frac{1}{\rho} = 8.33 \times 10^{-3} \text{m}^{-1}$$

4. 최종 단계[결론, 해의 검증—해가 합당한가? 단위가 맞는가? 비슷한 문제풀이 방법과 비교해볼 때 어떠한가?] 이러한 결과는 재료의 변형률이 클 때에도 곡률 반경은 보의 길이에 비해 극단적으로 크다는 것을 보여준다. 만일 변형률이 일반적인 것처럼 더 작다면 곡률 반경은 더 커진다.

Part (b): 처짐

1, 2. 개념화, 분류 10.3절에서 지적하였듯이, 일정한 굽힘 모멘트(순수 굽힘)는 보의 전 길이에 걸쳐 일정한 곡률을 일으킨다. 따라서 처짐 곡선은 원호로 된다. 그림 10-8b에서, 곡률중심 O'으로부터 처진 보의 중앙점 C'까지의 거리는 곡률 반경 ρ이고 O'으로부터 x축 선상의 점 C까지의 거리는 $\rho \cos \theta$이며, 여기서 θ는 각 $BO'C$이다. 이로부터 보의 중앙점에서의 처짐에 대한 다음과 같은 식을 얻을 수 있다.

$$\delta = \rho(1 - \cos \theta) \tag{10-6}$$

거의 편평한 곡선에 대해, 지지점 사이의 거리는 보 자체의 길이와 같다고 가정할 수 있다. 따라서 삼각형 $BO'C$로부터 다음을 얻는다.

$$\sin \theta = \frac{L/2}{\rho} \tag{10-7}$$

3. 해석 수치를 대입하면 다음과 같은 값을 얻는다.

$$\sin \theta = \frac{4.9 \text{ m}}{2(120 \text{ m})} = 0.0200$$

그리고

$$\theta = 0.0200 \text{ rad} = 1.146°$$

실제 적용에서는 θ가 매우 작은 각이기 때문에 $\sin \theta$와 θ(라디안)는 수치적으로 같다고 고려한다.

이제 θ값을 처짐에 대한 식 (10-6)에 대입하면 다음을 얻는다.

$$\delta = \rho(1 - \cos \theta) = (120 \text{ m})(1 - 0.999800) = 24 \text{ mm}$$

4. 최종 단계 다음과 같이 처짐에 대한 보 길이의 비로 나타낸 것처럼, 이 처짐은 보 길이에 비해 매우 작다.

$$\frac{L}{\delta} = \frac{4.9\ \text{m}}{24\ \text{mm}} = 204$$

이로부터 처짐 곡선은 큰 변형률에도 불구하고 거의 편평하다는 것을 확인하였다. 물론 그림 10-8b의 보의 처짐은 명확히 과장된 것이긴 하다.

참고: 이 예제의 목적은 곡률 반경, 보의 길이, 보의 처짐에 대한 상대적인 크기를 보이기 위한 것이다. 그러나 처짐을 구하기 위해 사용된 방법으로는 실제와 거의 같은 값을 얻지 못한다. 왜냐하면 그 방법은 원형의 처짐 형상을 일으키는 순수 굽힘 상태로 제한되었기 때문이다. 보의 처짐을 구하는 보다 유용한 방법은 13장에서 소개할 것이다.

10.5 보에서의 수직응력(선형 탄성 재료)

앞 절에서는 순수 굽힘 상태의 보에서 길이방향 변형률 ε_x를 고찰하였다[식 (10-5)와 그림 10-7 참조]. 보의 길이방향 요소는 인장 또는 압축만을 받기 때문에, 변형률로부터 응력을 구하기 위해 재료에 대한 **응력-변형률 곡선**(stress-strain curve)을 이용할 수 있다. 응력은 보의 전 단면에 걸쳐 작용하고 응력-변형률 곡선의 형상과 단면 치수에 따라 강도가 변한다. x방향이 길이방향이기 때문에(그림 10-7a), 이러한 응력을 표시하기 위해 기호 σ_x를 사용한다.

공학에서 접하는 가장 일반적인 응력-변형률 관계식은 **선형 탄성 재료**(linearly elastic material)에 대한 식이다. 그러한 재료에 대해서 단축응력에 대한 훅의 법칙($\sigma = E\varepsilon$)을 식 (10-5)에 대입하여 다음 식을 얻는다.

$$\sigma_x = E\varepsilon_x = -\frac{Ey}{\rho} = -E\kappa y \tag{10-8}$$

이 식은 단면에 작용하는 수직응력이 중립면으로부터의 거리 y에 따라 선형적으로 변한다는 것을 보여준다. 이러한 응력 분포가 굽힘 모멘트 M이 양이고 보가 양의 곡률로 굽혀진 경우에 대한 그림 10-9a에 그려져 있다.

곡률이 양일 때 응력 σ_x는 중립면 위에서는 음(압축)이고 중립면 아래에서는 양(인장)이다. 이 그림에서 압축응력은 단면 **쪽**(toward)을 가리키는 화살표로, 인장응력은 단면 **밖**(away)을 가리키는 화살표로 표시되었다.

식 (10-8)이 실제적인 값이 되기 위해서는, 거리 y를 결정할 수 있도록 좌표의 원점을 선정해야만 한다. 다시 말하면, 단면의 중립축 위치를 선정해야만 한다. 또한 곡률과 굽힘 모멘트 사이의 관계식을 구할 필요가 있다. 그런 다음 식 (10-8)에 대입하여 응력과 굽힘 모멘트 사이의 관계식을 얻을 수 있다. 이러한 두 가지 목적은 단면에 작용하는 응력 σ_x의 합력을 구함으로써 이루어질 수 있다.

그림 10-9

선형 탄성 재료를 갖는 보에서의 수직응력: (a) 수직응력의 분포를 보여주는 보의 측면도, (b) 단면의 중립축인 z축을 보여주는 보의 단면

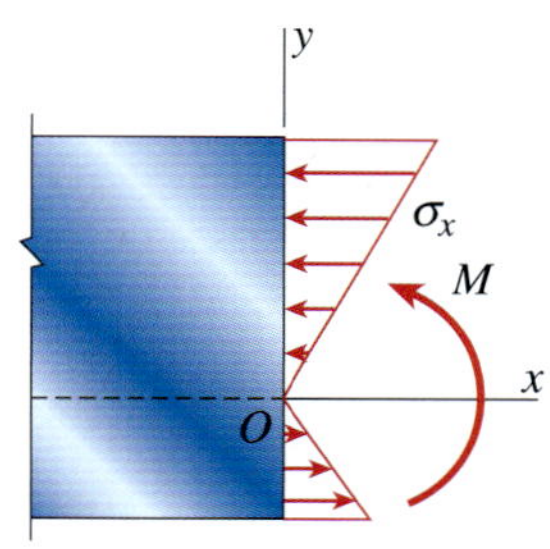

(a)

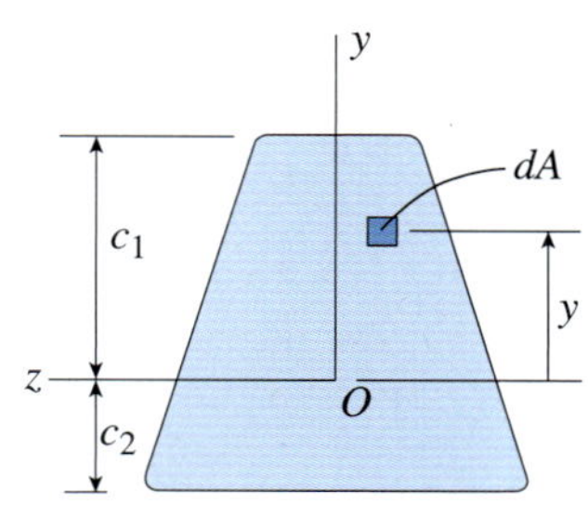

(b)

일반적으로 **수직응력의 합력**(resultant of the normal stresses)은 응력 두 개의 합으로 구성된다. (1) x방향으로 작용하는 힘, (2) z축을 중심으로 작용하는 구부러지는 우력. 하지만 보가 순수 굽힘 상태에 있을 때 축력은 0이다. 따라서 다음과 같은 정역학 방정식을 쓸 수 있다. (1) x방향으로의 합력은 0이고, (2) 합 모멘트는 굽힘 모멘트 M과 같다. 첫 번째 식으로 중립축의 위치를 알 수 있고, 두 번째 식으로는 모멘트-곡률 관계식을 알 수 있다.

중립축 위치

정역학의 첫 번째 식을 얻기 위해, 단면 내의 면적 요소 dA를 고려한다(그림 10-9b). 이 요소는 중립축으로부터 거리 y만큼 떨어진 위치에 있고, 따라서 이 요소에 작용하는 응력 σ_x는 식 (10-8)에서 구할 수 있다. 이 요소에 작용하는 **힘**(force)은 $\sigma_x dA$와 같고 y가 양의 값일 때 압축이다. 단면에 작용하는 합력이 없기 때문에 전체 단면적 A에 걸친 $\sigma_x dA$에 대한 적분은 0이 된다. 따라서 **정역학의 첫 번째 식**(first equation of statics)은 다음과 같다.

$$\int_A \sigma_x dA = -\int_A E\kappa y\, dA = 0 \tag{10-9a}$$

곡률 κ와 탄성계수 E는 굽혀진 보의 어떠한 단면에서도 0이 아닌 상수이므로, 이들은 단면적에 대한 적분에는 관여하지 않는다. 따라서 식에서 이들을 제외하면 다음 식을 얻는다.

$$\int_A y\, dA = 0 \tag{10-9b}$$

이 식은 z축에 대한 단면적의 1차 모멘트가 0임을 보여준다. 다시 말해, z축은 단면의 도심을 통과해야만 한다.[2]

z축은 역시 중립축이고, 따라서

재료가 훅의 법칙을 따르고 단면에 작용하는 축력이 없다면 중립축은 단면적의 도심을 지난다.

이러한 사실은 중립축의 위치를 비교적 간단하게 구할 수 있게 해준다.

10.1절에서 설명한 바와 같이, 논의는 y축이 대칭축인 보로 제한되어 있다. 결론적으로 y축도 역시 도심을 지난다. 그래서

좌표의 원점 O(그림 10-9b)는 단면적의 도심에 위치한다.

y축은 단면의 대칭축이므로 y축은 **주축**(principal axis)이다(주축에 대한 논의는 5.7절 참조). z축은 y축에 수직이기 때문에, z축 역시 주축이다. 따라서 선형 탄성 재료의 보가 순수 굽힘을 받을 때, **y와 z축은 도심 주축**(principal centroidal axes)**이다.**

---

[2] 면적의 도심과 1차 모멘트는 5.2절과 5.3절에 설명되었다.

모멘트-곡률 관계식

정역학의 두 번째 식(second equation of statics)은 단면에 걸쳐 작용하는 수직응력 σ_x의 합 모멘트가 굽힘 모멘트 M과 같다는 사실을 나타낸다(그림 10-9a). 미소 면적 dA에 작용하는 힘 $\sigma_x dA$(그림 10-9b)는 σ_x가 양일 때 x축의 양의 방향으로 작용하고, σ_x가 음일 때 x축의 음의 방향으로 작용한다. 미소 면적 dA는 중립축의 윗부분에 위치하고 있으므로, 그 미소 면적에 작용하는 양의 응력 σ_x는 $\sigma_x ydA$와 같은 모멘트 성분을 발생시킨다. 이 모멘트 성분은 그림 10-9a에 보인 양의 굽힘 모멘트의 방향과 반대방향으로 작용한다. 따라서 모멘트 성분은 다음과 같다.

$$dM = -\sigma_x ydA$$

이러한 모든 모멘트 성분을 전체 단면적 A에 걸쳐 적분한 것이 굽힘 모멘트와 같아야 한다.

$$M = -\int_A \sigma_x y\,dA \tag{10-10a}$$

또는 식 (10-9)의 σ_x를 대입하면

$$M = \int_A \kappa E y^2 dA = \kappa E \int_A y^2 dA \tag{10-10b}$$

이 식은 보의 곡률과 굽힘 모멘트 M의 관계식이다.

위 식에서 적분은 단면적의 성질이기 때문에, 이 식을 다음과 같은 식으로 다시 쓰는 것이 편리하다.

$$M = \kappa EI \tag{10-11}$$

여기서

$$I = \int_A y^2 dA \tag{10-12}$$

이 적분은 z축에 관한(즉, 중립축에 관한) 단면적의 **관성 모멘트**(moment of inertia)이다. 관성 모멘트는 항상 양의 값이며 길이의 네제곱 차원을 갖는다. 예를 들면, 보를 계산할 때의 전형적인 SI 단위는 mm^4이다.[3]

식 (10-11)은 **곡률**을 보의 굽힘 모멘트의 항으로 표현하기 위해 다음과 같이 정리할 수 있다.

$$\kappa = \frac{1}{\rho} = \frac{M}{EI} \tag{10-13}$$

모멘트-곡률 관계식(moment-curvature equation)으로 알려진 식 (10-13)은 곡률이 굽힘 모멘트 M에는 정비례하고, 보의 **굽힘 강성**(flexural rigidity)이라는 양 EI에는 반비례하는 것을 보여준다. 굽힘 강성은 보의 굽힘에 대한 저항의 척도이다. 즉, 굽힘 강성이 클

---

[3] 면적의 관성 모멘트는 5.5절에 설명되었다.

그림 10-10
굽힘 모멘트의 부호와 곡률의 부호 사이의 관계

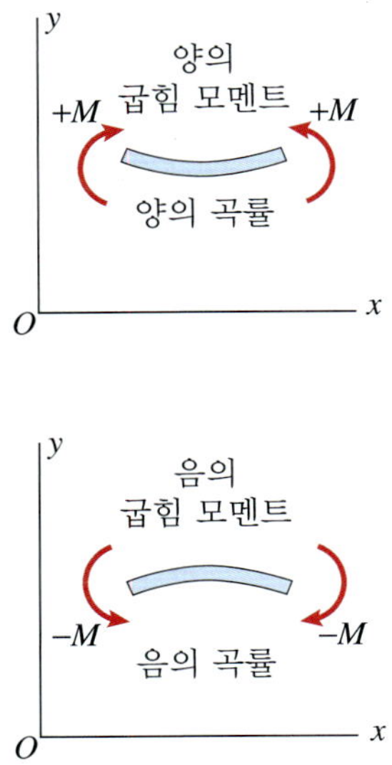

수록 주어진 굽힘 모멘트에 대한 곡률은 더욱 작아진다.

굽힘 모멘트에 대한 **부호 규약**은 그림 10-6과 비교하면, **양의 굽힘 모멘트는 양의 곡률을 일으키고 음의 굽힘 모멘트는 음의 곡률을 생성한다**(그림 10-10 참조).

굽힘 공식

이제 중립축의 위치를 정하고 모멘트-곡률 관계식을 유도했으므로 응력을 굽힘 모멘트의 항으로 표현할 수 있다. 곡률에 대한 표현식, 식 (10-13)을 응력 σ_x에 대한 표현식, 식 (10-8)에 대입하면 다음 식을 얻는다.

$$\sigma_x = -\frac{My}{I} \tag{10-14}$$

이 식은 **굽힘 공식**(flexure formula)이라 하며, 응력은 굽힘 모멘트 M에는 정비례하고 단면의 관성 모멘트 I에는 반비례하는 것을 보여준다. 또한 응력은 앞에서 관찰한 바와 같이 중립축으로부터의 거리 y에 따라 선형적으로 변한다. 굽힘 공식으로부터 계산한 응력을 **굽힘응력**(bending stress 혹은 flexural stress)이라고 한다.

보에서의 굽힘 모멘트가 양이면, 굽힘응력은 y가 음인 단면의 부분, 즉 보의 아랫부분에서 양(인장)이며, 보의 윗부분에서는 음(압축)이다. 굽힘 모멘트가 음이면 응력의 방향은 반대가 된다. 이러한 관계를 그림 10-11에 나타내었다.

단면에서의 최대 응력

어느 한 단면에 작용하는 최대 인장 굽힘응력 및 최대 압축 굽힘응력은 중립축으로부터 가장 먼 곳에 위치한 점에서 일어난다. 중립축으로부터 양과 음의 y방향으로 맨 끝에 있는 요소까지의 거리를 각각 c_1과 c_2라고 표시한다(그림 10-9b 및 그림 10-11 참조). 그러면 이에 대응하는 **최대 수직응력**(maximum normal stress) σ_1과 σ_2는 굽힘 공식으로부터 다음과 같다.

그림 10-11
굽힘 모멘트의 부호와 수직응력의 방향 사이의 관계: (a) 양의 굽힘 모멘트와 (b) 음의 굽힘 모멘트

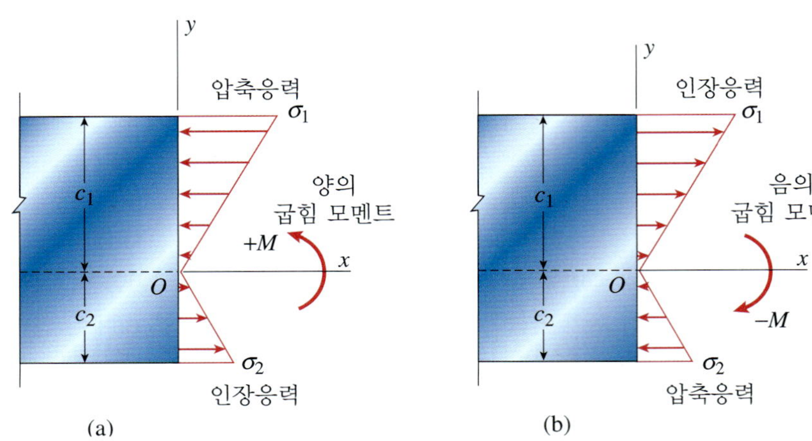

$$\sigma_1 = -\frac{Mc_1}{I} = -\frac{M}{S_1} \qquad \sigma_2 = \frac{Mc_2}{I} = \frac{M}{S_2} \qquad \textbf{(10-15a, b)}$$

여기서

$$S_1 = \frac{I}{c_1} \qquad S_2 = \frac{I}{c_2} \qquad \textbf{(10-16a, b)}$$

양 S_1과 S_2는 단면적의 **단면계수**(section modulus)로 알려져 있다. 식 (10-16a, b)로부터 각 단면계수는 길이 치수의 세제곱(예: mm^3)임을 유의하자. 또한 보의 상단과 하단까지의 거리 c_1과 c_2는 언제나 양의 값으로 취급된다는 것에 유의하자.

최대 응력을 단면계수의 항으로 표현할 때 얻을 수 있는 이점은 각각의 단면계수가 보의 적절한 단면 성질을 하나의 양으로 조합한다는 것이다. 단면계수는 설계자에게 편리한 보의 성질로서 표나 핸드북에 수록되어 있다(단면계수를 이용한 보의 설계는 다음 절에서 설명한다).

이중 대칭 형상

만일 보의 단면이 y축뿐만 아니라 z축에 대해 대칭이면[**이중 대칭 단면**(doubly symmetric cross section)], $c_1 = c_2 = c$이고 최대 인장응력 및 최대 압축응력은 수치적으로 같다.

$$\sigma_1 = -\sigma_2 = -\frac{Mc}{I} = -\frac{M}{S} \quad \text{혹은} \quad \sigma_{max} = \frac{M}{S} \qquad \textbf{(10-17a, b)}$$

여기서

$$S = \frac{I}{c} \qquad \textbf{(10-18)}$$

이것은 단면에 대한 단 하나의 단면계수이다.

폭이 b이고 높이가 h인 **직사각형 단면**(rectangular cross section)(그림 10-12a)의 보에 대한 관성 모멘트와 단면계수는 다음과 같다.

$$I = \frac{bh^3}{12} \qquad S = \frac{bh^2}{6} \qquad \textbf{(10-19a, b)}$$

직경이 d인 **원형 단면**(circular cross section)(그림 10-12b)에 대해서 이 특성치는 다음과 같다.

$$I = \frac{\pi d^4}{64} \qquad S = \frac{\pi d^3}{32} \qquad \textbf{(10-20a, b)}$$

속이 빈 관형(직사각형이거나 원형)이나 넓은 플랜지 형상과 같은 다른 이중 대칭 형상의 특성치는 앞의 공식으로부터 쉽게 구할 수 있다.

보 단면의 특성치

많은 평면 그림의 관성 모멘트가 참고용으로 부록 B에 수록되어 있다. 또한 표준 크기의 강재 보와 목재 보에 대한 치수와 특성치가 부록 C와 D 및 많은 공학 핸드북에 수

그림 10-12
이중 대칭 단면 형상

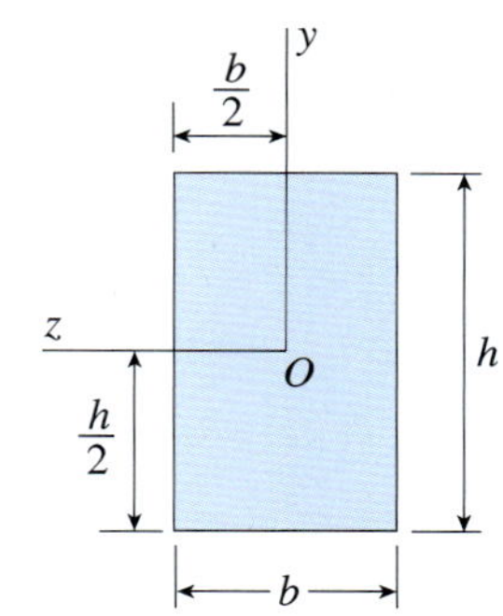

(a)

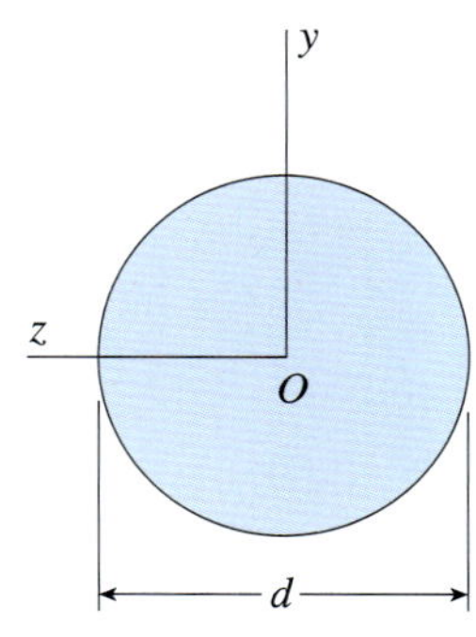

(b)

록되어 있고, 다음 절에서 더욱 상세하게 설명한다.

다른 단면 형상에 대해서는 중립축의 위치, 관성 모멘트 및 단면계수를 5장에서 설명한 기법을 사용하여 직접 계산함으로써 결정할 수 있다. 이러한 과정이 나중에 나올 예제 10-4에 예시되어 있다.

제한사항

이 절에서는 선형 탄성 재료로 이루어진 균일 단면 보의 순수 굽힘에 대한 해석을 공부한다. 보에 불균일 굽힘이 작용한다면, 전단력은 단면의 **뒤틀림**(warping)[혹은 평면외 비틀어짐(out-of-plane distortion)]을 발생시킨다. 따라서 굽힘 전에는 평면이었던 단면이 굽힘 후에는 더 이상 평면을 유지하지 않는다. 전단변형으로 인한 뒤틀림은 보의 거동을 매우 복잡하게 한다. 그러나 상세한 검토를 통해 굽힘 공식으로부터 계산된 수직응력이 전단응력의 존재와 이와 관련된 뒤틀림에 의해 크게 변하지 않는다는 것을 보인다. 따라서 순수 굽힘에 대한 이론을 불균일 굽힘을 받는 보의 수직응력을 계산하는 데 당연히 사용할 수 있다.[4]

굽힘 공식은 응력 분포가 보의 형상의 변화나 하중의 불연속성에 의해 갑자기 변하는 곳이 아닌 보의 구간에서만 정확한 결과를 줄 수 있다. 예를 들면, 굽힘 공식은 보의 지지점 부근이나 집중하중과 가까운 곳에서는 적용할 수 없다. 이러한 불규칙성은 굽힘 공식으로부터 구한 응력보다 훨씬 큰 국부 응력이나 **응력집중**(stress concentrations)을 일으킨다.

예제 10-2

직경 d인 고강도 강선이 반경 R_0인 원형 드럼 둘레에 굽혀져 있다(그림 10-13). $d=4$ mm, $R_0=0.5$ m라 가정하고, 강선에서의 굽힘 모멘트 M과 최대 굽힘응력 σ_{max}를 계산하시오. (강선은 탄성계수 $E=200$ GPa과 비례한도 $\sigma_{pl}=1,200$ MPa을 갖는다.)

그림 10-13
예제 10-2: 드럼 주위에 굽혀진 강선

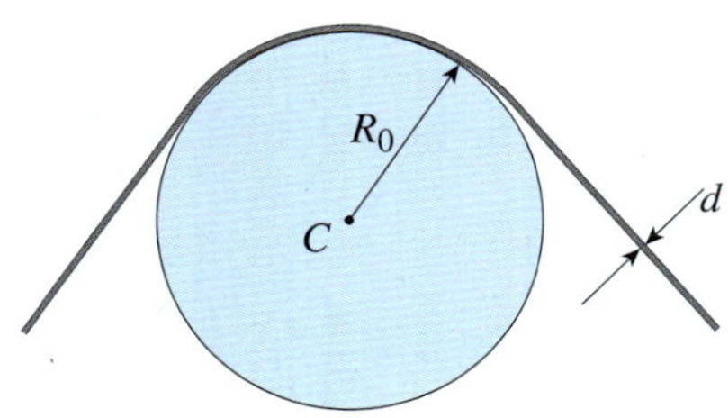

[4] 보 이론은 여러 가지 보의 형태에 대한 거동을 연구한 갈릴레오 갈릴레이에 의해 시작되었다. 그의 재료역학에서의 연구는 1638년에 처음으로 출판된 그의 유명한 책《Two New Sciences》에 기술되어 있다. 갈릴레오가 비록 보에 관한 많은 중요한 발견을 하였지만 오늘날 사용하는 응력 분포를 얻지는 못하였다. 보 이론에 대한 진전은 마리오트(Mariotte), 야코프 베르누이(Jacob Bernoulli), 오일러(Euler), 페런트(Parent), 생베낭(Saint-Venant), 그리고 다수의 연구자들에 의해 이루어졌다.

풀이

4단계 문제풀이 접근방법을 사용한다.

1. 개념화 이 예제에서 해석의 첫 번째 단계는 굽혀진 강선의 곡률 반경 ρ를 구하는 것이다. ρ를 알면 굽힘 모멘트와 최대 응력을 구할 수 있다.

2. 분류

곡률 반경: 굽혀진 강선의 곡률 반경은 드럼의 중심으로부터 강선 단면의 중립축까지의 거리이다.

$$\rho = R_0 + \frac{d}{2} \tag{10-21}$$

굽힘 모멘트: 강선의 굽힘 모멘트는 모멘트-곡률 관계식, 식 (10-13)으로부터 구할 수 있다.

$$M = \frac{EI}{\rho} = \frac{2EI}{2R_0 + d} \tag{10-22}$$

여기서 I는 강선 단면적의 관성 모멘트이다. 강선의 직경 d의 항으로 표시된 I에 관한 식 (10-20a)에 대입하면 다음 식을 얻는다.

$$M = \frac{\pi E d^4}{32(2R_0 + d)} \tag{10-23}$$

이 결과는 굽힘의 방향이 그림에서 보는 바와 같이 명확하므로, 굽힘 모멘트의 부호에 관계없이 얻을 수 있다.

최대 굽힘응력: 수치적으로 같은 값을 갖는 최대 인장응력 및 최대 압축응력은 식 (10-17b)에 주어진 굽힘 공식으로부터 구한다.

$$\sigma_{max} = \frac{M}{S}$$

여기서 S는 원형 단면의 단면계수이다. 식 (10-23)의 M과 식 (10-20b)의 S를 위 식에 대입하면 다음 식을 얻는다.

$$\sigma_{max} = \frac{Ed}{2R_0 + d} \tag{10-24}$$

이와 같은 결과는 식 (10-8)에서 y를 $d/2$로 대체하고 식 (10-21)의 ρ를 대입함으로써 직접 구할 수 있다.

그림 10-13을 살펴보면, 응력은 강선 아래(또는 안쪽) 부분에서는 압축이고 위(또는 바깥쪽) 부분에서는 인장인 것을 알 수 있다.

3. 해석

수치 결과: 이제 식 (10-23)과 (10-24)에 주어진 수치 자료를 대입하면 다음과 같은 결과를 얻는다.

$$M = \frac{\pi E d^4}{32(2R_0 + d)} = \frac{\pi(200\ \text{GPa})(4\ \text{mm})^4}{32[2(0.5\ \text{m}) + 4\ \text{mm}]} = 5.01\ \text{N} \cdot \text{m}$$

$$\sigma_{\max} = \frac{Ed}{2R_0 + d} = \frac{(200\ \text{GPa})(4\ \text{mm})}{2(0.5\ \text{m}) + 4\ \text{mm}} = 797\ \text{MPa}$$

4. 최종 단계 최대 응력 $\sigma_{\max}$는 강선의 비례한도보다 작으므로 계산이 유효하다는 것에 유의한다.

참고: 드럼의 반경은 강선의 직경에 비해 크기 때문에, M과 $\sigma_{\max}$에 대한 식의 분모에서 $2R_0$에 비해 d를 안전하게 무시할 수 있다. 그러면 식 (10-23)과 (10-24)에서 다음과 같은 결과를 얻는다.

$$M = 5.03\ \text{N} \cdot \text{m} \qquad \sigma_{\max} = 800\ \text{MPa}$$

이 결과는 받아들일 수 있는 값이고 보다 정확한 값에서 1% 이내의 오차를 가진다.

예제 10-3

그림 10-14
등분포하중과 집중하중이 작용하는 돌출부가 있는 보

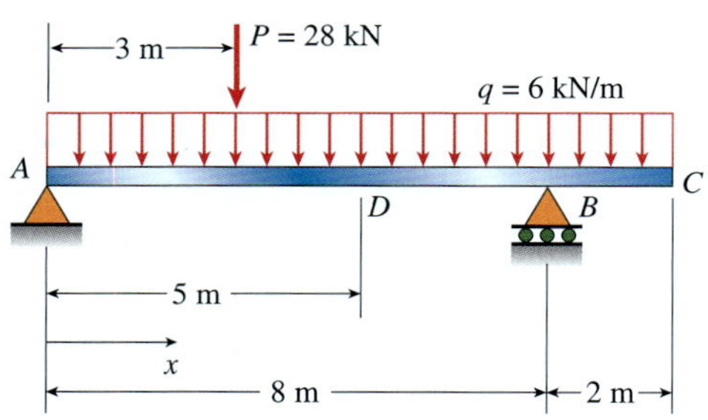

그림 10-15
보 단면

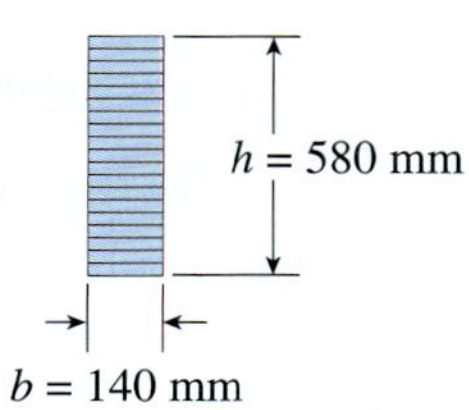

돌출부가 있는 단순 보(예제 6-5로부터)가 그림 10-14에 나타나 있다. 하중 강도 $q = 6$ kN/m인 등분포하중이 보의 전 길이에 걸쳐 작용하고 있고 집중하중 $P = 28$ kN이 왼쪽 지지점으로부터 3 m 떨어진 지점에 작용하고 있다. 등분포하중 q는 보의 자중을 포함한다. 보는 구조적으로 접착된 적층 목재판으로 만들어졌으며, 단면은 폭 $b = 140$ mm이고 높이 $h = 580$ mm이다(그림 10-15).

(a) 굽힘으로 인한 보에서의 최대 인장응력 및 최대 압축응력을 계산하시오.

(b) 만약 등분포하중 q가 변하지 않고 인장과 압축에서 허용 수직응력이 $\sigma_a = 13$ MPa이라면, 집중하중 P의 최대 허용값은 얼마인지 계산하시오.

풀이

4단계 문제풀이 접근방법을 사용한다. 효율적인 문제풀이를 위해 필요에 따라 단계를 합한다.

Part (a): 최대 수직응력

1, 2. 개념화, 분류 전단력 선도와 굽힘 모멘트 선도를 그리는 것으로 해석을 시작한다(그림 10-16). 그리고 집중하중이 작용하는 곳에서 일어나는 최대 굽힘 모멘트를 결정한다. 이 상세한 과정은 예제 6-5에 있으며 최종 선도는 그림 10-16에 나타나 있다. 모멘트 선도에서 지지점 A의 오른쪽 3 m 위치에서 $M_{\max} = 93$ kN·m임을 알 수 있다.

그림 10-16

(a), (b) 전단력과 모멘트 선도
(예제 6-5로부터)

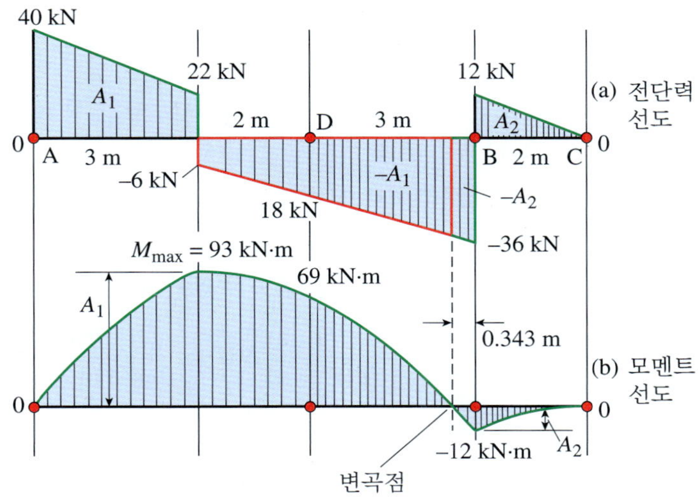

보에서 최대 굽힘응력은 최대 모멘트 단면에서 일어난다.

단면계수: 그림 10-15의 직사각형 단면적에 대한 단면계수는 식 (10-19b)로부터 다음과 같다.

$$S = \frac{bh^2}{6} = \frac{1}{6}(140\text{ mm})(580\text{ mm})^2 = 7849.3\text{ cm}^3 \qquad \textbf{(a)}$$

3. 해석

최대 응력: 최대 인장 및 압축응력은 식 (10-17)로부터 얻어진다.

$$\sigma_t = \frac{M_{max}}{S} = \frac{(93\text{ kN}\cdot\text{m})}{7849.3\text{ cm}^3} = 11.85\text{ MPa}$$
$$\sigma_c = -\frac{M_{max}}{S} = -11.85\text{ MPa} \qquad \textbf{(b)}$$

4. 최종 단계 모멘트 선도는 보의 압축 면에서 그려진 것이고, 그래서 지간 AB의 대부분에서 보의 상단에는 압축응력을, 하단에는 인장응력을 받는다. 돌출부 BC를 포함하는 변곡점의 오른쪽 보 부분에 대해서 그 역도 성립한다.

Part (b): 최대 허용하중 *P*

1, 2. 개념화, 분류 최대 모멘트 위치에서 식 (b)의 수직응력은 허용값인 13 MPa보다 낮다. 그래서 보는 그림 (a) 부분에서 작용하는 하중보다 더 큰 하중 P를 지지할 수 있다. 지지점 A로부터 하중 P까지의 거리 $a=3$ m로 놓고, 지간 AB의 길이 $L=8$ m, 돌출부 BC의 길이$=L/4$, 등분포하중은 $q=6$ kN/m로 변함이 없다고 하자.

3. 해석 집중하중 P와 등분포하중 q를 작용시키고 A에서의 반력을 구하면

$$R_A = P\left(\frac{L-a}{L}\right) + \frac{15}{32}qL \qquad \textbf{(c)}$$

최대 모멘트는 지지점 A로부터 거리 a에서 일어나고 다음과 같이 쓸 수 있다.

$$M_{\max} = R_A a - \frac{qa^2}{2} \tag{d}$$

$M_{\max}$를 $(\sigma_a)(S) = 102.04\ \text{kN}\cdot\text{m}$로 놓고 식 (c)에 수치를 대입하면 $P_{\max} = 32.8\ \text{kN}$을 얻는다.

다른 풀이: 최대 모멘트를 93 kN·m로부터 102.04 kN·m로, 즉 $\Delta M = 9.04\ \text{kN}\cdot\text{m}$로 증가시키기 위한 추가 하중 ΔP를 작용시킨다. 소요 추가 하중 ΔP는 식 (6-34)를 이용하여 계산하고, 그것은 집중하중 위치에서의 모멘트로 주어진다.

$$\Delta P = \frac{L}{a(L-a)}\Delta M = \frac{8\ \text{m}}{3\ \text{m}(8\ \text{m} - 3\ \text{m})}(9.04\ \text{kN}\cdot\text{m}) = 4.82\ \text{kN} \tag{e}$$

(a) 부분으로부터 하중 $P = 28$ kN에 ΔP를 더하면 다음을 얻는다

$$P_{\max} = P + \Delta P = 28\ \text{kN} + 4.8\ \text{kN} = 32.8\ \text{kN} \tag{f}$$

4. 최종 단계 최대 모멘트 점의 허용 수준에서 P의 최대 허용값이 일으키는 수직응력을 검산한다. $P_{\max}$를 식 (c)와 (d)에 대입하면 $R_A = 43.01$ kN과 $M_{\max} = 102.04\ \text{kN}\cdot\text{m}$가 구해진다. 이 값을 이용하면 하중 $P_{\max}$가 작용하는 점에서 응력은 다음과 같다.

$$\sigma_t = -\sigma_c = \frac{M_{\max}}{S} = \frac{(102.04\ \text{kN}\cdot\text{m})}{7849.3\ \text{cm}^3} = 13\ \text{MPa} \tag{g}$$

예제 10-4

그림 10-17a에 나타낸 보 ABC는 A와 B에서 단순 지지되고, B에서 C까지 돌출부를 가지고 있다. 지간의 길이는 $L = 3.0$ m이고 돌출부의 길이는 $L/2 = 1.5$ m이다. 하중 강도 $q = 3.2$ kN/m의 등분포하중이 보의 전 길이(4.5 m)에 걸쳐 작용하고 있다.

이 보는 폭 $b = 300$ mm이고, 높이 $h = 80$ mm인 채널형 단면을 갖는다(그림 10-18). 웹 두께 $t = 12$ mm이고, 경사진 플랜지의 평균 두께는 동일하다. 단면의 성질을 계산하기 위해, 그림 10-18b에서와 같이 단면은 세 개의 직사각형으로 구성되었다고 가정한다.

(a) 등분포하중으로 인한 보에서의 최대 인장응력 및 최대 압축응력을 계산하시오.

(b) 만약 인장과 압축에서 허용응력이 각각 $\sigma_{aT} = 110$ MPa과 $\sigma_{aC} = 92$ MPa이라면, 등분포하중 q(kN/m)의 최대 허용값은 얼마인지 계산하시오.

풀이

4단계 문제풀이 접근방법을 사용한다. 효율적인 문제풀이를 위해 필요에 따라 단계를 합한다.

그림 10-17

예제 10-4: 돌출부를 갖는 보에서의 응력

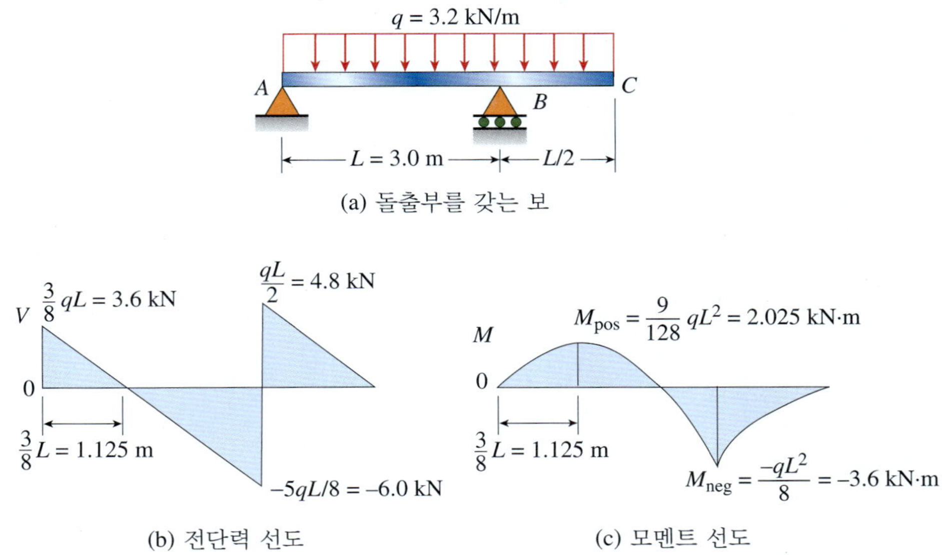

Part (a): 최대 인장 및 압축응력

1, 2. 개념화, 분류 이 보의 해석에서 반력, 전단력, 굽힘 모멘트가 계산된다. 첫 번째, A와 B에서의 반력은 6장에서 기술된 기법을 사용하여 구한다. 그 결과는 다음과 같다.

$$R_A = \frac{3}{8}qL = 3.6\ \text{kN} \qquad R_B = \frac{9}{8}qL = 10.8\ \text{kN}$$

이 값으로부터 전단력 선도(그림 10-17b)를 그린다. 두 곳에서 전단력의 부호가 바뀌고 0이 됨을 유의하자. (1) 왼쪽 지지점으로부터 1.125 m 떨어진 위치와 (2) 오른쪽 반력 위치.

다음은 그림 10-17c와 같은 굽힘 모멘트 선도를 그린다. 양의 최대 굽힘 모멘트와 음의 최대 굽힘 모멘트는 전단력의 부호가 바뀌는 단면에서 일어난다. 이러한 최대 모멘트는 각각 다음과 같다.

$$M_{\text{pos}} = \frac{9}{128}qL^2 = 2.025\ \text{kN}\cdot\text{m} \qquad M_{\text{neg}} = \frac{-qL^2}{8} = -3.6\ \text{kN}\cdot\text{m}$$

단면의 중립축(그림 10-18b): y-z 좌표의 원점 O는 단면적의 도심에 위치하고, 따라서 z축은 단면의 중립축이 된다. 도심은 5.3절에서 설명한 다음과 같은 기법을 사용해서 결정한다.

첫 번째, 면적을 세 개의 직사각형(A_1, A_2, A_3)으로 나눈다. 두 번째, 단면의 상단을 지나는 기준 축 $Z-Z$를 세우고 y_1과 y_2를 각각 $Z-Z$축으로부터 면적 A_1과 A_2의 도심까지의 거리라고 정한다. 그래서 전체 채널 단면의 도심(거리 c_1과 c_2)의 위치를 구하기 위한 계산은 다음과 같다.

그림 10-18

예제 10-4에서 논의되었던 보의 단면: (a) 실제 형상, (b) 해석에 사용하기 위해 이상화한 형상(보의 두께는 명확하게 보이기 위해 과장됨)

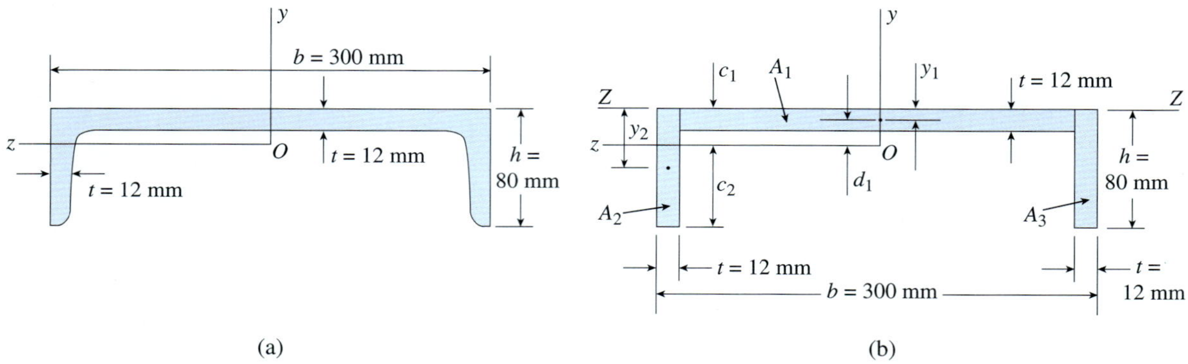

면적 1: $y_1 = t/2 = 6 \text{ mm}$

$$A_1 = (b - 2t)(t) = (276 \text{ mm})(12 \text{ mm}) = 3312 \text{ mm}^2$$

면적 2: $y_2 = h/2 = 40 \text{ mm}$

$$A_2 = ht = (80 \text{ mm})(12 \text{ mm}) = 960 \text{ mm}^2$$

면적 3: $y_3 = y_2 \quad A_3 = A_2$

$$c_1 = \frac{\Sigma y_i A_i}{\Sigma A_i} = \frac{y_1 A_1 + 2 y_2 A_2}{A_1 + 2A_2}$$

$$= \frac{(6 \text{ mm})(3312 \text{ mm}^2) + 2(40 \text{ mm})(960 \text{ mm}^2)}{3312 \text{ mm}^2 + 2(960 \text{ mm}^2)} = 18.48 \text{ mm}$$

$$c_2 = h - c_1 = 80 \text{ mm} - 18.48 \text{ mm} = 61.52 \text{ mm}$$

따라서 중립축(z축)의 위치가 결정된다.

관성 모멘트: 굽힘 공식으로부터 응력을 계산하기 위해, 중립축에 관한 단면적의 관성 모멘트를 구해야만 한다. 이 계산에는 평행축 정리(5.6절 참조)를 사용한다.

면적 A_1로부터 시작하면, z축에 대한 면적의 관성 모멘트 $(I_z)_1$은 다음 식으로 구할 수 있다.

$$(I_z)_1 = (I_c)_1 + A_1 d_1^2 \tag{a}$$

이 식에서 $(I_c)_1$은 면적 A_1 자체의 도심축에 대한 관성 모멘트이다.

$$(I_c)_1 = \frac{1}{12}(b - 2t)(t)^3 = \frac{1}{12}(276 \text{ mm})(12 \text{ mm})^3 = 39{,}744 \text{ mm}^4$$

그리고 d_1은 면적 A_1의 도심축으로부터 z축까지의 거리이다.

$$d_1 = c_1 - t/2 = 18.48 \text{ mm} - 6 \text{ mm} = 12.48 \text{ mm}$$

그래서 면적 A_1의 z축에 관한 관성 모멘트는[식 (a)로부터] 다음과 같다.

$$(I_z)_1 = 39,744 \text{ mm}^4 + (3312 \text{ mm}^2)(12.48 \text{ mm})^2 = 555,600 \text{ mm}^4$$

면적 A_2와 A_3에 대해 같은 방법으로 계산하면 다음과 같다.

$$(I_z)_2 = (I_z)_3 = 956,600 \text{ mm}^4$$

따라서 전체 단면적의 도심축에 대한 관성 모멘트(I_z)는 다음과 같다.

$$I_z = (I_z)_1 + (I_z)_2 + (I_z)_3 = 2.469 \times 10^6 \text{ mm}^4$$

단면계수: 보의 상단과 하단에 대한 단면계수는 각각 다음과 같다[식 (10-16a, b) 참조].

$$S_1 = \frac{I_z}{c_1} = 133,600 \text{ mm}^3 \qquad S_2 = \frac{I_z}{c_2} = 40,100 \text{ mm}^3$$

단면 특성치가 결정되면 식 (10-15a, b)로부터 최대 응력을 계산할 수 있다.

3. 해석

최대 응력: 양의 최대 굽힘 모멘트가 일어나는 단면에서 가장 큰 인장응력(σ_2)은 보의 하단에서 일어나고, 가장 큰 압축응력은(σ_1)은 상단에서 일어난다. 따라서 식 (10-15b)와 (10-15a)로부터 각각 다음과 같은 결과를 얻는다.

$$\sigma_t = \sigma_2 = \frac{M_{\text{pos}}}{S_2} = \frac{2.025 \text{ kN} \cdot \text{m}}{40,100 \text{ mm}^3} = 50.5 \text{ MPa}$$

$$\sigma_c = \sigma_1 = -\frac{M_{\text{pos}}}{S_1} = -\frac{2.025 \text{ kN} \cdot \text{m}}{133,600 \text{ mm}^3} = -15.2 \text{ MPa}$$

마찬가지로 음의 최대 굽힘 모멘트가 일어나는 단면에서의 가장 큰 응력은

$$\sigma_t = \sigma_1 = -\frac{M_{\text{neg}}}{S_1} = -\frac{-3.6 \text{ kN} \cdot \text{m}}{133,600 \text{ mm}^3} = 26.9 \text{ MPa}$$

$$\sigma_c = \sigma_2 = \frac{M_{\text{neg}}}{S_2} = \frac{-3.6 \text{ kN} \cdot \text{m}}{40,100 \text{ mm}^3} = -89.8 \text{ MPa}$$

4. 최종 단계 이러한 네 개의 응력을 비교하면, 보에서의 가장 큰 인장응력은 50.5 MPa이고 양의 최대 굽힘 모멘트가 일어나는 단면의 보의 하단에서 일어난다. 따라서

$$(\sigma_t)_{\max} = 50.5 \text{ MPa}$$

가장 큰 압축응력은 −89.8 MPa이고 음의 최대 굽힘 모멘트가 일어나는 단면의 보의 하단에서 일어난다.

$$(\sigma_c)_{\max} = -89.8 \text{ MPa}$$

이러한 값이 보에 작용하는 등분포하중으로 인해 발생되는 최대 굽힘응력임을 상기하자.

Part (b): 등분포하중 q의 최대 허용값

1, 2. 개념화, 분류 다음으로 인장과 압축에서 서로 다르게 주어진 허용 수직응력을 기반으로 해서 q_{max}를 구하고자 한다. 허용 압축응력 σ_{aC}는 허용 인장응력 σ_{aT}보다 낮으며, 이는 (플랜지가 압축부에 존재한다면) C 형상 플랜지의 국부좌굴의 가능성을 고려하기 위함이다.

네 곳에서 q_{max}의 허용값을 계산하기 위해 굽힘 공식을 이용할 것이다. 양의 최대 모멘트(M_{pos}) 위치에서 보의 상·하단, 음의 최대 모멘트(M_{neg}) 위치에서 보의 상·하단이다. 각 경우에 상응하는 허용응력값을 확실히 사용해야만 한다. C 형상은 그림 10-18(즉, 플랜지가 아래로 향하는)에서처럼 사용된다고 가정한다. 그래서 M_{pos} 위치에서 보의 상단은 압축이고 하단은 인장임을 주목하고, 반면 점 B에서는 반대이다. M_{pos}와 M_{neg}를 구하는 식을 사용하고 허용응력과 단면계수의 적절한 곱으로 이루어진 각각을 같다고 놓으면, 여기에 주어진 것처럼 q_{max}의 가능한 값을 구할 수 있다.

3. 해석 보 AB 부분 보의 **상단**에서

$$M_{pos} = \frac{9}{128}q_1L^2 = \sigma_{aC}S_1 \text{이고, 따라서 } q_1 = \frac{128}{9L^2}(\sigma_{aC}S_1) = 19.42 \text{ kN/m}$$

보 AB 부분의 보의 **하단**에서

$$M_{pos} = \frac{9}{128}q_2L^2 = \sigma_{aT}S_2 \text{이고, 따라서 } q_2 = \frac{128}{9L^2}(\sigma_{aT}S_2) = 6.97 \text{ kN/m}$$

지점 B의 보의 **상단**에서

$$M_{pos} = \frac{1}{8}q_3L^2 = \sigma_{aT}S_1 \text{이고, 따라서 } q_3 = \frac{8}{L^2}(\sigma_{aT}S_1) = 13.06 \text{ kN/m}$$

지점 B의 보의 **하단**에서

$$M_{pos} = \frac{1}{8}q_4L^2 = \sigma_{aC}S_2 \text{이고, 따라서 } q_4 = \frac{8}{L^2}(\sigma_{aC}S_2) = 3.28 \text{ kN/m}$$

4. 최종 단계 이 계산으로부터 지점 B에 가까운 보의 하단에서(여기에서 플랜지 선단은 압축 상태에 있다) 등분포하중 q의 최대 허용값을 좌우하고 있음을 알 수 있다. 따라서

$$q_{max} = 3.28 \text{ kN/m}$$

10.6 굽힘응력에 의한 보의 설계

보를 설계하는 과정에는 구조물의 형태(항공기, 자동차, 교량, 빌딩 및 기타), 사용되는 재료, 지지되는 하중, 주변 환경 조건, 지불 비용을 포함하여 고려하여야 할 많은 요인이 있다. 그러나 강도의 관점에서 보면, 결국 이 작업은 보에서의 실제 응력이 재료에 대한 허용응력을 초과하지 않도록 보의 형상과 크기를 선정하는 것으로 좁혀진

다. 이 절에서는 굽힘응력[즉, 식 (10-14)의 굽힘 공식으로부터 구한 응력]만 고려할 것이다.

굽힘응력에 저항하는 보를 설계할 때, **필요한 단면계수**(required section modulus)를 계산하는 것으로 시작한다. 예를 들어, 보가 이중 대칭 단면을 갖고 있고 허용응력이 인장과 압축에서 모두 동일하다면, 최대 굽힘 모멘트를 재료의 허용 굽힘응력으로 나누어 소요되는 단면계수를 계산할 수 있다[식 (10-17) 참조].

$$S = \frac{M_{\text{max}}}{\sigma_{\text{allow}}} \tag{10-25}$$

허용응력은 재료의 물성치와 필요한 안전율에 근거하고 있다. 이 응력을 초과하지 않는다는 것을 보장하기 위해서는, 적어도 식 (10-25)로부터 얻은 단면계수 값을 갖는 단면을 선정해야만 한다.

단면이 이중 대칭이 아니거나 허용응력이 인장과 압축에 대해서 다르다면, 일반적으로 두 개의 단면계수, 즉 한 개는 인장에 근거하고, 다른 한 개는 압축에 근거하여 단면계수를 구해야 한다. 그리고 두 기준을 모두 만족하는 보를 선택한다.

무게를 최소화하거나 재료를 절감하기 위해서 일반적으로 소요 단면계수를 만족시키는(그리고 부과될 수 있는 어떤 다른 설계 요구사항을 만났을 때에도) 가장 작은 단면적을 갖는 보를 선택한다.

보는 다채로운 목적에 맞도록 다양한 형상과 크기로 제작된다. 예를 들면, 대형 강재 보는 용접으로 제작되고(그림 10-19), 알루미늄 보는 원형 혹은 직사각형 관으로 사출 성형으로 제작되며, 목재 보는 잘라서 특수 조건에 알맞도록 접착되어 제작되고, 철근 콘크리트 보는 거푸집을 제작함으로써 원하는 형상으로 제작된다.

그림 10-19
대형 넓은 플랜지 강재 보를 제작하고 있는 용접공

B. Franklin/Shutterstock.com

더욱이 강재, 알루미늄, 플라스틱, 목재 보는 판매상이나 제조업자에 의해 제공되는 카탈로그로부터 표준 형상 및 크기(standard shapes and sizes)로 주문할 수 있다. 쉽게 구할 수 있는 형상에는 넓은 플랜지형 보, I형 보, 앵글, 채널, 직사각형 보와 관 등이 있다.

표준 형상 및 표준 크기의 보

여러 종류의 보에 대한 치수와 성질이 공학 핸드북과 매뉴얼에 수록되어 있다. 예를 들면, 영국강구조협회(British Constructional Steelwork Association)는 《강구조 시방서(National Structural Steelwork Specification)》를 출판하였고, 미국에서는 구조용 강재 보의 형상 및 크기를 미국강구조협회(American Institute of Steel Construction, AISC)에서 표준화하였다. AISC는 강재의 특성치를 USCS와 SI 단위 두 가지로 수록한 《강구조 매뉴얼(Steel Construction Manual)》을 출판하였다. 이러한 매뉴얼의 표에는 단면 치수 그리고 질량, 단면적, 관성 모멘트 및 단면계수와 같은 특성치가 수록되어 있다.

알루미늄과 목재 보에 대한 성질도 비슷한 방법으로 표로 만들어졌으며 알루미늄협회와 미국 목재구조 설계 시방서에서 이용할 수 있다. 이 책에서는 문제를 풀기 위해 사용하도록 강재 보와 목재 보에 대한 요약표가 뒤에 수록되어 있다(부록 C와 D 참조)

구조용 강의 단면(structural-steel sections)이 HE 600A와 같이 표시되는데, 이는 단면의 공칭 깊이가 600 mm인 넓은 플랜지 형상임을 의미하며, 표 C-1(부록 C)에 보이는 것처럼 폭은 300 mm, 단면적은 226.5 cm^2, 질량은 단위 미터당 178 kg이다. 표 C-2는 유럽 표준 보(IPN 형상)에 대한 유사한 특성치를 수록한 것이다. 표 C-3은 유럽 표준 채널(UPN 형상)의 특성치이고 표 C-4와 C-5는 각각 유럽의 등앵글 단면과 부등앵글 단면에 대한 특성치이다. 위에 기술된 모든 표준화된 강재 단면은 **압연**(rolling) 과정으로 제조된다. 이 과정에서는 고온의 강괴(billet)가 원하는 형상으로 성형될 때까지 압연기(roll) 사이를 왔다 갔다 하며 통과한다.

구조용 알루미늄 단면(aluminum structural sections)은 일반적으로 고온의 강괴를 금형을 통해 밀어 **압출**(extrusion)시키는 사출 성형의 과정을 거쳐 제조된다. 금형은 비교적 만들기 쉽고 재료는 가공하기 좋기 때문에, 알루미늄 보는 거의 원하는 형상으르 사출 성형될 수 있다. 넓은 플랜지형 보, I형 보, 채널, 앵글, 관 및 기타 단면의 표준 형상이 《알루미늄 설계 매뉴얼(Aluminum Design Manual)》에 수록되어 있고, 맞춤형 형상도 주문할 수 있다.

대부분의 **목재 보**(wood beams)는 직사각형 단면을 가지며 50 mm×75 mm와 같은 공칭 치수로 표시된다. 이 치수는 원목을 대강 깎아서 만든 크기를 나타낸다. 목재 보의 순 치수(또는 실제 치수)는 거친 원목의 면(surfaced)을 매끈하게 다듬기 위해 편평하게 깎는다면 공칭 치수보다 작아진다. 따라서 50 mm×75 mm의 목재 보는 편평하게 깎아진 후에 47×72 mm의 실제 치수를 갖게 된다. 물론 편평하게 깎아진 원목의 순 치수가 모든 공학 계산에 사용되어야 한다. 그래서 순 치수와 이에 해당되는 특성치가 부록 D에 수록되어 있다.

여러 가지 보 형상의 상대적인 효율성

보를 설계하는 목적 중의 하나는 기능, 외관, 제조 경비 외 다른 것들로 인한 제한 조건 내에서 가능한 한 효율적으로 재료를 사용하기 위함이다. 강도의 관점에서만 보면, 굽힘에서의 효율성은 주로 단면의 형상에 의존한다. 특히 가장 효율적인 보는 재료가 중립축으로부터 가장 멀리까지 위치해 있는 보이다. 주어진 재료의 양이 중립축으로부터 멀리 있을수록 단면계수는 더 커지고, 단면계수가 커질수록 (주어진 허용응력에 대하여)저항할 수 있는 굽힘 모멘트는 더 커진다.

하나의 예로서, 폭이 b이고 높이가 h인 직사각형 형태의 단면을 고려해본다(그림 10-20a). 식 (10-19b)로부터 단면계수는

$$S = \frac{bh^2}{6} = \frac{Ah}{6} = 0.167Ah \qquad \textbf{(10-26)}$$

여기서 A는 단면적을 나타낸다. 이 식은 주어진 면적의 직사각형 단면이 높이 h가 증가할수록(그리고 폭 b는 면적을 일정하게 유지하기 위해 감소된다) 더욱 효율적임을 보여준다. 물론 보는 높이 대 폭의 비가 너무 커지면 측면으로 불안정해지기 때문에 높이의 증가에는 실질적으로 한계가 있다. 따라서 매우 좁은 직사각형 단면 보는 재료

그림 10-20
보의 단면 형상

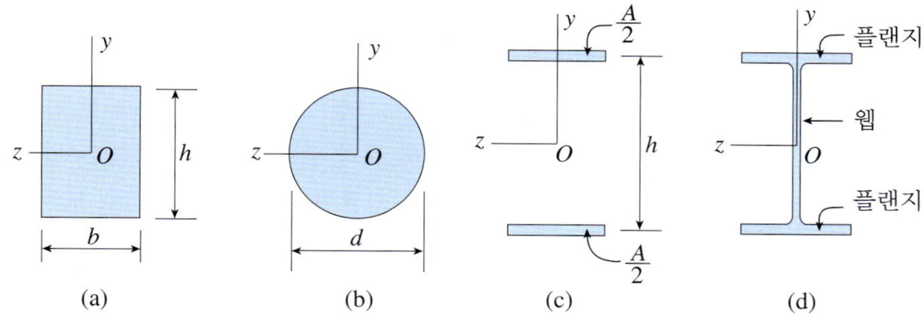

의 불충분한 강도보다는 측면(횡) 좌굴로 인해 파괴될 것이다.

다음으로, 직경이 d인 **속이 꽉 찬 원형 단면**(solid circular cross section)(그림 10-20b)을 같은 면적을 갖는 정사각형 단면과 비교해보자. 원과 같은 면적을 갖는 정사각형의 변의 길이 $h = (d/2)\sqrt{\pi}$이다. 이에 대응하는 단면계수는 식 (10-19b)와 식 (10-20b)로부터 다음과 같다.

$$S_{\text{square}} = \frac{h^3}{6} = \frac{\pi\sqrt{\pi}d^3}{48} = 0.1160d^3 \qquad \textbf{(10-27a)}$$

$$S_{\text{circle}} = \frac{\pi d^3}{32} = 0.0982d^3 \qquad \textbf{(10-27b)}$$

위 식으로부터 다음을 얻는다.

$$\frac{S_{\text{square}}}{S_{\text{circle}}} = 1.18 \qquad \textbf{(10-28)}$$

이 결과는 정사각형 단면 보가 같은 면적의 원형 단면 보보다 굽힘 저항에 더욱 효율적임을 보여준다. 물론 그 이유는 원형 단면의 경우 중립축 부근에 비교적 더 많은 양의 재료가 위치해 있기 때문이다. 이 재료는 높지 않은 응력을 받지 않고 따라서 보의 강도에 크게 기여하지 않는다.

주어진 단면적 A와 높이 h인 보에 대한 **이상적인 단면 형상**(ideal cross-sectional shape)은 그림 10-20c에 보이는 것처럼, 면적의 절반을 중립축 위로 거리 $h/2$ 되는 곳에 위치시키고 나머지 절반을 중립축 아래 거리 $h/2$ 되는 곳에 위치시킴으로써 얻을 수 있다. 이러한 이상적인 형상에 대해 다음 식을 얻는다.

$$I = 2\left(\frac{A}{2}\right)\left(\frac{h}{2}\right)^2 = \frac{Ah^2}{4} \qquad S = \frac{I}{h/2} = 0.5Ah \qquad \textbf{(10-29a, b)}$$

대부분의 재료가 플랜지에 치우쳐 있는 넓은 플랜지형 단면이나 I형 단면(그림 10-20d)을 이용함으로써 이러한 이론적인 한계에 실제로 접근할 수 있다. 표준의 넓은 플랜지형 보에 대해 단면계수는 대략 다음과 같고

$$S \approx 0.35Ah \qquad \textbf{(10-30)}$$

이 값은 이상적인 경우보다 작지만 같은 면적과 높이를 갖는 직사각형 단면의 단면계수보다 훨씬 크다[식 (10-26) 참조].

넓은 플랜지형 보의 또 다른 바람직한 특성은 폭이 크다는 것이고, 따라서 같은 높이와 단면계수를 갖는 직사각형 보에 비교했을 때 횡 좌굴에 대해 큰 안정성을 갖고 있다. 그러나 넓은 플랜지형 보의 웹을 얇게 할 수 있는 정도는 실제적인 한계가 있다. 웹이 너무 얇으면 국부적인 좌굴이 일어나기 쉽거나, 또는 전단에서 초과응력을 받을 수 있다(10.9절 참조).

다음의 네 가지 예제는 허용응력에 기준을 두고 보를 선정하는 과정을 보여준다. 이 예제들에서는 (굽힘 공식으로부터 구한)굽힘응력의 효과만 고려한다.

참고: 부록에 있는 표로부터 강재 보나 목재 보를 선정해야 하는 예제와 연습문제를 풀 때에는 다음 규칙을 적용한다. **표에서 여러 개의 선택이 가능하다면 필요한 단면계수를 가지는 가장 가벼운 보를 선택한다.**

예제 10-5

지간의 길이 $L=3$ m인 단순 지지 목재 보가 등분포하중 $q=4$ kN/m를 지지하고 있다(그림 10-21). 허용 굽힘응력은 12 MPa이고 목재의 단위 중량은 5.4 kN/m^{3}이며, 보는 횡 좌굴과 전도(tipping)에 대하여 측면에서 지지되고 있다.

부록 D의 표로부터 보의 적절한 크기를 선택하시오.

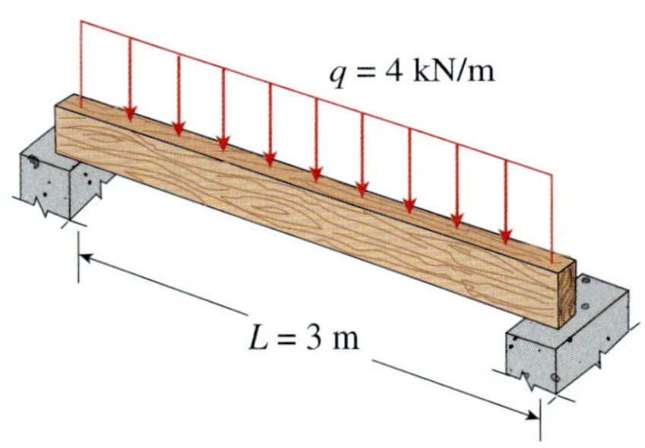

그림 10-21
예제 10-5: 단순 지지된 목재 보의 설계

풀이

4단계 문제풀이 접근방법을 사용한다. 효율적인 문제풀이를 위해 필요에 따라 단계를 합한다.

1, 2. 개념화, 분류 보의 무게를 미리 알지 못하기 때문에 다음과 같이 시행착오법을 이용하여 진행한다.

i. 주어진 등분포하중에 근거한 필요 단면계수를 계산한다.

ii. 보에 대한 시험적인 크기를 선택한다.

iii. 보의 무게를 등분포하중에 더하고 새로운 필요 단면계수를 계산한다.

선택한 보가 여전히 만족시키는지를 검토한다. 만족시키지 않는다면, 더 큰 보를 선택하고 이 과정을 반복한다.

3. 해석

i. 보의 최대 굽힘 모멘트는 중앙점에서 일어난다.

$$M_{\max} = \frac{qL^2}{8} = \frac{(4\ \text{kN/m})(3\ \text{m})^2}{8} = 4.5\ \text{kN}\cdot\text{m}$$

필요 단면계수[식 (10-25)]는 다음과 같이 구해진다.

$$S = \frac{M_{\max}}{\sigma_{\text{allow}}} = \frac{4.5\ \text{kN}\cdot\text{m}}{12\ \text{MPa}} = 0.375 \times 10^6\ \text{mm}^3$$

ii. 부록 D의 표로부터 축 1-1에 대해 적어도 $0.375 \times 10^6\ \text{mm}^3$의 단면계수를 갖는 가장 가벼운 보는 75 mm×200 mm 보(공칭 치수)임을 알 수 있다. 이 보의 단면계수는 $0.456 \times 10^6\ \text{mm}^3$이고 무게는 77.11 N/m이다(부록 D는 단위 중량 5.4 kN/m^3에 근거한 보의 무게임을 유의하자).

iii. 이제 보에 작용하는 등분포하중은 4.077 kN/m로 되고, 이에 대응되는 필요 단면계수는 다음과 같다.

$$S = (0.375 \times 10^6\ \text{mm}^3)\left(\frac{4.077}{4.0}\right) = 0.382 \times 10^6\ \text{mm}^3$$

4. 최종 단계 앞에서 선택한 보의 단면계수는 $0.456 \times 10^6\ \text{mm}^3$이며, 이는 필요 단면계수 $0.382 \times 10^6\ \text{mm}^3$보다 크다.

따라서 75 mm×200 mm 보는 만족한다.

참고: 목재의 단위 중량이 5.4 kN/m^3가 아니라면, 부록 D의 마지막 열의 값을 5.4 kN/m^3에 대한 실제 단위 중량의 비로 곱하여 단위 길이당 보의 무게를 계산한다.

예제 10-6

높이가 2.5 m인 수직 기둥이 상단에서 가로방향 하중 $P = 12$ kN을 지지하여야 한다(그림 10-22). 속이 꽉 찬 목재 기둥과 속이 빈 알루미늄 관 기둥의 두 개의 계획이 제안되었다.

(a) 목재의 허용 굽힘응력이 15 MPa일 때 목재 기둥의 소요 최소 직경 d_1은 얼마인지 계산하시오.

(b) 관 벽 두께가 외경의 1/8이고 알루미늄의 허용 굽힘응력이 50 MPa일 때 알루미늄 관의 소요 최소 외경 d_2는 얼마인지 계산하시오.

풀이

4단계 문제풀이 접근방법을 사용한다. 효율적인 문제풀이를 위해 필요에 따라 단계를 합한다.

그림 10-22

예제 10-6: (a) 속이 꽉 찬 목재 기둥, (b) 알루미늄 관

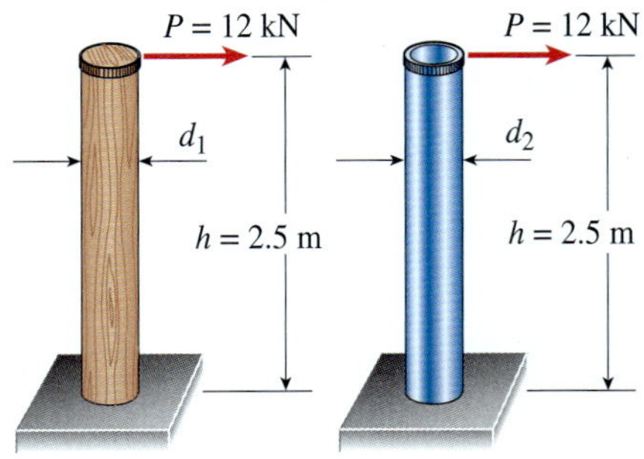

1. 개념화

최대 굽힘 모멘트: 최대 굽힘 모멘트는 기둥의 기초에서 일어나며 하중 P에 높이 h를 곱한 값이다. 따라서

$$M_{\text{max}} = Ph = (12\ \text{kN})(2.5\ \text{m}) = 30\ \text{kN} \cdot \text{m}$$

Part (a): 목재 기둥

2, 3. 분류, 해석 목재 기둥에 대한 필요 단면계수 S_1은[식 (10-20b)와 식 (10-25) 참조] 다음과 같고,

$$S_1 = \frac{\pi d_1^3}{32} = \frac{M_{\text{max}}}{\sigma_{\text{allow}}} = \frac{30\ \text{kN} \cdot \text{m}}{15\ \text{MPa}} = 0.0020\ \text{m}^3 = 2 \times 10^6\ \text{mm}^3$$

직경에 대해 풀면 다음을 얻는다.

$$d_1 = 273\ \text{mm}$$

4. 최종 단계 목재 기둥에 대해 선택한 직경이 허용응력을 초과하지 않으려면 273 mm와 같거나 더 커야만 한다.

Part (b): 알루미늄 관

2, 3. 분류, 해석 관에 대한 단면계수 S_2를 결정하기 위해, 우선 단면의 관성 모멘트 I_2를 구해야만 한다. 관의 벽 두께는 $d_2/8$이므로 내경은 $d_2 - d_2/4$ 혹은 $0.75d_2$가 된다. 따라서 관성 모멘트[식 (10-20a) 참조]는 다음과 같다.

$$I_2 = \frac{\pi}{64}[d_2^4 - (0.75d_2)^4] = 0.03356d_2^4$$

관의 단면계수는 식 (10-18)로부터 다음과 같이 구해진다.

$$S_2 = \frac{I_2}{c} = \frac{0.03356d_2^4}{d_2/2} = 0.06712d_2^3$$

필요 단면계수는 식 (10-25)로부터 다음과 같이 구해진다.

$$S_2 = \frac{M_{\text{max}}}{\sigma_{\text{allow}}} = \frac{30\ \text{kN} \cdot \text{m}}{50\ \text{MPa}} = 0.0006\ \text{m}^3 = 600 \times 10^3\ \text{mm}^3$$

단면계수에 대한 위의 두 식을 같다고 놓으면 필요한 외경을 구할 수 있다.

$$d_2 = \left(\frac{600 \times 10^3\ \text{mm}^3}{0.06712}\right)^{1/3} = 208\ \text{mm}$$

4. 최종 단계 이에 부합하는 내경은 0.75(208 mm) 혹은 156 mm이다.

예제 10-7

지간의 길이가 7 m인 단순 보 *AB*는 그림 10-23a에서처럼 보에 걸쳐 분포된 하중 강도 $q=60$ kN/m의 등분포하중을 지지하여야만 한다. 등분포하중과 보의 무게를 고려하고 110 MPa의 허용 굽힘응력을 사용하여, 하중을 지지하기 위한 넓은 플랜지를 갖는 구조용 강재 보를 선택하시오.

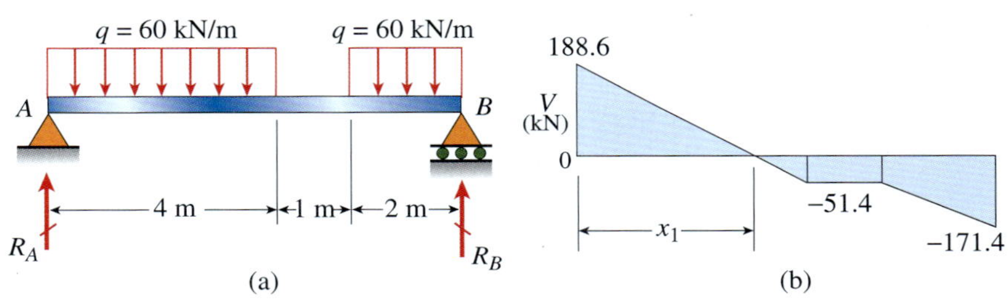

그림 10-23
예제 10-7: 부분 등분포 하중을 받는 단순 보의 설계

풀이

4단계 문제풀이 접근방법을 사용한다. 효율적인 문제풀이를 위해 필요에 따라 단계를 합한다.

1, 2. 개념화, 분류 이 예제에서는 다음과 같이 진행한다.

- **i.** 등분포하중으로 인한 보의 최대 굽힘 모멘트를 구한다.
- **ii.** 최대 굽힘 모멘트로부터 필요 단면계수를 구한다.
- **iii.** 부록 C의 표 C-1로부터 시험적인 넓은 플랜지형 보를 선택하고 보의 무게를 얻는다.
- **iv.** 얻은 무게로부터 굽힘 모멘트의 새로운 값과 단면계수의 새로운 값을 계산한다.

선택된 보가 여전히 만족시키는지를 알아보고, 만족시키지 않는다면, 새로운 보의 크기를 선택하는 과정을 만족시킬 만한 보의 크기를 찾을 때까지 반복한다.

최대 굽힘 모멘트: 최대 굽힘 모멘트가 일어나는 단면의 위치를 구하기 위해, 6장에서 기술된 방법을 이용하여 전단력 선도(그림 10-23b)를 그린다. 이 과정 중의 하나로 지지점에서의 반력을 구한다.

$$R_A = 188.6\ \text{kN} \qquad R_B = 171.4\ \text{kN}$$

왼쪽 지지점으로부터 전단력이 0이 되는 단면까지의 거리 x_1은 다음 식으로 구한다.

$$V = R_A - qx_1 = 0$$

이 식은 $0 \leq x \leq 4$ m인 구간에서 유효하다. x_1에 대해 풀면

$$x_1 = \frac{R_A}{q} = \frac{188.6\text{ kN}}{60\text{ kN/m}} = 3.14\text{ m}$$

4 m 미만이므로 유효하다.

최대 굽힘 모멘트는 전단력이 0인 단면에서 발생한다. 따라서 다음과 같다.

$$M_{\max} = R_A x_1 - \frac{qx_1^2}{2} = 296.3\text{ kN}\cdot\text{m}$$

3. 해석

소요 단면계수: (하중 q에만 근거한)소요 단면계수는 식 (10-25)로부터 구한다.

$$S = \frac{M_{\max}}{\sigma_{\text{allow}}} = \frac{(296.3 \times 10^6\text{ N}\cdot\text{mm})}{110\text{ MPa}} = 2.694 \times 10^6\text{ mm}^3$$

시험 보: 이제 표 C-1에서 2,694 cm^3보다 큰 단면계수를 갖는 가장 가벼운 넓은 플랜지형 보를 선택한다. 이 단면계수에 해당되는 가장 가벼운 보는 S=2,896 cm^3를 갖는 HE 450A이다. 이 보는 140 kg/m 혹은 1.373 kN/m의 무게를 가진다(부록 C의 표는 요약된 것이므로 실제로는 더 가벼운 보가 있을 수 있음을 상기한다).

이제 등분포하중 q와 보 자체 무게의 작용을 받는 보에 대해 반력, 최대 굽힘 모멘트 및 소요 단면계수를 다시 계산한다. 이러한 조합하중하에서 반력은

$$R_A = 193.4\text{ kN} \qquad R_B = 176.2\text{ kN}$$

전단력이 0인 단면까지의 거리는 다음과 같다.

$$x_1 = \frac{193.4\text{ kN}}{(60\text{ kN/m} + 1.373\text{ kN/m})} = 3.151\text{ m}$$

최대 굽힘 모멘트는 304.7 kN·m로 증가되었으며, 새로운 필요 단면계수는

$$S = \frac{M_{\max}}{\sigma_{\text{allow}}} = \frac{(304.7 \times 10^6\text{ N}\cdot\text{mm})}{110\text{ MPa}} = 2770\text{ cm}^3$$

4. 최종 단계 따라서 S=2,896 cm^3인 단면계수를 갖는 HE 450A 보는 아직도 만족시킨다는 것을 알 수 있다.

참고: 새로운 필요 단면계수가 HE 450A 보의 단면계수를 초과한다면, 더 큰 단면계수를 갖는 새로운 보를 선택하는 과정을 반복해야 할 것이다.

예제 10-8

그림 10-24

예제 10-8: 수직 기둥 B에 의해 지지되는 수평 판자 A를 갖는 목재

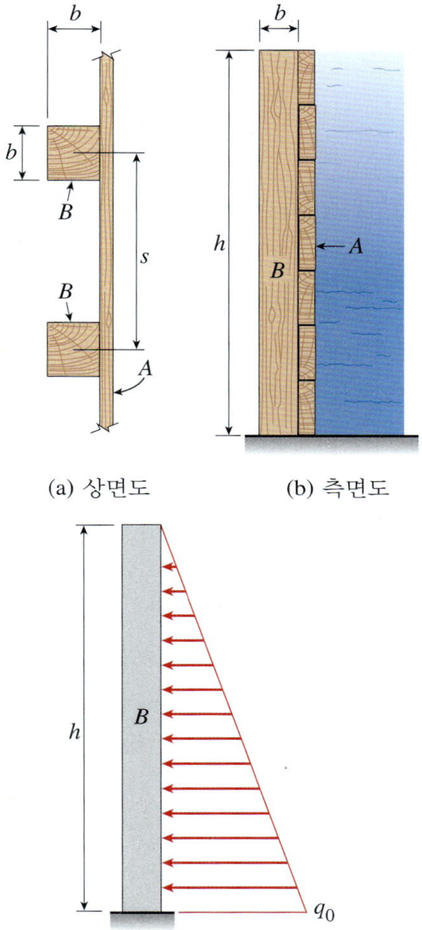

(a) 상면도 (b) 측면도

(c) 하중 선도

땅속에 박힌 수직 목재 기둥 B에 의해 지지되는 수평 판자 A로 목재 댐을 임시로 만들어 캔틸레버 보의 역할을 하도록 했다(그림 10-24). 기둥은 정사각형 단면(치수 $b \times b$)을 가지며 중심에서 중심까지의 거리 $s=0.8$ m 간격으로 배치되어 있다. 댐 안의 수위는 댐의 높이 $h=2.0$ m까지 꽉 차 있다고 가정한다.

목재의 허용 굽힘응력이 $\sigma_{allow}=8.0$ MPa일 때 기둥의 필요한 최소 치수 b를 결정하시오.

풀이

4단계 문제풀이 접근방법을 사용한다.

1. 개념화

하중 선도: 각 기둥은 판자에 작용하는 수압에 의해 생기는 삼각형 분포하중을 받고 있다. 따라서 각 기둥에 대한 하중 선도는 삼각형이다(그림 10-24c). 기둥에 작용하는 하중의 최대 강도 q_0은 깊이 h에서의 수압에 기둥 사이의 간격 s를 곱한 것과 같다.

$$q_0 = \gamma h s \tag{a}$$

여기서 γ는 물의 비중이다. q_0의 단위는 단위 길이당 힘이고, γ의 단위는 단위 체적당 무게이며, h와 s는 모두 길이의 단위를 갖고 있음을 유의하자.

2. 분류

단면계수: 각 기둥은 캔틸레버 보이므로, 최대 굽힘 모멘트는 기초에서 일어나며 다음 식으로 주어진다.

$$M_{\max} = \frac{q_0 h}{2}\left(\frac{h}{3}\right) = \frac{\gamma h^3 s}{6} \tag{b}$$

그러므로 소요 단면계수[식 (10-25)]는 다음과 같다.

$$S = \frac{M_{\max}}{\sigma_{allow}} = \frac{\gamma h^3 s}{6\sigma_{allow}} \tag{c}$$

3. 해석 정사각형 단면 보에 대해, 단면계수 $S=b^3/6$이다[식 (10-19b) 참조]. S에 대한 이 식을 식 (c)에 대입하면, 기둥의 최소 치수 b의 세제곱에 대한 식을 얻을 수 있다.

$$b^3 = \frac{\gamma h^3 s}{\sigma_{allow}} \tag{d}$$

수치값: 이제 수치값을 식 (d)에 대입하면 다음을 얻고

$$b^3 = \frac{(9.81\ \text{kN/m}^3)(2.0\ \text{m})^3(0.8\ \text{m})}{8.0\ \text{MPa}} = 0.007848\ \text{m}^3 = 7.848 \times 10^6\ \text{mm}^3$$

이 식으로부터

$$b = 199\ \text{mm}$$

4. 최종 단계 따라서 기둥의 필요한 최소 치수 b는 199 mm이다. 200 mm와 같은 더 큰 치수는 실제 굽힘응력이 허용응력보다 작다는 것을 보장한다.

10.7 직사각형 단면 보에서의 전단응력

보가 **순수 굽힘**(pure bending) 상태에 있을 때 유일한 합 응력은 굽힘 모멘트이며, 유일한 응력은 단면에 작용하는 수직응력이다. 그러나 대부분의 보는 굽힘 모멘트와 전단력 모두를 일으키는 하중을 받는 **불균일 굽힘**(nonuniform bending) 상태이다. 이러한 경우에는 수직응력과 전단응력이 모두 보에 발생된다. 보가 선형 탄성 재료로 만들어진다면 수직응력은 굽힘 공식(10.5절 참조)으로부터 계산된다. 전단응력은 이 절과 다음 두 절에서 논의된다.

수직전단응력과 수평전단응력

양의 전단력 V를 받는 (폭이 b이고 높이가 h인)직사각형 단폭의 보를 고려한다(그림 10-25a). 단면에 작용하는 전단응력 τ는 전단력에 평행, 즉 단면의 수직면에 평행하고 또한 전단응력은 높이에 따라 변화할 수 있지만, 보의 폭에 걸쳐 등분포된다고 가정한다. 이러한 두 가정을 사용하여 단면상 임의의 점에서 전단응력의 강도를 결정할 수 있다.

그림 10-25
직사각형 단면 보의 전단응력

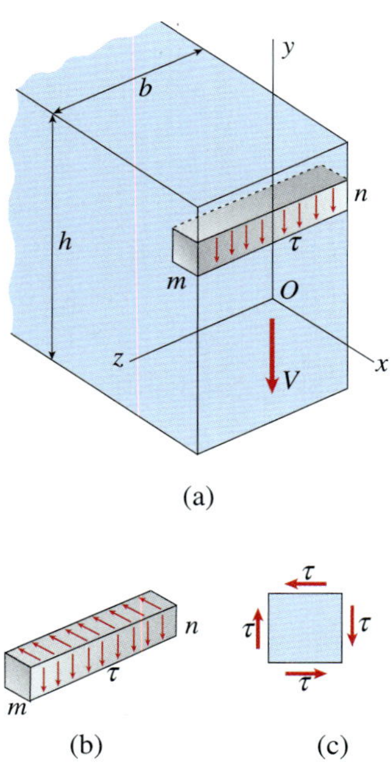

해석을 위해, 두 개의 인접 단면 사이와 두 개의 수평면 사이를 잘라낸 보의 작은 요소 mn(그림 10-25a)을 분리시킨다. 가정에 따르면, 이 요소의 앞면에 작용하는 전단응력 τ는 수직이며 보의 한쪽 면으로부터 다른 면까지 등분포되어 있다. 또한 7.6절의 전단응력에 대한 논의로부터, 요소의 한쪽 면에 작용하는 전단응력은 요소의 수직면에 작용하는 같은 크기의 전단응력을 동반한다는 것을 알고 있다(그림 10-25b와 c). 따라서 단면에 작용하는 수직전단응력뿐만 아니라 보의 수평층 사이에 작용하는 수평전단응력도 존재한다. 보의 임의의 점에서 이 상보 전단응력(complementary shear stresses)은 크기가 같다.

요소에 작용하는 수평전단응력과 수직전단응력의 동일성은 보의 윗면과 밑면에서의 전단응력에 관한 중요한 결론을 얻을 수 있도록 한다. 요소 mn(그림 10-25a)이 보의 윗면이나 밑면에 위치한다고 생각하면, 보의 바깥 표면에는 응력이 없기 때문에 수평전단응력도 없어져야 한다는 것을 알 수 있다. 그것의 결과로서, 그 위치에서의 수직전단응력 역시 없어져야만 한다. 다시 말하면, $y = \pm h/2$에서 $\tau = 0$이다.

보에서 수평전단응력의 존재는 간단한 실험으로 보여줄 수 있다. 그림 10-26a에서와 같이, 단순 지지 위에 두 개의 똑같은 직사각형 보를 올려놓고 하중 P를 가한다. 만일 보 사이의 마찰이 작다면 보는 독립적으로 굽혀질 것이다(그림 10-26b). 각각의 보는 자체의 중립축 위에서는 압축을, 중립축 아래에서는 인장을 받을 것이며, 따라서 위쪽 보의 바닥 면은 아래쪽 보의 윗면에 대해 미끄러질 것이다.

이제 두 보를 단일체 보로 만들기 위해, 접촉면을 따라 접착시켰다고 생각하자. 이 보가 하중을 받으면 그림 10-26b에서 보이는 것과 같은 미끄러짐을 방지하기 위하여 접착 표면을 따라 수평전단응력이 발생해야 한다. 이러한 전단응력의 존재 때문에 단일체 보는 두 개로 분리된 보보다 더욱 튼튼하고 강하다.

그림 10-26
두 개로 분리된 보의 굽힘

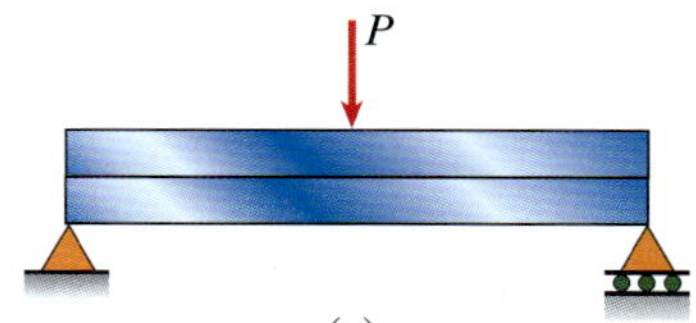

(a)

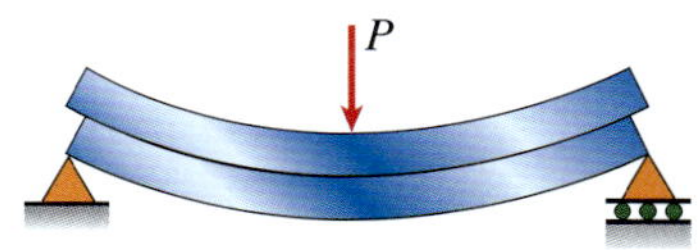

(b)

전단 공식의 유도

이제 직사각형 보에서의 전단응력 τ에 대한 공식을 유도해본다. 그러나 단면에 작용하는 수직전단응력을 구하는 것보다 보의 층 사이에 작용하는 수평전단응력을 구하는 것이 더 쉽다. 물론 수직전단응력은 수평전단응력과 같은 크기를 갖는다.

이러한 과정을 염두에 두고, 불균일 굽힘 상태의 보를 고려해본다(그림 10-27a). 거리 dx만큼 떨어진 두 개의 인접한 단면 mn과 m_1n_1을 취하고 **요소**(element) mm_1n_1n을 고려한다. 이 요소의 왼쪽 면에 작용하는 굽힘 모멘트와 전단력은 각각 M과 V로 표시한다. 보의 축을 따라 굽힘 모멘트와 전단력은 모두 변하기 때문에, 요소의 오른쪽 면에 작용하는 크기는(그림 10-27a) 각각 $M+dM$과 $V+dV$로 표시한다.

굽힘 모멘트와 전단력의 존재 때문에, 그림 10-27a에서 보이는 요소는 단면의 양면에서 수직응력과 전단응력의 작용을 받는다. 그러나 다음의 유도에서는 수직응력만 필요하며, 따라서 수직응력만 그림 10-27b에 나타나 있다. 단면 mn과 m_1n_1에 작용하는 수직응력은 각각 굽힘 공식, 식 (10-14)에 의해 다음과 같이 주어진다.

$$\sigma_1 = -\frac{My}{I} \quad \text{그리고} \quad \sigma_2 = -\frac{(M+dM)y}{I} \qquad \textbf{(10-31a, b)}$$

이 식에서 y는 중립축으로부터의 거리이고, I는 중립축에 관한 단면적의 관성 모멘트다.

다음으로, 수평 평면 pp_1을 요소 mm_1n_1n(그림 10-27b)에 통과시켜 얻은 **보조 요소**(subelement) mm_1p_1p를 분리한다. 평면 pp_1은 보의 중립면으로부터 거리 y_1만큼 떨어진 곳에 있다. 보조 요소는 그림 10-27c에 따로 나타내었다. 보조 요소의 맨 윗면은 보의 상부 표면의 일부분이고, 따라서 응력이 없다는 것에 유의한다. 보조 요소의 바닥면(그 면은 중립면에 평행하며 중립면에서 거리 y_1만큼 떨어져 있다)은 보에서의 이 위치에 존재하는 수평전단응력 τ의 작용을 받는다. 보조 요소 단면의 면 mp와 m_1p_1은 각각 굽힘 모멘트에 의해 생긴 굽힘응력 σ_1과 σ_2의 작용을 받는다. 또한 수직전단응력도 단면의 면에 작용한다. 그러나 이러한 응력은 보조 요소의 수평방향(x방향)에서의 평행에 영향을 주지 않기 때문에 그림 10-27c에 나타내지 않았다.

단면 mn과 m_1n_1(그림 10-27b)에 작용하는 굽힘 모멘트가 같다면(즉, 보가 순수 굽힘 상태에 있다면), 보조 요소의 측면 mp와 m_1p_1(그림 10-27c)에 걸쳐 작용하는 수직응력 σ_1과 σ_2 역시 같을 것이다. 이러한 조건하에서 보조 요소는 수직응력의 작용하에

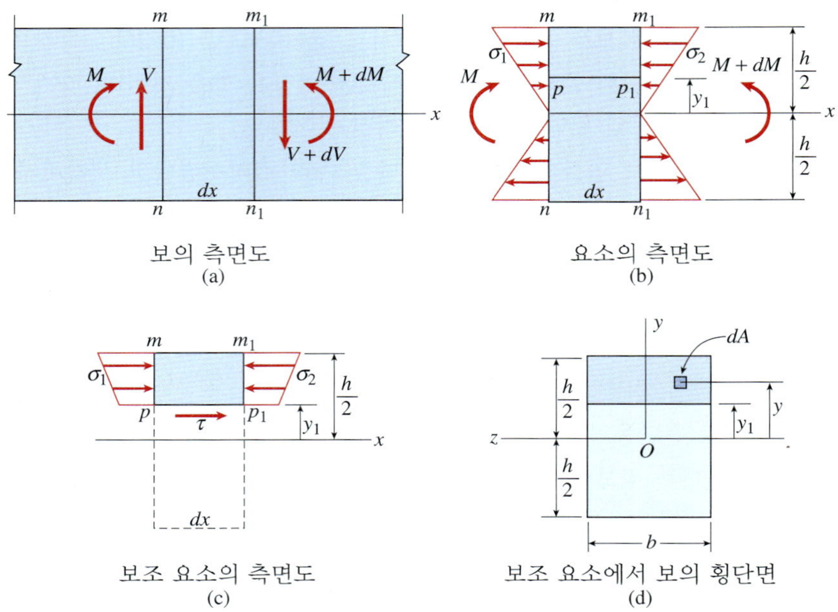

그림 10-27
직사각형 단면을 갖는 보에서의 전단응력

서만 평형을 이룰 것이므로, 밑면 pp_1에 작용하는 전단응력 τ는 없어질 것이다. 이 결론은 순수 굽힘 상태의 보에는 전단력이 없고, 따라서 전단응력도 없다는 것만큼이나 명백하다.

굽힘 모멘트가 x축을 따라 변하면(불균일 굽힘), 보조 요소(그림 10-27c)의 밑면에 작용하는 전단응력 τ는 보조 요소의 x방향으로의 평형을 고려함으로써 결정할 수 있다.

중립축으로부터 거리 y만큼 떨어진 **단면**에서의 면적 요소 dA를 확인하는 것으로 시작한다(그림 10-27d). 이 요소에 작용하는 힘은 σdA이고, 여기서 σ는 굽힘 공식으로부터 구한 수직응력이다. 면적 요소가 보조 요소의 왼쪽 면 mp(여기서 굽힘 모멘트는 M)에 위치한다면, 수직응력은 식 (10-31a)에 의해 주어지며, 따라서 힘 성분은 다음과 같다.

$$\sigma_1 dA = \frac{My}{I} dA$$

응력의 방향은 그림 10-27로부터 명백히 알 수 있기 때문에 이 식에서는 단지 절댓값만 사용한다는 것에 유의하자. 보조 요소의 면 mp의 면적에 걸쳐 이 힘 성분을 합하면(그림 10-27c) 그 면에 작용하는 전체 수평력 F_1이 구해진다.

$$F_1 = \int \sigma_1 dA = \int \frac{My}{I} dA \qquad \textbf{(10-32a)}$$

이 적분은 그림 10-27d의 단면에 음영 부분의 면적, 즉 $y=y_1$로부터 $y=h/2$까지의 단면적에 걸쳐 행해진다는 것에 유의하자.

힘 F_1은 보조 요소의 부분 자유물체도상에 그림 10-28에서처럼 그려져 있다(수직력은 생략되었다).

비슷한 방법으로, 보조 요소의 오른쪽 면 m_1p_1에 작용하는 전체 수평력 F_2를 구하면(그림 10-28과 그림 10-27c)

$$F_2 = \int \sigma_2 dA = \int \frac{(M + dM)y}{I} dA \tag{10-32b}$$

힘 F_1과 F_2를 알면, 보조 요소의 밑면에 작용하는 수평력 F_3을 결정할 수 있다.

보조 요소는 평형 상태에 있기 때문에 x방향으로의 힘을 합할 수 있고 다음을 얻는다.

$$F_3 = F_2 - F_1 \tag{10-32c}$$

혹은

$$F_3 = \int \frac{(M + dM)y}{I} dA - \int \frac{My}{I} dA = \int \frac{(dM)y}{I} dA$$

그림 10-28

모든 수평방향 힘을 보여주는 보조 요소의 부분 자유물체도(그림 10-27c와 비교)

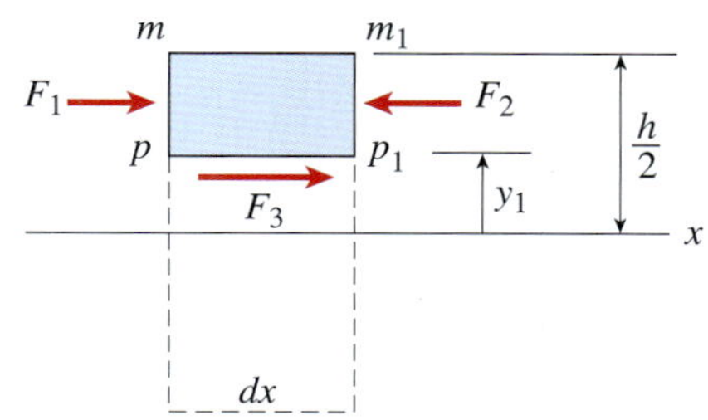

마지막 항의 dM과 I는 주어진 어떠한 단면에서도 일정하기 때문에, 적분 부호 밖으로 꺼낼 수 있으며 적분에 포함되지 않는다. 따라서 힘 F_3에 대한 식은 다음과 같다.

$$F_3 = \frac{dM}{I} \int y dA \tag{10-33}$$

만일 전단응력 τ가 보의 폭 b에 걸쳐 등분포되었다면, 힘 F_3은 역시 다음과 같게 될 것이다.

$$F_3 = \tau b dx \tag{10-34}$$

여기서 bdx는 보조 요소의 밑면의 면적이다.

식 (10-33)과 식 (10-34)를 결합하고 전단응력 τ에 관해 풀면 다음 식을 얻는다.

$$\tau = \frac{dM}{dx}\left(\frac{1}{Ib}\right) \int y dA \tag{10-35}$$

양 dM/dx은 전단력 V와 같고, 따라서 위 식은 다음과 같이 된다.

$$\tau = \frac{V}{Ib} \int y dA \tag{10-36}$$

이 식에서의 적분은 이미 설명한 바와 같이 단면의 음영 부분(그림 10-27d)에 걸쳐 계산된다. 따라서 적분은 중립축(z축)에 관한 음영 부분 면적의 1차 모멘트이다. 다시 말하면 **적분은 전단응력 τ가 계산되는 위치에서 위쪽 단면적의 1차 모멘트이다.** 이 1차 모멘트는 일반적으로 기호 Q로 표시한다.

$$Q = \int y dA \tag{10-37}$$

이 기호를 사용하면, 전단응력에 대한 식은 다음과 같이 된다.

$$\tau = \frac{VQ}{Ib} \tag{10-38}$$

전단 공식(shear formula)으로 알려진 이 식은 직사각형 보 단면의 임의의 점에서의 전단응력 τ를 결정하는 데 사용될 수 있다. 특정 단면에 대해서는 전단력 V, 관성 모멘트 I, 폭 b는 일정하다는 것을 유의하자. 그러나 1차 모멘트 Q(그래서 전단응력 τ)는 중립축으로부터의 거리 y_1에 따라 변화한다.

1차 모멘트 Q의 계산

만일 그림 10-27d에서와 같이 결정해야 할 전단응력의 위치가 중립축 위에 있다면 이 위치 **위**(above)의 단면적(그림에서 음영 면적)의 1차 모멘트를 계산하여 Q를 구하는 것이 당연하다. 그러나 다른 방법으로는 나머지 단면적, 즉 음영 면적 **아래**(below) 면적의 1차 모멘트를 계산할 수도 있다. 이때의 1차 모멘트는 음의 Q값과 같다.

이러한 설명은 중립축에 관한 전체 단면적의 1차 모멘트는 0이라는 사실(왜냐하면 중립축이 도심을 통과하기 때문에)에서 찾을 수 있다. 그래서 위치 y_1 아래의 면적에 대한 Q값은 그 위치 위의 면적에 대한 음의 Q값이다. 편의상 구하고자 하는 전단응력의 위치가 보의 윗부분에 있을 때는 위치 y_1 위의 면적을 사용하고, 전단응력의 위치가 보의 아랫부분에 있을 때는 위치 y_1 아래의 면적을 사용한다.

더군다나 V와 Q에 대한 부호 규약은 신경 쓰지 않아도 된다. 대신에 전단 공식의 모든 항은 양의 값으로 다루고 전단응력의 방향을 검사함으로써 결정할 수 있는데, 왜냐하면 응력은 전단력 V 자체와 같은 방향으로 작용하기 때문이다. 전단응력을 결정하는 이러한 과정은 뒤의 예제 10-9에서 예시된다.

그림 10-29

직사각형 단면을 갖는 보에서의 전단응력 분포: (a) 보의 단면과 (b) 보의 높이에 걸쳐 전단응력의 포물선 분포를 보여주는 선도

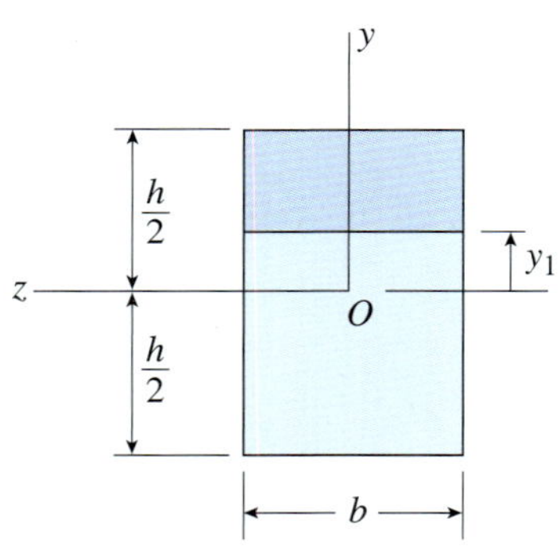

(a)

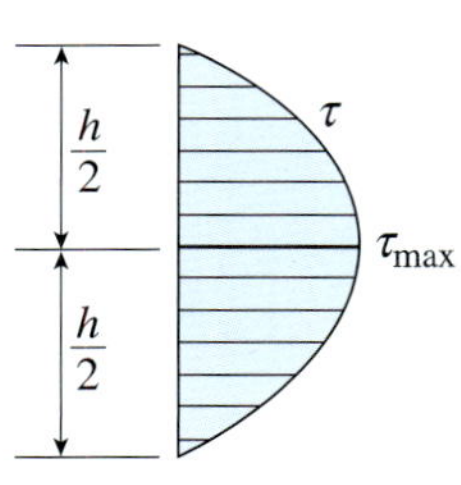

(b)

직사각형 보에서의 전단응력 분포

이제 직사각형 단면 보(그림 10-29)에서의 전단응력의 분포를 구할 준비를 마쳤다. 단면적의 음영 부분의 1차 모멘트 Q는 이 면적에 이 면적 자체의 도심으로부터 중립축까지의 거리를 곱하여 구한다.

$$Q = b\left(\frac{h}{2} - y_1\right)\left(y_1 + \frac{h/2 - y_1}{2}\right) = \frac{b}{2}\left(\frac{h^2}{4} - y_1^2\right) \tag{10-39a}$$

물론 식 (10-37)을 이용하여 적분하여도 같은 결과를 얻을 수 있다.

$$Q = \int y\,dA = \int_0^{h/2} ybdy = \frac{b}{2}\left(\frac{h^2}{4} - y_1^2\right) \tag{10-39b}$$

Q에 대한 식을 전단 공식[식 (10-38)]에 대입하면 다음 식을 얻는다.

$$\tau = \frac{V}{2I}\left(\frac{h^2}{4} - y_1^2\right) \tag{10-40}$$

이 식은 직사각형 보에서의 전단응력은 중립축으로부터의 거리 y_1에 따라 2차식으로 변화한다는 것을 보여준다. 따라서 보의 높이에 따라 응력 선도를 그릴 때, τ는 그림

10-29b와 같이 변화한다. 전단응력은 $y_1 = \pm h/2$일 때 0이라는 것에 유의하자.

전단응력의 최댓값은 1차 모멘트 Q가 최댓값을 갖는 중립축($y_1 = 0$)에서 일어난다. $y_1 = 0$을 식 (10-40)에 대입하면 다음 식을 얻는다.

$$\tau_{\max} = \frac{Vh^2}{8I} = \frac{3V}{2A} \tag{10-41}$$

여기서 $A = bh$는 단면적이다. 따라서 직사각형 단면 보에서의 최대 전단응력은 평균 전단응력 V/A보다 50% 더 크다.

전단응력에 대한 위의 식은 단면에 작용하는 수직전단응력이나 보의 수평층 사이에 작용하는 수평전단응력을 계산하는 데 사용될 수 있다는 것에 다시 한번 유의하자.[5]

제한사항

이 절에서 소개한 전단응력에 대한 공식은 이 공식을 유도하는 데 사용된 굽힘 공식과 같은 제한을 받는다. 따라서 이 공식들은 작은 처짐을 갖는 선형 탄성 재료로 된 보에만 유효하다.

직사각형 보의 경우에 전단 공식의 정확도는 단면의 높이 대 폭의 비에 따라 달라진다. 이 공식은 (높이 h가 폭 b보다 훨씬 큰)아주 좁은 보에 대해 정확한 것으로 고려될 수 있다. 그러나 이 공식은 b가 h에 비해 상대적으로 증가함에 따라 정확도가 감소한다. 예를 들어, 보가 정사각형($b = h$) 단면이면, 최대 전단응력의 참값은 식 (10-41)에서 구한 값보다 약 13% 정도 더 크다.

흔히 하는 실수는 전단 공식[식 (10-38)]을 적용할 수 없는 단면 형상에 적용하는 것이다. 예를 들면, 이 공식은 삼각형 단면이나 반원형 형상의 단면에는 적용할 수 없다. 공식의 잘못된 사용을 피하기 위해, 유도에 기초가 되었던 다음과 같은 가정을 유념해야만 한다. (1) 단면의 모서리는 y축에 평행하여야 한다(전단응력이 y축에 평행하게 작용하도록). (2) 전단응력은 단면의 폭에 걸쳐 균일하여야 한다. 이러한 가정은 이 절과 다음 두 절에서 논의하는 특정한 경우에만 적합하다.

마지막으로, 전단 공식은 균일 단면 보에만 적용된다. 만일 보가 불균일 단면을 가지면(예: 보가 테이퍼 보이면), 여기서 주어진 공식에 의해 예측한 전단응력과는 매우 다르다.

전단변형률의 효과

전단응력 τ는 직사각형 보의 높이에 걸쳐 포물선 모양으로 변화하기 때문에, 전단변형률 $\gamma = \tau/G$ 역시 포물선 모양으로 변화한다. 이러한 전단변형률의 결과로, 원래 평면이었던 보의 단면은 뒤틀리게 된다. 이러한 뒤틀림이 그림 10-30에 나타나 있으며, 여기서 원래 평면이었던 단면 mn과 pq는 중립면에서 일어나는 최대 전단변형률을 갖는 구부러진 면 m_1n_1과 p_1q_1로 된다. 점 m_1,

그림 10-30
전단변형률로 인한 보 단면의 뒤틀림

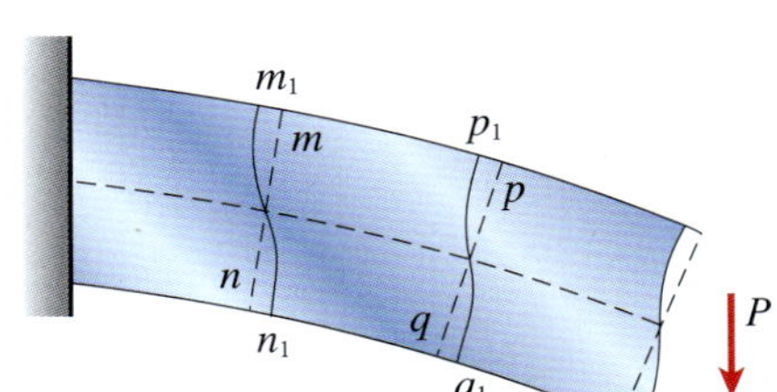

[5] 이 절에서 소개된 전단-응력 해석은 러시아의 공학자 요우라브스키(D. J. Jourawski)에 의해 개발되었다.

p_1, n_1, q_1에서는 전단변형률이 0이므로, 곡선 m_1n_1과 p_1q_1은 보의 윗면과 아랫면에 대해 수직이다.

만일 전단력 V가 보의 축을 따라 일정하다면, 뒤틀림도 모든 단면에서 같다. 그래서 굽힘 모멘트로 인한 길이방향 요소의 늘어남과 줄어듦은 전단변형률의 영향을 받지 않으며, 수직응력의 분포는 순수 힘에서와 동일하다. 더욱이 고급 해석 방법을 사용한 상세한 검토는 전단변형률로 인한 단면의 뒤틀림이, 전단력이 길이에 따라 연속적으로 변하는 경우에도 길이방향 변형률에 구체적으로 영향을 주지 못한다는 것을 보여준다. 따라서 대부분의 조건에서 식이 순수 굽힘에 대해 유도되었지만 식 (10-14)의 굽힘 공식을 불균일 굽힘에 대해 사용하는 것이 정당화될 수 있다.

예제 10-9

그림 10-31

예제 10-9: (a) 등분포하중을 받는 단순 보, (b) 보의 단면

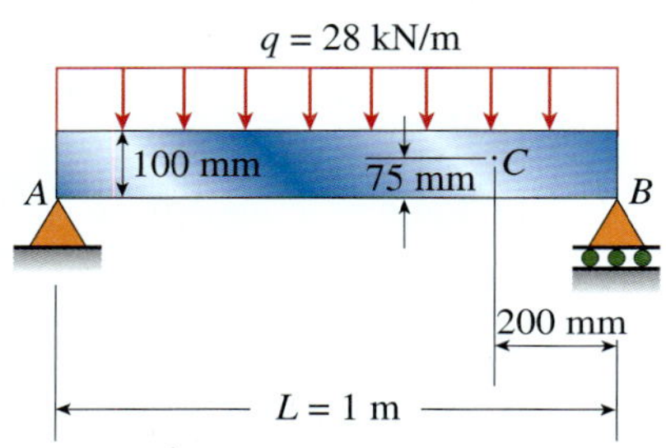

(a)

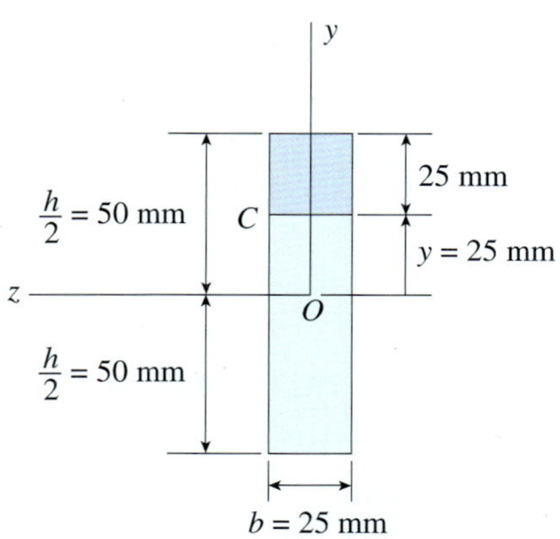

(b)

지간의 길이 $L=1$ m인 금속 보가 점 A와 B에 단순 지지되어 있다(그림 10-31a). 보에 작용하는 등분포하중(자중 포함)은 $q=28$ kN/m이다. 보의 단면은 폭 $b=25$ mm이고 높이 $h=100$ mm인 직사각형(그림 10-31b)이다.

보는 횡 좌굴에 대해 적절하게 지지되어 있고, 보의 상단으로부터 25 mm 아래, 그리고 오른쪽 지지점으로부터 200 mm 떨어진 점 C에서의 수직응력 σ_C와 전단응력 τ_C를 계산하시오. 또 이 응력을 점 C의 응력 요소 위에 나타내시오.

풀이

4단계 문제풀이 접근방법을 사용한다. 효율적인 문제풀이를 위해 필요에 따라 단계를 합한다.

1, 2. 개념화, 분류

전단력과 굽힘 모멘트: 점 C를 지나는 단면에서의 전단력 V_C와 굽힘 모멘트 M_C는 6.4절에 기술되어 있는 방법으로 구한다. 결과는 다음과 같다.

$$M_C = 2.22 \text{ kN}\cdot\text{m} \qquad V_C = -8.4 \text{ kN}$$

이 양의 부호는 굽힘 모멘트와 전단력에 대한 표준 부호 규약에 근거한 것이다(6.4절 참조).

관성 모멘트: 중립축(그림 10-31b의 z축)에 관한 단면적의 관성 모멘트는 다음과 같다.

$$I = \frac{bh^3}{12} = \frac{1}{12}(25 \text{ mm})(100 \text{ mm})^3 = 2083 \times 10^3 \text{ mm}^4$$

그림 10-31(계속)

(c) 점 C에서 수직응력과 전단응력을 보여주는 응력 요소

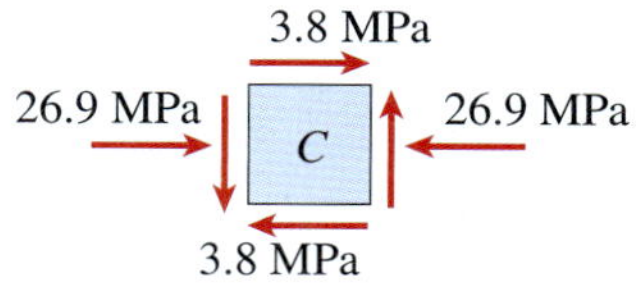

(c)

3. 해석

점 C에서의 수직응력: 점 C에서의 수직응력은 굽힘 공식[식 (10-14)]에 중립축으로부터의 거리 $y=25$ mm를 대입하여 구한다. 따라서

$$\sigma_C = -\frac{My}{I} = -\frac{(2.24\times10^6\ \mathrm{N\cdot mm})(25\ \mathrm{mm})}{2083\times10^3\ \mathrm{mm}^4} = -26.9\ \mathrm{MPa}$$

이다. 음의 부호는 예상대로 응력이 압축임을 나타낸다.

점 C에서의 전단응력: 점 C에서의 전단응력을 구하기 위해, 점 C 윗부분의 단면적(그림 10-31b)의 1차 모멘트 Q_C를 계산하여야 한다. 이 1차 모멘트는 면적 z축으로부터 이 면적의 도심 거리(y_C로 표시)를 곱한 것과 같다. 따라서

$$A_C = (25\ \mathrm{mm})(25\ \mathrm{mm}) = 625\ \mathrm{mm}^2 \quad y_C = 37.5\ \mathrm{mm} \quad Q_C = A_C y_C = 23,440\ \mathrm{mm}^3$$

이제 값을 전단 공식[식 (10-41)]에 대입하여 전단응력의 크기를 구한다.

$$\tau_C = \frac{V_C Q_C}{Ib} = \frac{(8400\ \mathrm{N})(23,440\ \mathrm{mm}^3)}{(2083\times10^3\ \mathrm{mm}^4)(25\ \mathrm{mm})} = 3.8\ \mathrm{MPa}$$

4. 최종 단계 이 응력의 방향은 검증을 통해 확인할 수 있는데, 왜냐하면 응력이 전단력과 같은 방향으로 작용하기 때문이다. 이 예제에서 전단력은 점 C의 왼쪽 보의 편에서 위로 작용하고, 점 C의 오른쪽 보의 편에서 아래로 작용한다. 수직응력과 전단응력의 방향을 나타내는 가장 좋은 방법은 다음과 같이 응력 요소를 그리는 것이다.

점 C에서의 응력 요소: 그림 10-31c에 나타낸 응력 요소는 점 C에서의 보의 면에서 잘라낸 것이다(그림 10-31a). 압축응력 $\sigma_C=26.9$ MPa은 요소 단면의 면에 작용하고, 전단응력 $\tau_C=3.8$ MPa은 단면의 면뿐만 아니라 윗면과 밑면에도 작용한다.

예제 10-10

두 개의 집중하중 P를 받는 목재 보 AB는(그림 10-32a) 폭 $b=100$ mm이고, 높이 $h=150$ mm인 직사각형 단면을 가지고 있다(그림 10-32b). 보의 양단으로부터 가장 가까운 하중까지의 거리는 a =0.5 m이다.

굽힘에 대한 허용응력이 $\sigma_{\mathrm{allow}}=11$ MPa(인장과 압축에 대해)이고 수평전단력에 대한 허용응력이 $\tau_{\mathrm{allow}}=1.2$ MPa일 때, 하중의 최대 허용값 $P_{\max}$를 계산하시오. (보 자체의 무게는 무시한다.)

참고: 목재 보는 **결을 가로지르는 전단**(cross-grain shear, 단면상의 전단)에서보다 **수평전단**(horizontal shear, 목재의 길이방향 섬유에 평행한 전단)에 더 약하다. 결과적으로, 설계 시 통상적으로 수평전단에서의 허용응력을 고려한다.

그림 10-32

예제 10-10: 집중하중을 받는 목재 보

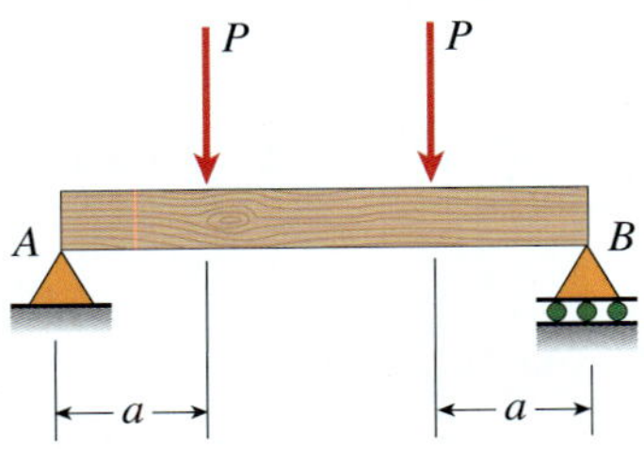

(a)

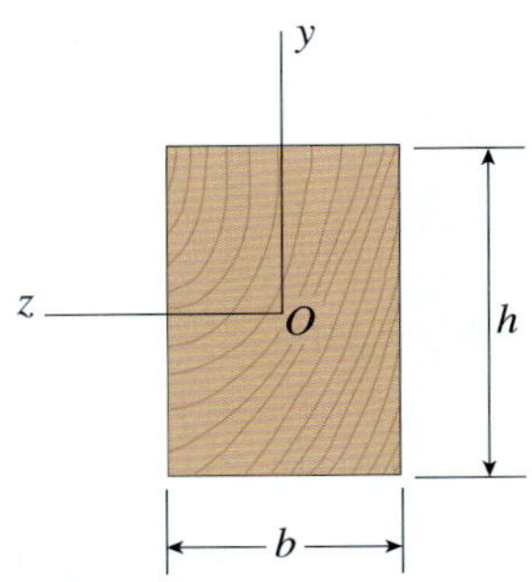

(b)

풀이

4단계 문제풀이 접근방법을 사용한다.

1. **개념화** 최대 전단력은 지지점에서 발생하고 최대 굽힘 모멘트는 하중 사이의 구간에 걸쳐 생긴다. 이 값은 다음과 같으며

$$V_{\max} = P \qquad M_{\max} = Pa$$

또한 단면계수 S와 단면적 A는 다음과 같다.

$$S = \frac{bh^2}{6} \qquad A = bh$$

2. **분류** 보에서의 최대 수직응력과 최대 전단응력은 굽힘 공식과 전단 공식[식(10-17)과 (10-41)]으로부터 구한다.

$$\sigma_{\max} = \frac{M_{\max}}{S} = \frac{6Pa}{bh^2} \qquad \tau_{\max} = \frac{3V_{\max}}{2A} = \frac{3P}{2bh}$$

따라서 굽힘과 전단에서의 하중 P의 최대 허용값은 각각 다음과 같다.

$$P_{\text{bending}} = \frac{\sigma_{\text{allow}} bh^2}{6a} \qquad P_{\text{shear}} = \frac{2\tau_{\text{allow}} bh}{3}$$

3. **해석** 수치를 이 공식에 대입하면 다음을 얻는다.

$$P_{\text{bending}} = \frac{(11\text{ MPa})(100\text{ mm})(150\text{ mm})^2}{6(0.5\text{ m})} = 8.25\text{ kN}$$

$$P_{\text{shear}} = \frac{2(1.2\text{ MPa})(100\text{ mm})(150\text{ mm})}{3} = 12.0\text{ kN}$$

따라서 굽힘응력이 설계를 지배하고 최대 허용하중은 다음과 같다.

$$P_{\max} = 8.25\text{ kN}$$

4. **최종 단계** 이 보에 대한 좀 더 완벽한 해석에는 보의 무게를 고려하는 것이 요구되고, 이때에는 허용하중의 값이 감소한다.

참고:

i. 이 예제에서 최대 수직응력과 최대 전단응력은 보 내의 같은 위치에서 발생하지 않는다. 수직응력은 보의 중간 구간에 있는 단면의 윗면과 밑면에서 최대가 되며, 전단응력은 지지점 근처 단면의 중립축에서 최대가 된다.

ii. 대부분의 보에서 (전단응력이 아니라)굽힘응력이 이 예제에서처럼 허용하중을 지배한다.

iii. 목재는 균질 재료가 아니고 가끔 선형 탄성거동에서 벗어나지만, 굽힘 공식과 전단 공식으로부터 근사적인 결과를 얻을 수 있다. 이러한 근사적인 결과는 일반적으로 목재 보를 설계하는 데 적합하다.

10.8 원형 단면 보에서의 전단응력

보가 **원형 단면**(circular cross section)(그림 10-33)을 가지면, 더 이상 전단응력이 y축에 평행하게 작용한다고 가정할 수 없다. 예를 들면, (단면의 경계상에 있는)점 m에서 전단응력 τ는 그 경계에 **접선방향**(tangent)으로 작용해야만 한다는 것으로 쉽게 증명할 수 있다. 이러한 관찰은 보의 바깥 표면에 응력이 작용하지 않는다는 사실에 따르고, 그래서 단면에 작용하는 전단응력은 방사 방향으로 성분을 가질 수 없다.

그림 10-33

원형 단면 보의 단면에 작용하는 전단응력

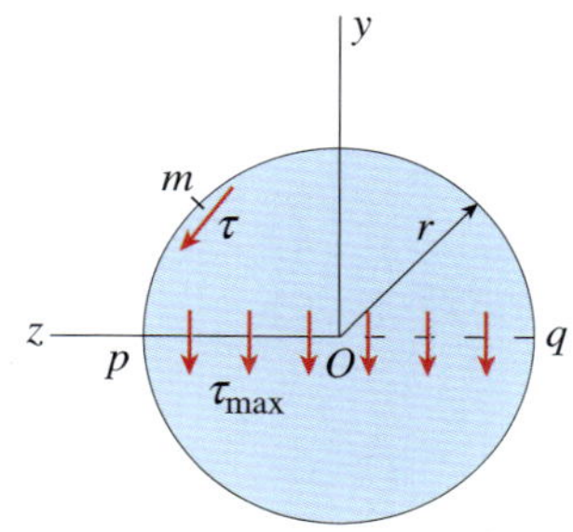

전체 단면에 걸쳐서 작용하는 전단응력을 구할 수 있는 간단한 방법은 없지만, 응력 분포에 대한 몇 가지 합리적인 가정을 하면 중립축(응력이 가장 큰 곳)에서의 전단응력은 쉽게 구할 수 있다. 응력은 y축에 평행하게 작용하며 보의 폭(그림 10-33의 점 p로부터 점 q까지)에 걸쳐 일정한 강도를 가지고 있다고 가정한다. 이러한 가정은 전단 공식 $\tau = VQ/Ib$[식 (10-38)]를 유도하는 데 사용된 것과 같기 때문에, 이 전단 공식을 중립축에서의 전단응력을 계산하는 데 사용할 수 있다.

전단 공식을 사용하기 위해서는, 반경 r인 원형 단면에 관한 다음과 같은 특성치가 필요하다.

$$I = \frac{\pi r^4}{4} \quad Q = A\bar{y} = \left(\frac{\pi r^2}{2}\right)\left(\frac{4r}{3\pi}\right) = \frac{2r^3}{3} \quad b = 2r \qquad \textbf{(10-42a, b)}$$

관성 모멘트 I에 대한 식은 부록 B의 사례 9를 이용했으며, 1차 모멘트 Q에 대한 식은 반원에 대한 공식(부록 B의 사례 10)에 근거하였다. 이 식들을 전단 공식에 대입하면 다음 식을 얻는다.

$$\tau_{\max} = \frac{VQ}{Ib} = \frac{V(2r^3/3)}{(\pi r^4/4)(2r)} = \frac{4V}{3\pi r^2} = \frac{4V}{3A} \qquad \textbf{(10-43)}$$

여기서 $A = \pi r^2$은 단면의 면적이다. 이 식은 원형 단면 보에서의 최대 전단응력은 평균 수직전단응력 V/A의 4/3배와 같다는 것을 보여준다.

만일 보가 **속이 빈 원형 단면**(hollow circular cross section)[그림 (10-34)]을 가지면, 중립축에서의 전단응력은 y축에 평행하며 단면에 걸쳐 등분포한다는 합리적인 정확성으로 다시 가정할 수 있다. 결과적으로, 최대 응력을 구하기 위해 전단 공식을 다시 사용할 수 있다. 속이 빈 원형 단면에 대해 필요한 성질은 다음과 같다.

그림 10-34

속이 빈 원형 단면

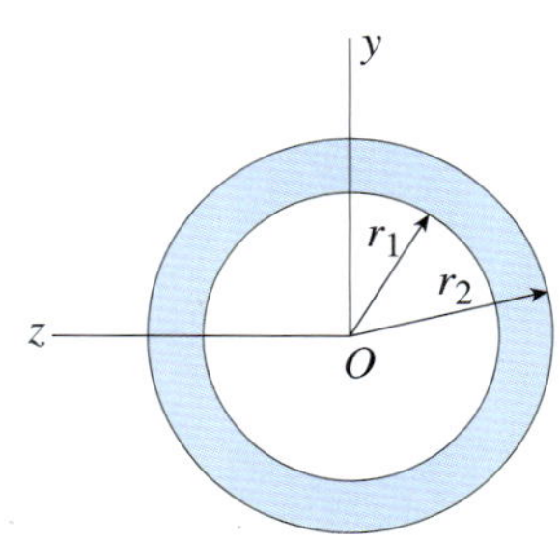

$$I = \frac{\pi}{4}(r_2^4 - r_1^4) \qquad Q = \frac{2}{3}(r_2^3 - r_1^3) \qquad b = 2(r_2 - r_1) \qquad \textbf{(10-44a, b, c)}$$

여기서 r_1과 r_2는 단면의 안쪽과 바깥쪽의 반경이다. 따라서 최대 전단응력은

$$\tau_{\max} = \frac{VQ}{Ib} = \frac{4V}{3A}\left(\frac{r_2^2 + r_2 r_1 + r_1^2}{r_2^2 + r_1^2}\right) \qquad \textbf{(10-45)}$$

여기서 단면의 면적은 다음과 같다.

$$A = \pi(r_2^2 - r_1^2)$$

만일 $r_1 = 0$이면, 식 (10-45)는 속이 찬 원형 단면 보에 대한 식 (10-43)으로 됨을 유의

하자.

원형 단면 보에서의 전단응력에 대한 앞의 이론은 근사적이지만, 정확한 탄성 이론을 사용하여 구한 결과와 불과 몇 퍼센트 정도밖에 차이가 없다. 결론적으로 식 (10-43)과 (10-45)는 보통의 상황에서 원형 단면 보의 최대 전단응력을 결정하는 데 사용할 수 있다.

예제 10-11

외경 $d_2 = 100$ mm이고 내경 $d_1 = 80$ mm인 원형 관으로 구성된 수직 기둥이 수평력 $P = 6{,}675$ N의 작용을 받고 있다(그림 10-35a).

(a) 기둥에서의 최대 전단응력을 계산하시오.

(b) 동일한 하중 P와 동일한 최대 전단응력에 대하여, 속이 찬 원형 기둥(그림 10-35b)의 직경 d_0은 얼마인지 계산하시오.

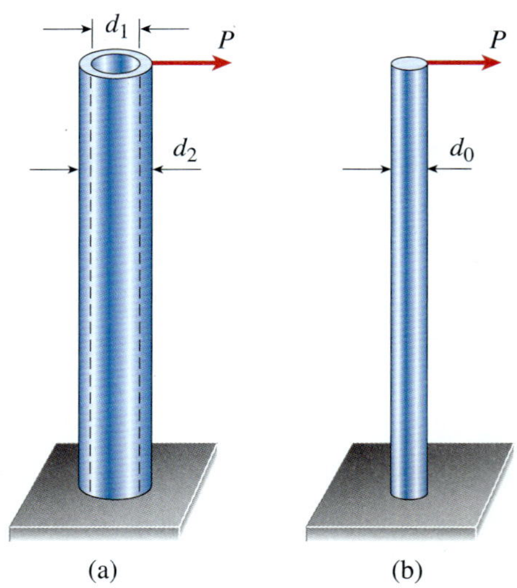

그림 10-35
예제 10-11: 원형 단면 보에서의 전단응력

풀이

4단계 문제풀이 접근방법을 사용한다. 효율적인 문제풀이를 위해 필요에 따라 단계를 합한다.

Part (a): 최대 전단응력

1, 2. 개념화, 분류 속이 빈 원형 단면 기둥(그림 10-35a)에 대하여, 전단력 V를 하중 P로, 단면적 A를 $\pi(r_2^2 - r_1^2)$으로 바꿔놓은 식 (10-45)를 사용한다. 따라서

$$\tau_{max} = \frac{4P}{3\pi}\left(\frac{r_2^2 + r_2 r_1 + r_1^2}{r_2^4 - r_1^4}\right) \quad \textbf{(a)}$$

3, 4. 해석, 최종 단계 다음으로, 수치를 대입하면

$$P = 6675 \text{ N} \qquad r_2 = d_2/2 = 50 \text{ mm} \qquad r_1 = d_1/2 = 40 \text{ mm}$$

다음을 얻는다.

$$\tau_{max} = 4.68 \text{ MPa}$$

이것은 기둥에서의 최대 전단응력이다.

Part (b): 속이 찬 원형 기둥의 직경

1, 2. 개념화, 분류 속이 찬 원형 단면을 가진 기둥(그림 10-33b)에 대하여 V를 P로, r를 $d_0/2$로 바꿔놓은 식 (10-43)을 사용한다.

$$\tau_{max} = \frac{4P}{3\pi(d_0/2)^2} \tag{b}$$

3. 해석 d_0에 관해 풀면 다음을 얻고

$$d_0^2 = \frac{16P}{3\pi\tau_{max}} = \frac{16(6675 \text{ N})}{3\pi(4.68 \text{ MPa})} = 2.42 \times 10^{-3} \text{ m}^2$$

이것으로부터 다음 값을 얻는다.

$$d_0 = 49.21 \text{ mm}$$

4. 최종 단계 이 특별한 예제에서 속이 찬 원형 기둥의 직경은 관 기둥의 직경의 약 1/2이다.

참고: 전단응력은 강이나 알루미늄과 같은 금속으로 만들어진 원형이나 직사각형 단면 보의 설계에 거의 영향을 미치지 않는다. 이러한 종류의 재료에 대해서 허용 전단응력은 일반적으로 허용 인장응력의 25~50% 범위 내에 있다. 이 예제에서 관 기둥의 경우에는 최대 전단응력이 4.68 MPa 정도이다. 대조적으로, 상대적으로 짧은 길이 600 mm 기둥에 대해 굽힘 공식으로부터 구한 최대 굽힘응력은 69 MPa이다. 따라서 하중이 증가하면, 허용 전단응력에 도달하기 한참 전에 허용 인장응력에 도달하게 될 것 이다.

목재와 같이 전단에 약한 재료에 대해서는 상황이 매우 다르다. 전형적인 목재 보에 대해서 수평전단에서의 허용응력은 허용 굽힘응력의 4~10% 범위 내에 있다. 결론적으로 비록 최대 전단응력이 상대적으로 작은 값을 가질지라도, 때때로 이것이 설계를 좌우하게 된다.

10.9 플랜지를 가진 보의 웹에서의 전단응력

넓은 플랜지를 갖는 보(그림 10-36a)가 굽힘 모멘트(불균일 굽힘)뿐만 아니라 전단력도 받을 때, 단면에 수직응력 및 전단응력이 모두 발생한다. 넓은 플랜지를 갖는 보에서의 전단응력 분포는 직사각형 보보다 더욱 복잡하다. 예를 들면, 보의 플랜지에서의 전단응력은 그림 10-36b의 작은 화살표로 보여준 것과 같이 수직방향 및 수평방향(y 및 z방향)으로 작용한다.

그림 10-36

(a) 넓은 플랜지형 보와 (b) 단면에 작용하는 전단응력의 방향

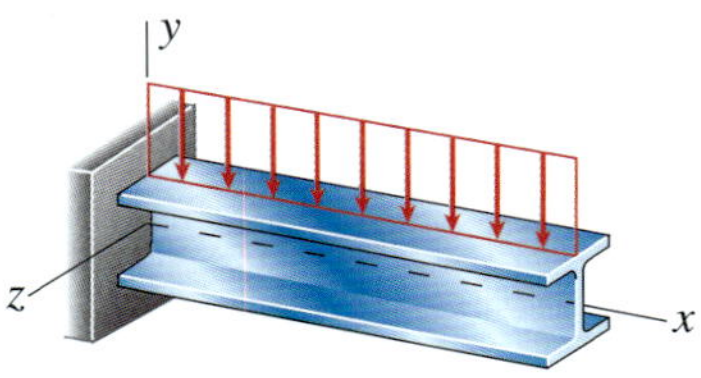

(a)

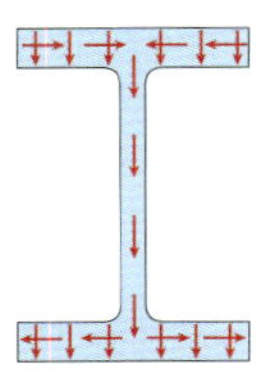

(b)

넓은 플랜지를 갖는 보의 웹에서의 전단응력은 수직방향으로만 작용하며 플랜지에서의 응력보다 크다. 이 응력은 직사각형 보의 전단응력을 구하기 위해 사용한 동일한 기법으로 구할 수 있다.

웹에서의 전단응력

넓은 플랜지를 갖는 보의 웹 내의 선 ef(그림 10-37a)에서의 전단응력을 결정하는 것으로 해석을 시작하자. 직사각형 보에 대하여 했던 가정과 동일한 가정을 할 것이다. 즉, 전단응력은 y축에 평행하게 작용하며 웹의 두께에 걸쳐 등분포되었다고 가정한다. 그러면 전단 공식 $\tau = VQ/Ib$를 적용할 수 있다. 그러나 이번에는 폭 b가 웹의 두께 t이며, 1차 모멘트 Q를 계산하는 데 사용되는 면적은 선 ef와 단면의 맨 윗부분 사이의 면적(그림 10-37a의 음영 면적으로 표시)이다.

음영 면적의 1차 모멘트 Q를 구할 때 웹과 플랜지의 접합부(그림 10-37a의 점 b와 c)에서의 작은 필렛(fillet)의 영향은 무시한다. 이 필렛의 면적을 무시하는 데서 오는 오차는 매우 작다. 그러면 음영 면적을 두 개의 직사각형으로 나눌 수 있다. 첫 번째 직사각형은 상부 플랜지 자체이며, 다음과 같은 면적을 갖는다.

$$A_1 = b\left(\frac{h}{2} - \frac{h_1}{2}\right) \tag{10-46a}$$

여기서 b는 플랜지의 폭이고, h는 보의 전체 높이이며, h_1은 플랜지의 안쪽 사이의 거리이다. 두 번째 직사각형은 ef와 플랜지 사이의 웹 부분, 즉 직사각형 $efcb$이며 그 면적은 다음과 같다.

$$A_2 = t\left(\frac{h_1}{2} - y_1\right) \tag{10-46b}$$

여기서 t는 웹의 두께이고, y_1은 중립축으로부터 선 ef까지의 거리이다.

중립축에 대하여 계산되는 면적 A_1과 A_2의 1차 모멘트는 이 면적에 각 면적의 도심으로부터 z축까지의 거리를 곱하여 구한다. 이 1차 모멘트를 합하면 조합 면적의 1차 모멘트 Q를 얻는다.

그림 10-37

넓은 플랜지형 보의 웹에서의 전단응력: (a) 보의 단면과 (b) 웹에서의 수직전단응력의 분포

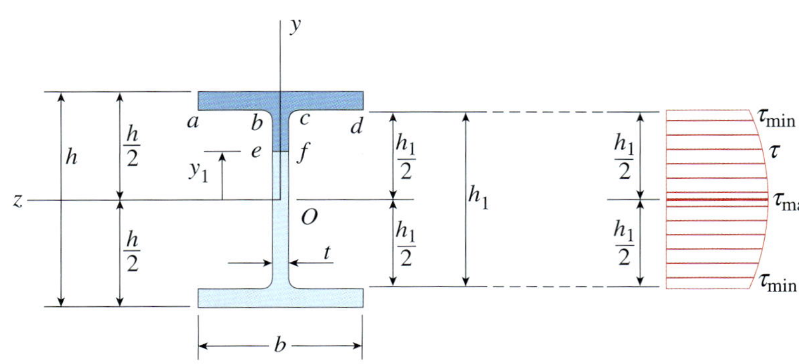

(a) (b)

$$Q = A_1\left(\frac{h_1}{2} + \frac{h/2 - h_1/2}{2}\right) + A_2\left(y_1 + \frac{h_1/2 - y_1}{2}\right)$$

식 (10-46a)와 (10-46b)로부터 A_1과 A_2를 위 식에 대입하고 간단하게 정리하면 다음을 얻는다.

$$Q = \frac{b}{8}(h^2 - h_1^2) + \frac{t}{8}(h_1^2 - 4y_1^2) \qquad \textbf{(10-47)}$$

따라서 중립축으로부터 거리 y_1만큼 떨어진 보의 웹에서의 전단응력 τ는 다음과 같고

$$\tau = \frac{VQ}{It} = \frac{V}{8It}\left[b(h^2 - h_1^2) + t(h_1^2 - 4y_1^2)\right] \qquad \textbf{(10-48)}$$

여기서 단면의 관성 모멘트는 다음과 같다.

$$I = \frac{bh^3}{12} - \frac{(b-t)h_1^3}{12} = \frac{1}{12}(bh^3 - bh_1^3 + th_1^3) \qquad \textbf{(10-49)}$$

식 (10-48)에서의 모든 양은 y_1만 제외하고는 상수이기 때문에, τ는 그림 10-37b의 그래프에서와 같이 웹의 높이에 걸쳐 2차식으로 변화한다는 것을 즉시 알 수 있다. 그래프는 웹에 대해서만 그려졌고 플랜지는 포함하지 않는다는 것에 유의한다. 그 이유는 간단하다. 식 (10-48)은 보의 플랜지에서의 수직전단응력을 결정하는 데 사용될 수 없기 때문이다(이 절의 뒤에 나오는 '제한사항'에서의 논의 참조).

최대 전단응력 및 최소 전단응력

넓은 플랜지형 보의 웹에서의 최대 전단응력은 $y_1 = 0$인 중립축에서 발생한다. 최소 전단응력은 웹과 플랜지의 접합부($y_1 = \pm h_1/2$)에서 발생한다. 이 응력은 식 (10-48)로부터 구한다.

$$\tau_{max} = \frac{V}{8It}(bh^2 - bh_1^2 + th_1^2) \qquad \tau_{min} = \frac{Vb}{8It}(h^2 - h_1^2) \qquad \textbf{(10-50a, b)}$$

τ_{max}와 τ_{min} 모두 그림 10-37b의 그래프상에 표시되어 있다. 전형적인 넓은 플랜지를 갖는 보에 대한 웹에서의 최대 응력은 최소 응력보다 10~60% 정도 크다.

앞의 논의로부터 명백하지는 않지만, 식 (10-50a)로 주어진 응력 τ_{max}는 웹에서 가장 큰 전단응력일 뿐만 아니라 단면의 어디에서든 가장 큰 전단응력이기도 하다.

웹에서의 전단력

웹 부분에서 지지되는 수직전단력은 전단응력 선도(그림 10-37b)의 면적에 웹의 두께 t를 곱하여 결정할 수 있다. 전단응력 선도는 면적이 $h_1\tau_{min}$인 직사각형과 다음과 같은 면적을 갖는 포물선 부분의 두 부분으로 구성되어 있다.

$$\frac{2}{3}(h_1)(\tau_{max} - \tau_{min})$$

그림 10-37(반복)
넓은 플랜지형 보의 웹에서의 전단응력: (a) 보의 단면과 (b) 웹에서의 수직전단 응력의 분포

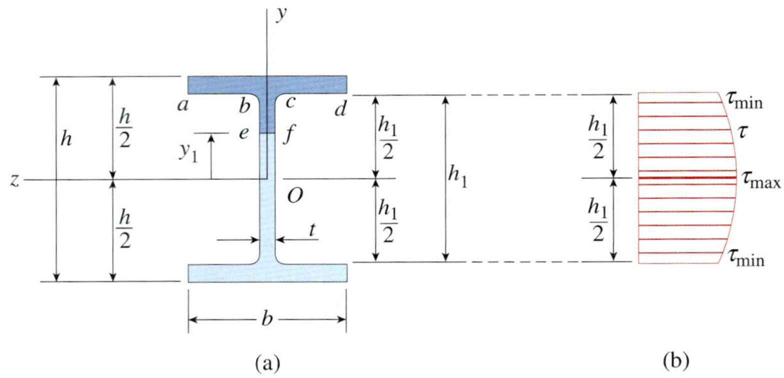

이 두 면적을 더하고 웹의 두께 t를 곱한 후 이를 정리하면 웹에서의 전체 전단력을 얻는다.

$$V_{\text{web}} = \frac{th_1}{3}(2\tau_{\max} + \tau_{\min}) \tag{10-51}$$

전형적인 크기를 갖는 보에서 웹의 전단력은 단면에 작용하는 전체 전단력 V의 90~98%이며, 나머지 전단력은 플랜지가 지지한다.

웹이 대부분의 전단력을 지지하기 때문에, 설계자는 종종 전체 전단력을 웹의 면적으로 나누어 최대 전단응력의 근삿값을 얻는다. 이 결과는 웹이 전단력의 **전부**를 지지한다는 가정하에서 웹에서의 평균 전단응력이다.

$$\tau_{\text{aver}} = \frac{V}{th_1} \tag{10-52}$$

전형적인 넓은 플랜지를 갖는 보에 대하여, 이러한 방법으로 계산된 평균 전단응력은 식 (10-50a)로부터 계산된 최대 전단응력의 10% 이내에 있다. 따라서 식 (10-52)는 최대 전단응력을 추정하는 간단한 방법이다.

제한사항

이 절에서 제시된 기초 전단 이론은 넓은 플랜지를 갖는 보의 웹에서의 수직전단응력을 결정하는 데 적합하다. 그러나 플랜지에서의 수직전단응력을 검토할 때 전단응력이 단면의 폭에 걸쳐, 즉 플랜지의 폭 b(그림 10-37a)에 걸쳐 일정하다고 더 이상 가정할 수는 없다. 그래서 이 응력을 결정하는 데 전단 공식을 사용할 수 없다.

이 점을 강조하기 위하여, 단면의 폭이 t에서 b로 갑자기 변하는 웹과 상부 플랜지의 접합부($y_1 = h_1/2$)를 고려한다. 자유 표면 ab와 cd(그림 10-37a)에서의 전단응력은 0이 되어야 하고, 반면에 선 bc에서 웹에 걸친 전단응력은 $\tau_{\min}$이다. 이러한 관찰은, 웹과 플랜지의 접합부에서의 전단응력 분포는 매우 복잡하며 기초적인 방법으로는 검토할 수 없다는 것을 보여준다. 응력 해석은 요각 모퉁이(모퉁이 b와 c)에서 필렛을 사용함으로써 더욱 복잡해진다. 필렛은 응력이 위험하게 커지는 것을 방지하기 위해 필요

하지만, 웹에 걸친 응력 분포를 변경시킨다.

따라서 전단 공식은 플랜지에서의 수직전단응력을 결정하기 위해 사용할 수 없다는 결론에 이른다. 그러나 전단 공식은 플랜지(그림 10-36b)에서 **수평**으로 작용하는 전단응력에 대하여는 좋은 결과를 준다.

넓은 플랜지를 갖는 보의 웹에서의 전단응력을 결정하기 위해 위에서 기술한 방법은 얇은 웹을 갖는 다른 단면에도 사용할 수 있다. 예를 들어, 예제 10-13은 T형 보에 대한 과정을 보여준다.

예제 10-12

넓은 플랜지를 갖는 보(그림 10-38a)가 수직전단력 $V = 45$ kN을 받고 있다. 보의 단면 치수는 $b = 165$ mm, $t = 7.5$ mm, $h = 320$ mm, $h_1 = 290$ mm이다.

웹에서의 최대 전단응력, 최소 전단응력, 전체 전단력을 계산하시오(계산 시 필렛의 면적은 무시한다).

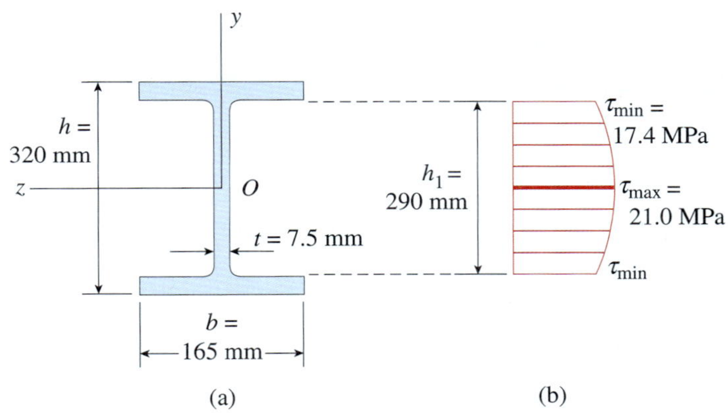

그림 10-38
예제 10-12: 넓은 플랜지형 보의 웹에서의 전단응력

풀이

4단계 문제풀이 접근방법을 사용한다. 효율적인 문제풀이를 위해 필요에 따라 단계를 합한다.

1, 2. 개념화, 분류

최대 전단응력 및 최소 전단응력: 보의 웹에서의 최대 전단응력 및 최소 전단응력은 식 (10-50a, b)로부터 구할 수 있다. 이 식에 대입하기 전에, 식 (10-49)로부터 단면적의 관성 모멘트를 계산한다.

$$I = \frac{1}{12}(bh^3 - bh_1^3 + th_1^3) = 130.45 \times 10^6 \text{ mm}^4$$

3. 해석 이제 식 (10-50a, b)에 전단력 V와 단면 치수에 대한 수치뿐만 아니라 I에 대한 값도 대입한다.

$$\tau_{\max} = \frac{V}{8It}(bh^2 - bh_1^2 + th_1^2) = 21.0 \text{ MPa}$$

$$\tau_{min} = \frac{Vb}{8It}(h^2 - h_1^2) = 17.4 \text{ MPa}$$

이 경우에 τ_{max}와 τ_{min}의 비는 1.21이다. 즉, 웹에서의 최대 응력이 최소 응력보다 21% 크다. 웹의 높이 h_1에 대한 전단응력의 변화는 그림 10-38b에 나와 있다.

전체 전단력: 웹에서의 전단력은 다음과 같이 식 (10-51)로부터 계산된다.

$$V_{web} = \frac{th_1}{3}(2\tau_{max} + \tau_{min}) = 43.0 \text{ kN}$$

4. 최종 단계 이 결과로부터 이 특별한 보의 웹은 전체 전단력의 96%를 지지한다는 것을 알 수 있다.

참고: 보의 웹에서 평균 전단응력은 식 (10-52)로부터 다음과 같고, 이 값은 최대 응력보다 단지 1% 작다.

$$\tau_{aver} = \frac{V}{th_1} = 20.7 \text{ MPa}$$

예제 10-13

T형 단면을 갖는 보(그림 10-39a)가 수직전단력 $V = 45$ kN의 작용을 받고 있다. 단면 치수는 $b = 100$ mm, $t = 24$ mm, $h = 200$ mm, $h_1 = 176$ mm이다.

웹의 맨 윗부분(위치 nn)에서의 전단응력 τ_1과 최대 전단응력 τ_{max}를 계산하시오(필렛의 면적은 무시한다).

풀이

4단계 문제풀이 접근방법을 사용한다. 효과적인 문제풀이를 위해 필요에 따라 단계를 합한다.

1, 2. 개념화, 분류

중립축의 위치: T형 보의 중립축의 위치는 보의 맨 윗면과 밑면으로부터 단면의 도심까지 거리 c_1과 c_2를 계산하여 구한다(그림 10-39a). 먼저, 단면을 플랜지와 웹의 두 개의 직사각형으로 나눈다(그림 10-39a의 점선 참조). 다음에 보의 밑면에서 선 aa에 대한 이 두 직사각형의 1차 모멘트 Q_{aa}를 계산한다. 거리 c_2는 Q_{aa}를 전체 단면적 A로 나눈 것과 같다(합성 면적의 도심 위치를 찾는 방법에 대해서는 5.3절 참조). 계산 과정은 다음과 같다.

$$A = \Sigma A_i = b(h - h_1) + th_1 = 6624 \text{ mm}^2$$

$$Q_{aa} = \Sigma y_i A_i = \left(\frac{h + h_1}{2}\right)(b)(h - h_1) + \frac{h_1}{2}(th_1) = 822{,}912 \text{ mm}^3$$

$$c_2 = \frac{Q_{aa}}{A} = \frac{822{,}912 \text{ mm}^3}{6624 \text{ mm}^2} = 124.23 \text{ mm} \quad c_1 = h - c_2 = 75.77 \text{ mm}$$

그림 10-39

예제 10-13: T형 보 웹에 가해지는 전단응력

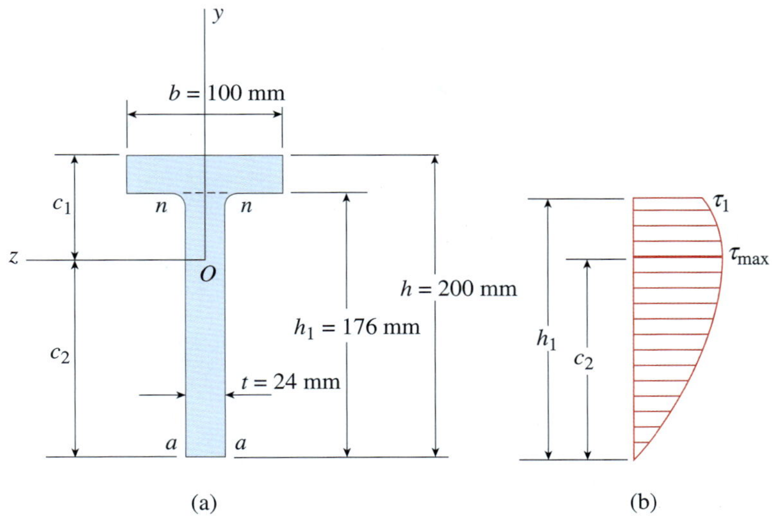

관성 모멘트: 전체 단면적의 (중립축에 대한)관성 모멘트 I는 보의 밑면에서 선 aa에 대한 관성 모멘트 I_{aa}를 계산하고 다음에 평행축 정리(5.5절 참조)를 이용하여 구할 수 있다.

$$I = I_{aa} - Ac_2^2$$

계산 결과는 다음과 같다.

$$I_{aa} = \frac{bh^3}{3} - \frac{(b-t)h_1^3}{3} = 128.56\times10^6\ \text{mm}^4 \quad Ac_2^2 = 102.23\times10^6\ \text{mm}^4 \quad I = 26.33\times10^6\ \text{mm}^4$$

3. 해석

웹의 맨 위쪽 부분에서의 전단응력: 웹의 맨 위쪽 부분(선 nn에 따라)에서의 전단응력 τ_1을 구하기 위해, 위치 nn 위 면적의 1차 모멘트 Q_1을 계산할 필요가 있다. 이 1차 모멘트는 플랜지의 면적에 중립축으로부터 플랜지의 도심까지의 거리를 곱한 것과 같다.

$$Q_1 = b(h-h_1)\left(c_1 - \frac{h-h_1}{2}\right)$$
$$= (100\ \text{mm})(24\ \text{mm})(75.77\ \text{mm} - 12\ \text{mm}) = 153.0\times10^3\,\text{mm}^3$$

물론 nn 아래 면적의 1차 모멘트를 계산해도 같은 결과를 얻는다.

$$Q_1 = th_1\left(c_2 - \frac{h_1}{2}\right) = (24\ \text{mm})(176\ \text{mm})(124.33\ \text{mm} - 88\ \text{mm}) = 153\times10^3\ \text{mm}^3$$

이 값을 전단 공식에 대입하여 전단응력을 구한다.

$$\tau_1 = \frac{VQ_1}{It} = \frac{(45\ \text{kN})(153\times10^3\,\text{mm}^3)}{(26.33\times10^6\,\text{mm}^4)(24\ \text{mm})} = 10.9\ \text{MPa}$$

이 응력은 단면에 작용하는 수직전단응력뿐만 아니라 플랜지와 웹 사이의 수평 평면에 작용하는 수평전단응력으로도 존재한다.

최대 전단응력: 웹에서의 최대 전단응력은 중립축에서 일어난다. 그러므로 중립축 아래 단면적의 1차 모멘트 Q_{max}를 계산한다.

$$Q_{max} = tc_2\left(\frac{c_2}{2}\right) = (24 \text{ mm})(124.23 \text{ mm})\left(\frac{124.23 \text{ mm}}{2}\right) = 185 \times 10^3 \text{ mm}^3$$

앞서 지적한 대로 중립축 위 단면적의 1차 모멘트를 계산해도 같은 결과를 얻을 수 있으나, 그 계산과정이 약간 더 길다.

이 값을 전단 공식에 대입하여 다음을 얻는다.

$$\tau_{max} = \frac{VQ_{max}}{It} = \frac{(45 \text{ kN})(185 \times 10^3 \text{mm}^3)}{(26.33 \times 10^6 \text{mm}^4)(24 \text{ mm})} = 13.2 \text{ MPa}$$

이것이 보에서의 최대 전단응력이다.

4. 최종 단계 웹에서의 포물선형 전단응력 분포가 그림 10-39b에 나타나 있다.

10.10 합성 보

보의 굽힘에 관한 연구의 다음 주제는 합성 보, 즉 두 개 이상의 재료로 만들어진 보이다. 보를 형성하기 위해 서로 결합된 다른 부분의 재료 특성을 고려하여 굽힘 공식을 수정해야 한다. 먼저, 합성 보에 대한 일반적인 굽힘 이론이 제시된다. 그다음으로 합성 보를 한 가지 재료를 사용하는 보로 변환하여 계산을 단순화하는 대체 접근 방식이 제시된다.

마지막으로, 13장에서 보 설계에 기본적으로 중요한 두 가지 추가 주제, 즉 보의 변형과 부정정 보에 대해 설명한다.

합성 보의 일반 이론

한 가지 이상의 재료로 제작된 보를 **합성 보**(composite beam)라 부른다. 바이메탈(온도조절장치에 사용되는 것과 같은), 플라스틱 피복 관, 강재 보 강판을 가진 목재 보(그림 10-40 참조)가 그 예이다.

최근에 다양한 형태의 합성 보가 기본적으로 재료를 절감하고 무게를 줄이기 위해 많이 개발되었다. 예를 들면, **샌드위치 보**(sandwich beam)는 경량이면서 고강도이기에 고강도가 요구되는 항공기 및 우주 산업에서 널리 이용되고 있다. 그와 비슷한 목적으로 스키, 문, 벽 판자, 책꽂이, 판지 상자 역시 샌드위치 형태로 제작된다.

지붕 구조: 목재와 강재의 I형 합성 보와 서까래

전형적인 샌드위치 보(그림 10-41)는 경량이면서 저강도 재료인 두꺼운 **심부**(core)와 심부에 의해 분리된 상대적으로 고강도 재료(예: 알루미늄)인 두 개의 얇은 **면**(faces)으로 구성되어 있다. 면은 중립축으로부터 가장 먼 거리(굽힘응력이 최대인 곳)에 위치하고 있기 때문에 어느 정도 I형 보의 플랜지와 같은 기능을 가진다. 심부는 충전재(filler)로서 역할을 하며 면을 주름(wrinkling)이나 좌굴(buckling)에 대해 안정화함

그림 10-40

합성 보의 예: (a) 두 가지 금속으로 된 보, (b) 플라스틱으로 피복된 강관, (c) 강판으로 보강된 목재 보

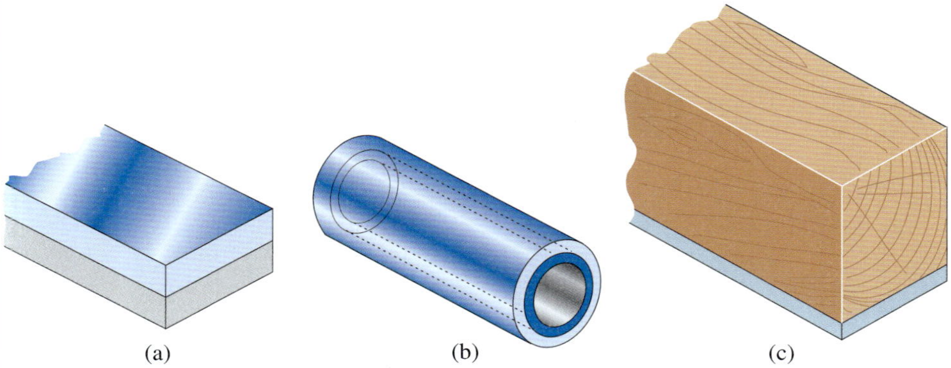

그림 10-41

샌드위치 보: (a) 플라스틱 심부, (b) 벌집형 심부, (c) 주름 모양 심부(© Barry Goodno)

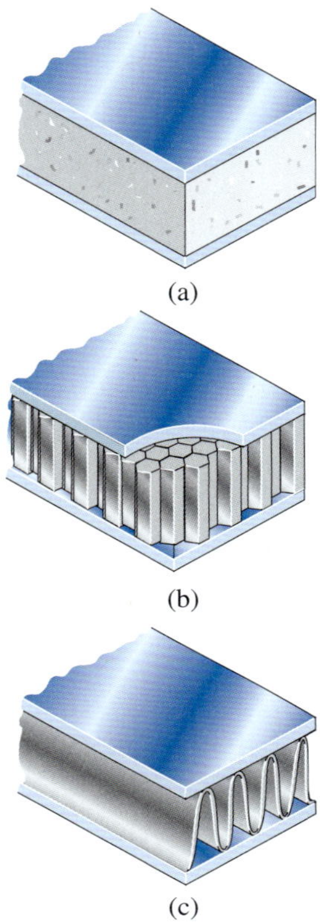

으로써 면에 대한 지지 역할을 한다. 벌집 구조나 주름 구조와 마찬가지로 경량의 플라스틱 폼이 심부에 종종 사용된다.

변형률 및 응력

합성 보의 변형률은 한 가지 재료로 된 보의 변형률을 구하는 데 사용되었던 것과 같은 기본 원리, 즉 굽힘이 일어나는 동안 단면이 평면을 유지한다는 원리로부터 구한다. 이러한 원리는 재료의 특성치에 관계없이 순수 굽힘 상태에서 유효하다(10.4절 참조). 그러므로 합성 보의 길이방향 변형률 ε_x는 식 (10-5)에서 나타낸 바와 같이 보의 윗면에서 밑면까지 선형적으로 변화하며 다시 반복된다.

$$\varepsilon_x = -\frac{y}{\rho} = -\kappa y \tag{10-53}$$

이 식에서 y는 중립축으로부터의 거리, ρ는 곡률 반경, κ는 곡률이다.

식 (10-53)으로 표현되는 선형 변형률 분포로 시작하여 임의의 합성 보의 변형률과 응력을 구할 수 있다. 이 과정이 어떻게 이루어지는가를 보여주기 위하여 그림 10-42에 보인 합성 보를 고려한다. 이 보는 그림에서 ①과 ②로 표시된 두 개의 부분으로 구성되었으며, 이들은 단단하게 접착되어 한 개의 강체 보처럼 거동한다.

보에 대한 앞에서의 논의와 같이, x-y평면이 대칭 평면이고 x-z평면이 보의 중립면이라고 가정한다. 그러나 중립축(그림 10-42의 z축)은 보가 두 가지 다른 재료로 되어 있을 때에는 단면적의 도심을 지나지 않는다.

만일 보가 양의 곡률을 가지고 굽혀진다면 변형률 ε_x는 그림 10-42에 보인 것과 같이 변화할 것이며, 여기서 ε_A는 보의 윗면에서의 압축변형률이고, ε_B는 보의 밑면에서의 인장변형률이며, ε_C는 두 재료의 접촉면에서의 변형률이다. 물론 중립축(z축)에서 변형률은 0이다.

단면에 작용하는 수직응력은 두 재료에 대한 응력-변형률 관계를 이용하여 구할 수 있다. 두 재료는 선형 탄성거동을 하여 단축응력(uniaxial stress)에 대해 훅의 법칙

그림 10-42

(a) 두 재료로 된 합성 보, (b) 보의 단면, (c) 보의 높이에 따른 변형률 ε_x의 분포, (d) $E_2 > E_1$인 경우에 보에서의 응력 σ_x의 분포

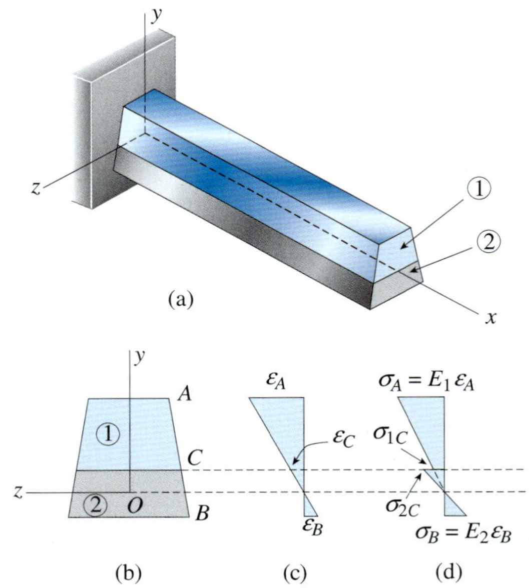

이 유효하다고 가정하자. 그러면 재료의 응력은 변형률과 적절한 탄성계수를 곱하여 구할 수 있다.

재료 1과 재료 2에 대한 탄성계수를 각각 E_1과 E_2라 표시하고, $E_2 > E_1$이라고 가정하면, 그림 10-42에 보인 것과 같은 응력 선도를 얻는다. 보의 윗면에서의 압축응력은 $\sigma_A = E_1\varepsilon_A$이고 밑면에서의 인장응력은 $\sigma_B = E_2\varepsilon_B$이다.

접촉면(C)에서는 두 재료의 탄성계수 값이 다르기 때문에 두 재료에서의 응력도 다르다. 재료 1에서는 응력이 $\sigma_{1C} = E_1\varepsilon_C$이고, 재료 2에서는 $\sigma_{2C} = E_2\varepsilon_C$이다.

훅의 법칙과 식 (10-53)을 사용하여 중립축으로부터의 거리 y만큼 떨어진 위치의 수직응력을 곡률의 항으로 나타낼 수 있다.

$$\sigma_{x1} = -E_1\kappa y \qquad \sigma_{x2} = -E_2\kappa y \tag{10-54a, b}$$

여기서 σ_{x1}은 재료 1에서의 응력이고, σ_{x2}는 재료 2에서의 응력이다. 이 식을 이용하여 중립축의 위치와 모멘트-곡률 관계식을 얻을 수 있다.

중립축

중립축(z축)의 위치는 단면에 작용하는 축력의 합이 0이라는 조건으로부터 구한다(10.5절 참조). 따라서

$$\int_1 \sigma_{x1} dA + \int_2 \sigma_{x2} dA = 0 \tag{10-55}$$

여기서 첫 번째 적분은 재료 1의 단면적에 걸쳐 계산되고, 두 번째 적분은 재료 2의 단면적에 걸쳐 계산된다. σ_{x1}과 σ_{x2}에 대한 식 (10-54a, b)를 위 식에 대입하여 다음 식을

얻는다.

$$-\int_1 E_1 \kappa y dA - \int_2 E_2 \kappa y dA = 0$$

곡률은 어느 단면에서나 일정하기 때문에 적분에 포함되지 않으며 식에서 제외된다. 따라서 **중립축**(neutral axis)의 위치를 구하는 식은 다음과 같이 된다.

$$E_1 \int_1 y dA + E_2 \int_2 y dA = 0 \tag{10-56}$$

이 식에서 적분은 단면적의 두 부분의 중립축에 관한 1차 모멘트를 나타낸다(만일 드문 조건이지만 두 가지 이상의 재료로 되어 있다면 식에 추가적인 항이 필요하다).

식 (10-56)은 한 가지 재료로 된 보에 대한 식 (10-9)와 유사한 일반적인 형태이다.

만약 윗선과 밑면에 강재 덮개 판을 갖는 목재 보(그림 10-43)와 같이 보의 단면이 **이중 대칭**(doubly symmetric)이면, 중립축은 단면 높이의 중앙에 위치하며 식 (10-56)은 불필요하다.

그림 10-43
이중 대칭 단면

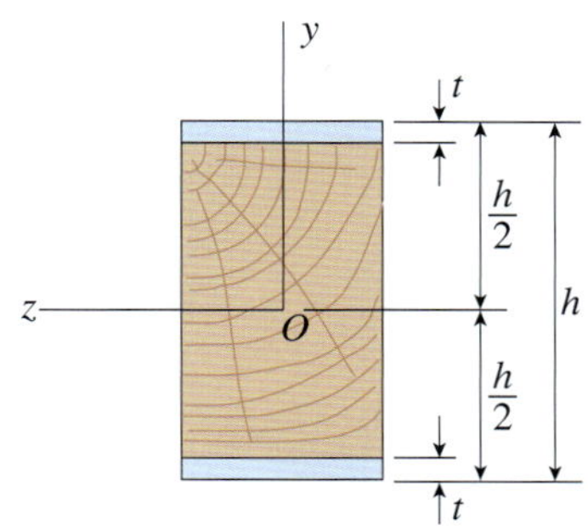

모멘트-곡률 관계식

두 가지 재료의 합성 보(그림 10-42)에 대한 모멘트-곡률 관계식은 굽힘응력의 합 모멘트가 단면에 작용하는 굽힘 모멘트 M과 같다는 조건으로부터 구할 수 있다. 한 가지 재료의 보에 대한 것과 같은 단계[식 (10-10)~(10-13) 참조]를 따르고, 식 (10-54a, b)를 이용하여 다음 식을 얻는다.

$$M = -\int_A \sigma_x y dA = -\int_1 \sigma_{x1} y dA - \int_2 \sigma_{x2} y dA$$
$$= \kappa E_1 \int_1 y^2 dA + \kappa E_2 \int_2 y^2 dA \tag{10-57a}$$

이 식은 다음과 같이 단순한 형태로 쓸 수 있다.

$$M = \kappa(E_1 I_1 + E_2 I_2) \tag{10-57b}$$

여기서 I_1과 I_2는 각각 재료 1과 재료 2의 단면적의 중립축(z축)에 관한 관성 모멘트이다. I를 **전체** 단면적의 중립축에 관한 관성 모멘트라 하면 $I = I_1 + I_2$임을 유의한다.

식 (10-57b)는 이제 굽힘 모멘트의 항으로 곡률에 대해 풀 수 있다.

$$\kappa = \frac{1}{\rho} = \frac{M}{E_1 I_1 + E_2 I_2} \tag{10-58}$$

이 식은 두 가지 재료로 이루어진 보에 대한 **모멘트-곡률 관계식**(moment-curvature relationship)이다. 한 가지 재료로 이루어진 보에 대한 식 (10-13)과 비교하자. 우변의 분모는 합성 보의 **굽힘 강성**(flexural rigidity)이다.

수직응력(굽힘 공식)

보의 수직응력(또는 굽힘응력)은 곡률에 대한 표현식[식 (10-58)]을 σ_{x1}과 σ_{x2}에 대한 표현식[식 (10-54a, b)]에 대입하여 구한다. 따라서

$$\sigma_{x1} = -\frac{MyE_1}{E_1I_1 + E_2I_2} \qquad \sigma_{x2} = -\frac{MyE_2}{E_1I_1 + E_2I_2} \tag{10-59a, b}$$

합성 보에 대한 굽힘 공식(flexure formulas for a composite beam)으로 알려진 이 표현식은 각각 재료 1과 2의 수직응력을 구하는 데 사용된다. 두 재료가 같은 탄성계수를 가진다면($E_1 = E_2 = E$), 두 식은 한 가지 재료로 된 보에 대한 굽힘 공식[식 (10-14)]으로 축소된다.

식 (10-56)에서 식 (10-59)까지를 이용한 합성 보의 해석은 이 절 끝부분에 나오는 예제 10-14와 10-15에 예시된다.

샌드위치 보의 굽힘에 대한 근사이론

그림 10-44
두 대칭축을 갖는 샌드위치 보의 단면(이중 대칭 단면)

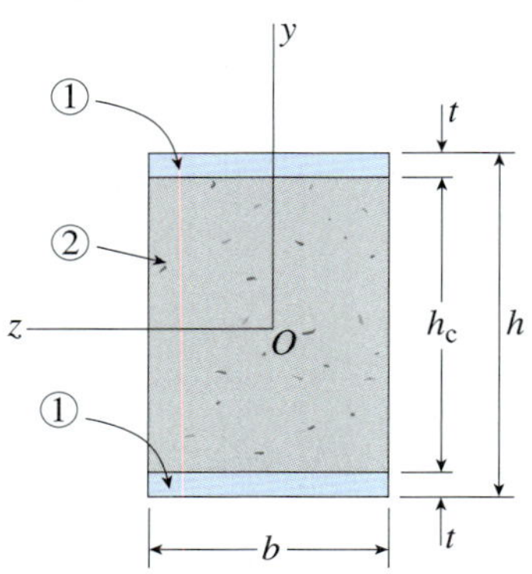

이중 대칭 단면을 가지고 두 가지 선형 탄성 재료로 합성된 샌드위치 보(그림 10-44)는 위에서 기술된 식 (10-58)과 (10-59)를 이용하여 굽힘에 대해 해석될 수 있다. 그러나 몇 가지 간단한 가정을 도입함으로써 샌드위치 보의 굽힘에 대한 근사이론을 도출할 수 있다.

만일 면의 재료(재료 1)가 심부의 재료(재료 2)보다 매우 큰 탄성계수를 갖는다면, 심부에서의 수직응력은 무시하고 면이 길이방향 굽힘응력 전부를 지지한다고 가정해도 합리적이다. 이러한 가정은 심부의 탄성계수 E_2가 0이라고 하는 것과 동등하다. 이러한 조건하에서 재료 2에 대한 굽힘 공식[식 (10-59b)]은 $\sigma_{x2} = 0$(예상대로)임을 보여주며, 재료 1에 대한 굽힘 공식[식 (10-59a)]은 다음과 같게 된다.

$$\sigma_{x1} = -\frac{My}{I_1} \tag{10-60}$$

이 식은 보통 굽힘 공식[식 (10-14)]과 유사하다. I_1의 값은 중립축에 대한 두 면의 관성 모멘트이다. 따라서

$$I_1 = \frac{b}{12}\left(h^3 - h_c^3\right) \tag{10-61}$$

여기서 b는 보의 폭, h는 보의 전체 높이이며, h_c는 심부의 높이이다. t가 면의 두께일 때, $h_c = h - 2t$임을 유의한다.

샌드위치 보에서의 최대 수직응력은 각각 $y = h/2$와 $-h/2$인 단면의 윗면과 밑면에서 일어난다. 따라서 식 (10-60)으로부터 다음 식을 얻는다.

$$\sigma_{top} = -\frac{Mh}{2I_1} \qquad \sigma_{bottom} = \frac{Mh}{2I_1} \tag{10-62a, b}$$

만일 굽힘 모멘트 M이 양이면, 위쪽 면은 압축을 받고 아래쪽 면은 인장을 받는다. [이 식은 면에서 주어진 응력이 식 (10-59a, b)로부터 구한 응력보다 더 크기 때문에 보수

적이다.]

만일 면이 심부의 두께에 비해 얇다면(즉, t가 h_c에 비해 작다면), 면에서의 전단응력은 무시할 수 있고 심부가 전단응력의 전부를 지지한다고 가정할 수 있다. 이러한 조건하에서, 심부에서의 평균 전단응력과 평균 전단변형률은 각각 다음과 같다.

$$\tau_{\text{aver}} = \frac{V}{bh_c} \qquad \gamma_{\text{aver}} = \frac{V}{bh_c G_c} \tag{10-63a, b}$$

여기서 V는 단면에 작용하는 전단력이고, G_c는 심부 재료의 전단 탄성계수이다. (비록 최대 전단응력과 최대 전단변형률이 평균값보다 크지만, 설계목적상 평균값이 종종 사용된다.)

제한사항

합성 보에 대한 앞의 논의에서는 두 재료 모두 훅의 법칙을 따르고 보의 두 부분이 적절하게 접착되어 단일체로 거동한다고 가정하였다. 따라서 이러한 해석은 매우 이상화되었고, 합성 보와 복합재료의 거동을 이해하는 첫 번째 단계만 표현되었다. 불균질의 비선형 재료, 부분 사이의 부착응력, 단면의 전단응력, 면의 좌굴 그리고 기타 사항을 다루는 방법은 복합구조물을 전문적으로 설명하는 참고문헌에서 다룬다.

철근 콘크리트 보(reinforced concrete beams)는 가장 복잡한 형태의 복합구조물(그림 10-45) 중의 하나이며, 이들의 거동은 이 절에서 논의된 합성 보의 거동과는 확연히 다르다. 콘크리트는 압축에는 강하지만 인장에는 매우 약하다. 결과적으로, 콘크리트의 인장 강도는 통상적으로 무시된다. 이러한 조건에서, **이 절에서 주어진 공식은 적용되지 않는다.** 보의 인장 부분이 합성 보 단면으로부터 제거된 허용응력 설계가 철근 콘크리트 보의 처짐을 계산하기 위해 사용되었고, 따라서 일반적인 해석 과정을 보여주고자 예제 10－16에서 허용응력 방법을 예시할 것이다. 예제 10-16은 이러한 철근 콘크리트 해석 과정을 예시하기 위해 '균열 단면 해석'을 이용했다.

대부분의 철근 콘크리트 보는 선형 탄성거동을 근거로 설계되지 않으며, 허용응력 대신 내하력에 근거한 더욱 현실적인 설계 방법이 사용된다는 것에 주목하자. 철근 콘크리트 부재의 설계는 매우 전문적인 주제이며, 그 주제만을 다루는 교재나 교과과정에서 소개된다.

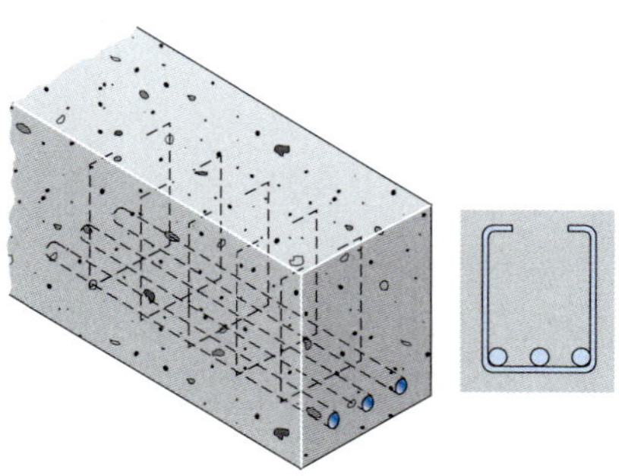

그림 10-45
길이방향 철근과 수직 등자를 갖는 철근 콘크리트 보

예제 10-14

그림 10-46

예제 10-14: 알루미늄 합금으로 된 면과 플라스틱 심부를 갖는 샌드위치 보의 단면

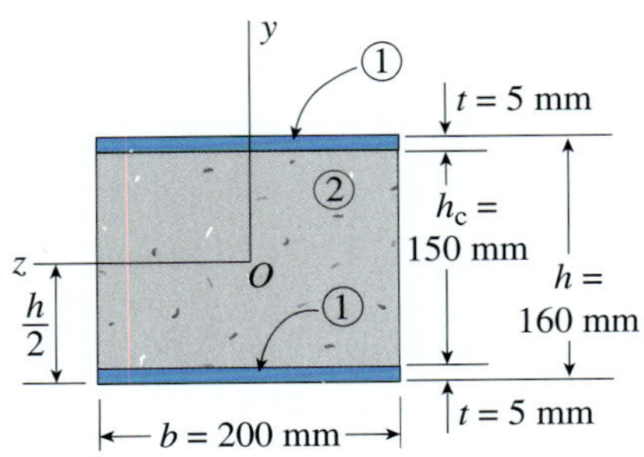

플라스틱으로 된 심부와 알루미늄 합금 면을 가진 샌드위치 보(그림 10-46)가 굽힘 모멘트 $M=3.0$ kN·m를 받고 있다. 면의 두께 $t=5$ mm이고 탄성계수 $E_1=72$ GPa이다. 플라스틱 심부의 높이 $h_c=150$ mm이고 탄성계수는 $E_2=800$ MPa이다. 보의 전체 치수는 $h=160$ mm이고 $b=200$ mm이다.

다음 방법을 이용하여 면과 심부에서의 최대 인장응력과 압축응력을 계산하시오. (a) 합성 보에 대한 일반이론과 (b) 샌드위치 보에 대한 근사이론.

풀이

4단계 문제풀이 접근방법을 사용한다. 효율적인 문제풀이를 위해 필요에 따라 단계를 합한다.

1. 개념화 합성 보에 대한 일반적 굽힘 이론을 사용한다.

2. 분류

중립축: 단면이 이중 대칭이기 때문에 중립축(그림 10-46의 z축)은 중앙에 위치한다.

관성 모멘트: (z축에 관한) 면의 단면적에 대한 관성 모멘트 I_1은

$$I_1 = \frac{b}{12}(h^3 - h_c^3) = \frac{200\text{ mm}}{12}\left[(160\text{ mm})^3 - (150\text{ mm})^3\right]$$
$$= 12.017 \times 10^6\text{ mm}^4$$

플라스틱 심부의 관성 모멘트 I_2는 다음과 같다.

$$I_2 = \frac{b}{12}(h_c^3) = \frac{200\text{ mm}}{12}(150\text{ mm})^3 = 56.250 \times 10^6\text{ mm}^4$$

이 결과들을 검산할 때 z축에 관한 전체 단면적의 관성 모멘트($I=bh^3/12$)는 I_1과 I_2의 합과 같다는 것에 유의한다.

3, 4. 해석, 최종 단계

Part (a): 합성 보에 대한 일반이론으로부터 구한 수직응력

이러한 응력을 계산하기 위하여 식 (10-59a, b)를 이용한다.

사전 작업으로 이 식들의 분모 항(즉, 합성 보의 굽힘 강성)을 계산한다.

$$E_1I_1 + E_2I_2 = (72\text{ GPa})(12.017 \times 10^6\text{ mm}^4) + (800\text{ MPa})(56.250 \times 10^6\text{ mm}^4)$$
$$= 910{,}200\text{ N}\cdot\text{m}^2$$

알루미늄 면에서의 최대 인장응력 및 압축응력은 식 (10-59a)로부터 구한다.

$$(\sigma_1)_{\max} = \pm\frac{M(h/2)(E_1)}{E_1I_1 + E_2I_2}$$
$$= \pm\frac{(3.0\text{ kN}\cdot\text{m})(80\text{ mm})(72\text{ GPa})}{910{,}200\text{ N}\cdot\text{m}^2} = \pm 19.0\text{ MPa}$$

식 (10-59b)로부터 플라스틱 심부의 최대 인장응력 및 압축응력은 다음과 같다.

$$(\sigma_2)_{\max} = \pm\frac{M(h_c/2)(E_2)}{E_1I_1 + E_2I_2}$$
$$= \pm\frac{(3.0\ \text{kN}\cdot\text{m})(75\ \text{mm})(800\ \text{MPa})}{910{,}200\ \text{N}\cdot\text{m}^2} = \pm 0.198\ \text{MPa}$$

기본적으로 알루미늄의 탄성계수가 플라스틱의 탄성계수보다 90배만큼 크기 때문에 면에서의 최대 응력은 심부에서의 최대 응력보다 96배 크다.

Part (b): 샌드위치 보에 대한 근사이론으로부터 구한 수직응력

근사이론에서, 심부에서의 수직응력은 무시하였고 면이 굽힘 모멘트 전부를 전달한다고 가정하였다. 그래서 면에서의 최대 인장응력과 압축응력은 식 (10-62a, b)로부터 다음과 같이 구해진다.

$$(\sigma_1)_{\max} = \pm\frac{Mh}{2I_1} = \pm\frac{(3.0\ \text{kN}\cdot\text{m})(80\ \text{mm})}{12.017\times 10^6\ \text{mm}^4} = \pm 20.0\ \text{MPa}$$

예상대로, 근사이론은 합성 보에 대한 일반이론으로부터 구한 면에서의 응력보다 약간 큰 값을 준다.

예제 10-15

그림 10-47

예제 10-15: 목재와 강으로 된 합성 보의 단면

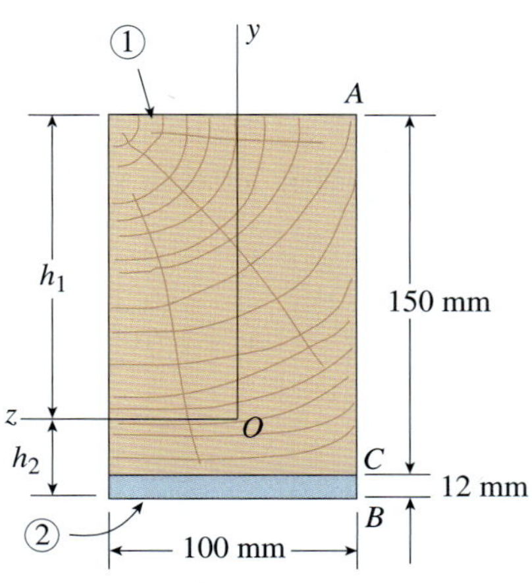

합성 보(그림 10-47)가 목재 보(실제 치수 100 mm×150 mm)와 강 보강판(폭이 100 mm, 두께가 12 mm)으로 만들어졌다. 목재와 강은 단단하게 고착되어 한 개의 보처럼 거동한다. 보는 양의 굽힘 모멘트 $M=6$ kN·m를 받고 있다.

$E_1=10.5$ GPa이고 $E_2=210$ GPa일 때, 목재(재료 1)에서 가장 큰 인장응력과 압축응력 그리고 강판(재료 2)에서 최대 응력과 최소 응력을 계산하시오.

풀이

4단계 문제풀이 접근방법을 사용한다.

1. **개념화** 합성 보에 대한 일반적 굽힘 이론을 사용한다.
2. **분류**

중립축: 해석의 첫 단계는 단면의 중립축의 위치를 구하는 것이다. 이를 위해 중립축으로부터 보의 윗면 그리고 밑면까지의 거리를 각각 h_1과 h_2라 표시하자. 이 거리를 구하기 위해 식 (10-56)을 사용한다. 식 가운데 적분은 면적 1과 2의 z축에 관한 1차 모멘트를 취하여 다음과 같이 계산한다.

$$\int_1 ydA = \bar{y}_1 A_1 = (h_1 - 75\text{ mm})(100\text{ mm} \times 150\text{ mm}) = (h_1 - 75\text{ mm})(15000\text{ mm}^2)$$

$$\int_2 ydA = \bar{y}_2 A_2 = -(156\text{ mm} - h_1)(100\text{ mm} \times 12\text{ mm}) = (h_1 - 75\text{ mm})(1200\text{ mm}^2)$$

여기서 A_1과 A_2는 단면 1과 2 부분의 면적이며, $\bar{y}_1$과 $\bar{y}_2$는 각각 면적의 도심의 y좌표를 나타내고, h_1은 밀리미터의 단위를 갖는다.

$$E_1 \int_1 ydA + E_2 \int_2 ydA = 0$$

혹은

$$(10.5\text{ GPa})(h_1 - 75\text{ mm})(15000\text{ mm}^2) + (210\text{ GPa})(h_1 - 75\text{ mm})(1200\text{ mm}^2) = 0$$

이 식을 풀면, 중립축으로부터 보의 윗면까지의 거리 h_1을 얻는다.

$$h_1 = 124.8\text{ mm}$$

또한 중립축으로부터 보의 밑면까지의 거리 h_2는

$$h_2 = 162\text{ mm} - h_1 = 37.2\text{ mm}$$

따라서 중립축의 위치가 정해졌다.

관성 모멘트: 면적 A_1과 A_2의 중립축에 대한 관성 모멘트 I_1과 I_2는 평행축 정리(5.5절 참조)를 이용하여 구할 수 있다. 면적 1(그림 10-46)부터 시작하면 다음을 얻는다.

$$I_1 = \frac{1}{12}(100\text{ mm})(150\text{ mm})^3 + (100\text{ mm})(150\text{ mm})(h_1 - 75\text{ mm})^2 = 65.33 \times 10^6\text{ mm}^4$$

비슷한 방법으로, 면적 2에 대해서도 다음을 얻는다.

$$I_2 = \frac{1}{12}(100\text{ mm})(12\text{ mm})^3 + (100\text{ mm})(12\text{ mm})(h_2 - 6\text{ mm})^2 = 1.18 \times 10^6\text{ mm}^4$$

이러한 계산을 검산하기 위하여, 전체 단면적의 z축에 대한 관성 모멘트 I를 다음과 같이 결정할 수 있다.

$$I = \frac{1}{3}(100\text{ mm})h_1^3 + \frac{1}{3}(100\text{ mm})h_2^3 = (64.79 + 1.72)10^6\text{ mm}^4 = 66.51 \times 10^6\text{ mm}^4$$

이 값은 I_1과 I_2의 합과 일치한다.

3. 해석

수직응력: 재료 1과 2에서의 응력은 합성 보에 대한 굽힘 공식[식 (10-59a, b)]으로부터 계산된다. 재료 1에서의 가장 큰 압축응력은 $y = h_1 = 124.8$ mm인 보의 윗면(A)에서 발생한다. 이 응력을 σ_{1A}라 표시하고 식 (10-59a)를 이용하여 다음을 얻는다.

$$\sigma_{1A} = -\frac{Mh_1E_1}{E_1I_1 + E_2I_2}$$

$$= -\frac{(6\ \text{kN}\cdot\text{m})(124.8\ \text{mm})(10.5\ \text{GPa})}{(10.5\ \text{GPa})(65.33\times10^6\ \text{mm}^4)+(210\ \text{GPa})(1.18\times10^6\ \text{mm}^4)} = -8.42\ \text{MPa}$$

재료 1에서의 가장 큰 인장응력은 $y = -(h_2 - 12\ \text{mm}) = -25.2\ \text{mm}$인 두 재료 사이의 접촉면($C$)에서 발생한다. 앞에서의 계산과정처럼 진행하면 다음을 얻는다.

$$\sigma_{1C} = -\frac{(6\ \text{kN}\cdot\text{m})(-25.2\ \text{mm})(10.5\ \text{GPa})}{(10.5\ \text{GPa})(65.33\times10^6\ \text{mm}^4)+(210\ \text{GPa})(1.18\times10^6\ \text{mm}^4)} = 1.7\ \text{MPa}$$

이 응력이 목재에서의 가장 큰 압축응력과 인장응력이다.

강판(재료 2)은 중립축 아래에 위치하므로 전체적으로 인장을 받는다. 최대 인장응력은 $y = -h_2 = -37.2\ \text{mm}$인 보의 밑면($B$)에서 발생한다. 그래서 식 (10-59b)로부터 다음을 얻는다.

$$\sigma_{2B} = -\frac{M(-h_2)E_2}{E_1I_1 + E_2I_2}$$

$$= -\frac{(6\ \text{kN}\cdot\text{m})(-37.2\ \text{mm})(210\ \text{GPa})}{(10.5\ \text{GPa})(65.33\times10^6\ \text{mm}^4)+(210\ \text{GPa})(1.18\times10^6\ \text{mm}^4)} = 50.2\ \text{MPa}$$

재료 2에서의 최소 인장응력은 $y = -25.2\ \text{mm}$인 접촉면(C)에서 발생한다. 따라서 다음을 얻는다.

$$\sigma_{2C} = -\frac{(6\ \text{kN}\cdot\text{m})(-25.2\ \text{mm})(210\ \text{GPa})}{(10.5\ \text{GPa})(65.33\times10^6\ \text{mm}^4)+(210\ \text{GPa})(1.18\times10^6\ \text{mm}^4)} = 34\ \text{MPa}$$

이 응력이 강판에서의 최대 및 최소 인장응력이다.

4. 최종 단계 목재와 강의 합성 보 단면에 대한 응력 분포는 그림 10-48에 나타나 있다.

참고: 접촉면에서 강판에서의 응력과 목재에서의 응력의 비는 아래와 같고

$$\sigma_{2C}/\sigma_{1C} = 34\ \text{MPa}/1.7\ \text{MPa} = 20$$

이 값은 (예상대로)탄성계수의 비 E_2/E_1와 같다. 비록 강판과 목재에서의 변형률은 접촉면에서 서로 같지만, 응력은 탄성계수가 다르기 때문에 서로 다르다.

그림 10-48

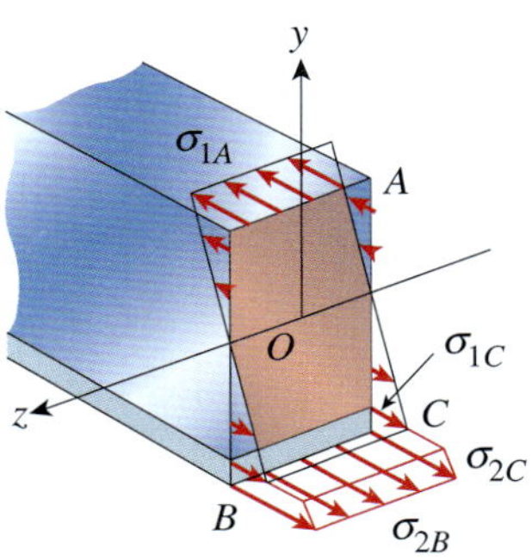

환산단면법

환산단면법(transformed-section method)은 합성 보에서의 굽힘응력을 해석하는 다른 방법이다. 이 방법은 앞 절에서 논의한 이론과 식에 기반한다. 따라서 같은 제한(예: 이 방법은 선형 탄성 재료에 대해서만 유효하다)이 적용되며 같은 결과를 얻는다. 비록 환산단면법은 계산 노력을 덜어주지는 않지만, 이 방법은 계산 과정을 구체화하고 체계화하는 데 편리하기 때문에 보편적으로 사용된다.

이 방법은 합성 보의 단면을 한 가지 재료로만 구성된 가상 보의 등가 단면으로 변환하는 것으로 이루어져 있다. 이 새로운 단면은 **환산단면**(transformed section)이라 불린다. 그래서 환산단면을 갖는 가상 보는 한 가지 재료로 된 보에 대한 관습적인

방법으로 해석된다. 마지막 단계로, 환산된 보에서의 응력은 원래 보의 응력으로 변환한다.

중립축과 환산단면

그림 10-49
두 재료로 된 합성 보: (a) 실제 단면과 (b) 재료 1로만 구성된 환산단면

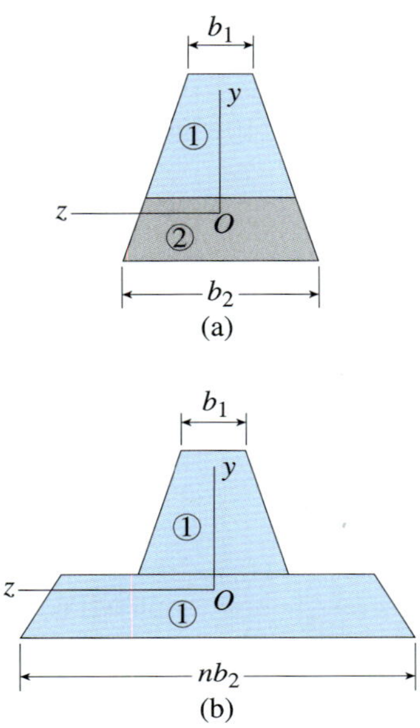

만일 환산된 보가 원래 보와 등가가 되려면, **중립축이 같은 위치에 있어야 하며 모멘트-저항 능력이 같아야만 한다.** 이러한 두 가지 요건이 어떻게 충족되는가를 보여주기 위하여, 두 가지 재료로 된 합성 보(그림 10-49a)를 다시 고려하기로 한다. 단면의 **중립축**(neutral axis)은 식 (10-56)으로부터 얻어지며, 여기서 다시 반복된다.

$$E_1 \int_1 ydA + E_2 \int_2 ydA = 0 \tag{10-64}$$

이 식에서 적분은 단면의 두 부분의 중립축에 관한 1차 모멘트를 나타낸다.

이제 다음과 같은 기호를 도입하자.

$$n = \frac{E_2}{E_1} \tag{10-65}$$

여기서 n은 **계수 비**(modular ratio)이다. 이 기호를 사용하여 식 (10-64)를 다음과 같은 형태로 다시 쓸 수 있다.

$$\int_1 ydA + \int_2 yndA = 0 \tag{10-66}$$

식 (10-64)와 (10-66)은 등가이기 때문에 앞의 식은 각각의 면적 요소에 대한 y좌표가 변하지 않는 한, 재료 2에서의 각 면적 요소 dA에 계수 n을 곱하더라도 중립축은 변하지 않음을 보여준다.

따라서 두 부분으로 구성된 새로운 단면을 만들 수 있다. (1) 치수가 변하지 않는 면적 1과 (2) 원래 **폭**(즉, 폭의 치수가 중립축에 평행한)에 n을 곱한 폭을 갖는 면적 2. 이 새로운 단면(환산단면)이 $E_2 > E_1$인 경우(따라서 $n > 1$)가 그림 10-49b에 나타나 있다. 이 단면의 중립축은 원래 보의 중립축과 같은 위치에 있다(중립축에 수직인 모든 치수는 원래 값을 갖는다).

재료에서의 (주어진 변형률에 대한)응력은 탄성계수에 비례하기 때문에($\sigma = E\varepsilon$), 재료 2의 폭에 $n = E_2/E_1$로 곱하는 것은 재료 2를 재료 1로 환산하는 것과 등가임을 알 수 있다. 예를 들어, $n = 10$이라 가정한다. 그러면 부분 2의 면적은 이제 환산 전보다 10배 더 넓다. 만일 보의 이 부분을 이제는 재료 1이라고 생각하면, 이 부분의 탄성계수는 1/10로 **줄었고**(E_2에서 E_1로), 동시에 이 부분의 면적은 10배 **증가하였기** 때문에 이 부분은 이전과 같이 똑같은 힘을 지지한다는 것을 알 수 있다. 따라서 새로운 단견(환산단면)은 재료 1로만 구성된다.

모멘트-곡률 관계식

환산된 보에 대한 **모멘트-곡률 관계식**은 원래 보에 대한 것과 같아야만 한다. 이러한 사실을 보여주기 위하여, 환산된 보에서의 응력은(재료 1로만 구성되었기 때문어)

10.5절의 식 (10-8)로 주어진다는 것에 유의한다.

$$\sigma_x = -E_1 \kappa y$$

이 식을 사용하고, 한 가지 재료의 보에 대한 것과 같은 과정을 따르면(10.5절 참조), 환산된 보에 대한 모멘트-곡률 관계식을 얻을 수 있다.

$$\begin{aligned} M &= -\int_A \sigma_x y dA = -\int_1 \sigma_x y dA - \int_2 \sigma_x y dA \\ &= E_1 \kappa \int_1 y^2 dA + E_1 \kappa \int_2 y^2 dA = \kappa(E_1 I_1 + E_1 n I_2) \end{aligned}$$

또는

$$M = \kappa(E_1 I_1 + E_2 I_2) \quad \textbf{(10-67)}$$

이 식은 식 (10-57b)와 같으며, 이것으로 환산된 보에 대한 모멘트-곡률 관계식이 원래 보에 대한 것과 같다는 것을 보여준다.

수직응력

환산된 보는 한 가지 재료만으로 구성되어 있기 때문에, **수직응력**(또는 **굽힘응력**)은 표준 굽힘 공식[식 (10-14)]으로부터 구할 수 있다. 따라서 재료 1로 환산된 보(그림 10-49b)에서의 수직응력은 다음과 같다.

$$\sigma_{x1} = -\frac{My}{I_T} \quad \textbf{(10-68)}$$

여기서 I_T는 환산단면의 중립축에 관한 관성 모멘트이다. I_T값을 이 식에 대입함으로써 **환산된** 보에서 임의의 점에서의 응력을 계산할 수 있다(뒤에 설명하는 것과 같이, 환산된 보에서의 응력은 재료 1로 구성된 원래 보에서의 응력과 같다. 그러나 재료 2로 구성된 원래 보의 부분에서 응력은 환산된 보에서의 응력과 다르다).

환산단면(그림 10-49b)의 관성 모멘트는 원래 단면(그림 10-49a)의 관성 모멘트와 다음과 같은 관계가 있다는 것을 유의함으로써 식 (10-68)은 쉽게 증명될 수 있다.

$$I_T = I_1 + nI_2 = I_1 + \frac{E_2}{E_1} I_2 \quad \textbf{(10-69)}$$

I_T에 대한 이 표현식을 식 (10-68)에 대입하면 다음과 같다.

$$\sigma_{x1} = -\frac{MyE_1}{E_1 I_1 + E_2 I_2} \quad \textbf{(10-70a)}$$

이 식은 식 (10-59a)와 같으며, 따라서 원래 보의 재료 1에서의 응력은 환산된 보의 대응되는 부분에서의 응력과 같다는 것을 보여준다.

앞에서 언급한 바와 같이, 원래 보의 재료 2에서의 응력은 환산된 보의 대응되는 부분에서의 응력과 같지 **않다**. 대신에 원래 보의 재료 2에서의 응력을 얻기 위해서는 환산된 보에서의 응력에[식 (10-68)] 계수 비 n을 곱해주어야만 한다.

$$\sigma_{x2} = -\frac{My}{I_T}n \tag{10-70b}$$

I_T에 대한 식 (10-69)를 식 (10-70b)에 대입하면 식 (10-59b)와 같은 식을 얻으므로

$$\sigma_{x2} = -\frac{MynE_1}{E_1I_1 + E_2I_2} = -\frac{MyE_2}{E_1I_1 + E_2I_2} \tag{10-70c}$$

이 식을 증명할 수 있다.

일반적인 유의사항

환산단면법에 대한 논의에서 원래의 보가 전체적으로 재료 1로 구성된 보로 환산되었다. 물론 보를 재료 2로 환산하는 것도 가능하다. 이 경우에서 재료 2의 원래 보에서의 응력은 환산된 보의 대응되는 부분에서의 응력과 같을 것이다. 그러나 원래 보의 재료 1에서의 응력은 환산된 보의 대응되는 부분에서의 응력에 계수 비 n을 곱하여 구해야 한다. 이 경우에 $n = E_1/E_2$로 정의된다.

또한 원래 보를 임의의 탄성계수 E를 가지는 재료로 변환하는 것도 가능하며, 이 경우에는 보의 모든 부분이 가상의 재료로 환산되어야만 한다. 물론 원래 재료 중 하나로 환산하면 계산은 더욱 간단해진다. 마지막으로 좀 더 정교한 방법을 이용하면 환산단면법을 두 가지 이상의 재료로 된 합성 보로 확장할 수 있다.

예제 10-16

그림 10-50

예제 10-16: 역T형 단일 철근 콘크리트 보의 단면

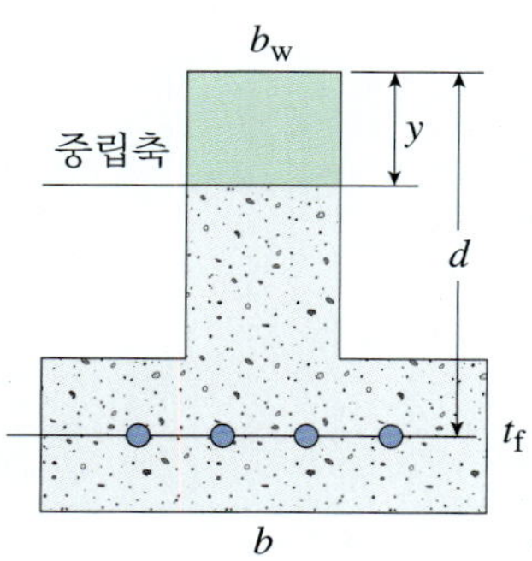

프리캐스트 콘크리트 역T형 보가 주차장 바닥에서 프리캐스트 이중 T형 주차갑판을 지지하기 위해 사용되었다(그림 10-50과 사진 참조). 보의 치수는 $b = 500$ mm, $b_w = 300$ mm, $d = 600$ mm, $t_f = 100$ mm이다. 네 개의 철근이 배근되었고 각 철근의 직경은 25 mm이다. 콘크리트의 탄성계수는 $E_c = 25$ GPa이고 철근의 탄성계수는 $E_s = 200$ GPa이다. 콘크리트와 철근의 허용응력은 각각 $\sigma_{ac} = 9.3$ MPa과 $\sigma_{as} = 137$ MPa이다.

(a) 그림 10-51의 환산단면(여기서 인장부 콘크리트는 무시하고, 철근은 등가의 콘크리트로 환산된다)을 이용하여, 이 보에 작용할 수 있는 최대 허용 모멘트를 계산하시오.

(b) 만일 보가 그림 10-52처럼 180° 회전되고, 철근은 그대로 아래 인장영역에 배근되어 있을 경우 문항 (a)를 반복하시오.

풀이

4단계 문제풀이 접근방법을 사용한다. 효율적인 문제풀이를 위해 필요에 따라 단계를 합한다.

그림 10-51
역T형 단일 철근 콘크리트 보의 환산단면

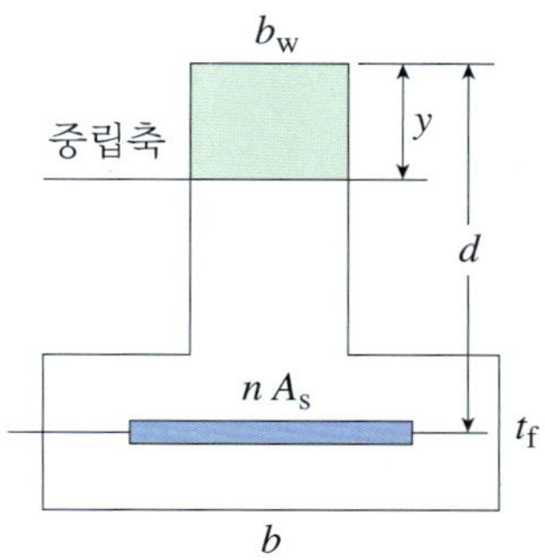

그림 10-52
T형 단일 철근 콘크리트 보의 환산단면

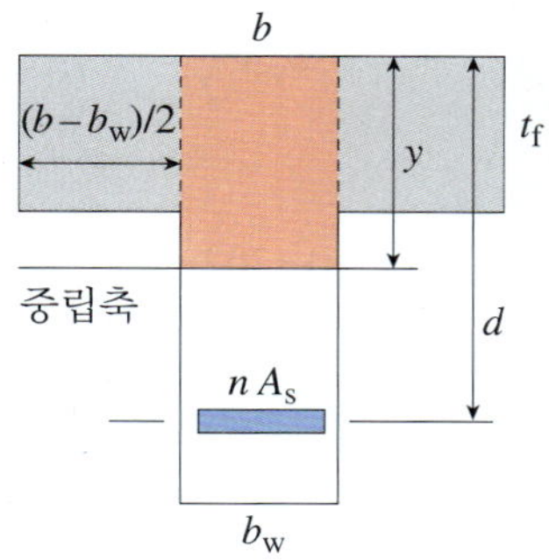

Photo used by permission of Dr. Lawrence F. Kahn, Georgia Tech

Part (a): 역T형 보

1, 2. 개념화, 분류 환산단면(그림 10-51)에 대한 **중립축**(보의 상단으로부터 아래로의 거리 y)을 구하는 것으로 시작한다. 압축을 받는 콘크리트 면적($b_w \times y$)과 인장을 받는 철근의 환산단면적($n \times A_s$)에 대한 1차 모멘트를 같다고 놓으면 이차 방정식이 된다. y에 대한 해는 다음과 같이 중립축의 위치로 주어진다.

$$b_w y \frac{y}{2} - nA_s(d - y) = 0 \text{ 여기서 } n = \frac{E_s}{E_c} = 8 \tag{a}$$

$$y = \sqrt{\left(\frac{nA_s}{b_w}\right)^2 + 2d\left(\frac{nA_s}{b_w}\right)} - \left(\frac{nA_s}{b_w}\right) = 0.204 \text{ m} \tag{b}$$

이제 식 (10-69)를 이용하여 환산단면의 관성 모멘트를 계산한다.

$$I_T = \frac{b_w y^3}{3} + nA_s[(d - y)^2] = 3.312 \times 10^{-3} \text{ m}^4 \tag{c}$$

3, 4. 해석, 최종 단계 마지막으로, M에 대해 식 (10-68)(콘크리트를 통제하는 허용응력) 및 식 (10-70b)를 풀이함으로써 보의 모멘트 능력을 얻을 수 있으며 여기서 철근의 허용응력을 기준으로 낮은 값이 적용된다.

$$M_c = \frac{\sigma_{ac}}{y} I_T = \left(\frac{9.3 \text{ MPa}}{0.204 \text{ m}}\right)(3.312 \times 10^{-3} \text{ m}^4) = 151 \text{ kN} \cdot \text{m} \tag{d}$$

$$\begin{aligned} M_s &= \frac{\sigma_{as}}{n(d - y)} I_T = \frac{137 \text{ MPa}}{8(0.6 \text{ m} - 0.204 \text{ m})}(3.312 \times 10^{-3} \text{ m}^4) \\ &= 143.2 \text{ kN} \cdot \text{m} \end{aligned} \tag{e}$$

Part (b): T형 보

1, 2. 개념화, 분류 이제 T형 보에서 두께가 t_f인 플랜지가 위쪽에 있고, 중립축 위치까지

받는 콘크리트 면적을 세 개의 직사각형으로 나눌 수 있고, 거리 y에 대한 이차방정식을 얻기 위해 압축을 받는 콘크리트 면적과 철근의 환산단면적($n \times A_s$)에 대한 1차 모멘트를 같다고 놓는다. y에 대한 해는 다음과 같이 중립축의 위치가 된다.

$$(b - b_w)t_f\left(y - \frac{t_f}{2}\right) + b_w y \frac{y}{2} - nA_s(d - y) = 0 \quad \textbf{(f)}$$

식 (f)를 y에 대해 풀면

$$y = 0.1702 \text{ m}$$

이 값은 가정한 것과 같이 t_f보다 크다. 그러면 환산단면의 관성 모멘트는 다음과 같다.

$$I_T = \frac{b_w y^3}{3} + \frac{(b - b_w)t_f^3}{12} + (b - b_w)t_f\left(y - \frac{t_f}{2}\right)^2 + nA_s(d - y)^2$$
$$= 3.7 \times 10^{-3} \text{ m}^4$$

3. 해석 마지막으로 식 (d)와 (e)에서 최대 모멘트 M에 대한 해를 다음과 같이 반복한다.

$$M_c = \frac{\sigma_{ac}}{y} I_T = \frac{(9.3 \text{ MPa})}{0.1702 \text{ m}}(3.7 \times 10^{-3} \text{ m}^4) = 202 \text{ kN} \cdot \text{m} \quad \textbf{(g)}$$

$$M_s = \frac{\sigma_{as}}{n(d - y)} I_T = \frac{137 \text{ MPa}}{8(0.6 \text{ m} - 0.1702 \text{ m})}(3.7 \times 10^{-3} \text{ m}^4)$$
$$= 147.4 \text{ kN} \cdot \text{m} \quad \textbf{(h)}$$

4. 최종 단계 철근의 허용응력에 근거한 낮은 값의 모멘트 M이 적용됨을 다시 한번 알 수 있다. 철근에서의 허용응력이 두 보를 다 지배하므로, 두 보의 모멘트 능력[식 (e)와 (h)]은 거의 비슷하다.

예제 10-17

합성 보(그림 10-53a)는 목재 보(실제 치수 100 mm×150 mm)와 (폭이 100 mm이고 두께가 12 mm인)강재 보강판으로 구성되어 있다. 보는 양의 굽힘 모멘트 $M = 6$ kN·m를 받고 있다.

환산단면법을 사용하여, $E_1 = 10.5$ GPa이고 $E_2 = 210$ GPa인 경우에 목재(재료 1)의 최대 인장 및 압축응력과 강판(재료 2)의 최대 및 최소 인장응력을 계산하시오.

참고: 이 보는 이미 예제 10-15에서 해석된 보이다.

풀이

4단계 문제풀이 접근방법을 사용한다. 효율적인 문제풀이를 위해 필요에 따라 단계를 합한다.

1, 2. 개념화, 분류 환산단면법을 사용하고 그 결과를 예제 10-15의 결과와 비교한다.

그림 10-53

예제 10-17: 환산단면법으로 해석된 예제 10-15의 합성 보: (a) 원래 보의 단면과 (b) 환산단면(재료 1)

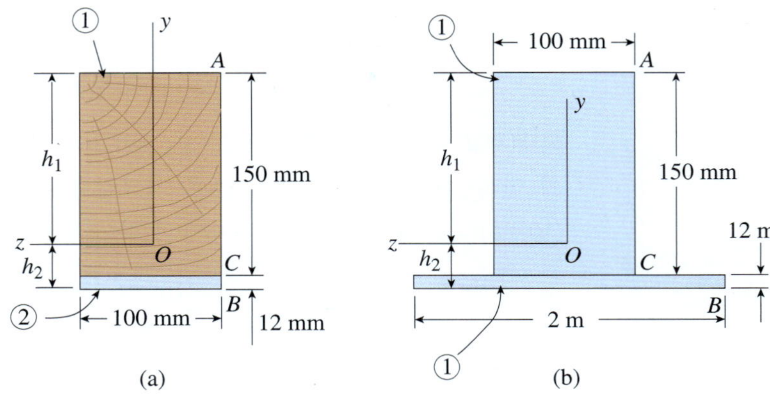

3. 해석

환산단면: 원래의 보를 재료 1의 보로 환산할 것이다. 이는 계수 비가 다음과 같이 정의됨을 의미한다.

$$n = \frac{E_2}{E_1} = \frac{210 \text{ GPa}}{10.5 \text{ GPa}} = 20$$

목재로 된 보의 부분(재료 1)은 변하지 않지만, 강재로 된 부분(재료 2)은 계수 비를 곱한 폭을 가지게 된다. 따라서 보에서 이 부분의 폭은 환산단면(그림 10-53b)에서 다음과 같다.

$$n(100 \text{ mm}) = 20(100 \text{ mm}) = 2 \text{ m}$$

중립축: 환산된 보는 한 가지 재료만으로 되어 있기 때문에 중립축은 단면적의 도심을 통과한다. 따라서 단면의 윗면을 기준으로 잡고, 아래 방향을 양으로 하여 거리 y_i를 잡으면 도심까지의 거리 h_1을 다음과 같이 계산할 수 있다.

$$h_1 = \frac{\Sigma y_i A_i}{\Sigma A_i} = \frac{(75 \text{ mm})(100 \text{ mm})(150 \text{ mm}) + (156 \text{ mm})(2000 \text{ mm})(12 \text{ mm})}{(100 \text{ mm})(150 \text{ mm}) + (2000 \text{ mm})(12 \text{ mm})}$$

$$= \frac{4869 \times 10^3 \text{ mm}^3}{39 \times 10^3 \text{ mm}^2} = 124.8 \text{ mm}$$

또한 단면의 밑면으로부터 도심까지의 거리 h_2는 다음과 같다.

$$h_2 = 162 \text{ mm} - h_1 = 37.2 \text{ mm}$$

따라서 중립축의 위치가 결정되었다.

환산단면의 관성 모멘트: 평행축 정리(5.5절 참조)를 이용하여, 전체 단면적의 중립축에 대한 관성 모멘트 I_T는 다음과 같이 계산할 수 있다.

$$I_T = \frac{1}{12}(100\text{ mm})(150\text{ mm})^3 + (100\text{ mm})(150\text{ mm})(h_1 - 75\text{ mm})^2$$
$$+\frac{1}{12}(2000\text{ mm})(12\text{ mm})^3 + (2000\text{ mm})(12\text{ mm})(h_2 - 6\text{ mm})^2$$
$$= 65.3 \times 10^6\text{ mm}^4 + 23.7 \times 10^6\text{ mm}^4 = 89.0 \times 10^6\text{ mm}^4$$

목재(재료 1)의 수직응력: 환산된 보(그림 10-53b)에서 단면의 윗면(A)과 두 부분 사이의 접촉면(C)에서의 응력은 원래 보(그림 10-53a)에서의 응력과 같다. 이 응력은 식 (10-68)의 굽힘 공식으로부터 다음과 같이 구할 수 있다.

$$\sigma_{1A} = -\frac{My}{I_T} = -\frac{(6 \times 10^6\text{ N}\cdot\text{mm})(124.8\text{ mm})}{89 \times 10^6\text{ mm}^4} = -8.42\text{ MPa}$$
$$\sigma_{1C} = -\frac{My}{I_T} = -\frac{(6 \times 10^6\text{ N}\cdot\text{mm})(-25.2\text{ mm})}{89 \times 10^6\text{ mm}^4} = 1.7\text{ MPa}$$

이 값은 원래 보의 목재(재료 1)에서의 가장 큰 인장 및 압축응력이다. 응력 σ_{1A}는 압축이고 응력 σ_{1C}는 인장이다.

강판(재료 2)의 수직응력: 강판에서의 최대 및 최소 응력은 식 (10-70b)에서 환산된 보의 응력에 계수 비 n을 곱하여 구한다. 최대 응력은 단면의 밑면(B)에서 일어나고 최소 응력은 접촉면(C)에서 일어난다.

$$\sigma_{2B} = -\frac{My}{I_T}n = -\frac{(6 \times 10^6\text{ N}\cdot\text{mm})(-37.2\text{ mm})}{89 \times 10^6\text{ mm}^4}(20) = 50.2\text{ MPa}$$
$$\sigma_{2C} = -\frac{My}{I_T}n = -\frac{(6 \times 10^6\text{ N}\cdot\text{mm})(-25.2\text{ mm})}{89 \times 10^6\text{ mm}^4}(20) = 34\text{ MPa}$$

이 응력은 모두 인장이다.

4. **최종 단계** 환산단면법으로 계산된 응력은 합성 보에 대한 공식을 직접 적용한 예제 10-15에서 구한 응력과 일치하는 것에 유의한다.

균형 설계: 이 예제와 예제 10-15에서 고려하였던 목재와 강의 합성 보의 최종 평가로서, 목재나 강, 두 재료 다 허용응력 수준에 도달하지 못했다는 것에 주목한다. 아마도 이 보의 재설계가 관심사가 될 것이다. 여기서는 강판만 고려될 것이다(원한다면 목재 보 역시 재설계할 수 있다).

균형 설계(balanced design)는 설계 모멘트하에서 목재와 강에서의 응력이 동시에 허용응력에 도달하게 하는 설계이다. 이것은 이 보의 좀 더 효율적인 설계로 간주될 수 있다. 우선 강판의 두께는 $t_s = 12$ mm로 고정하고 소요되는 강판의 폭 b_s를 구하면 설계 모멘트 M_D하에서 목재와 강이 동시에 허용응력값에 도달한다. 그런 다음 $b_s = 100$ mm로 놓고, 같은 목적을 이루기 위해 소요되는 강판 두께 t_s를 구하는 이전 과정을 반복한다. 목재와 강에 대한 허용응력값을 각각 $\sigma_{aw} = 12.7$ MPa과 $\sigma_{as} = 96$ MPa이라 가정한다. 또한 목재 보의 치수는 변하지 않는다고 가정한다.

환산단면법을 이용하여 목재 상단과 강 하단에서의 응력에 대한 식을 쓸 수 있다. 각 식을 허용값과 같다고 놓을 수 있고 이는 다음과 같다.

그림 10-54
예제 10-17: 합성 보의 균형 설계:
(a) 원래의 보와 (b) 환산된 보

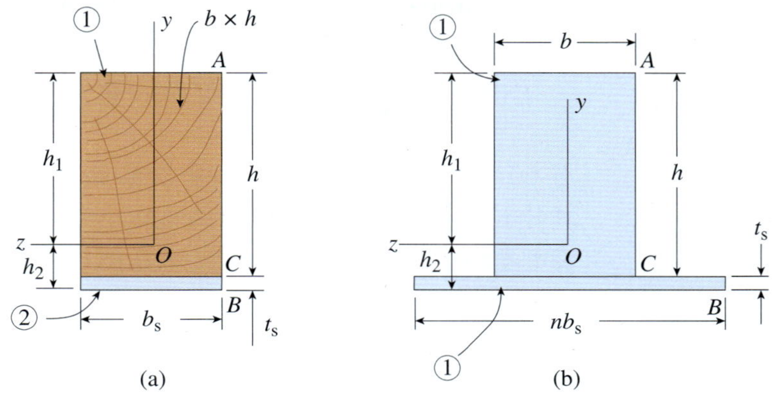

$$\sigma_{\text{aw}} = \frac{-M_{\text{D}}h_1}{I_T} \text{ 그리고 } \sigma_{\text{as}} = \frac{-M_{\text{D}}h_2 n}{I_T} \tag{a, b}$$

다음으로, 식 (a)와 (b)의 각 식을 비 M_{D}/I_T에 대해 풀고, 두 재료에서 허용응력 수준에 도달하기 위한 비 h_1/h_2를 구하기 위해 두 표현식을 같다고 놓는다.

$$\frac{h_1}{h_2} = n\frac{\sigma_{\text{aw}}}{\sigma_{\text{as}}} \tag{c}$$

h_1과 h_2에 대한 표현식은 z축에 대한 1차 모멘트를 취함으로써 환산단면 치수 b, h, b_{s}, t_{s}(그림 10-54a, b)의 항으로 얻어진다.

$$h_1 = \frac{h}{2} + \frac{(b_{\text{s}}nt_{\text{s}}^2) + (b_{\text{s}}hnt_{\text{s}})}{(2bh) + (2b_{\text{s}}nt_{\text{s}})} \text{ 그리고 } h_2 = \frac{nb_{\text{s}}t_{\text{s}}\left(\frac{t_{\text{s}}}{2}\right) + bh\left(t_{\text{s}} + \frac{h}{2}\right)}{(nb_{\text{s}}t_{\text{s}}) + (bh)} \tag{d}$$

약간의 노력을 들이면(그리고 아마 컴퓨터의 도움을 얻는다면), 식 (c)를 다음과 같이 쓸 수 있다.

$$\frac{bh^2 + (2b_{\text{s}}nht_{\text{s}}) + (b_{\text{s}}nt_{\text{s}}^2)}{bh^2 + (2bht_{\text{s}}) + (b_{\text{s}}nt_{\text{s}}^2)} = n\frac{\sigma_{\text{aw}}}{\sigma_{\text{as}}} \tag{e}$$

강판의 소요 폭 b_{s}(두께 t_{s}는 불변)에 대해 항을 수집하고 풀이한 뒤, 수치를 대입하면 (원래의 폭 100 mm 대신)b_{s}는 다음과 같다.

$b = 100$ mm $h = 150$ mm $t_s = 12$ mm $n = 20$ $\sigma_{\text{aw}} = 12.7$ MPa $\sigma_{\text{as}} = 96$ MPa

$$b_{\text{s}} = \frac{\left(n\frac{\sigma_{\text{aw}}}{\sigma_{\text{as}}}\right)(bh^2 + 2bht_{\text{s}}) - bh^2}{(2nht_{\text{s}}) + nt_{\text{s}}^2\left(1 - n\frac{\sigma_{\text{aw}}}{\sigma_{\text{as}}}\right)} = 69.2 \text{ mm} \tag{f}$$

따라서 69.2 mm×12 mm의 강판으로 보강된 100 mm×150 mm 목재 보(그림 10-53a)에 대해 M_{D}보다 작거나 같게 작용하는 어떠한 모멘트하에서도, 응력 비 σ_{1A}/σ_{2B}는 $\sigma_{\text{aw}}/\sigma_{\text{as}}$와 같게 될 것이다. 만약 $M = M_{\text{D}}$이면, $\sigma_{1A} = \sigma_{\text{aw}}$이고 $\sigma_{2B} = \sigma_{\text{as}}$이다.

다른 방법으로 강판 두께 t_s(원래 폭 $b_s = 100$ mm를 갖는)를 구하기 위한 이차방정식을 얻기 위해 식 (e)를 재구성할 수 있고 이는 다음과 같다.

$$t_s^2\left[nb_s\left(1 - n\frac{\sigma_{aw}}{\sigma_{as}}\right)\right] + t_s\left\{2h\left[nb_s - b\left(n\frac{\sigma_{aw}}{\sigma_{as}}\right)\right]\right\} + bh^2\left(1 - n\frac{\sigma_{aw}}{\sigma_{as}}\right) = 0 \qquad \text{(g)}$$

식 (g)의 해는 $t_s = 7.46$ mm인 목재-강철 합성 보의 **균형 설계**가 되는 수정된 강판 두께이다. 다시 한번, $b_s = 100$ mm 그리고 $t_s = 7.46$ mm에 대해 적용된 모멘트 M에 대한 응력 비 $\sigma_{1A}/\sigma_{2B} = \sigma_{aw}/\sigma_{as}$는 M_D보다 작거나 같다.

그림 10-55
굽힘 모멘트 M을 받는 비대칭 보

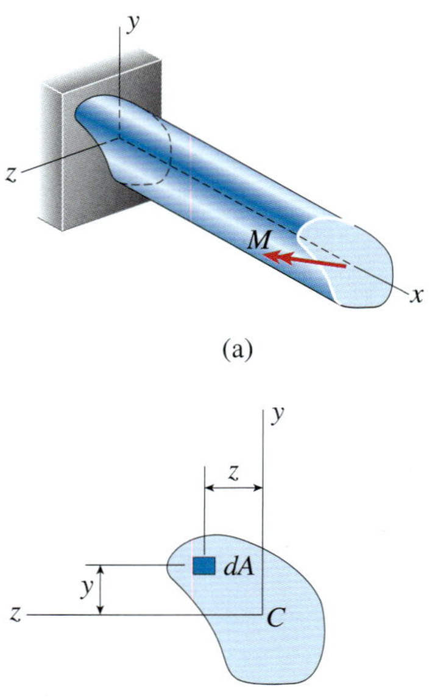

10.11 비대칭 보의 굽힘

굽힘에 대한 앞에서의 논의에서 보는 적어도 하나의 대칭축을 갖는 단면을 가지는 것으로 가정되었다. 이제는 이러한 제한을 버리고 비대칭 단면을 갖는 보를 고려하기로 한다. 앞의 논의와 같이 보가 선형 탄성 재료로 만들어졌다고 가정한다.

비대칭 단면을 가진 보가 끝단 단면에 작용하는 굽힘 모멘트 M을 받고 있다고 가정한다(그림 10-55a). 여기서 주목해야 할 것은 보의 응력과 중립축의 위치이다. 불행하게도, 지금 해석단계에서는 이러한 값을 결정하는 직접적인 방법이 없다. 따라서 굽힘 모멘트로 시작하여 중립축을 찾는 대신에 간접적인 방법을 사용할 것이며, 가정된 중립축으로 시작해서 관련된 굽힘 모멘트를 구할 것이다.

중립축

단면의 평면 내에 임의로 선정된 점에서 두 개의 수직축(y축과 z축)을 세우는 것으로 시작한다(그림 10-55b). 축은 임의의 방위를 가질 수 있으나, 편의상 이 축을 수평과 수직으로 위치시킨다. 다음으로 보의 z축이 단면의 중립축이 되도록 굽혀진다고 **가정**한다. 결과적으로, 보는 굽힘 평면이 되는 x-y평면 내에서 처짐을 일으킨다. 이러한 조건에서 중립축으로부터 거리 y만큼 떨어진 위치의 면적 요소 dA에 작용하는 수직응력은 다음과 같다(그림 10-55b 참조).

$$\sigma_x = -E\kappa_y y \qquad \text{(10-71)}$$

z축(중립축)의 위에 있는 보의 부분은 곡률이 양일 때 압축 상태에 있게 되기 때문에 음의 부호가 필요하다(보가 x-y평면 내에서 굽혀질 때 곡률에 대한 부호 규약은 그림 10-56a에 나타나 있다).

면적 요소 dA에 작용하는 힘은 $\sigma_x dA$이고, 전체 단면적에 작용하는 합력은 이 힘 요소를 전체 단면적 A에 걸쳐 적분한 것이다. 보는 순수 굽힘 상태에 있기 때문에 합력은 0이 되어야만 한다. 그러므로 다음과 같다.

Franz Pfluegl/Shutterstock.com

채널 단면과 오래된 목재 보로 만들어진 비대칭 합성 보

$$\int_A \sigma_x dA = -\int_A E\kappa_y y dA = 0$$

탄성계수와 곡률은 주어진 어떤 단면에서나 일정하다. 따라서

$$\int_A y dA = 0 \tag{10-72}$$

이 식은 z축(중립축)이 단면의 도심 C를 지나는 것을 보여준다.

이제 보가 y축이 중립축이고 x-z평면이 굽힘 평면이 되도록 굽혀진다고 가정한다. 그러면 면적 요소 dA(그림 10-55b)에 작용하는 수직응력은 다음과 같다.

$$\sigma_x = -E\kappa_z z \tag{10-73}$$

x-z평면에서의 곡률 κ_z에 대한 부호 규약은 그림 10-56b에 나타나 있다. x-z평면에서의 양의 곡률은 요소 dA에 대해 압축을 일으키기 때문에 식 (10-73)에서 음의 부호가 필요하다. 이 경우의 합력은

$$\int_A \sigma_x dA = -\int_A E\kappa_z z dA = 0$$

이 식으로부터 다음을 얻는다.

$$\int_A z dA = 0 \tag{10-74}$$

중립축은 도심을 지나야만 한다는 것을 다시 한번 알 수 있다. 따라서 **비대칭 보에 대한 y축과 z축의 원점은 반드시 도심 C에 위치해야 한다**는 것을 확립하였다.

이제 응력 σ_x의 합 모멘트를 고려하자. 굽힘은 응력 σ_x가 식 (10-71)로 주어지는 경우에 중립축인 z축에 대하여 일어난다고 한 번 더 가정한다. z축과 y축에 관해 대응되는 굽힘 모멘트 M_z와 M_y는 각각 다음과 같다(그림 10-57).

$$M_z = -\int_A \sigma_x y dA = \kappa_y E \int_A y^2 dA = \kappa_y E I_z \tag{10-75a}$$

$$M_y = \int_A \sigma_x z dA = -\kappa_y E \int_A yz dA = -\kappa_y E I_{yz} \tag{10-75b}$$

이 식에서 I_z는 z축에 관한 단면적의 관성 모멘트이고, I_{yz}는 y와 z축에 대한 **관성 승적**(product of inertia)이다.[6]

식 (10-75a)와 (10-75b)로부터 다음과 같은 결론을 내릴 수 있다. (1) 만일 z축이 도심을 지나는 임의의 방향으로 선정될 때 모멘트 M_y와 M_z가 y축과 z축에 대해 작용하고, 이 모멘트가 식 (10-75a)와 (10-75b)로 구한 비 내에 있는 경우에만 z축이 중립축이 될 것이다. (2) 만일 z축이 **주축**으로 선정될 때, 관성 승적 I_{yz}는 0이 되고, 작용하는 유일한 굽힘 모멘트는 M_z이다. 이 경우에 z축은 중립축이고 굽힘은 x-y평면 내에서 일어나며, 모멘트 M_z는 같은 평면에 작용한다. 따라서 굽힘은 대칭 보의 굽힘과 유사한 방법으로 일어난다.

[6] 관성 승적은 5.5절에서 논의된다.

그림 10-56
x-y와 x-z평면에서 곡률 κ_y와 κ_z에 대한 부호 규약

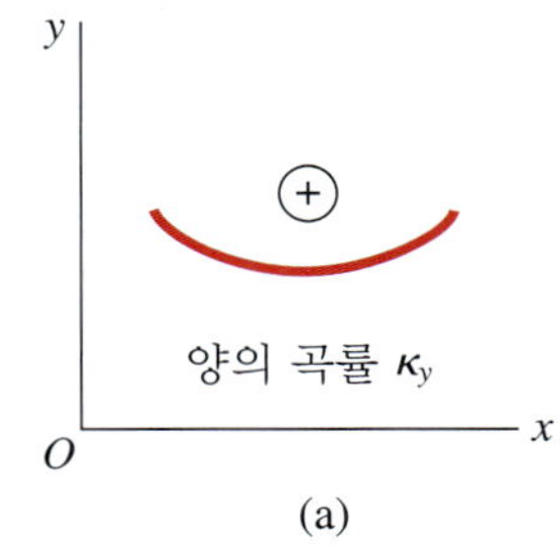

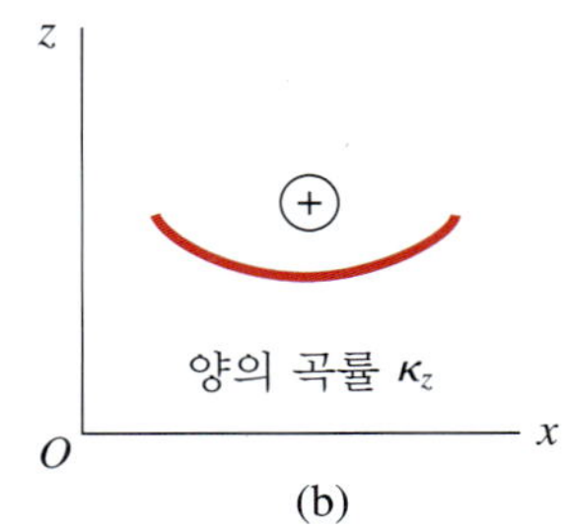

그림 10-57
y와 z축에 대해 작용하는 굽힘 모멘트 M_y와 M_z

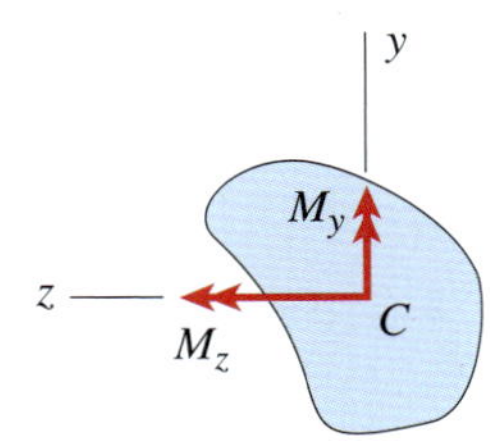

요약하면 z축이 **주 도심축**이고 같은 축에 대해 작용하는 유일한 굽힘 모멘트가 모멘트 M_z이면 비대칭 보는 대칭 보와 같은 일반적인 방법으로 굽혀진다.

이제 비슷한 결론에 도달하기 위해 y축이 중립축이라고 가정하자. 응력 σ_x는 식(10-73)으로 주어지며 굽힘 모멘트는 다음과 같다.

$$M_y = \int_A \sigma_x z dA = -\kappa_z E \int_A z^2 dA = -\kappa_z EI_y \tag{10-76a}$$

$$M_z = -\int_A \sigma_x y dA = \kappa_z E \int_A yz dA = \kappa_z EI_{yz} \tag{10-76b}$$

여기서 I_y는 y축에 대한 관성 모멘트이다. 만일 중립축(이 경우에는 y축)이 임의의 방위를 갖는다면, 모멘트 M_y와 M_z가 존재해야만 한다는 것을 다시 한번 관찰할 수 있다. 그러나 만일 y축이 주축이면, 유일한 모멘트는 M_y이고 x-z평면 내에서 통상적인 굽힘이 생긴다. 따라서 y축이 **주 도심축**이고 같은 축에 대해 작용하는 유일한 굽힘 모멘트가 모멘트 M_y일 때, 비대칭 보는 대칭 보에서와 동일한 일반적인 방법으로 굽혀진다고 말할 수 있다.

한 가지 더 관찰할 수 있는 것은 y와 z축이 서로 직교하기 때문에 둘 중 한 축이 주축이면 다른 축은 자동적으로 주축이 된다는 것을 알 수 있다. 이제 다음과 같은 중요한 결론에 도달하게 된다. **비대칭 보가 순수 굽힘을 받을 때, 굽힘 모멘트가 작용하는 평면은 y와 z축이 단면의 주 도심축이고 굽힘 모멘트는 두 주면(x-y평면 혹은 x-z평면) 중 한 면에 작용할 때에만 중립면에 수직이다.** 이러한 경우에 굽힘 모멘트가 작용하는 주면은 굽힘 평면이 되고 통상적인 굽힘 이론(굽힘 공식을 포함하는)을 사용할 수 있다.

이 결론은 임의의 방향으로 작용하는 굽힘 모멘트를 받는 비대칭 보에서의 응력을 구하는 직접적인 방법으로 이어진다.

비대칭 보를 해석하는 과정

그림 10-58

주 도심축이 아닌 축에 대해 작용하는 M_y와 M_z 성분으로 분해된 굽힘 모멘트 M을 갖는 비대칭 단면

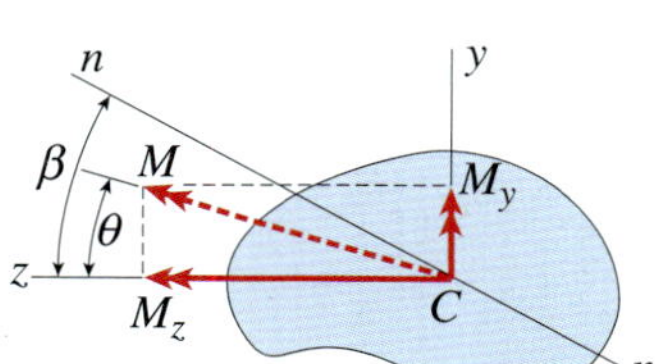

이제 임의의 굽힘 모멘트 M을 받는 비대칭 보(그림 10-58)를 해석하는 일반적인 과정을 기술할 것이다. 단면의 도심 C의 위치를 정하고 그 점에서 한 쌍의 주축(그림에서 y와 z축)을 설정하는 것으로 시작한다.[7] 다음에 굽힘 모멘트 M은 그림에 보인 방향을 양으로 하여 성분 M_y와 M_z로 분해한다. 이 성분은 다음과 같고

$$M_y = M \sin\theta \qquad M_z = M \cos\theta \tag{10-77a, b}$$

여기서 θ는 모멘트 벡터 M과 z축 사이의 각이다(그림 10-58). 각 성분은 주면 내에서 작용하기 때문에, 같은 평면 내에서 순수 굽힘을 일으킨다. 따라서 순수 굽힘에 대한 통상적인 공식이 적용되며, 분리되어 작용하는 모멘트 M_y와 M_z로 인한 응력을 쉽게 구할 수 있다. 분리되어 작용하는 모멘트로부터 구한 굽힘응력은 원래의 굽힘 모멘트 M에 의해 발생하는 응력을 구하기 위해 중첩한다(이러한 일반적인 과정은 경사 하중

[7] 주축은 5.7절에서 논의된다.

을 받는 이중 대칭 보를 해석하기 위해 앞 절에서 기술한 것과 비슷하다는 것에 유의한다).

단면의 임의의 점에서의 합 응력을 구하기 위한 굽힘응력의 중첩은 식 (10-19)에 의해 주어진다.

$$\sigma_x = \frac{M_y z}{I_y} - \frac{M_z y}{I_z} = \frac{(M \sin\theta)z}{I_y} - \frac{(M \cos\theta)y}{I_z} \qquad \textbf{(10-78)}$$

여기서 y와 z는 고려되는 점에 대한 좌표이다.

또한 중립축 n-n(그림 10-58)에 대한 식은 σ_x를 0으로 놓고 간단하게 정리하여 얻는다.

$$\frac{\sin\theta}{I_y} z - \frac{\cos\theta}{I_z} y = 0 \qquad \textbf{(10-79)}$$

중립축과 z축 사이의 각 β는 앞의 식으로부터 다음과 같이 얻을 수 있다.

$$\tan\beta = \frac{y}{z} = \frac{I_z}{I_y} \tan\theta \qquad \textbf{(10-80)}$$

이 식은 일반적으로 각 β와 θ가 서로 같지 않으며, 그러므로 중립축은 일반적으로 짝힘 M이 작용하는 평면에 대해 수직이 아니라는 것을 보여준다.

이 절은 비대칭 보에 관심의 초점을 맞춘다. 물론 대칭 보는 비대칭 보의 특별한 경우이고, 따라서 이 절의 논의는 대칭 보에도 적용된다. 만일 보가 1축 대칭이면, 대칭축은 단면의 주 도심축 중 하나이며, 다른 주축은 도심에서 대칭축에 대해 수직이다. 만일 보가 이중 대칭이면, 두 대칭축은 도심의 주축이다.

엄밀한 의미에서 이 절의 논의는 순수 굽힘에만 적용되는데, 이는 전단력이 단면에 작용하지 않는다는 것을 의미한다. **전단력이 존재하면 보가 길이방향 축에 대해 비틀릴 가능성이 생긴다.** 그러나 전단력이 다음 절에서 설명되는 전단중심을 통하여 작용하면 비틀림을 피할 수 있다.

예제 10-18은 하나의 대칭축을 갖는 보의 해석을 설명한다. 대칭축이 없는 비대칭 보에 대한 계산은 다양한 단면의 특성치 결정이 매우 복잡한 것을 제외하고는 동일한 일반적인 방법으로 진행된다.

비대칭 보 해석을 위한 다른 과정

이전의 논의에서 비대칭 보는 단면의 주 도심축을 찾은 다음 굽힘 모멘트를 이 방향의 성분으로 분해하여 해석되었다. 이 방법의 장점은 굽힘이 주면에서 발생하기 때문에 응력과 처짐에 대한 모든 표준 공식이 적용된다는 것이다. 그러나 이 방법은 주축의 방향이 검사(대칭축이 존재하는 경우) 또는 표(표준각을 갖는 단면의 경우)를 가지고 구할 수 없는 경우에는 불편하다. 주축의 방향과 주관성 모멘트의 크기를 그림 10-59의 Z 단면에 대해 계산해야 한다면, **주 도심축이 아닌**(nonprincipal centroidal axes) 단면의 면들과 나란한 축을 이용하는 것이 더 쉽다.

주축이 아닌 축에 대한 일반화된 굽힘 이론 방정식을 유도하기 위해 그림 10-60

그림 10-59

주 도심축이 아닌 축을 가진 비대칭 Z 단면

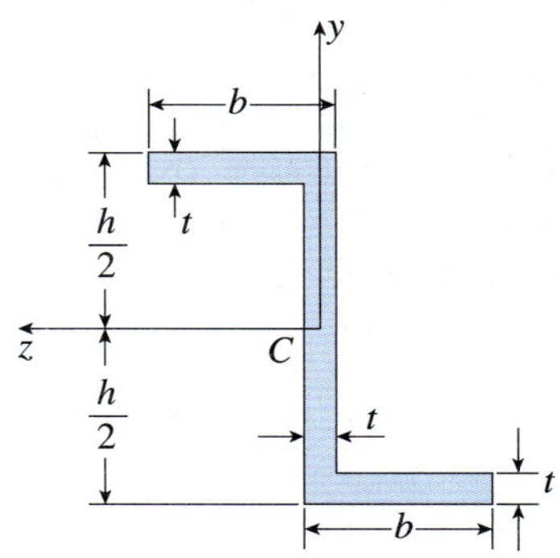

그림 10-60

주 도심축에 작용하는 성분 M_y와 M_z로 분해되는 굽힘 모멘트 M을 받는 비대칭 단면

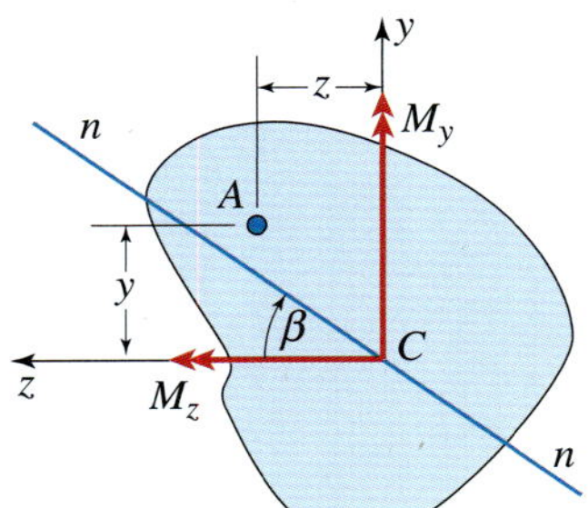

의 비대칭 단면을 고려해보자. y축과 z축의 도심은 원점에 있지만 주축이 아니다. 굽힘 모멘트 M_y와 M_z는 단면에서 작용하며, 보의 굽힘은 x-y평면과 x-z평면에서 발생하고 둘 다 주면이 아니다. x-y평면 및 x-z평면의 곡률이 각각 κ_y와 κ_z라면(그림 10-56 참조), 점 A에서의 수직응력은 다음과 같다.

$$\sigma_x = -\kappa_y E y - \kappa_z E z \tag{10-81}$$

x방향에서 단면에 작용하는 합력(축력)은 0과 같으며, 다음 식으로 표현할 수 있다.

$$\int \sigma_x dA = 0 \text{ 또는 } \kappa_y E \int y dA + \kappa_z E \int z dA = 0 \tag{10-82}$$

이 식은 축의 원점이 단면의 도심에 있기 때문에 자동으로 만족된다.

모멘트 M_y는 y축에 대한 모멘트 응력의 합력이다.

$$M_y = \int \sigma_x z dA = -\kappa_y E \int yz dA - \kappa_z E \int z^2 dA \tag{10-83a}$$

또는

$$M_y = -\kappa_y E I_{yz} - \kappa_z E I_y \tag{10-83b}$$

여기서 I_{yz}는 y축과 z축에 대한 관성 승적이다. 유사한 방법으로 z축에 대한 모멘트 식은 다음과 같다.

$$M_z = -\int \sigma_x y dA = \kappa_y E \int y^2 dA + \kappa_z E \int yz dA \tag{10-84a}$$

또는

$$M_z = \kappa_y E I_z + \kappa_z E I_{yz} \tag{10-84b}$$

굽힘 모멘트의 항으로 곡률에 대한 식을 얻기 위해 식 (10-83)과 (10-84)를 동시에 풀면 다음 식을 얻는다.

$$\kappa_y = \frac{M_z I_y + M_y I_{yz}}{E(I_y I_z - I_{yz}^2)} \quad \text{그리고} \quad \kappa_z = -\frac{M_y I_z + M_z I_{yz}}{E(I_y I_z - I_{yz}^2)} \tag{10-85}$$

이제 모멘트 M_y와 M_z를 알 때 비대칭 보의 임의의 점에서 **수직응력** σ_x를 산정하기 위해 곡률에 대한 이 식들을 식 (10-81)에 대입한다.

$$\sigma_x = \frac{(M_y I_z + M_z I_{yz})z - (M_z I_y + M_y I_{yz})y}{I_y I_z - I_{yz}^2} \tag{10-86}$$

식 (10-86)은 반드시 주축이 아닌 수직 도심축에 대한 모멘트에 의해 작용되는 비대칭 보에 대한 **일반화된 굽힘 공식**이다. y축과 z축이 주축이라면 주축에 대해 $I_{yz}=0$이기 때문에 식 (10-86)은 식 (10-78)로 축소된다.

중립축 n-n의 방향은(그림 10-57) z축과 중립축 사이의 각 β에 대한 식을 구하기

위해 σ_x를 0으로 하여 얻을 수 있다.

$$\tan \beta = \frac{y}{z} = \frac{M_y I_z + M_z I_{yz}}{M_z I_y + M_y I_{yz}} \tag{10-87}$$

굽힘 평면은 중립축에 수직이다.

예제 10-18

그림 10-61

예제 10-18: z축과 각 θ로 작용하는 굽힘 모멘트 M을 받는 채널 단면

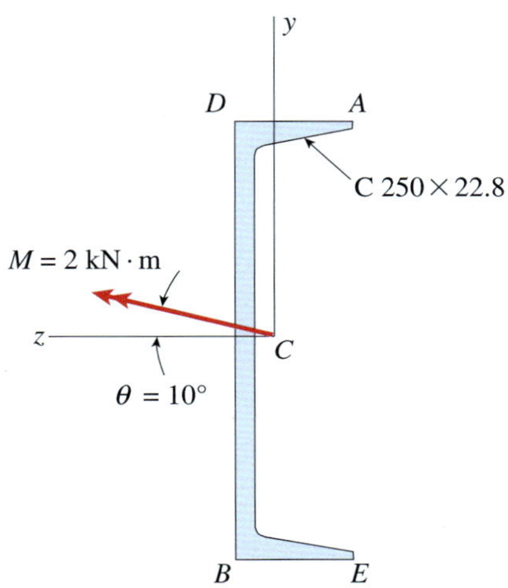

채널 단면 C 250×22.8이 z축에 대하여 각 $\theta=10°$ 방향으로 굽힘 모멘트 $M=2\ \text{kN}\cdot\text{m}$를 받고 있다(그림 10-61).

점 A와 B에서의 굽힘응력 σ_A와 σ_B를 각각 계산하고, 중립축의 위치를 결정하시오.

풀이

4단계 문제풀이 접근방법을 사용한다. 효율적인 문제풀이를 위해 필요에 따라 단계를 합한다.

1, 2. 개념화, 분류

단면의 특성치: 도심 C는 대칭축(z축)상에 채널 뒷면으로부터 다음과 같은 거리에 위치한다(그림 10-62).[8]

$$c = 16.1\ \text{mm}$$

y와 z축은 다음과 같은 관성 모멘트를 갖는 주 도심축이다.

$$I_y = 94.5\ \text{cm}^4 \qquad I_z = 2800\ \text{cm}^4$$

또한 점 A, B, D, E의 좌표는 다음과 같다.

$$y_A = 127\ \text{mm} \quad z_A = -66\ \text{mm} + 16.1\ \text{mm} = -49.9\ \text{mm}$$
$$y_B = -127\ \text{mm} \quad z_B = 16.1\ \text{mm}$$
$$y_D = y_A, \quad z_D = z_B$$
$$y_E = y_B, \quad z_E = z_A$$

굽힘 모멘트: y축과 z축에 대한 굽힘 모멘트(그림 10-62a)는 다음과 같다.

$$M_y = M \sin\theta = (2\ \text{kN}\cdot\text{m})(\sin 10°) = 0.347\ \text{kN}\cdot\text{m}$$
$$M_z = M \cos\theta = (2\ \text{kN}\cdot\text{m})(\cos 10°) = 1.970\ \text{kN}\cdot\text{m}$$

3. 해석

굽힘응력: 이제 식 (10-78)로부터 점 A에서의 응력을 계산한다.

[8] 채널 단면의 치수 및 특성에 대해서는 부록 C의 표 C-3 참조.

그림 10-62

예제 10-18에 대한 해: (a) 단면의 특성치와 (b) 채널 단면에서의 수직응력 분포

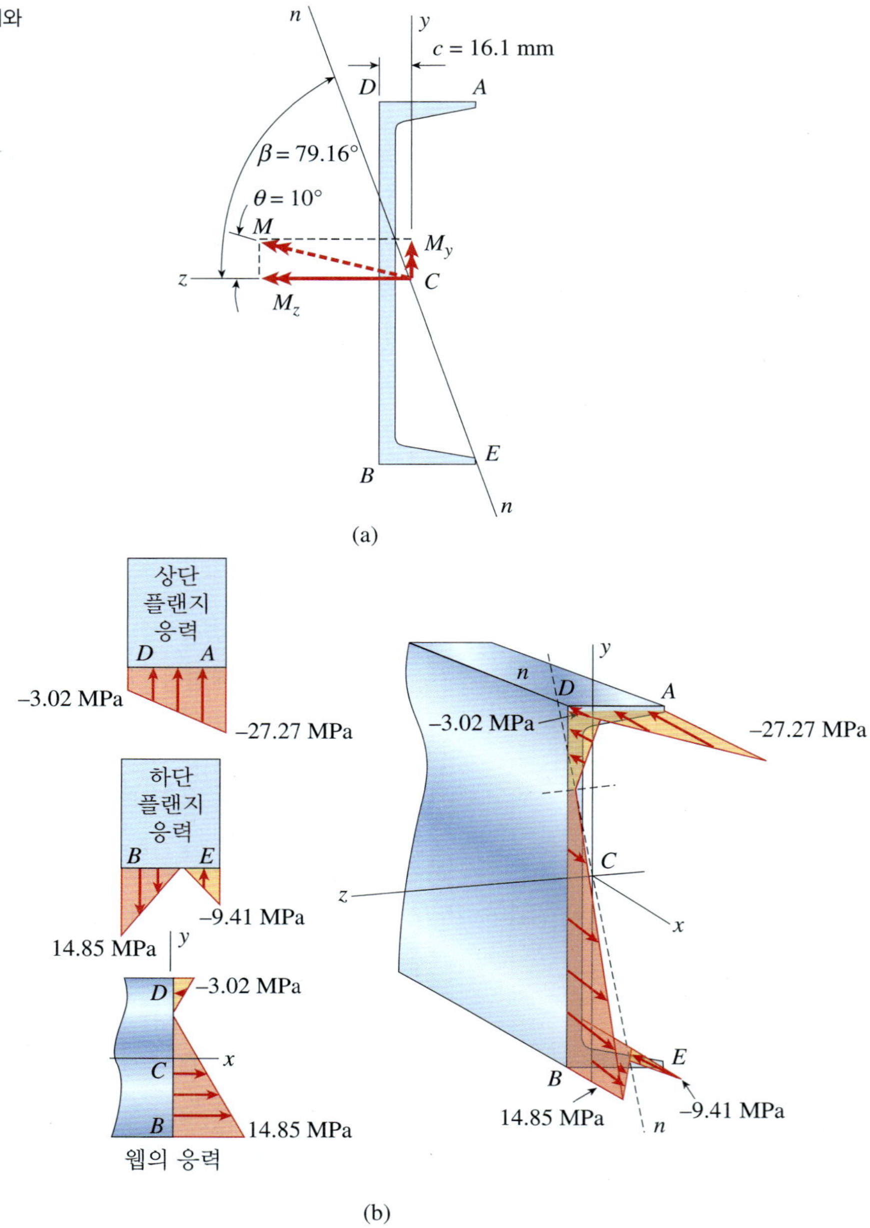

$$\sigma_A = \frac{M_y z_A}{I_y} - \frac{M_z y_A}{I_z}$$

$$= \frac{(0.347\ \text{kN}\cdot\text{m})(-0.0499\ \text{m})}{0.945 \times 10^{-6}\ \text{m}^4} - \frac{(1.970\ \text{kN}\cdot\text{m})(0.127\ \text{m})}{28.0 \times 10^{-6}\ \text{m}^4}$$

$$= -18.34\ \text{MPa} - 8.93\ \text{MPa} = -27.27\ \text{MPa}$$

비슷한 계산 방법으로 점 B에서의 응력을 구한다.

$$\begin{aligned}\sigma_B &= \frac{M_y z_B}{I_y} - \frac{M_z y_B}{I_z} \\ &= \frac{(0.347 \text{ kN}\cdot\text{m})(0.0161 \text{ m})}{0.945 \times 10^{-6} \text{ m}^4} - \frac{(1.970 \text{ kN}\cdot\text{m})(-0.127 \text{ m})}{28.0 \times 10^{-6} \text{ m}^4} \\ &= 5.92 \text{ MPa} + 8.93 \text{ MPa} = 14.85 \text{ MPa}\end{aligned}$$

이 응력은 보에서의 최대 압축 및 인장응력이다.

점 D와 E에서의 수직응력 또한 보여준 과정을 이용하여 계산될 수 있다.

$$\sigma_D = -3.02 \text{ MPa} \qquad \sigma_E = -9.41 \text{ MPa}$$

단면에 작용하는 수직응력을 그림 10-62b에 나타내었다.

중립축: 중립축의 위치[식 (10-80)]를 나타내는 각 β는 다음과 같이 구한다.

$$\tan\beta = \frac{I_z}{I_y}\tan\theta = \frac{2800 \text{ cm}^4}{94.5 \text{ cm}^4}\tan 10° = 5.225 \quad \beta = 79.16°$$

중립축 n-n이 그림 10-62에 나타나 있고, 점 A와 점 B가 중립축으로부터 가장 멀리 떨어져 있음을 알 수 있다. 따라서 σ_A와 σ_B가 보에서 가장 큰 응력이라는 것이 확증된다.

4. 최종 단계 이 예제에서 z축과 중립축 사이의 각 β는 비 I_z/I_y가 크기 때문에 각 θ(그림 10-62)보다 훨씬 크다. 각 θ가 0에서 10°까지 변화하기 때문에, 각 θ는 0에서 79.16°로 변화한다. I_z/I_y 비를 갖는 보는 하중의 방향에 대해 매우 민감하다. 따라서 이러한 종류의 보는 과도한 가로방향 처짐을 방지하기 위하여 가로방향의 지지를 마련하여야만 한다.

요약 및 복습

10장에서는 하중이 작용하는 보의 거동과 보 단면에서 대칭 평면인 x–y평면에서 발생하는 굽힘에 대해 다루었다. 순수 굽힘과 불균일 굽힘 모두 고려하였다. 수직응력(σ)은 **굽힘 공식**에 따라 중립면으로부터 선형적으로 변화함을 알았다. 불균일 굽힘을 받는 직사각형 혹은 원형 단면 보에서의 수평전단응력과 수직전단응력(τ)이 **전단 공식**을 사용하여 계산되었다. 플랜지를 갖는 보와 조립 보에서 전단의 특별한 경우에 대해서도 고려되었다. 마지막으로, 비대칭 보의 굽힘은 하나 이상의 재료로 구성된 보의 굽힘, 합성 보임을 논의했다. 이 장에서 소개된 몇 가지 주요 개념과 결과는 다음과 같다.

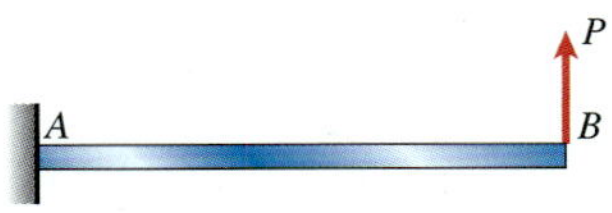

1. 만일 x–y평면이 보 단면의 대칭 평면이고 작용 하중이 x–y평면에 작용한다면, 굽힘 처짐은 **굽힘 평면**으로 알려진 이와 동일한 평면에 발생한다.

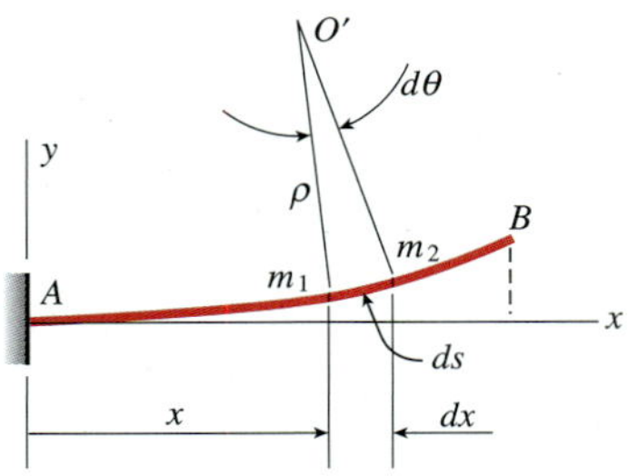

2. 순수 굽힘 상태에 있는 보는 일정한 곡률 κ를 갖고 불균일 굽힘 상태에 있는 보는 변화하는 곡률을 갖는다. 굽혀진 보에서 길이방향 변형률(ε_x)은 다음 식과 같이 곡률에 비례하고, 순수 굽힘 상태의 보에서의 변형률은 재료의 응력–변형률 곡선의 형상에 관계없이 중립면으로부터 거리에 따라 선형적으로 변화한다.

$$\varepsilon_x = -\kappa y$$

3. 중립축은 재료가 훅의 법칙을 따르고 단면에 작용하는 축력이 없을 때 단면의 면적의 도심을 통과한다. 선형 탄성 재료의 보가 순수 굽힘을 받을 때, y축과 z축은 **도심 주축**이다.

4. 만일 보의 재료가 선형 탄성이고 훅의 법칙을 따른다면, **모멘트–곡률 관계식**은 곡률은 굽힘 모멘트 M에 정비례하고 보의 **굽힘 강성**인 EI에 반비례함을 보여준다. 모멘트–곡률 관계식은 다음과 같다.

$$\kappa = \frac{M}{EI}$$

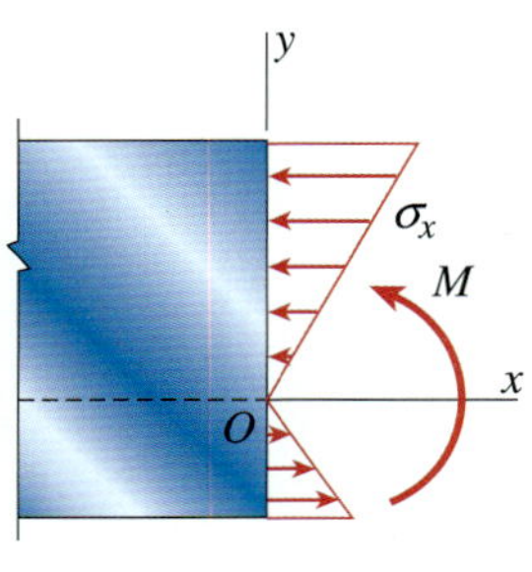

5. **굽힘 공식**은 수직응력 σ_x가 굽힘 모멘트 M에 정비례하고 단면의 관성 모멘트 I에 반비례한다는 것을 보여준다.

$$\sigma_x = -\frac{My}{I}$$

주어진 임의의 단면에 작용하는 최대 인장굽힘응력과 최대 압축굽힘응력은 중립축으로부터 가장 멀리 위치한 점에서 발생한다.

$$(y = c_1,\ \ y = -c_2)$$

6. 불균일 굽힘의 경우에 대해 굽힘 공식으로부터 계산한 수직응력은 전단응력의 존재나 단면의 결합된 뒤틀림에 의해 크게 변화하지 않는다. 그러나 굽힘 공식은 보의 지지점 근처나 집중하중 가까이에서는 적용할 수 없다. 왜냐하면 그러한 불규칙한 것들은 굽힘 공식으로부터 얻은 응력보다 더 큰 **응력집중**을 일으키기 때문이다.

7. 굽힘응력에 저항하기 위한 보를 **설계**하기 위해, 최대 모멘트와 허용 수직응력으로부터 필요 **단면계수** S를 다음과 같이 계산한다.

$$S = \frac{M_{max}}{\sigma_{allow}}$$

무게를 최소화하고 재료를 절약하기 위해 통상 필요 단면계수를 제공하는 가장 최소의 단면적이 나와 있는 재료 설계 매뉴얼(강과 목재에 대한 부록 C와 D에서 견본 표 참조)로부터 보를 선택한다. 넓은 플랜지 단면과 I형 단면은 플랜지에 대부분의 재료가 배치되고 플랜지의 폭은 횡방향 좌굴의 가능성을 감소시킨다.

8. 굽힘 모멘트(M)와 전단력(V) 모두를 일으키는(**불균일 굽힘**) 하중을 받는 보는 보에서 수직응력과 전단응력 둘 다 발생시킨다. 수직응력은 굽힘 공식(보가 선형 탄성 재료로 만들어진 경우)으로부터 계산되고, 전단응력은 다음과 같은 전단 공식을 사용하여 계산된다.

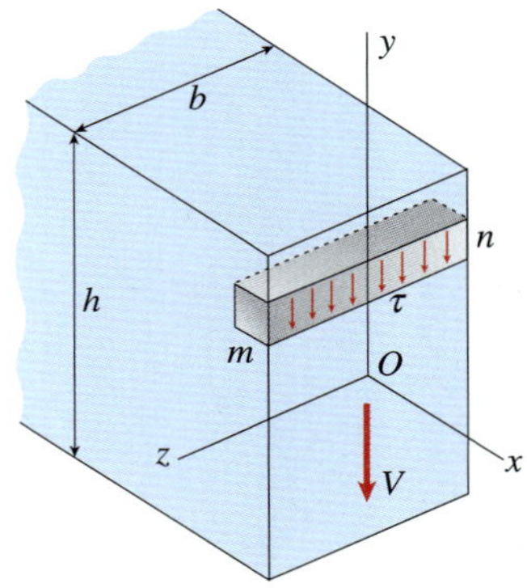

$$\tau = \frac{VQ}{Ib}$$

전단응력은 직사각형 단면 보의 높이에 걸쳐 포물선으로 변화하며 전단변형률도 역시 포물선으로 변화한다. 이러한 전단변형률은 원래는 평면인 보의 단면을 뒤틀리게 만든다. 전단응력과 전단변형률의 최댓값(τ_{max}, γ_{max})은 중립축에서 발생하고 보의 맨 윗면과 밑면에서 0이다.

9. 전단 공식은 균일 단면 보에만 적용되며 작은 처짐을 갖는 선형 탄성 재료의 보에서만 유용하다. 또한 단면의 가장자리는 y축에 **평행**하여야만 한다. **직사각형** 단면 보에서 전단 공식의 정확성은 단면의 높이와 폭의 비에 따른다. 공식은 매우 좁은 보에 대해서는 정확한 것으로 고려할 수 있지만 폭 b가 높이 h에 비해 증가하면 덜 정확해진다. 전단 공식은 **원형** 단면 보의 중립축에서의 전단응력만을 계산하기 위해 사용된다.

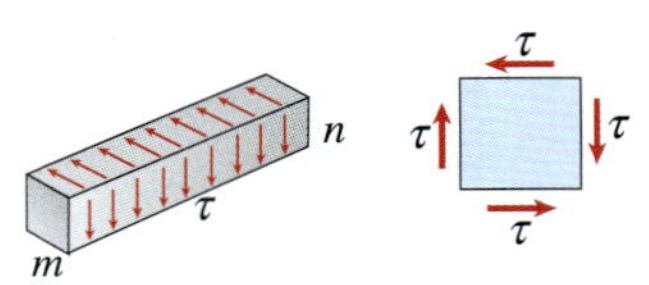

직사각형 단면에 대해서는

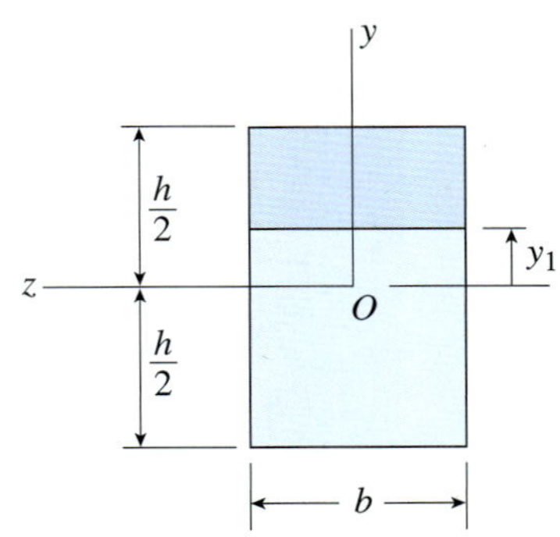

$$\tau_{max} = \frac{3}{2}\frac{V}{A}$$

속이 꽉 찬 원형 단면에 대해서는 다음과 같다.

$$\tau_{max} = \frac{4}{3}\frac{V}{A}$$

10. 전단응력은 허용 전단응력이 통상 허용 인장응력의 25~50% 범위에 있는 강과 알루미늄과 같은 금속으로 만들어진 원형 혹은 직사각형 단면 보의 설계를 좀처럼 지배하지는 않는다. 그러나 목재와 같이 **전단에 약한 재료**에서 수평전단에서의 허용응력은 허용 굽힘응력의 4~10% 범위에 있어 설계를 좌우할 수도 있다.

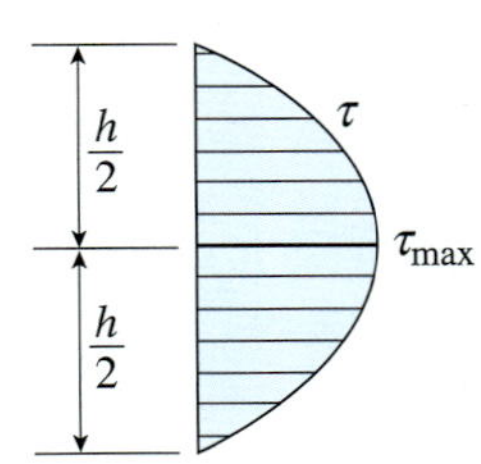

11. **넓은 플랜지형 보**의 플랜지에서의 전단응력은 수직방향과 수평방향 양쪽에서 작용한다. 플랜지에서의 수평전단응력은 수직전단응력보다 훨씬 크다. **넓은 플랜지형 보의 웹**에서의 전단응력은 수직방향으로만 작용하고 플랜지에서의 응력보다 크며, 전단 공식을 이용하여 계산될 수 있다. 넓은 플랜지형 보의 웹에서의 최대 전단응력은 중립축에서 발생하고, 최소 전단응력은 웹이 플랜지와 만나는 곳에서 발생한다. 전형적인 치수를 갖는 보에서 웹에서의 전단력은 단면에 작용하는 전체 전단력 V의 90~98%이다. 나머지는 플랜지에서의 전단에 의해 지지된다.

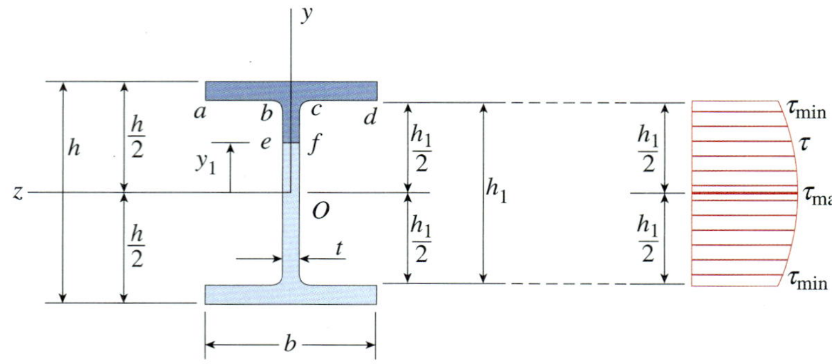

12. **합성 보**에 대한 소개에서 두 가지 재료로 된 합성 보의 모멘트-곡률 관계식과 굽힘 공식을 전개하였다.

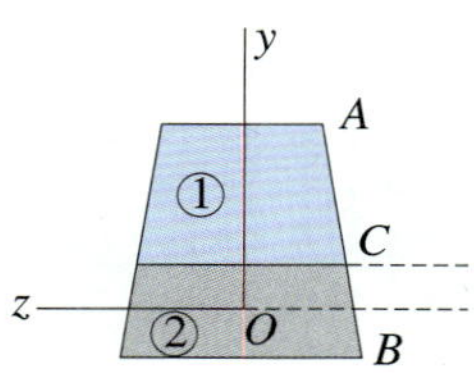

$$\kappa = \frac{1}{\rho} = \frac{M}{E_1 I_1 + E_2 I_2}$$

$$\sigma_{x1} = -\frac{M_Y E_1}{E_1 I_1 + E_2 I_2} \qquad \sigma_{x2} = -\frac{M_Y E_2}{E_1 I_1 + E_2 I_2}$$

두 재료 모두 훅의 법칙을 따르고 보의 두 부분은 단일체로 작용하기 위해 적절하게 접착되어야 한다. 이 공식은 선형 탄성거동을 기반으로 설계되지 않은 철근 콘크리트 보에는 적용되지 않는다. 그러나 환산단면법(예제 10-16 참조)은 철근 콘크리트 보의 균열 단면 해석에 사용될 수 있다.

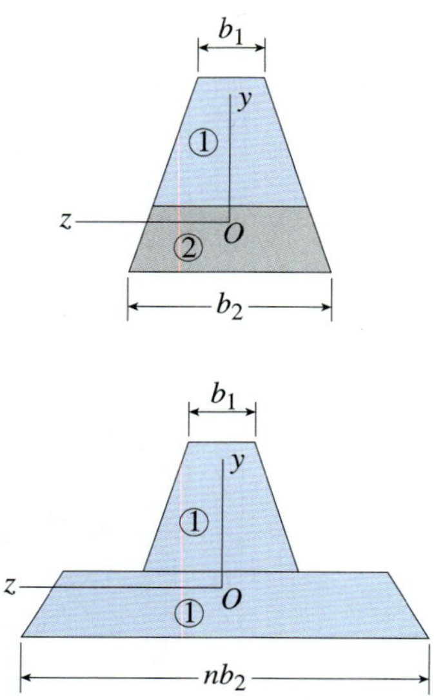

13. **환산단면법**은 합성 보의 단면을 하나의 재료만으로 구성된 가상 보의 등가 단면으로 변환하는 편리한 방법을 제공한다. 재료 1의 탄성계수에 대한 재료 2의 탄성계수의 비는 **계수 비**, $n=E_2/E_1$로 알려져 있다. 환산단면의 관성 모멘트는 다음과 같이 정의된다.

$$I_T = I_1 + nI_2 = I_1 + \frac{E_2}{E_1} I_2$$

환산된 보에서 재료 1에 대한 수직응력은 단순화한 굽힘 공식을 사용하여 계산된다.

$$\sigma_{x1} = -\frac{My}{I_T}$$

반면 재료 2에 대한 수직응력은 다음과 같이 계산된다.

$$\sigma_{x2} = -\frac{My}{I_T}n$$

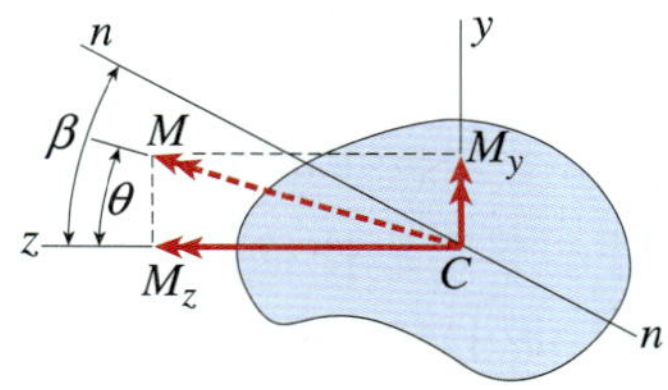

14. 단면의 적어도 한 축에 대한 대칭성의 제한이 제거되면 y와 z축이 단면의 주 도심축이고, 굽힘 모멘트가 두 주 평면(x-y평면 혹은 x-z평면) 중 하나에 작용할 때에만 굽힘 모멘트가 작용하는 평면은 중립면에 수직이고 순수 굽힘임을 알았다. 그 다음에 임의의 모멘트 M의 작용을 받는 **비대칭 보에서의 수직응력을 계산하는 일반적인 과정**을 수립하였다. 다른 방법은 보 단면과 정렬된 원래 중심축을 갖는 **일반화된 굽힘 공식**을 사용하는 것이다.

연습문제

10.4 보에서의 길이방향 변형률

도입문제

10.4-1 지름이 $d=1.6$ mm인 강선이 반지름이 $R=0.9$ m인 원통형 드럼 주위에 구부러져 있다(그림 참조).

(a) 파이프의 최대 수직변형률 ε_{max}를 결정하시오.

(b) 최대 수직변형률이 항복 미만으로 유지되어야 하는 경우 드럼의 최소 허용 반경은 얼마인가? $E=210$ GPa, $\sigma_Y=690$ MPa로 가정한다.

(c) $R=0.9$ m인 경우와 최대 수직변형률이 항복 미만으로 유지되어야 하는 경우 와이어의 최대 허용 직경은 얼마인가?

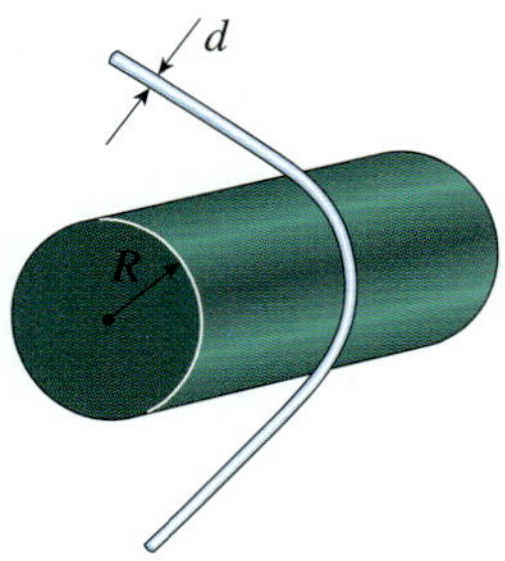

P10.4-1

10.4-2 직경이 $d=4$ mm인 구리 철사를 원으로 구부리고 끝이 닿기만 한 상태로 고정한다(그림 참조).

(a) 구리의 최대 허용 변형률이 $\varepsilon_{max}=0.0024$일 때, 사용될 수 있는 철사의 가장 짧은 길이 L은 얼마인가?

(b) $L=5.5$ m인 경우와 최대 수직변형률이 항복 미만으로 유지되어야 하는 경우 와이어의 최대 허용 직경은 얼마인가? $E=120$ GPa, $\sigma_Y=300$ MPa로 가정한다.

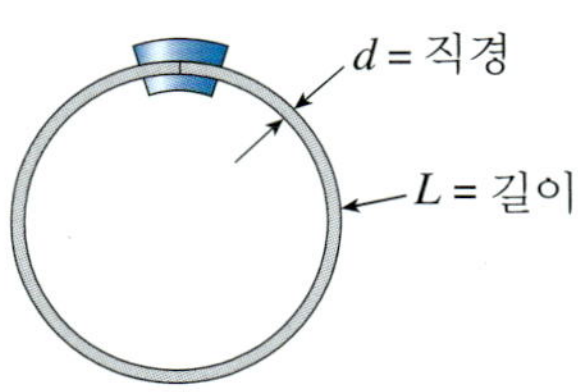

P10.4-2

10.4-3 화학 폐기물을 운반하도록 설계된 외경 120 mm 폴리에틸렌 파이프를 트렌치에 넣고 1/4 원형 90° 굽힘 주위로 구부리고 있다(그림 참조). 그때 파이프의 구부러진 부분의 길이는 16 m이다.

(a) 이때 파이프의 최대 압축 변형률 ε_{max}를 결정하시오

(b) 수직변형률이 6.1×10^{-3}을 초과할 수 없는 경우 파이프의 최대 직경은 얼마인가?

(c) $d=120$ mm인 경우 파이프의 구부러진 부분의 최소 허용 길이는 얼마인가?

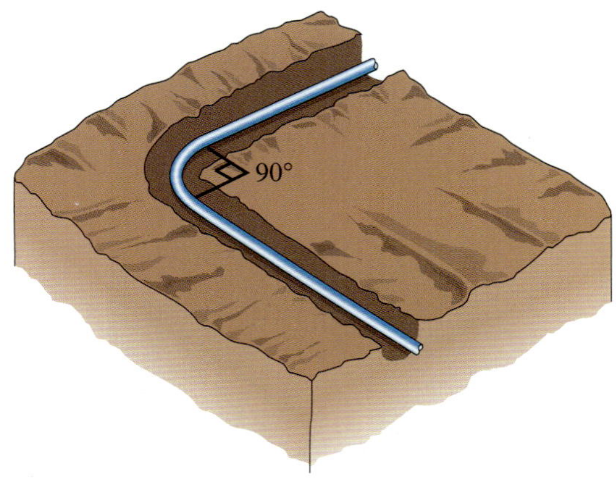

P10.4-3

대표문제

10.4-4 캔틸레버 보 AB는 자유 단부에서 커플 M_0에 의해 하중을 받는다(그림 참조). 보의 길이는 $L=2.0$ m이고 상면의 종방향 수직변형률은 $\varepsilon=0.0010$이다. 보의 상단 표면에서 중립 표면까지의 거리는 $c=85$ mm이다.

(a) 보의 끝에서 곡률 반경 ρ, 곡률 κ 및 수직 처짐 δ을 결정하시오.

(b) 허용 변형률 $\varepsilon_a=0.0008$인 경우, 보의 최대 허용 길이의 최댓값은 얼마인가? (a)에서 곡률이 변하지 않는다고 가정한다.

(c) 허용 변형률 $\varepsilon_a=0.0008$, $c=85$ mm, $L=4$ m일 때, 처짐(δ)은 얼마인가?

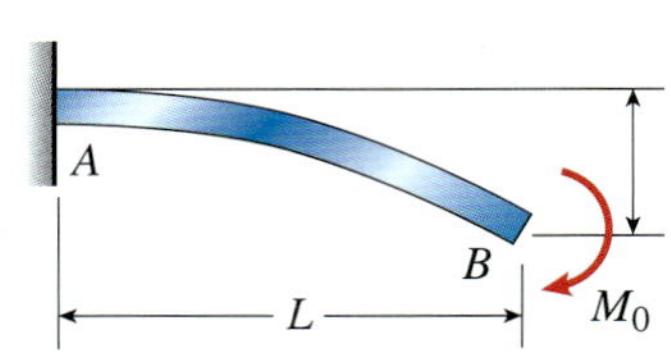

P10.4-4

10.4-5 길이가 $L=0.5$ m이고 두께는 $t=7$ mm인 얇은 강철 강선은 커플 M_0에 의해 구부러진다(그림 참조). 강선

의 중간점에서의 처짐(끝점을 연결하는 선에서 측정)이 발견되었다. 그때 이 처짐은 7.5 mm이다.

(a) 강선의 상단 표면에서 종방향 수직변형률 ε을 결정하시오.

(b) 허용 변형률 $\varepsilon_a=0.0008$인 경우 강선의 최대 허용 두께는 얼마인가?

(c) 허용 변형률 $\varepsilon_a=0.0008$, $t=7$ mm, $L=0.8$ m인 경우, 처짐 δ는 얼마인가?

(d) 허용 변형률 $\varepsilon_a=0.0008$, $t=7$ mm인 경우, 처짐은 25 mm를 초과할 수 없다. 강선의 최대 허용 길이는 얼마인가?

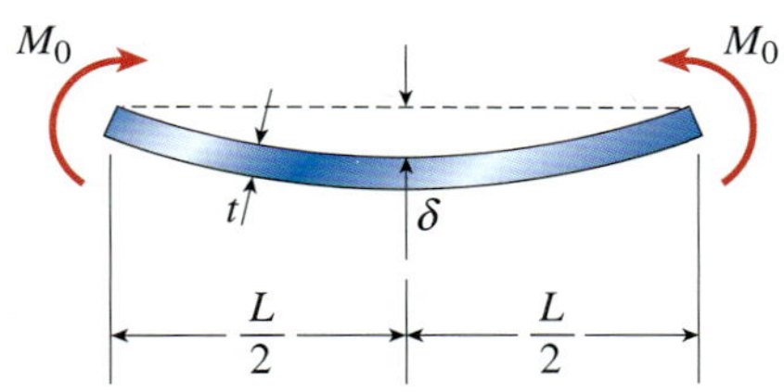

P10.4-5

10.4-6 직사각형 단면의 막대는 그림과 같이 적재 및 지지된다. 지지대 사이 거리는 $L=1.75$ m이고 막대의 높이는 $h=140$ mm이고, 중간점에서의 처짐은 2.5 mm로 측정되었다.

(a) 상단과 하단의 최대 수직변형률 ε은 얼마인가?

(b) 허용 변형률이 $\varepsilon_a=0.0006$이고 처짐이 4.3 mm를 초과할 수 없는 경우 막대의 최대 허용 길이는 얼마인가?

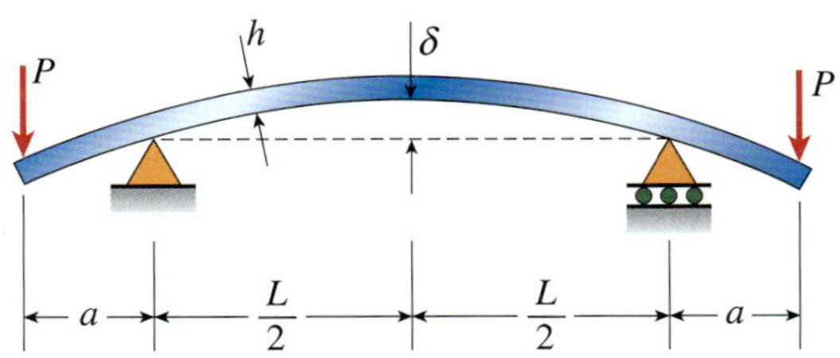

P10.4-6

10.4-7 길이가 $L=3$ m이고 높이가 175 mm인 단순 지지된 보는 M_0 커플에 의해 중간 지점에서 아래쪽으로 편향된 원호로 구부러진다. 보의 곡률이 $9.8\times10^{-3}\ \text{m}^{-1}$일 때, 보의 중간 경간에서 처짐 δ와 중립 면과 바닥 면 사이 거리가 87.5 mm로 주어진 바닥 섬유에서 세로방향 변형률을 계산하시오.

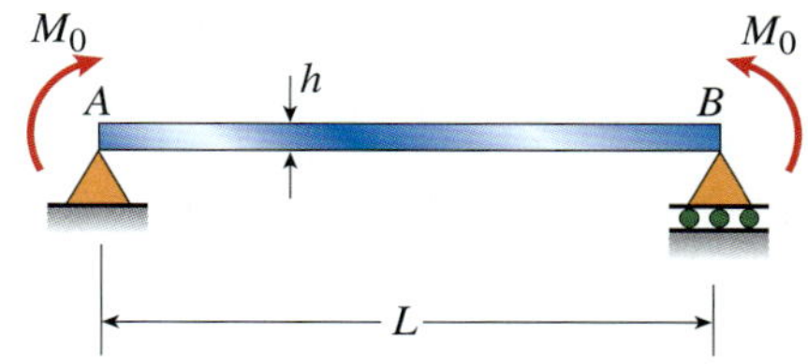

P10.4-7

10.5 보에서의 수직응력(선형 탄성 재료)

도입문제

10.5-1 길이 $L=2.3$ m 및 두께 $t=2.4$ mm인 단단한 구리의 얇은 강선($E=110$ GPa)을 원 모양으로 구부리고 끝부분이 닿도록 유지한다(그림 참조).

(a) 강선의 최대 굽힘응력 $\sigma_{\max}$를 계산하시오.

(b) 강선의 두께가 0.8 mm 증가하려면 응력은 몇 퍼센트 증가하거나 감소해야 하는지 구하시오.

(c) 문제 (b)($t=3.2$ mm 및 $L=2.3$ m)와 문제 (a)($t=2.4$ mm 및 $L=2.3$ m)에서 같은 응력이 가해지도록 강선의 새로운 길이를 구하시오.

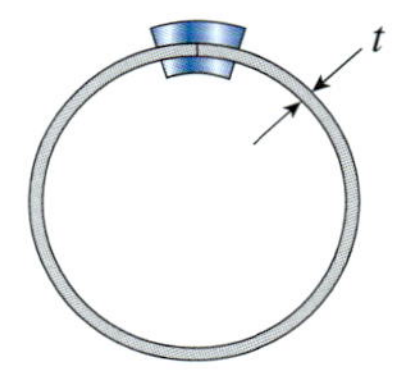

P10.5-1

10.5-2 두께가 $t=4$ mm이고 길이가 $L=1.5$ m인 얇은 고강도 철근($E=200$ GPa)이 M_0 커플에 의해 구부러져 중심각 $\alpha=40°$에 해당하는 원호로 구부러진다(그림 참조).

(a) 최대 굽힘응력 $\sigma_{\max}$는 얼마인가?

(b) 중심각이 10% 증가하면 응력은 몇 퍼센트 증가하거나 감소하는가?

(c) 두께의 몇 퍼센트 증가 또는 감소가 최대 응력 290 MPa의 허용값에 도달하게 하는가?

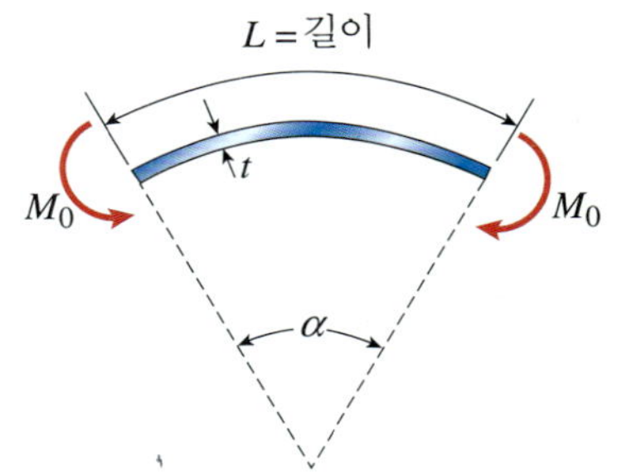

P10.5-2

대표문제

10.5-3 경간 길이 $L=4$ m인 단순 지지된 목재 보 AB는 강도 $q=5.8$ kN/m의 균일한 하중을 받는다(그림 참조).

(a) 보가 직사각형인 경우 하중 q로 인해 폭 $b=140$ mm 및 높이 $h=240$ mm의 단면이라고 할 때, 최대 굽힘 응력 σ_{max}를 계산하시오.

(b) (a) 부분을 반복하되 그림 b에 표시된 사다리꼴 분산 하중을 사용하시오.

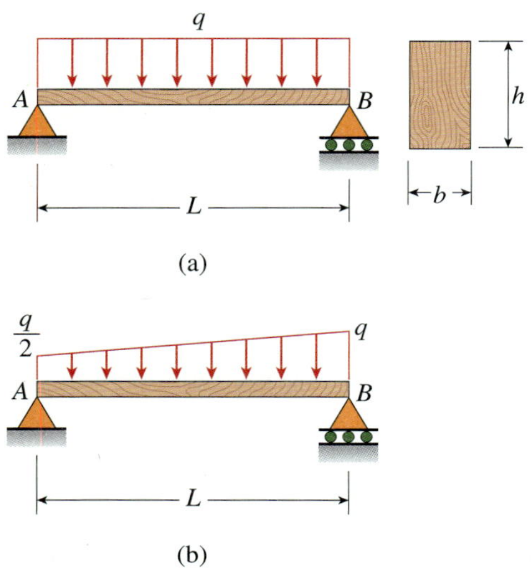

P10.5-3

10.5-4 강철 보 ABC는 A와 B에 간단한 지지대가 있고 B에서 C로의 돌출부로 구성된다. 보는 강철 IPN400 형상으로 구성된다. 보는 균일하중 $q=2.2$ kN/m 이외에 자체 무게를 추가로 견뎌내야 한다. 이때 보의 최대 인장 및 압축응력을 결정하시오.

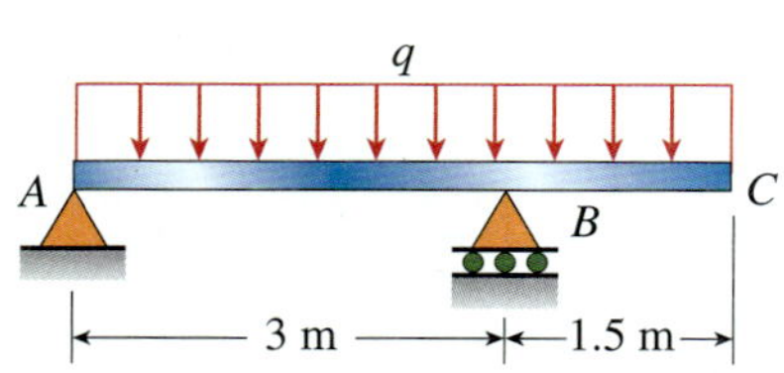

P10.5-4

10.5-5 단순 지지된 보의 B에서 최대 강도가 q_0이고 선형적으로 변화하는 분산하중 $q(x) = \dfrac{x}{L}q_0$이 작용한다. 보는 길이 $L=4$ m 및 폭 200 mm, 높이 300 mm의 직사각형 단면을 갖는다. 최대 강도에 대한 최대 허용값, q_0을 결정하시오. 인장 및 압축응력의 크기는 120 MPa이다.

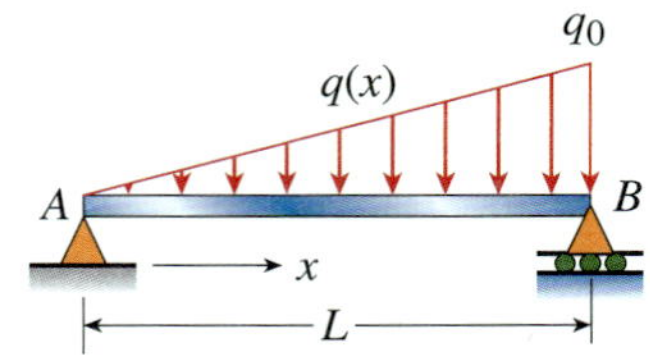

P10.5-5

10.5-6 승개교의 각 거더(그림 참조)는 길이가 50 m이고 끝에서 단순 지지된다. 각 거더의 설계 하중은 강도 18 kN/m의 균일하중이다. 단면계수 $S=46{,}000$ cm^{3}를 갖는 I형 단면(그림 참조)을 형성하는 거더는 세 가지 강판을 용접하여 제작된다. 균일하중으로 인한 거더에서 최대 굽힘응력 σ_{max}는 얼마인가?

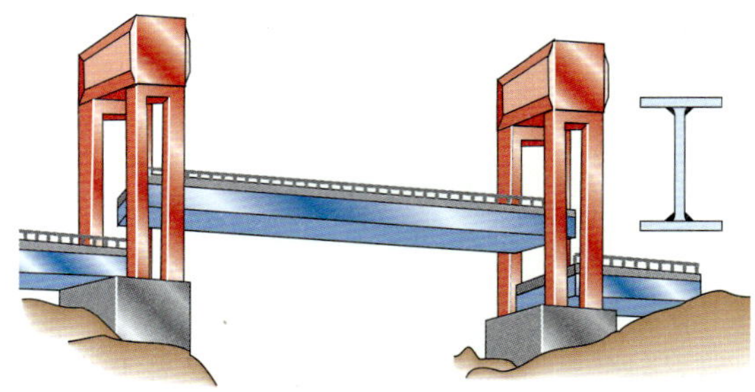

P10.5-6

10.5-7 화물차 차축 AB는 대략 그림과 같이 하중이 가해지며, 힘 P는 자동차 하중(차축 상자를 통해 차축으로 전달)을 나타내고, 힘 R는 레일 하중을 나타낸다(바퀴를 통해 차축으로 전달). 차축의 직경은 $d=82$ mm, 레일 중심 사이의 거리는 L, 힘 P와 R 사이의 거리는 $b=220$ mm이다. 이때 차축이 $P=50$ kN인 경우 최대 굽힘응력 σ_{max}를 계산하시오.

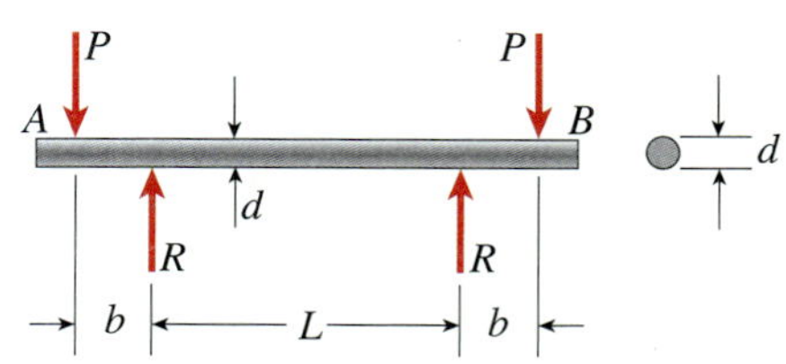

P10.5-7

10.5-8 철도 침목은 각각 크기가 $P=175$ kN인 레일 하중을 받는다. 하중은 다음 그림에 나와 있다. 안정기의 반응 q는 길이에 걸쳐 균일하게 분산한다고 가정하고, 단면 치수는 $b=300$ mm 및 $h=250$ mm이다. 거리 $L=1{,}500$ mm 및 돌출부의 길이 $a=500$ mm를 가정하여 하중 P로 인한

철도에서의 최대 굽힘응력 σ_{max}를 계산하시오.

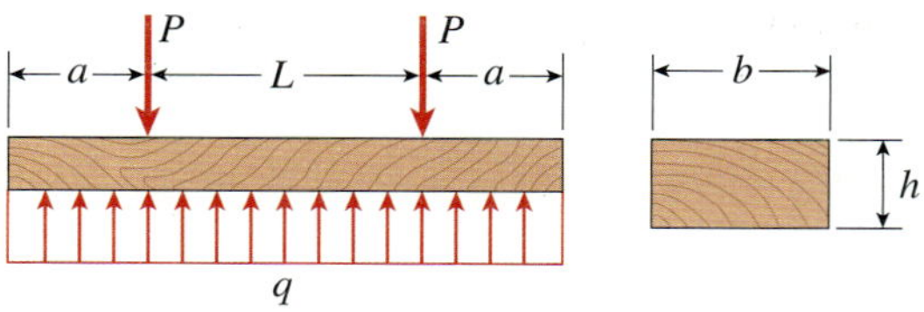

P10.5-8

10.5-9 원형 심부 형태의 단면을 갖는 보의 최대 굽힘응력 σ_{max}(모멘트 M에 의한 순수 굽힘으로 인한)를 결정하시오(그림 참조). 원의 지름은 d이고 각도 $\beta = 60°$이다. **힌트:** 부록 B의 사례 9와 15를 사용한다.

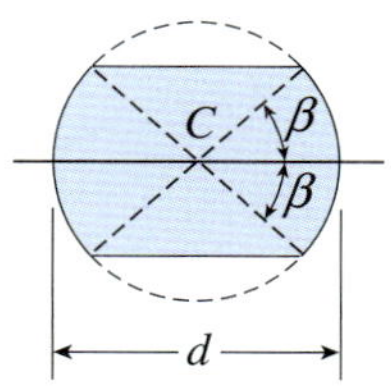

P10.5-9

10.5-10 단순 보 AB에 작용하는 하중 P로 인한 최대 인장응력 σ_t와 최대 압축응력 σ_c를 결정하시오(그림 참조).

(a) 데이터는 $P = 6.2$ kN, $L = 3.2$ m, $d = 1.25$ m, $b = 80$ mm, $t = 25$ mm, $h = 120$ mm, $h_1 = 90$ mm이다.

(b) 인장 및 압축응력이 가장 큰 d의 값을 구하시오. 이러한 응력은 얼마인가?

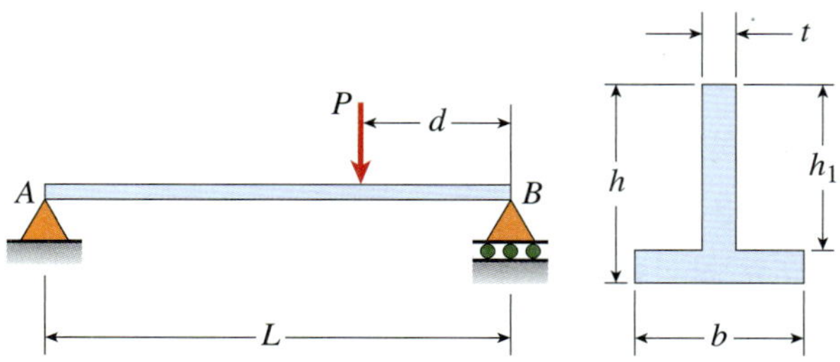

P10.5-10

10.5-11 균일하중과 집중하중을 받는 캔틸레버 보 AB(그림 참조)는 채널 단면으로 구성된다.

(a) 최대 인장응력 σ_t와 최대 압축응력 σ_c를 구하시오. 단면적의 치수는 표시되어 있으며, z축(중립축)에 대한 관성 모멘트 $I = 130\ \text{cm}^4$이다. **참고:** 균일하중은 보의 무게를 나타낸다.

(b) 최대 인장응력이 27 MPa을 초과할 수 없고 최대 압축응력이 100 MPa로 제한되는 경우 집중하중의 최댓값을 구하시오.

(c) 최대 인장응력이 27 MPa을 초과할 수 없고 최대 압축응력이 100 MPa로 제한되는 경우 하중 $P = 1$ kN을 A에서 얼마나 멀리 위치시킬 수 있는가?

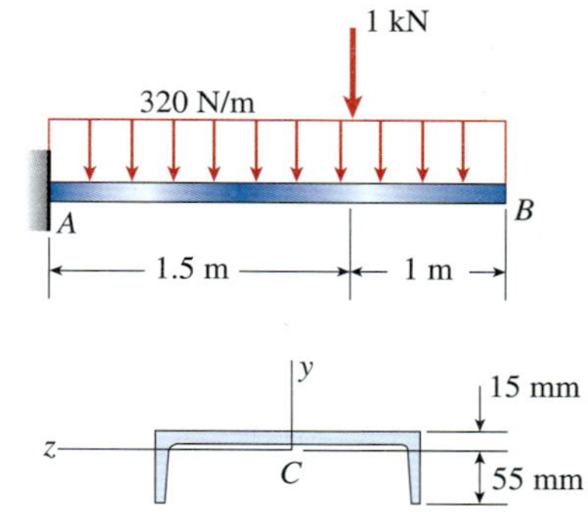

P10.5-11

10.5-12 B에서 C까지 돌출부가 있는 보 ABC는 길이 전체에서 3 kN/m의 균일한 하중을 지지한다(그림 참조). 보는 그림과 같은 치수를 갖는 채널 단면이다. z축(중립축)에 대한 관성 모멘트는 210 cm^4이다.

(a) 균일하중으로 인한 최대 인장응력 σ_t와 최대 압축응력 σ_c를 결정하시오.

(b) 보에 대한 더 큰 압축응력과 더 작은 압축응력의 비가 더 큰 인장응력과 더 작은 인장응력의 비율과 같아지는 데 필요한 길이 a를 구하시오. 총길이 $L = a + b = 6$ m가 변하지 않는다고 가정한다.

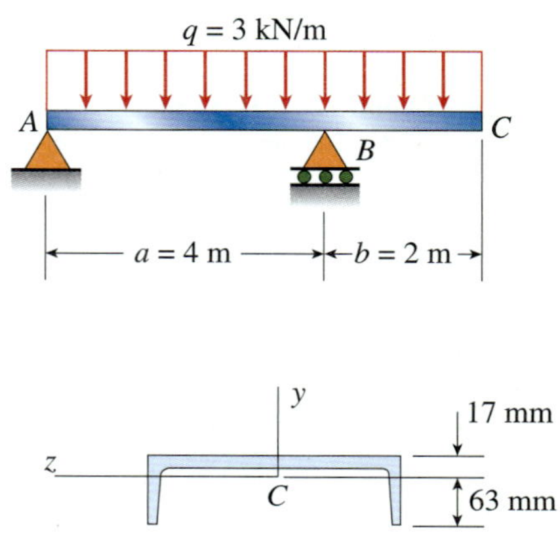

P10.5-12

10.5-13 두께 $t = 3$ mm 및 높이 $L = 2$ m의 강철 기둥($E = 200$ GPa)은 정지 신호판을 지지한다(그림 참조). 이

때 $s=310$ mm이다. 기둥 L의 높이는 바닥에서 중심까지 측정된다. 정지 신호판은 표면에 수직인 풍압 $p=0.95$ kPa을 받는다. 기둥은 바닥에 고정된다고 가정한다.

(a) 결과적으로 신호판에 가해지는 하중은 얼마인가? ($n=8$인 팔각형의 특성에 대해서는 부록 B의 사례 25를 참조)

(b) 기둥에 가해지는 최대 굽힘응력 σ_{max}는 얼마인가?

(c) 기둥 높이 위로 원형 절단부가 제거되는 경우 문제 (b)를 반복하시오.

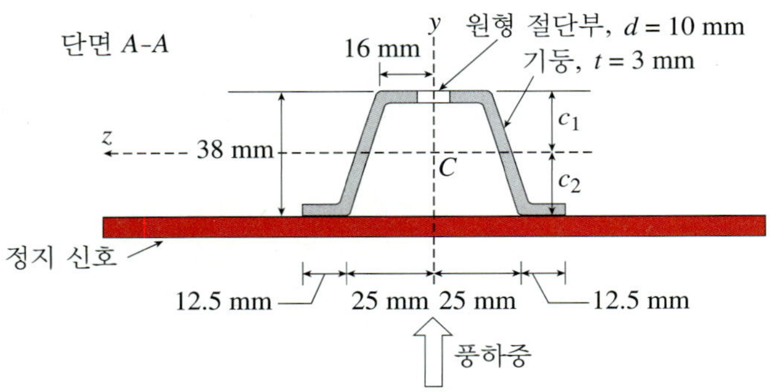

기둥 보의 수치적 특성

$A = 373$ mm^2, $c_1 = 19.5$ mm, $c_2 = 18.5$ mm,
$I_y = 1.868 \times 10^5$ mm^4, $I_z = 0.67 \times 10^5$ mm^4

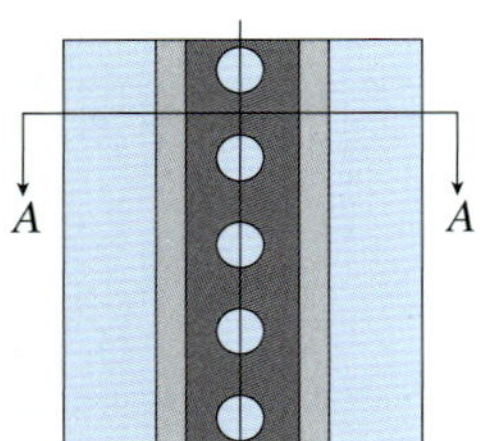

기둥의 입면도

P10.5-13

10.6 굽힘응력에 의한 보의 설계

도입문제

10.6-1 길이 $L=3.6$ m인 단순 지지된 목재 보는 그림과 같이 비대칭 점 하중을 받는다. 적합한 보의 크기를 부록 D의 표에서 선택하시오. 허용 굽힘응력은 12 MPa이고 목재 무게는 5.5 kN/m^{3}이다.

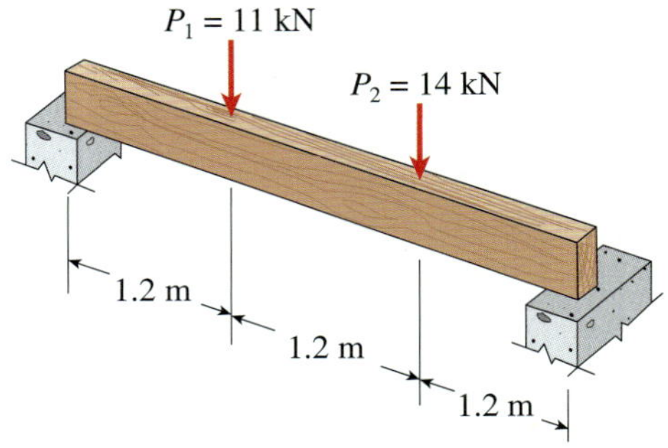

P10.6-1

대표문제

10.6-2 캔틸레버 보 AB는 그림과 같이 균일하중 q 및 집중하중 P에 의해 하중을 받는다.

(a) 부록 C의 표 C-3에서 가장 경제적인 강철 UPN 형상을 선택하시오. $q=292$ N/m, $P=1.33$ kN을 사용한다(허용 수직응력 $\sigma_a=124$ MPa로 가정한다).

(b) 부록 C의 표 C-2에서 가장 경제적인 강철 IPN 형상을 선택하시오. $q=657$ N/m, $P=9$ kN을 사용한다(허용 수직응력 $\sigma_a=138$ MPa로 가정한다).

(c) 부록 C의 표 C-1에서 가장 경제적인 강철 HE 형상을 선택하시오. $q=657$ N/m, $P=9$ kN을 사용한다(허용 수직응력 $\sigma_a=138$ MPa로 가정한다). 그러나 설계상 약축 굽힘에 W형을 사용해야 한다고 가정한다, 즉, 단면의 2-2(또는 y)축을 중심으로 구부러져야 한다.

참고: (a), (b), (c)의 경우, 필요에 따라 균일하중 q에 추가하여 보의 분산 중량을 포함하여 초기 보 선택을 변경한다.

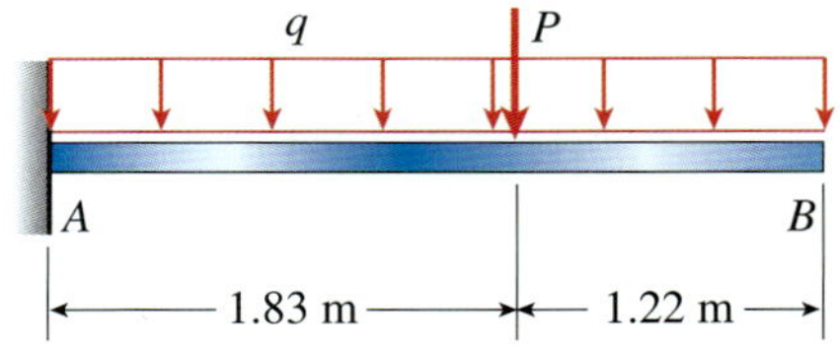

P10.6-2

10.6-3 길이가 $L=5$ m인 단순 보는 강도 $q=5.8$ kN/m의 균일하중 및 22.5 kN의 집중하중을 전달한다(그림 참조).

(a) $\sigma_{allow}=110$ MPa을 허용한다고 가정하고 필요한 단면계수 S를 결정한다. 그런 다음 부록 C의 표 C-1에서 가장 경제적인 와이드 플랜지 보(W형)를 선택하고 보의 무게를 고려하여 S를 다시 계산하시오.

(b) (a) 부분을 반복하지만 이제 설계에서 W형이 약한 축 굽힘에 사용되어야 한다고 가정한다. 즉, 단면의 2-2(또는 y)축을 중심으로 굽혀야 한다.

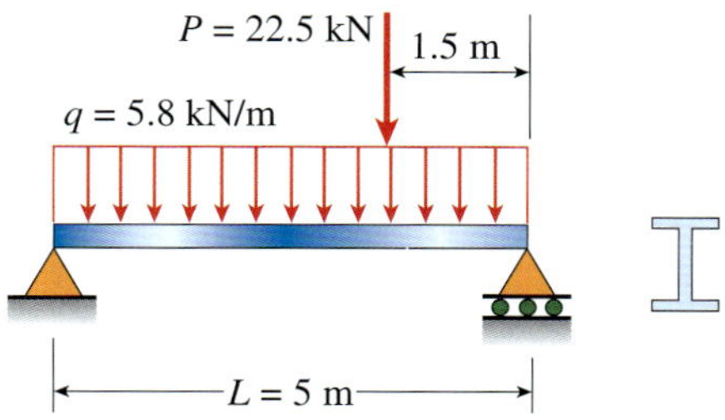

P10.6-3

10.6-4 작은 건물의 바닥 시스템은 다음으로 구성된다. 50 mm(공칭 폭)로 지지되는 나무 판자, 거리 s로 이격되고 중심에서 중심까지 측정된 장선(그림 참조). 길이 L의 각 장선의 길이는 3 m, 장선 간격 s는 400 mm, 목재의 허용 굽힘응력은 8 MPa이다. 균일 바닥 하중은 6 kN/m^{2}이다. 바닥 시스템 자체의 무게에 대한 허용을 포함한다.

(a) 필요한 단면계수 S를 계산하시오. 장선을 선택한 다음 부록 D에서 적절한 장선 크기(표면 목재)를 선택하시오. 각 장선은 단순한 보로 표시될 수 있고 균일한 하중을 운반한다고 가정한다.

(b) (a)에서 최종 보 선택에 적용할 수 있는 최대 하중 P는 얼마인지 구하시오.

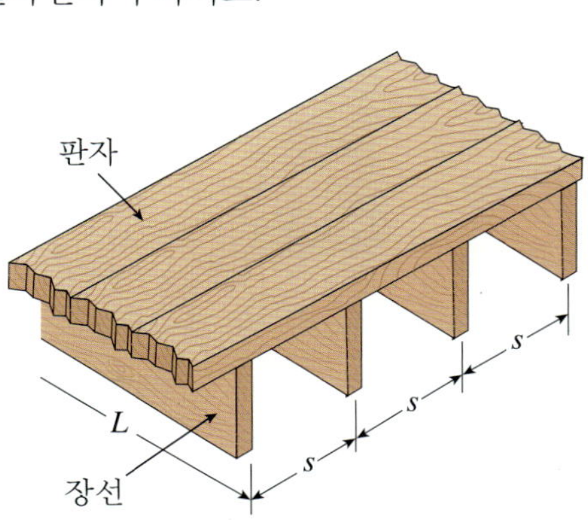

P10.6-4

10.6-5 시험소에서 천장 주행 크레인의 일부인 2축 캐리지가 단순 보 AB를 천천히 가로지르며 움직인다(그림 참조). 보로 전달되는 하중은 프런트 액슬에서 9 kN이고 리어 액슬에서는 18 kN이다. 보의 무게 자체는 무시될 수 있다.

(a) 보에 필요한 최소 단면계수 S를 결정하시오. 허용 굽힘응력은 110 MPa, 보의 길이는 5 m, 캐리지의 축거는 1.5 m이다.

(b) 부록 C의 표 C-2에서 가장 경제적인 보(IPN 형상)를 선택하시오.

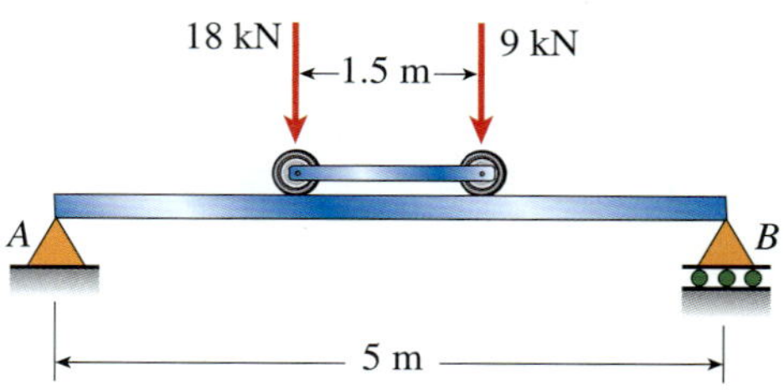

P10.6-5

10.6-6 길이 $L=1{,}215$ mm, 폭 $b=305$ mm, 두께 $t=22$ mm의 수평 선반 AD는 B와 C에서 브래킷으로 지지된다(그림의 a 참조). 브래킷은 조정 가능하며 선반 끝단 사이의 원하는 어떤 위치에든 배치할 수 있다. 선반의 자체 무게를 포함하는 강도 q의 균일하중이 선반에 작용한다(그림의 b 참조).

(a) 하중 q의 최대 허용값을 결정하시오. 선반의 허용 굽힘응력이 $\sigma_{allow}=8.5$ MPa이고 지지대의 위치는 최대 내하력을 위해 조정된다.

(b) 책장 소유자는 하단 목재 판 $b/2\times t/2$로 전체 길이를 보강하기로 결정했다(그림 c 참조). 선반의 허용 굽힘응력이 $\sigma_{allow}=8.5$ MPa로 유지되는 경우 하중 q의 새로운 최대 허용값을 구하시오.

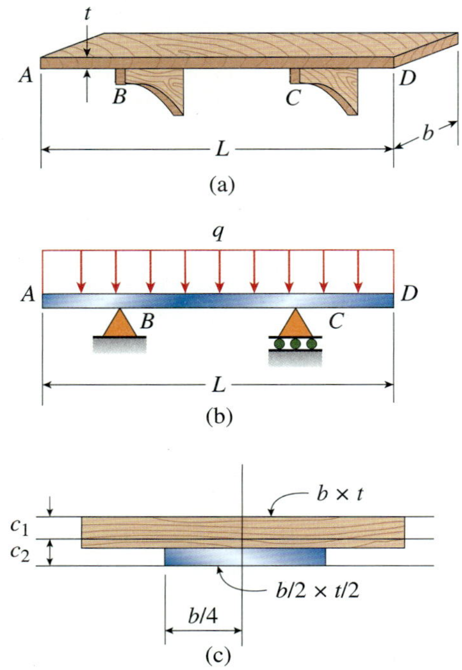

P10.6-6

10.6-7 강철 보 ABC는 A와 B에서 단순 지지되며 길이가 $L=150$ mm인 돌출보 BC를 가진다(그림 참조). 보는 전체 AB에서 강도 $q=4.0$ kN/m의 균일하중과 BC에서 $1.5q$의 균일하중을 지지한다. 보의 단면은 폭 b와 높이 $2b$로 직사각형이다. 강철의 허용 굽힘응력은 $\sigma_{\text{allow}}=60$ MPa이며, 중량 밀도는 $\gamma=77.0$ kN/m^{3}이다.

(a) 보의 무게를 무시하고 직사각형 단면의 필요한 폭 b를 계산하시오.

(b) 보의 무게를 고려하여 필요한 폭 b를 계산하시오.

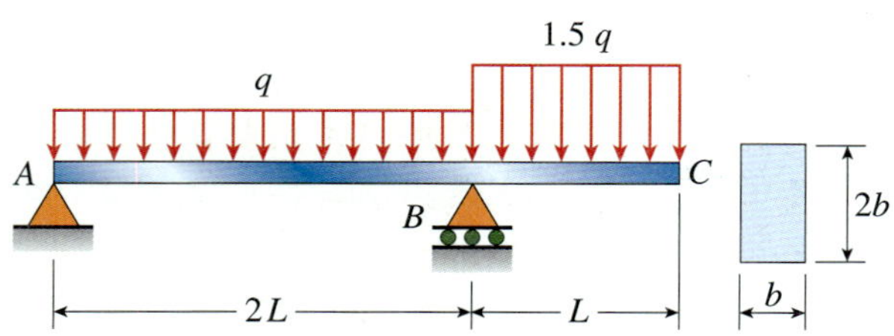

P10.6-7

10.7 직사각형 단면 보에서의 전단응력

도입문제

10.7-1 그림 (a)는 단순 지지된 보이고 (b)는 오른쪽에 미끄럼 지지된 보이다. 이때 길이가 1.95 m이고, 단면이 높이 300 mm, 폭 150 mm인 직사각형에 22.5 kN/m(보의 무게 포함)의 균일하중을 전달하는 목재 보의 최대 전단응력 $\tau_{\max}$와 최대 굽힘응력 $\sigma_{\max}$를 계산하시오.

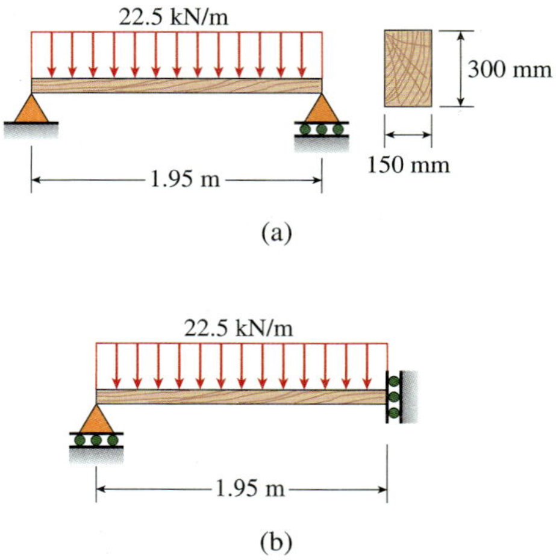

P10.7-1

10.7-2 직사각형 단면(100 mm×90 mm, 실제 치수)의 두 개의 목재 보가 각각 200 mm×90 mm인 단단한 보를 형성하기 위해 함께 접착된다(그림 참조). 이때 보는 2.5 m의 경간으로 단순 지지된다.

(a) 접착 조인트의 허용 전단응력이 1.4 MPa인 경우 왼쪽 지지대에 가해질 수 있는 최대 모멘트 $M_{\max}$는 얼마인가? (보 자체 무게의 영향을 포함하고 목재의 무게는 5.4 kN/m^{3}로 가정한다.)

(b) $M_{\max}$가 17.25 MPa의 허용 굽힘응력을 기반으로 하는 경우 (a)를 반복하시오.

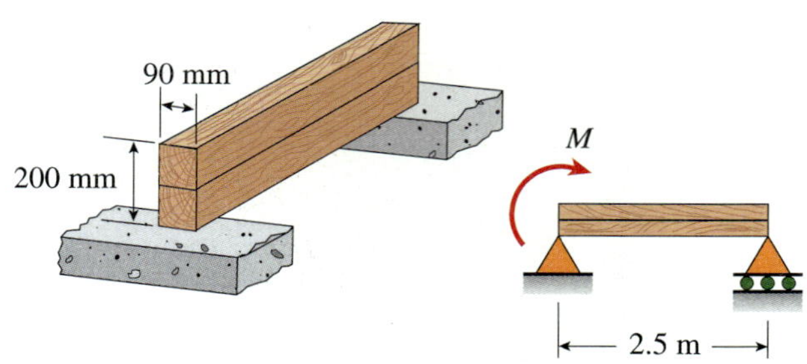

P10.7-2

대표문제

10.7-3 정사각형 단면의 적층 플라스틱 보는 단면이 각각 10 mm×30 mm인 강선 세 개를 함께 접착하여 구성된다(그림 참조). 보의 총중량은 3.6 N이며 길이 $L=360$ mm로 단순 지지된다. 보의 무게(q)를 고려하여 오른쪽 지지대에 놓을 수 있는 최대 허용 CCW 모멘트 M을 계산하시오.

(a) 접착 조인트의 허용 전단응력은 0.3 MPa이다.

(b) 플라스틱의 허용 굽힘응력은 8 MPa이다.

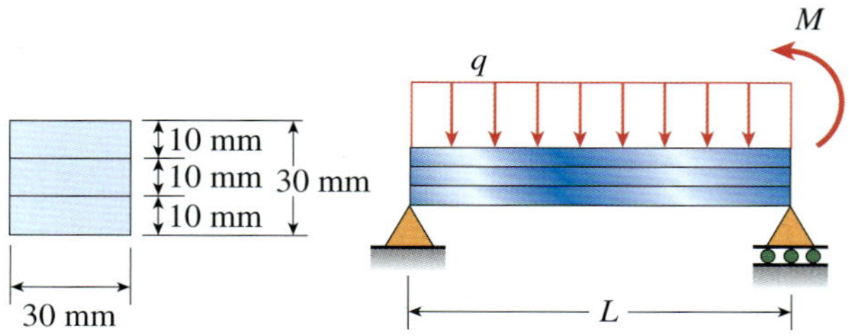

P10.7-3

10.8 원형 단면 보에서의 전단응력

도입문제

10.8-1 단단한 원형 단면(d=지름)을 가진 나무 기둥은 피크 강도 $q_0=3.75$ kN/m의 삼각형 분산 수평 힘을 받는다(그림 참조). 기둥의 길이는 $L=2$ m이고 목재의 허용응력은 굽힘 시 13 MPa, 전단력 시 820 kPa이다. 이때 (a) 허용 굽힘응력과 (b) 허용 전단응력에 따라 기둥의 최소 필요 직경을 결정하시오.

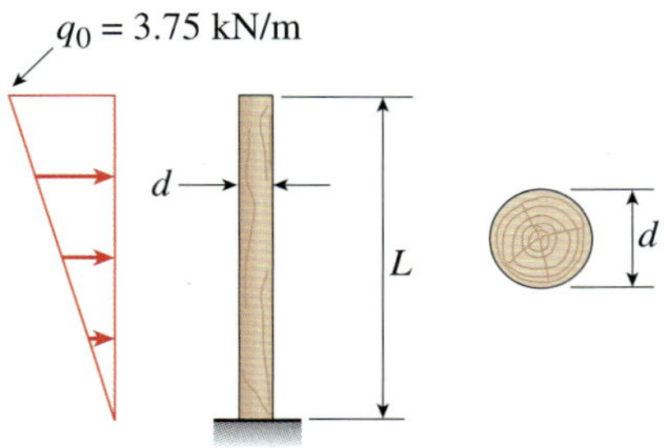

P10.8-1

대표문제

10.8-2 원형 기둥은 최대 강도 q_0으로 선형적으로 변화하는 분산력을 받는다. 이때 기둥의 최대 허용 전단응력이 75 MPa인 경우 기둥의 직경 d_0을 계산하시오.

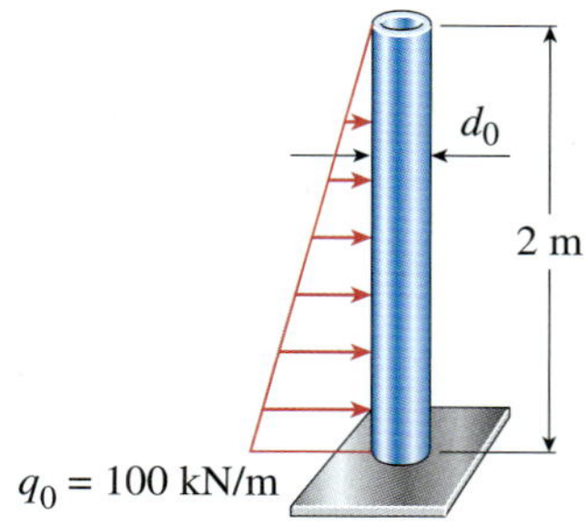

P10.8-2

10.9 플랜지를 가진 보의 웹에서의 전단응력

대표문제

10.9-1 길이가 $L=2$ m인 캔틸레버 보 AB는 보의 무게를 포함하는 피크 강도 q 및 최소 강도 $q/2$의 사다리꼴 분산하중을 지지한다(그림 참조). 이때 보는 강철 HE 340B 와이드 플랜지형이다(부록 C의 표 C-1 참조).

(a) 허용 굽힘응력 $\sigma_{allow}=124$ MPa과 (b) 허용 전단응력 $\tau_{allow}=52$ MPa을 기준으로 최대 허용하중 q를 계산하시오.

참고: 표 C-1에서 보의 관성 모멘트와 단면계수를 구한다.

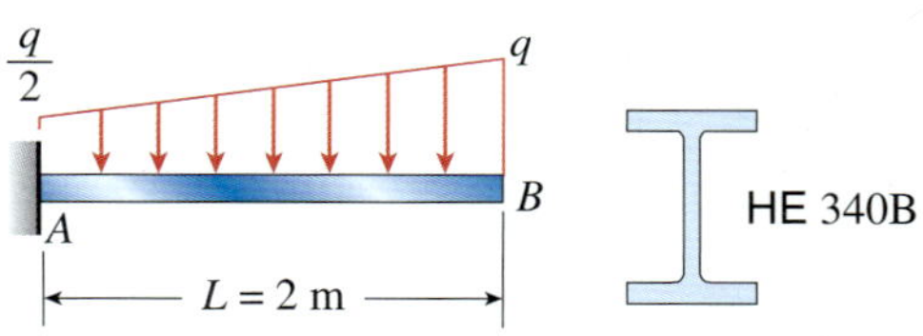

P10.9-1

10.10 합성 보

10.10절의 문제를 풀려면 보의 구성 부품이 접착제로 단단히 접착되거나 고정 장치로 연결되어 있다고 가정하고, 합성 보에 대한 일반 이론을 사용한다.

대표문제

10.10-1 안내 지지대와 4 m 경간이 있는 보는 전반부(그림 a 참조)에 걸쳐 강도 $q=4$ kN/m의 분산하중을 지지하고, 조인트 B에서 모멘트 $M_0=5$ kN·m를 지지한다. 보는 상단과 하단에 7 mm 두께의 강판으로 보강된 목재 부재(그림 b에 표시된 것처럼 단면의 실제 치수 97 mm×295 mm)로 구성된다. 이때 강철과 목재의 탄성계수는 각각

$E_s = 210$ GPa과 $E_w = 10$ GPa이다.

(a) 가해진 하중으로 인한 강판의 최대 굽힘응력 σ_s와 목재 부재의 최대 굽힘응력 σ_w를 계산하시오.

(b) 강판의 허용 굽힘응력이 $\sigma_{as} = 100$ MPa이고 목재의 허용 굽힘응력이 $\sigma_{aw} = 6.5$ MPa인 경우 q_{max}를 구하시오. (*B*에서의 모멘트 M_0은 5 kN·m로 유지된다고 가정한다.)

(c) $q = 4$ kN/m 및 (b)의 허용응력값이 적용되는 경우 *B*에서 $M_{0,max}$는 얼마인가?

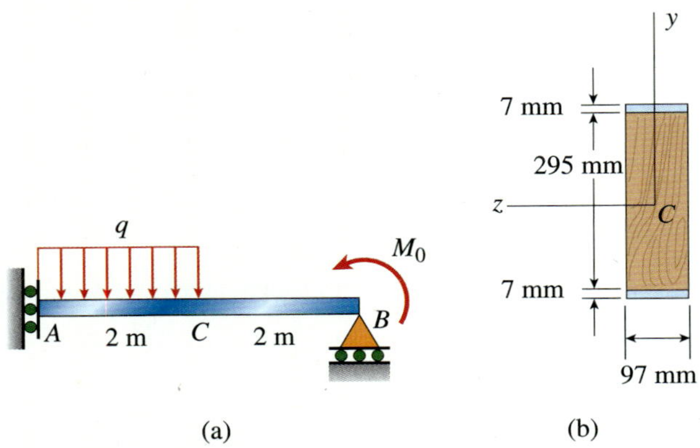

P10.10-1

10.10-2 3.6 m의 단순 지지 합성 보는 중간에서 피크 강도 q_0의 삼각형 분산하중을 지지한다(그림 a 참조). 보는 각각 50 mm×280 mm인 두 개의 목재 장선으로 구성되며, 치수가 6 mm×80 mm인 두 개의 강판과 치수가 6 mm×120 mm인 하부 판으로 고정된다(그림 b 참조). 이때 목재의 탄성계수는 11 GPa이고 강철의 탄성계수는 210 GPa이다.

허용응력이 목재는 7 MPa이고, 강철은 120 MPa인 경우 보가 *z*축을 중심으로 구부러졌을 때 허용되는 최대 하중 강도 $q_{0,max}$를 구하시오. 보의 무게는 무시한다.

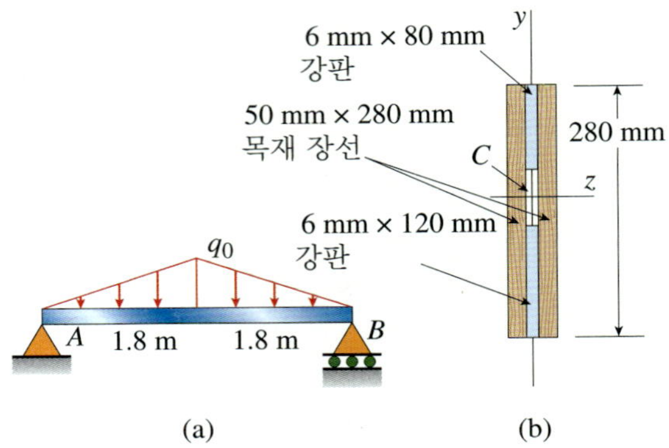

P10.10-2

환산단면법

이 절의 문제를 풀 때 보의 구성 부품이 접착제로 단단히 접착되거나 고정 장치로 연결되어 있다고 가정한다. 또한 풀이에서는 환산단면법을 사용한다.

도입문제

10.10-3 길이 3.2 m의 단순 보는 48 kN/m의 균일한 하중을 지지한다. 보의 단면은 그림과 같이 나무 플랜지와 강철 측면 판이 있는 속이 빈 상자이다. 목재 플랜지는 단면이 75 mm×100 mm이고 강판은 깊이가 300 mm이다.

허용응력은 강철이 120 MPa, 목재가 6.5 MPa인 경우 강철판의 필요 두께 *t*는 얼마인가? (강재와 목재의 탄성계수는 각각 210 GPa, 10 GPa이라고 가정하고 보의 중량은 무시한다.)

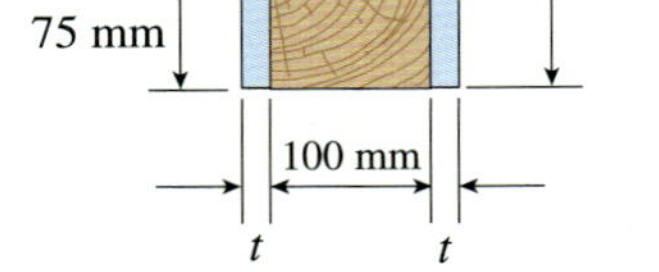

P10.10-3

대표문제

10.10-4 얇은 알루미늄 강선으로 만들어진 보의 단면이 그림에 나와 있다. 보의 폭은 $b=75$ mm, 알루미늄 강선의 두께는 $t=2.5$ mm, 플라스틱 세그먼트의 높이는 $d=30$ mm, $3d=90$ mm이고, 보의 총높이는 $h=160$ mm이다.

알루미늄과 플라스틱의 탄성계수는 각각 $E_{Al}=75$ GPa과 $E_p=3$ GPa일 때 1.2 kN·m의 굽힘 모멘트로 인한 알루미늄과 플라스틱의 최대 응력 σ_{Al} 및 σ_P를 구하시오.

10.10-5 철근 콘크리트 보(그림 참조)는 $M=160$ kN·m의 양의 굽힘 모멘트의 작용을 받는다. 강철 보강재는 직경 28 mm의 철근 네 개로 구성되고 이때 콘크리트의 탄성계수는 $E_c=25$ GPa이고 강철의 탄성계수는 $E_s=200$ GPa이다.

(a) 강철과 콘크리트에서 최대 응력을 구하시오.

(b) 콘크리트와 강철에 대한 허용응력이 각각 $\sigma_{ac}=9.2$ MPa 및 $\sigma_{as}=135$ MPa인 경우, 최대 허용 가능한 양의 굽힘 모멘트는 얼마인가?

(c) 균형 잡힌 조건을 달성해야 하는 경우 강철 보강 A_s의 필요한 면적은 무엇인가? 그리고 허용 가능한 양의 굽힘 모멘트는 얼마인가? (균형 설계에서 강철과 콘크리트가 동시에 허용응력값에 도달한다는 것을 떠올리자.)

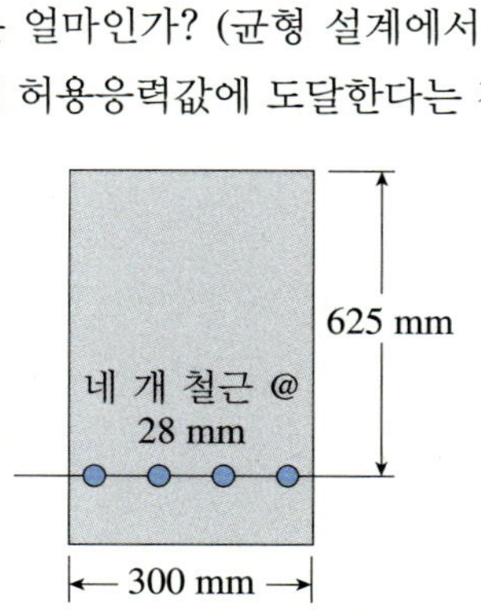

P10.10-5

10.11 비대칭 보의 굽힘

10.11절의 문제를 풀려면 중립축의 방향과 응력이 발견되는 지점의 위치를 보여주는 단면의 스케치를 그린다.

10.11-1 채널 구역이 있는 보는 z축에 대한 각 θ에서 벡터를 갖는 굽힘 모멘트 M을 받는다(그림 참조). 중립축의 방향을 결정하고 보의 최대 인장응력 σ_t 및 최대 압축응력 σ_c를 계산하시오. $M=0.75$ kN·m 및 $\theta=20°$의 UPN 200 채널 구역을 사용한다.

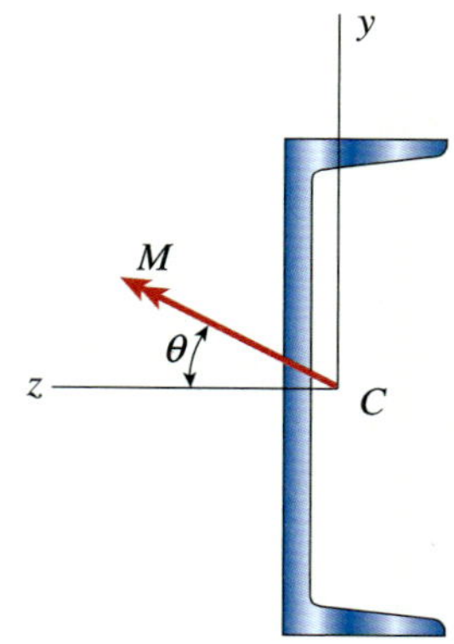

P10.11-1

10.11-2 UPN 220 채널 구역은 그림과 같이 동일한 다리가 부착된 앵글을 갖는다. 앵글은 린텔 보 역할을 한다. 결합된 강철 구역은 그림과 같이 z축을 따라 향하는 벡터를 갖는 굽힘 모멘트 M을 받는다. 결합된 부분의 중심 C는 채널의 중심(C_1)으로부터 x_c와 y_c 거리에 위치한다. 기본 축 x_1 및 y_1이 그림에 나와 있으며 속성 I_{x1}, I_{y1}, θ_P도 나와 있다.

중립축의 방향을 구하고, 앵글이 L 90×90×7 구역이고 $M=3.5$ kN·m인 경우 최대 인장응력 σ_t와 최대 압축응력 σ_c를 계산하시오. 이때 결합된 횡단의 주축에 대해 다음 특성을 사용한다. $I_{x_1}=35.14\times10^6$ mm^4, $I_{y_1}=4.265\times10^6$ mm^4, $\theta_p=7.826°$(CW), $x_c=11.32$ mm, $y_c=21.08$ mm.

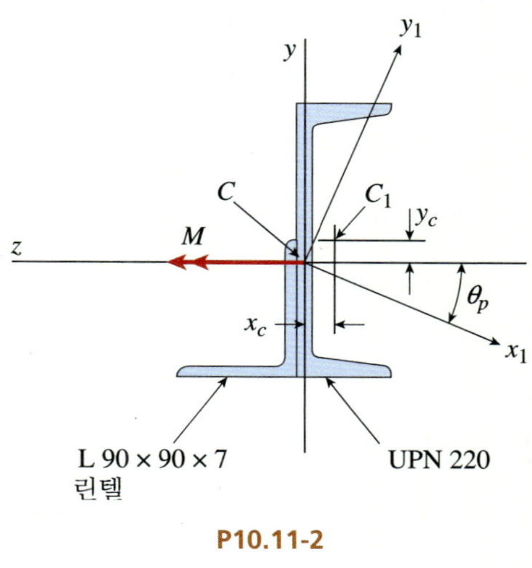

P10.11-2

CHAPTER 11

응력과 변형률의 해석

David J. Green - technology/Alamy Stock Photo

하중을 받는 투명 플라스틱 기계 부품에서 응력 형태를 보여주기 위하여 두 개의 편광 필터가 서로 다른 각도로 사용되었다.

이 장의 목적

- 평면응력 요소를 사용하여 물체의 한 점에서의 응력 상태를 정의한다.
- 회전된 응력 요소의 여러 가지 위치에서 응력 상태와 동등한 응력을 제공하는 평면응력 변환공식을 유도한다.
- 관심 대상이 되는 점에서 주응력으로 알려진 최대 및 최소 수직응력과 최대 전단응력을 구하기 위하여 변환공식을 사용한다.
- 응력을 받는 물체의 한 점에서 경사진 평면에 작용하는 수직응력과 전단응력 사이의 관계를 나타내는 모어 원으로 알려진 도식에 대한 도해적 방식의 수식 변환을 표현한다.
- 균질하고 등방성인 재료에 대하여 수직변형률과 수직응력 사이의 관계를 제공하는 평면응력에 대한 훅의 법칙을 정의한다.
- 3차원 응력 상태에 대하여 학습하고 구응력과 정수압으로 알려진 3축 응력 상태를 정의한다.
- 평면변형률에 대한 모어 원의 사용과 스트레인 게이지로 구성된 실험적 측정 분석에 사용되는 평면변형률의 변환공식을 유도한다.

이 장의 구성

11.1 서론

보, 축, 봉에서의 수직응력과 전단응력은 앞 장에서 논의된 기본적인 공식으로부터 계산될 수 있다. 예를 들면, 보에서의 응력은 굽힘과 전단 공식($\sigma = My/I$와 $\tau = VQ/Ib$)에서 구할 수 있고, 축의 응력은 비틀림 공식 $\tau = T\rho/I_p$에서 얻을 수 있다. 이러한 공식에서 계산된 응력은 부재의 단면에 작용하지만 더 큰 응력은 **경사진 단면**(inclined section)에서 나타날 수 있다. 따라서 응력과 변형률의 해석은 부재를 관통하여 잘라낸 경사진 단면에 작용하는 수직응력과 전단응력을 구하기 위한 방법을 논의하는 것부터 시작한다.

단축응력(uniaxial stress)과 **순수전단**(pure shear)이 작용하는 경사진 단면에 작용하는 수직응력과 전단응력에 대한 식을 8.6절과 9.5절에 나타내었다. 단축응력의 경우, 최대 수직응력은 수직 단면에서 발생하지만, 최대 전단응력은 축에서 45° 기울어진 평면에서 발생한다. 순수전단의 경우 최대 인장 및 압축응력은 45° 평면에서 발생한다. 유사한 방법으로 보를 관통하여 자른 경사진 단면에 대한 응력은 수직단면에 작용하는 응력보다 더 클 수 있을 것이다. 그러한 응력을 계산하기 위하여 **평면응력**(plane stress)이라 알려진 보다 일반적인 응력 상태하에서 경사진 단면에 작용하는 응력을 결정해야 한다(11.2절).

평면응력에 대한 논의에서 **응력 요소**(stress elements)는 물체의 한 점에서의 응력 상태를 나타낸다. 응력 요소는 앞 절의 특별한 경우에 논의되었지만(8.6절과 9.5절) 지금은 보다 더 공식화된 방법으로 사용한다. 먼저 알려진 응력에 대한 요소를 고려하는 것으로 해석을 시작하고, 이후 다른 방향으로 회전된 요소의 면에 작용하는 응력을 계산하는 **변환공식**(transformation equation)을 유도할 것이다.

응력 요소를 이용할 때, **응력 상태**(state of stress)를 묘사하기 위하여 사용되고 있는 요소의 회전과 관계없이, 응력을 받는 물체의 한 점에는 단지 하나의 고유한 응력 상태만 존재한다는 것을 명심해야 한다. 하나의 물체의 동일한 점에 다른 회전방향을 가진 두 개의 요소가 있을 때, 두 요소의 면에 작용하는 응력은 다르지만 여전히 고려하고 있는 지점에서의 응력과 동일한 응력 상태를 나타낸다. 이러한 상황은 힘 벡터를 성분으로 표현하는 것과 유사하다. 비록 좌표축이 새로운 위치로 회전될 때 그 힘의 성분은 달라지지만 힘 자체는 동일하다.

추가로, 응력은 벡터가 아니라는 것을 명심해야 한다. 이 점은 때때로 혼동될 수 있다. 왜냐하면 공학도는 힘 벡터를 화살표로 나타내듯이 통상 응력을 화살표로 표현하기 때문이다. **비록 화살표는 응력의 크기와 방향을 표현하는 데 사용할지라도 응력은 평행사변형 덧셈 법칙에 의해 합성되지 않기 때문에 벡터가 아니다.** 대신 응력은 수학적으로는 벡터보다는 더 복잡한 양으로 **텐서**(tensor)로 불린다. 역학에서 또 다른 텐서양은 변형률과 관성 모멘트가 있다.

11.2 평면응력

인장과 압축을 받는 봉, 비틀림을 받는 축, 굽힘을 받는 보를 해석할 때 앞 장에서 다른 응력 상태는 **평면응력**이라 불리는 응력 상태의 예이다. 평면응력을 설명하기 위하여 그림 11-1a에 있는 응력 요소를 생각하자. 이 요소는 크기가 미소하고 정육면체나 직육면체로 그려질 수 있다. *xyz*축은 요소의 모서리와 평행하고 앞선 7.6절에서 설명한 것처럼 요소의 면은 바깥쪽이 수직인 방향으로 표시된다. 예를 들어 요소의 오른쪽 면은 양의 *x*면으로 표시되고, (뒤쪽에 숨겨진) 왼쪽 면은 음의 *x*면으로 표시된다. 동일하게 상부 면은 양의 *y*면이고 전면부는 양의 *z*면이다.

재료가 *x*-*y*평면에서 평면응력 상태일 때는 요소의 *x*와 *y*면만 응력을 받고, 모든 응력은 그림 11-1a처럼 *x*와 *y*축에 평행하다. 이러한 응력 조건은 매우 일반적인데 이것은 표면에 외력이 작용하는 지점을 제외하면, 응력을 받는 물체의 모든 표면에도 존재하는 조건이기 때문이다. 그림 11-1a에 보이는 요소가 물체의 자유표면에 위치하고 있을 때, *z*축은 표면에 수직이고, *z*평면은 표면의 평면이 된다.

그림 11-1a에 보이는 응력에 대한 기호는 다음과 같은 의미를 갖는다. **수직응력**(normal stress) σ는 응력이 작용하는 면을 정의하는 첨자를 가지고 있다. 예를 들어 응력 σ_x는 요소의 *x*면에 작용하고, 응력 σ_y는 요소의 *y*면에 작용한다. 요소는 미소하기 때문에 동등한 수직응력이 반대쪽 면에 작용한다. **수직응력에 대한 부호 규약**(sign convention for normal stress)은 익숙한 것이다. 즉, 인장은 양이고 압축은 음이다.

전단응력(shear stress) τ는 두 개의 첨자를 가진다. 첫 번째 첨자는 응력이 작용하는 면을 의미하고 두 번째 첨자는 면의 방향을 의미한다. 따라서 응력 τ_{xy}는 *y*축의 방향으로 *x*면에 작용하는 것이고(그림 11-1a), 응력 τ_{yx}는 *x*축의 방향으로 *y*면에 작용하는 응력이다.

전단응력에 대한 부호 규약(sign convention for shear stress)은 다음과 같다. 축의 양의 방향으로 요소의 양의 면에 전단응력이 작용하면 양이고, 축의 음의 방향으로 요소의 양의 면에 전단응력이 작용하면 음이다. 따라서 그림 11-1a에 양의 *x*면과 양의 *y*면에 표시된 응력 τ_{xy}와 τ_{yx}는 양의 전단응력이다. 유사하게 요소의 음의 면에서 전단응력이 축의 음의 방향으로 작용하면 양이다. 따라서 음의 *x*와 *y*면에 표시된 응력 τ_{xy}와 τ_{yx} 역시 양이다.

전단응력에 대한 부호 규약은 다음과 같이 기술하면 기억하기 쉽다.

전단응력은 첨자로 조합된 방향이 양-양 또는 음-음일 때 양이고, 방향이 양-음 또는 음-양일 때는 음이다.

이전의 전단응력에 대한 부호 규약은 요소의 평형과 일치한다. 왜냐하면 미소 요소의 반대쪽 면에 대한 전단응력은 반드시 방향은 반대이고 크기는 같아야 하기 때문이다. 따라서 이 부호 규약에 따르면 양의 응력 τ_{xy}는 양의 면(그림 11-1a)에서 위쪽으로 작용하고 음의 면에서는 아래쪽으로 작용한다. 동일하게 요소의 상부 면과 하부 면에 작용하고 있는 응력 τ_{yx}는 비록 방향은 반대이지만 양이다.

그림 11-1

평면응력에서의 요소: (a) *xyz*축으로 향하는 3차원 요소, (b) 동일한 방향의 2차원 요소, (c) $x_1y_1z_1$축으로 회전한 2차원 요소

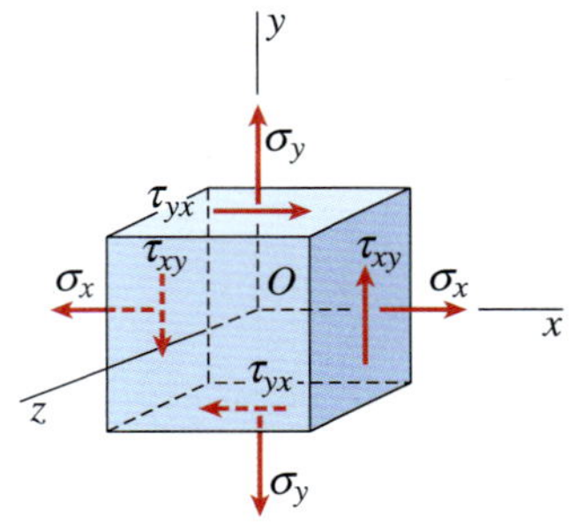

(a)

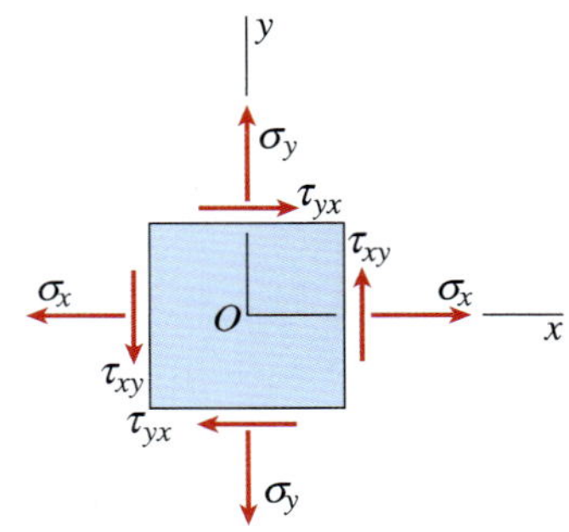

(b)

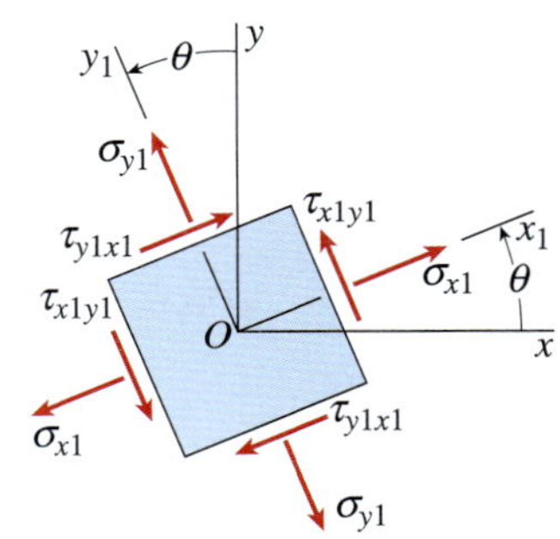

(c)

그림 11-1(반복)

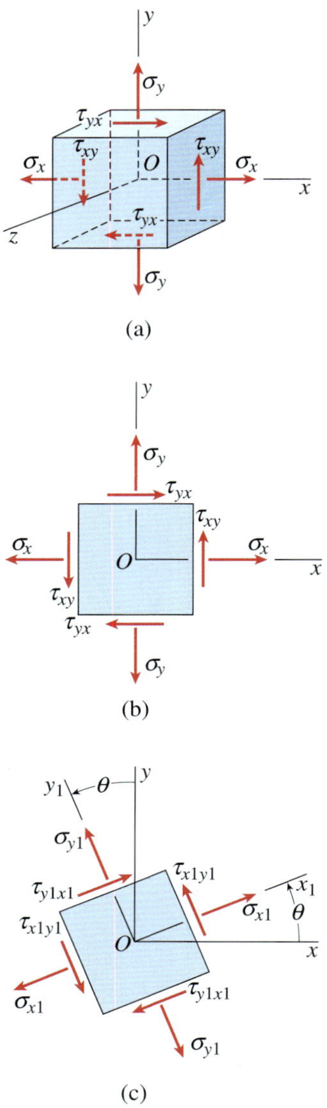

서로 수직인 평면에 있는 전단응력은 크기는 동일하고 방향은 면이 교차하는 모서리 쪽으로 같이 향하거나 같이 멀어지는 쪽으로 향한다. 그림에서 τ_{xy}와 τ_{yx}가 방향에서는 양인 것을 생각하면 이러한 관찰과 일치한다. 따라서 다음과 같이 쓸 수 있다.

$$\tau_{xy} = \tau_{yx} \tag{11-1}$$

이 관계는 요소의 평형으로부터 이미 유도되었다(7.6절 참조).

평면응력 요소를 편하게 그리기 위해서는 그림 11-1b와 같이 2차원의 요소로 그린다. 비록 이러한 종류의 그림은 요소에 작용하는 모든 응력을 보여주는 데 적합하지만, 요소는 그림의 면에 수직인 방향으로 두께를 가진 물체라는 것을 항상 염두에 두어야 한다.

경사진 단면에서의 응력

응력 σ_x, σ_y, τ_{xy}(그림 11-1a와 b)를 알고 있다고 할 때, 이제 경사진 단면에 작용하는 응력을 고찰해보자. 경사진 단면에 작용하는 응력을 나타내기 위하여 처음 요소(그림 11-1b)처럼 재료에서 동일한 점에 위치한 새로운 응력 요소(그림 11-1c)를 고려하자. 하지만 새로운 요소는 경사진 방향에 평행한 면과 수직인 면을 변으로 갖는다. 새로운 요소의 축은 x_1, y_1, z_1축으로 z_1축은 z축과 일치하고, x_1y_1축은 x-y축에 대하여 각도 θ만큼 반시계방향으로 회전되어 있다.

새로운 요소에 작용하는 수직응력과 전단응력을 σ_{x1}, σ_{y1}, τ_{x1y1}, τ_{y1x1}로 표기한다. 여기서 x-y 요소에 작용하는 응력에 대하여 앞서 기술한 것과 동일한 부호 규약과 첨자 표시를 사용한다. 전단응력에 대하여 앞선 결론을 적용하면 다음과 같다.

$$\tau_{x1y1} = \tau_{y1x1} \tag{11-2}$$

이 식과 요소의 평형으로부터, **만일 면들 중 어떠한 한 면에 작용하는 전단응력을 결정한다면 평면응력 요소의 모든 네 면에 작용하는 전단응력을 알 수 있다.**

경사진 x_1y_1 요소에 작용하는 응력들(그림 11-1c)은 평형 방정식을 사용하여 x-y 평면에 작용하는 응력들의 항(그림 11-1b)으로 나타낼 수 있다. 이를 위해서 그림 11-1c에 있는 경사진 요소의 x_1면과 같은 경사진 면을 가지는 **쐐기모양 응력 요소**(wedge-shaped stress element)를 선택한다. 쐐기의 나머지 두 면은 x와 y축에 평행하다.

쐐기에 대한 평형 방정식을 쓰기 위해 면에 작용하는 힘이 표시된 자유물체도를 작성한다. 좌측 면(음의 x면)의 면적을 A_0이라 하자. 그러면 면에 작용하는 수직력과 전단력은 그림 11-2b의 자유물체도에 나타난 것처럼 $\sigma_x A_0$과 $\tau_{xy} A_0$이 된다. 하단 면(음의 y면)의 면적은 $A_0 \tan\theta$이고 경사진 평면(양의 x_1면)의 면적은 $A_0 \sec\theta$이다. 따라서 이 면들에 작용하는 수직력과 전단력은 그림 11-2b에 나타난 것과 같은 크기와 방향을 가진다.

좌측 면 및 하단 면에 작용하는 힘은 x_1과 y_1방향으로 작용하는 직교성분으로 분해될 수 있다. 그러면 각 방향으로 힘을 더하여 두 개의 평형식을 얻을 수 있다. x_1 방향의 힘을 합하여 얻은 첫 번째 식은 아래와 같다.

$$\sigma_{x1}A_0 \sec\theta - \sigma_x A_0 \cos\theta - \tau_{xy}A_0 \sin\theta$$
$$- \sigma_y A_0 \tan\theta \sin\theta - \tau_{yx}A_0 \tan\theta \cos\theta = 0$$

같은 방식으로 y_1방향에 대한 합력은 아래와 같이 주어진다.

$$\tau_{x1y1}A_0 \sec\theta + \sigma_x A_0 \sin\theta - \tau_{xy}A_0 \cos\theta$$
$$- \sigma_y A_0 \tan\theta \cos\theta + \tau_{yx}A_0 \tan\theta \sin\theta = 0$$

다음 두 식을 얻기 위하여 $\tau_{xy}=\tau_{yx}$의 관계를 이용하고 단순화하여 정리한다.

$$\sigma_{x1} = \sigma_x \cos^2\theta + \sigma_y \sin^2\theta + 2\tau_{xy} \sin\theta\cos\theta \qquad \textbf{(11-3a)}$$

$$\tau_{x1y1} = -(\sigma_x - \sigma_y)\sin\theta\cos\theta + \tau_{xy}(\cos^2\theta - \sin^2\theta) \qquad \textbf{(11-3b)}$$

식 (11-3a)와 (11-3b)는 x_1평면에 작용하는 수직응력과 전단응력을 각도 θ와 x와 y평면에 작용하는 응력 σ_x, σ_y, τ_{xy}를 사용하여 나타낸다.

$\theta=0$인 특별한 경우에 식 (11-3a)와 (11-3b)는 예상대로 $\sigma_{x1}=\sigma_x$이고 $\tau_{x1y1}=\tau_{xy}$가 된다. 또한 $\theta=90°$일 때, 식은 $\sigma_{x1}=\sigma_y$이고 $\tau_{x1y1}=-\tau_{xy}=-\tau_{yx}$가 된다. 후자의 경우, $\theta=90°$일 때 x_1축은 수직으로 세워지기 때문에 응력 τ_{x1y1}은 좌측으로 작용할 때 양이 된다. 하지만 응력 τ_{yx}는 우측으로 작용하고 있어 $\tau_{x1y1}=-\tau_{yx}$이다.

그림 11-2

평면응력에서 쐐기모양 응력 요소: (a) 요소에 작용하는 응력과 (b) 요소에 작용하는 하중(자유물체도)

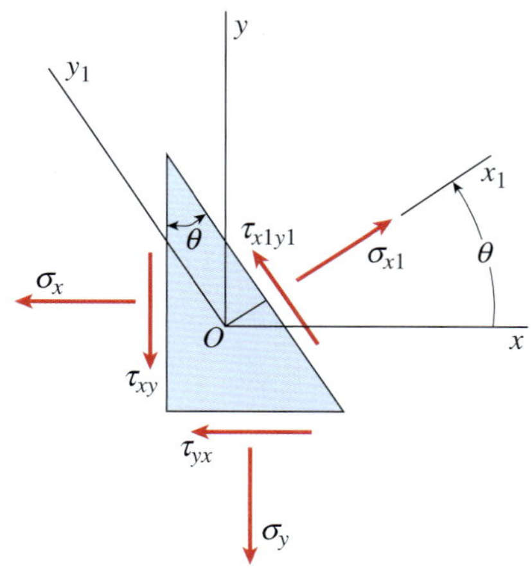

(a) 응력

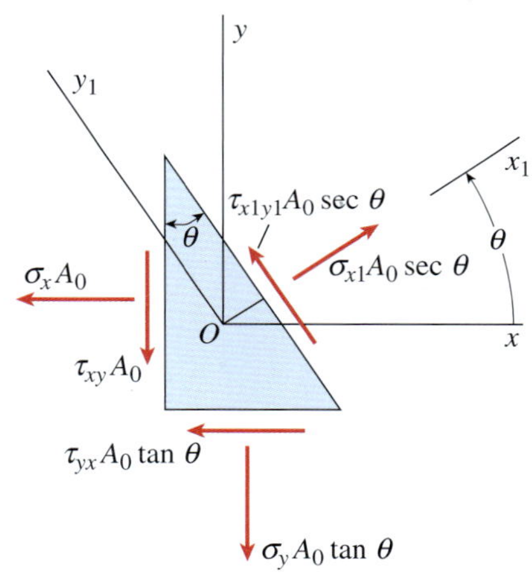

(b) 하중

평면응력의 변환공식

경사진 단면에 작용하는 응력에 대한 식 (11-3a)와 (11-3b)는 다음의 삼각함수 항등식(부록 A 참조)을 도입하면 보다 편리한 형태로 표현될 수 있다.

$$\cos^2\theta = \frac{1}{2}(1+\cos 2\theta) \qquad \sin^2\theta = \frac{1}{2}(1-\cos 2\theta)$$
$$\sin\theta\cos\theta = \frac{1}{2}\sin 2\theta$$

위 식을 대입하면 다음과 같다.

$$\sigma_{x1} = \frac{\sigma_x + \sigma_y}{2} + \frac{\sigma_x - \sigma_y}{2}\cos 2\theta + \tau_{xy}\sin 2\theta \qquad \textbf{(11-4a)}$$

$$\tau_{x1y1} = -\frac{\sigma_x - \sigma_y}{2}\sin 2\theta + \tau_{xy}\cos 2\theta \qquad \textbf{(11-4b)}$$

이 식은 한 축 조합에서 다른 축 조합으로 응력 성분을 변환하기 때문에, 일반적으로 **평면응력에 대한 변환공식**(transformation equations for plane stress)으로 불린다. 그러나 관심 대상인 한 지점의 고유한 상태는 xy 요소(그림 11-1b)에 작용하는 응력으로 표현되든 경사진 x_1y_1 요소(그림 11-1c)에 작용하는 응력으로 표현되든 모두 동일하다.

변환공식은 요소의 평형에서 단독으로 유도되었기 때문에 어떤 종류의 재료든, 선형 또는 비선형이든, 탄성 또는 비탄성이든 관계없이 적용할 수 있다.

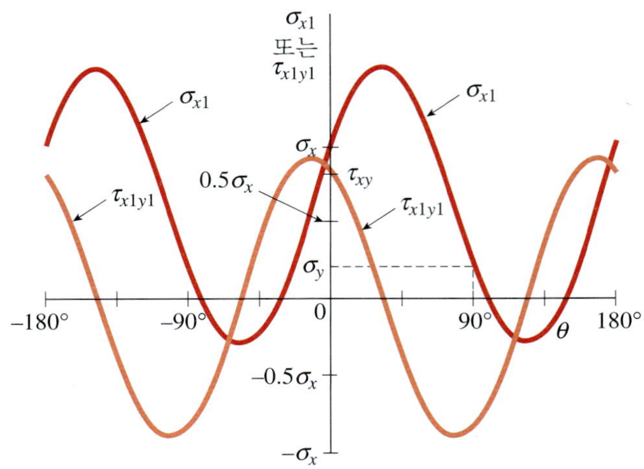

그림 11-3
θ 각에 따른 수직응력 σ_{x1}과 전단응력 τ_{x1y1}의 그래프($\sigma_y = 0.2\sigma_x$, $\tau_{xy} = 0.8\sigma_x$인 경우)

수직응력에 관한 중요한 사실을 변환공식에서 알 수 있다. 우선 경사진 요소의 y_1 면에 작용하는 수직응력 σ_{y1}(그림 11-1c)은 식 (11-4a)에서 θ를 $\theta + 90°$로 대체하여 얻을 수 있다. 그 결과로 σ_{y1}은 다음 식과 같다.

$$\sigma_{y1} = \frac{\sigma_x + \sigma_y}{2} - \frac{\sigma_x - \sigma_y}{2}\cos 2\theta - \tau_{xy}\sin 2\theta \tag{11-5}$$

σ_{x1}과 σ_{y1}에 대한 식[식 (11-4a)와 (11-5)]을 더하여 평면응력에 대하여 다음 식을 얻을 수 있다.

$$\sigma_{x1} + \sigma_{y1} = \sigma_x + \sigma_y \tag{11-6}$$

이 식은 (응력을 받는 물체의 주어진 한 점의)평면응력 요소에 서로 수직인 면들에 작용하는 수직응력의 합은 일정하고 각도 θ에 무관하다는 것을 보여준다.

수직응력과 전단응력이 변화하는 형태는 그림 11-3에 나타나 있다. 이것은 각도 θ에 따른 σ_{x1}과 τ_{x1y1}[식 (11-4a)와 (11-4b)]에 대한 그래프이다. 이 그래프는 $\sigma_y = 0.2\sigma_x$이고 $\tau_{xy} = 0.8\sigma_x$인 특별한 경우에 대해서 작성되었다. 그래프는 요소의 회전각의 변화에 따라서 응력이 연속적으로 변화하는 것을 보여준다. 어떤 각도에서는 수직응력이 최대 또는 최소의 값을 가지고, 어떤 각도에서는 수직응력이 0이 된다. 비슷하게 전단응력도 어떤 각도에서는 최대, 최소 또는 0이 된다. 최댓값과 최솟값에 대한 자세한 논의는 11.3절에서 다룬다.

평면응력의 특별한 경우

일반적인 경우의 평면응력은 특별한 조건하에서 응력 상태가 더 간단하게 줄어든다. 예를 들면, 요소 xy(그림 11-1b)에 작용하는 응력이 수직응력 σ_x를 제외하고 모두 0인 경우에 요소는 **단축응력**(그림 11-4)이 된다. σ_y와 τ_{xy}를 0으로 놓으면 이에 해당하는 변환공식은 다음과 같다.

그림 11-4
단축응력 상태의 요소

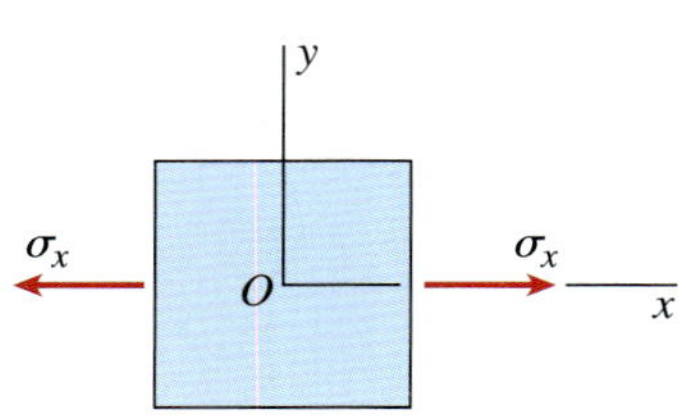

$$\sigma_{x1} = \frac{\sigma_x}{2}(1 + \cos 2\theta) \qquad \tau_{x1y1} = -\frac{\sigma_x}{2}(\sin 2\theta) \tag{11-7a, b}$$

경사진 평면에 작용하는 응력에 대하여 보다 일반적인 표기를 사용한 것을 제외하면, 이 식은 앞서 8.6절[식 (8-29a)와 (8-29b) 참조]에서 유도된 식과 동일하다.

다른 특별한 경우는 **순수전단**(그림 11-5)이고, 이는 변환공식에서 $\sigma_x = 0$과 $\sigma_y = 0$을 식 (11-4a)와 (11-4b)에 대입하여 얻어진다.

$$\sigma_{x1} = \tau_{xy} \sin 2\theta \qquad \tau_{x1y1} = \tau_{xy} \cos 2\theta \tag{11-8a, b}$$

다시, 이 식은 이미 유도했던 식과 동일하다[9.5절의 식 (9-29a, b) 참조].

마지막으로 **2축 응력**(biaxial stress)의 특별한 경우인데, 이것은 요소 xy는 전단응력은 받지 않고 x축과 y축의 양쪽 방향에서 수직응력(그림 11-6)을 받고 있는 것이다. 2축 응력에 대한 식은 식 (11-4a)와 (11-4b)에서 τ_{xy} 항을 제거하면 다음과 같다.

$$\sigma_{x1} = \frac{\sigma_x + \sigma_y}{2} + \frac{\sigma_x - \sigma_y}{2} \cos 2\theta \tag{11-9a}$$

$$\tau_{x1y1} = -\frac{\sigma_x - \sigma_y}{2} \sin 2\theta \tag{11-9b}$$

2축 응력은 얇은 벽을 갖는 압력용기(12.2절과 12.3절 참조)를 포함하여 많은 종류의 구조물에서 발생한다.

그림 11-5
순수전단 상태의 요소

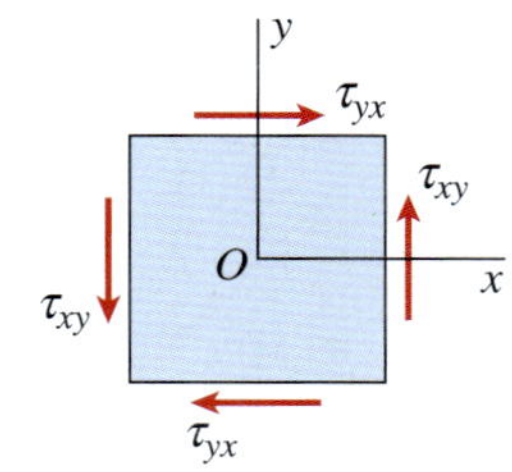

그림 11-6
2축 응력 상태의 요소

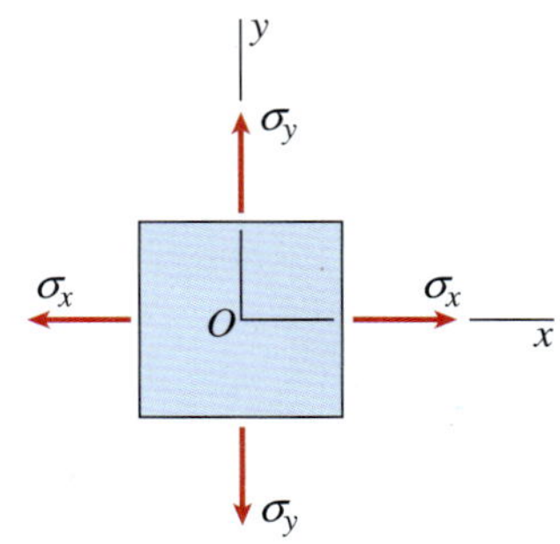

예제 11-1

그림 11-7
예제 11-1: (a) 원통형 압력용기의 C점의 응력 요소, (b) 평면응력 요소 C

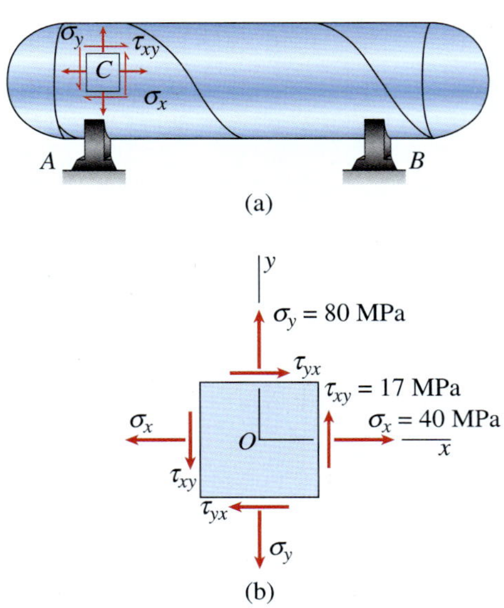

원통형 압력용기가 A점과 B점에서 단순 지지되어 있다(그림 11-7 참조). 용기 벽에 있는 지점 C의 응력 요소에서 길이방향 응력 σ_x= 40 MPa과 원주방향 응력 σ_y=80 MPa이 발생하는 내압이 용기에 작용하고 있다. 또한 지진으로 변위가 다른 침하가 발생하여 지지점 B가 회전하였고, 이는 τ_{xy}=17 MPa의 전단응력을 발생시키는 비틀림 모멘트를 작용시켰다. θ=45°로 회전된 요소 C에 작용하는 응력을 구하시오.

풀이

4단계 문제풀이 접근방법을 사용한다. 효율적인 문제풀이를 위해 필요에 따라 단계를 합한다.

1, 2. 개념화[가정, 스케치], 분류[단순화, 분류화]

변환공식: 경사진 요소에 작용하는 응력을 구하기 위하여 식 (11-4a)와 (11-4b)에 주어진 변환공식을 사용한다. 주어진 수치를 공식에 대입하여 다음의 값을 얻는다.

그림 11-7(계속)

(c) $\theta=45°$로 회전한 요소 C

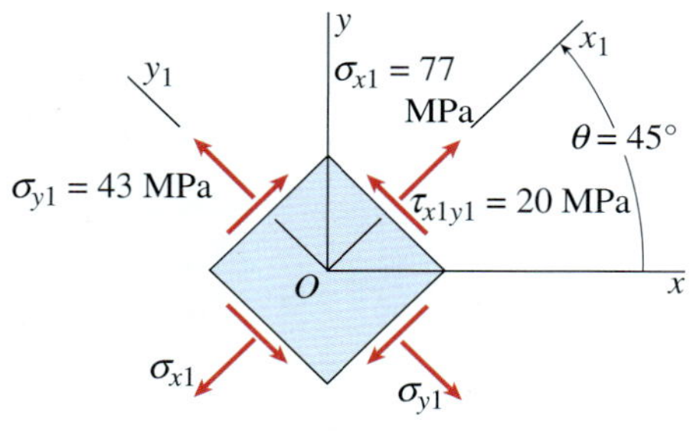

(c)

연료 저장 탱크

$$\frac{\sigma_x + \sigma_y}{2} = 60 \text{ MPa} \quad \frac{\sigma_x - \sigma_y}{2} = -20 \text{ MPa} \quad \tau_{xy} = 17 \text{ MPa}$$

$$\sin 2\theta = \sin 90° = 1 \quad \cos 2\theta = \cos 90° = 0$$

3. 해석[수치계산, 적절한 식 선정, 수학적인 해를 구함] 이 값들을 식 (11-4a)와 (11-4b)에 대입하면 다음을 얻을 수 있다.

$$\sigma_{x1} = \frac{\sigma_x + \sigma_y}{2} + \frac{\sigma_x - \sigma_y}{2}\cos 2\theta + \tau_{xy}\sin 2\theta$$
$$= 60 \text{ MPa} + (-20 \text{ MPa})(0) + (17 \text{ MPa})(1) = 77 \text{ MPa}$$

$$\tau_{x1y1} = -\frac{\sigma_x - \sigma_y}{2}\sin 2\theta + \tau_{xy}\cos 2\theta$$
$$= -(-20 \text{ MPa})(1) + (17 \text{ MPa})(0) = 20 \text{ MPa}$$

추가로, 응력 σ_{y1}은 식 (11-5)로부터 얻을 수 있다.

$$\sigma_{y1} = \frac{\sigma_x + \sigma_y}{2} - \frac{\sigma_x - \sigma_y}{2}\cos 2\theta - \tau_{xy}\sin 2\theta$$
$$= 60 \text{ MPa} - (-20 \text{ MPa})(0) - (17 \text{ MPa})(1) = 43 \text{ MPa}$$

4. 최종 단계[결론, 해의 검증 — 해가 합당한가? 단위가 맞는가? 비슷한 문제풀이 방법과 비교해볼 때 어떠한가?]

응력 요소: 이러한 결과로부터 그림 11-7c에 있는 것처럼 $\theta=45°$로 회전된 요소의 모든 면에 작용하는 응력을 쉽게 얻을 수 있다. 화살표는 응력이 실제로 작용하는 방향을 나타낸다. 특별히 모두 같은 크기를 가진 전단응력의 방향에 유의하라. 또한 수직응력의 합은 일정하고 120 MPa[식 (11-6) 참조]로 같은 것을 관찰하자.

참고: 그림 11-7c에 도시된 응력은 그림 11-7b에 도시된 응력이 나타내는 것과 동일하고 고유한 응력 상태를 나타낸다. 하지만 응력이 작용하는 요소가 서로 다른 방향을 가지고 있기 때문에 응력값은 다르게 나타난다.

예제 11-2

원통형 압력용기가 A와 B에서 단순 지지 상태로 놓여 있다(그림 11-8 참조). 용기는 길이방향 축에 대해 $\theta=35°$로 나선으로 용접되어 있다. 용기는 내압을 받으며 지지점 B의 침하로 인하여 비틀림 전단응력을 받는다. 용접 이음부를 따라 수직으로 놓인 요소 D의 응력 상태가 그림 11-8b에 나타나 있다. 용기의 길이방향 축의 방향과 같도록 요소를 $\theta = -35°$ 회전했을 때 요소 D의 등가 응력 상태를 구하시오.

풀이

4단계 문제풀이 접근방법을 사용한다. 효율적인 문제풀이를 위해 필요에 따라 단계를 합한다.

그림 11-8

예제 11-2: (a) 원통형 압력용기의 응력 요소 D, (b) 평면응력 상태의 요소 D, (c) $\theta = -35°$로 회전된 요소 D

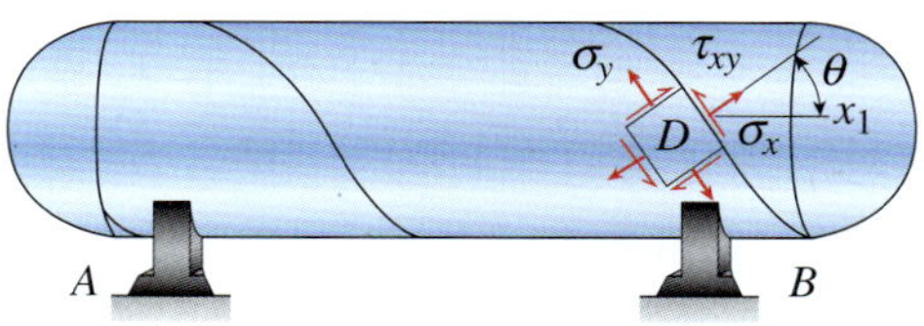

(a)

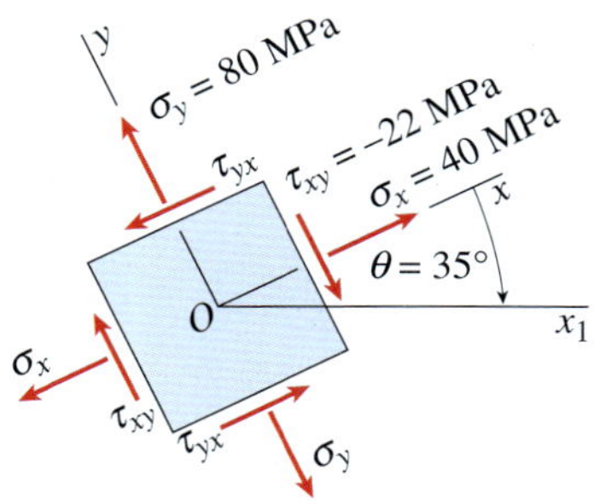

(b)

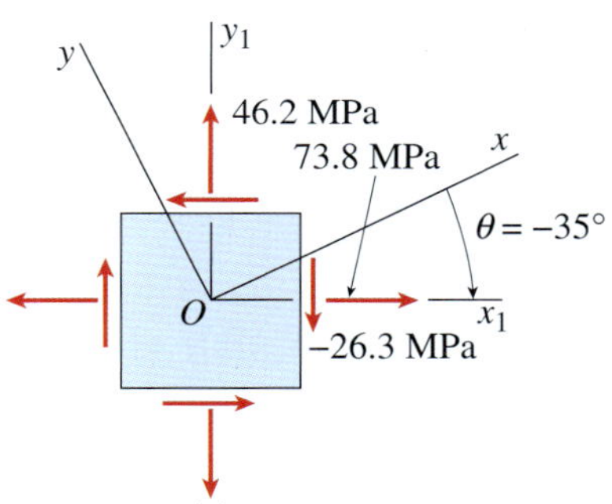

(c)

받침대에 놓인 연료 저장 탱크

1, 2. 개념화, 분류 원래의 요소(그림 11-8b)에 작용하는 응력은 다음과 같다.

$$\sigma_x = 40 \text{ MPa} \qquad \sigma_y = 80 \text{ MPa} \qquad \tau_{xy} = -22 \text{ MPa}$$

시계방향으로 $-35°$ 회전한 요소는 그림 11-8c에 나타나 있다. 여기서 x_1은 x축에 대해 $\theta = -35°$의 각도를 갖는다.

응력 변환공식: 식 (11-4a)와 (11-4b)에 주어진 변환공식을 사용하여 $\theta = -35°$ 회전된 요소의 x_1면에 작용하는 응력을 쉽게 계산할 수 있다. 계산 결과는 다음과 같다.

$$\frac{\sigma_x + \sigma_y}{2} = 60 \text{ MPa} \qquad \frac{\sigma_x - \sigma_y}{2} = -20 \text{ MPa}$$

$$\sin 2\theta = \sin(-70°) = -0.94 \quad \cos 2\theta = \cos(-70°) = 0.342$$

3. 해석 변환공식에 대입하면 다음을 얻는다.

$$\begin{aligned}\sigma_{x1} &= \frac{\sigma_x + \sigma_y}{2} + \frac{\sigma_x - \sigma_y}{2}\cos(2\theta) + \tau_{xy}\sin(2\theta)\\ &= 60 \text{ MPa} + (-20 \text{ MPa})(0.342) + (-22 \text{ MPa})(-0.94)\\ &= 73.8 \text{ MPa}\end{aligned}$$

$$\begin{aligned}\tau_{x1y1} &= -\left(\frac{\sigma_x - \sigma_y}{2}\right)\sin(2\theta) + \tau_{xy}\cos(2\theta)\\ &= -(-20 \text{ MPa})(-0.94) + (-22 \text{ MPa})(0.342) = -26.3 \text{ MPa}\end{aligned}$$

y_1면[식 (11-5) 참조]에 작용하는 수직응력은 다음과 같다.

$$\begin{aligned}\sigma_{y1} &= \frac{\sigma_x + \sigma_y}{2} - \frac{\sigma_x - \sigma_y}{2}\cos(2\theta) - \tau_{xy}\sin(2\theta)\\ &= 60 \text{ MPa} - (-20 \text{ MPa})(0.342) - (-22 \text{ MPa})(-0.94)\\ &= 46.2 \text{ MPa}\end{aligned}$$

4. 최종 단계 결과에서 확인되는 $\sigma_{x1} + \sigma_{y1} = \sigma_x + \sigma_y$를 유의하자.

회전된 요소에 작용하는 응력은 그림 11-8c에 나타나 있다. 여기서 화살표는 응력의 실제 방향을 나타낸다. 그림 11-8에 나타난 두 응력 요소는 동일한 응력 상태를 나타내는 것에 유의하자.

11.3 주응력과 최대 전단응력

평면응력에 대한 변환공식은 축이 θ의 각도로 회전하는 동안 수직응력 σ_{x1}과 전단응력 τ_{x1y1}이 연속적으로 변화하는 것을 보여준다. 이 변화를 특정 응력 조합에 대하여 그림 11-3에 나타내었다. 그림에서 수직응력과 전단응력 모두 90° 간격에서 최댓값과 최솟값을 가진다. 당연히 이러한 최댓값과 최솟값은 보통 설계과정에서 요구된다. 예를 들어 기계나 비행기와 같은 구조물의 피로파괴는 최대 응력과 관련이 자주 있고, 그렇기 때문에 최대 응력의 크기와 방향은 설계과정(그림 11-9 참조)의 일부로 결정되어야만 한다.

그림 11-9
크레인-훅 모델에서 광탄성 간섭무늬는 주응력을 나타낸다: (a) 크레인-훅 사진, (b) 광탄성 간섭무늬

Frans Lemmens/The Image Bank/Getty Images

(a)

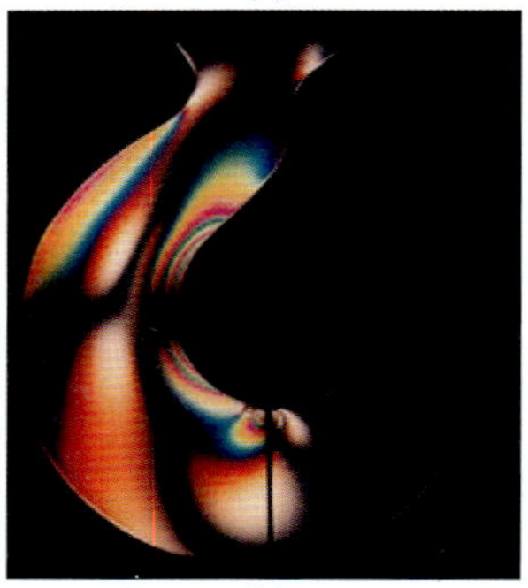

Courtesy Eann Patterson

(b)

주응력

주응력(principal stress)이라 불리는 최대 및 최소 수직응력은 수직응력 σ_{x1}[식 (11-4a)]에 대한 변환공식으로부터 구할 수 있다. θ에 대한 σ_{x1}의 미분을 취하고 이것을 0으로 두면 σ_{x1}이 최대 또는 최소인 θ의 값을 계산하는 식을 얻을 수 있다.

미분식은 다음과 같다.

$$\frac{d\sigma_{x1}}{d\theta} = -(\sigma_x - \sigma_y)\sin 2\theta + 2\tau_{xy}\cos 2\theta = 0 \qquad \textbf{(11-10)}$$

여기서 다음을 얻는다.

$$\tan 2\theta_p = \frac{2\tau_{xy}}{\sigma_x - \sigma_y} \qquad \textbf{(11-11)}$$

아래 첨자 p는 각도 θ_p가 주응력이 작용하는 평면인 **주평면**(principal planes)의 방향을 정의한다는 것을 나타낸다.

0~360° 사이에서 각도 $2\theta_p$의 두 값은 식 (11-11)에서 구할 수 있다. 이 값은 180° 차이가 나고 하나는 0~180° 사이에, 다른 하나는 180~360° 사이에 있다. 그러므로 각도 θ_p는 90° 차이가 나는 두 값을 갖게 된다. 하나는 0~90°, 다른 하나는 90~180° 사이에 있다. θ_p의 두 값은 **주각**(principal angles)이라 한다. 이 각도 중 하나에 대해서 수직응력 σ_{x1}은 **최대** 주응력이 되고, 또 다른 하나에서는 **최소** 주응력이 된다. 주각은 90°의 차이가 있기 때문에 **주응력은 서로 직교하는 평면에서 발생한다.**

주응력의 값은 θ_p의 두 값을 각각 첫 번째 변환공식[식 (11-4a)]에 대입하고 σ_{x1}에 대하여 풀이하면 얻을 수 있다. 이러한 방식으로 주응력을 결정함으로써 주응력값도 얻고 주응력이 어떤 주각과 관련되어 있는지도 알 수 있다.

또한 주응력에 대한 일반적인 공식을 얻을 수 있다. 그러기 위하여 식 (11-11)로부터 만들어진 그림 11-10의 직각삼각형을 참조하자. 피타고라스 공식에서 얻어진 삼각형의 빗면은 다음과 같다.

그림 11-10
식 (11-11)의 기하학적 도해

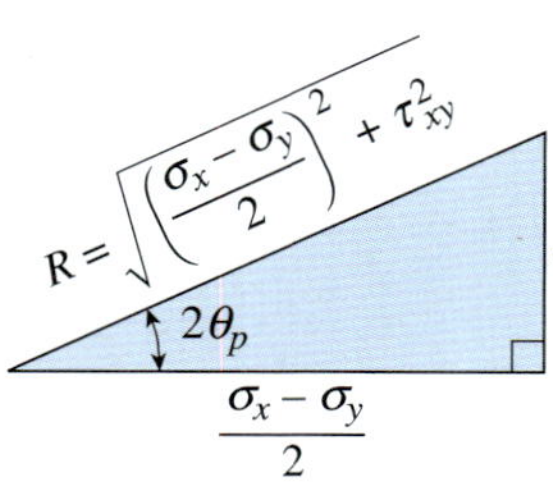

$$R = \sqrt{\left(\frac{\sigma_x - \sigma_y}{2}\right)^2 + \tau_{xy}^2} \qquad \textbf{(11-12)}$$

R의 크기는 항상 양의 값이고 삼각형의 다른 두 변처럼 응력의 단위를 가진다. 삼각형으로부터 얻어진 두 관계식은

$$\cos 2\theta_p = \frac{\sigma_x - \sigma_y}{2R} \qquad \sin 2\theta_p = \frac{\tau_{xy}}{R} \tag{11-13a, b}$$

$\cos 2\theta_p$와 $\sin 2\theta_p$에 대한 이 식을 식 (11-4a)에 대입하고, 두 주응력 중 대수적으로 더 큰 것을 얻어 σ_1로 표기하면

$$\begin{aligned}\sigma_1 = \sigma_{x1} &= \frac{\sigma_x + \sigma_y}{2} + \frac{\sigma_x - \sigma_y}{2} \cos 2\theta_p + \tau_{xy} \sin 2\theta_p \\ &= \frac{\sigma_x + \sigma_y}{2} + \frac{\sigma_x - \sigma_y}{2}\left(\frac{\sigma_x - \sigma_y}{2R}\right) + \tau_{xy}\left(\frac{\tau_{xy}}{R}\right)\end{aligned}$$

식 (11-12)로부터 R를 대입하고 대수적으로 정리하면 다음을 얻는다.

$$\sigma_1 = \frac{\sigma_x + \sigma_y}{2} + \sqrt{\left(\frac{\sigma_x - \sigma_y}{2}\right)^2 + \tau_{xy}^2} \tag{11-14}$$

σ_2로 표기하는 주응력의 작은 값은, 직각 평면에 대한 수직응력의 합은 일정하다[식 (11-6) 참조]는 조건으로부터 얻을 수 있다.

$$\sigma_1 + \sigma_2 = \sigma_x + \sigma_y \tag{11-15}$$

σ_1을 식 (11-15)에 대입하고 σ_2에 대하여 풀면,

$$\begin{aligned}\sigma_2 &= \sigma_x + \sigma_y - \sigma_1 \\ &= \frac{\sigma_x + \sigma_y}{2} - \sqrt{\left(\frac{\sigma_x - \sigma_y}{2}\right)^2 + \tau_{xy}^2}\end{aligned} \tag{11-16}$$

이 식은 σ_1에 대한 식과 동일한 형태를 가지고 있지만 제곱근 앞에 음의 부호가 있는 것이 다르다.

σ_1과 σ_2에 대한 앞의 식은 **주응력**에 대한 하나의 식으로 조합할 수 있다.

$$\sigma_{1,2} = \frac{\sigma_x + \sigma_y}{2} \pm \sqrt{\left(\frac{\sigma_x - \sigma_y}{2}\right)^2 + \tau_{xy}^2} \tag{11-17}$$

양의 부호는 대수적으로 더 큰 주응력이고 음의 부호는 값이 작은 주응력이다.

주각

주응력 σ_1과 σ_2에 상응하는 주평면을 정의하는 두 각도를 각각 θ_{p1}과 θ_{p2}라 정의하자. 두 각도는 식 (11-11)의 $\tan 2\theta_p$에 대한 식으로부터 구할 수 있다. 하지만 이 식으로는 어느 각이 θ_{p1}이고 θ_{p2}인지 말할 수 없다. 이 결정을 위한 단순한 방법은 식 (11-4a)의 σ_{x1}에 대한 식에 하나의 값을 대입하는 것이다. σ_{x1}의 결과 값은 σ_1 또는 σ_2를 판별하게 해준다[식 (11-17)에서 σ_1과 σ_2를 이미 알고 있다면]. 따라서 두 개의 주응력과 두

그림 11-11
단축과 2축 응력 상태의 요소

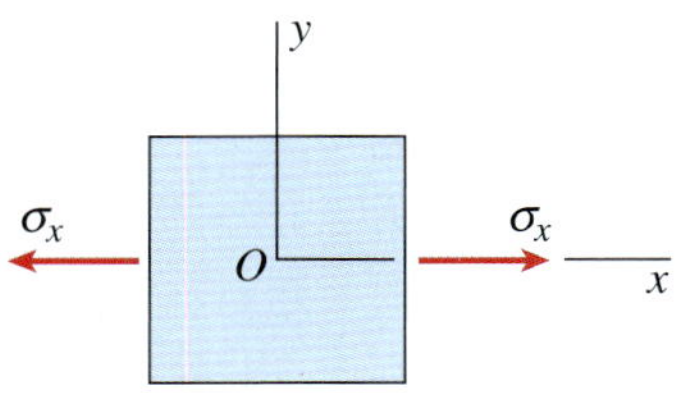

(a)

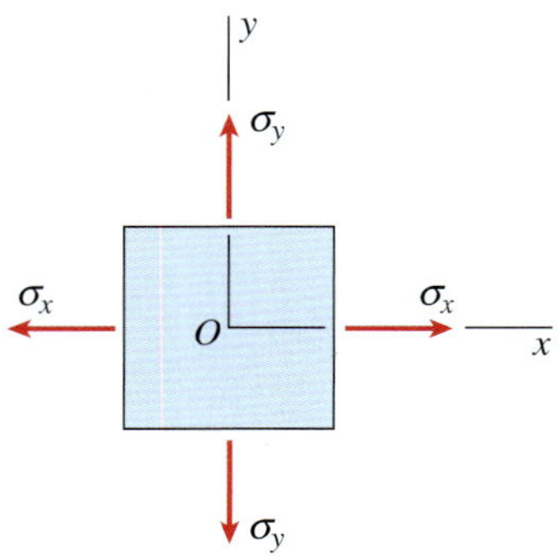

(b)

개의 주각은 서로 대응된다.

주응력과 주각을 연관시키는 다른 한 방법은 θ_p를 구하기 위해 사용하는 식 (11-13a, b)를 사용하는 것이다. 이 식을 모두 만족시키는 하나의 각도가 θ_{p1}이 된다. 따라서 이 식을 다시 쓰면,

$$\cos 2\theta_{p1} = \frac{\sigma_x - \sigma_y}{2R} \qquad \sin 2\theta_{p1} = \frac{\tau_{xy}}{R} \tag{11-18a, b}$$

두 식을 만족시키면서 0~360° 사이에 존재하는 각도는 하나이다. 따라서 θ_{p1}의 값은 식 (11-18a, b)에서 유일하게 결정될 수 있다. 응력 σ_2에 대응하는 각도 θ_{p2}가 정의하는 평면은 θ_{p1}에 의하여 정의되는 평면과 직교한다. 따라서 θ_{p2}는 θ_{p1}보다 90° 크거나 90° 작은 값을 가질 수 있다.

주평면에서의 전단응력

주평면의 중요한 특징은 전단응력[식 (11-4b)]에 대한 변환공식으로부터 얻을 수 있다. 만일 전단응력 τ_{x1y1}을 0으로 설정하면 결과식은 식 (11-10)과 동일하다. 따라서 간일 각도 2θ에 대한 식을 풀이한다면 이전 식 (11-11)처럼 tan 2θ와 같은 식을 얻게 된다. 다르게 말하면 전단응력이 0인 평면에 대한 각도는 주평면에 대한 각도와 동일하다.

이것으로 다음과 같은 중요한 관찰을 할 수 있다. **전단응력은 주평면에서 0이다.**

특별한 경우

그림 11-12
(a) 순수전단 상태의 요소와 (b) 주응력

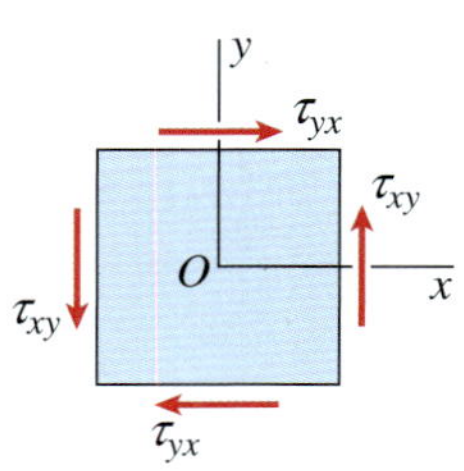

(a)

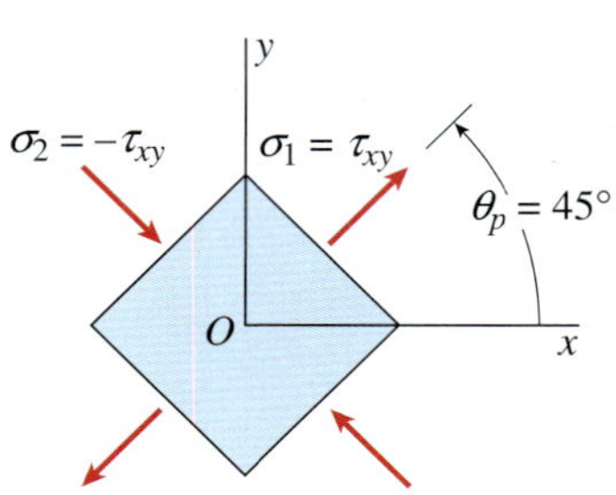

(b)

단축응력 및 **2축 응력** 상태의 요소에 대한 주평면은 x와 y평면(그림 11-11) 자체이다. 왜냐하면 tan $2\theta_p = 0$[식 (11-11) 참조]이고, 이때 θ_p의 두 값은 0과 90°이기 때문이다. 전단응력이 주평면에서는 0이라는 사실에 근거하여 x와 y평면이 주평면이 된다.

순수전단 상태의 요소(그림 11-12a)에 대해서는 주평면은 x축에 대하여 45° 회전(그림 11-12b)되어 있다. 왜냐하면 tan $2\theta_p$는 무한대이고, 이때 θ_p의 두 값은 45°와 135°이기 때문이다. 만일 τ_{xy}가 양이면, 주응력은 $\sigma_1 = \tau_{xy}$이고 $\sigma_2 = -\tau_{xy}$가 된다(9.5절의 순수전단에 대한 논의 참조).

세 번째 주응력

앞선 주응력에 대한 논의는 단지 x-y평면 내에서 축의 회전, 즉 z축에 대한 회전만을 언급하였다(그림 11-13a). 따라서 식 (11-17)로 구하는 두 개의 주응력은 **면내 주응력**(in-plane principle stress)이라 불린다. 하지만 응력 요소는 실제로는 3차원이고, 상호 수직인 평면에 작용하는 세 개(두 개가 아닌)의 주응력을 갖는다.

보다 완전한 3차원 해석은 평면응력 요소에 대한 세 개의 주평면은 이미 기술한 두 개의 주평면에 요소의 z평면을 더한 것이라는 것을 알려준다. 이 주평면은 그림 11-13b에 나타나 있고, 여기서 응력 요소는 주응력 σ_1에 대응하는 주각 θ_{p1}로 회전되어 있다. 주응력 σ_1과 σ_2는 식 (11-17)로 구해지고 세 번째 주응력(σ_3)은 0이다.

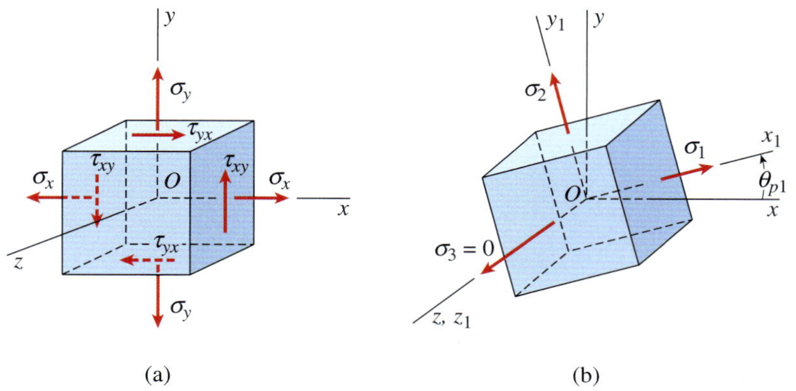

그림 11-13
평면응력 상태의 요소: (a) 원래의 요소, (b) 세 개의 주응력면으로 회전한 요소와 세 개의 주응력

정의에 의하여 σ_1은 대수적으로 σ_2보다 크지만 σ_3은 σ_1과 σ_2에 비하여 대수적으로 클 수도 있고, 두 개 사이에 있을 수도 있으며 작을 수도 있다. 물론 일부 또는 모든 주응력이 같을 수도 있다. 어떤 주평면에 대해서도 전단응력은 없다는 것을 다시 한 번 유의하자.[1]

최대 전단응력

평면응력 상태에서 요소에 대한 주응력과 그 방향을 구하였기 때문에 이제 최대 전단응력과 그것이 작용하는 평면을 구하자. 회전된 평면에 작용하는 전단응력 τ_{x1y1}은 두 번째 변환공식[식 (11-4b)]을 통하여 얻을 수 있다. τ_{x1y1}을 θ로 미분하고 0과 같다고 놓으면 다음을 얻을 수 있다.

$$\frac{d\tau_{x1y1}}{d\theta} = -(\sigma_x - \sigma_y)\cos 2\theta - 2\tau_{xy}\sin 2\theta = 0 \tag{11-19}$$

이로부터

$$\tan 2\theta_s = -\frac{\sigma_x - \sigma_y}{2\tau_{xy}} \tag{11-20}$$

아래 첨자 s는 각도 θ_s가 양의 최대 전단응력과 음의 최대 전단응력의 평면을 정의한다는 것을 나타낸다.

식 (11-20)에서 θ_s의 한 값은 0~90° 사이에, 나머지 한 값은 90~180° 사이에 있다. 게다가 이 두 값은 90°의 차이를 보이기 때문에 최대 전단응력은 직교평면에서 발생한다. 직교평면에 대한 전단응력은 절댓값이 같기 때문에, 양의 최대 전단응력과 음의 최대 전단응력은 부호만 다르다.

θ_s에 대한 식 (11-20)을 θ_p에 대한 식 (11-11)과 비교하면 다음과 같다.

[1] 주응력을 구하는 것은 행렬 대수학에서의 **고유치 해석**(eigenvalue analysis)으로 알려진 수학적 해석 방법의 한 예이다. 응력 변환공식과 주응력의 개념은 프랑스 수학자 오귀스탱 루이 코시(A. L. Cauchy, 1789~1857)와 바레 드 생브낭(Barré de Saint-Venant, 1797~1886), 스코틀랜드 과학자이자 공학자인 윌리엄 존 매쿠온 랭킨(W. J. M. Rankine, 1820~1872)에 의하여 확립되었다.

$$\tan 2\theta_s = -\frac{1}{\tan 2\theta_p} = -\cot 2\theta_p \tag{11-21}$$

이 식으로부터 θ_s와 θ_p의 관계를 유도하자. 먼저 이전 공식을 다른 형태로 쓰면

$$\frac{\sin 2\theta_s}{\cos 2\theta_s} + \frac{\cos 2\theta_p}{\sin 2\theta_p} = 0$$

분모의 항을 곱하면 다음을 얻는다.

$$\sin 2\theta_s \sin 2\theta_p + \cos 2\theta_s \cos 2\theta_p = 0$$

이것은 다음 표현과 동일하다(부록 A 참조).

$$\cos (2\theta_s - 2\theta_p) = 0$$

따라서

$$2\theta_s - 2\theta_p = \pm 90°$$

그리고

$$\theta_s = \theta_p \pm 45° \tag{11-22}$$

이 식은 **최대 전단응력 평면은 주응력면에 대하여 45°의 위치에 있다**는 것을 나타낸다.

양의 최대 전단응력 $\tau_{\max}$의 평면은 각 θ_{s1}에서 정의되고, 이것을 위해 다음의 식을 적용하자.

$$\cos 2\theta_{s1} = \frac{\tau_{xy}}{R} \quad \sin 2\theta_{s1} = -\frac{\sigma_x - \sigma_y}{2R} \tag{11-23a, b}$$

여기서 R는 식 (11-12)에 있다. 또한 각 θ_{s1}은 다음과 같이 각 θ_{p1}과 대응된다[식 (11-18a, b) 참조].

$$\theta_{s1} = \theta_{p1} - 45° \tag{11-24}$$

관련된 최대 전단응력은 $\cos 2\theta_{s1}$과 $\sin 2\theta_{s1}$을 변환공식의 두 번째 식[식 (11-4b)]에 대입하여 얻을 수 있다. 이는 다음과 같다.

$$\tau_{\max} = \sqrt{\left(\frac{\sigma_x - \sigma_y}{2}\right)^2 + \tau_{xy}^2} \tag{11-25}$$

음의 최대 전단응력 $\tau_{\min}$은 동일한 크기이지만 반대 부호를 가지고 있다.

최대 전단응력에 대한 또 하나의 표현은 식 (11-17)에 주어진 주응력 σ_1과 σ_2로부터 얻을 수 있다. σ_1에서 σ_2를 빼고 식 (11-25)와 비교하면 다음을 얻을 수 있다.

$$\tau_{\max} = \frac{\sigma_1 - \sigma_2}{2} \tag{11-26}$$

따라서 **최대 전단응력은 주응력의 차이의 절반이다.**

최대 전단응력의 평면에서는 수직응력도 있다. 양의 최대 전단응력의 평면에서 작용하는 **수직응력**은 각 θ_{s1}에 대한 표현[식 (11-23a, b)]을 σ_{x1}에 대한 식[식 (11-4a)]

에 대입함으로써 얻을 수 있다. 그 결과 응력은 x와 y평면에 대한 수직응력의 평균과 같다.

$$\sigma_{\text{aver}} = \frac{\sigma_x + \sigma_y}{2} \tag{11-27}$$

이것과 같은 수직응력이 음의 최대 전단응력 평면에 작용한다.

단축응력과 **2축 응력**(그림 11-11)의 특별한 경우에, 최대 전단응력 평면은 x와 y축에 45° 방향에서 나타난다. **순수전단**의 경우(그림 11-12) 최대 전단응력은 x와 y평면에서 나타난다.

면내 및 면외 전단응력

전단응력에 대한 앞선 해석은 x-y평면에서 작용하는 응력인 **면내 전단응력**만을 다루었다. 면내 최대 전단응력[식 (11-25)와 (11-26)]을 구하기 위하여 주축(그림 11-13a)인 z축에 대하여 xyz축을 회전시킴으로써 얻어지는 요소를 고려하였다. 그 결과 최대 전단응력은 주평면과 45° 회전된 평면에서 발생한다. 그림 11-13a의 요소에 대한 주평면을 그림 11-13b에 도시하였다. 여기서 σ_1과 σ_2는 주응력이다. 따라서 면내 최대 전단응력은 z_1축에 대하여 $x_1y_1z_1$축(그림 11-13b)을 45° 회전시켜 얻어진 요소 위에서 발생한다. 이 응력은 식 (11-25)와 식 (11-26)에서 구할 수 있다.

최대 전단응력은 또한 다른 두 개의 주축(그림 11-13b의 x_1과 y_1)에 대하여 45° 회전하여 얻을 수 있다. 결과로 세 세트의 **양의 최대 전단응력**(maximum positive shear stress)과 **음의 최대 전단응력**(maximum negative shear stress)을 구할 수 있다[식 (11-26)과 비교].

$$(\tau_{\max})_{x1} = \pm\frac{\sigma_2}{2} \qquad (\tau_{\max})_{y1} = \pm\frac{\sigma_1}{2}$$
$$(\tau_{\max})_{z1} = \pm\frac{\sigma_1 - \sigma_2}{2} \tag{11-28a, b, c}$$

여기서 아래 첨자는 45° 회전한 주축을 나타낸다. x_1과 y_1축에 대하여 회전한 응력을 **면외 전단응력**(out-of-plane shear stress)이라 한다.

σ_1과 σ_2의 대수 값은 앞의 어떤 표현식이 수치적으로 가장 큰 전단응력인지를 결

그림 11-13(반복)

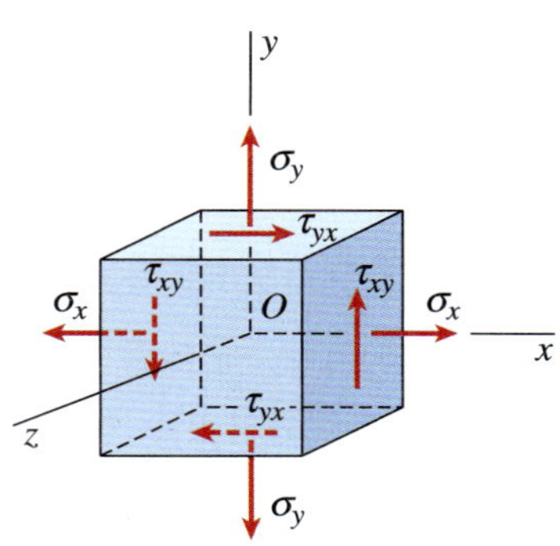

(a)

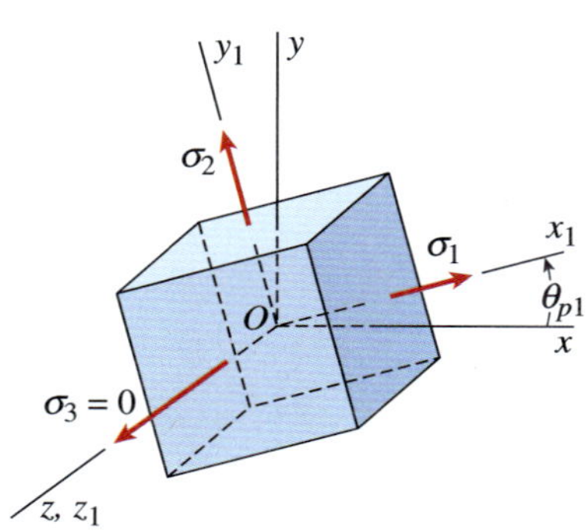

(b)

정한다. 만일 σ_1과 σ_2가 같은 부호이면, 첫 번째 두 개의 표현식 중 하나가 수치적으로 가장 크다. 만일 두 부호가 다르다면 마지막 표현식이 가장 크다.

예제 11-3

그림 11-14

예제 11-3: (a) 보 구조, (b) 평면응력 상태의 C점의 요소, (c) 주응력, (d) 최대 전단응력

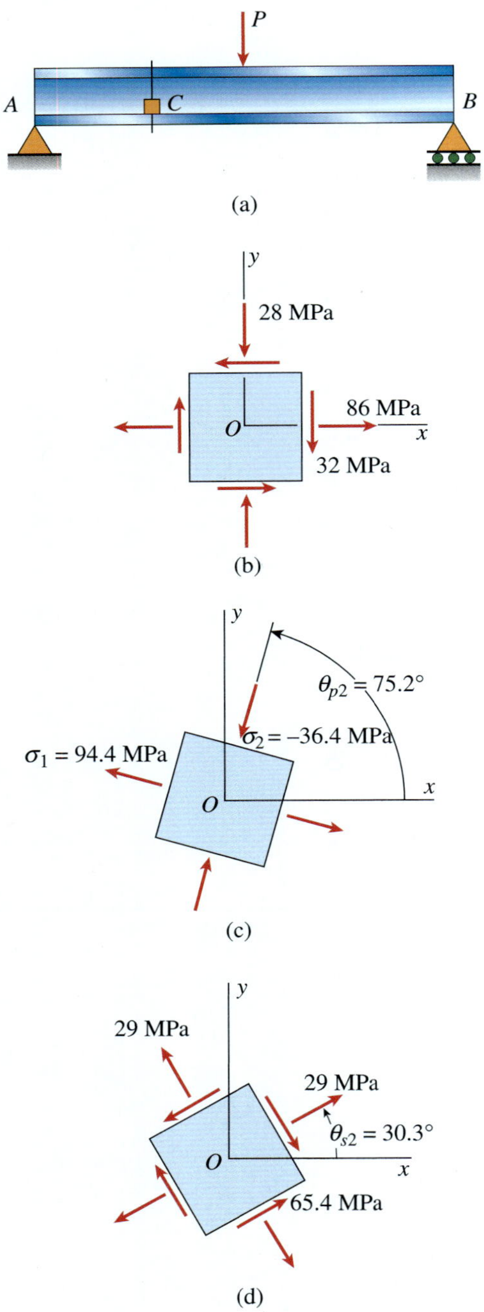

단순 지지된 넓은 플랜지를 갖는 보는 지간의 중간(그림 11-14a)에 작용하는 집중하중 P를 받는다. 요소 C가 있는 보의 웹(web)의 응력 상태가 $\sigma_x = 86$ MPa, $\sigma_y = -28$ MPa, $\tau_{xy} = -32$ MPa(그림 11-14b)로 알려져 있다.

(a) 주응력을 구하고, 적절하게 회전한 요소의 스케치에 이 응력을 나타내시오.

(b) 최대 전단응력을 구하고, 적절하게 회전한 요소의 스케치에 이 응력을 나타내시오(면내 응력만 고려한다).

풀이

4단계 문제풀이 접근방법을 사용한다. 효율적인 문제풀이를 위해 필요에 따라 단계를 합한다.

Part (a): 주응력

1, 2. 개념화, 분류 지점 C의 응력 요소(그림 11-14b)에 대한 수직응력과 전단응력은 보의 축의 방향과 일치되어 있다. 이 응력은 10.5절과 10.9절에 있는 굽힘공식과 전단공식을 사용하여 계산하였다. 먼저 주축의 방향을 결정하고 수직 주응력을 구하기 위하여 응력 변환공식을 사용한다. 다음으로 최대 전단응력이 작용하는 평면에 대한 각도와 식 (11-25)를 이용하여 전단응력의 값을 구한다.

3. 해석 주평면이 위치하는 주각 θ_p는 식 (11-11)에서 구할 수 있다.

$$\tan 2\theta_p = \frac{2\tau_{xy}}{\sigma_x - \sigma_y} = \frac{2(-32\text{ MPa})}{86\text{ MPa} - (-28\text{ MPa})} = -0.5614$$

두 쌍의 값을 얻기 위하여 각도를 풀이한다.

$$2\theta_p = 150.7° \text{이고 } \theta_p = 75.3°$$
$$2\theta_p = 330.7° \text{이고 } \theta_p = 165.3°$$

주응력은 $2\theta_p$의 두 값을 식 (11-4a)의 σ_{x1}에 대한 변환공식에 대입하여 얻는다. 먼저 다음의 값을 계산한다.

$$\frac{\sigma_x + \sigma_y}{2} = \frac{86\text{ MPa} - 28\text{ MPa}}{2} = 29\text{ MPa}$$
$$\frac{\sigma_x - \sigma_y}{2} = \frac{86\text{ MPa} + 28\text{ MPa}}{2} = 57\text{ MPa}$$

이제 $2\theta_p$의 첫 번째 값을 식 (11-4a)에 대입하고 다음을 얻는다.

$$\begin{aligned}\sigma_{x1} &= \frac{\sigma_x + \sigma_y}{2} + \frac{\sigma_x - \sigma_y}{2}\cos 2\theta + \tau_{xy}\sin 2\theta \\ &= 29\text{ MPa} + (57\text{ MPa})(\cos 150.7°) - (32\text{ MPa})(\sin 150.7°) \\ &= -36.4\text{ MPa}\end{aligned}$$

같은 방법으로 $2\theta_p$의 두 번째 값을 대입하고 $\sigma_{x1} = 94.4$ MPa을 얻는다. 따라서 주응력 및 연관된 주각은 다음과 같다.

$$\sigma_1 = 94.4\text{ MPa이고 } \theta_{p1} = 165.3°$$
$$\sigma_2 = -36.4\text{ MPa이고 } \theta_{p2} = 75.3°$$

4. 최종 단계 θ_{p1}과 θ_{p2}는 90° 차이가 나고 $\sigma_1 + \sigma_2 = \sigma_x + \sigma_y$인 것을 유의하자.

주응력은 그림 11-14c에 보이는 적절하게 회전된 요소에 나타내었다. 물론 전단응력은 주평면에는 작용하지 않는다.

주응력에 대한 다른 풀이: 주응력은 또한 식 (11-17)로부터 바로 계산된다.

$$\begin{aligned}\sigma_{1,2} &= \frac{\sigma_x + \sigma_y}{2} \pm \sqrt{\left(\frac{\sigma_x - \sigma_y}{2}\right)^2 + \tau_{xy}^2} \\ &= 29\text{ MPa} \pm \sqrt{(57\text{ MPa})^2 + (-32\text{ MPa})^2} \\ \sigma_{1,2} &= 29\text{ MPa} \pm 65.4\text{ MPa}\end{aligned}$$

따라서

$$\sigma_1 = 94.4\text{ MPa} \qquad \sigma_2 = -36.4\text{ MPa}$$

σ_1이 작용하는 평면에 대한 각도 θ_{p1}은 식 (11-18a, b)로부터 얻어진다.

$$\cos 2\theta_{p1} = \frac{\sigma_x - \sigma_y}{2R} = \frac{57\text{ MPa}}{65.4\text{ MPa}} = 0.872$$
$$\sin 2\theta_{p1} = \frac{\tau_{xy}}{R} = \frac{-32\text{ MPa}}{65.4\text{ MPa}} = -0.489$$

여기서 R는 식 (11-12)에 주어져 있고, 주응력 σ_1과 σ_2에 대한 앞선 계산에서의 제곱근 항과 같다.

사인과 코사인으로 정해지는 0~360° 사이의 유일한 각은 $2\theta_{p1} = 330.7°$이다. 따라서 $\theta_{p1} = 165.3°$이다. 이 각도는 대수적으로 더 큰 주응력 $\sigma_1 = 94.4$ MPa과 관련이 있다. 다른 각도는 θ_{p1}보다 90° 더 크거나 작다. 따라서 $\theta_{p2} = 75.3°$이다. 이 각도는 더 작은 주응력인 $\sigma_2 = -36.4$ MPa에 대응한다. 주응력과 주각에 대한 이 결과는 이전의 결과와 일치한다.

그림 11-14(반복)

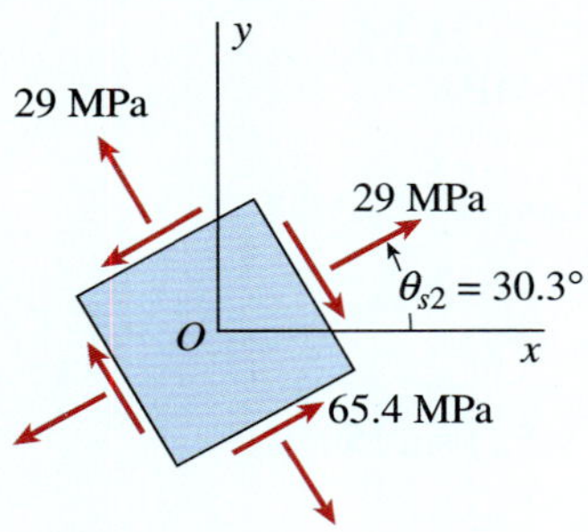

(d)

Part (b): 최대 전단응력

2, 3. 분류, 해석 면내 최대 전단응력은 식 (11-25)로 주어진다.

$$\tau_{\max} = \sqrt{\left(\frac{\sigma_x - \sigma_y}{2}\right)^2 + \tau_{xy}^2}$$
$$= \sqrt{(57\text{ MPa})^2 + (-32\text{ MPa})^2} = 65.4\text{ MPa}$$

양의 최대 전단응력이 있는 평면에 대한 각도 θ_{s1}은 식 (11.24)로부터 계산된다.

$$\theta_{s1} = \theta_{p1} - 45° = 165.3° - 45° = 120.3°$$

음의 최대 전단응력은 $\theta_{s2} = 120.3° - 90° = 30.3°$에 대한 평면에 작용한다.

최대 전단응력 면에 작용하는 수직응력은 식 (11-27)에서 계산된다.

$$\sigma_{\text{aver}} = \frac{\sigma_x + \sigma_y}{2} = 29\text{ MPa}$$

4. 최종 단계 마지막으로 최대 전단응력 및 대응하는 수직응력은 그림 11-14d의 응력 요소에 나타나 있다.

최대 전단응력을 찾는 다른 방법으로, 식 (11-20)을 θ_s의 두 값을 구하기 위하여 사용하고, 두 번째 변환공식[식 (11-4b)]을 대응하는 전단응력을 얻기 위하여 사용한다.

11.4 평면응력에 대한 모어 원

평면응력에 대한 변환공식은 **모어 원**(Mohr's circle)으로 알려진 도식에 의한 도해적 형태로 표현할 수 있다. 도해적 표현은 응력을 받는 물체의 한 점에서 여러 경사진 평면에 작용하는 수직과 전단응력 사이의 관계를 가시화해주기 때문에 매우 유용하다. 또한 주응력, 최대 전단응력, 경사진 평면에서의 응력을 계산하기 위한 방법을 제공한다. 더 나아가 모어 원은 응력뿐만 아니라 변형률과 관성 모멘트를 포함하여 수학적인 현상이 비슷한 다른 물리량에서도 유효하다.[2]

모어 원의 방정식

모어 원의 방정식은 식 (11-4a)와 (11-4b)의 평면응력에 대한 변환공식으로부터 유도될 수 있다. 여기에 두 개의 공식이 반복되지만 첫 번째 공식은 약간 수정되었다.

$$\sigma_{x1} - \frac{\sigma_x + \sigma_y}{2} = \frac{\sigma_x - \sigma_y}{2}\cos 2\theta + \tau_{xy}\sin 2\theta \tag{11-29a}$$

$$\tau_{x1y1} = -\frac{\sigma_x - \sigma_y}{2}\sin 2\theta + \tau_{xy}\cos 2\theta \tag{11-29b}$$

[2] 모어 원은 독일의 유명한 토목공학자인 오토 크리스티안 모어(Otto Christian Mohr, 1835~1918)가 1882년 이 원을 개발한 후에 명명되었다.

기하 해석으로부터, 이 두 개의 공식은 원에 대한 매개변수 형태인 것을 알 수 있을 것이다. 각도 2θ는 매개변수이고, 응력 σ_{x1}과 τ_{x1y1}은 좌표이다. 그러나 지금 단계에서는 이 식의 성질을 알아챌 필요는 없다. 만일 매개변수를 소거하면, 이 식의 중요성은 명백해질 것이다.

매개변수 2θ를 소거하기 위해서 각 식의 양변을 제곱하고 두 식을 더하자. 결과는 다음과 같다.

$$\left(\sigma_{x1} - \frac{\sigma_x + \sigma_y}{2}\right)^2 + \tau_{x1y1}^2 = \left(\frac{\sigma_x - \sigma_y}{2}\right)^2 + \tau_{xy}^2 \quad \textbf{(11-30)}$$

이 식은 11.3절에서 얻은 표기법[식 (11-27)과 (11-12) 참조]을 이용하면 더 간단하게 쓸 수 있다.

$$\sigma_{aver} = \frac{\sigma_x + \sigma_y}{2} \qquad R = \sqrt{\left(\frac{\sigma_x - \sigma_y}{2}\right)^2 + \tau_{xy}^2} \quad \textbf{(11-31a, b)}$$

식 (11-30)은

$$(\sigma_{x1} - \sigma_{aver})^2 + \tau_{x1y1}^2 = R^2 \quad \textbf{(11-32)}$$

이것은 표준 대수적 형태로는 원의 방정식이 된다. 좌표축은 σ_{x1}과 τ_{x1y1}이고, 반지름은 R이고, 원의 중심은 $\sigma_{x1} = \sigma_{aver}$와 $\tau_{x1y1} = 0$이다.

모어 원의 두 가지 형태

모어 원은 식 (11-29)와 (11-32)로부터 두 가지 다른 형태로 그릴 수 있다. 모어 원의 첫 번째 형태는 그림 11-15a처럼 수직응력 σ_{x1}은 오른쪽이 양이 되게, 전단응력 τ_{x1y1}은 아래쪽이 양이 되도록 그린다. 전단응력을 아래쪽이 양이 되도록 그리는 방법의 장점은 모어 원의 각도 2θ가 반시계방향으로 회전할 때 양의 값이 된다는 것이다. 이것은 변환공식(그림 11-1과 11-2 참조)의 유도에서의 2θ의 방향과 일치한다.

모어 원의 두 번째 형태는 τ_{x1y1}은 위쪽을 양으로 그리는데 각 2θ는 시계방향이 양(그림 11-15b)이 된다. 이것은 일반적인 양의 방향과는 반대이다.

모어 원의 두 형태는 수학적으로 옳고 어느 것도 사용될 수 있다. 하지만 만일 각도 2θ의 방향이 요소 자체에서와 동일하게 모어 원에서도 같은 방향이라면, 응력 요소의 회전방향을 시각화하기 훨씬 더 쉬울 것이다. 더욱이 반시계방향의 회전은 회전에 대한 관습인 오른손 법칙과 일치한다.

따라서 여기서는 모어 원(그림 11-15a)의 첫 번째 형태를 사용한다. 양수의 전단응력을 아래쪽으로 그리고, 양의 각 2θ를 반시계방향으로 그린다.

그림 11-15

모어 원의 두 형태: (a) τ_{x1y1}은 아래쪽이 양, 각도 2θ는 반시계방향이 양이고, (b) τ_{x1y1}은 위쪽이 양, 각도 2θ는 시계방향이 양이다(**참고:** 이 책에서는 첫 번째 형태가 사용된다).

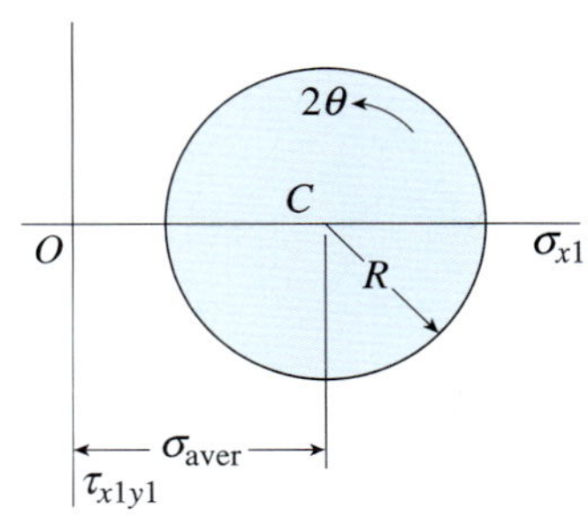

(a)

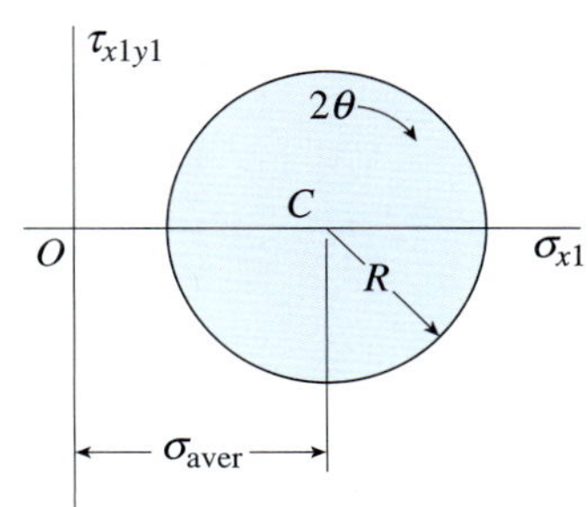

(b)

모어 원의 작도

모어 원은 어떤 응력을 구하고, 어떤 응력을 알고 있는지에 따라서 다양한 방식으로 그려질 수 있다. 원의 기본적인 특성을 나타내기 위하여 평면응력 상태(그림 11-16a)의 요소의 x와 y면에 작용하는 응력 σ_x, σ_y, τ_{xy}를 알고 있다고 하자. 이 정보는 원을 그리

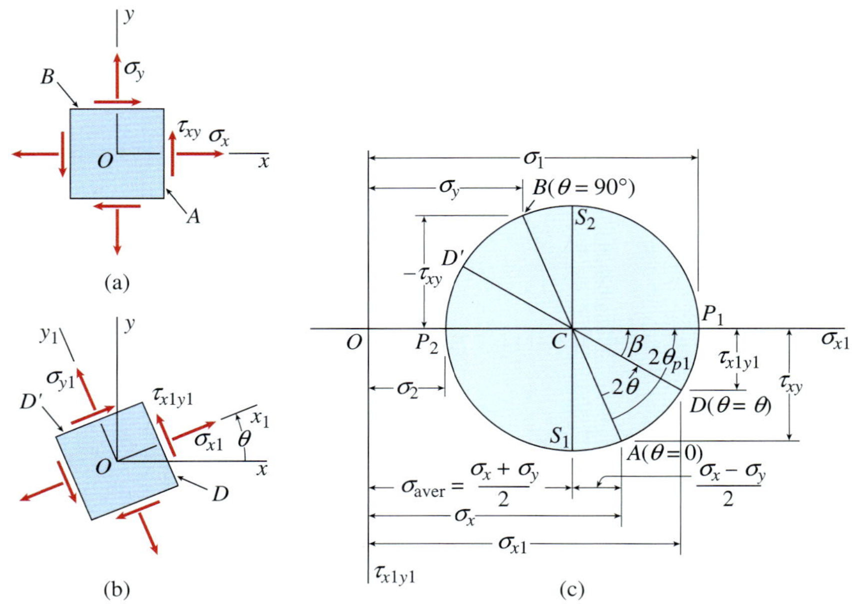

그림 11-16
평면응력에 대한 모어 원의 작도

기에 충분하다. 원을 작도하여, 회전된 요소(그림 11-16b)에 작용하는 응력 σ_{x1}, σ_{y1}, τ_{x1y1}을 결정한다. 그리고 원으로부터 주응력과 최대 전단응력을 구할 수 있다.

알려진 σ_x, σ_y, τ_{xy}를 가지고 **모어 원을 그리는 절차**는 다음과 같다(그림 11-16c 참조).

1. σ_{x1}을 가로 좌표(오른쪽이 양)로, τ_{x1y1}을 세로 좌표(아래쪽이 양)로 하는 좌표축을 그린다.
2. 원의 중심 C를 좌표가 $\sigma_{x1} = \sigma_{aver}$와 $\tau_{x1y1} = 0$[식 (11-31a, b) 참조] 점에 위치시킨다.
3. $\sigma_{x1} = \sigma_x$와 $\tau_{x1y1} = \tau_{xy}$의 좌표를 표시함으로써 그림 11-16a에 있는 요소의 x면에 대한 응력 상태를 나타내는 점 A를 정한다. 원에서 점 A는 $\theta = 0$인 것을 유의하자. 또한 그 요소의 x면(그림 11-16a)은 원의 점 A와 대응된 것을 보여주기 위하여 'A'로 표시되는 것에 유의하자.
4. $\sigma_{x1} = \sigma_y$와 $\tau_{x1y1} = -\tau_{xy}$의 좌표를 표시함으로써 그림 11-16a에 있는 요소의 y면에 대한 응력 상태를 나타내는 점 B를 정한다. 원에서 점 B는 $\theta = 90°$인 것을 유의하자. 추가적으로 그 요소의 y면(그림 11-16a)은 원의 점 B와 대응된 것을 보여주기 위하여 'B'로 표시되는 것에 유의하자.
5. 점 A에서 점 B까지 선을 그린다. 이 선은 원의 지름이고 중심 C를 통과한다. 서로 90° 차이를 갖는 평면(그림 11-16a)에서 응력을 나타내는 점 A와 B는 지름의 서로 반대쪽 끝점(따라서 원에서는 180° 떨어져 있다)이 된다.
6. 점 C를 원의 중심으로 사용하면서 점 A와 B를 통과하는 모어 원을 그린다. 이런 방식으로 그려진 원은 다음 절에서 나타난 것과 같이 반지름 R[식 (11-31b)]를 가진다.

그려진 원에서 기하학적으로 선분 CA와 CB가 반지름이고 동일한 길이 R를 가진다는 것을 검증하자. 점 C와 A의 가로 좌표는 각각 $(\sigma_x + \sigma_y)/2$와 σ_x이다. 그림에서의 치수처럼 이 가로 좌표 값의 차이는 $(\sigma_x - \sigma_y)/2$이다. 따라서 선분 CA는 한 변의 길이가 $(\sigma_x - \sigma_y)/2$이고 다른 한 변의 길이는 τ_{xy}인 직각삼각형의 빗변이 된다. 이 두 변의 제곱합의 제곱근을 취하면 반지름 R는 다음과 같다.

$$R = \sqrt{\left(\frac{\sigma_x - \sigma_y}{2}\right)^2 + \tau_{xy}^2}$$

이것은 식 (11-31b)와 같다. 비슷한 방식으로 선분 CB의 길이는 원의 반지름과 같다는 것을 증명할 수 있다.

회전된 요소의 응력

이제 x축에서 각 θ만큼 회전된 평면응력 요소(그림 11-16b)의 면에 작용하는 응력 σ_{x1}, σ_{y1}, τ_{x1y1}에 대하여 생각하자. 만일 각 θ를 알고 있다면, 이 응력은 모어 원으로부터 구해질 수 있다. 이 과정은 다음과 같다.

원에서(그림 11-16c) 점 A는 $\theta = 0$에 대한 점이고, 각을 측정하는 기준점이기 때문에 반지름 CA로부터 반시계방향으로 2θ의 각도를 측정하자. 각도 2θ는 원에서 점 D에 위치하는데, 이것은 (다음 절에서 보이는 것처럼) σ_{x1}과 τ_{x1y1}의 좌표를 가지고 있다. 따라서 점 D는 그림 11-16b의 요소의 x_1면의 응력을 나타낸다. 결과적으로 그림 11-16b에서 요소의 이 면은 'D'라고 표시된다.

모어 원에서 각 2θ는 응력 요소에서의 각 θ와 일치함을 유의하라. 예를 들어, 원 위의 점 D는 점 A로부터 2θ만큼 회전한 곳에 있지만, 그림 11-16b에 나타난 요소의 x_1면('D'라 표시된 면)은 그림 11-16a에 나타난 요소의 x면('A'라 표시된 면)으로부터 θ만큼 회전한 곳에 있다. 마찬가지로 점 A와 B는 원 위에서 180° 떨어져 있지만, 대응하는 요소의 면(그림 11-16a)은 90° 떨어져 있다.

원 위의 점 D의 좌표 σ_{x1}과 τ_{x1y1}이 실제로 응력 변환공식[식 (11-4a)와 (11-4b)]에 의해 구해진다는 것을 보이기 위해, 다시 원의 기하학적 관계를 이용하자. 반지름 선분 CD와 σ_{x1}축 사이의 각을 β라 하자. 그러면 그림의 기하학적 관계에서 점 D에 대한 좌표를 다음 식과 같이 얻는다.

$$\sigma_{x1} = \frac{\sigma_x + \sigma_y}{2} + R\cos\beta \qquad \tau_{x1y1} = R\sin\beta \qquad \textbf{(11-33a, b)}$$

반지름 CA와 수평축 사이의 각이 $2\theta + \beta$임을 유의하자. 그러면,

$$\cos(2\theta + \beta) = \frac{\sigma_x - \sigma_y}{2R} \qquad \sin(2\theta + \beta) = \frac{\tau_{xy}}{R}$$

코사인과 사인에 대한 표현식(부록 A 참조)을 전개하면

그림 11-16(반복)

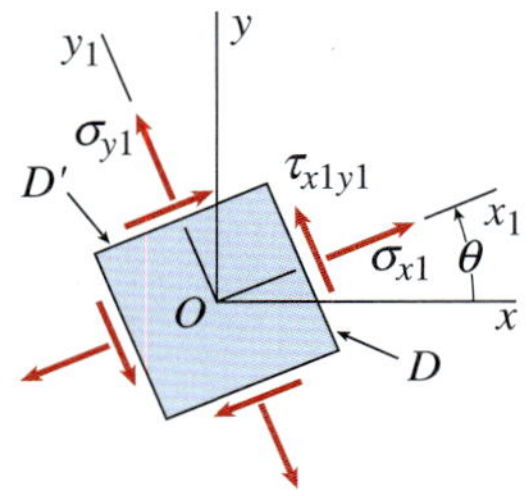

(b)

$$\cos 2\theta \cos \beta - \sin 2\theta \sin \beta = \frac{\sigma_x - \sigma_y}{2R} \quad \textbf{(11-34a)}$$

$$\sin 2\theta \cos \beta + \cos 2\theta \sin \beta = \frac{\tau_{xy}}{R} \quad \textbf{(11-34b)}$$

이 식들의 첫 번째 식에 $\cos 2\theta$를 곱하고 두 번째 식에 $\sin 2\theta$를 곱한 후 합하면,

$$\cos \beta = \frac{1}{R}\left(\frac{\sigma_x - \sigma_y}{2} \cos 2\theta + \tau_{xy} \sin 2\theta\right) \quad \textbf{(11-34c)}$$

또한 식 (11-34a)에 $\sin 2\theta$를, 식 (11-34b)에 $\cos 2\theta$를 곱한 후 빼면,

$$\sin \beta = \frac{1}{R}\left(\frac{\sigma_x - \sigma_y}{2} \sin 2\theta + \tau_{xy} \cos 2\theta\right) \quad \textbf{(11-34d)}$$

σ_{x1}과 τ_{x1y1}에 대한 응력 변환공식[식 (11-4a)와 (11-4b)]을 얻기 위하여 $\cos \beta$와 $\sin \beta$에 대한 식을 식 (11-33a, b)에 대입하자. 따라서 각 2θ로 정의된 모어 원 위의 점 D가 각 θ로 정의된 응력 요소의 x_1면에 대한 응력 상태(그림 11-16b)를 나타낸다.

원에서 점 D의 지름 반대편의 점 D'은 점 D에 대한 2θ(선분 CA로부터 측정된)보다 180°가 더 큰 각이다. 따라서 원 위의 점 D'은 D점으로 나타낸 면으로부터 90°인 응력 요소(그림 11-16b)의 면에 작용하는 응력들을 나타낸다. 따라서 원 위의 점 D'은 응력 요소의 y_1면(그림 11-16b에서 'D''이라 표시된 면)에 대한 응력 σ_{y1}과 $-\tau_{x1y1}$을 나타낸다.

모어 원 위의 점에 의해 표현되는 응력은 요소에 작용하는 응력과 관계된다. 각 θ로 정의되는 회전면(그림 11-16b)에 대한 응력은 원 위에서 기준점(점 A)으로부터의 각도가 2θ인 점에서 나타난다. 이렇게 x_1y_1축이 반시계방향으로 θ만큼 회전했을 때(그림 11-16b), x_1면과 일치하는 모어 원 위의 점은 각 2θ만큼 반시계방향으로 움직인다. 마찬가지로 축을 시계방향으로 어떤 각도만큼 회전시킨다면, 원 위의 점은 그 두 배의 각도만큼 크게 시계방향으로 움직인다.

주응력

주응력을 구하는 것은 아마도 모어 원의 가장 중요한 응용일 것이다. 만일 당신이 모어 원 위(그림 11-16c)를 움직인다면, 수직응력이 대수적으로 최대이며 전단응력이 0이 되는 점 P_1을 만난다는 사실을 유의하라. 따라서 점 P_1은 **주응력**과 **주평면**을 나타낸다. 점 P_1의 가로 좌표 σ_1은 대수적으로 큰 주응력이고, 기준점 $A(\theta=0$인)로부터 각도 $2\theta_{p1}$은 주평면의 회전방향을 나타낸다. 대수적으로 가장 작은 수직응력에 관계된 주평면은 점 P_2로 표현된다. 이것은 지름방향으로 점 P_1의 반대방향에 위치한다.

원의 기하학적 관계로부터, 대수적으로 큰 주응력은 다음과 같다.

$$\sigma_1 = OC + \overline{CP_1} = \frac{\sigma_x + \sigma_y}{2} + R$$

이 식에 R에 대한 식[식 (11-31b)]을 대입하면, 이 응력에 대한 앞의 식[식 (11-14)]과 일치한다. 같은 방법으로, 대수적으로 작은 주응력 σ_2에 대한 식도 확인할 수 있다.

x축(그림 11-16a)과 대수적으로 큰 주응력 사이의 각인 주각 θ_{p1}은 모어 원상의 반지름 CA와 CP_1 사이의 각인 $2\theta_{p1}$의 절반이다. 각 $2\theta_{p1}$의 코사인과 사인 값은 원에서 다음과 같이 얻을 수 있다.

$$\cos 2\theta_{p1} = \frac{\sigma_x - \sigma_y}{2R} \qquad \sin 2\theta_{p1} = \frac{\tau_{xy}}{R}$$

이 식은 식 (11-18a, b)와 일치하고, 또한 원의 기하학적 관계는 앞서 유도된 식들을 만족시킨다. 원에서 다른 주응력 점(점 P_2)까지의 각 $2\theta_{p2}$는 $2\theta_{p1}$보다 180°가 더 크다. 따라서 예상대로 $\theta_{p2} = \theta_{p1} + 90°$가 된다.

최대 전단응력

양의 최대 전단응력과 음의 최대 전단응력의 평면을 나타내는 점 S_1과 S_2는 각각 모어 원의 맨 아랫부분과 맨 윗부분(그림 11-16c)에 위치한다. 이 점들은 점 P_1과 P_2로부터 $2\theta = 90°$만큼 떨어진 곳에 위치하는데, 이것은 최대 전단응력이 발생하는 면은 주평면에 45° 회전된 면이라는 사실을 보여준다.

최대 전단응력은 수치적으로 원의 반지름 R[식 (11-31b)의 R와 식 (11-25)의 τ_{max}를 비교]와 같다. 또한 최대 전단응력 면에서의 수직응력은 점 C의 가로 좌표와 같고, 이것은 평균 수직응력 σ_{aver}이다[식 (11-31a) 참조].

전단응력에 대한 다른 부호 규약

전단응력에 대한 다른 부호 규약은 때때로 모어 원의 작도에 쓰인다. 이러한 규약에서 재료의 요소에 작용하는 전단응력의 방향은 회전시키려는 회전방향에 의해 표시된다(그림 11-17a와 b). 만약 전단응력 τ가 응력 요소를 시계방향으로 회전시키려 한다면, 이것은 **시계방향 전단응력**이라 하고, 만약 반시계방향으로 회전시킨다면 **반시계방향 전단응력**이라고 한다. 그러면 모어 원을 작도할 때, 시계방향 전단응력은 위쪽 편에 그려지고, 반시계방향 전단응력은 아래쪽 편에 그려진다(그림 11-17c).

다른 부호 규약을 사용하면 앞에서 설명한 원(그림 11-16c)**과 동일한 원을 만든다**는 것을 인식하는 것은 매우 중요하다. 그 이유는 양의 전단응력 τ_{x1y1}은 역시 반시계방향 전단응력이고, 둘 다 아래쪽 편에 그려지기 때문이다. 또한 음의 전단응력 τ_{x1y1}은 시계방향 전단응력이며 둘 다 위쪽 편에 그려진다.

따라서 다른 부호 규약은 단순히 다른 관점을 보여주는 것뿐이다. 음의 전단응력을 위쪽 편에 나타내고, 양의 전단응력을 아래쪽 편에 나타내는 방식의 수직축을 생각하는 대신(약간 어색하지만), 시계방향 전단응력을 위쪽 편에, 반시계방향 전단응력을 아래쪽 편에 나타내는 방식의 수직축을 생각할 수 있다(그림 11-17c).

그림 11-17

전단응력에 대한 다른 부호 규약: (a) 시계방향 전단응력, (b) 반시계방향 전단응력, (c) 모어 원의 축(시계방향 전단응력은 위쪽에 그려지고, 반시계방향 전단응력은 아래쪽에 그려지는 것을 유의하자.)

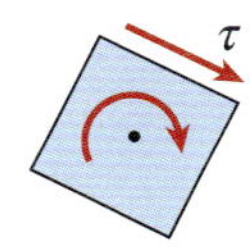

(a)

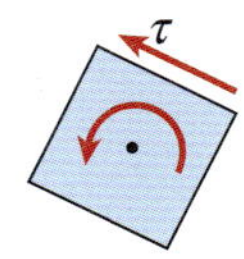

(b)

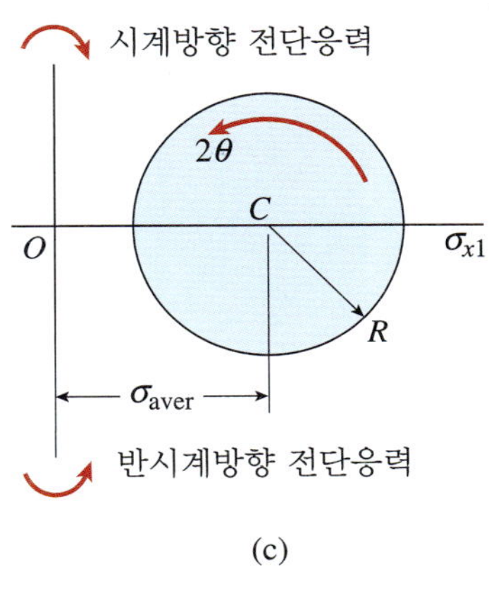

(c)

모어 원에 대한 일반적인 유의사항

이 절에서 앞서 이야기한 것에서 모어 원으로부터 주응력과 최대 전단응력뿐만 아니라 어떤 경사진 면 위에 작용하는 응력도 구할 수 있는 것이 명확하다. 그러나 이는 단지 x-y평면(z축에 대한 회전) 내에서 축의 회전만 고려한 것이다. 그러므로 **모어 원 위의 모든 응력은 면내 응력이다.**

편의상 그림 11-16의 원은 σ_x, σ_y, τ_{xy}를 모두 양의 응력으로 그렸지만, 만일 응력 중 하나 혹은 그 이상의 응력이 음의 응력일지라도 동일한 과정을 따르면 된다. 만약 수직응력 중 하나가 음이면, 다음 예제 11-6에 예시되어 있듯이, 모어 원의 일부 또는 전부가 원점의 왼쪽에 위치할 것이다.

$\theta=0$인 평면 위의 응력을 나타내는 그림 11-16c의 점 A는 원주상 어느 곳에나 위치할 수 있다. 그러나 각 2θ는 점 A가 어디에 있든지 관계없이 반지름 CA로부터 항상 반시계방향으로 측정된다.

특별한 경우인 **단축응력**, **2축 응력** 그리고 **순수전단**에서 모어 원의 작도는 평면응력의 일반적인 경우보다 훨씬 단순해진다. 이 경우는 예제 11-4와 연습문제 11.4-1과 11.4-2에 예시되어 있다.

x와 y평면 위에 작용하는 응력을 알고 있을 때, 경사진 면 위에 작용하는 응력을 구하기 위해 모어 원을 사용하는 것 이외에도, 모어 원을 그 반대로 사용하는 것 또한 가능하다. 알려진 각 θ로 회전된 요소 위에 작용하는 응력 σ_{x1}, σ_{y1}, τ_{x1y1}을 알면, 쉽게 모어 원을 그릴 수 있고, $\theta=0$에 대한 응력 σ_x, σ_y, τ_{xy}를 결정할 수 있다. 그 절차는 알고 있는 응력으로부터 점 D와 D' 위치를 잡고, 선 DD'을 지름으로 사용하여 원을 그리는 것이다. 그 요소의 x면에 대응하는 점 A의 위치를 정하기 위해서, 반지름 CD로부터 음의 방향으로 각 2θ를 측정한다. 다음으로 A로부터 지름을 그어 B점의 위치를 정한다. 마지막으로, A와 B의 좌표를 알 수 있고 $\theta=0$인 요소 위에 작용하는 응력을 얻게 된다.

필요에 따라 응력의 값을 그림에서 측정할 수 있도록 모어 원을 축척을 이용하여 그릴 수도 있다. 그러나 여러 식으로부터 직접 구하거나 원의 삼각법과 기하학을 이용하여 수치적으로 응력을 계산하는 것이 더 좋다.

모어 원은 여러 각도에서 평면에 작용하는 응력들 간의 관계를 가시화할 수 있게 하고 응력을 계산하기 위한 간단한 기억법으로 사용된다. 많은 그래픽 기법은 공학문제에서 더 이상 사용되지 않지만, 모어 원은 다른 복잡한 분석 없이 간단하고 분명한 그림을 제공해주기 때문에 아직도 유용하다.

모어 원은 평면변형률과 평면의 관성 모멘트에 대한 변환공식에도 적용된다. 왜냐하면 이러한 양은 응력과 동일한 변환법칙을 따르기 때문이다(11.7절, 5.6절 및 5.7절 참조).

예제 11-4

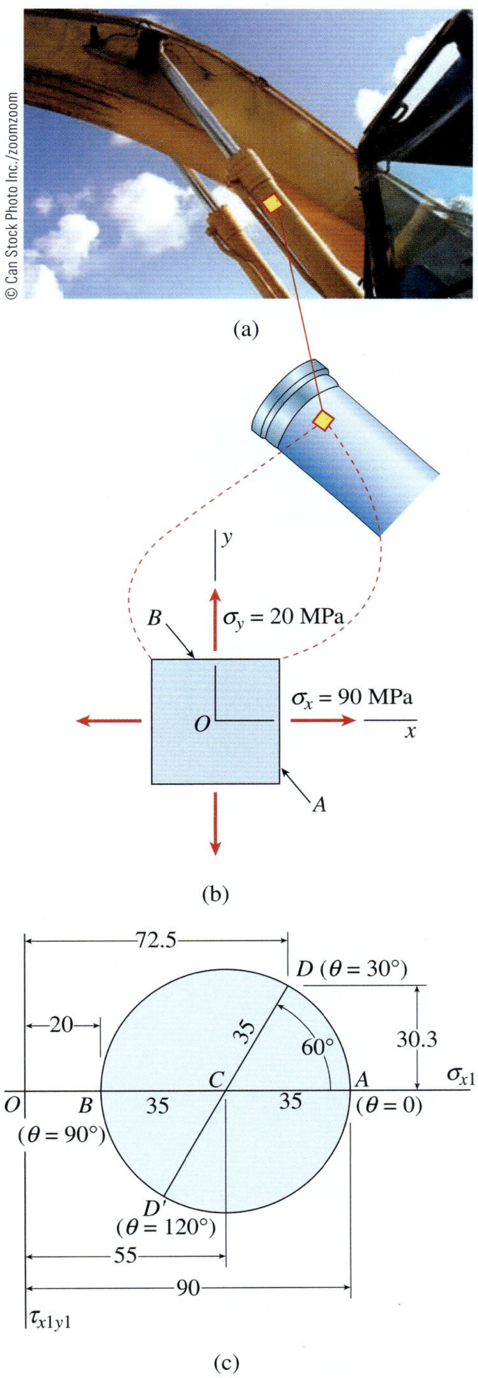

그림 11-18

예제 11-4: (a) 건설기계의 유압실린더, (b) 평면응력 상태의 유압 램, (c) 대응하는 모어 원(**참고**: 원상의 모든 응력은 MPa의 단위를 가진다.)

건설기계 부품의 유압 램 표면의 한 점(그림 11-18a)에서, 재료가 그림 11-18b에 있는 응력 요소에 나타나 있듯이 2축 응력 $\sigma_x = 90$ MPa, $\sigma_y = 20$ MPa을 받고 있다. 모어 원을 사용하여 $\theta = 30°$로 경사진 평면에 작용하는 응력을 결정하시오(면내 응력만 고려하고, 그 결과를 적절하게 회전된 요소에 나타낸다).

풀이

4단계 문제풀이 접근방법을 사용한다. 효율적인 문제풀이를 위해 필요에 따라 단계를 합한다.

1. 2. 개념화, 분류

모어 원의 작도: 그림 11-18c에 나타낸 것처럼 σ_{x1}은 오른쪽을 양으로, τ_{x1y1}은 아래쪽을 양이 되도록 수직응력 및 전단응력에 대한 축을 설정하고 시작한다. 평균 수직응력과 값이 동일한 위치의 σ_{x1} 축상의 한 점에 원의 중심 C를 위치시킨다[식 (11-31a)].

$$\sigma_{\text{aver}} = \frac{\sigma_x + \sigma_y}{2} = \frac{90 \text{ MPa} + 20 \text{ MPa}}{2} = 55 \text{ MPa}$$

요소의 x면($\theta = 0$)에 작용하는 응력을 나타내는 점 A의 좌표는 다음과 같다.

$$\sigma_{x1} = 90 \text{ MPa} \qquad \tau_{x1y1} = 0$$

유사하게 y면($\theta = 90°$)에 작용하는 응력을 나타내는 점 B의 좌표는 다음과 같다.

$$\sigma_{x1} = 20 \text{ MPa} \qquad \tau_{x1y1} = 0$$

이제 점 C를 중심으로 점 A와 점 B를 지나는 원을 그린다. 반지름 R는 다음과 같다[식 (11-31b) 참조].

$$R = \sqrt{\left(\frac{\sigma_x - \sigma_y}{2}\right)^2 + \tau_{xy}^2} = \sqrt{\left(\frac{90 \text{ MPa} - 20 \text{ MPa}}{2}\right)^2 + 0}$$
$$= 35 \text{ MPa}$$

3. 해석

$\theta = 30°$로 경사진 평면에 작용하는 응력: $\theta = 30°$로 회전된 면에 작용하는 응력은 점 D의 좌표에 의해 주어지는데, 이것은 점 A로부터 각 $2\theta = 60°$인 지점이다(그림 11-18c). 원을 관찰하면, 점 D의 좌표는

그림 11-19

예제 11-4: $\theta=30°$로 회전된 요소에 작용하는 응력

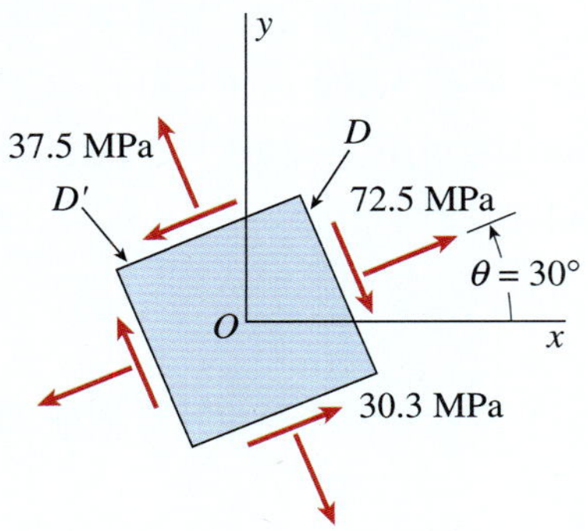

$$(\text{점 } D)\quad \sigma_{x1} = \sigma_{\text{aver}} + R\cos 60° = 55\text{ MPa} + (35\text{ MPa})(\cos 60°) = 72.5\text{ MPa}$$

$$\tau_{x1y1} = -R\sin 60° = -(35\text{ MPa})(\sin 60°) = -30.3\text{ MPa}$$

같은 방법으로, 각 $\theta=120°$(또는 $2\theta=240°$)에 대응하는 점 D'으로 나타나는 응력을 구할 수 있다.

$$(\text{점 } D')\quad \sigma_{x1} = \sigma_{\text{aver}} - R\cos 60° = 55\text{ MPa} - (35\text{ MPa})(\cos 60°) = 37.5\text{ MPa}$$

$$\tau_{x1y1} = R\sin 60° = (35\text{ MPa})(\sin 60°) = 30.3\text{ MPa}$$

4. 최종 단계 이 결과들을 그림 11-19에서 각 $\theta=30°$로 회전된 요소의 스케치에 모든 응력의 실제 방향으로 나타내었다. 경사진 요소에 대한 수직응력의 합은 $\sigma_x+\sigma_y$ 또는 110 MPa과 같음을 유의하자.

예제 11-5

오일 시추 펌프의 암(그림 11-20a) 표면에 있는 평면응력 상태의 요소가 응력 $\sigma_x=100$ MPa, $\sigma_y=34$ MPa, $\tau_{xy}=28$ MPa을 받고 있다.

모어 원을 사용하여 (a) 각 $\theta=40°$로 회전된 요소 위에 작용하는 응력, (b) 주응력, (c) 최대 전단응력을 구하시오. (면내 응력만 고려하고 적절하게 회전한 요소의 그림 위에 모든 결과를 나타낸다.)

풀이

4단계 문제풀이 접근방법을 사용한다. 효율적인 문제풀이를 위해 필요에 따라 단계를 합한다.

1, 2. 개념화, 분류

모어 원의 작도: 풀이의 첫 단계는 σ_{x1}은 오른쪽을 양으로, τ_{x1y1}은 아래쪽을 양(그림 11-20c)으로 하는 모어 원의 축을 설정하는 것이다. σ_{x1}이 평균 수직응력[식 (11-31a)]과 같은 값이 되는 σ_{x1}축 위에 원의 중심 C를 위치시킨다.

$$\sigma_{\text{aver}} = \frac{\sigma_x+\sigma_y}{2} = \frac{100\text{ MPa} + 34\text{ MPa}}{2} = 67\text{ MPa}$$

요소의 x면($\theta=0$)에 작용하는 응력을 나타내는 점 A의 좌표는 다음과 같다.

$$\sigma_{x1}=100\text{ MPa} \qquad \tau_{x1y1}=28\text{ MPa}$$

마찬가지로, y면($\theta=90°$)에 작용하는 응력을 나타내는 점 B의 좌표는 다음과 같다.

$$\sigma_{x1}=34\text{ MPa} \qquad \tau_{x1y1}=-28\text{ MPa}$$

그림 11-20

예제 11-5: (a) 오일 시추 펌프, (b) 평면응력 요소, (c) 대응하는 모어 원(**참고**: 원 위의 모든 응력은 MPa의 단위를 가진다.)

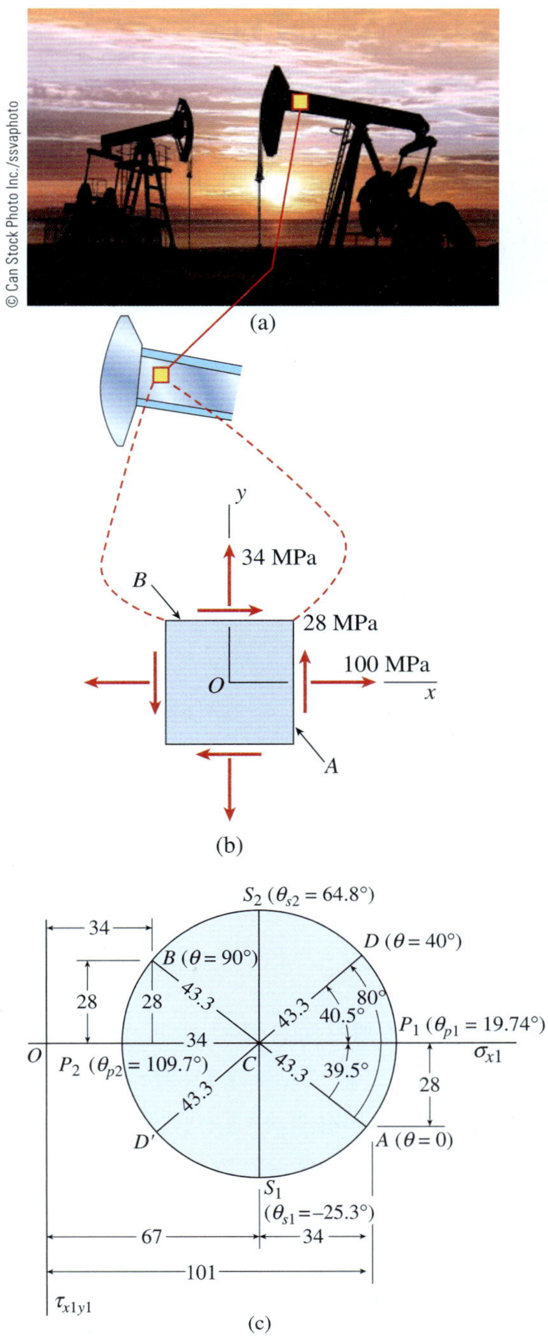

이제 점 C를 중심으로 하여 A와 B점을 지나는 원이 그려지며, 원의 반지름은 식 (11-31b)로부터 얻어진다.

$$R = \sqrt{\left(\frac{\sigma_x - \sigma_y}{2}\right)^2 + \tau_{xy}^2}$$

$$= \sqrt{\left(\frac{101\text{ MPa} - 34\text{ MPa}}{2}\right)^2 + (28\text{ MPa})^2} = 43.3\text{ MPa}$$

Part (a): $\theta = 40°$인 평면 위에 작용하는 응력

3. 해석 $\theta=40°$인 평면 위에 작용하는 응력은 점 A로부터 각 $2\theta=80°$ 되는 점 D의 좌표(그림 11-20c)로 주어진다. 이 좌표 값을 구하기 위하여 선분 CD와 σ_{x1}축 사이의 각(각 DCP_1)을 알고 있어야 하고, 이 각을 알기 위해서 먼저 선분 CA와 σ_{x1}사이의 각(각 ACP_1)을 알아야 한다. 이 각은 원의 기하학적 관계로부터 다음과 같이 구해진다.

$$\tan \overline{ACP_1} = \frac{28\text{ MPa}}{34\text{ MPa}} = 0.824 \quad \overline{ACP_1} = 39.5°$$

$$\overline{DCP_1} = 80° - \overline{ACP_1} = 80° - 39.5° = 40.5°$$

이 각을 알면, 그림 11-21c로부터 바로 점 D의 좌표를 구할 수 있다.

$$(\text{점 } D) \quad \sigma_{x1} = 67\text{ MPa} + (43.3\text{ MPa})(\cos 40.5°) = 100\text{ MPa}$$

$$\tau_{x1y1} = -(43.3\text{ MPa})(\sin 40.5°) = -28.1\text{ MPa}$$

유사한 방법으로, 점 D'이 나타내는 응력을 구할 수 있다. 이 점은 $\theta=130°$(혹은 $2\theta=260°$)로 회전한 평면에 대응되는 점이다.

$$(\text{점 } D') \quad \sigma_{x1} = 67\text{ MPa} - (43.3\text{ MPa})(\cos 40.5°) = 33.3\text{ MPa}$$

$$\tau_{x1y1} = (43.3\text{ MPa})(\sin 40.5°) = 28\text{ MPa}$$

4. 최종 단계 이러한 응력은 그림 11-21a에 있는 각 $\theta=40°$로 회전한 요소의 그림에 나타나 있다(모든 응력은 실제 방향으로 나타나 있다). 또한 수직응력의 합은 $\sigma_x + \sigma_y$ 또는 134 MPa과 같은 것을 유의하자.

그림 11-21

예제 11-5: (a) 각 $\theta=40°$로 회전된 요소에 작용하는 응력, (b) 주응력, (c) 최대 전단응력

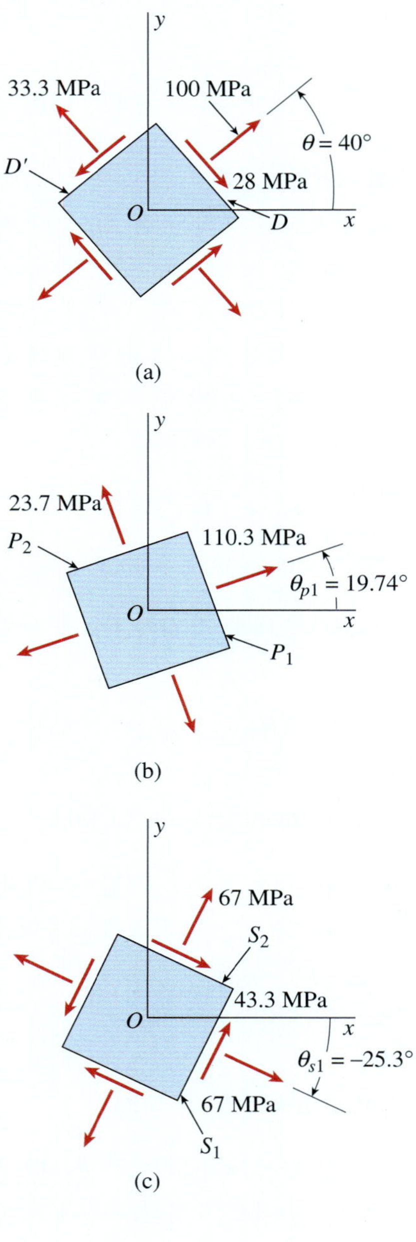

Part (b): 주응력

3. 해석 주응력은 모어 원 위의 점 P_1과 P_2에 의하여 나타난다(그림 11-20c). 대수적으로 더 큰 주응력(점 P_1)은 아래와 같고,

$$\sigma_1 = 67\text{ MPa} + 43.3\text{ MPa} = 110.3\text{ MPa}$$

이는 원을 잘 관찰함으로써 찾아낼 수 있다. 점 A부터 점 P_1까지의 각 $2\theta_{p1}$은 모어 원상의 각 ACP_1이다. 이는

$$\overline{ACP_1} = 2\theta_{p1} = 39.5° \qquad \theta_{p1} = 19.74°$$

따라서 대수적으로 더 큰 주응력의 평면은 그림 11-21b에 있는 것과 같이 각 $\theta_{p1} = 19.74°$로 회전된 위치에 있다.

대수적으로 더 작은 주응력(점 P_2로 표시된)은 마찬가지로 모어 원에서 구해진다.

$$\sigma_2 = 67\text{ MPa} - 43.3\text{ MPa} = 23.7\text{ MPa}$$

4. 최종 단계 모어 원에서 점 P_2의 각 $2\theta_{p2}$는 $39.5° + 180° = 219.5°$이다. 그러므로 두 번째 주평면은 각 $\theta_{p2} = 109.7°$로 정해진다.

주응력과 주평면은 그림 11-21b에 나타나 있다. 수직응력의 합이 134 MPa로 같다는 것을 유의하자.

Part (c): 최대 전단응력

3. 해석 최대 전단응력은 모어 원에서 점 S_1과 S_2로 표시된다. 그러므로 면내 최대 전단응력(원의 반지름과 같다)은 다음과 같다.

$$\tau_{max} = 43.3\text{ MPa}$$

점 A부터 점 S_1까지 각 ACS_1은 $90° - 39.5° = 50.5°$이다. 따라서 점 S_1에 대한 각 $2\theta_{s1}$은

$$2\theta_{s1} = -50.5°$$

4. 최종 단계 이 각은 시계방향으로 측정되기 때문에 음이다. 양의 최대 전단응력의 평면에 대응하는 각 θ_{s1}은 그림 11-20c와 11-21c에 보이는 것처럼 그 값의 절반, 즉 $\theta_{s1} = -25.3°$이다. 음의 최대 전단응력(원 위의 점 S_2)은 양의 최대 전단응력과 같은 값(43.3 MPa)을 가진다.

최대 전단응력의 평면에 작용하는 수직응력은 원의 중심 C의 가로 좌표 값인 σ_{aver}(67 MPa)와 같다. 이 응력은 또한 그림 11-21c에 나타나 있다. 최대 전단응력의 평면은 주평면에 대하여 45°만큼 회전되어 있음을 유의하라.

예제 11-6

그림 11-22a에 나타낸 것과 같이 금속가공 선반의 표면 위의 한 점이 $\sigma_x = -50$ MPa, $\sigma_y = 10$ MPa, $\tau_{xy} = -40$ MPa의 응력을 받고 있다.

모어 원을 사용하여, (a) 각 $\theta = 45°$로 회전된 요소에 작용하는 응력, (b) 주응력, (c) 최대 전단응력을 결정하시오(면내 응력만 고려하고, 모든 결과를 적절하게 회전한 요소의 스케치에 나타낸다).

풀이

4단계 문제풀이 접근방법을 사용한다. 효율적인 문제풀이를 위해 필요에 따라 단계를 합한다.

1, 2. 개념화, 분류

모어 원의 작도: 수직응력과 전단응력에 대한 축은 그림 11-22b와 같다. 여기서 σ_{x1}축은 오른쪽 방향이 양, τ_{x1y1}축은 아래쪽 방향이 양이다. 원의 중심 C는 σ_{x1}축에서 평균 수직응력의 값과 동일한 점에 위치한다[식 (11-31a)].

$$\sigma_{\text{aver}} = \frac{\sigma_x + \sigma_y}{2} = \frac{-50\text{ MPa} + 10\text{ MPa}}{2} = -20\text{ MPa}$$

요소의 x면($\theta = 0$) 위에 작용하는 응력을 나타내는 점 A는 다음의 좌표를 갖는다.

$$\sigma_{x1} = -50\text{ MPa} \qquad \tau_{x1y1} = -40\text{ MPa}$$

마찬가지로 요소의 y면($\theta = 90°$) 위의 응력을 나타내는 점 B의 좌표는 다음과 같다.

$$\sigma_{x1} = 10\text{ MPa} \qquad \tau_{x1y1} = 40\text{ MPa}$$

이제 C를 중심으로 하고, 아래와 같은 반지름 R[식 (11-31b)로부터]를 가지며 점 A와 B를 지나는 원이 그려진다.

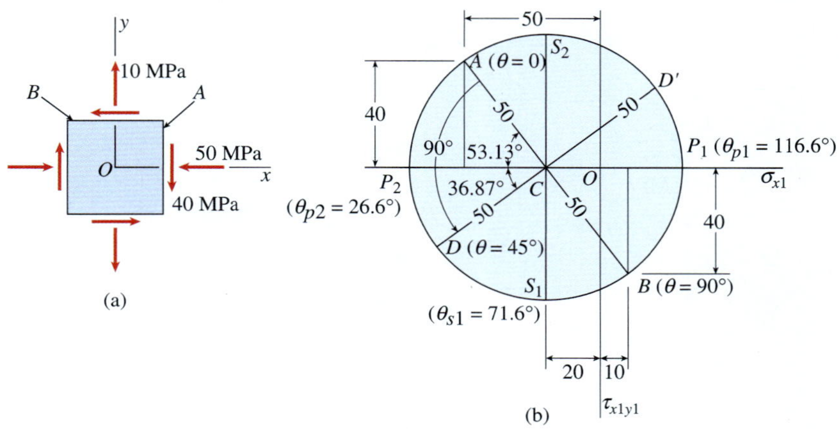

그림 11-22

예제 11-6: (a) 평면응력 상태의 요소와 (b) 대응하는 모어 원(**참고:** 원상의 모든 응력은 MPa 단위를 가진다.)

$$R = \sqrt{\left(\frac{\sigma_x - \sigma_y}{2}\right)^2 + \tau_{xy}^2}$$
$$= \sqrt{\left(\frac{-50\text{ MPa} - 10\text{ MPa}}{2}\right)^2 + (-40\text{ MPa})^2} = 50\text{ MPa}$$

Part (a): $\theta = 45°$ 경사진 요소 위의 응력

3. 해석 각 $\theta = 45°$로 회전된 평면 위에 작용하는 응력은 점 A(그림 11-22b)로부터 각 $2\theta = 90°$인 점 D의 좌표에서 알 수 있다. 이 좌표를 구하기 위하여 선분 CD와 음의 σ_{x1}축 사이의 각(각 DCP_2)을 알아야 하며, 먼저 선 CA와 음의 σ_{x1}축 사이의 각(각 ACP_2)을 알아야 한다. 이 각은 원의 기하학적 관계로부터 다음과 같이 구해진다.

$$\tan \overline{ACP_2} = \frac{40\text{ MPa}}{30\text{ MPa}} = \frac{4}{3} \qquad \overline{ACP_2} = 53.13°$$
$$\overline{DCP_2} = 90° - \overline{ACP_2} = 90° - 53.13° = 36.87°$$

이 각을 알면, 그림 11-22b로부터 점 D의 좌표를 바로 얻을 수 있다.

$$(\text{점 } D) \qquad \sigma_{x1} = -20\text{ MPa} - (50\text{ MPa})(\cos 36.87°) = -60\text{ MPa}$$
$$\tau_{x1y1} = (50\text{ MPa})(\sin 36.87°) = 30\text{ MPa}$$

비슷한 방법으로 $\theta = 135°$(혹은 $2\theta = 270°$) 경사진 평면에 대응되는 점 D'에 의해 표시되는 응력도 구할 수 있다.

$$(\text{점 } D') \qquad \sigma_{x1} = -20\text{ MPa} + (50\text{ MPa})(\cos 36.87°) = 20\text{ MPa}$$
$$\tau_{x1y1} = (-50\text{ MPa})(\sin 36.87°) = -30\text{ MPa}$$

4. 최종 단계 이 응력은 각 $\theta = 45°$로 회전된 요소의 스케치 위에 그림 11-23a와 같이 나타난다(모든 응력은 실제 방향이다). 또한 수직응력의 합은 $\sigma_x + \sigma_y$ 또는 -40 MPa과 같은 것에 유의하자.

그림 11-23

예제 11-6: (a) 각 $\theta = 45°$로 회전된 요소에 작용하는 응력, (b) 주응력, (c) 최대 전단응력

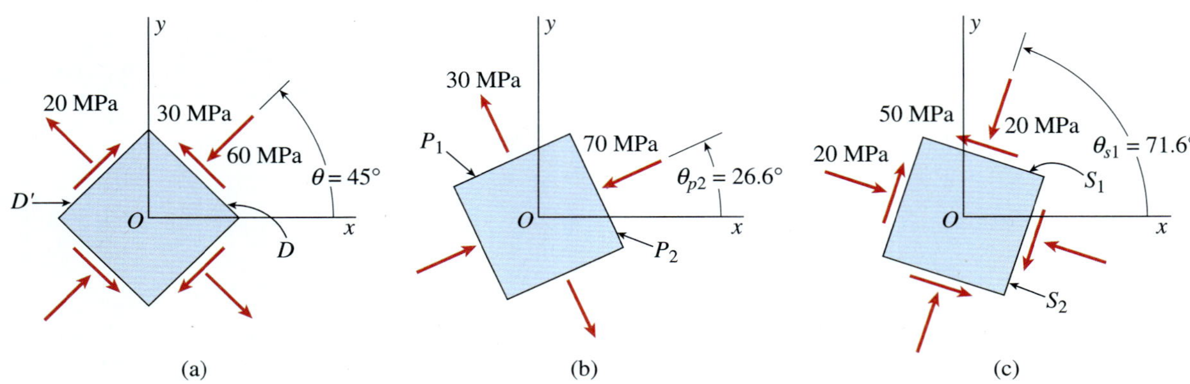

Part (b): 주응력

3. 해석 주응력은 모어 원(그림 11-22b)에서 점 P_1과 P_2로 나타난다. 대수적으로 더 큰 주응력은 (점 P_1로 표시된) 다음과 같이

$$\sigma_1 = -20\text{ MPa} + 50\text{ MPa} = 30\text{ MPa}$$

모어 원에서 보여주는 바와 같다. 점 A로부터 점 P_1까지의 각 $2\theta_{p1}$은 원에 대하여 반시계방향으로 측정된 각 ACP_1이다. 즉,

$$\overline{ACP_1} = 2\theta_{p1} = 53.13° + 180° = 233.13° \quad \theta_{p1} = 116.6°$$

따라서 대수적으로 큰 주응력의 평면은 각 $\theta_{p1} = 116.6°$로 회전된 위치에 있다.

대수적으로 작은 주응력(점 P_2)은 같은 방법으로 원에서 얻어진다.

$$\sigma_2 = -20\text{ MPa} - 50\text{ MPa} = -70\text{ MPa}$$

원주상의 P_2까지의 각 $2\theta_{p2}$는 53.13°이므로, 두 번째 주응력 평면은 $\theta_{p2} = 26.6°$로 정의된다.

4. 최종 단계 주응력과 주평면은 그림 11-23b와 같고, 그 수직응력의 합은 $\sigma_x + \sigma_y$ 또는 −40 MPa과 같음에 유의하자.

Part (c): 최대 전단응력

3. 해석 양과 음의 최대 전단응력은 모어 원상의 점 S_1과 S_2로 표시된다(그림 11-22b). 원의 반지름과 같은 그 응력 크기는 다음과 같다.

$$\tau_{max} = 50\text{ MPa}$$

점 A에서 점 S_1까지의 각 ACS_1은 $90° + 53.13° = 143.13°$이다. 그러므로 점 S_1에 대한 각 $2\theta_{s1}$은 다음과 같다.

$$2\theta_{s1} = 143.13°$$

4. 최종 단계 양의 최대 전단응력 평면에 대응하는 각 θ_{s1}은 그림 11-23c에 나타난 것과 같이 각도의 반인 $\theta_{s1} = 71.6°$이다. 음의 최대 전단응력(원에서 점 S_2)은 양의 최대 전단응력과 똑같은 값(50 MPa)을 가진다.

최대 전단응력 평면 위에 작용하는 수직응력은 σ_{aver}와 같고 이것은 모어 원의 중심 C의 좌표(−20 MPa)이다. 이 응력들 역시 그림 11-23c에 나타나 있다. 최대 전단응력 평면은 주평면에서 45° 회전된 것임을 유의하자.

11.5 평면응력에 대한 훅의 법칙

재료가 평면응력 상태(그림 11-24)에 있을 때, 경사진 평면에 작용하는 응력을 11.2, 11.3, 11.4절에서 논의하였다. 여기서 유도된 응력 변환공식은 오로지 평형상태에서 유도되었다. 그러므로 재료의 물성은 필요하지 않았다. 이 절에서는 재료의 **변형률**에 대

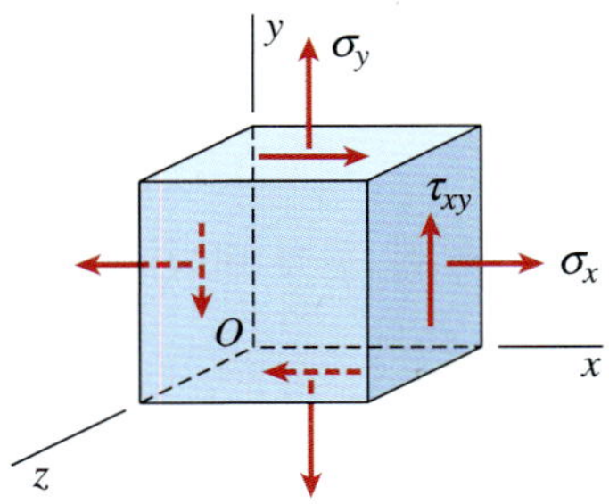

그림 11-24
평면응력 상태인 재료 요소($\sigma_z = 0$)

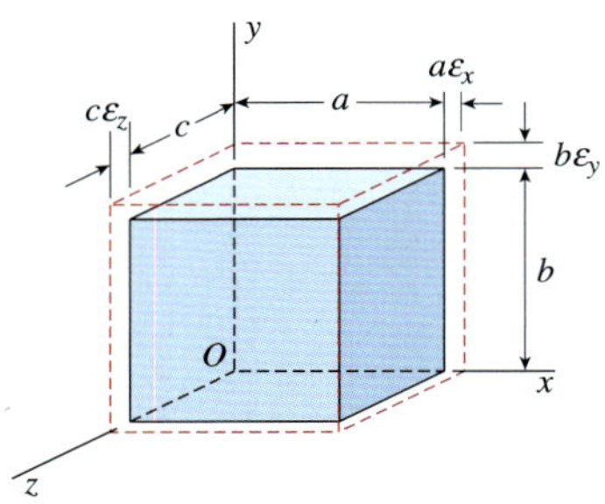

그림 11-25
수직변형률 ε_x, ε_y, ε_z를 받고 있는 재료 요소

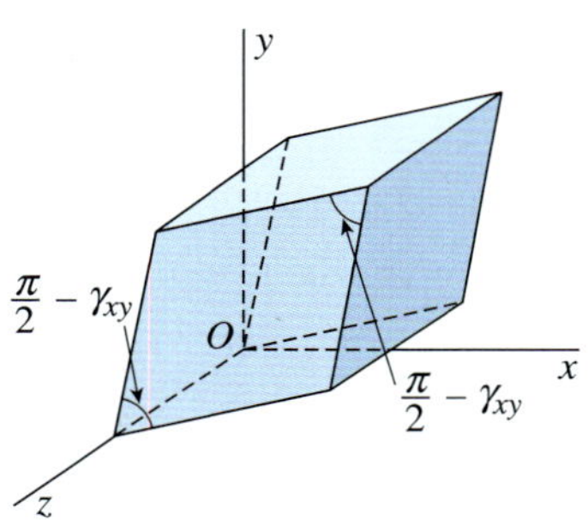

그림 11-26
전단변형률 γ_{xy}

해서 논의하며, 이는 재료의 물성이 고려되어야 함을 의미한다. 그러나 이 논의는 두 가지 중요한 조건을 만족하는 재료로 한정된다. 첫째, **재료는 물체 전체가 균일하고 모든 방향에서 같은 물성을 가진다**(균질 및 등방성 재료). 둘째, **재료는 훅의 법칙을 따른다**(선형 탄성 재료). 이런 조건하에서는 물체 내의 응력과 변형률 사이의 관계는 쉽게 얻어진다.

평면응력에서 **수직변형률**(normal strains) ε_x, ε_y, ε_z를 생각하는 것부터 시작한다. 이 변형률의 효과를 그림 11-25에 나타내었고, 모서리 길이 a, b, c를 갖는 미소 요소의 치수 변화를 보여준다. 그림에서 세 변형률 모두가 양(신장)으로 나타나 있다. 이 변형률은 개별 응력의 영향을 중첩함으로써 응력의 항(그림 11-24)으로 표현될 수 있다.

예를 들어 σ_x에 의한 x방향으로의 ε_x는 σ_x/E와 같다. 여기서 E는 탄성계수이다. 또한 σ_y에 의한 변형률 ε_x는 $-\nu\sigma_y/E$와 같다. 여기서 ν는 푸아송 비이다(7.5절 참조). 물론 전단응력 τ_{xy}는 x, y, z방향으로 수직변형률을 발생시키지 않는다. 그러므로 x방향으로 변형률의 합은 다음과 같다.

$$\varepsilon_x = \frac{1}{E}(\sigma_x - \nu\sigma_y) \tag{11-35a}$$

같은 방법으로 y와 z방향의 변형률도 구할 수 있다.

$$\varepsilon_y = \frac{1}{E}(\sigma_y - \nu\sigma_x) \qquad \varepsilon_z = -\frac{\nu}{E}(\sigma_x + \sigma_y) \tag{11-35b, c}$$

이러한 식은 응력을 알고 있을 때, (평면응력 상태에서) 수직변형률을 구할 때 사용될 수 있다.

전단응력 τ_{xy}(그림 11-24)는 각 z면이 마름모꼴(그림 11-26)이 되도록 요소를 찌그러트린다. **전단변형률**(shear strain) γ_{xy}는 요소의 x와 y면 사이의 각의 **감소**를 나타내고, 전단에서의 훅의 법칙에 따라 전단응력과는 다음과 같은 관계가 있다.

$$\gamma_{xy} = \frac{\tau_{xy}}{G} \tag{11-36}$$

여기서 G는 전단탄성계수이다. 수직응력 σ_x와 σ_y는 전단변형률 γ_{xy}에 아무런 영향을 주지 않음을 유의하라. 결과적으로 식 (11-35)와 (11-36)은 모든 응력(σ_x, σ_y, τ_{xy})이 동시에 작용할 때 (평면응력 상태에서)변형률을 나타낸다.

처음 두 식[식 (11-35a)와 (11-35b)]은 응력의 항으로 나타낸 ε_x와 ε_y이다. 이 식들은 변형률의 항으로 나타낸 응력으로 동시에 풀 수 있다.

$$\sigma_x = \frac{E}{1-\nu^2}(\varepsilon_x + \nu\varepsilon_y) \qquad \sigma_y = \frac{E}{1-\nu^2}(\varepsilon_y + \nu\varepsilon_x) \tag{11-37a, b}$$

추가적으로, 전단변형률의 항으로 표현된 전단응력은 다음과 같다.

$$\tau_{xy} = G\gamma_{xy} \tag{11-38}$$

식 (11-37)과 (11-38)은 변형률을 알고 있을 때, (평면응력 상태에서) 응력을 구할 때 사용될 것이다. 물론 z방향에서의 수직응력 σ_z는 0이다.

식 (11-35)에서 (11-38)까지는 종합하여 **평면응력 상태에 대한 훅의 법칙**(Hooke's law for plane stress)으로 알려져 있다. 이들 식은 세 가지 재료상수(E, G, ν)를 포함하고 있지만 다음과 같은 관계로 인하여 두 개의 상수만이 독립적이다.

$$G = \frac{E}{2(1+\nu)} \qquad \textbf{(11-39)}$$

이 식은 9.6절에서 이미 유도되었다.

훅의 법칙의 특별한 경우

2축 응력의 특별한 경우(그림 11-11b)는 전단응력 $\tau_{xy}=0$인 경우이다. 그러므로 평면응력에 대한 훅의 법칙은 다음과 같이 단순화된다.

$$\varepsilon_x = \frac{1}{E}(\sigma_x - \nu\sigma_y) \qquad \varepsilon_y = \frac{1}{E}(\sigma_y - \nu\sigma_x)$$

$$\varepsilon_z = -\frac{\nu}{E}(\sigma_x + \sigma_y) \qquad \textbf{(11-40a, b, c)}$$

$$\sigma_x = \frac{E}{1-\nu^2}(\varepsilon_x + \nu\varepsilon_y) \qquad \sigma_y = \frac{E}{1-\nu^2}(\varepsilon_y + \nu\varepsilon_x) \qquad \textbf{(11-41a, b)}$$

이 식은 식 (11-35) 및 (11-37)과 같다. 왜냐하면 수직응력과 전단응력의 영향은 서로 독립적이기 때문이다.

$\sigma_y=0$(그림 11-11a)인 **단축응력**의 경우에 훅의 법칙에 대한 식은 훨씬 더 간단해진다.

$$\varepsilon_x = \frac{\sigma_x}{E} \qquad \varepsilon_y = \varepsilon_z = -\frac{\nu\sigma_x}{E} \qquad \sigma_x = E\varepsilon_x \qquad \textbf{(11-42a, b, c)}$$

끝으로 $\sigma_x=\sigma_y=0$인 **순수전단**(그림 11-12a)을 고려해보면 다음과 같다.

$$\varepsilon_x = \varepsilon_y = \varepsilon_z = 0 \qquad \gamma_{xy} = \frac{\tau_{xy}}{G} \qquad \textbf{(11-43a, b)}$$

이 특별한 세 가지 경우에 수직응력 $\sigma_z=0$이다.

그림 11-11(반복)

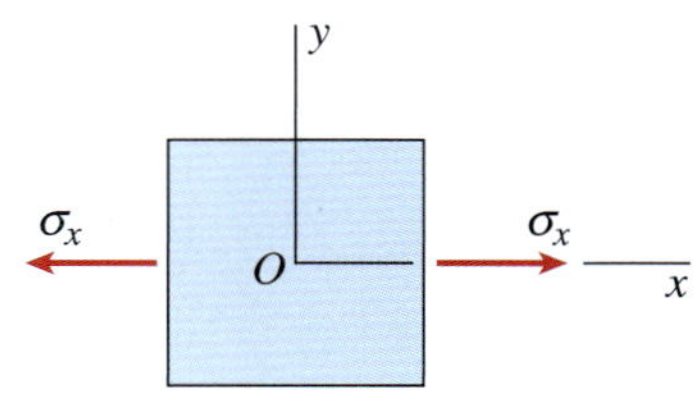

(a)

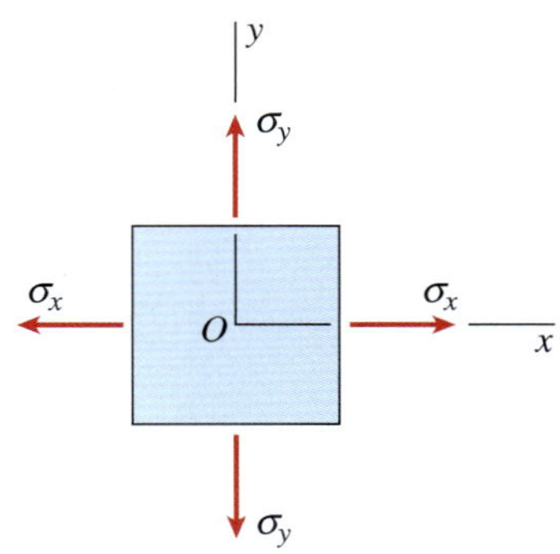

(b)

체적 변화

고체가 변형을 받으면 그 치수와 체적은 모두 변화한다. 체적의 변화는 세 수직방향의 수직변형률을 알면 구할 수 있다. 이 변화를 구하기 위해 그림 11-25에 있는 것과 같이 재료의 미소 요소를 고려한다. 초기 요소는 각각 x, y, z방향으로 길이 a, b, c를 가지는 직육면체이다. 변형률 ε_x, ε_y, ε_z는 점선으로 나타낸 길이 변화를 만들어 낸다. 그러므로 모서리 길이의 증가량은 $a\varepsilon_x$, $b\varepsilon_y$, $c\varepsilon_z$이다.

요소의 초기 체적은

$$V_0 = abc \qquad \textbf{(11-44a)}$$

최종 체적은 다음과 같다.

$$V_1 = (a + a\varepsilon_x)(b + b\varepsilon_y)(c + c\varepsilon_z) \\ = abc(1 + \varepsilon_x)(1 + \varepsilon_y)(1 + \varepsilon_z) \tag{11-44b}$$

식 (11-44a)를 참고하여 요소의 최종 체적[식 (11-44b)]은 다음과 같은 형태로 나타낼 수 있다.

$$V_1 = V_0\ (1 + \varepsilon_x)(1 + \varepsilon_y)(1 + \varepsilon_z) \tag{11-45a}$$

위 식은 우변 항을 전개하여 다음 식을 얻을 수 있다.

$$V_1 = V_0\ (1 + \varepsilon_x + \varepsilon_y + \varepsilon_z + \varepsilon_x\varepsilon_y + \varepsilon_x\varepsilon_z + \varepsilon_y\varepsilon_z + \varepsilon_x\varepsilon_y\varepsilon_z) \tag{11-45b}$$

V_1에 관한 위 식들은 변형률이 클 때나 작을 때나 모두 유효하다.

아주 **작은 변형률**만을 갖는(일반적인 경우임) 구조물로 논의를 제한하면, 식 (11-45b)에서 작은 변형률의 곱으로 구성된 항을 무시할 수 있다. 이렇게 곱으로 된 항은 각각의 변형률 ε_x, ε_y, ε_z에 비하여 매우 작다. 따라서 최종 체적의 식은 다음과 같이 단순화된다.

$$V_1 = V_0\ (1 + \varepsilon_x + \varepsilon_y + \varepsilon_z) \tag{11-46}$$

그리고 **체적 변화**(volume change)는

$$\Delta V = V_1 - V_0 = V_0\ (\varepsilon_x + \varepsilon_y + \varepsilon_z) \tag{11-47}$$

이 식은 **변형률이 미소하고 전체적으로 균일하다면** 어떠한 재료의 체적에 대해서도 적용될 수 있다. 또한 재료는 훅의 법칙을 따라야 할 필요가 없음에 유의하라. 더욱이 이런 표현은 평면응력 상태에 국한되지 않고, 어떠한 응력 조건에 대해서도 유효하다. (마지막 유의사항처럼 전단변형률은 체적 변화를 일으키지 않는다.)

팽창률(dilatation)로 알려진 **단위체적 변화**(unit volume change) e는 체적 변화량을 원래의 체적으로 나눈 것으로 정의된다. 그러므로

$$e = \frac{\Delta V}{V_0} = \varepsilon_x + \varepsilon_y + \varepsilon_z \tag{11-48}$$

이 식을 체적의 미분 요소로 적용하고 적분함으로써, 수직변형률이 물체 전체에서 변화할 때에도 물체의 체적 변화를 구할 수 있다.

변형률 ε_x, ε_y, ε_z는 대수적인 양이기 때문에 체적 변화에 관한 위 식은 인장 또는 압축 변형률 두 가지 모두에 적용된다(신장은 양, 수축은 음). 이 부호 규약에서 양의 ΔV와 e는 체적의 증가를 나타내고, 음의 값은 감소를 나타낸다.

그림 11-24(반복)

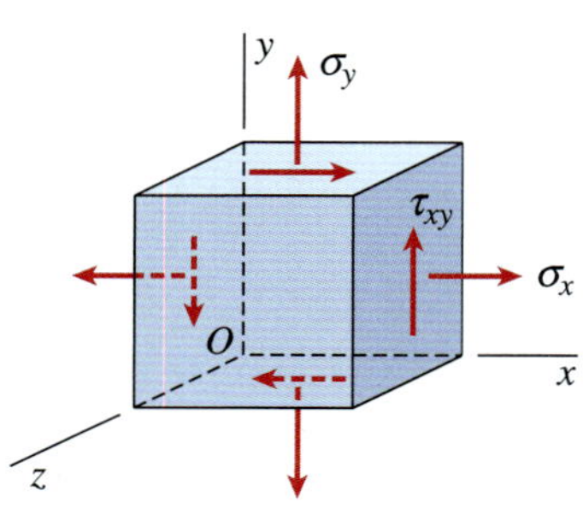

훅의 법칙을 따르고 **평면응력**(그림 11-24)만을 받는 재료로 돌아가보자. 이 경우에 변형률 ε_x, ε_y, ε_z는 식 (11-35a, b, c)에 의해 구할 수 있다. 이 표현식을 식 (11-48)에 대입하면 응력의 항으로 표현된 단위체적 변화를 다음과 같이 얻을 수 있다.

$$e = \frac{\Delta V}{V_0} = \frac{1 - 2\nu}{E}(\sigma_x + \sigma_y) \tag{11-49}$$

이 식은 또한 **2축 응력** 상태에도 적용됨에 유의하라.

인장을 받고 있는 균일 단면 봉의 경우, 즉 **단축응력** 상태인 경우, 식 (11-49)는 다음과 같이 간단해진다.

$$e = \frac{\Delta V}{V_0} = \frac{\sigma_x}{E}(1 - 2\nu) \tag{11-50}$$

이 식으로부터, 일반적인 재료에 대한 푸아송 비의 가능한 최댓값이 0.5임을 알 수 있다. 왜냐하면 이것보다 더 큰 값은 재료가 인장을 받을 때 부피가 줄어드는 결과를 의미하기 때문이며, 이것은 일반적인 물리적 거동에 위배된다.[3]

예제 11-7

그림 11-27

예제 11-7: 스트레인 게이지 A와 B가 부착된 직사각형 알루미늄 평판

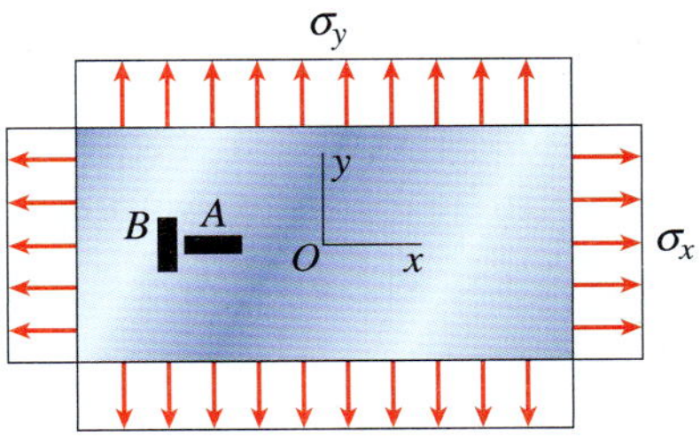

(각각 x와 y방향으로 위치한)스트레인 게이지 A와 B가 두께 7 mm인 직사각형 알루미늄 판에 부착되어 있다. 이 판은 그림 11-27에서와 같이 균일한 수직응력 σ_x와 σ_y를 받고 있으며, 수직변형률의 게이지 값은 $\varepsilon_x = -0.00075$(게이지 A, 수축), $\varepsilon_y = 0.00125$(게이지 B, 신장)이다. 탄성계수는 $E = 73$ GPa, 푸아송 비는 $\nu = 0.33$이다. 응력 σ_x와 σ_y 및 판의 두께 변화 Δt를 계산하시오. 또한 판에 대한 단위체적 변화(혹은 팽창률) e를 계산하시오.

풀이

4단계 문제풀이 접근방법을 사용한다. 효율적인 문제풀이를 위해 필요에 따라 단계를 합한다.

1, 2, 3. 개념화, 분류, 해석 **2축 응력** 상태인 판에 대해서 x 및 y방향의 수직응력 σ_x와 σ_y를 얻기 위해 식 (11-41a, b)를 사용하시오. 측정된 수직변형률 ε_x, ε_y에 근거하여

$$\sigma_x = \frac{E}{1 - \nu^2}(\varepsilon_x + \nu\varepsilon_y) = \frac{73 \text{ GPa}}{1 - 0.33^2}[-0.00075 + (0.33)(0.00125)]$$
$$= -27.6 \text{ MPa}$$

$$\sigma_y = \frac{E}{1 - \nu^2}(\varepsilon_y + \nu\varepsilon_x) = \frac{73 \text{ GPa}}{1 - 0.33^2}[0.00125 + (0.33)(-0.00075)]$$
$$= 82.1 \text{ MPa}$$

z방향의 수직변형률은 식 (11-40c)로부터 다음과 같이 계산된다.

$$\varepsilon_z = \frac{-\nu}{E}(\sigma_x + \sigma_y) = \frac{-(0.33)}{73 \text{ GPa}}(-27.6 \text{ MPa} + 82.1 \text{ MPa})$$
$$= -2.464 \times 10^{-4}$$

판의 두께 변화(이 경우는 감소)는

$$\Delta t = \varepsilon_z t = [-2.464(10^{-4})](7 \text{ mm}) = -1.725 \times 10^{-3} \text{ mm}$$

[3] 7.5절의 음의 푸아송 비를 갖는 재료에 관한 논의 참조.

판의 팽창 또는 단위체적 변화 e를 구하기 위해 식 (11-49)를 사용하면

$$e = \frac{1-2\nu}{E}(\sigma_x + \sigma_y) = 2.538 \times 10^{-4}$$

4. 최종 단계 양의 e값은 판은 2축 응력하에서 두께가 감소하는 동안 (비록 매우 작게 증가하지만) 체적이 증가하는 것을 의미한다.

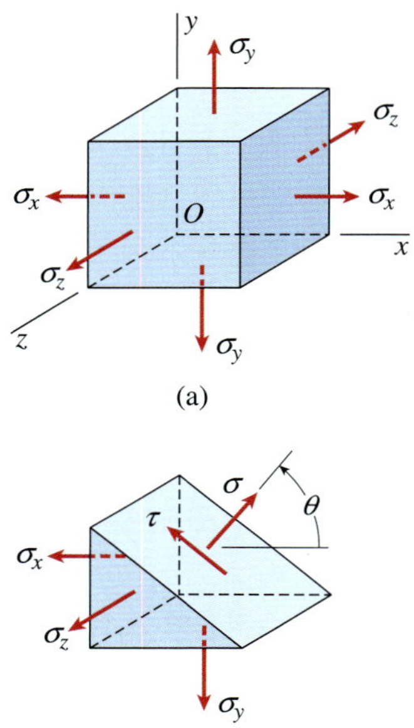

그림 11-28

3축 응력 요소

11.6 3축 응력

서로 직교하는 세 방향으로 작용하는 수직응력 σ_x, σ_y, σ_z를 받는 재료의 요소는 **3축 응력**(triaxial stress) 상태(그림 11-28a)에 있다고 말한다. x, y, z면에는 전단응력이 없기 때문에 응력 σ_x, σ_y, σ_z는 재료 내에서 **주응력**이다.

만약 z축에 평행한 경사진 평면이 이 요소를 가로질러 잘려졌다면(그림 11-28b), 경사진 면에 작용하는 유일한 응력은 수직응력 σ와 전단응력 τ이고, 이 둘 다 x-y평면에 평행하게 작용한다. 이 응력은 앞서 평면응력을 논의할 때 나왔던 응력 σ_{x1}, τ_{x1y1}과 유사한 응력이다(예로 그림 11-2a 참조). 응력 σ와 τ(그림 11-28b)는 x-y평면에서 힘의 평형 방정식으로부터 구해졌기 때문에 수직응력 σ_z와는 독립적이다. 따라서 3축 응력 상태에서 응력 σ와 τ를 결정할 때, 평면응력에 대한 모어 원뿐만 아니라 평면응력의 변환공식을 사용한다. x, y축에 평행한 요소를 통과하여 자른 경사진 평면에 작용하는 수직 및 전단응력에 대해서도 동일한 결론을 내릴 수 있다.

최대 전단응력

앞선 평면응력에 대한 논의에서 최대 전단응력은 주평면에서 45° 회전된 면에서 발생한다. 따라서 3축 응력하의 재료(그림 11-28a)에서 최대 전단응력은 x, y, z축에 대해 45° 회전된 요소에서 발생한다. 예를 들면 z축에 대해 45° 회전된 요소를 고려하자. 이 요소에 작용하는 양과 음의 최대 전단응력은 다음과 같다.

$$(\tau_{max})_z = \pm\frac{\sigma_x - \sigma_y}{2} \qquad \textbf{(11-51a)}$$

같은 방법으로 45°의 각도로 x와 y축에 대해 회전시키면 다음과 같은 최대 전단응력을 얻는다.

$$(\tau_{max})_x = \pm\frac{\sigma_y - \sigma_z}{2} \qquad (\tau_{max})_y = \pm\frac{\sigma_x - \sigma_z}{2} \qquad \textbf{(11-51b, c)}$$

최대 전단응력의 절댓값은 식 (11-51a, b, c)에서 결정된 응력 중 수치적으로 가장 큰 것이다. 이것은 세 개의 주응력 중 대수적으로 가장 큰 것과 가장 작은 것의 차이의 1/2과 같다.

x, y, z축에 대해서 다양한 각도로 회전된 요소에 작용하는 응력은 **모어 원**의 도움을 받아 가시화될 수 있다. z축에 대해 회전된 요소에 대하여 이에 대응하는 원은 그림

11-29에서 A로 표시된다. 이 원은 $\sigma_x > \sigma_y$인 경우와 σ_x와 σ_y가 모두 인장응력인 경우에 대해 그려졌음을 유의하자.

같은 방법으로 x축과 y축에 대해 회전된 요소에 대한 원 B와 C를 각각 작도할 수 있다. 각 원의 반지름은 식 (11-51a, b, c)에서 구해지는 최대 전단응력을 나타낸다. 그리고 최대 전단응력의 절댓값은 가장 큰 원의 반지름과 같다. 최대 전단응력의 면에 작용하는 수직응력의 크기는 각 원 중심의 가로축 좌표로 나타난다.

3축 응력에 대한 앞선 논의는 단지 x, y, z축에 대해 회전하여 얻어지는 평면에 작용하는 응력을 고려한 것이다. 따라서 고려된 모든 평면은 축들 중 하나와 평행하다. 예를 들어 그림 11-28b의 경사진 평면은 z축과 평행하고, 평면의 법선은 x-y평면에 평행하다. 물론 **비스듬한 방향**(skew direction)으로 요소를 통과하도록 자를 수도 있고, 그 결과로 나온 경사진 면은 세 개의 좌표축과 모두 비스듬히 교차한다. 그러한 면에 작용하는 수직 및 전단응력은 보다 복잡한 3차원적 해석을 통해 얻어질 수 있다. 그러나 비스듬한 면에 작용하는 수직응력은 대수적으로 최대 및 최소 주응력 사이에 값이 존재하며, 그 면에 작용하는 전단응력은 식 (11-51a, b, c)에서 얻어진 절대 최대 전단응력보다 (절댓값에서)작다.

그림 11-29

3축 응력 요소에 대한 모어 원

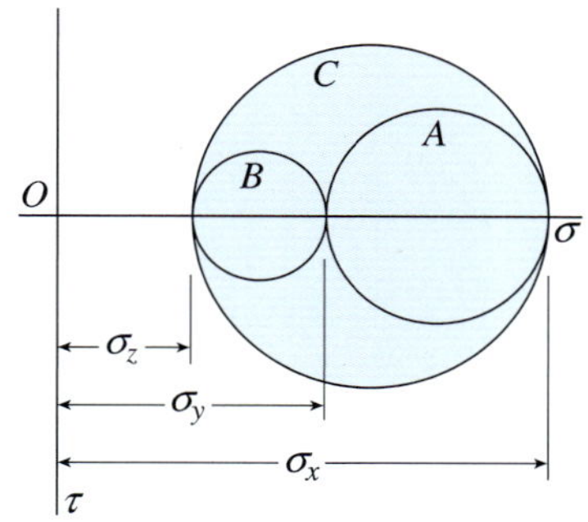

3축 응력에 대한 훅의 법칙

재료가 훅의 법칙을 만족시킨다면, 수직응력과 수직변형률의 관계는 평면응력과 같은 절차를 사용해서 구할 수 있다(11.5절 참조). 합성 변형률을 얻기 위해 독립적으로 작용하는 응력 σ_x, σ_y, σ_z에 의해 발생되는 변형률을 중첩한다. 따라서 다음의 식이 **3축 응력에서 변형률**(strains in triaxial stress)이 된다.

$$\varepsilon_x = \frac{\sigma_x}{E} - \frac{\nu}{E}(\sigma_y + \sigma_z) \tag{11-52a}$$

$$\varepsilon_y = \frac{\sigma_y}{E} - \frac{\nu}{E}(\sigma_z + \sigma_x) \tag{11-52b}$$

$$\varepsilon_z = \frac{\sigma_z}{E} - \frac{\nu}{E}(\sigma_x + \sigma_y) \tag{11-52c}$$

이 식에서는 표준 부호 규약이 사용된다. 즉 인장응력 σ와 신장 변형률 ε은 양수이다.

앞의 식은 변형률의 항으로 나타낸 응력으로 동시에 풀이될 수 있다.

$$\sigma_x = \frac{E}{(1+\nu)(1-2\nu)}[(1-\nu)\varepsilon_x + \nu(\varepsilon_y + \varepsilon_z)] \tag{11-53a}$$

$$\sigma_y = \frac{E}{(1+\nu)(1-2\nu)}[(1-\nu)\varepsilon_y + \nu(\varepsilon_z + \varepsilon_x)] \tag{11-53b}$$

$$\sigma_z = \frac{E}{(1+\nu)(1-2\nu)}[(1-\nu)\varepsilon_z + \nu(\varepsilon_x + \varepsilon_y)] \tag{11-53c}$$

식 (11-52)와 (11-53)은 **3축 응력에 대한 훅의 법칙**(Hooke's law for triaxial stress)을 나타낸다.

2축 응력의 특별한 경우(그림 11-11b)에 대한 훅의 법칙은 위 식에 $\sigma_z = 0$을 대입해서 얻을 수 있다. 그 결과는 11.5절의 식 (11-40)과 (11-41)로 간단해진다.

단위체적 변화

3축 응력 상태에 있는 요소에 대한 단위체적 변화(혹은 **팽창**)는 평면응력에서와 같은 방식으로 얻어진다(11.5절 참조). 요소가 변형률 ε_x, ε_y, ε_z를 받고 있을 때는 단위체적 변화에 대해 식 (11-48)을 사용하도록 하자.

$$e = \varepsilon_x + \varepsilon_y + \varepsilon_z \tag{11-54}$$

이 식은 만약 변형률이 작다면 어떠한 재료에 대해서도 유효하다.

만약 훅의 법칙이 그 재료에 대해 성립한다면, 식 (11-52a, b, c)로부터 변형률 ε_x, ε_y, ε_z를 대입하면 다음을 얻는다.

$$e = \frac{1-2\nu}{E}(\sigma_x + \sigma_y + \sigma_z) \tag{11-55}$$

식 (11-54)와 식 (11-55)는 변형률과 응력의 항으로 나타낸 3축 응력 상태에서의 단위체적 변화이다.

구응력

구응력(spherical stress)이라 부르는 3축 응력의 특별한 경우는 세 개의 모든 수직응력이 같을 때면 언제나 발생한다(그림 11-30).

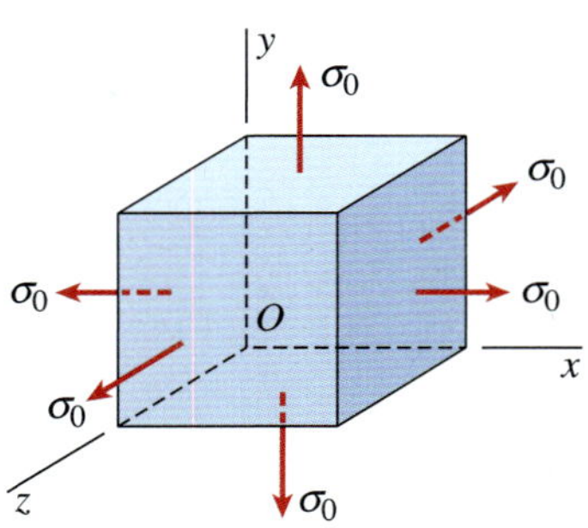

그림 11-30
구응력 요소

$$\sigma_x = \sigma_y = \sigma_z = \sigma_0 \tag{11-56}$$

이러한 응력 조건에서는 요소를 통과하도록 잘려진 **어떤** 면에서도 동일한 수직응력 σ_0을 받으며 전단응력은 존재하지 않는다. 따라서 이 재료 내의 어떠한 위치에서도 모든 방향의 수직응력은 동일하고 전단응력은 없다. 모든 면이 주평면이 되고, 그림 11-29에 있는 세 개의 모어 원은 하나의 점으로 단순화된다.

재료가 균질하고 등방성이라면 구응력에서 수직변형률도 모든 방향에서 역시 동일하다. 훅의 법칙이 적용되면 수직변형률은

$$\varepsilon_0 = \frac{\sigma_0}{E}(1-2\nu) \tag{11-57}$$

이는 식 (11-52a, b, c)로부터 얻어진 것과 같다.

전단변형률이 없기 때문에 입방체 모양의 요소는 그 크기는 변하지만 형태는 그대로 입방체이다. 보통 구응력을 받는 물체는 그 상대적인 비율을 유지하지만 σ_0이 인장이냐 압축이냐에 따라 체적은 늘어나거나 감소한다.

단위체적 변화에 대한 표현은 식 (11-57)의 변형률을 식 (11-54)에 대입함으로써 얻을 수 있다. 그 결과는 다음과 같다.

$$e = 3\varepsilon_0 = \frac{3\sigma_0(1-2\nu)}{E} \tag{11-58}$$

식 (11-58)은 다음과 같이 정의되는 **체적탄성계수**(volume modulus of elasticity) 또는 **부피탄성계수**(bulk modulus of elasticity)라 불리는 새로운 양인 K를 사용함으로써 훨씬 간단한 형태로 나타난다.

$$K = \frac{E}{3(1 - 2\nu)} \tag{11-59}$$

이 표기법으로, 단위체적 변화에 대한 표현은 다음과 같고

$$e = \frac{\sigma_0}{K} \tag{11-60}$$

체적계수는 다음과 같다.

$$K = \frac{\sigma_0}{e} \tag{11-61}$$

따라서 체적계수는 구응력에 대한 체적변형률 비로 정의되고, 이것은 단축응력에서의 탄성계수 E의 정의와 유사하다. e와 K에 대한 앞의 공식들은 **변형률이 작고 재료는 훅의 법칙을 따른다**는 가정에 기초한 것임을 유의하자.

K에 대한 식 (11-59)는 만약 푸아송 비 ν가 1/3이면 계수 K와 E가 수치적으로 같다는 것을 보여준다. $\nu=0$이면 K는 $E/3$가 되고, $\nu=0.5$이면 K는 무한대가 된다. 이것은 체적 변화가 없는 강체에 해당한다(즉 재료는 비압축성이다).

구응력에 대한 앞의 공식들은 모든 방향에서 균일한 인장을 받는 요소로부터 유도되었다. 그러나 물론 이 공식은 균일한 압축을 받는 요소에도 적용된다. 균일 압축의 경우 응력과 변형률은 음의 부호를 갖는다. 균일 압축은 재료가 모든 방향에서 균일한 압력을 받을 때 발생한다. 예를 들어 바닷물 속에 잠겨 있는 물체나 지구 속 깊숙한 곳의 돌 등이다. 이러한 상태의 응력은 흔히 **정수압**(hydrostatic stress)이라 불린다.

균일 압축은 비교적 일반적인 상태이나 균일 인장 상태는 만들기가 어렵다. 이것은 외부 층이 내부보다 높은 온도가 되도록 고체 금속 구의 외부 표면을 갑자기 균일하게 가열하는 것으로 만들 수 있다. 팽창하려는 외부 층은 구의 중심에 모든 방향으로 균일한 인장을 발생시키려 한다.

11.7 평면변형률

하중을 받고 있는 구조물 내 한 점에서의 변형률은 응력의 경우와 유사하게 그 축의 회전에 따라 변한다. 이 절에서는 기준 방향의 변형률과 경사진 방향의 변형률의 관계를 알려주는 변형률의 변환공식을 설명한다. 이 변환공식은 연구실과 산업현장에서 변형률의 측정에 관련된 조사에 널리 쓰인다.

변형률은 통상적으로 **스트레인 게이지**로 측정한다. 예를 들면, 게이지는 비행 중 구조물의 거동을 측정하기 위하여 항공기에 부착되고, 지진의 영향을 측정하기 위하여 건물에 부착되기도 한다. 각 게이지는 특정한 한 방향의 변형률만을 측정하기 때문에 보통 변환공식을 사용하여 다른 방향의 변형률을 계산하는 것이 필요하다.

평면변형률 대 평면응력

평면변형률은 어떤 의미를 가지고 있는지 그리고 어떻게 평면응력과 연관이 되는지를 생각해보자. 재료의 작은 요소의 x, y, z방향의 길이가 a, b, c이다(그림 11-31a). 만약 유일하게 x-y평면에서만 변형이 있으면 세 개의 변형률 성분, 즉 x방향의 수직변형률 ε_x(그림 11-31b), y방향의 수직변형률 ε_y(그림 11-31c), 전단변형률 γ_{xy}(그림 11-31d)가 존재할 것이다. 이러한 변형률(그리고 오직 이 변형률만)을 받는 재료의 한 요소는 **평면변형률**(plane strain) 상태에 있다고 말한다.

이때 평면변형률인 요소의 z방향의 수직변형률 ε_z 및 x-z평면과 y-z평면의 전단변형률인 γ_{xz}와 γ_{yz}는 0이다. 따라서 평면변형률은 다음과 같은 조건으로 정의된다.

$$\varepsilon_z = 0 \qquad \gamma_{xz} = 0 \qquad \gamma_{yz} = 0 \tag{11-62a, b, c}$$

나머지 변형률(ε_x, ε_y, γ_{xy})은 0이 아니어도 된다.

앞의 정의에서 평면변형률 상태는 재료 요소의(그림 11-31a) 앞면과 뒷면이 z방향의 변위에 대해서 완전히 구속된 경우에 일어난다. 이런 경우는 실제 구조물에서는 보기 드문 이상적인 조건이다. 그러나 그것이 평면변형률의 변환공식이 유용하지 않다는 것을 의미하지는 않는다. 오히려 다음에 설명할 평면응력에서의 변형률에도 적용되기 때문에 매우 유용한 것을 알 수 있다.

평면변형률의 정의[식 (11-62a, b, c)]는 평면응력의 정의와 유사하다. 평면응력에서 다음의 응력은 반드시 0이다.

그림 11-31

x-y평면(평면변형률)에서의 변형률 성분 ε_x, ε_y, γ_{xy}

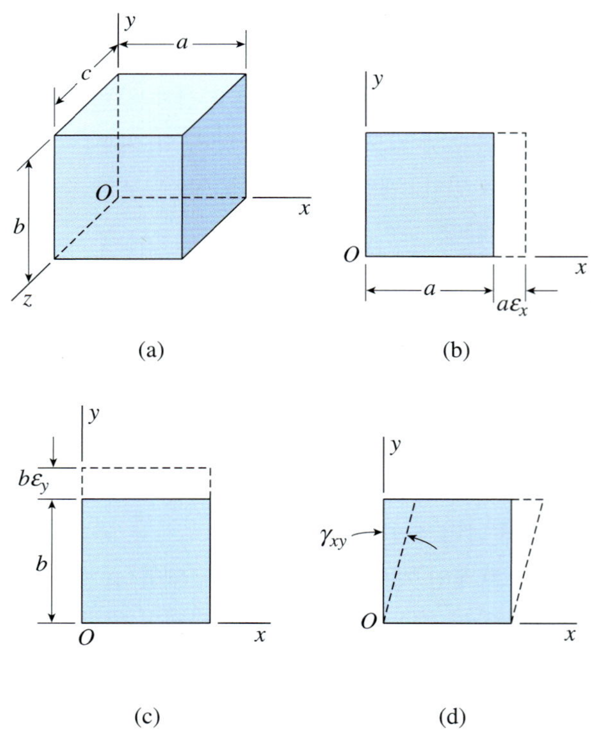

그림 11-32
평면응력과 평면변형률의 비교

	평면응력	평면변형률
	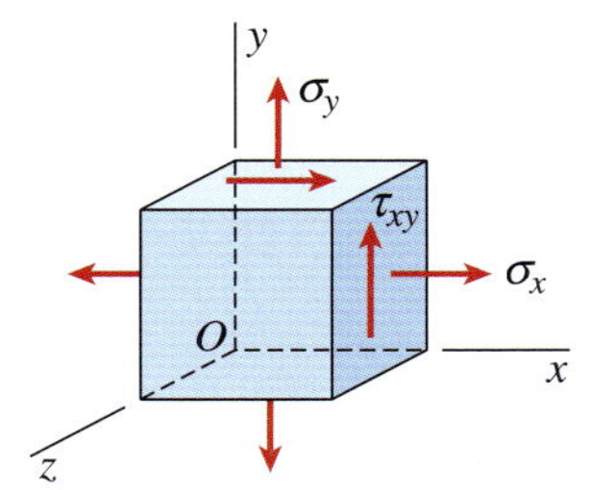	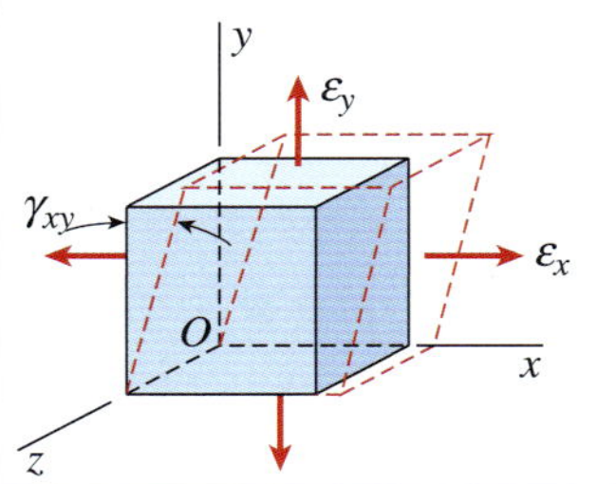
응력	$\sigma_z = 0 \quad \tau_{xz} = 0 \quad \tau_{yz} = 0$ σ_x, σ_y, τ_{xy}는 0이 아니어도 됨	$\tau_{xz} = 0 \quad \tau_{yz} = 0$ σ_x, σ_y, σ_z, τ_{xy}는 0이 아니어도 됨
변형률	$\gamma_{xz} = 0 \quad \gamma_{yz} = 0$ ε_x, ε_y, ε_z, γ_{xy}는 0이 아니어도 됨	$\varepsilon_z = 0 \quad \gamma_{xz} = 0 \quad \gamma_{yz} = 0$ ε_x, ε_y, γ_{xy}는 0이 아니어도 됨

$$\sigma_z = 0 \qquad \tau_{xz} = 0 \qquad \tau_{yz} = 0 \tag{11-63a, b, c}$$

여기서 나머지 응력(σ_x, σ_y, τ_{xy})은 0이 아니어도 된다. 평면응력과 평면변형률에서 응력과 변형률에 대한 비교를 그림 11-32에 나타내었다.

평면응력과 평면변형률 정의의 유사성으로부터 둘이 동시에 일어난다고 유추하면 안 된다. 일반적으로 평면응력의 요소는 z방향의 변형률을 가진다(그림 11-32). 따라서 평면변형률 상태에 있지 **않다**. 또한 평면변형률 상태의 요소는 $\varepsilon_z = 0$이라는 요구조건 때문에 응력 σ_z가 요소에 작용한다. 따라서 평면응력 상태가 **아니다**. 따라서 정상적인 경우에 평면응력과 평면변형률 상태는 동시에 발생하지 않는다.

예외적인 경우는 평면응력 상태의 요소가 크기는 같지만 방향이 반대인(즉, $\sigma_x = -\sigma_y$일 때) 수직응력을 받고, 재료가 훅의 법칙을 따를 때이다. 이러한 특수한 경우, 식 (11-35c)에 의해 z방향의 수직변형률은 존재하지 않는다. 그러므로 이 요소는 평면응력 상태뿐만 아니라 평면변형률 상태에도 있게 된다. 또 다른 특별한 경우는 비록 가설이긴 하지만 재료의 푸아송 비가 0인 경우($\nu = 0$)이다. 그러면 모든 평면응력 요소는 $\varepsilon_z = 0$[식 (11-35c)]이기 때문에 평면변형률 상태에 있게 된다.[4]

변환공식의 적용

x-y평면에서 평면응력에 대해 유도된 응력 변환공식[식 (11-4a, b)]은 수직응력 σ_z가 있을 때에도 성립한다. 이것은 식 (11-4a, b)를 유도하는 데 사용되는 평형 방정식에

[4] 이 장의 논의에서는 온도 변화와 사전변형률의 영향은 생략되었으며, 이들 모두는 이 결론을 바꿀 수 있는 추가적인 변형을 발생시킨다.

응력 σ_z가 들어 있지 않기 때문이다. 따라서 **평면응력에 대한 변환공식은 평면변형률에 대한 응력에 대해서도 사용될 수 있다.**

유사한 상황이 평면변형률에 대해서도 존재한다. 비록 x-y평면에서의 평면변형률의 경우에 변형률 변환공식이 유도되었지만, 이 식은 변형률 ε_z가 존재하는 경우일지라도 성립한다. 그 이유는 간단하다. ε_z는 유도과정에서 사용되는 기하학적 관계에 영향을 주지 못하기 때문이다. 따라서 **평면변형률에 대한 변환공식은 평면응력 상태의 변형률에 대해서도 사용될 수 있다.**

결국 평면응력에 대한 변환공식은 단지 평형상태로부터 유도되었기 때문에 선형 탄성이든 아니든 관계없이 어떠한 재료에 대해서도 성립한다는 것을 상기해야 한다. 똑같은 결론이 평면변형률에 대한 변환공식에도 적용된다. 즉 그것은 단지 기하학적 관계로부터 유도되었기 때문에 **재료의 특성에 대해 독립적이다.**

평면변형률에 관한 변환공식

평면변형률에 대한 변환공식의 유도에서 그림 11-33에 보이는 좌표축을 사용하자. xy축에 관계된 수직변형률 ε_x와 ε_y 그리고 전단변형률 γ_{xy}를 알고 있다고 가정하자(그림 11-31). 이 해석의 목적은 x_1y_1축에 대한 수직 및 전단변형률 ε_{x1}과 γ_{x1y1}을 결정하기 위함이다. 여기서 축은 xy축으로부터 반시계방향으로 각 θ만큼 회전되었다(수직변형률 ε_{y1}에 대해 별도의 식을 유도할 필요는 없다. 왜냐하면 ε_{x1}에 대한 식에 θ 대신 $\theta+90°$를 대입해서 구할 수 있기 때문이다).

그림 11-33
x-y축으로부터 각 θ만큼 회전된 축 x_1과 y_1

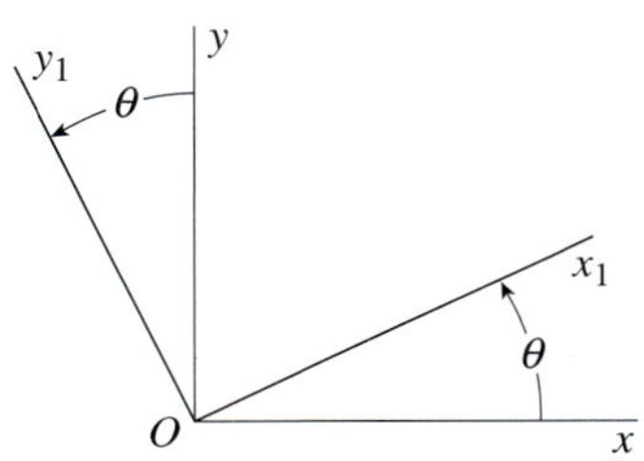

수직변형률 ε_{x1} x_1방향의 수직변형률 ε_{x1}을 구하기 위해 요소의 z면에서 대각선 방향으로 x_1축을, 요소의 변을 따라 x축과 y축을 둔 재료의 한 작은 요소(그림 11-34a)를 생각하자. 이 그림은 z축이 책을 보는 사람을 향하는 2차원 요소를 보여준다. 물론 요소는 실제로는 그림 11-31a와 같이 z방향의 치수를 가진 3차원이다.

먼저 x방향의 수직변형률 ε_x를 고려해보자(그림 11-34a). 이 변형률은 x방향으로 $\varepsilon_x dx$만큼의 신장을 발생시키는데, 여기서 dx는 요소의 변의 길이이다. 이 신장의 결과로 요소의 대각선은 그림 11-34a에서처럼 다음 양만큼 길이가 증가한다.

$$\varepsilon_x dx \cos\theta \tag{11-64a}$$

다음은 y방향의 수직변형률 ε_y(그림 11-34b)를 고려하자. 이 변형률은 y방향으로 $\varepsilon_y dy$만큼의 신장을 발생시키고, 여기서 dy는 y축과 평행한 요소의 변의 길이이다. 신장의 결과로 요소의 대각선은 그림 11-34b에서처럼 다음 양만큼 길이가 증가한다.

$$\varepsilon_y dy \sin\theta \tag{11-64b}$$

마지막으로 x-y평면의 전단변형률 γ_{xy}(그림 11-34c)를 고려하자. 이 변형률은 요소의 비틀림을 발생시켜 요소의 왼쪽 아래 모서리의 각은 전단변형률만큼 줄어든다. 결과적으로 요소의 윗면은 $\gamma_{xy}dy$만큼 오른쪽으로 움직인다(아랫면에 비해서). 이러한 변형은 대각선의 길이를 그림 11-34c에서처럼 다음 양만큼 길게 한다.

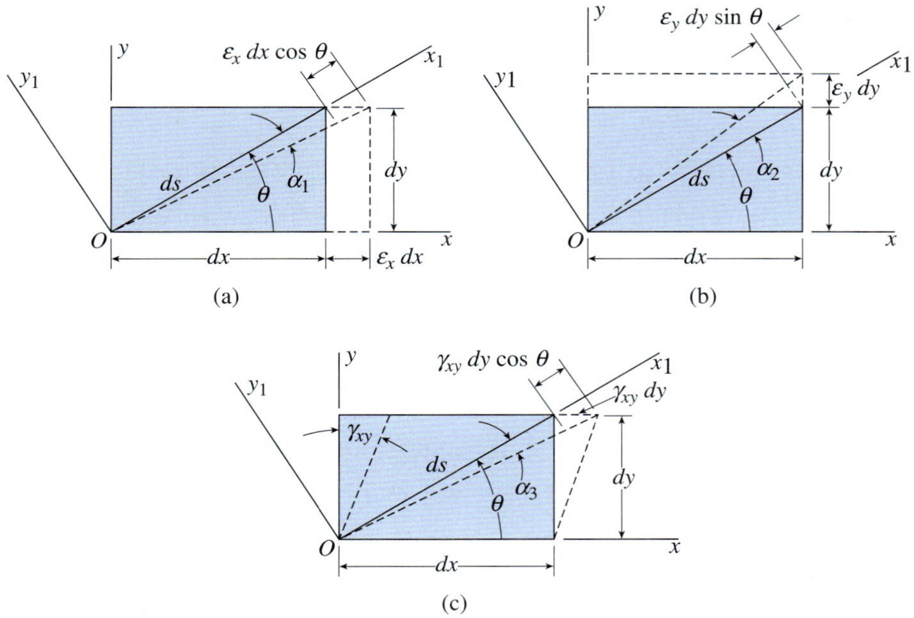

그림 11-34

평면변형률에서 (a) 수직변형률 ε_x, (b) 수직변형률 ε_y, (c) 전단변형률 γ_{xy}에 의해 발생하는 요소의 변형

$$\gamma_{xy}\, dy \cos\theta \tag{11-64c}$$

대각선 길이의 전체 증가량 Δd는 앞의 세 개의 식의 합과 같다.

$$\Delta d = \varepsilon_x dx \cos\theta + \varepsilon_y dy \sin\theta + \gamma_{xy} dy \cos\theta \tag{11-65}$$

x_1방향의 수직변형률 ε_{x1}은 이 길이의 증가량을 초기 대각선 길이 ds로 나눈 값과 같다.

$$\varepsilon_{x1} = \frac{\Delta d}{ds} = \varepsilon_x \frac{dx}{ds} \cos\theta + \varepsilon_y \frac{dy}{ds} \sin\theta + \gamma_{xy} \frac{dy}{ds} \cos\theta \tag{11-66}$$

$dx/ds = \cos\theta$와 $dy/ds = \sin\theta$를 이용하면 **수직변형률**은 다음 식으로 나타난다.

$$\varepsilon_{x1} = \varepsilon_x \cos^2\theta + \varepsilon_y \sin^2\theta + \gamma_{xy} \sin\theta\cos\theta \tag{11-67}$$

따라서 식 (11-67)은 x-y축에 관한 ε_x, ε_y, γ_{xy}의 항으로 표현된 x_1방향의 수직변형률에 관한 표현이 된다.

앞에서 언급했듯이 y_1방향의 수직변형률 ε_{y1}은 θ 대신 $\theta + 90°$를 앞의 식에 대입함으로써 얻을 수 있다.

전단변형률 γ_{x1y1} 이제 x_1y_1축에 관련된 전단변형률 γ_{x1y1}을 생각해보자. 이 변형률은 재료에서 초기에 x_1과 y_1축을 따라서 위치한 선분들 사이 각의 감소량과 같다. 이 아이디어를 명확하게 하도록 각도가 θ만큼 차이 나는 xy와 x_1y_1의 두 축이 있는 그림 11-35를 고려하자. 선분 Oa는 재료에서 **초기에** x_1축을 따라 놓인 선분(즉, 그림 11-34에서 요소의 대각선을 따라 위치)을 나타낸다. 변형률 ε_x, ε_y, γ_{xy}에 의한 변형(그림 11-34)은 선분 Oa를 x_1축에서부터 그림 11-35에 나타난 위치까지 반시계방향으로 α만큼 회전

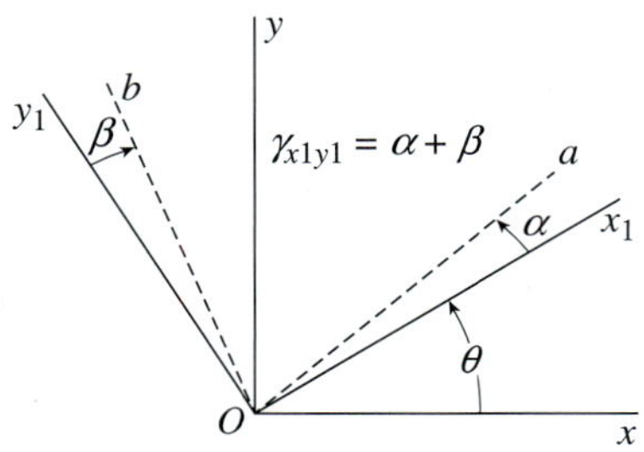

그림 11-35
x_1y_1축에 대한 전단변형률 γ_{x1y1}

시킨다. 마찬가지로 선분 *Ob*는 원래 y_1축을 따라 놓여 있었지만, 변형 때문에 시계방향으로 β만큼 회전한다. 전단변형률 γ_{x1y1}은 원래 직각이었던 두 개의 선분 사이 각도의 감소량이므로,

$$\gamma_{x1y1} = \alpha + \beta \tag{11-68}$$

따라서 전단변형률 γ_{x1y1}을 구하기 위해 각 α와 β를 구하도록 하자.

각 α는 다음과 같이 그림 11-34에 그려진 변형으로부터 구할 수 있다. 변형률 ε_x(그림 11-34a)는 요소의 대각선을 시계방향으로 회전시킨다. 이 회전각을 α_1이라 표시하자. 각 α_1은 거리 $\varepsilon_x dx \sin\theta$를 대각선 길이 ds로 나눈 것과 같다.

$$\alpha_1 = \varepsilon_x \frac{dx}{ds} \sin\theta \tag{11-69a}$$

마찬가지로 변형률 ε_y는 각 α_2(그림 11-34b)만큼 대각선을 반시계방향으로 회전시킨다. 이 각은 거리 $\varepsilon_y dy \cos\theta$를 ds로 나눈 것과 같다.

$$\alpha_2 = \varepsilon_y \frac{dy}{ds} \cos\theta \tag{11-69b}$$

마지막으로 변형률 γ_{xy}는 각 α_3(그림 11-34c)만큼 시계방향으로 회전시키는데, 이 각은 거리 $\gamma_{xy} dy \sin\theta$를 ds로 나눈 것과 같다.

$$\alpha_3 = \gamma_{xy} \frac{dy}{ds} \sin\theta \tag{11-69c}$$

그러므로 대각선의 전체 반시계방향 회전량(그림 11-34)은 그림 11-35에 나타난 각 α와 같다.

$$\begin{aligned}\alpha &= -\alpha_1 + \alpha_2 - \alpha_3 \\ &= -\varepsilon_x \frac{dx}{ds} \sin\theta + \varepsilon_y \frac{dy}{ds} \cos\theta - \gamma_{xy} \frac{dy}{ds} \sin\theta\end{aligned} \tag{11-70}$$

다시 $dx/ds = \cos\theta$와 $dy/ds = \sin\theta$를 이용하면

$$\alpha = -(\varepsilon_x - \varepsilon_y) \sin\theta\cos\theta - \gamma_{xy} \sin^2\theta \tag{11-71}$$

초기에 선분 *Oa*와 90°였던 선분 *Ob*의 회전(그림 11-35)은 α에 대한 표현식에 θ 대신 $\theta + 90°$를 대입함으로써 얻을 수 있다. 그 결과 식이 양의 값이면 반시계방향(왜냐하면 α가 양일 때 반시계방향이므로)이다. 따라서 이것은 각 β의 음의 값과 같다(왜냐하면 β는 시계방향일 때 양이므로).

$$\begin{aligned}\beta &= (\varepsilon_x - \varepsilon_y) \sin(\theta + 90°) \cos(\theta + 90°) + \gamma_{xy} \sin^2(\theta + 90°) \\ &= -(\varepsilon_x - \varepsilon_y) \sin\theta\cos\theta + \gamma_{xy} \cos^2\theta\end{aligned} \tag{11-72}$$

α와 β를 더하면 전단변형률 γ_{x1y1}[식 (11-68) 참조]을 얻는다.

$$\gamma_{x1y1} = -2(\varepsilon_x - \varepsilon_y) \sin\theta\cos\theta + \gamma_{xy}(\cos^2\theta - \sin^2\theta) \tag{11-73}$$

보다 유용한 형태로 식을 만들기 위해 각 항을 2로 나누면 다음과 같다.

$$\frac{\gamma_{x1y1}}{2} = -(\varepsilon_x - \varepsilon_y)\sin\theta\cos\theta + \frac{\gamma_{xy}}{2}(\cos^2\theta - \sin^2\theta) \quad \text{(11-74)}$$

이 결과는 x-y축에 관한 변형률 ε_x, ε_y, γ_{xy}의 항으로 표현된 x_1-y_1축에 관한 **전단변형률** γ_{x1y1}을 나타낸 식이다.

평면변형률에 대한 변환공식 평면변형률에 관한 식[식 (11-67)과 (11-74)]은 다음의 삼각함수 항등식을 사용하면 각 2θ 항으로 표현할 수 있다.

$$\cos^2\theta = \frac{1}{2}(1 + \cos 2\theta) \quad \sin^2\theta = \frac{1}{2}(1 - \cos 2\theta)$$

$$\sin\theta\cos\theta = \frac{1}{2}\sin 2\theta$$

따라서 평면변형률에 대한 변환공식은 다음과 같다.

$$\varepsilon_{x1} = \frac{\varepsilon_x + \varepsilon_y}{2} + \frac{\varepsilon_x - \varepsilon_y}{2}\cos 2\theta + \frac{\gamma_{xy}}{2}\sin 2\theta \quad \text{(11-75a)}$$

그리고

$$\frac{\gamma_{x1y1}}{2} = -\frac{\varepsilon_x - \varepsilon_y}{2}\sin 2\theta + \frac{\gamma_{xy}}{2}\cos 2\theta \quad \text{(11-75b)}$$

이 식은 평면응력에 대한 식 (11-4a, b)의 대응이다.

두 세트의 식을 비교할 때 ε_{x1}은 σ_{x1}에, $\gamma_{x1y1}/2$는 τ_{x1y1}에, ε_x는 σ_x에, ε_y는 σ_y에, $\gamma_{xy}/2$는 τ_{xy}에 부합함을 유의하자. 변환공식의 두 세트의 식에서 부합하는 변수를 표 11-1에 나타내었다.

표 11-1

평면응력[식 (11-4a, b)]과 평면변형률[식 (11-75a, b)]에 대한 변환공식에서 부합하는 변수

응력	변형률
σ_x	ε_x
σ_y	ε_y
τ_{xy}	$\gamma_{xy}/2$
σ_{x1}	ε_{x1}
τ_{x1y1}	$\gamma_{x1y1}/2$

평면응력과 평면변형률에 대한 변환공식 사이의 유사성은, 11.2, 11.3, 11.4절에서 다루었던 평면응력, 주응력, 최대 전단응력, 모어 원 등에 관한 모든 결론이 평면변형률에서도 부합하는 것을 보여준다. 예를 들어 서로 수직인 방향의 수직변형률의 합은 일정하다[식 (11-6)과 비교].

$$\varepsilon_{x1} + \varepsilon_{y1} = \varepsilon_x + \varepsilon_y \quad \text{(11-76)}$$

이런 등가성은 ε_{x1}[식 (11-75a)의]과 ε_{y1}[식 (11-75a)에서 θ 대신 $\theta + 90°$를 대입하여]을 대입함으로써 쉽게 증명될 수 있다.

주변형률

주변형률은 다음 식으로 계산된 주각 θ_p[식 (11-11)과 비교]에 수직인 평면에 존재한다.

$$\tan 2\theta_p = \frac{\gamma_{xy}}{\varepsilon_x - \varepsilon_y} \quad \text{(11-77)}$$

주변형률은 다음 식으로부터 계산될 수 있다.

$$\varepsilon_{1,2} = \frac{\varepsilon_x + \varepsilon_y}{2} \pm \sqrt{\left(\frac{\varepsilon_x - \varepsilon_y}{2}\right)^2 + \left(\frac{\gamma_{xy}}{2}\right)^2} \quad \text{(11-78)}$$

이것은 주응력에 대한 식 (11-17)에 상응한다. 두 개의 주변형률(x-y평면에서)은 11.3절에서 서술한 주응력에 대한 기법을 이용함으로써 두 개의 주방향(principal direction)과의 연관성을 보여줄 수 있다. (이 기법은 예제 11-8에서 나중에 보여줄 것이다.) 마지막으로 평면변형률에서 세 번째 주변형률은 $\varepsilon_z = 0$임을 유의하자. 또한 전단변형률은 주평면에서 0이다.

최대 전단변형률

x-y평면에서 최대 전단변형률은 주변형률 방향에서 45° 회전된 축과 관계가 있다. 대수적으로 (x-y평면상에서)최대 전단변형률은 다음 식[식 (11-25)와 비교]으로 주어진다.

$$\frac{\gamma_{\max}}{2} = \sqrt{\left(\frac{\varepsilon_x - \varepsilon_y}{2}\right)^2 + \left(\frac{\gamma_{xy}}{2}\right)^2} \tag{11-79}$$

최소 전단변형률은 크기는 같지만 부호가 음이다. 최대 전단변형률의 방향에서 수직변형률은 다음과 같다.

$$\varepsilon_{\text{aver}} = \frac{\varepsilon_x + \varepsilon_y}{2} \tag{11-80}$$

이것은 응력에 대한 식 (11-27)과 유사하다. 면외 최대 전단변형률(maximum out-of-plane shear strain), 즉 x-z평면과 y-z평면에서의 전단변형률은 식 (11-79)와 유사한 식으로부터 얻어질 수 있다.

주응력 방향을 향하고 있는 평면응력 요소(그림 11-13b 참조)의 면에는 전단응력이 작용하지 않는다. 그러므로 이 요소에 대한 전단변형률 γ_{x1y1}은 0이다. 이는 이 요소의 수직변형률은 주변형률이라는 것이다. 따라서 응력을 받고 있는 물체 내의 한 점에서 **주응력과 주변형률은 같은 방향에서 발생한다**.

평면변형률에 대한 모어 원

평면변형률에 대한 모어 원은 그림 11-36에 그려진 것처럼 평면응력에 대한 모어 원과 같은 방법으로 작도된다. 수직변형률 ε_{x1}은 가로 좌표(오른쪽이 양)로 그려지고, 전단변형률의 절반($\gamma_{x1y1}/2$)은 수직축(아래쪽이 양)에 그려진다. 원의 중심 C의 가로 좌표는 $\varepsilon_{\text{aver}}$[식 (11-80)] 값과 같다.

x방향($\theta = 0$)과 연관된 변형률을 나타내는 점 A의 좌표는 ε_x와 $\gamma_{xy}/2$이다. 점 A의 지름방향으로 반대 점 B의 좌표는 ε_y와 $-\gamma_{xy}/2$이며, 이 점은 $\theta = 90°$만큼 회전된 한 쌍의 축과 연관된 변형률을 나타낸다.

각 θ만큼 회전된 축에 연관된 변형률은 점 D로 나타나며, 이는 반지름 CA로부터 반시계방향으로 각 2θ만큼 이동한 원 위에 위치한다. 주변형률은 점 P_1과 P_2로 표시되고 최대 전단변형률은 점 S_1과 S_2로 표시된다. 이 모든 변형률은 원의 기하학 또는 변환공식으로부터 구할 수 있다.

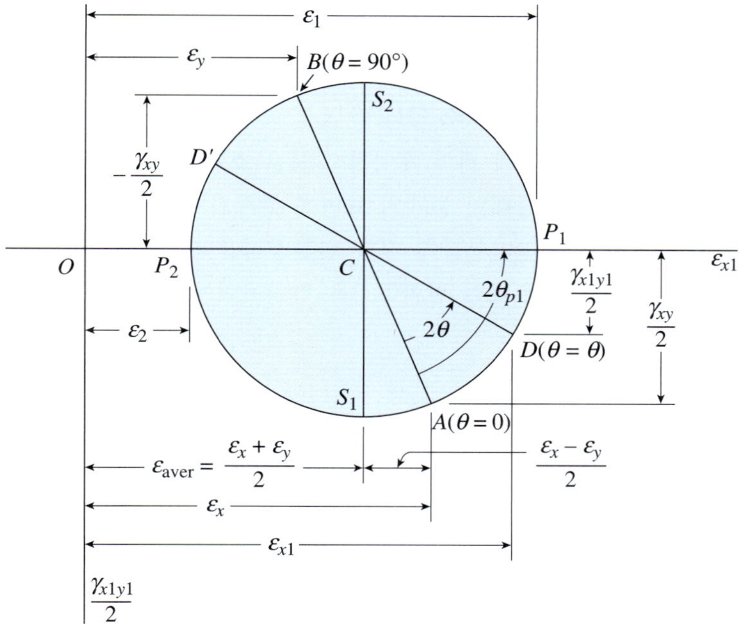

그림 11-36
평면변형률에 대한 모어 원

변형률의 측정

전기저항 **스트레인 게이지**(strain gage)는 응력을 받는 물체 표면 위의 수직변형률을 측정하기 위한 도구이다. 이 게이지는 매우 작고 보통 길이가 1/8인치에서 1/2인치(약 3~12 mm)의 범위에 있다. 게이지는 물체의 표면에 단단히 부착되어 물체 자체의 변형률에 비례하여 그 길이가 변화된다.

각각의 게이지는 가는 금속 격자선으로 구성되어 있고, 게이지가 부착된 지점에서 물체가 변형되면 격자선은 늘어나거나 줄어든다. 격자선은 연속된 와이어로 격자선의 한쪽 끝에서 다른 쪽 끝으로 앞뒤로 왕복하며 배치되어 있어서 효과적으로 그 길이가 늘어난다(그림 11-37). 와이어가 늘어나거나 줄어들 때 와이어의 전기저항은 변화한다. 그리고 저항의 변화는 변형률의 측정량으로 변환된다. 게이지는 극히 민감해서 1×10^{-6} 정도의 아주 작은 변형률도 측정할 수 있다.

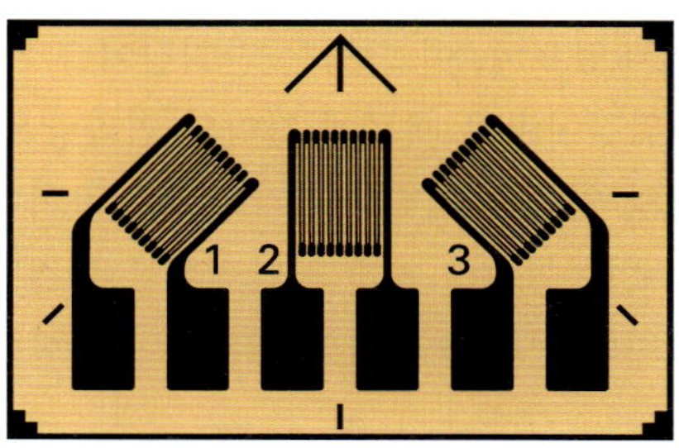

(a) 45° 스트레인 게이지 3성분 로제트

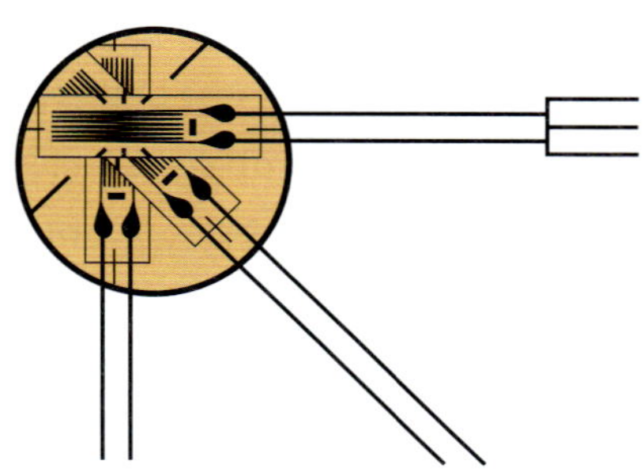

(b) 배선된 3성분 스트레인 게이지 로제트

그림 11-37
45° 스트레인 로제트로 배치된 세 개의 전기저항 스트레인 게이지(확대된 모습) (Courtesy of Micro-Measurements Division of Vishay Precision Group, Raleigh, NC, USA)

일반적으로 주응력 방향은 알려져 있지 않고, 각 게이지는 오직 한쪽 방향의 수직 변형률만을 측정하기 때문에, 각각이 다른 방향의 변형률을 측정하는 세 개의 게이지를 조합해서 사용하는 것이 필요하다. 예제 11-9에 보여준 것처럼 세 개의 측정값으로 임의의 방향의 변형률을 계산할 수 있다.

특정한 형태로 배열된 세 개의 게이지 그룹을 **스트레인 로제트**(strain rosette)라 부른다. 로제트는 평면응력 상태인 물체의 표면에 부착되기 때문에, 여러 방향의 변형률을 계산하기 위해서는 평면변형률에 대한 변환공식을 사용한다(이 절의 앞에서 설명한 바와 같이 평면변형률에 대한 변환공식은 평면응력에서의 변형률에 대해서도 사용 가능하다).

변형률로부터 응력의 계산

이 절에서 표현된 변형률의 식은 이미 지적한 바와 같이 오로지 기하학적 관계에서만 유도되었다. 그러므로 이 식은 재료가 선형이든 비선형이든, 탄성이든 비탄성이든 상관없이 모든 재료에 대해서 적용된다. 그러나 변형률에서 응력을 구하고자 한다면, 반드시 재료의 물성치를 고려해야 한다.

재료가 훅의 법칙을 따른다면, (평면응력에 대한)11.5절이나 (3축 응력에 대한)11.6절의 적절한 응력-변형률 식을 이용함으로써 응력을 구할 수 있다.

첫 번째 예로서, 물체가 평면응력 상태에 있고, 스트레인 게이지의 측정값일 것 같은 변형률 ε_x, ε_y, γ_{xy}를 알고 있다고 가정하자. 그러면 물체의 응력을 구하기 위해서 평면응력에 대한 응력-변형률의 식[식 (11-37)과 (11-38)]을 이용한다.

두 번째 예를 생각하자. 재료의 요소에서 세 개의 주변형률 ε_1, ε_2, ε_3(만약 요소가 평면변형률 상태에 있다면 $\varepsilon_3=0$이다)을 결정한 상태라고 가정하자. 이 변형률을 알고 있기 때문에, 3축 응력에 관한 훅의 법칙[식 (11-53a, b, c) 참조]을 사용하여 주응력을 구할 수 있다. 주응력을 알면 평면응력에 관한 변환공식을 사용하여 경사진 평면의 응력을 계산할 수 있다(11.6절의 시작 부분에서의 논의 참조).

예제 11-8

평면변형률 상태에 있는 재료의 한 요소의 변형률이 다음과 같다.

$$\varepsilon_x = 340\times10^{-6} \qquad \varepsilon_y = 110\times10^{-6} \qquad \gamma_{xy} = 180\times10^{-6}$$

이 변형률을 매우 과장되게 그림 11-38a에 나타내었으며, 이 그림은 단위길이를 가진 요소의 변형을 나타내고 있다. 이 요소의 변은 단위길이이기 때문에 길이의 변화량은 수직 변형률 ε_x, ε_y와 같다. 전단변형률 γ_{xy}는 이 요소의 왼쪽 아래 모서리각의 감소량이다.

(a) 각 $\theta=30°$로 회전된 요소의 변형률, (b) 주변형률, (c) 최대 전단변형률을 결정하시오. (면내 변형률만 고려하고, 모든 결과를 적절히 회전된 요소의 스케치에 표기한다.)

그림 11-38

예제 11-8: 평면변형률 상태인 재료의 요소: (a) x와 y축으로 회전된 요소, (b) $\theta = 30°$로 회전된 요소, (c) 주변형률, (d) 최대 전단변형률(참고: 요소의 각 변은 단위길이를 가진다.)

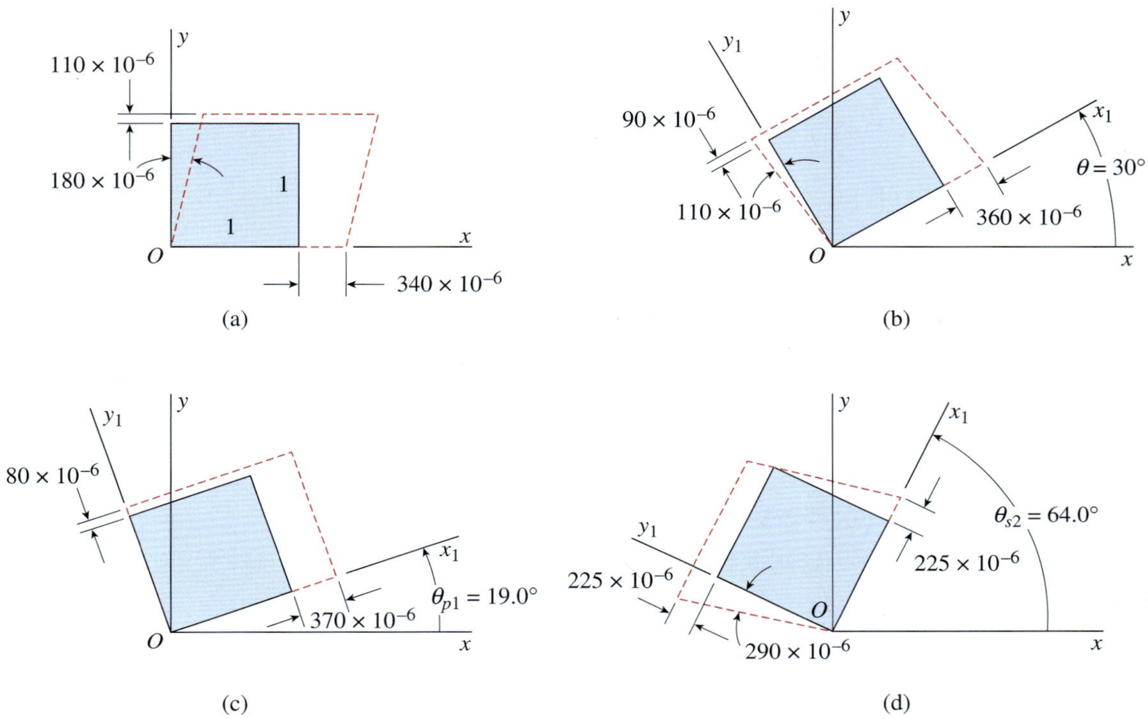

풀이

4단계 문제풀이 접근방법을 사용한다. 효율적인 문제풀이를 위해 필요에 따라 단계를 합한다.

Part (a): $\theta = 30°$로 회전된 요소

1, 2, 3. 개념화, 분류, 해석 x축에서 각 θ로 회전된 요소에 대한 변형률은 식 (11-75a, b)의 변환공식에서 구할 수 있다. 예비로 다음과 같은 계산을 한다.

$$\frac{\varepsilon_x + \varepsilon_y}{2} = \frac{(340 + 110)10^{-6}}{2} = 225 \times 10^{-6}$$

$$\frac{\varepsilon_x - \varepsilon_y}{2} = \frac{(340 - 110)10^{-6}}{2} = 115 \times 10^{-6}$$

$$\frac{\gamma_{xy}}{2} = 90 \times 10^{-6}$$

이제 다음을 얻기 위해 식 (11-75a, b)에 대입하면

$$\begin{aligned}\varepsilon_{x1} &= \frac{\varepsilon_x + \varepsilon_y}{2} + \frac{\varepsilon_x - \varepsilon_y}{2}\cos 2\theta + \frac{\gamma_{xy}}{2}\sin 2\theta \\ &= (225 \times 10^{-6}) + (115 \times 10^{-6})(\cos 60°) + (90 \times 10^{-6})(\sin 60°) \\ &= 360 \times 10^{-6}\end{aligned}$$

$$\begin{aligned}\frac{\gamma_{x1y1}}{2} &= -\frac{\varepsilon_x - \varepsilon_y}{2}\sin 2\theta + \frac{\gamma_{xy}}{2}\cos 2\theta \\ &= -(115 \times 10^{-6})(\sin 60°) + (90 \times 10^{-6})(\cos 60°) \\ &= -55 \times 10^{-6}\end{aligned}$$

따라서 전단변형률은

$$\gamma_{x1y1} = -110 \times 10^{-6}$$

변형률 ε_{y1}은 식 (11-76)에서 다음과 같이 얻을 수 있다.

$$\varepsilon_{y1} = \varepsilon_x + \varepsilon_y - \varepsilon_{x1} = (340 + 110 - 360)10^{-6} = 90 \times 10^{-6}$$

4. 최종 단계 $\theta = 30°$로 회전된 한 요소에 대한 변형률 ε_{x1}, ε_{y1}, γ_{x1y1}은 그림 11-38b에 있다. γ_{x1y1}이 음의 값이기 때문에 요소의 왼쪽 아래 모서리각은 커진 것에 유의하자.

Part (b): 주변형률

1, 2, 3. 개념화, 분류, 해석 주변형률은 식 (11-78)로부터 다음과 같이 쉽게 구할 수 있다.

$$\begin{aligned}\varepsilon_{1,2} &= \frac{\varepsilon_x + \varepsilon_y}{2} \pm \sqrt{\left(\frac{\varepsilon_x - \varepsilon_y}{2}\right)^2 + \left(\frac{\gamma_{xy}}{2}\right)^2} \\ &= 225 \times 10^{-6} \pm \sqrt{(115 \times 10^{-6})^2 + (90 \times 10^{-6})^2} \\ &= 225 \times 10^{-6} \pm 146 \times 10^{-6}\end{aligned}$$

따라서 주변형률은

$$\varepsilon_1 = 370 \times 10^{-6} \qquad \varepsilon_2 = 80 \times 10^{-6}$$

여기서 ε_1은 대수적으로 큰 주변형률, ε_2는 대수적으로 작은 변형률을 나타낸다. (이 예제에서는 면내 변형률만을 고려하고 있음을 상기하자.)

주방향에 대한 각은 식 (11-77)에서 구할 수 있다.

$$\tan 2\theta_p = \frac{\gamma_{xy}}{\varepsilon_x - \varepsilon_y} = \frac{180}{340 - 110} = 0.7826$$

0~360° 사이에서 $2\theta_p$의 값은 38.0~218.0°이다. 따라서 주방향에 대한 각은

$$\theta_p = 19.0° \quad \text{그리고} \quad 109.0°$$

각각의 주변형률과 연관된 θ_p의 값을 결정하기 위하여 $\theta_p = 19.0°$를 첫 번째 변환공식[식 (11-75a)]에 대입하고 변형률에 대하여 풀면 다음과 같다.

그림 11-38c, d(반복)

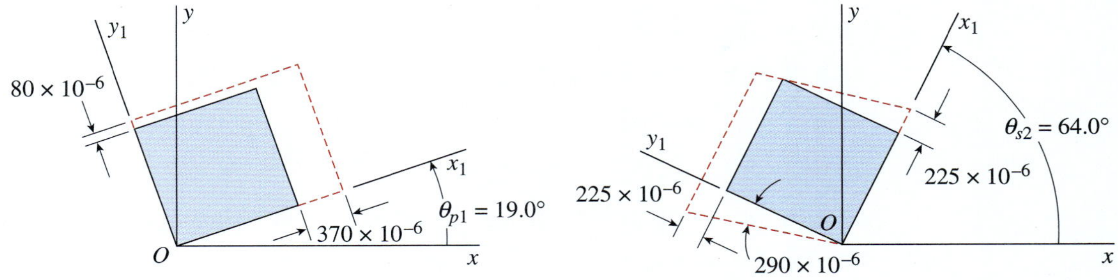

(c) (d)

$$\begin{aligned}\varepsilon_{x1} &= \frac{\varepsilon_x + \varepsilon_y}{2} + \frac{\varepsilon_x + \varepsilon_y}{2}\cos 2\theta + \frac{\gamma_{xy}}{2}\sin 2\theta \\ &= (225\times10^{-6}) + (115\times10^{-6})(\cos 38.0°) + (90\times10^{-6})(\sin 38.0°) \\ &= 370\times10^{-6}\end{aligned}$$

4. 최종 단계 이 결과는 큰 주변형률 ε_1이 각 $\theta_{p1}=19.0°$에 있는 것을 나타낸다. 작은 변형률 ε_2는 그 방향에서 90° 회전한 위치($\theta_{p2}=109.0°$)에 작용한다. 따라서

$$\varepsilon_1 = 370\times10^{-6} \quad 그리고 \quad \theta_{p1}=19.0°$$

$$\varepsilon_2 = 80\times10^{-6} \quad 그리고 \quad \theta_{p2}=109.0°$$

$\varepsilon_1+\varepsilon_2=\varepsilon_x+\varepsilon_y$임을 유의하자.

주변형률은 그림 11-38c에 묘사되었다. 물론, 주평면에서 전단변형률은 없다.

Part (c): 최대 전단변형률

1, 2, 3. 개념화, 분류, 해석 최대 전단변형률은 식 (11-79)에서 계산된다.

$$\frac{\gamma_{max}}{2} = \sqrt{\left(\frac{\varepsilon_x - \varepsilon_y}{2}\right)^2 + \left(\frac{\gamma_{xy}}{2}\right)^2} = 146\times10^{-6} \qquad \gamma_{max} = 290\times10^{-6}$$

최대 전단변형률을 갖는 요소는 주방향에서 45°만큼 회전되어 있다. 따라서 $\theta_s=19.0°+45°=64.0°$이고, $2\theta_s=128.0°$이다. 이 $2\theta_s$값을 두 번째 변환공식[식 (11-75b)]에 대입해서 이 방향에 연관된 전단변형률의 부호를 결정할 수 있다. 그 계산은 다음과 같다.

$$\begin{aligned}\frac{\gamma_{x1y1}}{2} &= \frac{\varepsilon_x - \varepsilon_y}{2}\sin 2\theta + \frac{\gamma_{xy}}{2}\cos 2\theta \\ &= -(115\times10^{-6})(\sin 128.0°) + (90\times10^{-6})(\cos 128.0°) \\ &= -146\times10^{-6}\end{aligned}$$

4. 최종 단계 이 결과는 각 $\theta_{s2}=64.0°$로 회전된 요소에서 음의 최대 전단변형률이 발생하는 것을 보여준다.

양의 최대 전단변형률의 방향에 대한 각 θ_{s1}은 항상 θ_{p1}보다 45° 작다는 것을 고찰하면 동일한 결과를 얻을 수 있다. 그러므로

$$\theta_{s1} = \theta_{p1} - 45° = 19.0° - 45° = -26.0°$$
$$\theta_{s2} = \theta_{s1} + 90° = 64.0°$$

θ_{s1}과 θ_{s2}에 대응하는 전단변형률은 각각 $\gamma_{max} = 290 \times 10^{-6}$ 및 $\gamma_{min} = -290 \times 10^{-6}$이다.

최대 및 최소 전단변형률을 가진 요소에서 수직변형률은 다음과 같다.

$$\varepsilon_{aver} = \frac{\varepsilon_x + \varepsilon_y}{2} = 225 \times 10^{-6}$$

면내 최대 전단변형률을 갖는 요소의 스케치를 그림 11-38d에 도시하였다.

이 예제에서 변형률은 변환공식을 이용하여 계산하였다. 그러나 이러한 모든 결과는 그림 11-39에 그려진 것처럼 모어 원으로부터도 쉽게 구할 수 있다.

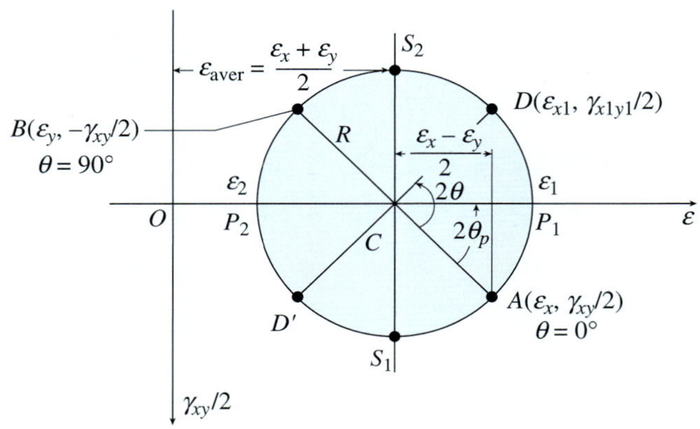

그림 11-39
예제 11-8: 평면변형률 상태의 재료 요소에 대한 모어 원

예제 11-9

45° 스트레인 로제트(또는 **직사각형 로제트**)는 그림 11-40a와 같이 서로 수직인 두 방향의 변형률과 둘 사이 45° 방향의 변형률을 측정할 수 있도록 배열된 세 개의 전기저항 스트레인 게이지로 구성된다. 로제트는 물체가 하중을 받기 전에 구조물 표면에 부착된다. 게이지 A, B, C는 각각 선분 Oa, Ob, Oc 방향의 수직변형률 ε_a, ε_b, ε_c를 측정한다.

x-y축에서 각 θ만큼 회전된 요소(그림 11-40b)에 연관된 변형률 ε_{x1}, ε_{y1}, γ_{x1y1}을 얻는 방법을 설명하시오.

풀이

4단계 문제풀이 접근방법을 사용한다. 효율적인 문제풀이를 위해 필요에 따라 단계를 합한다.

그림 11-40

예제 11-9: (a) 45° 스트레인 로제트, (b) x-y축에서 각 θ로 회전된 요소

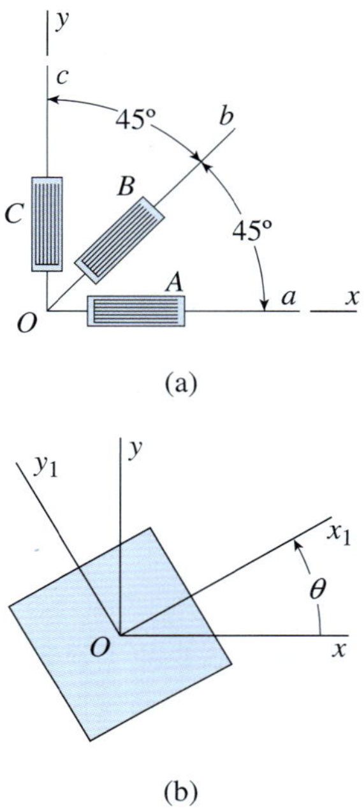

1, 2. 개념화, 분류 응력을 받는 물체의 표면에 있는 재료는 평면응력 상태에 있다. 변형률 변환공식[식 (11-75a), (11-75b)]은 평면변형률뿐만 아니라 평면응력에도 적용되기 때문에 임의의 요구하는 방향에서의 변형률을 결정하기 위하여 이 식을 이용하자.

3. 해석

***x-y*축과 연관된 변형률:** x-y축에 연관된 변형률을 구하는 것으로 시작하자. 게이지 A와 C는 각각 x와 y축의 방향으로 놓여 있으므로 직접적으로 변형률 ε_x와 ε_y를 얻을 수 있다.

$$\varepsilon_x = \varepsilon_a \qquad \varepsilon_y = \varepsilon_c \tag{11-81a, b}$$

전단변형률 γ_{xy}를 얻기 위하여 수직변형률에 대한 변환공식[식 (11-75a)]을 사용하자.

$$\varepsilon_{x1} = \frac{\varepsilon_x + \varepsilon_y}{2} + \frac{\varepsilon_x - \varepsilon_y}{2}\cos 2\theta + \frac{\gamma_{xy}}{2}\sin 2\theta$$

각 $\theta = 45°$에 대해, $\varepsilon_{x1} = \varepsilon_b$이므로(그림 11-40a) 앞의 식은 다음과 같다.

$$\varepsilon_b = \frac{\varepsilon_a + \varepsilon_c}{2} + \frac{\varepsilon_a - \varepsilon_c}{2}(\cos 90°) + \frac{\gamma_{xy}}{2}(\sin 90°)$$

γ_{xy}에 대하여 풀면

$$\gamma_{xy} = 2\varepsilon_b - \varepsilon_a - \varepsilon_c \tag{11-82}$$

그러므로 변형률 ε_x, ε_y, γ_{xy}는 주어진 스트레인 게이지 값으로부터 쉽게 결정된다.

4. 최종 단계

x_1-y_1축과 연관된 변형률: 변형률 ε_x, ε_y, γ_{xy}를 사용하여 변형률 변환공식[식 (11-75a), (11-75b)] 또는 모어 원으로부터 임의의 각 θ(그림 11-40b)로 회전된 요소에 대한 변형률을 계산할 수 있다. 식 (11-78)과 (11-79)를 사용하면 주변형률과 최대 전단변형률을 각각 계산할 수 있다.

요약 및 복습

11장에서는 응력을 받고 있는 물체의 한 점에서의 **응력 상태**에 대하여 논의하였고, 이를 응력 요소에 표현하였다. 2차원에서 **평면응력**을 정의하였고, 그 점에서 수직 및 전단응력 상태의 식을 다른 형태이지만 등가로 제공하는 변환공식으로 표현하였다. **수직 주응력**과 **최대 전단응력**, 그리고 회전방향이 설계에서 가장 중요한 정보가 되는 것을 알았다. 변환공식의 도해적 표현 방법인 **모어 원**은 응력 요소에서 주응력과 최대 전단응력이 발생하는 회전방향을 포함해서, 한 점에 대한 여러 가지 응력 상태를 분석하는 편리한 방법임을 알 수 있었다. 그리고 변형률이 소개되었고, 균질하고 등방성인 재료에서 **평면응력에 대한 훅의 법칙**이 유도되었고, **2축 응력**, 단축응력, 순수전단 상태에 대한 응력-변형률 관계를 얻기 위하여 특화되었다. **3축 응력**이라고 하는 3차원에서의 응력 상태도 3축 응력에 대한 훅의 법칙과 함께 소개되었다. 3축 응력의 특별한 예로서 **구응력**과 **정수압**이 정의되었다. 끝으로 실험적 응력 분석에 사용되는 **평면변형률**이 정의되었으며, 이를 **평면응력**과 비교하였다. 이 장에서 제시된 주요 개념은 다음과 같다.

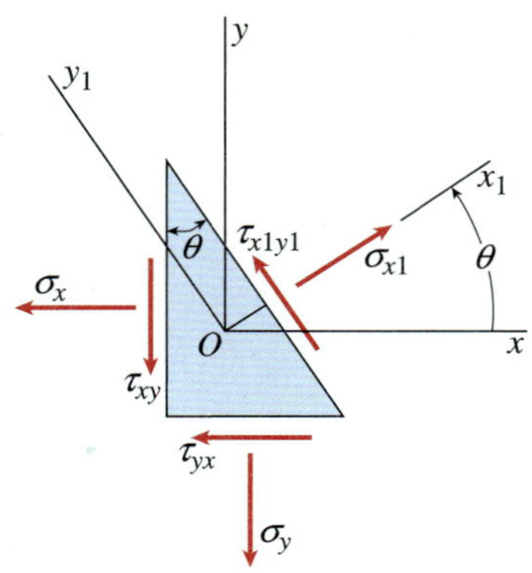

1. 보와 같은 물체를 관통하여 자른 **경사진 단면에서의 응력**은 단면을 따라 위치한 응력 요소에 작용하는 응력보다 더 클 수도 있다.

2. 응력은 벡터가 아닌 텐서이기 때문에 하나의 축에서 다른 축으로 응력 성분을 변환할 때 쐐기 요소에서의 평형 방정식을 사용하였다. 변환공식은 선형이든 비선형이든 또는 탄성이든 비탄성이든 어떠한 재료에서도 모두 적용 가능하다. **평면응력에 대한 변환공식**은 다음과 같다.

$$\sigma_{x1} = \frac{\sigma_x + \sigma_y}{2} + \frac{\sigma_x - \sigma_y}{2}\cos 2\theta + \tau_{xy}\sin 2\theta$$

$$\tau_{x1y1} = -\frac{\sigma_x - \sigma_y}{2}\sin 2\theta + \tau_{xy}\cos 2\theta$$

$$\sigma_{y1} = \frac{\sigma_x + \sigma_y}{2} - \frac{\sigma_x - \sigma_y}{2}\cos 2\theta - \tau_{xy}\sin 2\theta$$

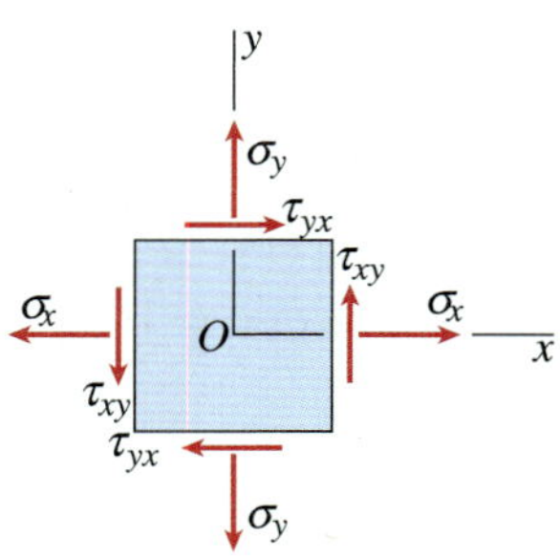

3. 만일 서로 다르게 회전된 두 개의 요소를 물체의 동일한 한 점에서의 **평면응력 상태**를 나타내기 위해서 사용한다면, 두 요소의 면에 작용하는 응력은 다르지만, 여전히 그 점에서 본질적으로 동일한 응력 상태를 나타낸다.

4. 평면응력 상태에 있는 응력 요소의 네 개의 모든 옆면에 작용하는 전단응력은 그 면들 중 어느 하나에 작용하는 전단응력을 안다면 모두 알 수 있다.

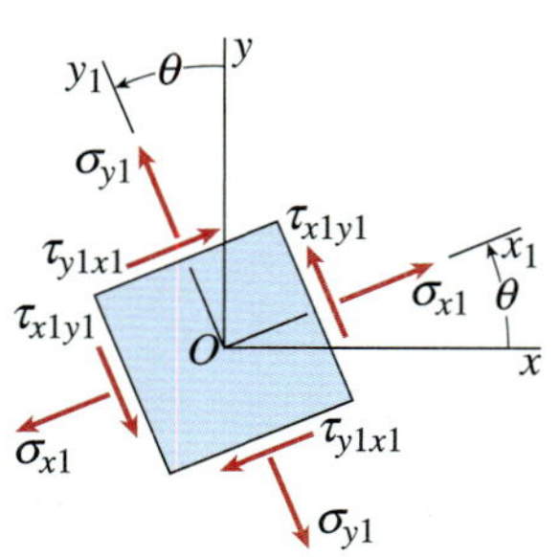

5. 응력을 받는 물체의 한 점에서 평면응력 요소의 서로 직교하는 면에 작용하는 수직응력의 합은 일정하고 각도 θ에 대해 독립적이다.

$$\sigma_{x1} + \sigma_{y1} = \sigma_x + \sigma_y$$

6. **주응력** σ_1과 σ_2로 불리는 최대 및 최소 수직응력은 수직응력에 대한 변환공식으로부터 구할 수 있다.

$$\sigma_{1,2} = \frac{\sigma_x + \sigma_y}{2} \pm \sqrt{\left(\frac{\sigma_x - \sigma_y}{2}\right)^2 + \tau_{xy}^2}$$

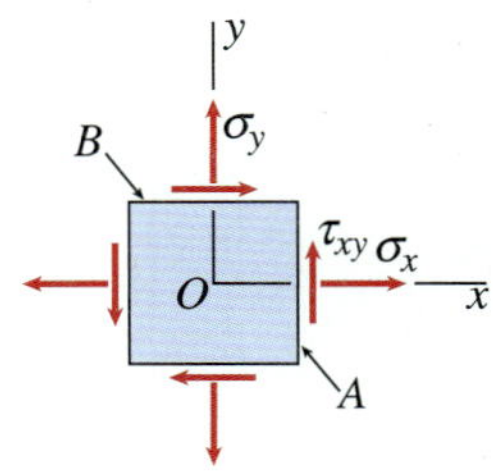

주응력이 작용하는 주평면은 회전각도 θ_p에 위치한다. 주평면에서 전단응력은 0이며, 최대 전단응력은 주평면에 대해 45° 방향에서 발생하고, 최대 전단응력의 크기는 주응력들의 차이의 절반이다. 최대 전단응력은 원래 요소의 수직응력과 전단응력으로부터 구하거나 다음처럼 주응력으로부터 계산할 수 있다.

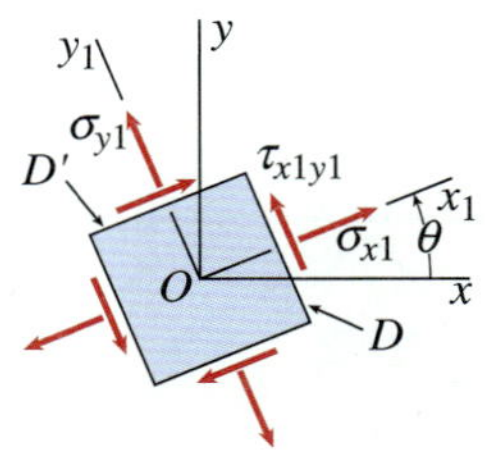

$$\tau_{max} = \sqrt{\left(\frac{\sigma_x - \sigma_y}{2}\right)^2 + \tau_{xy}^2}$$

$$\tau_{max} = \frac{\sigma_1 - \sigma_2}{2}$$

7. 평면응력의 변환공식은 **모어 원**으로서 도해적인 형태로 표현되며, 모어 원은 응력을 받는 물체의 한 점에서 여러 개의 경사진 평면에 작용하는 수직응력과 전단응력 사이의 관계를 나타낸다. 또한 모어 원은 주응력, 최대 전단응력의 계산 및 그 응력이 작용하는 방향을 계산하는 데 사용된다.

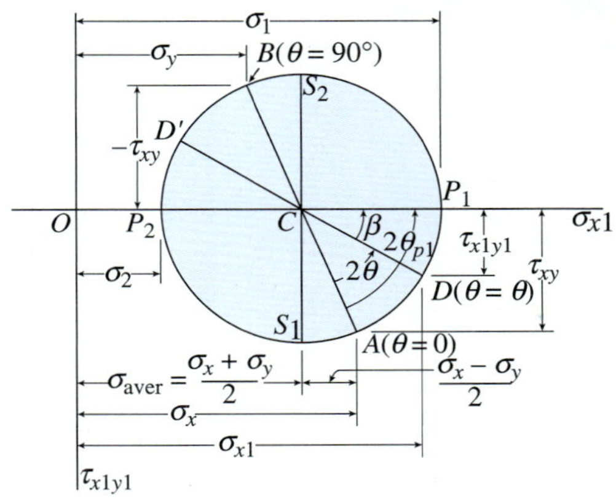

8. **평면응력에 대한 훅의 법칙**은 이 법칙을 따르는 균질하고 등방성인 재료에 대해서 수직변형률과 응력의 관계를 제공한다. 이 관계식은 세 개의 재료상수(E, G, ν)를 포함한다. 평면응력에서 수직응력을 알면 x, y, z방향의 수직변형률은 다음과 같다.

$$\varepsilon_x = \frac{1}{E}(\sigma_x - \nu\sigma_y)$$

$$\varepsilon_y = \frac{1}{E}(\sigma_y - \nu\sigma_x)$$

$$\varepsilon_z = -\frac{\nu}{E}(\sigma_x + \sigma_y)$$

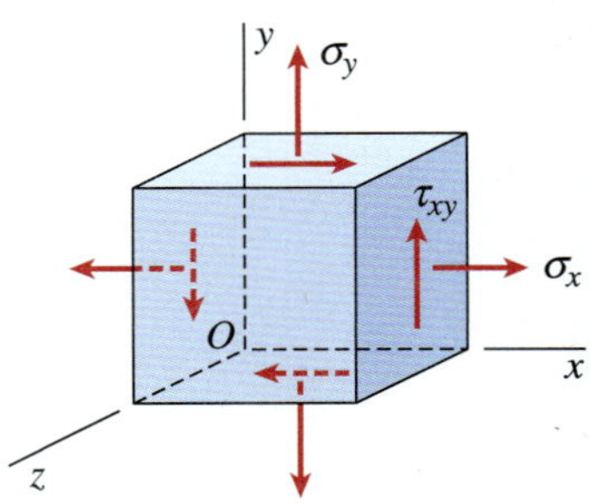

이 식을 풀면 변형률에 대한 x및 y방향의 수직응력을 얻는다.

$$\sigma_x = \frac{E}{1 - \nu^2}(\varepsilon_x + \nu\varepsilon_y)$$

$$\sigma_y = \frac{E}{1 - \nu^2}(\varepsilon_y + \nu\varepsilon_x)$$

9. 고체의 **단위체적 변화** e 또는 **팽창률**은 체적의 변화량을 원래의 체적으로 나눔으로써 정의하고, 세 개의 직교 방향에 대한 수직변형률의 합과 같다.

$$e = \frac{\Delta V}{V_0} = \varepsilon_x + \varepsilon_y + \varepsilon_z$$

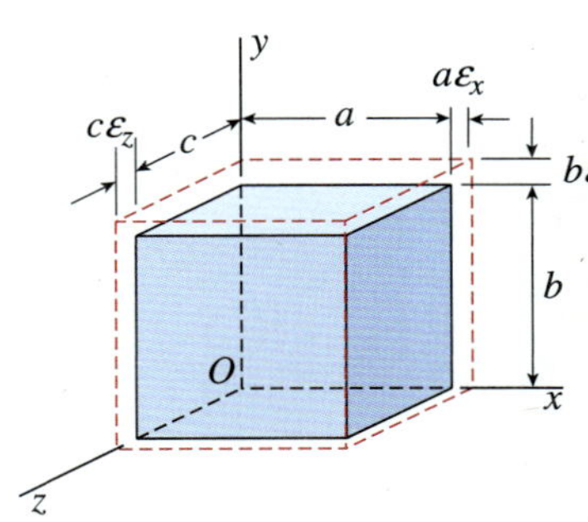

10. **3축 응력** 상태는 서로 수직인 세 방향에서 수직응력이 주어지고, 요소의 면에는 전단응력이 작용하지 않을 때 요소에 존재한다. 이 응력은 그 재료의 주응력이다. **구**

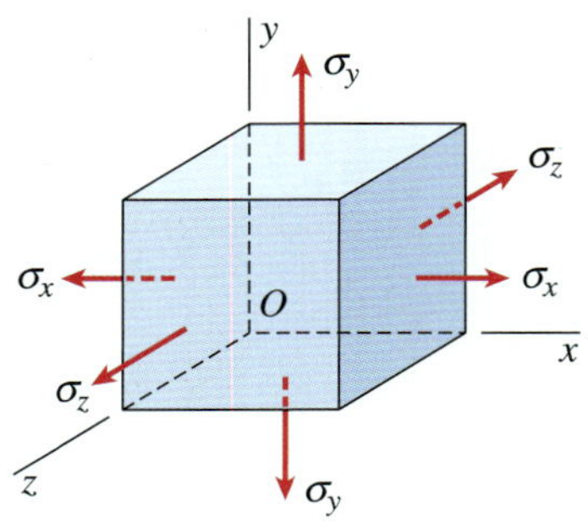

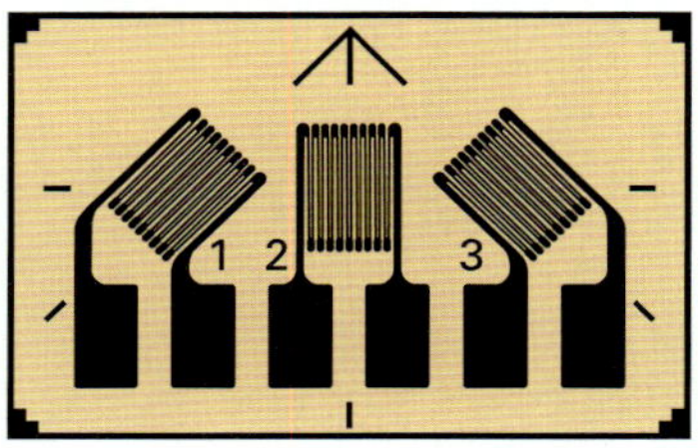

Courtesy of Micro-Measurements, a VPG brand, Raleigh, NC, USA.

응력으로 불리는 3축 응력의 특수한 경우는 세 개의 수직응력의 크기가 모두 같고 인장인 경우에 발생한다. 세 개의 모든 수직응력이 크기가 같고 압축이면, 이 3축 응력 상태는 **정수압**이라 한다.

11. 스트레인 게이지를 사용한 실험적 측정값을 변환하기 위하여 **평면변형률에 대한 변환공식**이 유도되었다. 임의의 방향에 대한 평면변형률은 **평면변형률에 대한 모어 원**을 사용하여 도해적으로 표현된다. 평면응력과 평면변형률은 그림 11-32에서 비교되었고, 정상적인 조건하에서는 동시에 발생하지 않는다. 평면변형률에 대한 변환공식은 재료의 특성과는 무관하다. 응력을 받는 물체의 주어진 한 점에서 **주변형률**과 **주응력**은 동일한 방향에서 발생한다. 마지막으로, 평면응력에 대한 변환공식은 평면변형률 상태의 응력 계산에도 사용할 수 있으며, 평면변형률에 대한 변환공식은 평면응력 상태의 변형률 계산에도 사용된다. 평면변형률에 대한 변환공식은 다음과 같다.

$$\varepsilon_{x1} = \frac{\varepsilon_x + \varepsilon_y}{2} + \frac{\varepsilon_x - \varepsilon_y}{2} \cos 2\theta + \frac{\gamma_{xy}}{2} \sin 2\theta$$

$$\frac{\gamma_{x1y1}}{2} = -\frac{\varepsilon_x - \varepsilon_y}{2} \sin 2\theta + \frac{\gamma_{xy}}{2} \cos 2\theta$$

연습문제

11.2 평면응력

도입문제

11.2-1 연료탱크 바닥 면(그림 a 참조)의 응력이 $\sigma_x = 50$ MPa, $\sigma_y = 8$ MPa, $\tau_{xy} = 6.5$ MPa(그림 b 참조)로 알려져 있다.

x축에서 $\theta = 52°$ 회전한 요소에 작용하는 응력을 결정하시오. 여기서 반시계방향으로 회전할 때 양의 각도를 가진다. θ의 각도로 회전한 요소의 스케치에 이 응력을 나타내시오.

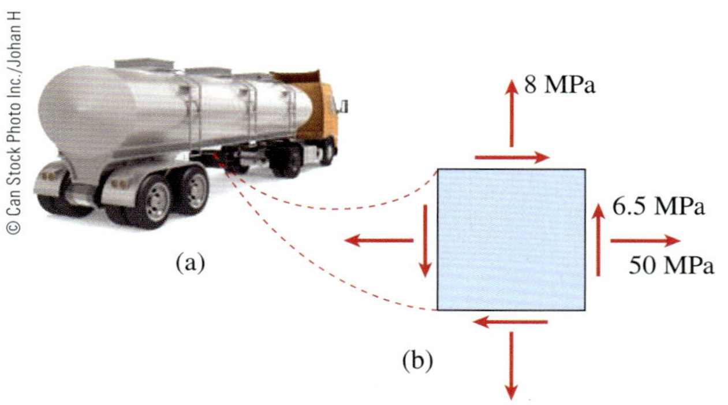

P11.2-1

11.2-2 한 요소의 응력이 $\sigma_x = 120$ MPa, $\sigma_y = 100$ MPa, $\tau_{xy} = 75$ MPa로 알려져 있다. 이 요소에서 $\theta = 45°$ 경사진 단면에 대한 응력을 구하시오.

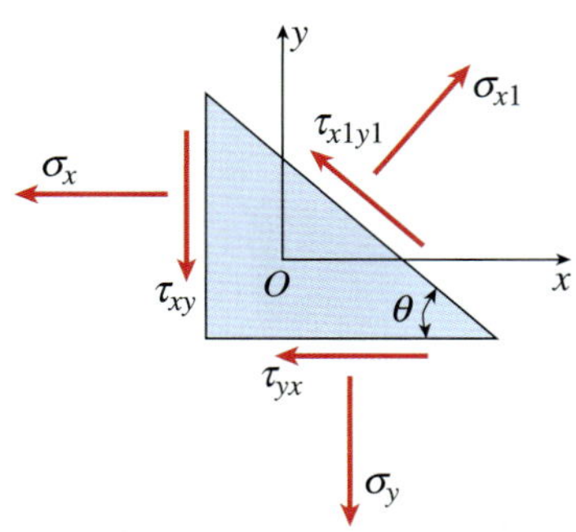

P11.2-2

대표문제

11.2-3 그림 (a)의 평면응력 요소로 나타낸 침전지의 폴리에틸렌 라이너(liner)에 $\sigma_x = 2.5$ MPa, $\sigma_y = 0.75$ MPa, $\tau_{xy} = -0.8$ MPa의 응력이 작용하고 있다.

그림 (b)에 도시된 것처럼 요소에 30°로 회전한 접합선에 작용하는 수직응력과 전단응력을 결정하시오. 이 응력을 접합선에 대해서 평행한 면과 수직인 면을 갖는 요소의 스케치에 나타내시오.

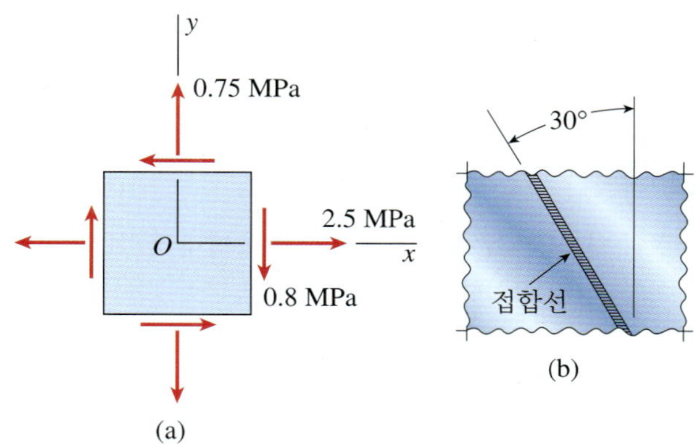

P11.2-3

11.2-4 경주용 차의 프레임에서 **평면응력** 요소가 주어진 θ의 각도로 회전되어 있다(그림 참조). 이 경사진 요소에 대하여 수직응력과 전단응력은 그림에 보이는 크기와 방향을 가지고 있다.

xy축에 평행한 면을 가진 요소에 작용하는 수직응력과 전단응력, 즉 σ_x, σ_y, τ_{xy}를 결정하시오. 각도가 $\theta = 0°$로 회전한 요소의 스케치에 결과를 나타내시오.

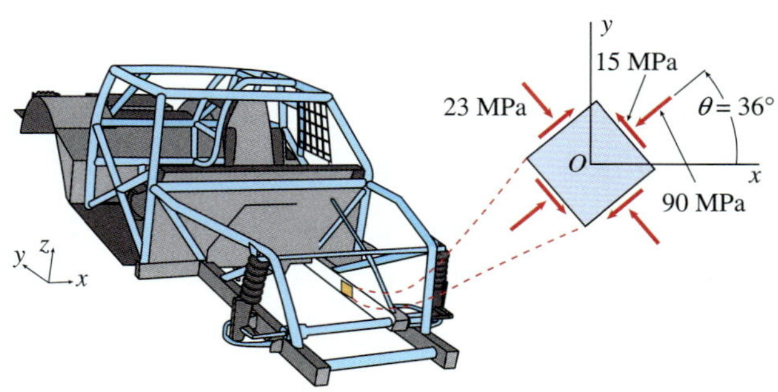

P11.2-4

11.2-5 비행기 날개의 표면이 그림과 같이 수직응력 σ_x, σ_y와 전단응력 τ_{xy}를 받고 있다. x축으로부터 반시계방향으로 각도 $\theta = 32°$에서 수직응력이 인장 29 MPa, 각도 $\theta = 46°$에서 압축 17 MPa이다.

만일 σ_x가 인장 105 MPa이면 σ_y와 τ_{xy}는 얼마인가?

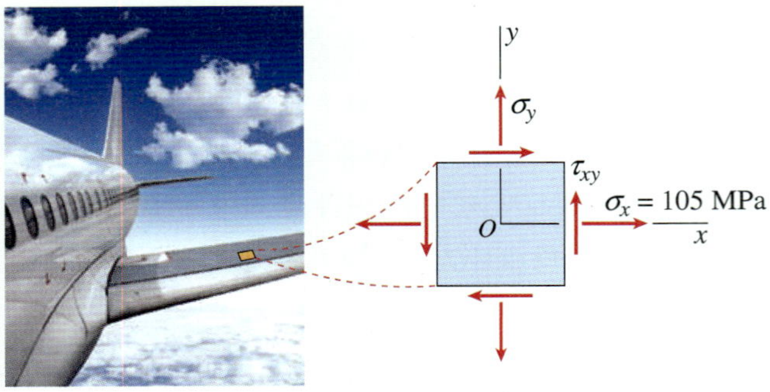

P11.2-5

11.3 주응력과 최대 전단응력

11.3절의 연습문제를 풀기 위하여 오로지 면내 응력(x-y평면상에서의 응력)만 고려한다.

도입문제

11.3-1 요소에 작용하는 응력이 $\sigma_x = 3$ MPa, $\sigma_y = 5$ MPa, $\tau_{xy} = 2.8$ MPa이다. 주응력을 구하고, 적절하게 회전한 요소의 스케치에 응력을 나타내시오.

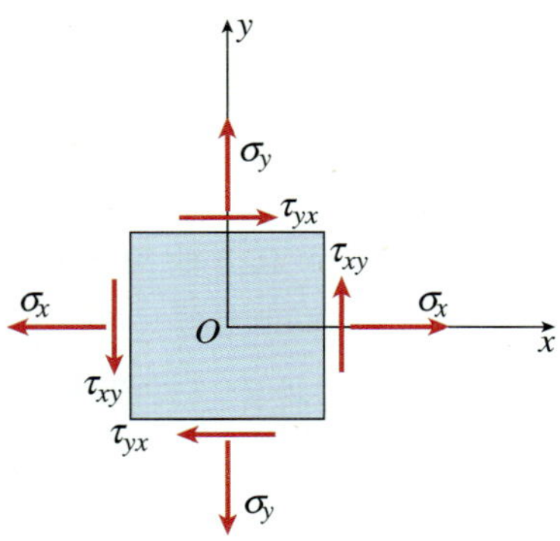

P11.3-1

11.3-2 요소 B에 작용하는 수직응력과 전단응력이 $\sigma_x = -46$ MPa, $\sigma_y = -13$ MPa, $\tau_{xy} = 21$ MPa이다(그림 참조).

최대 전단응력 및 연관된 수직응력을 계산하고, 적절하게 회전한 요소의 스케치에 나타내시오.

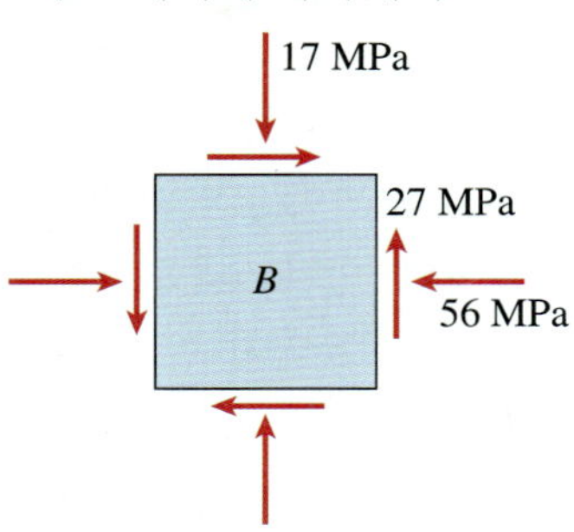

P11.3-2

대표문제

11.3-3 비틀림과 축방향 추력을 복합적으로 받고 있는 프로펠러 축이 57 MPa의 전단응력과 105 MPa의 압축응력을 견딜 수 있게 설계되었다(그림 참조).

(a) 주응력을 구하고, 적절하게 회전한 요소의 스케치에 나타내시오.

(b) 최대 전단응력 및 연관된 수직응력을 계산하고, 적절하게 회전한 요소의 스케치에 나타내시오.

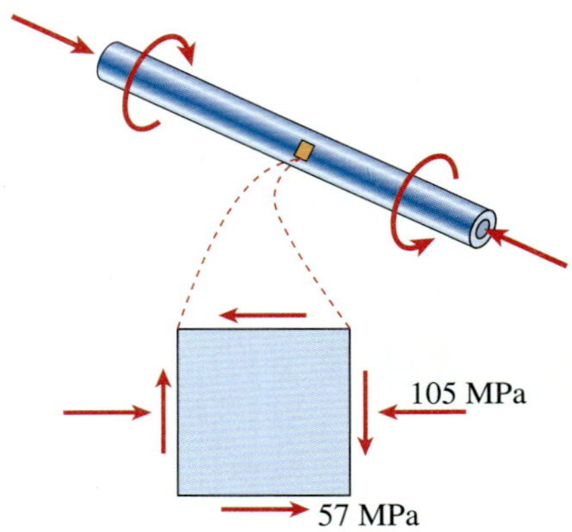

P11.3-3

11.3-4 파워 굴삭기(그림 참조)의 팔에 있는 응력 요소에 작용하는 응력이 $\sigma_x = 52$ MPa, $\tau_{xy} = 33$ MPa이다(그림 참조).

만일 최대 전단응력이 $\tau_0 = 37$ MPa보다 작으려면 σ_y의 허용범위는 어떻게 되는가?

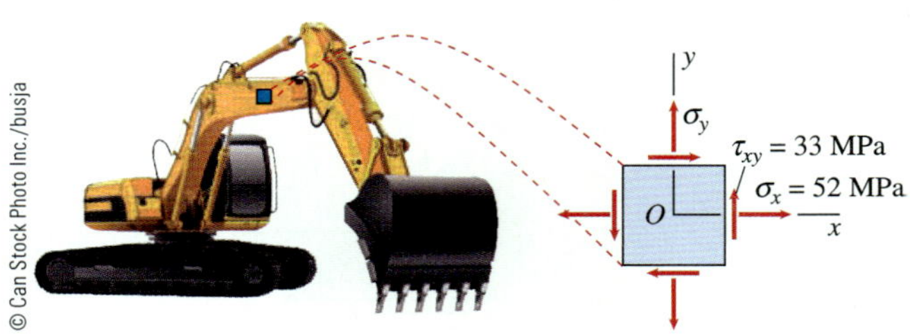

P11.3-4

11.3-5 자동차 드라이브 샤프트(그림 참조)의 표면에서 **평면응력** 상태에 있는 요소가 $\sigma_x = -45$ MPa, $\tau_{xy} = 39$ MPa의 응력을 받고 있다(그림 참조). 주응력 중 한 값이 인장 41 MPa인 것을 알고 있다.

(a) σ_y를 구하시오.

(b) 또 다른 주응력 및 주평면의 각도를 구하고, 적절하게 회전한 요소의 스케치에 주응력을 나타내시오.

P11.3-5

11.4 평면응력에 대한 모어 원

11.4절의 연습문제를 풀기 위해 모어의 원을 이용한다. 평면상의 응력(x-y평면에서의 응력)만 고려한다.

도입문제

11.4-1 문제 11.2-1의 연료탱크의 상부 표면에 있는 요소는 **2축 응력** 상태이고 그림과 같이 $\sigma_x = 43$ MPa, $\sigma_y = -12$ MPa의 응력을 받고 있다. 모어의 원을 이용하여 다음을 구하시오.

(a) x축에서 반시계방향으로 $\theta = 55°$ 회전한 요소에 작용하는 응력

(b) 최대 전단응력 및 연관된 수직응력

모든 결과를 적절하게 회전한 요소의 스케치에 나타내시오.

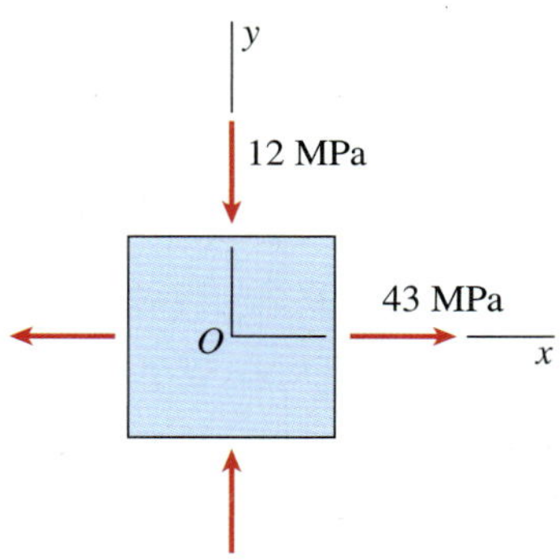

P11.4-1

11.4-2 드라이브 샤프트의 표면에 있는 요소가 **순수전단**을 받고 있고, 그림과 같이 $\tau_{xy} = 19$ MPa의 응력을 받고 있다. 모어의 원을 이용하여 다음을 구하시오.

(a) x축에서 반시계방향으로 $\theta = 52°$ 회전한 요소에 작용하는 응력

(b) 주응력

모든 결과를 적절하게 회전한 요소의 스케치에 나타내시오.

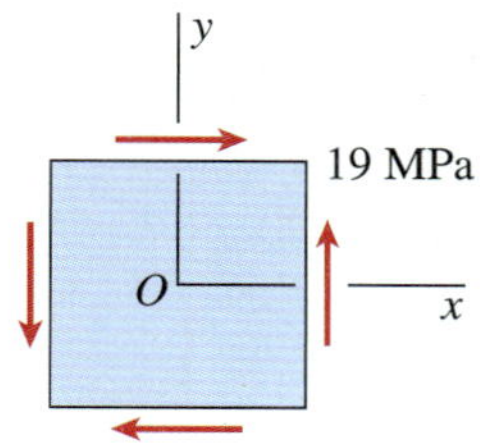

P11.4-2

대표문제

11.4-3 헬리콥터(그림 a 참조)의 로터 샤프트는 양력을 발생시키는 로터 날개를 회전시키고 있으며, 비틀림과 축하중(그림 b 참조)을 복합적으로 받고 있다.

수직응력은 $\sigma_y = 68$ MPa이고, 전단응력은 $\tau_{xy} = -100$ MPa인 것을 알고 있다. 모어의 원을 사용하여 다음을 구하시오.

(a) x축에서 반시계방향으로 $\theta = 22.5°$ 회전한 요소에 작용하는 응력

(b) 샤프트에 발생하는 최대 인장응력, 최대 압축응력, 최대 전단응력

모든 결과를 적절하게 회전한 요소의 스케치에 나타내시오.

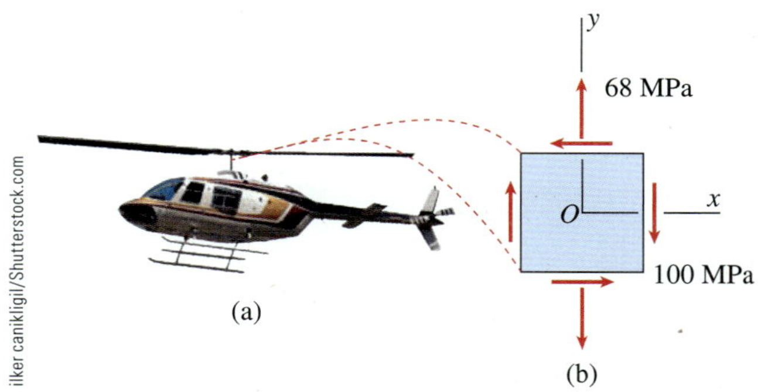

P11.4-3

11.4-4 **순수전단** 상태의 요소가 그림과 같이 $\tau_{xy} = 26$ MPa의 응력을 받고 있다. 모어의 원을 이용하여 다음을 구하시오.

(a) 3:4(그림 참조)의 기울기로 회전한 요소에 작용하는 응력

(b) 주응력

모든 결과를 적절하게 회전한 요소의 스케치에 나타내시오.

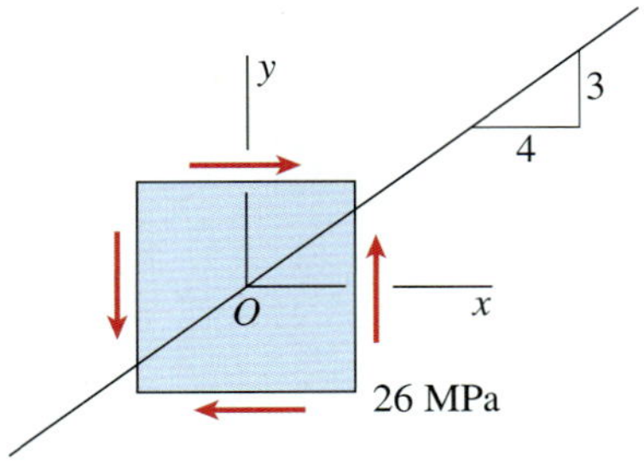

P11.4-4

11.4-5 평면응력 상태의 요소가 응력 $\sigma_x = 5.5$ MPa, $\sigma_y = -15$ MPa, $\tau_{xy} = 20$ MPa(그림 참조)을 받고 있다.

모어의 원을 사용하여 (a) 주응력, (b) 최대전단응력 및 연관된 수직응력을 구하시오. 모든 결과를 적절하게 회전한 요소의 스케치에 나타내시오.

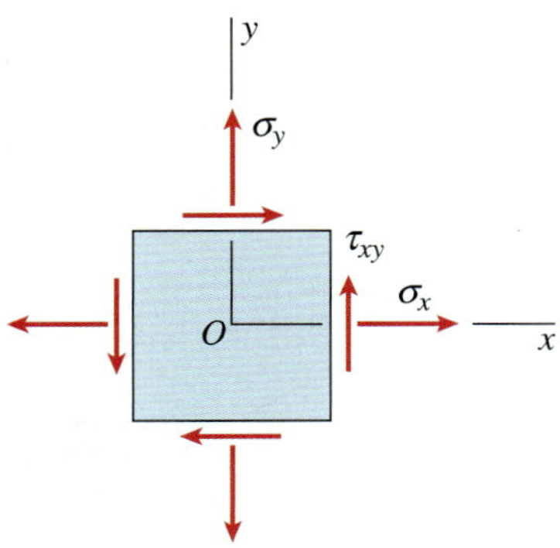

P11.4-5

11.5 평면응력에 대한 훅의 법칙

11.5절의 연습문제를 풀기 위하여 재료는 탄성계수 E와 푸아송비 ν를 갖는 선형 탄성으로 가정한다.

도입문제

11.5-1 두께가 $t = 16$ mm인 직사각형 강판이 일정한 수직응력 σ_x와 σ_y를 그림과 같이 받고 있다. 스트레인 게이지 A와 B가 x와 y방향으로 회전된 채로 판에 부착되어 있다. 게이지에서 수직변형률 $\varepsilon_x = 0.00065$(신장), $\varepsilon_y = 0.00040$(신장)을 얻었다.

$E = 207$ GPa과 $\nu = 0.30$으로 알고 있을 때, 응력 σ_x와 σ_y 그리고 판 두께의 변화 Δt를 구하시오.

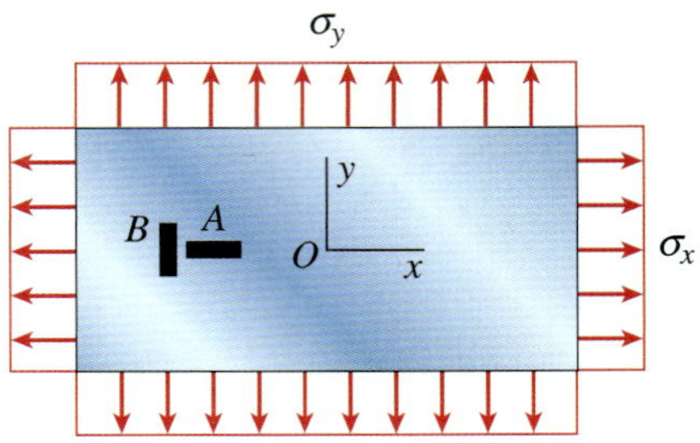

P11.5-1

11.5-2 2축 응력(그림 참조) 상태의 직사각형 강판이 수직응력 $\sigma_x = 67$ MPa(인장), $\sigma_y = -23$ MPa(압축)을 받고 있다. 판의 치수는 400 mm×550 mm×20 mm이고, $E = 200$ GPa, $\nu = 0.30$인 철 재질이다.

(a) 판에서 면내 최대 전단응력 γ_{max}를 구하시오.

(b) 판 두께의 변화 Δt를 구하시오.

(c) 판 체적의 변화 ΔV를 구하시오.

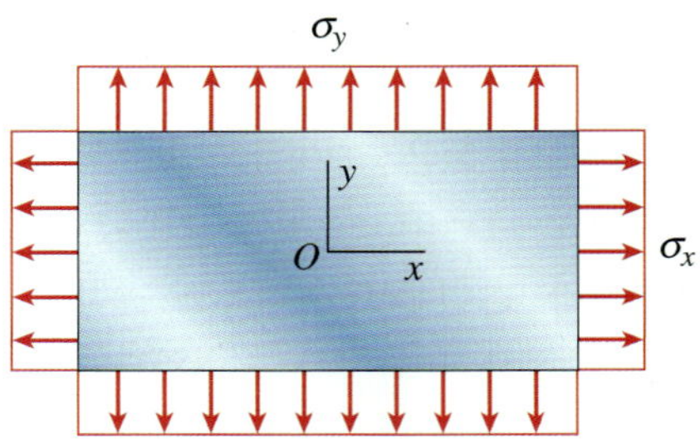

P11.5-2

대표문제

11.5-3 폭이 b이고 두께가 t인 정사각형 판이 그림에 나타난 것처럼 수직력 P_x와 P_y와 전단력 V를 받고 있다. 이 힘이 판의 면에 균일분포응력을 발생시킨다.

(a) $b = 600$ mm, $t = 40$ mm일 때, 판의 부피 변화량 ΔV를 계산하시오. $E = 41$ GPa, $\nu = 0.35$, $P_x = 420$ kN, $P_y = 210$ kN, $V = 96$ kN이다.

(b) 부피 변화량이 초기 부피의 0.018%를 넘지 않도록 할 때 두께 $t = 40$ mm인 정사각형 판의 최소 폭 b를 구하시오.

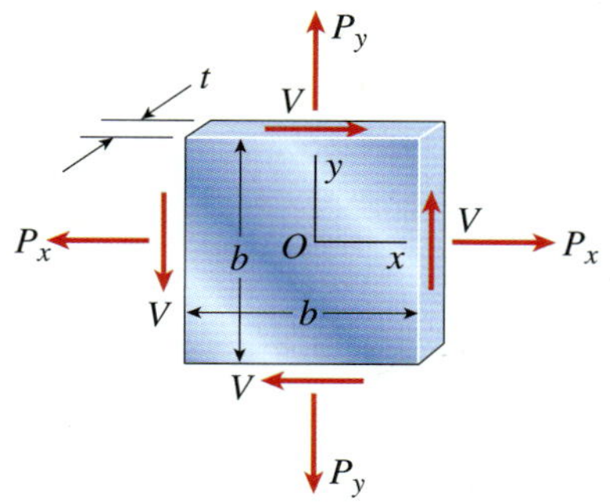

P11.5-3

11.5-4 직경 $d=200$ mm의 원이 황동 판(그림 참조)에 에칭되어 있다. 판의 치수는 400 mm×400 mm×20 mm이다. 하중이 판에 작용하여 균일분포 수직응력 $\sigma_x=59$ MPa, $\sigma_y=-17$ MPa이 생긴다. 다음 값을 계산하시오. (a) 직경 ac의 길이 변화 Δac, (b) 직경 bd의 길이 변화 Δbd, (c) 판의 두께 변화 Δt, (d) 판의 부피 변화 ΔV, (e) 판의 부피 변화가 초기 부피의 0.015%를 넘지 않도록 최대 허용 가능한 수직응력 σ_x($E=100$ GPa, $\nu=0.34$로 가정한다.)

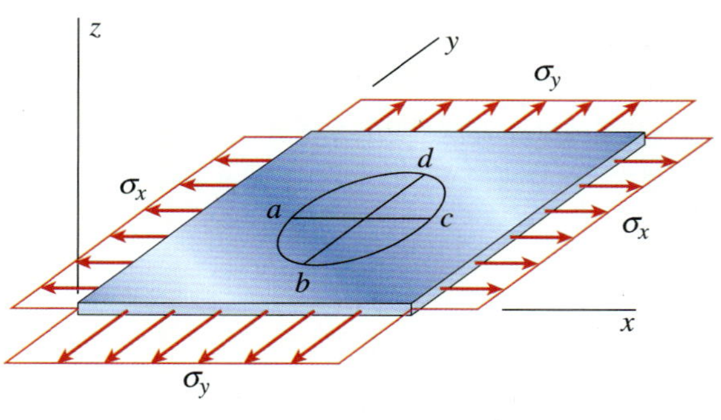

P11.5-4

11.5-5 2축 응력 상태의 고무 시트가 인장응력 $\sigma_x=270$ Pa과 $\sigma_y=144$ Pa을 받고 있다. 시트의 해당 변형률이 $\varepsilon_x=0.0002$이고, $\varepsilon_y=0.000015$이다. 재료의 푸아송 비와 탄성계수를 구하시오.

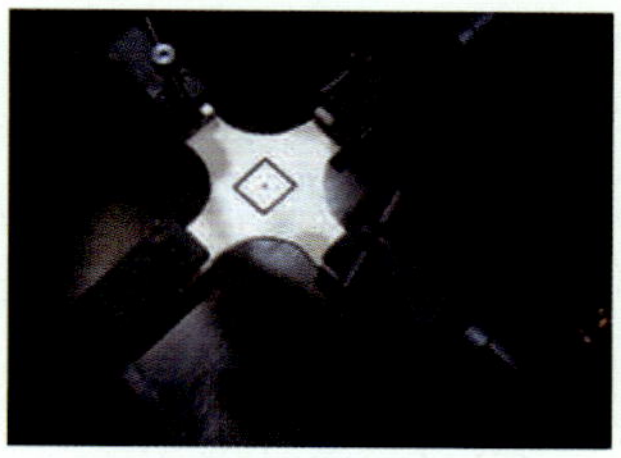

(Courtesy of TestResources, http://www.testresources.net)

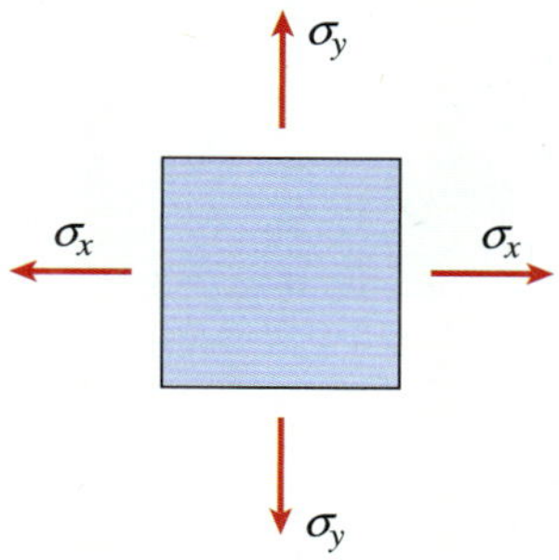

P11.5-5

11.6 3축 응력

11.6절의 연습문제를 풀기 위하여 재료는 탄성계수 E, 푸아송 비 ν인 선형 탄성 재료로 가정한다.

도입문제

11.6-1 알루미늄 요소가 3축 응력 상태에 있다. 응력 σ_x, σ_y, σ_z가 각각 −14 MPa, 24 MPa, 18 MPa일 때, 요소에서 x, y, z방향의 변형률을 계산하시오. $E=70$ GPa, $\nu=0.33$으로 가정한다. 또한 요소의 단위체적 변화를 구하시오.

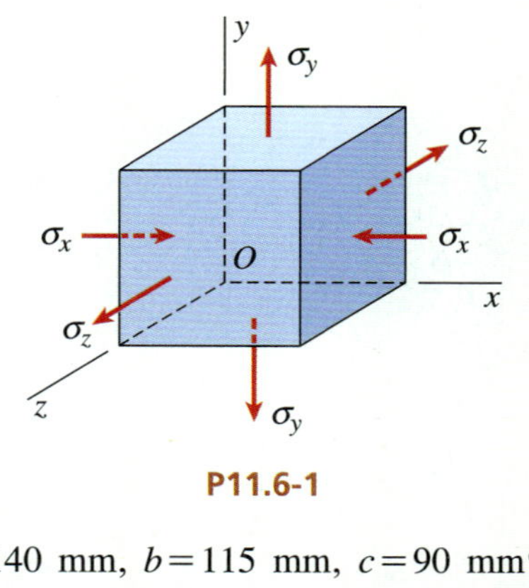

P11.6-1

11.6-2 $a=140$ mm, $b=115$ mm, $c=90$ mm인 직육면체 형태의 알루미늄 요소가 각 x, y, z면에 **3축 응력** $\sigma_x=86$ MPa, $\sigma_y=-34$ MPa, $\sigma_z=-10$ MPa을 받고 있다.

다음 값을 계산하시오. (a) 재료에서 최대 전단응력 τ_{max}, (b) 요소의 치수 변화량 Δa, Δb, Δc, (c) 부피의 변화량 ΔV, (d) 부피의 변화가 0.021% 내로 제한될 때 σ_x의 최댓값(단, $E=72$ GPa, $\nu=0.33$으로 가정한다.)

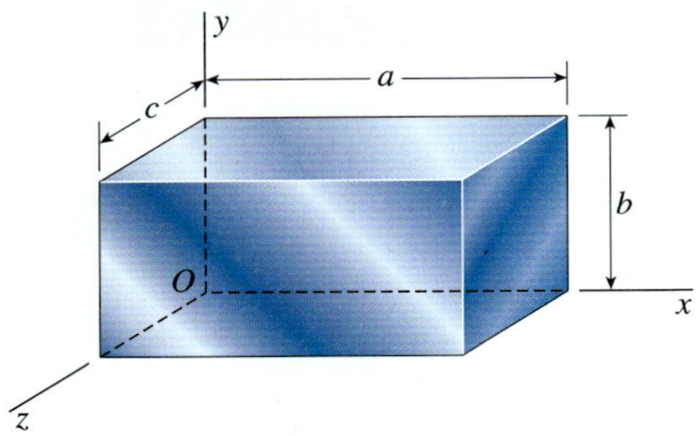

P11.6-2

대표문제

11.6-3 알루미늄 요소가 **3축 응력**을 받는다(그림 참조).

(a) 응력과 변형률 데이터를 다음과 같이 알고 있을 때 알루미늄에 대한 부피탄성계수 K를 구하시오. 수직응력 $\sigma_x=36$ MPa(인장), $\sigma_y=-33$ MPa(압축), $\sigma_z=-21$ MPa(압축), x와 y방향의 수직변형률 $\varepsilon_x=713.8\times10^{-6}$(신장), $\varepsilon_y=-502.3\times10^{-6}$(수축).

(b) 요소가 마그네슘의 하나로 바뀌었을 때 탄성계수 E와 푸아송 비 ν를 구하시오. 주어진 데이터는 다음과 같다. 부피탄성계수 $K=47$ GPa, 수직응력 $\sigma_x=31$ MPa(인장), $\sigma_y=-12$ MPa(압축), $\sigma_z=-7.5$ MPa(압축) 그리고 x방향의 수직변형률 $\varepsilon_x=900\times10^{-6}$(신장).

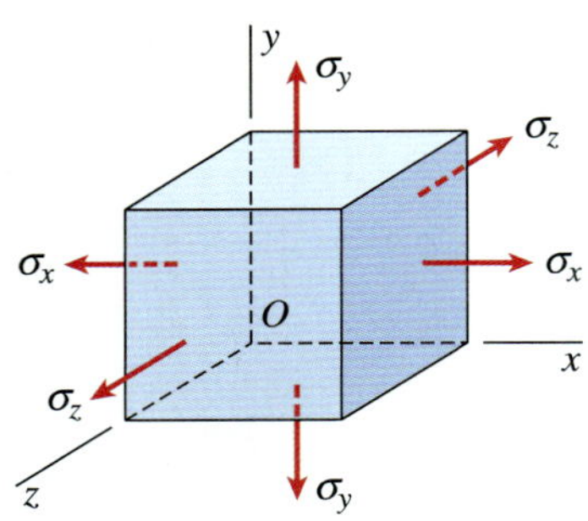

P11.6-3

11.6-4 길이가 L이고 단면적이 A인 고무 실린더 R는 강철 실린더 S의 내부에서 고무(그림 참조)에 균일분포압력을 발생시키는 하중 F에 의해서 압축을 받고 있다.

(a) 고무와 강철 사이의 수평 압력 p에 대한 식을 유도하시오. (고무와 강철 사이의 마찰은 무시하고, 강철 실린더는 고무에 비하여 강체로 가정한다.)

(b) 고무 실린더의 수축 δ에 대한 식을 유도하시오.

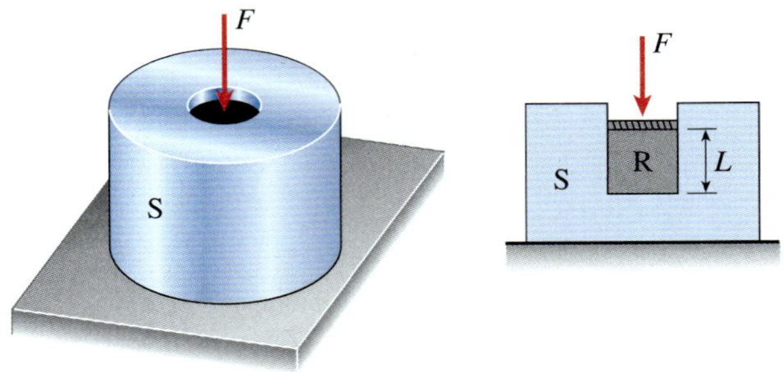

P11.6-4

11.6-5 고체 강철 구($E=210$ GPa, $\nu=0.3$)가 부피를 0.4% 줄이는 정수압 p를 받고 있다.

(a) 압력 p를 구하시오.

(b) 강철에 대한 부피탄성계수 K를 계산하시오.

11.7 평면변형률

11.7절의 연습문제를 풀기 위해서 다른 언급이 없는 한 평면변형률(x-y평면에서의 변형률)만 고려한다. 모어 원이 특정되지 않으면 평면변형률에 대한 변환공식을 사용한다.

도입문제

11.7-1 평면변형률 상태의 재료 요소가 변형률 $\varepsilon_x=0.0015$, $\varepsilon_y=-0.0002$, $\gamma_{xy}=0.0003$을 받고 있다.

(a) 각도 $\theta=20°$로 회전한 요소에 대한 변형률을 구하시오.

(b) 요소의 주변형률을 구하시오.

평면변형률에 대한 모어의 원을 이용하여 결과를 확인하시오.

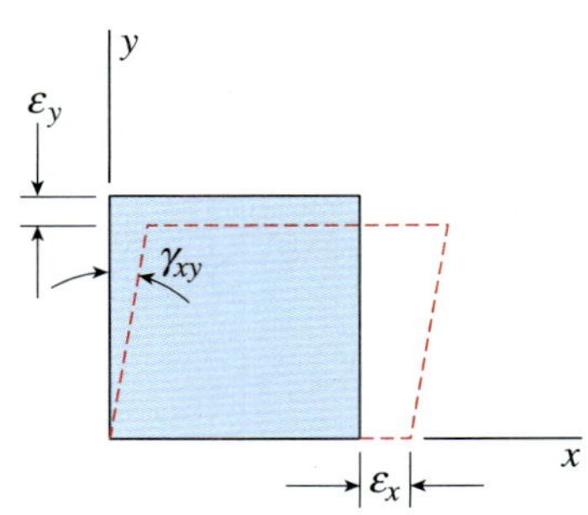

P11.7-1

11.7-2 **2축 응력** 상태의 얇은 직사각형 판이 그림의 a와 같이 응력 σ_x와 σ_y를 받고 있다. 판의 너비와 높이는 각각 $b=190$ mm, $h=63$ mm이다. 측정 결과는 x와 y방향의 수직변형률이 각각 $\varepsilon_x=285\times10^{-6}$, $\varepsilon_y=-190\times10^{-6}$이다.

평판의 2차원 관점을 보여주는 그림 (b)를 참조하여 다음을 구하시오.

(a) 대각선 Od의 길이 증가량 Δd

(b) x축과 대각선 Od 사이의 각도 ϕ의 변화량 $\Delta\phi$

(c) y축과 대각선 Od 사이의 각도 ψ의 변화량 $\Delta\psi$

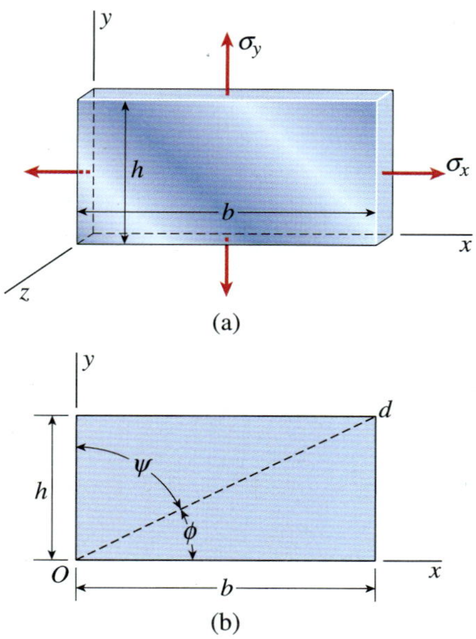

P11.7-2

11.7-3 **평면응력** 상태의 요소가 응력 $\sigma_x=-58$ MPa, $\sigma_y=7.5$ MPa, $\tau_{xy}=-12$ MPa(그림 참조)을 받고 있다. 재료는 탄성계수 $E=69$ GPa, 푸아송 비 $\nu=0.33$인 알루미늄이다.

다음 값을 구하시오. (a) 각도 $\theta=30°$로 회전한 요소에 대한 변형률, (b) 주변형률, (c) 최대 전단변형률. 적절하게 회전한 요소의 스케치에 결과를 도시하시오.

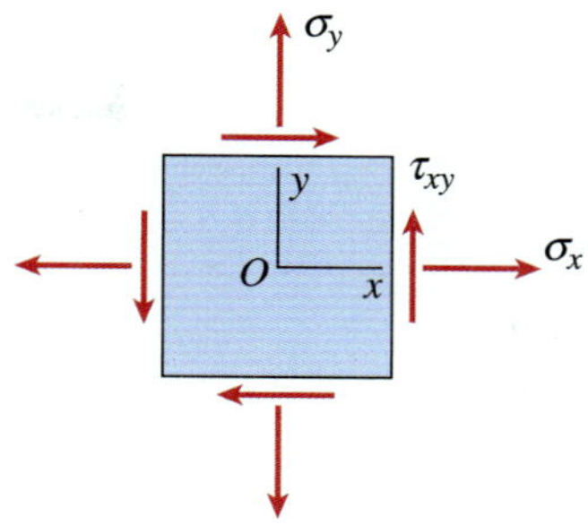

P11.7-3

11.7-4 비행기 날개를 시험하는 동안 45° 로제트를 통한 스트레인 게이지의 결과는 다음과 같다. 게이지 A는 520×10^{-6}, 게이지 B는 360×10^{-6}, 게이지 C는 -80×10^{-6}.

주변형률과 최대 전단변형률을 구하고, 적절하게 회전한 요소의 스케치에 결과를 나타내시오.

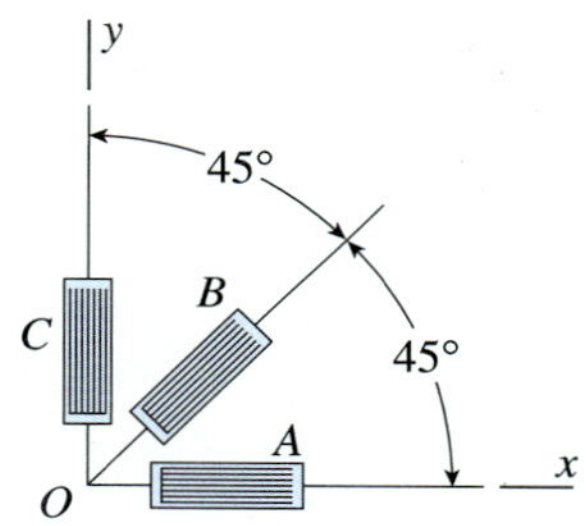

P11.7-4

11.7-5 60° 스트레인 로제트 또는 **델타 로제트**(delta rosette)는 그림과 같이 배열된 세 개의 전기저항 스트레인 게이지로 구성된다. 게이지 A는 x축 방향의 수직변형률 ε_a를 측정한다. 게이지 B와 C는 도시된 경사진 방향의 변형률 ε_b와 ε_c를 측정한다.

x-y축에 관련된 변형률 ε_x, ε_y, γ_{xy}에 대한 식을 구하시오.

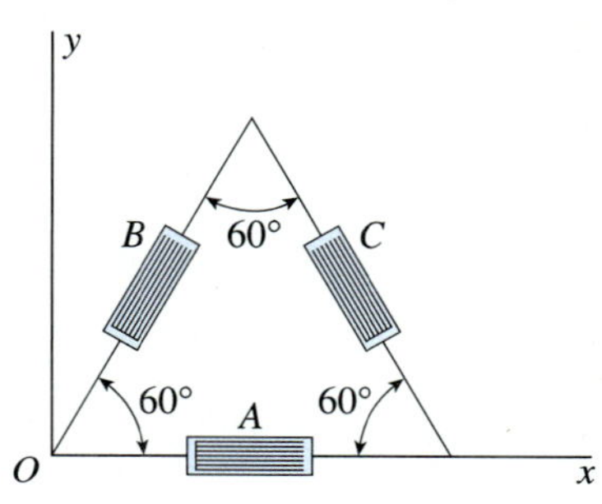

P11.7-5

CHAPTER 12

평면응력의 적용(압력용기와 조합하중)

muratart/Shutterstock.com

정제소에서는 천연가스를 저장하기 위해 얇은 두께를 가진 구형 압력용기를 사용한다.

이 장의 목적

- 평면응력으로 알려진 응력 상태에 대해 알아보고, 이를 구형 및 원통형 압력용기와 같은 구조물에 적용하는 방법을 배운다.
- 축, 비틀림, 전단, 굽힘 및 내압 등의 조합하중이 작용하는 구주물의 중요 위치에서의 평면응력 상태를 여러 관점에서 정의하고 평가한다.
- 조합하중이 작용하는 구조물의 임계점을 해석하기 위한 상세한 접근방법을 제시한다.

이 장의 구성

12.1 서론

이 장에서는 11장에서 제시된 개념을 바탕으로 평면응력과 변형률의 상태인 몇 가지 구조물과 부품의 실제 해석 예를 제공한다. 먼저 얇은 두께의 압력용기의 벽에 발생하는 응력과 변형률을 검토한다. 다음으로, 조합하중이 작용하는 구조물의 설계에 필요한 최대 수직 및 전단응력을 계산하기 위한 평가가 이루어진다.

12.2 구형 압력용기

Wayne Eastep/Photographer's Choice/Getty Images

정유시설에서 볼 수 있는 프로판 저장에 사용되는 얇은 두께의 구형 압력용기

압력용기(pressure vessel)란 압력을 받고 있는 액체나 기체가 저장된 밀폐 구조물이다. 흔히 접하는 것으로 탱크류, 파이프, 압력을 받는 항공기의 객실 및 우주선의 가압 캐빈 등이 있다. 압력용기의 전체 크기에 비해 두께가 얇을 때, 이러한 것은 **셸 구조물**(shell structure)로 구분된다. 셸 구조물의 예로는 돔형 지붕, 항공기 날개 및 잠수함 동체 등이 있다.

이 절에서는 그림 12-1에 나타낸 압축공기 탱크와 같이 얇은 벽을 가진 구형의 압력용기를 고려한다. **얇은 벽**(thin-walled)이라는 용어는 정확하지는 않지만, 일반적으로 압력용기의 반지름 r에 대한 벽 두께 t의 비율(그림 12-2)이 10보다 클 때, 이 압력용기는 얇은 벽을 가지고 있다고 간주한다. 이러한 조건이 만족될 때, 정역학만을 사용하여도 충분히 정확성 있게 벽 내부의 응력을 결정할 수 있다.

그림 12-1
구형 압력용기

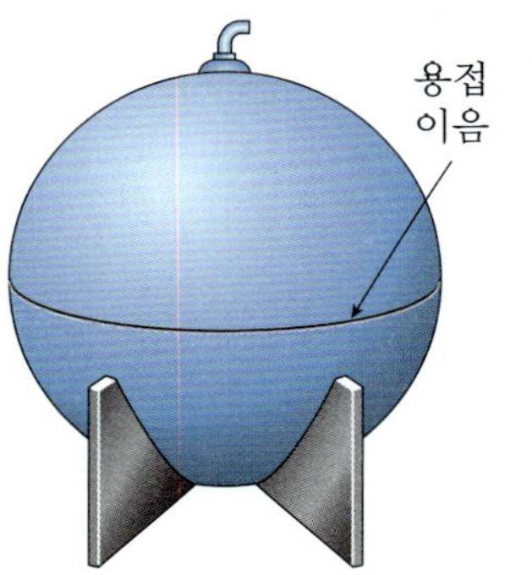

이어지는 논의에서는 내압(내부압력) p(그림 12-2)가 셸 외부에서 작용하는 압력을 초과한다고 가정한다. 그렇지 않다면 그 용기는 좌굴로 인해 안쪽으로 붕괴될 것이다.

내압에 견디는 용기로서 구는 이론적으로 가장 이상적인 형태이다. 구가 이상적으로 가장 '자연스러운' 형태임은 비눗방울을 고려해보면 쉽게 알 수 있다. 구형 용기 내의 응력을 결정하기 위해 구를 수직 지름 평면으로 자르고(그림 12-3a), 셸의 반쪽 부분과 **거기에 담긴 유체**를 단순 자유물체도로 분리시켜 보자(그림 12-3b). 이 자유물체도에 작용하는 것은 용기의 벽에 작용하는 인장응력 σ와 유체의 압력 p이다. 이 압력은 반구 내에 남아 있는 유체의 평면적에 대하여 수평으로 작용한다. 압력이 균일하기 때문에 총압력 p(그림 12-3b)는 다음과 같다.

그림 12-2
안쪽 반지름 r, 벽 두께 t, 내부압력 p인 구형 압력용기의 단면

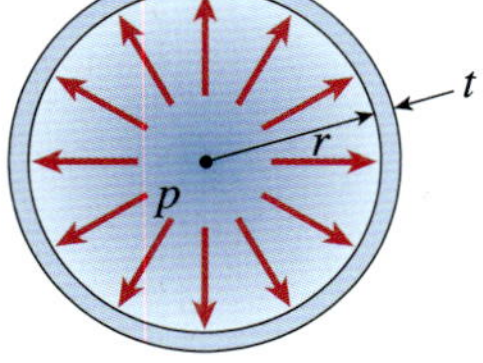

$$P = p(\pi r^2) \tag{12-1}$$

여기서 r는 구의 내부 반지름이다.

압력 p는 용기 내부의 절대압력이 아니라 순 내압 또는 **게이지 압력**(gage pressure)임을 유의하자. 게이지 압력은 용기 외부에 작용하는 압력보다 **높은**(above) 내부압력이다. 만약 내압 및 외압이 동일하다면 용기 벽에는 응력이 발생하지 않는다. 오직 외압보다 내압이 큰 경우에만 이러한 응력이 영향을 준다.

용기와 작용하는 하중의 대칭성으로 인해(그림 12-3b) 인장응력 σ는 원주에 걸쳐 균일한 값을 갖는다. 더욱이 벽이 얇기 때문에 응력이 두께 t에 걸쳐 균일하게 분포한다는 가정이 정확하다. 이 가정의 정확성은 셸이 얇으면 얇을수록 증가하고 두께가 두꺼워질수록 감소한다.

벽에 작용하는 인장응력 σ의 합력은, 수직응력 σ에 그 작용면적을 곱한 것과 같은 수평하중이다.

$$\sigma(2\pi r_m t)$$

여기서 t는 벽의 두께이고 r_m은 평균 반지름이다.

$$r_m = r + \frac{t}{2} \tag{12-2}$$

따라서 수평방향 힘의 평형(그림 12-3b)으로부터,

$$\Sigma F_{\text{horiz}} = 0 \qquad \sigma(2\pi r_m t) - p(\pi r^2) = 0 \tag{12-3}$$

위 식으로부터 용기의 벽면에 작용하는 인장응력이 유도된다.

$$\sigma = \frac{pr^2}{2r_m t} \tag{12-4}$$

여기서의 해석은 얇은 셸에만 유효하므로, 두 반지름의 작은 차이는 무시할 수 있기 때문에 식 (12-4)에서의 두 반지름은 r_m 대신 r 또는 r 대신 r_m을 사용할 수 있다. 이 근사 해석에서는 두 가지 선택 모두 만족스러우나, 그 응력은 평균 반지름 r_m 대신 내부 반지름 r를 사용했을 때, 이론적으로 더욱 정확한 응력값에 접근함을 알 수 있다. 따라서 **구형 셸의 벽면에 작용하는 인장응력**(tensile stresses in the wall of spherical shell)을 계산하기 위해서 다음과 같은 식이 사용된다.

$$\sigma = \frac{pr}{2t} \tag{12-5}$$

구형 셸의 대칭성으로부터 분명히 알 수 있듯이, 구의 중심을 어떠한 방향으로 자르더라도 인장응력에 대하여 동일한 식을 얻는다. 따라서 다음과 같은 결론에 도달할 수 있다. **압력을 받는 구형 용기의 벽은 모든 방향으로 동일한 인장응력 σ를 받는다.** 이러한 응력 조건은 그림 12-3c에서와 같이 서로 수직인 방향으로 작용하는 응력을 가진

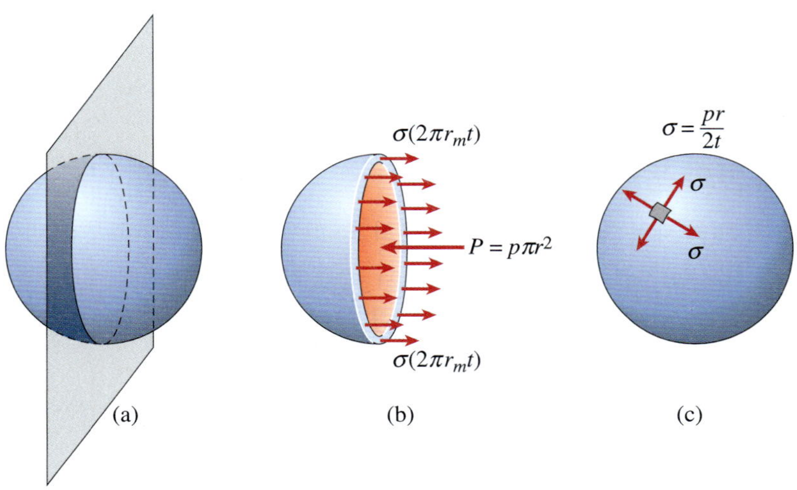

그림 12-3
구형 압력용기 벽면에 작용하는 인장응력 σ

미소 응력 요소로 표현될 수 있다.

그림 12-3c에 나타낸 응력 σ와 같이, 셸 표면의 곡면에 접선으로 작용하는 응력은 **막 응력**(membrane stresses)으로 알려져 있다. 이러한 명칭은 비누막처럼 실제 막 속에 존재하는 유일한 응력이라는 사실에서 유래되었다.

외부 표면의 응력

구형 압력용기 외부 표면에는 보통 어떠한 하중도 작용하지 않는다. 따라서 그림 12-3c에 표시된 요소는 **2축 응력** 상태에 있다. 이 요소에 작용하는 응력 계산의 이해를 돕기 위해, 그림 12-4a를 통해 다시 한번 나타내었다. 여기서 좌표축은 요소의 면과 평행한 방향을 가진다. x 및 y축은 구의 표면에 접하고, z축은 구의 표면 어느 방향으로든 수직이다. 또한 수직응력 σ_x와 σ_y는 막 응력 σ와 같고 수직응력 σ_z는 0이다. 이 요소의 측면에는 전단응력이 없다.

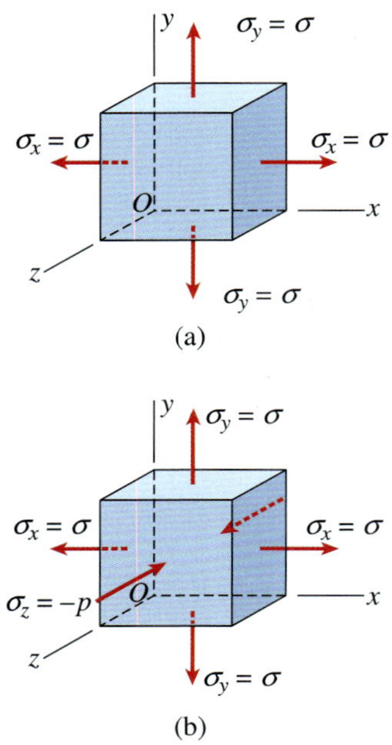

그림 12-4
구형 압력용기의 (a) 외부 표면과 (b) 내부 표면에서의 응력

평면응력에 대한 변환공식[11.2절의 그림 11-1, 식 (11-4a)와 (11-4b) 참조]을 사용하여 그림 12-4a의 요소를 해석하면,

$$\sigma_{x1} = \sigma \text{ 이고 } \tau_{x1y1} = 0$$

예상한 것과 같은 위의 식을 구할 수 있다. 다시 말해서, z축에 관하여 축을 회전시켜 얻어진 요소를 고려할 때, 구의 외부 표면에 작용하는 수직응력은 일정하고 전단응력은 작용하지 않는다. 그 결과, **모든 평면은 주평면이고 모든 방향은 주방향이다.** 따라서 그 요소에 대한 **주응력**(principal stresses)은 다음과 같다.

$$\sigma_1 = \sigma_2 = \frac{pr}{2t} \qquad \sigma_3 = 0 \tag{12-6a, b}$$

응력 σ_1과 σ_2는 xy평면에 놓여 있고, 응력 σ_3은 z방향으로의 응력이다.

최대 전단응력(maximum shear stresses)을 얻기 위해 평면 외 회전, 즉 x와 y축에 대한 회전을 고려해야 한다(면내의 모든 전단응력이 0이기 때문에). x와 y축에 대해 45° 회전시킨 요소는 $\sigma/2$와 같은 최대 전단응력과 수직응력을 가진다. 따라서

$$\tau_{\max} = \frac{\sigma}{2} = \frac{pr}{4t} \tag{12-7}$$

이 응력은 요소 내에서 가장 큰 전단응력이다.

내부 표면의 응력

구형 용기 벽의 내부 표면에 작용하는 응력 요소(그림 12-4b)는 외부 표면에서의 응력 요소(그림 12-4a)처럼 동일한 막 응력 σ_x와 σ_y를 가진다. 추가적으로, 압력 p와 크기가 같은 압축응력 σ_z가 z방향에 작용한다(그림 12-4b). 이 압축응력은 내부 표면에서의 p로부터 외부 표면의 0까지 감소한다.

그림 12-4b에 표시된 요소는 다음과 같은 주응력을 가지는 3축 응력이다.

$$\sigma_1 = \sigma_2 = \frac{pr}{2t} \qquad \sigma_3 = -p \tag{12-8a, b}$$

면내 전단응력은 0이지만, (x 또는 y축에 대하여 45° 회전으로 얻어진)최대 면외 전단응력은 다음과 같다.

$$\tau_{\max} = \frac{\sigma + p}{2} = \frac{pr}{4t} + \frac{p}{2} = \frac{p}{2}\left(\frac{r}{2t} + 1\right) \tag{12-9}$$

용기의 벽이 얇고 r/t의 비가 클 때 $r/2t$의 항과 비교하여 숫자 1은 무시할 수 있다. 즉, z방향의 주응력 σ_3은 주응력 σ_1과 σ_2에 비해 그 크기가 작기 때문에 무시할 수 있다. 결과적으로 내부 표면의 응력 상태는 외부 표면의 응력 상태와 같다고 생각할 수 있다(2축 응력). 이러한 근삿값은 얇은 셸 이론의 근사 성질과 일치한다. 따라서 식 (12-5), (12-6a, b), (12-7)을 이용하여 구형 압력용기의 벽면에 작용하는 응력을 얻을 수 있다.

일반적인 유의사항

압력용기는 보통 셸상에 하중을 가하는 부착물과 지지대뿐만 아니라, (유체로 된 내용물을 주입 또는 배출하기 위해)벽에 개구를 가지고 있다(그림 12-1). 이러한 형상은 여기서 주어진 기초적인 공식으로는 해석할 수 없는 불균일 응력 분포, 즉 **응력집중**의 결과를 가져온다. 따라서 보다 발전된 해석 방법이 필요하다. 압력용기의 설계에 영향을 주는 또 다른 인자에는 부식, 사고에 의한 충격, 온도 변화 등이 있다.

압력용기에 적용되는 얇은 셸 이론의 몇 가지 제약사항은 다음과 같다.

1. 벽 두께는 다른 치수보다 반드시 작아야 한다(비 r/t는 10 이상이어야 한다).
2. 내압은 반드시 외압을 초과해야 한다(안쪽으로의 좌굴을 막기 위해).
3. 이 절에서의 해석은 단지 내압의 효과에만 근거하고 있다(외부 하중, 반력, 구조물의 무게 등은 고려하지 않고 있다).
4. 이 절에서 유도된 공식은 응력 집중점 부근을 **제외**하고는 용기의 모든 벽에 대하여 유효하다.

다음 예제는 구형 셸의 해석에서 주응력과 최대 전단응력이 어떻게 사용되는지를 보여준다.

예제 12-1

안쪽 반지름이 5.5 m, 벽 두께가 45 mm인 압축공기 탱크를 두 개의 금속 반구를 용접하여 제작하였다(그림 12-5).

(a) 강철의 허용 인장응력이 93 MPa이라면, 탱크의 최대 허용 공기압 p_a는 얼마인가?

(b) 강철의 허용 전단응력이 42 MPa이라면, 탱크의 최대 허용 공기압 p_b는 얼마인가?

(c) 탱크 외부 표면에서의 수직변형률이 0.0003을 초과하지 않으려면, 최대 허용압력 p_c는 얼마여야 하는가? (훅의 법칙을 따르고, 강철의 탄성계수는 210 GPa이며 푸아송비는 0.28로 가정한다.)

그림 12-5

예제 12-1: 구형 압력용기(부착물과 지지대는 사진과 같음)

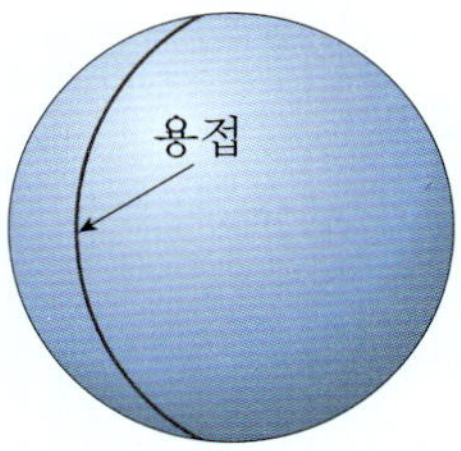

정유시설의 구형 탱크

(d) 용접 이음매에 대한 시험 결과, 용접부에 미터당 7.5 MN의 인장하중이 작용할 때 구조물이 파단되었다. 용접부의 파단에 대한 안전율이 2.5일 때, 최대 허용압력 p_d는 얼마인가?

(e) 앞의 네 가지 값을 고려할 때 탱크의 허용압력 p_{allow}는 얼마인가?

풀이

4단계 문제풀이 접근방법을 사용한다. 효율적인 풀이를 위하여 필요에 따라 단계를 합한다.

1. **개념화[가정, 스케치]** 압축공기 탱크는 얇은 벽의 압력용기이다. 탱크 외부 표면의 막 응력을 평가한다. 벽의 인장응력은 식 (12-5)를 사용하여 평가된다. 계산된 응력은 평균 반지름보다 셸의 안쪽 반지름을 사용할 때, 이론적으로 정확한 값에 가까워진다.

2, 3. **분류[단순화, 분류화], 해석[수치계산, 적절한 식 선정, 수학적인 해를 구함]**

Part (a): 강철의 인장응력을 기준으로 한 허용압력

탱크 벽에서의 최대 인장응력은 식 $\sigma = pr/2t$[식 (12-5) 참조]로 구한다. 이 식을 압력에 대한 허용응력의 방정식으로 푼다.

$$p_a = \frac{2t\sigma_{\text{allow}}}{r} = \frac{2(45\text{ mm})(93\text{ MPa})}{2.75\text{ m}} = 3.04\text{ MPa}$$

따라서 탱크 벽의 인장을 기준으로 한 최대 허용압력은 $p_a = 3.04$ MPa이다(이러한 종류의 계산에서는 반올림이 아닌 반내림을 해야 함을 유의하자).

Part (b): 강철의 전단응력을 기준으로 한 허용압력

탱크 벽에서 최대 전단응력은 식 (12-7)로 구한다. 이 식으로부터 압력에 대한 다음 값을 얻는다.

$$p_b = \frac{4t\tau_{\text{allow}}}{r} = \frac{4(45\text{ mm})(42\text{ MPa})}{2.75\text{ m}} = 2.75\text{ MPa}$$

따라서 전단을 기준으로 한 허용압력은 $p_b = 2.75$ MPa이다.

Part (c): 강철의 수직변형률을 기준으로 한 허용압력

수직변형률은 2축 응력에 대한 훅의 법칙을 사용하여 얻을 수 있다[식 (11-40a)].

$$\varepsilon_x = \frac{1}{E}(\sigma_x - \nu\sigma_y) \qquad \textbf{(a)}$$

$\sigma_x = \sigma_y = \sigma = pr/2t$(그림 12-4a 참조)로 대체하여 다음의 값을 얻는다.

$$\varepsilon_x = \frac{\sigma}{E}(1-\nu) = \frac{pr}{2tE}(1-\nu) \qquad \textbf{(12-10)}$$

이 식은 압력 p_c에 대해 풀 수 있다.

$$p_c = \frac{2tE\varepsilon_{\text{allow}}}{r(1-\nu)} = \frac{2(45\text{ mm})(210\text{ GPa})(0.0003)}{2.75\text{ m}(1-0.28)} = 2.86\text{ MPa}$$

따라서 수직변형률을 기준으로 한 벽의 허용압력은 $p_c = 2.86$ MPa이다.

Part (d): 용접부의 인장을 기준으로 한 허용압력

용접부에 작용하는 허용 인장하중은 파단 하중을 안전율로 나눈 값과 같다.

$$T_{\text{allow}} = \frac{T_{\text{failure}}}{n} = \frac{7.5\text{ MN/m}}{2.5} = 3\text{ MN/m}$$

이에 대응하는 허용 인장응력은 용접부의 단위 미터당 허용하중을 용접의 단위 미터당 단면적으로 나눈 것과 같다.

$$\sigma_{\text{allow}} = \frac{T_{\text{allow}}(1.0\text{ m})}{(1.0\text{ m})(t)} = \frac{3\text{ MN/m}(1.0\text{ m})}{(1.0\text{ m})(45\text{ mm})} = 66.67\text{ MPa}$$

마지막으로 식 (12-5)를 이용하여 내부압력에 대하여 풀면 다음과 같다.

$$p_d = \frac{2t\sigma_{\text{allow}}}{r} = \frac{2(45\text{ mm})(66.67\text{ MPa})}{2.75\text{ m}} = 2.18\text{ MPa}$$

이 결과는 용접부에서 인장을 기준으로 한 허용압력이다.

Part (e): 허용압력

p_a, p_b, p_c, p_d에 대한 앞의 이전 결과를 비교하면, 용접 이음부는 인장이 지배적임을 볼 때, 탱크의 허용압력은 다음과 같다.

$$p_{\text{allow}} = 2.18\text{ MPa}$$

4. **최종 단계[결론, 해의 검증 — 해가 합당한가? 단위가 맞는가? 비슷한 문제풀이 방법과 비교해볼 때 어떠한가?]** 이 예제는 다양한 응력과 변형률이 어떻게 구형 압력용기의 설계에 영향을 미치는지 보여준다.

참고: 내부압력이 최대 허용값(2.18 MPa)에서 z방향의 주응력(2.18 MPa)과 면내 주응력(66.6 MPa)의 비는 단지 0.033이다.

$$\sigma = \frac{pr}{2t} = \frac{2.18\text{ MPa}(2.75\text{ m})}{2(45\text{ mm})} = 66.6\text{ MPa}$$

따라서 z방향의 주응력 σ_3을 무시할 수 있고, 셸 전체가 2축 응력 상태에 있다는 앞선 가정은 타당하다.

12.3 원통형 압력용기

그림 12-6
원형 단면을 가진 원통형 압력용기

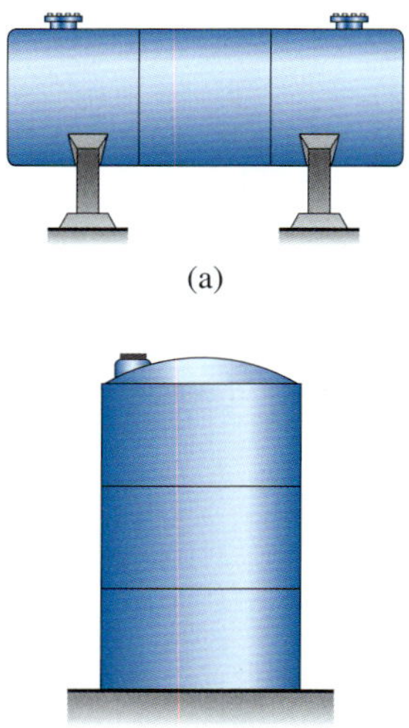

석유화학 정유시설의 원통형 저장 탱크

원형 단면을 가지는 원통형 압력용기(그림 12-6)는 산업시설(압축공기 탱크 및 로켓 모터), 가정(소화기 및 스프레이 캔) 및 시골 교외(프로판 탱크와 곡물 저장탑) 등에서 볼 수 있다. 급수관 및 수로와 같은 압력관도 원통형 압력용기로 구분된다.

원통형 용기의 해석은 내부압력을 받는 **얇은 벽을 가진 원형 탱크** *AB*에 가해질 수 있는 수직응력을 결정하는 것으로부터 시작한다(그림 12-7a). 탱크의 축과 평행하고 수직인 **응력 요소**의 면이 탱크 벽면에 표시되어 있다. 이 요소의 측면에 작용하는 수직응력 σ_1과 σ_2는 벽 내부의 막 응력이다. 용기와 하중의 대칭성으로 인해 이 면에는 어떠한 전단응력도 작용하지 않는다. 따라서 응력 σ_1과 σ_2는 주응력이다.

그 방향에 따라 응력 σ_1은 **원주응력**(circumferential stress) 또는 **후프응력**(hoop stress)이라 하고, 응력 σ_2는 **길이방향 응력**(longitudinal stress) 또는 **축 응력**(axial stress)이라 한다. 이러한 각각의 응력은 근사화된 자유물체도를 이용한 힘의 평형으로부터 계산될 수 있다.

원주응력

원주응력 σ_1을 결정하기 위해, 길이방향의 축에 수직이고 거리가 b만큼 떨어진 두 개의 절단부분(*mn*과 *pq*)을 만든다(그림 12-7a). 그다음 세 번째 절단은 탱크의 길이방향 축에 대하여 수직인 면으로 자르며 그 결과를 그림 12-7b의 자유물체도에서 보여준다. 이 자유물체도는 탱크의 반원 부분뿐만 아니라 잘린 부분의 유체까지 포함한다. 길이방향의 절단면(평면 *mpqn*)에 작용하는 것은 원주응력 σ_1과 내압 p이다.

응력과 압력은 자유물체의 왼쪽 및 오른쪽 면에도 작용한다. 그러나 이러한 응력과 압력은 대칭성으로 인해 자유물체도에 나타내지 않았으며, 그 이유는 여기서 사용된 힘의 평형 방정식에 들어가지 않기(대칭성) 때문이다. 구형 용기의 해석과 마찬가지

그림 12-7
원통형 압력용기가 받고 있는 응력

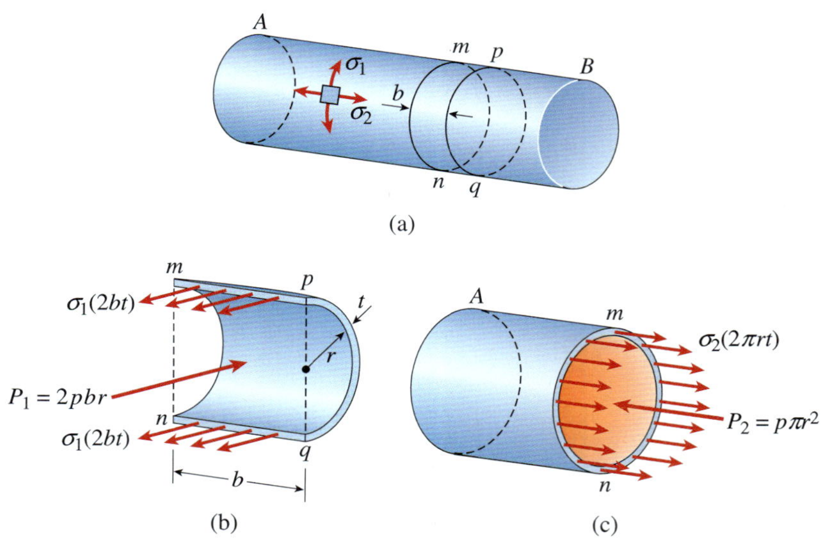

로 탱크와 내용물의 무게는 무시한다.

용기의 벽에 작용하는 원주응력 σ_1에 의한 힘은 $\sigma_1(2bt)$와 같다. 여기서 t는 벽의 두께이다. 또한 내압에 의한 합력 P_1은 $2pbr$와 같다. 여기서 r는 원통의 안쪽 반지름이다. 따라서 그 결과로 얻어지는 힘의 평형 방정식은

$$\sigma_1(2bt) - 2pbr = 0$$

이 식으로부터 **압력을 받는 원통의 원주응력**에 대한 다음 식을 얻는다.

$$\sigma_1 = \frac{pr}{t} \qquad \textbf{(12-11)}$$

이 응력은 두께가 반지름에 비해 작다면, 벽 두께 전체에 균일하게 분포한다.

길이방향 응력

길이방향 응력 σ_2는 용기의 한 부분인 왼쪽 단면 mn의 자유물체도에 대한 평형 방정식으로부터 얻을 수 있다(그림 12-7c). 이 역시 탱크의 부분뿐만 아니라 내용물까지 포함한다. 응력 σ_2는 길이방향으로 작용하고 합력은 $\sigma_2(2\pi rt)$와 같다. 셸 내부의 반경은 12.2절에서 설명한 바와 같이 셸의 평균 반지름 대신 안쪽 반지름을 사용하고 있음을 유의한다.

내부압력에 의한 힘의 합력 P_2는 $p\pi r^2$과 같다. 따라서 자유물체도에 대한 힘의 평형 방정식은 다음과 같고

$$\sigma_2(2\pi rt) - p\pi r^2 = 0$$

원통형 압력용기의 **길이방향 응력**에 대한 식을 얻기 위해 이 식을 σ_2에 대하여 푼다.

$$\sigma_2 = \frac{pr}{2t} \qquad \textbf{(12-12)}$$

이 응력은 구형 용기에서의 막 응력[식 (12-5)]과 같다.

식 (12-11)과 (12-12)를 비교하면, 원통형 용기의 원주응력이 길이방향 응력의 두 배와 같다는 사실을 알 수 있다.

$$\sigma_1 = 2\sigma_2 \qquad \textbf{(12-13)}$$

이 결과로부터, 압력 탱크의 길이방향의 용접 이음이 원주방향의 용접 이음보다 두 배나 강해야 한다는 사실을 알 수 있다.

외부 표면의 응력

원통형 용기의 외부 표면에서의 주응력 σ_1과 σ_2를 그림 12-8a의 응력 요소에 나타내었다. 세 번째 주응력(z방향으로 작용)이 0이므로, 이 요소는 **2축 응력** 상태에 있다.

최대 **면내 전단응력**은 z축에 대하여 45° 회전된 평면에서 발생한다. 이 응력은 다음과 같고

그림 12-8

원통형 압력용기의 (a) 외부 표면과 (b) 내부 표면에서의 응력

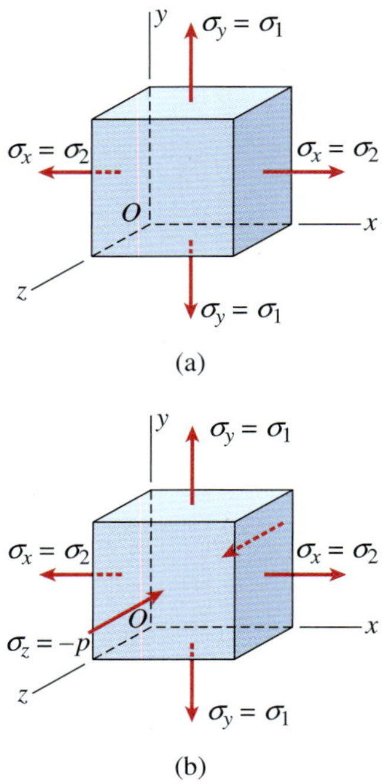

$$(\tau_{\max})_z = \frac{\sigma_1 - \sigma_2}{2} = \frac{\sigma_1}{4} = \frac{pr}{4t} \qquad \textbf{(12-14)}$$

최대 **면외 전단응력**은 x와 y축에 대하여 45° 회전시켜 얻을 수 있다.

$$(\tau_{\max})_x = \frac{\sigma_1}{2} = \frac{pr}{2t} \qquad (\tau_{\max})_y = \frac{\sigma_2}{2} = \frac{pr}{4t} \qquad \textbf{(12-15a, b)}$$

절대 최대 전단응력(absolute maximum shear stress)은

$$\tau_{\max} = \frac{\sigma_1}{2} = \frac{pr}{2t} \qquad \textbf{(12-16)}$$

이 응력은 x축에 대하여 45° 회전된 평면 위에서 발생한다.

내부 표면의 응력

구형 용기 벽의 내부 표면에서의 응력 조건은 그림 12-8b와 같다. 주응력은

$$\sigma_1 = \frac{pr}{t} \qquad \sigma_2 = \frac{pr}{2t} \qquad \sigma_3 = -p \qquad \textbf{(12-17a, b, c)}$$

x, y, z축에 대하여 45° 회전시켜 얻은 세 개의 최대 전단응력은 다음과 같다.

$$(\tau_{\max})_x = \frac{\sigma_1 - \sigma_3}{2} = \frac{pr}{2t} + \frac{p}{2} \qquad \textbf{(12-18a)}$$

$$(\tau_{\max})_y = \frac{\sigma_2 - \sigma_3}{2} = \frac{pr}{4t} + \frac{p}{2} \qquad \textbf{(12-18b)}$$

$$(\tau_{\max})_z = \frac{\sigma_1 - \sigma_2}{2} = \frac{pr}{4t} \qquad \textbf{(12-18c)}$$

이 세 개의 응력 중 첫 번째가 가장 크다. 그러나 구형 셸의 전단응력에서 설명한 바와 같이, 셸이 얇은 벽을 가질 때 식 (12-18a, b)의 추가적인 항 $p/2$는 무시해도 된다. 그러면 식 (12-18a, b, c)는 식 (12-15) 및 (12-14)와 같아진다.

따라서 원통형 압력용기에 관련된 모든 예제와 문제에서는 ***z*방향으로 발생하는 압축응력의 존재를 무시할 것이다.** (이 압축응력은 내부 표면의 p에서 외부 표면의 0까지 변화한다.) 이러한 근사방법에 의해 내부 표면의 응력은 외부 표면의 응력(2축 응력)과 동일해진다. 구형 압력용기의 논의에서 설명한 바와 같이, 이 이론에서 많은 다른 근사해를 고려할 때 이러한 해석 방법은 유효함을 알 수 있다.

일반적인 유의사항

원통형 실린더에서 응력에 대한 지금까지의 공식은, 앞의 구형 용기에 대한 논의에서와 같이, 응력집중의 원인이 되는 어떤 불연속점으로부터 멀리 떨어져 있는 원통의 어떠한 부분에서도 유효하다. 중요한 불연속점은 경판을 부착하는 원통의 끝부분에 위치하는데, 이는 구조물의 기하학적 형상이 갑자기 바뀌기 때문이다. 다른 응력집중은 개구부, 지지점 그리고 실린더에 물체나 부착물이 달려 있는 곳에서 발생한다. 이러한 점에서의 응력은 힘의 평형 방정식만으로는 구할 수 없으며, 해석에 대한 보다 진보된

방법(셸 이론이나 유한요소 해석법과 같은)이 요구된다.

얇은 벽을 가진 셸에 대한 기초적 이론에 대한 제약사항 중 몇 가지에 대한 내용이 12.2절에 나와 있다.

예제 12-2

그림 12-9

예제 12-2: 나선형으로 용접된 원통형 압력용기

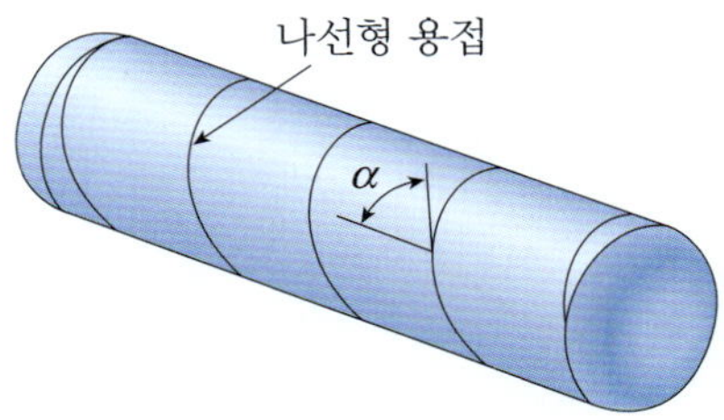

Perov Stanislav/Shutterstock.com

단순 지지된 원통형 압력 용기

길고 좁은 강판을 맨드릴(제작도구) 주위에 감고(그림 12-9), 접합 모서리를 따라 용접하여 나선형 조인트를 만들어 원통형 압력용기를 만들었다. 나선형 용접은 길이방향으로 $\alpha = 55°$의 각을 이룬다. 용기의 안쪽 반지름 $r = 1.8$ m, 벽 두께 $t = 20$ mm이다. 용기의 재료는 탄성계수 $E = 200$ GPa, 푸아송 비 $\nu = 0.30$을 가지는 강철이다. 내부압력 p는 800 kPa이다.

이 용기의 원통형 부분에 대하여 다음 양을 계산하시오. (a) 원주응력 σ_1과 길이방향 응력 σ_2, (b) 최대 면내 및 면외 전단응력, (c) 원주방향과 길이방향 변형률 ε_1과 ε_2, (d) 용접선에 수직 및 평행으로 작용하는 수직 응력 σ_w와 τ_w.

풀이

4단계 문제풀이 접근방법을 사용한다. 효율적인 풀이를 위해 필요에 따라 단계를 합한다.

1. **개념화** 원통형 압력용기는 얇은 벽의 압력용기이다. 탱크 외벽 표면으막 응력을 계산한다. 벽의 원주응력은 식 (12-11)을, 길이방향 응력은 식 (12-12)를 사용하여 계산한다. 계산된 응력은 평균 반지름보다는 셸의 안쪽 반지름을 사용할 때 이론적으로 정확한 값에 가까워진다.

2, 3. 분류, 해석

Part (a): 원주응력과 길이방향 응력

원주응력 σ_1과 길이방향 응력 σ_2가 그림 12-10a에 나타나 있으며, 이 응력은 용기의 벽에 위치한 점 A의 응력 요소에 작용함을 보여준다. 식 (12-11)과 (12-12)로 이 응력의 크기를 계산한다.

$$\sigma_1 = \frac{pr}{t} = \frac{(800\text{ kPa})(1.8\text{ m})}{20\text{ mm}} = 72\text{ MPa} \qquad \sigma_2 = \frac{pr}{2t} = \frac{\sigma_1}{2} = 36\text{ MPa}$$

점 A의 응력 요소는 그림 12-10b에서 다시 확인할 수 있으며, 여기서 x축은 원통의 길이방향이고, y축은 원주방향이다. 따라서 z방향으로의 응력은 존재하지 않으며($\sigma_3 = 0$), 요소는 2축 응력 상태에 있다.

내부압력(800 kPa)과 더 작은 면내 주응력(36 MPa)의 비율은 0.022임을 유의하자. 그러므로 z방향으로의 응력을 무시하고, 원통의 내부 표면까지 포함한 모든 요소는 2축 응력 상태에 있다는 가정은 타당하다.

그림 12-10
예제 12-2의 풀이

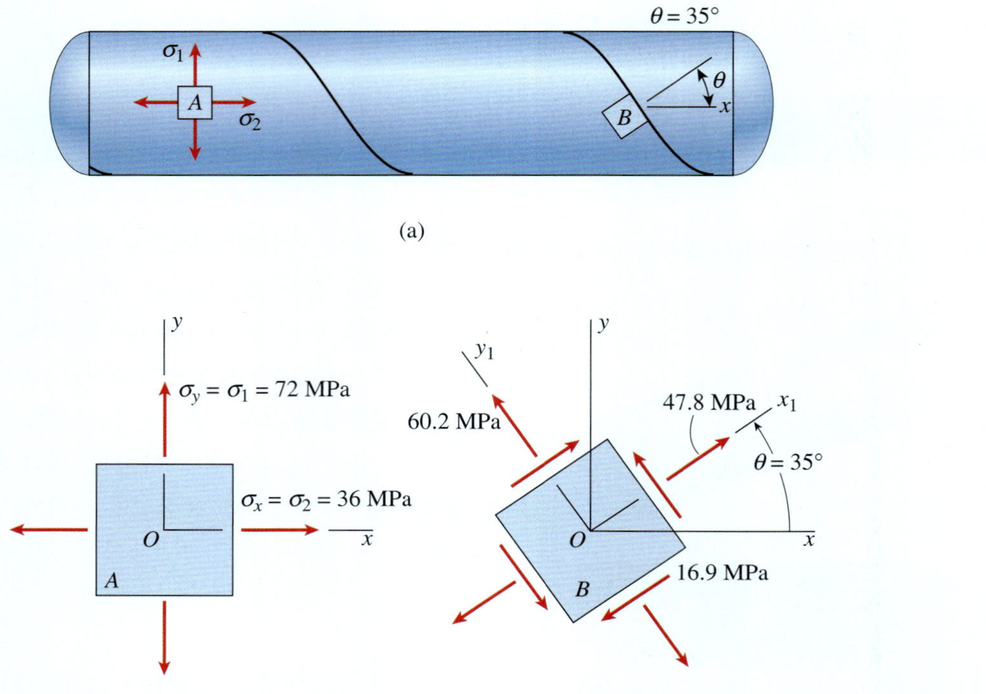

Part (b): 최대 전단응력

가장 큰 면내 전단응력은 식 (12-14)에서 구할 수 있다.

$$(\tau_{\max})_z = \frac{\sigma_1 - \sigma_2}{2} = \frac{\sigma_1}{4} = \frac{pr}{4t} = 18 \text{ MPa}$$

z방향에서의 수직응력을 무시하고 있기 때문에, 최대 면외 전단응력은 식 (12-15a)로부터 얻어진다. 이 마지막 응력은 용기 벽 내에서의 절대 최대 전단응력이다.

$$\tau_{\max} = \frac{\sigma_1}{2} = \frac{pr}{2t} = 36 \text{ MPa}$$

Part (c): 원주응력과 길이방향 변형률

작용하는 최대 응력은 재료의 항복응력보다 훨씬 낮기 때문에(부록 F의 표 F-3 참조), 용기의 벽에 훅의 법칙이 적용된다고 가정한다. 그러면 2축 응력에 대한 식 (11-40a, b)로부터 x와 y방향에서의 변형률(그림 12-10b)을 얻을 수 있다.

$$\varepsilon_x = \frac{1}{E}(\sigma_x - \nu\sigma_y) \qquad \varepsilon_y = \frac{1}{E}(\sigma_y - \nu\sigma_x) \qquad \textbf{(a, b)}$$

변형률 ε_x는 길이방향의 주변형률 ε_2와 같고, 변형률 ε_y는 원주방향의 주변형률 ε_1과 같음에 유의하자. 또한 응력 σ_x는 응력 σ_2와 같고, 응력 σ_y는 σ_1과 같다. 그러므로 앞의 두 식은 다음과 같은 형태로 쓸 수 있다.

$$\varepsilon_2 = \frac{\sigma_2}{E}(1 - 2\nu) = \frac{pr}{2tE}(1 - 2\nu) \tag{12-19a}$$

$$\varepsilon_1 = \frac{\sigma_1}{2E}(2 - \nu) = \frac{pr}{2tE}(2 - \nu) \tag{12-19b}$$

수치를 대입하면 다음과 같은 값을 얻을 수 있다.

$$\varepsilon_2 = \frac{\sigma_2}{E}(1 - 2\nu) = \frac{(36\text{ MPa})[1 - 2(0.30)]}{200\text{ GPa}} = 72 \times 10^{-6}$$
$$\varepsilon_1 = \frac{\sigma_1}{2E}(2 - \nu) = \frac{(72\text{ MPa})(2 - 0.30)}{2(200\text{ GPa})} = 306 \times 10^{-6}$$

이 값은 각각 원통에서의 길이방향 변형률과 원주방향 변형률이다.

Part (d): 용접부에서 작용하는 수직응력과 전단응력

실린더 벽의 점 B에서의 응력 요소(그림 12-10a)의 측면은 용접부와 평행하거나 수직이 된다. 요소에 대한 각 θ는 다음과 같고 그림 12-10c와 같다.

$$\theta = 90° - \alpha = 35°$$

이 요소의 측면에 작용하는 수직응력과 전단응력을 구하기 위해 응력 변환공식 또는 모어 원을 사용할 수 있다.

응력 변환공식: 요소의 x_1면에 작용하는 수직응력 σ_{x1}과 전단응력 τ_{x1y1}(그림 12-10c)은 반복해서 사용되고 있는 식 (11-4a, b)로부터 구한다.

$$\sigma_{x1} = \frac{\sigma_x + \sigma_y}{2} + \frac{\sigma_x - \sigma_y}{2}\cos 2\theta + \tau_{xy}\sin 2\theta \tag{12-20a}$$

$$\tau_{x1y1} = -\frac{\sigma_x - \sigma_y}{2}\sin 2\theta + \tau_{xy}\cos 2\theta \tag{12-20b}$$

다음 식을 얻기 위해, $\sigma_x = \sigma_2 = pr/2t$, $\sigma_y = \sigma_1 = pr/t$, $\tau_{xy} = 0$을 대입한다.

$$\sigma_{x1} = \frac{pr}{4t}(3 - \cos 2\theta) \qquad \tau_{x1y1} = \frac{pr}{4t}\sin 2\theta \tag{12-21a, b}$$

이 식은 원통의 길이방향 축에 대하여 각 θ만큼 회전된 경사면에 작용하는 수직응력과 전단응력을 나타낸다.

$pr/4t = 18$ MPa과 $\theta = 35°$를 식 (12-21a, b)에 대입하면

$$\sigma_{x1} = 47.8\text{ MPa} \qquad \tau_{x1y1} = 16.9\text{ MPa}$$

이 응력은 그림 12-10c의 응력 요소에 나타나 있다.

응력 요소를 완성하기 위하여, 요소의 y_1면에 작용하는 수직응력 σ_{y1}은 직교평면상의 수직응력의 합을 통해 계산할 수 있다[식 (11-6)].

$$\sigma_1 + \sigma_2 = \sigma_{x1} + \sigma_{y1} \tag{12-22}$$

이 수치를 대입하면, 그림 12-10c에서의 다음 값을 얻는다.

$$\sigma_{y1} = \sigma_1 + \sigma_2 - \sigma_{x1} = 72\text{ MPa} + 36\text{ MPa} - 47.8\text{ MPa} = 60.2\text{ MPa}$$

그림 12-11

그림 12-10b의 2축 응력 요소에 대한 모어 원 (참고: 원의 모든 응력은 MPa 단위임)

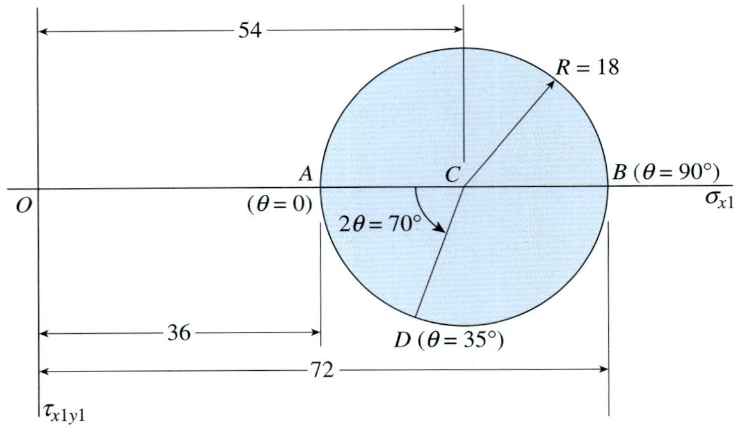

그림으로부터 용접부에 수직 및 평행하게 작용하는 수직응력과 전단응력은 다음과 같음을 알 수 있다.

$$\sigma_w = 47.8 \text{ MPa} \qquad \tau_w = 16.9 \text{ MPa}$$

4. 최종 단계

모어 원: 그림 12-10b의 2축 응력 요소에 대한 모어 원의 작도가 그림 12-11에 나타나 있다. 점 A는 요소의 x면($\theta=0$)상의 응력 $\sigma_2=36$ MPa을 나타내고, 점 B는 y면($\theta=90°$)상의 응력 $\sigma_1=72$ MPa을 나타낸다. 원의 중심 C는 응력이 54 MPa이고, 원의 반지름은 다음과 같다.

$$R = \frac{72 \text{ MPa} - 36 \text{ MPa}}{2} = 18 \text{ MPa}$$

반시계방향의 각 $2\theta=70°$(원의 A점에서 측정)의 위치는 요소의 x_1면($\theta=35°$)상의 응력에 대응하는 점 D이다. (원의 기하학적 관계로부터)점 D의 좌표는 다음과 같다.

$$\sigma_{x1} = 54 \text{ MPa} - R\cos 70° = 54 \text{ MPa} - (18 \text{ MPa})(\cos 70°) = 47.8 \text{ MPa}$$
$$\tau_{x1y1} = R\sin 70° = (18 \text{ MPa})(\sin 70°) = 16.9 \text{ MPa}$$

이 결과는 예상대로 응력 변환공식으로부터 이전에 얻은 값과 일치한다.

참고: 측면에서 보았을 때 **나선**(helix)은 사인곡선의 형태가 된다(그림 12-12). 나선의 피치는 다음과 같고,

$$p = \pi d \tan\theta \tag{12-23}$$

여기서 d는 원통의 지름, θ는 나선의 수직방향선과 길이방향선 사이의 각도이다. 원통 형상에 감겨 있는 평판의 폭은 다음과 같다.

$$w = \pi d \sin\theta \tag{12-24}$$

따라서 원통의 지름과 각도 θ가 주어진다면, 나선의 피치와 평판의 폭을 모두 구할 수 있다. 실용적인 이유로 실제 사용되는 각 θ는 보통 20~35° 사이의 범위에 있다.

그림 12-12

나선의 측면 그림

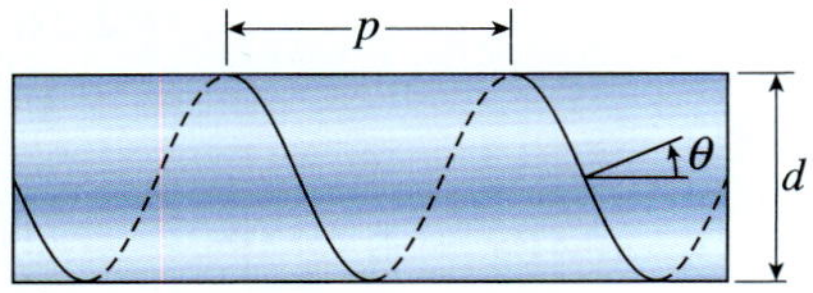

12.4 조합하중

앞 장에서는 단일 하중을 받는 구조물에 대한 해석을 알아보았다. 예를 들어 7장과 8장에서는 축하중을 받는 봉, 9장에서는 비틀림을 받는 축, 10장에서는 굽힘을 받는 보에 대하여 분석했다. 압력용기에 대한 분석은 이 장 앞부분에서 다루었다. 하중의 각각의 형태에 대한 응력과 변형률, 그리고 변형량을 구하는 방법이 기술되었다.

그러나 많은 구조물에 작용하는 하중은 단일 하중이 아니며, 따라서 부재는 적어도 하나 이상의 하중을 지지해야 한다. 예를 들어 굽힘을 받는 보는 축하중을 동시에 받을 수 있고(그림 12-13a), 압력용기는 보의 역할을 할 수 있도록 지지되기도 하며(그림 12-13b), 또한 비틀림을 받는 축은 굽힘하중을 동시에 받을 수 있다(그림 12-13c). **조합하중**(combined loadings)으로 알려진, 그림 12-13과 같은 유사한 상황이 기계, 건축 구조물, 차량, 공구 장비, 그리고 많은 종류의 구조물에서 매우 다양하게 발생한다.

그림 12-13

조합하중을 받는 구조물의 예시: (a) 케이블로 지지되는 와이드 플랜지 보(굽힘 모멘트와 축하중이 조합), (b) 보의 역할을 하는 원통형 압력용기, (c) 비틀림 모멘트와 굽힘 모멘트의 조합

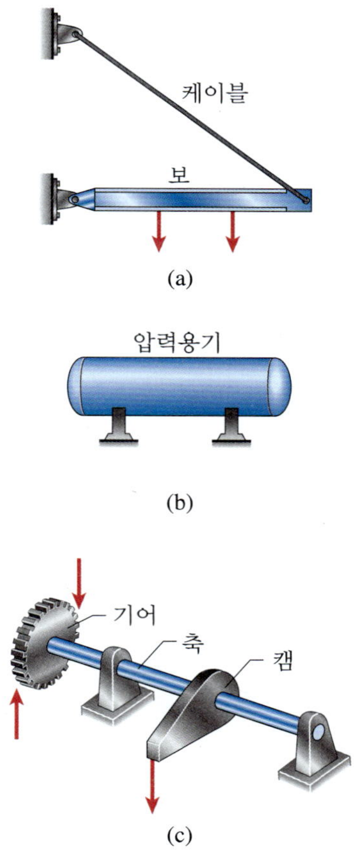

조합하중을 받는 구조물 부재는 각각의 하중에 의해 개별적으로 발생되는 응력과 변형률을 중첩함으로써 해석할 수 있다. 그러나 응력과 변형률 모두에 대한 중첩은 앞 장에서 이미 설명한 바와 같이 오직 어떤 조건하에서만 가능하다. 한 가지 요구되는 조건은 응력과 변형률이 작용하는 하중에 대하여 선형 함수여야 하며, 이는 구조물에 사용되는 재료가 훅의 법칙을 따르고 미소 변형하에 있어야 한다는 것이다.

두 번째 요건은 여러 가지 하중 사이에 상호작용이 없어야 한다는 것이다. 즉, 하나의 하중에 의해 발생되는 응력과 변형률은 다른 하중의 영향을 받지 않아야 한다. 대부분의 일반적인 구조물은 이러한 조건을 충족하고 있어 중첩의 사용은 공학에서 매우 일반적이다.

해석 방법

여러 가지 유형의 하중을 받는 구조물을 해석하는 방법은 다양하지만, 그 절차는 보통 다음과 같은 단계를 따른다.

1. 구조물 내에서 작용하는 하중에 의해 발생하는 응력과 변형률을 결정해야 할 한 점을 선정한다. 그 점은 보통 굽힘 모멘트가 최대인 단면에서와 같이, 응력이 큰 지점의 단면에서 선택한다.
2. 구조물의 각각의 하중에 대하여 선택된 점을 포함하는 단면에서의 내력을 찾고, 그로 인한 합력을 구한다. 가능한 합력은 축하중, 비틀림 모멘트, 굽힘 모멘트, 전단력이다.
3. 선택된 점에서 합력에 의해 발생되는 수직응력과 전단응력을 계산한다. 또한 만약 구조물이 압력용기라면 내부압력에 의한 응력을 결정한다. 이 응력은 앞에서 유도한 응력 공식으로 계산한다. 즉, $\sigma = P/A$(축하중 P), $\tau = T\rho/I_p$(T= 비틀림 모멘트), $\sigma = My/I$(M= 굽힘 모멘트), $\tau = VQ/Ib$(V= 전단력), $\sigma = pr/t$.
4. 선택된 점에서의 개별 응력을 조합하여 합응력을 구한다. 다시 말해서, 해당 점에서의 평면(2차원)응력 요소 σ_x, σ_y, τ_{xy}를 구한다(이 장에서는 평면응력 요소만 다룬다).

5. 응력 변환공식 또는 모어 원을 사용하여 선택한 지점의 주응력과 최대 전단응력을 구한다. 필요한 경우 경사면에 작용하는 응력도 구한다.
6. 평면응력에 대한 훅의 법칙을 이용하여 해당 점에서의 변형률을 구한다.
7. 추가로 계산할 점을 선택하고 위의 과정을 반복한다. 해석의 목적에 적합한 유용한 응력과 변형률 정보를 얻을 때까지 과정을 반복한다.

방법의 예시

그림 12-14
(a) 비틀림과 굽힘이 조합된 하중을 받는 캔틸레버(고정단) 봉, (b) 봉의 절단된 단면에서 발생하는 내부 하중의 종류, (c) 점 A와 B에서의 응력

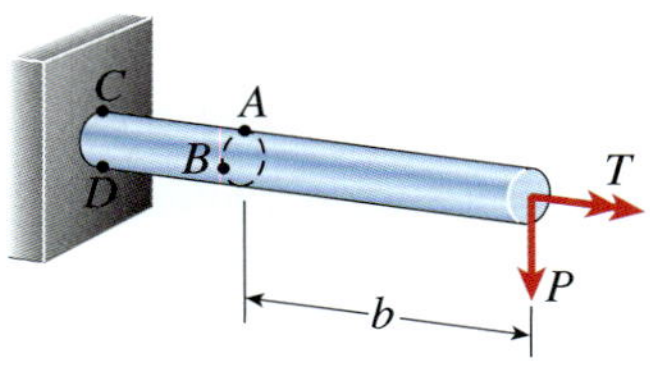

(a)

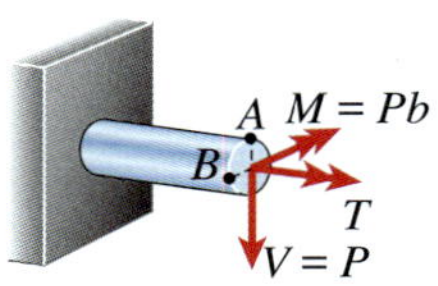

(b)

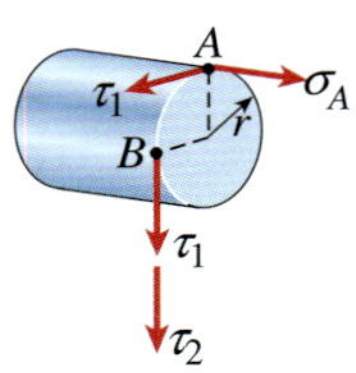

(c)

조합하중을 받는 구조물의 해석에 대한 절차를 설명하기 위해, 그림 12-14a와 같은 원형 단면을 가지는 캔틸레버(고정단) 봉에서의 응력을 고려해보자. 이 봉은 토크(비틀림 모멘트) T와 수직하중 P가 모두 자유단에서 작용하는 두 가지 형태의 하중을 받고 있는 조합하중을 받는다.

계산을 위해 먼저 임의의 점 A와 B를 선택한다(그림 12-14a). 점 A는 봉의 윗면에 위치하고 점 B는 측면에 위치한다. 두 점 모두 동일한 단면에 위치한다.

단면에 작용하는 합력(그림 12-14b)은 토크 T와 같은 비틀림 모멘트, 하중 P에 자유단에서 단면까지의 거리 b를 곱한 것과 같은 굽힘 모멘트 M, 하중 P와 같은 전단력 V이다.

A와 B에 작용하는 응력은 그림 12-14c에 나타내었다. 비틀림 모멘트 T는 비틀림 전단응력을 유발한다.

$$\tau_1 = \frac{Tr}{I_p} = \frac{2T}{\pi r^3} \tag{12-25}$$

여기서 r는 봉의 반지름이고, $I_p = \pi r^4/2$는 원형 단면에 대한 극관성 모멘트이다. 응력 τ_1은 그림과 같이 점 A에서는 수평으로 왼쪽 방향으로 작용하고, 점 B에서는 수직으로 아래 방향으로 작용한다.

굽힘 모멘트 M은 점 A에서 인장응력을 발생시킨다.

$$\sigma_A = \frac{Mr}{I} = \frac{4M}{\pi r^3} \tag{12-26}$$

여기서 $I = \pi r^4/4$는 원형 단면의 중립축에 대한 면적의 관성 모멘트이다. 그러나 굽힘 모멘트는 점 B에서 응력을 유발하지 않는데, 이는 점 B가 중립축에 위치하고 있기 때문이다.

전단력 V는 봉의 윗면(점 A)에 전단응력을 유발하지 않는다. 그러나 점 B에서의 전단응력[10장의 식 (10-43) 참조]은 다음과 같다.

$$\tau_2 = \frac{4V}{3A} = \frac{4V}{3\pi r^2} \tag{12-27}$$

여기서 $A = \pi r^2$은 원형의 단면적이다.

점 A(그림 12-14c)에 작용하는 응력 σ_A와 τ_1은 그림 12-15a의 응력 요소에 작용하고 있음을 알 수 있다. 이 요소는 점 A에서 봉의 윗면으로부터 잘라낸 것이다. 요소를 수직 아래 방향으로 보았을 때 요소의 2차원 선도가 그림 12-15b이다. 주응력과 최

대 전단응력을 구하기 위해 요소를 지나는 x와 y축을 그린다. 축은 원형 봉의 길이방향 x축과 평행하고(그림 12-14a), y축은 이에 수평이다. 요소는 $\sigma_x = \sigma_A$, $\sigma_y = 0$, $\tau_{xy} = -\tau_1$을 가지는 평면응력 상태에 있음을 유의하자.

점 B에서 응력 요소(평면응력 상태)는 그림 12-16a와 같다. 요소에 작용하는 유일한 응력은 $\tau_1 + \tau_2$와 같은 전단응력이다(그림 12-14c 참조). 봉의 길이방향 축과 평행한 x축과 이에 수직인 y축을 가지는 응력 요소의 2차원 선도가 그림 12-16b에 나타나 있다. 이 요소에 작용하는 응력은 $\sigma_x = \sigma_y = 0$이고 $\tau_{xy} = -(\tau_1 + \tau_2)$이다.

이제 점 A와 B에 작용하는 응력이 결정되고, 이에 해당하는 응력 요소에 대해 표시하였으므로, 평면응력에 대한 변환공식(11.2절과 11.3절) 또는 모어 원(11.4절)을 사용하여 주응력과 최대 전단응력, 그리고 경사진 방향에서 작용하는 응력을 구할 수 있다. 또한 훅의 법칙(11.5절)을 사용하여 점 A와 B의 변형률을 구할 수 있다.

위에서 설명한 점 A와 B지점의 응력을 해석하는 절차(그림 12-14a)는 봉의 다른 점에서도 사용할 수 있다. 특히 굽힘과 전단 공식으로부터 계산된 응력이 최댓값 또는 최솟값이 되는 점이 중요한데, 이 점을 **임계점**(critical point)이라 한다. 예를 들어 굽힘에 의한 수직응력은 굽힘 모멘트가 최대가 되는 단면, 즉 지지점에서 최대가 된다. 따라서 고정단에서 봉의 윗면과 아랫면에 있는 점 C와 D(그림 12-14a)는 응력을 반드시 계산하여 체크해야 하는 임계점이다. 또 하나의 임계점은 점 B로서, 이 점에서 전단응력이 최대가 된다. (본 예에서 전단응력은 점 B가 봉의 길이방향으로 봉을 따라 움직이더라도 전단응력은 변하지 않음을 유의한다.)

마지막 단계로서, 봉에서의 절대 최대 수직응력 및 절대 최대 전단응력을 구하기 위해 임계점에서의 주응력과 최대 전단응력을 서로 비교한다.

이 예에서는 조합하중에 의해 발생되는 응력을 구하기 위한 일반적인 절차를 설명하고 있다. 어떠한 새로운 이론도 포함하지 않고 단지 앞에서 유도된 공식과 개념을 적용했을 뿐이다. 일어날 수 있는 실제 상황은 무한하기 때문에, 최대 응력을 계산할 수 있는 일반 공식을 유도하는 것은 의미가 없다. 대신, 각 구조물은 보통 특수한 경우로 취급한다.

임계점의 선정

해석의 목적이 구조물 내부의 **어디에선가** 작용하는 최대 응력을 구하는 것이라면, 반드시 응력의 합이 가장 큰 값을 가지는 단면에서 임계점을 선정해야 한다. 게다가 그런 단면 내에서도 수직응력 또는 전단응력이 최댓값을 갖는 점을 선택해야 한다. 올바른 판단으로 임계위치를 선정함으로써 구조물 내의 절대 최대 응력을 합리적으로 구할 수 있다.

그러나 최대 응력이 부재 내 어디에서 일어날지를 예측하는 것은 매우 어려운 일이다. 이때는 최대 응력이 작용할 것 같은 많은 점을 선정하고, 그 점들에 대하여 응력을 계산하는 것이 필요하다. 물론 점 선택에서 시행착오는 당연한 일일 것이다. 또 다른 전략으로 당면한 문제에 대한 특별한 공식을 유도하거나 어려운 해석을 쉽게 하기 위해 가정을 단순화하는 방법도 있다.

그림 12-15
점 A에서의 응력 요소

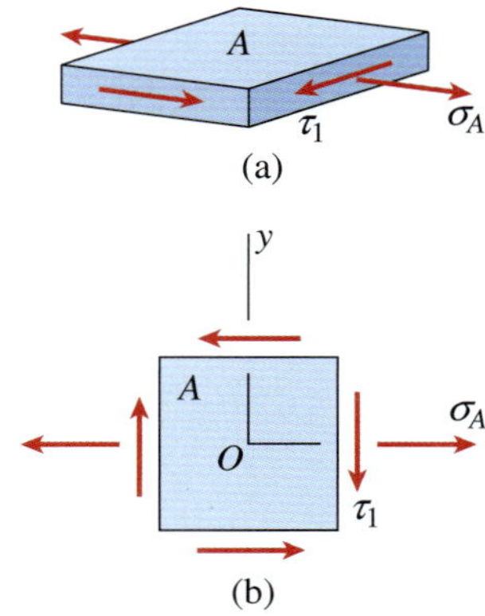

그림 12-16
점 B에서의 응력 요소

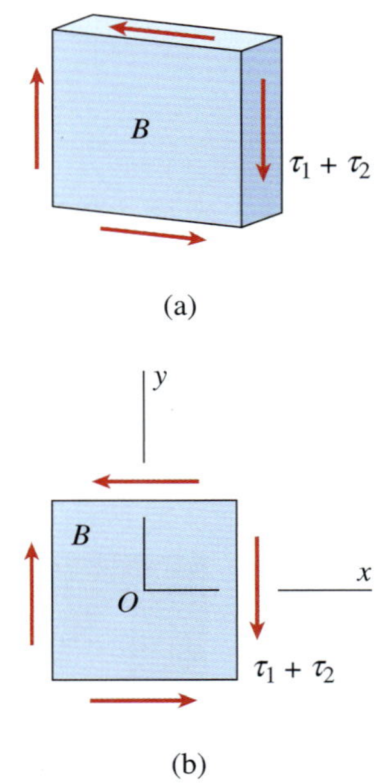

다음 예제는 조합하중을 받는 구조물의 응력을 계산하는 데 사용된 방법을 보여준다.

예제 12-3

생산용 유정펌프의 속이 빈 파이프 케이싱(그림 12-17 참조)이 외부 반지름 200 mm, 두께 18 mm, 가스와 오일로 인한 내부압력은 15 MPa이다. 가스분출방지기 위의 한 점에서 파이프에 가해지는 (파이프 무게로 인한)압축력은 175 kN이고, 토크는 14 kN · m이다. 파이프 케이싱에 작용하는 최대 인장, 압축, 전단응력을 계산하시오.

풀이

4단계 문제풀이 접근방법을 사용한다. 효율적인 문제풀이를 위해 필요에 따라 단계를 합한다.

1. **개념화** 유정 케이싱의 응력은 축하중 P와 토크 T, 내압 p의 복합작용에 의해 발생된다(그림 12-17b). 따라서 어떤 깊이에 있는 축 표면의 임의의 한 점에서의 응력은 그림 12-17b의 케이싱 표면의 응력 요소에 나타난 것과 같이 원주응력 σ_x, 길이방향 응력 σ_y, 전단응력 τ_{xy}로 구성된다. y축은 케이싱의 길이방향 축과 평행함에 유의한다.

그림 12-17

예제 12-3: 생산용 유정 케이싱(비틀림, 축하중, 내부압력의 조합하중) (EMNRD 제공)

생산용 유정펌프

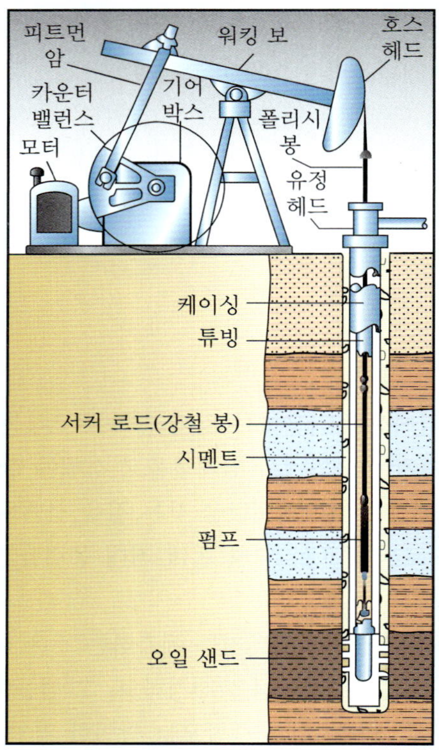

(a)

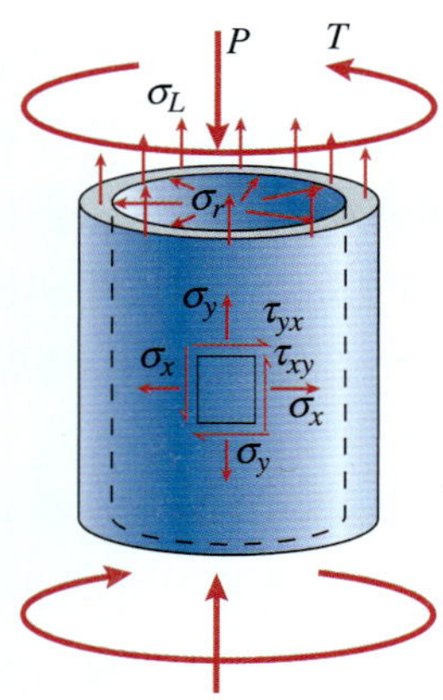

(b)

2. 분류 원주응력 σ_x는 오일과 가스의 내압에 의해 발생하며, 식 (12-11)을 사용하여 다음과 같이 계산된다.

$$\sigma_x = \frac{pr}{t} = \frac{[15\ \text{MPa} \times (100\ \text{mm})]}{18\ \text{mm}} = 83.3\ \text{MPa}$$

축 응력 σ_y는 (파이프 자중에 의한)축방향 압축력 P에 의해 일어나며, 케이싱 단면적 A로 나누어 계산된다. 축방향 인장응력 σ_L은 내부압력에 의해 발생한다[식 (12-12)에서의 σ_L이며, 밀폐되어 작동하지 않을 때는 0이 아니다]. 오일과 가스가 흐른다고 가정하면, σ_L은 0이 되고, σ_y는 다음과 같이 계산된다.

$$\sigma_y = \frac{-P}{A} = \frac{-(175\ \text{kN})}{\pi\left[r^2 - (r-t)^2\right]} = -17\ \text{MPa}$$

비틀림 공식[9.3절의 식 (9-13) 참조]으로부터 전단응력 τ_{xy}를 구하면

$$\tau_{xy} = \frac{Tr}{I_p} = \frac{(14\ \text{kN}\cdot\text{m}) \times (100\ \text{mm})}{8.606(10^{-5})\ \text{m}^4} = 16.3\ \text{MPa}$$

이 전단응력은 7.6절에서 정한 부호 규약에 따라 양이다.

3. 해석 σ_x, σ_y, τ_{xy}를 알면, 11.3절에서 설명된 방법에 의해서 주응력과 최대 전단응력을 얻을 수 있다. 주응력은 식 (11-17)에서 구할 수 있다.

$$\sigma_{1,2} = \frac{\sigma_x + \sigma_y}{2} \pm \sqrt{\left(\frac{\sigma_x - \sigma_y}{2}\right)^2 + \tau_{xy}^2}$$

$\sigma_x = 83.3$ MPa, $\sigma_y = -17$ MPa, $\tau_{xy} = 16.3$ MPa을 대입하면,

$$\sigma_{1,2} = 33.2\ \text{MPa} \pm 52.7\ \text{MPa} \quad \text{또는} \quad \sigma_1 = 85.9\ \text{MPa},\ \sigma_2 = -19.5\ \text{MPa}$$

이 값은 드릴 케이싱의 최대 인장과 압축응력이다. 최대 면내 전단응력은 식 (11-25)로부터 얻어진다.

$$\tau_{max} = \sqrt{\left(\frac{\sigma_x - \sigma_y}{2}\right)^2 + \tau_{xy}^2} = 52.7\ \text{MPa}$$

4. 최종 단계 주응력 σ_1, σ_2가 반대의 부호를 가지므로 최대 면내 전단응력은 최대 면외 전단응력보다 크다[식 (11-28a, b, c) 및 설명 참조]. 따라서 드릴 케이싱의 최대 전단응력은 52.7 MPa이다.

예제 12-4

그림 12-18

예제 12-4: 표지판에 대한 풍압(기둥의 굽힘, 비틀림, 전단의 조합하중)

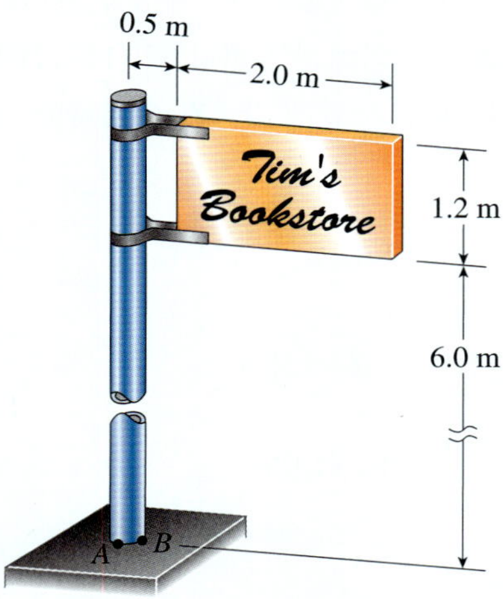

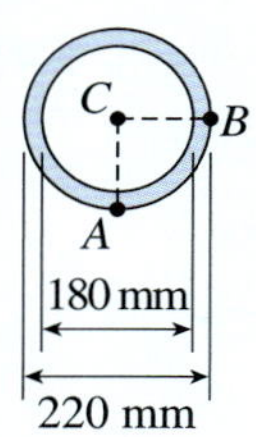

크기가 2.0 m×1.2 m인 표지판을 외부 반지름이 220 mm이고 내부 반지름이 180 mm인 속이 빈 원형 기둥이 지지하고 있다(그림 12-18). 이 표지판은 기둥의 중심선으로부터 0.5 m 떨어져 있고, 밑 모서리는 바닥으로부터 6.0 m 떨어져 있다.

풍압 2.0 kPa로 인한 표지판 기둥 밑판의 점 *A*와 *B*에서의 주응력과 최대 전단응력을 계산하시오.

풀이

4단계 문제풀이 접근방법을 사용한다. 효율적인 문제풀이를 위해 필요에 따라 단계를 합한다.

1. 개념화 표지판에 작용하는 풍압은 표지판의 중앙(그림 12-19a)에 작용하는 합력 *W*로 나타내고, 이것은 풍압 *p*에 표지판 면적 *A*를 곱한 것과 같다.

$$W = pA = (2.0 \text{ kPa})(2.0 \text{ m} \times 1.2 \text{ m}) = 4.8 \text{ kN}$$

이 힘의 작용선은 지면으로부터 높이 $h=6.6$ m, 기둥의 중심선으로부터 $b=1.5$ m 떨어져 있다.

표지판에 작용하는 풍력은 측면에 생기는 힘 *W*와 기둥에 작용하는 토크 *T*와 정역학적으로 평형을 이룬다(그림 12-19b). 토크 *T*는 힘 *W*에 거리 *b*를 곱한 것과 같다.

$$T = Wb = (4.8 \text{ kN})(1.5 \text{ m}) = 7.2 \text{ kN·m}$$

기둥 바닥에서의 합력(그림 12-19c)은 굽힘 모멘트 *M*, 토크 *T*, 전단력 *V*로 구성되어 있다. 이들의 크기는 다음과 같다.

$$M = Wh = (4.8 \text{ kN})(6.6 \text{ m}) = 31.68 \text{ kN·m}$$
$$T = 7.2 \text{ kN·m} \qquad V = W = 4.8 \text{ kN}$$

이러한 하중을 검토하면, 최대 굽힘응력은 점 *A*에서 발생하고, 최대 전단응력은 점 *B*에서 발생됨을 알 수 있다. 따라서 점 *A*와 *B*는 응력을 구해야 할 임계점이다(또 다른 임계점은 이 예제의 끝에 설명된 것처럼 점 *A*의 정반대 지점이다).

2, 3. 분류, 해석

점 *A*와 *B*에서의 응력: 굽힘 모멘트 *M*은 점 *A*에서 인장응력 σ_A를 발생시킨다(그림 12-19d). 그러나 점 *B*에서는 어떠한 응력도 발생시키지 않는다(이 점은 중립축 선상에 있다). 응력 σ_A는 굽힘 공식으로부터 얻을 수 있다.

$$\sigma_A = \frac{M(d_2/2)}{I}$$

여기서 d_2는 외부 반지름(220 mm)이고 *I*는 단면의 관성 모멘트로서 다음과 같다.

그림 12-19
예제 12-4의 풀이

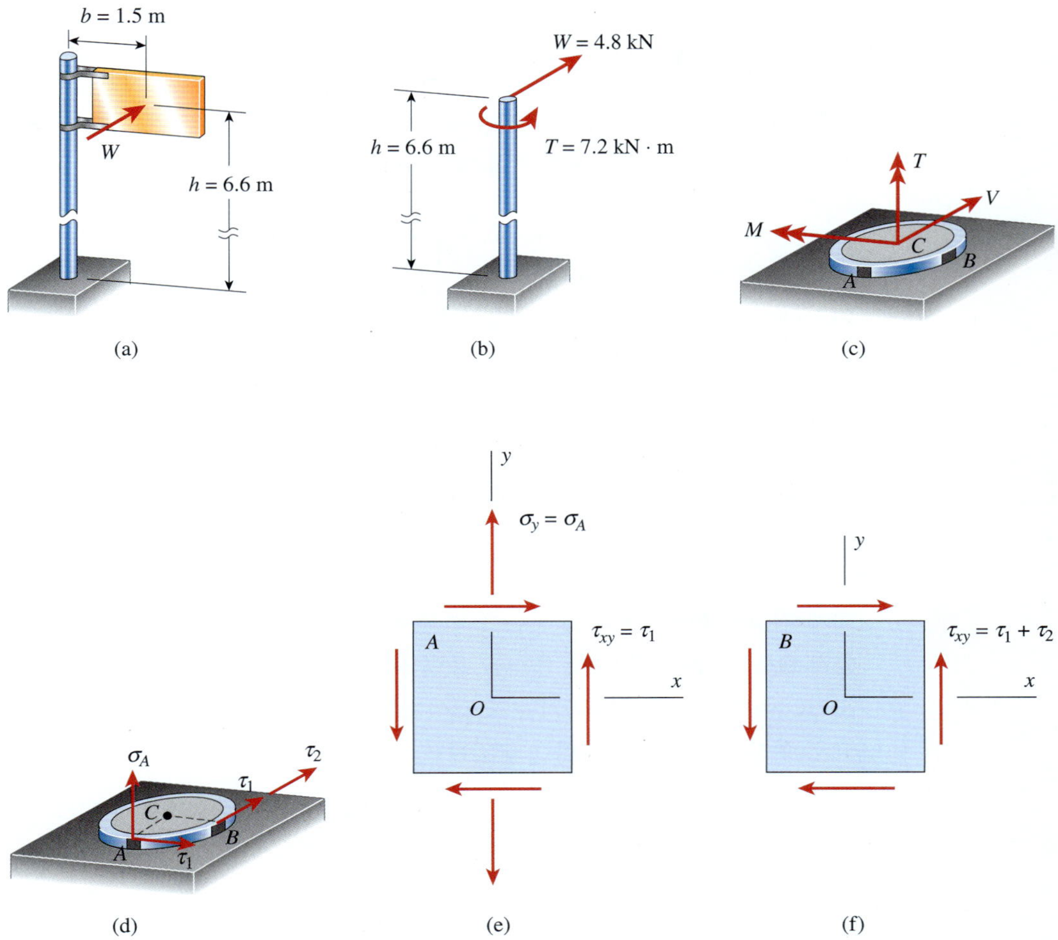

$$I = \frac{\pi}{64}(d_2^4 - d_1^4) = \frac{\pi}{64}\left[(220 \text{ mm})^4 - (180 \text{ mm})^4\right] = 63.46 \times 10^{-6} \text{ m}^4$$

여기서 d_1은 내경이다. 따라서 응력 σ_A는 다음과 같은 값을 갖는다.

$$\sigma_A = \frac{Md_2}{2I} = \frac{(31.68 \text{ kN}\cdot\text{m})(220 \text{ mm})}{2(63.46 \times 10^{-6} \text{ m}^4)} = 54.91 \text{ MPa}$$

토크 T는 점 A와 B에서 전단응력 τ_1을 발생시킨다(그림 12-19d). 이 응력은 비틀림 공식으로 구할 수 있다.

$$\tau_1 = \frac{T(d_2/2)}{I_p}$$

여기서 I_p는 극관성 모멘트이다.

$$I_p = \frac{\pi}{32}(d_2^4 - d_1^4) = 2I = 126.92 \times 10^{-6} \text{ m}^4$$

따라서

$$\tau_1 = \frac{Td_2}{2I_p} = \frac{(7.2 \text{ kN} \cdot \text{m})(220 \text{ mm})}{2(126.92 \times 10^{-6} \text{ m}^4)} = 6.24 \text{ MPa}$$

마지막으로, 전단력 V로 인해 점 A와 B에서 발생되는 전단응력을 계산한다. 점 A에서의 전단응력은 0이고, 점 B에서의 전단응력(그림 12-19d에서 τ_2로 표시)은 원형 튜브에 대한 전단 공식[10.8절의 식 (10-45)]으로부터 구할 수 있다.

$$\tau_2 = \frac{4V}{3A}\left(\frac{r_2^2 + r_2 r_1 + r_1^2}{r_2^2 + r_1^2}\right) \quad \text{(a)}$$

여기서 r_2와 r_1은 외부 및 내부 반지름이고, A는 단면적이다.

$$r_2 = \frac{d_2}{2} = 110 \text{ mm} \qquad r_1 = \frac{d_1}{2} = 90 \text{ mm}$$

$$A = \pi(r_2^2 - r_1^2) = 12{,}570 \text{ mm}^2$$

수치를 식 (a)에 대입하면, 다음과 같은 값을 얻을 수 있다.

$$\tau_2 = 0.76 \text{ MPa}$$

이제 점 A와 B에 작용하는 모든 응력을 계산하였다.

응력 요소: 다음 단계는 이 응력을 응력 요소로 나타내는 것이다(그림 12-19e 및 f). 모든 요소에 대하여, y축은 기둥의 길이방향 축과 평행하고 x축은 수평이다. 점 A에서 요소에 작용하는 응력은 다음과 같다.

$$\sigma_x = 0 \qquad \sigma_y = \sigma_A = 54.91 \text{ MPa} \qquad \tau_{xy} = \tau_1 = 6.24 \text{ MPa}$$

점 B에서의 응력은 다음과 같다.

$$\sigma_x = \sigma_y = 0 \qquad \tau_{xy} = \tau_1 + \tau_2 = 6.24 \text{ MPa} + 0.76 \text{ MPa} = 7.00 \text{ MPa}$$

점 B에서는 요소에 작용하는 수직응력이 없기 때문에 순수전단 상태에 있다.

이제 응력 요소에 작용하는 모든 응력(그림 12-19e 및 f)을 찾았기 때문에 11.3절에서 주어진 식을 사용하여 주응력과 최대 전단응력을 결정할 수 있다.

점 A에서의 주응력과 최대 전단응력: 주응력은 다음의 식 (11-17)로부터 구한다.

$$\sigma_{1,2} = \frac{\sigma_x + \sigma_y}{2} \pm \sqrt{\left(\frac{\sigma_x - \sigma_y}{2}\right)^2 + \tau_{xy}^2} \quad \text{(b)}$$

$\sigma_x = 0$, $\sigma_y = 54.91$ MPa, $\tau_{xy} = 6.24$ MPa을 대입하면,

$$\sigma_{1,2} = 27.5 \text{ MPa} \pm 28.2 \text{ MPa}$$

또는

$$\sigma_1 = 55.7 \text{ MPa} \quad \sigma_2 = -0.7 \text{ MPa}$$

면내 최대 전단응력은 식 (11-25)로 계산된다.

$$\tau_{max} = \sqrt{\left(\frac{\sigma_x - \sigma_y}{2}\right)^2 + \tau_{xy}^2} \tag{c}$$

이 항은 위에서 계산하였으며 다음과 같다.

$$\tau_{max} = 28.2 \text{ MPa}$$

주응력 σ_1과 σ_2의 부호가 서로 반대이므로 면내 최대 전단응력은 면외 최대 전단응력보다 크다[식 (11-28a, b, c) 및 관련 내용 참조]. 따라서 점 A에서 최대 전단응력은 28.2 MPa이다.

점 B에서의 주응력과 최대 전단응력: 이 점에서의 응력은 $\sigma_x = 0$, $\sigma_y = 0$, $\tau_{xy} = 7.0$ MPa이다. 따라서 요소는 순수전단 상태에 있으며, 주응력은 다음과 같다.

$$\sigma_1 = 7.0 \text{ MPa} \qquad \sigma_2 = -7.0 \text{ MPa}$$

면내 최대 전단응력은 다음과 같다.

$$\tau_{max} = 7.0 \text{ MPa}$$

면외 최대 전단응력은 이 값의 절반이다.

4. **최종 단계** 기둥 내의 임의의 점에서 최대 응력이 필요하다면, 점 A의 지름 반대편에 위치한 임계점에서의 응력을 구해야 한다. 왜냐하면 이 점에서 굽힘에 의한 압축응력이 최댓값을 갖기 때문이다. 이 점에서의 주응력은

$$\sigma_1 = 0.7 \text{ MPa} \qquad \sigma_2 = -55.7 \text{ MPa}$$

최대 전단응력은 28.2 MPa이다. 그러므로 기둥의 최대 인장응력은 55.7 MPa, 최대 압축응력은 −55.7 MPa, 최대 전단응력은 28.2 MPa이다(이 해석에서는 풍압에 의한 영향만 고려했음을 유의한다. 구조물의 자체 무게와 같은 다른 하중들 역시 기둥의 바닥에 응력을 발생시킨다).

예제 12-5

예제 12-2의 원통형 압력용기(사진 참조)가 단순 지지되고, 탱크의 자중과 내용물에 의해 균일하게 분포된 하중 $q = 150$ kN/m를 받고 있다. 이 탱크의 길이는 6 m, 내부 반지름 $r = 1.2$ m, 벽 두께 $t = 19$ mm이다. 탱크의 재료는 $E = 200$ GPa인 강철이고, 내부압력 $p = 720$ kPa이다.

예제 12-2에서 길이방향 응력 및 원주 응력과 변형률, 최대 면내 및 면외 전단응력이 고찰되었다. 이제는 분포하중 q와 내부압력, 횡방향 전단, 굽힘 모멘트(전단력과 굽힘 모멘트 선도는 그림 12-20c 및 d에 주어짐)의 조합효과에 의한 **점 A와 B의 요소의 응력 상태를 고찰**한다(그림 12-20 참조). (a) 요소 A는 용기의 왼쪽 지지점 위 직각의 바깥 표면 위에 있고, (b) 요소 B는 탱크 중앙의 밑 표면에 위치한다.

그림 12-20

예제 12-5: 내부압력 p와 횡방향의 균일 분포하중 q를 받는 원통형 압력용기

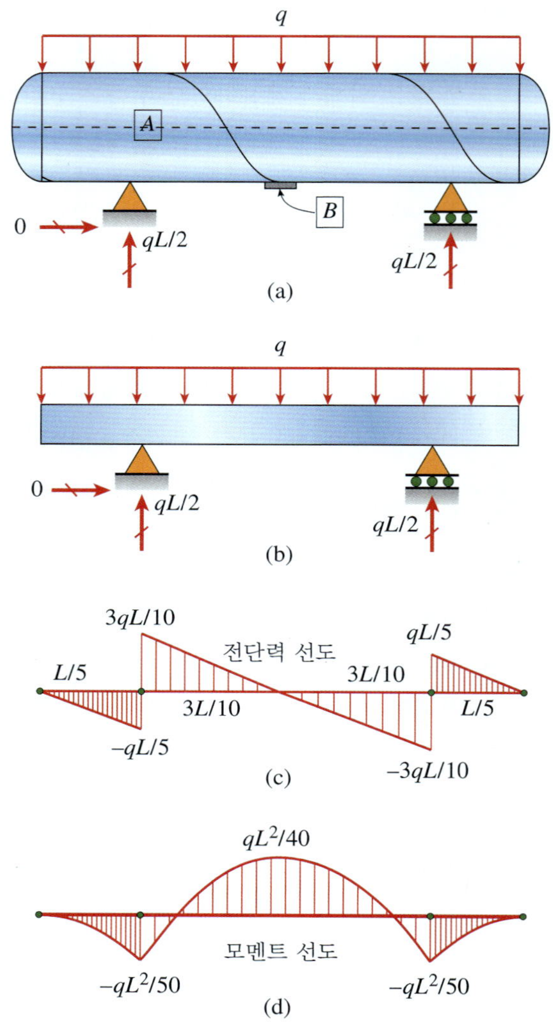

풀이

4단계 문제풀이 접근방법을 사용한다. 효율적인 문제풀이를 위해 필요에 따라 단계를 합한다.

1. **개념화** 압력용기 벽의 응력은 내부압력과 횡방향 전단, 굽힘 모멘트의 **조합작용**에 의해 발생된다.

Part (a): 점 A의 응력 상태

2, 3. **분류, 해석** 점 A에서 그림 12-21a에서 보여주는 바와 같이 응력 요소를 떼어낸다. x축은 압력용기의 길이방향 축에 평행하고, y축은 원주방향이다. 요소 A에는 하중 q로 인한 전단응력이 존재한다(응력집중 효과를 무시하기 위하여, 요소 A가 지지대에서 충분히 떨어진 거리에 있다고 가정한다). 응력은 다음과 같이 계산된다.

그림 12-21
예제 12-5의 풀이를 위한 원통형 압력용기의 응력

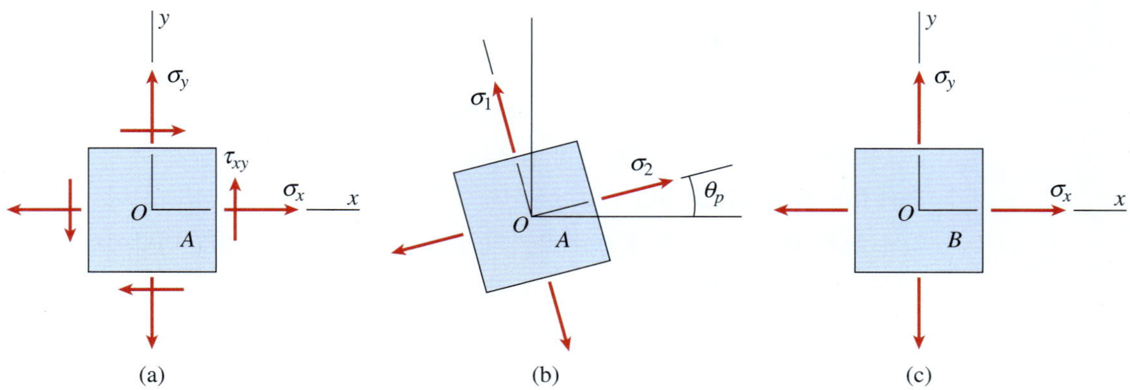

$$\sigma_x = \sigma_L = \frac{pr}{2t} = \frac{720 \text{ kPa} \times (1.2 \text{ m})}{2(19 \text{ mm})} = 22.7 \text{ MPa}$$

$$\sigma_y = \sigma_r = \frac{pr}{t} = \frac{720 \text{ kPa} \times (1.2 \text{ m})}{19 \text{ mm}} = 45.5 \text{ MPa}$$

여기서 σ_L은 길이방향 응력이고, σ_r는 내압 p로 인한 원주응력이다. 용기의 길이축은 굽힘의 중립면에 있기 때문에 굽힘 모멘트로 인한 수직응력은 없다. 다음은 식 (10-45)를 사용하여 전단응력 τ_{xy}를 계산한다. 전단력 선도로부터 $V=3qL/10$이므로,

$$\tau_{xy} = \frac{-4}{3}\frac{V}{A}\left(\frac{r_1^2 + r_1 r_2 + r_2^2}{r_1^2 + r_2^2}\right)$$

$$\tau_{xy} = \frac{-4}{3}\frac{\left[\frac{3}{10}(150 \text{ kN/m})(6 \text{ m})\right]}{\pi[(1.219 \text{ m})^2 - (1.2 \text{ m})^2]}\left[\frac{(1.2 \text{ m})^2 + 1.2 \text{ m}(1.219 \text{ m}) + (1.219 \text{ m})^2}{(1.2 \text{ m})^2 + (1.219 \text{ m})^2}\right]$$
$$= -3.74 \text{ MPa}$$

전단응력 τ_{xy}는 7.6절의 부호 규약에 따라 음(요소의 양의 x면에서 아래 방향)이다.

A점의 주응력과 최대 전단응력: 주응력은 식 (11-17)로부터 구할 수 있다. 다시 쓰면

$$\sigma_{1,2} = \frac{\sigma_x + \sigma_y}{2} \pm \sqrt{\left(\frac{\sigma_x - \sigma_y}{2}\right)^2 + \tau_{xy}^2}$$

따라서

$$\sigma_1 = 34.1 \text{ MPa} + 11.96 \text{ MPa} = 46.1 \text{ MPa}$$

$$\sigma_2 = 34.1 \text{ MPa} - 11.96 \text{ MPa} = 22.1 \text{ MPa}$$

4. 최종 단계 점 A의 주응력은 그림 12-21b에서 $\theta_p = 9.11°$ 회전한 요소 위에 나타냈다.

최대 면내 전단응력은 식 (11-28c)를 사용하여 계산된다.

$$\tau_{\max} = \frac{\sigma_1 - \sigma_2}{2} = 12 \text{ MPa}$$

그러나 **최대 면외 전단응력**은 식 (11-28b)를 사용하여 계산한다.

$$\tau_{\max} = \frac{\sigma_1}{2} = 23.1 \text{ MPa}$$

주응력은 동일 부호를 가지기 때문에 면외 전단응력 중 하나가 가장 큰 전단응력이 된다[식 (11-28a, b, c) 및 설명 참조].

Part (b): 점 *B*의 응력 상태

2, 3. 분류, 해석 이 응력 요소는 용기의 밑 표면에 위치하며(탱크 바닥에서 올려다본 것처럼) 그림 12-21c에 나타낸 것과 같은 방향이다. x축은 압력용기의 길이방향 축과 평행하고, y축은 원주방향이다. 하중 q로 인한 전단응력은 요소 B 위에 작용하지 않으며, 그것은 요소 B가 하부의 자유표면 위에 있기 때문이나, 수직 인장응력은 굽힘으로 인해 최대이다. 이 응력은 다음과 같다.

$$\sigma_x = \sigma_L + \frac{Mr}{I_z}$$

여기서 용기의 I_z는

$$I_z = \frac{\pi}{4}\left[(r+t)^4 - r^4\right] = 0.10562 \text{ m}^4$$

따라서

$$\sigma_x = \frac{pr}{2t} + \frac{\left(\dfrac{qL^2}{40}\right)(r+t)}{I_z}$$

$$= \frac{720 \text{ kPa}(1.2 \text{ m})}{2(19 \text{ mm})} + \frac{\left[150 \text{ kN/m}\dfrac{(6 \text{ m})^2}{40}\right](1.219 \text{ m})}{0.10562 \text{ m}^4}$$

$$\sigma_x = 22.74 \text{ MPa} + 1.558 \text{ MPa} = 24.3 \text{ MPa}$$

$$\sigma_y = \sigma_r = \frac{pr}{t} = \frac{720 \text{ kPa}(1.2 \text{ m})}{19 \text{ mm}} = 45.5 \text{ MPa}$$

4. 최종 단계 점 B에는 전단응력이 작용하지 않기 때문에 수직응력 σ_x와 σ_y는 주응력이다(즉, $\sigma_x = \sigma_2$, $\sigma_y = \sigma_1$). 최대 면내 및 면외 전단응력은 식 (11-28a, b, c)를 사용하여 계산된다.

최대 면내 전단응력은 식 (11-28c)를 사용하여 계산된다.

$$\tau_{\max} = \frac{\sigma_1 - \sigma_2}{2} = 10.6 \text{ MPa}$$

그러나 **최대 면외 전단응력**은 식 (11-28b)를 사용하여 계산된다.

$$\tau_{\max} = \frac{\sigma_1}{2} = 23 \text{ MPa}$$

예제 12-6

한 선착장의 집크레인이 집빔의 끝에 x방향으로 12 kN, y방향으로 22 kN, z방향으로 18 kN의 하중 성분을 지지한다(그림 12-22a). 크레인은 O점에 고정되어 있다. 바닥면 바로 위의 점 A와 B와 같은 위치에서 수직 기둥 표면 위 요소의 평면응력 상태를 구하시오(그림 12-22b 참조). 이 기둥의 외부 반지름은 $r_2 = 165$ mm이고, 벽 두께는 $t = 20$ mm이다. 문제풀이 시 크레인의 무게는 무시한다.

풀이

4단계 문제풀이 접근방법을 사용한다. 효율적인 문제풀이를 위해 필요에 따라 단계를 합한다.

1. **개념화** 정역학을 사용하여 지지점 O에서의 지지 반력과 모멘트 또는 기둥 밑면 바로 위에서의 하중의 합력(그림 12-22b, 이 합력은 반력의 부호와 반대임)을 구한다. 각 평면응력 요소의 수직 및 전단응력을 구하기 위해 하중의 합력을 이용한다. 기둥의 바닥면 주위의 각 요소를 관찰한다. 각각의 경우, (A, B 어느 곳이든)그 요소의 각 x축은 우측 방향이고, y축은 위쪽 방향(전체 크레인 구조의 y축과 평행)이다.
2. **분류** 기둥 밑바닥의 축방향 합력 F_y부터 시작하여(그림 12-22b) 각 응력 요소에 작용하는 압축 수직응력 σ_y를 구한다. 다음으로 각 응력 요소 $+y$면 위의 횡전단응력 τ_V를 구하기 위하여, 중공 원형 단면에 대한 **전단 공식**[식 (10-45)]에서 합력 F_x와 F_z를 사용한다. 또한 비틀림으로 인한 $+y$면 위의 전단응력 τ_T를 계산하기 위해 **비틀림 공식**[식 (9-13)]에서 비틀림 모멘트 M_y를 사용한다. 마지막으로, 각 요소의 $+y$면 위의 추가적인 수직응력 σ_y를 구하기 위해 **굽힘 공식**[식 (10-14)]의 모멘트 M_x와 M_z를 사용

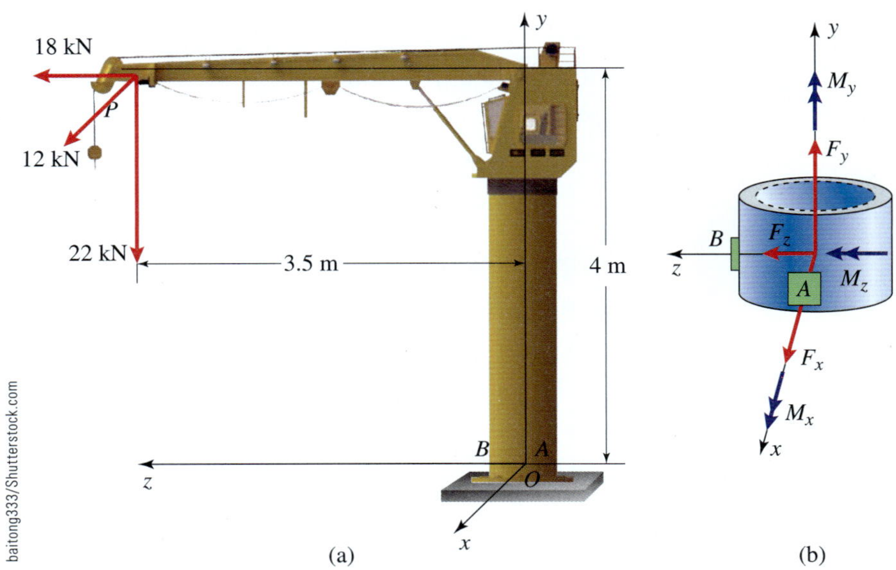

그림 12-22
(a) 집크레인 빔 끝의 하중 성분, (b) 바닥에서 기둥 표면 위의 여러 하중의 합력과 평면응력의 요소 A와 B

한다. 그 요소들은 x와 z축에 평행하지 않고 **2축 굽힘**을 받으며, 기둥 단면의 도심을 지나는 모든 축이 **주축**(principal axis)이라는 점에 유의한다. 또한 각 요소의 x방향 수직응력 σ_x는 0이다. 모든 응력 요소는 응력집중 효과를 무시하기 위해 지지점 O에서 충분한 거리에 있는 것으로 가정한다.

기둥 단면의 특성: 응력을 계산하기 위해 단면적 A, 극관성 모멘트 I_p, 면적의 관성 모멘트 I를 계산한다. 기둥의 내부 및 외부 반지름과 두께 $r_2 = 165$ mm, $t = 20$ mm, $r_1 = r_2 - t = 145$ mm를 사용한다.

$$A = \pi(r_2^2 - r_1^2) = 1.948 \times 10^4 \text{ mm}^2$$

$$I_p = \frac{\pi}{2}(r_2^4 - r_1^4) = 4.699 \times 10^8 \text{ mm}^4 \text{ 그리고 } I = I_p/2 = 2.350 \times 10^8 \text{ mm}^4 \quad \text{(a)}$$

추가로, 중공 원형 단면의 중립축에서 최대 전단응력 계산 시 다음 항이 필요하다[식 (10-45) 참조].

$$\alpha = \frac{r_2^2 + r_2 r_1 + r_1^2}{r_2^2 + r_1^2} = 1.496 \quad \text{(b)}$$

기둥 밑바닥에서의 합력(힘, 모멘트): x, y, z방향의 합력과 x, y, z축에 대한 모멘트를 합하면 그림 12-22b에서와 같이 힘과 모멘트 합력 값은

$$\begin{aligned} F_x &= 12 \text{ kN} \quad F_y = -22 \text{ kN} \quad F_z = 18 \text{ kN} \\ M_x &= (22 \text{ kN})(3.5 \text{ m}) + (18 \text{ kN})(4 \text{ m}) = 149 \text{ kN} \cdot \text{m} \\ M_y &= (12 \text{ kN})(3.5 \text{ m}) = 42 \text{ kN} \cdot \text{m} \\ M_z &= -(12 \text{ kN})(4 \text{ m}) = -48 \text{ kN} \cdot \text{m} \end{aligned} \quad \text{(c)}$$

이 값의 음수는 기준점 O에서의 지지점 반력이다.

3. **해석** 점 A와 B 또는 다른 관심 점의 요소에 대한 평면응력 상태를 계산한다.

요소 A: 요소 A는 좌표 $(r_2, 0, 0)$에 위치한다. 수직응력 σ_x는 앞서 설명한 대로 요소의 x방향에서 0이다. 수직응력 σ_y는 F_y로 인한 축 압축응력과 M_z로 인한 굽힘 수직응력의 합이다.

$$\sigma_y = \frac{F_y}{A} + \frac{M_z r_2}{I} = -1.129 \text{ MPa} - 33.71 \text{ MPa} = -34.8 \text{ MPa}$$

$+y$면 요소에 대한 전단응력은 힘 F_z로 인한 횡전단응력 τ_V와 비틀림 모멘트 M_y로 인한 전단응력 τ_T의 합이다.

$$\tau_V = -\frac{4}{3}\left[\frac{F_z}{A}\right]\alpha = -1.843 \text{ MPa} \qquad \tau_T = \frac{M_y r_2}{I_p} = 14.75 \text{ MPa}$$

그러므로

$$\tau_A = \tau_V + \tau_T = 12.91 \text{ MPa}$$

요소 A의 평면응력 상태는 그림 12-23a에 나타나 있다. 그림 12-23b 및 c의 수직 주응력과 최대 전단응력 상태를 구하기 위해 평면응력의 변환식[식 (11-11), (11-17), (11-25)] 또는 모어의 원(그림 12-23d 참조)을 사용한다.

요소 B: 요소 B는 좌표 $(0, 0, r_2)$에 위치한다. 수직응력 σ_y는 힘 F_y로 인한 축 압축응력과 M_x로 인한 굽힘 수직응력의 합이다.

$$\sigma_y = \frac{F_y}{A} - \frac{M_x r_2}{I} = -1.129\text{ MPa} - 104.6\text{ MPa} = -105.7\text{ MPa}$$

요소 A에서와 같이, $+y$면 요소의 전단응력은 F_x로 인한 횡전단응력 τ_V와 비틀림 모멘트 M_y로 인한 굽힘 전단응력 τ_T의 합이다.

$$\tau_B = \tau_V + \tau_T = \frac{4}{3}\left[\frac{F_x}{A}\right]\alpha + \frac{M_y r_2}{I_p} = 1.229\text{ MPa} + 14.75\text{ MPa} = 15.98\text{ MPa}$$

요소 B의 평면응력 상태가 그림 12-24a에 나타나 있다. 평면응력의 변환식(또는 모어의 원)은 수직 주응력 및 최대 전단응력 상태와 그림 12-24b와 c에서 보여주는 회전된 요소의 방향을 제공한다.

그림 12-23

(a) 요소 A의 평면응력 상태, (b) 수직 주응력, (c) 최대 전단응력, (d) 요소 A에 대한 모어 원

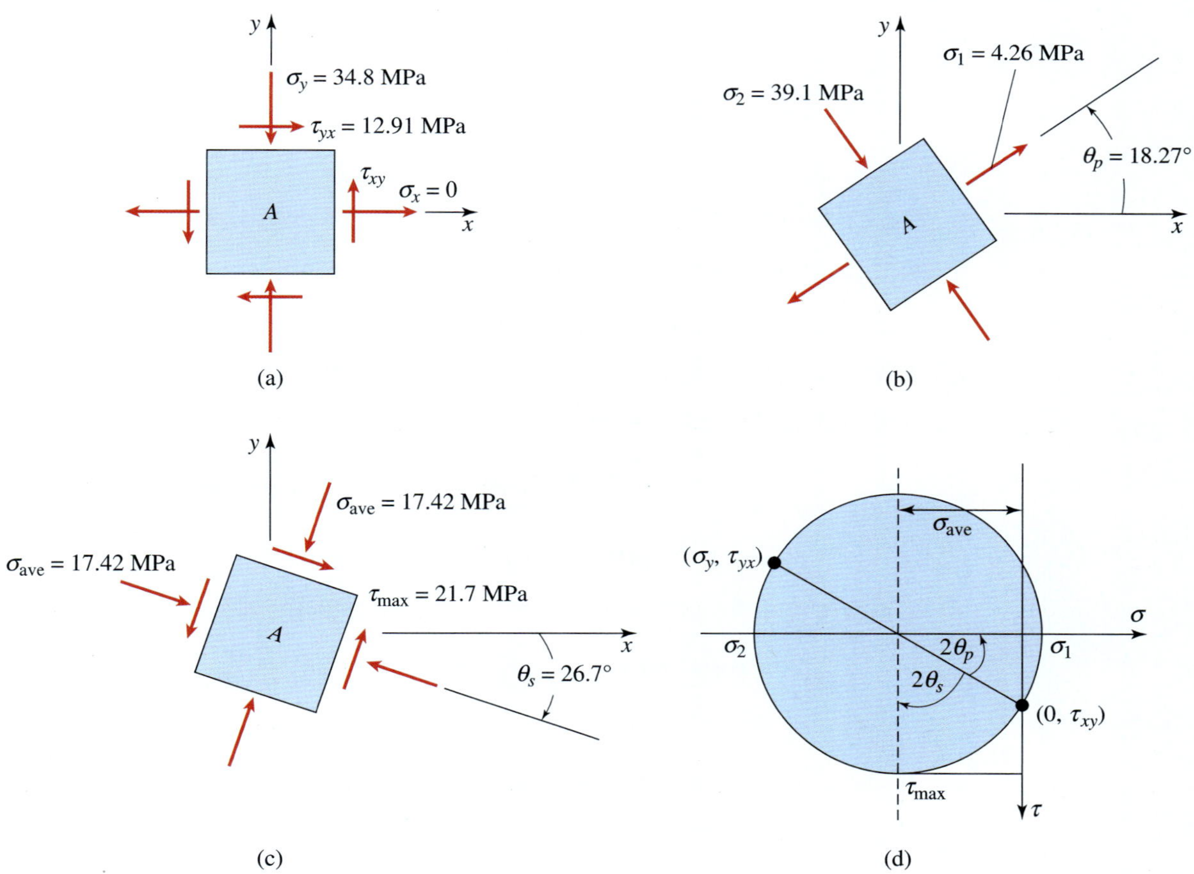

그림 12-24

(a) 요소 B의 평면응력 상태, (b) 수직 주응력, (c) 최대 전단응력

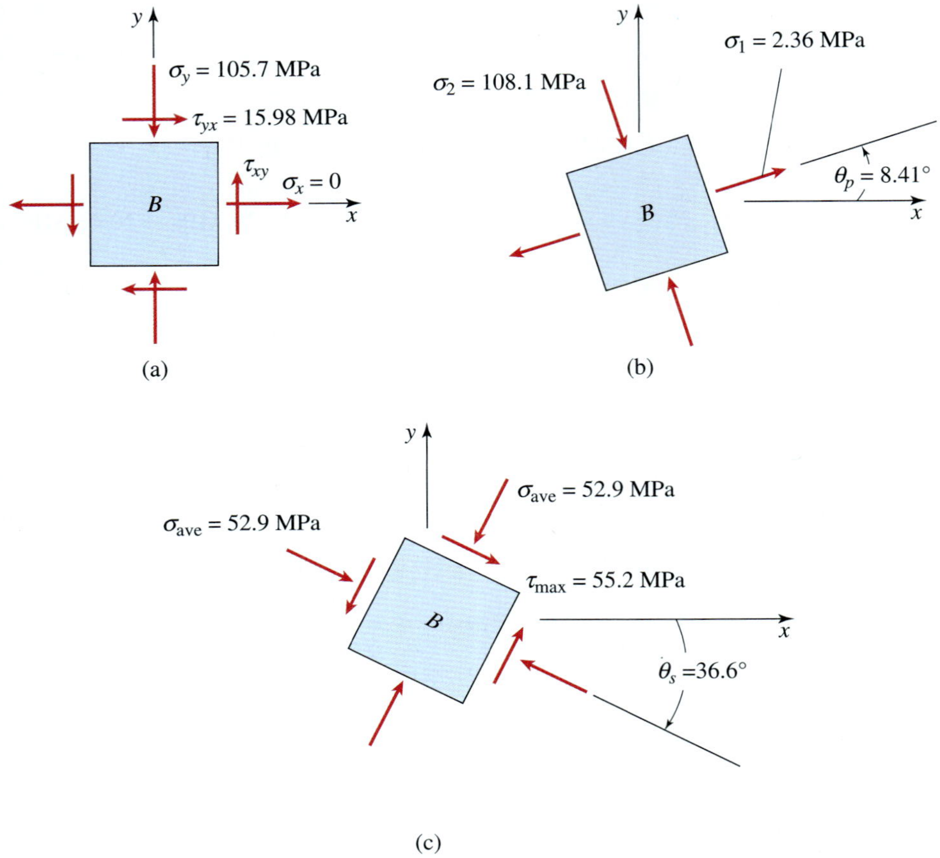

요소 C: $I_x = I_z$이므로, 굽힘에 대한 중립축 nn은 모멘트 성분 M_x와 M_z 사이각으로 정의되고, 그림 12-25와 같이, $\beta = \tan^{-1}\left[\dfrac{M_z}{M_x}\right] = 17.86°$이다. 이제 중립축은 축방향과 굽힘효과를 함께 고려할 때, 더 이상 단면의 도심을 지나지 않는다. 결과적으로, 최대 압축응력은 점 C에 있고, F_y로 인한 균일 축 압축응력과 모멘트 성분 M_x와 M_z의 합력으로 인한 굽힘 수직응력의 합이다. $\sigma_x = 0$이므로 최대 수직응력 σ_y는,

$$\sigma_y = \frac{F_y}{A} - \frac{\left(\sqrt{M_x^2 + M_z^2}\right) r_2}{I} = \frac{-22\ \text{kN}}{A} - \frac{(156.5\ \text{kN}\cdot\text{m}) r_2}{I}$$
$$= -1.129\ \text{MPa} - 109.9\ \text{MPa} = -111.1\ \text{MPa}$$

또는 점 C의 수직응력의 굽힘의 몫은 2축 굽힘을 사용하여 계산된다.

$$(-M_x)\frac{r_2 \cos(17.86°)}{I} + (M_z)\frac{r_2 \sin(17.86°)}{I} = -99.6\ \text{MPa} - 10.3\ \text{MPa}$$
$$= -109.9\ \text{MPa}$$

점 C에 대한 추가 해석으로 횡전단력에 의한 전단응력 τ_V가 얻어진다. 힘 F_x 및 F_z의 성분(그림 12-25b)을 사용하여 횡전단응력 τ_V를 찾은 후 다음과 같은 균일 비틀림

그림 12-25

(a) 점 C의 굽힘응력으로 인한 합력 모멘트, (b) 요소 C의 횡전단응력으로 인한 힘의 성분

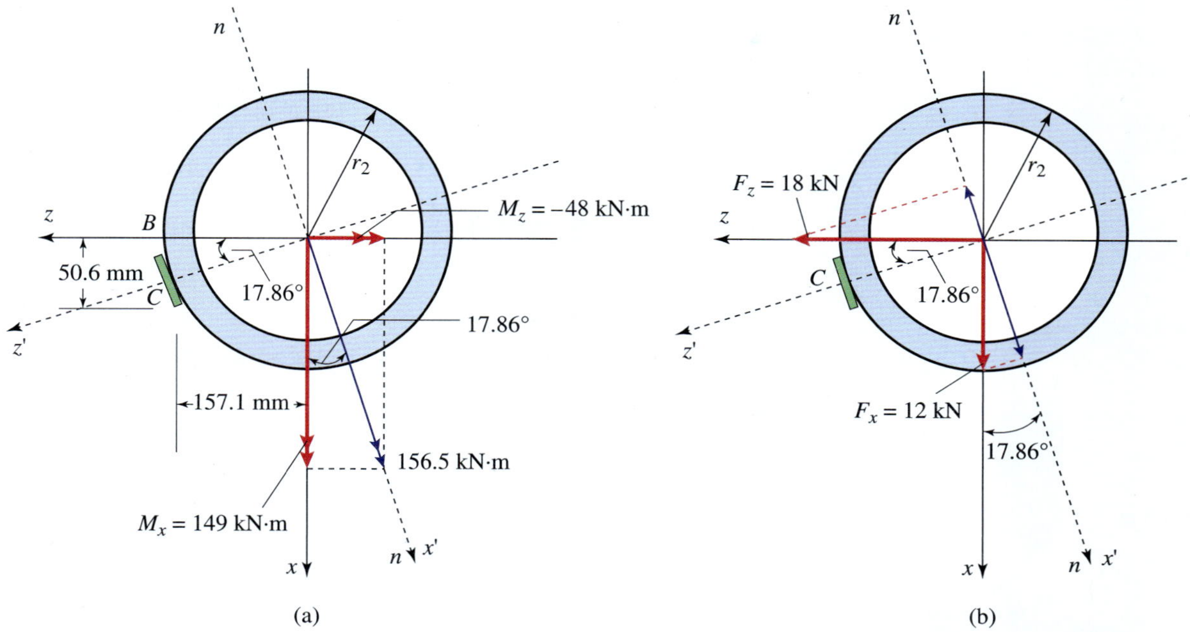

전단응력을 더한다.

$$\tau_C = \tau_V + \tau_T = \frac{4}{3}\left[\frac{F_x \cos(17.86°) - F_z \sin(17.86°)}{A}\right]\alpha + \frac{M_y r_2}{I_p}$$

$$= 0.60 \text{ MPa} + 14.75 \text{ MPa} = 15.35 \text{ MPa}$$

끝으로, 점 A와 B에 대한 점 C의 수직 주응력 및 최대 전단응력을 얻기 위해 평면응력의 변환식을 사용한다. 점 C의 수직 주응력 및 최대 전단응력은 $\sigma_1 = 2.08$ MPa, $\sigma_2 = -113.2$ MPa, $\tau_{max} = 57.6$ MPa이다.

4. **최종 단계** 예상대로 이 하중에 대한 점 C의 수직응력 σ_y는 기둥의 밑바닥에서 가장 큰 축 압축응력이다. 이 해석에서 크레인의 자중을 고려하면 F_y와 M_x가 증가되어 바닥부의 축 압축응력이 커진다.

예제 12-7

그림 12-26

예제 12-7: 기둥에 작용하는 하중(축하중, 굽힘 모멘트, 전단하중의 조합)

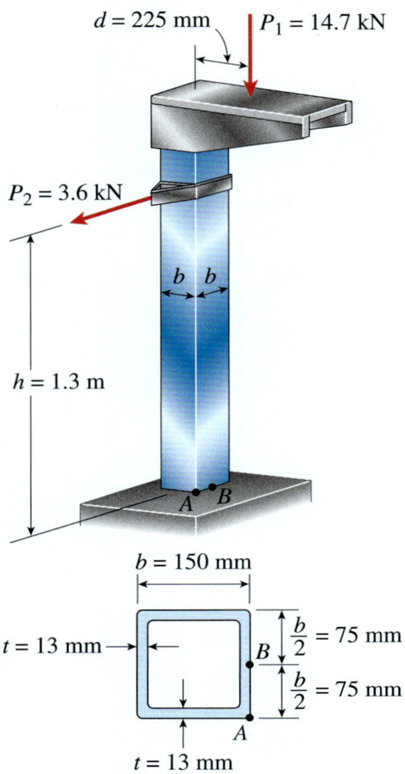

정사각형 단면을 가진 튜브형 기둥이 수평 플랫폼을 지지하고 있다(그림 12-26). 기둥의 바깥 길이 $b=150$ mm이고, 두께 $t=13$ mm이다. 플랫폼의 크기가 175 mm×600 mm이고, 상부 표면에 140 kPa의 균일한 압력을 지지하고 있다. 이 균일 압력으로 인한 합력은 P_1이다.

$$P_1 = (140 \text{ kPa})(175 \text{ mm} \times 600 \text{ mm}) = 14.7 \text{ kN}$$

이 힘은 기둥의 축방향에서 거리 $d=225$ mm인 플랫폼의 중앙에 작용한다. 두 번째 하중 $P_2=3.6$ kN은 바닥에서 높이 $h=1.3$ m인 점에서 기둥에 수평으로 작용한다.

하중 P_1과 P_2에 의해 기둥의 밑판에 있는 점 A와 B에 발생하는 주응력과 최대 전단응력을 구하시오.

풀이

4단계 문제풀이 접근방법을 사용한다. 효율적인 문제풀이를 위해 필요에 따라 단계를 합한다.

1. 개념화

합응력: 플랫폼에 작용하는 힘 P_1(그림 12-26)은 기둥 단면의 도심에 작용하는 힘 P_1과 $M_1=P_1d$에 정적으로 동일하다(그림 12-27a). 하중 P_2 또한 이 그림에 나타나 있다.

하중 P_1, P_2 및 모멘트 M_1로 인해 발생되는 기둥 밑판에서의 합력을 그림 12-27b에 나타냈다. 이 합력은 다음과 같다.

i. 축방향 압축력 $P_1=14.7$ kN

ii. 힘 P_1에 의한 굽힘 모멘트 M_1

$$M_1 = P_1 d = (14.7 \text{ kN})(225 \text{ mm}) = 3307.5 \text{ N}\cdot\text{m}$$

iii. 전단력 $P_2=3.6$ kN

iv. 힘 P_2에 의한 굽힘 모멘트 M_2

$$M_2 = P_2 h = (3.6 \text{ kN})(1.3 \text{ m}) = 4.68 \text{ kN}\cdot\text{m}$$

이런 합력들의 검토(그림 12-27b)로부터 M_1과 M_2 모두는 점 A에서 최대 압축응력을 발생시키고, 점 B에서 최대 전단응력을 발생시킴을 알 수 있다. 따라서 점 A와 B는 응력을 반드시 계산해야 하는 임계점이다(또 다른 임계점은 이 예제 말미의 주의사항에 설명된 바와 같이 점 A의 대각선상에 있는 반대 위치이다).

그림 12-27
예제 12-7의 풀이

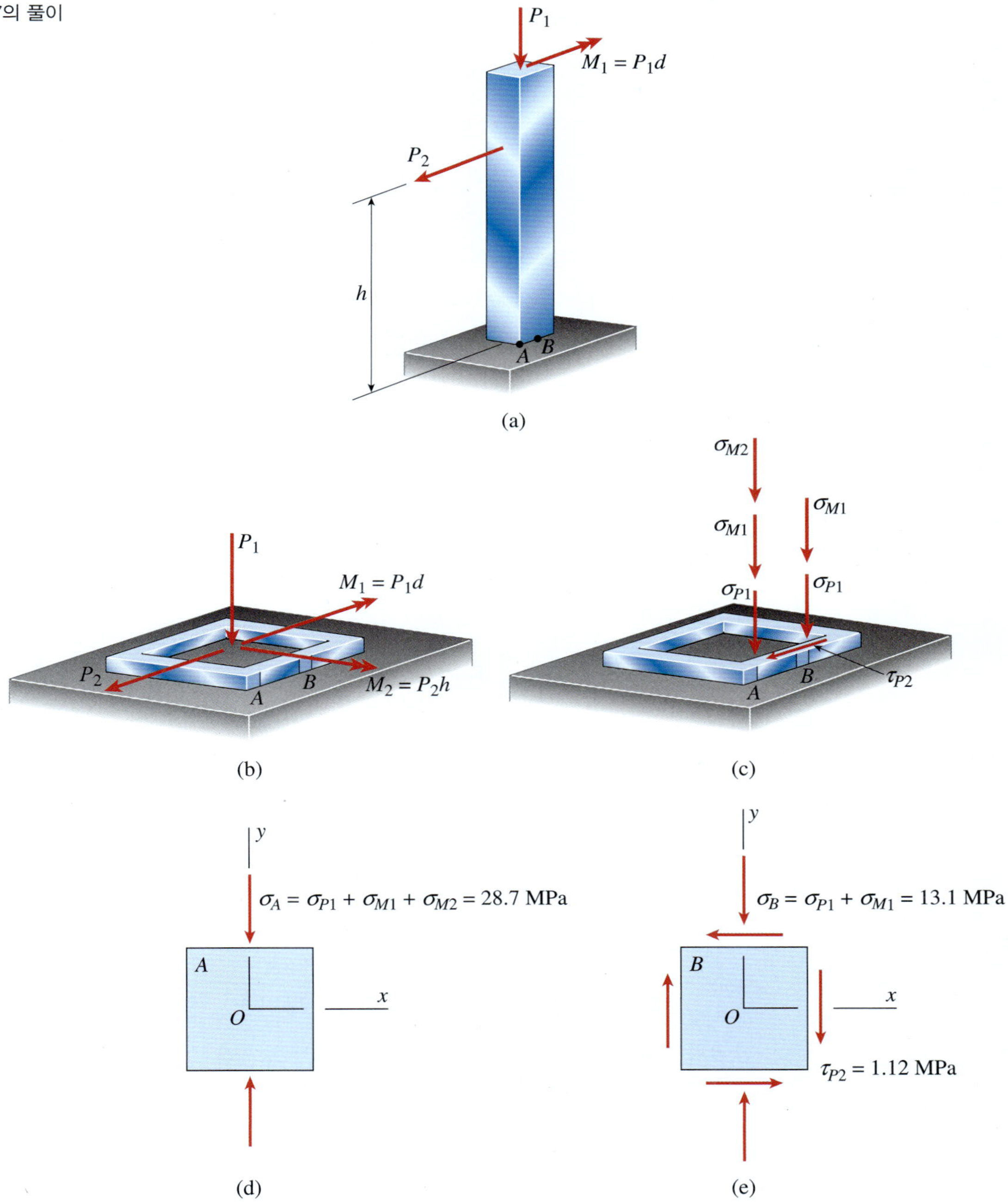

2, 3. 분류, 해석

점 A와 B에서의 응력:

i. 축방향 힘 P_1(그림 12-27b)은 기둥 전체에 걸쳐 균일하게 압축응력을 발생시킨다. 이 응력들은

$$\sigma_{P1} = \frac{P_1}{A}$$

여기서 A는 기둥의 단면적이다.

$$A = b^2 - (b - 2t)^2 = 4t(b - t)$$
$$= 4(13\text{ mm})(150\text{ mm} - 13\text{ mm}) = 7124\text{ mm}^2$$

따라서 축 압축응력은 다음과 같다.

$$\sigma_{P1} = \frac{P_1}{A} = \frac{14.7\text{ kN}}{7124\text{ mm}^2} = 2.06\text{ MPa}$$

그림 12-27c에서 점 A와 B에 작용하고 있는 응력 σ_{P1}을 보여준다.

ii. 점 A와 B(그림 12-27c)에서 굽힘 모멘트 M_1(그림 12-27b)은 압축응력 σ_{M1}을 발생시킨다. 이 응력은 굽힘 공식에 의해 계산된다.

$$\sigma_{M1} = \frac{M_1(b/2)}{I} = \frac{M_1 b}{2I}$$

여기서 I는 단면적의 관성 모멘트이다.

$$I = \frac{b^4}{12} - \frac{(b - 2t)^4}{12} = \frac{1}{12}[(150\text{ mm})^4 - (124\text{ mm})^4] = 22.49 \times 10^{-6}\text{ m}^4$$

따라서 응력 σ_{M1}은 다음과 같다.

$$\sigma_{M1} = \frac{M_1 b}{2I} = \frac{(3307.5\text{ N}\cdot\text{m})(150\text{ mm})}{2(22.49 \times 10^{-6}\text{ m}^4)} = 11.03\text{ MPa}$$

iii. 전단력 P_2(그림 12-27b)는 점 B에서 전단응력을 유발하지만, 점 A에서는 발생시키지 않는다. 플랜지를 가지는 보의 웹에서 전단응력에 관한 논의(10.9절)로부터, 전단응력의 근삿값은 전단력을 웹의 면적으로 나누어 구한다는 것을 이미 알고 있다[10.9절의 식 (10-52) 참조]. 그러므로 힘 P_2에 의해 점 B에 발생하는 전단응력은 다음과 같다.

$$\tau_{P2} = \frac{P_2}{A_{\text{web}}} = \frac{P_2}{2t(b - 2t)} = \frac{3.6\text{ kN}}{2(13\text{ mm})(150\text{ mm} - 26\text{ mm})} = 1.12\text{ MPa}$$

점 B의 전단응력 τ_{P2}는 그림 12-27c에 나타낸 방향으로 작용한다.

필요한 경우, 보다 정확한 공식인 10.9절의 식 (10-50a)로부터 전단응력 τ_{P2}를 구할 수 있다. 이 계산의 결과는 $\tau_{P2} = 1.13$ MPa인데, 근사식으로부터 얻은 전단응력이 만족스러움을 알 수 있다.

iv. 굽힘 모멘트 M_2(그림 12-27b)는 점 A에서 압축응력을 발생시킨다. 그러나 점 B에서는 응력을 발생시키지 않는다. 점 A에서의 응력은 다음과 같다.

$$\sigma_{M2} = \frac{M_2(b/2)}{I} = \frac{M_2 b}{2I} = \frac{(4.68\text{ kN}\cdot\text{m})(150\text{ mm})}{2(22.49 \times 10^{-6}\text{ m}^4)} = 15.61\text{ MPa}$$

이 응력은 그림 12-27c에도 나타나 있다.

그림 12-27(반복)

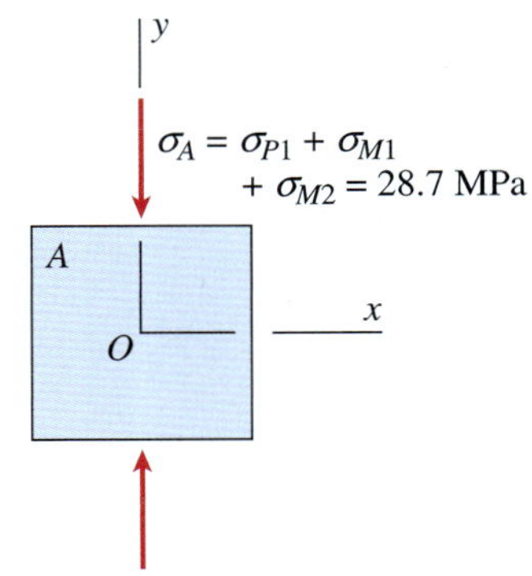

(d)

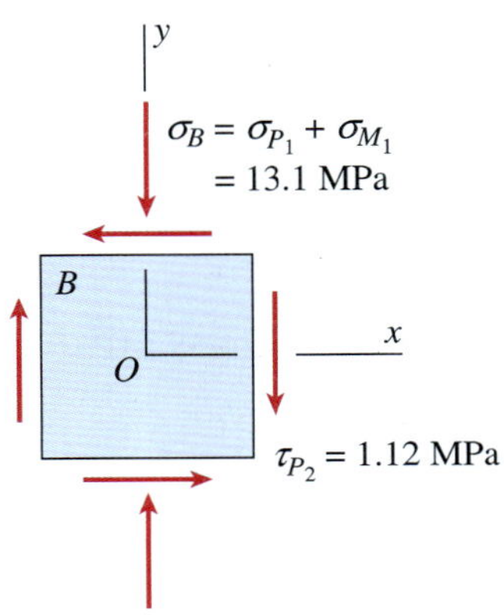

(e)

응력 요소: 다음 단계는 점 A와 B의 응력 요소에 작용하는 응력을 나타내는 것이다(그림 12-27d 및 e). 각 요소에서 y축은 수직(즉 기둥의 길이방향 축에 평행)이고 x축은 수평을 향하고 있다. 점 A에서 유일한 응력은 y방향으로의 압축응력 σ_A이다(그림 12-27d).

$$\sigma_A = \sigma_{P1} + \sigma_{M1} + \sigma_{M2}$$
$$= 2.06\text{ MPa} + 11.03\text{ MPa} + 15.61\text{ MPa} = 28.7\text{ MPa (압축)}$$

따라서 이 요소는 단축응력 상태이다.

점 B에서 y방향의 압축응력(그림 12-27e)은

$$\sigma_B = \sigma_{P1} + \sigma_{M1} = 2.06\text{ MPa} + 11.03\text{ MPa} = 13.1\text{ MPa (압축)}$$

그리고 전단응력은 다음과 같다.

$$\tau_{P2} = 1.12\text{ MPa}$$

전단응력은 요소의 윗면에서는 왼쪽으로, 요소의 x면에서는 아래쪽으로 작용한다.

점 A에서의 주응력과 최대 전단응력: 평면응력 요소에 대한 표준기호를 사용하면(그림 12-28), 요소 A에서의 응력(그림 12-27d)을 다음과 같이 쓸 수 있다.

$$\sigma_x = 0 \quad \sigma_y = -\sigma_A = -28.7\text{ MPa} \quad \tau_{xy} = 0$$

요소는 단축응력 상태에 있기 때문에 주응력은

$$\sigma_1 = 0 \quad \sigma_2 = -28.7\text{ MPa}$$

최대 면내 전단응력[식 (11-26)]은 다음과 같다.

$$\tau_{\max} = \frac{\sigma_1 - \sigma_2}{2} = \frac{28.7\text{ MPa}}{2} = 14.4\text{ MPa}$$

그림 12-28
평면응력 요소의 표기법

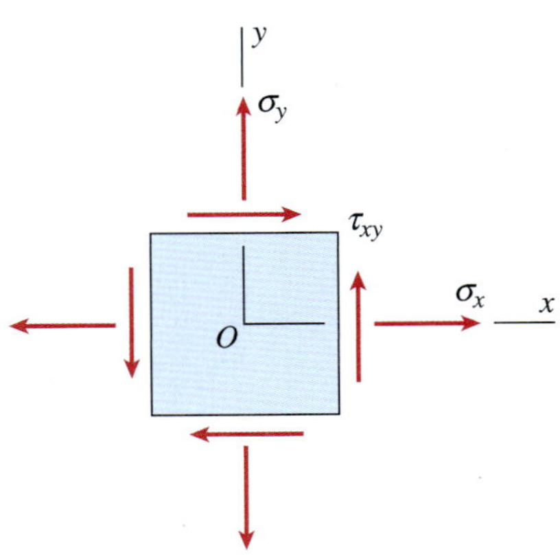

최대 면외 전단응력[식 (11-28a)]은 같은 크기를 갖는다.

점 B에서의 주응력과 최대 전단응력: 평면응력 요소에 대한 표준기호를 다시 사용하면(그림 12-28), 점 B에서의 응력(그림 12-27e)이 다음과 같음을 알 수 있다.

$$\sigma_x = 0 \quad \sigma_y = -\sigma_B = -13.1\text{ MPa} \quad \tau_{xy} = -\tau_{P2} = -1.12\text{ MPa}$$

식 (11-17)을 사용하여 주응력을 구한다.

$$\sigma_{1,2} = \frac{\sigma_x + \sigma_y}{2} \pm \sqrt{\left(\frac{\sigma_x - \sigma_y}{2}\right)^2 + \tau_{xy}^2} \qquad \text{(a)}$$

σ_x, σ_y, τ_{xy}를 위 식에 대입하면,

$$\sigma_{1,2} = -6.55\text{ MPa} \pm 6.65\text{ MPa}$$

또는

$$\sigma_1 = 0.1 \text{ MPa} \quad \sigma_2 = -13.2 \text{ MPa}$$

최대 면내 전단응력은 식 (11-25)로부터 구할 수 있다.

$$\tau_{max} = \sqrt{\left(\frac{\sigma_x - \sigma_y}{2}\right)^2 + \tau_{xy}^2} \tag{b}$$

이 항은 위에서 계산하였으며 다음과 같다.

$$\tau_{max} = 6.65 \text{ MPa}$$

주응력 σ_1과 σ_2의 부호가 서로 다르기 때문에, 최대 면내 전단응력은 최대 면외 전단응력보다 크다[식 (11-28a, b, c) 및 관련 내용 참조]. 따라서 점 B에서 최대 전단응력은 6.65 MPa이다.

4. 최종 단계 기둥 밑판의 임의의 점에 최대 응력이 작용한다면, 점 A(그림 12-27c)와 대각선상의 반대편에 위치한 임계위치에서도 응력을 반드시 구해야만 한다. 왜냐하면 그 점에서 각 굽힘 모멘트가 최대 인장응력을 발생시키기 때문이다. 그러므로 그 점에 작용하는 인장응력은 다음과 같다.

$$\sigma_y = -\sigma_{P1} + \sigma_{M1} + \sigma_{M2} = -2.06 \text{ MPa} + 11.03 \text{ MPa} + 15.61 \text{ MPa} = 24.58 \text{ MPa}$$

그 지점에서의 응력 요소에 작용하는 응력(그림 12-28 참조)은 다음과 같다.

$$\sigma_x = 0 \quad \sigma_y = 24.58 \text{ MPa} \quad \tau_{xy} = 0$$

따라서 주응력과 최대 전단응력은

$$\sigma_1 = 24.58 \text{ MPa} \quad \sigma_2 = 0 \quad \tau_{max} = 12.3 \text{ MPa}$$

따라서 기둥 밑판에서의 최대 인장응력은 24.58 MPa, 최대 압축응력은 28.7 MPa이며, 최대 전단응력은 14.4 MPa이다(이 해석에서는 단지 하중 P_1과 P_2의 영향만을 고려했음을 항상 유의한다. 구조물의 무게와 같은 다른 하중들 또한 기둥의 밑판에 응력을 발생시킨다).

요약 및 복습

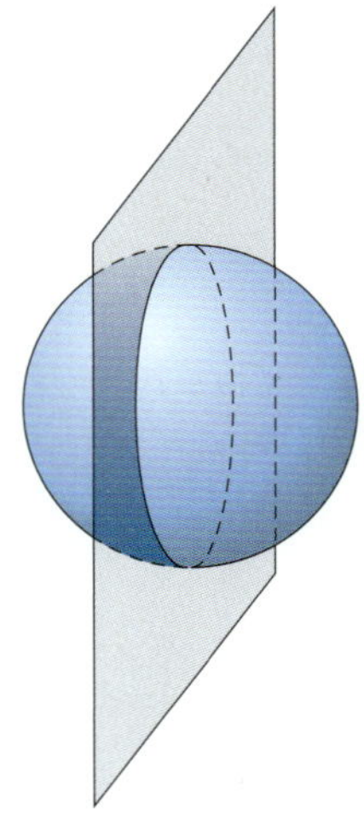

12장에서는 앞선 11.2절에서 11.5절까지에서 다룬 재료를 바탕으로 평면응력 상태의 몇 가지 실제 구조물의 예를 조사하였다. 압축된 기체나 액체를 담고 있는 **벽이 얇은 구형 및 원통형 압력용기의 응력**에 대해 논의하였다. 또한 **조합하중**하의 구조물이나 부품의 여러 위치에서 최대 수직응력과 전단응력을 계산하였다. 이 장에서 제시된 주요 개념과 고찰 내용은 다음과 같다.

1. **평면응력**은 압력용기의 벽, 여러 가지 형태의 보의 웹과 플랜지, 또는 축하중, 전단하중, 굽힘하중 그리고 내부압력과 같은 여러 가지 조합된 하중을 받는 넓은 범위의 구조물과 같은 모든 보통의 구조물에서 존재하는 일반적인 응력 조건이다.

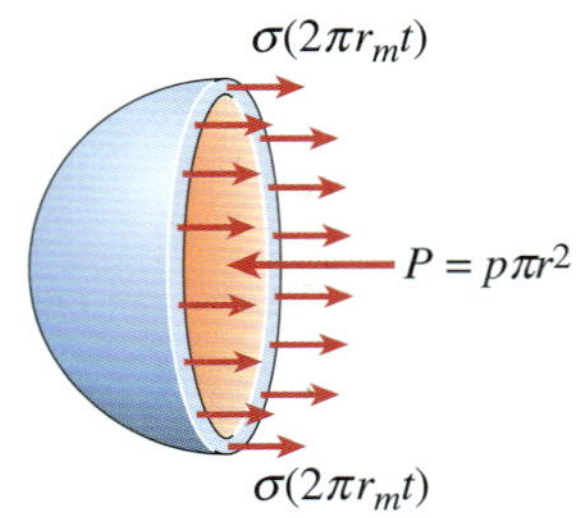

2. 압력을 받는 **얇은 두께의 벽을 가진 구형 압력용기**의 벽은 평면응력 상태, 구체적으로 2축 응력이고, 모든 방향으로 일정한 인장응력을 받는 막 응력으로 알려진 상태에 있다. 구형 셸의 벽에 작용되는 인장응력 σ는 다음과 같이 계산된다.

$$\sigma = \frac{pr}{2t}$$

외압을 초과하는 내부압력, 즉 게이지 압력만이 이 응력에 영향을 준다. 보다 자세한 해석 또는 구형 압력용기의 설계 시 고려해야 할 추가적 고려사항은 개구부 주변의 응력집중, 외력과 내용물의 무게를 포함한 자중, 부식의 영향, 충격과 온도 변화를 포함한다.

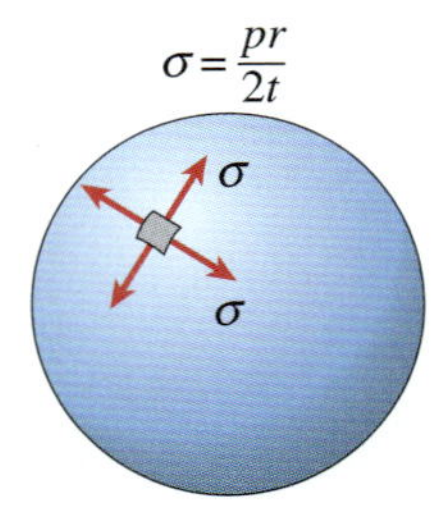

3. 원형 단면을 갖는 **얇은 두께의 원통형 압력용기** 벽 역시 2축 응력 상태이다. 원주응력 σ_1은 후프응력으로 알려져 있으며, 탱크의 축과 평행한 방향의 응력은 길이방향 응력 σ_2 또는 축 응력이라 한다. 원주응력은 길이방향 응력의 두 배와 같다. 두 응력은 주응력이며, σ_1과 σ_2의 식은 다음과 같다.

$$\sigma_1 = \frac{pr}{t} \qquad \sigma_2 = \frac{pr}{2t}$$

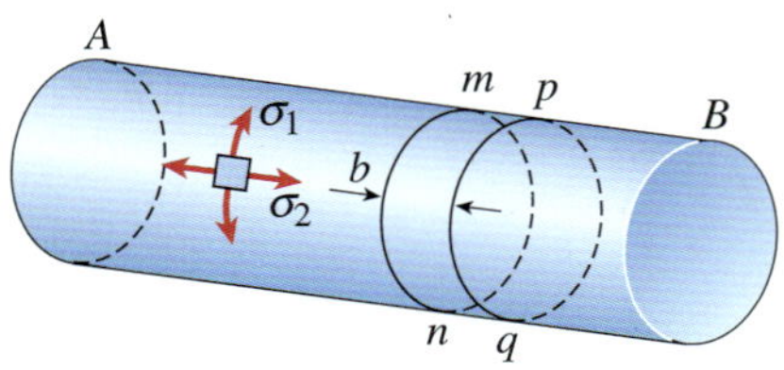

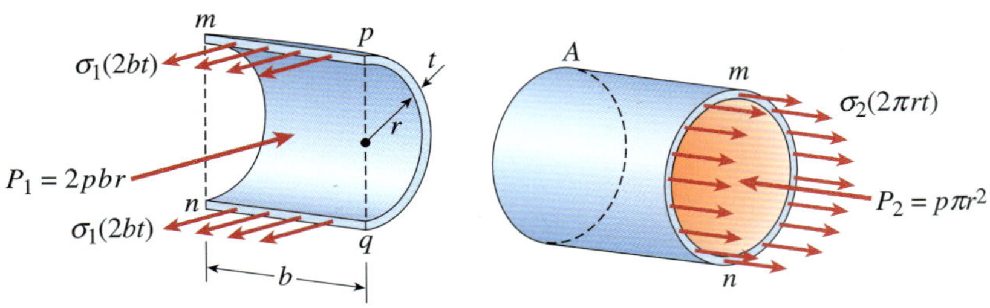

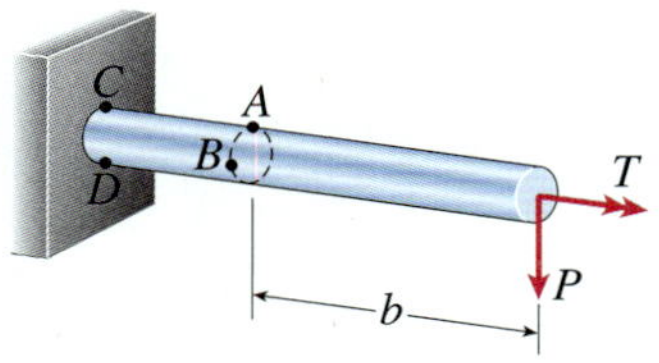

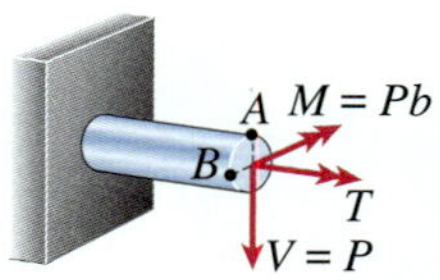

여기서 유도된 얇은 두께의 셸에 대한 기본 이론을 사용한 공식들은 응력집중을 일으키는 불연속 부분에서 떨어져 있는 원통 부분에 대해서만 유효하다.

4. **조합하중**을 받는 구조물은 종종 각각의 개별 하중에 의해 발생하는 응력과 변형률을 중첩하여 해석할 수 있다. 그러나 이 응력과 변형률은 가해진 하중의 선형 함수여야만 하기 때문에 재료가 훅의 법칙을 따라야 하고 변위가 매우 작아야 하는 요건을 만족해야 한다. 또한 하중들 간의 상호작용이 없어야 하는데 이것은 한 하중에 의한 응력과 변형률이 다른 하중의 존재로 인해 영향을 받지 않아야 함을 의미한다.

5. 하나 이상의 하중을 받는 구조물 또는 구성요소의 임계위치에 대한 **자세한 해석 방법**은 12.4절에 제시되었다.

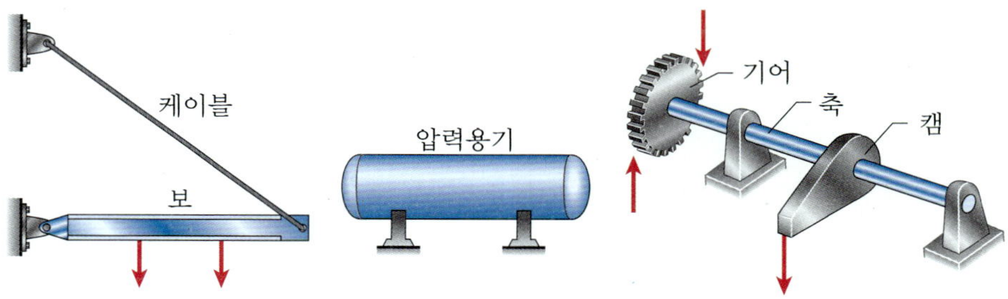

연습문제

12.2 구형 압력용기

12.2절의 문제를 풀기 위해 주어진 반지름 또는 직경은 내부 치수이고, 모든 내부압력은 게이지 압력이라고 가정한다.

도입문제

12.2-1 구형(동그란 모양의) 풍선에 가스가 채워져 있다. 풍선의 외부 반지름은 500 mm이고 두께는 0.3 mm이다. 풍선의 허용 인장응력과 허용 전단응력이 각각 7 MPa과 2 MPa인 경우, 풍선의 최대 허용압력을 계산하시오.

12.2-2 대형 구형 탱크(그림 참조)에 3.5 MPa 압력의 가스가 담겨 있다. 탱크는 직경이 20 m이고 장력 550 MPa의 항복응력을 가진 고강도 강철로 제작되었다.

(a) 항복에 대하여 3.5의 안전율이 필요한 경우, 탱크 벽의 필요한 두께를 구하시오.

(b) 탱크 벽 두께가 100 mm인 경우, 최대 허용 내부압력은 얼마인가?

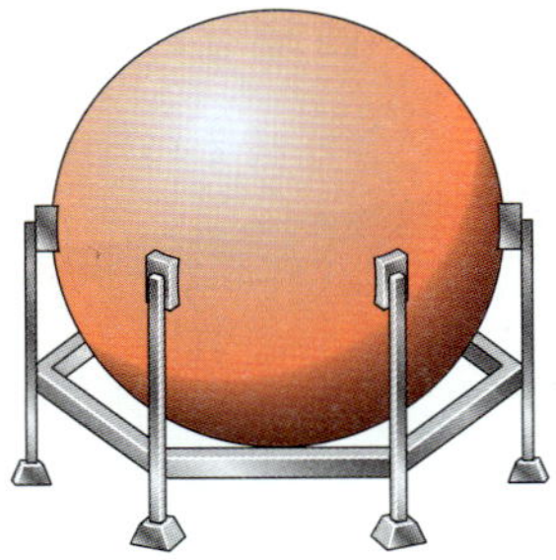

P12.2-2

대표문제

12.2-3 고무공(그림 참조)을 65 kPa의 압력으로 팽창시킨다. 그 압력에서 공의 직경은 240 mm이고 벽 두께는 1.25 mm이다. 고무는 탄성계수 $E=3.7$ MPa과 푸아송 비 $\nu=0.48$을 가지고 있다.

(a) 공의 최대 응력과 변형률을 구하시오.

(b) 변형률이 0.425로 제한되어야 하는 경우, 공의 최소 요구 두께를 구하시오.

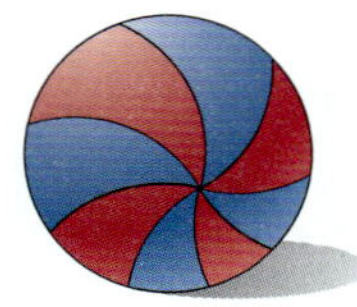

P12.2-3

12.2-4 직경 1.2 m, 벽 두께 50 mm의 구형 탱크에 17 MPa의 압력의 압축공기가 들어 있다. 탱크는 용접된 이음매로 연결된 두 개의 반구로 구성되어 있다(그림 참조).

(a) 용접부가 지탱하는 인장하중 f(용접 mm 길이당 N)는 얼마인가?

(b) 탱크 벽의 최대 전단응력 τ_{max}는 얼마인가?

(c) 벽의 최대 수직변형률 ε은 얼마인가? (강의 경우 $E=210$ GPa 및 $\nu=0.29$로 가정한다.)

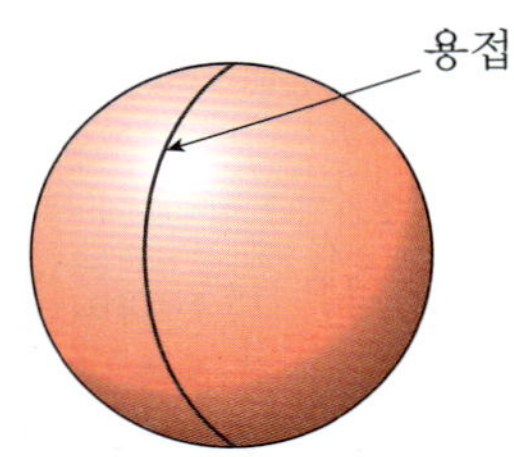

P12.2-4

12.2-5 직경 500 mm의 구형 스테인리스강 탱크는 30 MPa 압력의 프로판가스를 저장하는 데 사용된다. 탱크 강재는 인장 항복응력 950 MPa, 전단 항복응력 450 MPa, 탄성계수 210 GPa 및 푸아송 비 0.28의 특성을 가진다. 항복에 대한 안전율은 2.8이고, 또한 수직변형률이 $1{,}250\times10^{-6}$을 초과할 수 없다.

(a) 탱크의 최소 허용 두께 t_{min}을 구하시오.

(b) 탱크 두께가 7 mm이고 수직변형률이 $1{,}000\times10^{-6}$인 경우, 그 지점에서 탱크의 내부압력은 얼마인가?

12.2-6 반지름 $r=150$ mm, 벽 두께 $t=13$ mm인 속이 빈 가압된 구체를 호수 아래로 내린다(그림 참조). 탱크의 압축공기는 140 kPa의 압력(탱크가 물 밖에 있을 때의 게이지 압력)이다. 탱크 벽이 700 kPa의 압축응력을 받는 깊이 D_0은 얼마인가?

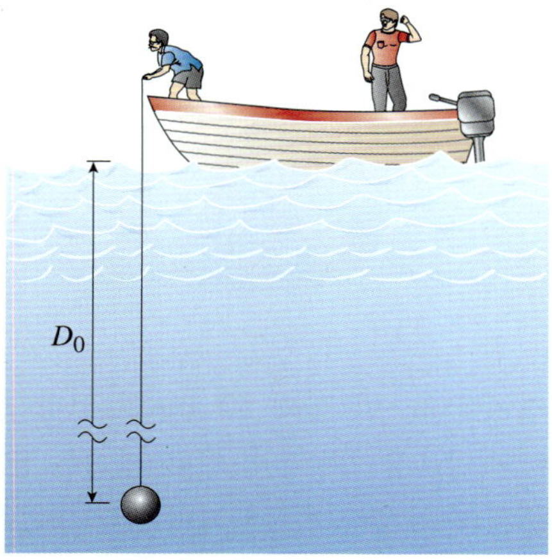

P12.2-6

12.3 원통형 압력용기

12.3절의 문제를 풀기 위해 주어진 반지름 또는 직경은 내부 치수이고, 모든 내부압력은 게이지 압력이라고 가정한다.

도입문제

12.3-1 소화기 탱크는 5.5 MPa의 내부압력에 견디게 설계되어 있다. 탱크의 외경은 115 mm, 두께는 2 mm이다. 탱크의 외부 표면에서의 길이방향 응력, 원주방향 응력 및 최대 전단응력(평면 외 및 평면 내)을 계산하시오.

P12.3-1

12.3-2 스쿠버 탱크(그림 참조)는 12 MPa의 내부압력과 2.0의 안전율을 사용하여 설계되었다. 강철의 항복응력은 인장하중에서 300 MPa, 전단하중에서 140 MPa이다.

(a) 탱크의 지름이 150 mm인 경우, 필요한 최소 벽 두께는 얼마인가?

(b) 벽 두께가 6 mm인 경우, 허용 가능한 최대 내부압력은 얼마인가?

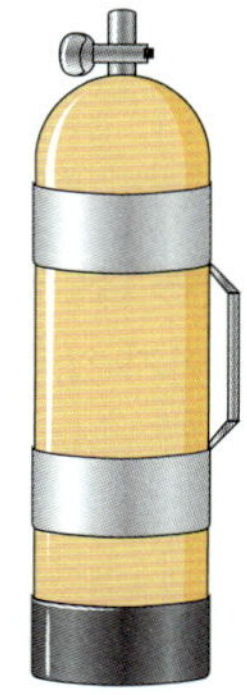

P12.3-2

대표문제

12.3-3 여행하며 공연하는 서커스단이 사용하는 팽창식 구조물은 끝이 닫힌 반원형의 실린더 모양을 가지고 있다(그림 참조). 직물과 플라스틱 구조는 작은 송풍기로 부풀려지며, 완전히 팽창되었을 때 반경은 12 m이다. 세로 이음매는 구조물의 '용마루(길쭉하게 솟은 부분)'의 전체 길이에 걸쳐 있다. 100 N/mm의 인장하중을 받을 때 용마루를 따라 연결된 이음매를 찢어내는 내부압력이 3.5 kPa이라면, 구조물이 완전히 팽창되었을 때 찢어짐으로부터 안전할 수 있는 안전율 n은 얼마인가?

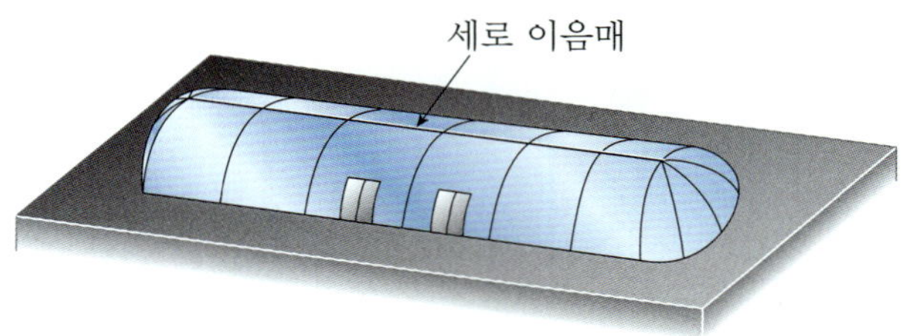

P12.3-3

12.3-4 반지름 r의 얇은 원통형 압력용기는 내부가스 압력 p와 끝단에 작용하는 압축력 F를 동시에 받는다(그림 참조).

(a) 실린더 벽에 순수전단력이 발생하기 위해 힘 F의 크기는 얼마여야 하는가?

(b) 힘 $F = 190$ kN, 내부압력 $p = 12$ MPa, 내경 200 mm, 허용 수직 및 전단응력이 각각 110 MPa과 60 MPa인 경우, 요구되는 용기 두께는 얼마인가?

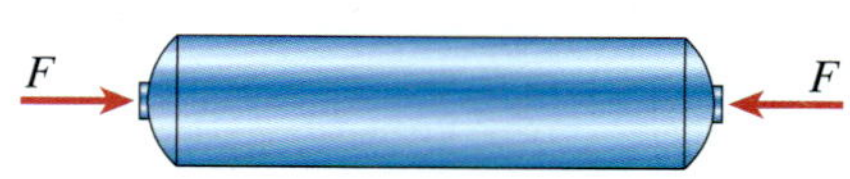

P12.3-4

12.3-5 변형률 게이지를 알루미늄 음료 캔 표면에 길이방향으로 설치한다(그림 참조). 캔의 반지름 대 두께 비율은 200이다. 캔 뚜껑을 열면 $\varepsilon_0 = 170 \times 10^{-6}$의 변형이 발생한다.

(a) 캔의 내부압력 p는 얼마인가? ($E = 70$ GPa 및 $\nu = 0.33$으로 가정한다.)

(b) 뚜껑을 열었을 때 반경방향의 변형률 변화는 얼마인가?

P12.3-5

12.3-6 원통형 강철 탱크(그림 참조)에는 압력을 받는 휘발성 연료가 들어 있다. A지점의 변형률 게이지가 탱크의 길이방향 변형률을 기록하고 이 정보를 제어실로 전송한다. 탱크 벽의 최종 전단응력은 98 MPa이며, 안전율은 2.8이다.

(a) 작업자는 탱크의 압력을 줄이기 위해 어떤 변형률값에서 조치를 취해야 하는가? (강에 대한 데이터는 탄성계수 $E = 210$ GPa 및 푸아송 비는 $\nu = 0.30$이다.)

(b) 반경방향의 변형률은 얼마인가?

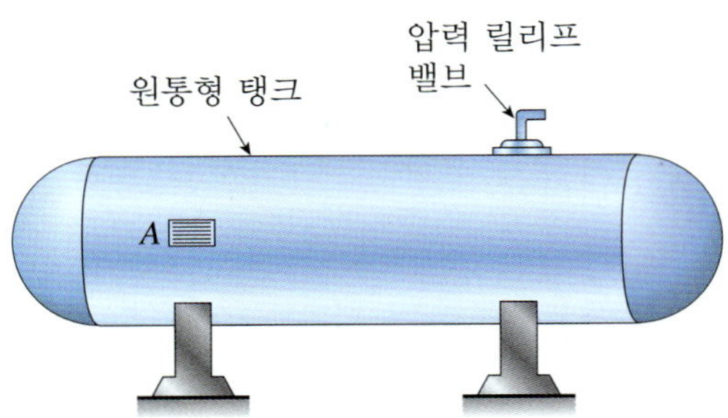

P12.3-6

12.3-7 그림과 같이 오일이 채워진 실린더는 피스톤의 압력을 받는다. 피스톤의 직경 d는 48 mm이고 압축력 F는 16 kN이다. 실린더 벽에 허용되는 최대 전단응력 τ_{allow}는 42 MPa이다. 실린더 벽의 최소 허용 두께 t_{min}은 얼마인가?(그림 참조)

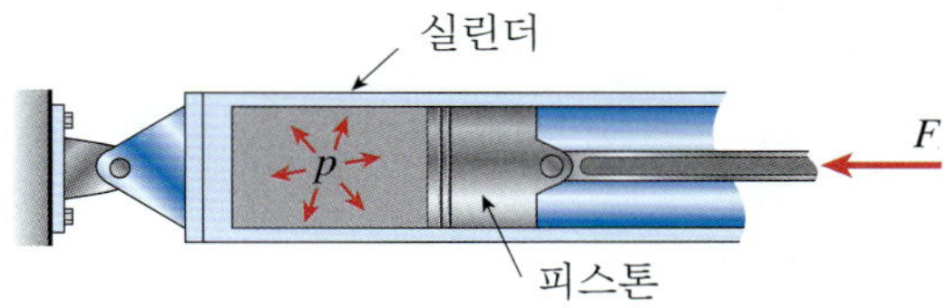

P12.3-7

12.3-8 반구형 헤드를 가진 원통형 탱크는 원주방향으로 용접된 강철 섹션으로 구성된다(그림 참조). 탱크 직경은 1.25 m, 벽 두께는 22 mm, 내부압력은 1,750 kPa이다.

(a) 탱크 헤드의 최대 인장응력 σ_h를 구하시오.

(b) 탱크의 원통형 부분에 작용하는 최대 인장응력 σ_c를 구하시오.

(c) 용접된 조인트에 수직으로 작용하는 인장응력 σ_w를 구하시오.

(d) 탱크 헤드에 작용하는 최대 전단응력 τ_h를 구하시오.

(e) 탱크의 원통형 부분에 작용하는 최대 전단응력 τ_c를 구하시오.

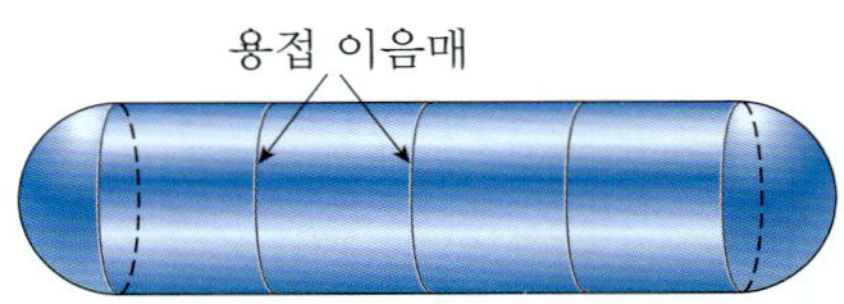

P12.3-8

12.3-9 가압 강철 탱크는 세로축과 각도 $\alpha = 55°$를 이루는 나선형 용접으로 제작된다(그림 참조). 탱크의 반경은 $r = 0.6$ m, 벽 두께는 $t = 18$ mm, 내부압력은 $p = 2.8$ MPa이다. 또한 강철은 탄성계수 $E = 200$ GPa과 푸아송 비는 $\nu = 0.30$을 가지고 있다. 탱크의 원통형 부분에 대해 다음 양을 구하시오.

(a) 원주 및 길이방향 응력

(b) 최대 평면 내 및 평면 외 전단응력

(c) 원주 및 길이방향 변형률

(d) 용접부에 평행하고 수직인 평면에 작용하는 수직 및 전단응력(이들 응력에 대하여 적절한 응력 방향 요소를 나타내시오.)

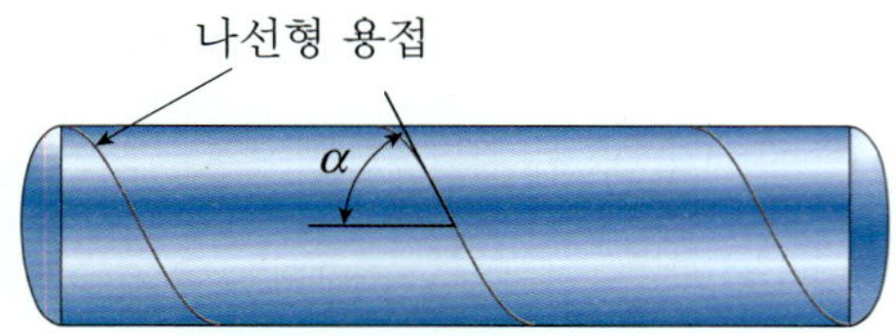

P12.3-9

12.4 조합하중

12.4절의 문제를 풀기 위해 구조물이 선형적으로 탄성 거동하고 두 개 이상의 하중으로 인한 응력이 한 점에 작용하는 결과 응력을 얻기 위해 중첩될 수 있다고 가정한다. 달리 명시되지 않은 한 평면 내 전단응력과 평면 외 전단응력을 모두 고려한다.

도입문제

12.4-1 IPN 300 강철 캔틸레버 보(I형 보)에 축방향 하중 $P=45$ kN 및 횡방향 하중 $V=65$ kN이 가해진다. 빔의 길이는 $L=1.8$ m이다. (a) 고정 지지대 근처 C에 위치한 요소에 대한 주요 수직응력과 최대 전단응력을 계산하시오. 빔의 중량은 무시한다. (b) C지점보다 100 mm 위에 있는 D지점에 대해 (a)를 반복하시오(그림 참조). 보 속성은 부록 C의 표 C-2를 참조한다.

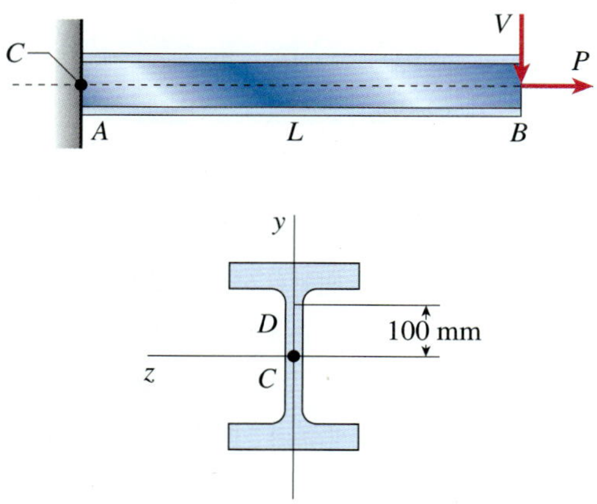

P12.4-1

12.4-2 단단한 원형 막대가 점 A에 고정되어 있다. 막대는 점 B에서 전단하중 $V=300$ N 및 토크 $T=35$ N·m를 받는다. 막대의 길이는 $L=1.5$ m, 직경은 $d=75$ mm이다. 고정단 A(그림 참조)에서 바닥면에 위치한 요소 1의 주요 수직응력과 최대 전단응력을 계산하시오. 응력집중 효과를 무시할 수 있도록 요소 1이 지지점 A로부터 충분한 거리에 있다고 가정한다.

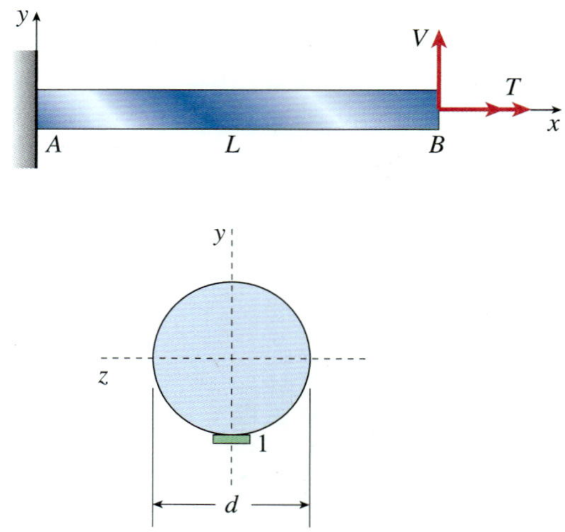

P12.4-2

12.4-3 직경 $d=60$ mm의 원통형 탱크는 내부가스 압력 $p=4$ MPa 및 외부 인장하중 $T=4.5$ kN을 받는다(그림 참조). 20 MPa의 허용 전단응력을 기준으로 탱크 벽의 최소 두께 t를 구하시오.

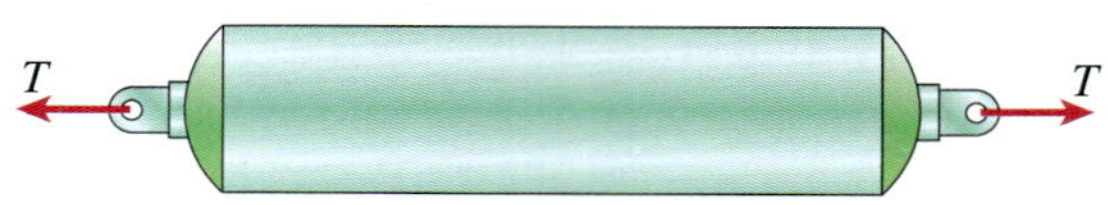

P12.4-3

12.4-4 끝이 평평한 가압된 원통형 탱크에는 토크 T와 인장력 P가 작용한다(그림 참조). 탱크의 반지름은 $r=125$ mm이고 벽 두께는 $t=6.5$ mm이다. 내부압력 $p=7.25$ MPa 및 토크 $T=850$ N·m이다.

(a) 실린더 벽의 허용 인장응력이 160 MPa일 때, 힘 P의 최대 허용값은 얼마인가?

(b) $P=400$ kN의 힘이 가해지면 탱크의 최대 허용 내부 압력은 얼마인가?

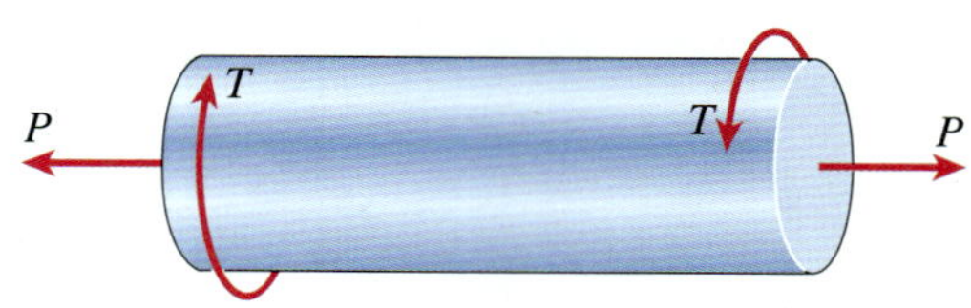

P12.4-4

12.4-5 끝이 평평한 원통형 압력용기에 토크 T와 굽힘 모멘트 M이 작용하고 있다(그림 참조). 외부 반경은 300 mm이고 벽 두께는 25 mm이다. 하중은 $T=90$ kN·m, $M=100$ kN·m, 내부압력은 $p=6.25$ MPa이다. 실린더 벽에 작용하는 최대 인장응력 σ_t, 최대 압축응력 σ_c, 최대 전단응력 τ_{max}를 구하시오.

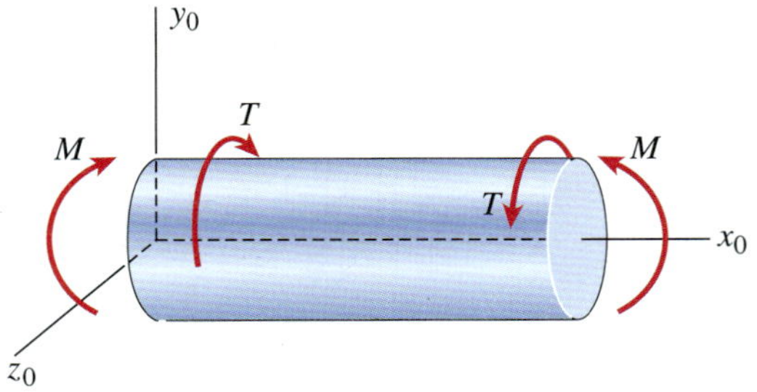

P12.4-5

대표문제

12.4-6 유정용 중공 드릴 파이프(그림 참조)는 외경이 150 mm, 두께가 15 mm이다. 비트 바로 위에 있는 파이프의 압축력은 (파이프 중량에 의해) 265 kN이고, 토크는 (드릴링에 의해) 19 kN·m이다. 드릴 파이프의 최대 인장, 압축 및 전단응력을 구하시오.

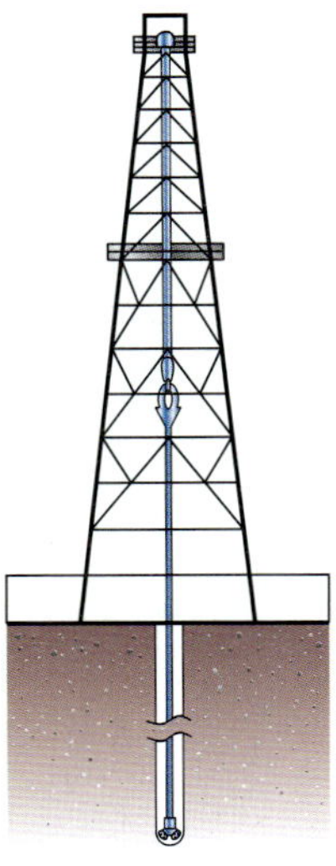

P12.4-6

12.4-7 속이 빈 원형 단면을 가진 발전기 축의 한 부분에 토크 $T=25$ kN·m가 가해진다(그림 참조). 축의 외부 반지름과 내부 반지름은 각각 200 mm와 160 mm이다. 허용 가능한 평면 내 전단응력이 $\tau_{allow}=45$ MPa인 경우, 축에 가할 수 있는 최대 허용 압축하중 P는 얼마인가?

12.4-8 신호등 및 신호기둥에는 무게 $W_s=240$ N의 교통 신호등과 $W_L=250$ N의 가로등이 매달려 있다. 기둥은 밑바닥에 고정되어 있다. 밑바닥 위 5.8 m에 위치한 요소 A에 작용하는 주요 수직응력과 최대 전단응력을 구하시오(그림 참조). 신호기둥의 무게와 신호등 및 가로등의 중량을 포함하여 문제를 해결한다. 수치 $t=5$ mm, $d=360$ mm를 사용하며, 요소 A 및 모든 위치는 그림을 참조한다.

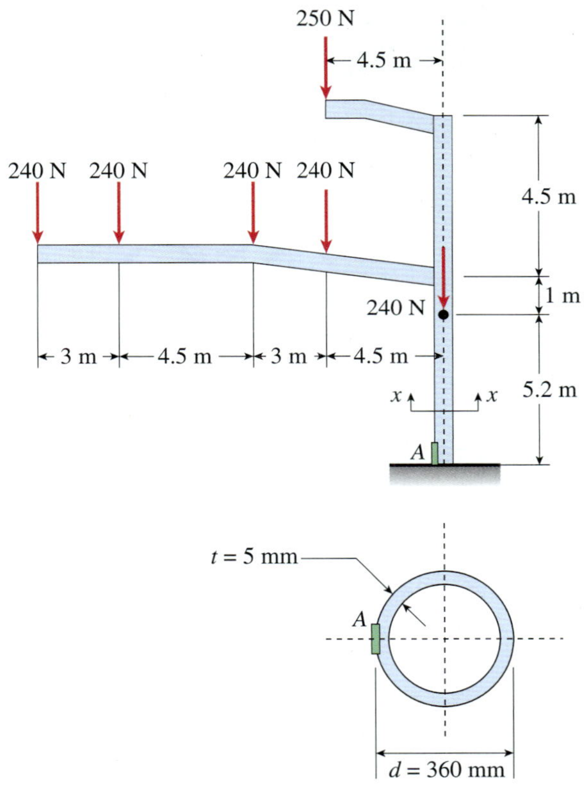

P12.4-8

12.4-9 **정사각형** 강철 튜브로 구성된 2층 자전거 거치대가 점 A에 고정되어 있다(그림 a). 자전거의 중량은 거치대의 평면 프레임 모델(그림 b)에서 B에 가해지는 집중하중으로 나타난다.

(a) 바닥 A에서 수직 튜브 왼쪽의 표면에 위치한 요소 C의 평면응력 상태를 구하시오. 계산 시 프레임 시스템의 무게를 **포함**한다. (중량 밀도 $\gamma=77$ kN/m^{3}를 가정한다.)

(b) 요소 C의 최대 **전단**응력을 찾아 응력 요소의 방향을 스케치하시오.

C가 지지점 A로부터 충분한 거리에 있다고 가정하기 때문에 응력집중 효과는 무시한다.

Arena Photo UK/Shutterstock.com

(a)

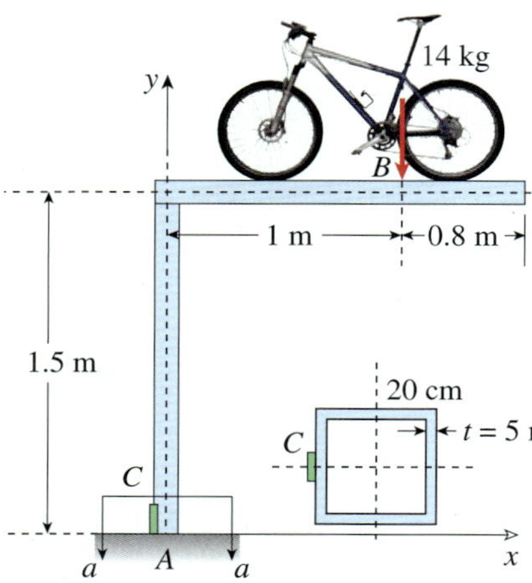

© Can Stock Photo Inc./Aviafan

(b)

P12.4-9

12.4-10 수평면에 놓인 L자형 브래킷은 $P=600$ N의 하중을 지지하고 있다(그림 참조). 브래킷은 두께 $t=4$ mm, 외부 치수가 $b=50$ mm 및 $h=90$ mm인 속이 빈 직사각형 단면을 가지고 있다. 암의 중심선 길이는 $b_1=500$ mm 및 $b_2=750$ mm이다. 하중 P를 고려하여 지지대 브래킷 상단에 위치한 점 A에서의 최대 인장응력 σ_t, 최대 압축응력 σ_c, 최대 전단응력 τ_{max}를 계산하시오.

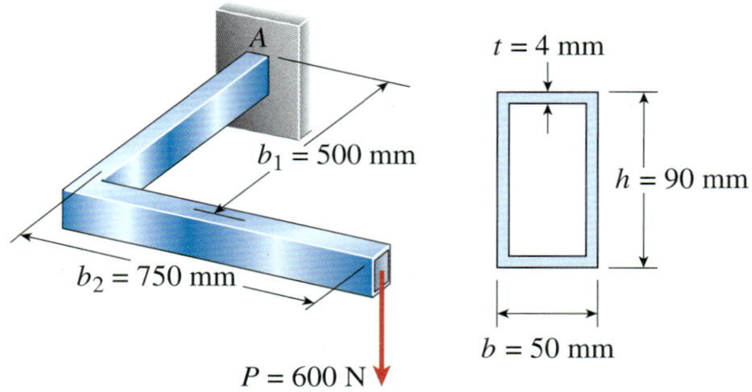

P12.4-10

12.4-11 크랭크 암은 그림과 같이 직경이 d이고 길이가 b_1과 b_3인 중실축과, 길이가 b_2인 얇은 판으로 구성된다. 두 개의 하중 $P=1.2$ kN이 그림과 같이 작용하고 있다. 하나는 $-x$에 평행하고 다른 하나는 $-y$에 평행하게 작용한다. 크랭크축 치수는 $b_1=75$ mm, $b_2=125$ mm, $b_3=35$ mm이며, 축의 직경은 $d=22$ mm이다.

(a) z축에서 축 표면에 위치한 점 A에서의 최대 인장, 압축 및 전단응력을 구하시오.

(b) y축에서 축 표면에 위치한 점 B에서의 최대 인장, 압축 및 전단응력을 구하시오.

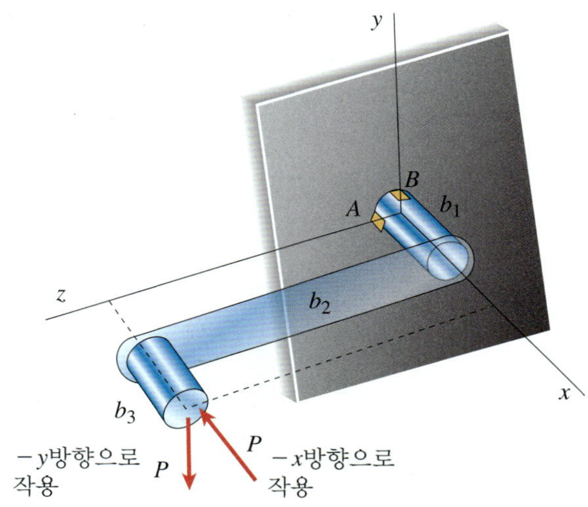

P12.4-11

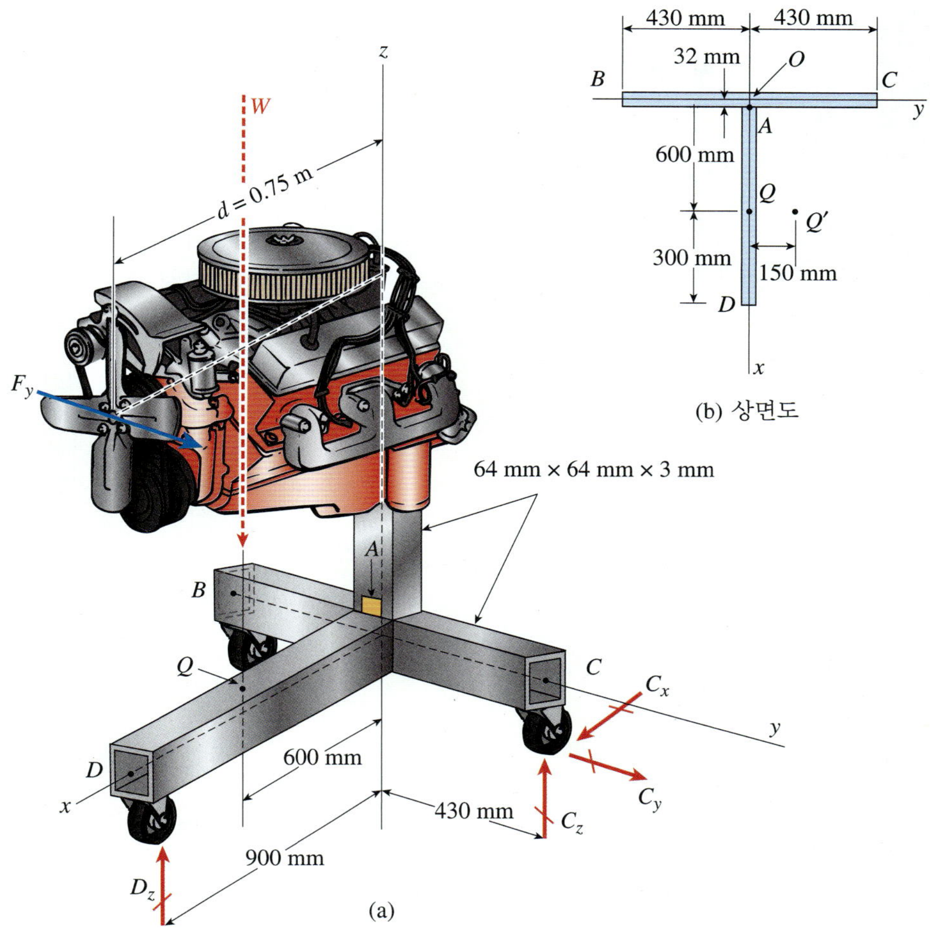

P12.4-12

12.4-12 움직이는 강철 스탠드는 그림 a와 같이 $W=3.4$ kN의 자동차 엔진을 지지한다. 스탠드는 64 mm×64 mm ×3 mm 두께의 강철 튜브로 구성된다. 엔진을 지지하는 스탠드는 점 B와 C에 핀 지지대로 고정된다. 찾고자 하는 응력은 수직 기둥 하단부 점 A에 작용하는 응력이다. 점 A의 좌표는 ($x=32$ mm, $y=0$, $z=32$ mm)이다. 계산 시 스탠드의 무게는 무시한다.

(a) 초기의 엔진 중량이 좌표 (600 mm, 0, 32 mm)를 가지는 점 Q를 통해 $-z$방향으로 작용한다. 이때 점 A에서의 최대 인장, 압축, 전단응력을 구하시오.

(b) 수리하는 동안 엔진이 자체 길이방향, 즉 세로축(x축과 평행)을 중심으로 회전하여 W가 Q'(그림 b)에 작용한다고 가정하고 문제 (a)를 다시 푸시오. 좌표 (600 mm, 150 mm, 32 mm) 및 하중 $F_y=900$ N이 거리 $d=0.75$ m에서 y축에 평행하게 작용한다고 가정한다.

12.4-13 그림에 표시된 자전거 거치대의 점 A에서 튜브의 단면에 작용하는 최대 인장, 압축 및 전단응력을 구하시오. 거치대는 두께가 3 mm인 50 mm×50 mm의 강철 튜브로 구성되어 있다. 거치대는 xy평면에서 캔틸레버(고정단) 보($ABCDEF$)로 표현되고, 네 대의 자전거 각각의 중량이 두 개의 지지 암 사이에 고르게 분포되어 있다고 가정한다. 거치대의 전체 중량은 $W=270$ N이며, 각 자전거의 중량은 $P=135$ N이다.

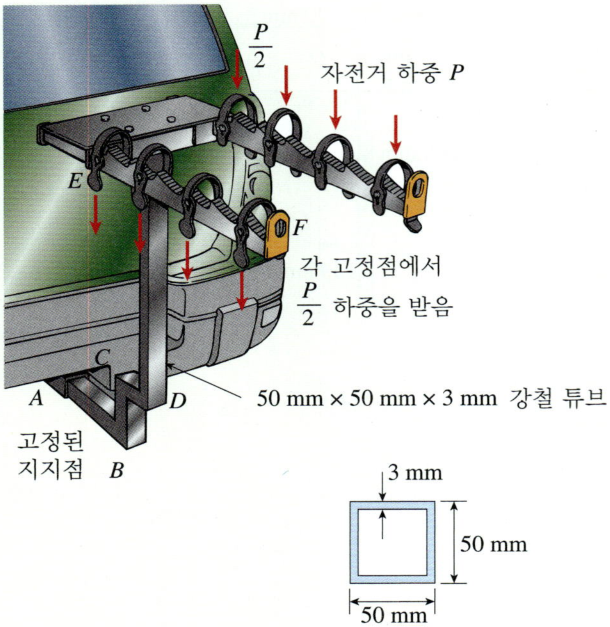

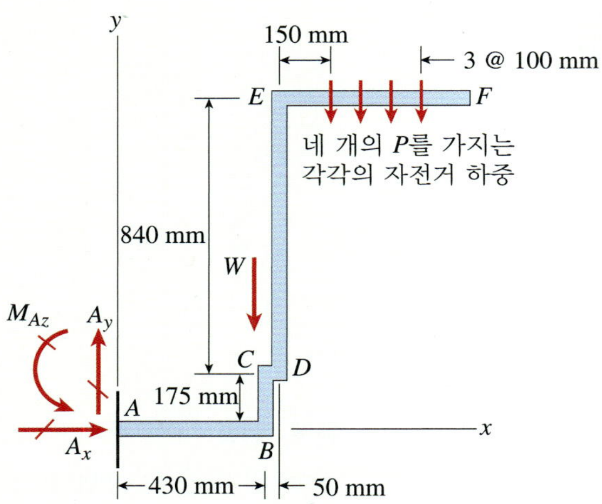

P12.4-13

12.4-14 배관공의 밸브 렌치는 배관 설비의 밸브를 교체하는 데 사용된다. 렌치의 단순화된 모델(그림 a 참조)은 파이프 AB(길이 L, 외부 반지름 d_2, 내부 반지름 d_1)로 구성되며, A에 고정되고 B에 직경 d_b의 구멍이 뚫려 있다. 중실축 원통형 막대 CBD(길이 a, 직경 d_b)가 B의 구멍에 삽입되고 C에서 $-Z$방향으로 $F = 245$ N의 힘만 적용되어 A에서 고정 밸브를 느슨하게 한다(그림 c 참조). 수치 $G = 81$ GPa, $\nu = 0.30$, $L = 100$ mm, $a = 115$ mm, $d_2 = 32$ mm, $d_1 = 25$ mm, $d_b = 6$ mm를 사용하여, A 부근(좌표 $X = 0$, $Y = 0$, $Z = d_2/2$)에서 파이프 상단의 평면응력 상태를 찾고, 평면응력 요소에 대한 모든 응력을 표시하시오(그림 b 참조). 주응력과 최대 전단응력을 계산하고, 응력 요소의 방향을 스케치하시오.

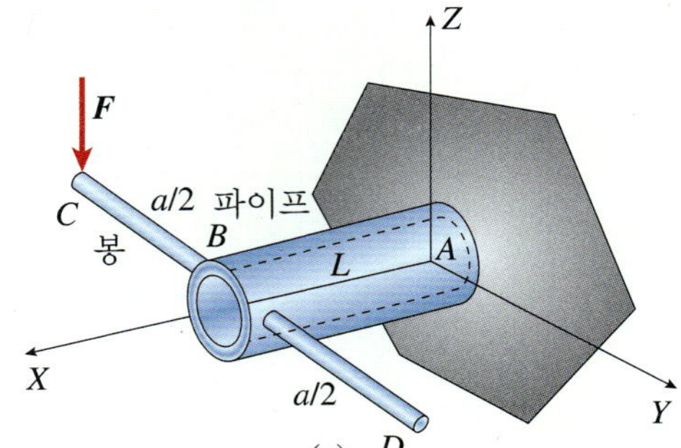

(a)

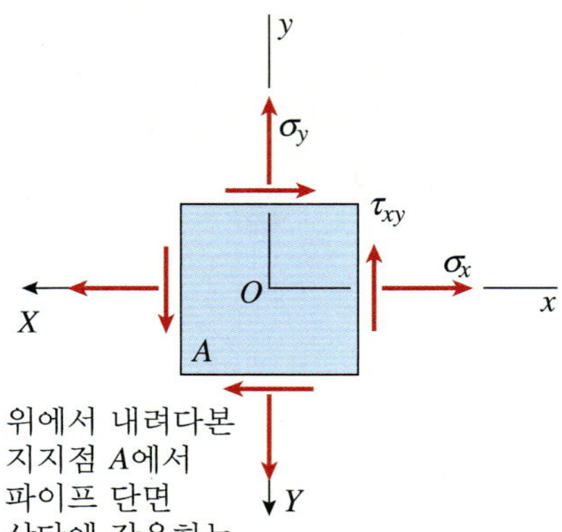

(b)

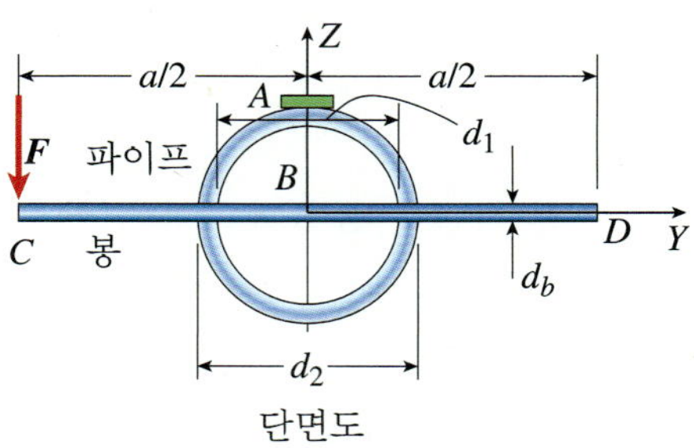

(c)

P12.4-14

CHAPTER 13

보의 처짐

©Kristiina Paul

이 쇼핑몰의 아트리움 지붕 구조는 보 요소들의 복잡한 집합이다. 이러한 보의 힘, 모멘트, 처짐을 계산하는 것은 전체 지붕 설계에서 중요한 단계이다.

이 장의 목적

- 처짐 곡선 미분 방정식의 적분과 중첩법을 포함하여 보의 처짐을 계산하기 위한 여러 방법에 대해 공부한다.
- 다른 유형의 부정정 보의 거동을 조사한다.
- 부정정 보의 부정 정도를 결정한다.
- 부정정 보에서 여분의 힘과 모멘트를 해결하기 위한 중첩법(힘 또는 유연성 방법으로 알려짐)을 개발한다.

이 장의 구성

13.1 서론

길이방향의 똑바른 축을 갖는 보가 가로방향의 힘에 의해 하중을 받을 때 그 축은 어떤 곡선으로 변형되는데, 그 곡선을 보의 **처짐 곡선**(deflection curve)이라고 한다. 10장에서는 보의 수직변형률과 응력을 정의하기 위하여 굽은 보의 곡률을 사용했다. 하지만 보의 처짐 곡선을 구하는 해법을 제시하지는 않았다. 이 장에서는 처짐 곡선의 방정식을 정의하고, 또한 보의 축선에 있는 어느 특정한 점에서의 처짐을 구할 것이다.

보의 처짐 계산은 구조 해석과 설계에서 중요한 부분이다. 예를 들어, 부정정 구조물을 해석할 때는 처짐 계산 과정이 꼭 필요하다(13.6절). 또한 항공기의 진동이나 지진에 대한 건물의 반응 등을 연구할 때와 같은 동적 해석에서도 처짐은 중요하다.

보의 처짐이 허용한도 이내에 있음을 확인하기 위해 처짐을 계산하기도 한다. 예를 들면, 건물의 설계 사양은 보통 처짐에 상한치를 둔다. 건물에서 큰 처짐은 보기 흉하기도 하고(심지어 불안하기까지 하다), 천장과 벽에 균열이 생기는 원인이 되기도 한다. 기계와 항공기의 설계에서 좋지 않은 진동을 방지하기 위해 처짐을 제한하도록 사양을 만들기도 한다.

13.2 처짐 곡선의 미분 방정식

보의 처짐을 구하는 대부분의 해법이 처짐 곡선의 미분 방정식 및 이와 관련된 수식에 기초하고 있다. 따라서 보의 처짐 곡선에 관한 기본적인 방정식을 유도하는 것부터 시작한다.

자유단에서 위쪽 방향으로 작용하는 집중하중을 받는 캔틸레버를 생각해보자(그림 13-1a). 이 하중을 받으면 보의 축은 그림 13-1b에서처럼 어떤 곡선으로 변형된다. 좌표계는 보의 고정단에 원점을 두고 x축이 오른쪽으로 향하고, y축이 위쪽으로 향하도록 한다. z축은 그림에서 (관찰하는 사람을 향하여)바깥쪽으로 향하도록 한다.

그림 13-1
캔틸레버의 처짐 곡선

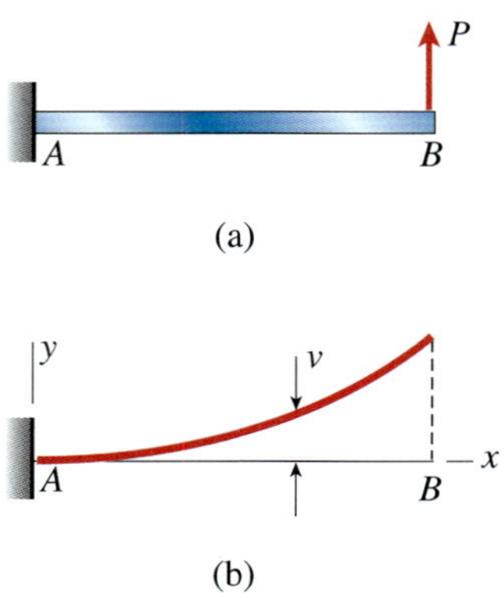

앞의 10장에서 다루었던 보의 굽힘 이론과 같이, x-y평면이 보의 대칭평면이며 또한 모든 하중은 이 평면(**굽힘평면**)에서 작용한다고 간주한다.

처짐(deflection) v는 보의 축 위에 있는 어떤 점에서 y방향 변위이다(그림 13-1b). y축이 위쪽으로 양이기 때문에 처짐 또한 위쪽이 양이 된다.[1]

처짐 곡선의 방정식을 얻기 위해 처짐 v를 좌표 x의 함수로 표시해야 한다. 처짐 곡선상의 어떤 m_1점의 처짐 v를 그림 13-2a에 보이고 있다. 점 m_1은 원점으로부터 거리 x인 점에 위치하고 있다(x축에 따라서 잰 거리). 원점으로부터 거리 $x+dx$인 점에 위치하고 있는 두 번째 점도 그림에 나타내었다. 이 두 번째 점의 처짐은 $v+dv$인데, 여기서 dv는 처짐 곡선을 따라서 m_1에서 m_2로 이동할 때 처짐의 증분이다.

보가 굽힘을 받으면 축선상의 각 점에서 처짐뿐만 아니라 회전도 발생한다. 보의 축선상에서의 **회전각**(angle of rotation) θ는 그림 13-2b의 확대 그림에서 점 m_1에 대해

[1] 10.1절에서 언급했듯이 x, y, z방향의 변위를 표시하는 전통적인 기호는 각각 u, v, w이다. 이 표시의 장점은 **좌표**와 **변위**의 구별을 강조한다는 것이다.

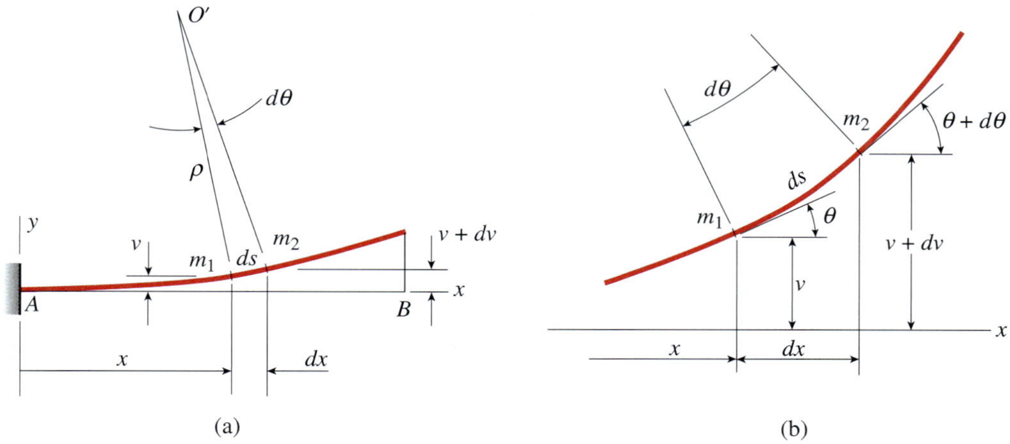

그림 13-2

보의 처짐 곡선

보인 바와 같이 x축과 처짐 곡선의 접선 사이의 각도이다. 우리가 선택했던 좌표계(오른쪽으로 양의 x방향, 위쪽으로 양의 y방향)에서 회전각은 반시계방향이 양이다(회전각을 **경사각** 또는 **기울기 각**이라고도 한다).

점 m_2에서의 회전각은 $\theta + d\theta$인데, 여기서 $d\theta$는 점 m_1에서 점 m_2로 이동할 때 경사각도의 증분이다. 접선에 대해 수직인 법선을 그으면(그림 13-2a, b) 이들 법선 사이의 각도가 $d\theta$임을 알 수 있다. 또한 앞의 10.3절에서 논의했듯이 이 법선들이 만나는 점이 **곡률중심** O'이고(그림 13-2a), O'에서 곡선까지의 거리가 **곡률 반지름** ρ이다. 그림 13-2a에서 볼 수 있듯이

$$\rho d\theta = ds \tag{13-1}$$

여기서 $d\theta$의 단위는 라디안(rad)이고, ds는 처짐 곡선을 따라서 점 m_1에서 m_2까지의 거리이다. 그러므로 **곡률** κ(곡률 반지름의 역수)는 다음 식으로 주어진다.

$$\kappa = \frac{1}{\rho} = \frac{d\theta}{ds} \tag{13-2}$$

곡률의 **부호 규약**은 10.3절의 그림 10-6에서 보였던 바와 같이 그림 13-3에 다시 나타내었다. 보에서 양의 x방향을 따라 회전각이 증가하면 곡률이 양임을 유의하자.

그림 13-3

곡률에 관한 부호 규약

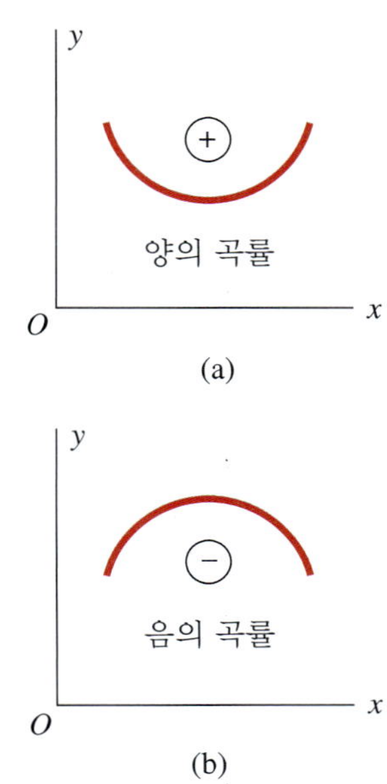

처짐 곡선의 기울기(slope of the deflection curve)는 처짐 v에 대한 함수의 1계 미분 dv/dx이다. 기하학적으로 말하자면 기울기는 처짐의 증분 dv(그림 13-2에서 점 m_1에서 m_2로 갈 때 처짐의 증분)를 x축을 따르는 증분 dx로 나눈 것이다. dv와 dx가 무한히 작기 때문에 기울기 dv/dx는 회전각 θ의 탄젠트와 같다(그림 13-2b). 그러므로

$$\frac{dv}{dx} = \tan\theta \qquad \theta = \arctan\frac{dv}{dx} \tag{13-3a, b}$$

비슷한 방법으로 다음 관계식도 얻을 수 있다.

$$\cos\theta = \frac{dx}{ds} \qquad \sin\theta = \frac{dv}{ds} \tag{13-4a, b}$$

x축과 y축의 방향이 그림 13-2a와 같다면 기울기 dv/dx는 곡선의 접선이 오른쪽으로 올라가는 기울기를 가질 때 양임을 유의하자.

식 (13-2)부터 (13-4)는 오로지 기하학적인 관찰에만 기초하고 있고, 따라서 이 식들은 어떤 재료의 보에도 적용된다. 게다가 기울기와 처짐의 크기에 대한 어떠한 제한도 없다.

회전각이 작은 보

건물, 자동차, 항공기, 선박과 같이 일상생활에서 자주 만나는 구조물은 사용 중에 상대적으로 작은 형상의 변화만을 받는다. 그 변화는 너무 작아서 무심코 지나가는 보통 사람의 눈에는 띄지도 않는다. 따라서 대부분의 보와 기둥의 처짐 곡선은 대단히 작은 회전각만을 일으키고 처짐도 대단히 작으며 곡률도 아주 작다. 이러한 조건하에서는 보의 해석을 아주 간단하게 할 수 있는 수학적인 근사법을 도입할 수 있다.

예를 들어 그림 13-2의 처짐 곡선을 생각해보자. 회전각 θ가 대단히 작은 양이라면(그래서 처짐 곡선이 거의 수평이라면) 처짐 곡선을 따라서 잰 거리 ds는 x축을 따라서 잰 거리의 증분 dx와 실제적으로 같다고 볼 수 있다. 이 같은 결론은 식 (13-4a)로부터 직접 얻을 수도 있다. θ가 작을 때 $\cos\theta \approx 1$이므로 식 (13-4a)는 다음과 같이 된다.

$$ds \approx dx \tag{13-5}$$

이러한 근사법을 이용하면 곡률은 다음과 같이 된다[식 (13-2) 참조].

$$\kappa = \frac{1}{\rho} = \frac{d\theta}{dx} \tag{13-6}$$

또한 θ가 작을 때는 $\tan\theta \approx \theta$이므로 식 (13-3a)를 다음과 같이 근사식으로 표현할 수 있다.

$$\theta \approx \tan\theta = \frac{dv}{dx} \tag{13-7}$$

그러므로 보의 회전각이 작다면, 보의 회전각 θ와 보의 기울기 dv/dx가 같다고 할 수 있다(보의 회전각이 라디안 단위임을 유의하자).

식 (13-7)을 x에 관해 미분하면 다음 식을 얻는다.

$$\frac{d\theta}{dx} = \frac{d^2v}{dx^2} \tag{13-8}$$

이 식을 식 (13-6)에 대입함으로써 보의 곡률과 처짐 사이의 관계식을 얻을 수 있다.

$$\kappa = \frac{1}{\rho} = \frac{d^2v}{dx^2} \tag{13-9}$$

이 식은 보의 회전각이 작은 양이라면 어떠한 재료의 보에도 적용된다.

보의 재료가 **선형 탄성적**이어서 훅의 법칙을 따른다면 곡률은 다음과 같이 된다[10장의 식 (10-13) 참조].

$$\kappa = \frac{1}{\rho} = \frac{M}{EI} \tag{13-10}$$

여기서 M은 굽힘 모멘트이고, EI는 보의 굽힘 강성이다. 식 (13-10)은 앞의 그림 10-10에서 보인 바와 같이 양의 굽힘 모멘트는 양의 곡률을, 음의 굽힘 모멘트는 음의 곡률을 발생시킨다는 것을 의미한다.

식 (13-9)와 (13-10)을 결합함으로써 보의 기초적인 **처짐 곡선의 미분 방정식**(differential equation of the deflection curve)을 얻을 수 있다.

$$\frac{d^2v}{dx^2} = \frac{M}{EI} \tag{13-11}$$

굽힘 모멘트 M과 굽힘 강성 EI가 x의 함수로 알려져 있으면 각각의 특수한 경우에 대해 이 방정식을 적분함으로써 처짐 v를 구할 수 있다.

여기에서 앞의 방정식에 사용된 **부호 규약**을 다시 한번 상기해본다. (1) x축과 y축은 각각 오른쪽과 위쪽이 양이다. (2) 처짐 v는 위쪽이 양이다. (3) 기울기 dv/dx와 회전각 θ는 양의 x축으로부터 반시계방향일 때 양이다. (4) 곡률 κ는 보가 아래쪽으로 볼록하도록 굽을 때 양이다. (5) 굽힘 모멘트 M은 보의 윗부분에 압축을 일으킬 때 양이다.

굽힘 모멘트 M과 전단력 V 및 분포하중의 강도 q의 관계식으로부터 또 다른 방정식을 얻을 수 있다. 6장에서 다음과 같은 M, V, q 사이의 방정식을 구한 바 있다[식 (6-1)과 (6-4) 참조].

$$\frac{dV}{dx} = -q \qquad \frac{dM}{dx} = V \tag{13-12a, b}$$

이 식에 나오는 M, V, q에 대한 부호 규약을 그림 13-4에 나타내었다. 식 (13-11)을 x에 관해 미분하고, 이어서 전단력과 하중에 대한 위 식을 대입함으로써 추가적인 방정식을 얻을 수 있다. 여기에서 불균일 단면 보와 균일 단면 보, 두 가지의 경우를 생각할 수 있다.

그림 13-4

굽힘 모멘트 M, 전단력 V, 강도 q인 분포하중에 대한 부호 규약

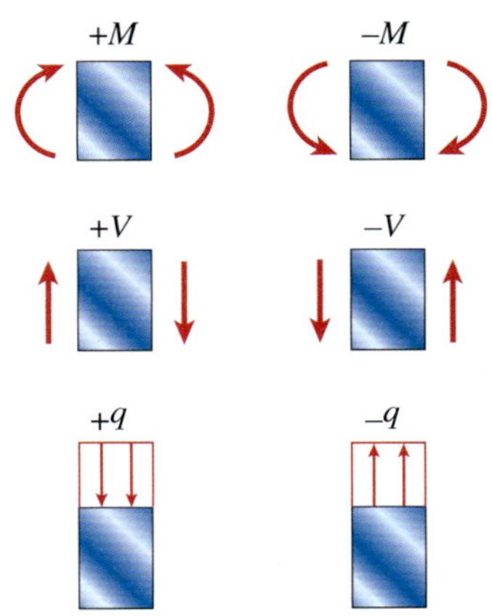

불균일 단면 보

불균일 단면 보의 경우에는 굽힘 강성 EI가 일정하지 않은 변수이며, 따라서 식 (13-11)은 다음 형태로 고쳐 쓸 수 있다.

$$EI_x \frac{d^2v}{dx^2} = M \tag{13-13a}$$

여기서 I의 첨자 x는 굽힘 강성이 x에 대해 변한다는 사실을 나타내기 위해 붙였다. 이 방정식의 양변을 미분하고 식 (13-12a, b)를 이용하면 다음 식을 얻는다.

$$\frac{d}{dx}\left(EI_x \frac{d^2v}{dx^2}\right) = \frac{dM}{dx} = V \tag{13-13b}$$

$$\frac{d^2}{dx^2}\left(EI_x\frac{d^2v}{dx^2}\right)=\frac{dV}{dx}=-q \tag{13-13c}$$

위의 세 가지 미분 방정식 중 어느 하나를 (해석적으로든 수치적으로든)풀면 불균일 단면 보의 처짐을 얻을 수 있다. 가장 효율적으로 해를 구할 수 있는 것으로 미분 방정식을 선택할 수 있다.

균일 단면 보

균일 단면 보의 경우(EI가 일정) 미분 방정식은 다음과 같이 된다.

$$EI\frac{d^2v}{dx^2}=M \qquad EI\frac{d^3v}{dx^3}=V \qquad EI\frac{d^4v}{dx^4}=-q \tag{13-14a, b, c}$$

이 방정식과 그 밖의 식에서 간단히 쓰기 위해 미분의 표시로 **프라임**(prime)이 사용되기도 한다.

$$v'\equiv\frac{dv}{dx} \qquad v''\equiv\frac{d^2v}{dx^2} \qquad v'''\equiv\frac{d^3v}{dx^3} \qquad v''''\equiv\frac{d^4v}{dx^4} \tag{13-15}$$

이 표시를 사용하면 균일 단면 보에 대한 미분 방정식은 다음과 같은 형태로 표시된다

$$EIv''=M \qquad EIv'''=V \qquad EIv''''=-q \tag{13-16a, b, c}$$

이 식을 각각 **굽힘 모멘트 방정식**(bending-moment equation), **전단력 방정식**(shear-force equation), **하중 방정식**(load equation)이라고 부른다.

다음 두 절에서 보의 처짐을 구하기 위해 위의 방정식을 사용할 것이다. 일반적인 해법은 방정식을 적분하고, 그다음 보와 관련된 경계 조건과 여타 조건들을 통해 적분 상수를 구하는 것이다.

미분 방정식[식 (13-13), (13-14), (13-16)]을 유도할 때, 재료는 훅의 법칙을 따르고 처짐 곡선의 기울기가 대단히 작다고 가정했다. 또한 전단변형은 무시할 만하다고 가정했고, 따라서 순수굽힘에 기인한 변형만을 고려했다. 이 모든 가정은 통상적으로 사용하는 대부분의 보에서 충분히 만족된다.

곡률의 정확한 표현

보의 처짐 곡선이 큰 기울기를 갖는다면 식 (13-5)와 (13-7)로 주어지는 근사식은 사용할 수 없다. 그 대신 곡률과 회전각에 관한 정확한 표현을 이용해야 한다[식 (13-2)와 (13-3b) 참조]. 이 표현들을 조합함으로써 다음 식을 얻는다.

$$\kappa=\frac{1}{\rho}=\frac{d\theta}{ds}=\frac{d(\arctan v')}{dx}\frac{dx}{ds} \tag{13-17}$$

그림 13-2로부터 다음 식을 얻는다.

$$ds^2=dx^2+dv^2 \qquad \text{또는} \qquad ds=[dx^2+dv^2]^{1/2} \tag{13-18a, b}$$

식 (13-18b)의 양변을 dx로 나누면 다음 식이 된다.

$$\frac{ds}{dx} = \left[1 + \left(\frac{dv}{dx}\right)^2\right]^{1/2} = [1 + (v')^2]^{1/2} \quad \text{또는} \quad \frac{dx}{ds} = \frac{1}{[1 + (v')^2]^{1/2}} \tag{13-18c, d}$$

또한 아크탄젠트(arctangent) 함수의 미분은 다음과 같이 된다(부록 A 참조).

$$\frac{d}{dx}(\arctan v') = \frac{v''}{1 + (v')^2} \tag{13-18e}$$

식 (13-18d, e)를 식 (13-17)로 주어지는 곡률에 관한 방정식에 대입하면 다음과 같다.

$$\kappa = \frac{1}{\rho} = \frac{v''}{[1 + (v')^2]^{3/2}} \tag{13-19}$$

식 (13-9)와 이 식을 비교해보면, 작은 회전각이라는 가정은 $(v')^2$을 1에 비해 작다고 무시하는 것과 같다. 식 (13-19)는 기울기가 클 때 곡률로 사용되어야 하는 식이다.[2]

13.3 굽힘 모멘트 방정식의 적분에 의한 처짐

보의 처짐 곡선에 관한 미분 방정식을 풀고 보의 처짐을 구하기 위해 사용할 첫 번째 식은 굽힘 모멘트 방정식[식 (13-16a)]이다. 이 방정식은 2계이므로 두 번의 적분이 필요하다. 첫 번째 적분으로 기울기 $v' = dv/dx$, 두 번째 적분으로 처짐 v를 얻는다.

보의 굽힘 모멘트에 관한 식을 쓰는 것부터 시작해보자. 이 장에서는 우선 정정보를 다루기 때문에 6장에서 설명한 해법에 따라 자유물체도와 평형 방정식으로부터 굽힘 모멘트를 얻을 수 있다. 어떤 경우에는 예제 13-1과 13-2에 보인 바와 같이 하나의 식으로 보의 전 길이에 걸쳐 굽힘 모멘트를 나타낼 수 있다. 또 어떤 경우에는 보의 축선상에 있는 하나 또는 그 이상의 점에서 굽힘 모멘트가 급격하게 변하기도 한다. 이때는 예제 13-3에 보이는 바와 같이 변화가 일어나는 점들 사이에서 보의 각 구간에 대한 굽힘 모멘트 식을 따로 써야 한다.

굽힘 모멘트를 나타내는 식의 수에 상관없이 미분 방정식을 푸는 일반적인 해법은 다음과 같다. 보의 각 구간에 대해 M에 관한 식을 미분 방정식에 대입하고 적분해서 기울기 v'을 얻는다. 매 적분마다 하나의 적분 상수가 생긴다. 그다음에 각각의 기울기에 관한 식을 적분하여 거기에 상응하는 처짐 v를 구한다. 또다시 매 적분마다 새로운 상수가 도입된다. 그리하여 보의 각 구간마다 두 개의 적분 상수가 있게 된다. 이 상수는 기울기와 처짐에 관련하여 알고 있는 조건들로부터 계산할 수 있다. 이 조건들은 (1) 경계 조건, (2) 연속 조건, (3) 대칭 조건과 같이 세 개로 나누어 생각할 수 있다.

경계 조건(boundary condition)은 보의 지지점에서의 처짐과 기울기와 관련된다. 예를 들면 (핀 지지이든 롤러 지지이든)단순 지지점에서는 처짐이 0이고(그림 13-5),

그림 13-5
단순 지지점에서의 경계 조건

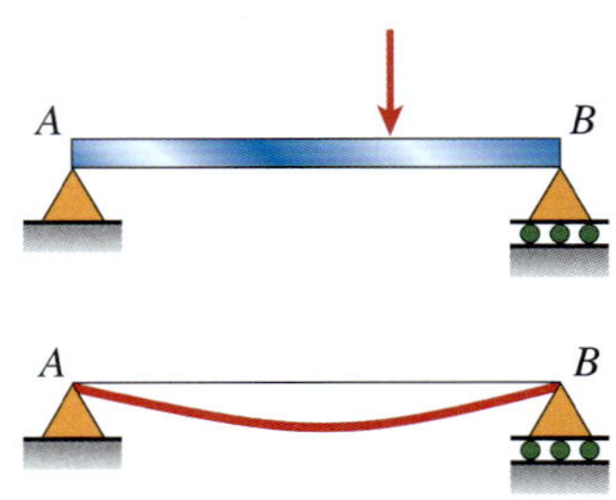

[2] 보의 곡률이 굽힘 모멘트에 비례한다는 것을 설명하는 기본적인 관계식[식 (13-10)]은 야코프 베르누이가 처음으로 밝혔으나 그는 그 비례 상수를 부정확한 값으로 잡았다. 이 관계식은 나중에 오일러가 사용했으며, 그는 큰 처짐[식 (13-19)를 사용]과 작은 처짐[식 (13-11)을 사용], 둘 다에 대해 처짐 곡선의 미분 방정식을 풀었다.

그림 13-6
고정 지지점에서의 경계 조건

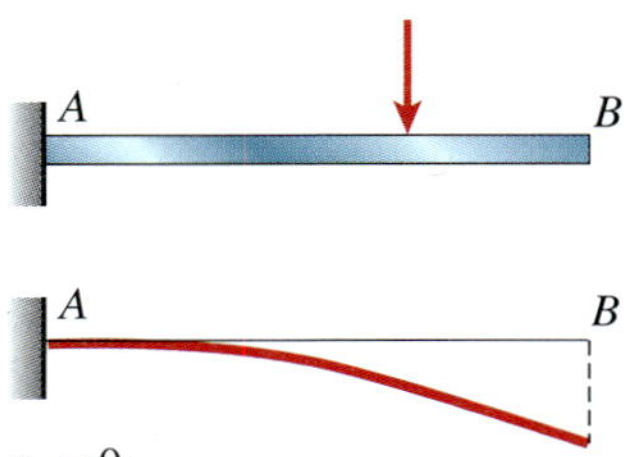

$v_A = 0$
$v'_A = 0$

그림 13-7
점 C에서의 연속 조건

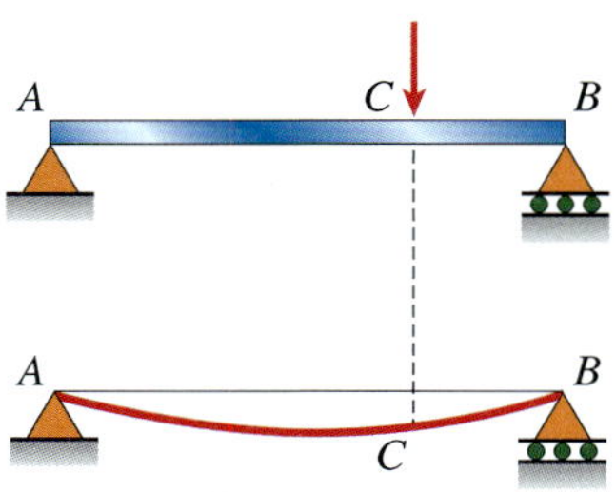

점 C에서: $(v)_{AC} = (v)_{CB}$
$(v')_{AC} = (v')_{CB}$

고정 지지점에서는 처짐과 기울기가 둘 다 0이다(그림 13-6). 이러한 각 경계 조건은 적분 상수를 계산하는 데 사용할 수 있는 하나의 방정식을 제공한다.

연속 조건(continuity condition)은 그림 13-7의 보에서 점 C와 같이 적분구간이 만나는 점에서 생긴다. 이 보의 처짐 곡선은 점 C에서 물리적으로 연속이고, 따라서 점 C를 중심으로 하여 왼쪽 부분에서 구한 C점의 처짐과 오른쪽 부분에서 구한 C점의 처짐이 같아야 한다. 같은 방법으로 양쪽 부분에서 구한 기울기 값이 점 C에서 같아야 한다. 이들 각각의 연속 조건은 적분 상수를 계산하기 위한 하나의 방정식을 제공한다.

대칭 조건(symmetry condition)도 이용할 수 있다. 예를 들면 단순 보가 전 길이에 걸쳐 등분포하중을 받는다면 처짐 곡선의 기울기는 중간점에서 0이 되어야 한다. 이 조건은 예제 13-1에서 보인 바와 같이 추가적인 방정식을 제공한다.

각각의 경계, 연속, 대칭 조건은 하나 또는 그 이상의 적분 상수를 포함하는 방정식으로 유도한다. **독립적인** 조건의 개수는 항상 적분 상수의 개수와 일치하므로 우리는 항상 이 방정식들을 풀어서 상수를 구할 수 있다(경계 조건과 연속 조건만으로도 충분히 모든 상수를 구할 수 있다. 어떤 대칭 조건은 추가적인 방정식을 제공하나 이 식은 여타 방정식과 독립적이지 않다. 어떤 조건을 사용할 것인가의 선택은 편리성의 문제이다).

상수가 계산되었으면 이를 기울기와 처짐에 관한 방정식에 다시 대입함으로써 처짐 곡선의 최종 방정식을 얻는다. 이제 이 방정식은 보의 축선상에서 어떤 특정한 점의 처짐과 회전각을 구하는 데 사용할 수 있다.

처짐을 계산하는 앞의 해법을 **순차적분법**(method of successive integrations)이라고도 한다. 다음 예제들은 이 해법을 상세하게 설명한다.

주의: 처짐 곡선은 다음 예제들과 그림 13-5, 13-6, 13-7에서처럼 명확하게 나타내기 위해 엄청나게 과장되어 있다. 하지만 실제적인 처짐은 대단히 적은 양임을 항상 염두에 두어야 한다.

예제 13-1

보의 전 구간에 걸쳐 강도 q의 등분포하중을 받는 단순 보 AB에 대해 처짐 곡선의 방정식을 구하시오(그림 13-8a).

또한 보 중간점에서의 최대 처짐 δ_{max}를 구하고 양쪽 지점에서의 회전각 θ_A와 θ_B를 구하시오(그림 13-8b). **참고:** 보의 길이는 L이고, 굽힘 강성 EI는 일정하다.

풀이

4단계 문제풀이 접근방법을 사용한다.

1. **개념화[가정, 스케치]** 정정 보이며, 반력 R_A를 구하는 것부터 시작한다. 따라서 그림 13-9의 왼쪽 자유물체도는 내부 모멘트 $M(x)$에 대한 표현을 얻기 위해 사용된다.

그림 13-8

예제 13-1: 등분포하중을 받는 단순 보의 처짐

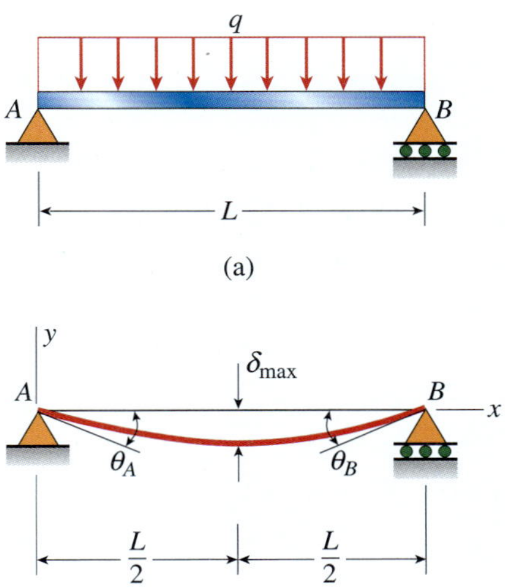

그림 13-9

예제 13-1: 굽힘 모멘트 M을 구하는 데 사용되는 자유물체도

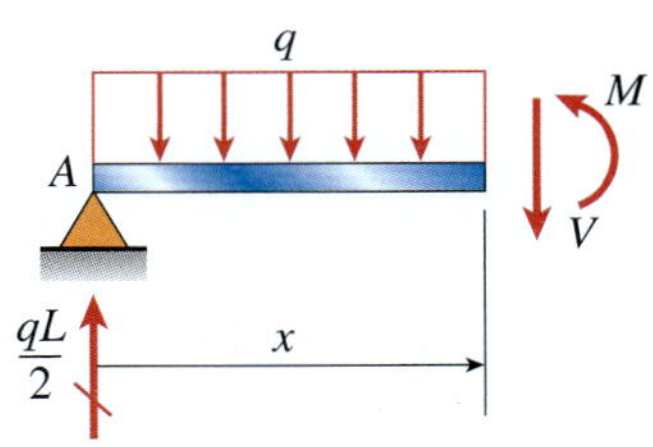

보의 굽힘 모멘트: 왼쪽 지지점에서 거리 x인 단면의 굽힘 모멘트는 그림 13-9의 자유물체도로부터 얻을 수 있다. 지지점에서의 반력은 $qL/2$이므로 굽힘 모멘트에 관한 식은 다음과 같이 된다.

$$M = \frac{qL}{2}(x) - qx\left(\frac{x}{2}\right) = \frac{qLx}{2} - \frac{qx^2}{2} \tag{13-20}$$

2. **분류[단순화, 분류화]** 보의 처짐과 기울기를 구하기 위해서 굽힘 모멘트 식[식 (13-16a)]에 내부 모멘트 $M(x)$에 대한 표현을 사용한다.

처짐 곡선의 미분 방정식: 굽힘 모멘트에 대한 표현[식 (13-20)]을 미분 방정식[식 (13-16a)]에 대입하면 다음 식을 얻을 수 있다.

$$EIv'' = \frac{qLx}{2} - \frac{qx^2}{2} \tag{13-21}$$

3. **해석[수치계산, 적절한 식 선정, 수학적인 해를 구함]** 이제 보의 기울기와 처짐을 구하기 위하여 이 식을 적분한다.

보의 기울기: 미분 방정식의 양변에 dx를 곱하면 다음 방정식을 얻는다.

$$EIv''\,dx = \frac{qLx}{2}dx - \frac{qx^2}{2}dx$$

각 항을 적분함으로써 다음 식을 얻는다.

$$EI\int v''dx = \int \frac{qLx}{2}dx - \int \frac{qx^2}{2}dx$$

또는

$$EIv' = \frac{qLx^2}{4} - \frac{qx^3}{6} + C_1 \tag{a}$$

여기서 C_1은 적분 상수이다.

C_1을 구하기 위해 보와 그 하중의 대칭성으로부터 전 구간의 중간점에서 처짐 곡선의 기울기가 0이라는 사실에 주목한다. 따라서 다음의 대칭 조건을 적용한다.

$$v' = 0 \qquad x = \frac{L}{2}\text{일 때}$$

이 조건은 다음과 같이 간결하게 표시할 수 있다.

$$v'\left(\frac{L}{2}\right) = 0$$

이 조건을 식 (a)에 적용하면 다음 식을 얻는다.

$$0 = \frac{qL}{4}\left(\frac{L}{2}\right)^2 - \frac{q}{6}\left(\frac{L}{2}\right)^3 + C_1 \quad \text{또는} \quad C_1 = -\frac{qL^3}{24}$$

보의 기울기에 관한 방정식[식 (a)]은 다음과 같이 된다.

$$EIv' = \frac{qLx^2}{4} - \frac{qx^3}{6} - \frac{qL^3}{24} \tag{b}$$

또는

$$v' = -\frac{q}{24EI}(L^3 - 6Lx^2 + 4x^3) \tag{13-22}$$

예상했던 대로 기울기는 보의 왼쪽 끝($x=0$)에서 음이고(즉, 회전각이 시계방향), 오른쪽 끝($x=L$)에서 양이며(즉, 회전각이 반시계방향), 중간점($x=L/2$)에서 0이다.

보의 처짐: 처짐은 기울기에 관한 방정식을 적분함으로써 얻어진다. 식 (b)의 양변에 dx를 곱하고 적분하면 다음 식을 얻는다.

$$EIv = \frac{qLx^3}{12} - \frac{qx^3}{24} - \frac{qL^3x}{24} + C_2 \tag{c}$$

왼쪽 지지점에서 보의 처짐이 0이라는 사실, 즉 $x=0$일 때 $v=0$ 또는

$$v(0) = 0$$

으로부터 적분 상수 C_2가 구해진다. 이 조건을 식 (c)에 적용하면 $C_2=0$이 되고, 따라서 처짐 곡선의 방정식은 다음과 같다.

$$EIv = \frac{qLx^3}{12} - \frac{qx^4}{24} - \frac{qL^3x}{24} \tag{d}$$

또는

$$v = -\frac{qx}{24EI}(L^3 - 2Lx^2 + x^3) \tag{13-23}$$

이 방정식을 이용하면 보의 축선상의 어떠한 점에서도 처짐을 구할 수 있다. 보의 양쪽 끝($x=0$과 $x=L$)에서 처짐이 0이고 그 밖의 곳에서는 음이라는 사실에 주목하라(아래쪽으로의 처짐이 음이라는 사실을 상기하자).

최대 처짐: 대칭성으로부터 최대 처짐은 구간의 중간점에서 발생한다는 사실을 알고 있다(그림 13-8b). 그러므로 식 (13-23)에 x를 $L/2$로 놓으면 다음 식을 얻는다.

$$v\left(\frac{L}{2}\right) = -\frac{5qL^4}{384EI}$$

여기에서 음의 부호는 처짐이 (예상한 바와 같이) 아래쪽으로 향한다는 것을 의미한다. 이 처짐의 크기를 변수 δ_{max}로 표현하면 다음 식과 같다.

$$\delta_{max} = \left| v\left(\frac{L}{2}\right) \right| = \frac{5qL^4}{384EI} \tag{13-24}$$

회전각: 최대 회전각은 보의 지지점에서 발생한다. 보 왼쪽 끝에서의 회전각 θ_A는 시계방향의 회전각인데(그림 13-8b), 기울기 v'에 음의 부호를 붙인 것과 같다. 그래서 식 (13-22)에 $x=0$을 대입함으로써 다음을 구한다.

$$\theta_A = -v'(0) = \frac{qL^3}{24EI} \tag{13-25}$$

같은 방법으로, 보 오른쪽 끝에서의 회전각 θ_B도 구할 수 있다. θ_B는 반시계방향의 각도이므로 보의 끝에서 처짐 곡선의 기울기와 같다.

$$\theta_B = v'(L) = \frac{qL^3}{24EI} \tag{13-26}$$

4. 최종 단계[결론, 해의 검증 — 해가 합당한가? 단위가 맞는가? 비슷한 문제풀이 방법과 비교해볼 때 어떠한가?] 보와 하중이 중간점에 대해 대칭이므로 양끝에서의 회전각이 같다.

이 예제는 처짐 곡선에 관한 미분 방정식을 세우고 푸는 과정을 설명하고 있다. 또한 보의 축선상에서 선택된 점에서 기울기와 처짐을 구하는 과정도 보여준다.

참고: 최대 처짐과 최대 회전각에 관한 공식이 유도되었으므로[식 (13-24), (13-25), (13-26) 참조] 수치적으로 그 값을 계산할 수가 있고, 이 이론이 요구하는 바와 같이 그 처짐과 회전각이 매우 작다는 사실을 알 수 있다.

구간 길이 $L=2$ m인 단순 지지 연강 보를 생각해보자. 단면은 폭 $b=75$ mm, 높이 $h=150$ mm인 직사각형이라고 하자. 등분포하중의 강도는 $q=100$ kN/m라 하는데 이 하중은 비교적 큰 하중이다. 왜냐하면 이 하중은 보에 178 MPa의 응력을 생기게 하기 때문이다(따라서 처짐과 기울기는 통상적으로 기대한 것보다 크다).

식 (13-24)에 주어진 수치와 $E=210$ GPa을 대입하여 계산하면 최대 처짐이 $\delta_{max}=4.7$ mm가 되는데 이것은 구간 길이의 1/500에 불과하다. 또한 식 (13-25)로부터 최대 회전각은 $\theta_A=0.0075$ rad, 즉 0.43°로서 대단히 작은 각도임을 알 수 있다.

따라서 기울기와 처짐이 대단히 작다는 가정은 유효하다.

예제 13-2

강도 q의 등분포하중을 받는 캔틸레버 AB에 대한 처짐 곡선의 방정식을 구하시오(그림 13-10a).

또한 자유단에서의 회전각 θ_B와 처짐 δ_B도 결정하시오(그림 13-10b). **참고:** 보는 길이가 L이고 굽힘 강성 EI는 일정하다.

풀이

4단계 문제풀이 접근방법을 사용한다.

1. 개념화 정정 보이며, 반력 R_A를 구하는 것부터 시작한다. 따라서 그림 13-11의 왼쪽 자유물체도는 내부 모멘트 $M(x)$에 대한 표현을 얻기 위해 사용된다.

보의 굽힘 모멘트: 고정 지지점으로부터 거리 x에서의 굽힘 모멘트는 그림 13-11의 자유물체도에서 얻을 수 있다. 지지점에서의 수직 반력은 qL이고 모멘트 반력은 $qL^2/2$임을 유의하라. 따라서 굽힘 모멘트의 식은 다음과 같이 된다.

그림 13-10

예제 13-2: 등분포하중을 받는 캔틸레버의 처짐

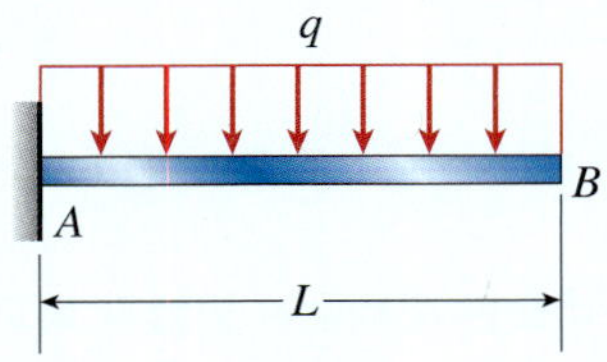

(a)

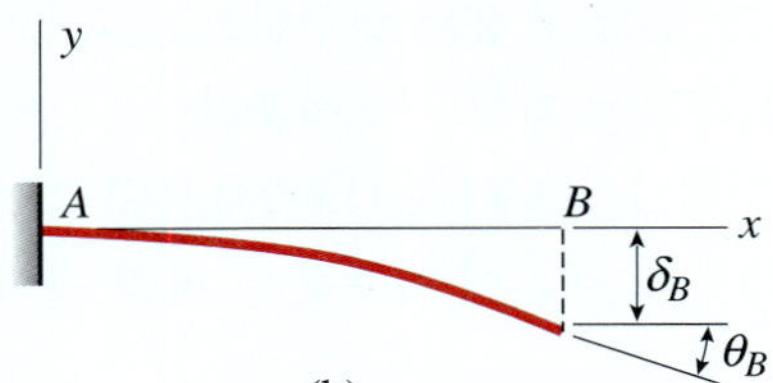

(b)

그림 13-11

예제 13-2: 모멘트 M을 구하는 데 사용되는 자유물체도

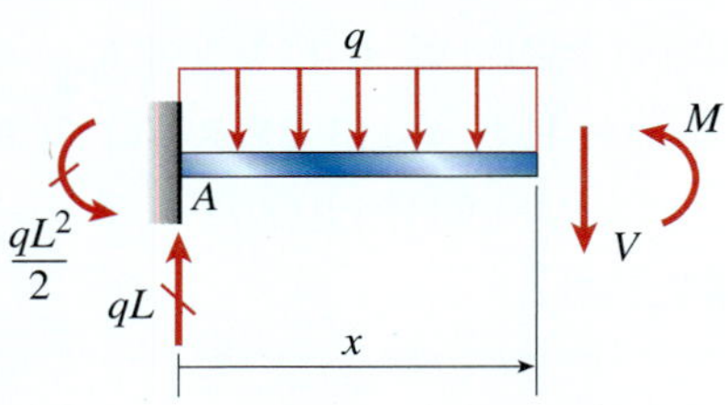

$$M = -\frac{qL^2}{2} + qLx - \frac{qx^2}{2} \tag{13-27}$$

2. 분류 보의 처짐과 기울기를 구하기 위해서 굽힘 모멘트 식[식 (13-14a)]에 내부 모멘트 $M(x)$에 대한 표현을 사용한다.

처짐 곡선의 미분 방정식: 굽힘 모멘트에 관한 위의 식을 미분 방정식[식 (13-16a)]에 대입하면 다음과 같이 된다.

$$EIv'' = -\frac{qL^2}{2} + qLx - \frac{qx^2}{2} \tag{13-28}$$

3. 해석 이제 보의 기울기와 처짐을 구하기 위하여 이 식을 적분한다.

보의 기울기: 식 (13-28)을 한 번 적분하면 기울기에 관한 식이 다음과 같이 얻어진다.

$$EIv' = -\frac{qL^2x}{2} + \frac{qLx^2}{2} - \frac{qx^3}{6} + C_1 \tag{a}$$

적분 상수 C_1은 지지점에서 보의 기울기가 0이라는 경계 조건으로부터 구할 수 있다. 즉, 다음 조건을 이용하여 구한다.

$$v'(0) = 0$$

이 조건을 식 (a)에 대입하면 $C_1=0$임을 알 수 있다. 따라서 식 (a)는 다음과 같이 된다.

$$EIv' = -\frac{qL^2x}{2} + \frac{qLx^2}{2} - \frac{qx^3}{6} \tag{b}$$

그러므로 기울기는 다음과 같다.

$$v' = -\frac{qx}{6EI}(3L^2 - 3Lx + x^2) \tag{13-29}$$

예상했던 대로 이 식으로부터 구한 기울기는 지지점($x=0$)에서 0이고 보의 전 길이에 걸쳐 음의 값(즉, 시계방향)이다.

보의 처짐: 기울기에 관한 식 (b)를 적분함으로써 다음 식을 얻는다.

$$EIv = -\frac{qL^2x^2}{4} + \frac{qLx^3}{6} - \frac{qx^4}{24} + C_2 \tag{c}$$

지지점에서 보의 처짐이 0이라는 경계 조건으로부터 상수 C_2를 구할 수 있다.

$$v(0) = 0$$

이 조건을 식 (c)에 대입함으로써 $C_2=0$임을 알 수 있다. 그러므로 처짐 v에 관한 식은 다음과 같이 된다.

$$v = -\frac{qx^2}{24EI}(6L^2 - 4Lx + x^2) \tag{13-30}$$

예상했던 대로 이 식으로부터 구한 처짐은 지지점($x=0$)에서 0이고 그 밖의 곳에서는 음이다(즉, 아래쪽이다).

보 자유단에서의 회전각: 보의 끝 B에서의 시계방향 회전각 θ_B(그림 13-10b)는 그 점에서의 기울기에 음의 부호를 붙인 것과 같다. 그러므로 식 (13-29)를 사용하여 다음을 얻는다.

$$\theta_B = -v'(L) = \frac{qL^3}{6EI} \tag{13-31}$$

이 각도가 보에서의 최대 회전각이다.

보 자유단에서의 처짐: 처짐 δ_B가 아래쪽이므로(그림 13-10b) 이것은 식 (13-30)으로부터 얻은 처짐에 음의 부호를 붙인 것과 같다.

$$\delta_B = -v(L) = \frac{qL^4}{8EI} \tag{13-32}$$

이 값은 보에서의 최대 처짐이 된다.

4. 최종 단계 식 (13-29)부터 식 (13-32)는 부록 E에 있는 표 E-1의 사례 1에 나타나 있다.

예제 13-3

그림 13-12

예제 13-3: 집중하중을 받는 단순 보의 처짐

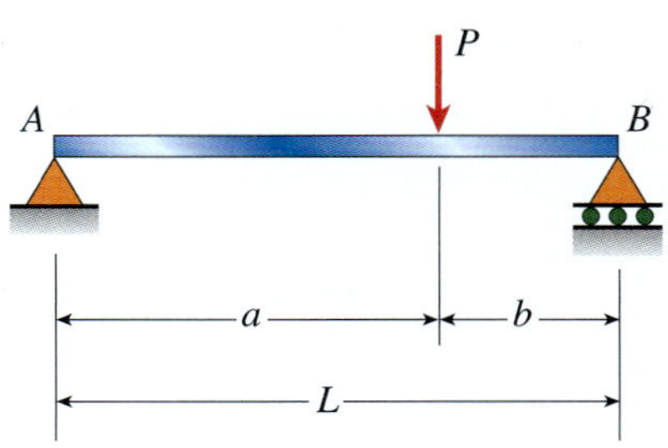

(a)

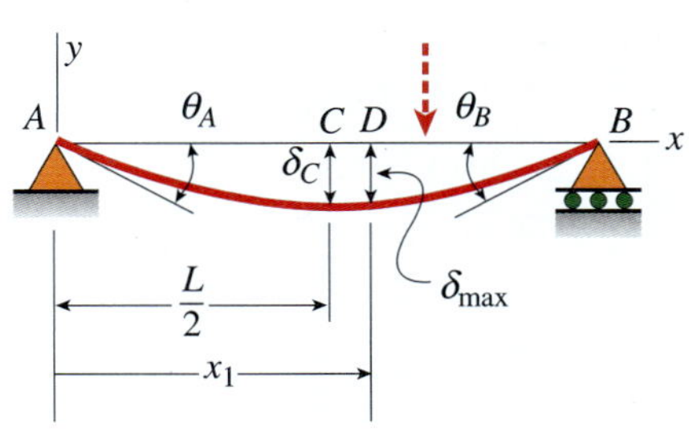

(b)

단순 보 AB가 왼쪽과 오른쪽 지지점으로부터 각각 거리 a, b인 점에 작용하는 집중하중 P를 받고 있다(그림 13-12a).

처짐 곡선의 방정식을 구하고 지지점에서의 회전각 θ_A, θ_B, 최대 처짐 δ_{max}, 보의 중간점 C에서의 처짐 δ_C를 구하시오(그림 13-12b). **참고:** 보의 길이는 L이고 굽힘 강성 EI는 일정하다.

풀이

4단계 문제풀이 접근방법을 사용한다.

1. 개념화 내부 전단력 $V(x)$와 모멘트 $M(x)$는 하중 P가 가해진 점에서 불연속이다. 보의 전체 길이에 대하여 모멘트를 표현하기 위해서 두 개의 자유물체도가 필요하다(그림 13-13a, b 참조).

보의 굽힘 모멘트: 이 예제에서 굽힘 모멘트는 보의 각 부분에 하나씩 두 개의 방정식으로 표현된다. 그림 13-13의 자유물체도를 사용하여 다음 방정식을 얻을 수 있다.

$$M = \frac{Pbx}{L} \qquad (0 \le x \le a) \tag{13-33a}$$

$$M = \frac{Pbx}{L} - P(x-a) \qquad (a \le x \le L) \tag{13-33b}$$

그림 13-13

예제 13-3: 굽힘 모멘트를 구하는 데 사용되는 자유물체도

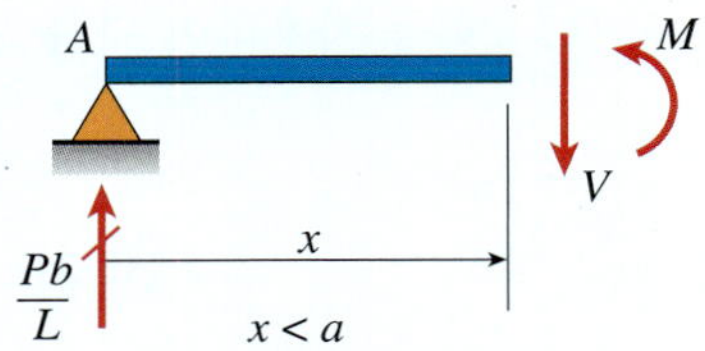

(a)

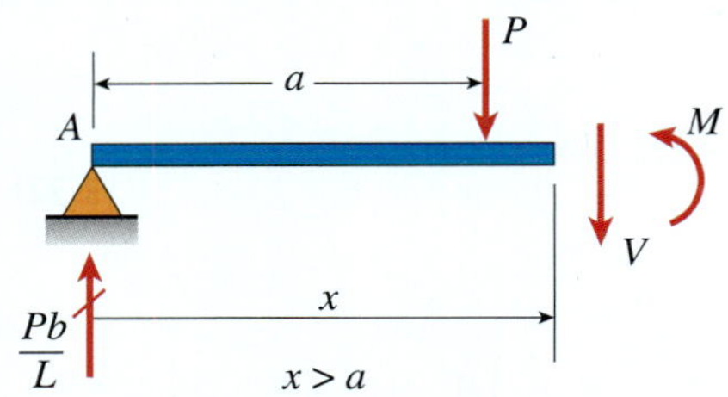

(b)

2. 분류

처짐 곡선의 미분 방정식: 보의 두 부분에 대한 미분 방정식은 굽힘 모멘트에 관한 표현[식 (13-33a, b)]을 식 (13-16a)에 대입함으로써 얻어진다. 그 결과는 다음과 같다.

$$EIv'' = \frac{Pbx}{L} \qquad (0 \le x \le a) \qquad \textbf{(13-34a)}$$

$$EIv'' = \frac{Pbx}{L} - P(x-a) \qquad (a \le x \le L) \qquad \textbf{(13-34b)}$$

3. 해석

보의 기울기와 처짐: 두 개의 미분 방정식을 한 번 적분함으로써 기울기에 관한 다음 식을 구한다.

$$EIv' = \frac{Pbx^2}{2L} + C_1 \qquad (0 \le x \le a) \qquad \textbf{(a)}$$

$$EIv' = \frac{Pbx^2}{2L} - \frac{P(x-a)^2}{2} + C_2 \qquad (a \le x \le L) \qquad \textbf{(b)}$$

여기서 C_1과 C_2는 적분 상수이다. 이 방정식을 한 번 더 적분함으로써 처짐을 구한다.

$$EIv = \frac{Pbx^3}{6L} + C_1x + C_3 \qquad (0 \le x \le a) \qquad \textbf{(c)}$$

$$EIv = \frac{Pbx^3}{6L} - \frac{P(x-a)^3}{6} + C_2x + C_4 \qquad (a \le x \le L) \qquad \textbf{(d)}$$

이 식에는 또 두 개의 적분 상수가 새로 도입되었으며, 총 네 개의 적분 상수를 구해야 한다.

적분 상수: 네 개의 적분 상수는 다음과 같은 네 개의 조건으로부터 구할 수 있다.

i. $x=a$에서 보 양쪽 부분의 기울기 v'이 같다.
ii. $x=a$에서 보 양쪽 부분의 처짐 v가 같다.
iii. $x=0$에서 처짐 v가 0이다.
iv. $x=L$에서 처짐 v가 0이다.

처음 두 개의 조건은 보의 축선이 연속 곡선이라는 사실에 기초한 연속 조건이다. 조건 (iii)과 (iv)는 지지점에서 만족되어야 하는 경계 조건이다.

조건 (i)은 식 (a)와 (b)로부터 구한 기울기가 $x=a$에서 같아야 함을 의미한다. 그러므로

$$\frac{Pba^2}{2L} + C_1 = \frac{Pba^2}{2L} + C_2 \quad \text{또는} \quad C_1 = C_2$$

조건 (ii)는 식 (c)와 (d)로부터 구한 처짐이 $x=a$에서 같아야 한다는 뜻이다. 그러므로

$$\frac{Pba^3}{6L} + C_1a + C_3 = \frac{Pba^3}{6L} + C_2a + C_4$$

$C_1=C_2$인 점을 고려하면 이 식으로부터 $C_3=C_4$임을 알 수 있다.

다음으로 조건 (iii)을 식 (c)에 적용하면 $C_3=0$임을 알 수 있고, 따라서

$$C_3 = C_4 = 0 \tag{e}$$

마지막으로, 조건 (iv)를 식 (d)에 적용하면 다음 식을 얻는다.

$$\frac{PbL^2}{6} - \frac{Pb^3}{6} + C_2L = 0$$

그러므로

$$C_1 = C_2 = -\frac{Pb(L^2 - b^2)}{6L} \tag{f}$$

처짐 곡선의 방정식: 이제 적분 상수[식 (e)와 (f)]를 처짐에 관한 방정식[식 (c)와 (d)]에 대입하고, 보의 두 부분에 관한 처짐 방정식을 구한다. 여기에서 얻은 방정식을 약간 변형하여 나타내면 다음과 같다.

$$v = -\frac{Pbx}{6LEI}(L^2 - b^2 - x^2) \qquad (0 \le x \le a) \tag{13-35a}$$

$$v = -\frac{Pbx}{6LEI}(L^2 - b^2 - x^2) - \frac{P(x-a)^3}{6EI} \qquad (a \le x \le L) \tag{13-35b}$$

이 식의 첫 번째는 하중 P를 중심으로 하여 보의 왼쪽 부분에 대한 처짐 곡선을 나타내고, 두 번째 식은 하중의 오른쪽 부분에 대한 처짐 곡선을 나타낸다.

보의 두 부분에 대한 기울기는 식 (a)와 (b)에 C_1과 C_2의 값을 대입하여 구하거나 또는 처짐 방정식[식 (13-35a, b)]을 한 번 미분하여 구해도 된다. 그 결과 식은 다음과 같다.

$$v' = -\frac{Pb}{6LEI}(L^2 - b^2 - 3x^2) \qquad (0 \le x \le a) \tag{13-36a}$$

$$v' = -\frac{Pb}{6LEI}(L^2 - b^2 - 3x^2) - \frac{P(x-a)^2}{2EI} \qquad (a \le x \le L) \tag{13-36b}$$

식 (13-35)와 (13-36)으로부터 보의 축선상에 있는 모든 점에서 처짐과 기울기를 계산할 수 있다.

지지점에서의 회전각: 보 양단에서 회전각 θ_A와 θ_B를 구하기 위해서는(그림 13-12b) 식 (13-36a)에 $x=0$을, 식 (13-36b)에 $x=L$을 대입하면 된다.

$$\theta_A = -v'(0) = \frac{Pb(L^2 - b^2)}{6LEI} = \frac{Pab(L+b)}{6LEI} \tag{13-37a}$$

$$\theta_B = v'(L) = \frac{Pb(2L^2 - 3bL + b^2)}{6LEI} = \frac{Pab(L+a)}{6LEI} \tag{13-37b}$$

그림 13-12b(반복)

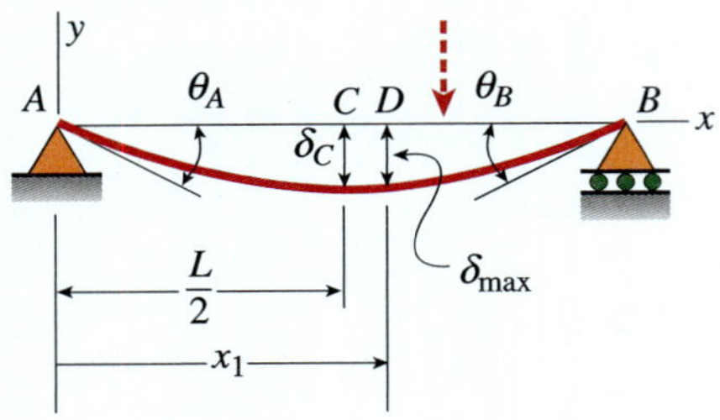

그림 13-12b에 보인 바와 같이 각도 θ_A는 시계방향이고, 각도 θ_B는 반시계방향임에 주의하자.

회전각은 하중 위치의 함수이고, 하중이 보의 중간점 근처에 위치할 때 최댓값에 도달한다. 회전각 θ_A의 경우 최댓값은 다음과 같고

$$(\theta_A)_{\max} = \frac{PL^2\sqrt{3}}{27EI} \tag{13-38}$$

$b = L/\sqrt{3} = 0.577L$(또는 $a = 0.423L$)인 점에서 발생한다. 이러한 b의 값은 [식 (13-37a)의 θ_A를 나타내는 두 개의 표현 중에서 첫 번째 표현을 이용하여] θ_A를 b에 관해 미분하고 그것을 0으로 놓음으로써 구한다.

보의 최대 처짐: 최대 처짐 $\delta_{\max}$는 처짐 곡선의 접선이 수평인 점 D에서 발생한다(그림 13-12b). 만약 하중이 보의 중간점 오른쪽에 있다면, 즉 $a > b$이면 점 D는 하중의 왼쪽 부분에 위치한다. 식 (13-36a)로부터 기울기 v'을 0으로 놓고 거리 x에 대해 풀면 이 점의 위치를 구할 수 있는데, 이것을 x_1이라고 하자. 이렇게 하여 다음의 x_1에 관한 공식을 얻는다.

$$x_1 = \sqrt{\frac{L^2 - b^2}{3}} \quad (a \geq b) \tag{13-39}$$

이 식에서 하중 P가 보의 중간점($b = L/2$)으로부터 오른쪽 끝($b = 0$)까지 움직이면, 거리 x_1은 $L/2$로부터 $L/\sqrt{3} = 0.577L$까지 변한다는 사실에 유의하라. 따라서 최대 처짐은 보의 중간점에 매우 가까운 점에서 발생하고, 이 점은 언제나 보의 중간점과 하중 사이에 위치한다.

최대 처짐 $\delta_{\max}$는 x_1[식 (13-39)]을 처짐 방정식[식 (13-35a)]에 대입하고 음의 부호를 붙임으로써 구한다.

$$\delta_{\max} = -(v)_{x=x1} = \frac{Pb(L^2 - b^2)^{3/2}}{9\sqrt{3}\,LEI} \quad (a \geq b) \tag{13-40}$$

최대 처짐은 아래 방향(그림 13-12b)이고 처짐 v는 위쪽이 양이기 때문에 음의 부호가 필요하다.

보의 최대 처짐은 하중 P의 위치, 즉 거리 b에 따라 다르다. 최대 처짐의 최댓값('최대-최대' 처짐)은 $b = L/2$일 때, 즉 하중이 보의 중간점에서 작용할 때 발생한다. 이 최대 처짐은 $PL^3/48EI$와 같다.

보 중간점에서의 처짐: 하중이 중간점의 오른쪽에서 작용할 때(그림 13-12b), 중간점 C의 처짐 δ_C는 식 (13-35a)에서 $x = L/2$를 대입함으로써 다음과 같이 구해진다.

$$\delta_C = -v\left(\frac{L}{2}\right) = \frac{Pb(3L^2 - 4b^2)}{48EI} \quad (a \geq b) \tag{13-41}$$

4. 최종 단계 최대 처짐은 언제나 보의 중간점 근처에서 발생하기 때문에 식 (13-41)은 최대 처짐에 매우 가까운 근삿값이다. 최악의 경우에도(b가 0에 수렴할 때) 최대 처짐과 중간점 처짐과의 차이는 최대 처짐의 3% 이내이다.

특수한 경우(보의 중간점에서 작용하는 하중): 하중 P가 보의 중간점에서 작용할 때 ($a=b=L/2$), 중요한 특수 경우가 생긴다. 그래서 식 (13-36a), (13-35a), (13-37), (13-40)으로부터 다음 결과 식을 각각 얻는다.

$$v' = -\frac{P}{16EI}(L^2 - 4x^2) \qquad \left(0 \le x \le \frac{L}{2}\right) \tag{13-42}$$

$$v = -\frac{Px}{48EI}(3L^2 - 4x^2) \qquad \left(0 \le x \le \frac{L}{2}\right) \tag{13-43}$$

$$\theta_A = \theta_B = \frac{PL^2}{16EI} \tag{13-44}$$

$$\delta_{\max} = \delta_C = \frac{PL^3}{48EI} \tag{13-45}$$

보의 중간점을 기준으로 하여 처짐 곡선이 대칭이므로 v'과 v에 관한 식은 식 (13-42)와 (13-43)에 보의 왼쪽 절반에 대해서만 주어져 있다. 필요하다면 오른쪽 부분에 관한 식은 식 (13-36b)와 (13-35b)에 $a=b=L/2$를 대입함으로써 구할 수 있다.

13.4 전단력과 하중 방정식의 적분에 의한 처짐

전단력 V와 하중 q의 항으로 표시된 처짐 곡선의 방정식[각각 식 (13-16b와 c)]을 적분하면 기울기와 처짐을 구할 수 있다. 일반적으로 하중은 알고 있는 양인 데 비해, 굽힘 모멘트는 자유물체도와 평형 방정식으로부터 구해지므로 많은 공학자가 하중 방정식에서 시작하는 방식을 선호한다. 이와 같은 이유로 처짐을 구하는 대부분의 컴퓨터 프로그램은 하중 방정식에서부터 풀이를 시작하고, 그 이후에 전단력과 굽힘 모멘트, 기울기 및 처짐을 구하기 위한 수치 적분을 수행한다.

하중 방정식 또는 전단력 방정식을 푸는 과정은 더 많은 적분이 필요하다는 점을 제외하면 굽힘 모멘트 방정식을 푸는 과정과 비슷하다. 예를 들어 하중 방정식을 이용하면 처짐을 구하기 위해 네 번의 적분이 필요하다. 따라서 적분해야 하는 각각의 하중 방정식에 대해 네 개의 적분 상수가 도입된다. 앞에서와 같이 이 상수는 경계, 연속, 대칭 조건으로부터 구해진다. 하지만 이 조건들은 기울기와 처짐에 있는 조건은 물론이고 전단력과 굽힘 모멘트에 있는 조건도 포함한다.

전단력에 있는 조건은 처짐의 3계 미분에 있는 조건과 마찬가지이다($EIv'''=V$이므로). 비슷한 방법으로 굽힘 모멘트에 있는 조건은 처짐의 2계 미분에 있는 조건과 마찬가지이다($EIv''=M$이므로). 전단력과 굽힘 모멘트에 있는 조건과 기울기와 처짐에 있는 조건을 합하면 적분 상수를 구하는 데 충분한 독립적인 조건을 항상 찾을 수 있다.

다음 예제들은 이 해석 기술을 자세하게 설명해준다. 첫 번째 예제는 하중 방정식부터 시작하고, 두 번째 예제는 전단력 방정식부터 시작한다.

예제 13-4

지붕 구조물의 캔틸레버 부분(Courtesy of the National Information Service for Earthquake Engineering EERC, University of California, Berkeley)

그림 13-14

예제 13-4: 삼각형 모양의 분포하중을 받는 캔틸레버의 처짐

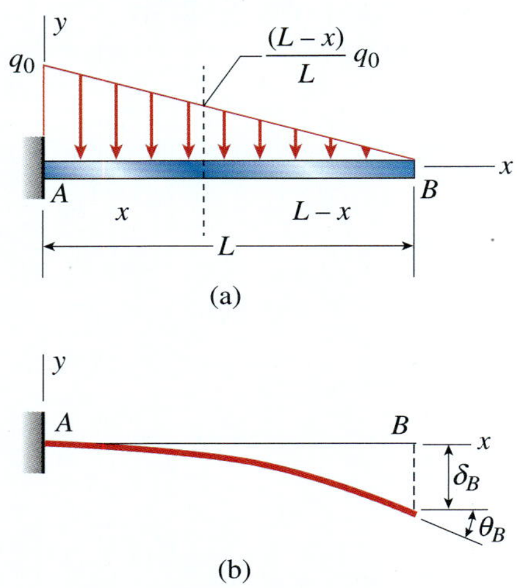

최대 강도 q_0의 삼각형 모양의 분포하중을 받는 캔틸레버 AB에 대한 처짐 곡선의 방정식을 구하시오(그림 13-14a).

또한 자유단에서의 처짐 δ_B와 회전각 θ_B를 구하시오(그림 13-14b). 처짐 곡선에 관한 4계 미분 방정식(하중 방정식)을 이용한다. **참고:** 보의 길이는 L이고 굽힘 강성 EI는 일정하다.

풀이

4단계 문제풀이 접근방법을 사용한다.

1. **개념화** 캔틸레버는 정정이다. 보의 처짐 곡선을 구하기 위해 하중 방정식을 이용한다. 그림 13-14a와 같이 하중 강도 $q(x)$에 대한 표현을 얻을 수 있다.

   처짐 곡선의 미분 방정식: 분포하중의 강도는 다음 식으로 주어진다(그림 13-14a 참조).

$$q(x) = \frac{q_0(L-x)}{L} \tag{13-46}$$

2. **분류** 따라서 4계 미분 방정식[식 (13-16c)]은 다음과 같이 된다.

$$EIv'''' = -q(x) = -\frac{q_0(L-x)}{L} \tag{a}$$

3. **해석**

   보의 전단력: 식 (a)를 한 번 적분함으로써 다음 식을 얻는다.

$$EIv''' = \frac{q_0}{2L}(L-x)^2 + C_1 \tag{b}$$

이 식의 우변은 전단력 V를 나타낸다[식 (13-16b) 참조]. $x=L$에서 전단력이 0이기 때문에 경계 조건은 다음과 같다.

$$v'''(L) = 0$$

식 (b)에 이 조건을 적용하면 $C_1=0$임을 알 수 있다. 그러므로 식 (b)는 다음과 같이 단순화되고

$$EIv''' = \frac{q_0}{2L}(L-x)^2 \tag{c}$$

보의 전단력은 다음 식과 같이 된다.

$$V = EIv''' = \frac{q_0}{2L}(L-x)^2 \tag{13-47}$$

보의 굽힘 모멘트: 두 번째 적분을 통해 식 (c)로부터 다음 식을 얻는다.

$$EIv'' = -\frac{q_0}{6L}(L-x)^3 + C_2 \qquad \text{(d)}$$

이 식은 굽힘 모멘트 M과 같다[식 (13-16a) 참조]. 보의 자유단에서 굽힘 모멘트가 0이므로 경계 조건은 다음과 같다.

$$v''(L) = 0$$

식 (d)에 이 조건을 적용하면 $C_2 = 0$임을 알 수 있고, 따라서 굽힘 모멘트는 다음과 같이 된다.

$$M = EIv'' = -\frac{q_0}{6L}(L-x)^3 \qquad \text{(13-48)}$$

보의 기울기와 처짐: 세 번째와 네 번째 적분을 통해 다음 식을 얻는다.

$$EIv' = \frac{q_0}{24L}(L-x)^4 + C_3 \qquad \text{(e)}$$

$$EIv = -\frac{q_0}{120L}(L-x)^5 + C_3x + C_4 \qquad \text{(f)}$$

기울기와 처짐이 모두 0인 고정 지지점에서의 경계 조건은 다음과 같다.

$$v'(0) = 0 \qquad v(0) = 0$$

이 조건을 식 (e)와 (f)에 각각 적용함으로써 적분 상수를 구할 수 있다.

$$C_3 = -\frac{q_0L^3}{24} \qquad C_4 = \frac{q_0L^4}{120}$$

이 상수들에 대한 식을 식 (e)와 (f)에 대입함으로써 보의 기울기와 처짐에 관한 다음 식을 얻는다.

$$v' = -\frac{q_0x}{24LEI}(4L^3 - 6L^2x + 4Lx^2 - x^3) \qquad \text{(13-49)}$$

$$v = -\frac{q_0x^2}{120LEI}(10L^3 - 10L^2x + 5Lx^2 - x^3) \qquad \text{(13-50)}$$

보 자유단에서의 회전각과 처짐: 보 자유단(그림 13-14b)에서의 회전각 θ_B와 처짐 δ_B는 $x=L$을 식 (13-49)와 (13-50)에 각각 대입함으로써 구할 수 있다. 그 결과 식은 다음과 같다.

$$\theta_B = -v'(L) = \frac{q_0L^3}{24EI} \qquad \delta_B = -v(L) = \frac{q_0L^4}{30EI} \qquad \text{(13-51a, b)}$$

4. 최종 단계 처짐 곡선에 관한 4계 미분 방정식을 풀어서 우리가 필요한 보의 기울기와 처짐을 구했다. 이는 선형 변화 분포하중 문제에 대한 효율적인 접근방법이다.

예제 13-5

돌출부 BC가 있는 단순 보 AB가 돌출부 끝에서 집중하중 P를 받는다(그림 13-15a). 보의 지간 거리는 L이고 돌출부의 길이는 $L/2$이다.

처짐 곡선의 방정식과 돌출부 끝에서의 처짐 δ_C를 구하시오(그림 13-15b). 처짐 곡선에 관한 3계 미분 방정식(전단력 방정식)을 이용한다. **참고:** 보의 굽힘 강성 EI는 일정하다.

그림 13-15

예제 13-5: 돌출부가 있는 보의 처짐

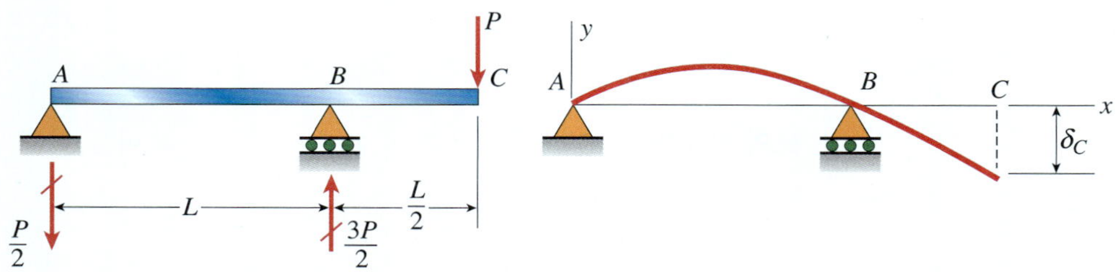

건설현장으로 운송 중인 돌출부가 있는 교량 대들보

풀이

4단계 문제풀이 접근방법을 사용한다.

1. 개념화

처짐 곡선의 미분 방정식: 반력이 지지점 A와 B에서 작용하기 때문에 보의 AB 부분과 BC 부분에 대한 미분 방정식을 분리해서 써야 한다. 따라서 보의 각 부분에 대한 전단력을 구하는 것부터 시작한다.

지지점 A에서 아래 방향의 반력은 $P/2$와 같고 지지점 B에서 위 방향의 반력은 $3P/2$와 같다(그림 13-15a 참조). AB와 BC 부분에서의 전단력은 다음과 같음을 알 수 있다.

$$V = -\frac{P}{2} \qquad (0 < x < L) \tag{13-52a}$$

$$V = P \qquad \left(L < x < \frac{3L}{2}\right) \tag{13-52b}$$

여기서 x는 보의 왼쪽 끝 A에서부터 잰 거리이다(그림 13-15b).

2. 분류 보에 대한 3계 미분 방정식은 이제 다음과 같이 된다[식 (13-16b) 참조].

$$EIv''' = -\frac{P}{2} \qquad (0 < x < L) \tag{a}$$

$$EIv''' = P \qquad \left(L < x < \frac{3L}{2}\right) \tag{b}$$

3. 해석

보의 굽힘 모멘트: 위의 두 방정식을 적분함으로써 굽힘 모멘트 방정식을 구한다.

$$M = EIv'' = -\frac{Px}{2} + C_1 \qquad (0 \le x \le L) \tag{c}$$

$$M = EIv'' = Px + C_2 \qquad \left(L \le x \le \frac{3L}{2}\right) \tag{d}$$

점 A와 C에서는 굽힘 모멘트가 0이고, 따라서 다음과 같은 경계 조건을 보에 적용한다.

$$v''(0) = 0 \qquad v''\left(\frac{3L}{2}\right) = 0$$

이 조건을 식 (c)와 (d)에 적용하여 다음 식을 얻는다.

$$C_1 = 0 \qquad C_2 = -\frac{3PL}{2}$$

그러므로 굽힘 모멘트는 다음과 같이 된다.

$$M = EIv'' = -\frac{Px}{2} \qquad (0 \le x \le L) \tag{13-53a}$$

$$M = EIv'' = -\frac{P(3L - 2x)}{2} \qquad \left(L \le x \le \frac{3L}{2}\right) \tag{13-53b}$$

이 식은 자유물체도와 평형 방정식으로부터 구한 굽힘 모멘트와 비교함으로써 검증할 수 있다.

보의 기울기와 처짐: 위 식을 한 번 더 적분함으로써 기울기를 얻는다.

$$EIv' = -\frac{Px^2}{4} + C_3 \qquad (0 \le x \le L)$$

$$EIv' = -\frac{Px(3L - x)}{2} + C_4 \qquad \left(L \le x \le \frac{3L}{2}\right)$$

기울기에 관한 유일한 조건은 지지점 B에서의 연속 조건이다. 이 조건에 따르면 보의 AB 부분에서 구한 점 B의 기울기는 보의 BC 부분에서 구한 같은 점의 기울기와 같다. 그러므로 $x=L$을 기울기에 관한 위의 두 식에 대입하여 다음 식을 얻는다.

$$-\frac{PL^2}{4} + C_3 = -PL^2 + C_4$$

C_3의 항으로 C_4를 나타낼 수 있기 때문에 이 식은 하나의 적분 상수를 소거한다.

$$C_4 = C_3 + \frac{3PL^2}{4} \tag{e}$$

세 번째이자 마지막 적분을 통해 다음 식을 얻는다.

$$EIv = -\frac{Px^3}{12} + C_3x + C_5 \qquad (0 \le x \le L) \tag{f}$$

$$EIv = -\frac{Px^2(9L - 2x)}{12} + C_4x + C_6 \qquad \left(L \le x \le \frac{3L}{2}\right) \tag{g}$$

보의 AB 부분에서(그림 13-15a) 처짐에 관한 두 개의 경계 조건이 주어지는데, 즉 점 A와 B에서 처짐이 0이라는 것이다.

$$v(0) = 0 \quad \text{그리고} \quad v(L) = 0$$

이 조건을 식 (f)에 대입함으로써 다음의 적분 상수를 구한다.

$$C_5 = 0 \qquad C_3 = \frac{PL^2}{12} \tag{h, i}$$

C_3에 관한 위의 식을 식 (e)에 대입함으로써 다음을 얻는다.

$$C_4 = \frac{5PL^2}{6} \tag{j}$$

보의 BC 부분에서, 점 B에서의 처짐이 0이다. 그러므로 경계 조건은 다음과 같다.

$$v(L) = 0$$

식 (g)에 이 조건을 적용하고, C_4에 대한 식 (j)를 대입하면 다음 식을 얻는다.

$$C_6 = -\frac{PL^3}{4} \tag{k}$$

이제 모든 적분 상수를 구했다.

처짐 방정식은 적분 상수[식 (h), (i), (j), (k)]를 식 (f)와 (g)에 대입함으로써 얻는다. 그 결과 식은 다음과 같다.

$$v = \frac{Px}{12EI}(L^2 - x^2) \qquad (0 \le x \le L) \tag{13-54a}$$

$$v = -\frac{P}{12EI}(3L^3 - 10L^2x + 9Lx^2 - 2x^3) \qquad \left(L \le x \le \frac{3L}{2}\right) \tag{13-54b}$$

보의 AB 부분에서는 처짐[식 (13-54a)]이 전 구간에 걸쳐 양(위 방향)이고 돌출부 BC에서는 처짐[식 (13-54b)]이 음(아래 방향)임을 주목하라.

돌출부 끝에서의 처짐: 식 (13-54b)에 $x=3L/2$를 대입하여 돌출부 끝에서의 처짐 δ_C를 구할 수 있다(그림 13-15b).

$$\delta_C = -v\left(\frac{3L}{2}\right) = \frac{PL^3}{8EI} \tag{13-55}$$

4. 최종 단계 이와 같이 처짐 곡선에 관한 3계 미분 방정식을 풀어 돌출 보의 필요한 처짐[식 (13-54)와 (13-55)]을 구할 수 있었다. 처짐 곡선은 그림 13-15b와 같다.

그림 13-15(반복)

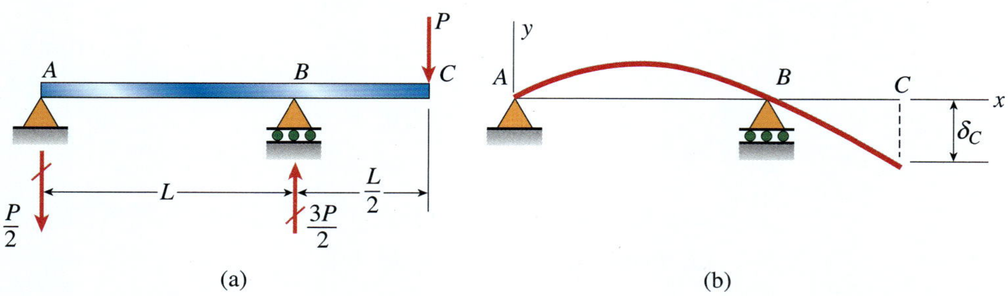

13.5 중첩법에 의한 처짐

중첩법(method of superposition)은 보의 처짐과 회전각을 구하는 데 자주 사용되는 실질적인 기법이다. 그 근본적인 개념은 상당히 단순하고 다음과 같이 기술할 수 있다.

적당한 조건하에서 동시에 작용하는 몇 개의 하중에 의해 생기는 보의 처짐은 각 하중이 따로따로 작용할 때 생기는 처짐들을 중첩함으로써 구할 수 있다.

예를 들면, 보의 축선상의 어떤 특정한 점에서 하중 q_1에 의해 생기는 처짐을 v_1이라 하고 같은 점에서 다른 하중 q_2에 의해 생기는 처짐을 v_2라 하면, 하중 q_1과 q_2가 동시에 작용할 때 그 점의 처짐은 $v_1 + v_2$이다(하중 q_1과 q_2는 독립적인 하중이고, 각각은 보의 축선상의 모든 곳에 작용한다).

처짐을 중첩할 수 있는 당위성은 처짐 곡선에 관한 미분 방정식[식 (13-16a, b, c)]의 성질에 있다. 처짐 v와 그 미분을 포함하는 모든 항이 1차식으로만 되어 있기 때문에 이 방정식은 **선형** 미분 방정식이다. 그러므로 몇 가지 하중 조건에 대한 이 방정식의 해는 대수적으로 더할 수 있다. 즉, **중첩**될 수 있다(중첩이 유효하기 위한 조건은 뒤의 절 '중첩의 원리'에서 설명할 것이다).

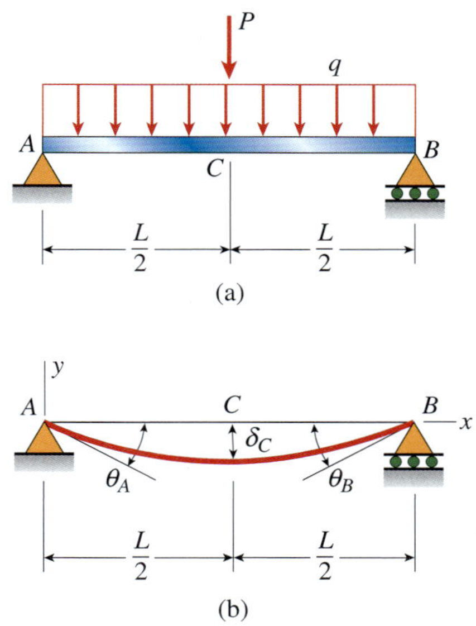

그림 13-16
두 가지 하중을 받는 단순 보

중첩법을 설명하기 위해 그림 13-16a의 단순 보 ACB를 생각해보자. 이 보는 두 가지 하중인 (1) 전 구간에 걸쳐 작용하는 강도 q의 등분포하중과 (2) 보의 중간점에 작용하는 집중하중 P를 지탱하고 있다. 보 중간점에서의 처짐 δ_C와 양단에서의 회전각 θ_A와 θ_B를 구하려 한다고 하자(그림 13-16b). 중첩법을 사용하여 따로따로 작용하는 각 하중의 영향을 먼저 구하고 그 결과를 조합하면 된다.

등분포하중만 작용할 경우 보 중간점에서의 처짐과 양단에서의 회전각은 예제 13-1의 공식으로부터 구할 수 있다[식 (13-24), (13-25), (13-26) 참조].

$$(\delta_C)_1 = \frac{5qL^4}{384EI} \qquad (\theta_A)_1 = (\theta_B)_1 = \frac{qL^3}{24EI}$$

여기서 EI는 보의 굽힘 강성이고, L은 보의 길이이다.

하중 P만 작용할 때 상응하는 값은 예제 13-3의 공식들로부터 얻을 수 있다[식 (13-44)와 (13-45) 참조].

$$(\delta_C)_2 = \frac{PL^3}{48EI} \qquad (\theta_A)_2 = (\theta_B)_2 = \frac{PL^2}{16EI}$$

두 하중이 동시에 작용할 때의 처짐과 회전각(그림 13-16a)은 위의 결과들을 합산함으로써 얻는다.

$$\delta_C = (\delta_C)_1 + (\delta_C)_2 = \frac{5qL^4}{384EI} + \frac{PL^3}{48EI} \qquad \textbf{(13-56a)}$$

$$\theta_A = \theta_B = (\theta_A)_1 + (\theta_A)_2 = \frac{qL^3}{24EI} + \frac{PL^2}{16EI} \qquad \textbf{(13-56b)}$$

보의 축선상에 있는 여타 점들의 처짐과 회전각은 이와 같은 과정으로 구할 수 있다. 하지만 중첩법은 어느 한 점에서의 처짐과 회전각을 구하는 일에 한정되는 것은 아니다. 이 방법은 하나 이상의 하중을 받는 보의 기울기와 처짐에 관한 일반적인 방정식을 얻는 데에도 사용할 수 있다.

보의 처짐에 관한 표

중첩법은 보의 처짐과 기울기에 관한 공식이 준비되어 있을 때에만 유용하게 쓸 수 있다. 그러한 공식에 손쉽게 접근하기 위해 캔틸레버와 단순 보에 대한 표가 부록 E에 주어져 있다. 비슷한 표를 공학 편람에서도 볼 수 있다. 이 절의 마지막에서 예제를 들어 설명하는 바와 같이 이 표와 중첩법을 사용하면 여러 가지 하중 조건에 대해 처짐과 회전각을 구할 수 있다.

그림 13-17
삼각형 모양의 분포하중을 받는 단순 보

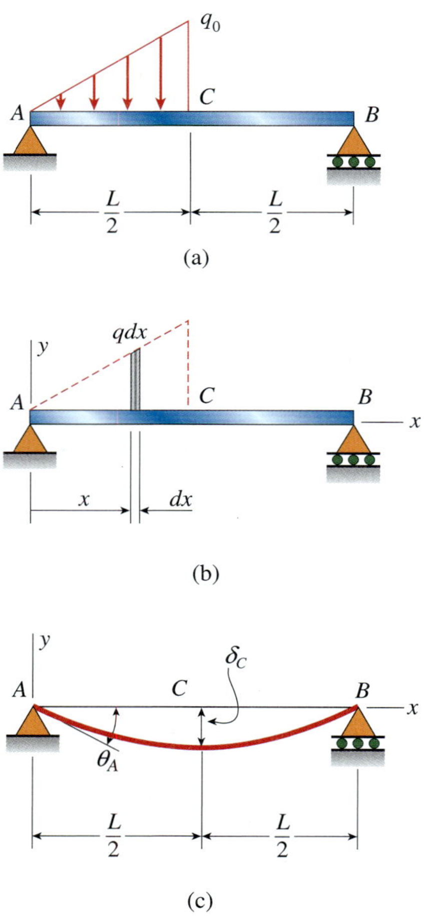

분포하중

때때로 보의 처짐 표에 수록되어 있지 않은 분포하중을 받는 보를 접하게 된다. 이러한 경우에도 중첩법은 유용하다. 분포하중의 한 미소 조각을 집중하중인 것처럼 취급하여 이것에 의한 회전각과 처짐을 계산하고 분포하중이 작용하는 보의 전 구간에 걸쳐 적분함으로써 필요한 회전각과 처짐을 구한다.

이 적분 과정을 설명하기 위해 왼쪽 절반에만 삼각형 모양의 분포하중을 받는 단순 보 ACB를 생각해보자(그림 13-17a). 보의 중간점 C에서의 처짐 δ_C와 왼쪽 지지점의 회전각 θ_A를 구하고자 한다(그림 13-17c).

분포하중의 미소 요소 qdx를 집중하중으로 보는 것으로부터 시작한다(그림 13-17b). 보의 중간점 왼쪽에만 하중이 작용함을 유의하라. 이 집중하중에 의한 중간점의 처짐은 부록 E에 있는 표 E-2의 사례 5로부터 구할 수 있다. 표에 주어진 중간점 처짐 공식은($a \le b$인 경우) 다음과 같다.

$$\frac{Pa}{48EI}(3L^2 - 4a^2)$$

예제에서는(그림 13-17b) P 대신에 qdx를, a 대신에 x를 대입하면 된다.

$$\frac{(qdx)(x)}{48EI}(3L^2 - 4x^2) \tag{13-57}$$

이 식은 하중의 미소 요소 qdx에 의한 C점의 처짐을 나타낸다.

다음으로 하중의 강도는 아래와 같음을 주목한다(그림 13-17a, b).

$$q = \frac{2q_0x}{L} \tag{13-58}$$

여기서 q_0은 하중의 최대 강도이다. q 대신에 이 식을 대입함으로써 처짐에 관한 공식[식 (13-57)]은 다음과 같이 된다.

$$\frac{q_0 x^2}{24LEI}(3L^2 - 4x^2)dx$$

이제 삼각형 모양의 전체 하중에 의한 보 중간점의 처짐 δ_C를 구하기 위해 하중의 전 구간에 걸쳐 적분한다.

$$\begin{aligned}\delta_C &= \int_0^{L/2} \frac{q_0 x^2}{24LEI}(3L^2 - 4x^2)dx \\ &= \frac{q_0}{24LEI}\int_0^{L/2}(3L^2 - 4x^2)x^2 dx = \frac{q_0 L^4}{240EI}\end{aligned} \quad \textbf{(13-59)}$$

비슷한 과정에 의해 보의 왼쪽 끝에서 회전각 θ_A를 계산할 수 있다(그림 13-17c). 집중하중 P에 의해 생기는 이 각도의 식은 다음과 같다(표 E-2의 사례 5 참조).

$$\frac{Pab(L+b)}{6LEI}$$

P를 $2q_0 x dx/L$로, a를 x로, b를 $L-x$로 대치하면 다음 식을 얻는다.

$$\frac{2q_0 x^2(L-x)(L+L-x)}{6L^2EI}dx \quad \text{또는} \quad \frac{q_0}{3L^2EI}(L-x)(2L-x)x^2 dx$$

마지막으로 하중의 전 구간에 걸쳐 적분한다.

$$\theta_A = \int_0^{L/2} \frac{q_0}{3L^2EI}(L-x)(2L-x)x^2 dx = \frac{41 q_0 L^3}{2880EI} \quad \textbf{(13-60)}$$

이것이 삼각형 모양의 분포하중에 의해 생기는 회전각이다.

위의 내용은 주어진 분포하중의 종류가 어떠하든 처짐과 회전각을 구하기 위해 중첩과 적분을 어떻게 활용하는지를 보여준다. 만약에 적분이 해석적인 방법으로 쉽게 수행되지 않는다면 수치 적분을 사용할 수 있다.

중첩의 원리

보의 처짐을 구하는 데 사용되는 중첩법은 역학에서 **중첩의 원리**(principle of superposition)라고 알려져 있는 좀 더 일반적인 개념의 한 예에 지나지 않는다. 이 원리는 계산할 양이 작용하중의 선형 함수일 때에는 언제나 유효하다. 그런 경우에는 각 하중이 따로따로 작용할 때에 필요한 양을 계산하고, 그러고 나서 이 양을 중첩하여 모든 하중이 동시에 작용할 때 필요한 양을 얻는다. 보통의 구조물에서 이 원리는 처짐 외의 응력, 변형률, 굽힘 모멘트 등 많은 양에 대해 통상 유효하다.

보의 처짐(beam deflection)이라는 특수한 경우에 중첩의 원리는 다음 조건하에서 유효하다. (1) 재료가 훅의 법칙을 따를 때, (2) 처짐과 회전각이 작을 때, (3) 처짐이 발생함으로 인해 작용하는 하중이 영향받지 않을 때. 이 요건들이 충족될 때 보의 처짐 곡선에 관한 미분 방정식이 선형이 된다.

다음 예제들은 중첩의 원리를 사용하여 보의 처짐과 회전각을 계산하는 과정을 부연 설명한다.

예제 13-6

그림 13-18

예제 13-6: 등분포하중과 집중하중을 받는 캔틸레버

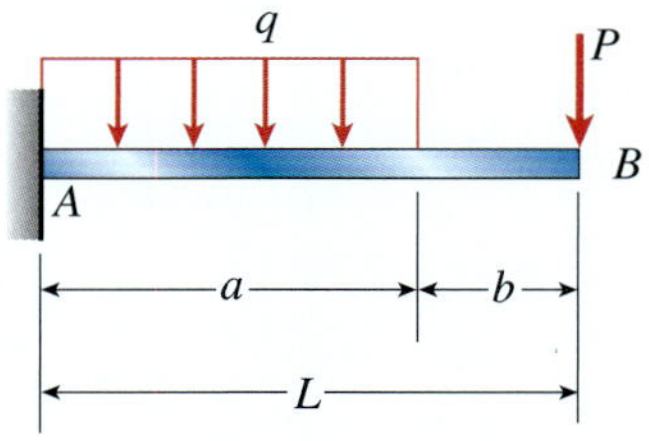

(a)

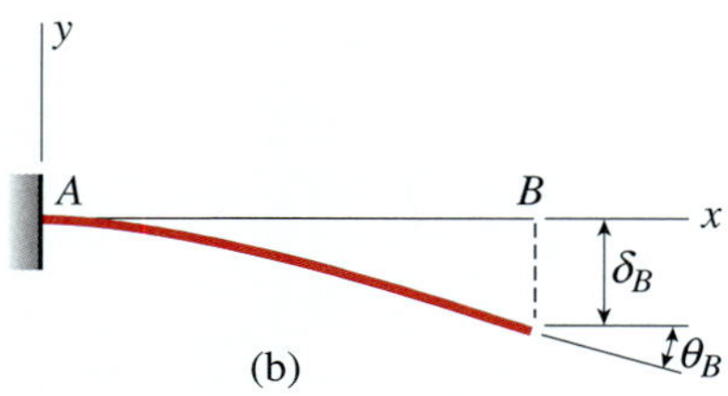

(b)

캔틸레버 AB는 길이의 일부에 작용하는 강도 q의 등분포하중과 자유단에 작용하는 집중하중 P를 받고 있다(그림 13-18a).

보의 끝 B에서의 처짐 δ_B와 회전각 θ_B를 구하시오(그림 13-18b). **참고:** 보의 길이는 L이고, 굽힘 강성 EI는 일정하다.

풀이

4단계 문제풀이 접근방법을 사용한다.

1. **개념화** 각 하중이 따로따로 작용할 때의 효과를 조합함으로써 보의 끝 B의 처짐과 회전각을 구할 수 있다.
2. **분류** 만약 등분포하중만 작용한다면, 처짐과 회전각은 다음과 같다(부록 E에 있는 표 E-1의 사례 2로부터 구함).

$$(\delta_B)_1 = \frac{qa^3}{24EI}(4L - a) \qquad (\theta_B)_1 = \frac{qa^3}{6EI}$$

만약 집중하중 P만 작용한다면, 처짐과 회전각은 다음과 같다(표 E-1의 사례 4로부터 구함).

$$(\delta_B)_2 = \frac{PL^3}{3EI} \qquad (\theta_B)_2 = \frac{PL^2}{2EI}$$

3. **해석** 그러므로 조합하중에 의한 처짐과 회전각은 다음과 같다(그림 13-18a).

$$\delta_B = (\delta_B)_1 + (\delta_B)_2 = \frac{qa^3}{24EI}(4L - a) + \frac{PL^3}{3EI} \tag{13-61}$$

$$\theta_B = (\theta_B)_1 + (\theta_B)_2 = \frac{qa^3}{6EI} + \frac{PL^2}{2EI} \tag{13-62}$$

4. **최종 단계** 이렇게 하여 표에 주어진 공식과 중첩법을 사용하여 필요한 양을 구했다. 그림 13-18b와 같은 처짐 곡선을 얻기 위하여 두 개의 분리된 영역($0 \le x \le a$, $a \le x \le L$)에 대해 적분해야 한다는 점을 유의하라.

예제 13-7

보의 오른쪽 절반에만 작용하는 강도 q의 등분포하중을 받고 있는 캔틸레버 AB가 그림 13-19a에 나타나 있다.

자유단에서의 처짐 δ_B와 회전각 θ_B를 구하는 공식을 만드시오(그림 13-19c). **참고:** 보는 길이가 L이고, 굽힘 강성 EI는 일정하다.

그림 13-19

예제 13-7: 보의 오른쪽 절반에만 작용하는 등분포하중을 받는 캔틸레버

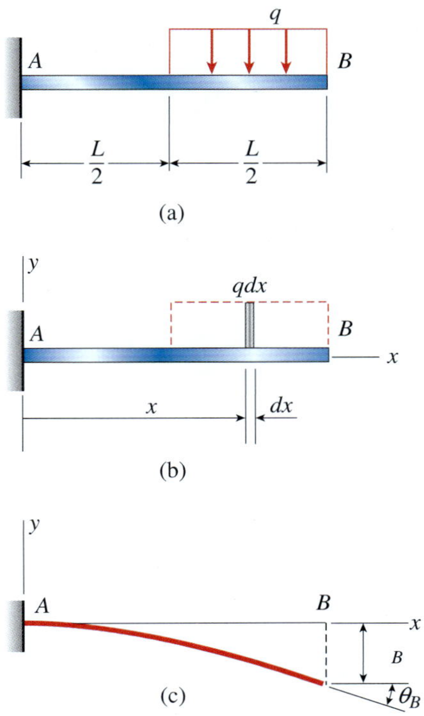

풀이

4단계 문제풀이 접근방법을 사용한다.

1. **개념화** 이 예제에서는 등분포하중의 미소 요소를 집중하중으로 취급하고 그다음에 적분을 함으로써 처짐과 회전각을 구할 것이다(그림 13-19b 참조).
2. **분류** 등분포하중의 미소 요소는 그 크기가 qdx이고 지지점으로부터 거리 x에 위치하고 있다. 자유단에서 이 하중에 의한 미소 처짐 $d\delta_B$와 미소 회전각 $d\theta_B$는 부록 E의 표 E-1에서 사례 5의 공식으로부터 P를 qdx로, a를 x로 대치함으로써 구할 수 있다. 그러므로

$$d\delta_B = \frac{(qdx)(x^2)(3L - x)}{6EI} \qquad d\theta_B = \frac{(qdx)(x^2)}{2EI}$$

3. **해석** 하중이 가해진 구간에 걸쳐 적분함으로써 다음 식을 얻는다.

$$\delta_B = \int d\delta_B = \frac{q}{6EI}\int_{L/2}^{L} x^2(3L - x)dx = \frac{41qL^4}{384EI} \qquad \textbf{(13-63)}$$

$$\theta_B = \int d\theta_B = \frac{q}{2EI}\int_{L/2}^{L} x^2 dx = \frac{7qL^3}{48EI} \qquad \textbf{(13-64)}$$

4. **최종 단계** 표 E-1의 사례 3에 있는 공식을 사용하여 $a = b = L/2$를 대입함으로써 동일한 결과를 얻을 수 있다. 또한 표 E-1의 사례 1에서 사례 2를 빼내는 것으로도 동일한 결과를 얻을 수 있음을 유의하라.

예제 13-8

복합 보 ABC는 A에서 롤러 지지점, B에서 내부 힌지(즉, 모멘트 이완), C에서 고정 지지점을 갖고 있다(그림 13-20a). AB의 길이는 a이고 BC의 길이는 b이다. 집중하중 P가 지지점 A로부터 거리 $2a/3$ 되는 점에서 작용하고 강도 q의 등분포하중이 점 B와 C 사이에 작용한다.

힌지에서의 처짐 δ_B와 지지점 A에서의 회전각 θ_A를 구하시오(그림 13-20d). **참고:** 보의 굽힘 강성 EI는 일정하다.

풀이

4단계 문제풀이 접근방법을 사용한다.

1. **개념화** 해석을 위해 복합 보가 길이 a인 단순 보 AB와 길이 b인 캔틸레버 BC, 이와 같이 두 개의 개별 보로 이루어졌다고 생각하자. 이 두 개의 보가 B에서 핀으로 연결되어 있다.

그림 13-20

예제 13-8: 힌지를 갖는 복합 보

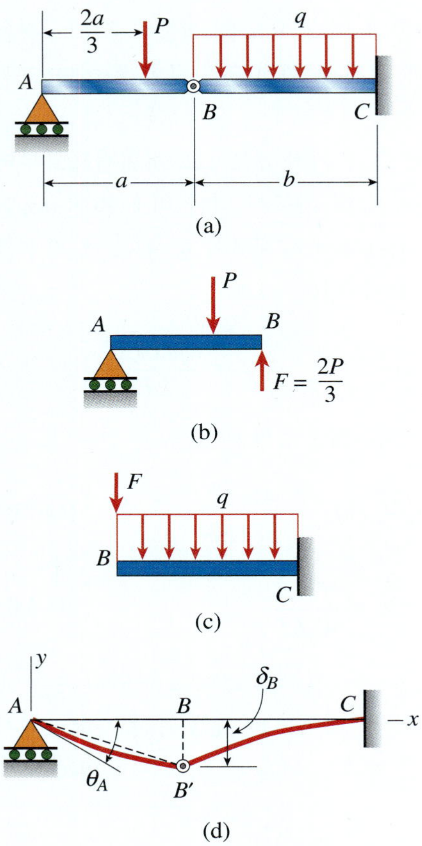

2. 분류 만약 보 AB를 나머지 구조물로부터 분리해낸다면(그림 13-20b), 끝점 B에 $2P/3$과 같은 수직력 F가 있음을 알 수 있다. 이와 똑같은 힘이 캔틸레버의 끝점 B에서 아래 방향으로 작용한다(그림 13-20c). 결과적으로 캔틸레버 BC는 등분포하중과 집중하중이라는 두 개의 하중을 받는다.

3. 해석 이 캔틸레버의 자유단에서 처짐은(힌지의 처짐 δ_B와 같음) 부록 E에 있는 표 E-1의 사례 1과 4로부터 쉽게 구할 수 있다.

$$\delta_B = \frac{qb^4}{8EI} + \frac{Fb^3}{3EI}$$

또는 $F=2P/3$이므로

$$\delta_B = \frac{qb^4}{8EI} + \frac{2Pb^3}{9EI} \tag{13-65}$$

지지점 A에서의 회전각 θ_A(그림 13-20d)는 힌지의 아래 방향 변위에 의해 생기는 **각** BAB'과 단순 보로서 보 AB(혹은 보 AB')의 굽힘에 의해 생기는 **추가적인 회전각**, 이와 같이 두 부분으로 이루어져 있다. **각** BAB'은 다음과 같다.

$$(\theta_A)_1 = \frac{\delta_B}{a} = \frac{qb^4}{8aEI} + \frac{2Pb^3}{9aEI}$$

집중하중을 받는 단순 보 끝에서의 **회전각**은 표 E-2의 사례 5로부터 구할 수 있다. 사례 5에 주어진 공식은 다음과 같다.

$$\frac{Pab(L+b)}{6LEI}$$

여기서 L은 단순 보의 길이이고, a는 왼쪽 지점으로부터 하중까지의 거리이며, b는 오른쪽 지점으로부터 하중까지의 거리이다. 그러므로 이 예제에서 주어진 기호를 사용하면(그림 13-20a), 회전각은 다음과 같다.

$$(\theta_A)_2 = \frac{P\left(\frac{2a}{3}\right)\left(\frac{a}{3}\right)\left(a+\frac{a}{3}\right)}{6aEI} = \frac{4Pa^2}{81EI}$$

이 두 각도를 조합함으로써 지지점 A에서의 전체 회전각을 구한다.

$$\theta_A = (\theta_A)_1 + (\theta_A)_2 = \frac{qb^4}{8aEI} + \frac{2Pb^3}{9aEI} + \frac{4Pa^2}{81EI} \tag{13-66}$$

4. 최종 단계 이 예제는 언뜻 보기에 복잡하게 생긴 문제를 비교적 단순한 모양으로 다루는 데 중첩법이 어떻게 쓰이는지를 잘 보여준다.

예제 13-9

지간 거리 L인 단순 보 AB에 길이가 a인 돌출부 BC가 있다(그림 13-21a). 이 보는 전 길이에 걸쳐 강도 q인 등분포하중을 받는다.

돌출부 끝에서의 처짐 δ_C를 구하는 공식을 만드시오(그림 13-21c). **참고:** 보의 굽힘 강성 EI는 일정하다.

그림 13-21
예제 13-9: 돌출부가 있는 단순 보

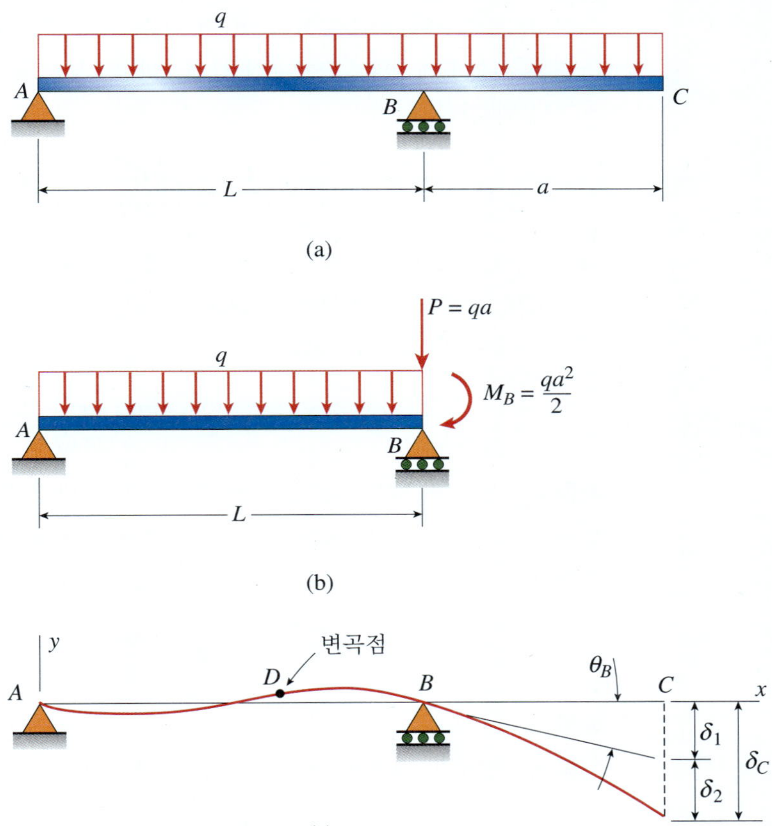

자중에 의해 균일하중을 받는 돌출부가 있는 보 (Courtesy of the National Information Service for Earthquake Engineering EERC, University of California, Berkeley)

풀이

4단계 문제풀이 접근방법을 사용한다.

1. **개념화** 돌출부 BC(그림 13-21a)를 두 가지 작용을 받는 캔틸레버라고 생각함으로써 점 C의 처짐을 구할 수 있다. 그 첫 번째 작용은 캔틸레버의 지지점이 각도 θ_B만큼 회전하는 것인데, 이 각도는 보 ABC의 지지점 B에서 회전각이다(그림 13-21c, 시계방향 각도 θ_B가 양이라고 가정한다). 이 회전각은 돌출부 BC의 강체 회전을 일으키고, 결과적으로 점 C의 아래 방향 변위 δ_1이 생기게 된다.

두 번째 작용은 균일하중을 받는 캔틸레버로서 BC의 굽힘이다. 이 굽힘은 아래 방향의 변위 δ_2를 추가로 생기게 한다(그림 13-21c). 이 두 개의 변위를 중첩함으로써 점 C의 전체 변위 δ_C를 구한다.

2. 분류

처짐 δ_1: 점 B의 회전각 θ_B로 인한 처짐 δ_1을 구하는 것부터 시작해보자. 이 회전각을 구하기 위해 보의 AB 부분은 강도 q인 균일하중, 모멘트 M_B($qa^2/2$와 같음), 수직하중 P(qa와 같음)의 하중을 동시에 받는 단순 보(그림 13-21b)와 동일한 조건에 있음을 유의한다. 하중 q와 모멘트 M_B만이 이 단순 보의 끝점 B에서 회전각을 생기게 한다. 이 각도는 부록 E에 있는 표 E-2의 사례 1과 7로부터 구할 수 있다. 이렇게 구한 각도 θ_B는 다음과 같다.

$$\theta_B = -\frac{qL^3}{24EI} + \frac{M_B L}{3EI} = -\frac{qL^3}{24EI} + \frac{qa^2 L}{6EI} = \frac{qL(4a^2 - L^2)}{24EI} \qquad \textbf{(13-67)}$$

이 식에서 그림 13-21c에 보인 바와 같이 시계방향의 각도가 양이다.

점 C의 아래 방향 변위 δ_1은 오로지 회전각 θ_B에 의한 것인데, 돌출부의 길이와 각도의 곱과 같다(그림 13-21c).

$$\delta_1 = a\theta_B = \frac{qaL(4a^2 - L^2)}{24EI} \qquad \textbf{(a)}$$

처짐 δ_2: 돌출부 BC의 굽힘은 점 C에서 아래 방향 변위 δ_2를 추가로 발생시킨다. 이 변위는 강도 q의 균일하중을 받는 길이가 a인 캔틸레버의 처짐과 같다(표 E-1의 사례 1 참조).

$$\delta_2 = \frac{qa^4}{8EI} \qquad \textbf{(b)}$$

3. 해석

처짐 δ_C: 점 C의 총 아래 방향 처짐은 δ_1과 δ_2의 대수적인 합이다.

$$\delta_C = \delta_1 + \delta_2 = \frac{qaL(4a^2 - L^2)}{24EI} + \frac{qa^4}{8EI} = \frac{qa}{24EI}[L(4a^2 - L^2) + 3a^3]$$

또는

$$\delta_C = \frac{qa}{24EI}(a + L)(3a^2 + aL - L^2) \qquad \textbf{(13-68)}$$

4. 최종 단계 위의 식에서 처짐 δ_C는 길이 L과 a의 상대적인 크기에 따라서 위쪽이 될 수도 있고 아래쪽이 될 수도 있다는 사실을 알 수 있다. 만약에 a가 비교적 크다면, 이 식의 마지막 항(괄호 안에 세 개의 항으로 된 것)이 양이고 처짐 δ_C는 아래 방향이다. 만약 a가 비교적 작다면, 마지막 항은 음이 되고 처짐은 위 방향이다. 마지막 항이 0일 때 처짐은 0이다.

$$3a^2 + aL - L^2 = 0$$

또는

$$a = \frac{L\left(\sqrt{13} - 1\right)}{6} = 0.4343L \qquad \text{(c)}$$

이 결과로부터 a가 $0.4343L$을 초과하면 점 C의 처짐은 아래쪽 방향이고, a가 $0.4343L$ 미만이면 그 처짐은 위쪽 방향임을 유의하자.

처짐 곡선: 이 예제의 보에 대한 처짐 곡선의 모양을, a가 충분히 커서($a > 0.4343L$) C에서 아래 방향의 처짐이 생기는 경우와 충분히 작아서($a < L$) A에서의 반력이 확실히 위쪽이 되는 경우에 대해 그림 13-21c에 나타내었다. 이 조건에서 지지점 A와 어떤 점 D 사이에서는 보의 굽힘 모멘트가 양이다. 이 구간 AD에서의 처짐 곡선은 아래로 볼록하다(양의 곡률). D에서 C까지는 굽힘 모멘트가 음이고, 따라서 처짐 곡선은 위로 볼록하다(음의 곡률).

변곡점: 점 D에서 굽힘 모멘트가 0이기 때문에 처짐 곡선의 곡률은 0이다. 곡률과 굽힘 모멘트가 부호를 바꾸는 D와 같은 점을 **변곡점**[point of inflection, 또는 **반곡점**(point of contraflexure)]이라고 한다. 변곡점에서는 굽힘 모멘트 M과 처짐 곡선의 2계 미분 d^2v/dx^2은 언제나 0이다.

하지만 M과 d^2v/dx^2이 0인 점이 반드시 변곡점이 되는 것은 아닌데, 이 값이 그 점에서 부호를 바꾸지 않고 0이 될 수도 있기 때문이다. 예를 들면, 그들이 0이면서 최대점 또는 최소점이 될 수도 있다.

13.6 부정정 보

서론

이 장에서는 반력의 수가 독립적인 평형 방정식의 수를 초과하는 보에 대한 해석을 다룬다. 이러한 보의 반력은 정역학만으로는 구할 수 없으므로 **부정정**(statically indeterminate)이라고 부른다.

부정정 보의 해석은 정정 보의 해석과 상당히 다르다. 보가 정정일 때는 자유물체도와 평형 방정식으로부터 모든 반력, 전단력, 굽힘 모멘트를 구할 수 있다. 그런 다음에 전단력과 굽힘 모멘트를 알고 있으므로 응력과 처짐을 구할 수 있다.

하지만 보가 부정정일 때는 평형 방정식만으로는 충분하지 않고 추가적인 방정식이 더 필요하다. 부정정 보를 해석하는 가장 기본적인 방법은 이 절 후반부에서 설명하는 바와 같이 처짐 곡선의 미분 방정식을 푸는 것이다. 이는 부정정 보의 해석을 시작하는 좋은 방법이지만, 가장 단순한 형태의 부정정 보에만 실제적으로 적용할 수 있다.

그러므로 넓은 범위의 여러 가지 구조물에 적용할 수 있는 방법인 중첩법을 중점적으로 다룰 것이다. 중첩법에서는 적합 방정식과 힘-변위 방정식으로 평형 방정식을 보충한다(인장과 압축을 받는 부정정 봉을 해석했던 8.4절 초반부에서 이와 같은 방법을 설명한 바 있다). 이 장 전체에 걸쳐, 보는 **선형 탄성 재료**(linearly elastic materials)

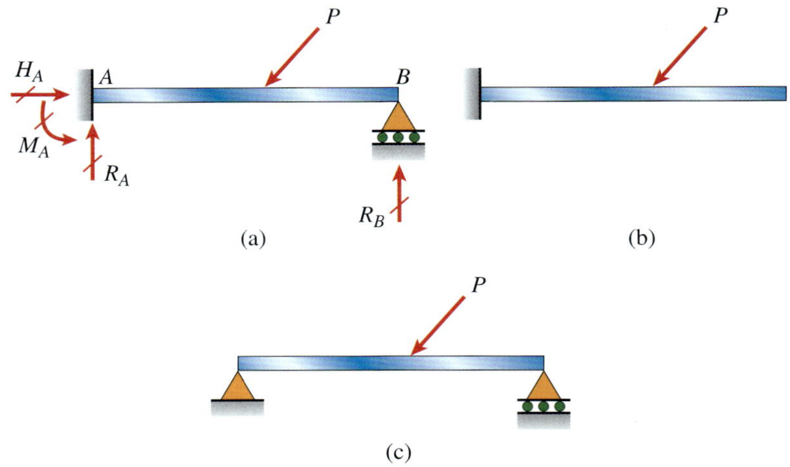

그림 13-22
받침 캔틸레버: (a) 보의 하중과 반력, (b) 끝점 B에서의 반력을 과잉구속으로 선택할 때의 이완 구조물, (c) 끝점 A에서의 모멘트 반력을 과잉구속으로 선택할 때의 이완 구조물

로 만들어져 있다고 가정한다.

이 장에서는 부정정 보만 다루지만 기본적인 개념은 훨씬 더 넓은 범위에 적용할 수 있다. 자동차 프레임, 건물, 항공기 등과 같은 대부분의 구조물이 부정정이다. 하지만 이러한 구조물은 보에 비해 훨씬 더 복잡하고 매우 정교한 해석 기술을 사용하여 설계해야 한다. 이 기술들 대부분이 이 장에서 설명하는 개념을 바탕으로 하므로, 이 장의 내용은 모든 종류의 부정정 구조물 해석에 대한 서론으로 간주할 수 있다.

부정정 보의 형태

부정정 보는 통상 지지점의 배치에 따라 분류된다. 예를 들면, 한쪽 끝이 고정되어 있고 다른 쪽 끝은 단순 지지되어 있는 보(그림 13-22a)를 **받침 캔틸레버**(propped cantilever beam)라고 한다. 그림에 보이는 보의 반력은 지지점 A에서의 수평방향 힘과 수직방향 힘, 지지점 A에서의 모멘트, 지지점 B에서의 수직방향 힘으로 구성되어 있다. 이 보에 대해 독립적인 평형 방정식은 세 개뿐이므로 평형 방정식만으로 네 개의 반력을 구하는 것은 불가능하다. 평형 방정식의 수를 **초과**하는 반력의 수를 **부정정 차수**(degree of static indeterminacy)라고 한다. 그러므로 받침 캔틸레버는 1차 부정정이다.

초과되는 반력을 **정적 과잉구속**(static redundants)이라고 하는데, 각각의 특정한 경우에 따라 선택되어야 한다. 예를 들면, 그림 13-22a에 나타낸 받침 캔틸레버의 반력 R_B를 과잉구속 반력으로 선택할 수 있다. 이 반력은 평형을 유지하는 데 필요한 반력의 과잉이므로, B의 지지점을 제거함으로써 구조물로부터 없앨 수 있다. 지지점 B가 제거되면 캔틸레버가 된다(그림 13-22b). 과잉구속이 없어질 때 남는 구조물을 **이완 구조물**(released structure) 또는 **기본 구조물**(primary structure)이라고 한다. 이완 구조물은 안정되어야 하고(따라서 하중을 받을 수 있어야 함), 정정이어야 한다(따라서 모든 힘의 값이 평형 방정식만으로 결정됨).

그림 13-22a의 받침 캔틸레버를 해석하는 또 다른 방법은 반력 모멘트 M_A를 과잉구속으로 선택하는 것이다. 그다음 지지점 A에 있는 모멘트 구속이 제거되면 이완 구

그림 13-23
수직방향 하중만 받는 받침 캔틸레버

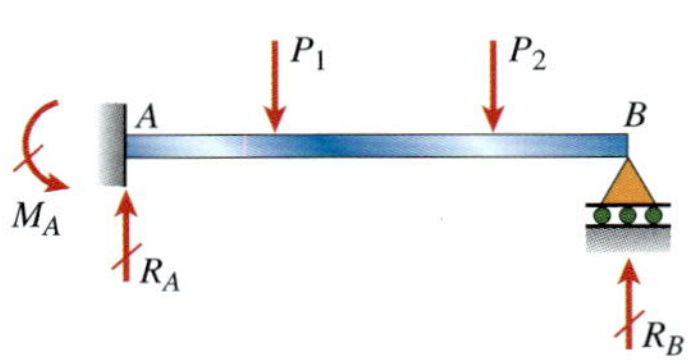

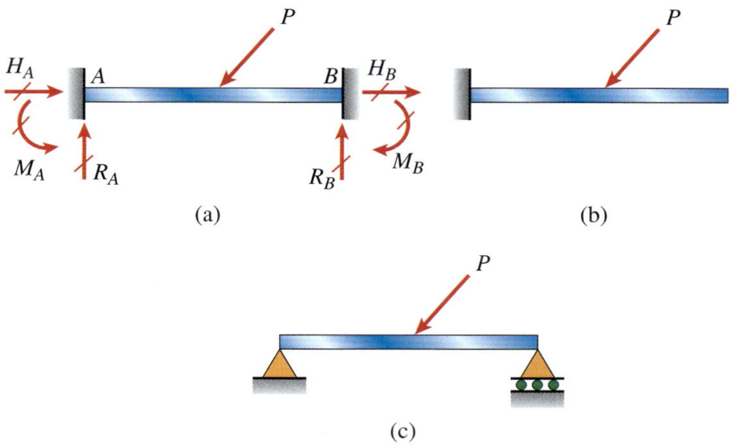

그림 13-24
양단고정 보: (a) 하중과 반력을 가진 보, (b) 끝점 B에 있는 세 개의 반력을 과잉구속으로 선택할 때의 이완 구조물, (c) 두 개의 모멘트 반력과 끝점 B에 있는 수평반력을 과잉구속으로 선택할 때의 이완 구조물

조물은 한쪽 끝은 핀 지지, 다른 쪽 끝은 롤러 지지된 단순 보이다(그림 13-22c).

이 보에 작용하는 하중이 모두 다 수직방향이면(그림 13-23) 특수한 경우가 생긴다. 이때는 지지점 A에서 수평 반력은 사라지고 세 개의 반력만 남는다. 하지만 오로지 두 개의 독립적인 평형 방정식만 사용할 수 있기 때문에 보는 여전히 1차 부정정이다. 만약 반력 R_B가 과잉구속으로 선택된다면 이완 구조물은 캔틸레버이고, 모멘트 M_A가 과잉구속으로 선택된다면 이완 구조물은 단순 보이다.

Lopatinsky Vladislav/ Shutterstock.com

연석 보를 사용하여 긴 구간의 다리가 건설된다.

부정정 보의 또 다른 형태인 **양단고정 보**(fixed-end beam)가 그림 13-24a에 나타나 있다. 이 보는 양단에 고정 지지점을 갖고 있으며, 결과적으로 총 6개의 미지 반력(각 지지점에서 두 개의 힘과 한 개의 모멘트)을 갖고 있다. 평형 방정식은 오로지 세 개뿐이므로 이 보는 3차 부정정 보이다[이런 형태의 보를 **물린 보**(clamped beam) 또는 **박힌 보**(built-in beam)라고도 한다].

그림 13-25
수직하중만 받는 양단고정 보

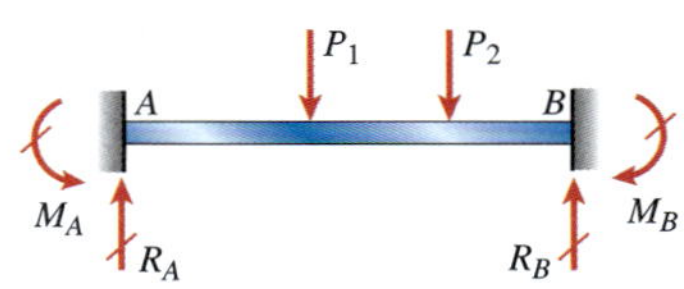

만약 보의 끝점 B에 있는 세 개의 반력을 과잉구속으로 선택하여 그 구속들을 제거한다면, 이완 구조물은 캔틸레버가 된다(그림 13-24b). 만약 두 개의 고정단 모멘트와 한 개의 수평 반력을 이완시킨다면, 이완 구조물은 단순 보가 된다(그림 13-24c).

수직하중만 작용하는 특수한 경우를 다시 생각해보면(그림 13-25), 양단고정 보는 오로지 네 개의 0이 아닌 반력(각 지지점에서 한 개의 힘과 한 개의 모멘트)을 갖는다. 사용할 수 있는 평형 방정식의 수는 두 개이고 따라서 이 보는 2차 부정정 보이다. 끝점 B에 있는 두 개의 반력을 과잉구속으로 선택한다면 이완 구조물은 캔틸레버가 되고, 두 개의 반력 모멘트를 과잉구속으로 선택한다면 이완 구조물은 단순 보가 된다.

그림 13-26a에 나타낸 보는 **연속 보**(continuous beam)에 대한 하나의 예인데, 보에 하나 이상의 구간이 있고 내부 지지점 위에서 연속이기 때문에 그렇게 부른다. 이 특수한 보는 반력이 네 개이고 평형 방정식은 단지 세 개뿐이므로 1차 부정정 보이다.

만약 내부 지지점의 반력 R_B를 과잉구속으로 선택하여 그 지지점을 보에서 제거한다면, 정정 보인 단순 보의 형태로 이완 구조물이 남는다(그림 13-26b). 만약 반력 R_C를 과잉구속으로 선택한다면, 이완 구조물은 돌출부가 있는 단순 보가 된다(그림

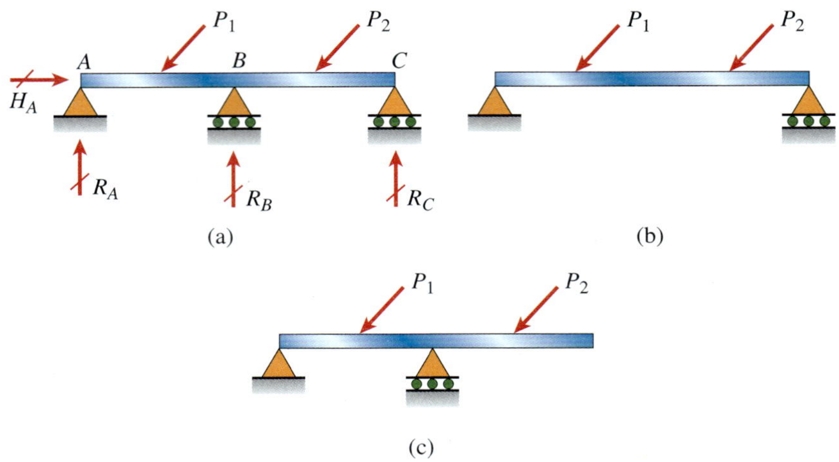

그림 13-26
연속 보의 예: (a) 하중과 반력을 가진 보, (b) 지지점 B의 반력을 과잉구속으로 선택할 때의 이완 구조물, (c) 지지점 C의 반력을 과잉구속으로 선택할 때의 이완 구조물

13-26c).

다음 절들에서는 부정정 보를 해석하는 두 가지 방법을 논의한다. 각 경우의 목적은 과잉구속의 반력을 구하는 것이다. 그것을 구하고 나면, (전단력과 굽힘 모멘트를 포함한) 나머지 모든 반력은 평형 방정식을 통해 구할 수 있다. 사실상 구조물은 정정이 된다. 그러므로 해석의 마지막 단계로 앞 장들에서 설명한 방법으로 응력과 처짐을 구할 수 있다.

처짐 곡선의 미분 방정식에 의한 해석

처짐 곡선에 관한 다음 세 개의 미분 방정식 중 어느 하나를 풀어서 부정정 보를 해석한다. (1) 굽힘 모멘트 항으로 된 2계 미분 방정식[식 (13-13a) 또는 균일 단면 보의 경우 식 (13-16a)], (2) 전단력 항으로 된 3계 미분 방정식[식 (13-13b) 또는 식 (13-16b)], (3) 분포하중의 항으로 된 4계 미분 방정식[식 (13-13c) 또는 식 (13-16c)].

해석 절차는 근본적으로 정정 보의 해석 절차와 같아서(13.2절, 13.3절, 13.4절 참조) 미분 방정식을 세우고 이를 적분하여 일반해를 구한 후, 경계 조건이나 기타 조건을 적용하여 미지수를 구하는 단계들로 이루어져 있다. 미지수는 적분 상수뿐만 아니라 과잉구속의 반력으로 이루어져 있다.

보와 그 하중이 비교적 단순하고 복잡하지 않을 때에만 보의 미분 방정식을 풀어서 해를 기호의 항으로 나타낼 수 있다. 이 결과로 얻은 해는 일반적인 목적의 공식 형태이다. 하지만 좀 더 복잡한 경우에는 그 목적에 맞게 개발된 컴퓨터 프로그램을 사용하여 미분 방정식을 수치적으로 풀어야 한다. 이러한 경우에 얻은 결과는 어떤 특정한 수치가 주어진 문제에만 해당되는 것이다.

다음 예제들에서는 미분 방정식을 기호의 항으로 풀어서 부정정 보를 해석하는 방법을 자세히 설명한다.

예제 13-10

그림 13-27

예제 13-10: 균일하중을 받는 받침 캔틸레버

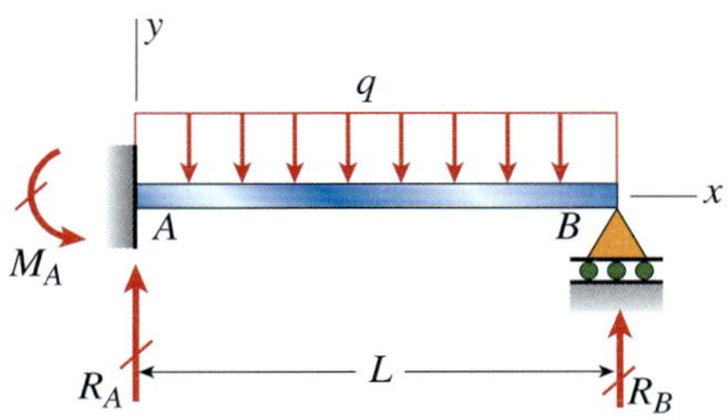

길이가 L인 받침 캔틸레버 AB가 전 길이에 걸쳐 강도 q인 균일하중을 받는다(그림 13-27). 처짐 곡선에 관한 2계 미분 방정식(굽힘 모멘트 방정식)을 풀어서 이 보를 해석하시오. 보의 반력, 전단력, 굽힘 모멘트, 기울기, 처짐을 구하시오.

풀이

4단계 문제풀이 접근방법을 사용한다.

1. **개념화** 이 보의 하중은 수직방향으로 작용하기 때문에(그림 13-27), 고정 지지점에서 수평방향의 반력은 없다. 그러므로 보는 세 개의 미지 반력을 갖게 된다(M_A, R_A, R_B). 이 반력들을 구하는 데 오로지 두 개의 평형 방정식만 이용할 수 있으므로 이 보는 1차 부정정이다.

2. **분류** 굽힘 모멘트 방정식을 풀어서 이 보를 해석할 것이므로 굽힘 모멘트에 관한 일반적인 식을 먼저 구해야 한다. 이 식은 하중과 선택된 과잉구속의 항으로 표시될 것이다.

과잉구속의 반력: 단순 지지점에 있는 반력 R_B를 과잉구속으로 선택한다. 그러면 보 전체의 평형을 고려하여 다른 두 개의 반력을 R_B의 항으로 표시할 수 있다.

$$R_A = qL - R_B \qquad M_A = \frac{qL^2}{2} - R_B L \tag{a, b}$$

굽힘 모멘트: 고정 지지점으로부터 거리 x에서 굽힘 모멘트 M은 다음과 같이 반력의 항으로 표시할 수 있다.

$$M = R_A x - M_A - \frac{qx^2}{2} \tag{c}$$

이 식은 보의 일부에 대한 자유물체도를 그리고 평형 방정식을 풀이해서 얻을 수 있다.

식 (c)에 식 (a)와 (b)를 대입하면 굽힘 모멘트를 하중과 과잉구속의 반력 항으로 표시할 수 있다.

$$M = qLx - R_B x - \frac{qL^2}{2} + R_B L - \frac{qx^2}{2} \tag{d}$$

3. **해석**

미분 방정식: 처짐 곡선에 관한 2계 미분 방정식[식 (13-16a)]은 이제 다음과 같이 된다.

$$EIv'' = M = qLx - R_B x - \frac{qL^2}{2} + R_B L - \frac{qx^2}{2} \tag{e}$$

이 식을 순차적으로 두 번 적분하면 보의 기울기와 처짐에 관한 다음 식이 얻어진다.

$$EIv' = \frac{qLx^2}{2} - \frac{R_B x^2}{2} - \frac{qL^2 x}{2} + R_B Lx - \frac{qx^3}{6} + C_1 \tag{f}$$

$$EIv = \frac{qLx^3}{6} - \frac{R_B x^3}{6} - \frac{qL^2x^2}{4} + \frac{R_B Lx^2}{2} - \frac{qx^4}{24} + C_1 x + C_2 \qquad \textbf{(g)}$$

이 식들은 세 개의 미지수(C_1, C_2, R_B)를 갖고 있다.

경계 조건: 그림 13-27을 살펴보면, 보의 처짐과 기울기에 관련된 세 개의 경계 조건이 명백하게 보인다. 이러한 조건은 다음과 같다. (1) 고정 지지점에서 처짐이 0이다. (2) 고정 지지점에서 기울기가 0이다. (3) 단순 지지점에서 처짐이 0이다.

$$v(0) = 0 \qquad v'(0) = 0 \qquad v(L) = 0$$

이 조건을 식 (f)와 (g)로 주어진 기울기와 처짐에 관한 식에 적용하면 $C_1 = 0$, $C_2 = 0$이 되기 때문에 다음을 얻는다.

$$R_B = \frac{3qL}{8} \qquad \textbf{(13-69)}$$

따라서 과잉구속의 반력 R_B를 이제 알게 되었다.

반력: 과잉구속의 반력을 가지고 식 (a)와 (b)로부터 나머지 반력을 구할 수 있다. 그 결과는 다음과 같다.

그림 13-28

그림 13-27의 받침 캔틸레버에 대한 전단력과 굽힘 모멘트 선도

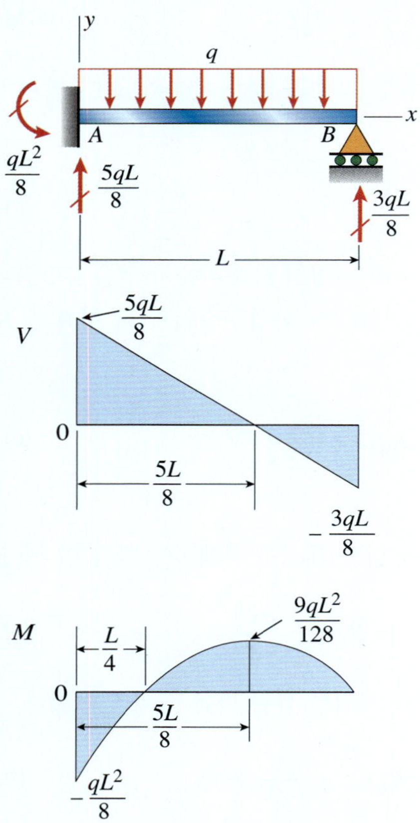

$$R_A = \frac{5qL}{8} \qquad M_A = \frac{qL^2}{8} \qquad \textbf{(13-70a, b)}$$

이 반력들을 알았으므로 보의 전단력과 굽힘 모멘트를 구할 수 있다.

전단력과 굽힘 모멘트: 이 값들은 자유물체도와 평형 방정식을 이용하는 통상적인 방법으로 구할 수 있다. 그 결과는 다음과 같다.

$$V = R_A - qx = \frac{5qL}{8} - qx \qquad \textbf{(13-71)}$$

$$M = R_A x - M_A - \frac{qx^2}{2} = \frac{5qLx}{8} - \frac{qL^2}{8} - \frac{qx^2}{2} \qquad \textbf{(13-72)}$$

보에 대한 전단력과 굽힘 모멘트 선도는 이 식을 이용하여 그릴 수 있다(그림 13-28 참조).

이 선도로부터 최대 전단력은 고정 지지점에서 발생하고 다음과 같이 나타남을 주목하자.

$$V_{\max} = \frac{5qL}{8} \qquad \textbf{(13-73)}$$

또한 양과 음의 최대 굽힘 모멘트는 다음과 같다.

$$M_{\text{pos}} = \frac{9qL^2}{128} \qquad M_{\text{neg}} = -\frac{qL^2}{8} \qquad \textbf{(13-74a, b)}$$

마지막으로 고정 지지점으로부터 $x = L/4$의 거리에서 굽힘 모멘트가 0이라는 사실을 주목하자.

보의 기울기와 처짐: 기울기와 처짐에 관한 식 (f)와 (g)로 되돌아가서, 과

그림 13-29

그림 13-27의 받침 캔틸레버에 대한 처짐 곡선

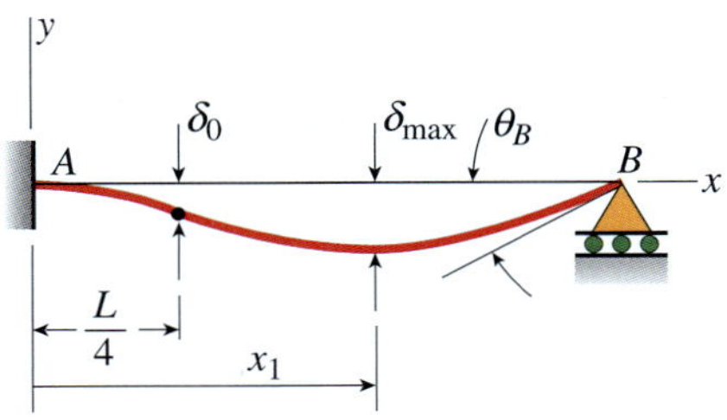

잉구속 R_B의 식[식 (13-69)]과 함께 적분 상수의 값($C_1=0$과 $C_2=0$)을 대입하여 다음을 얻는다.

$$v' = \frac{qx}{48EI}(-6L^2 + 15Lx - 8x^2) \quad \text{(13-75)}$$

$$v = -\frac{qx^2}{48EI}(3L^2 - 5Lx + 2x^2) \quad \text{(13-76)}$$

식 (13-76)으로부터 얻은 보의 처짐 모양을 그림 13-29에 나타내었다.

보의 최대 처짐을 구하기 위해 기울기[식 (13-75)]를 0으로 놓고 이 최대 처짐이 일어나는 점까지의 거리 x_1에 대해 풀면 다음과 같다.

$$v' = 0 \quad \text{또는} \quad -6L^2 + 15Lx - 8x^2 = 0$$

이로부터 x_1을 다음과 같이 얻을 수 있다.

$$x_1 = \frac{15 - \sqrt{33}}{16}L = 0.5785L \quad \text{(13-77)}$$

x에 관한 이 값을 처짐에 관한 식[식 (13-76)]에 대입하고 부호를 바꾸면 최대 처짐을 얻을 수 있다.

$$\begin{aligned} \delta_{max} &= -v(x_1) = \frac{qL^4}{65{,}536\ EI}(39 + 55\sqrt{33}) \\ &= \frac{qL^4}{184.6\ EI} = 0.005416\frac{qL^4}{EI} \end{aligned} \quad \text{(13-78)}$$

변곡점은 굽힘 모멘트가 0인 곳, 즉 $x=L/4$인 곳에 위치한다. 보에서 이 점의 처짐 δ_0은 [식 (13-76)으로부터] 다음과 같다.

$$\delta_0 = -v(L/4) = \frac{5qL^4}{2048\ EI} = 0.002441\frac{qL^4}{EI} \quad \text{(13-79)}$$

$x<L/4$일 때는 곡률과 굽힘 모멘트 둘 다 음이고, $x>L/4$일 때는 곡률과 굽힘 모멘트가 양임을 주목하라.

보의 단순 지지점이 있는 끝에서의 회전각 θ_B를 구하기 위해 식 (13-75)를 사용하면 다음과 같이 된다.

$$\theta_B = v'(L) = \frac{qL^3}{48EI} \quad \text{(13-80)}$$

보 축선상의 다른 점에 대한 기울기와 처짐도 같은 방법으로 구할 수 있다.

4. **최종 단계** 이 예제에서는 반력 R_B를(그림 13-27) 과잉구속 반력으로 간주하여 보를 해석했다. 또 다른 방법은 반력 모멘트 M_A를 과잉구속으로 택하는 것이다. 그러면 굽힘 모멘트 M을 M_A의 항으로 표시할 수 있고, 그 결과 식을 2계 미분 방정식에 대입하여 앞에서와 같은 요령으로 풀 수 있다. 그 외에 다음 예제에서 자세히 설명하는 바와 같이 4계 미분 방정식으로 시작하는 방법이 있다.

예제 13-11

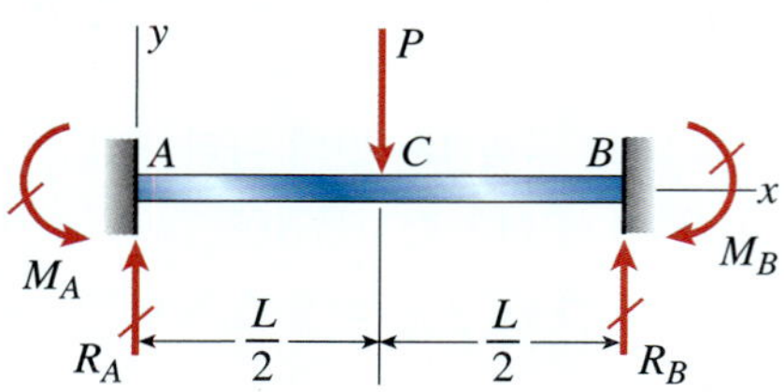

그림 13-30
예제 13-11: 중간점에 집중하중을 받는 양단고정 보

그림 13-30의 양단고정 보 ACB가 보의 중간점에 하나의 집중하중 P를 받고 있다. 처짐 곡선에 관한 4계 미분 방정식(하중 방정식)을 풀어서 이 보를 해석하시오. 보의 반력, 전단력, 굽힘 모멘트, 기울기, 처짐을 구하시오.

풀이

4단계 문제풀이 접근방법을 사용한다.

1. **개념화** 이 보의 하중이 수직방향으로만 작용하기 때문에 지지점에서 수평방향의 반력이 없다. 그러므로 이 보는 각 지지점에 두 개씩 네 개의 미지 반력을 갖고 있다. 이용할 수 있는 평형 방정식은 오로지 두 개뿐이므로 이 보는 2차 부정정이다.

2. **분류** 보와 하중의 대칭성으로부터 지지점 A와 B의 힘과 모멘트가 같다는 사실을 이용하여 해석을 단순화할 수 있다. 즉,

$$R_A = R_B \text{ 그리고 } M_A = M_B$$

양쪽 지지점에서의 수직 반력이 같으므로, 수직방향 힘의 평형으로부터 각 힘은 $P/2$와 같다.

$$R_A = R_B = \frac{P}{2} \qquad \textbf{(13-81)}$$

그 결과, 남아 있는 미지 값은 모멘트 반력 M_A와 M_B이다. 편의상 M_A를 과잉구속 값으로 선택한다.

3. **해석**

미분 방정식: 점 A와 C 사이에는 보에 작용하는 하중이 없기 때문에, 보의 왼쪽 절반에 대한 4계 미분 방정식[식 (13-19c)]은 다음과 같다.

$$EIv'''' = -q = 0 \quad (0 < x < L/2) \qquad \textbf{(a)}$$

이 식의 순차 적분은 보의 왼쪽 절반에서 유효한 다음 식들로 귀결된다.

$$EIv''' = C_1 \qquad \textbf{(b)}$$

$$EIv'' = C_1x + C_2 \qquad \textbf{(c)}$$

$$EIv' = \frac{C_1x^2}{2} + C_2x + C_3 \qquad \textbf{(d)}$$

$$EIv = \frac{C_1x^3}{6} + \frac{C_2x^2}{2} + C_3x + C_4 \qquad \textbf{(e)}$$

이 식에는 네 개의 미지 적분 상수가 있다. 이제 미지수는 5개(C_1, C_2, C_3, C_4, M_A)이므로 5개의 경계 조건이 필요하다.

경계 조건: 보의 왼쪽 절반에 적용할 수 있는 경계 조건은 다음과 같다.

i. 보 왼쪽 부분의 전단력은 R_A 또는 $P/2$와 같다. 그러므로 식 (13-16b)로부터 다음 식을 얻는다.

$$EIv''' = V = \frac{P}{2}$$

이 식과 식 (b)를 조합함으로써 $C_1 = P/2$를 얻는다.

ii. 왼쪽 지지점에서의 굽힘 모멘트는 $-M_A$이다. 그러므로 식 (13-16a)로부터 다음을 얻는다.

$$EIv'' = M = -M_A \qquad x=0$$

이 식과 식 (c)를 조합하면 $C_2 = -M_A$를 얻는다.

iii. 왼쪽 지지점($x=0$)에서 보의 기울기는 0이다. 그러므로 식 (d)로부터 $C_3=0$을 구한다.

iv. 중간점($x=L/2$)에서의 보의 기울기도 (대칭 조건으로부터) 0이다. 그러므로 식 (d)로부터 다음을 얻는다.

$$M_A = M_B = \frac{PL}{8} \tag{13-82}$$

이와 같이 보의 끝에서 반력 모멘트를 구했다.

v. 왼쪽 지지점($x=0$)에서 보의 처짐은 0이다. 그러므로 식 (e)로부터 $C_4=0$을 얻는다. 요약하면 네 개의 적분 상수는 다음과 같다.

$$C_1 = \frac{P}{2} \qquad C_2 = -M_A = -\frac{PL}{8} \qquad C_3 = 0 \qquad C_4 = 0 \tag{f, g, h, i}$$

그림 13-31

그림 13-30의 양단고정 보에 대한 전단력과 굽힘 모멘트 선도

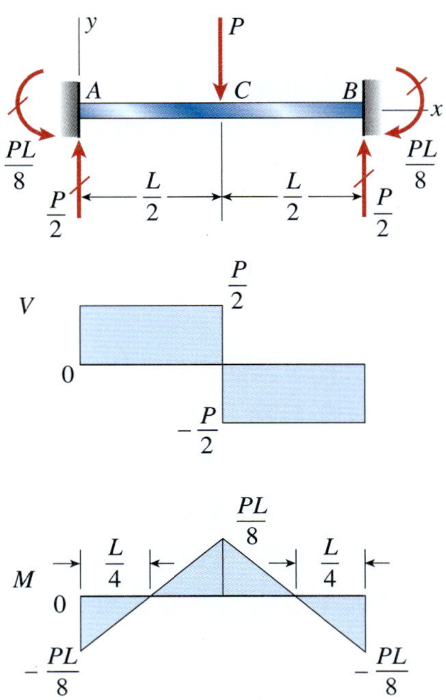

전단력과 굽힘 모멘트: 전단력과 굽힘 모멘트는 적절한 적분 상수를 식 (b)와 (c)에 대입함으로써 얻을 수 있다. 그 결과는 다음과 같다.

$$EIv''' = V = \frac{P}{2} \qquad (0 < x < L/2) \tag{13-83}$$

$$EIv'' = M = \frac{Px}{2} - \frac{PL}{8} \qquad (0 \le x \le L/2) \tag{13-84}$$

보의 반력을 알고 있기 때문에 자유물체도와 평형 방정식으로부터 이 식을 바로 구할 수도 있다.

전단력 선도와 굽힘 모멘트 선도가 그림 13-31에 주어져 있다.

기울기와 처짐: 보의 왼쪽 절반에 대한 기울기와 처짐은 식 (d)와 (e)에 적분 상수의 식을 대입함으로써 구할 수 있다. 그 결과는 다음과 같다.

$$v' = -\frac{Px}{8EI}(L - 2x) \qquad (0 \le x \le L/2) \tag{13-85}$$

$$v = -\frac{Px^2}{48EI}(3L - 4x) \quad (0 \le x \le L/2) \tag{13-86}$$

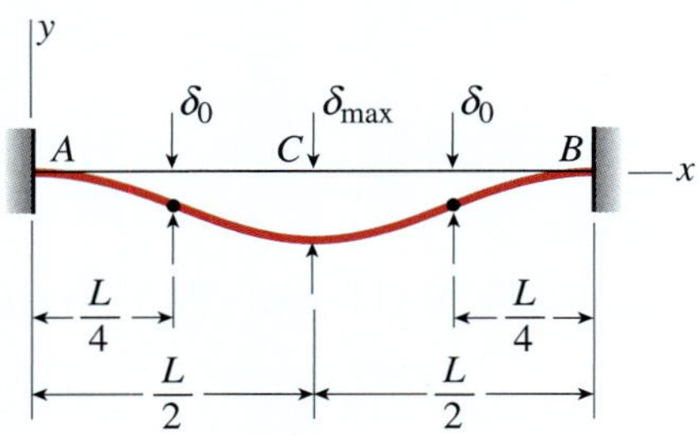

그림 13-32
그림 13-30의 양단고정 보에 대한 처짐 곡선

보의 처짐 곡선은 그림 13-32에 나타나 있다.

최대 처짐 δ_{max}를 구하기 위해 식 (13-86)의 x를 $L/2$로 놓고 부호를 바꾸면 다음 식이 구해진다.

$$\delta_{max} = -v(L/2) = \frac{PL^3}{192EI} \tag{13-87}$$

보의 왼쪽 절반에서 변곡점은 굽힘 모멘트 M이 0인 점, 즉 $x=L/4$[식 (13-84) 참조]인 점에서 발생한다. 이 점에서의 처짐 δ_0은 [식 (13-86)으로부터] 다음과 같다.

$$\delta_0 = -v(L/4) = \frac{PL^3}{384EI} \tag{13-88}$$

이 값은 수치적으로 최대 처짐의 1/2과 같다. 두 번째 변곡점은 보의 오른쪽 절반에서 생기는데, 끝점 B로부터 거리가 $L/4$ 되는 위치에서 발생한다.

4. **최종 단계** 이 예제에서 경계 조건과 여타 조건의 수는 적분 상수뿐만 아니라 과잉구속의 반력까지 계산하는 데도 항상 충분하다는 것을 확인했다.

참고: 경우에 따라서는 정정 보에 대해 13.3절의 예제 13-3과 13-4절의 예제 13-5에서 자세히 설명했던 바와 같이 보의 두 구간 이상에서 미분 방정식을 세우고 구간 사이의 연속 조건을 사용하여 풀어야 할 때도 있다. 그러한 해석은 충족되어야 할 많은 수의 조건 때문에 길고 지루해지기 쉽다. 하지만 하나 또는 두 개의 특정한 점에서만 처짐과 회전각이 필요하다면, 다음 절에서 보이는 바와 같이 중첩법이 유용할 것이다.

중첩법

중첩법은 부정정 봉, 트러스, 보, 프레임 등 많은 종류의 구조물 해석에서 기본적으로 아주 중요하다. 이미 인장 또는 압축을 받는 봉(8.4절)과 비틀림을 받는 축(9.8절)으로 구성된 부정정 구조물을 해석하기 위해 중첩법을 사용한 바 있다. 이 절에서는 이 방법을 보에 적용한다.

부정정 차수에 주목하고 어떤 것을 과잉구속의 반력으로 선택할 것인지를 염두에 두고 해석을 시작한다. 과잉구속이 정해졌으면, 다른 미지의 반력을 과잉구속 및 하중과 관련시키는 **평형 방정식**을 표시할 수 있다.

다음에 원래의 하중과 과잉구속의 반력이 모두 이완 구조물에 작용한다고 가정한다. 그러고 나서 하중에 의한 처짐과 과잉구속의 반력에 의한 처짐 두 개를 중첩하여 이완 구조물의 처짐을 구한다. 이들 처짐의 합은 원래 주어진 보에서의 처짐과 일치해야 한다. 그런데 원래 주어진 보의 처짐은 (구속이 제거된 점에서) 0이거나 혹은 어떤 아는 값이다. 그러므로 이완 구조물의 (구속이 제거된 점에서) 처짐은 원래 주어진 보의 (같은 점에서) 처짐과 같다는 사실을 나타내는 **적합 방정식**(또는 **중첩 방정식**)을 쓸 수 있다.

이완 구조물은 정정이므로 13.3절부터 13.5절에서 설명했던 방법으로 처짐을 구할 수 있다. 이완 구조물에서 하중과 처짐 사이의 관계를 **힘-변위 관계식**이라고 부른다. 이 관계식을 적합 방정식에 대입하면 과잉구속의 반력이 미지의 값이 되는 방정식을 얻는다. 그러므로 이 방정식을 풀어서 과잉구속의 반력을 구할 수 있다. 그다음 구해진 과잉구속의 반력을 가지고 평형 방정식으로부터 다른 모든 반력을 구할 수 있다. 게다가 평형 방정식으로부터 전단력과 굽힘 모멘트도 구할 수 있다.

특수한 경우, 즉 균일하중을 받는 받침 캔틸레버(그림 13-33a)를 생각해보면 위의 절차는 더 명확해진다. 여기서는 이 보에 대한 두 번의 해석을 다루는데, 첫 번째는 반력 R_B를 과잉구속의 반력으로 선택하여 해석하고, 두 번째는 반력 모멘트 M_A를 과잉구속으로 선택하여 해석한다(예제 13-10에서 이와 똑같은 보를 처짐 곡선의 미분 방정식을 풀어서 해석한 바 있다).

R_B를 과잉구속으로 보고 해석하기

첫 번째 경우에는 단순 지지점의 반력 R_B(그림 13-33a)를 과잉구속으로 선택한다. 그러면 다른 미지의 반력을 과잉구속의 항으로 표시하는 **평형 방정식**은 다음과 같다.

$$R_A = qL - R_B \qquad M_A = \frac{qL^2}{2} - R_B L \tag{13-89a, b}$$

이 식은 전체 보를 하나의 자유물체로 생각하고 평형 방정식을 적용하여 구한 것이다(그림 13-33a).

다음 단계는 과잉구속에 해당하는 구속을 제거하는 것이다(이 경우에는 끝단 B의 지지점을 제거한다). 남아 있는 **이완 구조물**은 캔틸레버이다(그림 13-33b). 균일하중 q와 과잉구속의 힘 R_B가 이완 구조물의 하중으로 작용한다(그림 13-33c, d).

이완 구조물에 균일하중 하나만 작용할 때 끝점 B의 처짐을 $(\delta_B)_1$이라 하고, 이완 구조물에 과잉구속의 반력 하나만 작용할 때 같은 점의 처짐을 $(\delta_B)_2$라고 한다. 이 두 개의 처짐을 중첩하여 원래의 구조물에서 점 B의 처짐 δ_B를 얻는다. 원래의 보에서 그 점의 처짐은 0이므로 다음과 같은 **적합 방정식**을 얻는다.

$$\delta_B = (\delta_B)_1 - (\delta_B)_2 = 0 \tag{13-90}$$

$(\delta_B)_1$은 아래쪽이 양이고 $(\delta_B)_2$는 위쪽이 양이기 때문에, 이 식에서 음의 부호가 나타난다.

균일하중 q의 항으로 나타낸 처짐 $(\delta_B)_1$과 과잉구속의 반력 R_B의 항으로 나타낸 처짐 $(\delta_B)_2$를 각각 얻을 수 있는 **힘-변위 관계식**은 부록 E에 있는 표 E-1(사례 1과 4 참조)을 이용하여 구할 수 있다. 표에 주어진 공식을 이용하여 다음을 얻는다.

$$(\delta_B)_1 = \frac{qL^4}{8EI} \qquad (\delta_B)_2 = \frac{R_B L^3}{3EI} \tag{13-91a, b}$$

위의 힘-변위 관계식을 적합 방정식에 대입하면 다음과 같이 된다.

$$\delta_B = \frac{qL^4}{8EI} - \frac{R_B L^3}{3EI} = 0 \tag{13-91c}$$

이 식으로부터 **과잉구속의 반력**을 계산할 수 있다.

그림 13-33
반력 R_B를 과잉구속으로 선택하는 중첩법에 의한 받침 캔틸레버의 해석

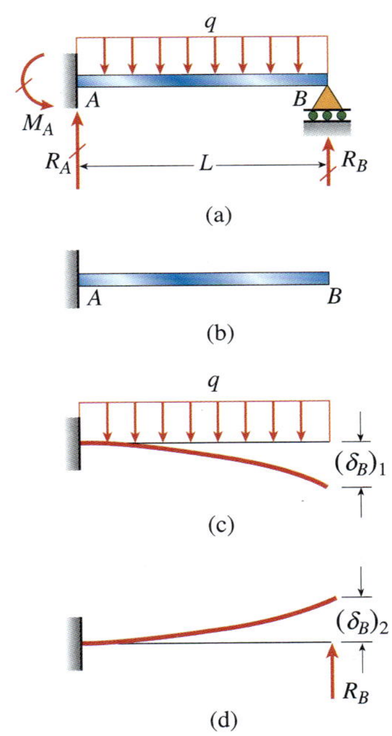

$$R_B = \frac{3qL}{8} \quad \textbf{(13-92)}$$

이 식은 원래의 보에 작용하는 하중의 항으로 과잉구속의 반력을 나타내고 있음을 유의하라.

나머지 반력(R_A와 M_A)은 평형 방정식[식 (13-89a, b)]으로부터 구할 수 있고, 그 결과는 다음과 같다.

$$R_A = \frac{5qL}{8} \qquad M_A = \frac{qL^2}{8} \quad \textbf{(13-93a, b)}$$

반력을 모두 구했으므로 이제 보 전체에 걸쳐 전단력과 굽힘 모멘트를 구할 수 있고 각각의 선도를 그릴 수 있다(선도는 그림 13-28 참조).

또한 중첩의 원리를 사용하여 원래 보의 **처짐과 기울기**를 구할 수도 있다. 그 과정은 그림 13-33c와 d에 보이는 하중들이 작용하는 이완 구조물의 처짐을 중첩하는 것으로 구성되어 있다. 예를 들면, 이 두 하중에 대한 처짐 곡선의 방정식은 부록 E에서 표 E-1의 사례 1과 4로부터 각각 얻을 수 있다.

$$v_1 = -\frac{qx^2}{24EI}(6L^2 - 4Lx + x^2)$$

$$v_2 = \frac{R_B x^2}{6EI}(3L - x)$$

식 (13-92)로부터 R_B를 대입하고, 그다음 처짐 v_1과 v_2를 더하여 원래의 부정정 보(그림 13-33a)에 대한 처짐 곡선의 방정식을 다음과 같이 얻는다.

$$v = v_1 + v_2 = -\frac{qx^2}{48EI}(3L^2 - 5Lx + 2x^2)$$

이 식은 예제 13-10의 식 (13-76)과 일치한다. 그 밖의 처짐도 이와 비슷한 방법으로 구할 수 있다.

M_A를 과잉구속으로 보고 해석하기

이제 반력 모멘트 M_A를 과잉구속으로 선택하여 동일한 받침 캔틸레버를 해석한다(그림 13-34). 이 경우에 이완 구조물은 단순 보이다(그림 13-34b). 원래의 보에서 반력 R_A와 R_B에 대한 평형 방정식은 다음과 같다.

$$R_A = \frac{qL}{2} + \frac{M_A}{L} \qquad R_B = \frac{qL}{2} - \frac{M_A}{L} \quad \textbf{(13-94a, b)}$$

적합 방정식은 원래 보에서 고정단의 회전각 θ_A가 0이라는 사실을 나타낸다. 이 각도는 이완 구조물(그림 13-34c, d)에서 회전각 $(\theta_A)_1$과 $(\theta_A)_2$의 중첩으로 얻을 수 있으므로 **적합 방정식**은 다음과 같이 된다.

$$\theta_A = (\theta_A)_1 - (\theta_A)_2 = 0 \quad \textbf{(13-95a)}$$

이 식에서 각도 $(\theta_A)_1$은 시계방향이 양이라고 가정한 것이고, 각도 $(\theta_A)_2$는 반시계방향

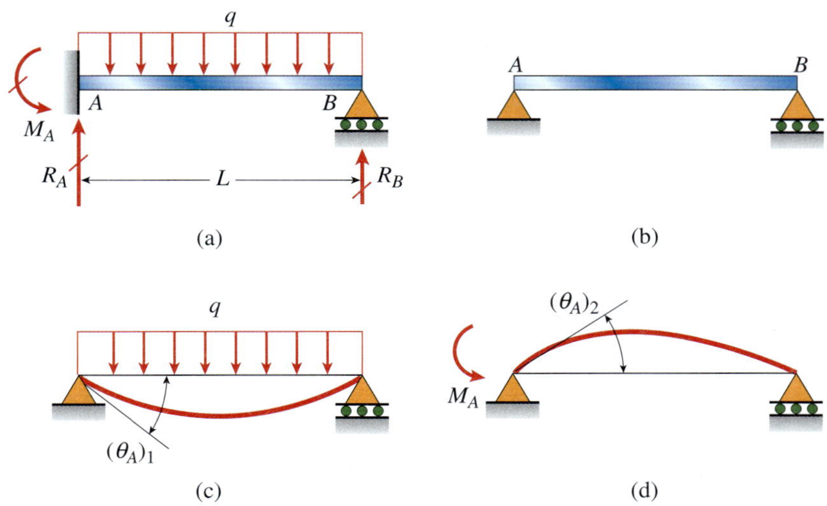

그림 13-34

반력 모멘트 M_A를 과잉구속으로 선택하는 중첩법에 의한 받침 캔틸레버의 해석

이 양이라고 가정한 것이다.

이완 구조물에서 회전각은 부록 E의 표 E-2에 주어진 공식으로부터 구할 수 있다(사례 1과 7 참조). 따라서 **힘-변위 관계식**은 다음과 같다.

$$(\theta_A)_1 = \frac{qL^3}{24EI} \qquad (\theta_A)_2 = \frac{M_A L}{3EI}$$

이를 적합 방정식[식 (13-95a)]에 대입하여 다음을 얻는다.

$$\theta_A = \frac{qL^3}{24EI} - \frac{M_A L}{3EI} = 0 \tag{13-95b}$$

이 식을 과잉구속에 대해 풀면 $M_A = qL^2/8$을 얻을 수 있는데 이것은 앞의 결과[식 (13-93b)]와 잘 일치한다. 또한 평형 방정식[식 (13-94a, b)]으로 반력 R_A와 R_B를 구하면, 이전과 같은 결과를 확인할 수 있다[각각 식 (13-93a)와 (13-92) 참조].

이제 반력을 모두 구했으므로 전단력과 굽힘 모멘트, 기울기와 처짐을 앞에서 설명했던 바와 같이 구할 수 있다.

일반적인 유의사항

이 절에서 설명했던 중첩법을 **유연도법**(flexibility method) 또는 **하중법**(force method)이라고 부른다. 뒤의 명칭은 하중의 값(힘과 모멘트)을 과잉구속으로 사용하는 데에서 유래되었고, 앞의 명칭은 적합 방정식에 있는 미지 값의 계수[식 (13-95b)에 있는 $L^3/3EI$와 $L/3EI$와 같은 항]들이 **유연도**(flexibility, 즉 단위 하중에 의해 생기는 처짐 또는 회전각)이기 때문에 사용된다.

중첩법은 처짐의 중첩을 포함하고 있기 때문에 오직 선형 탄성 구조물에만 적용할 수 있다(이와 동일한 한계가 이 장에서 논의했던 모든 주제에도 적용됨을 상기하라).

다음 예제들과 이 장 마지막의 연습문제에서는 주로 반력을 구하는 것만 다루는 데, 이것이 해를 구하는 가장 중요한 단계이기 때문이다.

예제 13-12

두 구간 연속 보 ABC가 그림 13-35a에 나타낸 바와 같이 강도 q인 균일하중을 받고 있다. 각 구간의 길이는 L이다. 중첩법을 사용하여 이 보의 모든 반력을 구하시오.

그림 13-35

예제 13-12: 균일하중을 받는 두 구간 연속 보

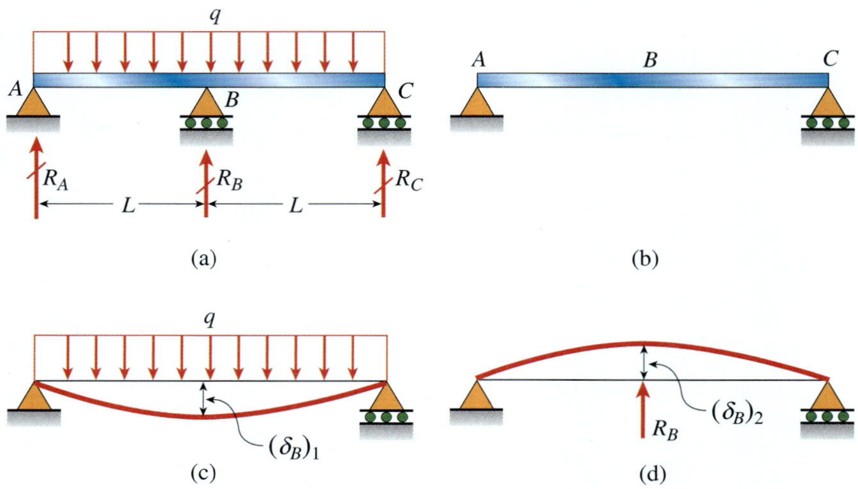

풀이

4단계 문제풀이 접근방법을 사용한다.

1. **개념화** 이 보는 세 개의 미지 반력(R_A, R_B, R_C)을 갖고 있다. 전체적으로 이 보에 적용되는 평형 방정식은 두 개이므로 이 보는 1차 부정정이다. 편의상 가운데에 있는 지지점의 반력 R_B를 과잉구속으로 선택하자.

2. **분류**

   평형 방정식: 반력 R_A와 R_C를 두 개의 평형 방정식에 의해 과잉구속의 반력 R_B의 항으로 나타낼 수 있다. 첫 번째 방정식은 점 B에 관한 모멘트의 평형에 관한 것인데, R_A와 R_C가 같음을 보여준다. 두 번째 방정식은 수직방향의 평형에 관한 것으로, 그 결과는 다음과 같다.

$$R_A = R_C = qL - \frac{R_B}{2} \tag{a}$$

   적합 방정식: 반력 R_B를 과잉구속으로 선택했기 때문에 이완 구조물은 지지점 A와 C를 갖는 단순 보이다(그림 13-35b). 이완 구조물에서 균일하중 q에 의한 점 B의 처짐과 과잉구속의 반력 R_B에 의한 점 B의 처짐이 그림 13-35c와 d에 각각 나타나 있다. 이 처짐을 각각 $(\delta_B)_1$과 $(\delta_B)_2$로 표기했다. 이 처짐들의 중첩이 원래의 보에서 점 B의 처짐 δ_B가 되어야 하는데, 이 값은 0이기 때문에 적합 방정식은 다음과 같다.

$$\delta_B = (\delta_B)_1 - (\delta_B)_2 = 0 \tag{b}$$

여기서 처짐 $(\delta_B)_1$은 아래쪽이 양이고, 처짐 $(\delta_B)_2$는 위쪽이 양이다.

힘-변위 관계식: 이완 구조물에 작용하는 균일하중(그림 13-35c)에 기인한 처짐 $(\delta_B)_1$은 표 E-2의 사례 1로부터 다음과 같이 구한다.

$$(\delta_B)_1 = \frac{5q(2L)^4}{384EI} = \frac{5qL^4}{24EI}$$

여기서 $2L$은 이완 구조물의 길이이다. 과잉구속의 반력에 의해(그림 13-35d) 생기는 처짐 $(\delta_B)_2$는 표 E-2의 사례 4로부터 다음과 같다.

$$(\delta_B)_2 = \frac{R_B(2L)^3}{48EI} = \frac{R_BL^3}{6EI}$$

3. 해석

반력: 점 B에서 수직 처짐에 관련된 적합 방정식[식 (b)]은 이제 다음과 같이 된다.

$$\delta_B = \frac{5qL^4}{24EI} - \frac{R_BL^3}{6EI} = 0 \tag{c}$$

이 식으로부터 가운데 지지점의 반력을 구한다.

$$R_B = \frac{5qL}{4} \tag{13-96}$$

그 밖의 반력은 식 (a)로부터 구한다.

$$R_A = R_C = \frac{3qL}{8} \tag{13-97}$$

반력을 모두 구했으므로 전단력, 굽힘 모멘트, 응력, 처짐은 특별한 어려움 없이 구할 수 있다.

4. 최종 단계 이 예제의 목적은 중첩법을 상세히 설명하는 데 있고, 따라서 해석의 모든 단계를 설명했다. 하지만 이 특수한 보(그림 13-35a)는 보와 하중의 대칭성 때문에 간단한 검토를 통해 해석할 수도 있다.

대칭성으로부터 가운데 지지점에서 보의 기울기는 0임을 알 수 있고, 따라서 보의 각 절반은 균일하중을 받는 받침 캔틸레버와 똑같은 조건을 갖는다(예: 그림 13-27 참조). 결과적으로 균일하중을 받는 캔틸레버에 대한 앞의 모든 해석 결과[식 (13-69)부터 (13-80)까지]를 그림 13-35a의 연속 보에 그대로 적용할 수 있다.

예제 13-13

그림 13-36

예제 13-13: 집중하중을 받는 양단고정 보

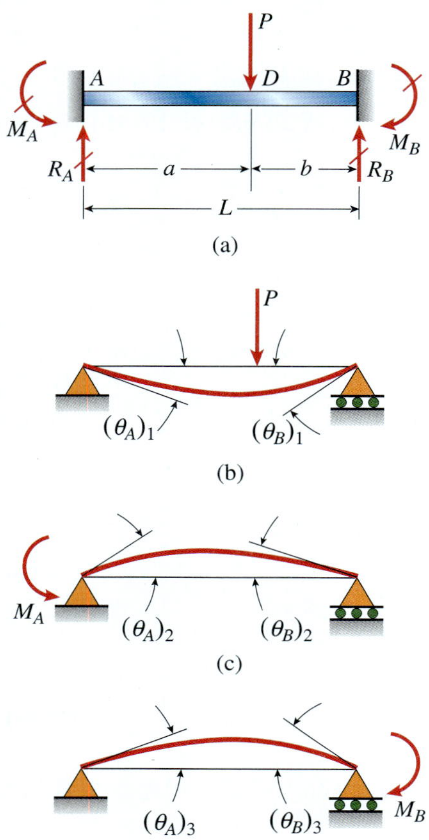

양단고정 보 AB(그림 13-36a)가 한 점 D에서 작용하는 하중 P를 받고 있다. 중첩법을 사용하여 보의 양단에서 반력과 반력 모멘트를 구하시오. 또한 하중이 작용하는 점 D에서의 처짐을 결정하시오.

풀이

4단계 문제풀이 접근방법을 사용한다.

1. **개념화** 이 보는 네 개의 미지 반력(각 지지점에서 하나의 힘과 하나의 모멘트)을 갖고 있으나 오직 두 개의 독립적인 평형 방정식만 사용할 수 있다. 그러므로 이 보는 2차 부정정이다. 이 예제에서는 반력 모멘트 M_A와 M_B를 과잉구속으로 선택한다.

2. **분류**

평형 방정식: 두 개의 평형 방정식의 도움으로 두 개의 미지 반력(R_A와 R_B)은 과잉구속(M_A와 M_B)의 항으로 표시될 수 있다. 첫 번째 방정식은 점 B에 관한 모멘트의 합이 0이라는 것이고, 두 번째 방정식은 점 A에 관한 모멘트의 합이 0이라는 것이다. 결과 식은 다음과 같다.

$$R_A = \frac{Pb}{L} + \frac{M_A}{L} - \frac{M_B}{L} \qquad R_B = \frac{Pa}{L} - \frac{M_A}{L} + \frac{M_B}{L} \tag{a, b}$$

적합 방정식: 보의 양단에서 회전 구속을 제거하여 과잉구속이 이완되면 이완 구조물로 남는 것은 단순 보가 된다(그림 13-36b, c, d). 그림 13-36b에 나타낸 바와 같이 이완 구조물의 양단에서 집중하중 P에 의한 회전각을 각각 $(\theta_A)_1$과 $(\theta_B)_1$로 표시한다. 같은 방법으로 이완 구조물의 양단에서 과잉구속 M_A에 의한 회전각을 각각 $(\theta_A)_2$와 $(\theta_B)_2$로 표시하고 과잉구속 M_B에 의한 회전각을 각각 $(\theta_A)_3$과 $(\theta_B)_3$으로 표시한다.

원래의 보에서 양쪽 지지점의 회전각은 0이므로 두 개의 적합 방정식은 다음과 같다.

$$\theta_A = (\theta_A)_1 - (\theta_A)_2 - (\theta_A)_3 = 0 \tag{c}$$

$$\theta_B = (\theta_B)_1 - (\theta_B)_2 - (\theta_B)_3 = 0 \tag{d}$$

여기서 여러 항의 부호는 그림을 잘 관찰하여 결정된 것이다.

힘-변위 관계식: 보의 양단에서 하중 P에 의한 회전각(그림 13-36b)은 표 E-2의 사례 5로부터 구한다.

$$(\theta_A)_1 = \frac{Pab(L+b)}{6LEI} \qquad (\theta_B)_1 = \frac{Pab(L+a)}{6LEI}$$

여기서 a와 b는 지지점으로부터 하중이 작용하는 점 D까지의 거리이다.

또한 과잉구속 모멘트 M_A에 의한 양단의 회전각은 다음과 같다(표 E-2의 사례 7 참조).

$$(\theta_A)_2 = \frac{M_A L}{3EI} \qquad (\theta_B)_2 = \frac{M_A L}{6EI}$$

같은 방법으로 모멘트 M_B에 의한 회전각은 다음과 같다.

$$(\theta_A)_3 = \frac{M_B L}{6EI} \qquad (\theta_B)_3 = \frac{M_B L}{3EI}$$

3. 해석

반력: 각도에 관한 앞의 식을 적합 방정식[식 (c)와 (d)]에 대입하면 M_A와 M_B를 미지수로 포함하는 두 개의 연립 방정식을 얻게 된다.

$$\frac{M_A L}{3EI} + \frac{M_B L}{6EI} = \frac{Pab(L+b)}{6LEI} \tag{e}$$

$$\frac{M_A L}{6EI} + \frac{M_B L}{3EI} = \frac{Pab(L+a)}{6LEI} \tag{f}$$

이 방정식을 과잉구속에 대해 풀면 다음을 얻는다.

$$M_A = \frac{Pab^2}{L^2} \qquad M_B = \frac{Pa^2 b}{L^2} \tag{13-98a, b}$$

M_A와 M_B에 관한 이 식을 평형 방정식[식 (a)와 (b)]에 대입하면 수직 반력을 얻는다.

$$R_A = \frac{Pb^2}{L^3}(L + 2a) \qquad R_B = \frac{Pa^2}{L^3}(L + 2b) \tag{13-99a, b}$$

이렇게 하여 양단고정 보의 모든 반력을 구했다.

양단고정 보에서 지지점의 반력은 통상 **고정단 모멘트**(fixed-end moment)와 **고정단 힘**(fixed-end force)이라고 일컬어진다. 이 용어는 구조물 해석 시 널리 사용되며 공학 편람에 그 공식이 표로 수록되어 있다.

점 D에서의 처짐: 원래의 양단고정 보(그림 13-36a)에서 점 D의 처짐을 구하기 위해 또다시 중첩의 원리를 사용한다. 점 D의 처짐은 다음 세 가지 처짐의 합이다. (1) 이완 구조물에서 하중 P에 의해 생기는 점 D의 아래 방향 처짐 $(\delta_D)_1$(그림 13-36b), (2) 이완 구조물에서 과잉구속 M_A에 의해 생기는 같은 점의 위 방향 처짐 $(\delta_D)_2$(그림 13-36c), (3) 이완 구조물에서 과잉구속 M_B에 의해 생기는 같은 점의 위 방향 처짐 $(\delta_D)_3$(그림 13-36d). 이 처짐의 중첩은 다음 식으로 표현된다.

$$\delta_D = (\delta_D)_1 - (\delta_D)_2 - (\delta_D)_3 \tag{g}$$

여기서 δ_D는 원래의 보에서 아래 방향의 처짐이다.

식 (g)에 나타난 처짐은 부록 E의 표 E-2에 주어진 공식(사례 5와 7 참조)으로부터 적당한 대입과 대수적인 단순화를 거쳐 구할 수 있다. 그 결과는 다음과 같다.

$$(\delta_D)_1 = \frac{Pa^2 b^2}{3LEI} \qquad (\delta_D)_2 = \frac{M_A ab}{6LEI}(L+b) \qquad (\delta_D)_3 = \frac{M_B ab}{6LEI}(L+a)$$

그림 13-37
중간점에 집중하중이 작용하는 양단고정 보

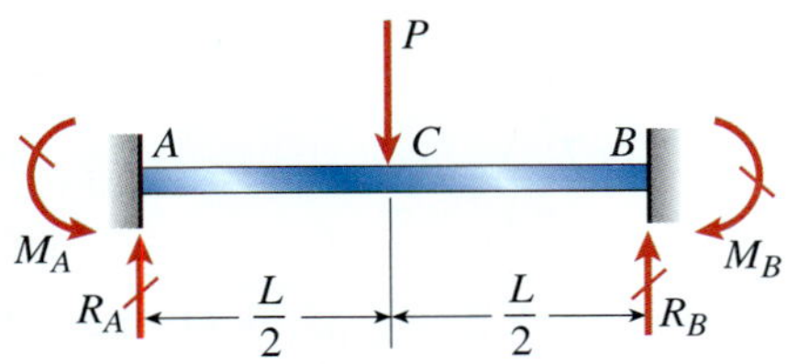

식 (13-98a, b)로 주어진 M_A와 M_B의 식을 앞의 마지막 두 식에 대입하면 다음을 얻는다.

$$(\delta_D)_2 = \frac{Pa^2b^3}{6L^3EI}(L+b) \qquad (\delta_D)_3 = \frac{Pa^3b^2}{6L^3EI}(L+a)$$

그러므로 원래의 보에서 점 D의 처짐은 $(\delta_D)_1$, $(\delta_D)_2$, $(\delta_D)_3$을 식 (g)에 대입하고 간단히 정리하여 다음과 같이 구한다.

$$\delta_D = \frac{Pa^3b^3}{3L^3EI} \tag{13-100}$$

4. 최종 단계 처짐 δ_D를 구하기 위해 이 예제에서 설명하는 방법은 어느 특정한 점의 처짐을 구할 때뿐만 아니라 처짐 곡선의 방정식을 구할 때에도 사용할 수 있다.

보의 중간점에서 작용하는 집중하중: 하중 P가 보의 중간점 C에서 작용할 때(그림 13-37) 보의 반력은 다음과 같다[식 (13-98)과 (13-99)에 $a=b=L/2$를 대입].

$$M_A = M_B = \frac{PL}{8} \qquad R_A = R_B = \frac{P}{2} \tag{13-101a, b}$$

또한 중간점의 처짐은[식 (13-100)으로부터] 다음과 같다.

$$\delta_C = \frac{PL^3}{192EI} \tag{13-102}$$

이 처짐은 같은 하중을 받는 단순 보의 중간점 처짐의 1/4과 같은데, 이는 보의 양단을 조이는 강성 증가 효과를 보여주는 것이다.

양단에서의 반력과 중간점에서의 처짐에 관한 앞의 결과[식 (13-101)과 (13-102)]는 예제 13-11에서 처짐 곡선의 미분 방정식을 풀어서 구했던 값과 잘 일치한다[식 (13-81), (13-82), (13-87) 참조].

예제 13-14

양단고정 보 AB는 구간의 일부에서만 작용하는 강도 q의 균일하중을 받는다(그림 13-38a). 이 보의 반력(즉, 고정단 모멘트와 고정단 힘)을 구하시오.

그림 13-38
예제 13-14: (a) 구간의 일부에 균일하중을 받는 양단고정 보, (b) 균일하중의 미소 요소 qdx에 의해 생기는 반력

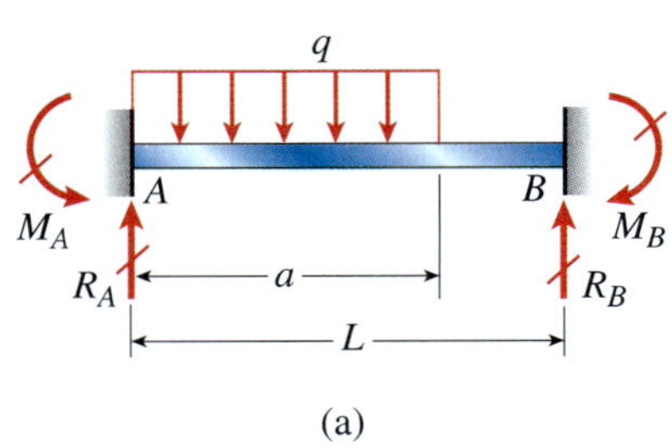

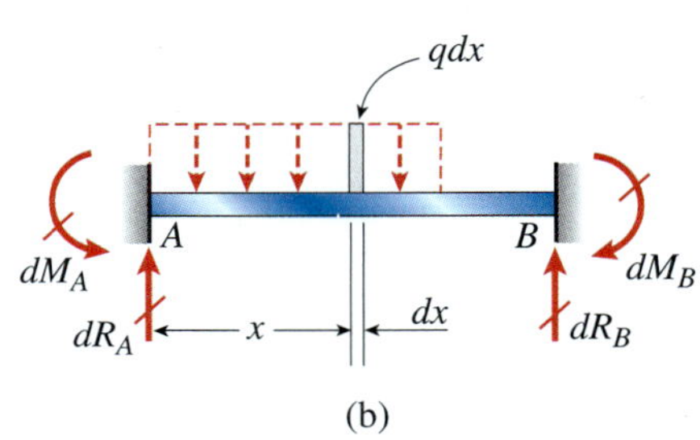

풀이

4단계 문제풀이 접근방법을 사용한다.

1. 개념화 예제 13-13에서 얻었던 결과와 함께 중첩의 원리를 사용함으로써 이 보의 반력을 구할 수 있다. 앞의 예제에서는 왼쪽 끝으로부터의 거리 a에서 작용하는 집중하중 P를 받는 양단고정 보의 반력을 구했다[그림 13-36a와 식 (13-98) 및 (13-99) 참조].

그 결과를 그림 13-38a의 등분포하중에 적용하기 위해 분포하중의 미소 요소를 왼쪽 지점으로부터 거리 x에서 작용하는 크기 qdx의 집중하중으로 취급한다(그림 13-38b). 그런 다음에 예제 13-13에서 유도한 공식을 사용하여 이 미소 요소의 하중에 의한 반력을 구할 수 있다. 마지막으로 균일하중의 길이 a에 걸쳐 적분함으로써 전체 균일하중에 의한 반력을 구할 수 있다.

2. 분류

고정단 모멘트: 예제 13-13의 식 (13-98a, b)를 사용하여 반력 모멘트부터 계산을 시작한다. 균일하중의 미소 요소 qdx에 의한 모멘트를 얻기 위해(그림 13-38b를 그림 13-36a와 비교하여) P를 qdx로, a를 x로, b를 $L-x$로 대치한다. 그 결과 하중의 미소 요소에 의한 고정단 모멘트는 다음과 같다(그림 13-38b).

$$dM_A = \frac{qx(L-x)^2 dx}{L^2} \qquad dM_B = \frac{qx^2(L-x)dx}{L^2}$$

3. 해석 위의 식을 보에서 하중이 작용하는 부분에 대해 적분하면 전체 균일하중에 의한 고정단 모멘트를 얻을 수 있다.

$$M_A = \int dM_A = \frac{q}{L^2}\int_0^a x(L-x)^2 dx = \frac{qa^2}{12L^2}(6L - 8aL + 3a^2) \quad \textbf{(13-103a)}$$

$$M_B = \int dM_B = \frac{q}{L^2}\int_0^a x^2(L-x)dx = \frac{qa^3}{12L^2}(4L - 3a) \quad \textbf{(13-103b)}$$

고정단 힘: 고정단 모멘트를 구할 때와 비슷한 방법으로 해석을 진행하는데, 이번에는 식 (13-99a, b)를 사용하여 하중의 미소 요소 qdx에 의한 고정단 힘을 다음 식으로 표현한다.

$$dR_A = \frac{q(L-x)^2(L+2x)dx}{L^3} \qquad dR_B = \frac{qx^2(3L-2x)dx}{L^3}$$

이 식을 적분하면 다음과 같다.

$$R_A = \int dR_A = \frac{q}{L^3}\int_0^a (L-x)^2(L+2x)dx = \frac{qa}{2L^3}(2L^3 - 2La^2 + a^3) \quad \textbf{(13-104a)}$$

$$R_B = \int dR_B = \frac{q}{L^3}\int_0^a x^2(3L-2x)dx = \frac{qa^3}{2L^3}(2L - a) \quad \textbf{(13-104b)}$$

이렇게 하여 모든 반력(고정단 모멘트와 고정단 힘)을 구했다.

그림 13-39
균일하중을 받는 양단고정 보

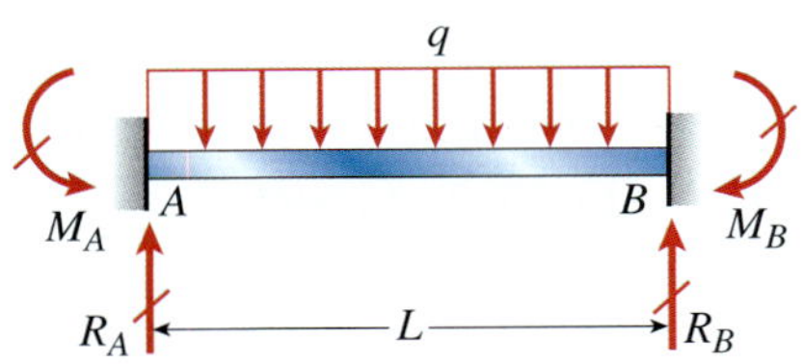

4. 최종 단계

보의 전 길이에 걸쳐 작용하는 균일하중: 하중이 전 구간에 걸쳐 작용할 때는(그림 13-39) 앞의 식에 $a=L$을 대입함으로써 반력을 구할 수 있고, 이는 다음과 같이 된다.

$$M_A = M_B = \frac{qL^2}{12} \qquad R_A = R_B = \frac{qL}{2} \tag{13-105a, b}$$

균일하중을 받고 있는 보의 중간점에서의 처짐 또한 흥미로운 대상이다. 이 처짐을 구하는 가장 단순한 해법은 중첩법을 이용하는 것이다. 그 첫 번째 단계는 지지점의 모멘트 구속을 제거하여 단순 보 형태로 이완 구조물을 얻는 것이다. 단순 보의 중간점에서 균일하중에 의한 아래 방향 처짐은(표 E-2의 사례 1로부터)

$$(\delta_C)_1 = \frac{5qL^4}{384EI} \tag{a}$$

양단의 모멘트에 의해 생기는 중간점의 위 방향 처짐은(표 E-2의 사례 10으로부터)

$$(\delta_C)_2 = \frac{M_A L^2}{8EI} = \frac{(qL^2/12)L^2}{8EI} = \frac{qL^4}{96EI} \tag{b}$$

따라서 원래의 양단고정 보(그림 13-39)에서 중간점의 최종적인 아래 방향 처짐은 다음과 같다.

$$\delta_C = (\delta_C)_1 - (\delta_C)_2$$

식 (a)와 (b)의 처짐을 여기에 대입함으로써 다음을 얻는다.

$$\delta_C = \frac{qL^4}{384EI} \tag{13-106}$$

이 처짐은 균일하중을 받는 단순 보에서 중간점 처짐[식 (a)]의 1/5인데, 이것은 보의 양단에서 회전각이 발생하지 못하도록 고정하는 효과를 다시 한번 보여준다.

예제 13-15

보 ABC(그림 13-40a)는 점 A와 B에서 단순 지지점에 놓여 있고 점 C에서 케이블로 지지되어 있다. 보의 전체 길이는 $2L$이고 강도 q인 균일하중을 받고 있다. 균일하중이 작용하기 전에는 케이블에 장력이 걸리지 않으며 조금의 느슨함도 없다.

균일하중이 작용하면, 보는 점 C에서 아래 방향으로 처지고 케이블에는 인장력 T가 발생한다. 이 힘의 크기를 구하시오.

그림 13-40

예제 13-15: 케이블에 의해 한 끝이 지지된 보 *ABC*

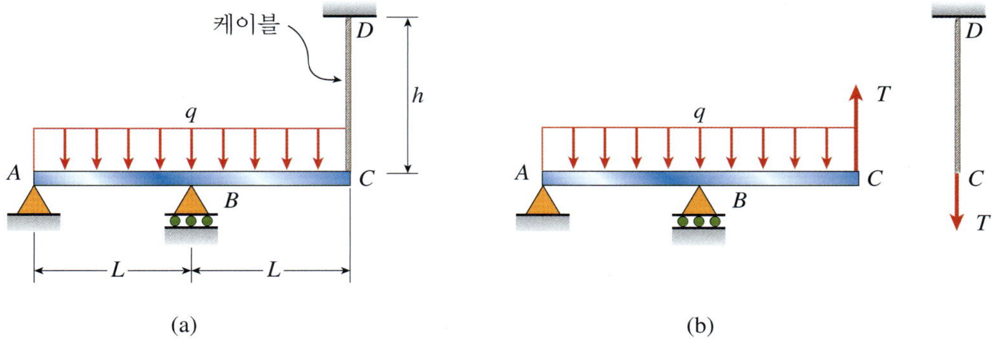

풀이

4단계 문제풀이 접근방법을 사용한다.

1. 개념화

과잉구속의 힘: 보와 케이블로 구성되어 있는 구조물 *ABCD*는 세 개의 수직 반력을 갖고 있다(점 *A*, *B*, *D*에서). 하지만 전체 구조물의 자유물체도로부터 오로지 두 개의 평형 방정식만 사용할 수 있다. 그러므로 이 구조물은 1차 부정정이고 해석을 위해 하나의 과잉구속을 선택해야 한다.

케이블의 인장력 *T*가 과잉구속의 선택으로 적당하다. 점 *C*에서의 연결을 제거함으로써 이 힘을 이완시킬 수 있고, 이 점을 기준으로 구조물을 두 부분으로 나눌 수 있다(그림 13-40b). 이완 구조물은 분리된 요소로서 보 *ABC*와 케이블 *CD*로 구성되어 있는데 보에는 위로, 케이블에는 아래로 작용하는 과잉구속의 힘 *T*를 갖고 있다.

2. 분류

적합 방정식: 보 *ABC*(그림 13-40b)에서 점 *C*의 처짐은 균일하중에 의한 아래 방향 처짐 $(\delta_C)_1$과 힘 *T*에 의한 위 방향 처짐 $(\delta_C)_2$, 두 부분으로 이루어져 있다. 그와 동시에 인장력을 받고 있는 케이블 *CD*의 아래 끝점 *C*는 $(\delta_C)_3$만큼 아래 방향으로 이동하는데, 이것은 힘 *T*에 의한 케이블의 신장량과 같다. 그러므로 보의 끝점 *C*에서 아래 방향 처짐이 케이블의 신장량과 같음을 나타내는 **적합 방정식**은 다음과 같다.

$$(\delta_C)_1 - (\delta_C)_2 = (\delta_C)_3 \qquad \textbf{(a)}$$

이와 같은 식을 얻었으므로 이제 이 세 개의 변위를 구하는 작업에 들어간다.

3. 해석

힘-변위 관계식: 돌출부의 끝(보 *ABC*에서 점 *C*)에서 균일하중에 의한 처짐 $(\delta_C)_1$은 13.5절의 예제 13-9(그림 13-21 참조)에 주어진 결과로부터 구할 수 있다. 그 예제의 식 (13-68)을 사용하고 $a = L$을 대입하면 다음을 얻는다.

$$(\delta_C)_1 = \frac{qL^4}{4E_bI_b} \qquad \textbf{(b)}$$

여기서 E_bI_b는 보의 굽힘 강성이다.

점 C에서 힘 T에 의한 보의 처짐은 돌출부의 길이가 a일 때 돌출부 끝점의 처짐 $(\delta_C)_2$이다.

$$(\delta_C)_2 = \frac{Ta^2(L + a)}{3E_bI_b}$$

이제 $a = L$을 대입하여 우리가 원하는 처짐을 구한다.

$$(\delta_C)_2 = \frac{2TL^3}{3E_bI_b} \tag{c}$$

마지막으로 힘-변위 관계식인 식 (8-3)을 사용하여 구한 케이블의 신장량은 다음과 같다.

$$(\delta_C)_3 = \frac{Th}{E_cA_c} \tag{d}$$

여기서 h는 케이블의 길이이고, E_cA_c는 축방향 강성이다.

케이블의 힘: 위의 세 개의 변위[식 (b), (c), (d)]를 적합 방정식[식 (a)]에 대입함으로써 다음 식을 얻는다.

$$\frac{qL^4}{4E_bI_b} - \frac{2TL^3}{3E_bI_b} = \frac{Th}{E_cA_c}$$

이 식을 힘 T에 관하여 풀면 다음과 같다.

$$T = \frac{3qL^4E_cA_c}{8L^3E_cA_c + 12hE_bI_b} \tag{13-107}$$

4. 최종 단계 힘 T를 알았으므로 자유물체도와 평형 방정식을 통해 모든 반력, 전단력, 굽힘 모멘트를 구할 수 있다.

이 예제는 (외부의 반력 대신에) 내력 값이 과잉구속으로 어떻게 사용될 수 있는지를 자세히 설명해준다.

요약 및 복습

13장에서는 넓은 범위의 여러 가지 하중을 받는 다양한 형태의 보가 각기 다른 지지점 조건을 가질 때, 선형 탄성적인 작은 변위의 거동을 논의했다. 처짐 곡선에 관한 2계, 3계, 4계 미분 방정식의 적분에 기초한 방법을 설명했다. 보 전체의 처짐 모양을 나타내는 방정식을 유도했으며, 보에 있는 특정한 점의 이동 및 회전 변위를 계산하기도 했다. 단순한 표준 해를 조합하여 복잡한 보와 하중 조건을 다루기 위해서 중첩의 원리를 사용했다.

또한 이 장에서는 집중하중 및 자중과 같은 분포하중을 받는 부정정 보의 거동에 대해 논의했다. 여기에서 두 가지 해법을 제시했는데, (1) 탄성 곡선 방정식의 **적분**과 (2) **중첩**에 기초한 더욱 일반적인 해법이 그것이다. 중첩법에서는 추가적인 방정식을 얻기 위한 **적합** 방정식과 **힘-변위 관계식**을 정역학에서 구한 **평형** 방정식과 함께 사용했다. 문제풀이에 필요한 추가적인 방정식의 수는 구조물의 **부정정 차수**에 따라 달라진다. 중첩법의 적용 범위는 선형 탄성 재료로 만들어진 구조물로 제한된다. 이 장에서 살펴본 중요한 개념은 다음과 같다.

1. 선형 곡률에 관한 식($\kappa = d^2v/dx^2$)과 굽힘 모멘트와 곡률 관계식($\kappa = M/EI$)을 조합하면 보의 처짐 곡선에 대한 상미분 방정식을 얻을 수 있는데, 이 식은 선형 탄성 거동을 하는 보에만 유효하다.

$$EI\frac{d^2v}{dx^2} = M$$

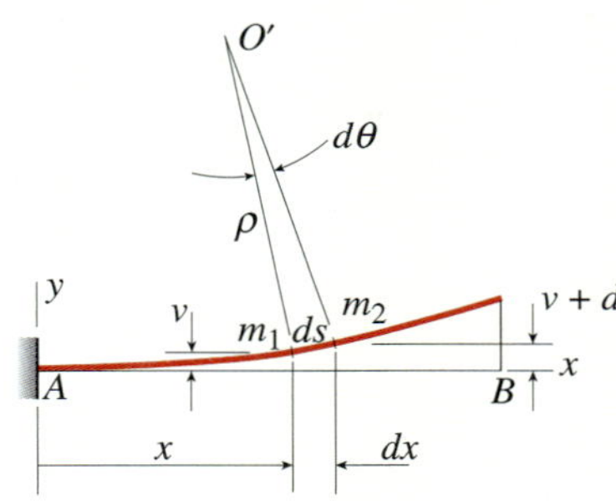

2. 처짐 곡선의 미분 방정식을 한 번 미분하면 전단력 V와 굽힘 모멘트의 1계 미분 dM/dx와 관련된 3계 미분 방정식을 얻을 수 있고, 두 번 미분하면 강도 q인 분포하중과 전단력의 1계 미분 dV/dx와 관련된 4계 미분 방정식을 얻을 수 있다.

$$EI\frac{d^3v}{dx^3} = V$$

$$EI\frac{d^4v}{dx^4} = -q$$

2계, 3계, 4계 미분 방정식 가운데에서 선택은 특정한 보의 지지점과 작용하는 하중에 대해서 어떤 식이 가장 효율적인지에 따라 달라진다.

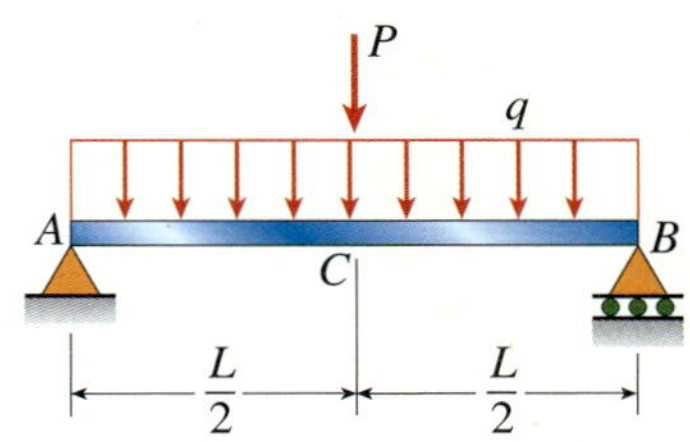

3. 하중 강도(q), 전단력(V), 굽힘 모멘트(M), 굽힘 강성(EI)이 변할 때마다 보의 각 구간에 대해 M, V, q에 관한 식을 표현한다. 그런 다음에 **경계**, **연속**, **대칭 조건**을 적절하게 적용하여 미지의 적분 상수를 결정한다. 보의 처짐 방정식 $v(x)$에 x의 어떤 특정한 값을 대입함으로써 그 점에서의 이동 변위를 구하고, 그 점에서의 dv/dx를 계산함으로써 처짐 방정식의 기울기를 얻는다.

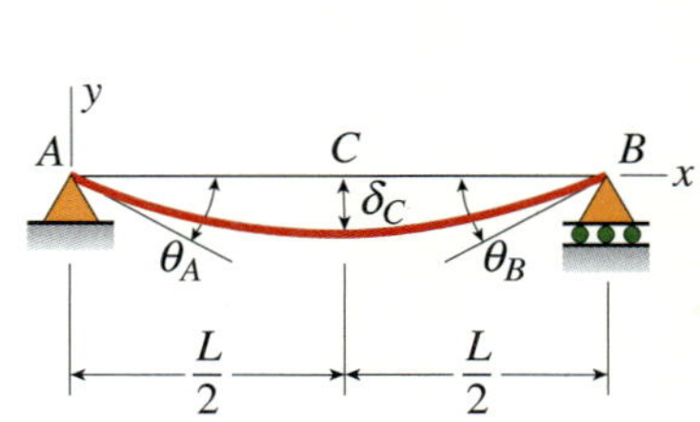

4. 좀 더 복잡한 보와 하중에 대해 변위와 회전을 구하기 위해 **중첩법**을 사용할 수 있다. 중첩법은 작은 변위가 발생하고 선형 탄성 거동을 보이는 보에만 적용할 수 있다.

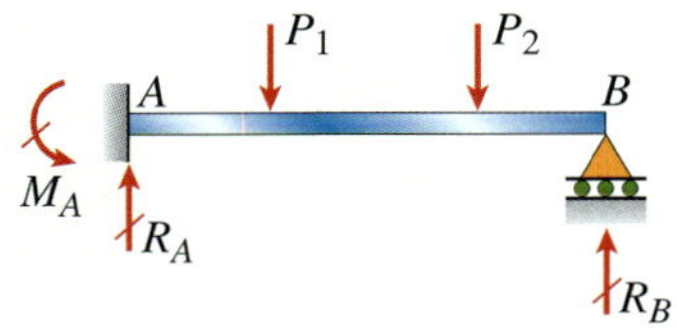

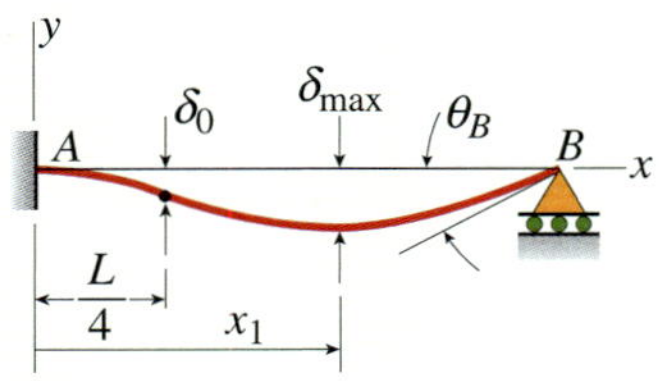

5. 받침 캔틸레버, 양단고정 보, 연속 보와 같은 다양한 형태의 부정정 보 구조물에 대해 논의했다. 각 형태에 대한 **부정정 차수**를 결정했고, 각각의 경우에서 충분한 수의 **과잉구속** 반력을 제거함으로써 **이완** 구조물을 정의했다.

6. 이완 구조물은 정정이어야 하고 작용하는 하중에 대해 **안정**해야 한다. 이완 구조물을 만들기 위해서 축방향 힘, 전단력, 모멘트에 대한 **내부 이완점**을 삽입할 수도 있다.

7. 단순 부정정 보 구조물에 대하여 **탄성 곡선의 미분 방정식**은 각각 모멘트, 전단력, 분포하중의 항으로 2계, 3계, 4계 미분 방정식으로 나타낼 수 있다. 경계 조건과 기타 조건을 적용함으로써 적분 상수와 과잉구속 반력을 구할 수 있다.

8. 좀 더 복잡한 보와 다른 형태의 구조물에 사용할 수 있는 더욱 일반적인 해법은 **중첩법**이다(**하중법** 혹은 **유연도법**이라고도 함). 여기서는 변위의 **적합성**을 나타내고 보에 대하여 적절한 **힘-변위 관계식**을 이용하는 추가적인 방정식이 **평형** 방정식을 보완하기 위하여 사용된다.

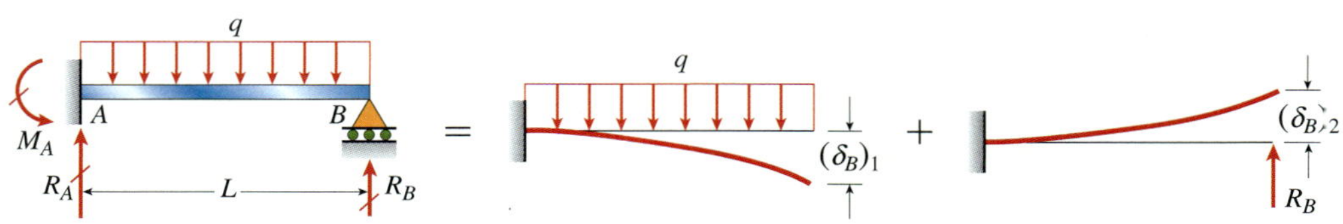

연습문제

13.2 처짐 곡선의 미분 방정식

13.2절 연습문제에서 설명하는 보는 일정한 굽힘 강성 계수 EI를 가진다.

도입문제

13.2-1 캔틸레버에 대한 처짐 곡선의 방정식은 다음과 같다.

$$v(x) = \frac{M_0 x^2}{2EI}$$

(a) 보에 작용하는 하중을 표현하시오.

(b) 보에 대한 모멘트 선도를 그리시오.

대표문제

13.2-2 그림과 같이 단순 보 AB에 대한 처짐 곡선은 다음 방정식에 의해 구해진다.

$$v = -\frac{q_0 x^2}{120LEI}(10L^3 - 10L^2x + 5Lx^2 - x^3)$$

보에 작용하는 하중을 표현하시오.

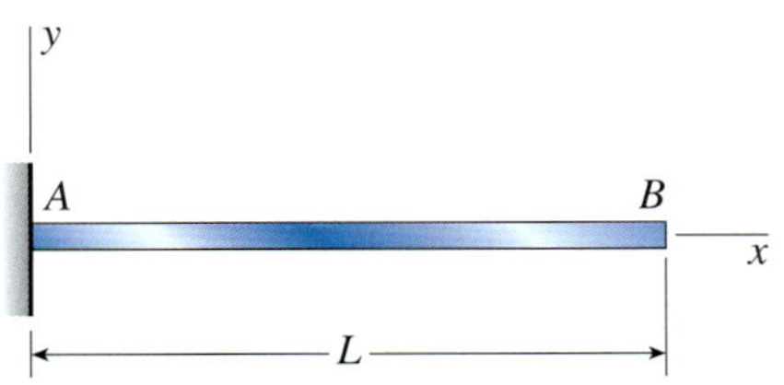

P.13.2-2

13.3 굽힘 모멘트 방정식의 적분에 의한 처짐

가능한 처짐 공식을 이용하여 이 절에 있는 문제들을 푸시오. 모든 보는 일정한 굽힘 강성 계수 EI를 가진다.

도입문제

13.3-1 그림과 같이 단순 지지 보에 집중하중이 작용한다. 보는 강한 축 굽힘을 받는 강철로 된 넓은 플랜지 형상(IPN 300)이다. $L=3$ m, $a=2.1$ m, $b=0.9$ m, $P=45$ kN일 때, 보의 최대 처짐양과 연결점 A에서의 회전각을 계산하시오. 보의 무게는 무시한다.

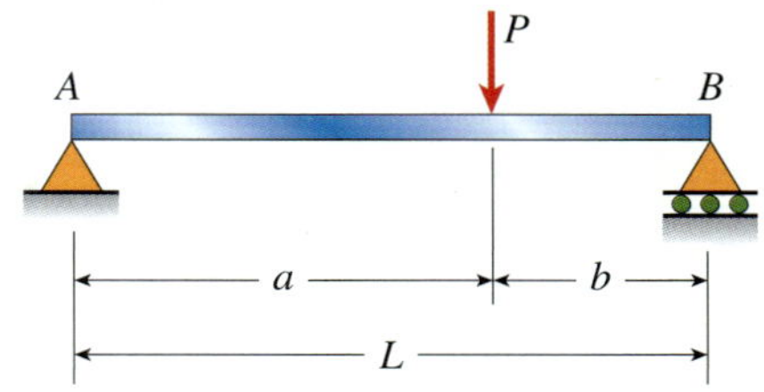

P13.3-1

13.3-2 넓은 플랜지 보(HE 220B)는 길이 $L=4.25$ m에 걸쳐 균일하중을 받는다(그림 참조).

$q=26$ kN/m와 $E=210$ GPa인 경우, 중간 지점에서의 최대 처짐 δ_{max}와 지지점에서의 회전각 θ를 계산하시오. (예제 13-1의 공식을 이용한다.)

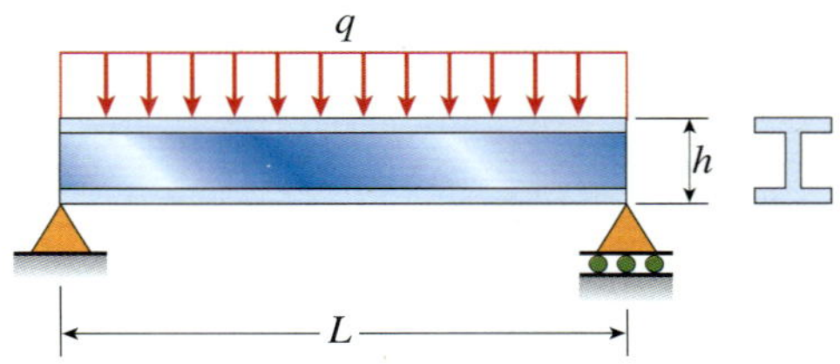

P13.3-2

대표문제

13.3-3 균일하중을 받는 캔틸레버(그림 참조)는 길이 L의 1/8인 높이 h를 가진다. 보는 $E=208$ GPa인 강철 재질의 넓은 플랜지 단면을 가지며 인장과 압축 모두에서 130 MPa의 허용 굽힘응력을 가진다. 보는 최대 허용하중을 지탱한다고 가정할 때, 길이에 대한 자유단의 처짐 비율인 δ/L를 계산하시오. (예제 13-2의 공식을 이용한다.)

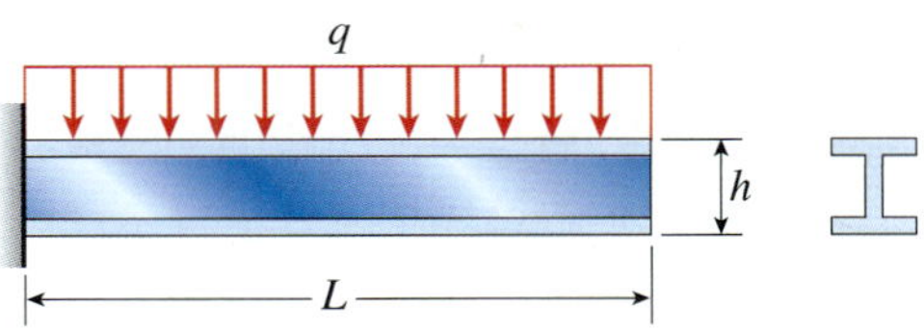

P13.3-3

13.3-4 실리콘 웨이퍼에 부착된 금 합금 마이크로 보는 균일하중을 받는 캔틸레버처럼 작용한다(그림 참조). 보는 길이 $L=27.5$ μm이고, 너비 $b=4.0$ μm와 두께 $t=0.88$ μm의 직사각형 단면을 가진다. 보에 작용하는 전체 하중은 17.2 μN이다. 보의 끝단에서의 처짐이 2.46

μm인 경우, 금 합금의 탄성계수 E_g를 구하시오. (예제 13-2의 공식을 이용한다.)

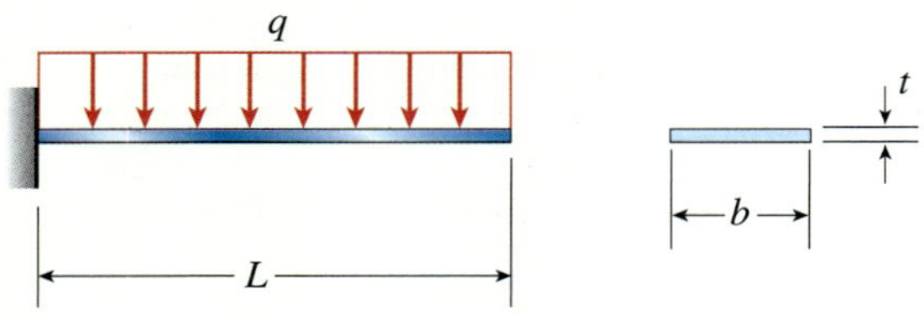

P13.3-4

처짐 곡선의 2차 미분 방정식(굽힘 모멘트 방정식)을 적분함으로써 연습문제 13.3-12에서 13.3-23을 푸시오. 좌표의 원점은 각 보의 왼쪽 끝단에 있으며, 모든 보는 일정한 굽힘 강성 *EI*를 가진다.

도입문제

13.3-5 자유단에서 하중 P를 지지하는 캔틸레버 AB에 대한 처짐 곡선의 방정식을 유도하시오(그림 참조). 또한 자유단에서 처짐 δ_B와 회전각 θ_B를 구하시오. 처짐 곡선의 2차 미분 방정식을 이용한다.

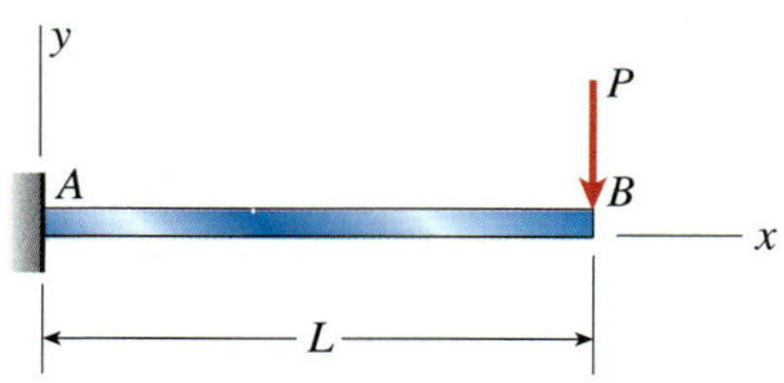

P13.3-5

13.3-6 캔틸레버의 길이 L은 3.6 m이고 직사각형 단면을 가진다($b=400$ mm, $h=600$ mm). 최고 q_0인 선형으로 변하는 분포하중이 보에 작용한다.

(a) B지점의 처짐이 4.5 mm인 경우, 최대 강도의 분포하중 q_0을 구하시오. 탄성계수 $E=205$ GPa로 가정한다.

(b) 보의 최대 회전각의 위치와 크기를 구하시오.

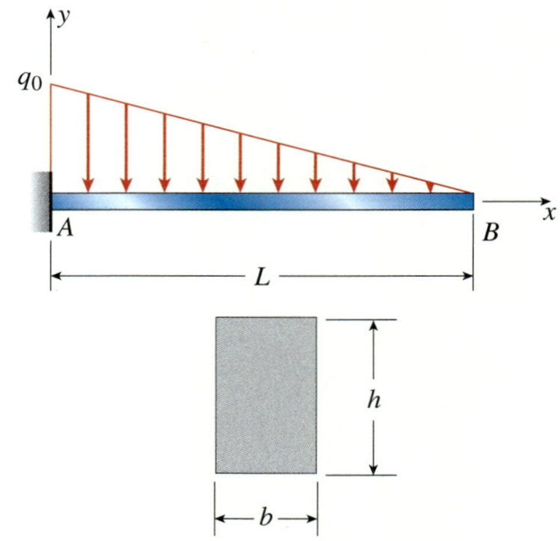

P13.3-6

대표문제

13.3-7 왼쪽 지지대에서 거리를 두고 작용하는 한 쌍의 M_0에 의해 하중을 받는 단순 보 AB에 대한 처짐 곡선의 방정식을 유도하시오(그림 참조). 또한 하중이 가해지는 지점에서의 처짐 δ_0을 구하시오. 처짐 곡선의 2차 미분 방정식을 이용한다.

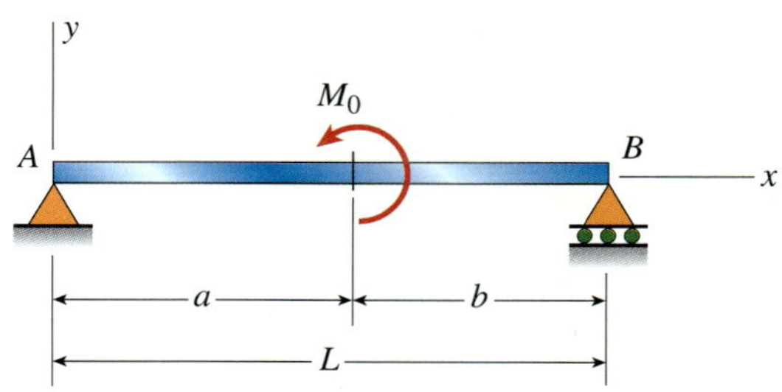

P13.3-7

13.3-8 길이의 1/2에 걸쳐 작용하는 최대 강도 q_0의 분포하중을 지지하는 단순 보 AB에 대한 처짐 곡선의 방정식을 유도하시오(그림 참조). 또한 각각 점 B와 C에서의 처짐 δ_B 및 δ_C에 대한 공식을 구하시오. 처짐 곡선의 2차 미분 방정식을 이용한다.

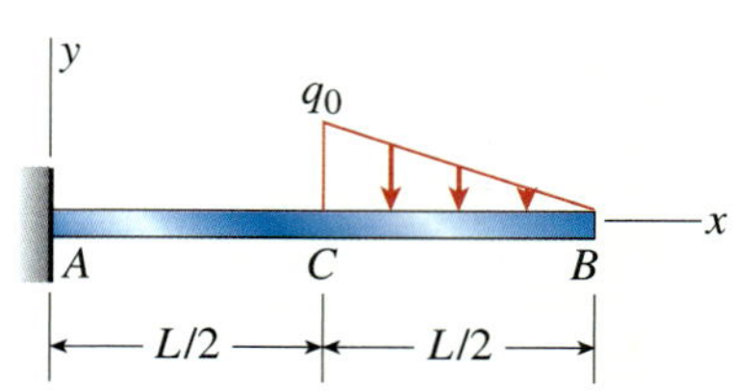

P13.3-8

13.4 전단력과 하중 방정식의 적분에 의한 처짐

13.4절 연습문제에서 설명하는 보는 일정한 굽힘 강성 계수 EI를 가진다. 또한 좌표의 원점은 각 보의 왼쪽 끝단에 있다.

도입문제

13.4-1 한 쌍의 M_0이 자유단에서 반시계방향으로 작용할 때 캔틸레버 AB에 대한 처짐 곡선의 방정식을 유도하시오(그림 참조). 또한 자유단에서의 처짐 δ_B와 회전각 θ_B를 구하시오. 처짐 곡선의 3차 미분 방정식을 이용한다(전단력 방정식).

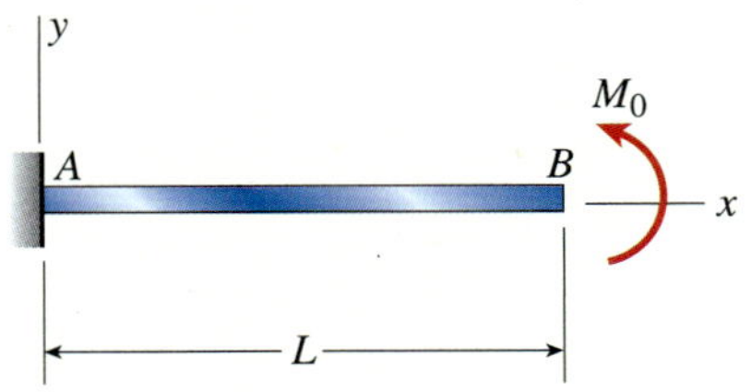

P13.4-1

13.4-2 단순 보 AB는 강도 $q(x)=q_0 \sin \pi x/L$의 분포하중을 받는다. 여기서 q_0은 분포하중의 최대 강도이다(그림 참조).

처짐 곡선의 방정식을 유도한 다음 보의 중간점에서 처짐 δ_{max}를 구하시오. 처짐 곡선의 4차 미분 방정식을 이용한다(하중 방정식).

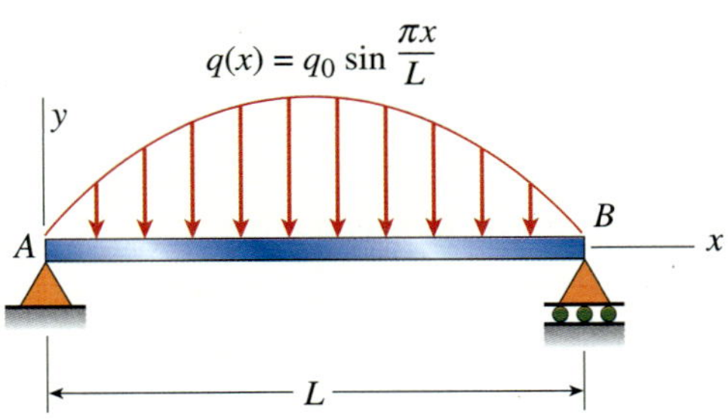

P13.4-2

대표문제

13.4-3 캔틸레버 AB에 작용하는 분포하중은 식 $q_0 \cos \pi x/2L$로 주어진 강도 $q(x)$를 가지며, 여기서 q_0은 하중의 최대 강도이다(그림 참조).

처짐 곡선의 방정식을 유도한 다음, 자유단에서의 처짐 δ_B를 구하시오. 처짐 곡선의 4차 미분 방정식을 이용한다(하중 방정식).

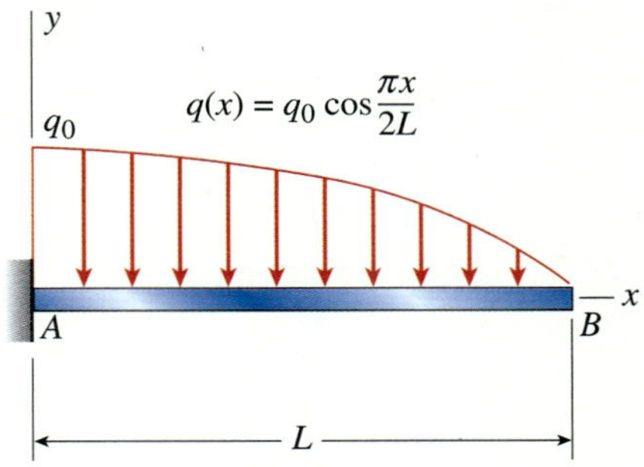

P13.4-3

13.4-4 최대 강도 q_0인 삼각형 모양의 분포하중을 받으며, A점에 미끄럼 지지대와 B점에 롤러 지지대가 있는 보 AB에 대한 처짐 곡선의 방정식을 유도하시오. 또한 보의 최대 처짐 δ_{max}를 구하시오. 처짐 곡선의 4차 미분 방정식을 이용한다(하중 방정식).

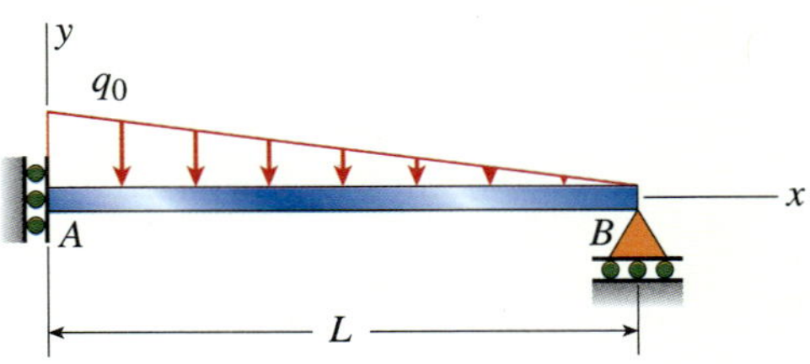

P13.4-4

13.5 중첩법에 의한 처짐

13.5절의 연습문제를 풀기 위한 중첩법을 이용한다. 모든 보는 일정한 굽힘 강성 EI를 가진다.

도입문제

13.5-1 단순 보($E=12$ GPa)는 등분포하중 $q=125$ N/m를 지탱하고, 중간 지점에 집중하중 $P=200$ N을 받고 있다. 보는 너비 $b=75$ mm와 높이 $h=200$ mm의 직사각형 단면을 가지며, 3.6 m의 길이를 가진다. 보의 최대 처짐을 구하시오.

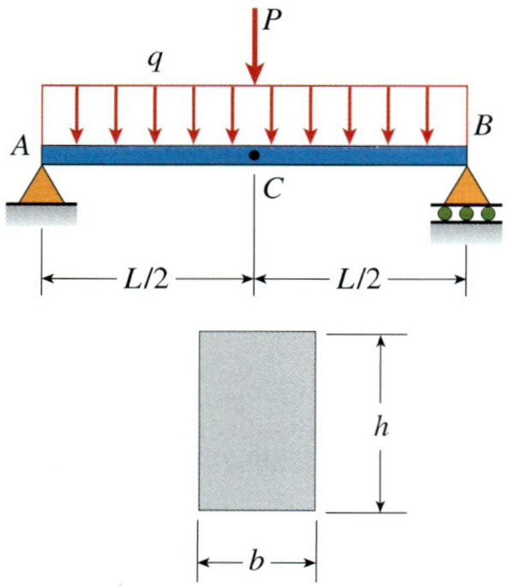

P13.5-1

13.5-2 캔틸레버 AB는 그림과 같이 세 개의 동일한 간격으로 집중하중을 받는다. 보의 자유단에서 회전각 θ_B와 처짐 δ_B에 대한 공식을 구하시오.

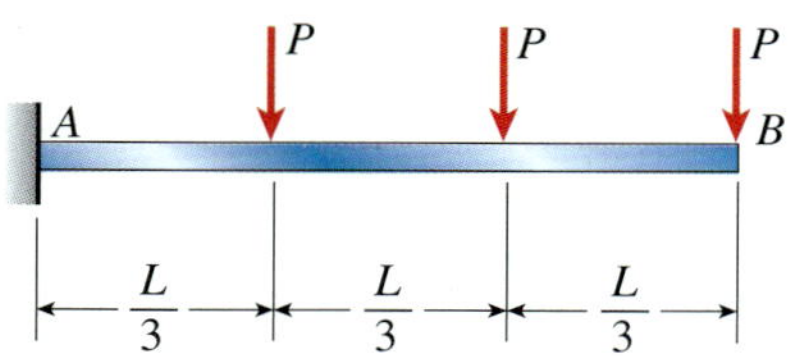

P13.5-2

대표문제

13.5-3 보의 길이 중간 부분 1/3에 걸쳐 균일하중 q가 작용하는 캔틸레버 AB의 자유단에서 회전각 θ_B와 처짐 δ_B를 구하시오(그림 참조).

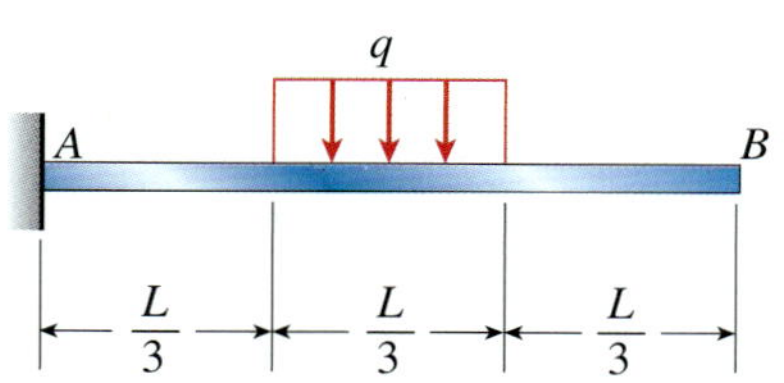

P13.5-3

13.5-4 캔틸레버는 중간 지점에서 집중하중 P를 받고 B점에서 반시계방향 모멘트 M을 받는다(그림 참조).

(a) A에서의 반력 모멘트 M_A가 0이 되도록 하중 P로 모멘트 M에 대한 식을 표현하시오.

(b) 처짐 δ_B가 0이 되도록 하중 P로 모멘트 M에 대한 식을 표현하시오. 또한 회전각 θ_B에 대한 식을 표현하시오.

(c) 회전각 θ_B가 0이 되도록 하중 P로 모멘트 M에 대한 식을 표현하시오. 또한 처짐 δ_B에 대한 식을 표현하시오.

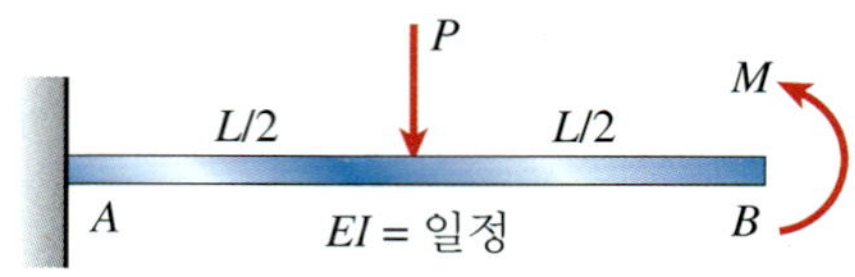

P13.5-4

13.5-5 강철 보 ABC는 A지점에서 단순 지지되어 있고 B지점에서 고강도 강철 와이어로 고정되어 있다(그림 참조). 하중 $P=1$ kN이 자유단 C지점에 작용한다. 와이어는 축방향 강성 $EA=1{,}335$ N을 갖고 보는 굽힘 강성 $EI=86$ kN·m^{2}를 갖는다.

하중 P로 인한 점 C의 처짐 δ_C를 구하시오.

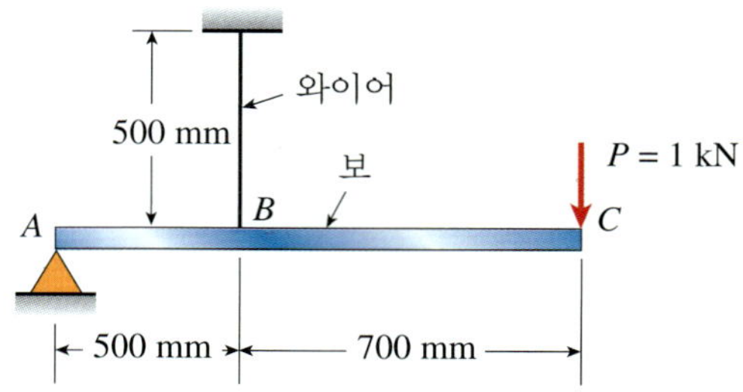

P13.5-5

13.6 부정정 보

처짐 곡선의 미분 방정식

처짐 곡선의 미분 방정식을 적분하여 연습문제 13.6-1부터 13.6-4까지 푸시오. 모든 보는 일정한 굽힘 강성 EI를 갖는다. 전단력 및 굽힘 모멘트 선도를 그릴 때, 최댓값과 최솟값을 포함하여 모든 중요한 좌표를 명시하시오.

도입문제

13.6-1 받침 캔틸레버 강철 보는 IPN 300에 의해 구성된다. 보는 강도가 q인 자체 무게로 하중을 받는다. 보의 길이는 3.5 m이다. $E=205$ GPa로 한다.

(a) 조인트 A와 B에서의 반력을 구하시오.

(b) 구간 AB 내에서 모멘트가 0이 되는 위치를 구하시오.

(c) 보의 최대 처짐과 조인트 B에서의 회전각을 구하시오.

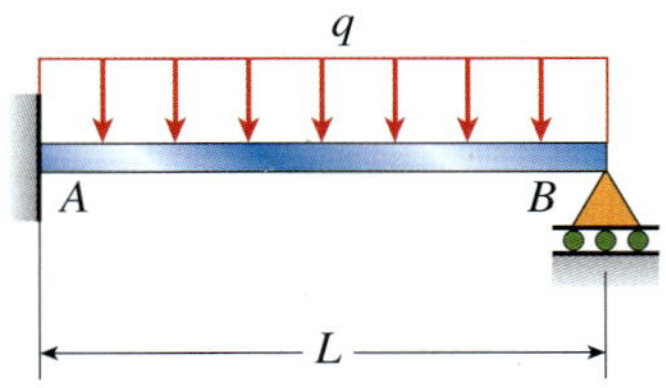

P13.6-1

13.6-2 양단고정 보는 중간 구간에서 집중하중을 받는다. 보는 직사각형 단면(h/b 비율이 2라고 가정)을 가지며 목재(E = 11 GPa)로 만들어졌다.

(a) 보의 최대 변위가 2 mm인 경우 단면의 높이 h를 구하시오.

(b) 변곡점에서 보의 변위를 계산하시오.

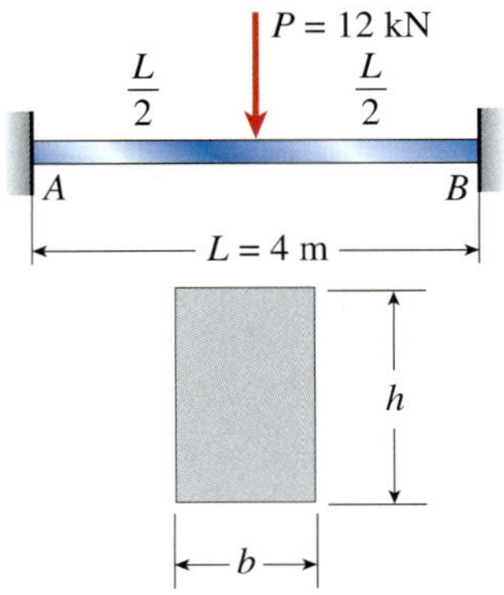

P13.6-2

대표문제

13.6-3 캔틸레버는 길이가 L이고 B점에서 최대 강도 q_0인 삼각형 형태의 분포하중을 받는다.

처짐 곡선의 4차 미분 방정식을 이용하여 A와 B점에서의 반력과 처짐 곡선의 방정식을 푸시오.

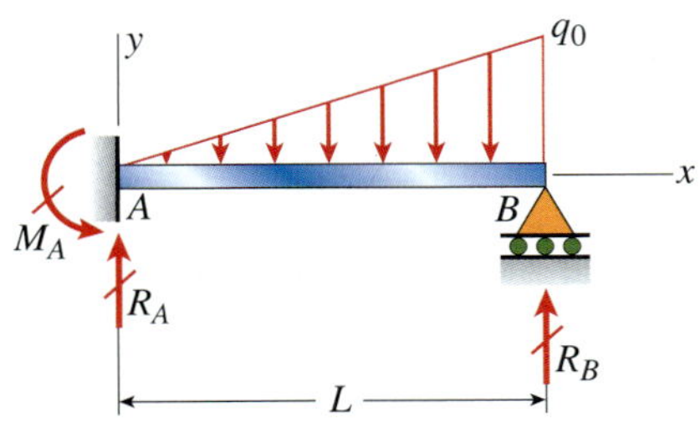

P13.6-3

13.6-4 반시계방향 모멘트 M_0은 길이가 L인 양단고정 보 ACB의 중간점에 작용한다(그림 참조).

처짐 곡선의 2차 미분 방정식(굽힘 모멘트 방정식)을 이용하여 보의 모든 반력을 결정하고, 보의 왼쪽 절반에 대한 처짐 곡선 방정식을 구하시오.

다음으로 전체 보에 대한 전단력 및 굽힘 모멘트 선도를 그리고 모든 중요한 좌표를 명시하시오. 또한 전체 보에 대한 처짐 곡선을 그리시오.

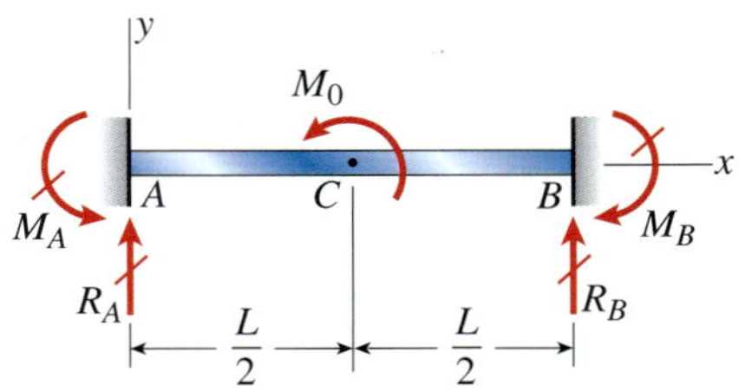

P 13.6-4

중첩법

중첩법으로 문제 13.6-5에서 13.6-11까지 푸시오. 달리 명시하지 않는 한 모든 보는 일정한 굽힘 강성 *EI*를 갖는다. 전단력 및 굽힘 모멘트 선도를 그릴 때 최댓값과 최솟값을 포함하여 모든 중요한 좌표를 명시하시오.

도입문제

13.6-5 양단고정 보 AB는 C점에 작용하는 점하중 P를 전달한다. 보의 단면은 직사각형이다(b=75 mm, h=150 mm). 보의 반력과 C점에서의 변위를 계산하시오. E=190 GPa이라고 가정한다.

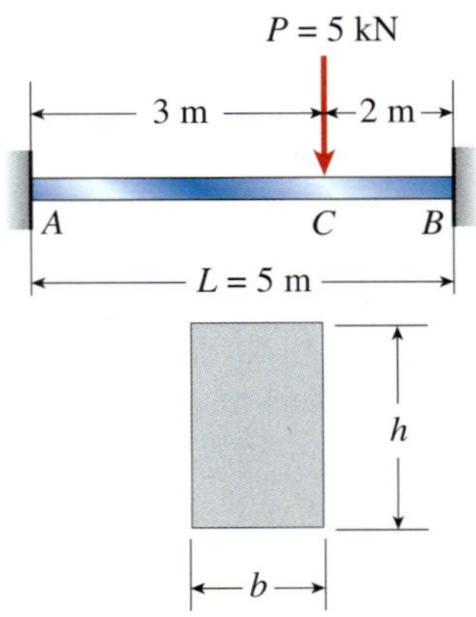

P13.6-5

13.6-6 캔틸레버는 케이블 BC에 의해 B점에서 지지된다. 보는 균일하중 q=200 N/m를 받는다. 보의 길이가 L=3 m인 경우 케이블의 힘과 A점에서의 반력을 구하시오. 케이블의 축방향 유연성은 무시한다.

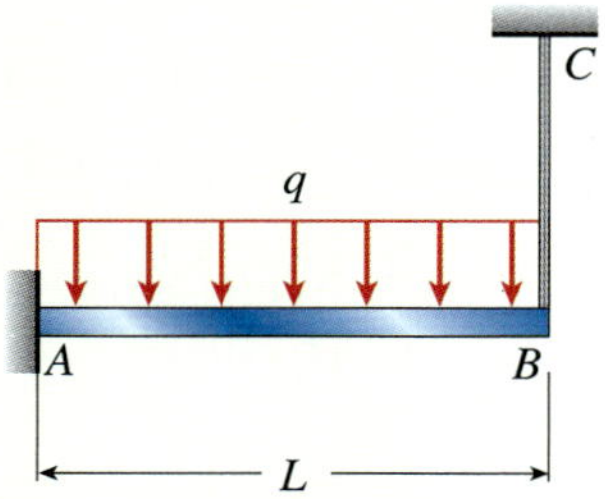

P13.6-6

대표문제

13.6-7 점 B에 지지대가 있는 길이 $2L$의 캔틸레버는 강도가 q인 등분포하중을 받는다. 중첩법을 이용하여 모든 반력을 구하시오. 또한 모든 중요한 좌표를 명시하여 전단력 및 굽힘 모멘트 선도를 그리시오.

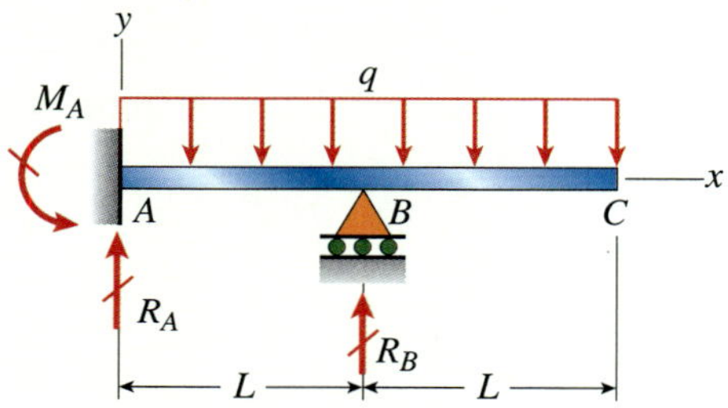

P13.6-7

13.6-8 길이가 $2L$인 받침 캔틸레버는 등분포하중 q를 받는다. 보는 강성이 k인 선형 탄성 스프링에 의해 B점에서 지지된다. 중첩법을 이용하여 모든 반력을 푸시오. 또한 모든 중요한 좌표를 명시하여 전단력 및 굽힘 모멘트 선도를 그리시오. $k = 6EI/L^3$이라고 한다.

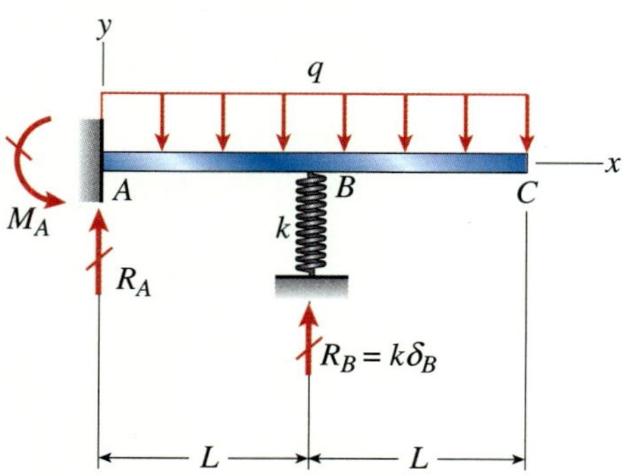

P13.6-8

13.6-9 받침 캔틸레버의 굽힘 강성은 $EI = 4.5\ \text{MN}\cdot\text{m}^2$이다. 표시된 하중이 보에 가해지면 조인트 B에서 5 mm로 고정된다. 관절 B에서의 반력을 구하시오.

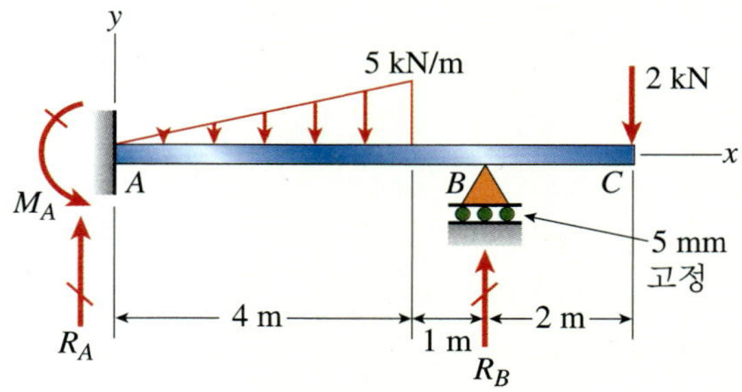

P13.6-9

13.6-10 넓은 플랜지 보 ABC는 점 A, B, C에서 세 개의 동일한 스프링 지지대에 놓여 있다(그림 참조). 보의 굽힘 강성은 $EI = 20 \times 10^6\ \text{N}\cdot\text{m}^2$이고, 각 스프링의 강성은 $k = 10\ \text{MN/m}$이다. 보의 길이는 $L = 5$ m이다.

하중 P가 25 kN일 때 반력 R_A, R_B, R_C를 구하시오. 또한 보에 대한 전단력 및 굽힘 모멘트 선도를 그리고 모든 중요한 좌표를 명시하시오.

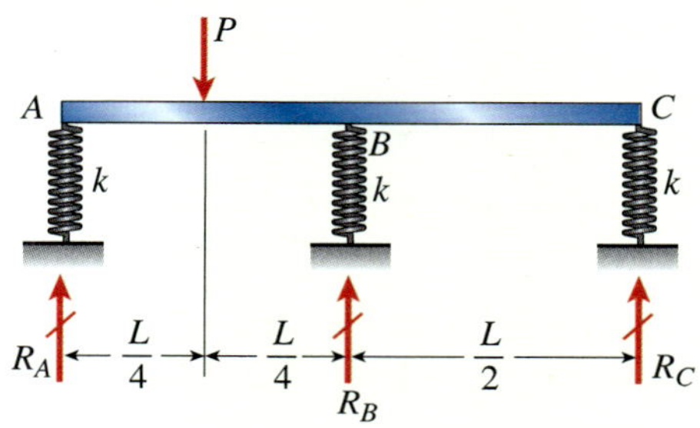

P13.6-10

13.6-11 동시에 적용된 M_A와 q 하중으로 인해 회전 $\theta_A = 0$이 되도록 요구되는 모멘트 M_A(q 및 L 측면에서)에 대한 표현식을 구하시오.

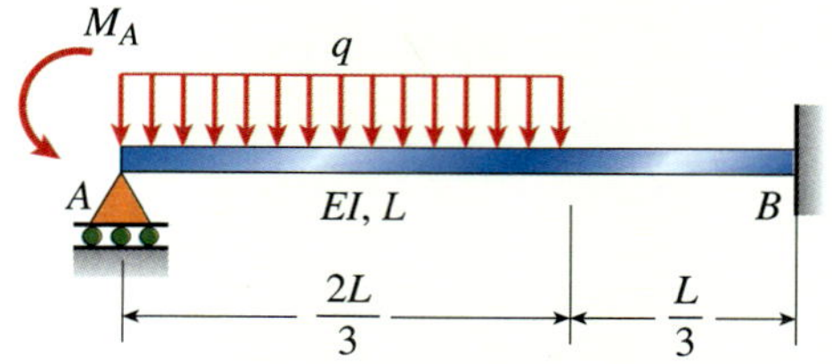

P13.6-11

CHAPTER 14

기둥

Michael Robinson/Corbis Documentary/Getty Images

기둥이나 그 밖의 가느다란 압축 부재와 같이 구조물 내에서 임계 하중을 지지하는 구조 요소는 좌굴 파괴가 일어나기 쉽다.

이 장의 목적

- 세장한 기둥의 탄성 좌굴의 기본 개념을 학습한다.
- 여러 가지 지지 조건에 따른 세장한 기둥의 오일러 좌굴 하중에 대한 공식을 유도한다.
- 여러 가지 지지 조건을 가진 기둥의 좌굴 모드 형상을 배우고 유효 길이를 계산한다.
- 편심 압축하중을 받는 기둥에서 최대 압축응력을 구하기 위한 시컨트 공식을 학습한다.

이 장의 구성

그림 14-1

압축하중 P에 의해 발생되는 가느다란 기둥의 좌굴

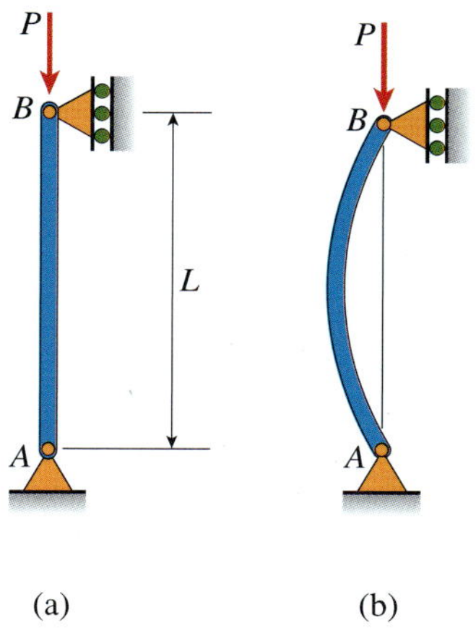

14.1 서론

하중을 지탱하는 구조물은 구조물의 유형, 지지 조건, 하중의 종류, 사용된 재료에 따라 여러 가지 형태로 파괴될 수 있다. 예를 들면 차량의 축이 주기적인 반복 하중으로부터 갑자기 파괴되거나, 보가 과대하게 처져 해당 구조물이 본래의 기능을 수행할 수 없게 된다. 이러한 종류의 파괴는 최대 응력이나 최대 변위가 허용범위 이내에 들도록 구조물을 설계함으로써 미리 방지할 수 있다. 그러므로 **강도**(strength)와 **강성**(stiffness)은 이전의 여러 장에서 설명했듯이 설계에서 중요한 요소이다.

다른 종류의 파괴는 **좌굴**(buckling)인데, 좌굴은 이 장에서 다루는 주요 주제이다. 여기에서 핵심 내용은 축방향 압축하중을 받는 길고 가느다란 구조 부재인 **기둥**(column)의 좌굴이다(그림 14-1a). 만약 압축 부재가 비교적 가늘면, 재료의 직접적인 압축에 의해 파괴되지는 않고 횡방향으로 처져 굽힘에 의해 파괴된다(그림 14-1b). 이러한 좌굴 거동은 플라스틱 자와 같은 가느다란 물체를 눌러봄으로써 관찰할 수 있다. 횡방향으로 굽힘이 발생하면, 해당 기둥은 이미 **좌굴이 일어난 상태**이다. 축하중이 증가하면, 횡방향의 처짐 또한 증가하고, 마침내 기둥은 완전히 붕괴된다.

좌굴의 현상은 기둥에만 국한된 것은 아니다. 좌굴은 여러 종류의 구조물에서 발생할 수 있고 다양한 형태를 띤다. 만약 빈 알루미늄 캔의 위쪽을 밟으면, 얇은 원통형의 벽은 몸무게를 감당하지 못하고 좌굴되어 납작해진다. 이러한 파괴는 압축응력에 의해 찌그러져 주름진 얇은 철판의 좌굴에 의해 붕괴된 대형 교량의 사례에서도 발견된다. 좌굴은 구조물의 파괴를 일으키는 주요한 요인 중 하나이므로 좌굴의 가능성은 설계할 때 항상 고려해야 한다.

14.2 좌굴과 안정성

좌굴과 안정성의 기본 개념을 설명하기 위하여 그림 14-2a의 **이상적인 구조물**(idealized structure), 즉 **좌굴 모델**(buckling model)을 생각해보자. 이 가상의 구조물은 각 길이가 $L/2$인 두 개의 강봉, AB와 BC로 구성된다. 이들은 B에서 핀 연결로 접합되어 있으며, 강성이 β_R인 회전스프링에 의해 수직방향으로 지지된다.[1]

이러한 이상적인 구조물은 그림 14-1a의 기둥과 유사하다. 왜냐하면 두 개의 구조물은 양단에서 단순 지지되어 있으며, 축하중 P에 의해 압축되어 있기 때문이다. 그렇지만 이상적인 구조물의 탄성은 회전스프링 내에 '응집되어' 있는 반면에, 실제 기둥은 그 길이 전체에 걸쳐 휘어진다(그림 14-1b).

이상적인 구조물 내에서 두 개의 봉은 완벽히 일직선을 이루고 축하중 P는 길이방향의 부재 축을 따라 작용하게 된다(그림 14-2a). 결과적으로 스프링은 초기에 응력

[1] 회전스프링에 대한 일반적인 관계는 $M=\beta_R\theta$인데, 여기서 M은 스프링에 작용하는 모멘트이고, β_R는 스프링의 회전 강성이며, θ는 스프링이 회전하는 각도이다. 그러므로 회전 강성은 N·m/rad과 같이 모멘트를 회전각으로 나눈 단위를 가진다. 이동스프링에 대한 비슷한 관계식은 $F=\beta\delta$인데, 여기서 F는 스프링에 작용하는 힘이고, β는 스프링의 이동 강성(즉, 스프링 계수)이며, δ는 스프링 길이의 변화량이다. 그러므로 이동 강성은 N/m와 같이 힘을 길이로 나눈 단위를 갖는다.

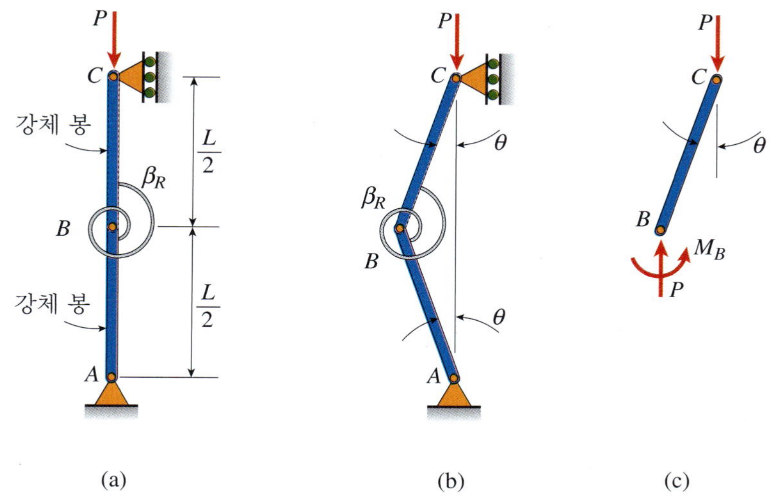

그림 14-2
두 개의 강체 봉과 회전스프링으로 구성된 이상화된 구조물의 좌굴

을 받지 않으며 봉은 직접적인 압축 상태에 있다.

이제 구조물이 점 B를 수평으로 작은 거리만큼 움직이게 하는 어떤 외력에 의해 흔들린다고 가정하자(그림 14-2b). 강봉은 미소 각 θ만큼 회전되고, 모멘트가 스프링 내에 발생한다. 이 모멘트의 방향은 해당 구조물을 본래의 직선 위치로 되돌리려는 방향이며, 따라서 이 모멘트는 **복원 모멘트**(restoring moment)라고 한다. 그렇지만 동시에 축 압축력은 수평변위를 증가시키려는 성향이 있다. 따라서 두 개의 힘은 서로 반대의 효과를 주는데, 복원 모멘트는 변위를 **감소**시키려 하고 축력은 **증가**시키려는 경향이 있다.

이제 가한 힘을 제거할 때 무슨 일이 일어나는지 살펴보자. 만약 축력 P가 비교적 작으면, 복원 모멘트의 작용이 축력의 작용보다 지배적이게 되어 해당 구조물은 초기의 직선 위치로 복귀된다. 이 상태에서 구조물은 **안정**(stable)하다고 말한다. 그렇지만 축력 P가 크면, 점 B의 수평변위가 증가하고 봉은 점점 큰 각으로 회전하여 해당 구조물은 파괴된다. 이 상태에서 구조물은 **불안정**(unstable)하다고 하며, 횡방향 좌굴에 의해 파괴된다.

임계 하중

안정과 불안정 상태의 전이는 **임계 하중**(critical load, P_{cr} 기호로 표기됨)으로 알려진 특별한 값의 축력에서 일어난다. 좌굴 모델에서의 임계 하중은 움직인 위치에서의 구조물을 고려하고(그림 14-2b) 그 평형을 고찰함으로써 구할 수 있다.

첫째, 전체 구조물을 자유물체로 간주하여 지지점 A에 대한 모멘트를 합해보자. 이 단계에서 지지점 C에는 아무런 수평 반력이 없다는 것을 의미한다. 둘째, 봉 BC를 자유물체(그림 14-2c)로 간주하고 축력 P와 스프링 내의 모멘트 M_B를 받고 있음을 고려하자. 모멘트 M_B는 회전 강성 β_R에 스프링의 회전각 2θ를 곱한 값과 같다. 즉,

$$M_B = 2\beta_R\theta \tag{14-1a}$$

각 θ는 작은 양이므로 점 B의 수평변위는 $\theta L/2$이다. 그러므로 평형 방정식은 봉 BC의 점 B에 대한 모멘트(그림 14-2c)를 합하여 구한다.

$$M_B - P\left(\frac{\theta L}{2}\right) = 0 \tag{14-1b}$$

또한 식 (14-1a)를 대입하면 다음 식을 얻는다.

$$\left(2\beta_R - \frac{PL}{2}\right)\theta = 0 \tag{14-2}$$

이 방정식의 첫 번째 해는 $\theta = 0$이지만, 이는 무용해로 힘 P의 크기에 상관없이 구조물이 완벽히 직선일 때의 평형 상태를 나타내는 것에 지나지 않는다.

두 번째 해는 괄호 안의 항목을 0으로 놓고 **임계 하중**인 P에 대해 풀 때 얻어진다.

$$P_{cr} = \frac{4\beta_R}{L} \tag{14-3}$$

하중의 임곗값에서 해당 구조물은 각 θ의 크기에 상관없이 평형 상태가 된다[식 (14-1b)를 유도할 때 설정된 가정 때문에 각이 작은 상태를 유지한다면].

위 해석에서 알 수 있듯이, 임계 하중은 해당 구조물이 움직인 상태에서 평형을 유지할 수 있는 **유일한** 하중이다. 이 값의 하중에서 스프링 내 모멘트의 복원 효과는 축하중의 좌굴 효과와 정확히 일치한다. 그러므로 임계 하중은 안정과 불안정 상태의 경계를 의미한다.

만약 축하중이 P_{cr}보다 작으면, 스프링 내 모멘트의 효과가 지배적이게 되고 해당 구조물은 조그마한 움직임 이후에 수직 위치로 복원된다. 만약 축하중이 P_{cr}보다 크면, 축하중이 지배적으로 되어 구조물은 좌굴이 발생한다.

$P < P_{cr}$이면, 구조물은 **안정**하다.

$P > P_{cr}$이면, 구조물은 **불안정**하다.

식 (14-3)은, **강성을 증가**시키거나 **길이를 감소**시키면 구조물의 안정성이 커진다는 사실을 나타낸다. 이 장 뒷부분에서 여러 형태의 기둥에 대한 좌굴 하중을 구할 때 이와 동일한 해석 과정이 적용된다.

요약

요약하면, 축하중 P가 0부터 큰 값까지 증가함에 따라 이상적인 구조물(그림 14-2a)은 다음과 같이 거동한다.

축하중이 임계 하중보다 작으면($0 < P < P_{cr}$), 해당 구조물이 완벽히 직선일 때 평형 상태이다. 평형이 **안정**을 뜻하므로 구조물은 움직임 이후에 초기 상태로 복귀한다. 그러므로 해당 구조물은 완벽히 직선($\theta = 0$)일 때에만 평형 상태이다.

축하중이 임계 하중보다 크면($P > P_{cr}$), 해당 구조물은 $\theta = 0$(직접적인 압축 상태에 있고 스프링에는 아무런 모멘트가 없으므로)일 때 여전히 평형이지만, 그 평형은 **불안정**이며 유지될 수 없다. 조그마한 움직임에도 구조물은 좌굴을 일으킨다.

임계 하중($P = P_{cr}$)이 되면, 점 B가 미소량만큼 수평으로 이동되더라도 구조물은 평형 상태이다. 즉, $\theta = 0$을 포함한 **임의의** 미소 각 θ에 대해서 구조물은 평형 상태이다. 그렇지만 구조물은 안정도 불안정도 아닌 안정과 불안정의 경계에 있다. 이 상태를 **중립 평형**(neutral equilibrium)이라 한다.

이상적인 구조물의 세 가지 평형 상태는 축하중 P와 회전각 θ의 그래프(그림 14-3)에 나타나 있다. 두 개의 굵은 선(수직선과 수평선)은 평형 상태를 나타낸다. 평형 상태의 그림에서 나뉘는 점 B를 **분기점**(bifurcation point)이라 한다.

중립 평형의 수평선은 각 θ가 시계방향 또는 반시계방향이 될 수 있기 때문에 좌측 또는 우측으로 확장된다. 그렇지만 해석에서 θ가 미소 각이라는 가정을 사용하기 때문에 이 선은 짧은 거리만 확장된다. (이 가정은 구조물이 처음으로 수직 위치로부터 벗어날 때 θ가 매우 작기 때문에 정확히 유효하다. 좌굴이 계속되고 θ가 커지면, '중립 평형'으로 이름 붙여진 선은 뒤의 그림 14-12와 같이 위쪽으로 굽어진다.)

그림 14-3에 표현된 세 개의 평형 상태는 매끄러운 표면 위에 놓인 공의 평형(그림 14-4)과 유사하다. 만약 표면이 접시의 안쪽처럼 위로 오목하면 평형은 안정이며 움직인 공은 낮은 위치로 항상 되돌아간다. 만약 표면이 돔처럼 위로 볼록하면, 공은 해당 면의 위에서 이론적으로는 평형 상태에 있을 수 있지만, 평형은 불안정하여 실제로는 공이 굴러 떨어진다. 만약 표면이 완전히 평면이면 공은 중립 평형이고 공이 어디에 놓이든 그 자리에 있을 것이다.

다음 절에서 이상적인 탄성 기둥은 그림 14-2에 나타낸 좌굴 모델의 거동과 비슷하다는 것을 알 수 있다. 더욱이 이 모델은 많은 종류의 구조 시스템과 기계 시스템에도 적합하다.

그림 14-3

이상적인 구조물의 좌굴에 대한 평형 개념도

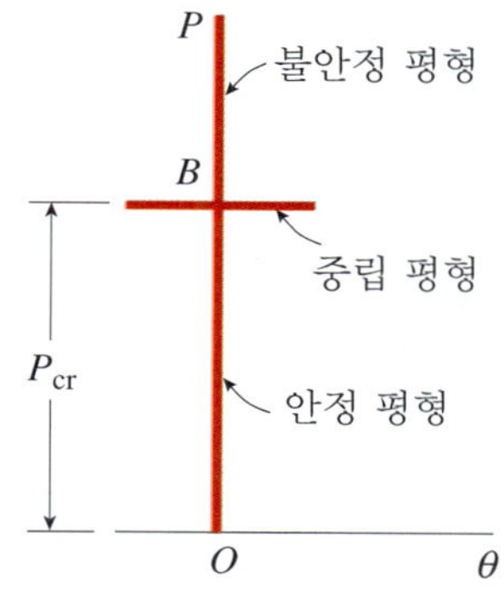

그림 14-4

안정 평형, 불안정 평형, 중립 평형 상태의 공

예제 14-1

두 개의 이상적인 기둥이 그림 14-5에 나타나 있다. 두 기둥은 모두 초기에 직선이고 수직이며, 절점 A에 하중 P가 작용한다.

(a) 첫 번째 기둥(기둥 1, 그림 14-5a)은 B에서 롤러 지지를 갖고 회전 강성 $\beta_R = \beta L^2$인 CD에 연결된 강체 봉 ABC로 구성된다.

(b) 두 번째 기둥(기둥 2, 그림 14-5b)은 B에서 롤러 지지를 갖고 D에서 스프링 지지를 갖는 하나의 강체 봉 $ABCD$이다.

기둥 1은 회전되지 않는 이동 지점을 가지는 반면, 기둥 2는 D에서 강성 β의 이동스프링을 갖는 롤러 지지를 가진다. 각 기둥에 대한 임계 하중 P_{cr}를 구하시오.

그림 14-5

예제 14-1: 두 개의 이상적인 기둥은 강체 봉으로 구성된다. (a) *C*에서 회전 탄성 연결부를 가진 기둥 1, (b) *D*에서 이동스프링으로 지지된 기둥 2, (c) 기둥 1의 봉 *ABC*의 자유물체도, (d) 기둥 2의 자유물체도

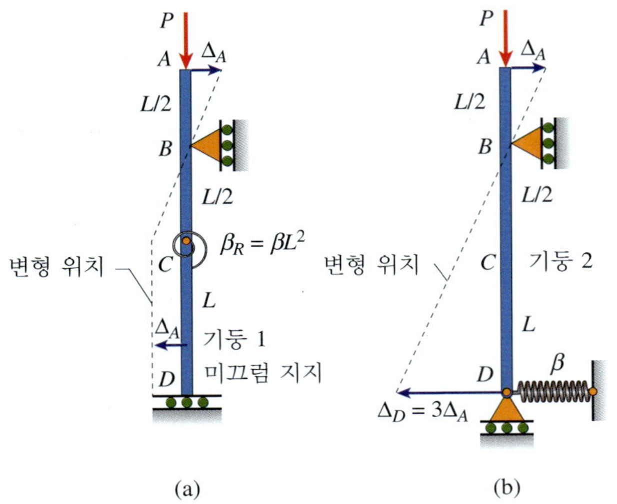

풀이

4단계 문제풀이 접근방법을 사용한다. 효율적인 문제풀이를 위해 필요에 따라 단계를 합한다.

Part (a): 기둥 1

1. **개념화[가정, 스케치]** *A*에서 **작은** 수평변위 Δ_A를 일으키는 외부 하중 *P*에 의해 유발된 변형 위치에서 기둥 1의 평형을 고려해보자(그림 14-5a). 기둥 전체 수평력의 평형으로부터 *B*위치의 수평반력 $H_B=0$이다. 봉 *ABC*의 자유물체도를 작성한다(그림 14-5c). 여기서 $\Delta_C=\Delta_A$이고 봉 *ABC* 회전은 $\Delta_A/(L/2)=2\Delta_A/L$이다.
2. **분류[단순화, 분류화]** 봉 *ABC*의 회전은 그 회전이 작기 때문에 $2\Delta_A/L$로 표현된다. 그러므로 *C*에서 탄성접합 저항 모멘트는 스프링의 회전 강성 β_R와 회전 크기를 곱하여 $M_C=(\beta_R)(2\Delta_A/L)$가 된다.
3. **해석[수치계산, 적절한 식 선정, 수학적인 해를 구함]** 그림 14-5c의 *C*에 대해 모멘트에 관한 평형 방정식을 세워 *P*에 대해 풀면, 다음과 같이 기둥 1의 임계 하중 P_{cr1}을 구할 수 있다.

$$P_{cr1}=\frac{M_C}{2\Delta_A}=\frac{\beta_R\left(\dfrac{2\Delta_A}{L}\right)}{2\Delta_A}=\frac{\beta_R}{L}=\beta L \tag{a}$$

4. **최종 단계[결론, 해의 검증 — 해가 합당한가? 단위가 맞는가? 비슷한 문제풀이 방법과 비교해 볼 때 어떠한가?]** 기둥 1의 좌굴 **모드 형상**은 그림 14-5a에서 보인 변형된 위치와 같다.

Part (b): 기둥 2

1, 2. 개념화, 분류 그림 14-5b의 수평변위 Δ_A에 의해 **변형된** 위치에서 기둥 2의 평형을 분석한다. 기둥 전체의 자유물체도(그림 14-5d)에서 수평력에 대한 평형을 고려하면,

$$H_B = -(\beta)(3\Delta_A) \quad \textbf{(b)}$$

3. 해석 그림 14-5d에서 D에 대한 모멘트 평형을 고려하면, 임계 하중을 구할 수 있다.

$$P_{cr2} = \frac{-H_B\left(\dfrac{3L}{2}\right)}{4\Delta_A} = \frac{9}{8}\beta L \quad \textbf{(c)}$$

4. 최종 단계 기둥 2의 좌굴 **모드 형상**은 그림 14-5b에서 보인 변형된 위치와 같다.

결합 모델과 분석

1. 개념화 이제 그림 14-5e에서 보는 바와 같이 기둥 1과 2의 특성을 하나의 기둥으로 결합한 보다 복잡한 구조 모델을 고려해보자. 이 이상화 구조물은 C와 D에서 각각 회전강성 β_{R1}과 β_{R2}를 갖는 탄성 회전스프링을 갖고 있다. 롤러 지지는 B에 유지되며, D의 이동 지지는 강성 β인 탄성 이동스프링으로 구속된다. 작은 수평변위 Δ_C와 Δ_D를 기둥의 가능한 변형을 결정짓는 자유도로 선택한다(또는 θ_B와 θ_D가 변형된 구조물의 임의의 위치를 나타내기 위하여 자유도로 선택될 수도 있다). 그러므로 이 **결합** 모델은 **2자유도**를 갖는다. 따라서 두 개의 좌굴 모드 형상과 연관된 좌굴 모드를 일으키는 두 개의 임계 하중을 가진다. 대조적으로 기둥 1과 2는 **1자유도**를 가진 구조물로 그림 14-5a와 b에서 묘사한 바와 같이 각 구조물의 좌굴 형상을 정의하기 위해 오직 Δ_A만 필요하다.

2. 분류 만약 결합 구조물(그림 14-5e)에서 회전스프링 β_{R2}가 무한 강성이 되고 이동스프링 강성 $\beta=0$이면(단, β_{R1}은 유한), 2자유도(2DOF)인 결합 모델은 그림 14-5a의 단자유도(SDOF)로 줄어든다. 마찬가지로, 그림 14-5e에서 회전스프링 강성 β_{R1}이 무한대가 되고 $\beta_{R2}=0$이면(단, 이동스프링 강성 β는 유한) 이 결합 모델은 그림 14-5b의 모델이 된다. 그러므로 **기둥 1과 2에 대한 임계 하중[식 (a)와 (c)]은 그림 14-5e의 일반적 결합 모델의 특수한 경우로 볼 수 있다.**

3. 해석 이제 그림 14-5e에서 보인 2DOF 모델의 일반적인 해를 찾아보고, 기둥 1과 2의 임계 하중이 이러한 일반적인 해로부터 구해질 수 있음을 증명해보자.

첫째로 그림 14-5f의 변형 위치에서 전체 2DOF 모델의 평형을 생각하자. 수평력에 대한 평형을 고려하면, $H_B=\beta\Delta_D$이다. 그림 14-5f의 회전각 θ_B와 θ_D는 변위 Δ_C와 Δ_D의 항으로 다음과 같이 표현된다.

$$\theta_D = \frac{\Delta_D - \Delta_C}{L} \qquad \theta_B = \frac{2}{L}\Delta_C \quad \textbf{(d)}$$

자유물체도 ABC(그림 14-5g)에서 B에 대한 모멘트 평형을 고려하면 다음 식이 된다. 이때 C에서의 모멘트는 회전스프링 강성 β_{R1}과 C의 **상대** 회전각 $(\theta_D-\theta_B)$를 곱한 것과 같다.

$$2P\Delta_C - \beta\Delta_D\frac{L}{2} + \beta_{R1}(\theta_D - \theta_B) = 0$$

그림 14-5(계속)

(e) 기둥 1과 2의 결합 모델, (f) 결합 모델의 자유물체도, (g) 결합 모델에서 봉 *ABC*의 자유물체도

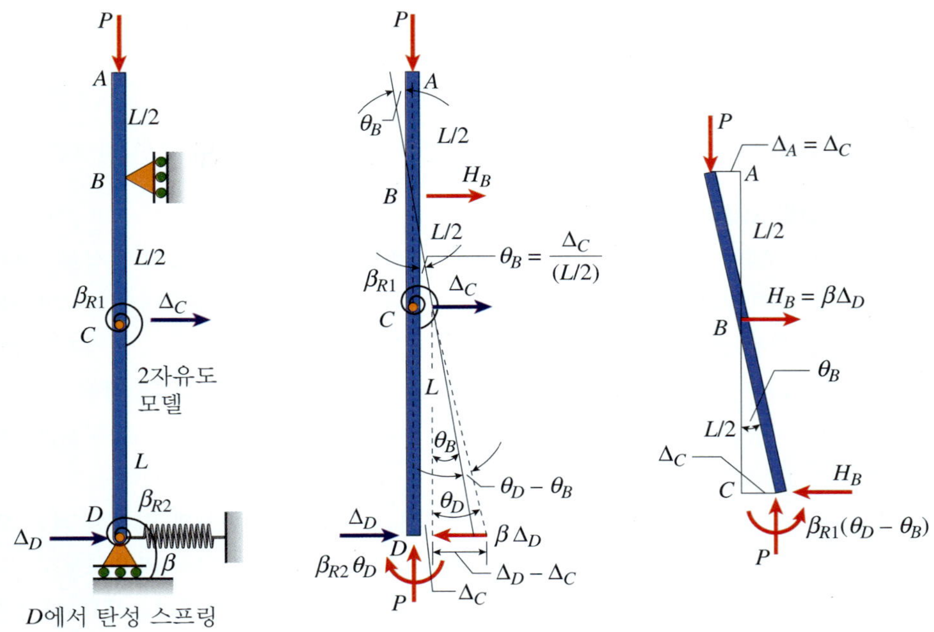

(e) (f) (g)

식 (d)로부터 θ_D와 θ_B를 대입하면, 미지수인 변위 Δ_C와 Δ_D로 방정식을 얻는다.

$$\left(2P - \frac{3\beta_{R1}}{L}\right)\Delta_C + \left(\frac{\beta_{R1}}{L} - \frac{L\beta}{2}\right)\Delta_D = 0 \quad \textbf{(e)}$$

두 번째 방정식은 봉 *CD*만의 자유물체도로부터 변형된 구조물의 평형 방정식을 고려하면 얻을 수 있다. 봉 *CD*에 대해 *C*에서의 모멘트 평형을 고려하면 다음 방정식을 얻게 된다.

$$P(\Delta_D - \Delta_C) - \beta_{R1}(\theta_D - \theta_B) - \beta_{R2}\theta_D - \beta\Delta_D L = 0$$

위 식에 θ_D와 θ_B를 대입하면, 다음 식을 얻을 수 있다.

$$\left(\frac{3\beta_{R1}}{L} - P + \frac{\beta_{R2}}{L}\right)\Delta_C + \left(P - \frac{\beta_{R1}}{L} - \frac{\beta_{R2}}{L} - L\beta\right)\Delta_D = 0 \quad \textbf{(f)}$$

이제 두 개의 대수방정식[식 (e)와 (f)]과 두 개의 미지수(Δ_C와 Δ_D)가 있게 된다. 식 (e)와 (f)를 행렬 형태로 표현하면 다음과 같다.

$$\begin{pmatrix} 2P - \dfrac{3\beta_{R1}}{L} & \dfrac{\beta_{R1}}{L} - \dfrac{L\beta}{2} \\ \dfrac{3\beta_{R1}}{L} - P + \dfrac{\beta_{R2}}{L} & P - \dfrac{\beta_{R1}}{L} - \dfrac{\beta_{R2}}{L} - L\beta \end{pmatrix}\begin{pmatrix} \Delta_C \\ \Delta_D \end{pmatrix} = \begin{pmatrix} 0 \\ 0 \end{pmatrix} \quad \textbf{(g)}$$

그림 14-5(계속)
(h) 결합 모델의 좌굴 모드 형상

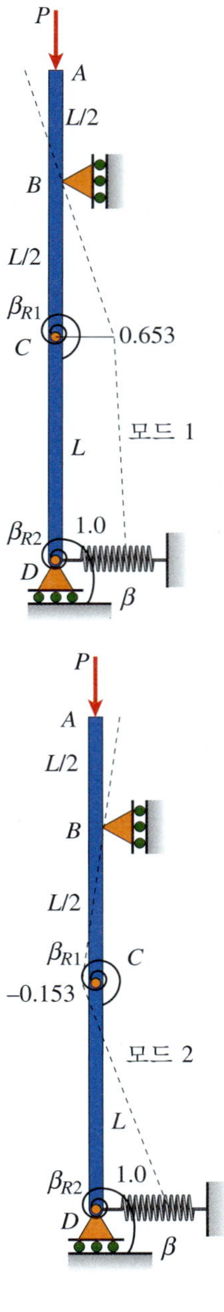

(h)

이러한 제차방정식은 식 (g)에서 계수행렬의 행렬식이 0이 될 때에만 0이 아닌(무용해가 아닌) 해를 갖는다. 만약 두 개의 탄성 연결부가 같은 회전 강성 $\beta_{R1} = \beta_{R2} = \beta L^2$이면, 식 (g)는 아래와 같다.

$$\begin{pmatrix} 2P - 3L\beta & \dfrac{L\beta}{2} \\ 4L\beta - P & P - 3L\beta \end{pmatrix}\begin{pmatrix} \Delta_C \\ \Delta_D \end{pmatrix} = \begin{pmatrix} 0 \\ 0 \end{pmatrix} \qquad \textbf{(h)}$$

그러므로 식 (h)에서 계수행렬의 행렬식(특성방정식으로 알려짐)은

$$P^2 - \left(\frac{17}{4}\beta L\right)P + \frac{7}{2}(\beta L)^2 = 0 \qquad \textbf{(i)}$$

2차 방정식의 근의 공식으로 식 (i)를 풀면, 임계 하중에 대한 두 값을 구할 수 있다.

$$P_{cr1} = \beta L\left(\frac{17 - \sqrt{65}}{8}\right) = 1.117\beta L$$

$$P_{cr2} = \beta L\left(\frac{17 + \sqrt{65}}{8}\right) = 3.13\beta L$$

4. 최종 단계 이 값은 탄성접합부 회전 강성이 $\beta_{R1} = \beta_{R2} = \beta L^2$일 때, 결합된 2DOF 시스템의 **고유치**이다. 일반적으로 임계 하중의 작은 값이 관심의 대상인데, 이는 구조물이 작은 값일 때 먼저 좌굴되기 때문이다. P_{cr1}과 P_{cr2}를 식 (e)와 (f)에 대입하면 각 임계 하중에 대응하는 좌굴 모드 형상(**고유벡터**)을 구할 수 있다. 이러한 고유벡터는 다음과 같으며, 그림 14-5h에 나타나 있다.

$$\Phi_1 = \begin{pmatrix} 0.653 \\ 1 \end{pmatrix} \quad \Phi_2 = \begin{pmatrix} -0.153 \\ 1 \end{pmatrix}$$

결합 모델의 기둥 1과 2 적용

회전스프링 강성 β_{R1}이 유한하지만 회전스프링 강성 β_{R2}가 무한히 크고 이동스프링 강성 β가 0에 가까우면, 결합 모델(그림 14-5e)은 기둥 1로 간주되고 식 (g)로부터 얻어진 임계 하중은 식 (a)와 같게 된다. [또는 식 (e)에서 Δ_C와 Δ_D를 같게 놓고 $\beta = 0$으로 두면, 식 (a)의 P_{cr1}을 확인할 수 있다.] 반대로 이동스프링 강성 β가 유한하지만 회전스프링 강성 β_{R1}이 무한하고 회전스프링 강성 β_{R2}가 0이 되면, 식 (g)의 해는 식 (c)에서 기둥 2에 대한 임계 하중과 같게 된다.

14.3 핀 지지된 기둥

핀 지지된 가느다란 기둥을 해석함으로써 기둥의 안정거동의 고찰을 시작한다(그림 14-6a). 기둥은 끝단 단면의 도심에 작용하는 수직하중 P를 받고 있다. 기둥 자체는 완벽히 직선이며 훅의 법칙을 따르는 선형 탄성 재료로 만들어져 있다. 기둥이 아무런 결함이 없다고 가정하기 때문에 **이상 기둥**(ideal column)이라고 한다.

해석을 위해서 지지점 A를 원점으로 하고 기둥의 길이방향을 x축으로 하는 좌표계를 설정한다. y축은 그림의 좌측으로 향하고, z축(그림에서는 보이지 않음)은 그림의 평면으로부터 튀어나오는 방향이다. x-y평면은 기둥의 대칭면이며 모든 굽힘은 이러한 평면 내에 있다고 가정한다(그림 14-6b). 좌표계는 앞서 논의했던 보에서 사용된 좌표계와 동일하며, 이는 기둥을 시계방향으로 90° 회전하면 얻을 수 있다.

축하중 P의 값이 작으면, 기둥은 완벽히 직선을 유지하고 직접적인 축 압축을 받는다. 유일한 응력은 $\sigma = P/A$로부터 얻어지는 균일한 압축응력이다. 기둥은 **안정 평형**(stable equilibrium)이며, 움직임 뒤에 직선 위치로 복귀한다. 즉, 작은 수평하중이 작용하여 기둥이 휘면, 수평하중이 제거될 경우 굽힘 변형이 사라지고 기둥은 본래의 위치로 복귀한다.

축하중 P가 점차 커짐에 따라 기둥이 굽어진 형상을 유지할 수 있는 **중립 평형**의 상태에 도달하게 된다. 이때의 하중값은 **임계 하중** P_{cr}이다. 이 하중 크기에서 축력의 변화 없이 작은 수평변위를 유발할 수 있다. 즉, 작은 수평하중은 그 하중이 제거될 때 사라지지 않는 휘어진 형상을 만든다. 그러므로 임계 하중은 직선 위치에서나 약간 굽어진 위치에서 평형 상태로 기둥을 유지할 수 있다.

하중이 더 커지면, 기둥은 **불안정**해져서 좌굴, 즉 과도한 굽힘에 의해 붕괴될 수 있다. 현재 논의하고 있는 이상적인 경우에는 축력 P가 임계 하중보다 커지더라도 직선 상태에서 평형이 될 수 있다. 그렇지만 평형이 불안정하기 때문에 아주 작은 흔들림이라도 기둥이 옆으로 휘어질 것이다. 일단 그런 일이 발생하면, 처짐은 즉시 증가되

그림 14-6

핀 지지된 기둥: (a) 이상 기둥, (b) 좌굴 형상, (c) 단면에 작용하는 축력 P와 굽힘 모멘트 M

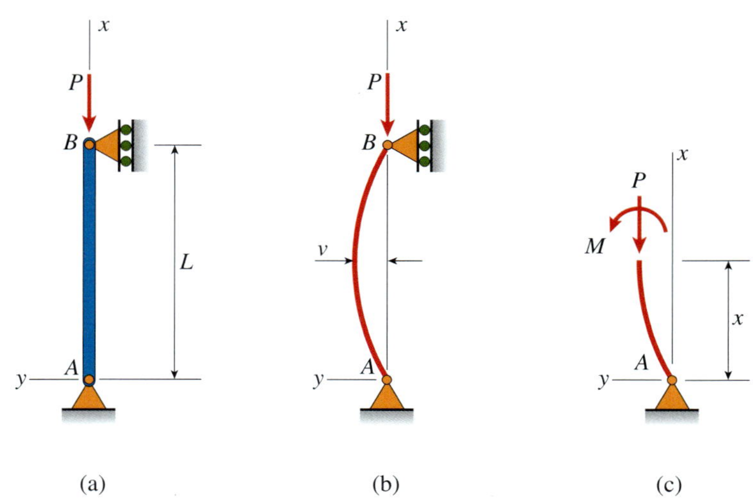

어 기둥은 좌굴에 의해 파괴된다. 그 거동은 이상적인 좌굴 모델(그림 14-2)에 대해 앞 절에서 설명한 것과 같다.

축하중 P에 의해 압축을 받는 이상 기둥(그림 14-6a, b)의 거동은 아래와 같이 요약된다.

$P < P_{cr}$이면, 기둥은 직선 위치에서 안정 평형이다.

$P = P_{cr}$이면, 기둥은 직선 위치에서나 조금 휘어진 위치에서 중립 평형이다.

$P > P_{cr}$이면, 기둥은 직선 위치에서 불안정 평형이며, 조금의 움직임에서도 좌굴된다.

물론 실제 기둥은 결함이 항상 존재하기 때문에 이상적인 방식으로 거동하지 않는다. 예를 들어 기둥은 **완벽히** 직선이지 않으며, 하중은 도심에 **정확하게** 위치하지 않는다. 그럼에도 불구하고 이상 기둥이 실제 기둥의 거동을 이해할 수 있는 통찰력을 제공하기 때문에 이러한 기둥을 먼저 설명한다.

기둥 좌굴의 미분 방정식

이상적인 핀 지지 기둥(그림 14-6a)의 임계 하중과 이에 해당하는 처짐 형상을 구하기 위해, 보에 대한 처짐 곡선의 미분 방정식[13.2절의 식 (13-16a, b, c)] 중 하나를 사용한다. 이 식들은 기둥이 보처럼 굽어질 수 있기 때문에 좌굴된 기둥에 적용할 수 있다(그림 14-6b).

비록 4계 미분 방정식(하중 방정식)과 3계 미분 방정식(전단력 방정식)이 기둥을 해석하는 데 알맞지만, 여기서는 일반해가 항상 가장 단순해지는 2계 미분 방정식(굽힘 모멘트 방정식)을 사용한다. **굽힘 모멘트 방정식**(bending-moment equation)[식 (13-16a)]은 다음과 같다.

$$EIv'' = M \tag{14-4}$$

여기서 M은 임의의 단면에서 굽힘 모멘트이고, v는 y방향으로의 수평 처짐, EI는 x-y 평면 내에서의 굽힘에 대한 굽힘 강성이다.

좌굴된 기둥의 끝단 A로부터 거리 x만큼 떨어진 위치에서의 굽힘 모멘트 M은 그림 14-6c에서 양의 방향으로 작용하는 것을 나타낸다. 굽힘 모멘트의 부호는 이전 장들에서 보인 것과 같다. 즉, 양의 굽힘 모멘트는 양의 곡률을 발생시킨다(그림 13-3, 13-4 참조).

단면에서 작용하는 축하중 P는 그림 14-6c에 보인 바와 같다. 지지점에 작용하는 수평력이 없기 때문에 기둥에서 전단력은 없다. 그러므로 점 A에 대한 모멘트의 평형으로부터 다음 식이 얻어진다.

$$M + Pv = 0 \text{ 또는 } M = -Pv \tag{14-5}$$

여기서 v는 단면의 처짐이다.

굽힘 모멘트에 대해 동일한 이 방정식은 기둥이 좌측이 아닌 우측으로 좌굴한다(그림 14-7a)고 가정할 때 얻어진다. 기둥이 우측으로 좌굴할 때 처짐 그 자체는 $-v$이

그림 14-7
핀 지지된 기둥(좌굴의 다른 방향)

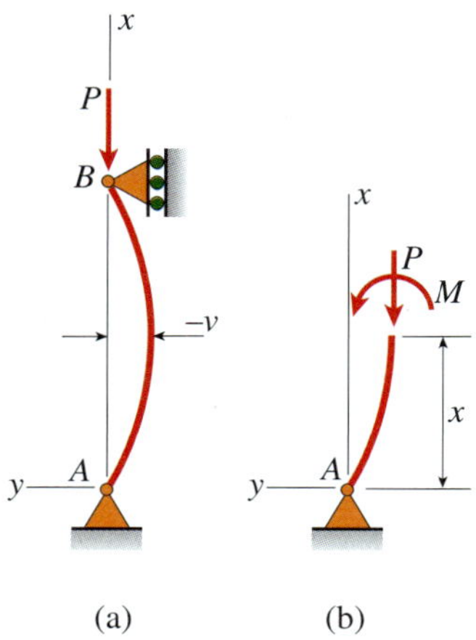

지만, 점 A에 대한 축력의 모멘트도 부호가 달라진다. 그러므로 점 A에 대한 모멘트의 평형 방정식(그림 14-7b)은 다음과 같다.

$$M - P(-v) = 0$$

그러므로 이 방정식은 앞의 굽힘 모멘트 M에 대한 동일한 표현식을 주게 된다.

처짐 곡선의 미분 방정식[식 (14-4)]은 이제 다음과 같게 된다.

$$EIv'' + Pv = 0 \qquad \textbf{(14-6)}$$

상수 계수를 가진 제차 선형 2계 미분 방정식인 이 방정식을 풀면, 좌굴된 기둥의 임계 하중의 크기와 처짐 형상을 구할 수 있다.

13장에서 보 처짐을 구할 때 풀었던 것과 동일한 기본적인 미분 방정식을 풀어서 기둥의 좌굴을 해석한다. 그렇지만 두 종류의 해석에는 기본적인 차이가 있다. 보 처짐의 경우 식 (14-4)에서 나타나는 굽힘 모멘트 M은 하중만의 함수이며, 보의 처짐과는 관계없다. 좌굴의 경우 굽힘 모멘트는 처짐 자체의 함수이다[식 (14-5)].

그러므로 굽힘 해석의 새로운 형태가 나타난다. 이전 내용에서는 구조물의 처짐 형상은 고려되지 않았고, 평형 방정식은 **변형되지 않은** 구조물의 기하를 근간으로 했다. 그렇지만 이제 **변형된** 구조물의 기하가 평형 방정식을 기술하는 데 고려된다.

미분 방정식의 해

식 (14-6)의 미분 방정식의 해를 간편하게 기술하기 위하여 다음 기호를 도입한다.

$$k^2 = \frac{P}{EI} \quad \text{또는} \quad k = \sqrt{\frac{P}{EI}} \qquad \textbf{(14-7a, b)}$$

여기서 k는 항상 양의 값을 취한다. k는 길이의 역수 단위를 가지며, 그러므로 kx와 kL 같은 양은 무차원이 된다.

이 기호를 사용하여 식 (14-6)을 정리하면 아래의 식이 된다.

$$v'' + k^2 v = 0 \qquad \textbf{(14-8)}$$

수학에서 이 방정식의 **일반해**(general solution)는 다음과 같다.

$$v = C_1 \sin kx + C_2 \cos kx \qquad \textbf{(14-9)}$$

여기서 C_1과 C_2는 적분 상수이다(이는 기둥의 경계 조건, 즉 단부 조건으로부터 구해진다). 해에서 임의의 상수의 개수(여기서는 두 개)는 미분 방정식의 차수와 일치한다. 그리고 v에 대한 표현식[식 (14-9)]을 미분 방정식[식 (14-8)]에 대입하면 등식이 성립되어 해가 됨을 검증할 수 있다.

해[식 (14-9)]에서 나타난 **적분 상수**(constants of integration)를 구하기 위해 기둥 양단에서의 경계 조건을 사용한다. 즉, $x=0$과 $x=L$일 때 처짐은 0이다(그림 14-6b 참조).

$$v(0) = 0 \quad \text{그리고} \quad v(L) = 0 \qquad \textbf{(14-10a, b)}$$

첫 번째 조건에서 $C_2 = 0$이 되고, 그러므로

$$v = C_1 \sin kx \tag{14-10c}$$

두 번째 조건에서

$$C_1 \sin kL = 0 \tag{14-10d}$$

이 방정식으로부터 $C_1 = 0$ 또는 $\sin kL = 0$임을 알 수 있다. 두 가지 가능성을 고려하자.

경우 1. 만약 상수 C_1이 0이면, 처짐 v 역시 0이고[식 (14-10c) 참조], 그러므로 기둥은 직선으로 남는다. 그뿐 아니라 C_1이 0이 되면, 식 (14-10d)는 어떤 값의 kL에 대해서도 만족된다. 결과적으로 축하중 P는 어떤 값이라도 될 수 있다[식 (14-7b) 참조]. 이러한 미분 방정식의 해(수학에서는 **무용해**로 불림)는 하중-처짐 선도(그림 14-8)의 수직축으로 표현된다. 이는 압축하중 P의 작용하에 직선 위치(처짐이 없음)에서 평형 상태(안정 또는 불안정)에 있는 이상 기둥의 거동을 나타낸다.

경우 2. 식 (14-10d)를 만족시키는 두 번째 가능성은 **좌굴 방정식**(buckling equation)으로 알려진 다음 방정식에 의해 주어진다.

$$\sin kL = 0 \tag{14-11}$$

이 방정식은 $kL = 0,\ \pi,\ 2\pi,\ \ldots$일 때 만족된다. 그렇지만 $kL = 0$은 $P = 0$임을 의미하기 때문에 이 해는 쓸모가 없다. 그러므로 여기서 고려해야 할 해는

$$kL = n\pi \qquad n = 1,\ 2,\ 3,\ \ldots \tag{14-12}$$

즉[식 (14-7a) 참조]

$$P = \frac{n^2\pi^2 EI}{L^2} \qquad n = 1, 2, 3, \ldots \tag{14-13}$$

이 식은 좌굴 방정식을 만족시키고 미분 방정식의 해(무용해 제외)를 주는 P의 값이다.

식 (14-10c)와 (14-12)로부터 **처짐 곡선**(deflection curve)의 방정식은 다음과 같다.

$$v = C_1 \sin kx = C_1 \sin \frac{n\pi x}{L} \qquad n = 1, 2, 3, \ldots \tag{14-14}$$

P가 식 (14-13)에 의해 주어진 값 중 하나를 가질 때만 해당 기둥이 하나의 굽힘 형상[식 (14-14)에 의해 주어진]을 갖는 것이 이론적으로 가능하다. 그 밖의 모든 P값에 대해서는 기둥이 직선을 유지하는 경우에만 평형이다. 그러므로 식 (14-13)에 의해 주어진 P값은 이 기둥의 **임계 하중**이다.

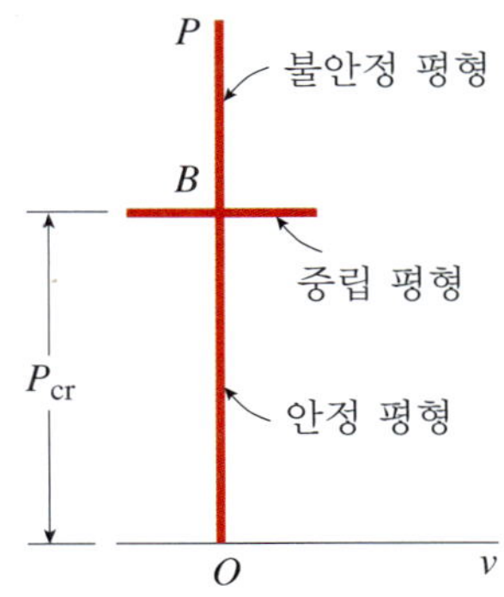

그림 14-8
이상적인 선형 탄성 기둥의 하중-처짐 선도

임계 하중

양단이 핀으로 지지된 기둥(그림 14-9a)에 대한 최소 임계 하중은 $n = 1$일 때 얻어진다.

$$P_{cr} = \frac{\pi^2 EI}{L^2} \tag{14-15}$$

그림 14-9b에서 보는 바와 같이, 해당하는 좌굴 형상(때로는 **모드 형상**이라 함. 예제 14-1 참조)은

그림 14-9

핀 지지된 이상 기둥의 좌굴 형상: (a) 초기의 직선 기둥, (b) $n=1$일 때의 좌굴 형상, (c) $n=2$일 때의 좌굴 형상

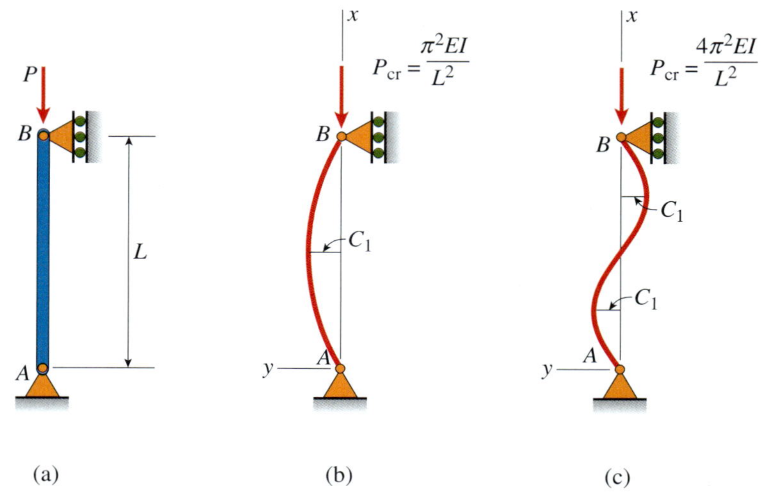

$$v = C_1 \sin \frac{\pi x}{L} \tag{14-16}$$

상수 C_1은 기둥 중간점에서의 처짐을 나타내며, 양수 또는 음수의 작은 값이 될 수 있다. 그러므로 P_{cr}에 대응하는 하중-처짐 선도의 해당 부분은 수평 직선이다(그림 14-8). 그러므로 비록 방정식이 유효하기 위해 처짐이 작은 값이 되어야 하지만, 임계 하중에서의 처짐은 **정의되지 않는다.** 분기점 B 이상에서 평형은 불안정하고, 점 B 이하에서는 안정하다.

핀 지지 기둥의 첫 번째 모드에서의 좌굴은 기둥 좌굴의 **기본 형태**(fundamental case)라 불린다.

이 절에서 설명한 좌굴의 형태를 **오일러 좌굴**(Euler buckling)이라 하며, 이상적인 탄성 기둥에 대한 임계 하중은 종종 **오일러 하중**(Euler load)이라 부른다. 일반적으로 역사상 가장 위대한 수학자로 알려진 유명한 수학자 레온하르트 오일러(Leonhard Euler, 1707~1783)는 가느다란 기둥의 좌굴을 관찰하고 그 좌굴 하중을 구한 첫 번째 사람이었다(오일러는 1744년에 연구 결과를 발표했다).

식 (14-13)과 (14-14)에서 n의 고차 값을 취하면 임계 하중과 이에 해당하는 좌굴 모드를 무한정하게 얻을 수 있다. $n=2$에 대한 모드 형상은 그림 14-9c에서 보인 바와 같이 두 개의 반파장을 갖는다. 대응하는 임계 하중은 기본 형태에 대한 임계 하중의 네 배가 된다. 임계 하중의 크기는 n의 제곱에 비례하며, 좌굴 형상에서의 반파장 수는 n과 같다.

고차 모드(higher modes)의 좌굴 형상은 축하중 P가 최소 임계 하중에 도달할 때 기둥이 좌굴하기 때문에 실제적인 관심 대상이 아니다. 1차 이상의 고차 좌굴 모드를 얻는 유일한 방법은 그림 14-9에서 나타낸 기둥의 중간점과 같이 중간 위치에 기둥의 수평 지지점을 설치하는 것이다(이 절 끝의 예제 14-2 참조).

일반적인 유의사항

식 (14-15)로부터 기둥의 좌굴 하중은 굽힘 강성 EI에 비례하고 길이의 제곱에 반비례한다. 특별한 관심을 둘 것은 비례한도 또는 항복응력과 같은 양으로 표현되는 재료 자체의 **강도**가 임계 하중의 식에 나타나지 않는다는 점이다. 그러므로 강도 특성을 증가시켜도 가느다란 기둥의 좌굴 하중을 올리지 못한다. 임계 하중은 굽힘 강성을 증가시키고, 길이를 짧게 하거나 추가적인 수평 지지를 설치함으로써 커질 수 있다.

굽힘 강성은 좀 더 '단단한' 재료(즉, 탄성계수 E가 좀 더 큰 재료)를 사용하거나 보의 관성 모멘트를 증가시키면 좀 더 단단해지는 것과 같이 단면의 관성 모멘트 I를 키우기 위해 해당 재료를 분산시킴으로써 증가된다. 관성 모멘트는 재료를 단면의 도심으로부터 멀리 분산시킴으로써 커진다. 그러므로 일반적으로 속이 빈 관형 부재가 똑같은 단면적을 가진 속이 찬 단면보다 기둥으로 사용하기에 경제적이다.

관 부재의 **벽 두께**를 감소시키고 그 단면 치수를 증가(단면적을 상수로 유지하면서)시켜도 관성 모멘트가 증가되기 때문에 임계 하중이 증가한다. 그렇지만 이 과정은 결국 벽 자체가 불안정해지기 때문에 실제적으로 한계가 있다. 이러한 벽 자체의 불안정이 발생하면, 기둥의 벽 내에 작은 물결 형태나 주름이 생기는 국부 좌굴이 발생한다. 그러므로 이 장에서 논의하는 기둥의 **전체 좌굴**과 그에 속하는 **국부 좌굴**을 구별해야 한다. 후자는 좀 더 자세한 고찰이 필요하며, 이 책의 범주를 넘는다.

앞의 해석에서(그림 14-9 참조), x-y평면은 기둥의 대칭면이며 좌굴은 이러한 평면 내에서 발생한다고 가정했다. 후자의 가정은 해당 기둥이 그림의 평면에 수직인 횡지지를 가져 기둥이 x-y평면 내에서 좌굴이 발생하도록 구속되는 경우에는 만족이 된다. 만약 기둥이 끝단에서만 지지가 되고 임의의 방향으로 좌굴될 수 있다면, 굽힘은 관성 모멘트가 좀 더 작은 도심의 주축에 대해서 발생된다.

예를 들어 그림 14-10에서 보인 사각형 단면과 넓은 플랜지형 단면을 생각해보자. 각 경우에 관성 모멘트 I_1은 관성 모멘트 I_2보다 크다. 그러므로 기둥은 1-1평면 내에서 좌굴되고, 작은 관성 모멘트 I_2가 임계 하중 공식에 사용되어야 한다. 만약 단면이 정사각형이거나 원형이면, 모든 도심축이 동일한 관성 모멘트를 가지므로 좌굴은 어느 평면에서라도 발생될 수 있다.

그림 14-10
$I_1 > I_2$인 도심 주축을 보여주는 기둥 단면

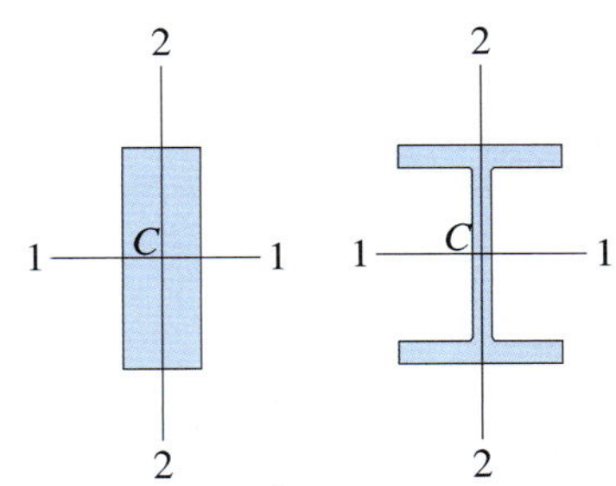

임계 응력

기둥에 대한 임계 하중을 구하고 나면, 해당 하중을 단면적으로 나눔으로써 해당하는 **임계 응력**(critical stress)을 계산할 수 있다. 기본 형태의 좌굴(그림 14-9b)의 경우 임계 응력은 다음과 같다.

$$\sigma_{cr} = \frac{P_{cr}}{A} = \frac{\pi^2 EI}{AL^2} \tag{14-17}$$

여기서 I는 좌굴이 발생되는 주축에 대한 관성 모멘트이다. 이 방정식은 다음 기호를 도입함으로써 좀 더 유용한 형태로 쓸 수 있다.

그림 14-11

$E=200$ GPa이고 $\sigma_{pl}=250$ MPa인 구조강에 대한 식 (14-19)로부터의 오일러 곡선 그래프

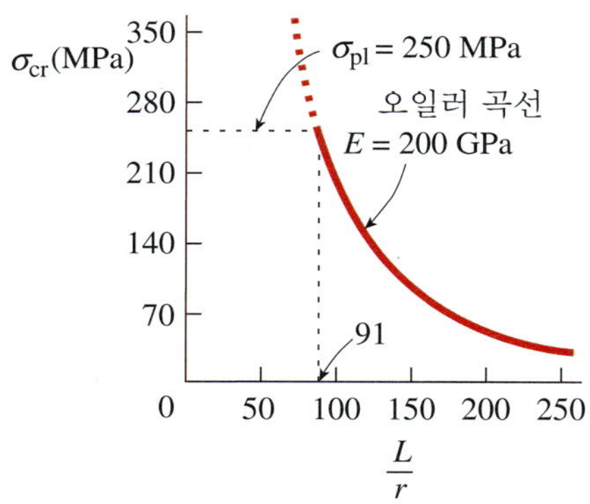

$$r = \sqrt{\frac{I}{A}} \tag{14-18}$$

여기서 r는 굽힘평면 내 단면의 **회전 반지름**(radius of gyration)이다.[2]

$$\sigma_{cr} = \frac{\pi^2 E}{(L/r)^2} \tag{14-19}$$

여기서 L/r은 **세장비**(slenderness ratio)라 불리는 무차원 비율이다.

$$\text{세장비} = \frac{L}{r} \tag{14-20}$$

세장비는 기둥의 치수에만 의존한다. 길고 가느다란 기둥은 세장비가 크고, 따라서 임계 응력이 낮다. 짧고 뭉툭한 기둥은 세장비가 작으며 높은 응력에서 좌굴된다. 실제 기둥의 전형적인 세장비 값은 30~150 사이이다.

임계 응력은 하중이 임곗값에 도달할 때 단면 위에 발생한 평균적인 압축응력이다. 이 응력을 세장비의 함수로서 그래프로 그리면 **오일러 곡선**(Euler's curve, 그림 14-11)이 얻어진다. 그림에 나타난 곡선은 $E=200$ GPa인 구조강에 대해 그린 것이다. 곡선은 해당 방정식이 훅의 법칙을 사용하여 유도되었기 때문에 임계 응력이 강재의 비례한도보다 작을 때에만 유효하다. 그러므로 강재의 비례한도(250 MPa)에서 그래프 상 수평선이 추가되었으며 오일러 곡선은 그 응력 수준에서 끝나게 된다.[3]

큰 처짐, 결함, 비탄성 거동의 영향

그림 14-12

기둥의 하중-처짐 선도: 선 A: 처짐이 작을 때의 이상 탄성 기둥, 곡선 B: 처짐이 클 때의 이상 탄성 기둥, 곡선 C: 결함이 있는 탄성 기둥, 곡선 D: 결함이 있는 비탄성 기둥

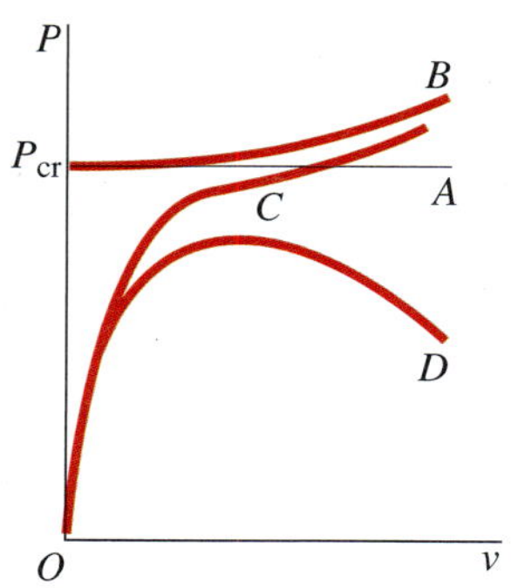

임계 하중에 대한 방정식은 하중이 정확하게 작용하고, 시공이 완벽하며, 재료가 훅의 법칙을 따르는 기둥, 즉 이상 기둥에 대해 유도되었다. 결과적으로 좌굴에서 작은 크기의 변형이 정의될 수 없음을 알았다.[4] 그러므로 $P=P_{cr}$일 때 그림 14-12의 하중-처짐 선도에서 A로 표기된 수평선에 의해 표현되는 조건인 임의의 작은 변형을 가질 수 있다. (이 그림에서 해당 선도의 우측 반만 보이지만, 양측은 수직축에 대칭이다.)

이상 기둥의 이론은 곡률에 대해 2계 미분 v''을 사용했기 때문에 작은 처짐으로 제한된다. 곡률에 대한 정확한 표현식[13.2절의 식 (13-19)]에 기초하여 좀 더 정확한 해석을 하면, 좌굴 시 처짐의 크기는 불확정성이 없다는 사실을 알 수 있다. 반면에 이상적인 선형 탄성 기둥에 대한 하중-처짐 곡선은 그림 14-12의 곡선 B를 따라 위로 올라간다. 그러므로 선형 탄성 기둥이 좌굴하기 시작한 후에 하중을 증가시켜야 처짐에 대한 증가를 유발할 수 있다.

이제 기둥이 완벽히 시공되지 않았다고 가정하자. 예를 들면, 기둥이 초기의 작은 곡률로 결함을 가져 하중이 가해지지 않을 때 완벽히 직선이 아닐 수 있다. 이러한 결

[2] 회전 반지름은 5.5절에서 설명된다.

[3] 오일러 곡선은 보편적인 기하형상이 아니다. 이 곡선은 때로 쌍곡선으로 잘못 불리는데, 쌍곡선은 두 개의 변수가 있는 2차 다항식 방정식의 그래프이다. 반면에 오일러 곡선은 두 개의 변수가 있는 3차 방정식의 그래프이다.

[4] 수학적인 용어로는 **선형 고유치 문제**를 푼 것에 해당한다(예제 14-1 참조). 임계 하중은 **고유치**(eigenvalue)이며, 좌굴 모드 형상은 **고유함수**(eigenfunction)에 해당한다.

함은 그림 14-12의 곡선 C처럼 하중이 작용하자마자 처짐을 일으킨다. 작은 처짐에서 곡선 C는 직선 A에 점근선으로 접근한다. 하지만 처짐이 커짐에 따라 이것은 곡선 B에 접근한다. 결함이 클수록 곡선 C는 수직선에서 더 멀어지게 우측으로 움직인다. 반대로 기둥이 상당한 정밀도로 시공된다면, 곡선 C는 수직축과 수평선 A에 접근하게 된다. 선 A, B, C를 비교하면 실제로는 임계 하중이 탄성 기둥의 최대 하중지지 능력을 나타낸다. 왜냐하면 큰 처짐은 대부분의 응용에서 허용될 수 없기 때문이다.

마지막으로, 응력이 비례한도를 넘어 재료가 더 이상 훅의 법칙을 따르지 않을 때 무슨 일이 일어나는지 살펴보자. 물론 하중-처짐 선도는 비례한도에 도달하게 되는 하중 수준까지는 변하지 않는다. 그러므로 비탄성 거동의 곡선(곡선 D)은 탄성 곡선으로부터 벗어나 상승을 계속하다가 최대점에 도달한 후에 아래로 감소한다.

그림 14-12의 곡선의 정확한 형태는 재료의 성질과 기둥의 치수에 달려 있지만, 일반적인 거동 특성은 그림의 곡선에 특징적으로 나타나 있다.

극단적으로 가느다란 기둥만이 임계 하중까지 탄성으로 남게 된다. 짧은 기둥은 비탄성으로 거동하며 D와 같은 곡선 형태를 보인다. 그러므로 비탄성 기둥에 의해 지지될 수 있는 최대 하중은 같은 기둥의 오일러 하중보다 상당히 작을 수도 있다. 게다가 곡선 D의 하강부는 커져 가는 변형을 지탱하기 위하여 작아지는 하중을 취하기 때문에 갑작스런 붕괴를 나타낸다. 대조적으로, 탄성 기둥의 곡선은 처짐이 증가함에 따라 위쪽을 향하므로 처짐을 증가시키려면 좀 더 큰 하중을 필요로 하기 때문에 매우 안정적이다.

그림 14-13
불균일 단면 기둥

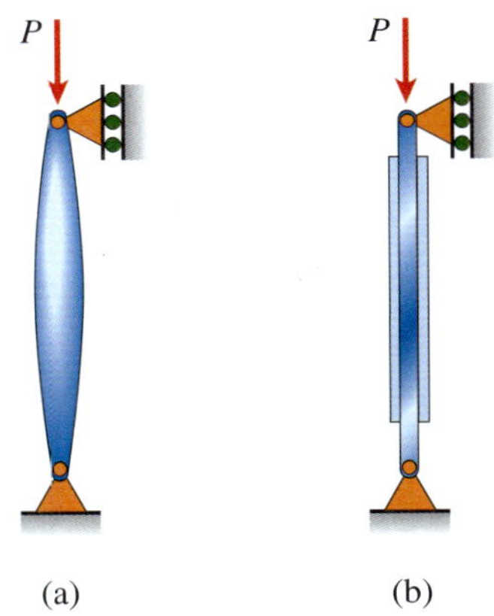

기둥의 최적 형상

압축 부재는 보통 그 길이에 걸쳐 단면이 동일하므로 균일 단면 기둥만 이 장에서 해석한다. 그렇지만 균일 단면은 최소 무게가 요구되는 경우에는 최적 형상이 아니다. 한정된 재료로 구성된 기둥의 임계 하중은 굽힘 모멘트가 커지는 부분에 큰 단면을 갖도록 형상을 변화시킴으로써 증가될 수 있다. 예를 들면, 핀 지지된 속이 찬 원형 단면 기둥을 생각해보자. 그림 14-13a와 같은 형상의 기둥은 같은 재료량으로 만들어진 균일 단면 기둥보다 임계 하중이 클 것이다. 이러한 최적 형상을 근사화하는 방법으로 균일 단면 기둥은 때로 그 길이의 일부를 보강한다(그림 14-13b).

그림 14-14
균일 단면 기둥일 경우, 어떤 단면 형상이 최적 형상일까?

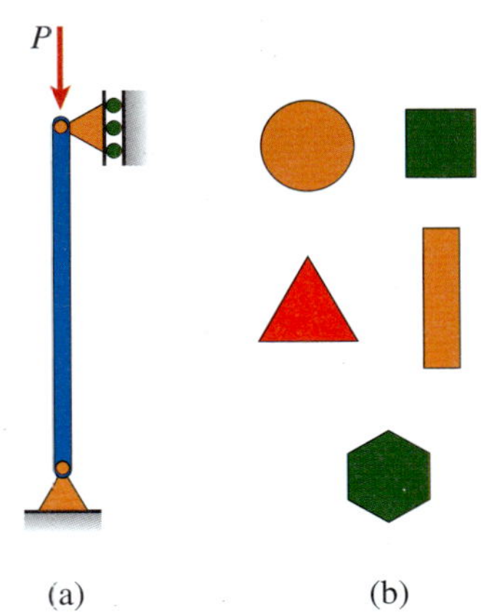

이제 임의의 방향으로 좌굴할 수 있는 핀 지지된 기둥을 생각해보자(그림 14-14a). 물론 원형, 정사각형, 삼각형, 직사각형, 육각형 등의 속이 찬 단면을 가진 기둥을 가정한다(그림 14-14b). 그러면 흥미로운 문제가 발생한다. 주어진 단면적에 대해 어느 형상이 가장 효율적인 기둥을 만들까? 즉 좀 더 정확한 의미로, 어느 단면이 가장 큰 임계 하중을 가질 수 있을까? 물론 임계 하중은 해당 단면의 가장 작은 관성 모멘트를 사용하여 오일러 공식 $P_{cr} = \pi^2 EI/L^2$으로 계산한다고 가정한다.

이 질문에 대한 보통의 답변은 '원형'이지만, 정삼각형의 단면은 같은 면적의 원형 단면에 비해 임계 하중이 21% 더 크다는 것을 알 수 있다. 정삼각형의 임계 하중은 그 밖의 다른 모양에 대해 얻어진 임계 하중보다 역시 크다. 그러므로 정삼각형이 최적의 단면 형상이다(이론적인 논점만 기초로 할 때).

예제 14-2

그림 14-15

예제 14-2: 가느다란 기둥의 오일러 좌굴

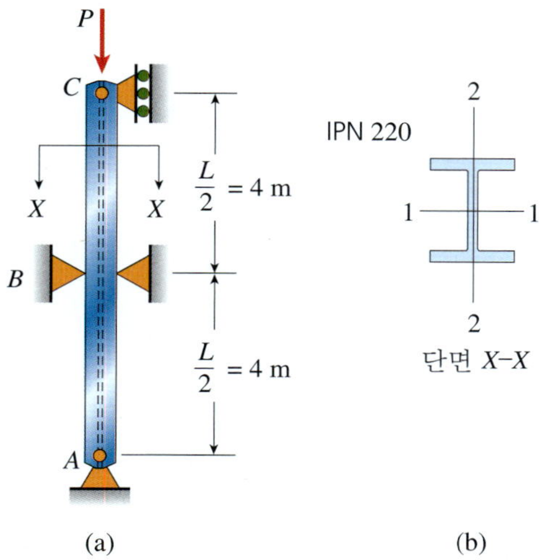

길고 가느다란 기둥 ABC는 끝단에서 핀 지지되어 있고 축하중 P로 압축을 받는다(그림 14-15). 횡 지지가 그림의 평면 내 중간점 B에 설치되어 있다. 그렇지만 그림의 평면에 수직방향의 횡 지지는 양 끝단에서만 설치된다.

기둥은 탄성계수 $E=200$ GPa이고 비례한도 $\sigma_{pl}=300$ MPa인 표준 강재 단면(IPN 220)으로 시공된다. 기둥의 전체 길이는 $L=8$ m이다.

기둥의 오일러 좌굴에 대해 안전율 $n=2.5$를 사용하여 중간 높이에 횡 지지를 갖는 가느다란 강재 기둥의 허용하중 P_{allow}를 구하시오.

중간 높이에 횡 지지를 갖는 가느다란 강재 기둥

풀이

4단계 문제풀이 접근방법을 사용한다.

1. **개념화** 지지되는 형태 때문에 이 기둥은 두 개의 주 굽힘평면 중 하나로 좌굴된다. 하나의 가능성으로 그림의 평면으로 좌굴될 수 있는데, 이 경우에는 횡 지지 간의 거리는 $L/2=4$ m이고 굽힘은 축 2-2에 대해 발생한다(좌굴 모드 형상에 대해서는 그림 14-9c 참조).

   두 번째 가능성으로는 축 1-1에 대한 굽힘으로 그림의 평면에 수직방향으로 좌굴하는 것이다. 이 방향으로의 유일한 횡 지지는 끝단이기 때문에 횡 지지 간의 거리는 $L=8$ m이다(좌굴 모드 형상에 대해서는 그림 14-9b 참조).

   기둥의 성질: 표 C-2로부터 IPN 220 기둥의 관성 모멘트와 단면적을 구하면 다음과 같다.

$$I_1=3{,}060 \text{ cm}^4 \qquad I_2=162 \text{ cm}^4 \qquad A=39.5 \text{ cm}^2$$

2. **분류**

   임계 하중: 기둥이 그림의 평면에서 좌굴하면 임계 하중은 아래와 같다.

$$P_{cr}=\frac{\pi^2 EI_2}{(L/2)^2}=\frac{4\pi^2 EI_2}{L^2}$$

3. **해석** 숫잣값을 대입하면 임계 하중은 다음과 같이 계산된다.

$$P_{cr}=\frac{4\pi^2 EI_2}{L^2}=\frac{4\pi^2(200 \text{ GPa})(162 \text{ cm}^4)}{(8 \text{ m})^2}=200 \text{ kN}$$

기둥이 그림의 평면에 수직방향으로 좌굴하면 임계 하중은 다음과 같다.

$$P_{cr} = \frac{\pi^2 EI_1}{L^2} = \frac{\pi^2(200\ \text{GPa})(3060\ \text{cm}^4)}{(8\ \text{m})^2} = 943.8\ \text{kN}$$

그러므로 이 기둥의 임계 하중(두 개의 값 중에서 작은 값)은 다음과 같고

$$P_{cr} = 200\ \text{kN}$$

좌굴은 그림의 평면에서 일어난다.

임계 응력: 임계 하중에 대한 계산은 재료가 훅의 법칙을 따를 때에만 유효하므로, 임계 응력이 재료의 비례한도를 초과하지 않는지를 검토할 필요가 있다. 임계 하중이 큰 경우에는 다음과 같은 임계 응력을 얻는다.

$$\sigma_{cr} = \frac{P_{cr}}{A} = \frac{943.8\ \text{kN}}{39.5\ \text{cm}^2} = 238.9\ \text{MPa}$$

이 응력은 비례한도($\sigma_{pl} = 300$ MPa)보다 작으므로 두 개의 임계 하중 계산은 만족된다.

4. 최종 단계

허용하중: 오일러 좌굴에 기초한 기둥의 허용 축하중은 다음과 같고

$$P_{allow} = \frac{P_{cr}}{n} = \frac{200\ \text{kN}}{2.5} = 79.9\ \text{kN}$$

여기서 $n = 2.5$는 요구된 안전율이다.

14.4 다른 지지 조건을 갖는 기둥

시공 중 바닥은 고정이고 상부는 자유인 가느다란 콘크리트 기둥

핀 지지된 기둥의 좌굴(앞 절에서 설명됨)은 보통 좌굴의 가장 기본적인 경우로 간주된다. 그렇지만 실무에서 엔지니어는 고정단, 자유단, 탄성지지 등 많은 지지 조건을 만난다. 여러 종류의 지지 조건을 가진 기둥의 좌굴 하중은 핀 지지 기둥을 해석할 때 사용했던 것과 동일한 과정에 따라 처짐 곡선의 미분 방정식으로부터 구할 수 있다.

과정은 다음과 같다. 첫째, 좌굴 상태로 가정된 기둥으로 기둥 내 굽힘 모멘트에 대한 표현식을 얻는다. 둘째, 굽힘 모멘트 방정식($EI\nu'' = M$)을 사용하여 처짐 곡선의 미분 방정식을 세운다. 셋째, 방정식을 풀어 두 개의 적분 상수와 그 밖의 미지 값을 갖는 일반해를 얻는다. 넷째, 처짐 ν와 처짐각 ν'을 포함한 경계 조건을 적용하여 연립방정식을 얻는다. 마지막으로, 이러한 방정식을 풀어 좌굴된 기둥의 임계 하중과 처짐 형상을 얻는다.

다음은 세 가지 형태의 기둥을 논의하며 이러한 수학적 풀이 과정을 설명한다.

바닥고정 상단자유인 기둥

살펴볼 첫 번째 경우는 바닥이 고정되고 상단이 자유이며 축하중 P를 받는

이상 기둥이다(그림 14-16a).[5] 좌굴된 기둥의 처짐 형상은 그림 14-16b와 같다. 이 그림으로부터 바닥에서 거리 x만큼 떨어진 위치에서의 굽힘 모멘트는 다음과 같다.

$$M = P(\delta - v) \tag{14-21}$$

여기서 δ는 기둥 자유단에서의 처짐이다. 그러면 처짐 곡선의 **미분 방정식**은 다음과 같다.

$$EIv'' = M = P(\delta - v) \tag{14-22}$$

여기서 I는 x-y평면에서의 좌굴에 대한 관성 모멘트이다.

식 (14-7a)의 $k^2 = P/EI$를 사용하면 식 (14-22)는 다음과 같이 정리된다.

$$v'' + k^2 v = k^2 \delta \tag{14-23}$$

이는 상수 계수를 가진 2계 선형 미분 방정식이다. 그렇지만 이 방정식은 우변에 0이 아닌 항이 있기 때문에 핀 지지 기둥의 미분 방정식[식 (14-8) 참조]보다 더 복잡하다.

식 (14-23)의 **일반해**는 (1) 우변을 0으로 대체하여 얻어진 제차방정식의 해인 **제차해**, 그리고 (2) 우변의 항을 생성하는 식 (14-23)의 해인 **특별해**로 구성된다.

제차해(일명 **보충해**)는 식 (14-8)의 해와 동일하다. 그러므로

$$v_H = C_1 \sin kx + C_2 \cos kx \tag{14-24a}$$

여기서 C_1과 C_2는 적분 상수이다. v_H를 식 (14-23)의 미분 방정식의 좌변에 대입하면, 좌변이 0이 된다.

미분 방정식의 특별해는 다음과 같다.

$$v_P = \delta \tag{14-24b}$$

v_P를 미분 방정식의 좌변에 대입하면, 우변 값, 즉 $k^2\delta$를 생성한다. 결과적으로 방정식의 **일반해**는 v_H와 v_P의 합으로 다음과 같다.

그림 14-16

바닥고정 상단자유인 이상 기둥: (a) 초기에 직선인 기둥, (b) $n=1$일 때의 좌굴 형상, (c) $n=3$일 때의 좌굴 형상, (d) $n=5$일 때의 좌굴 형상

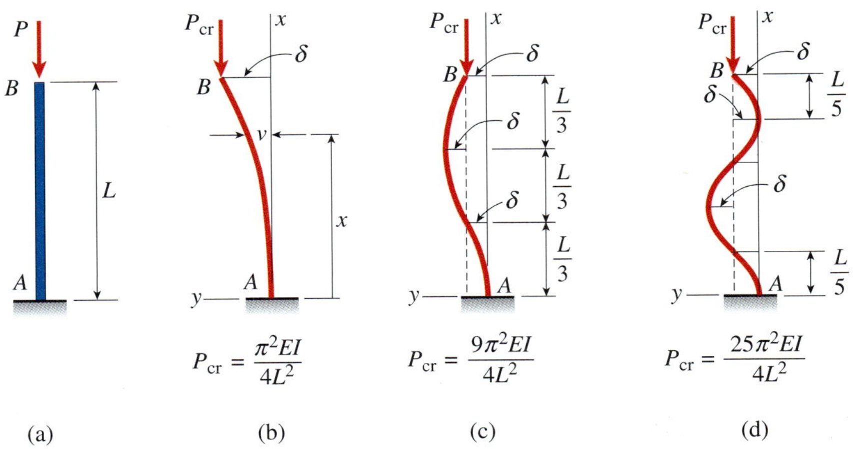

5 이 기둥은 1744년에 오일러가 처음으로 분석한 기둥이므로 특히 흥미롭다.

$$v = C_1 \sin kx + C_2 \cos kx + \delta \qquad \textbf{(14-25)}$$

이 방정식에는 세 개의 미지수(C_1, C_2, δ)가 있으므로, 해를 얻으려면 세 개의 **경계 조건**(boundary condition)이 필요하다.

기둥의 바닥에서 처짐과 처짐각은 각각 0이다. 그러므로 이 경우에 대한 경계 조건은 아래와 같다.

$$v(0)=0 \qquad v'(0)=0$$

첫 번째 조건을 식 (14-25)에 대입하면 다음과 같다.

$$C_2 = -\delta \qquad \textbf{(14-26)}$$

두 번째 조건을 적용하기 위하여, 먼저 식 (14-25)를 미분하여 기울기를 얻는다.

$$v' = C_1 k \cos kx - C_2 k \sin kx \qquad \textbf{(14-27)}$$

이 방정식에 두 번째 조건을 적용하면, $C_1 = 0$임을 알 수 있다.

이제 C_1과 C_2에 대한 표현식을 식 (14-25)의 일반해에 대입하여 좌굴 기둥에 대한 **처짐 곡선 방정식**(equation of the deflection curve)을 얻으면 다음과 같다.

$$v = \delta(1 - \cos kx) \qquad \textbf{(14-28)}$$

이 방정식은 오직 처짐 곡선에 대한 **형상**만을 주며, 진폭 δ는 정의되지 않은 채 남게 된다. 그러므로 기둥이 좌굴할 때 식 (14-28)에 의해 주어진 처짐은 크기가 작아야 한다는(왜냐하면 미분 방정식은 작음 처짐에 기초하기 때문에) 사실 이외에는 임의의 크기를 갖게 된다.

세 번째 경계 조건은 처짐 v가 δ가 되는 기둥 상단에 적용된다.

$$v(L) = \delta$$

식 (14-28)과 함께 이 조건을 사용하면 다음 식을 얻는다.

$$\delta \cos kL = 0 \qquad \textbf{(14-29)}$$

이 방정식으로부터 $\delta = 0$이거나 $\cos kL = 0$이라는 것을 알 수 있다. 만약 $\delta = 0$이면, 봉의 처짐이 없어[식 (14-28) 참조] 기둥이 수직으로 남고 좌굴이 발생하지 않는 **무용해**가 된다. 이 경우 식 (14-29)는 임의의 kL값, 즉 어떠한 하중 P에 대해서도 만족된다. 이 결론은 그림 14-8의 하중-처짐 선도 내의 수직선으로 표현된다.

식 (14-29)를 풀기 위한 다른 가능성은 다음과 같고

$$\cos kL = 0 \qquad \textbf{(14-30)}$$

이는 **좌굴 방정식**이다. 이 경우에 식 (14-29)는 처짐 δ의 값에 상관없이 만족된다. 즉, 이미 언급한 바와 같이 δ는 크기가 작은 한 어떠한 값이라도 될 수 있다.

방정식 $\cos kL = 0$은 kL이 다음과 같을 때 만족된다.

$$kL = \frac{n\pi}{2} \qquad n = 1, 3, 5, \ldots \tag{14-31}$$

$k^2 = P/EI$라는 표현식을 사용하면, **임계 하중**에 대한 다음 식을 얻게 된다.

$$P_{cr} = \frac{n^2\pi^2 EI}{4L^2} \qquad n = 1, 3, 5, \ldots \tag{14-32}$$

역시 **좌굴 모드 형상**(buckled mode shape)은 식 (14-28)로부터 얻어진다.

$$v = \delta\left(1 - \cos\frac{n\pi x}{2L}\right) \qquad n = 1, 3, 5, \ldots \tag{14-33}$$

가장 작은 임계 하중은 $n=1$을 식 (14-32)에 대입함으로써 얻어진다.

$$P_{cr} = \frac{\pi^2 EI}{4L^2} \tag{14-34}$$

해당하는 좌굴 형상[식 (14-33)으로부터]은 다음과 같고

$$v = \delta\left(1 - \cos\frac{\pi x}{2L}\right) \tag{14-35}$$

그림 14-16b에 나타나 있다.

고차의 n값을 취하면 식 (14-32)로부터 무한개의 임계 하중을 구할 수 있다. 이에 해당하는 좌굴 모드 형상은 추가적인 파형을 갖게 된다. 예를 들어 $n=3$이면 좌굴 기둥의 형상은 그림 14-16c와 같고, P_{cr}는 $n=1$일 때에 비해 9배나 크다. 비슷하게 $n=5$일 때의 좌굴 형상은 훨씬 많은 파형을 가지며(그림 14-16d), 임계 하중은 25배나 더 크다.

기둥의 유효 길이

여러 지지 조건을 갖는 기둥의 임계 하중은 **유효 길이**(effective length)의 개념을 통해 핀 지지 기둥의 임계 하중에 관련될 수 있다. 이 개념을 설명하기 위하여 바닥고정 상단자유인 기둥의 처짐 곡선을 고려해보자(그림 14-17a). 이 기둥은 완전한 사인 파형의 1/4인 곡선에서 좌굴한다. 만약 처짐 곡선을 확장하면(그림 14-17b), 핀 지지 기둥의 처짐 곡선인 완전한 사인 파형의 1/2이 된다.

그림 14-17
바닥고정 상단자유인 기둥의 유효 길이 L_e를 보여주는 처짐 곡선

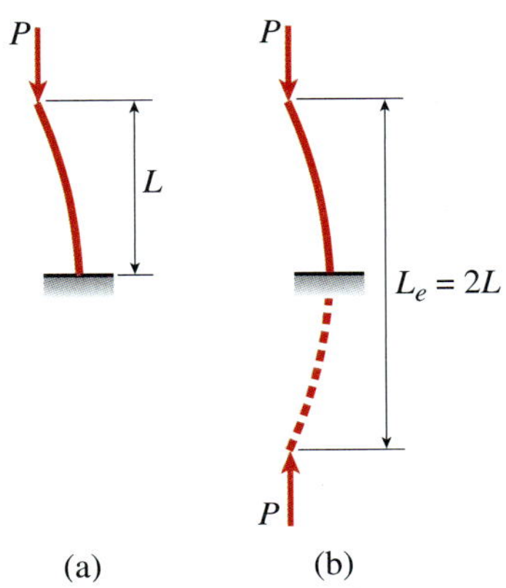

임의의 기둥에 대한 유효 길이 L_e는 등가 핀 지지 기둥의 길이이다. 즉, 유효 길이는 본래 기둥의 처짐 곡선의 전부 또는 일부와 완전히 일치하는 처짐 곡선을 갖는 핀 지지 기둥의 길이이다.

이 개념을 표현하는 다른 방식은 기둥의 유효 길이는 처짐 곡선이 필요시 변곡점에 도달할 때까지 연장된다는 가정하에 그 처짐 곡선에서의 변곡점(즉, 0 모멘트의 위치) 사이의 거리라는 것이다. 그러므로 고정단-자유 기둥(그림 14-17)의 유효 길이는 다음과 같다.

$$L_e = 2L \tag{14-36}$$

유효 길이는 등가 핀 지지 기둥의 길이이기 때문에, 임계 하중에 대한 일반적인 공식은 다음과 같다.

$$P_{cr} = \frac{\pi^2 EI}{L_e^2} \tag{14-37}$$

만약 기둥의 유효 길이를 알면(아무리 복잡한 지지 조건이더라도), 이 식에 대입하여 임계 하중을 구할 수 있다. 예를 들면, 고정-자유단 기둥인 경우에는 $L_e = 2L$로 대치하여 식 (14-34)를 얻을 수 있다.

유효 길이는 가끔 **유효 길이 계수**(effective-length factor) K로 표현된다.

$$L_e = KL \tag{14-38}$$

여기서 L은 기둥의 실제 길이이다. 그러므로 임계 하중은 다음과 같다.

$$P_{cr} = \frac{\pi^2 EI}{(KL)^2} \tag{14-39}$$

계수 K는 바닥고정 상단자유이면 2가 되고, 핀 지지 기둥이면 1이다. 유효 길이 계수는 기둥의 설계 공식에 자주 포함된다.

회전에 대해 양단고정된 기둥

다음은 양단이 회전되지 않도록 고정된 기둥을 생각하자(그림 14-18a). 이 그림에서 기둥의 바닥에 고정 지지를 나타내는 표준 기호를 사용한다. 그렇지만 기둥이 축하중에 의해 짧아질 수 있기 때문에 기둥의 윗부분에 새로운 기호를 도입한다. 이 새로운 기호는 회전과 수평변위가 방지되지만 수직이동이 발생하는 강체 블록을 보여준다. [그림을 그릴 때는 편의상 이 정확한 기호는 기둥이 짧아질 수 있다는 전제하에 고정 지지에 대한 표준 기호로 대체된다(그림 14-18b 참조).]

첫 번째 모드에서 기둥의 좌굴 형상은 그림 14-18c에 나타나 있다. 처짐 곡선은 대칭적이고(중간점에서 기울기가 0임), 양단에서 기울기가 0이다. 양단의 회전이 방지되었기 때문에 반력 모멘트 M_0은 지지점에서 발생한다. 그림을 보면 바닥에 반력뿐만 아니라 이 모멘트들이 나타나 있다.

이전의 미분 방정식의 풀이에서 처짐 곡선의 방정식은 사인과 코사인 함수를 포함하고 있다. 물론 곡선은 중심점에 대해 대칭적이다. 그러므로 곡선은 양단으로부터 $L/4$ 거리에서 변곡점을 가져야 함을 알 수 있다. 처짐 곡선의 중간부는 핀 지지 기둥의 처짐 곡선과 같은 형상을 갖는다. 그러므로 양단이 고정된 기둥의 유효 길이는 변곡점 사이의 거리와 같다.

$$L_e = \frac{L}{2} \tag{14-40}$$

이를 식 (14-37)에 대입하면, 임계 하중은 다음과 같다.

$$P_{cr} = \frac{4\pi^2 EI}{L^2} \tag{14-41}$$

이 공식에 따르면, 양단이 고정된 기둥의 임계 하중은 핀 지지된 기둥의 임계 하중의 네 배이다. 이 결과는 처짐 곡선의 미분 방정식을 풀어봄으로써 증명할 수 있다.

그림 14-18
회전되지 않도록 양단이 고정된 기둥의 좌굴

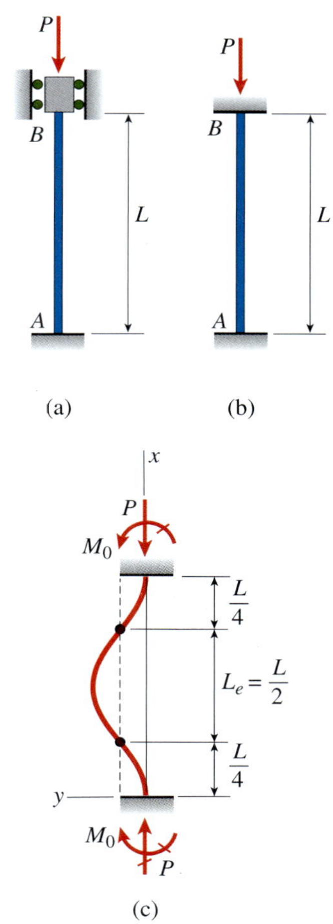

바닥고정 상단 핀 지지 기둥

바닥이 고정되고 상단이 핀 지지된 기둥의 임계 하중과 좌굴 모드 형상(그림 14-19a)은 처짐 곡선의 미분 방정식을 풀어서 구할 수 있다. 기둥이 좌굴되면(그림 14-19b), 바닥 위치에서는 회전이 없기 때문에 반력 모멘트 M_0이 발생한다. 그러므로 전체 기둥의 평형으로부터 각 단부에 다음 식을 만족시키는 수평 반력이 존재해야 한다.

$$M_0 = RL \tag{14-42}$$

좌굴된 기둥에서 바닥으로부터 거리 x만큼 떨어진 위치에서의 굽힘 모멘트는 다음과 같다.

$$M = M_0 - P\nu - Rx = -P\nu + R(L-x) \tag{14-43}$$

그러므로 **미분 방정식**은

$$EI\nu'' = M = -P\nu + R(L-x) \tag{14-44}$$

다시 $k^2 = P/EI$를 대입하고 정리하면 다음 식이 얻어진다.

$$v'' + k^2 v = \frac{R}{EI}(L - x) \tag{14-45}$$

이 방정식의 **일반해**는 다음과 같다.

$$v = C_1 \sin kx + C_2 \cos kx + \frac{R}{P}(L - x) \tag{14-46}$$

여기서 우변의 처음 두 항은 제차해에 해당되고 마지막 항은 특별해이다. 이 해는 미분 방정식[식 (14-44)]에 대입하면 확인할 수 있다.

이 방정식은 세 개의 미지수(C_1, C_2, R)를 포함하므로, 다음과 같은 세 개의 **경계 조건**이 필요하다.

그림 14-19
바닥고정 상단 핀 지지인 기둥

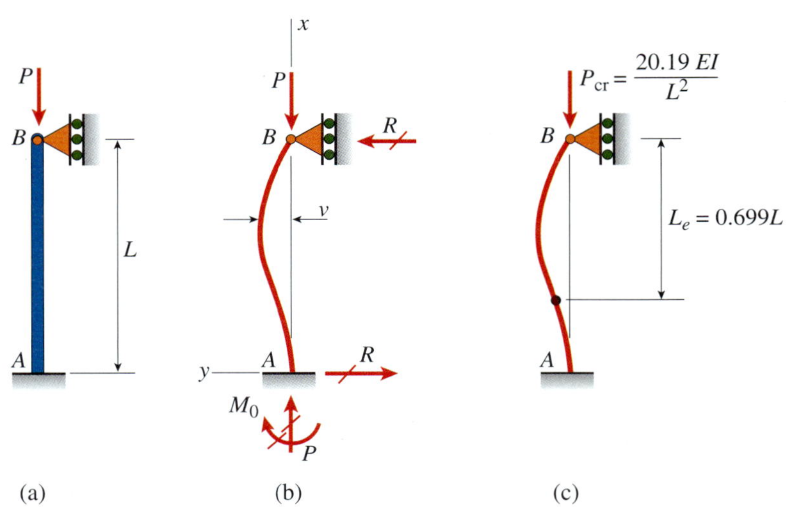

$$v(0)=0 \qquad v'(0)=0 \qquad v(L)=0$$

이러한 조건을 식 (14-46)에 대입하면 다음을 얻는다.

$$C_2 + \frac{RL}{P} = 0 \qquad C_1 k - \frac{R}{P} = 0 \qquad C_1 \tan kL + C_2 = 0 \tag{14-47a, b, c}$$

이 세 개의 방정식은 $C_1 = C_2 = R = 0$일 때 만족되는데, 이 경우는 무용해로 처짐이 0이다.

좌굴에 대한 해를 얻기 위해 좀 더 일반적인 방식으로 식 (14-47a, b, c)를 풀어야 한다. 해를 구하는 한 가지 방법은 처음 두 개의 방정식에서 다음과 같이 R를 소거하는 것이다.

$$C_1 kL + C_2 = 0 \;\; \text{또는} \;\; C_2 = -C_1 kL \tag{14-47d}$$

다음으로 이러한 C_2에 대한 표현식을 식 (14-47c)에 대입하여 **좌굴 방정식**을 얻는다.

$$kL = \tan kL \tag{14-48}$$

이 방정식의 해를 구하면 임계 하중을 얻을 수 있다.

좌굴 방정식은 초월함수이므로 명료한 방법으로 풀 수 없다.[6] 그럼에도 불구하고 해당 방정식을 만족하는 kL의 값은 방정식의 근을 구하는 컴퓨터 프로그램을 사용하여 수치해석적으로 구할 수 있다. 식 (14-48)을 만족시키는 0이 아닌 kL의 가장 작은 값은

$$kL = 4.4934 \tag{14-49}$$

이에 해당하는 **임계 하중**은 다음과 같다.

$$P_{cr} = \frac{20.19EI}{L^2} = \frac{2.046\pi^2 EI}{L^2} \tag{14-50}$$

예상된 바와 같이, 이 값은 핀 지지 기둥의 임계 하중보다 크고 양단 고정 기둥의 임계 하중보다 작다[식 (14-15)와 (14-41) 참조].

이 기둥의 **유효 길이**는 식 (14-50)과 (14-37)을 비교함으로써 얻어진다.

$$L_e = 0.699\,L \approx 0.7\,L \tag{14-51}$$

이 길이는 기둥의 핀 지지 단으로부터 좌굴 형상의 변곡점까지의 거리이다(그림 14-19c).

좌굴 모드 형상 방정식은 $C_2 = -C_1 kL$[식 (14-47d)]과 $R/P = C_1 k$[식 (14-47b)]를 일반해[식 (14-46)]에 대입하면 다음과 같이 얻어진다.

$$v = C_1[\sin kx - kL\cos kx + k(L - x)] \tag{14-52}$$

여기서 $k = 4.4934/L$이다. 대괄호 안의 항목은 좌굴된 기둥의 처짐에 대한 모드 형상을

[6] 초월 방정식에서는 변수가 초월함수 내에 포함된다. 초월함수는 한정된 수의 대수연산으로 표현될 수 없다. 그러므로 삼각함수, 로그함수, 지수함수 등이 초월함수에 속한다.

그림 14-20

이상 기둥의 임계 하중, 유효 길이, 유효 길이 계수

(a) 핀 지지 기둥	(b) 고정-자유단 기둥	(c) 양단 고정 기둥	(d) 고정-핀 지지 기둥
$P_{cr}=\dfrac{\pi^2 EI}{L^2}$	$P_{cr}=\dfrac{\pi^2 EI}{4L^2}$	$P_{cr}=\dfrac{4\pi^2 EI}{L^2}$	$P_{cr}=\dfrac{2.046\,\pi^2 EI}{L^2}$
$L_e=L$	$L_e=2L$	$L_e=0.5L$	$L_e=0.699L$
$K=1$	$K=2$	$K=0.5$	$K=0.699$

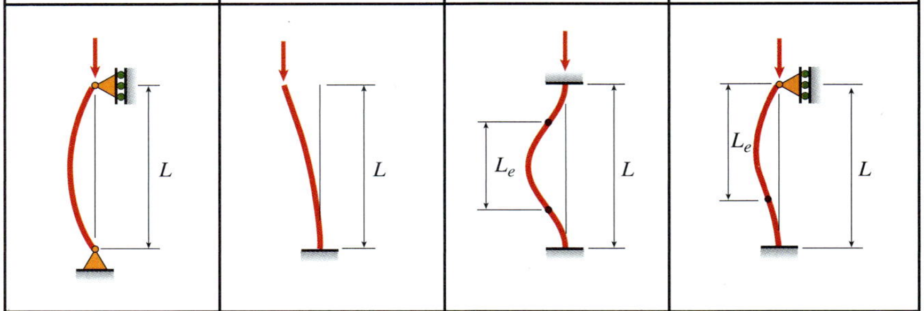

나타낸다. 그렇지만 처짐 곡선의 폭은 C_1이 임의의 값(처짐이 작아야 한다는 일반적인 제한 내에서)을 가질 수 있기 때문에 결정되지 않는다.

제한사항

변형이 작아야 한다는 요건 외에도, 이 절에서 사용된 오일러 좌굴 이론은 하중이 작용하기 전에 기둥이 완전히 직선이고, 기둥과 지지점에 아무런 결함이 없으며, 기둥이 훅의 법칙을 따르는 선형 탄성 재료로 만들어진 경우에만 유효하다. 이러한 제한사항은 14.3절에서 이미 설명한 바 있다.

결과 요약

여기에서 분석한 네 개의 기둥에 대한 최저 임계 하중과 유효 길이를 요약하면 그림 14-20과 같다.

예제 14-3

야생동물원 내의 전망대(그림 14-21a)는 길이가 $L=3.25$ m이고 바깥지름 $d=100$ mm인 알루미늄 관 기둥 열로 지지되어 있다. 기둥의 바닥은 콘크리트 기초에 정착되어 있고, 기둥의 윗부분은 바닥판에 의해 지지된다. 기둥은 압축하중 $P=100$ kN을 지지하도록 설계되어 있다.

오일러 좌굴에 대해 안전율 $n=3$일 때 요구되는 기둥의 최소 두께 t(그림 14-21b)를 결정하시오. (알루미늄에 대해서는 탄성계수로 72 GPa을 사용하고 비례한도로 480 MPa을 사용한다.)

그림 14-21
예제 14-3: 알루미늄 관 기둥

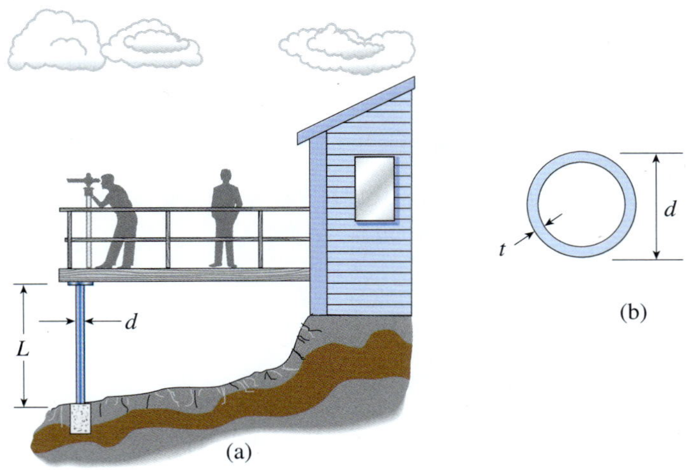

풀이

4단계 문제풀이 접근방법을 사용한다. 효율적인 문제풀이를 위해 필요에 따라 단계를 합한다.

1, 2. 개념화, 분류

임계 하중: 기둥이 시공되는 방식대로 각 기둥은 고정-핀 지지 기둥으로 모델링한다(그림 14-20d 참조). 그러므로 임계 하중은 다음과 같다.

$$P_{cr} = \frac{2.046\pi^2 EI}{L^2} \tag{a}$$

여기서 I는 관 단면의 관성 모멘트이다.

$$I = \frac{\pi}{64}[d^4 - (d - 2t)^4] \tag{b}$$

$d = 100$ mm(또는 0.1 m)를 대입하면,

$$I = \frac{\pi}{64}[(0.1\text{ m})^4 - (0.1\text{ m} - 2t)^4] \tag{c}$$

여기서 t는 미터 단위이다.

3. 해석

요구되는 기둥 두께: 기둥당 하중이 100 kN이고 안전율이 3이므로, 각 기둥은 다음의 임계 하중에 대해 설계되어야 한다.

$$P_{cr} = nP = 3(100\text{ kN}) = 300\text{ kN}$$

이 값을 식 (a)에 대입하고, I를 식 (c)의 표현식으로 바꾸면,

$$300\text{ kN} = \frac{2.046\,\pi^2(72\text{ GPa})}{(3.25\text{ m})^2}\left[\frac{\pi}{64}[(0.1\text{ m})^4 - (0.1\text{ m} - 2t)^4]\right]$$

이 방정식의 모든 항은 뉴턴과 미터 단위로 표현된다.

방정식을 풀어 주어진 조건을 만족시키기 위해 요구되는 기둥의 최소 두께를 구하면 다음과 같다.

$$t_{\min} = 6.83 \text{ mm}$$

4. 최종 단계

보충 계산: 기둥의 지름과 두께를 알면, 그 관성 모멘트, 단면적, 회전 반지름을 계산할 수 있다. 최소 두께인 6.83 mm를 사용하면,

$$I = \frac{\pi}{64}[d^4 - (d - 2t)^4] = 2.18 \times 10^6 \text{mm}^4$$

$$A = \frac{\pi}{4}[d^2 - (d - 2t)^2] = 1999 \text{ mm}^2 \qquad r = \sqrt{\frac{I}{A}} = 33.0 \text{ mm}$$

기둥의 세장비 L/r은 약 98인데, 이는 가느다란 기둥에 대한 일반적인 범위 내에 있으며, 지름-두께 비 d/t는 약 15로 기둥 벽의 국부 좌굴을 방지하기에 충분하다.

기둥 내의 임계 응력은 식 (a)의 임계 하중 공식이 유효하려면 알루미늄의 비례한도보다 작아야 한다. 임계 응력은

$$\sigma_{cr} = \frac{P_{cr}}{A} = \frac{300 \text{ kN}}{1999 \text{ mm}^2} = 150 \text{ MPa}$$

이 값은 비례한도(480 MPa)보다 작다. 그러므로 오일러 좌굴 이론을 사용한 임계 하중의 계산은 만족된다.

그림 14-22
편심 축하중을 받는 기둥

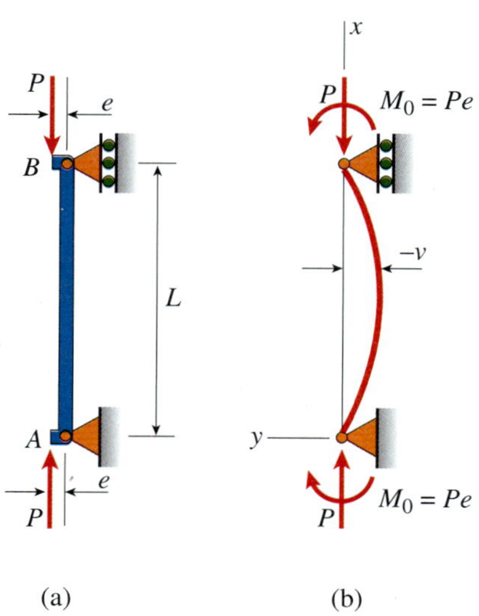

14.5 편심 축하중을 받는 기둥

14.3절과 14.4절에서 축하중이 단면의 도심에 작용하는 이상 기둥을 분석하였다. 이러한 조건하에서 기둥은 임계 하중이 도달할 때까지 직선 상태를 유지하며 그 이후에는 굽힘이 발생할 수 있다.

이제 기둥의 축으로부터 측정된 작은 편심 e 위치에 작용하는 하중 P에 의해 압축되는 기둥(그림 14-22a)을 생각해보자. 각 편심 축하중은 중심 하중 P 및 모멘트 $M_0 = Pe$와 같다(그림 14-22b). 이 모멘트는 하중이 처음 작용하는 순간부터 존재한다. 그러므로 기둥은 하중이 작용하는 순간 처짐이 시작된다. 이 처짐은 하중이 증가됨에 따라 점진적으로 더 커진다.

그림 14-22에서 보인 핀 지지 기둥을 해석하기 위해 이전 절과 같은 가정을 설정한다. 즉, 기둥은 초기에 완벽히 직선이고, 재료는 선형 탄성이며, x-y 평면은 대칭평면이다. 하단으로부터 x만큼 떨어진 위치(그림 14-22b)에서 기둥 내의 굽힘 모멘트는 다음과 같다.

$$M = M_0 + P(-v) = Pe - Pv \tag{14-53}$$

여기서 v는 기둥의 처짐이다(y축의 양의 방향일 때 양이 된다). 하중의 편심이

양이 될 때, 기둥의 처짐은 음이 된다.

처짐 곡선의 **미분 방정식**은 다음과 같다.

$$EIv'' = M = Pe - Pv \tag{14-54}$$

즉,

$$v'' + k^2 v = k^2 e \tag{14-55}$$

이전처럼 $k^2 = P/EI$이다. 이 방정식의 일반해는 다음과 같다.

$$v = C_1 \sin kx + C_2 \cos kx + e \tag{14-56}$$

여기서 C_1과 C_2는 제차해의 적분 상수이고, e는 특별해이다. 일반적으로 이 식을 미분 방정식에 대입하여 해가 됨을 증명할 수 있다.

상수 C_1과 C_2를 구하기 위한 **경계 조건**은 기둥 양단에서의 처짐으로부터 얻어진다(그림 14-22b).

$$v(0) = 0 \qquad v(L) = 0$$

이러한 조건으로부터 다음 값을 얻게 된다.

$$C_2 = -e \qquad C_1 = -\frac{e(1 - \cos kL)}{\sin kL} = -e \tan\frac{kL}{2}$$

그러므로 **처짐 곡선의 방정식**은 다음과 같다.

$$v = -e\left(\tan\frac{kL}{2}\sin kx + \cos kx - 1\right) \tag{14-57}$$

하중 P와 편심 e를 알고 있는 기둥에 대해 x축상의 임의의 위치에서 처짐을 계산하기 위해 이 방정식을 사용한다.

편심하중을 받는 기둥의 거동은 식 (14-57)을 식 (14-16), (14-33), (14-52)와 비교해봄으로써 중심에 하중이 재하된 기둥의 거동과 많은 차이가 있음을 알 수 있다. 식 (14-57)은 보 위의 각 하중이 정해진 크기의 처짐을 발생시키는 것과 같이 각각의 편심하중 P가 정해진 값의 처짐을 발생시킨다는 것을 나타낸다. 대조적으로 중심 재하 기둥의 미분 방정식은($P = P_{cr}$일 때) 크기가 결정되지 않은 좌굴 모드 형상을 준다.

그림 14-22에서 나타낸 기둥은 핀 지지이기 때문에 그 임계 하중(중심에 재하될 때)은 다음과 같다.

$$P_{cr} = \frac{\pi^2 EI}{L^2} \tag{14-58}$$

이 공식은 이후에 나오는 방정식에서 참고 값으로 사용된다.

최대 처짐

편심하중에 의해 유발된 최대 처짐 δ는 기둥의 중간점에서 발생되며(그림 14-23), 식 (14-57)의 x에 $L/2$을 대입하면 얻어진다.

그림 14-23

편심 축하중을 받는 기둥의 최대 처짐 δ

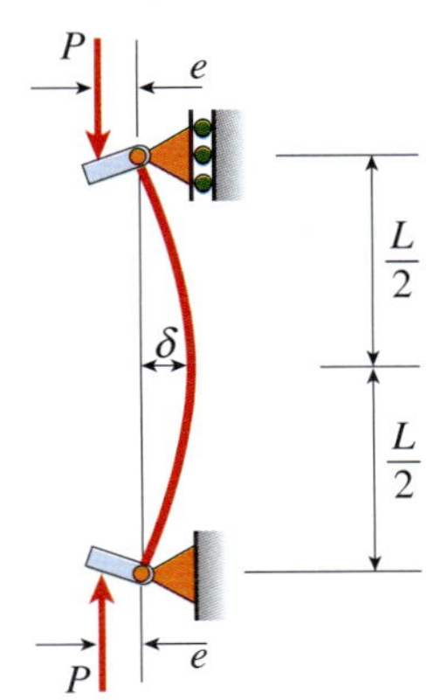

$$\delta = -v\left(\frac{L}{2}\right) = e\left(\tan\frac{kL}{2}\sin\frac{kL}{2} + \cos\frac{kL}{2} - 1\right)$$

단순화하면 다음과 같다.

$$\delta = e\left(\sec\frac{kL}{2} - 1\right) \tag{14-59}$$

이 방정식은 k를 임계 하중 항[식 (14-58) 참조]의 등가량으로 대치하면 약간 다른 형태로 기술할 수 있다.

$$k = \sqrt{\frac{P}{EI}} = \sqrt{\frac{P\pi^2}{P_{cr}L^2}} = \frac{\pi}{L}\sqrt{\frac{P}{P_{cr}}} \tag{14-60}$$

그러므로 무차원 항목 kL은 다음과 같다.

$$kL = \pi\sqrt{\frac{P}{P_{cr}}} \tag{14-61}$$

그리고 **최대 처짐**에 대한 식 (14-59)는 다음과 같다.

$$\delta = e\left[\sec\left(\frac{\pi}{2}\sqrt{\frac{P}{P_{cr}}}\right) - 1\right] \tag{14-62}$$

그림 14-24
편심 축하중을 받는 기둥의 하중-처짐 선도[그림 14-23과 식 (14-62) 참조]

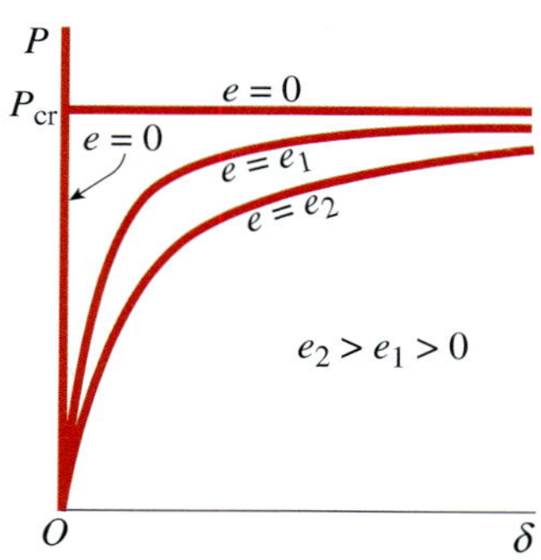

특별한 경우로서 (1) 편심 e가 0이고 P가 P_{cr}와 같지 않을 때 처짐 δ는 0이고, (2) 축력 P가 0일 때 처짐이 0이며, (3) P가 P_{cr}에 접근함에 따라 처짐은 무한히 커진다. 이러한 특성은 그림 14-24의 **하중-처짐 선도**(load-deflection diagram)에 나타나 있다.

하중-처짐 선도를 그리기 위해 특정한 편심 e_1을 선택하여 여러 가지 하중 P에 대해 δ를 계산한다. 그 결과 곡선은 그림 14-24에서 $e=e_1$선이다. 처짐 δ는 P가 증가함에 따라 증가하며, 그 관계는 비선형임을 알 수 있다. 그러므로 기둥의 재료가 선형 탄성이라 할지라도 하나 이상의 하중에 의한 처짐을 계산할 때는 중첩의 원리를 사용할 수 없음을 곧 알 수 있다. 예를 들면, 축하중 $2P$에 의한 처짐은 축하중 P에 의해 발생된 처짐의 두 배와 같지 **않다**.

$e=e_2$라 이름 붙여진 추가적인 곡선은 비슷한 방식으로 그려진다. 처짐 δ는 식 (14-62)의 편심 e에 선형이므로, $e=e_2$에 대한 곡선은 $e=e_1$에 대한 곡선과 같은 **형상**이지만 수평좌표 값이 e_2/e_1 비로 더 크다.

하중 P가 임계 하중에 다가감에 따라 처짐 δ는 무한히 증가하며 $P=P_{cr}$에 해당하는 수평선은 그 곡선들의 점근선이 된다. 극한적으로 e가 0으로 접근하면 선도의 곡선들은 두 개의 직선, 즉 수직선과 수평선(그림 14-8과 비교하여)에 접근한다. 그러므로 예상된 바와 같이 중심에 작용된 하중을 받는 이상 기둥($e=0$)은 편심을 받는 기둥($e>0$)의 극한인 경우가 된다.

그림 14-24에 그려진 곡선들이 수학적으로 맞지만 미분 방정식은 작은 변형에서만 유효하다. 그러므로 처짐이 커지면 곡선은 물리적으로 유효하지 않으며 큰 처짐의 존재와 (만약 재료의 비례한도를 초과하면) 비탄성 굽힘 효과가 고려되도록 수정되어

야 한다(그림 14-12 참조).

처짐이 작고 훅의 법칙을 따르더라도 하중과 처짐 사이가 비선형 관계인 이유는 축하중 P가 기둥의 양단에서 중심에 작용하는 하중 P와 모멘트 Pe를 합한 것과 등가라는 사실을 다시 생각해보면 이해가 될 것이다(그림 14-22b). 모멘트 Pe만 작용한다면 보에 대한 것처럼 기둥의 굽힘 처짐을 만들 것이다. 보에서는 처짐의 존재가 하중의 작용에 변화를 주지 못하며 굽힘 모멘트는 처짐이 있든 없든 동일하다. 그렇지만 부재에 축하중이 가해질 때, 처짐의 발생으로 굽힘 모멘트가 증가한다(그 증가량은 축하중과 처짐의 곱과 같다). 굽힘 모멘트가 증가하면 처짐이 더 커지고, 따라서 모멘트가 더 커지는 현상이 반복된다. 그러므로 기둥 내의 굽힘 모멘트는 처짐과 연관되고, 반대로 처짐은 굽힘 모멘트와 연관된다. 이런 형태의 거동은 축력과 처짐 사이의 비선형 관계를 일으킨다.

일반적으로 굽힘하중과 압축하중을 동시에 받는 직선 구조 부재를 **보-기둥**(beam-column)이라 부른다. 편심하중을 받는 기둥(그림 14-22)의 경우에는 굽힘하중이 모멘트 $M_0 = Pe$이고 축하중이 힘 P이다.

최대 굽힘 모멘트

편심하중을 받는 기둥 내의 최대 굽힘 모멘트는 처짐이 최대가 되는 중간점에서 발생한다(그림 14-23).

$$M_{max} = P(e + \delta) \tag{14-63}$$

식 (14-59)와 (14-62)로부터 δ를 소거하면 다음 식이 구해진다.

$$M_{max} = Pe \sec \frac{kL}{2} = Pe \sec\left(\frac{\pi}{2}\sqrt{\frac{P}{P_{cr}}}\right) \tag{14-64}$$

M_{max}가 축하중 P의 함수로 변화하는 모양은 그림 14-25에서 보는 바와 같다.

그림 14-25

편심 축하중을 받는 기둥 내의 최대 굽힘 모멘트[그림 14-23과 식 (14-64) 참조]

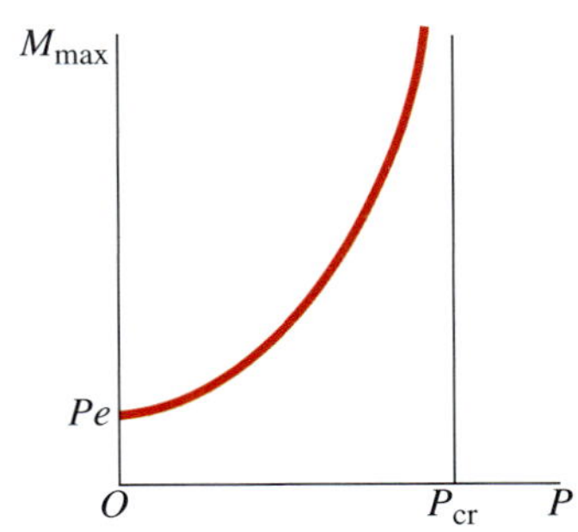

P가 작을 때 최대 모멘트는 Pe와 같은데, 이는 처짐의 효과가 무시됨을 의미한다. P가 커지면 굽힘 모멘트는 비선형적으로 커지며, P가 임계 하중에 가까워지면 이론적으로 무한히 커지게 된다. 그렇지만 앞에서 언급한 바와 같이 방정식들은 처짐이 작을 때만 유효하므로 축하중이 임계 하중에 가까워지면 사용할 수 없다. 그럼에도 불구하고 앞의 방정식과 그에 따른 그래프는 보-기둥의 일반적인 거동을 잘 나타내고 있다.

그 밖의 지지 조건

이 절에서 주어진 방정식은 그림 14-22와 14-23에서 보는 바와 같이 핀 지지 기둥에 대해 유도되었다. 만약 기둥이 바닥에 고정되고 상단에서 자유이면(그림 14-20b), 실제 길이 L을 등가 길이 $2L$로 치환함으로써 식 (14-59)와 (14-64)를 사용할 수 있다(연습문제 14.5-4 참조). 그렇지만 이 방정식은 바닥고정 상단 핀 지지인 기둥에는 적용되지 못한다(그림 14-20d). $0.699L$인 등가 길이를 사용하면 잘못된 결과가 나오기 때문에 대신에 미분 방정식으로 되돌아가 새로운 방정식을 유도해야 한다.

회전되지 않도록 양단이 고정된 기둥의 경우(그림 14-20c), 기둥 끝단에 작용하는 편심 축하중의 개념은 아무런 의미가 없다. 기둥 끝단에 작용하는 어떤 모멘트라도 지지점에 의해 직접 지탱되어 기둥 자체에는 어떤 굽힘도 일으키지 못한다.

예제 14-4

그림 14-26

예제 14-4: 편심 축하중을 받는 황동 봉

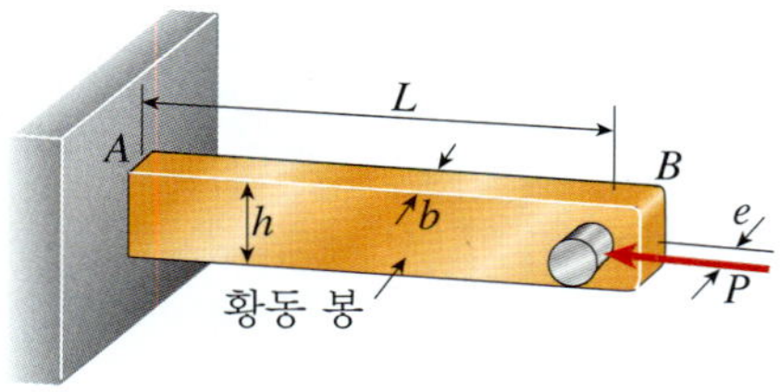

커다란 기계의 측면으로부터 튀어나온 황동 봉 AB는 끝단 B에서 편심 $e = 11$ mm를 가진 힘 $P = 7$ kN을 받고 있다(그림 14-26). 이 봉의 단면은 높이 $h = 30$ mm, 폭 $b = 15$ mm의 직사각형이다.

끝단에서 처짐이 3 mm로 제한될 때 허용되는 봉의 최대 길이 L_{max}는 얼마인가? (황동에 대해 $E = 110$ GPa을 사용한다.)

풀이

4단계 문제풀이 접근방법을 사용한다.

1. 개념화

임계 하중: 이 봉은 끝단 A에서 고정이고 끝단 B에서 자유인 가느다란 기둥이다. 그러므로 임계 하중(그림 14-20b 참조)은 다음과 같다.

$$P_{cr} = \frac{\pi^2 EI}{4L^2} \tag{a}$$

굽힘이 발생하는 축에 대한 관성 모멘트는

$$I = \frac{hb^3}{12} = \frac{(30\text{ mm})(15\text{ mm})^3}{12} = 8.44 \times 10^3\text{ mm}^4$$

그러므로 임계 하중의 표현식은 다음과 같게 된다.

$$P_{cr} = \frac{\pi^2(110\text{ GPa})(8.44 \times 10^3\text{ mm}^4)}{4L^2} = \frac{2.29\text{ kN}\cdot\text{m}^2}{L^2} \tag{b}$$

여기서 P_{cr}의 단위는 kN이며, L의 단위는 미터이다.

2. 분류

처짐: 봉 끝단에서의 처짐은 핀 지지 기둥뿐만 아니라 고정-자유 기둥에 적용되는 식 (14-62)로 산정한다.

$$\delta = e\left[\sec\left(\frac{\pi}{2}\sqrt{\frac{P}{P_{cr}}}\right) - 1\right] \tag{c}$$

이 방정식에서 P_{cr}는 식 (a)로 구한다.

3. 해석

길이: 봉의 최대 허용 길이를 구하기 위하여, δ에 그 한곗값인 3 mm를 대입한다. 또한 $e = 11$ mm와 $P = 7$ kN, 그리고 식 (b)로부터 얻어진 P_{cr}를 대입한다. 그러므로

$$3\text{ mm} = (11\text{ mm})\left[\sec\left(\frac{\pi}{2}\sqrt{\frac{7\text{ kN}}{2.29/L^2}}\right) - 1\right]$$

이 방정식에서 미지수는 오직 길이 L(m)이다. L을 풀기 위하여 방정식에 여러 가지 산술 연산을 수행하고 정리하면, 그 결과는 다음과 같다.

$$0.2727 = \sec(2.746L) - 1$$

라디안을 사용하고 이 방정식을 풀면, $L = 0.243$ m를 얻는다. 그러므로 봉의 최대 허용 길이는 다음과 같다.

$$L_{max} = 0.243\text{ m}$$

4. 최종 단계 만약 더 긴 봉이 사용되면, 처짐은 허용치 3 mm를 초과할 것이다.

14.6 기둥에 대한 시컨트 공식

앞 절에서 편심하중을 받는 핀 지지 기둥의 최대 처짐과 최대 굽힘 모멘트를 구했다. 이 절에서는 기둥 내의 최대 응력을 알아보고 이를 계산하기 위한 특별한 공식을 찾아본다.

편심 축하중을 받는 기둥 내의 최대 응력은 처짐과 굽힘 모멘트가 최대가 되는 단면, 즉 중간점(그림 14-27a)에서 발생한다. 이 단면에는 압축력 P와 굽힘 모멘트 M_{max}(그림 14-27b)가 작용한다. 단면적을 A라고 할 때 힘 P에 의한 응력은 P/A이고, M_{max}에 의한 응력은 굽힘 공식으로 구한다.

그러므로 기둥의 오목한 측에 발생하는 최대 압축응력은 다음과 같다.

$$\sigma_{max} = \frac{P}{A} + \frac{M_{max}c}{I} \tag{14-65}$$

여기서 I는 굽힘평면 내의 관성 모멘트이고, c는 기둥의 오목한 측에서 도심축으로부

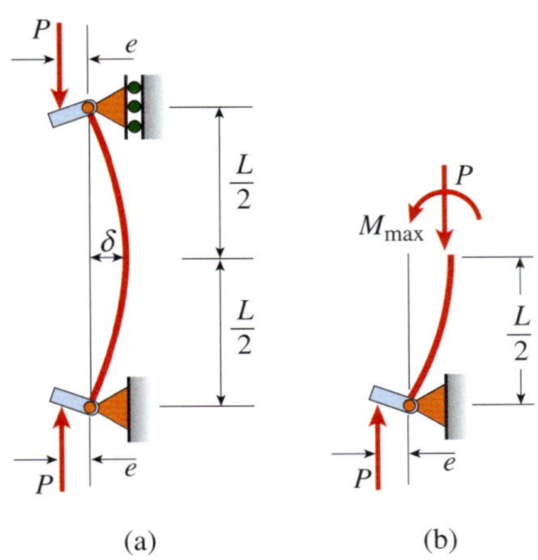

그림 14-27
편심 축하중을 받는 기둥

터 끝단까지의 거리이다. 이 방정식에서는 압축응력이 기둥에서 중요한 응력이기 때문에 양(+)으로 표시한다.

굽힘 모멘트 M_{max}는 식 (14-64)로부터 구해지는데, 여기서 다시 기술하면 다음과 같다.

$$M_{max} = Pe\sec\left(\frac{\pi}{2}\sqrt{\frac{P}{P_{cr}}}\right)$$

핀 지지 기둥에 대해서는 $P_{cr}=\pi^2 EI/L^2$이고, 굽힘평면에서의 회전 반지름이 r라 할 때 $I=Ar^2$이므로, 위 방정식은 다음과 같이 쓸 수 있다.

$$M_{max} = Pe\sec\left(\frac{L}{2r}\sqrt{\frac{P}{EA}}\right) \tag{14-66}$$

이를 식 (14-65)에 대입하면, **최대 압축응력**에 대한 다음의 공식을 얻을 수 있다.

$$\sigma_{max} = \frac{P}{A} + \frac{Pec}{I}\sec\left(\frac{L}{2r}\sqrt{\frac{P}{EA}}\right)$$

즉,

$$\sigma_{max} = \frac{P}{A}\left[1 + \frac{ec}{r^2}\sec\left(\frac{L}{2r}\sqrt{\frac{P}{EA}}\right)\right] \tag{14-67}$$

식 (14-67)은 일반적으로 편심 축하중을 받는 핀 지지 기둥의 **시컨트 공식**(secant formula)이라 알려져 있다.

시컨트 공식은 평균 압축응력 P/A, 탄성계수 E, 두 개의 무차원 비[식 (14-20)의 세장비 L/r]와 아래의 **편심률**(eccentricity ratio)로 이루어진 함수로 기둥 내의 최대 압축응력을 제공한다.

$$\text{편심률} = \frac{ec}{r^2} \tag{14-68}$$

명칭이 의미하듯이, 편심률은 하중의 편심을 단면의 치수에 비교하여 얻어지는 양이다. 그 수치는 하중의 위치에 관계되지만, 일반적인 값은 0~3 사이에 있으며 대부분의 값은 1보다 작다.

기둥을 분석할 때 축하중 P와 그 편심 e를 알면 최대 압축응력을 계산하는 데 시컨트 공식을 사용할 수 있다. 그다음에 기둥이 하중을 지탱할 수 있는지 알아보기 위해 해당 최대 응력을 허용응력과 비교한다.

또한 반대의 방식으로도 시컨트 공식을 사용할 수 있다. 즉, 허용응력을 알면 하중 P의 해당 값을 계산할 수 있다. 그렇지만 시컨트 공식이 초월함수이기 때문에 하중 P에 대한 공식을 유도하는 것은 현실적이지 않다. 대신 각 경우에 맞게 식 (14-67)을 수치적으로 풀 수 있다.

시컨트 공식의 그래프(graph of the secant formula)는 그림 14-28에 나타나 있다. 수평축은 세장비 L/r이고, 수직축은 평균 압축응력 P/A이다. 그래프는 탄성계수 $E=200$ GPa이고, 최대 응력 $\sigma_{max}=250$ MPa인 강재 기둥에 대해 그려져 있다. 곡선은 여러 가

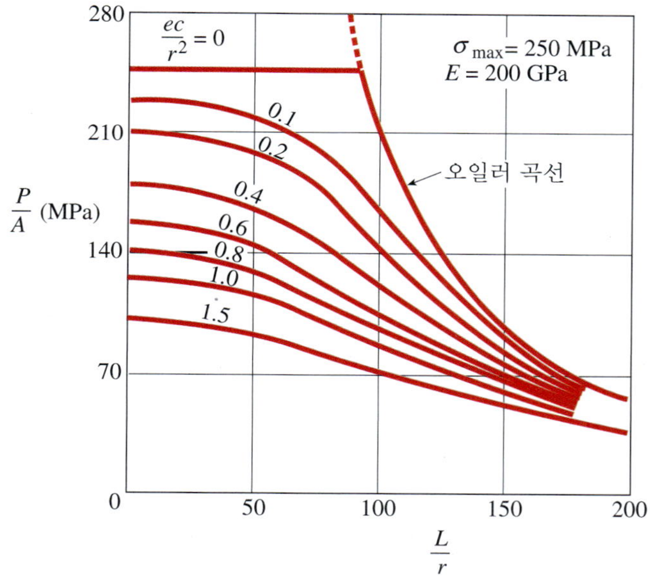

그림 14-28

$\sigma_{max} = 250$ MPa과 $E = 200$ GPa에 대한 시컨트 공식[식 (14-67)]의 그래프

지 편심률 ec/r^2의 값에 대해 그려져 있다. 시컨트 공식은 훅의 법칙에 따라 유도되었기 때문에 이러한 곡선은 최대 응력이 재료의 비례한도보다 작을 때에만 유효하다.

특별한 경우는 하중의 편심이 없어질($e = 0$) 때 발생하는데, 이 경우는 중심에 하중이 작용하는 이상 기둥이다. 이러한 조건하에서 최대 하중은 임계 하중($P_{cr} = \pi^2 EI/L^2$)이고, 최대 응력은 임계 응력[식 (14-17)과 (14-19) 참조]이다.

$$\sigma_{cr} = \frac{P_{cr}}{A} = \frac{\pi^2 EI}{AL^2} = \frac{\pi^2 E}{(L/r)^2} \tag{14-69}$$

이 방정식은 세장비 L/r로 응력 P/A를 계산하므로, 시컨트 공식(그림 14-28)의 그래프상에 **오일러 곡선**으로 그릴 수 있다.

이제 재료의 비례한도가 주어진 최대 응력 250 MPa과 같다고 가정하자. 그러면 250 MPa의 값에서 수평선을 긋고 오일러 곡선을 해당 응력에서 끝낸다. 이 수평선과 오일러 곡선은 편심 e가 0으로 접근할 때 시컨트 공식에 따르는 곡선들의 한계를 표현한다.

시컨트 공식의 해석

시컨트 공식의 그래프는 기둥의 하중지지 능력이 세장비 L/r이 증가함에 따라 크게 감소하며, 특히 세장비 L/r의 중간 부분에서는 더욱 그렇다는 것을 보여준다. 그러므로 길고 가느다란 기둥은 짧고 뭉툭한 기둥보다 덜 안정적이다. 그래프 역시 하중지지 능력은 편심 e가 증가함에 따라 감소함을 나타낸다. 더욱이 이 효과는 긴 기둥보다 짧은 기둥의 경우 상대적으로 더 크다.

시컨트 공식은 핀 지지 기둥에 대해 유도되었지만, 바닥고정 상단자유인 기둥에 대해서도 사용할 수 있다. 시컨트 공식 내의 길이 L을 등가 길이 $2L$로 대체하면 된다.

그렇지만 시컨트 공식은 식 (14-64)에 기초하기 때문에 논의된 그 밖의 지지 조건에 대해서는 유효하지 않다.

이제 길이축의 초기 곡률, 불안정한 지지 조건, 재료의 불균질성 같은 결함 때문에 이상 기둥과 달라질 수밖에 없는 실제 기둥을 생각해보자. 더욱이 하중이 중심에 가해지도록 되어 있더라도 그 작용 방향이나 위치에 피할 수 없는 편심이 있을 수밖에 없다. 이러한 결함의 범위는 기둥마다 달라지므로, 실제 기둥으로 수행한 연구실 실험의 결과는 상당한 편차가 있다.

모든 결함은 직접 압축 외에 굽힘을 만들어내는 효과를 준다. 그러므로 결함이 있는 중심 재하 기둥의 거동은 이상적인 편심하중 기둥의 거동과 비슷하다고 가정하는 것이 타당하다. 이러한 경우에 여러 가지 결함의 복합적인 효과를 고려하기 위해 시컨트 공식을 사용하여 편심률 ec/r^2의 근삿값을 선택할 수 있다. 예를 들면, 강 구조 설계에서 핀 지지 기둥에 대한 편심률로 보편적으로 사용되는 값은 $ec/r^2=0.25$이다. 중심 재하 기둥에 이렇게 시컨트 공식을 사용하면, 단순히 안전율을 증가시키는 것으로 간주하기보다는 결함의 영향을 고려해볼 수 있는 타당한 방법을 주는 것이다. (시컨트 공식과 결함의 효과에 대한 더 자세한 내용은 좌굴과 안정성을 다룬 다른 교재를 참조하기 바란다.)

중심 재하 기둥을 시컨트 공식으로 해석하는 과정은 상황에 따라 달라진다. 예를 들면, 허용하중을 결정하는 것이 목적이라면 그 과정은 다음과 같다. 먼저 실험 결과, 규준값 및 경험을 바탕으로 편심률 ec/r^2을 가정하고, 이것을 실제 기둥의 L/r, A, E 값과 함께 시컨트 공식에 대입한다. 그리고 재료의 항복응력 σ_Y 또는 비례한도 σ_{pl} 등으로 σ_{max}값을 부여한다. 그런 다음 최대 응력에 도달하는 하중 P_{max}를 시컨트 공식으로 구한다. (이 하중은 해당 기둥의 임계 하중 P_{cr}보다 항상 작다.) 기둥의 허용하중은 하중 P_{max}를 안전율 n으로 나눈 값이다.

다음의 예는 하중을 알 때 기둥 내의 최대 응력을 결정하기 위해 시컨트 공식을 어떻게 사용하는지와 또한 최대 응력이 주어졌을 때 하중을 어떻게 구하는지를 설명한다.

예제 14-5

HE 320A형(그림 14-29a)의 넓은 플랜지형 강재 기둥이 양단에서 핀 지지되어 있고, 그 길이가 7.5 m이다. 이 기둥은 중심 재하 하중 $P_1=1,800$ kN과 편심하중 $P_2=200$ kN을 지지한다(그림 14-29b). 굽힘은 단면의 1-1축에 대해 발생하며, 편심하중은 도심 C로부터 400 mm 떨어진 2-2축상에 작용한다.

(a) 시컨트 공식을 사용하고 $E=210$ GPa일 때, 기둥 내에 발생하는 최대 압축응력을 계산하시오.

(b) 강재의 항복응력이 $\sigma_Y=300$ MPa일 때, 항복에 대한 안전율을 구하시오.

그림 14-29

예제 14-5: 편심 축하중을 받는 기둥

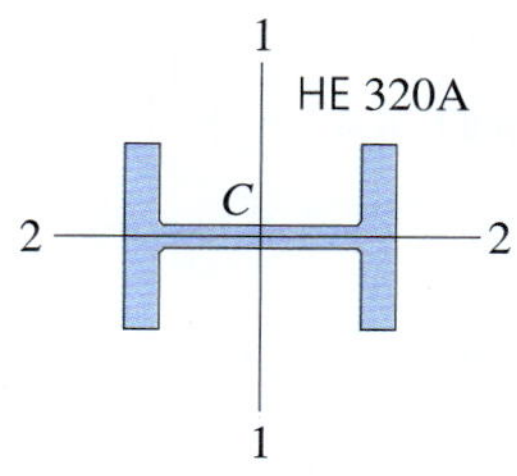

(a)

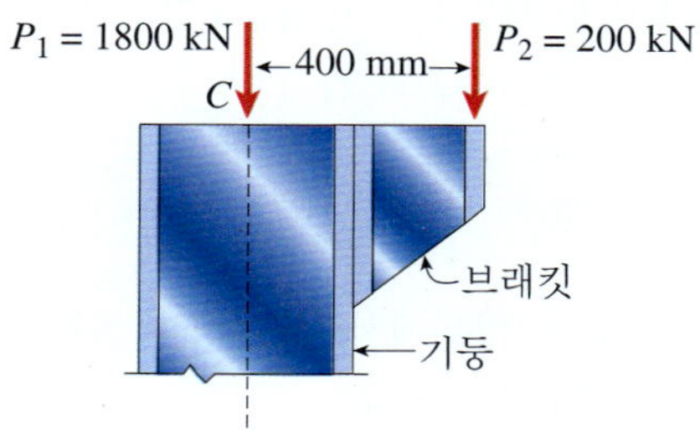

(b)

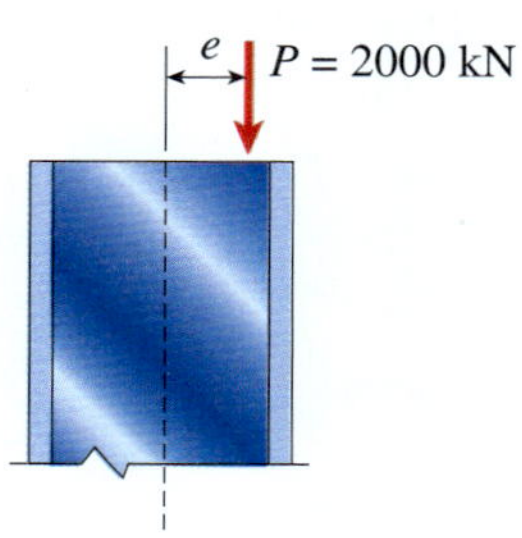

(c)

풀이

4단계 문제풀이 접근방법을 사용한다.

Part (a): 최대 압축응력

1. 개념화 그림 14-29b와 같이 작용하는 두 개의 힘, P_1과 P_2는 편심 e=40 mm 위치(그림 14-29c)에 작용하는 하나의 힘, P=2,000 kN과 동일하다. 이제 기둥은 편심 e를 갖는 하나의 힘 P에 의해 재하되므로 최대 응력을 구하기 위해 시컨트 공식을 사용할 수 있다.

HE 320A 넓은 플랜지형 단면의 성질은 부록 C의 표 C-1로부터 구할 수 있다.

$$A = 124.4\ \text{cm}^2 \qquad r = 13.58\ \text{cm} \qquad c = \frac{310\ \text{mm}}{2} = 155\ \text{mm}$$

2. 분류 식 (14-67)의 시컨트 공식에서 필요한 항은 다음과 같이 계산된다.

$$\frac{P}{A} = \frac{2000\ \text{kN}}{124.4\ \text{cm}^2} = 160.77\ \text{MPa}$$

$$\frac{ec}{r^2} = \frac{(40\ \text{mm})(155\ \text{mm})}{(13.58\ \text{cm})^2} = 0.336$$

$$\frac{L}{r} = \frac{(7.5\ \text{m})}{13.58\ \text{cm}} = 55.23$$

$$\frac{P}{EA} = \frac{2000\ \text{kN}}{(210\ \text{GPa})(124.4\ \text{cm}^2)} = 765.6 \times 10^{-6}$$

3. 해석 이 값을 시컨트 공식에 대입하면 다음을 얻는다.

$$\sigma_{\text{max}} = \frac{P}{A}\left[1 + \frac{ec}{r^2}\sec\left(\frac{L}{2r}\sqrt{\frac{P}{EA}}\right)\right]$$
$$= (160.77\ \text{MPa})(1 + 0.466) = 235.6\ \text{MPa}$$

4. 최종 단계 이 압축응력은 기둥의 중간 높이에서 안쪽 면(그림 14-29b의 오른쪽)상에 발생한다.

Part (b): 항복에 대한 안전율

1. 개념화 안전율을 구하기 위해서 최대 응력이 항복응력 σ_Y=300 MPa과 같아질 때의 편심 e 위치에 작용하는 하중 P의 값을 구한다. 이 하중값은 재료의 초기 항복을 유발하므로 여기서는 P_Y로 표시한다.

2. 분류 P_Y는 하중 P(=2,000 kN)에 응력비 $\sigma_Y/\sigma_{\text{max}}$를 곱해서 구할 수 없음을 유의하여야 한다. 그 이유는 하중과 응력 사이에 비선형인 관계가 있기 때문이다. 대신에 시컨트 공식에 $\sigma_{\text{max}} = \sigma_Y$ = 300 MPa을 대입하고, 해당하는 하중 P를 구하면, 이 값이 P_Y가 된다. 즉, 다음 공식을 만족하는 P_Y값을 구해야 한다.

$$\sigma_Y = \frac{P_Y}{A}\left[1 + \frac{ec}{r^2}\sec\left(\frac{L}{2r}\sqrt{\frac{P_Y}{EA}}\right)\right] \quad \textbf{(14-70)}$$

3. 해석 위 식에 수치값을 대입하면 다음과 같다.

$$300\text{ MPa} = \frac{P_Y}{124.4\text{ cm}^2}\left[1 + 0.336\sec\left(\frac{55.23}{2}\sqrt{\frac{P_Y}{(210\text{ GPa})(124.4\text{ cm}^2)}}\right)\right]$$

즉,

$$3732\text{ kN} = P_Y[1 + 0.336\sec(5.403 \times 10^{-4}\sqrt{P_Y})]$$

여기서 P_Y의 단위는 kN이다. 이 값을 수치해석으로 구하면 다음과 같다.

$$P_Y = 2473\text{ kN}$$

이 하중은 최대 굽힘 모멘트를 받는 단면에서 재료의 항복(압축 상태)을 유발한다.

실제 하중은 $P = 2{,}000$ kN이므로, 항복에 대한 안전율은 다음과 같다.

$$n = \frac{P_Y}{P} = \frac{2473\text{ kN}}{2000\text{ kN}} = 1.236$$

4. 최종 단계 이 예제는 시컨트 공식이 사용될 수 있는 많은 경우에서 두 가지 사례를 보여준다. 다른 형태의 해석은 이 장 끝의 연습문제로 제시되어 있다.

요약 및 복습

14장에서는 기둥으로 알려진 축하중을 받는 부재의 탄성 거동을 알아보았다. 먼저, 강체 봉과 탄성 스프링으로 구성된 단순한 기둥 모델의 평형을 이용하여 이러한 가느다란 압축 부재의 **좌굴과 안정성**의 개념을 설명했다. 그러고 나서 중심에 압축하중을 받는 양단 핀 지지의 탄성 기둥을 고려하여 처짐 곡선의 미분 방정식을 풀어 **좌굴 하중**(P_{cr})과 **좌굴 모드 형상**을 구했다. 이때 선형 탄성 거동을 가정했다. 세 개의 추가적인 지지 조건을 고려하여 각 경우의 좌굴 하중을 **기둥의 유효 길이**로 표현했다. **편심 축하중**을 받는 양단 핀 지지 기둥의 거동을 파악하고 이러한 기둥의 최대 응력을 정의하는 **시컨트 공식**을 유도했다.

이 장에서 살펴본 중요한 개념은 다음과 같다.

1. 가느다란 기둥의 좌굴 불안정성은 (강도 및 강성과 함께)설계 시 고려해야 할 중요한 파괴 형태이다.

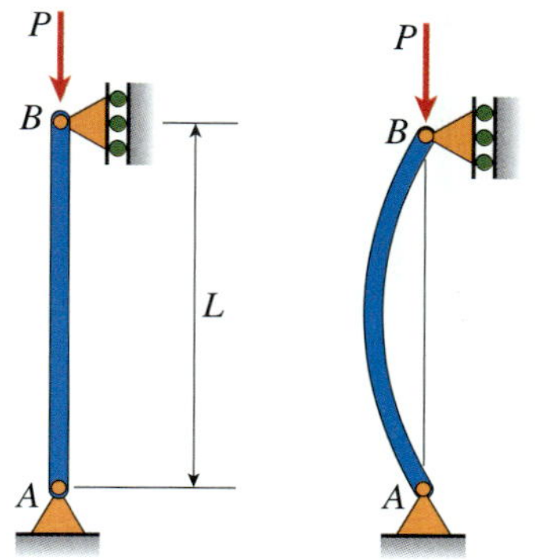

2. 단면의 도심에서 압축하중을 받고 있으며 선형 탄성 거동으로 제한한 상태에서 양단이 핀 지지되고 길이가 L인 가느다란 기둥은 기본 모드에서 다음의 **오일러 좌굴 하중**에서 좌굴된다.

$$P_{cr} = \pi^2 EI / L^2$$

그러므로 좌굴 하중은 굽힘 강성(EI)과 길이(L)에 종속되지만, 재료의 강도와는 무관하다.

3. 지지 조건을 변경하면, 즉 추가적인 횡 지지를 설치하면 좌굴 하중이 변경된다. 그렇지만 **다른 지지 조건**에 대한 P_{cr}는 위 공식에 실제 기둥 길이(L)를 **유효 길이**(L_e)로 대치함으로써 얻을 수 있다. 세 가지 추가적인 지지 조건은 아래 표에 나타나 있다. 유효 길이 L_e는 유효 길이 계수 K를 사용하여 다음과 같이 표현된다.

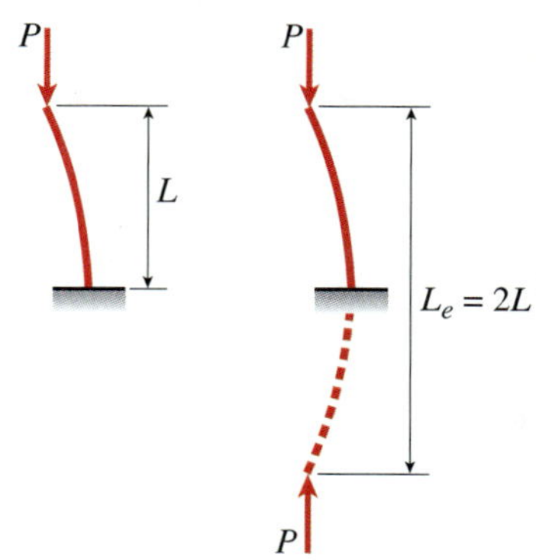

$$L_e = KL$$

(a) 핀 지지 기둥	(b) 고정-자유단 기둥	(c) 양단 고정 기둥	(d) 고정-핀 지지 기둥
$P_{cr} = \dfrac{\pi^2 EI}{L^2}$	$P_{cr} = \dfrac{\pi^2 EI}{4L^2}$	$P_{cr} = \dfrac{4\pi^2 EI}{L^2}$	$P_{cr} = \dfrac{2.046\, \pi^2 EI}{L^2}$
 L	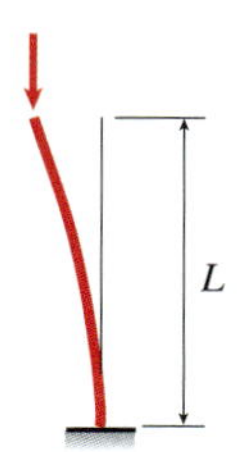 L	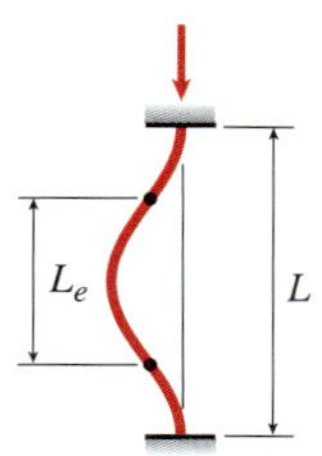 L_e L	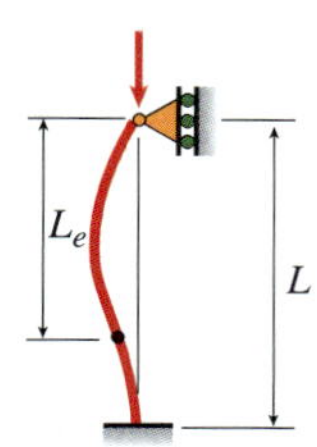 L_e L
$L_e = L$	$L_e = 2L$	$L_e = 0.5L$	$L_e = 0.699L$
$K = 1$	$K = 2$	$K = 0.5$	$K = 0.699$

여기서 양단 핀 지지인 경우에는 $K=1$이고 바닥고정 상단자유인 경우에는 $K=2$이다. 그러면 좌굴 하중 P_{cr}는 다음과 같이 표현된다.

$$P_{cr} = \frac{\pi^2 EI}{(KL)^2}$$

유효 길이 계수 K는 종종 기둥 설계 공식에 사용된다.

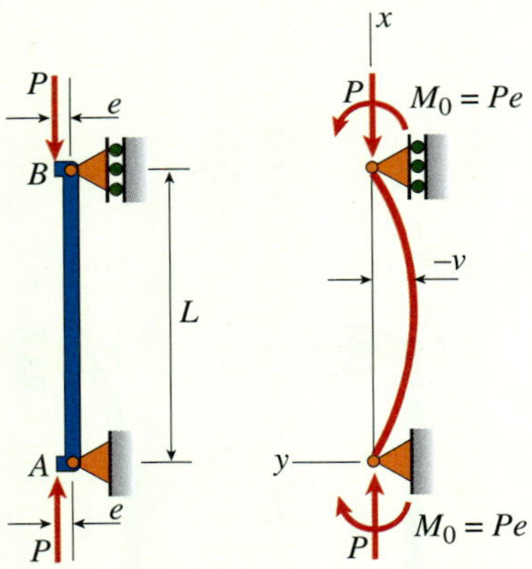

4. **편심 축하중**을 받는 기둥은 중심 축하중을 받는 기둥과는 완전히 다르게 거동한다. 편심 e에 하중 P가 작용된 양단 핀 지지 기둥에서의 최대 압축응력은 **시컨트 공식**으로 정의된다. 이 공식의 그래프(아래 그래프 참조)는 기둥의 하중지지 능력이 편심이 증가됨에 따라 감소함을 나타낸다. 시컨트 공식은 편심 축하중을 받는 핀 지지 기둥 내의 최대 압축응력인 σ_{max}를 평균 압축응력 P/A, 탄성계수 E, 세장비 L/r, 편심률 ec/r^2 항으로 다음과 같이 표현한다.

$$\sigma_{max} = \frac{P}{A}\left[1 + \frac{ec}{r^2}\sec\left(\frac{L}{2r}\sqrt{\frac{P}{EA}}\right)\right]$$

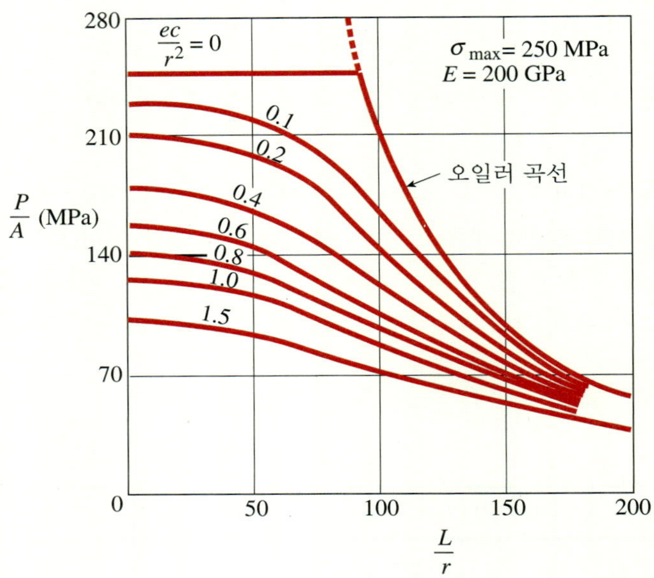

연습문제

14.2 좌굴과 안정성

도입문제

14.2-1 길이 L인 강체 봉이 A점에서 회전 강성 β_R인 선형 탄성 회전스프링에 지지되어 있다. 이 구조물에 대한 임계 하중 P_{cr}를 구하시오.

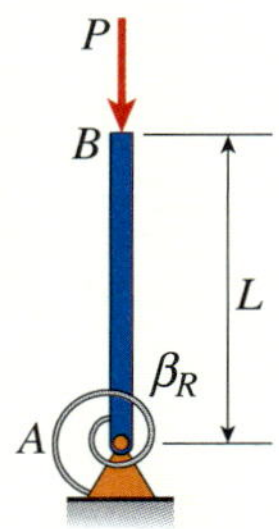

P14.2-1

14.2-2 그림은 핀 접합과 선형 탄성 스프링으로 연결되어 있고 강체로 이루어진 이상 구조물이다. 회전 강성은 β_R로 나타내었고, 이동 강성은 β로 나타내었다.

(a) 그림 (a)에서 구조물의 임계 하중 P_{cr}를 결정하시오.

(b) 그림 (b)와 같이 B점에 추가로 회전스프링이 더해진 경우, 임계 하중 P_{cr}를 구하시오.

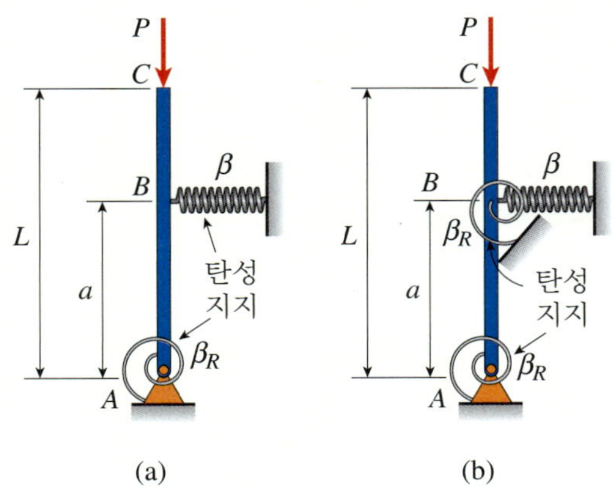

P14.2-2

대표문제

14.2-3 그림은 B점에서 힌지와 A와 B점에서 선형 탄성 스프링을 사용하여 연결되어 있는 봉 AB와 BC로 구성되어 있는 이상 구조물을 나타낸다. 회전 강성은 β_R, 이동 강성은 β로 표시되어 있다.

(a) 그림 (a)의 구조물에 대한 임계 하중 P_{cr}를 결정하시오.

(b) 그림 (b)와 같이 봉 AB와 BC를 연결하기 위해서 탄성 접합이 사용될 경우, P_{cr}를 구하시오.

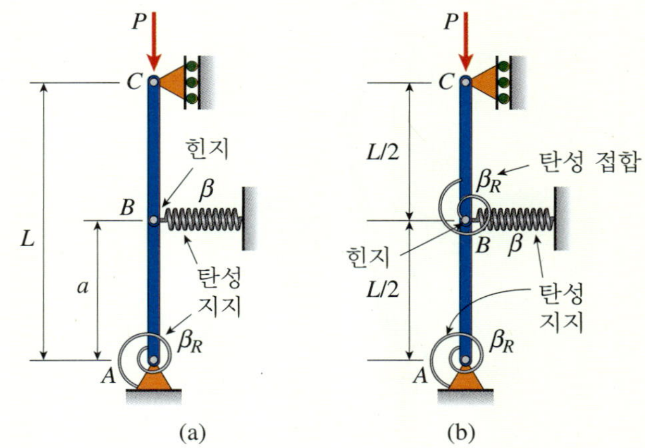

P14.2-3

14.2-4 강체 기둥 $ABCD$가 회전 강성 β로 B점에서 탄성 지지되어 있다. 이 기둥의 임계 하중 P_{cr}에 대한 표현식을 구하시오.

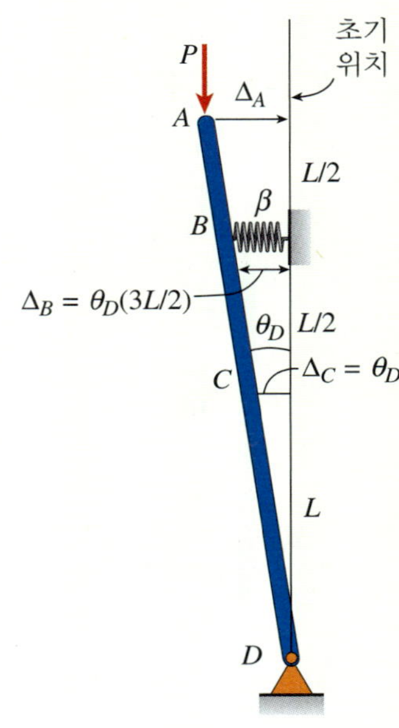

P14.2-4

14.2-5 이상 기둥이 C점에서 강성 β_R로 회전 탄성 접합에 의해 연결된 강체 ABC와 CD 부분으로 구성되어 있다. 이 기둥은 B점에서 롤러와 D점에서 핀으로 지지되어 있다. 기둥의 임계 하중 P_{cr}를 구하시오.

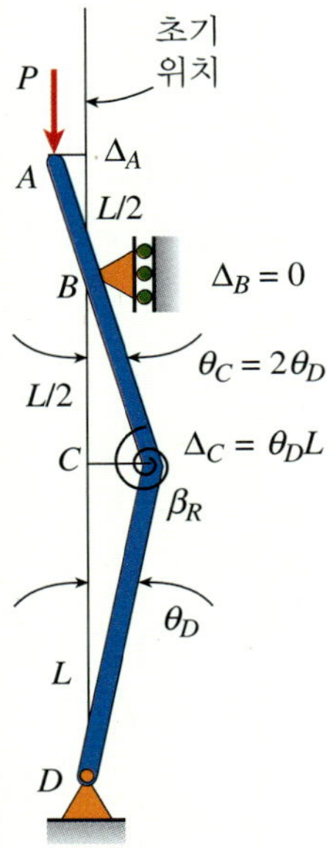

P14.2-5

14.2-6 이상 기둥이 C점에서 회전 강성 β_{R1}로 탄성 접합에 의해 연결된 강체 봉 ABC와 CD로 구성되어 있다. B점에서 롤러 지지되어 있고, D점에서 이동 강성 β와 회전 강성 β_{R2}로 탄성 지지되어 있다. 이 기둥의 **두 개의 좌굴 모드**에 대한 임계 하중을 각각 구하시오. $L = 3$ m, $\beta = 9$ kN/m, $\beta_{R1} = \beta_{R2} = \beta L^2$으로 가정한다. 좌굴 모드 형상을 그리시오.

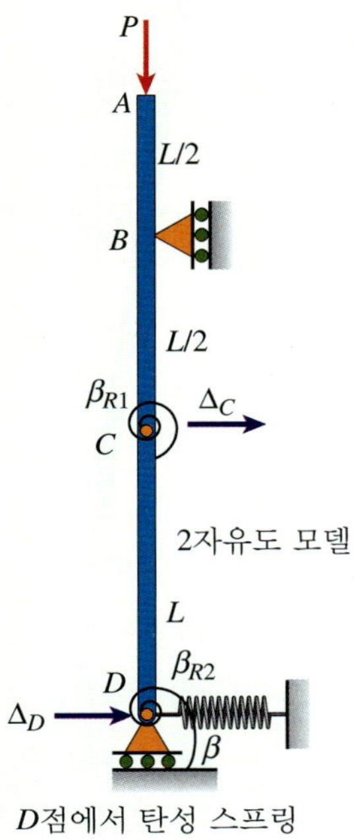

P14.2-6

14.3 핀 지지된 기둥

이상적이고 세장하며 균일한 단면의 선형 탄성 기둥이라는 가정을 이용하여 14.3절의 문제를 푸시오. 별다른 언급이 없으면 좌굴은 그림의 평면 내에서 발생한다.

도입문제

14.3-1 기둥 AB가 A점에서 핀으로, B점에서 롤러로 지지되어 있으며, 축하중 P에 의해서 압축을 받고 있다(그림 참조). 기둥은 탄성계수 $E = 200$ GPa, 비례한도 $\sigma_{pl} = 345$ MPa의 강재 HE 160B로 되어 있다. 기둥의 높이 $L = 3.6$ m이다. 안전율 $n = 2.5$를 가정하여 허용하중 P를 구하시오.

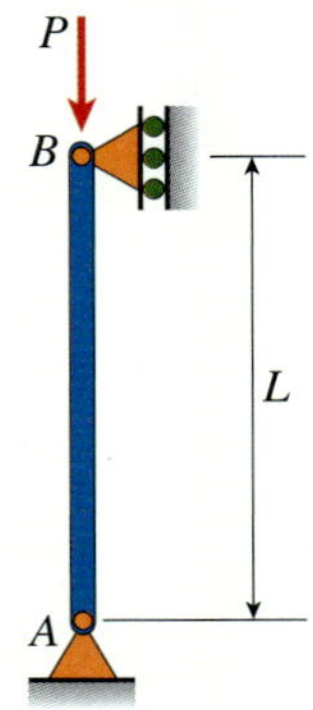

P14.3-1

14.3-2 가느다란 기둥 ABC가 A와 C단에서 지지되어 있고 축하중 P를 받고 있다. 중앙점 B에서 수평 지지되어 있어 그림이 그려진 평면 내에서 굽힘이 구속되어 있다. 또한 A와 C단에서만 그림이 그려져 있는 평면에 수직방향으로 처짐이 구속되어 있다.

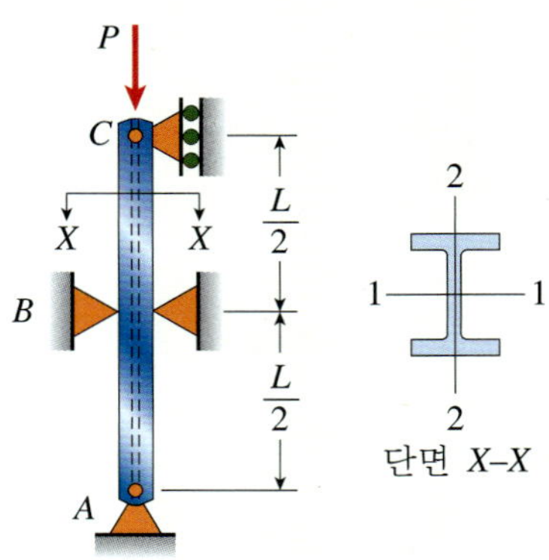

P14.3-2

기둥은 탄성계수 $E=200$ GPa, 비례한도 $\sigma_{pl}=400$ MPa의 광폭 플랜지형 강재로 되어 있고, 기둥의 길이 $L=9$ m이다. 허용하중이 150 kN이고, 안전율이 2.5일 경우, 기둥에 사용될 수 있는 가장 가벼운 HE 단면을 결정하시오(부록 C의 표 C-1 참조).

대표문제

14.3-3 기둥 ABC가 A와 C단에서 지지되어 있고, 축하중 P로 압축을 받고 있다(그림 a). B점에서 수평으로 지지되어 그림이 그려진 평면으로 굽힘 발생이 구속되어 있고, A와 C단에서 그림이 그려져 있는 평면에 수직방향으로 처짐이 구속되어 있다. 기둥은 두 개의 채널 구역(UPN 140)이 맞댐으로 구성된다(그림 b 참조). 기둥의 탄성계수 $E=200$ GPa이고 비례한도는 345 MPa이며, 기둥의 높이 $L=4.5$ m이다. 안전율 $n=2.5$를 사용하여 허용하중 P를 구하시오.

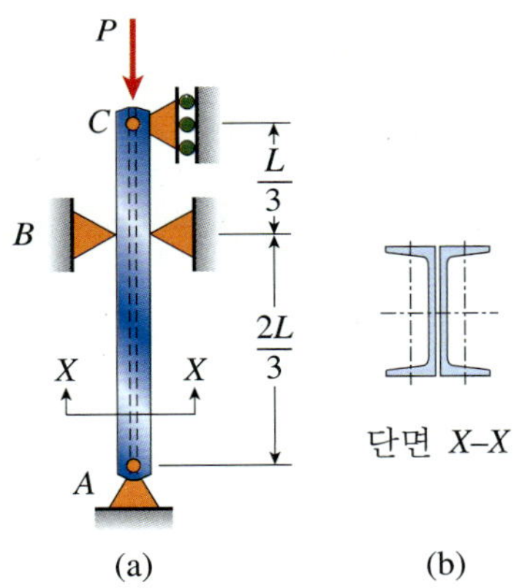

P14.3-3

14.3-4 수평보 AB가 그림과 같이 A단에서 핀으로 지지되어 있고, 절점 B에서 하중 Q를 전달하고 있다. 또한 수평보는 길이 L인 핀 지지된 기둥에 의해 C에서 지지되고, 그 기둥은 D점으로부터 $0.6L$에서 수평방향으로 구속되어 있다. 기둥은 골조의 평면 내에서만 좌굴이 발생한다고 가정한다. 기둥은 길이 $L=0.75$ m, 변의 길이 $b=38$ mm인 정사각형의 알루미늄 봉($E=70$ GPa)으로 되어 있다. 길이 $d=L/2$이다. 기둥의 임계 하중을 적용하여 좌굴에 대한 안전율이 $n=1.8$인 경우 허용하중 Q를 결정하시오.

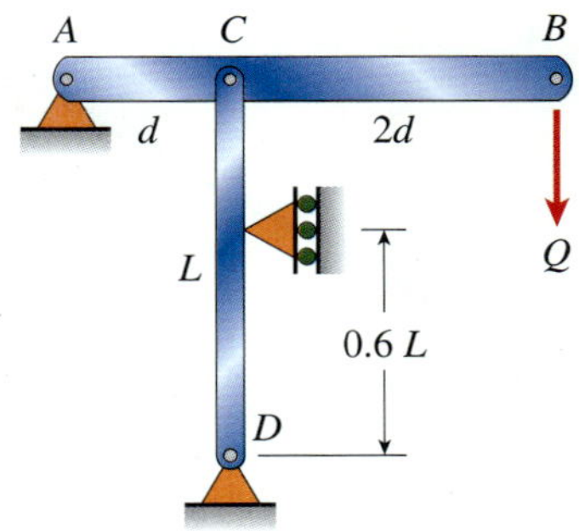

P14.3-4

14.3-5 가늘고 긴 기둥 ABC가 A와 C단에서 핀 연결되어 있고 축하중 P에 의해서 압축을 받고 있다(그림 참조). 중앙점 B에서 수평방향 지지되어 그림이 그려진 평면 내에서 휘어지지 못하도록 방지되어 있다. 기둥은 $E=200$ GPa의 HE 260A 강재이고, 지점 사이의 거리 $L=5.5$ m이다. 두 가지 도심 주축(즉, 축 1-1 또는 축 2-2) 중 하나에 대해서 오일러 좌굴이 발생한다고 가정하여 안전율 $n=2.4$를 적용하여 허용하중 P를 계산하시오.

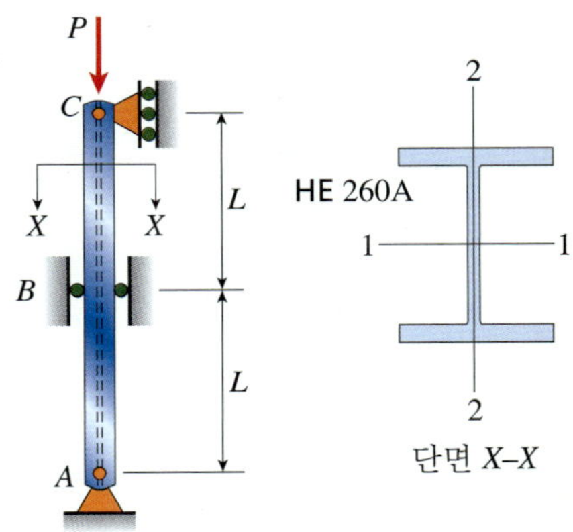

P14.3-5

14.3-6 그림과 같이 트러스 ABC가 점 B에서 하중 W를 받고 있다. 부재 AB의 길이 L_1은 고정되어 있으나, 지주 BC의 길이는 각 θ가 변화함에 따라 변한다. 지주 BC는 원형 단면이다. 절점 B는 트러스 평면에서 수직인 변위에 대하여 구속되어 있다. 붕괴는 지주의 오일러 좌굴에 의해서 발생한다고 가정하고, 지주의 최소 무게에 대한 각 θ를 결정하시오.

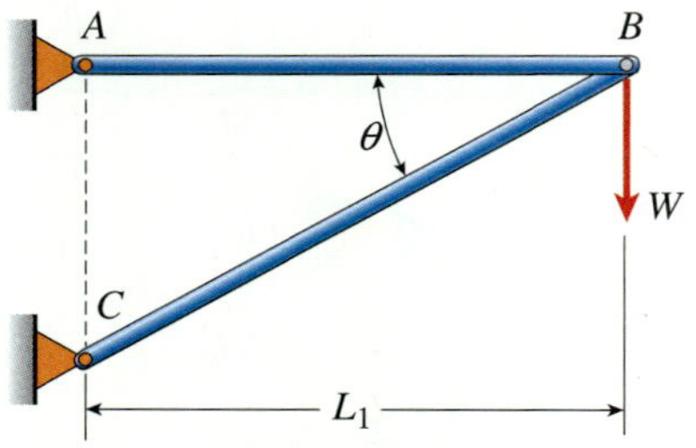

P14.3-6

14.4 다른 지지 조건을 갖는 기둥

이상적이고 세장하며 균일한 단면의 선형 탄성 기둥이라는 가정을 이용하여 14.4절의 문제를 푸시오. 별다른 언급이 없으면 좌굴은 그림의 평면 내에서 발생한다.

도입문제

14.4-1 원형 단면을 갖고 단부가 고정된 기둥이 압축하중 P를 받고 있다. 길이 5.5 m인 기둥은 외측 지름이 130 mm이고, 두께가 13 mm이며, 탄성계수가 70 GPa인 알루미늄으로 만들어져 있다. 이 기둥의 좌굴 하중을 구하시오.

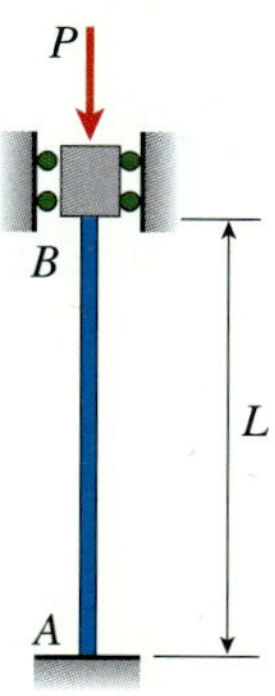

P14.4-1

14.4-2 길이 $L=9$ m인 HE 450A형의 넓은 플랜지 강재 기둥($E=200$ GPa)이 있다. 이 기둥은 양 단부에서만 지지되어 있고, 어느 방향으로든 좌굴이 발생할 수 있다.

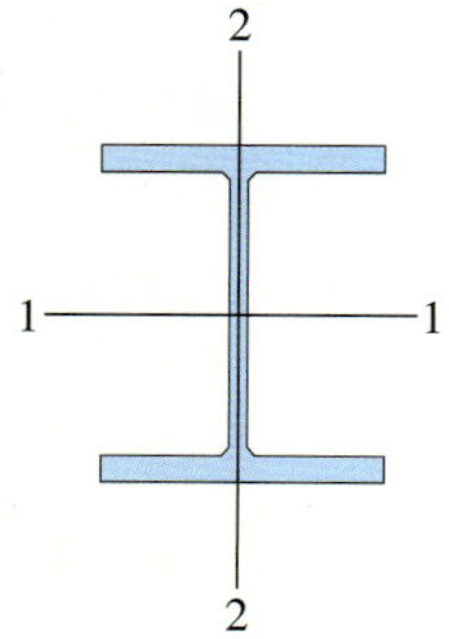

P14.4-2

안전율 $n=2.5$를 갖는 임계 하중에 대한 허용하중 P_{allow}를 계산하시오. 다음과 같은 단부 조건을 고려한다. (a) 핀-핀, (b) 고정-자유, (c) 고정-핀, (d) 고정-고정.

대표문제

14.4-3 수직 기둥 AB가 콘크리트 기초 내에 매립되어 있고, 두 개의 케이블에 의해 상부에 고정되어 있다(그림 참조). 기둥은 탄성계수 200 GPa, 외측 지름 40 mm, 두께 5 mm의 중공 강관이다. 케이블은 턴버클로 동일하게 조여진 상태이다. 만약 그림의 평면 내에서 오일러 좌굴에 대한 안전율 $n=3.0$이 필요하다면, 케이블의 최대 허용 인장력 T_{allow}는 얼마인지 구하시오.

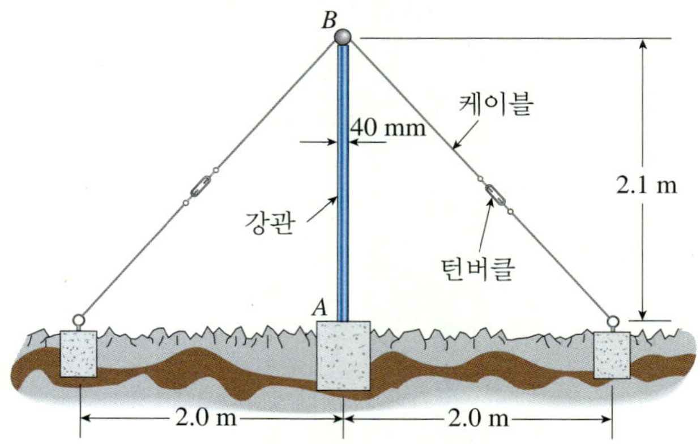

P14.4-3

14.4-4 창고의 지붕 보들이 외측 지름 $d_2=100$ mm, 내측 지름 $d_1=90$ mm인 파이프 기둥(그림 참조)으로 지지되어 있다. 기둥은 길이 $L=4.0$ m, 탄성계수 $E=210$ GPa이며, 바닥에 고정되어 있다.

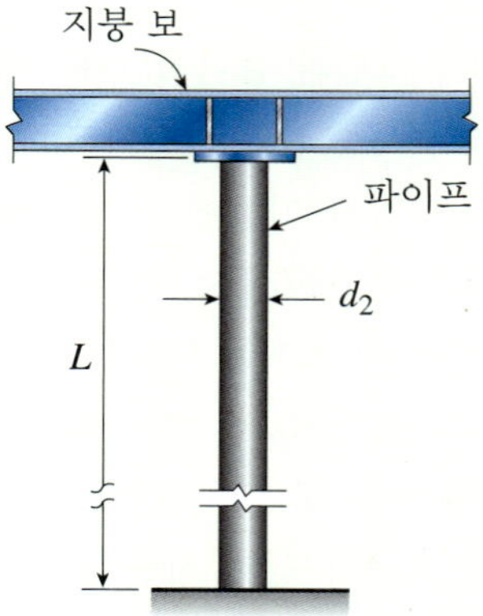

P14.4-4

다음과 같은 가정을 이용하여 단일 기둥에 대한 임계 하중 P_{cr}를 계산하시오. (a) 상단부는 핀 지지되어 있고, 보는 수평변위가 구속되어 있다. (b) 상단부는 회전에 대하여 고정이고, 보는 수평변위가 구속되어 있다. (c) 상단부는 핀 지지되어 있고, 보는 수평변위에 대하여 자유롭다. (d) 상단부는 고정이지만, 보는 수평변위에 대하여 자유롭다.

14.4-5 기초에 고정되어 있고 상단은 자유인 기둥이 일체로 거동하는 두 개의 UPN 100 강재 형태(그림 참조)로 만들어져 있다.

(a) 간격이 0일 경우, 좌굴 하중(kN)을 구하시오.

(b) y와 z방향에 대한 좌굴 하중이 같아지는 데 필요한 간격 거리 d(mm)를 구하시오.

탄성계수 $E=205$ GPa이고 길이 $L=6$ m로 가정한다. 거리 d는 두 UPN 형상의 중심 사이의 치수이다.

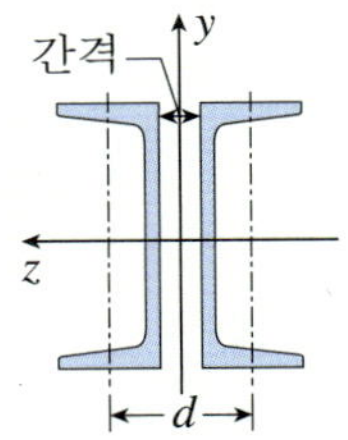

P14.4-5

14.4-6 원형 단면의 알루미늄 관 AB는 기초에 미끄럼 지지로 구성되어 있고, 상부는 하중 $Q=200$ kN을 지지하는 수평보에 핀으로 연결되어 있다(그림 참조).

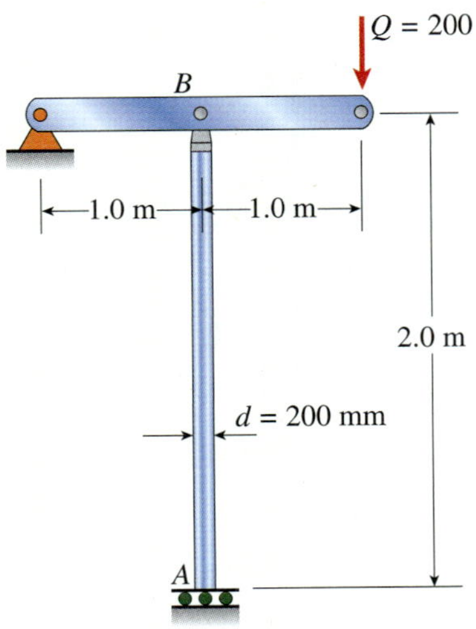

P14.4-6

만약 관의 외측 직경 d는 200 mm이고, 오일러 좌굴에 대해서 필요한 안전율이 $n=3.0$이라면, 필요한 알루미늄 관의 두께 t를 결정하시오. ($E=72$ GPa로 가정한다.)

14.5 편심 축하중을 받는 기둥

14.5절의 문제를 풀기 위해서 굽힘은 편심 축하중을 포함하는 주평면 내에서 일어난다고 가정한다.

도입문제

14.5-1 직사각형 단면(50 mm×25 mm)과 길이 $L=1.0$ m의 알루미늄 봉이 단면의 긴 변 중앙점에서 합력 $P=12.5$ kN이 작용하여 압축을 받고 있다(그림 참조). 탄성계수 E는 70 GPa이고, 봉의 양단은 핀이라고 가정하여, 최대 처짐 δ와 최대 굽힘 모멘트 M_{max}를 계산하시오.

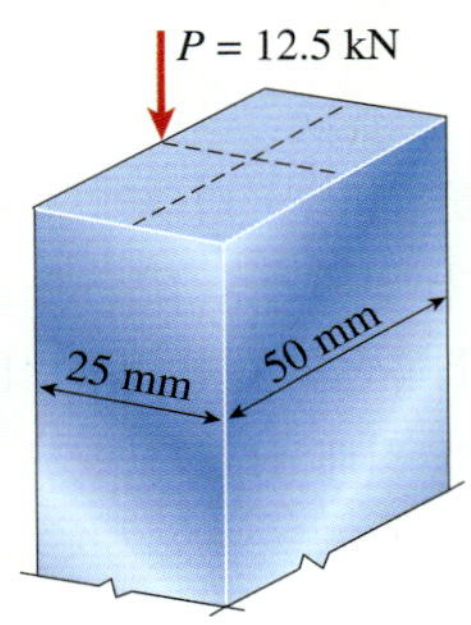

P14.5-1

14.5-2 단순 지지된 가늘고 긴 기둥이 절점 A와 B로부터 거리 $e=13$ mm의 점에서 작용하는 축하중 $P=775$ kN을 받고 있다(그림 참조). 기둥은 250 mm의 외측 직경과 13 mm 두께의 단면을 가지고 있다. 축하중에 의해서 발생된 최대 처짐이 2.5 mm일 경우, 기둥의 높이를 계산하시오. $E=200$ GPa로 가정한다.

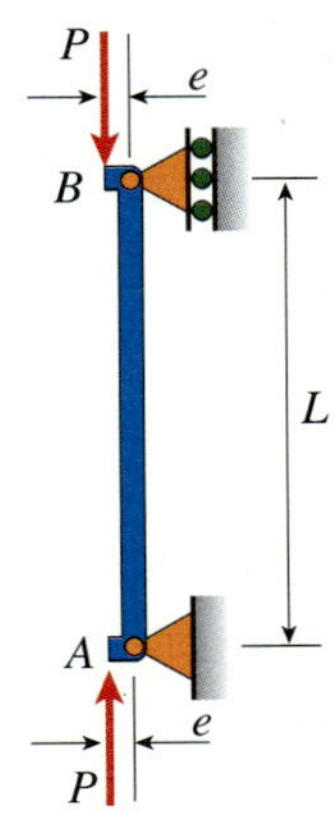

P14.5-2

대표문제

14.5-3 IPN 200 강재 보가 그림에서 나타낸 점에서 작용하는 축하중 P로 압축을 받고 있다. 부재는 탄성계수 $E = 200$ GPa이고, 양단에서 핀 지지되어 있다. 횡방향으로 지지되어 단면의 약축에 대한 굽힘을 방지한다.

만약 부재의 길이가 6.2 m이고, 처짐이 6.5 mm로 제한된다면, 최대 허용하중 P_{allow}는 얼마인지 구하시오.

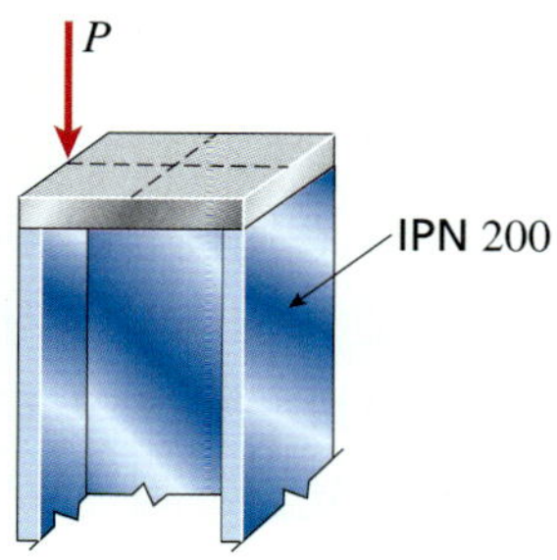

P14.5-3

14.5-4 그림과 같은 기둥이 기초에서 고정이고 상단에서 자유인 상태에 있다. 압축하중 P는 기둥 축으로부터 편심 e로 작용한다. 처짐 곡선의 미분 방정식으로 시작하여, 기둥의 최대 처짐 δ와 최대 굽힘 모멘트 M_{max}에 대한 공식을 유도하시오.

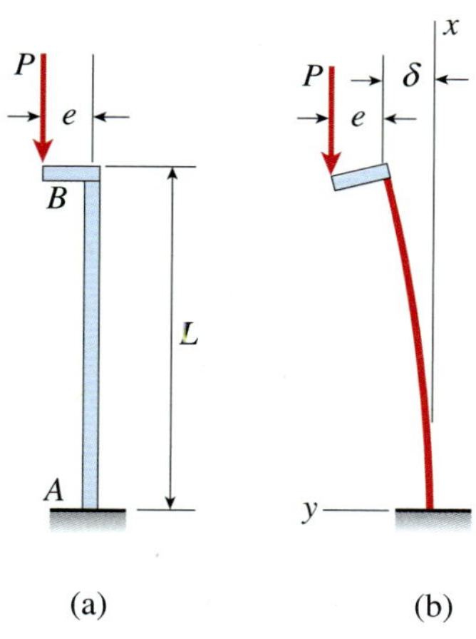

P14.5-4

14.5-5 정사각형 단면을 갖는 알루미늄 사각 기둥이 기초에서 고정이고 상단에서 자유인 상태에 있다(그림 참조). 각 변의 외측 치수 b는 100 mm이고, 두께 t는 8 mm이다. 기둥 상부에 가해지는 압축하중은 단면의 한 변 중앙점에서 기둥의 외측 끝에 작용하는 힘 $P = 50$ kN이다. 상부의 처짐이 30 mm를 초과하지 않도록 하는 기둥의 최대 허용 길이 L_{max}는 얼마인가? ($E = 73$ GPa로 가정한다.)

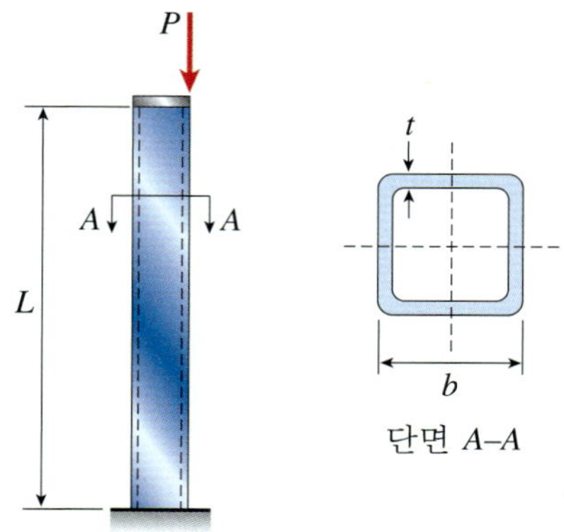

P14.5-5

14.5-6 중공 원형 단면을 갖는 강재 기둥 AB는 기초에서 고정이고 상단에서 자유인 상태에 있다(그림 참조). 내측 및 외측 지름은 각각 $d_1 = 96$ mm, $d_2 = 110$ mm이고, 길이는 $L = 4.0$ m이다.

케이블 CBD는 기둥에 용접된 고정물을 통과한다. 케이블 평면(평면 CBD)과 기둥의 중심축 사이의 거리는 $e = 100$ mm이고, 케이블과 지면의 사잇각은 $\alpha = 53.13°$이다. 케이블은 턴버클을 팽팽하게 조여서 인장 상태에 있다.

기둥 상부의 처짐이 $\delta = 20$ mm로 제한된 경우, 케이블의 최대 허용 인장력 T는 얼마인지 구하시오. ($E = 205$ GPa로 가정한다.)

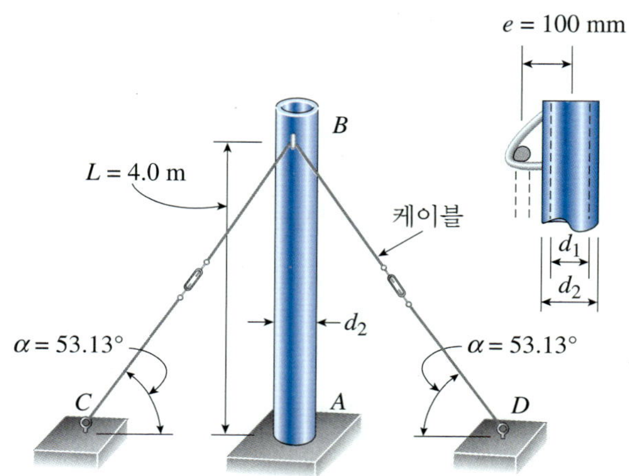

P14.5-6

14.6 기둥에 대한 시컨트 공식

14.6절의 문제를 풀기 위해서 굽힘은 편심 축하중을 포함하는 주평면 내에서 일어난다고 가정한다.

도입문제

14.6-1 강재 봉이 폭 $b = 50$ mm의 정사각형 단면을 갖고 있다(그림 참조). 봉은 양단에서 핀 지지되어 있고 길이는 1 m이다. 봉의 단부에 작용하는 축하중은 단면의 중심으로부터 거리 $e = 20$ mm에 위치한 합력 $P = 80$ kN이다. 또한 강재의 탄성계수는 200 GPa이다.

(a) 봉의 최대 압축응력 σ_{max}를 결정하시오.

(b) 강재의 허용응력이 125 MPa인 경우, 봉의 최대 허용 길이 L_{max}는 얼마인지 구하시오.

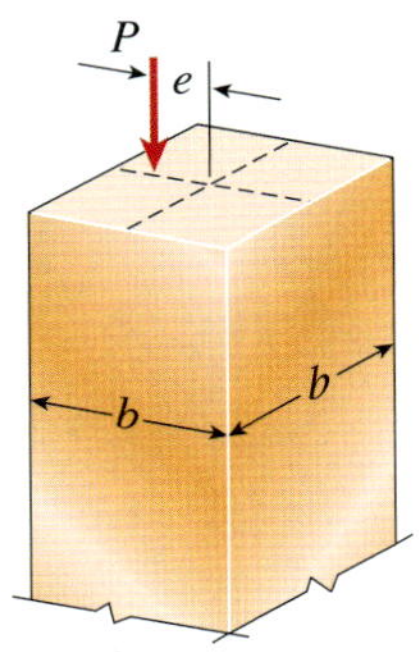

P14.6-1~14.6-3

14.6-2 정사각형 단면을 갖고 있는 황동 봉($E = 100$ GPa)이 중심으로부터 거리 e에 작용하는 축하중 P를 받고 있다(그림 참조). 봉은 양단에서 핀 지지되어 있고 길이는 0.6 m이다. 봉의 변 길이 b는 30 mm이고, 하중의 편심 e는 10 mm이다. 황동의 허용응력이 150 MPa인 경우, 허용 축하중 P_{allow}는 얼마인지 구하시오.

14.6-3 핀으로 지지된 정사각형 알루미늄 봉이 중심으로부터 거리 $e = 50$ mm에 작용하는 하중 $P = 120$ kN을 받고 있다(그림 참조). 봉은 길이 $L = 1.5$ m, 탄성계수 $E = 70$ GPa이다. 봉의 응력이 42 MPa을 초과하지 않는 경우, 봉의 최소 허용 폭 b_{min}은 얼마인지 구하시오.

대표문제

14.6-4 강재 HE 240A 기둥이 양단부에서 핀 지지되어 있다. 기둥은 편심 $e = 75$ mm로 축하중 $P = 665$ kN을 지지하고 있다(그림 참조). 최대 응력이 비례한도 $\sigma_{pl} = 345$ MPa로 제한되고, 2.0의 안전율을 가정한 경우, 기둥의 길이는 얼마인지 구하시오. 탄성계수 $E = 200$ GPa을 사용한다.

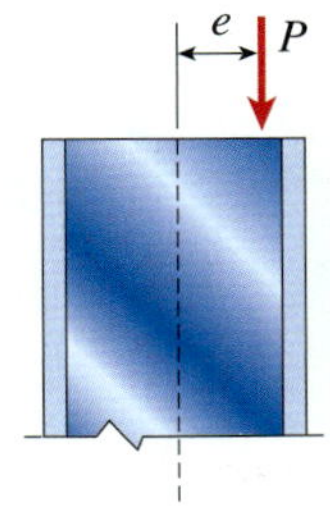

P14.6-4

14.6-5 강재 HE 260A 기둥이 양단부에서 핀 지지되어 있고, 길이 $L = 4$ m이다. 기둥은 편심으로 작용하는 두 개의 하중 $P_1 = 750$ kN과 $P_2 = 500$ kN을 지탱하고 있다(그림 참조). 굽힘은 단면의 축 1-1에 대하여 일어나고, 편심 하중은 중심 C로부터 200 mm 거리의 축 2-2 위에 작용한다. 기둥의 최대 압축응력을 계산하시오. 탄성계수 $E = 200$ GPa로 가정한다.

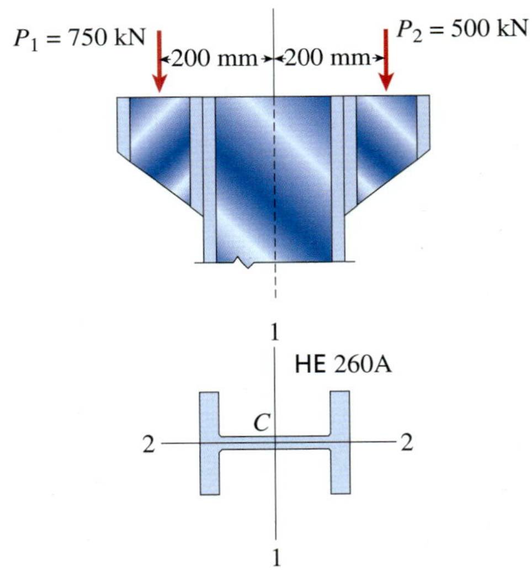

P14.6-5

14.6-6 핀 지지된 강재 기둥($E = 200$ GPa)이 HE 260B 넓은 플랜지형으로 제작되어 있다(그림 참조). 기둥의 길이는 7 m이다. 기둥에 작용하는 축력의 합력은 편심 $e = 50$ mm로 작용하는 힘 P이다.

(a) 하중 $P = 500$ kN인 경우, 기둥의 최대 압축응력 σ_{max}를 결정하시오.

(b) 항복응력이 $\sigma_Y = 300$ MPa이고, 재료의 항복에 대한 안전율이 $n = 2.5$인 경우, 허용하중 P_{allow}를 결정하시오.

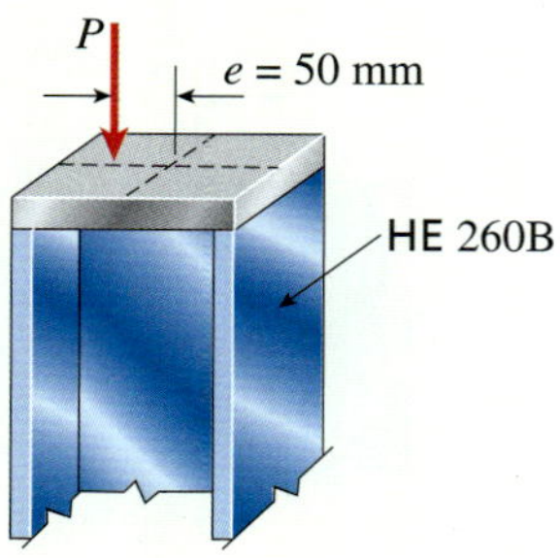

P14.6-6

14.6-7 IPN 450 강재 기둥이 그림에서 보는 바와 같이 편심 $e = 38$ mm로 작용하는 힘 $P = 340$ kN으로 압축을 받고 있다. 기둥은 양단부에서 핀 지지되어 있고, 길이는 L이다. 또한 강재는 탄성계수 $E = 200$ GPa이고, 항복응력은 $\sigma_Y = 250$ MPa이다.

(a) 길이 $L = 3$ m인 경우, 기둥의 최대 압축응력 σ_{max}는 얼마인지 구하시오.

(b) 항복에 대한 안전율 $n = 2.0$이 필요한 경우, 기둥의 최대 허용 길이 L_{max}는 얼마인지 구하시오.

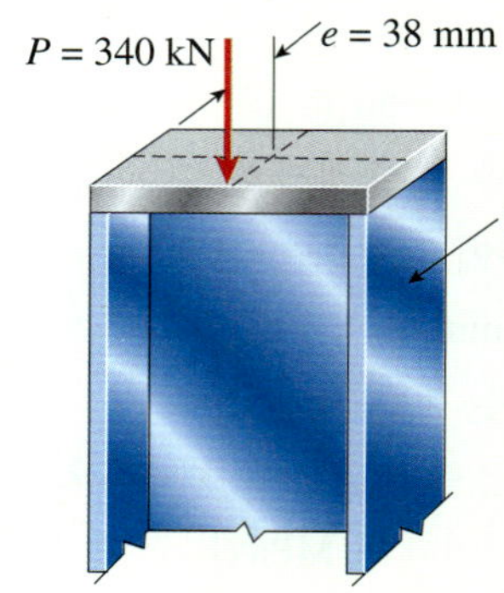

P14.6-7

APPENDIX A

Mathematical Formulas

Vector Operations

Properties

A *vector* is a quantity that has both magnitude and direction. Examples of vector quantities are force, displacement, velocity, and acceleration. A *scalar,* on the other hand, has only magnitude. Scalars include such items as mass, volume, density, time, and speed. In this text, a vector is shown in a bold italic font ($\boldsymbol{V}$) while the magnitude of the vector is shown as V using a regular (non-bold italic) font. The vector magnitude is a scalar quantity and can also be shown as $|V|$.

Addition, Subtraction

Parallelogram Law: The *sum* of two vectors can be represented by the vector equation

$$\boldsymbol{V}_s = \boldsymbol{V}_1 + \boldsymbol{V}_2 = \boldsymbol{V}_2 + \boldsymbol{V}_1$$

The order of the vector addition does not affect the final result. Resultant vector $\boldsymbol{V}$ (see figure below) is the diagonal of the *parallelogram* formed from vectors $\boldsymbol{V}_1$ and $\boldsymbol{V}_2$. The *difference* between two vectors is obtained using vector subtraction as follows:

$$\boldsymbol{V}_d = \boldsymbol{V}_1 - \boldsymbol{V}_2 = \boldsymbol{V}_1 + (-\boldsymbol{V}_2)$$

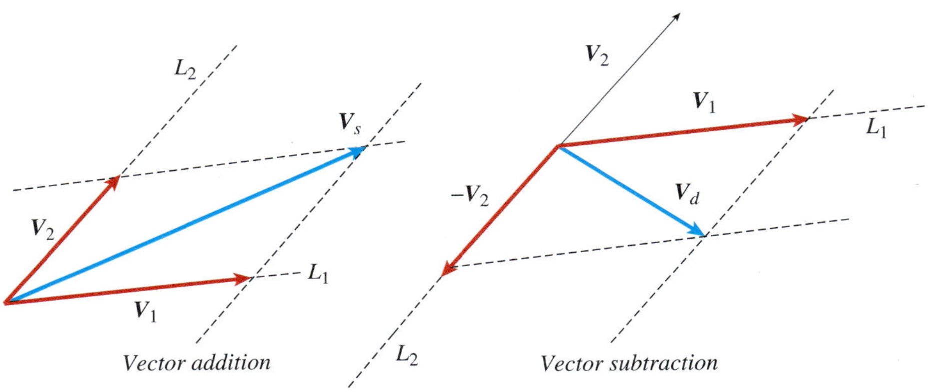

(a) (b)

Triangle Law: An alternative way to represent vector addition and subtraction is with the triangle law. Vector V_2 is moved to the head of vector V_1 (since both are free vectors) to find the resulting equivalent vector ($\boldsymbol{V_s}$ or $\boldsymbol{V_d}$ for addition and subtraction, respectively) as shown in the figure below.

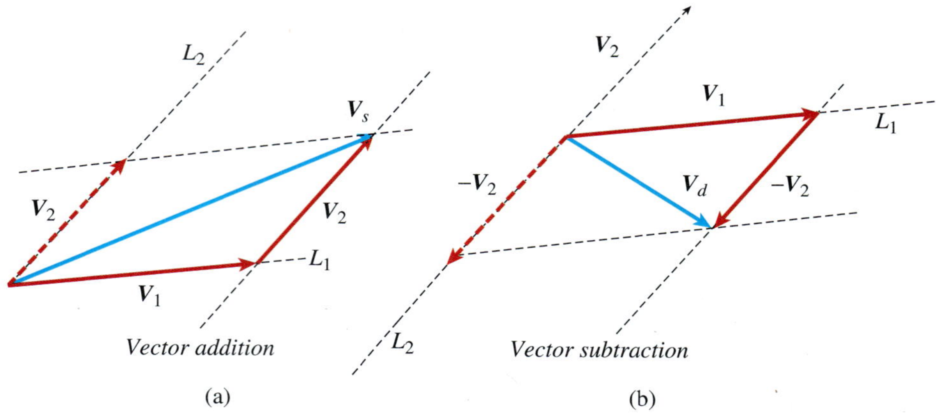

Commutative and Associative Laws:

$$\textit{Commutative: } \boldsymbol{V}_1 + \boldsymbol{V}_2 = \boldsymbol{V}_2 + \boldsymbol{V}_1 \quad \text{and}$$
$$\textit{Associative: } (\boldsymbol{V}_1 + \boldsymbol{V}_2) + \boldsymbol{V}_3 = \boldsymbol{V}_1 + (\boldsymbol{V}_2 + \boldsymbol{V}_3)$$

Vector Components: In three dimensions, vector $\boldsymbol{V}$ has three components (see figure below), one along each coordinate axis (x, y, and z), and vector addition is carried out as follows:

$$\boldsymbol{V} = \boldsymbol{V}_x + \boldsymbol{V}_y + \boldsymbol{V}_z$$

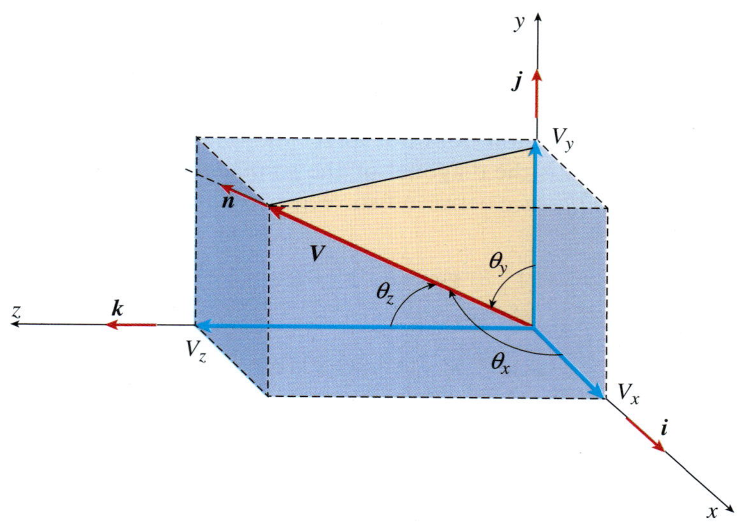

Unit Vectors

Vector $\boldsymbol{V}$ can also be expressed mathematically as the product of vector magnitude $V = |\boldsymbol{V}|$ and unit vector $\boldsymbol{n}_V$ as follows: $\boldsymbol{V} = |\boldsymbol{V}|\,\boldsymbol{n}_V = V\boldsymbol{n}_V$, where the magnitude of $\boldsymbol{V}$ is $|\boldsymbol{V}| = V$ and $V = \sqrt{V_x^2 + V_y^2 + V_z^2}$. Hence, $\boldsymbol{n}_V = \dfrac{\boldsymbol{V}}{|\boldsymbol{V}|} = \dfrac{\boldsymbol{V}}{V}$ and unit vector $\boldsymbol{n}_V$ has unit magnitude [$|\boldsymbol{n}_V| = 1$], is dimensionless, and has the same direction as $\boldsymbol{V}$. Unit vectors along x, y, and z axis directions are defined as $\boldsymbol{i}, \boldsymbol{j}$, and $\boldsymbol{k}$ so vector $\boldsymbol{V}$ can be expressed in terms of its rectangular components, in three dimensions, as follows:

$$\boldsymbol{V} = V_x\boldsymbol{i} + V_y\boldsymbol{j} + V_z\boldsymbol{k} = \begin{pmatrix} V_x \\ V_y \\ V_z \end{pmatrix} \quad \text{where } \boldsymbol{V}_x = V_x\boldsymbol{i},\ \boldsymbol{V}_y = V_y\boldsymbol{j}, \text{ and } \boldsymbol{V}_z = V_z\boldsymbol{k}.$$

Direction Cosines

The *direction cosines* of a vector $\boldsymbol{V}$ are the cosines of the angles between the vector and the three coordinate axes (see figure above). The direction cosines of $\boldsymbol{V}$ can be defined as follows:

$$l = \cos(\theta_x) = \frac{V_x}{V},\ m = \cos(\theta_y) = \frac{V_y}{V} \text{ and } n = \cos(\theta_z) = \frac{V_z}{V}$$

Using the direction cosines gives

$$\boldsymbol{V} = V(l\boldsymbol{i} + m\boldsymbol{j} + n\boldsymbol{k}) = V\begin{pmatrix} l \\ m \\ n \end{pmatrix}$$

It follows that

$$l^2 + m^2 + n^2 = \frac{V_x^2 + V_y^2 + V_z^2}{V^2} = 1$$

Dot or Scalar Product

The dot or scalar product of two vectors, $\boldsymbol{F}$ and $\boldsymbol{P}$, is defined as the product of their magnitudes (F times P) times the cosine of the angle (θ) between them: $\boldsymbol{F} \cdot \boldsymbol{P} = FP\cos(\theta)$. Two vectors are perpendicular if $\boldsymbol{F} \cdot \boldsymbol{P} = \boldsymbol{P} \cdot \boldsymbol{F} = 0$.

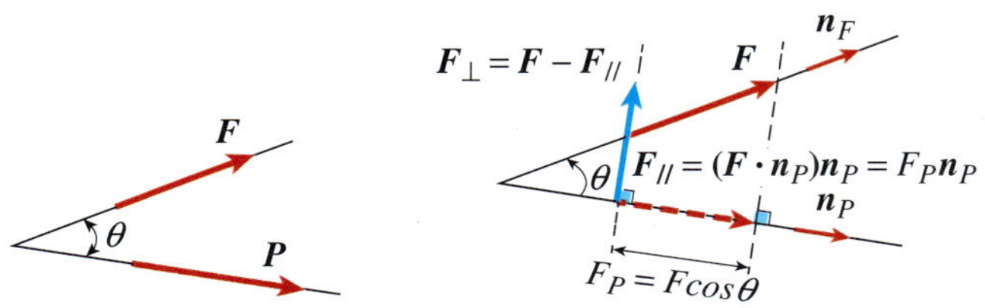

The dot product can be used to find the angle θ between two vectors $\boldsymbol{F}$ and $\boldsymbol{P}$ as $\theta = \cos^{-1}\left[\frac{\boldsymbol{F} \cdot \boldsymbol{P}}{F\ P}\right]$. The dot product is also used to find components of a force along ($\boldsymbol{F}_{//}$) and perpendicular to ($\boldsymbol{F}_{\perp}$) a line of action of interest (defined by unit vector $\boldsymbol{n}_P$ in the figure above). The component of $\boldsymbol{F}$ along (or parallel to) the direction defined by $\boldsymbol{n}_P$ is $\boldsymbol{F}_{//} = (\boldsymbol{F} \cdot \boldsymbol{n}_P)\boldsymbol{n}_P$ and the perpendicular component is $\boldsymbol{F}_{\perp} = \boldsymbol{F} - \boldsymbol{F}_{//}$.

Finally, the *distributive law* gives: $\boldsymbol{F} \cdot (\boldsymbol{P} + \boldsymbol{Q}) = \boldsymbol{F} \cdot \boldsymbol{P} + \boldsymbol{F} \cdot \boldsymbol{Q}$

Cross or Vector Product

The cross product of two vectors $\boldsymbol{F}$ and $\boldsymbol{P}$ is a vector which is perpendicular to the plane formed by $\boldsymbol{F}$ and $\boldsymbol{P}$ (see figure) with a direction defined by the right hand rule. As a result, $\boldsymbol{F} \times \boldsymbol{P} = -\boldsymbol{P} \times \boldsymbol{F}$. The magnitude of the cross product is defined as $|\boldsymbol{F} \times \boldsymbol{P}| = FP\sin\theta$. The *distributive law* gives $\boldsymbol{F} \times (\boldsymbol{P} + \boldsymbol{Q}) = \boldsymbol{F} \times \boldsymbol{P} + \boldsymbol{F} \times \boldsymbol{Q}$.

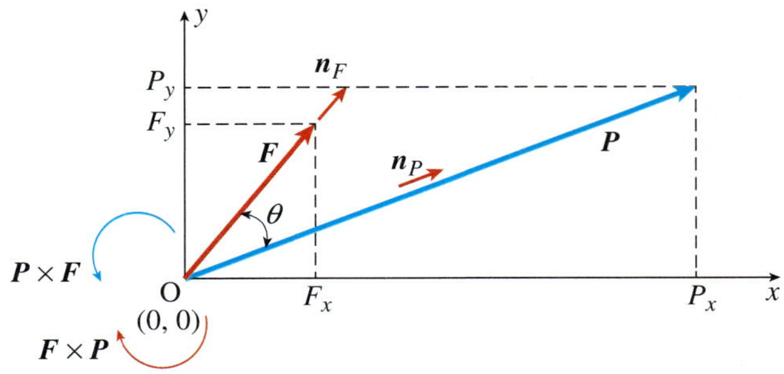

The cross product of vectors $\boldsymbol{F}$ and $\boldsymbol{P}$ can be found in three dimensions using a determinant as follows.

$$\boldsymbol{F} \times \boldsymbol{P} = \begin{vmatrix} \boldsymbol{i} & \boldsymbol{j} & \boldsymbol{k} \\ F_x & F_y & F_z \\ P_x & P_y & P_z \end{vmatrix}$$

Determinant expansion by minors using the cofactors of the first row gives

$$\boldsymbol{F} \times \boldsymbol{P} = (F_y P_z - F_z P_y)\boldsymbol{i} + (F_z P_x - F_x P_z)\boldsymbol{j} + (F_x P_y - F_y P_x)\boldsymbol{k}$$

Cross products of unit vectors in a right-handed Cartesian coordinate system are summarized as follows.

$$\boldsymbol{i} \times \boldsymbol{j} = \boldsymbol{k} \quad \boldsymbol{j} \times \boldsymbol{k} = \boldsymbol{i} \quad \boldsymbol{k} \times \boldsymbol{i} = \boldsymbol{j}$$
$$\boldsymbol{j} \times \boldsymbol{i} = -\boldsymbol{k} \quad \boldsymbol{k} \times \boldsymbol{j} = -\boldsymbol{i} \quad \boldsymbol{i} \times \boldsymbol{k} = -\boldsymbol{j}$$
$$\boldsymbol{i} \times \boldsymbol{i} = \boldsymbol{j} \times \boldsymbol{j} = \boldsymbol{k} \times \boldsymbol{k} = \boldsymbol{0}$$

Triple Scalar Product; Triple Vector Product

The *triple scalar product* is defined as $\boldsymbol{F} \times \boldsymbol{P} \cdot \boldsymbol{Q} = (\boldsymbol{F} \times \boldsymbol{P}) \cdot \boldsymbol{Q} = \boldsymbol{Q} \cdot (\boldsymbol{F} \times \boldsymbol{P})$. The result is a scalar quantity; parentheses are not needed because vector $\boldsymbol{F}$ cannot be crossed with scalar $\boldsymbol{P} \cdot \boldsymbol{Q}$. The triple scalar product can be found using any of the following determinants:

$$\boldsymbol{F} \times \boldsymbol{P} \cdot \boldsymbol{Q} = \begin{vmatrix} F_x & F_y & F_z \\ P_x & P_y & P_z \\ Q_x & Q_y & Q_z \end{vmatrix} = \begin{vmatrix} Q_x & Q_y & Q_z \\ F_x & F_y & F_z \\ P_x & P_y & P_z \end{vmatrix} = \begin{vmatrix} P_x & P_y & P_z \\ Q_x & Q_y & Q_z \\ F_x & F_y & F_z \end{vmatrix}$$

The *triple vector product* is defined as $(\boldsymbol{F} \times \boldsymbol{P}) \times \boldsymbol{Q} = -\boldsymbol{Q} \times (\boldsymbol{F} \times \boldsymbol{P}) = \boldsymbol{Q} \times (\boldsymbol{P} \times \boldsymbol{F})$, which is equivalent to $(\boldsymbol{F} \times \boldsymbol{P}) \times \boldsymbol{Q} = \boldsymbol{Q} \cdot \boldsymbol{F}\boldsymbol{P} - \boldsymbol{Q} \cdot \boldsymbol{P}\boldsymbol{F}$. Note that $\boldsymbol{Q} \cdot \boldsymbol{F}\boldsymbol{P}$ means that the scalar product of $\boldsymbol{Q}$ and $\boldsymbol{F}$ is then multiplied by vector $\boldsymbol{P}$. Also note that $(\boldsymbol{F} \times \boldsymbol{P}) \times \boldsymbol{Q} \neq \boldsymbol{F} \times (\boldsymbol{P} \times \boldsymbol{Q})$.

Mathematical Constants

$\pi = 3.14159\ldots \quad e = 2.71828\ldots \quad 2\pi$ radians $= 360$ degrees

$$1 \text{ radian} = \frac{180}{\pi} \text{ degrees} = 57.2958°$$

$$1 \text{ degree} = \frac{\pi}{180} \text{ radians} = 0.0174533 \text{ rad}$$

Conversions: Multiply degrees by $\frac{\pi}{180}$ to obtain radians

Multiply radians by $\frac{180}{\pi}$ to obtain degrees

Exponents

$$A^n A^m = A^{n+m} \qquad \frac{A^m}{A^n} = A^{m-n} \qquad (A^m)^n = A^{mn} \qquad A^{-m} = \frac{1}{A^m}$$

$$(AB)^n = A^n B^n \qquad \left(\frac{A}{B}\right)^n = \frac{A^n}{B^n} \qquad A^{m/n} = \sqrt[n]{A^m} \qquad A^0 = 1(A \neq 0)$$

Logarithms

log ≡ common logarithm (logarithm to the base 10)

$$10^x = y \qquad \log y = x$$

ln ≡ natural logarithm (logarithm to the base e) $\qquad e^x = y \qquad \ln y = x$

$$e^{\ln A} = A \qquad 10^{\log A} = A \qquad \ln e^A = A \qquad \log 10^A = A$$

$$\log AB = \log A + \log B \qquad \log\frac{A}{B} = \log A - \log B \qquad \log\frac{1}{A} = -\log A$$

$$\log A^n = n\log A \qquad \log 1 = \ln 1 = 0 \qquad \log 10 = 1 \qquad \ln e = 1$$

$$\ln A = (\ln 10)(\log A) = 2.30259 \log A$$

$$\log A = (\log e)(\ln A) = 0.434294 \ln A$$

Trigonometric Functions

$$\tan x = \frac{\sin x}{\cos x} \qquad \cot x = \frac{\cos x}{\sin x} \qquad \sec x = \frac{1}{\cos x} \qquad \csc x = \frac{1}{\sin x}$$

$$\sin^2 x + \cos^2 x = 1 \qquad \tan^2 x + 1 = \sec^2 x \qquad \cot^2 x + 1 = \csc^2 x$$

$$\sin(-x) = -\sin x \qquad \cos(-x) = \cos x \qquad \tan(-x) = -\tan x$$

$$\sin(x \pm y) = \sin x \cos y \pm \cos x \sin y$$

$$\cos(x \pm y) = \cos x \cos y \mp \sin x \sin y$$

$$\sin 2x = 2\sin x \cos x \qquad \cos 2x = \cos^2 x - \sin^2 x$$

$$\tan 2x = \frac{2\tan x}{1 - \tan^2 x}$$

$$\tan x = \frac{1 - \cos 2x}{\sin 2x} = \frac{\sin 2x}{1 + \cos 2x}$$

$$\sin^2 x = \frac{1}{2}(1 - \cos 2x) \qquad \cos^2 x = \frac{1}{2}(1 + \cos 2x)$$

For any triangle with sides a, b, c and opposite angles A, B, C:

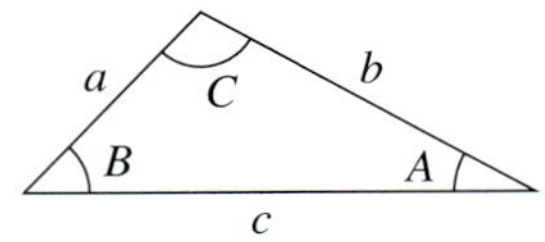

Law of sines $\dfrac{a}{\sin A} = \dfrac{b}{\sin B} = \dfrac{c}{\sin C}$

Law of cosines $c^2 = a^2 + b^2 - 2ab\cos C$

Quadratic Equation and Quadratic Formula

$$ax^2 + bx + c = 0 \qquad x = \frac{-b \pm \sqrt{b^2 - 4ac}}{2a}$$

Infinite Series

$$\frac{1}{1+x} = 1 - x + x^2 - x^3 + \cdots \qquad (-1 < x < 1)$$

$$\sqrt{1+x} = 1 + \frac{x}{2} - \frac{x^2}{8} + \frac{x^3}{16} - \cdots \qquad (-1 < x < 1)$$

$$\frac{1}{\sqrt{1+x}} = 1 - \frac{x}{2} + \frac{3x^2}{8} - \frac{5x^3}{16} + \cdots \qquad (-1 < x < 1)$$

$$e^x = 1 + x + \frac{x^2}{2!} + \frac{x^3}{3!} + \cdots \qquad (-\infty < x < \infty)$$

$$\sin x = x - \frac{x^3}{3!} + \frac{x^5}{5!} - \frac{x^7}{7!} + \cdots \qquad (-\infty < x < \infty)$$

$$\cos x = 1 - \frac{x^2}{2!} + \frac{x^4}{4!} - \frac{x^6}{6!} + \cdots \qquad (-\infty < x < \infty)$$

Note: If x is very small compared to 1, only the first few terms in the series are needed.

Derivatives

$$\frac{d}{dx}(ax) = a \qquad \frac{d}{dx}(x^n) = nx^{n-1} \qquad \frac{d}{dx}(au) = a\frac{du}{dx}$$

$$\frac{d}{dx}(uv) = u\frac{dv}{dx} + v\frac{du}{dx} \qquad \frac{d}{dx}\left(\frac{u}{v}\right) = \frac{v(du/dx) - u(dv/dx)}{v^2}$$

$$\frac{d}{dx}(u^n) = nu^{n-1}\frac{du}{dx} \qquad \frac{dy}{dx} = \frac{dy}{du}\frac{du}{dx} \qquad \frac{du}{dx} = \frac{1}{dx/du}$$

$$\frac{d}{dx}(\sin u) = \cos u\frac{du}{dx} \qquad \frac{d}{dx}(\cos u) = -\sin u\frac{du}{dx}$$

$$\frac{d}{dx}(\tan u) = \sec^2 u\frac{du}{dx} \qquad \frac{d}{dx}(\cot u) = -\csc^2 u\frac{du}{dx}$$

$$\frac{d}{dx}(\sec u) = \sec u\tan u\frac{du}{dx} \qquad \frac{d}{dx}(\csc u) = -\csc u\cot u\frac{du}{dx}$$

$$\frac{d}{dx}(\arctan u) = \frac{1}{1+u^2}\frac{du}{dx} \qquad \frac{d}{dx}(\log u) = \frac{\log e}{u}\frac{du}{dx} \qquad \frac{d}{dx}(\ln u) = \frac{1}{u}\frac{du}{dx}$$

$$\frac{d}{dx}(a^u) = a^u \ln a \frac{du}{dx} \qquad \frac{d}{dx}(e^u) = e^u \frac{du}{dx}$$

Indefinite Integrals

Note: A constant must be added to the result of every integration

$$\int a dx = ax \qquad \int u dv = uv - \int v du \quad \text{(integration by parts)}$$

$$\int x^n dx = \frac{x^{n+1}}{n+1} \quad (n \neq -1) \qquad \int \frac{dx}{x} = \ln|x| \quad (x \neq 0)$$

$$\int \frac{dx}{x^n} = \frac{x^{1-n}}{1-n} \quad (n \neq 1) \qquad \int (a+bx)^n dx = \frac{(a+bx)^{n+1}}{b(n+1)} \quad (n \neq -1)$$

$$\int \frac{dx}{a+bx} = \frac{1}{b}\ln(a+bx) \qquad \int \frac{dx}{(a+bx)^2} = \frac{1}{b(a+bx)}$$

$$\int \frac{dx}{(a+bx)^n} = -\frac{1}{(n-1)(b)(a+bx)^{n-1}} \quad (n \neq 1)$$

$$\int \frac{dx}{a^2+b^2x^2} = \frac{1}{ab}\tan^{-1}\frac{bx}{a} \quad (x \text{ in radians}) \quad (a > 0,\ b > 0)$$

$$\int \frac{dx}{a^2-b^2x^2} = \frac{1}{2ab}\ln\left(\frac{a+bx}{a-bx}\right) \quad (x \text{ in radians}) \quad (a > 0,\ b > 0)$$

$$\int \frac{xdx}{a+bx} = \frac{1}{b^2}[bx - a\ln(a+bx)]$$

$$\int \frac{xdx}{(a+bx)^2} = \frac{1}{b^2}\left[\frac{a}{a+bx} + \ln(a+bx)\right]$$

$$\int \frac{xdx}{(a+bx)^3} = -\frac{a+2bx}{2b^2(a+bx)^2} \qquad \int \frac{xdx}{(a+bx)^4} = -\frac{a+3bx}{6b^2(a+bx)^3}$$

$$\int \frac{x^2dx}{a+bx} = \frac{1}{2b^3}[(a+bx)(-3a+bx) + 2a^2\ln(a+bx)]$$

$$\int \frac{x^2dx}{(a+bx)^2} = \frac{1}{b^3}\left[\frac{bx(2a+bx)}{a+bx} - 2a\ln(a+bx)\right]$$

$$\int \frac{x^2dx}{(a+bx)^3} = \frac{1}{b^3}\left[\frac{a(3a+4bx)}{2(a+bx)^2} + \ln(a+bx)\right]$$

$$\int \frac{x^2dx}{(a+bx)^4} = -\frac{a^2+3abx+3b^2x^2}{3b^3(a+bx)^3}$$

$$\int \sin ax\, dx = -\frac{\cos ax}{a} \qquad \int \cos ax\, dx = \frac{\sin ax}{a}$$

$$\int \tan ax\,dx = \frac{1}{a}\ln(\sec ax) \qquad \int \cot ax\,dx = \frac{1}{a}\ln(\sin ax)$$

$$\int \sec ax\,dx = \frac{1}{a}\ln(\sec ax + \tan ax)$$

$$\int \csc ax\,dx = \frac{1}{a}\ln(\csc ax - \cot ax)$$

$$\int \sin^2 ax\,dx = \frac{x}{2} - \frac{\sin 2ax}{4a}$$

$$\int \cos^2 ax\,dx = \frac{x}{2} + \frac{\sin 2ax}{4a} \qquad (x \text{ in radians})$$

$$\int x\sin ax\,dx = \frac{\sin ax}{a^2} - \frac{x\cos ax}{a} \qquad (x \text{ in radians})$$

$$\int x\cos ax\,dx = \frac{\cos ax}{a^2} + \frac{x\sin ax}{a} \qquad (x \text{ in radians})$$

$$\int e^{ax}\,dx = \frac{e^{ax}}{a} \qquad \int xe^{ax}\,dx = \frac{e^{ax}}{a^2}(ax - 1)$$

$$\int \ln ax\,dx = x(\ln ax - 1)$$

$$\int \frac{dx}{1 + \sin ax} = -\frac{1}{a}\tan\left(\frac{\pi}{4} - \frac{ax}{2}\right)$$

$$\int \sqrt{a + bx}\,dx = \frac{2}{3b}(a + bx)^{3/2}$$

$$\int \sqrt{a^2 + b^2x^2}\,dx = \frac{x}{2}\sqrt{a^2 + b^2x^2} + \frac{a^2}{2b}\ln\left(\frac{bx}{a} + \sqrt{1 + \frac{b^2x^2}{a^2}}\right)$$

$$\int \frac{dx}{\sqrt{a^2 + b^2x^2}} = \frac{1}{b}\ln\left(\frac{bx}{a} + \sqrt{1 + \frac{b^2x^2}{a^2}}\right)$$

$$\int \sqrt{a^2 - b^2x^2}\,dx = \frac{x}{2}\sqrt{a^2 - b^2x^2} + \frac{a^2}{2b}\sin^{-1}\frac{bx}{a}$$

Definite Integrals

$$\int_a^b f(x)dx = -\int_b^a f(x)dx \qquad \int_a^b f(x)dx = \int_a^c f(x)dx + \int_a^b f(x)dx$$

Properties of Plane Areas

Notation:

A = area
$\bar{x}, \bar{y}$ = distances to centroid C
I_x, I_y = moments of inertia with respect to the x and y axes, respectively
I_{xy} = product of inertia with respect to the x and y axes
$I_P = I_x + I_y$ = polar moment of inertia with respect to the origin of the x and y axes
I_{BB} = moment of inertia with respect to axis B–B

1

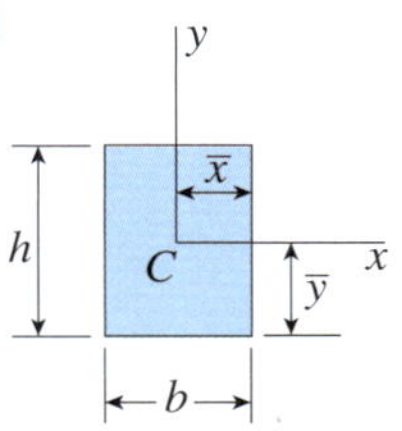

Rectangle (Origin of axes at centroid)

$$A = bh \qquad \bar{x} = \frac{b}{2} \qquad \bar{y} = \frac{h}{2}$$

$$I_x = \frac{bh^3}{12} \qquad I_y = \frac{hb^3}{12} \qquad I_{xy} = 0 \qquad I_P = \frac{bh}{12}(h^2 + b^2)$$

2

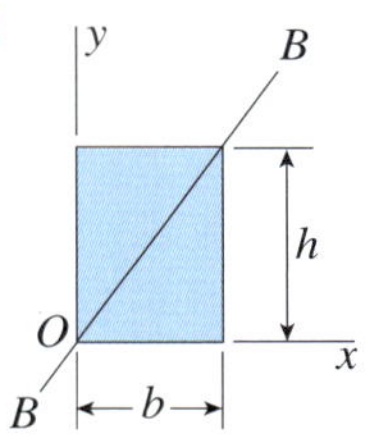

Rectangle (Origin of axes at corner)

$$I_x = \frac{bh^3}{3} \qquad I_y = \frac{hb^3}{3} \qquad I_{xy} = \frac{b^2h^2}{4} \qquad I_P = \frac{bh}{3}(h^2 + b^2)$$

$$I_{BB} = \frac{b^3h^3}{6(b^2 + h^2)}$$

3

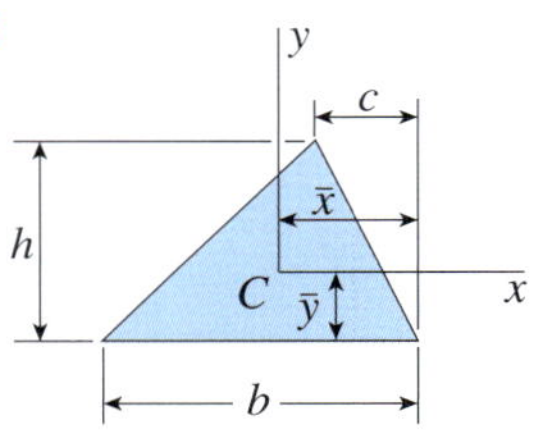

Triangle (Origin of axes at centroid)

$$A = \frac{bh}{2} \qquad \bar{x} = \frac{b + c}{3} \qquad \bar{y} = \frac{h}{3}$$

$$I_x = \frac{bh^3}{36} \qquad I_y = \frac{bh}{36}(b^2 - bc + c^2)$$

$$I_{xy} = \frac{bh^2}{72}(b - 2c) \qquad I_P = \frac{bh}{36}(h^2 + b^2 - bc + c^2)$$

---

4 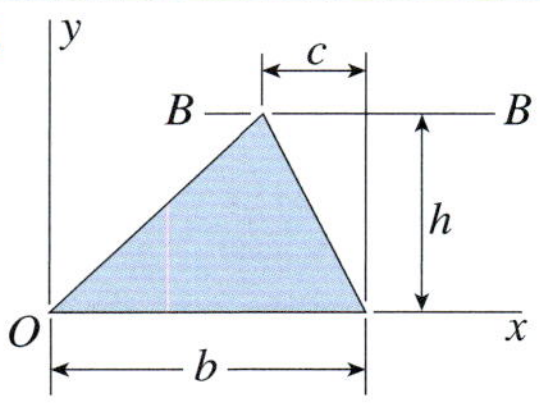

Triangle (Origin of axes at vertex)

$$I_x = \frac{bh^3}{12} \qquad I_y = \frac{bh}{12}(3b^2 - 3bc + c^2)$$

$$I_{xy} = \frac{bh^2}{24}(3b - 2c) \qquad I_{BB} = \frac{bh^3}{4}$$

(see Problem 5.5-1)

5 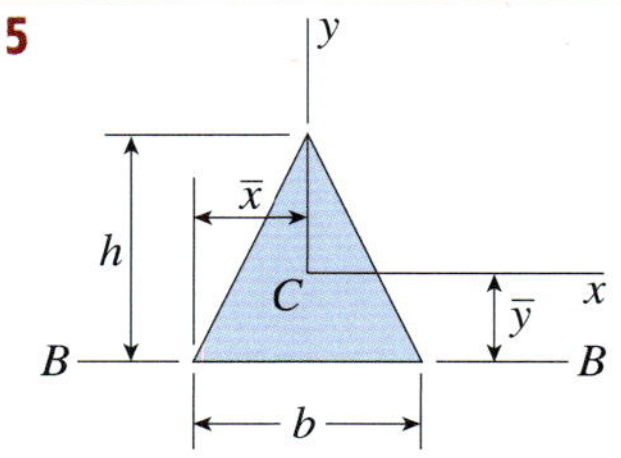

Isosceles triangle (Origin of axes at centroid)

$$A = \frac{bh}{2} \qquad \bar{x} = \frac{b}{2} \qquad \bar{y} = \frac{h}{3}$$

$$I_x = \frac{bh^3}{36} \qquad I_y = \frac{hb^3}{48} \qquad I_{xy} = 0$$

$$I_P = \frac{bh}{144}(4h^2 + 3b^2) \qquad I_{BB} = \frac{bh^3}{12}$$

(*Note:* For an equilateral triangle, $h = \sqrt{3}\,b/2$.)

6 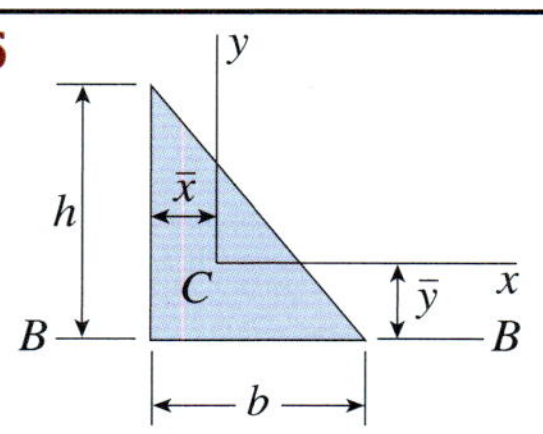

Right triangle (Origin of axes at centroid)

$$A = \frac{bh}{2} \qquad \bar{x} = \frac{b}{3} \qquad \bar{y} = \frac{h}{3}$$

$$I_x = \frac{bh^3}{36} \qquad I_y = \frac{hb^3}{36} \qquad I_{xy} = -\frac{b^2h^2}{72}$$

$$I_P = \frac{bh}{36}(h^2 + b^2) \qquad I_{BB} = \frac{bh^3}{12}$$

7 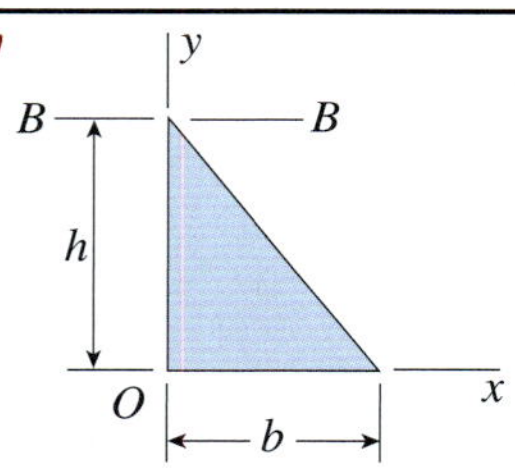

Right triangle (Origin of axes at vertex)

$$I_x = \frac{bh^3}{12} \qquad I_y = \frac{hb^3}{12} \qquad I_{xy} = \frac{b^2h^2}{24}$$

$$I_P = \frac{bh}{12}(h^2 + b^2) \qquad I_{BB} = \frac{bh^3}{4}$$

8 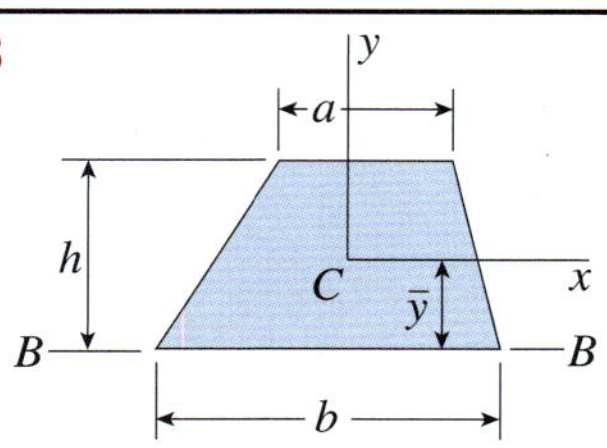

Trapezoid (Origin of axes at centroid)

$$A = \frac{h(a + b)}{2} \qquad \bar{y} = \frac{h(2a + b)}{3(a + b)}$$

$$I_x = \frac{h^3(a^2 + 4ab + b^2)}{36(a + b)} \qquad I_{BB} = \frac{h^3(3a + b)}{12}$$

(see Problem 5.5-2)

9

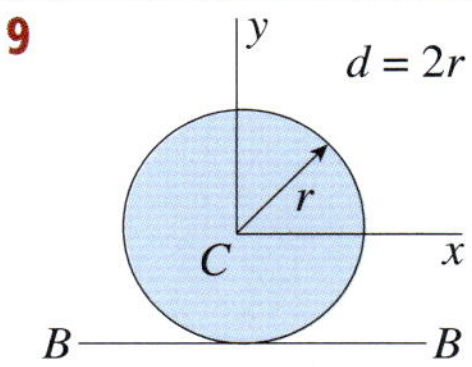

Circle (Origin of axes at center)

$$A = \pi r^2 = \frac{\pi d^2}{4} \qquad I_x = I_y = \frac{\pi r^4}{4} = \frac{\pi d^4}{64}$$

$$I_{xy} = 0 \qquad I_P = \frac{\pi r^4}{2} = \frac{\pi d^4}{32} \qquad I_{BB} = \frac{5\pi r^4}{4} = \frac{5\pi d^4}{64}$$

(see Problem 5.5-4)

10

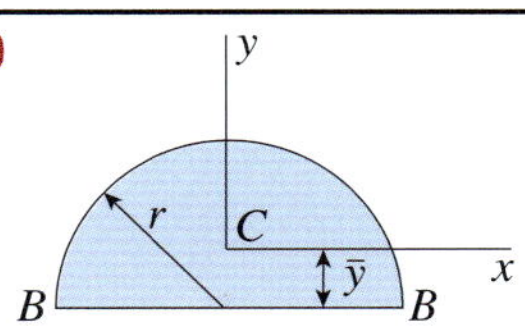

Semicircle (Origin of axes at centroid)

$$A = \frac{\pi r^2}{2} \qquad \bar{y} = \frac{4r}{3\pi}$$

$$I_x = \frac{(9\pi^2 - 64)r^4}{72\pi} \approx 0.1098r^4 \qquad I_y = \frac{\pi r^4}{8} \qquad I_{xy} = 0 \qquad I_{BB} = \frac{\pi r^4}{8}$$

11

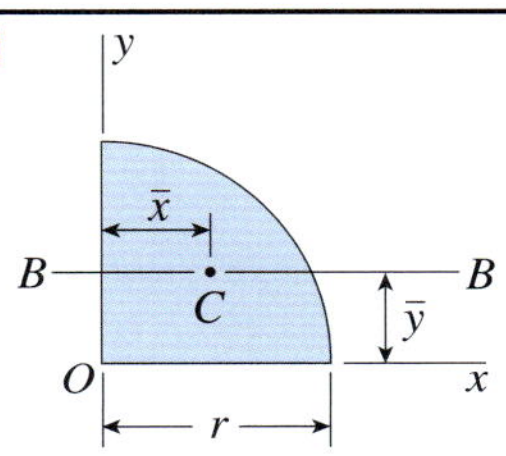

Quarter circle (Origin of axes at center of circle)

$$A = \frac{\pi r^2}{4} \qquad \bar{x} = \bar{y} = \frac{4r}{3\pi}$$

$$I_x = I_y = \frac{\pi r^4}{16} \qquad I_{xy} = \frac{r^4}{8} \qquad I_{BB} = \frac{(9\pi^2 - 64)r^4}{144\pi} \approx 0.05488r^4$$

12

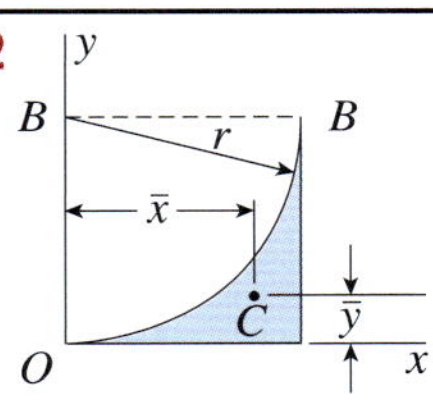

Quarter-circular spandrel (Origin of axes at point of tangency)

$$A = (1 - \frac{\pi}{4})r^2 \qquad \bar{x} = \frac{2r}{3(4 - \pi)} \approx 0.7766r \qquad \bar{y} = \frac{(10 - 3\pi)r}{3(4 - \pi)} \approx 0.2234r$$

$$I_x = \left(1 - \frac{5\pi}{16}\right)r^4 \approx 0.01825r^4 \qquad I_y = I_{BB} = \left(\frac{1}{3} - \frac{\pi}{16}\right)r^4 \approx 0.1370r^4$$

13

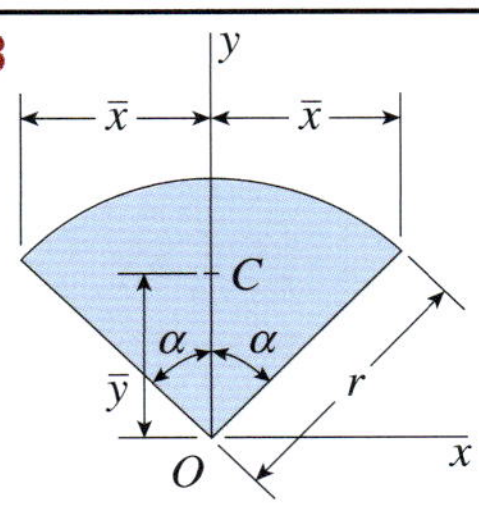

Circular sector (Origin of axes at center of circle)

α = angle in radians $\quad (\alpha \leq \pi/2)$

$$A = \alpha r^2 \qquad \bar{x} = r \sin\alpha \qquad \bar{y} = \frac{2r\sin\alpha}{3\alpha}$$

$$I_x = \frac{r^4}{4}(\alpha + \sin\alpha\cos\alpha) \qquad I_y = \frac{r^4}{4}(\alpha - \sin\alpha\cos\alpha)$$

$$I_{xy} = 0 \qquad I_P = \frac{\alpha r^4}{2}$$

14

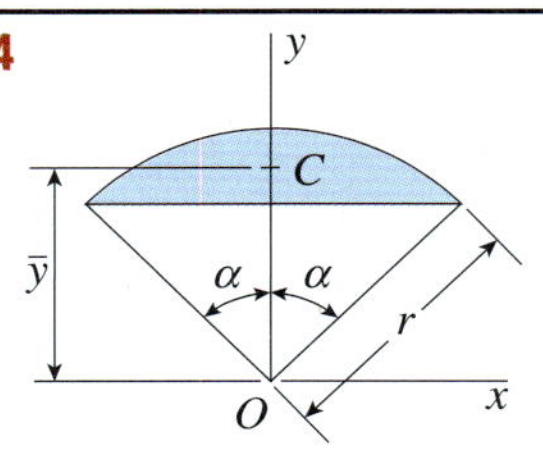

Circular segment (Origin of axes at center of circle)

α = angle in radians $\quad (\alpha \leq \pi/2)$

$$A = r^2(\alpha - \sin\alpha\cos\alpha) \qquad \bar{y} = \frac{2r}{3}\left(\frac{\sin^3\alpha}{\alpha - \sin\alpha\cos\alpha}\right)$$

$$I_x = \frac{r^4}{4}(\alpha - \sin\alpha\cos\alpha + 2\sin^3\alpha\cos\alpha) \qquad I_{xy} = 0$$

$$I_y = \frac{r^4}{12}(3\alpha - 3\sin\alpha\cos\alpha - 2\sin^3\alpha\cos\alpha)$$

15

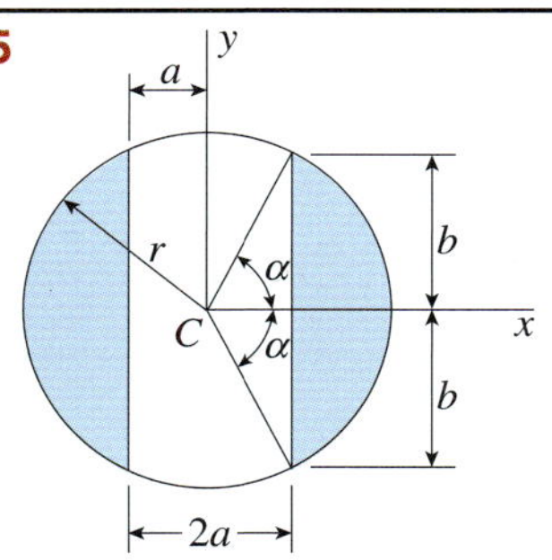

Circle with core removed (Origin of axes at center of circle)

α = angle in radians $\quad (\alpha \leq \pi/2)$

$$\alpha = \arccos\frac{a}{r} \qquad b = \sqrt{r^2 - a^2} \qquad A = 2r^2\left(\alpha - \frac{ab}{r^2}\right)$$

$$I_x = \frac{r^4}{6}\left(3\alpha - \frac{3ab}{r^2} - \frac{2ab^3}{r^4}\right) \qquad I_y = \frac{r^4}{2}\left(\alpha - \frac{ab}{r^2} + \frac{2ab^3}{r^4}\right) \qquad I_{xy} = 0$$

16

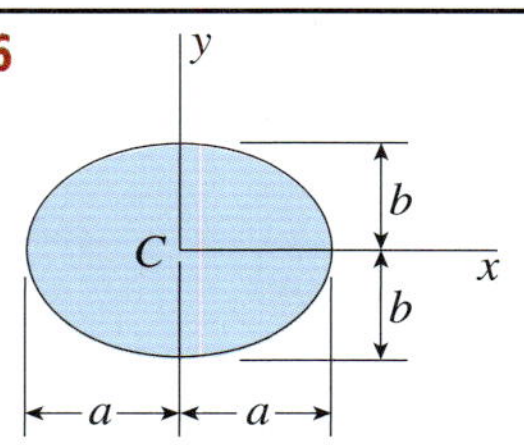

Ellipse (Origin of axes at centroid)

$$A = \pi ab \qquad I_x = \frac{\pi ab^3}{4} \qquad I_y = \frac{\pi ba^3}{4}$$

$$I_{xy} = 0 \qquad I_P = \frac{\pi ab}{4}(b^2 + a^2)$$

$$\text{Circumference} \approx \pi[1.5(a+b) - \sqrt{ab}] \qquad (a/3 \leq b \leq a)$$

$$\approx 4.17b^2/a + 4a \qquad (0 \leq b \leq a/3)$$

17

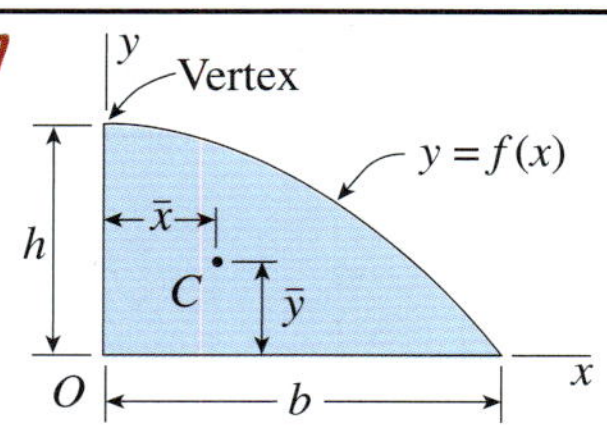

Parabolic semisegment (Origin of axes at corner)

$$y = f(x) = h\left(1 - \frac{x^2}{b^2}\right)$$

$$A = \frac{2bh}{3} \qquad \bar{x} = \frac{3b}{8} \qquad \bar{y} = \frac{2h}{5}$$

$$I_x = \frac{16bh^3}{105} \qquad I_y = \frac{2hb^3}{15} \qquad I_{xy} = \frac{b^2h^2}{12}$$

18

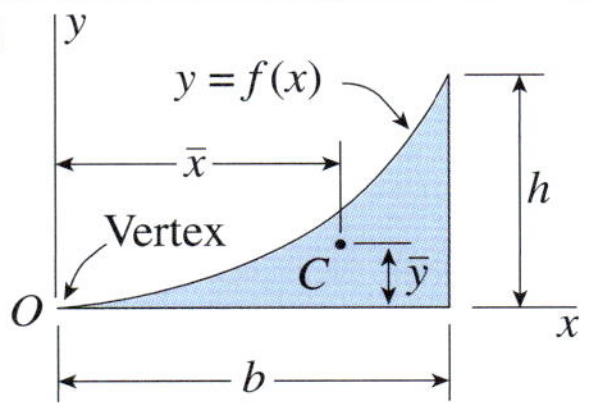

Parabolic spandrel (Origin of axes at vertex)

$$y = f(x) = \frac{hx^2}{b^2}$$

$$A = \frac{bh}{3} \qquad \bar{x} = \frac{3b}{4} \qquad \bar{y} = \frac{3h}{10}$$

$$I_x = \frac{bh^3}{21} \qquad I_y = \frac{hb^3}{5} \qquad I_{xy} = \frac{b^2h^2}{12}$$

(see Problem 5.5-3)

19

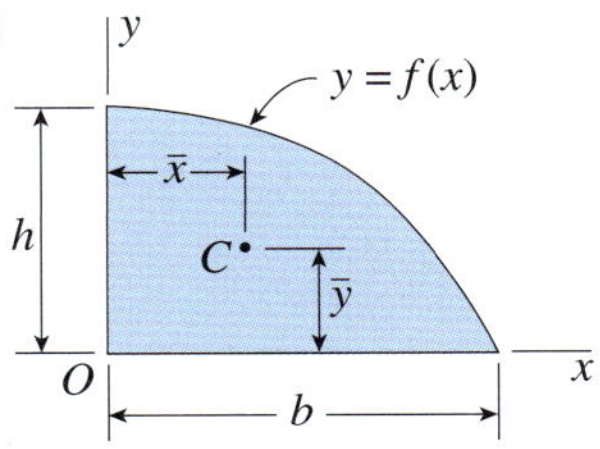

Semisegment of *n*th degree (Origin of axes at corner)

$$y = f(x) = h\left(1 - \frac{x^n}{b^n}\right) \qquad (n > 0)$$

$$A = bh\left(\frac{n}{n+1}\right) \qquad \bar{x} = \frac{b(n+1)}{2(n+2)} \qquad \bar{y} = \frac{hn}{2n+1}$$

$$I_x = \frac{2bh^3n^3}{(n+1)(2n+1)(3n+1)} \qquad I_y = \frac{hb^3n}{3(n+3)} \qquad I_{xy} = \frac{b^2h^2n^2}{4(n+1)(n+2)}$$

20

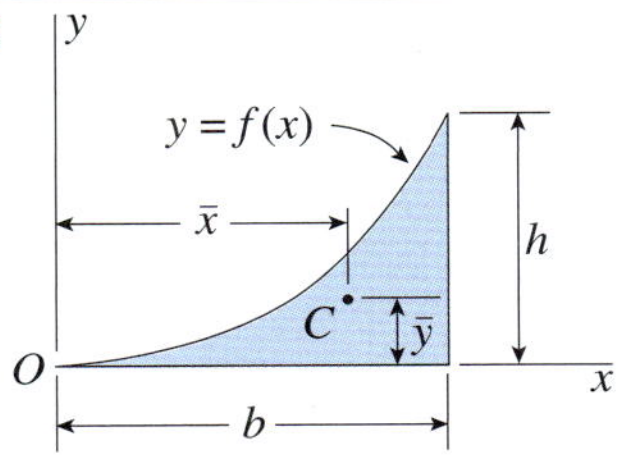

Spandrel of *n*th degree (Origin of axes at point of tangency)

$$y = f(x) = \frac{hx^n}{b^n} \qquad (n > 0)$$

$$A = \frac{bh}{n+1} \qquad \bar{x} = \frac{b(n+1)}{n+2} \qquad \bar{y} = \frac{h(n+1)}{2(2n+1)}$$

$$I_x = \frac{bh^3}{3(3n+1)} \qquad I_y = \frac{hb^3}{n+3} \qquad I_{xy} = \frac{b^2h^2}{4(n+1)}$$

21

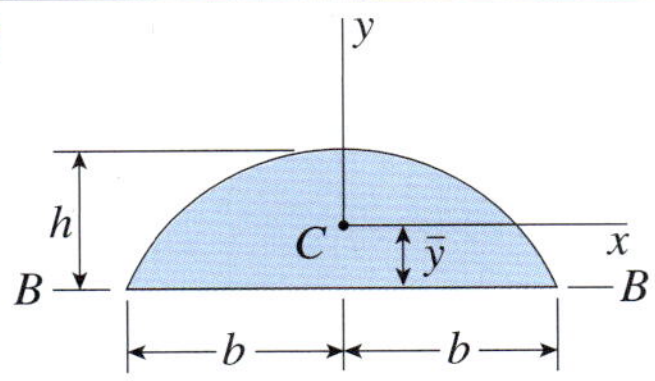

Sine wave (Origin of axes at centroid)

$$A = \frac{4bh}{\pi} \qquad \bar{y} = \frac{\pi h}{8}$$

$$I_x = \left(\frac{8}{9\pi} - \frac{\pi}{16}\right)bh^3 \approx 0.08659bh^3 \qquad I_y = \left(\frac{4}{\pi} - \frac{32}{\pi^3}\right)hb^3 \approx 0.2412hb^3$$

$$I_{xy} = 0 \qquad I_{BB} = \frac{8bh^3}{9\pi}$$

22

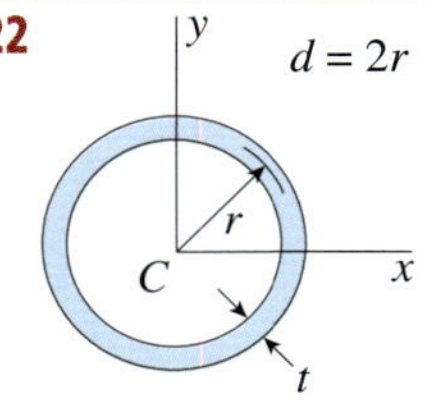

Thin circular ring (Origin of axes at center) Approximate formulas for case when t is small

$$A = 2\pi r t = \pi d t \qquad I_x = I_y = \pi r^3 t = \frac{\pi d^3 t}{8}$$

$$I_{xy} = 0 \qquad I_P = 2\pi r^3 t = \frac{\pi d^3 t}{4}$$

23

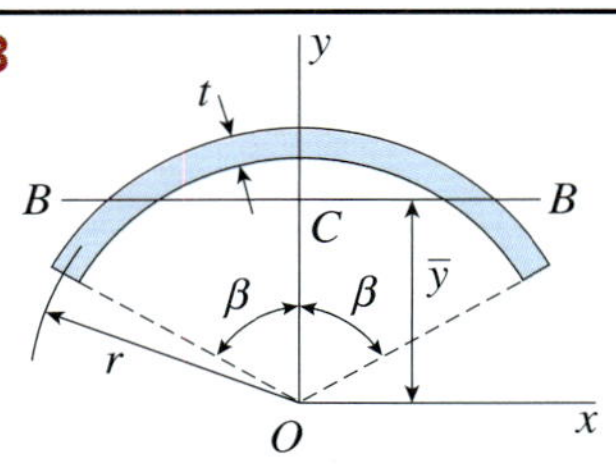

Thin circular arc (Origin of axes at center of circle) Approximate formulas for case when t is small

β = angle in radians (*Note*: For a semicircular arc, $\beta = \pi/2$.)

$$A = 2\beta r t \qquad \bar{y} = \frac{r \sin\beta}{\beta}$$

$$I_x = r^3 t(\beta + \sin\beta\cos\beta) \qquad I_y = r^3 t(\beta - \sin\beta\cos\beta)$$

$$I_{xy} = 0 \qquad I_{BB} = r^3 t\left(\frac{2\beta + \sin 2\beta}{2} - \frac{1 - \cos 2\beta}{\beta}\right)$$

24

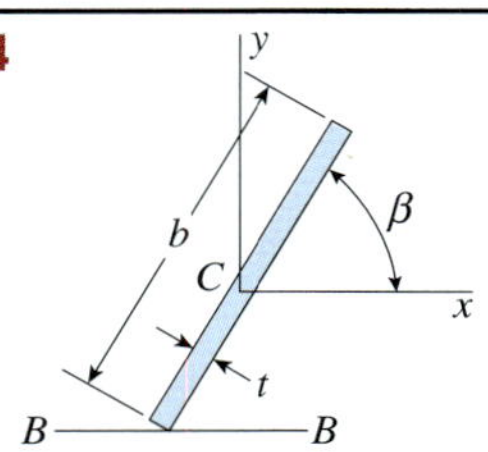

Thin rectangle (Origin of axes at centroid) Approximate formulas for case when t is small

$$A = bt$$

$$I_x = \frac{tb^3}{12}\sin^2\beta \qquad I_y = \frac{tb^3}{12}\cos^2\beta \qquad I_{BB} = \frac{tb^3}{3}\sin^2\beta$$

25

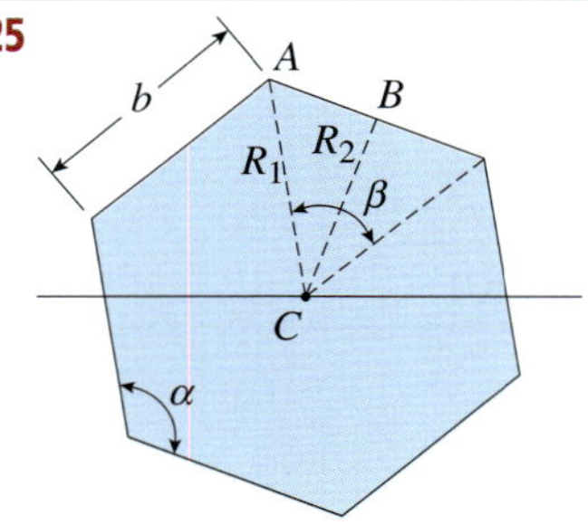

Regular polygon with n sides (Origin of axes at centroid)

C = centroid (at center of polygon)

n = number of sides ($n \geq 3$) $\qquad b$ = length of a side

β = central angle for a side $\qquad \alpha$ = interior angle (or vertex angle)

$$\beta = \frac{360°}{n} \qquad \alpha = \left(\frac{n-2}{n}\right)180° \qquad \alpha + \beta = 180°$$

R_1 = radius of circumscribed circle (line CA)

R_2 = radius of inscribed circle (line CB)

$$R_1 = \frac{b}{2}\csc\frac{\beta}{2} \qquad R_2 = \frac{b}{2}\cot\frac{\beta}{2} \qquad A = \frac{nb^2}{4}\cot\frac{\beta}{2}$$

I_c = moment of inertia about any axis through C (the centroid C is a principal point and every axis through C is a principal axis)

$$I_c = \frac{nb^4}{192}\left(\cot\frac{\beta}{2}\right)\left(3\cot^2\frac{\beta}{2} + 1\right) \qquad I_P = 2I_c$$

APPENDIX C

Properties of Structural-Steel Shapes

In the following tables, the properties of a few structural-steel shapes are presented as an aid to the reader in solving problems in the text. These tables were compiled from the extensive tables of properties for steel shapes commonly used in Europe.

Notation:

I = moment of inertia

S = section modulus

$r = \sqrt{I/A}$ = radius of gyration

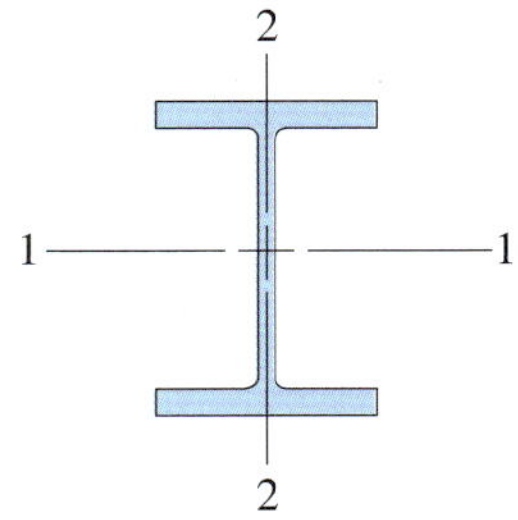

Table C-1

Properties of European Wide-Flange Beams

Designation	Mass per meter	Area of section	Depth of section	Width of section	Thickness		Strong axis 1-1			Weak axis 2-2		
	G	A	h	b	t_w	t_f	I_1	S_1	r_1	I_2	S_2	r_2
	kg/m	cm^2	mm	mm	mm	mm	cm^4	cm^3	cm	cm^4	cm^3	cm
HE 1000 B	314	400	1000	300	19	36	644700	12890	40.15	16280	1085	6.38
HE 900 B	291	371.3	900	300	18.5	35	494100	10980	36.48	15820	1054	6.53
HE 700 B	241	306.4	700	300	17	32	256900	7340	28.96	14440	962.7	6.87
HE 650 B	225	286.3	650	300	16	31	210600	6480	27.12	13980	932.3	6.99
HE 600 B	212	270	600	300	15.5	30	171000	5701	25.17	13530	902	7.08
HE 550 B	199	254.1	550	300	15	29	136700	4971	23.2	13080	871.8	7.17
HE 600 A	178	226.5	590	300	13	25	141200	4787	24.97	11270	751.4	7.05
HE 450 B	171	218	450	300	14	26	79890	3551	19.14	11720	781.4	7.33
HE 550 A	166	211.8	540	300	12.5	24	111900	4146	22.99	10820	721.3	7.15
HE 360 B	142	180.6	360	300	12.5	22.5	43190	2400	15.46	10140	676.1	7.49
HE 450 A	140	178	440	300	11.5	21	63720	2896	18.92	9465	631	7.29
HE 340 B	134	170.9	340	300	12	21.5	36660	2156	14.65	9690	646	7.53
HE 320 B	127	161.3	320	300	11.5	20.5	30820	1926	13.82	9239	615.9	7.57
HE 360 A	112	142.8	350	300	10	17.5	33090	1891	15.22	7887	525.8	7.43
HE 340 A	105	133.5	330	300	9.5	16.5	27690	1678	14.4	7436	495.7	7.46
HE 320 A	97.6	124.4	310	300	9	15.5	22930	1479	13.58	6985	465.7	7.49
HE 260 B	93	118.4	260	260	10	17.5	14920	1148	11.22	5135	395	6.58
HE 240 B	83.2	106	240	240	10	17	11260	938.3	10.31	3923	326.9	6.08
HE 280 A	76.4	97.26	270	280	8	13	13670	1013	11.86	4763	340.2	7
HE 220 B	71.5	91.04	220	220	9.5	16	8091	735.5	9.43	2843	258.5	5.59
HE 260 A	68.2	86.82	250	260	7.5	12.5	10450	836.4	10.97	3668	282.1	6.5
HE 240 A	60.3	76.84	230	240	7.5	12	7763	675.1	10.05	2769	230.7	6
HE 180 B	51.2	65.25	180	180	8.5	14	3831	425.7	7.66	1363	151.4	4.57
HE 160 B	42.6	54.25	160	160	8	13	2492	311.5	6.78	889.2	111.2	4.05
HE 140 B	33.7	42.96	140	140	7	12	1509	215.6	5.93	549.7	78.52	3.58
HE 120 B	26.7	34.01	120	120	6.5	11	864.4	144.1	5.04	317.5	52.92	3.06
HE 140 A	24.7	31.42	133	140	5.5	8.5	1033	155.4	5.73	389.3	55.62	3.52
HE 100 B	20.4	26.04	100	100	6	10	449.5	89.91	4.16	167.3	33.45	2.53
HE 100 A	16.7	21.24	96	100	5	8	349.2	72.76	4.06	133.8	26.76	2.51

Note: Axes 1-1 and 2-2 are principal centroidal axes.

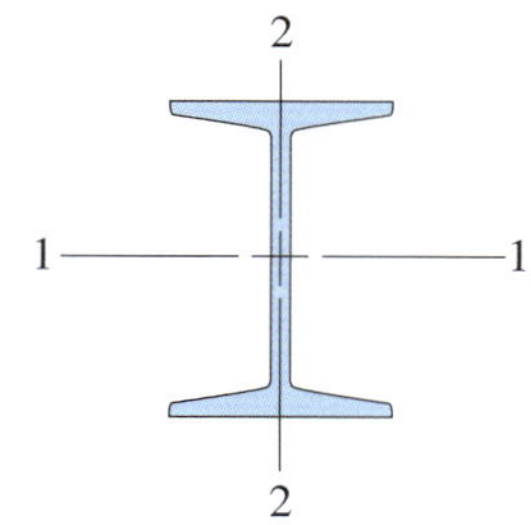

Table C-2

Properties of European Standard Beams

Designation	Mass per meter	Area of section	Depth of section	Width of section	Thickness		Strong axis 1-1			Weak axis 2-2		
	G	A	h	b	t_w	t_f	I_1	S_1	r_1	I_2	S_2	r_2
	kg/m	cm^2	mm	mm	mm	mm	cm^4	cm^3	cm	cm^4	cm^3	cm
IPN 550	166	212	550	200	19	30	99180	3610	21.6	3490	349	4.02
IPN 500	141	179	500	185	18	27	68740	2750	19.6	2480	268	3.72
IPN 450	115	147	450	170	16.2	24.3	45850	2040	17.7	1730	203	3.43
IPN 400	92.4	118	400	155	14.4	21.6	29210	1460	15.7	1160	149	3.13
IPN 380	84	107	380	149	13.7	20.5	24010	1260	15	975	131	3.02
IPN 360	76.1	97	360	143	13	19.5	19610	1090	14.2	818	114	2.9
IPN 340	68	86.7	340	137	12.2	18.3	15700	923	13.5	674	98.4	2.8
IPN 320	61	77.7	320	131	11.5	17.3	12510	782	12.7	555	84.7	2.67
IPN 300	54.2	69	300	125	10.8	16.2	9800	653	11.9	451	72.2	2.56
IPN 280	47.9	61	280	119	10.1	15.2	7590	542	11.1	364	61.2	2.45
IPN 260	41.9	53.3	260	113	9.4	14.1	5740	442	10.4	288	51	2.32
IPN 240	36.2	46.1	240	106	8.7	13.1	4250	354	9.59	221	41.7	2.2
IPN 220	31.1	39.5	220	98	8.1	12.2	3060	278	8.8	162	33.1	2.02
IPN 200	26.2	33.4	200	90	7.5	11.3	2140	214	8	117	26	1.87
IPN 180	21.9	27.9	180	82	6.9	10.4	1450	161	7.2	81.3	19.8	1.71
IPN 160	17.9	22.8	160	74	6.3	9.5	935	117	6.4	54.7	14.8	1.55
IPN 140	14.3	18.3	140	66	5.7	8.6	573	81.9	5.61	35.2	10.7	1.4
IPN 120	11.1	14.2	120	58	5.1	7.7	328	54.7	4.81	21.5	7.41	1.23
IPN 100	8.34	10.6	100	50	4.5	6.8	171	34.2	4.01	12.2	4.88	1.07
IPN 80	5.94	7.58	80	42	3.9	5.9	77.8	19.5	3.2	6.29	3	0.91

Note: Axes 1-1 and 2-2 are principal centroidal axes.

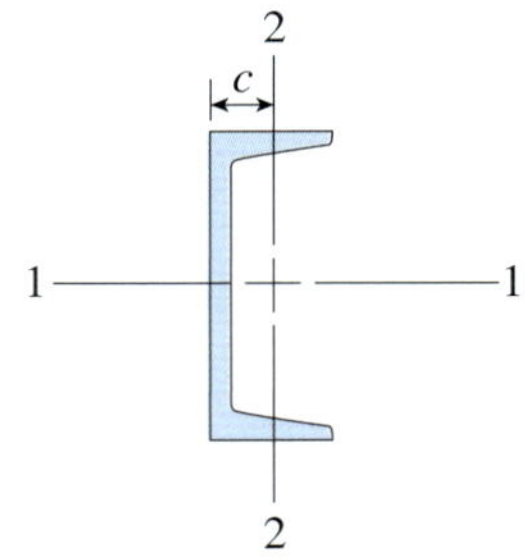

Table C-3

Properties of European Standard Channels

Designation	Mass per meter	Area of section	Depth of section	Width of section	Thickness		Strong axis 1-1			Weak axis 2-2			
	G	A	h	b	t_w	t_f	I_1	S_1	r_1	I_2	S_2	r_2	c
	kg/m	cm^2	mm	mm	mm	mm	cm^4	cm^3	cm	cm^4	cm^3	cm	cm
UPN 400	71.8	91.5	400	110	14	18	20350	1020	14.9	846	102	3.04	2.65
UPN 380	63.1	80.4	380	102	13.5	16	15760	829	14	615	78.7	2.77	2.38
UPN 350	60.6	77.3	350	100	14	16	12840	734	12.9	570	75	2.72	2.4
UPN 320	59.5	75.8	320	100	14	17.5	10870	679	12.1	597	80.6	2.81	2.6
UPN 300	46.2	58.8	300	100	10	16	8030	535	11.7	495	67.8	2.9	2.7
UPN 280	41.8	53.3	280	95	10	15	6280	448	10.9	399	57.2	2.74	2.53
UPN 260	37.9	48.3	260	90	10	14	4820	371	9.99	317	47.7	2.56	2.36
UPN 240	33.2	42.3	240	85	9.5	13	3600	300	9.22	248	39.6	2.42	2.23
UPN 220	29.4	37.4	220	80	9	12.5	2690	245	8.48	197	33.6	2.3	2.14
UPN 200	25.3	32.2	200	75	8.5	11.5	1910	191	7.7	148	27	2.14	2.01
UPN 180	22	28	180	70	8	11	1350	150	6.95	114	22.4	2.02	1.92
UPN 160	18.8	24	160	65	7.5	10.5	925	116	6.21	85.3	18.3	1.89	1.84
UPN 140	16	20.4	140	60	7	10	605	86.4	5.45	62.7	14.8	1.75	1.75
UPN 120	13.4	17	120	55	7	9	364	60.7	4.62	43.2	11.1	1.59	1.6
UPN 100	10.6	13.5	100	50	6	8.5	206	41.2	3.91	29.3	8.49	1.47	1.55
UPN 80	8.64	11	80	45	6	8	106	26.5	3.1	19.4	6.36	1.33	1.45

Notes:
1. Axes 1-1 and 2-2 are principal centroidal axes.
2. The distance c is measured from the centroid to the back of the web.
3. For axis 2-2, the tabulated value of S is the smaller of the two section moduli for this axis.

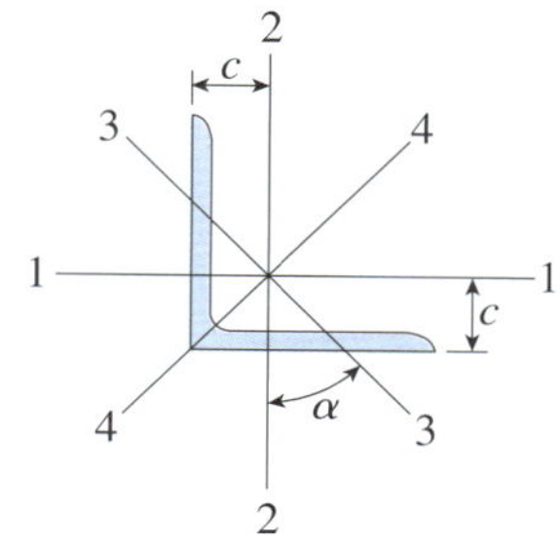

Table C-4

Properties of Angle Sections with Equal Legs (L Shapes) (Abridged List)

Designation	Thickness	Mass per meter	Area of section	Axis 1-1 and Axis 2-2				Axis 3-3	
		G	A	I	S	r	c	I_{min}	r_{min}
	mm	kg/m	cm^2	cm^4	cm^3	cm	cm	cm^4	cm
L 200 × 200 × 26	26	76.6	97.59	3560	252.7	6.04	5.91	1476	3.89
L 200 × 200 × 22	22	65.6	83.51	3094	217.3	6.09	5.76	1273	3.9
L 200 × 200 × 19	19	57.1	72.74	2726	189.9	6.12	5.64	1117	3.92
L 180 × 180 × 20	20	53.7	68.35	2043	159.4	5.47	5.18	841.3	3.51
L 180 × 180 × 19	19	51.1	65.14	1955	152.1	5.48	5.14	803.8	3.51
L 200 × 200 × 16	16	48.5	61.79	2341	161.7	6.16	5.52	957.1	3.94
L 180 × 180 × 17	17	46	58.66	1775	137.2	5.5	5.06	727.8	3.52
L 180 × 180 × 15	15	40.9	52.1	1589	122	5.52	4.98	650.5	3.53
L 160 × 160 × 17	17	40.7	51.82	1225	107.2	4.86	4.57	504.1	3.12
L 160 × 160 × 15	15	36.2	46.06	1099	95.47	4.88	4.49	450.8	3.13
L 180 × 180 × 13	13	35.7	45.46	1396	106.5	5.54	4.9	571.6	3.55
L 150 × 150 × 15	15	33.8	43.02	898.1	83.52	4.57	4.25	368.9	2.93
L 150 × 150 × 14	14	31.6	40.31	845.4	78.33	4.58	4.21	346.8	2.93
L 150 × 150 × 12	12	27.3	34.83	736.9	67.75	4.6	4.12	302	2.94
L 120 × 120 × 15	15	26.6	33.93	444.9	52.43	3.62	3.51	184.1	2.33
L 120 × 120 × 13	13	23.3	29.69	394	46.01	3.64	3.44	162.2	2.34
L 150 × 150 × 10	10	23	29.27	624	56.91	4.62	4.03	256	2.96
L 140 × 140 × 10	10	21.4	27.24	504.4	49.43	4.3	3.79	206.8	2.76
L 120 × 120 × 11	11	19.9	25.37	340.6	39.41	3.66	3.36	139.7	2.35
L 100 × 100 × 12	12	17.8	22.71	206.7	29.12	3.02	2.9	85.42	1.94
L 110 × 110 × 10	10	16.6	21.18	238	29.99	3.35	3.06	97.72	2.15
L 100 × 100 × 10	10	15	19.15	176.7	24.62	3.04	2.82	72.64	1.95
L 90 × 90 × 9	9	12.2	15.52	115.8	17.93	2.73	2.54	47.63	1.75
L 90 × 90 × 8	8	10.9	13.89	104.4	16.05	2.74	2.5	42.87	1.76
L 90 × 90 × 7	7	9.6	12.24	92.5	14.13	2.75	2.45	38.02	1.76

Notes:

1. Axes 1-1 and 2-2 are centroidal axes parallel to the legs.
2. The distance c is measured from the centroid to the back of the legs.
3. For axes 1-1 and 2-2, the tabulated value of S is the smaller of the two section moduli for those axes.
4. Axes 3-3 and 4-4 are principal centroidal axes.
5. The moment of inertia for axis 3-3, which is the smaller of the two principal moments of inertia, can be found from the equation $I_{33} = Ar^2_{\text{min}}$.
6. The moment of inertia for axis 4-4, which is the larger of the two principal moments of inertia, can be found from the equation $I_{44} + I_{33} = I_{11} + I_{22}$.

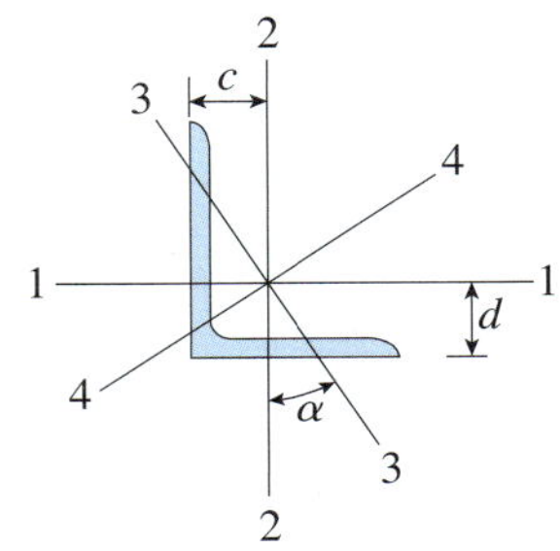

Table C-5

Properties of Angle Sections with Unequal Legs (L Shapes) (Abridged List)

Designation	Thickness	Mass per meter	Area of section	Axis 1-1				Axis 2-2				Axis 3-3		Angle α
		G	A	I	S	r	d	I	S	r	c	I_{min}	r_{min}	$\tan \alpha$
	mm	kg/m	cm^2	cm^4	cm^3	cm	cm	cm^4	cm^3	cm	cm	cm^4	cm	
L 200 × 100 × 14	14	31.6	40.28	1654	128.4	6.41	7.12	282.2	36.08	2.65	2.18	181.7	2.12	0.261
L 150 × 100 × 14	14	26.1	33.22	743.5	74.12	4.73	4.97	264.2	35.21	2.82	2.5	153	2.15	0.434
L 200 × 100 × 12	12	25.1	34.8	1440	111	6.43	7.03	247.2	31.28	2.67	2.1	158.5	2.13	0.263
L 200 × 100 × 10	10	23	29.24	1219	93.24	6.46	6.93	210.3	26.33	2.68	2.01	134.5	2.14	0.265
L 150 × 100 × 12	12	22.6	28.74	649.6	64.23	4.75	4.89	231.9	30.58	2.84	2.42	133.5	2.16	0.436
L 160 × 80 × 12	12	21.6	27.54	719.5	69.98	5.11	5.72	122	19.59	2.1	1.77	78.77	1.69	0.260
L 150 × 90 × 11	11	19.9	25.34	580.7	58.3	4.79	5.04	158.7	22.91	2.5	2.08	95.71	1.94	0.360
L 150 × 100 × 10	10	19	24.18	551.7	54.08	4.78	4.8	197.8	25.8	2.86	2.34	113.5	2.17	0.439
L 150 × 90 × 10	10	18.2	23.15	533.1	53.29	4.8	5	146.1	20.98	2.51	2.04	87.93	1.95	0.361
L 160 × 80 × 10	10	18.2	23.18	611.3	58.94	5.14	5.63	104.4	16.55	2.12	1.69	67.01	1.7	0.262
L 120 × 80 × 12	12	17.8	22.69	322.8	40.37	3.77	4	114.3	19.14	2.24	2.03	66.46	1.71	0.432
L 120 × 80 × 10	10	15	19.13	275.5	34.1	3.8	3.92	98.11	16.21	2.26	1.95	56.6	1.72	0.435
L 130 × 65 × 10	10	14.6	18.63	320.5	38.39	4.15	4.65	54.2	10.73	1.71	1.45	35.02	1.37	0.259
L 120 × 80 × 8	8	12.2	15.49	225.7	27.63	3.82	3.83	80.76	13.17	2.28	1.87	46.39	1.73	0.438
L 130 × 65 × 8	8	11.8	15.09	262.5	31.1	4.17	4.56	44.77	8.72	1.72	1.37	28.72	1.38	0.262

Notes:

1. Axes 1-1 and 2-2 are centroidal axes parallel to the legs.
2. The distances c and d are measured from the centroid to the backs of the legs.
3. For axes 1-1 and 2-2, the tabulated value of S is the smaller of the two section moduli for those axes.
4. Axes 3-3 and 4-4 are principal centroidal axes.
5. The moment of inertia for axis 3-3, which is the smaller of the two principal moments of inertia, can be found from the equation $I_{33} = Ar^2_{\text{min}}$.
6. The moment of inertia for axis 4-4, which is the larger of the two principal moments of inertia, can be found from the equation $I_{44} + I_{33} = I_{11} + I_{22}$.

APPENDIX D

Properties of Structural Timber

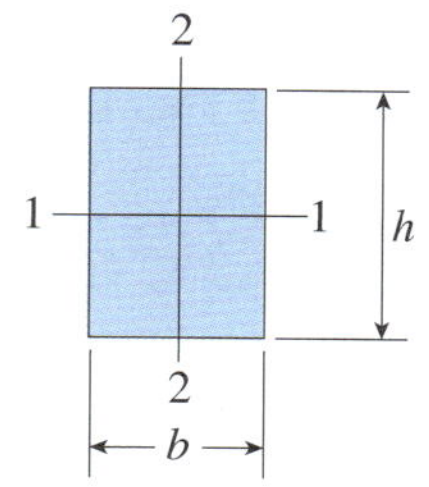

Properties of Sawn Solid Timber Sizes (for the most readily available stress graded European sizes, dry)

Nominal dimensions $b \times h$	Net dimensions $b \times h$	Area $A = bh$	Axis 1-1		Axis 2-2		Weight per linear meter (based on 560 kg/m^3)
			Moment of inertia $I_1 = \frac{bh^3}{12}$	Section modulus $S_1 = \frac{bh^2}{6}$	Moment of inertia $I_2 = \frac{hb^3}{12}$	Section modulus $S_2 = \frac{hb^2}{6}$	
mm	mm	10^3 mm^2	10^6 mm^4	10^6 mm^3	10^6 mm^4	10^6 mm^3	N
38 × 75	35 × 72	2.52	1.09	0.0302	0.257	0.0147	13.83
38 × 100	35 × 97	3.4	2.66	0.0549	0.347	0.0198	18.64
38 × 125	35 × 122	4.27	5.3	0.0868	0.436	0.0249	23.45
50 × 75	47 × 72	3.38	1.46	0.0406	0.623	0.0265	18.64
50 × 100	47 × 97	4.56	3.57	0.0737	0.839	0.0357	25.02
50 × 125	47 × 122	5.73	7.11	0.117	1.06	0.0449	31.49
50 × 150	47 × 147	6.91	12.4	0.169	1.27	0.0541	37.96
50 × 200	47 × 195	9.17	29	0.298	1.69	0.0718	50.33
50 × 250	47 × 245	11.5	57.6	0.47	2.12	0.0902	63.27
75 × 100	72 × 97	6.98	5.48	0.113	3.02	0.0838	38.36
75 × 150	72 × 147	10.6	19.1	0.259	4.57	0.127	58.17
75 × 200	72 × 147	14	44.5	0.456	6.07	0.168	77.11
75 × 250	75 × 245	17.6	88.2	0.72	7.62	0.212	96.92
100 × 100	97 × 97	9.41	7.38	0.152	7.38	0.152	51.7
100 × 150	97 × 147	14.3	25.7	0.349	11.2	0.231	78.38
100 × 200	97 × 195	18.9	59.9	0.615	14.8	0.306	103.89
100 × 250	97 × 295	23.8	119	0.97	18.6	0.384	130.57
100 × 300	97 × 295	28.6	208	1.41	22.4	0.463	157.16
150 × 150	147 × 195	21.6	38.9	0.529	38.9	0.529	118.7
150 × 200	147 × 195	28.7	90.8	0.932	51.6	0.702	157.45
150 × 300	147 × 295	43.4	314	2.13	78.1	1.06	238.19
200 × 200	195 × 195	38	120	1.24	120	1.24	208.85
200 × 300	195 × 295	57.5	417	2.83	182	1.87	315.98
300 × 300	295 × 295	87	631	4.28	631	4.28	478.04

Note: Axes 1-1 and 2-2 are principal centroidal axes.

APPENDIX E

Deflections and Slopes of Beams

Table E-1

Deflections and Slopes of Cantilever Beams

	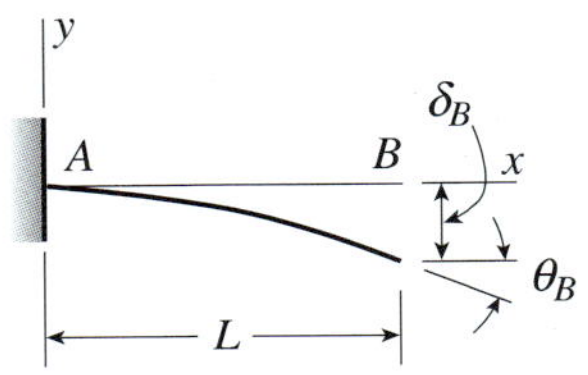	**Notation:** v = deflection in the y direction (positive upward) $v' = dv/dx$ = slope of the deflection curve $\delta_B = -v(L)$ = deflection at end B of the beam (positive downward) $\theta_B = -v'(L)$ = angle of rotation at end B of the beam (positive clockwise) EI = constant
1	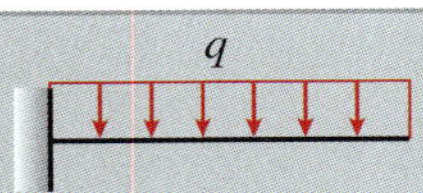	$v = -\frac{qx^2}{24EI}(6L^2 - 4Lx + x^2) \qquad v' = -\frac{qx}{6EI}(3L^2 - 3Lx + x^2)$ $\delta_B = \frac{qL^4}{8EI} \qquad \theta_B = \frac{qL^3}{6EI}$
2	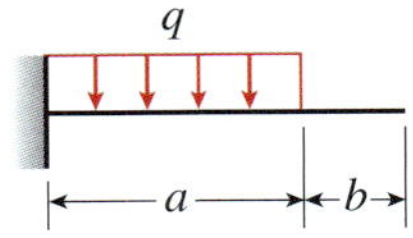	$v = -\frac{qx^2}{24EI}(6a^2 - 4ax + x^2) \qquad (0 \le x \le a)$ $v' = -\frac{qx}{6EI}(3a^2 - 3ax + x^2) \qquad (0 \le x \le a)$ $v = -\frac{qa^3}{24EI}(4x - a) \qquad v' = -\frac{qa^3}{6EI} \qquad (a \le x \le L)$ At $x = a$: $v = -\frac{qa^4}{8EI} \qquad v' = -\frac{qa^3}{6EI}$ $\delta_B = \frac{qa^3}{24EI}(4L - a) \qquad \theta_B = \frac{qa^3}{6EI}$

(Continues)

Table E-1 (*Continued*)

3	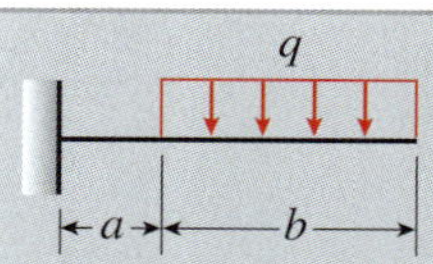	$v = -\dfrac{qbx^2}{12EI}(3L + 3a - 2x) \quad (0 \le x \le a)$ $v' = -\dfrac{qbx}{2EI}(L + a - x) \quad (0 \le x \le a)$ $v = -\dfrac{q}{24EI}(x^4 - 4Lx^3 + 6L^2x^2 - 4a^3x + a^4) \quad (a \le x \le L)$ $v' = -\dfrac{q}{6EI}(x^3 - 3Lx^2 + 3L^2x - a^3) \quad (a \le x \le L)$ At $x = a$: $v = -\dfrac{qa^2b}{12EI}(3L + a) \quad v' = -\dfrac{qabL}{2EI}$ $\delta_B = \dfrac{q}{24EI}(3L^4 - 4a^3L + a^4) \quad \theta_B = \dfrac{q}{6EI}(L^3 - a^3)$
4	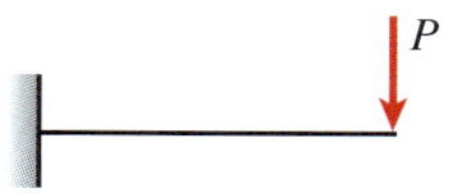	$v = -\dfrac{Px^2}{6EI}(3L - x) \quad v' = -\dfrac{Px}{2EI}(2L - x)$ $\delta_B = \dfrac{PL^3}{3EI} \quad \theta_B = \dfrac{PL^2}{2EI}$
5	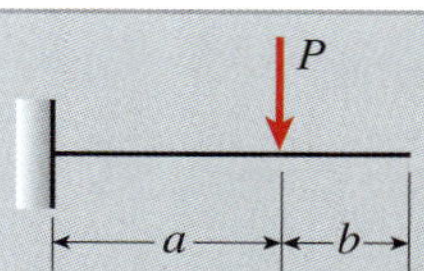	$v = -\dfrac{Px^2}{6EI}(3a - x) \quad v' = -\dfrac{Px}{2EI}(2a - x) \quad (0 \le x \le a)$ $v = -\dfrac{Pa^2}{6EI}(3x - a) \quad v' = -\dfrac{Pa^2}{2EI} \quad (a \le x \le L)$ At $x = a$: $v = -\dfrac{Pa^3}{3EI} \quad v' = -\dfrac{Pa^2}{2EI}$ $\delta_B = \dfrac{Pa^2}{6EI}(3L - a) \quad \theta_B = \dfrac{Pa^2}{2EI}$
6		$v = -\dfrac{M_0x^2}{2EI} \quad v' = -\dfrac{M_0x}{EI}$ $\delta_B = \dfrac{M_0L^2}{2EI} \quad \theta_B = \dfrac{M_0L}{EI}$

Table E-1 (*Continued*)

7

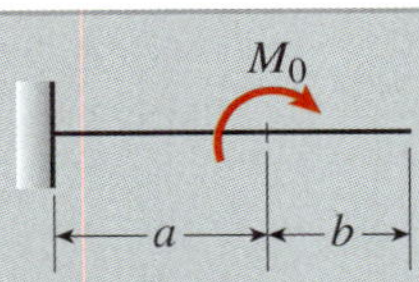

$$v = -\frac{M_0 x^2}{2EI} \qquad v' = -\frac{M_0 x}{EI} \qquad (0 \le x \le a)$$

$$v = -\frac{M_0 a}{2EI}(2x - a) \qquad v' = -\frac{M_0 a}{EI} \qquad (a \le x \le L)$$

$$\text{At } x = a\text{:} \quad v = -\frac{M_0 a^2}{2EI} \qquad v' = -\frac{M_0 a}{EI}$$

$$\delta_B = \frac{M_0 a}{2EI}(2L - a) \qquad \theta_B = \frac{M_0 a}{EI}$$

8

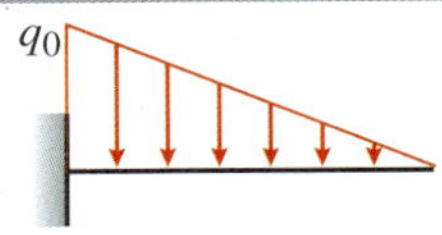

$$v = -\frac{q_0 x^2}{120LEI}(10L^3 - 10L^2 x + 5Lx^2 - x^3)$$

$$v' = -\frac{q_0 x}{24LEI}(4L^3 - 6L^2 x + 4Lx^2 - x^3)$$

$$\delta_B = \frac{q_0 L^4}{30EI} \qquad \theta_B = \frac{q_0 L^3}{24EI}$$

9

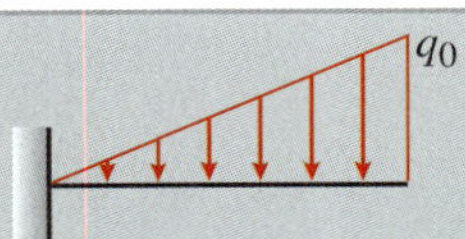

$$v = -\frac{q_0 x^2}{120LEI}(20L^3 - 10L^2 x + x^3)$$

$$v' = -\frac{q_0 x}{24LEI}(8L^3 - 6L^2 x + x^3)$$

$$\delta_B = \frac{11 q_0 L^4}{120EI} \qquad \theta_B = \frac{q_0 L^3}{8EI}$$

10

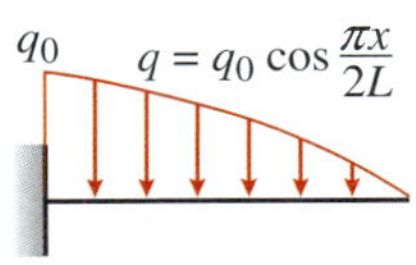

$$v = -\frac{q_0 L}{3\pi^4 EI}\left(48L^3 \cos\frac{\pi x}{2L} - 48L^3 + 3\pi^3 L x^2 - \pi^3 x^3\right)$$

$$v' = -\frac{q_0 L}{\pi^3 EI}\left(2\pi^2 L x - \pi^2 x^2 - 8L^2 \sin\frac{\pi x}{2L}\right)$$

$$\delta_B = \frac{2 q_0 L^4}{3\pi^4 EI}(\pi^3 - 24) \qquad \theta_B = \frac{q_0 L^3}{\pi^3 EI}(\pi^2 - 8)$$

Table E-2

Deflections and Slopes of Simple Beams

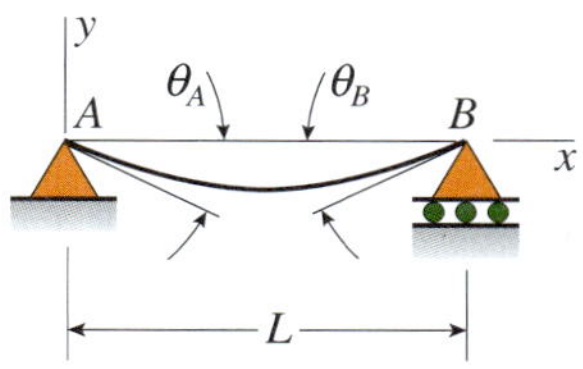

Notation:

v = deflection in the y direction (positive upward)

$v' = dv/dx$ = slope of the deflection curve

$\delta_C = -v(L/2)$ = deflection at midpoint C of the beam (positive downward)

x_1 = distance from support A to point of maximum deflection

$\delta_{max} = -v_{max}$ = maximum deflection (positive downward)

$\theta_A = -v'(0)$ = angle of rotation at left-hand end of the beam (positive clockwise)

$\theta_B = v'(L)$ = angle of rotation at right-hand end of the beam (positive counterclockwise)

EI = constant

1

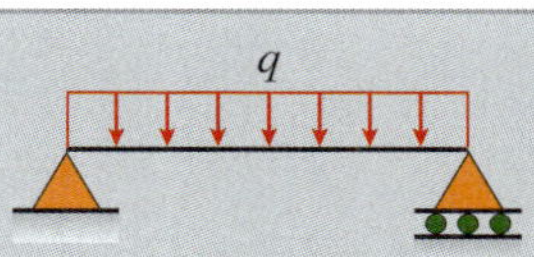

$$v = -\frac{qx}{24EI}(L^3 - 2Lx^2 + x^3)$$

$$v' = -\frac{q}{24EI}(L^3 - 6Lx^2 + 4x^3)$$

$$\delta_C = \delta_{max} = \frac{5qL^4}{384EI} \qquad \theta_A = \theta_B = \frac{qL^3}{24EI}$$

2

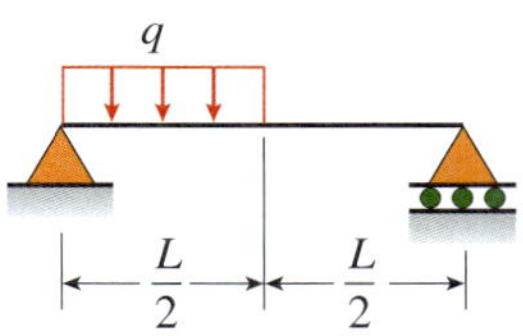

$$v = -\frac{qx}{384EI}(9L^3 - 24Lx^2 + 16x^3) \qquad \left(0 \le x \le \frac{L}{2}\right)$$

$$v' = -\frac{q}{384EI}(9L^3 - 72Lx^2 + 64x^3) \qquad \left(0 \le x \le \frac{L}{2}\right)$$

$$v = -\frac{qL}{384EI}(8x^3 - 24Lx^2 + 17L^2x - L^3) \qquad \left(\frac{L}{2} \le x \le L\right)$$

$$v' = -\frac{qL}{384EI}(24x^2 - 48Lx + 17L^2) \qquad \left(\frac{L}{2} \le x \le L\right)$$

$$\delta_C = \frac{5qL^4}{768EI} \qquad \theta_A = \frac{3qL^3}{128EI} \qquad \theta_B = \frac{7qL^3}{384EI}$$

3

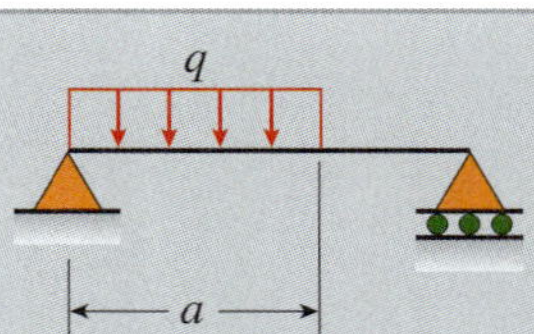

$$v = -\frac{qx}{24LEI}(a^4 - 4a^3L + 4a^2L^2 + 2a^2x^2 - 4aLx^2 + Lx^3) \qquad (0 \le x \le a)$$

$$v' = -\frac{q}{24LEI}(a^4 - 4a^3L + 4a^2L^2 + 6a^2x^2 - 12aLx^2 - 4Lx^3) \qquad (0 \le x \le a)$$

$$v = -\frac{qa^2}{24LEI}(-a^2L + 4L^2x + a^2x - 6Lx^2 + 2x^3) \qquad (a \le x \le L)$$

$$v' = -\frac{qa^2}{24LEI}(4L^2 + a^2 - 12Lx + 6x^2) \qquad (a \le x \le L)$$

$$\theta_A = \frac{qa^2}{24LEI}(2L - a)^2 \qquad \theta_B = \frac{qa^2}{24LEI}(2L^2 - a^2)$$

Table E-2 (*Continued*)

4	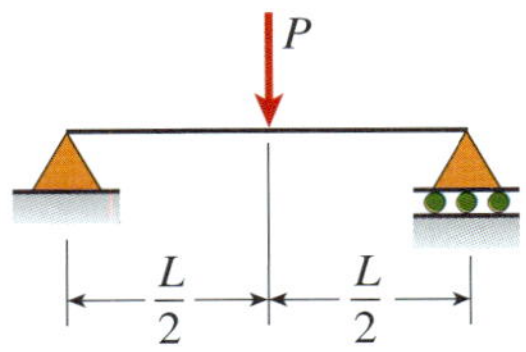	$v = -\frac{Px}{48EI}(3L^2 - 4x^2) \quad v' = -\frac{P}{16EI}(L^2 - 4x^2) \quad \left(0 \le x \le \frac{L}{2}\right)$ $\delta_C = \delta_{max} = \frac{PL^3}{48EI} \quad \theta_A = \theta_B = \frac{PL^2}{16EI}$
5	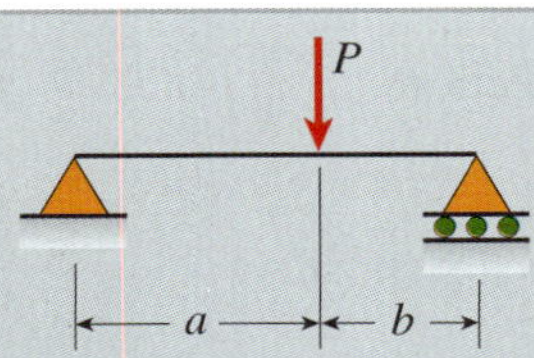	$v = -\frac{Pbx}{6LEI}(L^2 - b^2 - x^2) \quad v' = -\frac{Pb}{6LEI}(L^2 - b^2 - 3x^2) \quad (0 \le x \le a)$ $\theta_A = \frac{Pab(L+b)}{6LEI} \quad \theta_B = \frac{Pab(L+a)}{6LEI}$ If $a \ge b$, $\delta_C = \frac{Pb(3L^2 - 4b^2)}{48EI}$ If $a \le b$, $\delta_C = \frac{Pa(3L^2 - 4a^2)}{48EI}$ If $a \ge b$, $x_1 = \sqrt{\frac{L^2 - b^2}{3}}$ and $\delta_{max} = \frac{Pb(L^2 - b^2)^{3/2}}{9\sqrt{3}LEI}$
6	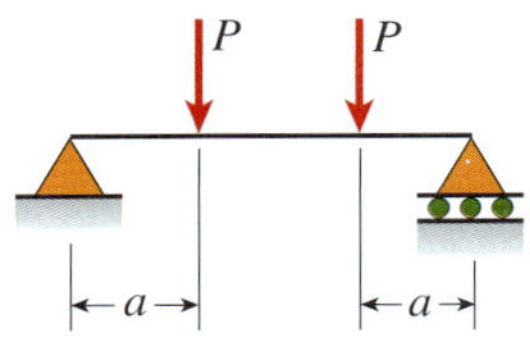	$v = -\frac{Px}{6EI}(3aL - 3a^2 - x^2) \quad v' = -\frac{P}{2EI}(aL - a^2 - x^2) \quad (0 \le x \le a)$ $v = -\frac{Pa}{6EI}(3Lx - 3x^2 - a^2) \quad v' = -\frac{Pa}{2EI}(L - 2x) \quad (a \le x \le L - a)$ $\delta_C = \delta_{max} = \frac{Pa}{24EI}(3L^2 - 4a^2) \quad \theta_A = \theta_B = \frac{Pa(L-a)}{2EI}$
7		$v = -\frac{M_0 x}{6LEI}(2L^2 - 3Lx + x^2) \quad v' = -\frac{M_0}{6LEI}(2L^2 - 6Lx + 3x^2)$ $\delta_C = \frac{M_0 L^2}{16EI} \quad \theta_A = \frac{M_0 L}{3EI} \quad \theta_B = \frac{M_0 L}{6EI}$ $x_1 = L\left(1 - \frac{\sqrt{3}}{3}\right)$ and $\delta_{max} = \frac{M_0 L^2}{9\sqrt{3}EI}$
8	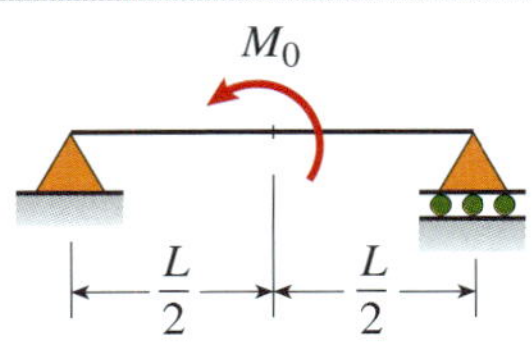	$v = -\frac{M_0 x}{24LEI}(L^2 - 4x^2) \quad v' = -\frac{M_0}{24LEI}(L^2 - 12x^2) \quad \left(0 \le x \le \frac{L}{2}\right)$ $\delta_C = 0 \quad \theta_A = \frac{M_0 L}{24EI} \quad \theta_B = -\frac{M_0 L}{24EI}$
9	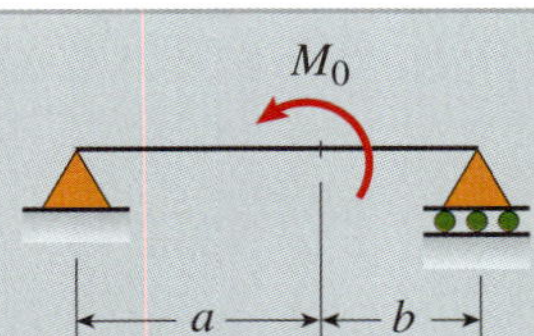	$v = -\frac{M_0 x}{6LEI}(6aL - 3a^2 - 2L^2 - x^2) \quad (0 \le x \le a)$ $v' = -\frac{M_0}{6LEI}(6aL - 3a^2 - 2L^2 - 3x^2) \quad (0 \le x \le a)$ At $x = a$: $v = -\frac{M_0 ab}{3LEI}(2a - L) \quad v' = -\frac{M_0}{3LEI}(3aL - 3a^2 - L^2)$ $\theta_A = \frac{M_0}{6LEI}(6aL - 3a^2 - 2L^2) \quad \theta_B = \frac{M_0}{6LEI}(3a^2 - L^2)$

(*Continues*)

Table E-2 (Continued)

No.	Beam	Formulas
10	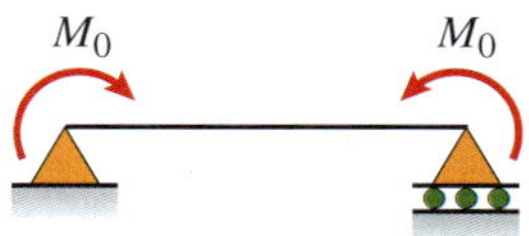	$v = -\frac{M_0 x}{2EI}(L - x) \qquad v' = -\frac{M_0}{2EI}(L - 2x)$ $\delta_C = \delta_{max} = \frac{M_0 L^2}{8EI} \qquad \theta_A = \theta_B = \frac{M_0 L}{2EI}$
11	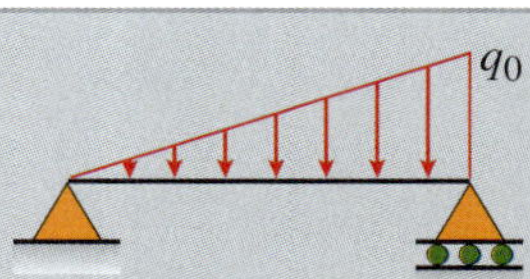	$v = -\frac{q_0 x}{360LEI}(7L^4 - 10L^2x^2 + 3x^4)$ $v' = -\frac{q_0}{360LEI}(7L^4 - 30L^2x^2 + 15x^4)$ $\delta_C = \frac{5q_0L^4}{768EI} \qquad \theta_A = \frac{7q_0L^3}{360EI} \qquad \theta_B = \frac{q_0L^3}{45EI}$ $x_1 = 0.5193L \qquad \delta_{max} = 0.00652\frac{q_0L^4}{EI}$
12	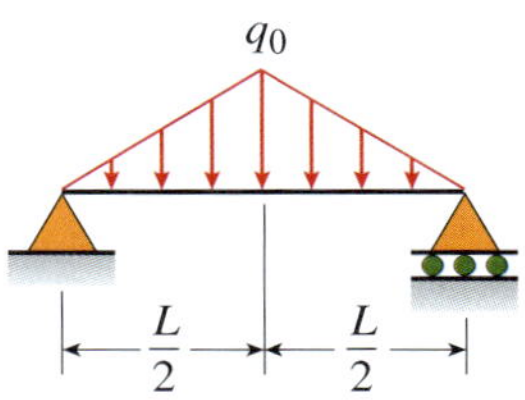	$v = -\frac{q_0 x}{960LEI}(5L^2 - 4x^2)^2 \qquad \left(0 \le x \le \frac{L}{2}\right)$ $v' = -\frac{q_0}{192LEI}(5L^2 - 4x^2)(L^2 - 4x^2) \qquad \left(0 \le x \le \frac{L}{2}\right)$ $\delta_C = \delta_{max} = \frac{q_0L^4}{120EI} \qquad \theta_A = \theta_B = \frac{5q_0L^3}{192EI}$
13	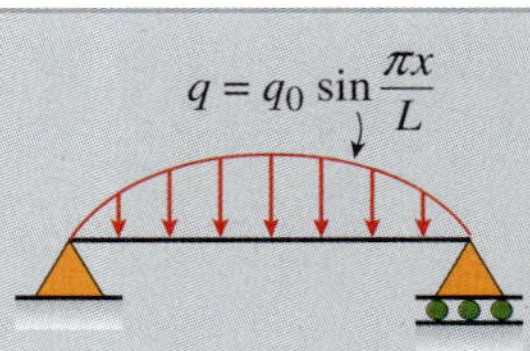	$v = -\frac{q_0L^4}{\pi^4EI}\sin\frac{\pi x}{L} \qquad v' = -\frac{q_0L^3}{\pi^3EI}\cos\frac{\pi x}{L}$ $\delta_C = \delta_{max} = \frac{q_0L^4}{\pi^4EI} \qquad \theta_A = \theta_B = \frac{q_0L^3}{\pi^3EI}$

APPENDIX F

Properties of Materials

Notes:

1. Properties of materials vary greatly depending upon manufacturing processes, chemical composition, internal defects, temperature, previous loading history, age, dimensions of test specimens, and other factors. The tabulated values are typical but should never be used for specific engineering or design purposes. Manufacturers and materials suppliers should be consulted for information about a particular product.
2. Except when compression or bending is indicated, the modulus of elasticity E, yield stress σ_Y, and ultimate stress σ_U are for materials in tension.

Table F-1

Weights and Mass Densities

Material	Weight Density γ	Mass Density ρ
	kN/m³	kg/m³
Aluminum alloys	26–28	2600–2800
2014-T6, 7075-T6	28	2800
6061-T6	26	2700
Brass	82–85	8400–8600
Bronze	80–86	8200–8800
Cast iron	68–72	7000–7400
Concrete		
Plain	23	2300
Reinforced	24	2400
Lightweight	11–18	1100–1800
Copper	87	8900
Glass	24–28	2400–2800
Magnesium alloys	17–18	1760–1830
Monel (67% Ni, 30% Cu)	87	8800
Nickel	87	8800
Plastics		
Nylon	8.6–11	880–1100
Polyethylene	9.4–14	960–1400
Rock		
Granite, marble, quartz	26–28	2600–2900
Limestone, sandstone	20–28	2000–2900
Rubber	9–13	960–1300
Sand, soil, gravel	12–21	1200–2200
Steel	77.0	7850
Titanium	44	4500
Tungsten	190	1900
Water, fresh	9.81	1000
sea	10.0	1020
Wood (air dry)		
Douglas fir	4.7–5.5	480–560
Oak	6.3–7.1	640–720
Southern pine	5.5–6.3	560–640

Table F-2

Moduli of Elasticity and Poisson's Ratios

Material	Modulus of Elasticity E	Shear Modulus of Elasticity G	Poisson's Ratio ν
	GPa	GPa	
Aluminum alloys	70–79	26–30	0.33
2014-T6	73	28	0.33
6061-T6	70	26	0.33
7075-T6	72	27	0.33
Brass	96–110	36–41	0.34
Bronze	96–120	36–44	0.34
Cast iron	83–170	32–69	0.2–0.3
Concrete (compression)	17–31		0.1–0.2
Copper and copper alloys	110–120	40–47	0.33–0.36
Glass	48–83	19–35	0.17–0.27
Magnesium alloys	41–45	15–17	0.35
Monel (67% Ni, 30% Cu)	170	66	0.32
Nickel	210	80	0.31
Plastics			
Nylon	2.1–3.4		0.4
Polyethylene	0.7–1.4		0.4
Rock (compression)			
Granite, marble, quartz	40–100		0.2–0.3
Limestone, sandstone	20–70		0.2–0.3
Rubber	0.0007–0.004	0.0002–0.001	0.45–0.50
Steel	190–210	75–80	0.27–0.30
Titanium alloys	100–120	39–44	0.33
Tungsten	340–380	140–160	0.2
Wood (bending)			
Douglas fir	11–13		
Oak	11–12		
Southern pine	11–14		

Table F-3

Mechanical Properties

Material	Yield Stress σ_Y MPa	Ultimate Stress σ_U MPa	Percent Elongation (25 mm gage length)
Aluminum alloys	35–500	100–550	1–45
2014-T6	410	480	13
6061-T6	270	310	17
7075-T6	480	550	11
Brass	70–550	200–620	4–60
Bronze	82–690	200–830	5–60
Cast iron (tension)	120–290	69–480	0–1
Cast iron (compression)		340–1400	
Concrete (compression)		10–70	
Copper and copper alloys	55–760	230–830	4–50
Glass		30–1000	0
Plate glass		70	
Glass fibers		7000–20,000	
Magnesium alloys	80–280	140–340	2–20
Monel (67% Ni, 30% Cu)	170–1100	450–1200	2–50
Nickel	100–620	310–760	2–50
Plastics			
Nylon		40–80	20–100
Polyethylene		7–28	15–300
Rock (compression)			
Granite, marble, quartz		50–280	
Limestone, sandstone		20–200	
Rubber	1–7	7–20	100–800
Steel			
High-strength	340–1000	550–1200	5–25
Machine	340–700	550–860	5–25
Spring	400–1600	700–1900	3–15
Stainless	280–700	400–1000	5–40
Tool	520	900	8
Steel, structural	200–700	340–830	10–40
ASTM-A36	250	400	30
ASTM-A572	340	500	20
ASTM-A514	700	830	15

Table F-3 (Continued)

Mechanical Properties

Material	Yield Stress σ_Y	Ultimate Stress σ_U	Percent Elongation (25 mm gage length)
	MPa	MPa	
Steel wire	280–1000	550–1400	5–40
Titanium alloys	760–1000	900–1200	10
Tungsten		1400–4000	0–4
Wood (bending)			
Douglas fir	30–50	50–80	
Oak	40–60	50–100	
Southern pine	40–60	50–100	
Wood (compression parallel to grain)			
Douglas fir	30–50	40–70	
Oak	30–40	30–50	
Southern pine	30–50	40–70	

Table F-4

Coefficients of Thermal Expansion

Material	Coefficient of Thermal Expansion α
	10^{-6}/°C
Aluminum alloys	23
Brass	19.1–21.2
Bronze	18–21
Cast iron	9.9–12
Concrete	7–14
Copper and copper alloys	16.6–17.6
Glass	5–11
Magnesium alloys	26.1–28.8
Monel (67% Ni, 30% Cu)	14
Nickel	13

Material	Coefficient of Thermal Expansion α
	10^{-6}/°C
Plastics	
Nylon	70–140
Polyethylene	140–290
Rock	5–9
Rubber	130–200
Steel	10–18
High-strength	14
Stainless	17
Structural	12
Titanium alloys	8.1–11
Tungsten	4.3

연습문제 해답

CHAPTER 1

1.3-1 $l = 0.555, \quad m = 0.832, \quad n = 0$

$n_V = (0.555)\boldsymbol{i} + (0.832)\boldsymbol{j}$

1.3-2 $\boldsymbol{V}_s = \boldsymbol{V}_1 + \boldsymbol{V}_2 = \begin{pmatrix} 18 \\ 3 \end{pmatrix}$

$\boldsymbol{V}_d = \boldsymbol{V}_1 - \boldsymbol{V}_2 = \begin{pmatrix} 2 \\ 27 \end{pmatrix}$

1.3-3 $\boldsymbol{V}_s = \boldsymbol{V}_1 + \boldsymbol{V}_2 = \begin{pmatrix} -2 \\ 3 \end{pmatrix}$

$\boldsymbol{V}_d = \boldsymbol{V}_1 - \boldsymbol{V}_2 = \begin{pmatrix} -18 \\ 27 \end{pmatrix}$

1.3-4 $\boldsymbol{V}_1 = \begin{pmatrix} -2.31 \\ -2.82 \\ 0 \end{pmatrix}, \quad \boldsymbol{V}_2 = \begin{pmatrix} 6.31 \\ -5.18 \\ 7 \end{pmatrix}$

1.3-5 $V_y = 1$

1.3-6 $F_{1x} = 49.8\text{ N}, \quad F_{1y} = -28.8\text{ N}$

$F_{2x} = 47.4\text{ N}, \quad F_{2y} = 47.4\text{ N}$

1.3-7 $\boldsymbol{F}_s = \begin{pmatrix} 0 \\ 143 \end{pmatrix}\text{N} \qquad \boldsymbol{F}_d = \begin{pmatrix} 230 \\ -50 \end{pmatrix}\text{N}$

CHAPTER 2

2.1-1 $F_2 = 91.9\text{ N}, \qquad F_4 = -219\text{ N}$

2.1-2 (a) $\boldsymbol{R}_{12} = \begin{pmatrix} 130 \\ 52 \end{pmatrix}\text{kN}, \qquad |\boldsymbol{R}_{12}| = 140\text{ kN}$

$\beta_{12} = 21.79°$

(b) $\boldsymbol{R}_{34} = \begin{pmatrix} -70 \\ -52 \end{pmatrix}\text{kN}, \qquad |\boldsymbol{R}_{34}| = 87.2\text{ kN}$

$\beta_{34} = 217°$

2.1-3 $R = 676\text{ N}, \quad \alpha = 15°$

2.1-4 $\boldsymbol{R} = \begin{pmatrix} 4.99 \\ 0.36 \\ 0 \end{pmatrix}\text{kN}, \qquad \theta_x = 4.13°$

2.1-5 $\boldsymbol{R} = \begin{pmatrix} -785 \\ 554 \end{pmatrix}\text{N}, \qquad \theta_x = 144.8°$

2.1-6 $\boldsymbol{R} = \begin{pmatrix} 0 \\ -180 \end{pmatrix}\text{N}$

2.1-7 $T = 6.54\text{ kN}$

2.1-8 (a) $\boldsymbol{F}_s = \begin{pmatrix} 0 \\ 145.7 \\ 49.8 \end{pmatrix}\text{N}$

(b) $F_{AD} = 61.9\text{ N}, \quad \theta = 66.3°$

2.2-1 $\boldsymbol{R}_A = \begin{pmatrix} 70.7 \\ -108.9 \\ 0 \end{pmatrix}\text{kN}$

$\boldsymbol{M}_A = \begin{pmatrix} 0 \\ 0 \\ -545 \end{pmatrix}\text{kN}\cdot\text{m}$

$y = 7.71\text{ m}$

2.2-2 $\boldsymbol{R}_A = \begin{pmatrix} -76.5 \\ -488 \\ 0 \end{pmatrix}\text{kN}, \quad \boldsymbol{M}_A = \begin{pmatrix} 0 \\ 0 \\ -1274 \end{pmatrix}\text{kN}\cdot\text{m}$

2.2-3 $\boldsymbol{M}_C = \begin{pmatrix} 0 \\ 0 \\ -34 \end{pmatrix}\text{kN}\cdot\text{m}, \quad M_{Cz} = -34\text{ kN}\cdot\text{m}$

2.2-4 (a), (b) $\boldsymbol{R}_A = \begin{pmatrix} -22.5 \\ -4.5 \\ 0 \end{pmatrix}\text{N}$

$\boldsymbol{M}_A = \begin{pmatrix} 1.35 \\ -2.25 \\ -0.113 \end{pmatrix}\text{N}\cdot\text{m}$

2.2-5 (a) $\boldsymbol{R}_A = \begin{pmatrix} 0 \\ -50.4 \\ 49.8 \end{pmatrix}$ N

$\boldsymbol{M}_A = \begin{pmatrix} 119.6 \\ 0 \\ -33.3 \end{pmatrix}$ N · m

(b) $\boldsymbol{M}_{CD} = -0.067$ N · m

CHAPTER 3

3.2-1

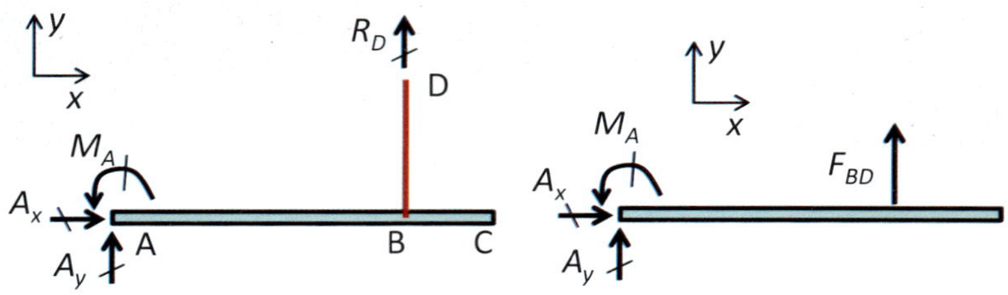

3.2-2

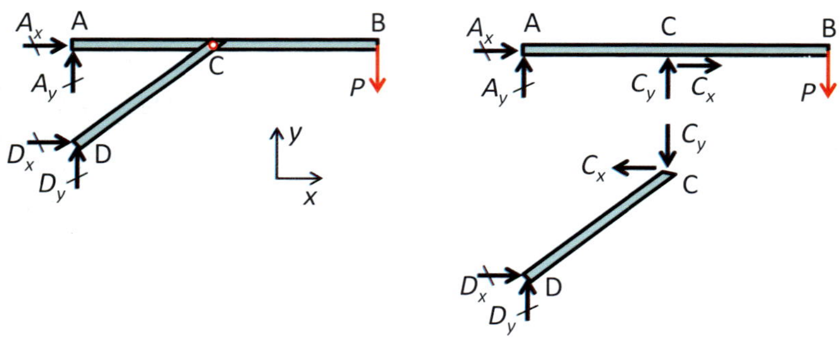

3.2-3

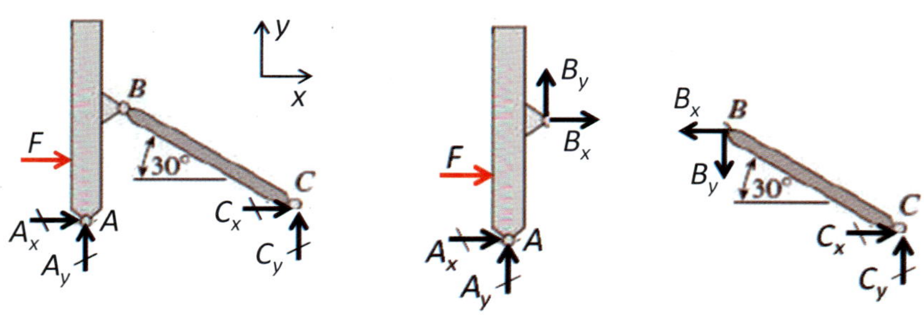

3.2-4

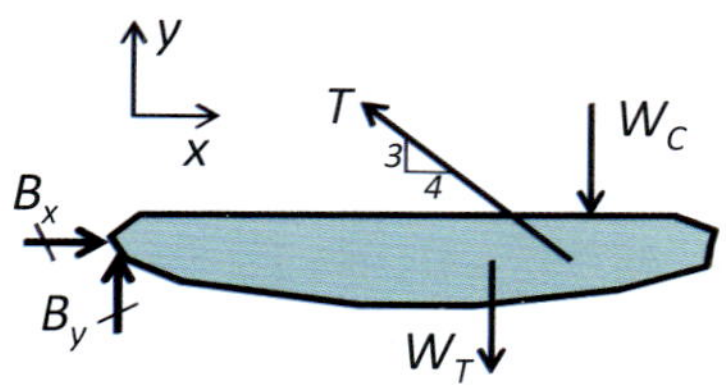

3.2-5

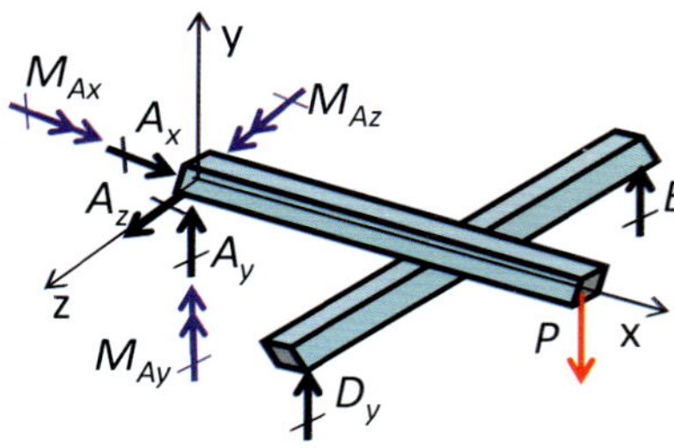

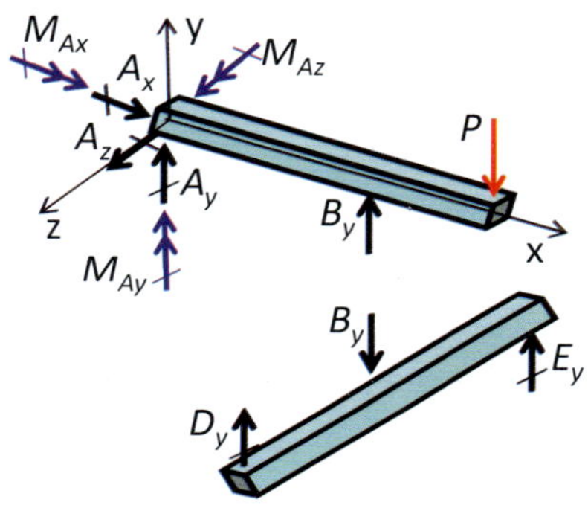

3.3-1 $R_x = -5.04$ kN, $R_y = -0.27$ kN

3.3-2 $N_1 = 2.01\ W$, $F = 1.521\ W$

3.3-3 $N_1 = 1.48\ W$, $F = 0.448\ W$

3.3-4 $N_1 = 1.777\,W$, $F = 1.326\,W$

3.3-5 $N_1 = 1.777\ W$, $F = 0.53\ W$

3.3-6 $T = 1.526$ kN, $A_x = -1.27$ kN,
$A_y = 3.1$ kN, $D_x = 0$, $D_y = -1.692$ kN

3.3-7 $T = 1019$ N, $R_{Ox} = 1559$ N,
$R_{Oy} = 1815$ N
$A_x = -1559$ N, $A_y = 1185$ N

3.3-8 $T = 6.54$ kN
$R_{Ox} = 0$, $R_{Oy} = 33.87$ kN
$R_{Ax} = -7.12$ kN, $R_{Ay} = -6.83$ kN
$R_{Bx} = 7.12$ kN, $R_{By} = -7.04$ kN

3.3-9 $A_y = 22.5$ N, $B_y = -22.5$ N
$C_x = 225$ N, $C_y = 0$

3.3-10 $A_x = 0$, $M_A = 0$, $C_y = 253.3$ N
$D_y = -93.3$ N

3.3-11 $A_x = -2.4$ kN, $A_y = -241$ kN
$M_A = 5.76$ kN · m, $C_y = 241$ kN

3.3-12 $A_x = 280$ N, $A_y = 8.91$ N
$M_A = -667$ N · m, $D_y = 151.1$ N

3.3-13 $A_x = -45$ N, $A_y = 390$ N, $F = 312$ N

3.3-14 $F_s = 154$ N, $A_x = 0$,
$A_y = -145.7$ N, $A_z = -49.8$ N

CHAPTER 4

4.2-1 $E_x = -80$ kN, $E_y = 30$ kN,
$F_x = 80$ kN
$BC = 60$ kN, $BH = -63.2$ kN,
$CH = 10$ kN, $DG = 0$,
$EG = 6$ kN, $CG = -18$ kN,
$DE = 75$ kN, $DC = 75$ kN,
$GH = -63.2$ kN, $EF = 26.7$ kN,
$FG = -84.3$ kN

4.2-2 Reaction forces: $F_x = -67.5$ kN,
$F_y = -84.4$ kN, $H_y = 84.4$ kN
Bar forces (kN):
$AB = -22.5$, $CD = 11.25$, $DE = -33.8$,
$FG = 67.5$, $GH = 0$,
$AC = 33.8$, $BE = -33.8$,
$CF = 84.4$, $EH = -84.4$,
$AD = -40.6$, $BD = 40.6$,
$CG = -60.8$, $EG = 60.8$

4.2-3 $A_x = 0$, $A_y = 2.34$ kN, $E_y = 3.06$ kN
$GH = 12.36$ kN, $CD = -7$ kN

4.2-4 $A_x = 0$, $A_y = 4.5$ kN, $E_y = 22.5$ kN
$FE = 8.54$ kN

4.2-5 $A_x = 149.6$ kN, $A_y = 28.6$ kN,
$B_x = -129.4$ kN
$IJ = 50.3$ kN, $EF = 43.8$ kN

4.2-6 $BC = -35$ kN, $HI = 30$ kN,
$IJ = 40$ kN, $JK = 40$ kN

4.2-7 $EI = -0.7$ kN, $BF = 3.52$ kN,
$AF = 0.99$ kN, $CF = 1.89$ kN

4.2-8 $BC = -14.77$ kN, $CH = -6.96$ kN,
$HI = 18.83$ kN

CHAPTER 5

5.3-1 $\bar{x} = \bar{y} = 5a/12$

5.3-2 $\bar{y} = 27.5$ mm

5.3-3 $2c^2 = ab$

5.3-4 $\bar{y} = 52.5$ mm

5.3-5 $\bar{x} = 24.5$ mm, $\bar{y} = 49.5$ mm

5.3-6 $\bar{x} = 137$ mm, $\bar{y} = 132$ mm

5.5-1

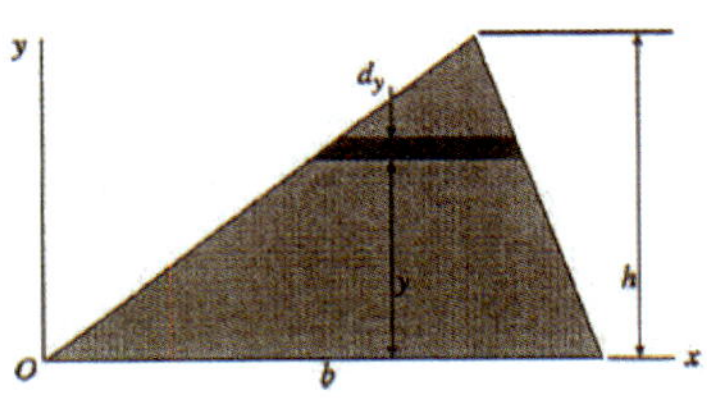

width of element

$$= b\left(\frac{h-y}{h}\right)$$

$$dA = \frac{b(h-y)}{h}dy$$

$$I_x = \int y^2 dA = \int_0^h y^2 b\frac{(h-y)}{h}dy$$

$$= \frac{bh^3}{12} \quad \leftarrow$$

5.5-2

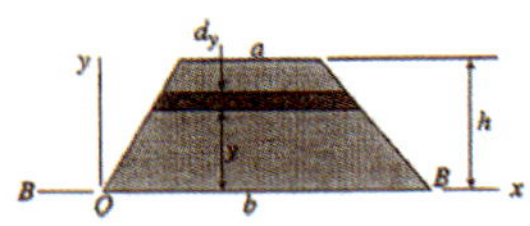

width of element

$$= a + (b-a)\left(\frac{h-y}{h}\right)$$

$$dA = \left[a + (b-a)\left(\frac{h-y}{h}\right)\right]dy$$

$$I_{BB} = \int y^2 dA = \int_0^h y^2\left[a + (b-a)\left(\frac{h-y}{h}\right)\right]dy$$

$$= \frac{h^3(3a+b)}{12} \quad \leftarrow$$

5.5-3

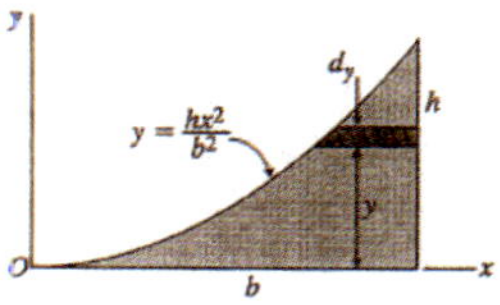

width of element

$$= b - x = b - b\sqrt{\frac{y}{h}}$$
$$= b(1-\sqrt{y/h})$$
$$dA = b(1-\sqrt{y/h})dy$$
$$I_x = \int y^2 dA = \int_0^A y^2 b(1-\sqrt{y/h})dy = \frac{bh^3}{21} \quad \leftarrow$$

5.5-4

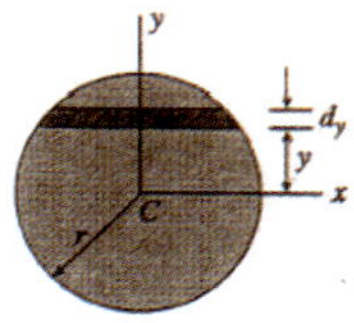

width of element $= 2\sqrt{r^2-y^2}$

$$dA = 2\sqrt{r^2-y^2}\,dy$$
$$I_x = \int y^2 dA = \int_{-r}^{r} y^2\left(2\sqrt{r^2-y^2}\right)dy$$
$$= \frac{\pi r^4}{4} \quad \leftarrow$$

5.5-5 $I_x = 13.55 \times 10^6\ \text{mm}^4, \quad I_y = 4.08 \times 10^6\ \text{mm}^4$

5.5-6 $I_c = 11a^4/192$

5.5-7 $I_{xc} = 106 \times 10^6\ \text{mm}^4$

5.5-8 $b = 250$ mm

5.5-9 $I_{xc} = 656\ \text{cm}^4, \quad I_{yc} = 237\ \text{cm}^4$

CHAPTER 6

6.2-1 (a) $N_a(y) = -P\dfrac{y}{L}$;
(b) $N_b(y) = \dfrac{P}{L^2}y^2 + \left(-\dfrac{2P}{L}\right)y$

6.2-2 $N(x) = \dfrac{(L-x)^3}{L^3}W$

6.2-3 (a) $N_{AB}(x) = \dfrac{q_0\left(3L^2 - 4x^2\right)}{4L}$
$N_{BC}(x) = q_0(L-x)$
(b) $N_{AB}(x) = -\dfrac{Lq_0}{4} - \dfrac{q_0x^2}{L}$
$N_{BC}(x) = -q_0(L-x)$

6.2-4 $N_{AB}(x) = -x^2$ kN
$N_{BC}(x) = -(x-3.6)(x-3.6)$ kN

6.2-5 $N(x) = -\dfrac{2\sqrt{2}(8-x)^{\frac{3}{2}}}{3}$ kN

6.3-1 (a) $T_{AC} = T_b + T_a, \quad T_{CB} = T_a$
(b) $T_{AC} = -T_b + T_a, \quad T_{CB} = T_a$

6.3-2 $T_{AB} = 3.5\ \text{kN}\cdot\text{m}, \quad T_{BC} = 2.1\ \text{kN}\cdot\text{m},$
$T_{CD} = 1\ \text{kN}\cdot\text{m}$

6.3-3 $R_A = -(tL), \quad T(x) = tL\left(1 - \dfrac{x}{L}\right)$

6.3-4 $T_{AB} = -100, \quad T_{BC} = -50,$
$T_{CD} = -130, \quad T_{DE} = -80$ (all in N · m units)

6.3-5 $R_A = -480\ \text{N}\cdot\text{m}, \quad T_{AC} = 480\ \text{N}\cdot\text{m},$
$T_{CB} = 720\ \text{N}\cdot\text{m}$

6.4-1 $V = -0.938$ kN, $M = 5.06$ kN·m

6.4-2 (a) $V_{\text{mid}} = 0,\ M_{\text{mid}} = 0$;
(b) $V_{\text{mid}} = 0,\ M_{\text{mid}} = 0$

6.4-3 $V = 3$ kN, $M = -6$ kN·m

6.4-4 (a) $V = -786$ N, $M = 21.8$ kN · m;
(b) $q = 5.37$ kN/m (upward)

6.4-5 (a) $V = -1.0$ kN, $M = -7$ kN·m;
(b) $P_2 = 4$ kN; (c) $P_1 = -8$ kN (acts to right)

6.4-6 (a) $b/L = 1/2$; (b) $b/L = 1$

6.4-7 $V = -3172$ N, $M = 5553$ N·m

6.4-8 (a) $P = 37.5$ kN; (b) $P = 4.17$ kN

6.4-9 $V = -4.17$ kN, $M = 75$ kN·m

6.4-10 (a) $V_C = -15.5$ kN, $M_C = -44.8$ kN·m
(b) $M_A = -81$ kN·m, $V_C = -25$ kN,
$M_C = -30.5$ kN·m

6.4-11 (a) $V_{23} = \dfrac{-5}{36}q_0L,\ M_{23} = \dfrac{23}{324}q_0L^2$
(b) $V_{\text{mid}} = \dfrac{5}{144}q_0L,\ M_{\text{mid}} = \dfrac{23}{288}q_0L^2$

6.4-12 $V\left(\dfrac{2L}{3}\right) = \dfrac{-19}{81}q_0L,\ M\left(\dfrac{2L}{3}\right) = \dfrac{43}{972}q_0L^2$

6.4-13 (a) $V_{\max} = P,\ M_{\max} = Pa$;
(b) $A_y = -B_y = P\left(2\dfrac{a}{L} - 1\right)$

6.4-14 $V_{\max} = 2M_1/L,\ M_{\max} = 7M_1/3$

6.4-15 (a) $V_{\max} = P,\ M_{\max} = -Pa$;
(b) $M = 3Pa$ (CCW); $V_{\max} = 2P,\ M_{\max} = 2Pa$

6.4-16 (a) $V_{max} = -q_0L/2$, $M_{max} = -q_0L^2/6$;
(b) $V_{max} = -\frac{2Lq_0}{3}$, $M_{max} = -\frac{4L^2q_0}{15}$ (at B)

6.4-17 (a) $V_{max} = 1200$ N, $M_{max} = 960$ N·m;
(b) $V_{max} = 675$ N, $M_{max} = 640$ N·m

6.4-18 (a) $V_{max} = \frac{4}{5}P$, $M_{max} = -\frac{17}{20}PL$
(b) $V_{max} = -\frac{7}{5}P$, $M_{max} = \frac{1}{2}PL$

6.4-19 (a) $N_{max} = \frac{-3}{5}P$, $V_{max} = \frac{-12}{5}P$, $M_{max} = PL$;
(b) $N_{max} = \frac{-3}{5}P$, $V_{max} = \frac{-4}{5}P$, $M_{max} = \frac{-4}{5}PL$;
(c) $N_{max} = \frac{-3}{5}P$, $V_{max} = \frac{4}{5}P$, $M_{max} = \frac{-6}{5}PL$

6.4-20 (a) $V_{max} = -2.4$ kN, $M_{max} = 1.266$ kN·m
(b) $M_0 = 0.523$ kN·m (CW)

6.4-21 (a) $a = 0.586L$, $V_{max} = 0.293qL$, $M_{max} = 0.0214qL^2$;
(b) $a = 0.404L$, $V_{max} = 0.161qL$, $M_{max} = 0.00882qL^2$

CHAPTER 7

7.2-1 (a) $\sigma_{AB} = 9.95$ MPa; (b) $P_2 = 6$ kN;
(c) $t_{BC} = 12.62$ mm

7.2-2 (a) $R_B = 400$ N (cantilever), 848 N (V-brakes);
$\sigma_{pad} = 1.0$ MPa (cantilever), 2.12 MPa (V-brakes);
(b) $\sigma_{cable} = 185.7$ MPa (both)

7.2-3 $\sigma_C = 5.21$ MPa

7.2-4 (a) $T_{AQ} = T_{BQ} = 50.5$ kN; (b) $\sigma = 166$ MPa

7.3-1 % elongation = 9.0, 26.4, 38.3;
% reduction = 8.8, 37.6, 74.5;
Brittle, ductile, ductile

7.3-2 $\sigma = 345$ MPa

7.3-3 $\sigma_{pl} \approx 47$ MPa, Slope ≈ 2.4 GPa,
$\sigma_Y \approx 53$ MPa; Brittle

7.3-4 $\sigma_{pl} \approx 486$ MPa, Slope ≈ 224 GPa, $\sigma_Y \approx 520$ MPa,
$\sigma_U \approx 852$ MPa; Elongation = 6%, Reduction = 32%

7.4-1 (a) 2.38 mm longer
(b) $\sigma = 279$ MPa, No permanent set

7.4-2 (a) $\delta_{pset} = 4.28$ mm; (b) $\sigma_B = 65.6$ MPa

7.4-3 (a) $\delta = 11.23$ mm; (b) No permanent set

7.5-1 $P_{max} = 654$ kN

7.5-2 (a) $L_p = 405.25$ mm; (b) $\frac{V_i}{V_f} = 1.003$

7.5-3 (a) $\Delta d_{BC\,inner} = 0.022$ mm;
(b) $\nu_{brass} = 0.34$; (c) $\Delta t_{AB} = 6.90 \times 10^{-3}$ mm,
$\Delta d_{AB\,inner} = 4.02 \times 10^{-3}$ mm

7.5-4 (a) $\Delta L_1 = 12.66$ mm; $\Delta L_2 = 5.06$ mm; $\Delta L_3 = 3.8$ mm;
(b) $\Delta Vol_1 = 21{,}548\ mm^3$; $\Delta Vol_2 = 21{,}601\ mm^3$;
$\Delta Vol_3 = 21{,}610\ mm^3$

7.6-1 (a) $B_x = -252.8$ N, $A_x = -B_x$, $A_y = 1150.1$ N;
(b) $A_{resultant} = 1178$ N;
(c) $\tau = 5.86$ MPa, $\sigma_{b,rail} = 18.4$ MPa

7.6-2 $G = 2.5$ MPa

7.6-3 (a) $\sigma_b = 482$ MPa, $\sigma_{brg} = 265$ MPa, $\tau_f = 45.7$ MPa;
(b) $\sigma_b = 419$ MPa, $\sigma_{brg} = 231$ MPa, $\tau_f = 39.7$ MPa

7.6-4 (a) $A_x = 0$, $A_y = 765$ N, $M_A = 520$ N·m;
(b) $B_x = 1.349$ kN, $B_y = 0.72$ kN, $B_{res} = 1.53$ kN,
$C_x = -B_x$; (c) $\tau_B = 27.1$ MPa, $\tau_C = 13.4$ MPa;
(d) $\sigma_{bB} = 42.5$ MPa, $\sigma_{bC} = 28.1$ MPa

7.6-5 (a) $\tau_1 = 2.95$ MPa, $\tau_4 = 0$;
(b) $\sigma_{b1} = 1.985$ MPa, $\sigma_{b4} = 0$;
(c) $\sigma_{b4} = 41$ MPa; (d) $\tau = 10.62$ MPa;
(e) $\sigma_3 = 75.1$ MPa

7.7-1 $T_{max} = 33.4$ kN·m

7.7-2 (a) $F_A = \sqrt{2}T$, $F_B = 2T$, $F_C = T$;
(b) Shear at A: $W_{max} = 66.5$ kN

7.7-3 Shear in rivets in CG & CD controls: $P_{allow} = 45.8$ kN

7.7-4 $p_{max} = 557$ Pa

7.8-1 (a) $d_{min} = 164.6$ mm; (b) $d_{min} = 170.9$ mm

7.8-2 $d_{pin} = 26$ mm

7.8-3 $d_{min} = 9.50$ mm

7.8-4 (a) $\sigma_{DF} = 65.2$ MPa $< \sigma_{allow}$,
$\sigma_{bF} = 2.72$ MPa $< \sigma_{ba}$; (b) new $\sigma_{BC} = 158.9$ MPa,
so increase rod BC to 6 mm diameter; required
diameter of washer at B to 34 mm

CHAPTER 8

8.2-1 $\delta_A = 21.4$ mm

8.2-2 $\Delta_A = 0.542$ mm

8.2-3 $W = 11.76$ N

8.2-4 (a) $x = 134.7$ mm; (b) $k_1 = 0.204$ N/mm;
(c) $b = 74.1$ mm; (d) $k_3 = 0.638$ N/mm

8.2-5 (a) $\theta = 35.1°$, $\delta = 44.6$ mm, $R_A = 25$ N,
$R_C = 25$ N; (b) $\theta = 43.3°$, $\delta = 8.19$ mm,
$R_A = 31.5$ N, $R_C = 18.5$ N, $M_A = 1.882$ N·m

8.3-1 (a) $\delta = 0.296$ mm (elongation);
(b) So new value of P_3 is 7530 N, an increase of 1750 N;
(c) $A_{AB} = 491\ \text{mm}^2$

8.3-2 $\delta_B = 2.29 \times 10^{-4}$ mm, $\delta_D = 4.67 \times 10^{-4}$ mm, $\delta_E = 6.85 \times 10^{-4}$ mm

8.3-3 (a) $d_{max} = 23.9$ mm; (b) $b = 4.16$ mm; (c) $x = 183.3$ mm

8.3-4 $P_1 = 415$ kN to left, $\delta_B = -1.389$ mm

8.3-5 $\delta_C = 0.653$ mm (downward)

8.4-1 (a) $P = 9.24$ kN; (b) $P_{allow} = 7.07$ kN

8.4-2 $A = 70.3\ \text{mm}^2$

8.4-3 (a) 41.2%; (b) $\sigma_M = 238$ MPa, $\sigma_O = 383$ MPa

8.4-4 (a) $P_{allow} = 1504$ N; (b) $P_{allow} = 820$ N; (c) $P_{allow} = 703$ N

8.4-5 (a) $P_1 = PE_1/(E_1 + E_2)$;
(b) $e = b(E_2 - E_1)/[2(E_2 + E_1)]$;
(c) $\sigma_1/\sigma_2 = E_1/E_2$

8.4-6 $P_{max} = 1800$ N

8.5-1 $\Delta T = 90°$C

8.5-2 (a) $N = 51.8$ kN, max. $\sigma_c = 26.4$ MPa, $\delta_C = -0.314$ mm;
(b) $N = 31.2$ kN, max. $\sigma_c = 15.91$ MPa, $\delta_C = -0.546$ mm

8.5-3 $\delta = 5$ mm

8.5-4 (a) $\sigma = -6.62$ MPa; (b) $F_k = 12.99$ kN; (c) $\sigma = -17.33$ MPa

8.5-5 $s = PL/6EA$

8.5-6 (a) $P_B = 25.4$ kN, $P_s = -P_B$;
(b) $s_{reqd} = 25.7$ mm; (c) $\delta_{final} = 0.35$ mm

8.5-7 (a) $F_k = -727$ N; (b) $F_t = 727$ N;
(c) $L_f = 305.2$ mm; (d) $\Delta T = 76.9°$ C

8.6-1 (a) $\tau_{max} = 84.7$ MPa; (b) $\Delta T_{max} = -17.38°$ C;
(c) $\Delta T = +42.7°$ C

8.6-2 (a) $\sigma_{max} = 16.8$ MPa; (b) $\tau_{max} = 8.4$ MPa

8.6-3 (a) $\tau_{max\,AC} = \dfrac{\sigma_{AC}}{2} = 13.1\ \text{MPa}$,
$\tau_{max\,AB} = \dfrac{\sigma_{AB}}{2} = 52.3\ \text{MPa}$, $\tau_{max\,BC} = \dfrac{\sigma_{BC}}{2} = -66.3\ \text{MPa}$;
(b) $P_{max} = 159.3$ kN

8.6-4 (a) (1) $\sigma_x = -945$ kPa; (2) $\sigma_\theta = -807$ kPa, $\tau_\theta = 334$ kPa; (3) $\sigma_\theta = -472$ kPa, $\tau_\theta = 472$ kPa, $\sigma_{max} = -945$ kPa, $\tau_{max} = -472$ kPa;
(b) $\sigma_{max} = -378$ kPa, $\tau_{max} = -189$ kPa

8.6-5 (a) $\sigma_\theta = 0.57$ MPa, $\tau_\theta = -1.58$ MPa;
(b) $\alpha = 33.3°$; (c) $\alpha = 26.6°$

8.6-6 (a) $\theta = 30°$, $\tau_0 = -34.6$ MPa;
(b) $\sigma_{max} = 80$ MPa, $\tau_{max} = 40$ MPa

8.6-7 (a) $\tau_\theta = 2.15$ MPa, $\theta = 22°$;
(b) $\sigma_{x1} = -5.3$ MPa, $\sigma_{y1} = -0.869$ MPa;
(c) $k_{max} = 3962$ kN/m; (d) $L_{max} = 0.755$ m;
(e) $\Delta T_{max} = 53.7°$ C

CHAPTER 9

9.2-1 $\gamma_{min} = 4.2 \times 10^{-3}$ rad, $\gamma_{med} = 4.6 \times 10^{-3}$ rad

9.2-2 (a) $\gamma_1 = 393 \times 10^{-6}$ rad; (b) $r_{2,\,max} = 50.9$ mm

9.3-1 $\phi = 4.85 \times 10^{-3}$ rad, $\tau_{max} = 8.2$ MPa, $\tau_A = 6.5$ MPa

9.3-2 (a) $\tau_{max} = 60.4$ MPa; (b) $d_{min} = 15.87$ mm

9.3-3 (a) $\tau_{max} = 133$ MPa; (b) $\phi = 3.65°$

9.3-4 $\tau_{max} = 54$ MPa

9.3-5 (a) $d_{min} = 100$ mm; (b) $k_T = 648 \dfrac{\text{kN} \cdot \text{m}}{\text{rad}}$;
(c) $d_{min} = 88.9$ mm

9.3-6 (a) $r_2 = 35.2$ mm; (b) $P_{max} = 6486$ N

9.4-1 (a) $\tau_{max} = \tau_{BC} = 50.3$ MPa, $\phi_C = 0.138°$;
(b) $d_{BC} = 50.1$ mm, $\phi_C = -0.161°$

9.4-2 (a) $\tau_{bar} = 79.6$ MPa, $\tau_{tube} = 32.3$ MPa;
(b) $\phi_A = 9.43°$

9.4-3 (a) $\tau_{max} = \tau_{BC} = 66$ MPa, $\phi_D = 2.44°$;
(b) $d_{AB} = 76.5$ mm, $d_{BC} = 60$ mm, $d_{CD} = 39.5$ mm, $\phi_D = 2.6°$

9.4-4 $d_{min} = 32.5$ mm, $\phi_{BD} = -0.459°$

9.4-5 $\tau_{max\,AB} = -367$ MPa, $\tau_{max\,BC} = -466$ MPa, $\phi_{max} = -5.63°$

9.4-6 (a) $R_1 = -3T/2$; (b) $T_1 = 1.5T$, $T_2 = 0.5T$;
(c) $x = 7L/17$; (d) $\phi_2 = (12/17)(TL/GI_p)$

9.4-7 (a) $\phi = 2.48°$; (b) $\phi = 1.962°$

9.5-1 $T_{max} = 2.71\ \text{kN} \cdot \text{m}$

9.5-2 (a) $\sigma_{max} = 48$ MPa; (b) $T = 8836\ \text{N} \cdot \text{m}$

9.5-3 $G = 30.0$ GPa

9.5-4 (a) $d_2 = 79.3$ mm; (b) $d_2 = 80.5$ mm

9.5-5 (a) $T_{1allow} = 1.928\ kN \cdot m$, $T_{2allow} = 1.536\ kN \cdot m$, (b) $L_{mid} = 597$ mm; (c) $d_{3new} = 65.9$ mm; (d) $T_{max1} = 1.881\ kN \cdot m$, $T_{max2} = 1.498\ kN \cdot m$, $\phi_{max1} = 1.492°, \phi_{max2} = 1.29°$

9.7-1 $n = 820$ rpm

9.7-2 (a) $\tau_{max} = 16.8$ MPa; (b) $P_{max} = 267$ kW

9.7-3 $d = 69.1$ mm

9.8-1 (a) $\phi_{max} = 3T_0L/5GI_P$; (b) $\phi_{max} = \dfrac{9LT_0}{25GI_p}$

9.8-2 (a) $T_{0,max} = 419\ N \cdot m$; (b) $T_{0,max} = 436\ N \cdot m$

9.8-3 $T_A = T_B = 225\ N \cdot m$, $\phi_{L/2} = -4.34°$

9.8-4 $T_A = -265.4\ kN \cdot m$, $T_C = 85.4\ kN \cdot m$, $\tau_{AB\,max} = 92.3$ MPa, $\tau_{BC\,max} = -77.1$ MPa

9.8-5 (a) $T_A = \dfrac{Lt_0}{6}$, $T_B = \dfrac{Lt_0}{3}$; (b) $\phi_{max} = \phi\left(\dfrac{L}{\sqrt{3}}\right) = -\dfrac{\sqrt{3}L^2t_0}{27GI_P}$

9.8-6 (a) $\tau_1 = 32.7$ MPa, $\tau_2 = 49.0$ MPa; (b) $\phi = 1.030°$; (c) $k_T = 22.3\ kN \cdot m/rad$

9.8-7 (a) $T_{1,allow} = 7.14\ kN \cdot m$; (b) $T_{2,allow} = 6.35\ kN \cdot m$; (c) $T_{3,allow} = 7.41\ kN \cdot m$; (d) $T_{max} = 6.35\ kN \cdot m$

CHAPTER 10

10.4-1 (a) $\varepsilon_{max} = 8.88 \times 10^{-4}$; (b) $R_{min} = 243$ mm; (c) $d_{max} = 5.93$ mm

10.4-2 (a) $L_{min} = 5.24$ m; (b) $d_{max} = 4.38$ mm

10.4-3 (a) $\varepsilon_{max} = 5.89 \times 10^{-3}$; (b) $d_{max} = 124.3$ mm; (c) $L_{min} = 15.45$ m

10.4-4 (a) $\rho = 85$ m, $\kappa = 0.0118\dfrac{1}{m}$, $\delta = 23.5$ mm; (b) $h_{max} = 136$ mm; (c) $\delta = 75.3$ mm

10.4-5 (a) $\varepsilon = 8.4 \times 10^{-4}$; (b) $t_{max} = 6.7$ mm; (c) $\delta = 18.27$ mm; (d) $L_{max} = 936$ mm

10.4-6 (a) $\varepsilon = 4.57 \times 10^{-4}$; (b) $L_{max} = 2$ m

10.4-7 $\delta = 11.0$ mm, $\varepsilon_x = 8.6 \times 10^{-4}$

10.5-1 (a) $\sigma_{max} = 361$ MPa; (b) 33.3%; (c) $L_{new} = 3.07$ m

10.5-2 (a) $\sigma_{max} = 186.2$ MPa; (b) +10%; (c) +55.8%

10.5-3 (a) $\sigma_{max} = 8.63$ MPa; (b) $\sigma_{max} = 6.49$ MPa

10.5-4 $\sigma_{max} = -2.4$ MPa

10.5-5 $q_{0,max} = 351\dfrac{kN}{m}$

10.5-6 $\sigma_{max} = 122.3$ MPa

10.5-7 $\sigma_{max} = 203$ MPa

10.5-8 $\sigma_{max} = 7.0$ MPa

10.5-9 $\sigma_{max} = 10.965\ M/d^3$

10.5-10 (a) $\sigma_t = 35.4$ MPa, $\sigma_c = 61$ MPa; (b) $d_{max} = \dfrac{L}{2}$, $\sigma_t = 37.1$ MPa, $\sigma_c = 64.1$ MPa

10.5-11 (a) $\sigma_t = 105.8$ MPa, $\sigma_c = 28.8$ MPa; (b) $P_{max} = 893$ N; (c) 1.34 m

10.5-12 (a) $\sigma_t = 101.3$ MPa, $\sigma_c = 180$ MPa; (b) $a = 4.24$ m

10.5-13 (a) $F_{res} = 441$ N; (b) $\sigma_{max} = 257$ MPa (compression at base); (c) $\sigma_{max} = 231$ MPa (tension at base)

10.6-1 100 × 300

10.6-2 (a) UPN 260; (b) IPN 180; (c) HE 240A

10.6-3 (a) HE 180B; (b) HE 260B

10.6-4 (a) 50 × 250; (b) $w_{max} = 8.36\ kN/m^2$

10.6-5 (a) $S_{reqd} = 249\ cm^3$; (b) IPN 220

10.6-6 (a) $q_{max} = 6.61$ kN/m; (b) $q_{max} = 9.37$ kN/m

10.6-7 (a) $b_{min} = 11.91$ mm; (b) $b_{min} = 11.92$ mm

10.7-1 (a) $\tau_{max} = 731$ kPa, $\sigma_{max} = 4.75$ MPa; (b) $\tau_{max} = 1462$ kPa, $\sigma_{max} = 19.01$ MPa

10.7-2 (a) $M_{max} = 41.7\ kN \cdot m$; (b) $M_{max} = 3.24\ kN \cdot m$

10.7-3 (a) $M_{max} = 72.2\ N \cdot m$; (b) $M_{max} = 36.0\ N \cdot m$

10.8-1 $d_{min} = 158$ mm

10.8-2 $d_0 = 47.6$ mm

10.9-1 $q_{max} = 131.5$ kN/m

10.10-1 (a) $\sigma_w = 4.99$ MPa, $\sigma_s = 109.7$ MPa; (b) $q_{max} = 3.57$ kN/m; (c) $M_{0,max} = 2.44\ kN \cdot m$

10.10-2 $q_{0,max} = 15.53$ kN/m

10.10-3 $t_{min} = 15.0$ mm

10.10-4 $\sigma_{AL} = 23.0$ MPa, $\sigma_p = 0.891$ MPa

10.10-5 (a) $\sigma_c = 8.51$ MPa, $\sigma_s = 118.3$ MPa; (b) $M_{max} = M_c = 172.9$ kN·m; (c) $A_s = 2254$ mm^2, $M_{allow} = 167.8$ kN·m

10.11-1 $\beta = 78.0°$, $\sigma_t = 7.2$ MPa, $\sigma_c = -13.2$ MPa

10.11-2 $\beta = -48.6°$, $\sigma_t = 16.85$ MPa, $\sigma_c = -15.79$ MPa

CHAPTER 11

11.2-1 For $\theta = 52°$: $\sigma_{x1} = 30.2$ MPa, $\sigma_{y1} = 27.8$ MPa, $\tau_{x1y1} = -21.9$ MPa

11.2-2 $\sigma_{x1} = 185$ MPa, $\sigma_{y1} = 35$ MPa, $\tau_{x1y1} = -10$ MPa

11.2-3 Normal stress on seam, 1370 kPa tension. Shear stress, 1158 kPa (clockwise).

11.2-4 For $\theta = -36°$: $\sigma_{x1} = -81.1$ MPa, $\sigma_{y1} = -31.9$ MPa, $\tau_{x1y1} = -27.2$ MPa

11.2-5 $\sigma_y = -77.7$ MPa, $\tau_{xy} = -27.5$ MPa

11.3-1 $\sigma_1 = 7$ MPa, $\sigma_2 = 1$ MPa, $\tau_{max} = 3$ MPa

11.3-2 $\tau_{max} = 26.7$ MPa, $\theta_{s1} = 19.08°$

11.3-3 (a) $\sigma_1 = 25$ MPa, $\sigma_2 = -130$ MPa; (b) $\tau_{max} = 77.5$ MPa, $\sigma_{ave} = -52.5$ MPa

11.3-4 $18.5 \text{ MPa} \le \sigma_y \le 85.5 \text{ MPa}$

11.3-5 (a) $\sigma_y = 23.3$ MPa; (b) $\theta_{p1} = 65.6°$, $\sigma_1 = 41$ MPa, $\theta_{p2} = -24.4°$, $\sigma_2 = -62.7$ MPa

11.4-1 For $\theta = 55°$: (a) $\sigma_{x1} = 6.09$ MPa, $\tau_{x1y1} = -25.8$ MPa; (b) $\tau_{max} = 27.5$ MPa, $\theta_{s1} = -45.0°$, $\sigma_{aver} = 15.50$ MPa

11.4-2 For $\theta = 52°$: (a) $\sigma_{x1} = 18.44$ MPa, $\tau_{x1y1} = -4.60$ MPa; (b) $\sigma_1 = 19.00$ MPa, $\theta_{p1} = 45.0°$

11.4-3 (a) $\sigma_{x1} = -60.8$ MPa, $\sigma_{y1} = 128.8$ MPa, $\tau_{x1y1} = -46.7$ MPa; (b) $\sigma_1 = 139.6$ MPa, $\sigma_2 = -71.6$ MPa, $\tau_{max} = 105.6$ MPa

11.4-4 For $\theta = 36.87°$: (a) $\sigma_{x1} = 25.0$ MPa, $\tau_{x1y1} = 7.28$ MPa; (b) $\sigma_1 = 26$ MPa, $\theta_{p1} = 45.0°$

11.4-5 (a) $\sigma_1 = 17.72$ MPa, $\theta_{p1} = 31.4°$; (b) $\tau_{max} = 22.5$ MPa, $\theta_{s1} = -13.57°$

11.5-1 $\sigma_x = 175.2$ MPa, $\sigma_y = 135.3$ MPa, $\Delta t = -7.2 \times 10^{-3}$ mm

11.5-2 (a) $\gamma_{max} = 5.85 \times 10^{-4}$; (b) $\Delta t = -1.32 \times 10^{-3}$ mm; (c) $\Delta V = 387$ mm^3

11.5-3 (a) $\Delta V = 2766$ mm^3, (b) $b_{min} = 640$ mm

11.5-4 (a) $\Delta ac = \varepsilon_x d = 0.1296$ mm (increase); (b) $\Delta bc = \varepsilon_y d = -0.074$ mm (decrease); (c) $\Delta t = \varepsilon_z t = -2.86 \times 10^{-3}$ mm (decrease); (d) $\Delta V = eV_0 = 430$ mm^3; (e) $\sigma_{x\max} = 63.9$ MPa

11.5-5 $\nu = 0.477$, $E = 1.006$ MPa

11.6-1 $\varepsilon_x = -3.98 \times 10^{-4}$, $\varepsilon_y = 3.24 \times 10^{-4}$, $\varepsilon_z = 2.1 \times 10^{-4}$, $e = 1.36 \times 10^{-4}$

11.6-2 (a) $\tau_{max} = \dfrac{\sigma_1 - \sigma_3}{2} = 60$ MPa; (b) $\Delta a = a\varepsilon_x = 0.1955$ mm, $\Delta b = \varepsilon_y b = -0.0944$ mm, $\Delta c = \varepsilon_z c = -0.034$ mm; (c) $\Delta V = eV_0 = 287$ mm^3; (d) $\sigma_{x\max} = 82$ MPa

11.6-3 (a) $K_{AL} = 74.1$ GPa; (b) $E = 42$ GPa, $\nu = 0.35$

11.6-4 (a) $p = \nu F/[A(1-\nu)]$; (b) $\delta = FL(1+\nu)(1-2\nu)/EA(1-\nu)]$

11.6-5 (a) $p = 700$ MPa; (b) $K = 175$ GPa

11.7-1 (a) $\varepsilon_{x1} = 1.398 \times 10^{-3}$, $\varepsilon_{y1} = -9.76 \times 10^{-5}$, $\gamma_{x1y1} = -8.63 \times 10^{-4}$; (b) $\varepsilon_1 = 1.513 \times 10^{-3}$, $\varepsilon_2 = -2.13 \times 10^{-4}$, $\gamma_{max} = 1.726 \times 10^{-3}$

11.7-2 (a) $\Delta d = 0.0476$ mm; (b) $\Delta\phi = -\alpha = 1.425 \times 10^{-4}$ (decrease, radians); (c) $\Delta\psi = -\alpha = 1.425 \times 10^{-4}$ (increase, radians)

11.7-3 For $\theta = 30°$: (a) $\varepsilon_{x1} = -7.61 \times 10^{-4}$, $\gamma_{x1y1} = 8.62 \times 10^{-4}$; (b) $\varepsilon_1 = 4.27 \times 10^{-4}$, $\theta_{p1} = 100.1°$; (c) $\gamma_{max} = 1.345 \times 10^{-3}$

11.7-4 $\varepsilon_1 = 551 \times 10^{-6}$, $\theta_{p1} = 12.5°$, $\gamma_{max} = 662 \times 10^{-6}$

11.7-5 $\varepsilon_x = \varepsilon_a$, $\varepsilon_y = (2\varepsilon_b + 2\varepsilon_c - \varepsilon_a)/3$, $\gamma_{xy} = 2(\varepsilon_b - \varepsilon_c)/\sqrt{3}$

CHAPTER 12

12.2-1 $p_\sigma = 16.82$ kPa, $p_\tau = 9.6$ kPa

12.2-2 (a) Use $t = 112$ mm; (b) $p_{max} = 3.14$ MPa

12.2-3 (a) $\sigma_{max} = 3.12$ MPa, $\varepsilon_{max} = 0.438$; (b) $t_{reqd} = 1.29$ mm

12.2-4 (a) $f = 5100$ kN/m; (b) $\tau_{max} = 51$ MPa; (c) $\varepsilon_{max} = 3.44 \times 10^{-4}$

12.2-5 (a) $t_{min} = 11.67$ mm; (b) $p = 16.33$ MPa

12.2-6 $D_0 = 26.6$ m

12.3-1 $\sigma_1 = 152.6$ MPa, $\sigma_2 = 76.3$ MPa, $\tau_{maxIn} = 38.2$ MPa, $\tau_{maxOut} = 76.3$ MPa

12.3-2 (a) $t_{min} = 6.43$ mm; (b) $p_{max} = 11.2$ MPa

12.3-3 $n = 2.38$

12.3-4 (a) $F = 3\pi pr^2$; (b) $t_{reqd} = 10.91$ mm

12.3-5 (a) $p = 350$ kPa; (b) $\varepsilon_r = 8.35 \times 10^{-4}$

12.3-6 (a) $\varepsilon_{max} = 6.67 \times 10^{-5}$; (b) $\varepsilon_r = 2.83 \times 10^{-4}$

12.3-7 $t_{min} = 2.53$ mm

12.3-8 (a) $\sigma_h = 24.9$ MPa; (b) $\sigma_c = 49.7$ MPa; (c) $\sigma_w = 24.9$ MPa; (d) $\tau_h = 12.43$ MPa; (e) $\tau_c = 24.9$ MPa

12.3-9 (a) $\sigma_1 = 93.3$ MPa, $\sigma_2 = 46.7$ MPa; (b) $\tau_1 = 23.2$ MPa, $\tau_2 = 46.7$ MPa; (c) $\varepsilon_1 = 3.97 \times 10^{-4}$, $\varepsilon_2 = 9.33 \times 10^{-5}$; (d) $\theta = 35°$, $\sigma_{x_1} = 62.0$ MPa, $\sigma_{y1} = 78.0$ MPa, $\tau_{x1y1} = 21.9$ MPa;

12.4-1 (a) $\sigma_1 = 27.1$ MPa, $\sigma_2 = -20.6$ MPa, $\tau_{max} = 23.8$ MPa; (b) $\sigma_1 = 129.1$ MPa, $\sigma_2 = -3.18$ MPa, $\tau_{max} = 66.1$ MPa

12.4-2 $\sigma_1 = 10.9$ MPa, $\sigma_2 = -16.41$ MPa, $\tau_{max} = 5.5$ MPa

12.4-3 $t_{min} = 3$ mm

12.4-4 (a) $P_{max} = 461$ kN; (b) $p_{max} = 8.32$ MPa

12.4-5 $\sigma_t = 74.2$ MPa: No compressive stresses. $\tau_{max} = 37.1$ MPa

12.4-6 $\sigma_t = 32.0$ MPa, $\sigma_c = -73.7$ MPa, $\tau_{max} = 52.8$ MPa

12.4-7 $P = 815$ kN

12.4-8 $\sigma_1 = 0$, $\sigma_2 = -21.7$ MPa, $\tau_{max} = 10.87$ MPa

12.4-9 (a) $\sigma_x = 0$, $\sigma_y = 2.23$ MPa, $\tau_{xy} = 0$; (b) $\tau_{max} = 1.116$ MPa

12.4-10 $\sigma_t = 21.6$ MPa, $\sigma_c = -9.4$ MPa, $\tau_{max} = 15.5$ MPa

12.4-11 (a) $\sigma_1 = 29.3$ MPa, $\sigma_2 = -175.9$ MPa, $\tau_{max} = 102.6$ MPa; (b) $\sigma_1 = 156.1$ MPa, $\sigma_2 = -33$ MPa, $\tau_{max} = 94.5$ MPa

12.4-12 (a) $\sigma_1 = 0$, $\sigma_2 = -148.1$ MPa, $\tau_{max} = 74.0$ MPa; (b) $\sigma_1 = 7.02$ MPa, $\sigma_2 = -155.1$ MPa, $\tau_{max} = 81.1$ MPa

12.4-13 Top of beam: $\sigma_1 = 64.4$ MPa, $\sigma_2 = 0$, $\tau_{max} = 32.2$ MPa

12.4-14 $\sigma_y = 0,\ \sigma_x = \dfrac{(FL)\dfrac{d_2}{2}}{\dfrac{I_p}{2}} = 12.14$ MPa,

$$\tau_{xy} = \frac{-T\dfrac{d_2}{2}}{I_p} = -3.49 \text{ MPa},\ \sigma_1 = 13.07 \text{ MPa},$$

$\sigma_2 = -0.932$ MPa, $\tau_{max} = 7$ MPa

CHAPTER 13

13.2-1 Moment M_0 applied at $x = L$

13.2-2 $q = q_0(1 - x/L)$; Triangular load, acting downward

13.3-1 $\delta_{max} = 1.04$ mm, $\theta_A = 9.4 \times 10^{-4}$ rad

13.3-2 $\delta_{max} = 6.5$ mm, $\theta = 0.28°$

13.3-3 $\delta/L = 1/320$

13.3-4 $E_g = 80.0$ GPa

13.3-5 BENDING-MOMENT EQUATION (EQ. 13-16a)

$$EIv'' = M = -P(L-x)$$
$$EIv' = -PLx + \frac{Px^2}{2} + C_1$$

B.C. $v'(0) = 0 \quad \therefore C_1 = 0$

$$EIv = -\frac{PLx^2}{2} + \frac{Px^3}{6} + C_2$$

B.C. $v(0)=0 \quad \therefore C_2=0$

$$v=-\frac{Px^2}{6EI}=(3L-x) \quad \leftarrow$$

$$v'=-\frac{Px}{2EI}(2L-x)$$

$$\delta_B=-v(L)=\frac{PL^3}{3EI} \quad \leftarrow$$

$$\theta_B=-v'(L)=\frac{PL^2}{2EI} \quad \leftarrow$$

(These results agree with Case 4, Table E-1.)

13.3-6 (a) $q_0 = 1186$ kN/m (b) $\theta_B = 1.563 \times 10^{-3}$ rad

13.3-7 See Table E-2, Case 9.

13.3-8 $v(x) = \frac{q_0 L}{24EI}(x^3 - 2Lx^2)$ for $0 \le x \le \frac{L}{2}$;

$v(x) = \frac{-q_0}{960LEI}(-160L^2x^3 + 160L^3x^2 + 80Lx^4 - 16x^5 - 25L^4x + 3L^5)$

for $\frac{L}{2} \le x \le L$;

$\delta_B = \frac{7}{160}\frac{q_0L^4}{EI}, \delta_C = \frac{1}{64}\frac{q_0L^4}{EI}$

13.4-1 SHEAR-FORCE EQUATION (EQ. 13-16b)

$EIv''' = V=0$

$EIv'' = C_1$

B.C. 1 $M=M_0 \quad EIv''=M=M_0=C_1$

$EIv' = C_1x+C_2=M_0x+C_2$

B.C. 2 $v'(0)=0 \quad \therefore C_2=0$

$$EIv=\frac{M_0x^2}{2}+C_3$$

B.C. 3 $v(0)=0 \quad \therefore C_3=0$

$$v=\frac{M_0x^2}{2EI} \quad \leftarrow$$

$$v'=\frac{M_0x}{EI}$$

$$\delta_B=v(L)=\frac{M_0L^2}{2EI} \text{ (upward)} \quad \leftarrow$$

$$\theta_B=v'(L)=\frac{M_0L}{EI} \text{ (counterclockwise)} \quad \leftarrow$$

(These results agree with Case 6, Table E-1.)

13.4-2 LOAD EQUATION (EQ. 13-16c)

$$EIv''''=-q=-q_0\sin\frac{\pi x}{L}$$

$$EIv'''=q_0\left(\frac{L}{\pi}\right)\cos\frac{\pi x}{L}+C_1$$

$$EIv''=q_0\left(\frac{L}{\pi}\right)^2\sin\frac{\pi x}{L}+C_1x+C_2$$

B.C. 1 $EIv''=M \quad EIv''(0)=0 \quad \therefore C_2=0$

B.C. 2 $EIv''(L)=0 \quad \therefore C_1=0$

$$EIv'=-q_0\left(\frac{L}{\pi}\right)^3\cos\frac{\pi x}{L}+C_3$$

$$EIv=-q_0\left(\frac{L}{\pi}\right)^4\sin\frac{\pi x}{L}+C_3x+C_4$$

B.C. 3 $v(0)=0 \quad \therefore C_4=0$

B.C. 4 $v(L)=0 \quad \therefore C_3=0$

$$v=-\frac{q_0L^4}{\pi^4EI}\sin\frac{\pi x}{L} \quad \leftarrow$$

$$\delta_{max}=-v\left(\frac{L}{2}\right)=\frac{q_0L^4}{\pi^4EI} \quad \leftarrow$$

(These results agree with Case 13, Table E-2.)

13.4-3 See Table E-1, Case 10.

13.4-4 $v(x) = \frac{q_0}{120EIL}(x^5 - 5Lx^4 + 20L^3x^2 - 16L^5)$,

$\delta_{max} = \frac{2q_0L^4}{15EI}$

13.5-1 $\delta_{max} = 0.78$ mm

13.5-2 $\theta_B = 7PL^2/9EI, \delta_B = 5PL^3/9EI$

13.5-3 $\theta_B = 7qL^3/162EI, \delta_B = 23qL^4/648EI$

13.5-4 (a) $M = PL/2$;
(b) $M = 5PL/24$, $\theta_B = PL^2/12EI$;
(c) $M = PL/8, \delta_B = -PL^3/24EI$

13.5-5 $\delta_C = 5.07$ mm

13.6-1 (a) $R_A = 1163$ N, $R_B = 698$ N,
$M_A = 814$ N · m; (b) $x_0 = 0.875$ m;
(c) $\delta_{max} = 0.022$ mm, $\theta_B = 2.36 \times 10^{-5}$ rad

13.6-2 (a) $h = 257$ mm; (b) $\delta_0 = 1$ mm

13.6-3 $R_A = V(0) = \frac{9}{40}q_0L, R_B = -V(L) = \frac{11}{40}q_0L,$

$M_A = \frac{7}{120}q_0L^2$

13.6-4 $R_A = -R_B = 3M_0/2L$,
$M_A = -M_B = M_0/4$,
$v = -M_0x^2(L - 2x)/8LEI$ for $0 \le x \le L/2$

13.6-5 $R_A = 1.76$ kN, $M_A = 2.4$ kN· m,
$R_B = 3.24$ kN, $M_B = 3.6$ kN· m, $\delta_C = 0.0674$ mm

13.6-6 $R_A = 375$ N, $M_A = 225$ N·m, $R_B = 225$ N

13.6-7 $R_A = -\frac{1}{8}qL, R_B = \frac{17}{8}qL, M_A = -\frac{1}{8}qL^2$

13.6-8 $R_A = \frac{7}{12}qL, R_B = \frac{17}{12}qL, M_A = \frac{7}{12}qL^2$

13.6-9 $R_B = 6.44$ kN

13.6-10 $R_A = 12.53$ kN, $R_B = 12.45$ kN, $R_C = 0.026$ kN

13.6-11 $M_A = \frac{2}{27}qL^2$

CHAPTER 14

14.2-1 $P_{cr} = \beta_R/L$

14.2-2 (a) $P_{cr} = \dfrac{\beta a^2 + \beta_R}{L}$; (b) $P_{cr} = \dfrac{\beta a^2 + 2\beta_R}{L}$

14.2-3 (a) $P_{cr} = \dfrac{(L-a)(\beta a^2 + \beta_R)}{aL}$;

(b) $P_{cr} = \dfrac{\beta L^2 + 20\beta_R}{4L}$

14.2-4 $P_{cr} = \dfrac{9}{8}\beta L$

14.2-5 $P_{cr} = \dfrac{9}{5}\dfrac{\beta_R}{L}$

14.2-6 $P_{cr1} = 30.2$ kN, $P_{cr2} = 84.6$ kN

14.3-1 $P_{allow} = 542$ kN

14.3-2 HE 160B

14.3-3 $P_{allow} = 220$ kN

14.3-4 $Q_{allow} = 109.8$ kN

14.3-5 $P_{allow} = 710$ kN

14.3-6 $\theta = \arctan 0.5 = 26.57°$

14.4-1 $P_{cr} = 756$ kN

14.4-2 $P_{allow} = 923$ kN, 231 kN, 1888 kN, 3690 kN

14.4-3 $T_{allow} = 18.1$ kN

14.4-4 $P_{cr} = 447$ kN, 875 kN, 54.7 kN, 219 kN

14.4-5 (a) $P_{cr} = 17.4$ kN, (b) $d = 72.4$ mm

14.4-6 $t_{min} = 10.0$ mm

14.5-1 $\delta = 5.98$ mm, $M_{max} = 231$ N · m

14.5-2 $L = 4.8$ m

14.5-3 $P_{allow} = 54.9$ kN

14.5-4 $\delta = e(\sec kL - 1)$, $M_{max} = Pe \sec kL$

14.5-5 $L_{max} = 2.21$ m

14.5-6 $T_{max} = 8.29$ kN

14.6-1 (a) $\sigma_{max} = 116.8$ MPa; (b) $L_{max} = 1.367$ m

14.6-2 $P_{allow} = 37.2$ kN

14.6-3 $b_{min} = 106.3$ mm

14.6-4 $L = 5.2$ m

14.6-5 $\sigma_{max} = 212$ MPa

14.6-6 (a) $\sigma_{max} = 66.5$ MPa; (b) $P_{allow} = 779$ kN

14.6-7 (a) $\sigma_{max} = 94.3$ MPa; (b) $L_{max} = 4.05$ m

찾아보기

ㄱ

ㄴ

ㄷ

ㄹ

ㅁ

ㅂ

ㅅ

ㅇ

ㅈ

ㅊ

ㅋ

ㅌ

ㅍ

ㅎ

기타